Winkler/Fröhlich

VOB BILDBAND

Aus dem Programm
Bauwesen

Baubetriebslehre – Kosten- und Leistungsrechnung – Bauverfahren
W. Brecheler, J. Friedrich, A. Hilmer und R. Weiß

Hochbaukosten – Flächen – Rauminhalte
von W. Winkler und P. J. Fröhlich

VOB Gesamtkommentar
von W. Winkler und P. J. Fröhlich

VOB Bildband
von W. Winkler und P. J. Fröhlich

Bauaufnahme
von G. Wangerin

Baurechtsberater Architekten
von J. Rilling

Baurechtsberater Bauunternehmer
von J. Rilling

Baurechtsberater Bauherren
von J. Rilling

Bauentwurfslehre
von E. Neufert

Vieweg

VOB

Verdingungsordnung für Bauleistungen

Bildband

Abrechnung von Bauleistungen

Von Dr.-Ing. Walter Winkler
und Dipl.-Ing. Peter J. Fröhlich

7., vollständig überarbeitete Auflage
zur VOB 1992 mit Ergänzungsband 1998

vieweg

1. Auflage 1975 (Band 1)
1976 (Band 2)
2. Auflage (Änderungsstand 1985) 1986
3. Auflage (Änderungsstand 1990) 1990
4. Auflage (Änderungsstand 1992) 1993
5. Auflage (Änderungsstand 1992) 1995
6. Auflage (Änderungsstand E-Band 1996) 1997
7. Auflage (Änderungsstand E-Band 1998) 1998

Der Verlag Vieweg ist ein Unternehmen der Bertelsmann Fachinformation GmbH.

http://www.vieweg.de
Satz: Schmidt + Co., Weinstadt

Gedruckt auf säurefreiem Papier

ISBN-13: 978-3-322-83240-5 e-ISBN-13: 978-3-322-83239-9
DOI: 10.1007/978-3-322-83239-9

Vorwort zur 7. Auflage

Die VOB ist für die Fachwelt ein wichtiges Standardwerk. Der VOB-Text ist knapp formuliert. Da zu seinem Verständnis Sachkunde vorausgesetzt wird, kann er nicht immer allgemeinverständlich sein. Zudem ist das Wissensgebiet so weit gespannt, daß selbst ein erfahrener Baufachmann gelegentlich Problemen gegenübersteht, die er ohne besondere Erläuterungen zum VOB-Text nicht oder nur mühsam lösen kann.

Das gilt insbesondere für das Gebiet der Bauabrechnung. Hier entzünden sich an unterschiedlichen Auslegungen der Abrechnungsvorschriften die meisten Streitigkeiten. Während die allgemeine Regelung der Abrechnung in § 14 Teil B der VOB eindeutig und ohne Mißverständnisse anwendbar ist, entstehen bei der Anwendung der in den Abschnitten 5 der Allgemeinen Technischen Vertragsbedingungen für Bauleistungen (ATV) des Teils C enthaltenen Regelungen häufig erhebliche Schwierigkeiten. Das liegt in der Natur der Sache; denn bei der Abrechnung eines jeden Leistungsbereichs bestehen Besonderheiten, die sorgfältig zu beachten sind.

Der vorliegende Bildband behandelt die Einzelheiten bei der Abrechnung von Bauleistungen. Der vollständig abgedruckte Text der Abschnitte 5 der ATVen im Teil C der VOB wird systematisch erläutert und durch Bilder verdeutlicht. Dadurch kann oft schon mit einem Blick verstanden werden, was durch Worte nicht immer eindeutig und schnell erfaßbar auszudrücken ist. Die überwiegend isometrischen, maßstabgerechten Darstellungen sind auch dem Nichtfachmann verständlich.

Der Bildband soll die Arbeit erleichtern helfen, der Zeitersparnis dienen und zur uneingeschränkten Anwendung der VOB und ihrer Abrechnungsvorschriften beitragen. Dieser Neuausgabe liegt die VOB von 1992 einschließlich des Ergänzungsbandes von 1998 zugrunde. Sie enthält also auch die neu eingeführte Norm DIN 18351 Fassadenarbeiten.

Berlin, September 1998

Dr.-Ing. Walter Winkler
Dipl.-Ing. Peter J. Fröhlich

Die Abrechnungsvorschriften der VOB

Wer eine Leistungsbeschreibung aufstellt, muß nicht nur die Bestimmungen in Teil A § 9, § 9a, § 9b und § 6 SKR kennen und beachten, sondern auch die Abrechnungsvorschriften in den Abschnitten 5 der Allgemeinen Technischen Vertragsbedingungen (ATV) des Teils C bis ins einzelne berücksichtigen. Die Mengenermittlung, die Preisermittlung und die Feststellung der Leistung haben unter allen Umständen auf gleichen Grundlagen zu erfolgen. Nur wenn die Mengenermittlung entsprechend den Abrechnungsvorschriften vorgenommen wird und die in den Leistungspositionen vorgeschriebenen Einheiten mit den Abrechnungsarten und Abrechnungseinheiten der Abschnitte 5 übereinstimmen, können Mißverständnisse bei Preisermittlung und Abrechnung vermieden werden. Wenn nach den Abrechnungsvorschriften mehrere Abrechnungsarten möglich sind, z.B. bei Beton- und Stahlbetonarbeiten:

a) Beton und Stahlbeton einschließlich Schalung und Bewehrung,

b) Beton einschließlich Schalung, Bewehrung getrennt,

c) Beton, Schalung, Bewehrung je für sich,

ist bei Aufstellung der Leistungsbeschreibung zu entscheiden, welche Abrechnungsart durchgehend anzuwenden ist. Das gleiche gilt, wenn zwischen Abrechnungseinheiten, z.B. Längenmaß, Flächenmaß, Raummaß, Gewicht oder Anzahl, gewählt werden kann. Als Grundsatz für die Vorschriften in den Abschnitten 5 gilt gem. B § 2 Nr. 2, daß die Vergütung nach den vertraglichen Einheitspreisen und den tatsächlich ausgeführten Leistungen zu berechnen ist. Leistungen sollen z.B. nicht doppelt gemessen, und Aussparungen sollen abgezogen werden. Da jedoch ein zu genaues Befolgen dieses Grundsatzes den Nachteil aufweist, daß der Aufwand für die Messungen oft in keinem vertretbaren Verhältnis zum Wert der bis ins einzelne zu messenden Leistung steht, sehen die Vorschriften Messungserleichterungen vor. Sie gestatten ein Übermessen und Durchmessen bei Leistungen, bei denen das Messen größere Kosten ergäbe, als der Wert der beim Messen vernachlässigten Leistungen beträgt.

Durch die Aufnahme neuer Vorschriften über die Vergütung von Leistungen durch Pauschalsummen wird deutlich, daß die mit Pauschalverträgen verbundenen Abrechnungserleichterungen mehr als bisher ausgenutzt werden sollen. Jedoch auch für den Fall von Pauschalierungen haben die Vorschriften der Abschnitte 5 ihre Bedeutung, weil die Mengenermittlung in diesem Fall gewissermaßen vorweggenommen wird und die jeweils vorgeschriebene Regelung die Grundlage für die Ermittlung der Mengenansätze bildet.

Bei Einheitspreisverträgen gem. A § 5 Nr. 1 a) muß der Auftragnehmer seine Schlußrechnung durch ins einzelne gehende Messungsbelege erläutern. Eine besondere Vereinfachung liegt hierfür darin, daß der Grundsatz herausgestellt wurde, die Leistung aus Zeichnungen zu ermitteln, in denen die ausgeführte Leistung zutreffend dargestellt ist. Nur wenn solche Zeichnungen nicht vorhanden sind, soll örtlich aufgemessen werden. Bei Beachtung dieser Regelung läßt sich der oft erhebliche Zeit- und Arbeitsaufwand ersparen, der für das gemeinsame Aufmaß und für das damit verbundene Anfertigen von Skizzen sonst aufzuwenden ist. In den Hinweisen zur Leistungsbeschreibung, die jeder ATV unter Abschnitt O vorangestellt sind, wird darauf aufmerksam gemacht, daß der Auftraggeber bereits in der Leistungsbeschreibung angeben soll, ob und nach welchen Zeichnungen abgerechnet werden oder ob örtlich aufgemessen werden soll.

Zur Straffung des Textes der VOB sind alle gleichartigen Regelungen, die bisher in den ATV enthalten waren, in der neuen ATV DIN 18299 „Allgemeine Regelungen für Bauarbeiten jeder Art“ zusammengefaßt worden. Die Regelungen der ATV DIN 18299 sind also zunächst zu beachten, da sich die Regelungen in den Abschnitten 5 der übrigen ATV auf Vorschriften beschränken, die sich aus der Eigenart der einzelnen Leistungsbereiche ergeben.

Der Text der Abschnitte 5 jeder ATV ist vollständig wiedergegeben. Der Kommentartext unterscheidet sich von diesem dadurch, daß er mager *kursiv* gesetzt ist.

Gleichzeitig mit der 7. Auflage des VOB Bildbandes ist in demselben Verlag die 11. Auflage des VOB Gesamtkommentars von Winkler/Fröhlich erschienen, zu dem der Bildband wichtige Ergänzungen bietet.

Inhalt

VOB Teil C:
Allgemeine Technische Vertragsbedingungen für Bauleistungen (ATV)
Allgemeine Regelungen für Bauarbeiten jeder Art – DIN 18299*)
Ausgabe Juni 1996

Diese ATV wurde erstmals in die VOB Ausgabe 1988 aufgenommen, um gleichlautende, in allen ATV wiederkehrende Bestimmungen zusammenzufassen und damit den Text der VOB zu straffen. Gleichzeitig wurden damit Technische Vertragsbedingungen geschaffen, die auf Bauleistungen anwendbar sind, zu denen es sonst keine Regelungen in der VOB gibt. Siehe auch Anmerkung zu Abschnitt 1.

Inhalt

0 Hinweise für das Aufstellen der Leistungsbeschreibung

Diese Hinweise für das Aufstellen der Leistungsbeschreibung gelten für Bauarbeiten jeder Art; sie werden ergänzt durch auf die einzelnen Leistungsbereiche bezogenen Hinweise in den Abschnitten 0 der ATV DIN 18300 ff.

Die Beachtung dieser Hinweise ist Voraussetzung für eine ordnungsgemäße Leistungsbeschreibung gemäß A § 9.

Die Hinweise werden nicht Vertragsbestandteil.

Diese Hinweise beziehen sich auf
- *Angaben zur Baustelle (0.1),*
- *Angaben zur Ausführung (0.2),*
- *Einzelangaben bei Abweichungen von den ATV (0.3),*
- *Einzelangaben zu Nebenleistungen und Besonderen Leistungen (0.4) und Abrechnungseinheiten (0.5).*

*) Wegen der grundsätzlichen Bedeutung der in der ATV DIN 18299 enthaltenen Allgemeinen Regelungen für Bauarbeiten jeder Art wird dieser Auszug aus dem VOB Gesamtkommentar von Winkler/Fröhlich den Erläuterungen des VOB Bildbandes vorangestellt.

Für Bauleistungen, zu denen fachspezifische Regelungen in der VOB bestehen, gelten sie zusammen mit den Hinweisen der jeweiligen ATV (DIN 18300 bis DIN 18451). Nach VOB Teil A, § 9, Nr. 1, müssen die Bauleistungen vom Ausschreibenden so eindeutig und erschöpfend beschrieben werden, daß alle Bewerber sie im gleichen Sinne verstehen und ihre Preise sicher und ohne umfangreiche Vorarbeiten berechnen können. Dem Ausschreibenden wird daher mit den Hinweisen des Abschnitts 0 eine Checkliste von Sachverhalten an die Hand gegeben, mit der er prüfen kann, ob er dazu Angaben in seiner Leistungsbeschreibung oder in Besonderen bzw. Zusätzlichen Technischen Vertragsbedingungen machen muß, weil sie Einfluß auf die Kalkulation der Bieter haben können.

Die Numerierung dieses Abschnitts und der dritte Satz weisen jedoch darauf hin, daß diese Hinweise nicht Bestandteil des Vertrages zwischen Auftraggeber und Auftragnehmer sind, so daß der Auftragnehmer damit keinen Rechtsanspruch hat, daß in den Vergabeunterlagen alle kostenrelevanten Sachverhalte angegeben sind. Die Formulierung »... insbesondere anzugeben« im nächsten Satz weist zudem darauf hin, daß in dem Abschnitt 0 nicht alle Hinweise aufgeführt sein können, die im Einzelfall relevant sein können. Auf der anderen Seite müssen aber auch die aufgeführten Hinweise nicht in jedem Fall relevant sein, z.B. dürften die Angaben über den Baugrund (siehe Abschnitt 0.1.7) für die Kostenkalkulation der Maler- und Lackiererarbeiten kaum von Belang sein.

Stellt ein Bieter bei seiner Kalkulation fest, daß die Verdingungsunterlage nicht alle notwendigen kostenrelevanten Angaben enthält, muß er nach VOB Teil A § 17, Nr. 7, zusätzliche sachdienliche Auskünfte erbitten, die der Ausschreibende dann nicht nur ihm sondern auch den anderen Bewerbern erteilen muß.

In der Leistungsbeschreibung sind nach den Erfordernissen des Einzelfalls insbesondere anzugeben:

0.1 Angaben zur Baustelle

0.1.1 Lage der Baustelle und Umgebungsbedingungen, Zufahrtsmöglichkeiten und Beschaffenheit der Zufahrt sowie etwaige Einschränkungen bei ihrer Benutzung.

Diese Angaben können die Kalkulation der Gemeinkosten, insbesondere für die Baustelleneinrichtung, die Transportkosten und für die Bauausführung erheblich beeinflussen. Mit der Lage der Baustelle ist nicht nur die genaue Ortsbezeichnung, sondern auch die verkehrsmäßige Anbindung des Baugrundstücks und die Entfernung von der Ortsmitte oder dem nächsten Ort gemeint. Wegen der zu veranschlagenden Transport- und Förderkosten können Angaben über die Zufahrtsmöglichkeiten, über die Güte ihrer Benutzbarkeit, das Maß ihrer Belastbarkeit und über Einschränkungen erforderlich werden, wie z.B. die Ausweisung von Einbahnstraßen oder zeitweise Sperrungen.

0.1.2 Art und Lage der baulichen Anlagen, z.B. auch Anzahl und Höhe der Geschosse.

Angaben dieser Art, z.B. über die Konstruktion, die Bauform und insbesondere die Dachform, die Anzahl und Höhe der Geschosse, bei mehreren Bauwerken die Abstände untereinander, haben für Ausbaugewerke des Hochbaus besondere Bedeutung, die ihre Leistungen in der Regel in bereits bestehenden Rohbauten beginnen.

0.1.3 Verkehrsverhältnisse auf der Baustelle, insbesondere Verkehrsbeschränkungen.

Nach VOB Teil B § 4 Nr 4 hat der Auftraggeber, wenn nichts anderes vereinbart ist, vorhandene Zufahrtswege und Anschlußgleise unentgeltlich zur Benutzung oder Mitbenutzung zur Verfügung zu stellen. Zu den Zufahrtswegen rechnen gegebenenfalls auch Wasserwege. Verkehrsbehinderungen und -beschränkungen auf der Baustelle können sich durch örtliche Besonderheiten, z.B. beengte Verhältnisse, durch Auflagen des Auftraggebers, z.B. wegen der Weiterführung seines Betriebes, oder infolge der Art oder des Zustandes der vorhandenen Wege ergeben. Die Angaben sind notwendig, damit der Auftragnehmer etwaige Kosten, die aus den Behinderungen oder Beschränkungen für die Beförderung der Stoffe und Bauteile auf der Baustelle anfallen, in die Vertragspreise einrechnen kann. Werden keine Angaben gemacht und die sich daraus ergebenden Erschwernisse erst nach Vertragsabschluß erkannt, ist der Auftragnehmer zu Nachforderungen berechtigt.

0.1.4 Für den Verkehr freizuhaltende Flächen.

Zu solchen Flächen zählen nicht nur solche, die für die Arbeit der anderen Auftragnehmer oder für den Betrieb des Auftraggebers (siehe 0.1.3) erforderlich sind, sondern auch die, die den Zugang zu Einrichtungen der Versorgungsbetriebe, der Feuerwehr, der Post und Bahn, zu Vermessungspunkten und dergleichen sicherstellen. Sie dürfen nicht mehr, als durch die Ausführung unvermeidlich, eingeschränkt werden, und die öffentliche Sicherheit muß gewährleistet bleiben. Die Angaben beeinflussen nicht nur die Überlegungen des Auftragnehmers für die wirtschaftlichste Art der Baustelleneinrichtung, sondern können auch besondere Maßnahmen, z.B. Abzäunungen, Anlage von Baustraßen, erforderlich machen. Im Interesse der Vertragsklarheit empfiehlt es sich, Leistungen für solche Maßnahmen in besonderen Positionen auszuschreiben, so daß sie nicht die Einheitspreise der eigentlichen Bauleistungen beeinflussen.

0.1.5 Lage, Art, Anschlußwert und Bedingungen für das Überlassen von Anschlüssen für Wasser, Energie und Abwasser.

Die Anschlüsse für Wasser, Abwasser und Energie muß der Auftraggeber auf der Baustelle zur Verfügung stellen (siehe VOB Teil B, § 4, Nr 4). Der Transport dieser Medien von den Anschluß- zu den eigentlichen Verwendungsstellen und den Verbrauch bzw. die Entsorgung muß der Auftragnehmer jedoch als Nebenleistung in seine Preise einkalkulieren (siehe Abschnitt 4.1.6). Daher sind insbesondere die Lage der Anschlußstellen, ihre Art, z.B. Schlauchanschluß, und die Bedingungen zur Ermittlung der Mengen für die Kalkulation von Bedeutung.

0.1.6 Lage und Ausmaß der dem Auftragnehmer für die Ausführung seiner Leistung zur Benutzung oder Mitbenutzung überlassenen Flächen, Räume.

Die Wirtschaftlichkeit und der planmäßige Ablauf der Bauausführung werden insbesondere bei den Ausbaugewerken von Lage, Größe und Beschaffenheit der auf der Baustelle zur Verfügung gestellten Flächen und Räume bestimmt. In Kenntnis der Angaben soll der Auftragnehmer z.B. entscheiden, ob er zusätzlich Flächen oder Räume anmieten oder gegebenenfalls die erforderlichen Baustoffe zeitlich versetzt in kleineren Chargen anliefern muß.

0.1.7 Bodenverhältnisse, Baugrund und seine Tragfähigkeit. Ergebnisse von Bodenuntersuchungen.

0.1.8 Hydrologische Werte von Grundwasser und Gewässern. Art, Lage, Abfluß, Abflußvermögen und Hochwasserverhältnisse von Vorflutern. Ergebnisse von Wasseranalysen.

Die Bodenverhältnisse, die Tragfähigkeit des Baugrundes und die Ergebnisse von Bodenuntersuchungen sowie die Wasserverhältnisse sind in der Regel Sachverhalte, die bereits in der Planung des Auftraggebers Niederschlag gefunden haben sollten. Wenn diese Sachverhalte darüber hinaus noch Einfluß auf die Kalkulation haben können, muß der Ausschreibende die Bieter darüber noch besonders informieren.

0.1.9 Besondere umweltrechtliche Vorschriften.

Die umweltrechtlichen Vorschriften sind im einzelnen in den Abschnitten 0.1.10, 0.1.11 und teilweise auch in Abschnitt 0.1.12 angesprochen. Wegen der gestiegenen Bedeutung des Umweltschutzes im Bewußtsein der Öffentlichkeit wurde jedoch dieser Aspekt nochmals allgemein formuliert, um dem eventuellen Vorwurf zu begegnen, man hätte ein bestimmtes Teilgebiet des Umweltschutzes nicht erwähnt. Der Abschnitt bezog sich früher auf wasserrechtliche Vorschriften, die jetzt durch 0.1.11 abgedeckt sind.

0.1.10 Besondere Vorgaben für die Entsorgung, z.B. besondere Beschränkungen für die Beseitigung von Abwasser und Abfall.

Einschränkungen für die Beseitigung von Abwasser und Abfall auf der Baustelle können z.B. darin bestehen, daß sich das Gelände in einem Wasserschutzgebiet befindet. In solchen Fällen muß der Auftraggeber klären, wie und wohin Abwasser abgeleitet werden kann und in welcher Entfernung eine geeignete Abfalldeponie gelegen ist. Nach Abschnitt 4.1.11 ist das Beseitigen der von den Arbeiten des Auftragnehmers herrührenden Verunreinigungen, z.B. von Abfällen und Bauschutt, und damit auch von Abwasser, Nebenleistung. Daher ist die Kenntnis über die notwendigen Transportwege und gegebenfalls über die Gebühren für die Ablagerung für den Bieter von Bedeutung. Werden diese Nebenleistung bei ungünstigen Verhältnissen sehr kostenträchtig, empfiehlt es sich, sie als Besondere Leistung (siehe Abschnitt 0.4) auszuschreiben.

Hier wie auch an anderen Stellen unterscheidet die VOB peinlich genau, ob es sich bei den Angaben um solche zur Baustelle (wie hier) oder um solche zur Ausführung (siehe Abschnitt 0.2.4) handelt, obwohl dies oft nicht zu trennen und für die Zwecke der Kostenkalkulation meist auch nicht von Belang ist.

0.1.11 Schutzgebiete oder Schutzzeiten im Bereich der Baustelle, z.B. wegen Forderungen des Gewässer-, Boden-, Natur-, Landschafts- oder Immissionsschutzes; vorliegende Fachgutachten o.ä.

Schutzgebiete, z.B. Wasserschutzgebiete (siehe auch Abschnitt 0.1.10), und Schutzzeiten, z.B. zum Lärmschutz (Immissionsschutz) von Anwohnern, können besondere Maßnahmen erforderlich machen, z.B. Einhausungen von Maschinen. Ist dem Bieter bekannt, welche Pflichten er zu übernehmen hat, wenn die Baustelle im Bereich von Schutzgebieten liegt oder Schutzzeiten unterworfen ist, so muß er Erschwernisse und besondere Maßnahmen, die sich daraus ergeben, in seine Preise einrechnen. Werden ihm die erforderlichen Angaben nicht oder erst nach Vertragsabschluß gemacht, kann er dafür zusätzliche Vergütung verlangen.

0.1.12 Art und Umfang des Schutzes von Bäumen, Pflanzenbeständen, Vegetationsflächen, Verkehrsflächen, Bauteilen, Bauwerken, Grenzsteinen u.ä. im Bereich der Baustelle.

Zum Schutz von Bäumen können Schutzverschläge, Vorkehrungen zur Erhaltung des Wurzelwerks, das Freihalten der Baumscheiben und dergleichen erforderlich werden. Die Erhaltung von Pflanzenbeständen und Vegetationsflächen kann Einzäunungen, Schutzmaßnahmen vor zu starker Sonne, vor Wind und Frost, z.B. durch einen Vorwuchs, sowie den Schutz gegen Wildfraß notwendig machen. Ein solcher Schutz kann auch für die Zeit nach der Fertigstellung der Arbeiten noch erforderlich sein. Der Schutz von Verkehrsflächen wird sich in erster Linie auf die Schonung befestigter Fahrbahnen beziehen.

Der Schutz baulicher Anlagen kann sich auf Verkleidungen oder andere Maßnahmen gegen unmittelbare Beschädigung sowie gegen Verschmutzung erstrecken. Er kann aber auch darin bestehen, daß Sicherungsmaßnahmen, z.B. Unterfangungen, Stützmauern, Bodenverfestigungen oder andere bauliche Schutzmaßnahmen vorzusehen sind.

Ferner sind Angaben über Anzahl und Lage von Grenzsteinen, Höhenfestpunkten u.ä. zu machen, damit deren Erhaltung gesichert werden kann.
Da der Umfang solcher Schutzmaßnahmen relativ einfach abzuschätzen ist, empfiehlt es sich, ihn in einzelnen Positionen ausschreiben.

0.1.13 ***Im Baugelände vorhandene Anlagen, insbesondere Abwasser- und Versorgungsleitungen.***

Diese Anlagen und Leitungen können entweder zu den in Abschntt 0.1.5 erwähnten Anschlüssen oder zu den in Abschnitt 0.1.14 aufgeführten bekannten oder vermuteten Hindernissen zählen. Bemerkenswert ist, daß hier vom »Baugelände« gesprochen wird, während es in Abschnitt 0.1.14 »Bereich der Baustelle« heißt, wobei der erste Begriff sicher eine größere Fläche umfaßt als der zweite.

0.1.14 ***Bekannte oder vermutete Hindernisse im Bereich der Baustelle, z.B. Leitungen, Kabel, Dräne, Kanäle, Bauwerksreste, und, soweit bekannt, deren Eigentümer.***

Hindernisse im Bereich der Baustelle können entweder oberirdisch und damit bekannt sein, oder unterirdisch und bekannt oder vermutet sein. Beide Arten können vorwiegend bei der Ausführung von Tiefbauleistungen, Erd- und Landschaftsbauarbeiten die Preiskalkulation beeinflussen, es sei denn, oberirdische Hindrnisse können nicht beseitigt werden und behindern damit z.B. die Baustelleneinrichtung und den Materialtransport anderer Gewerke.

0.1.15 ***Vermutete Kampfmittel im Bereich der Baustelle, Ergebnisse von Erkundungs- oder Beräumungsmaßnahmen.***

Auch »vermutete Kampfmittel« gehören zu den vermuteten Hindernissen nach Abschnitt 0.1.14. Allerdings beeinflussen sie in der Regel nicht die Preiskalkulation der Bauleistungen, da Kampfmittel nicht durch einen beliebigen Auftragnehmer, sondern nur durch dafür zugelassene Spezialfirmen beseitigt werden dürfen. Insofern muß der Auftraggeber diese Hindernisse bereits vor Baubeginn beseitigt haben. Auch wenn z.B. das mit den Erdarbeiten beauftragte Unternehmen zu diesen Spezialfirmen zählt, kann die Beseitigung der Kampfmittel nicht durch einfache Erwähnung in der Leistungsbeschreibung und entsprechende Kompensation in den Einheitspreisen, sondern nur durch getrennte Ausschreibung in Auftrag gegeben werden. Insofern kann ein Auftraggeber nur dringend davor gewarnt werden, Bauleistungen auf einem Grundstück zu veranlassen, auf dem Kampfmittel vermutet werden.

0.1.16 ***Besondere Anordnungen, Vorschriften und Maßnahmen der Eigentümer (oder der anderen Weisungsberechtigten) von Leitungen, Kabeln, Dränen, Kanälen, Straßen, Wegen, Gewässern, Gleisen, Zäunen und dergleichen im Bereich der Baustelle.***

Die hier erwähnten Anlagen im Bereich der Baustelle sind alle bekannt und können gegebenenfalls fremden Eigentümern gehören, z.B. Kabel der Telekom. Die Eigentümer können besondere Vorschriften zum Schutz ihres Eigentums erlassen haben, die ebenso zu beachten sind, wie die Eigentumsrechte selbst. Solche Schutzmaßnahmen sind entweder besonders auszuschreiben oder in einfachen Fällen als Nebenleistung auszuweisen.

0.1.17 ***Art und Umfang von Schadstoffbelastungen, z.B. des Bodens, der Gewässer, der Luft, der Stoffe und Bauteile; vorliegende Fachgutachten o.ä.***

Ist der Boden einer Baustelle in erheblichem Maße schadstoffbelastet, muß er in der Regel vor Beginn der Arbeiten ausgetauscht oder dekontaminiert werden, so daß dafür die Aussage zu Abschnitt 0.1.15 gilt. Im Boden verbleibende Schadstoffe sowie die nicht zu beseitigenden in Gewässern und in der Luft erfordern häufig besondere persönliche Schutzmaßnahmen für die Beschäftigten des Auftragnehmers, die er in seine Preise einkalkulieren muß. Schadstoffbelastete Baustoffe oder Bauteile treten in der Regel nur bei Abriß- und Sanierungsmaßnahmen in Erscheinung, z.B. asbesthaltige Baustoffe. Auf vorliegende Fachgutachten ist hinzuweisen, damit sich der Auftragnehmer dort über Art und Umfang etwa erforderlicher Schutzmaßnahmen informieren kann. Liegen dazu besondere Anordnungen behördlicher Stellen vor, muß der Auftragnehmer auch darüber in Kenntnis gesetzt werden (siehe auch Abschnitt 0.2.3).

0.1.18 Art und Zeit der vom Auftraggeber veranlaßten Vorarbeiten.

0.1.19 Arbeiten anderer Unternehmer auf der Baustelle.

Vorarbeiten, auf die der Auftragnehmer seine Leistungen aufbauen muß, müssen in der Regel fertiggestellt sein, bevor er mit seinen Arbeiten anfangen kann. Er muß daher prüfen, ob er unter den angegebenen Terminen die Ausführungszeiten und -fristen für seine eigenen Leistungen sicherstellen kann. Das gleiche gilt für die Arbeiten anderer Unternehmer, die seine eigene Leistung behindern könnten, ohne daß sie »Vorarbeiten« sind.

0.2 Angaben zur Ausführung

0.2.1 Vorgesehene Arbeitsabschnitte, Arbeitsunterbrechungen und -beschränkungen nach Art, Ort und Zeit sowie Abhängigkeit von Leistungen anderer.

Siehe Anmerkung zu Abschnitt 0.1.18/0.1.19.

0.2.2 Besondere Erschwernisse während der Ausführung, z.B. Arbeiten in Räumen, in denen der Betrieb weiterläuft, Arbeiten im Bereich von Verkehrswegen, oder bei außergewöhnlichen äußeren Einflüssen.

Besondere Erschwernisse können nicht nur die durch den laufenden Betrieb des Auftraggebers bedingten Arbeitsunterbrechungen, sondern auch die dadurch hervorgerufenen Belastungen der Beschäftigten durch außergewöhnliche Temperaturen, z.B. bei Arbeiten in Stahlwerken oder in Kühlhäusern, sein, die Einfluß auf die zu zahlenden Tariflöhne haben.

0.2.3 Besondere Anforderungen für Arbeiten in kontaminierten Bereichen, gegebenenfalls besondere Anordnungen für Schutz- und Sicherheitsmaßnahmen.

Siehe Anmerkung zu Abschnitt 0.1.17.

0.2.4 Besondere Anforderungen an die Baustelleneinrichtung und Entsorgungseinrichtungen, z.B. Behälter für die getrennte Erfassung.

Hier wird ebenfalls auf Angaben hingewiesen, die ähnlich, aber mehr ins Detail gehend, bereits in den Abschnitten 0.1.10 bis 0.1.12 angesprochen wurden.

0.2.5 Besonderheiten der Regelung und Sicherung des Verkehrs, gegebenenfalls auch, wieweit der Auftraggeber die Durchführung der erforderlichen Maßnahmen übernimmt.

Diese Leistungen gehören nach den Abschnitten 4.2.7 und 4.2.8 zu den Besonderen Leistungen und sollten daher in getrennten Positionen ausgeschrieben werden. Insofern wird der Auftraggeber kaum die Durchführung von Maßnahmen in diesem Bereich ausschreiben, wenn er beabsichtigt, sie selbst zu übernehmen. Diese Hinweise werden erst dann interessant, wenn der Auftraggeber die Maßnahmen als Nebenleistung deklariert, indem er auffordert, ihre Kosten in die Einheitspreise einzurechnen. In diesem Fall empfiehlt es sich für ihn, anzugeben, welche der Maßnahmen der selbst durchführen will, damit sie die Einheitspreise des Auftragnehmers nicht unnötig erhöhen.

***0.2.6** Auf- und Abbauen sowie Vorhalten der Gerüste, die nicht Nebenleistung sind.*

In welchen Fällen das Auf-, Abbauen und Vorhalten von Gerüsten keine Nebenleistung ist, wird in den Abschnitten 4.2 der einzelnen ATV geregelt. Im allgemeinen sind dies Gerüste, die ausschließlich für die Zwecke anderer Unternehmer benötigt werden, sowie bei den »Bauhauptgewerken« das Vorhalten eigener Gerüste über die eigene Benutzungszeit hinaus und bei den »Ausbaugewerken« Gerüste mit Arbeitshöhen über 2 m.

Für die Zwecke von Bauleistungen, die in der VOB durch eine ATV geregelt sind, wäre dieser Abschnitt daher nicht erforderlich. Wird jedoch DIN 18299 auf eine Bauleistung angewendet, für die keine ATV existiert, muß der Ausschreibende angeben, welche der erforderlichen Gerüste als Nebenleistung und welche als Besondere Leistung anzusehen sind, sofern in diesem Fall eine derartige Unterteilung überhaupt sinnvoll ist.

***0.2.7** Mitbenutzung fremder Gerüste, Hebezeuge, Aufzüge, Aufenthalts- und Lagerräume, Einrichtungen und dergleichen durch den Auftragnehmer.*

Die Mitbenutzung von Teilen der Baustelleneinrichtung kommt in der Regel für die »Ausbaugewerke« infrage und kann zu einer Verminderung der Gemeinkosten des Auftragnehmers führen, der sonst diese Einrichtungen selbst vorhalten müßte. Es wird natürlich erwartet, daß sich eine solche Minderung auch auf die angebotenen Einheitspreise durchschlägt, zumal das Unternehmen, das diese Einrichtungen vorhalten muß, dies als Besondere Leistung dem Auftraggeber in Rechnung stellen kann (siehe ATV DIN 18330, Abschnitt 4.2.2, DIN 18331, Abschnitt 4.2.4, und DIN 18335, Abschnitt 4.2.3).

***0.2.8** Wie lange, für welche Arbeiten und gegebenenfalls für welche Beanspruchung der Auftragnehmer seine Gerüste, Hebezeuge, Aufzüge, Aufenthalts- und Lagerräume, Einrichtungen und dergleichen für andere Unternehmer vorzuhalten hat.*

Hier ist umgekehrt wie in Abschnitt 0.2.7 der Fall angesprochen, daß der Auftragnehmer Teile seiner Baustelleneinrichtung zur Mitbenutzung durch andere zur Verfügung stellen muß. Durch Abschnitt 4.2.9 ist – wie auch in DIN 18330, DIN 18331 und DIN 18335 – eindeutig geregelt, daß dies Besondere Leistung ist, die ausgeschrieben werden müßte. Der Hinweis hier kann daher nur für den Fall gelten, daß der Auftraggeber diese Aufwendungen als Nebenleistung ansehen will oder muß und sie der Bieter daher in seine Preise einkalkulieren muß.

***0.2.9** Verwendung oder Mitverwendung von wiederaufbereiteten (Recycling-)Stoffen.*

***0.2.10** Anforderungen an wiederaufbereitete (Recycling-)Stoffe und an nicht genormte Stoffe und Bauteile.*

Möchte der Auftraggber wiederaufbereitete (Recycling-) Stoffe an seinem Bauvorhaben verwendet wissen, muß er dies vorschreiben, da ihre Beschaffung teurer sein kann als die von ungebrauchten Stoffen. Wird in einer Leistungsbeschreibung in dieser Hinsicht über die Stoffe nichts ausgesagt, müssen sie ungebraucht sein, siehe Abschnitt 2.3.1. Auch wiederaufbereitete Stoffe gelten danach als ungebraucht. Hierfür kommen jedoch in der Regel nur Schüttgüter in Betracht, die einem regelrechten Wiederaufbereitungsverfahren unterzogen werden können. Gebrauchte und abgeputzte Mauersteine können sicher nicht als wiederaufbereitet gelten, obwohl auch sie für den Verwendungszweck geeignet sein können. Nach dem ersten Satz in den Abschnitten 2 der ATV müssen Baustoffe und Bauteile den jeweiligen DIN-Normen entsprechen, deren Anforderungen sich immer auf die ungebrauchten Produkte, wie sie das Werk verlassen haben, beziehen. Verlangt der Auftraggeber jedoch ausdrücklich die Verwendung von ungenormten und auch wiederaufbereiteten Stoffen, muß er gegebenenfalls auch die erforderliche Qualität vorschreiben.

***0.2.11** Besondere Anforderungen an Art, Güte und Umweltverträglichkeit der Stoffe und Bauteile, auch z.B. an die schnelle biologische Abbaubarkeit von Hilfsstoffen*

Bei genormten Stoffen und Bauteilen kann häufig zwischen verschiedenen Arten und Qualitäten gewählt werden, ferner kann der Auftraggeber dafür auch Qualitäten und Anforderungen vorschreiben, die über die Festlegungen der Norm hinausgehen, sofern der Markt entsprechende Produkte anbietet. Bei ungenormten Baustoffen und Bauteilen muß der Auftraggeber die gewünschte Art und Qualität ohnehin vorschreiben. Die Art der Hilfsstoffe, die zur Ausführung der Leistung notwendig sind, jedoch nicht in das Bauwerk eingehen, bleibt in der Regel der Wahl des Auftragnehmers überlassen, der auch für ihre Beseitigung und gegebenenfalls ihre Entsorgung verantwortlich ist. Auftraggeber mit besonderem Interesse am Umweltschutz können jedoch auch besondere Hilfsstoffe, z.B. im Sinne der angegebenen biologischen Abbaubarkeit, vorschreiben. Eine solche Vorschrift hat sicher Einfluß auf die Kalkulation des Bieters.

Das Bereitstellen und das Beseitigen erforderlicher Hilfsstoffe ist in der Regel Nebenleistung und wird daher in der Leistungsbeschreibung nicht besonders erwähnt. Bleiben auch die vom Auftraggeber besonders vorgeschriebenen Hilfsstoffe Nebenleistung, ist eine sorgfältige Bauüberwachung erforderlich, um sicherzustellen, daß der Auftragnehmer seinen Vertrag in dieser Hinsicht auch erfüllt. Werdne die besonderen Hilfsstoffe ausgeschrieben, werden sie zur Besonderen Leistung erhoben und tragen damit auch zur Verteuerung der Gesamtleistung bei.

***0.2.12** Art und Umfang der vom Auftraggeber verlangten Eignungs- und Gütenachweise.*

Sofern Eignungs- und Gütenachweise für die Qualität der Leistung und/oder die Standsicherheit des Bauwerks von besonderer Bedeutung sind, ist die Frage, inwieweit das Erbringen dieser Nachweise Neben- oder Besondere Leistung ist, im Abschnitt 4 der jeweiligen ATV geregelt, siehe z.B. DIN 18315, DIN 18331, DIN 18335.

Darüber hinaus dürfte bei genormten Baustoffen und Bauteilen die Zusicherung des Herstellers, daß sein Produkt der Norm entspricht, im allgemeinen als Gütenachweis ausreichen. Das Erbringen dieser Zusicherung dürfte auch für den Auftragnehmer, der die Produkte erworben hat, kein Problem sein; aus seiner Verpflichtung, genormte Stoffe und Bauteile zu verwenden, ergibt sich automatisch, daß er dies im Zweifelsfall ohne besondere Kosten für den Auftraggeber auch nachweisen muß.

Verlangt der Auftraggeber die Verwendung ungenormter Baustoffe und Bauteile und legt er dafür bestimmte Anforderungen fest, muß er auch angeben, ob und in welchem Umfang er Nachweise über die Anforderungen verlangt. Das Beibringen dieser Nachweise, z.B. durch Bescheinigungen unabhängiger Prüfinstitute, kann mit erheblichen Kosten für den Auftragnehmer verbunden sein, die er notwendigerweise über seine Einheitspreise an den Auftraggeber weitergeben muß.

***0.2.13** Unter welchen Bedingungen auf der Baustelle gewonnene Stoffe verwendet werden dürfen bzw. müssen oder einer anderen verwendung zuzuführen sind.*

Die Möglichkeit, daß auf einer Baustelle Stoffe gewonnen werden, die für den Bau direkt oder zu anderen Zwecken verwendet werden können, dürfte nur auf sehr wenige in der VOB behandelte Leistungsbereiche zutreffen, so daß die Erwähnung in einer ATV über »Bauarbeiten jeder Art« kaum gerechtfertigt erscheint.

Zweifellos sind auf einer Baustelle gewonnene Stoffe ebenso Eigentum des Bauherren wie das Grundstück selbst, und er hat zu bestimmen, ob und wie sie verwertet werden. Ist die Existenz dieser Stoffe vor Baubeginn bekannt, ist über ihre Behandlung in den Vertragsbedingungen des betroffenen Auftragnehmers eine Regelung aufzunehmen. Werden solche Stoffe im Ausnahmefall unvermutet angetroffen, kann ohnehin nur eine Zusatzregelung zu dem bestehenden Bauleistungsvertrag Platz greifen.

***0.2.14** Art, Zusammensetzung und Menge der aus dem Bereich des Auftraggebers zu entsorgenden Böden, Stoffe, und Bauteile; Art der Verwertung bzw. bei Abfall die Entsorgungsanlage; Anforderungen an die Nachweise über Transporte, Entsorgung und die vom Auftraggeber zu tragenden Entsorgungskosten.*

Bei den Stoffen und Bauteilen »aus dem Bereich des Auftaggebers« kann es sich nur um solche von bestehenden Bauwerken handeln, die beseitigt werden müssen, damit die geplante Baumaßnahme durchgeführt werden kann. Um die Stoffe und Bauteile entsorgen zu können, müssen die bestehenden Bauwerke zunächst abgerissen werden. Auch diese Leistung muß – häufig an einen speziellen Auftraggeber – vergeben werden, und man wird zweckmäßigerweise die Entsorgung der dabei anfallenden Stoffe mit dieser Leistung verbinden. Dabei wird man in der Regel die Kosten für die Entsorgung in die Preise für den Abriß einkalkulieren lassen, so daß der Auftragnehmer nur noch etwa behördlich vorgeschriebene Nachweise für die ordnungsgemäße Entsorgung beibringen muß.

Die Ausschreibung von erforderlichen Abrißarbeiten im Zusammenhang mit neuen Baumaßnahmen kommen vornehmlich im Bereich der Erdarbeiten, Landschaftsbauarbeiten und ähnlicher Leistungsbereiche vor, wo oft vor den eigentlichen Baumaßnahmen bestehende Flächenbefestigungen, wie Straßen, Wege, Parkplätze u.ä. zu beseitigen sind.

***0.2.15** Art, Menge, Gewicht der Stoffe und Bauteile, die vom Auftraggeber beigestellt werden, sowie Art, Ort (genaue Bezeichnung) und Zeit ihrer Übergabe.*

Die Beistellung von Baustoffen und Bauteilen durch den Auftraggeber kommt aus Organisations- und Kostengründen meist nur für große Auftraggeber infrage, die mehrere Bauvorhaben gleichzeitig oder in zeitlichem Zusammenhang betreiben, wobei die dabei erzielten günstigeren Einkaufspreise den Kosten für Verteilung und Bereitstellung gegenübergestellt werden müssen. Die Beistellung von Baustoffen kann jedoch bei dem in der Regel vom öffentlichen Auftraggeber betriebenen Tiefbau vorteilhaft sein, wenn z.B. überflüssiger Bodenaushub der einen Baustelle als erforderlicher Baustoff des Auftraggebers auf der anderen Baustelle Verwendung finden kann.

Art, Menge und die Umstände der Beistellung der Stoffe des Auftraggebers müssen dem Bieter bekannt sein, damit sie in die Kalkulation der Preise für seine Leistung einfließen können.

***0.2.16** In welchem Umfang der Auftraggeber Abladen, Lagern und Transport von Stoffen und Bauteilen übernimmt oder dafür dem Auftragnehmer Geräte oder Arbeitskräfte zur Verfügung stellt.*

Nach Abschnitt 2.1.1 gehört das Abladen, Lagern und der Transport der Baustoffe und Bauteile auf der Baustelle zu den Pflichten des Auftragnehmers. Bei der heute üblichen Verwendung moderner Baustelleneinrichtungen, z.B. mit Turmdrehkränen, ist es jedoch vorteilhafter, diese Leistungen durch den Auftraggeber, d.h. durch einen besonderen, von ihm beauftragten Unternehmer ausführen zu lassen, der in der Regel die Kosten für diese Fremdleistung in den Preis für die Baustelleneinrichtung einkalkulieren muß. Von den Auftragnehmern, die von diesen Leistungen profitieren, wird natürlich erwartet, daß sich ihre Preise dementsprechend ermäßigen.

0.2.17 Leistungen für andere Unternehmer.

Soll der Auftragnehmer Leistungen wie in 0.2.16 für andere Unternehmer ausführen, so ist dies in den Vertragsbedingungen anzugeben. Da der Umfang solcher Leistungen schwer abzuschätzen ist, kann er in der Regel nur durch einen Zuschlag zum Preis der Baustelleneinrichtung abgegolten werden. Andere, eindeutiger definierte Leistungen, z.B. das Einsetzen oder Verankern von Tischler- oder Schlosserbauteilen durch den Auftragnehmer der Mauerarbeiten, sind jedoch konkret durch eigene Positionen bei den Mauerarbeiten auszuschreiben. Sie werden dadurch zu originären Leistungen der Mauerarbeiten und sind nicht mehr »Leistungen für andere Unternehmer«. Damit der Auftraggeber diese Leistungen nicht zweimal bezahlen muß, ist bei der Ausschreibung dieser Bauteile der Hinweis einzufügen, daß die Verankerung bauseits vorgenommen wird.

0.2.18 Mitwirken beim Einstellen von Anlageteilen und bei der Inbetriebnahme von Anlagen im Zusammenwirken mit anderen Beteiligten, z.B. mit dem Auftragnehmer für die Gebäudeautomation.

Dieser Sachverhalt ist, im Gegensatz zu dem erklärten Zweck und Geltungsbereich der ATV für die meisten Bauarbeiten nicht relevant, sondern hat vorwiegend Bedeutung bei der Erstellung technischer Anlagen, die nach Einarbeitung der EU-Koordinierungsrichtlinie nunmehr nicht mehr zu den Liefer- sondern zu den Bauleistungen zählen. Da für alle diese Leistungen nicht kurzfristig neue spezifische Bestimmungen in den Teil C der VOB augenommen werden können, wird mit diesem Abschnitt der Ausschreibende darauf hingewiesen, daß hier zusätzliche Leistungen für Auftragnehmer entstehen können, wenn sie z.B. Personal für das Einstellen des Zusammenwirkens von Anlagen bereitstellen müssen.

0.2.19 Benutzung von Teilen der Leistung vor der Abnahme.

Nach VOB Teil B, § 4, Nr 5, muß der Auftragnehmer seine Leistung bis zur Abnahme durch den Auftraggeber vor Beschädigungen schützen. Beabsichtigt der Auftraggeber daher – gegebenenfalls auch durch andere, von ihm beauftragte Unternehmen – Teile dieser Leistung schon vor einer Abnahme zu nutzen, entsteht ein erhöhtes Risiko der Beschädigung, das der Auftragnehmer entweder durch Einsatz besonderer Schutzmaßnahmen oder durch einen Zuschlag auf seine Preise abdekken muß.

0.2.20 Übertragung der Wartung während der Dauer der Verjährungsfrist für die Gewährleistungsansprüche für maschinelle und elektrotechnische/elektronische Anlagen oder Teile davon, bei denen die Wartung Einfluß auf die Sicherheit und die Funktionsfähigkeit hat (vergleiche B § 13 Nr 4, Abs. 2), durch einen besonderen Wartungsvertrag.

Hier gilt sinngemäß die Anmerkung zu Abschnitt 0.2.18, daß dieser Sachverhalt nur für die Ersteller technischer Anlagen von Bedeutung ist. Da sie zum Erhalt ihrer Funktionsfähigkeit ständig gewartet und/oder gepflegt werden müssen, kann der Auftragnehmer die Gewährleistung nach VOB Teil B, § 13, Nr 4, nur dann übernehmen, wenn diese Wartung bzw. Pflege sichergestellt ist. Es liegt daher nahe, den Ersteller der Anlage auch mit diesen Aufgaben zu betreuen. Da es sich bei den Kosten für Wartung und Pflege nicht um Baukosten im Sinne von DIN 276 handelt, ist zu empfehlen, sie in einem gesonderten Vertrag zu vergeben, damit dieser Posten nicht das Ergebnis der endgültigen Kostenermittlung verfälscht.
Der Auftraggeber kann jedoch die Wartung und Pflege während der Gewährleistungsfrist auch selbst übernehmen oder sie einem anderen Unternehmer übertragen, wenn er glaubt, damit besser zu fahren. Allerdings muß dann Sorge getragen werden, daß der Ersteller der Anlage bei Eintritt eines Gewährleistungsschadens mit dem Argument, die Wartung wäre nicht fachgerecht durchgeführt worden, nicht die Schadensbeseitigung ablehnen kann.

***0.2.21** Abrechnung nach bestimmten Zeichnungen oder Tabellen.*

Die Regeln der VOB favorisieren eindeutig die Abrechnung der Leistungen nach Zeichnungen, um den für Auftraggeber und -nehmer in gleicher Weise unproduktiven Aufwand des örtlichen Aufmaßes zu vermeiden (siehe Abschnitt 5). Zu dem Begriff »Zeichnungen« gehören jedoch auch andere Unterlagen, aus denen der Leistungsumfang ermittelt werden kann, z.B. Listen und Tabellen. Voraussetzung für die Abrechnung nach Zeichnung und anderen Unterlagen ist jedoch, daß sie der tatsächlich ausgeführten Leistung entsprechen. Wenn dies nicht gegeben ist, kann der Auftraggeber den Auftragnehmer beauftragen, besondere Abrechnungszeichnungen (Bestandspläne) anzufertigen, nach denen die Leistung abgerechnet werden kann. Die Kosten für die Erstellung solcher Pläne wird der Auftragnehmer natürlich in seine Preise einrechnen, es sei denn, daß dafür eine besondere Leistungsposition vorgesehen wird.

Der Auftraggeber muß ebenfalls in seinen Vertragsunterlagen angeben, wenn er bestimmte zeichnerische oder schriftliche Unterlagen zur Abrechnung heranziehen will, die nicht unmittelbar zur Ausführung der Leistung benötigt wurden, und der Bieter muß prüfen, ob die Abrechnung nach diesen Unterlagen für ihn annehmbar ist.

0.3 Einzelangaben bei Abweichungen von den ATV

***0.3.1** Wenn andere als die in den ATV DIN 18299 ff. vorgesehenen Regelungen getroffen werden sollen, sind diese in der Leistungsbeschreibung eindeutig und im einzelnen anzugeben.*

***0.3.2** Abweichende Regelungen von der ATV DIN 18299 können insbesondere in Betracht kommen bei*

Abschnitt 2.1.1, wenn die Lieferung von Stoffen und Bauteilen nicht zur Leistung gehören soll,
Abschnitt 2.2, wenn nur ungebrauchte Stoffe und Bauteile vorgehalten werden dürfen,
Abschnitt 2.3.1, wenn auch gebrauchte Stoffe und Bauteile geliefert werden dürfen.

Nach VOB Teil B, § 1, Nr 1, wird die auszuführende Leistung nach Art und Umfang durch den Vertrag bestimmt. Woraus der Vertrag bestehen kann, wird in Nr 2 aufgeführt, wobei die angegebene Reihenfolge auch eine Hierarchie der Wertigkeiten darstellt. Danach gilt an erster Stelle die Leistungsbeschreibung, während an letzter Stelle der Teil C der VOB (die Allgemeinen Technischen Vertragsbedingungen für Bauleistungen – ATV) steht. Die Bestimmungen der ATV – hier die DIN 18299 – gelten also nur dann, wenn der Auftraggeber in der Leistungsbeschreibung zu den jeweiligen Sachverhalten keine detaillierten Angaben macht.

Der Abschnitt 0.3.2 weist deswegen darauf hin, daß zu bestimmten Abschnitten auch andere als die dort angegebenen Regelungen möglich und üblich sind und daß der Auftraggeber dazu Angaben in der Leistungsbeschreibung machen muß, wenn er andere als die vorgegebenen Regelungen wünscht.

Der Ausdruck »insbesondere« weist darauf hin, daß außer bei den aufgeführten auch bei weiteren Abschnitten abweichende Regelungen in Betracht kommen können.

0.4 Einzelangaben zu Nebenleistungen und Besonderen Leistungen

***0.4.1** Nebenleistungen*

Nebenleistungen (Abschnitt 4.1 aller ATV) sind in der Leistungsbeschreibung nur zu erwähnen, wenn sie ausnahmsweise selbständig vergütet werden sollen. Eine ausdrückliche Erwähnung ist geboten, wenn die Kosten der Nebenleistung von erheblicher Bedeutung für die Preisbildung sind; in diesen Fällen sind besondere Ordnungszahlen (Positionen) vorzusehen.

Dies kommt insbesondere in Betracht für

- *das Einrichten und Räumen der Baustelle,*
- *Gerüste,*

- *besondere Anforderungen an Zufahrten, Lager- und Stellflächen.*

***0.4.2** Besondere Leistungen*

Werden Besondere Leistungen (Abschnitt 4.2 aller ATV) verlangt, ist dies in der Leistungsbeschreibung anzugeben; gegebenenfalls sind hierfür besondere Ordnungszahlen (Positionen) vorzusehen.

In der VOB wird das Paket aller von einem Auftragnehmer nach dem Vertrag zu erbringenden Leistungen in drei Kategorien gegliedert, zu denen in den entsprechenden Abschnitten der jeweiligen ATV Aussagen gemacht werden:
a) Die Hauptleistung(en), siehe Abschnitt 3,
b) die Nebenleistungen, siehe Abschnitt 4.1,
c) die Besonderen Leistungen, siehe Abschnitt 4.2.

Die Beschreibung der Hauptleistung in Abschnitt 3 hat entweder kategorischen Charakter (»Verbindungen und Befestigungen sind ...«) oder ist an die Bedingung geknüpft, daß der Auftraggeber dazu eine Auswahl getroffen hat (»Bei Metalldachdeckungen sind ...). Häufig sind auch mehrere gleichwertige oder gleichartige Ausführungsarten nebeneinander gestellt, wobei stillschweigend angenommen wird, daß der Auftragnehmer nur die Variante ausführen muß, die der Auftraggeber in seiner Leistungsbeschreibung angegeben hat (siehe z.B. Dachdeckungen in DIN 18338). Alle zur Erbringung der Hauptleistung anfallenden Aufwendungen sind durch die angebotenen Einheitspreise oder durch den Pauschalpreis abgegolten.

Nebenleistungen sind solche Leistungen, die zur Ausführung der Hauptleistung unabdingbar sind, und deren getrennte Beschreibung und Abrechnung nicht möglich, nicht sinnvoll oder nach der Verkehrssitte nicht üblich ist, z.B. das Zubereiten des Mörtels bei Mauerarbeiten. Auch die Aufwendungen zur Erbringung der Nebenleistungen sind durch die Einheitspreise der Leistungspositionen oder durch den Pauschalpreis abgegolten. Die Abgrenzung zwischen Haupt- und Nebenleistung ist mitunter nicht eindeutig, spielt aber in der Praxis meist keine Rolle, weil beide durch den Angebotspreis abgedeckt sind.

Besondere Leistungen sind Leistungen, die zur Erbringung der Hauptleistung nicht unbedingt erforderlich sind oder nach der Verkehrssitte nicht zum üblichen Leistungsspektrum des Auftragnehmers gehören, aber auf Wunsch des Auftraggebers von ihm erbracht werden sollen. Sie können und müssen, ebenso wie die gewählte Hauptleistung, nur dann ausgeführt werden, wenn sie vom Auftraggeber ausgeschrieben und damit besonders vergütet werden (siehe Abschnitt 0.4.2). Die Frage, was Nebenleistung und was Besondere Leistung ist, wird insbesondere zwischen Auftraggeber und -nehmer häufig unterschiedlich beurteilt, weil dadurch die Kosten für eine Gesamtleistung erheblich beeinflußt werden können und weil hier auch erhebliche Unterschiede in den Gepflogenheiten bestehen. Leistungsbeschreibungen sollten daher stets sorgfältig auf ihre Vollständigkeit überprüft werden, damit keine Unklarheiten über den Charakter bestimmter Leistungen auftreten können. Dabei ist zu beachten daß die Aufzählungen in den Abschnitten 4.1 und 4.2 wegen der unterschiedlichen Gepflogenheiten nur beispielhaft sind.

Der Abschnitt 0.4 empfiehlt in diesem Zusammenhang, daß auch Nebenleistungen besonders ausgeschrieben werden sollten, wenn ihr Umfang im Einzelfall das übliche Maß übersteigt; Beispiele für derartige Möglichkeiten werden in Abschnitt 0.4.1 aufgeführt.

0.5 Abrechnungseinheiten

Im Leistungsverzeichnis sind die Abrechnungseinheiten für die Teilleistungen (Positionen) gemäß Abschnitt 0.5 der jeweiligen ATV anzugeben.

Mit diesen Empfehlungen wird im Interesse der Anbieter von Bauleistungen angestrebt, gleiche Leistungspositionen immer mit den gleichen Abrechnungseinheiten zu versehen, um so die Kalkulation zu erleichtern, weil dann häufig auf bereits frü-

her ermittelte Kostengrößen zurückgegriffen werden kann. Da in DIN 18299 keine bestimmten Bauleistungen behandelt werden, kann hier nur auf die speziellen Regelungen in den einzelnen ATV verwiesen werden.
Grundgedanke für die Festlegung der Abrechnungseinheiten ist, daß

- *massige Bauteile nach Raummaß (m^3),*
- *vorwiegend flächige Bauteile nach Flächenmaß (m^2) und*
- *vorwiegend lineare Bauteile nach Längenmaß (m)*

abgerechnet werden sollten. Darüber hinaus ist das Gewicht (kg, t) für Schüttgüter und die Anzahl (Stück) für zusammengesetzte oder serienmäßige Bauteile angebracht. Dieser Grundsatz zur Ausfüllung des Abschnitts 0.5 ist in den einzelnen ATV der frühen VOB-Fassungen durch eine knappe Aufzählung von Beispielen für die Abrechnungseinheiten Rechnung getragen worden. Mit der ständigen Fortschreibung der VOB ist jedoch dieser Abschnitt in einem Teil der ATV auf Veranlassung der jeweiligen Auftragnehmerschaft durch das Hinzufügen immer weiterer Beispiele in einer Weise aufgebläht worden, die in keinem Verhältnis zu seiner Bedeutung steht (siehe DIN 18330, DIN 18331, DIN 18349 u.a.). Der Grund dafür ist in der Aussage zu suchen, die sich in der Einleitung des Abschnitts 0 findet: »Die Beachtung dieser Hinweise ist Voraussetzung für eine ordnungsgemäße Leistungsbeschreibung nach A § 9.« Man glaubt nämlich durch die Zuordnung von Abrechnungseinheiten auch zu kleinsten Bauteilen oder Leistungen den Auftraggeber verpflichten zu können, dafür jeweils eigene Positionen im Leistungsverzeichnis vorzusehen. Sind diese nicht vorhanden, möchte man unter Hinweis auf diesen Satz auch nachträglich eine gesonderte Abrechnung dieser Bauteile durchsetzen. Dabei wird der nachfolgende, aber entscheidende Satz der Einleitung übersehen: »Diese Hinweise werden nicht Vertragsbestandteil.« Die Hinweise des Abschnitts 0 stellen nur Empfehlungen für den Ausschreibenden dar und verpflichten ihn nicht, danach vorzugehen. Es bleibt letztlich dem Auftraggeber überlassen, welche Abrechnungseinheiten er im Leistungsverzeichnis vorschreibt und auch, in welchem Maße er Teilleistungen in getrennten Positionen oder zusammengefaßt ausschreibt. Hat der Auftragnehmer auf der Basis des Leistungsverzeichnisses den Vertrag akzeptiert, kann er nicht nachträglich eine Änderung verlangen.

1 Geltungsbereich

Die ATV »Allgemeine Regelungen für Bauarbeiten jeder Art« – DIN 18299 – gilt für alle Bauarbeiten, auch für solche, für die keine ATV in C – DIN 18300 ff. – bestehen.

Abweichende Regelungen in den ATV DIN 18300 ff. haben Vorrang.

Die ATV DIN 18299 wurde erstmals in die VOB Ausgabe 1988 aufgenommen. Sie war aus der Überlegung entstanden, die in den einzelnen ATV des Teiles C vorhandenen gleichlautenden Bestimmungen, die sogenannten »Standardregelungen«, an einer Stelle zusammenzufassen, um auf diese Weise den Umfang der VOB zu reduzieren, der durch die Aufnahme immer neuer ATV unhandlich zu werden drohte.
Diese Maßnahme hatte den zusätzlichen Vorteil, Regelungen auch für solche Bauleistungen anbieten zu können, für die es keine besondere ATV gibt. Der letzte Satz weist darauf hin, daß es trotz aller Bemühungen des DVA nicht ausgeschlossen werden kann, daß im Einzelfall Regeln der DIN 18299 im Gegensatz zu den speziellen Bestimmungen anderer ATV stehen können und dann nicht anwendbar sind.

2 Stoffe, Bauteile

2.1 Allgemeines

2.1.1 Die Leistungen umfassen auch die Lieferung der dazugehörigen Stoffe und Bauteile einschließlich Abladen und Lagern auf der Baustelle.

Nach dem Grundsatz, daß eine in Auftrag gegebene Bauleistung zu einem fertigen Werk führen soll, muß der Auftragnehmer die dazu erforderlichen Baustoffe und Bauteile liefern und auch auf der Baustelle abladen, nötigenfalls zwischenlagern und an die Verwendungsstelle transportieren. Dazu muß der Auftraggeber dem Auftragnehmer jedoch unentgeltlich Lagerfläche oder -raum zur Verfügung stellen (siehe VOB Teil B, § 4, Nr 4a). Der Auftraggeber kann aber auch andere Bestimmungen hinsichtlich der Baustoffe und Bauteile vorschreiben, muß dies dann jedoch in den Vertragsunterlagen angeben (siehe Abschnitte 0.1.16, 0.2.16 und 0.3.2).

2.1.2 Stoffe und Bauteile, die vom Auftraggeber beigestellt werden, hat der Auftragnehmer rechtzeitig beim Auftraggeber anzufordern.

Da der Auftragnehmer nach VOB Teil B, § 4, Nr 2, seine Leistung in eigener Verantwortung auszuführen hat, muß er auch dafür sorgen, daß die benötigten Stoffe rechtzeitig zur Verfügung stehen. Dies gilt insbesondere dann, wenn der Auftraggeber die Stoffe selbst liefern will (siehe auch Anmerkung zu Abschnitt 0.2.15).

2.1.3 Stoffe und Bauteile müssen für den jeweiligen Verwendungszweck geeignet und aufeinander abgestimmt sein.

Nach VOB Teil B § 13, muß der Auftragnehmer für die von ihm erbrachte Leistung die Gewährleistung übernehmen. Insofern wird er ohnehin darauf achten, daß die Baustoffe und Bauteile diesen Anforderungen genügen, wenn ihm ihre Auswahl überlassen bleibt. Schreibt jedoch der Auftraggeber bestimmte Baustoffe vor oder stellt er sie sogar selbst zur Verfügung, muß der Auftragnehmer prüfen, ob er mit diesen von ihm nicht ausgewählten Stoffen seine Leistung ordnungsgemäß erbringen kann. Hat er darüber Zweifel, muß er nach VOB Teil B, § 4, Nr 3, Bedenken gegen die vorgesehenen Baustoffe anmelden.

2.2 Vorhalten

Stoffe und Bauteile, die der Auftragnehmer nur vorzuhalten hat, die also nicht in das Bauwerk eingehen, dürfen nach Wahl des Auftragnehmers gebraucht oder ungebraucht sein.

Stoffe und Bauteile, die nur vorzuhalten sind, können z.B. Träger und Bohlen für einen Baugrubenverbau oder Bahnen für einen temporären Schutz von Bauteilen vor starker Sonneneinstrahlung oder Nässe sein. Ihre Beschaffenheit ist dem Auftraggeber in der Regel gleichgültig, sofern der Verwendungszweck erreicht wird.

2.3 Liefern

2.3.1 Stoffe und Bauteile, die der Auftragnehmer zu liefern und einzubauen hat, die also in das Bauwerk eingehen, müssen ungebraucht sein. Wiederaufbereitete (Recycling-)Stoffe gelten als ungebraucht, wenn sie Abschnitt 2.1.3 entsprechen.

Siehe Anmerkung zu Abschnitt 0.2.9/0.2.10.

2.3.2 Stoffe und Bauteile, für die DIN-Normen bestehen, müssen den DIN-Güte- und Maßbestimmungen entsprechen.

Die DIN-Normen, in denen die Materialeigenschaften und -anforderungen festgelegt sind, sind für die gebräuchlichsten Stoffe zur Information für Auftraggeber und Auftragnehmer im Abschnitt 2 der jeweiligen ATV aufgeführt. Sie können in Einzelfällen auch Lieferbedingungen, d.h. Bedingungen für den Vertrag zwischen Hersteller und Abnehmer enthalten. Da solche Vertragsbedingungen den Technischen Vertragsbedingungen der VOB widersprechen können, ist die Relevanz der DIN-Normen für den Bauleistungsvertrag auf die Maß- und Qualitätsfestlegungen eingegrenzt worden.

2.3.3 Stoffe und Bauteile, die nach den deutschen behördlichen Vorschriften einer Zulassung bedürfen, müssen amtlich zugelassen sein und den Zulassungsbedingungen entsprechen.

Baustoffe und Bauteile, die eine allgemeine bauaufsichtliche Zulassung oder eine Zulassung für den Einzelfall besitzen, sind solche, die entweder nicht genormt sind oder für deren Einsatz zusätzliche behördliche Bestimmungen erforderlich sind. Sie werden in der Regel für Baustoffe und Bauteile benötigt, die für tragende Konstruktionen verwendet werden, oder die in anderer Hinsicht von Bedeutung für die Sicherheit sind.
Der Abschnitt ist wegen seiner selbstverständlichen Forderung im Prinzip überflüssig und stellt lediglich eine »Hosenträger-und-Gürtel«-Bestimmung für den unwahrscheinlichen Fall dar, daß der Auftragnehmer einen Baustoff einsetzt, für den zwar eine Zulassung existiert, der aber den Bedingungen trotzdem nicht entspricht.

2.3.4 Stoffe und Bauteile, für die bestimmte technische Spezifikationen in der Leistungsbeschreibung nicht genannt sind, dürfen auch verwendet werden, wenn sie Normen, technischen Vorschriften oder sonstigen Bestimmungen anderer Staaten entsprechen, sofern das geforderte Schutzniveau in bezug auf Sicherheit, Gesundheit und Gebrauchstauglichkeit gleichermaßen dauerhaft erreicht wird.

Sofern für Stoffe und Bauteile eine Überwachungs-, Prüfzeichenpflicht oder der Nachweis der Brauchbarkeit, z.B. durch eine allgemeine bauaufsichtliche Zulassung, allgemein vorgesehen ist, kann von einer Gleichwertigkeit nur ausgegangen werden, wenn die Stoffe und Bauteile ein Überwachungs- oder Prüfzeichen tragen oder für sie der genannte Brauchbarkeitsnachweis erbracht ist.

Diese Bestimmung berücksichtigt den Europäischen Binnenmarkt, mit dem der ungehinderte Transfer von Gütern und Dienstleistungen innerhalb der Länder der Europäischen Union sichergestellt werden soll. Sie erlaubt, Baustoffe und Bauteile, für die eine Übereinstimmung mit deutschen Normen nicht verlangt wird, aus anderen Staaten zu verwenden, wenn die Gleichwertigkeit mit den vorgeschriebenen Güteanforderungen »dauerhaft erreicht wird«. Wahrscheinlich ist der bessere Begriff »nachgewiesen ist« an dieser Stelle bewußt vermieden worden, weil es wegen der unterschiedlichen Bestimmungen und Gepflogenheiten der europäischen Länder immer noch sehr schwer sein wird, dafür regelrechte Nachweise zu erbringen.

3 Ausführung

3.1 Wenn Verkehrs-, Versorgungs- und Entsorgungsanlagen im Bereich des Baugeländes liegen, sind die Vorschriften und Anordnungen der zuständigen Stellen zu beachten. Kann die Lage dieser Anlagen nicht angegeben werden, ist sie zu erkunden. Solche Maßnahmen sind Besondere Leistungen (siehe Abschnitt 4.2.1).

Solche Anlagen können nicht nur für das Grundstück, auf dem die Baumaßnahme durchgeführt wird, sondern auch für andere Grundstücke von Bedeutung sein. Anordnungen der Behörden oder gleichgestellter Institutionen zur Aufrechterhaltung des Verkehrs und der Versorgung an den Eigentümer des Grundstücks werden hiermit auch für den Auftragnehmer verbindlich gemacht, z.B. Bestimmungen über das Freihalten von Feuerwehrüberfahrten oder von Zugangsschächten von Versorgungsanlagen. Sind unterirdische Anlagen solcher Art nicht bekannt, werden aber vermutet, so muß ihre Lage durch besondere Maßnahmen erkundet werden, die auszuschreiben oder notfalls nachträglich in Auftrag zu geben sind (siehe Abschnitt 4.2.1).

3.2 Die für die Aufrechterhaltung des Verkehrs bestimmten Flächen sind freizuhalten. Der Zugang zu Einrichtungen der Versorgungs- und Entsorgungsbetriebe, der Feuerwehr, der Post und Bahn, zu Vermessungspunkten und dergleichen darf nicht mehr als durch die Ausführung unvermeidlich behindert werden.

Dienen in Abschnitt 3.1 genannte Einrichtungen nur dem im Vertrag bezeichneten Baugrundstück, darf der Zugang »nicht mehr als durch die Ausführung unvermeidlich« behindert werden, eine Festlegung, über sie sehr schnell Meinungsverschiedenheiten entstehen können. Sie sollten durch eine sorgfältige Planung der Baustelleneinrichtung vermieden werden. Sind auch dadurch Behinderungen unvermeidlich, sollten die zuständigen Institutionen über das tragbare Maß der Behinderung befragt werden.

3.3 Werden Schadstoffe angetroffen, z.B. in Böden, Gewässern oder Bauteilen, ist der Auftraggeber unverzüglich zu unterrichten. Bei Gefahr im Verzug hat der Auftragnehmer unverzüglich die notwendigen Sicherungsmaßnahmen zu treffen. Die weiteren Maßnahmen sind gemeinsam festzulegen. Die getroffenen und die weiteren Maßnahmen sind besondere Leistungen (siehe Abschnitt 4.2.1).

Die Frage der Beseitigung und Entsorgung unvermutet angetroffener Schadstoffe gewinnt nicht nur bei der erneuten Bebauung von früher genutzten Grundstücken sondern auch durch die Sanierung bestehender Gebäude eine erhöhte Bedeutung. Da die Schadstoffe vorher nicht bekannt waren, konnte der Auftragnehmer ihre Beseitigung bei seinem Angebot auch nicht berücksichtigen, so daß darüber ein zusätzlich Vertrag mit dem Auftraggeber abgeschlossen werden muß (Nachtragsauftrag).

4 Nebenleistungen, Besondere Leistungen

4.1 Nebenleistungen

Nebenleistungen sind Leistungen, die auch ohne Erwähnung im Vertrag zur vertraglichen Leistung gehören (B § 2 Nr 1). Nebenleistungen sind demnach insbesondere:

4.1.1 Einrichten und Räumen der Baustelle einschließlich der Geräte und dergleichen.

4.1.2 Vorhalten der Baustelleneinrichtung einschließlich der Geräte und dergleichen.

Da ATV DIN 18299 für alle Bauleistungen gilt, kann der Aufwand für das Einrichten der Baustelle und das spätere Beseitigen der Einrichtungen in Abhängigkeit von der beauftragten Hauptleistung sehr unterschiedlich sein. Er läßt sich jedoch im

Regelfall gut abschätzen, so daß die Kosten kalkulierbar sind. Das gleiche gilt auch für das Vorhalten der Einrichtungen, soweit die Zeitdauer, die dafür benötigt wird, vorher bekannt ist und auch tatsächlich eingehalten wird. Häufig wird jedoch die vorgesehene Bauzeit überschritten, so daß die Baustelleneinrichtung länger vorgehalten werden muß, als es kalkuliert worden ist. Sofern der Auftragnehmer diese Verlängerung selbst schuldhaft verursacht hat, muß er auch für die erhöhten Kosten aufkommen. Ist jedoch die Verzögerung durch den Auftraggeber oder andere am Bau Beteiligte verursacht worden, kann der für die Baustelleneinrichtung Verantwortliche geltend machen, daß eine unvermutete Änderung in der Bauleistung eingetreten ist, und entsprechende Nachforderungen stellen. Aufgrund des Ineinanderwirkens vieler Gewerke auf einer Baustelle löst die Frage, wer für eine Bauzeitverländerung oder für eine Verzögerung verantwortlich ist, sehr häufig Vertragsstreitigkeiten aus, die nur bei einer sorgfältigen Dokumentation durch die Bauleitung vermieden werden können.

4.1.3 Messungen für das Ausführen und Abrechnen der Arbeiten einschließlich des Vorhaltens der Meßgeräte, Lehren, Absteckzeichen usw., des Erhaltens der Lehren und Absteckzeichen während der Bauausführung und des Stellens der Arbeitskräfte, jedoch nicht Leistungen nach B § 3 Nr 2.

Die Leistungen nach VOB Teil B, § 3, Nr 2, betreffen das Abstecken der Hauptachsen der baulichen Anlage und der Grenzen des dem Auftragnehmer zur Verfügung gestellten Geländes sowie die Schaffung der Höhenfestpunkte. Der Auftraggeber als Eigentümer des Baugrundstücks ist rechtlich dafür verantwortlich, daß die von ihm errichtete Anlage so plaziert wird, daß die Bestimmungen des Bauordnungsrechts eingehalten werden. Er läßt diese Maßnahmen im allgemeinen duch einen zugelassenen Vermessungsingenieur ausführen.
Alle anderen Messungen, die zur Herstellung der beauftragten Bauleistung erforderlich sind, sind Sache des Auftragnehmers in dem Sinne, daß er für den vereinbarten Preis eine vollständige und fachgerechte Leistung zu erbringen hat.

4.1.4 Schutz- und Sicherheitsmaßnahmen nach den Unfallverhütungsvorschriften und den behördlichen Bestimmungen, ausgenommen Leistungen nach Abschnitt 4.2.4.

Die Verpflichtung des Auftragnehmers zur Beachtung aller gesetzlichen, behördlichen und berufsgenossenschaftlichen Bestimmungen ist in VOB Teil B, § 4, Nr 2, festgelegt und wird hier nur nochmals angesprochen, um deutlich zu machen, daß der Auftragnehmer für die dazu erforderlichen Maßnahmen keine besondere Vergütung in Anspruch nehmen kann, sondern er die Kosten in die Preise für die Hauptleistung einkalkulieren muß.(siehe jedoch Abschnitt 4.2.4).

4.1.5 Beleuchten, Beheizen und Reinigen der Aufenthalts- und Sanitärräume für die Beschäftigten des Auftragnehmers.

Die Bereitstellung von Sanitär- und Aufenthaltsräumen für die Beschäftigten gehört zu den in VOB Teil B, § 4, Nr 2, erwähnten berufsgenossenschaftlichen Pflichten des Auftragnehmers. Dazu gehört auch, daß sie in einem benutzbaren Zustand sind, und daher auch auf seine Kosten beleuchtet, beheizt und gereinigt werden müssen.

4.1.6 Heranbringen von Wasser und Energie von den vom Auftraggeber auf der Baustelle zur Verfügung gestellten Anschlußstellen zu den Verwendungsstellen.

So wie das Heranbringen der notwendigen Baustoffe zur Leistung des Auftragnehmers gehört, ist auch seine Sache, etwa erforderliches Wasser und notwendige

Energie an die Verwendungsstellen zu schaffen. Nach VOB Teil B, § 4, Nr 4c, muß der Auftraggeber dazu die Entnahme- bzw. Anschlußstellen dem Auftragnehmer unentgeltlich zur Verfügung stellen. Er soll ihm auch die Lage dieser Stellen angeben, damit der Auftragnehmer die Entfernung zu den Verwendungsstellen abschätzen und den Aufwand dafür kalkulieren kann.

4.1.7 Liefern der Betriebsstoffe.

4.1.8 Vorhalten der Kleingeräte und Werkzeuge.

Betriebsstoffe sind Stoffe, die zum Betreiben von Maschinen des Auftragnehmers erforderlich sind, z.B. Kraftstoffe für Verbrennungsmotore und Schmierstoffe. Da die in Auftrag gegebene Leistung ohne diese Stoffe, wie auch ohne die Kleingeräte und Werkzeuge (Meß- und Handwerkszeug) nicht erbracht werden kann, sind die Kosten dafür in die Preise für die Leistung einzurechnen.

4.1.9 Befördern aller Stoffe und Bauteile, auch wenn sie vom Auftraggeber beigestellt sind, von den Lagerstellen auf der Baustelle bzw. von den in der Leistungsbeschreibung angegebenen Übergabestellen zu den Verwendungsstellen und etwaiges Rückbefördern.

Siehe Anmerkungen zu den Abschnitten 4.1.6 und 0.2.7.

4.1.10 Sichern der Arbeiten gegen Niederschlagswasser, mit dem normalerweise gerechnet werden muß, und seine etwa erforderliche Beseitigung.

Nach VOB Teil B, § 4, Nr 5, muß der Auftragnehmer die von ihm ausgeführte Leistung bis zur Abnahme vor Beschädigung schützen. Dazu gehört auch der Schutz gegen Niederschlagswasser, wenn es sich schädigend auf die Leistung auswirken kann. Als Niederschlagswasser ist jede Form von Nässe zu verstehen, die in der Atmosphäre entsteht, d.h. Regen und Kondensatfeuchte (Tau), auch in gefrorenem Zustand (Schnee, Hagel, Reif). Schwieriger ist die Bestimmung »... mit dem normalerweise gerechnet werden muß« auszulegen. Nachdem in den letzten Jahren auch in Deutschland beobachtet werden konnte, daß Regenfälle immer häufiger zu katastrophenartige Überschwemmungen führen, ist zu fragen, ob damit normalerweise gerechnet werden muß. Auch wenn solche Regenfälle nicht unbedingt für die ausgeführte Leistung schädlich sein müssen, hat doch der Auftragnehmer nach dieser Bestimmung die Verpflichtung, das Niederschlagswasser zu beseitigen, was unter Umständen erhebliche Kosten verursachen kann, z.B. wenn eine Baugrube vollgelaufen ist. Da die Bestimmungen der ATV DIN 18299 für alle Gewerke in gleicher Weise gilt, entsteht darüber hinaus das Problem, wie die Kosten für die Beseitigung des Niederschlagswassers aufzuteilen sind, wenn in der erwähnten Baugrube mehrere Unternehmen gleichzeitig beschäftigt sind. Falls durch die Art des Bauvorhabens, der Bauweise und anderer Umstände die Gefahr besteht, daß derartige Situationen eintreten können, ist es angezeigt, im Bauleistungsvertrag eine eindeutige Abgrenzung zwischen »normalen« und »außergewöhnlichen« Niederschlägen vorzunehmen.
Die Bestimmungen dieses Abschnitts sind auch für solche Auftragnehmer gefährlich, die aufgrund der Art ihrer Leistung und der Vertragsunterlagen annehmen konnten, daß sie die Arbeiten in einem Gebäude ausführen werden, das bereits mit einem Dach und entsprechenden Ableitungen des Regenwasser ausgestattet ist. In diesem Fall kann dem Auftragnehmer nur empfohlen werden, im Hinblick auf diesen Abschnitt auf eine Vertragsänderung zu dringen, wenn der Auftraggeber wegen einer Änderung im Bauablauf verlangt, die Leistung bereits zu einem früheren Zeitpunkt auszuführen.

4.1.11 Entsorgen von Abfall aus dem Bereich des Auftragnehmers sowie Beseitigen von Verunreinigungen, die von den Arbeiten des Auftragnehmers herrühren.

4.1.12 Entsorgen von Abfall aus dem Bereich des Auftraggebers bis zu einer Menge von 1 m^3, soweit der Abfall nicht schadstoffbelastet ist.

Es ist in der Regel unstrittig, daß der Auftragnehmer den von ihm hinterlassenen Abfall ebenso auf seine Kosten beseitigen muß, wie z.B. nicht verbrauchtes Material (siehe Abschnitt 4.1.9).
Den Auftragnehmer durch Hinweis auf 4.1.12 zu veranlassen, auch andere Abfälle, z.B. von anderen Auftragnehmern, zu beseitigen, stößt jedoch auf Schwierigkeiten. Der Auftragnehmer muß während seiner Tätigkeit auf der Baustelle nur einmal 1 m^3 Abfall aus dem Bereich des Auftraggebers beseitigen und nicht, wie angenommen werden könnte, mehrmals. Bei jeder Baumaßnahme üblichen Umfangs fällt so viel Abfall an, der nicht dadurch entfernt werden kann, daß man jeden Auftragnehmer anweist, 1 m^3 fremden Abfalls mitzubeseitigen. Andererseits bedarf es detektivischer Fähigkeiten einer Bauleitung, um jeden Abfall einem Verursacher zuzuordnen, und damit für seine Beseitigung ohne zusätzliche Kosten zu sorgen. Es hat sich daher eingebürgert, die Abfallbeseitigung insgesamt einem Auftragnehmer, z.B. für das Bauhauptgewerbe, nach Abschnitt 4.2.11 gegen Vergütung zu übertragen und die Kosten dafür im Anteil der Auftragssummen auf alle anderen Auftragnehmer umzulegen. Dieses Verfahren führt jedoch leider dazu, daß die einzelnen Auftragnehmer nicht daran interessiert sind, die Menge ihres Abfalls im Sinne des Umweltschutzes möglichst klein zu halten.

4.2 Besondere Leistungen

Besondere Leistungen sind Leistungen, die nicht Nebenleistungen gemäß Abschnitt 4.1 sind und nur dann zur vertraglichen Leistung gehören, wenn sie in der Leistungsbeschreibung besonders erwähnt sind. Besondere Leistungen sind z.B. :

4.2.1 Maßnahmen nach den Abschnitten 3.1 und 3.3.

Siehe Anmerkung zu Abschnitt 3.3.

4.2.2 Beaufsichtigen der Leistungen anderer Unternehmer.

Der Begriff »Beaufsichtigen der Leistungen«, wobei hier das Beaufsichtigen der Ausführung gemeint ist, taucht in den Allgemeinen Vertragsbedingungen des Teiles B der VOB nicht auf. Nach Teil B, § 4, Nr 2, Absatz (1), hat der Auftragnehmer die Ausführung seiner Leistung zu »leiten«, diese Aufgabe kann aber nicht durch den Auftraggeber an einen Dritten übertragen werden. Insofern kann mit »Beaufsichtigen« nur das Recht des Auftraggebers gemeint sein, nach § 4, Nr 1, Absatz (2), die Ausführung der Leistung zu »überwachen«. Dieses Recht wird in der Regel durch einen Beauftragten des Auftraggebers (Bauleitung) wahrgenommen. Er kann jedoch dieses Recht auch einem Auftragnehmer übertragen, der damit die Überwachung der Leistung anderer Auftragnehmer übernimmt. Für diese Überwachung muß eine qualifizierte Fachkraft eingesetzt und die Kosten müssen dem Auftragnehmer vergütet werden, da sie nicht in den Kalkulationspreisen für seine eigene Leistung enthalten sein können.

4.2.3 Sicherungsmaßnahmen zur Unfallverhütung für Leistungen anderer Unternehmer.

Nach VOB Teil B, § 4, Nr 2, Absatz (2), ist jeder Auftragnehmer für die Erfüllung der gesetzlichen und sonstigen Verpflichtungen gegenüber seinen Arbeitnehmern allein verantwortlich, d.h. auch für die Sicherungsmaßnahmen zur Unfallverhütung. Es kann jedoch zweckmäßig sein, solche Maßnahmen durch einen anderen Auftrag-

nehmer ausführen zu lassen, insbesondere dann, wenn sie mehreren Auftragnehmern zugute kommen, z.B. Schutznetze für Arbeiten an Stahlkonstruktionen. Dem Ausführenden müssen die Kosten für diese Maßnahmen vergütet werden, wenn sie für seine eigene Leistung nicht erforderlich sind. Andere Auftragnehmer, denen dadurch die Ausführung eigener Sicherungsmaßnahmen erspart bleiben, sind durch die Vertragsunterlagen darauf hinzuweisen, so daß sie ihre Angebotspreise im Sinne des Wettbewerbs dementsprechend ermäßigen können.

4.2.4 Besondere Schutz- und Sicherheitsmaßnahmen bei Arbeiten in kontaminierten Bereichen, z.B. meßtechnische Überwachung, spezifische Zusatzgeräte für Baumaschinen und Anlagen, abgeschottete Arbeitsbereiche.

Schutz- und Sicherungsmaßnahmen bei Arbeiten in kontaminierten Bereichen gehören nicht zu den Leistungen nach VOB Teil B, § 4, Nr. 2, die der Auftragnehmer ohne besondere Erwähnung durchführen muß (siehe Abschnitt 4.1.4). Sie müssen daher besonders vergütet werden, entweder, indem sie ausgeschrieben oder nachträglich in Auftrag gegeben werden.

4.2.5 Besondere Schutzmaßnahmen gegen Witterungsschäden, Hochwasser und Grundwasser, ausgenommen Leistungen nach Abschnitt 4.1.10.

Wegen der Abgrenzung zwischen »besonderen« und »normalen« Schutzmaßnahmen gegen Witterungsschäden siehe Anmerkung zu Abschnitt 4.1.10. Bei Hochwasser und Grundwasser dürften solche Unterscheidungen keine Rolle spielen. Maßnahmen gegen diese Gefahren können nicht vom Auftragnehmer in seine normalen Preise einkalkuliert werden. Sie müssen immer vom Auftraggeber ausgeschrieben sein, auch wenn solche Ereignisse in bestimmten Gebieten mit einer gewissen Regelmäßigkeit erwartet werden können.

4.2.6 Versicherung der Leistung bis zur Abnahme zugunsten des Auftraggebers oder Versicherung eines außergewöhnlichen Haftpflichtwagnisses.

Nach VOB Teil B, § 4, Nr 5, hat der Auftragnehmer seine Leistung bis zur Abnahme zu schützen. Trotzdem kann die Leistung aus Gründen untergehen, die der Auftragnehmer nicht zu vertreten hat (siehe Teil B, § 7). Soll die Leistung auch dagegen geschützt werden, kann dies nur durch eine Versicherung erfolgen, deren Kosten der Auftrsaggeber zu tragen hat. Das gleiche gilt auch für Haftpflichtversicherungen, die den Auftraggeber z.B. in seiner Eigenschaft als Grundstückseigentümer schützen sollen.

4.2.7 Besondere Prüfung von Stoffen und Bauteilen, die der Auftraggeber liefert.

Liefert der Auftraggeber Stoffe oder Bauteile, für die DIN-Normen bestehen, kann der Auftragnehmer der Zusicherung vertrauen, daß sie den DIN-Normen entsprechen und braucht sie keiner Prüfung zu unterwerfen. Ungenormte Stoffe und Bauteile muß er nur dann auf ihre Eignung prüfen bzw. prüfen lassen, wenn dies vom Auftraggeber verlangt wird, und er kann dann erwarten, daß ihm die Kosten für solche Prüfungen vergütet werden. Das gleiche gilt, wenn der Auftragnehmer eine Prüfung genormter Stoffe oder Bauteile verlangt, weil er vielleicht nicht in der Lage ist, die Zusicherung der Normenkonformität zu geben.

4.2.8 Aufstellen, Vorhalten, Betreiben und Beseitigen von Einrichtungen zur Sicherung und Aufrechterhaltung des Verkehrs auf der Baustelle, z.B. Bauzäune, Schutzgerüste, Hilfsbauwerke, Beleuchtungen, Leiteinrichtungen.

4.2.9 Aufstellen, Vorhalten, Betreiben und Beseitigen von Einrichtungen außerhalb der Baustelle zur Umleitung und Regelung des öffentlichen und Anliegerverkehrs.

Nach Abschnitt 4.1.2 muß der Auftragnehmer nur die Baustelleneinrichtung vorhalten, die zur Durchführung seiner eigenen Arbeiten erforderlich ist. Sind darüber hinaus Maßnahmen und Vorrichtungen notwendig, die dem reibungslosen und sicheren Zusammenwirken mehrerer Unternehmen auf der Baustelle dienen, muß ihre Vorhaltung ebenso vergütet werden wie solche Einrichtungen, die außerhalb der eigentlichen Baustelle dem öffentlichen und dem Anliegerverkehr dienen. Anliegerverkehr ist der notwendige Verkehr benachbarter Grundstückseigentümer auf nichtöffentlichen Verkehrswegen.
Dabei können im einzelnen folgende Maßnahmen erforderlich werden: Aufstellen, Vorhalten und Beseitigen von Leiteinrichtungen, z.B. Leitpfosten, Leitplanken, Schrammborde, Markierungen von Bauzäunen, Blenden, Schutzgerüste, sowie Brücken, Befestigungen für Umleitungen und Zufahrten und ähnliches.

4.2.10 Bereitstellen von Teilen der Baustelleneinrichtung für andere Unternehmer oder den Auftraggeber.

Werden Teile der Baustelleneinrichtung des Auftragnehmers (siehe 4.1.2) von anderen Unternehmen mitbenutzt, ist eine Ermittlung anteiliger Kosten kaum möglich. Dieser Abschnitt betrifft daher in erster Linie das Vorhalten von Einrichtungen für die Zwecke anderer Unternehmen oder des Auftraggebers über die eigene Benutzungszeit hinaus, z.B. Bereitstellung von Hebezeugen des Unternehmers des Bauhauptgewerbes für die Unternehmen des Ausbaugewerbes.

4.2.11 Besondere Maßnahmen aus Gründen des Umweltschutzes, der Landes- und Denkmalpflege.

Ist die Notwendigkeit solcher Maßnahmen vor der Auftragserteilung bekannt, müssen sie vom Auftraggeber ausgeschrieben werden, ergibt sich ihre Notwendigkeit erst bei der Ausführung, müssen sie nachträglich in Auftrag gegeben werden, da ihre Kosten nicht in die normale Pauschal- oder Einheitspreiskalkulation einfließen können.

4.2.12 Entsorgen von Abfall über die Leistungen nach den Abschnitten 4.1.11 und 4.1.12 hinaus

Siehe Anmerkung zu Abschnitt 4.1.11/4.1.12.

4.2.13 Besonderer Schutz der Leistung, der vom Auftraggeber für eine vorzeitige Benutzung verlangt wird, seine Unterhaltung und spätere Beseitigung.

Nach VOB Teil B, § 4, Nr 5, hat der Auftragnehmer seine Leistung bis zur Abnahme ohne besondere Vergütung zu schützen. Soll sie jedoch bereits vor der Abnahme benutzt werden, entsteht ein erhöhtes Risiko der Beschädigung, dem nur mit besonderen Schutzmaßnahmen begegnet werden kann. Soll z.B. eine mit Naturstein belegte Geschoßtreppe vor der Abnahme im Rahmen des Bauablaufs für Transporte benutzt werden, müßte sie mit einem Holzbohlenbelag gegen Beschädigung geschützt werden. Solche besonderen Maßnahmen müssen dem Auftragnehmer auch besonders vergütet werden, weil er bei seiner Preiskalkulation nicht mit einer vorzeitigen Benutzung seiner Leistung rechnen mußte.

4.2.14 Beseitigen von Hindernissen.

Hindernisse sind in der Regel nur Gegenstände auf dem Baugelände, die die Ausführung der Bauarbeiten behindern. Wenn man davon ausgeht, daß offenkundige Hindernisse auf der Baustelle, die durch die vom Auftraggeber veranlaßten Vorarbeiten herrühren, nicht gemeint sind, kommen hier nur unvermutete Hindernisse in Betracht, die bei Arbeiten im Boden angetroffen werden, z.B. Findlinge, Bauwerksreste u.ä. Dieser Abschnitt ist daher nur für Tiefbauarbeiten relevant, denn wenn ein Bauwerk bereits über die Geländeoberfläche gewachsen ist, können solche gegenständlichen Hindernisse nicht mehr auftreten. Da die Beseitigung unvermuteter Hindernisse in einer Leistungsbeschreibung nicht erfaßt werden kann, müssen die Arbeiten dafür in einem besonderen Auftrag gesondert vergeben werden, es sei denn, daß in den Vertragsbedingungen solche Arbeiten mit einer Vergütung nach Zeitaufwand (Stundenlohnarbeiten) in einer Eventualposition enthalten sind.

4.2.15 Zusätzliche Maßnahmen für die Weiterarbeit bei Frost und Schnee, soweit sie dem Auftragnehmer nicht ohnehin obliegen.

Der Auftragnehmer muß bei Frost Arbeiten für solche Leistungen einstellen, die unter der Einwirkung dieser Temperaturen nicht fachgerecht ausgeführt werden können. Wenn der Auftraggeber die dadurch entstehende Verzögerung nicht hinnehmen möchte, muß er zusätzliche Schutzmaßnahmen, z.B. Beheizung der Baustelle, als gesonderte Leistung in Auftrag geben. Ob solche besonderen Maßnahmen von dem Auftragnehmer im Rahmen der vertraglichen Nebenleistungen auszuführen sind, wird gegebenenfalls durch die ATV DIN 18300 und folgende im Einzelfall bestimmt.

4.2.16 Besondere Maßnahmen zum Schutz und zur Sicherung gefährdeter baulicher Anlagen und benachbarter Grundstücke.

4.2.17 Sichern von Leitungen, Kabeln, Dränen, Kanälen, Grenzsteinen, Bäumen, Pflanzen und dergleichen.

Alle hier aufgeführten Schutz- und Sicherungsmaßnahmen gehören nach der Verkehrssitte bei keinen Bauarbeiten zum üblichen Leistungsumfang und müssen daher besonders ausgeschrieben oder in getrennt in Auftrag gegeben werden.

5 Abrechnung

Die Leistung ist aus Zeichnungen zu ermitteln, soweit die ausgeführte Leistung diesen Zeichnungen entspricht. Sind solche Zeichnungen nicht vorhanden, ist die Leistung aufzumessen.

Bei einer ATV, die für alle Bauleistungen gilt, können konkrete Regeln für die Abrechnung nicht festgelegt werden, so daß hier nur der Grundsatz der VOB enthalten ist, daß der Abrechnung nach Zeichnungen der nach örtlichem Aufmaß der Vorzug zu geben ist. Damit wird angestrebt, das für beide Parteien kostenintensive Aufmaß nach Möglichkeit zu vermeiden.

VOB Teil C:
Allgemeine Technische Vertragsbedingungen für Bauleistungen (ATV)
Erdarbeiten – DIN 18300
Ausgabe Juni 1996

1 Geltungsbereich

1.1 Die ATV »Erdarbeiten« – DIN 18300 – gilt für das Lösen, Laden, Fördern, Einbauen und Verdichten von Boden und Fels. Sie gilt auch für das Lösen von Boden und Fels im Grundwasser und im Uferbereich unter Wasser, wenn diese Arbeiten im Zusammenhang mit dem Lösen von Boden und Fels über Wasser an Land ausgeführt werden.

1.2 Die ATV »Erdarbeiten« DIN 18300 umfaßt auch

- das Aufbereiten und Behandeln von Boden und Fels zur erdbautechnischen Verwertung,
- erdbautechnische Arbeiten mit Recyclingbaustoffen, industriellen Nebenprodukten sowie sonstigen Stoffen.

1.3 Die ATV DIN 18300 gilt nicht für Erdarbeiten nach den

- ATV DIN 18301 »Bohrarbeiten«,
- ATV DIN 18308 »Dränarbeiten«,
- ATV DIN 18311 »Naßbaggerarbeiten«,
- ATV DIN 18312 »Untertagebauarbeiten«,
- ATV DIN 18319 »Rohrvortriebsarbeiten«

und nicht für Bodenarbeiten nach ATV DIN 18320 »Landschaftsbauarbeiten«.

1.4 Ergänzend gelten die Abschnitte 1 bis 5 der ATV DIN 18299 »Allgemeine Regelungen für Bauarbeiten jeder Art«. Bei Widersprüchen gehen die Regelungen der ATV DIN 18300 vor.

5 Abrechnung

Gem. ATV DIN 18299 Abschn. 5 gilt allgemein:

Die Leistung ist aus Zeichnungen zu ermitteln, soweit die ausgeführte Leistung diesen Zeichnungen entspricht. Sind solche Zeichnungen nicht vorhanden, ist die Leistung aufzumessen.

Siehe hierzu die eingehende Erläuterung zu ATV DIN 18299 »Allgemeine Regelungen für Bauarbeiten jeder Art«.

Abrechnungseinheiten

Gem. 0.5 sind im Leistungsverzeichnis die Abrechnungseinheiten wie folgt vorzusehen:

0.5.1 – Abtrag, Aushub, Fördern, Einbau nach Raummaß (m^3) oder nach Flächenmaß (m^2), getrennt nach Boden- und Felsklassen oder sonstigen Stoffen sowie gestaffelt nach Längen der Förderwege, soweit 50 m Förderweg überschritten werden,

0.5.2 – Steinpackungen, Steinwürfe, Bodenlieferungen und dergleichen nach Raummaß (m^3), Flächenmaß (m^2) oder Gewicht (t),

0.5.3 – Verdichten nach Flächenmaß (m^2) oder Raummaß (m^3),

0.5.4 – Einbau und Verdichten des Bodens in der Leitungszone nach Raummaß (m^3) oder Längenmaß (m),

0.5.5 – **Beseitigen von Hindernissen, z.B. Mauerresten, Baumstümpfen, nach Raummaß (m^3) oder Anzahl (Stück),**

0.5.6 – **Beseitigen einzelner Bäume, Steine und dergleichen nach Anzahl (Stück) oder Raummaß (m^3).**

Alle Leistungen, die das Lösen, Laden, Fördern, Einbauen und Verdichten betreffen, können gem. 0.5.1 und 0.5.3 wahlweise nach Raummaß oder Flächenmaß abgerechnet werden. Für Steinpackungen, Steinwürfe und dergleichen besteht gem. 0.5.2 außerdem noch die Abrechnungsmöglichkeit nach Gewicht. Die Wahl der Abrechnungseinheit ist dem Auftraggeber überlassen. Er muß sie bereits bei der Anfertigung der Leistungsbeschreibung treffen. Mit der Abrechnung nach Flächenmaß ist im allgemeinen eine Vereinfachung bei der Feststellung der Leistung verbunden. Ihre Genauigkeit ist jedoch nur dann befriedigend, wenn die Dicke der bearbeiteten Boden- oder Felsmassen über die Fläche gleichmäßig verteilt ist. Die Abrechnung nach Flächenmaß ist insbesondere ungenau, wenn es sich um Leistungen handelt, bei denen Böschungen zu berücksichtigen sind, z.B. Leistungen für angeböschte Baugruben oder Gräben. Damit alle kostenbeeinflussenden Faktoren in die Preisermittlung einfließen können, muß bei Abrechnung nach Flächenmaß, wenn es sich um ungleiche Tiefen und um abgeböschte Baugruben und Gräben handelt, eine möglichst genaue Beschreibung der Abmessungen der Leistung, auf die sich das Flächenmaß bezieht, gegeben werden.

Unter Steinpackungen ist ein Mittelding zwischen Steinschüttung und Pflasterung aus sorgfältig verlegten Bruchsteinen zu verstehen. Steinwürfe oder auch Steinschüttungen werden häufig im Flußbau verwendet. Die Steine werden vom Land oder vom Kahn aus eingebracht. Größere Steine werden einzeln abgeworfen, daher die Bezeichnung Steinwurf. Steinwürfe dienen als Grundwerke für Fluß- und Deichbauwerke. Ob die Abrechnung gem. 0.5.2 nach Raummaß, Flächenmaß oder Gewicht erfolgen soll, richtet sich nach der Art und Form des Baukörpers sowie nach der Beschaffenheit des Einbaugutes, der Art seiner Gewinnung und seines Transportes (Bild 24).

Das Beseitigen von Hindernissen, z.B. Mauerresten, Baumstümpfen, ist gem. 0.5.5 nach Raummaß oder Anzahl abzurechnen. Das Beseitigen einzelner Sträucher und einzelner Bäume bis zu 10 cm Stammdurchmesser, gemessen 1 m über dem Erdboden, sowie der dazugehörigen Wurzeln und Baumstümpfe ist jedoch Nebenleistung, d.h. eine Leistung, die auch ohne Erwähnung in der LB zur vertraglichen Leistung gehört (Bild 26).

Das Beseitigen einzelner Bäume, Steine und dergleichen ist gem. 0.5.6 nach Anzahl oder Raummaß abzurechnen. Nebenleistung ist hier lediglich das Beseitigen einzelner Steine bis zu 0,1 m^3 Rauminhalt, wobei zu beachten ist, daß das Beseitigen von einzelnen Steinen und Mauerresten in Gräben bis zu 0,80 m Sohlenbreite nur bis zu einem Rauminhalt von 0,01 m^3 gilt. Der Rauminhalt von 0,01 m^3 entspricht dem einer Kugel von rund 30 cm Durchmesser, während der Rauminhalt von 0,1 m^3 einer Kugel von etwa 60 cm Durchmesser gleicht. Der Stammdurchmesser eines Baumes muß, gemessen 1 m über dem Erdboden, mehr als 10 cm betragen (Bilder 27, 28).

Als besondere Leistung ist das Beseitigen von Aufwuchs einschließlich Roden nach Anzahl oder Raummaß abzurechnen, es sei denn, daß es sich um die erwähnte Nebenleistung handelt. Ebenfalls als besondere Leistung ist das Beseitigen ungeeigneter Bodenarten, z.B. Schlamm, Torf, nach vorzuschreibender Abrechnungseinheit abzurechnen.

Ergänzend zu ATV DIN 18299 Abschn. 5 gilt:

5.1 Allgemeines

5.1.1 Bei der Mengenermittlung sind die üblichen Näherungsverfahren zulässig.

Wenn in der LB keine bestimmten Berechnungsverfahren für die Massenermittlung vorgeschrieben sind, dürfen die üblichen Näherungsverfahren angewendet werden, z.B. Ermittlung von Flächen durch Planimeter, wobei die Fläche mehrfach zu umfahren und das Ergebnis zu mitteln ist, Ermittlung von Rauminhalten aus geeigneten Teilkörpern, wobei in geraden Strecken die Teilkörper aus den Mittelwerten je zweier Querschnitte und ihrem Abstand berechnet werden. Die Zulässigkeit üblicher Näherungsverfahren bedeutet nicht, daß willkürliche Vereinfachungen vorgenommen werden dürfen. Bei der Ermittlung des Aushubs einer abgeböschten Baugrube ist es z.B. erforderlich, sich der zutreffenden geometrischen Berechnungsformeln zu bedienen. Bei dem seltenen Fall einer quadratischen Baugrubensohle und einer quadratischen Baugrubenoberfläche ist z.B. der Baugrubenkörper als Pyramidenstumpf zu berechnen. Hierbei ist von der Berechnung für Prismatoide auszugehen, d.h. von geometrischen Gebilden, deren Spitze kein Punkt, sondern eine Linie ist; dafür gilt die Simpsonsche Formel (Bild 25).

5.1.2 Ist nach Gewicht abzurechnen, so ist es durch Wiegen, bei Schiffsladungen durch Schiffseiche festzustellen.

Die Ermittlung des Gewichts durch Berechnen ist ausgeschlossen. Das hat seinen Grund darin, daß für das Raumgewicht der sieben Bodenarten keine normgültigen Gewichtsfestlegungen getroffen werden können. Das Wiegen kann nur dann ohne Beteiligung des Auftraggebers vor sich gehen, wenn die Nichtbeteiligung vereinbart ist und wenn amtlich gewogen wird. Die Vereinbarung hat der Auftragnehmer herbeizuführen.

5.1.3 Als Länge des Förderweges gilt die kürzeste zumutbare Entfernung zwischen den Schwerpunkten der Auftrags- und Abtragskörper.

Ist das Fördern innerhalb der Baustelle längs der Bauachse möglich, wird die Entfernung zwischen diesen Schwerpunkten unter Berücksichtigung der Neigungsverhältnisse in der Bauachse gemessen.

Nach der Norm gehört das Fördern von Boden und Fels bis zu 50 m Entfernung zur Leistung. Die Wahl der Förderwege bleibt dem Auftragnehmer überlassen. Unter der kürzesten zumutbaren Entfernung zwischen den Schwerpunkten der Auftrags- und Abtragskörper ist die Strecke zu verstehen, die beim Einsatz der vorgesehenen Fördergeräte ohne kostenverursachende besondere Maßnahmen vom Auftragnehmer benutzt werden kann. Bei Beförderung durch Lastkraftwagen z.B. muß die Strecke für das Fahrzeug und seine Ladung normal befahrbar sein. Verläuft der Förderweg innerhalb der Baustelle längs der Bauachse, so gilt als Längenmaß die Entfernung zwischen den Schwerpunkten der Auftrags- und Abtragskörper, wobei die durch die Neigungsverhältnisse bestimmten tatsächlichen Längen anzusetzen sind (Bild 2).

Gem. 0.5.1 ist erst dann gestaffelt nach Längen der Förderwege abzurechnen, wenn 50 m Förderweg überschritten werden. Bei einem Förderweg bis einschließlich 50 m wird der Anteil der Transportkosten am Preis der Leistung als konstant angenommen. Der Preis für einen Förderweg von 50 m gilt auch für alle kürzeren Strecken. Die Staffelung bei längeren Förderwegen als 50 m ermöglicht es dem Auftragnehmer, den Anteil der Transportkosten zu differenzieren. Sind die Längen der Förderwege bekannt, so ist nach diesen Längen zu staffeln; sind sie nicht bekannt, so empfiehlt sich eine Staffelung, die den vermutlichen Längen der Förderwege gerecht wird. Fehlt in der LB die Längenangabe, so gilt der angebotene Preis für eine Länge bis 50 m einschließlich (Bild 1).

5.2 Baugruben und Gräben

5.2.1 Die Aushubtiefe wird von der Oberfläche der auszuhebenden Baugrube oder des auszuhebenden Grabens bis zur Sohle der Baugrube oder des Grabens gerechnet, bei einer zu belassenden Schutzschicht bis zu deren Oberfläche.

Ist in der LB festgelegt, daß zum Schutz der Gründungssohle eine Schutzschicht zu belassen ist, darf diese erst vor dem Herstellen des Grundwerks, z.B. Unterbeton, Fundament oder der Leitung, falls hier eine Schutzschicht angeordnet war, entfernt werden. Das Entfernen der Schutzschicht ist als Besondere Leistung abzurechnen.

Gem. 0.5.1 wird Aushub nach Raummaß oder Flächenmaß, getrennt nach Bodenklassen, abgerechnet. Die Boden- und Felsarten werden nach ihren Eigenschaften und nach ihrem Zustand für das Lösen, Laden, Fördern, Einbauen und Verdichten in sieben Klassen eingestuft. Für die Einstufung ist der Zustand maßgebend, den die Boden- oder Felsart beim Lösen aufweist. Die Klassen haben folgende Bezeichnungen:

Klasse 1: Oberboden,
Klasse 2: Fließende Bodenarten,
Klasse 3: Leicht lösbare Bodenarten,
Klasse 4: Mittelschwer lösbare Bodenarten,
Klasse 5: Schwer lösbare Bodenarten,
Klasse 6: Leicht lösbarer Fels und vergleichbare Bodenarten,
Klasse 7: Schwer lösbarer Fels.

Soll auf die Trennung nach Bodenarten verzichtet werden, ist es in der LB vorzuschreiben. Das gleiche gilt, wenn statt der Staffelung der Förderwege aufgrund eines Massenverteilungsplans abgerechnet werden soll.

Wenn in der LB vorgeschrieben ist, daß eine Schutzschicht über der Gründungsohle oder der Grabensohle belassen werden soll, z.B. bei bindigen Böden, so darf diese erst unmittelbar vor der Herstellung des Grundwerks, des Fundaments bzw. der Leitung entfernt werden. In einem solchen Fall rechnet die Aushubtiefe von der Oberfläche der auszuhebenden Baugrube oder des Grabens bis zur Oberfläche der Schutzschicht. Wie schon erwähnt, ist das Entfernen der Schutzschicht als Besondere Leistung abzurechnen. Die Oberfläche der auszuhebenden Baugrube oder des Grabens ist in der Regel nicht identisch mit der Oberfläche des Geländes, weil nach den Vorschriften dieser ATV der Oberboden vorher abgetragen werden muß, wenn in der LB nichts anderes vorgeschrieben ist (Bild 3).

5.2.2 Die Maße der Baugrubensohle ergeben sich aus den Außenmaßen des Baukörpers zuzüglich

- den Mindestbreiten betretbarer Arbeitsräume nach DIN 4124 und zuzüglich
- der erforderlichen Maße für Schalungs- und Verbaukonstruktionen.

Für die Breite der Grabensohle gilt die Mindestbreite nach DIN 4124 zuzüglich der erforderlichen Maße für Schalungs- und Verbaukonstruktionen.

Als Außenmaße des Baukörpers gelten die Nennmaße nach DIN 18201, denen ggf. Abdichtungs-, Vorsatz- oder Schutzschichten bzw. die Schalungskonstruktionen des Baukörpers hinzuzurechnen sind. Die Breiten betretbarer Arbeitsräume müssen nach DIN 4124 mindestens 0,50 m betragen; als Breiten gelten:

- *bei abgeböschten Baugruben und Gräben der waagerecht gemessene Abstand zwischen dem Böschungsfuß und der Außenseite des Bauwerks,*
- *bei verbauten Baugruben und Gräben der lichte Abstand zwischen der Luftseite der Verkleidung und der Außenseite des Bauwerks (Bilder 4 bis 8).*

Gem. DIN 4124 gilt für Gräben für Leitungen und Kanäle folgende lichte Breite, sofern nicht die weiter unten beschriebenen Einschränkungen maßgebend sind (Bilder 14 und 15):

- *bei geböschten Gräben die Sohlbreite in Höhe der Rohrschaftunterkante,*
- *bei unverkleideten, mit senkrechten Wänden ausgehobenen Gräben sowie bei Gräben, die mit geböschten Kanten teilweise gesichert sind oder Saumbohlen erhalten, der lichte Abstand der Erdwände,*
- *bei waagerechtem Verbau der lichte Abstand der Holzbohlen,*
- *bei senkrechtem Verbau der lichte Abstand der Holzbohlen oder Kanaldielen,*
- *bei gepfändetem Verbau der mittlere Abstand der Holzbohlen oder Kanaldielen,*
- *bei großflächigen Stahlverbauplatten der lichte Abstand der Platten,*
- *bei Spundwandverbau der lichte Abstand der baugrubenseitigen Bohlenrükken,*
- *bei Trägerbohlwänden der lichte Abstand der Verbohlung.*

Bei gestaffeltem Verbau wird die Grabenbreite im Bereich der untersten Staffel gemessen.

Lichte Mindestbreiten für Gräben ohne betretbaren Arbeitsraum

Regelverlegetiefe	*bis 0,70 m*	*über 0,70 m bis 0,90 m*	*über 0,90 m bis 1,00 m*	*über 1,00 m bis 1,25 m*
Lichte Grabenbreite	*0,30 m*	*0,40 m*	*0,50 m*	*0,60 m*

Lichte Mindestbreiten für Gräben mit betretbarem Arbeitsraum

<table>
<tr><td rowspan="3">Äußerer Leitungs- bzw. Rohrschaft-durchmesser d in m</td><td colspan="4">Lichte Mindestbreite b in m</td></tr>
<tr><td colspan="2">Verbauter Graben</td><td colspan="2">Nicht verbauter Graben</td></tr>
<tr><td>Regelfall</td><td>Umsteifung</td><td>$\beta \leq 60°$</td><td>$\beta > 60°$</td></tr>
<tr><td>bis 0,40</td><td>b = d + 0,40</td><td>b = d + 0,70</td><td colspan="2">b = d + 0,50</td></tr>
<tr><td>über 0,40 bis 0,80</td><td colspan="2">b = d + 0,70</td><td rowspan="3">b = d + 0,40</td><td rowspan="3">b = d + 0,70</td></tr>
<tr><td>über 0,80 bis 1,40</td><td colspan="2">b = d + 0,85</td></tr>
<tr><td>über 1,40</td><td colspan="2">b = d + 1,00</td></tr>
</table>

Als lichte Grabenbreite gilt bei geböschten Gräben die Breite der Grabensohle. Bei waagerechtem und senkrechtem Verbau, d.h. bei waagerechter bzw. senkrechter Lage der Wandbohlen, gilt als lichte Grabenbreite der lichte Abstand der Holzbohlen oder Kanaldielen (Bilder 12 und 13). Bei gepfändetem Verbau gilt als lichte Grabenbreite der mittlere lichte Abstand der geneigten Holzbohlen oder Kanaldielen (Bild 14). Vgl. Erläuterungen zu DIN 18303 »Verbauarbeiten«.

5.2.3 Für abgeböschte Baugruben und Gräben gelten für die Ermittlung des Böschungsraumes die Böschungswinkel

- 40° für Bodenklassen 3 und 4,
- 60° für Bodenklasse 5,
- 80° für Bodenklassen 6 und 7,

wenn kein Standsicherheitsnachweis erforderlich ist.

Ist ein Standsicherheitsnachweis zu führen, wird der Böschungsraum nach den danach ausgeführten Böschungswinkeln ermittelt.

In Böschungen ausgeführte erforderliche Bermen werden bei der Ermittlung des Böschungsraumes berücksichtigt.

Wenn Abtragsquerschnitte in der LB nicht festgelegt sind, besteht nach der ATV die Regelung, daß deren Wahl, insbesondere die Böschungsneigung, dem Auftragnehmer überlassen bleibt. Dabei ist DIN 4124 zu beachten. Von DIN 4124 abweichende Ausführungen bedürfen nach den bauaufsichtlichen Vorschriften eines Nachweises der Eignung im Einzelfall, sofern nicht eine allgemeine bauaufsichtliche Zulassung vorliegt oder ihre Anwendung nach anderen Richtlinien zulässig ist. Die in der ATV enthaltene Boden- und Felsklassifikation berücksichtigt die Eigenschaften und den Zustand der Boden- und Felsarten für das Bearbeiten wie Lösen, Laden, Fördern, Einbauen und Verdichten. Die Klassifizierung erlaubt es, eindeutige und die Abrechnung vereinfachende Regeln für die Feststellung der Leistung festzulegen. Für die Ermittlung der Aushubmenge kommen nur die drei Böschungswinkel 40°, 60° und 80° in Betracht. Sie sind den jeweils zutreffenden Boden- und Felsarten zugrunde zu legen ohne Rücksicht darauf, ob die tatsächliche Ausführung von diesen Böschungswinkeln abweicht, es sei denn, daß in der LB bestimmte Böschungswinkel vorgeschrieben sind.

Nach DIN 4124 sind, falls dies zum Auffangen abrutschender Erdbrocken oder zum Einrichten von Wasserhaltungsanlagen erforderlich ist, Zwischenbermen einzuschalten. Sie sind bei der Ermittlung des Böschungsraumes zu berücksichtigen. Ist für Böschungen ein Standsicherheitsnachweis vorgeschrieben, so wird der Ermittlung des Böschungsraumes die Leistung zugrunde gelegt, die nach dem Standsicherheitsnachweis auszuführen war (Bilder 9, 10, 16, 17).

5.3 Hinterfüllen und Überschütten

Bei der Ermittlung des Raummaßes für Hinterfüllungen und Überschüttungen werden abgezogen

- das Raummaß der Baukörper,
- das Raummaß jeder Leitung mit einem äußeren Querschnitt von mehr als 0,1 m².

Hinterfüllen und Überschütten ist gem. 0.5.1 nach Raummaß oder Flächenmaß, getrennt nach Bodenklassen sowie gestaffelt nach Längen der Förderwege, soweit 50 m überschritten werden, abzurechnen. Die Abrechnung nach Raummaß ist insbesondere bei geböschten Baugruben und Gräben genauer als die Abrechnung nach Flächenmaß. Sie entspricht der tatsächlichen Leistung, weil das Volumen der hinterfüllten oder überschütteten Baukörper nicht mitzurechnen ist. Um die Abrechnung zu vereinfachen, werden jedoch Leitungen mit einer Querschnittsfläche bis einschließlich 0,1 m² von der Masse des Abrechnungsgutes nicht abgezogen. Das bedeutet, daß Leitungen mit einem äußeren Rohrschaftdurchmesser bis einschließlich 0,36 m nicht abgezogen zu werden brauchen. Bei der Abrechnung nach Raummaß kann auch von den Aushubmassen ausgegangen werden, bei denen das Raummaß der Baukörper und das Raummaß der Leitungen mit einem größeren Querschnitt als 0,1 m² abzuziehen sind (Bilder 18 und 19).

5.4 Abtrag und Aushub

Die Mengen sind an der Entnahmestelle im Abtrag zu ermitteln.

Gem. 0.5.1 werden Abtrag und Aushub nach Raummaß oder Flächenmaß, getrennt nach Bodenklassen sowie gestaffelt nach Längen der Förderwege, soweit 50 m Förderweg überschritten werden, abgerechnet. Die Ermittlung der Abtragsmenge bzw. der Aushubmenge an der Entnahmestelle ist nach der ATV der Regelfall. Abweichungen davon, z.B. Ermittlung nach loser Masse in Transportfahrzeugen, Ermittlung nach fertig eingebauten Massen, müssen in der LB vorgeschrieben sein. Die Regelung in der ATV sieht vor, daß von den Maßen der Abtragsquerschnitte, die in der LB vorgeschrieben sind, nur mit Zustimmung des Auftraggebers abgewichen werden darf. Das gilt auch, wenn in der LB lediglich auf Sachverständigengutachten Bezug genommen wird. Sind Abtragsquerschnitte in der LB nicht festgelegt, so bleibt die Wahl der Abtragsquerschnitte, insbesondere der Böschungsneigung, dem Auftragnehmer überlassen; er muß jedoch DIN 4124 beachten (Bilder 4, 5, 9, 20).

5.5 Einbau

Die Mengen sind im fertigen Zustand im Auftrag zu ermitteln. Dabei werden abgezogen

- das Raummaß von Baukörpern,
- das Raummaß jeder Leitung, von Sickerkörpern, Steinpackungen und dergleichen mit einem äußeren Querschnitt von mehr als 0,1 m².

Bei Abrechnung der Leitungszone nach Längenmaß wird die Leitungsachse zugrunde gelegt.

Gem. 0.5.1 wird der Einbau des Bodens in der Leitungszone nach Raummaß oder Längenmaß abgerechnet. Regel ist, daß die Massen für den Einbau nach dem Zustand der fertigen Einbauleistung zu ermitteln sind. Wünscht der Auftraggeber eine andere Art der Leistungsermittlung, z.B. Ermittlung an der Entnahmestelle oder nach loser Masse, etwa weil Aushub und Einbau im Zusammenhang auszuführen sind, so muß er es in der LB vorschreiben. Die Abrechnungsvereinfachung, nach der Leitungen, Sickerkörper, Steinpackungen und dergleichen mit einem äußeren Querschnitt bis zu je 0,1 m² nicht abgezogen werden, gilt nur für den Regelfall der Leistungsermittlung im fertigen Zustand (Bild 21).

5.6 Verdichten

Verdichten von Boden in Gründungssohlen ist nach der Fläche der Gründungssohle zu ermitteln.

Verdichten von eingebautem Boden ist nach Abschn. 5.5 zu ermitteln.

Gem. 0.5.3 wird das Verdichten von Boden nach Raummaß oder Längenmaß abgerechnet. Es ist zwischen dem Verdichten von Boden in Gründungssohlen und dem Verdichten von Einbaumassen zu unterscheiden. Nach der ATV ist das Verdichten so auszuführen, daß an den baulichen Anlagen keine Schäden entstehen. Verdichtungsgeräte, Arbeitsverfahren und Schichtdicke sind auf die Eigenschaften und die erforderliche gleichmäßige Verdichtung des Hinterfüllungs- bzw. Überschüttungsgutes abzustimmen. Das Einschlämmen ist nur mit Zustimmung des Auftraggebers zulässig. Boden in der Leitungszone ist beiderseits gleichzeitig lagenweise einzubauen und zu verdichten. Gefrorene Böden dürfen nicht verdichtet werden. Das Verdichten von Einbaumassen wird in der gleichen Weise wie das Einbauen des Bodens ermittelt. Das Verdichten von Boden in Gründungssohlen bezieht sich auf den gewachsenen Boden, der als Unterlage oder Untergrund für bauliche Anlagen dienen soll, jedoch keine ausreichende Lagerungsdichte besitzt. Die Lagerungs-

dichte wird nach der Proctordichte bemessen, d.h. nach der höchsten Dichte, die ein bindiger oder nichtbindiger Boden erreichen kann. Sie ist abhängig vom Wassergehalt des Bodens. Verdichten des Untergrundes kommt insbesondere im Straßenbau und bei der Anordnung von Fundamentplatten in Betracht. Das Verdichten von Boden in Gründungssohlen wird nach der Fläche ermittelt und gem. 0.5.3 nach Flächenmaß oder Raummaß abgerechnet (Bilder 22 und 23).

Bild 1 Förderweg bei Erdarbeiten

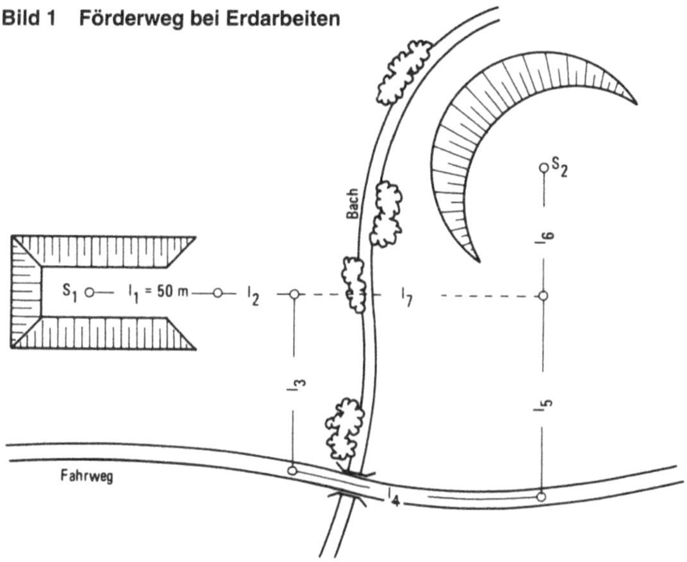

Gemäß 0.5.1 Abrechnung des Bodens getrennt nach Bodenklassen. Da 50 m Förderweg Überschritten werden, ist nach Länge der Förderwege zu staffeln. Als Länge des Förderweges gilt gem. 5.1.3 die kürzeste zumutbare Entfernung zwischen den Schwerpunkten der Auftrags- und Abtragskörper. Wegen des dazwischenliegenden Bachlaufs kann der an sich kürzeste Förderweg von S_1 mit den Teillängen $l_1+l_2+l_7+l_6$ nach S_2 nicht gewählt werden. Die kürzeste zumutbare Strecke führt vom Abtragskörper über die Teillängen $l_1+l_2+l_3$ zum Fahrweg, von dort auf der Teillänge l_4 über die Brücke und dann mit den Teillängen l_4+l_6 zum Schwerpunkt des Abtragskörpers S_2.

Sind in der Leistungsbeschreibung keine Angaben über den Förderweg enthalten, gilt ein Förderweg bis 50 m einschließlich als mit dem Preis für den Boden abgeholten.

Bild 2 Förderlänge in der Bauachse einer Straße

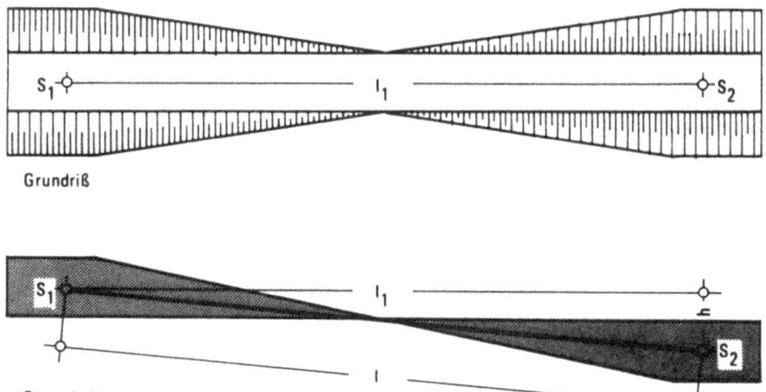

Gemäß 5.1.3 wird die Entfernung zwischen den Schwerpunkten der Abtrags- und Auftragskörper unter Berücksichtigung der Neigungsverhältnisse in der Bauachse gemessen, wenn das Fördern innerhalb der Baustelle längs der Bauachse möglich ist.

Bei der Ermittlung der Förderlänge l zwischen den Schwerpunkten des Abtragskörpers S_1 und des Auftragskörpers S_2 ist der Neigungswinkel bei S_1 zu berücksichtigen. Die Förderlänge l ist gleich der Hypotenuse in dem aus den Längen l_1, h und l gebildeten rechtwinkligen Dreieck.

Bild 3 Baugrube mit Schutzschicht und abgetragenem Oberboden

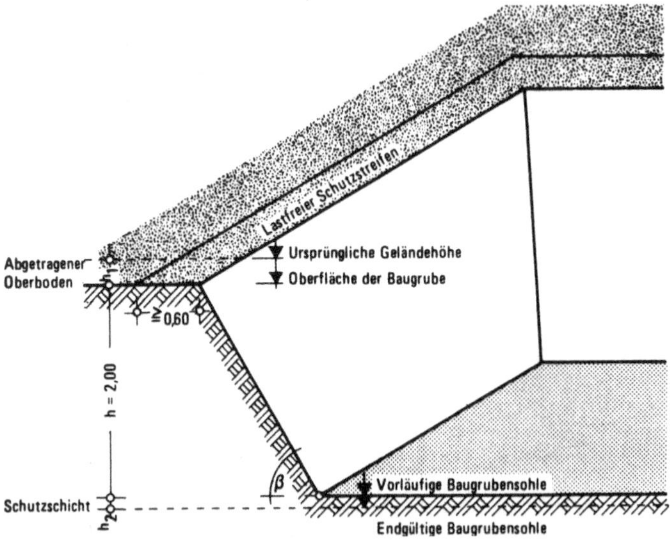

Gemäß 0.5.1 Abrechnung des Aushubs nach Raummaß oder Flächenmaß. Für die Ermittlung des Raummaßes gilt nach DIN 4124 die Aushubtiefe h von der Oberfläche der auszuhebenden Baugrube bis zur Oberfläche der Schutzschicht. Rauminhaltsberechnung bei Prismatoiden nach der Simpsonschen Formel (Bild 31). Wegen der Abrechnung nach Flächenmaß vgl. Erläuterung zu 0.5.

Abrechnung des nachträglichen Entfernens der Schutzschicht gesondert nach Raummaß oder Flächenmaß.

Bild 4 Abgeböschte Baugrube mit Arbeitsraum für einen Baukörper aus Mauerwerk

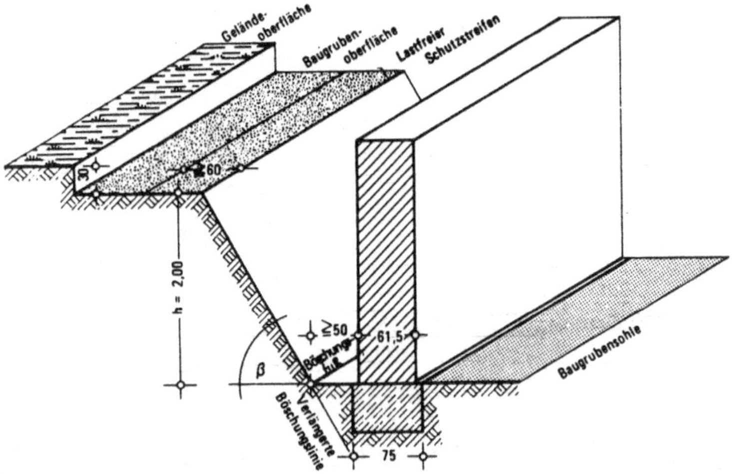

Arbeitsraumbreite entsprechend DIN 4124 mindestens 50 cm, gemessen in der Waagerechten zwischen Böschungsfuß und Außenseite Mauerwerk, Böschungswinkel entsprechend Bodenklasse gem. 5.2.3, wenn in der Leistungsbeschreibung kein bestimmter Böschungswinkel vorgeschrieben ist.

Die verlängerte Böschungsfläche darf in das Fundament nicht einschneiden.

Bild 5 Abgeböschte Baugrube mit Arbeitsraum für eine geschalte Betonwand

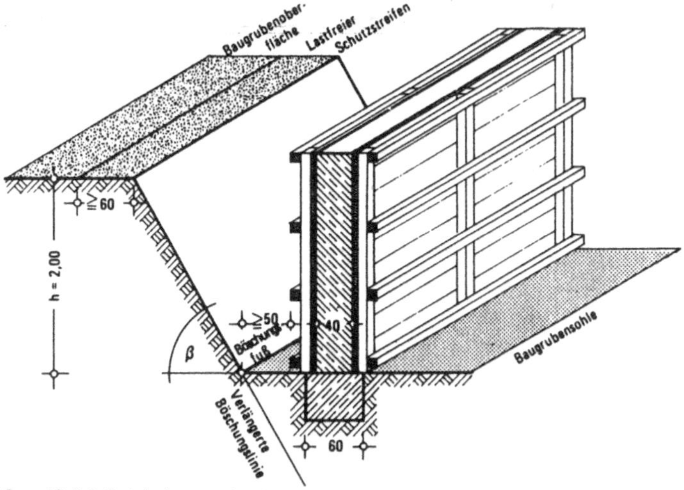

Gemäß 5.2.2 Arbeitsraumbreite nach DIN 4124 mindestens 0,50 m, gemessen in der Waagerechten zwischen Böschungsfuß und äußerer Begrenzung der Schalungskonstruktion.

Böschungswinkel gem. 5.2.2 entsprechend Bodenklassen, wenn in der Leistungsbeschreibung kein bestimmter Böschungswinkel vorgesehen ist.

Die verlängerte Böschungsfläche darf in das Fundament nicht einschneiden.

Bild 6 Verbaute Baugrube mit Arbeitsraum für einzuschalende Betonwand

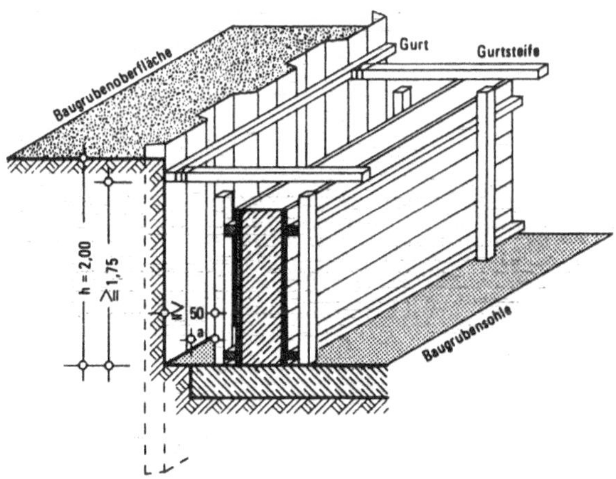

Gemäß 5.2.2 Arbeitsraumbreite entsprechend DIN 4124 mindestens 50 cm, gemessen in der Waagerechten zwischen Luftseite der Spundwand und äußerer Begrenzung der Schalungskonstruktion.

Ist der Überstand a der Sohlplatte (bzw. des Fundaments)<50 cm, richtet sich die Breite des Arbeitsraums nach der Betonwand, sofern die Fundamentplatte (bzw. das Fundament) gegen den anstehenden Boden betoniert und nicht ein- oder ausgeschalt wird.

Bild 7 Verbaute Baugrube für eine Mauerwerkswand mit hinderndem Gurtholz

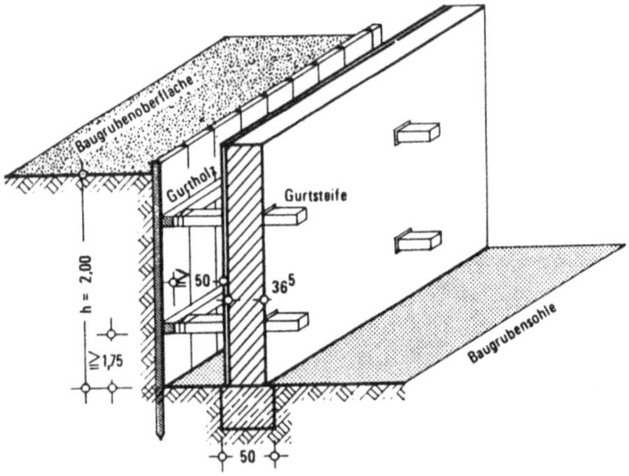

Gemäß 5.2.2 Arbeitsraumbreite entsprechend DIN 4124 mindestens 50 cm, gemessen in der Waagerechten zwischen der Luftseite der Bohlenwand und der fertigen äußeren Oberfläche der geputzten Wand aus Mauerwerk.

Sind bei senkrechtem Verbau waagerechte Gurtungen in geringerer Höhe als 1,75 m über der Baugrubensohle angeordnet, wird die Arbeitsraumbreite von der Außenkante der Gurtung gemessen.

Bild 8 Arbeitsraum für ein- oder auszuschalendes Fundament

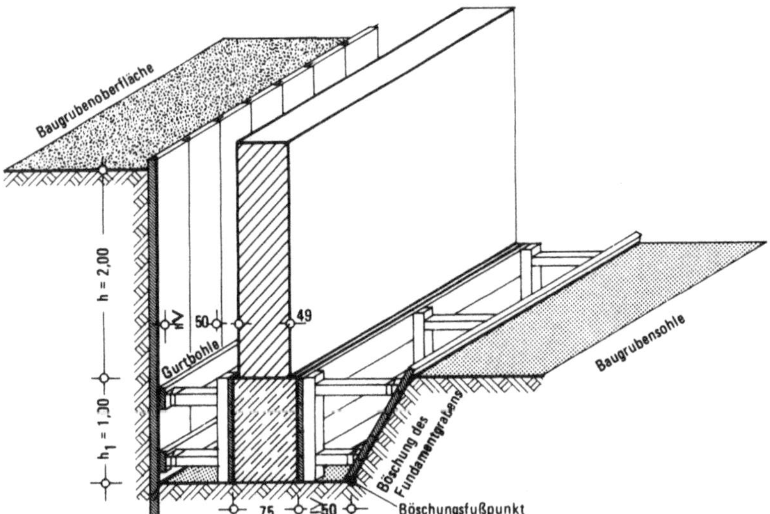

Gemäß 5.2.2 Arbeitsraumbreite entsprechend DIN 4124 mindestens 50 cm,

bei von außen her ein- oder auszuschalendem Fundament, gemessen zwischen äußerer Begrenzung der Schalungskonstruktion für das Fundament und der Luftseite der Gurtbohlen,

bei von innen her ein- oder auszuschalendem Fundament, gemessen zwischen Außenfläche Fundament und dem Böschungsfuß; bei senkrechtem Verbau zwischen Außenfläche Fundament und äußerer Begrenzung des Verbaus.

Bild 9 Abgeböschte Baugrube, Abrechnung für Bodenklasse 5

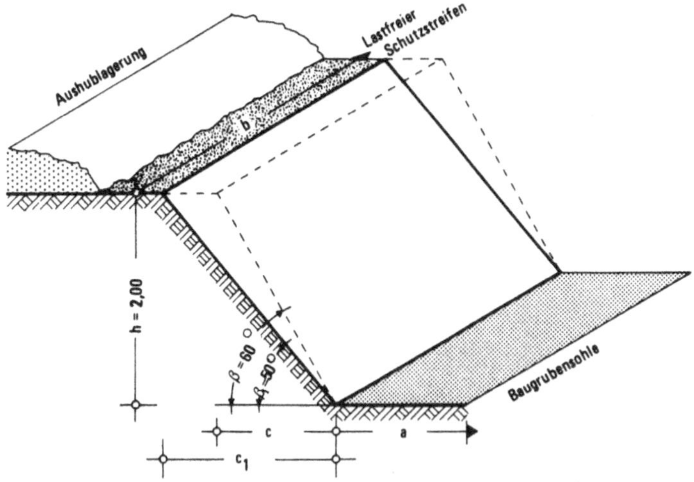

Gemäß 0.5.1 Abrechnung des Aushubs nach Raummaß oder Flächenmaß. Obwohl der tatsächlich ausgeführte Böschungswinkel 50° beträgt, ist gem. 5.2.3 der Ermittlung der Leistung entsprechend der vorhandenen Bodenklasse 5 ein Böschungswinkel von 60° zugrunde zu legen.

Bild 10 Baugrubenböschung mit Berme

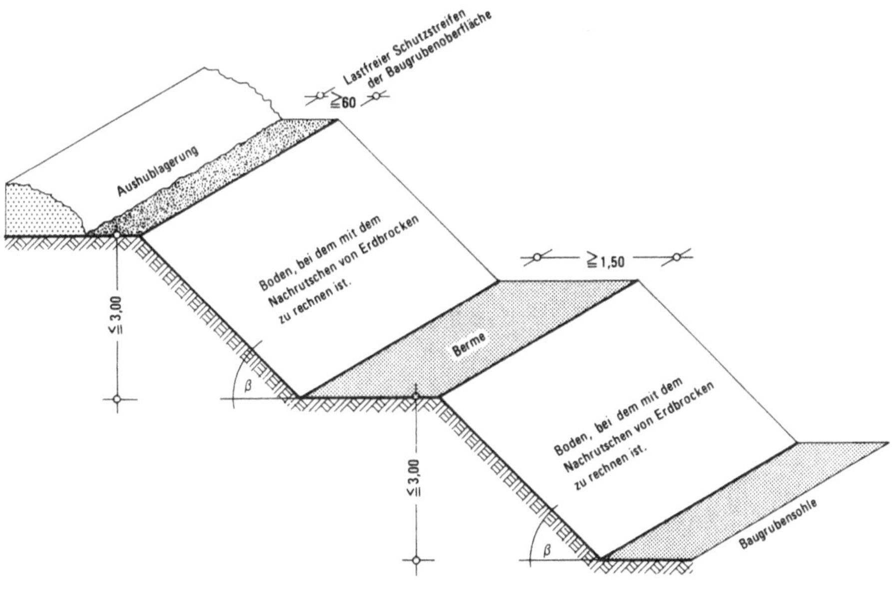

Gemäß 5.2.3 sind erforderliche Bermen, die in Böschungen ausgeführt werden, bei der Ermittlung des Böschungsraums zu berücksichtigen.

Gemäß DIN 4124 sind Zwischenbermen einzuschalten, wenn dies zum Auffangen abrutschender Erdbrocken erforderlich ist. Solche Bermen müssen mindestens 1,50 m breit sein und in Stufen von höchstens 3,00 m Höhe angeordnet werden.

Bild 11 Leitungsgraben mit Schutzschicht und abgetragenem Oberboden

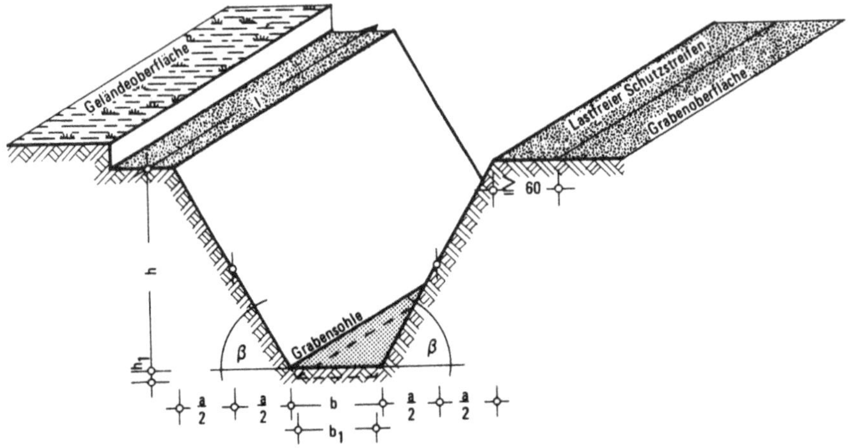

Gemäß 0.5.1 Abrechnung des Aushubs nach Raummaß oder Flächenmaß. Gemäß 5.2.1 gilt für die Ermittlung der Leistung die Aushubtiefe h, gemessen von der Grabenoberfläche bis zur Oberfläche der Schutzschicht.

Bei Abrechnung nach Flächenmaß ist F= (2 a+b) l=... m².

Bei Abrechnung nach Raummaß ist $V=\left(\frac{2a}{2}+b\right)h \cdot l=\ldots\ m^3$.

Die Beseitigung der Schutzschicht ist gesondert abzurechnen. Breite der endgültigen Grabensohle ist b_1.

Bild 12 Verbauter Leitungsgraben, äußerer Rohrschaftsdurchmesser der Leitung 0,30 m

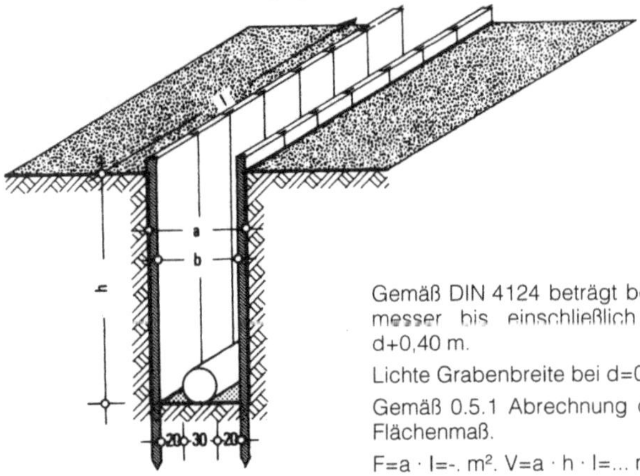

Gemäß DIN 4124 beträgt bei einem äußeren Rohrschaftdurchmesser bis einschließlich 0,40 m die lichte Grabenbreite d+0,40 m.

Lichte Grabenbreite bei d=0,30; b=0,30+0,40=0,70 m.

Gemäß 0.5.1 Abrechnung des Aushubs nach Raummaß oder Flächenmaß.

$F=a \cdot l=\text{-}.\ m^2$. $V=a \cdot h \cdot l=\ldots\ m^3$.

Bild 13 Verbauter Leitungsgraben, äußerer Rohrschaftdurchmesser der Leitung 1,00 m

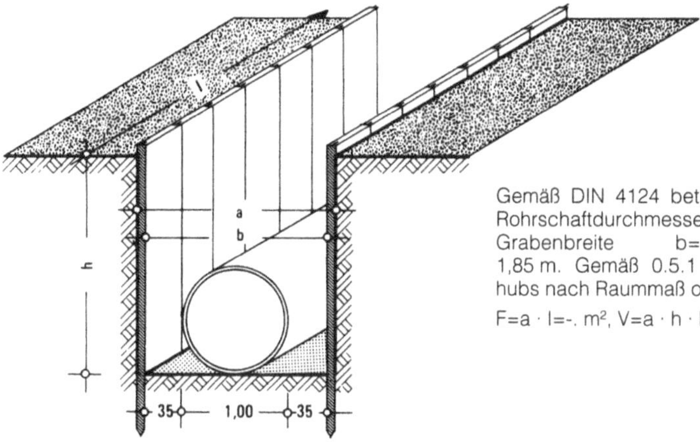

Gemäß DIN 4124 beträgt bei einem äußeren Rohrschaftdurchmesser von 1,00 m die lichte Grabenbreite b=d+0,85, b=1,00+0,85= 1,85 m. Gemäß 0.5.1 Abrechnung des Aushubs nach Raummaß oder Flächenmaß.

F=a · l=-. m², V=a · h · l=... m³.

Bild 14 Gepfändeter Verbau, äußerer Rohrschaftdurchmesser der Entwässerungsleitung 0,30 m

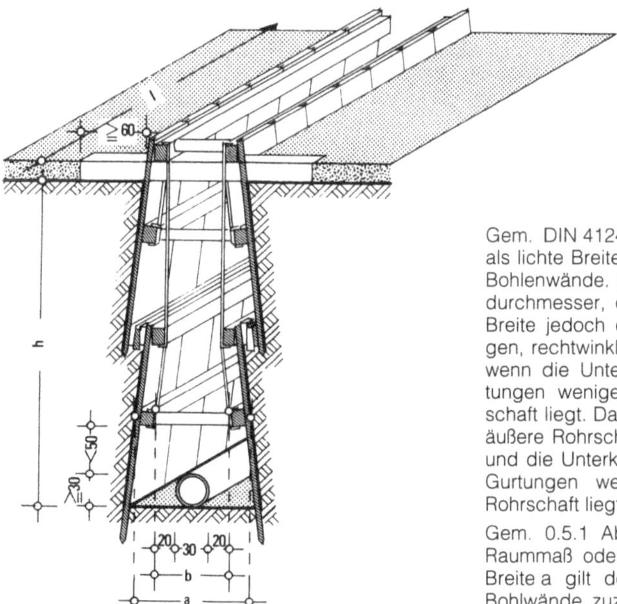

Gem. DIN 4124 gilt bei gepfändetem Verbau als lichte Breite der mittlere lichte Abstand der Bohlenwände. Bei einem äußeren Rohrschaftdurchmesser, der ≥ 0,30 m ist, gilt als lichte Breite jedoch der lichte Abstand der Gurtungen, rechtwinklig zur Grabenachse gemessen, wenn die Unterkante der waagerechten Gurtungen weniger als 0,50 m über dem Rohrschaft liegt. Das ist im Beispiel der Fall, da der äußere Rohrschaftdurchmesser 0,30 m beträgt und die Unterkante der waagerechten unteren Gurtungen weniger als 0,50 m über dem Rohrschaft liegt.

Gem. 0.5.1 Abrechnung des Aushubs nach Raummaß oder Flächenmaß. Als Maß für die Breite a gilt der mittlere lichte Abstand der Bohlwände zuzüglich der Bohlendicke beider Wandseiten.

F=a · l=... m². V=a · h · l=... m³.

Bild 15 Senkrecht verbauter Graben mit waagerechten Gurtungen niedriger als 1,75 m über Grabensohle

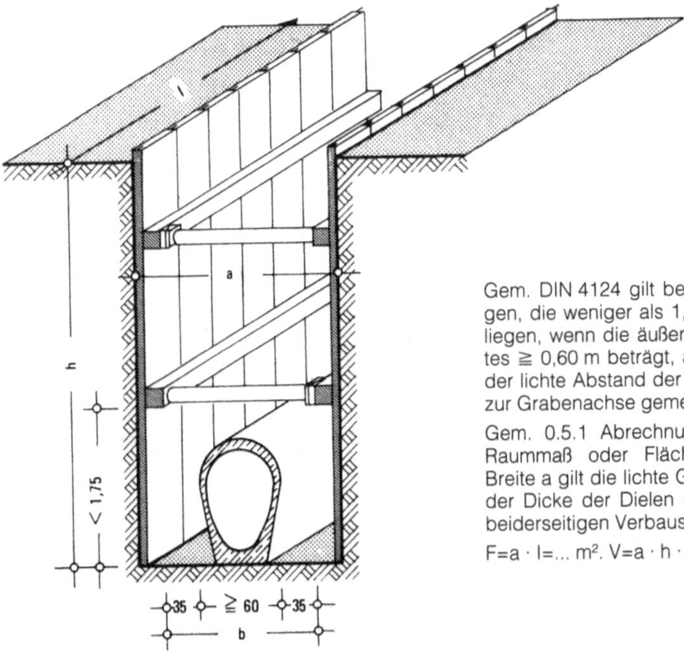

Gem. DIN 4124 gilt bei waagerechten Gurtungen, die weniger als 1,75 m über Grabensohle liegen, wenn die äußere Breite des Rohrschaftes ≧ 0,60 m beträgt, als lichte Grabenweite b der lichte Abstand der Gurtungen, rechtwinklig zur Grabenachse gemessen.

Gem. 0.5.1 Abrechnung des Aushubs nach Raummaß oder Flächenmaß. Als Maß der Breite a gilt die lichte Grabenbreite b zuzüglich der Dicke der Dielen und der Gurtungen des beiderseitigen Verbaus.

F=a · l=... m². V=a · h · l=... m³.

Bild 16 Geböschter Graben, Tiefe bis 1,75 m

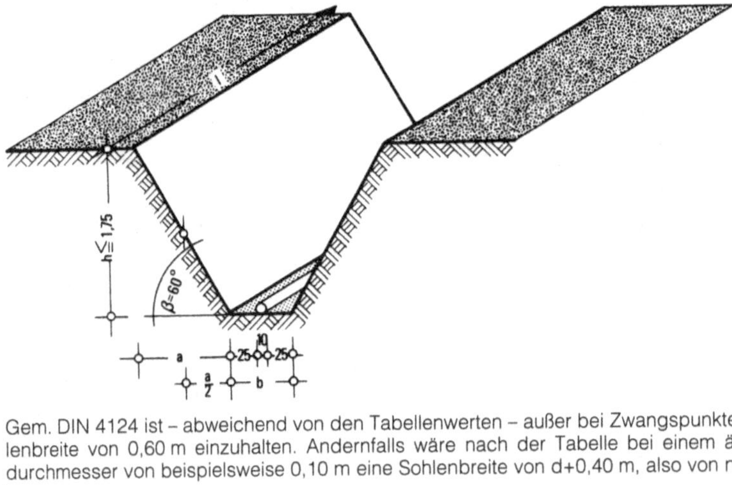

Gem. DIN 4124 ist – abweichend von den Tabellenwerten – außer bei Zwangspunkten eine Mindestsohlenbreite von 0,60 m einzuhalten. Andernfalls wäre nach der Tabelle bei einem äußeren Rohrschaftdurchmesser von beispielsweise 0,10 m eine Sohlenbreite von d+0,40 m, also von nur 0,50 m, vorzusehen.

Gem. 0.5.1 Abrechnung des Aushubs nach Raummaß oder Flächenmaß.

F=(2 a+b) l=... m². V=(a+b) h · l=... m³.

Bild 17 Verbauter Graben mit Aushubtiefe über 1,75 m

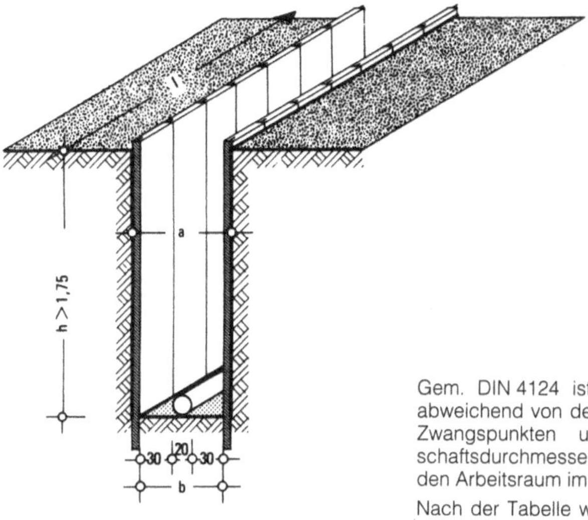

Gem. DIN 4124 ist bei Grabentiefen über 1,75 m – abweichend von den Tabellenwerten – abgesehen von Zwangspunkten unabhängig vom äußeren Rohrschaftsdurchmesser eine Mindestbreite von 0,80 m für den Arbeitsraum im Graben einzuhalten.

Nach der Tabelle wäre bei einem äußeren Rohrschaftdurchmesser von 0,20 m nur eine lichte Grabenbreite von d+0,40 m=0,60 m erforderlich.

Gem. 0.5.1 Abrechnung des Aushubs nach Raummaß oder Flächenmaß.

$F = a \cdot l = \ldots m^2$. $V = a \cdot h \cdot l = \ldots m^3$.

Bild 18 Hinterfüllung des Baukörpers einer Baugrube

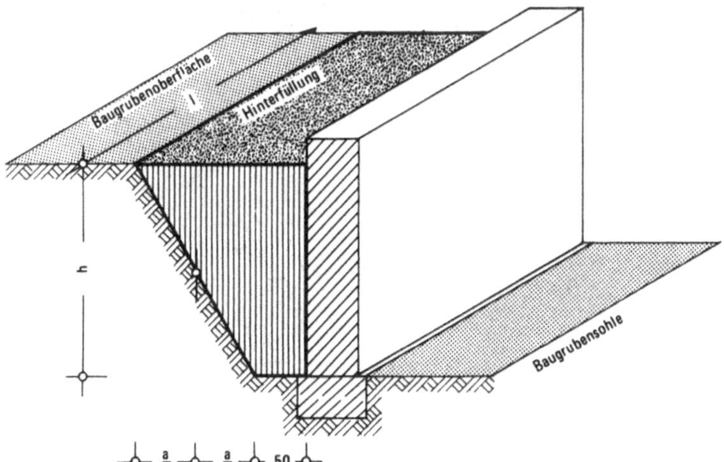

Gem. 5.3 wird bei der Ermittlung des Raummaßes der Hinterfüllung das Volumen des hinterfüllten Baukörpers nicht mitgerechnet.

Abrechnung der Hinterfüllung sinngemäß entsprechend 0.5.1 nach Raummaß oder Flächenmaß.

F der Teillänge $l = (a+0{,}50)\ l = \ldots m^2$.

V der Teillänge $l = \left(\frac{a}{2} + 0{,}50\right) h \cdot l = \ldots m^3$.

Bild 19 Überschüttung einer Rohrleitung

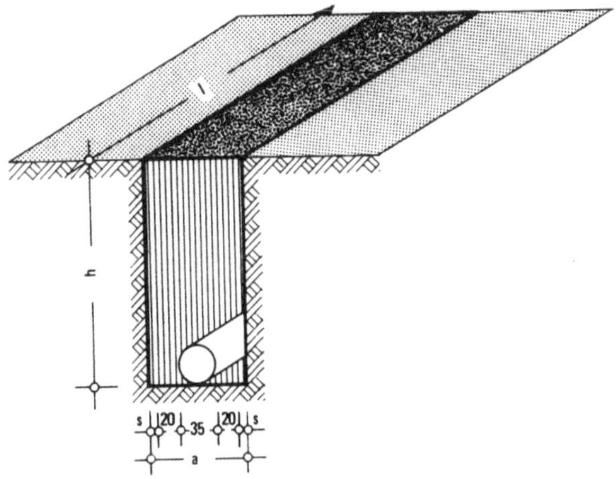

Gem. 5.3 wird bei der Ermittlung des Raummaßes der Überschüttung das Raummaß der Leitung nicht abgezogen, da der äußere Rohrschaftdurchmesser mit d=0,35 m<0,36 m ist.

Abrechnung der Überschüttung sinngemäß entsprechend 0.5.1 nach Raummaß oder Flächenmaß.

$F = a \cdot l = \ldots\ m^2$. $V = a \cdot h \cdot l = \ldots\ m^3$.

Bild 20 Abtrag für eine Landstraße

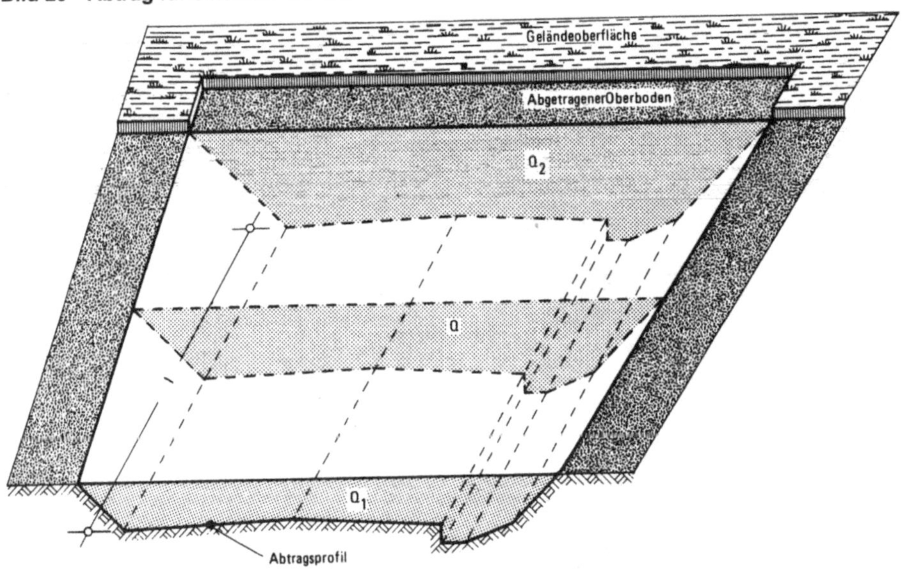

Gem. 0.5.1 Abrechnung des Abtrags nach Raummaß oder Flächenmaß. Da die Abtragstiefen wegen des ansteigenden Geländes unterschiedlich sind, ist Abrechnung nach Flächenmaß nicht zweckmäßig.

Abrechnung nach Raummaß im Näherungsverfahren. Vgl. Erläuterung zu 5.1.1.

Gemittelte Querschnittsfläche $Q = \frac{Q_1 + Q_2}{2} = \ldots\ m^3$.

$V = Q \cdot l = \ldots\ m^3$.

Bild 21 Lagenweiser Einbau bei einer Dammschüttung

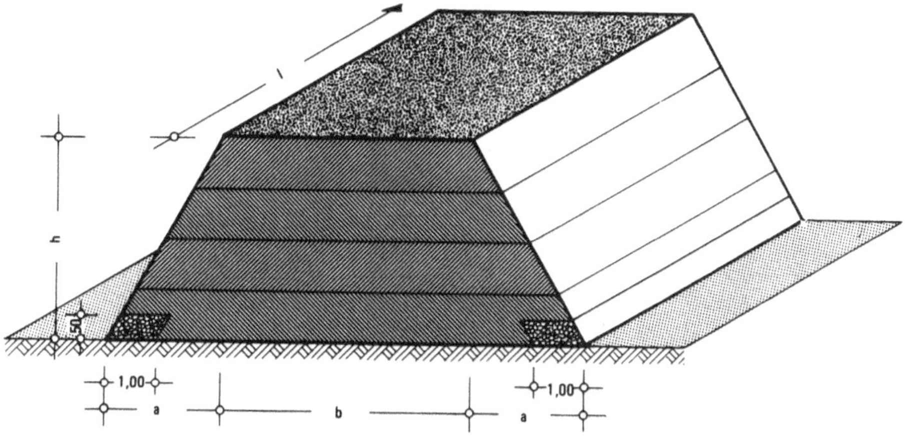

Gem. 5.5 gilt als Regelfall, Einbaumassen im fertigen Zustand zu ermitteln. Abweichungen von dieser Regel, z.B. Ermittlung an der Entnahmestelle oder Ermittlung nach loser Masse, sind in der Leistungsbeschreibung vorzuschreiben.

Nach der Norm ist das Schüttgut lagenweise einzubringen, wenn in der Leistungsbeschreibung nichts anderes vorgeschrieben ist.

Gem. 0.5.1 Abrechnung des Einbaus nach Raummaß oder Flächenmaß. Im vorliegenden Fall ist die Abrechnung nach Raummaß zweckmäßig. Bei der Ermittlung im fertigen Zustand werden die Steinpakkungen von den Einbaumassen nicht abgezogen, da ihre Querschnitte im einzelnen mit 0,50 · 1,00 die Höchstgrenze von 0,50 m^2 nicht übersteigen.

$V=(a+b)h \cdot l= \ldots m^3$.

Gem. 5.6 wird das Verdichten von Einbaumassen wie das Einbauen ermittelt und gem. 0.5.3 nach Flächenmaß oder Raummaß abgerechnet, im vorliegenden Fall also nach Raummaß.

Bild 22 Verdichtete Unterlage für die Tragschicht einer Straße

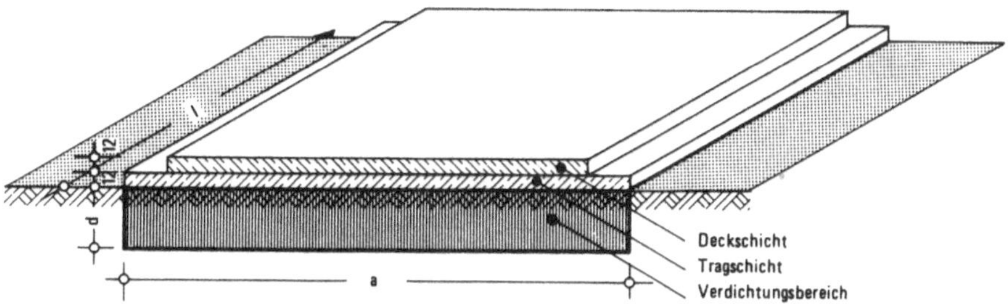

Gem. 5.6 Ermittlung der Leistung für das Verdichten der Unterlage nach der Fläche der Tragschichtsohle.

Gem. 0.5.3 Abrechnung für das Verdichten nach Flächenmaß oder Raummaß.

$F=a \cdot l= \ldots m^2$. $V=a \cdot d \cdot l= \ldots m^3$.

Bild 23 Verdichteter Boden für eine Fundamentplatte

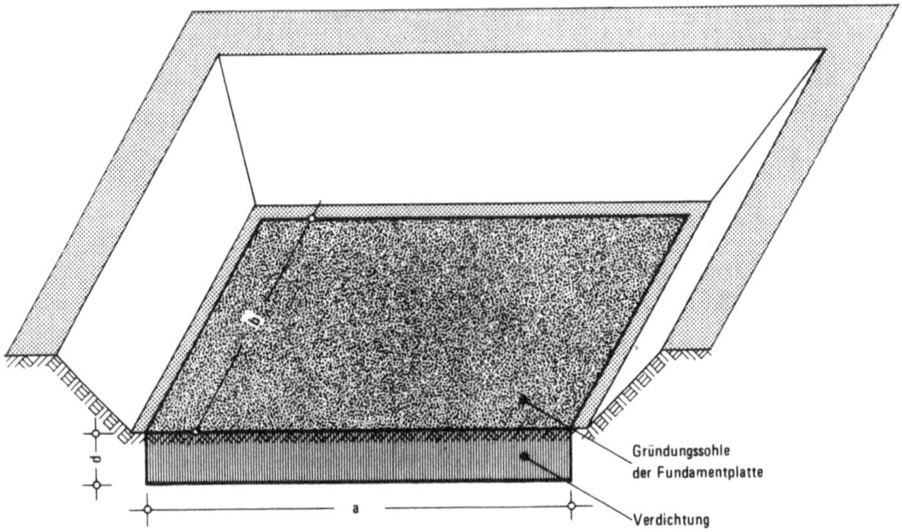

Gem. 5.6 Ermittlung der Leistung für das Verdichten des Untergrundes nach der Fläche der Fundamentplatte.

Gem. 0.5.3 Abrechnung für das Verdichten nach Flächenmaß oder Raummaß.

F=a · b=... m². V=a · d · b=... m³.

Bild 24 Sicherungswerke an einem Deichfuß

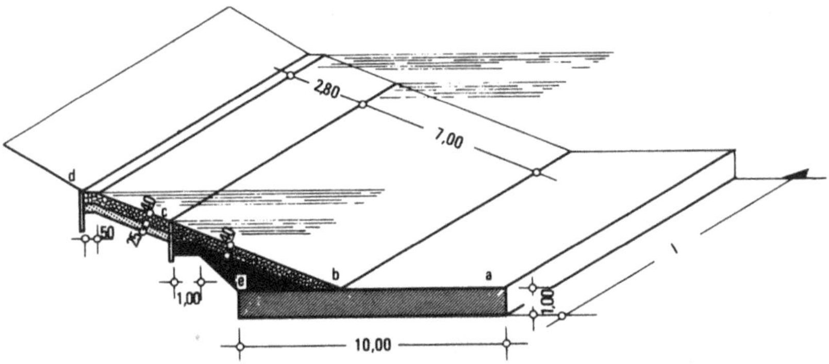

Gem. 0.5.2 Abrechnung des Sinkstücks, der Steinschüttung, der Steinpackung auf Kiesbett und des Packwerks je nach Raummaß oder Flächenmaß. Die Abrechnung des Packwerks erfolgt wegen der unterschiedlichen Dickenmaße zweckmäßig nur nach Raummaß.

a =Sinkstück	F =10,00 · l=... m².	d =Grünfläche
	V =10,00 · 1,00 · l=... m³.	e =Packwerk
b =Steinschüttung	F =7,00 · l=... m².	
	V =7,00 · 0,40 · l=... m³.	
c =Steinpackung auf Kiesbett		
Steinpackung	F =(0,50+2,80) l=... m².	
	V =(0,50+2,80) 0,40 · l=... m³.	
Kiesbett	F =(0,50+2,80) l=... m².	
	V =(0,50+2,80) 0,25 · l=... m³.	

Bild 25 Abgeböschte Baugrube, Ermittlung des Aushubs

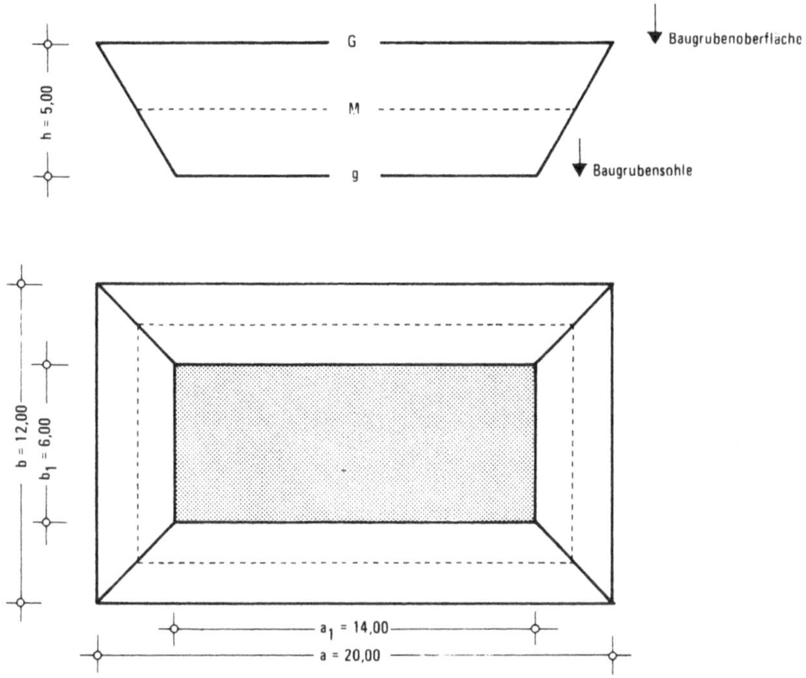

Gem. 0.5.1 Abrechnung des Aushubs nach Raummaß oder Flächenmaß. Bei Abrechnung nach Raummaß Anwendung der Simpsonschen Formel, da die Baugrube die Form eines Prismatoids bildet.

$V = \frac{h}{6}(G+g+4M)$; dabei ist

G = Oberfläche der Baugrube

g = Baugrubensohle

M = gemittelte Fläche der Baugrube.

$G = a \cdot b = 20{,}00 \cdot 12{,}00 = 240{,}00\ m^2$, $g = a_1 \cdot b_1 = 14{,}00 \cdot 6{,}00 = 84{,}00\ m^2$.

$M = \frac{a+a_1}{2} \cdot \frac{b+b_1}{2} = 17{,}00 \cdot 9{,}00 = 153{,}00 m^2$

$V = \frac{5{,}00}{6}(324{,}00+4 \cdot 153{,}00) = 780{,}00\ m^3$

Bei Abrechnung nach Flächenmaß ist die Leistung nach der Oberfläche der Baugrube zu ermitteln. Vgl. Erläuterung zu 0.5.

$F = a \cdot b = 20{,}00 \cdot 12{,}00 = 240{,}00\ m^2$. Es sind jedoch genaue Angaben zu den übrigen Abmessungen der Baugrube erforderlich.

Bild 26 Besonders abzurechnende Hindernisse

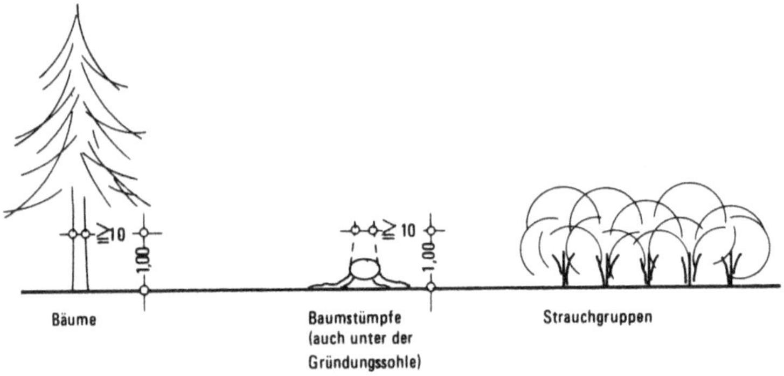

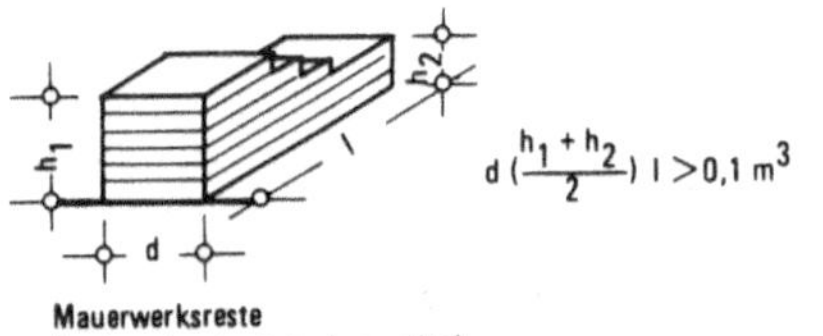

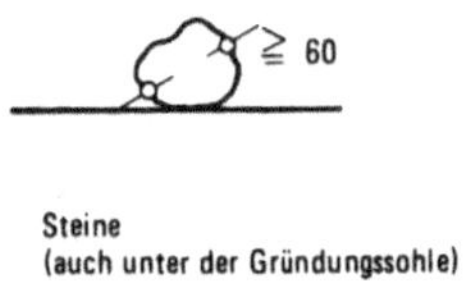

Das Beseitigen von Hindernissen gem. 0.5.5 ist keine Nebenleistung, sondern in Einzelansätzen abzurechnen. Gem. 0.5.6 ist auch das Beseitigen von einzelnen Steinen und Mauerwerksresten über 0,01 m^3 Rauminhalt als selbständige Leistung abzurechnen, wenn diese in Gräben bis zu 0,80 m Sohlenbreite vorkommen. 0,01 m^3 Rauminhalt entspricht einer Kugel mit einem Durchmesser von rd. 0,30 m (vgl. Bilder 29, 30 und 31).

Gem. 0.5.5 und 0.5.6 erfolgt die Abrechnung nach Anzahl oder Raummaß.

Bild 27 Hindernde Steine in Gräben mit Sohlenbreite bis einschließlich 80 cm

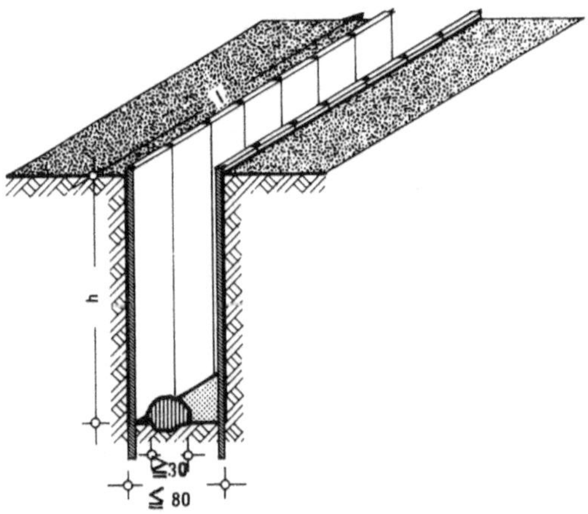

Gem. 0.5.6 ist das Beseitigen von einzelnen Steinen über 0,01 m^3 Rauminhalt in Gräben, deren Sohlenbreite 80 cm nicht übersteigt, gesondert abzurechnen. 0,01 m^3 Rauminhalt entspricht einer Kugel mit einem Durchmesser von etwa 30 cm.

Gem. 0.5.6 Abrechnung hinternder Steine nach Raummaß oder Anzahl. Abrechnung nach Anzahl ist zweckmäßig, wenn die Steine keine erheblichen Unterschiede in ihren Abmessungen aufweisen.

Bild 28 Mauerrest in einem Leitungsgraben

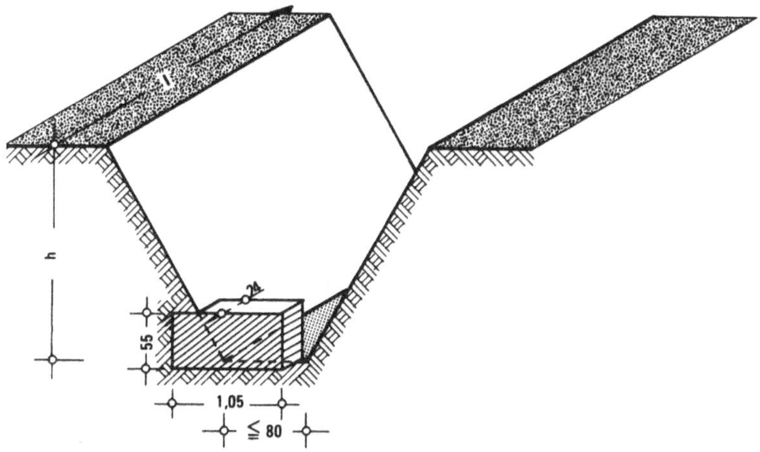

Gem. 0.5.6 ist das Beseitigen von Mauerresten über 0,01 m^3 Rauminhalt in Gräben bis zu 80 cm Sohlenbreite gesondert abzurechnen.

Gem. 0.5.6 Abrechnung der Beseitigung des Mauerrestes nach Raummaß oder zum Stückpreis.

Bei Abrechnung ung nach Raummaß ist $V=1{,}05 \cdot 0{,}55 \cdot 0{,}24=0{,}14\ m^3$.

VOB Teil C:
Allgemeine Technische Vertragsbedingungen für Bauleistungen (ATV)
Bohrarbeiten – DIN 18301
Ausgabe Juni 1996

1 Geltungsbereich

1.1 Die ATV »Bohrarbeiten« – DIN 18301 – gilt für Bohrungen jeder Art und Neigung in Boden, Fels und Auffüllungen, insbesondere

- zur Erkundung und Untersuchung des Untergrundes, zur Wassergewinnung und -einleitung, zur Grundwasserabsenkung, zur Entwässerung, zur Entgasung,
- für Einpreßarbeiten, Bohr- und Verpreßpfähle, Bohrpfahlwände,
- zum Einbau von Tragelementen und Ankern.

1.2 Die ATV DIN 18301 gilt auch für Bohrungen nach Abschnitt 1.1 in kontaminierten Bereichen.

1.3 Die ATV DIN 18301 gilt auch für das Überbohren beim Rückbau von Brunnen.

1.4 Die ATV DIN 18301 gilt nicht für

- den Ausbau von Bohrungen (siehe ATV DIN 18302 »Brunnenbauarbeiten«,
- Rohrvortriebsarbeiten (siehe ATV DIN 18319 »Rohrvortriebsarbeiten).

1.5 Ergänzend gelten die Abschnitte 1 bis 5 der ATV DIN 18299 »Allgemeine Regelungen für Bauarbeiten jeder Art«. Bei Widersprüchen gehen die Regelungen der ATV DIN 18301 vor.

5 Abrechnung

Gem. ATV DIN 18299 Abschn. 5 gilt allgemein:

Die Leistung ist aus Zeichnungen zu ermitteln, soweit die ausgeführte Leistung diesen Zeichnungen entspricht. Sind solche Zeichnungen nicht vorhanden, ist die Leistung aufzumessen.

> *Siehe hierzu die eingehende Erläuterung zu ATV DIN 18299 »Allgemeine Regelungen für Bauarbeiten jeder Art«.*

Abrechnungseinheiten

Gem. 0.5 sind im Leistungsverzeichnis die Abrechnungseinheiten wie folgt vorzusehen:

0.5.1 – Bohrungen nach Längenmaß (m),
- gestaffelt nach Soll-(End-)durchmesser des Bohrlochs,
- gestaffelt nach Tiefen,
- getrennt nach Boden- und Felsarten bzw. nach anderen Stoffen, z.B. Beton, Mauerwerk,
- bei Aufschlußbohrungen außerdem getrennt nach Bohrverfahren,

0.5.2 – Herstellen und Beseitigen von Bohrschablonen nach Längenmaß (m),
0.5.3 – Bohrpfahlwände nach Flächenmaß (m^2),
0.5.4 – Spülungszusätze nach Gewicht (kg),

0.5.5 – Umstellen der Bohreinrichtung nach Anzahl (Stück), getrennt nach Abständen der Bohrstellen,

0.5.6 – Entnahme von Bohrproben, Sonderproben, Gas- und Wasserproben nach Anzahl (Stück), getrennt nach Arten,

0.5.7 – im Boden verbleibende Rohre einschließlich Rohrverbindungen nach Längenmaß (m), getrennt nach Außendurchmesser und Baulängen,

0.5.8 – Schürfe nach Raummaß (m^3) oder nach Arbeitszeit (h),

0.5.9 – Aufbrechen und Wiederherstellen von befestigten Flächen nach Flächenmaß (m^2) oder nach Arbeitszeit (h), getrennt nach Arten und Dicken,

0.5.10 – Beseitigung von Hindernissen, z.B. Stahlbeton, Stahl, Holz, nach Arbeitszeit (h),

0.5.11 – Stoffe für das Verfüllen und Abdichten von Bohrungen nach Längenmaß (m), Raummaß (m^3) oder Gewicht (t),

0.5.12 – Hilfsleistungen und Wartezeiten bei Messungen und Untersuchungen am offenen Bohrloch nach Arbeitszeit (h).

Ergänzend zu ATV DIN 18299, Abschnitt 5, gilt:

5.1 Bohrungen, die aufgegeben werden müssen, und im Boden verbleibende Rohre einschließlich Rohrverbindungen, die nicht gezogen werden können, werden abgerechnet wie ausgeführte Leistungen, es sei denn, daß die Ursache der Auftragnehmer zu vertreten hat.

5.2 Die Bohrlänge wird ermittelt vom plangemäßen Bohransatzpunkt bis zur vereinbarten Endteufe.

5.3 Die Länge von Bohrschablonen bei Bohrpfahlwänden wird in der Achse der Wand gemessen.

Muß eine Bohrung aufgegeben werden, ohne daß die Ursache dafür vom Auftragnehmer zu vertreten ist, z.B. infolge eines Hindernisses, das sich nicht beseitigen läßt, so wird sie wie eine normale Bohrung gem. 0.5.1 abgerechnet. Muß eine Bohrung aufgegeben werden und trifft den Auftragnehmer die Schuld für die Aufgabe, so erhält der Auftragnehmer keine Vergütung für die Bohrung.

Nach der Norm sind Bohrrohre nach Erreichen des Bohrzwecks zu ziehen und die Bohrlöcher gleichzeitig, möglichst unter Verwendung des gewonnenen Bohrgutes, zu füllen. Darüber hinausgehende Maßnahmen, wenn sich z.B. Bohrrohre ohne Verschulden des Auftragnehmers nicht ziehen lassen, sind zu vereinbaren und als Besondere Leistungen abzurechnen.

Zeitweiliges oder dauerndes Belassen der Bohrrohre im Boden und Vorhalten besonderer Rohre und Filter für Beobachtungen ist keine Nebenleistung. Die Abrechnung für zeitweiliges Belassen der Bohrrohre richtet sich nach dem Zeitraum der Überlassung. Ist dieser nur kurz, so kommt ein Anstz für die Vorhaltung in Betracht; ist er lang oder schwer absehbar, so ist eine Abrechnung wie für im Boden verbleibende Rohre vorzusehen. Diese werden nach ihrer Baulänge einschließlich der Rohrverbindungen, der Rohrschuhe und dergleichen, getrennt nach Außendurchmessern abgerechnet.

Die Baulänge der Rohre ist nicht in jedem Fall gleich der Länge des Bohrlochs, z.B. bei Bohrungen zur Wassergewinnung in Festgestein (Bild 3).

Beim Bohren werden die Methoden der Geteinsbohrtechnik und der Tiefbohrtechnik unterschieden; die Übergänge sind jedoch nicht genau zu bestimmen. Die Gesteinsbohrtechnik wird in der Regel im Tunnelbau und im Bergbau angewendet, um Bohrlöcher mit kleineren Durchmessern zur Aufnahme von Sprengladungen herzustellen. Für diese Bohrarbeiten gilt ATV DIN 18301 nicht; sie gilt für alle Bohrarbei-

ten, die mit Hilfe der Tiefbohrtechnik ausgeführt werden. Hierzu gehören auch Bohrarbeiten im Großbohrlochverfahren zur Vorbereitung von Massensprengungen im Steinbruch. Obwohl in der Tiefbohrtechnik im allgemeinen nur vertikale Bohrlöcher hergestellt werden, kommen auch horizontale und schräge Bohrungen in Betracht.

Überwiegend dienen Bohrungen zur Untersuchung des Baugrunds (Aufschlußbohrungen), zur Wassergewinnung durch Ausbau zu Brunnen, zur Grundwassersenkung, zur Ausführung von Einpreßarbeiten bei Maßnahmen zur Bodenverfestigung, zur Herstellung von Ortpfählen aus Beton und Stahlbeton sowie zur Vorbereitung von Sprengungen in Steinbrüchen und dergleichen.

Nach der Norm hat der Auftragnehmer vor Beginn der Bohrarbeiten Lage und Höhe der Ansatzpunkte nach den Angaben des Auftraggebers an den Bohrstellen einzumessen und Höhepunkte herzustellen. Die Lage der Bohrlöcher und die Höhe ihrer Ansatzpunkte sind im Lageplan einzutragen.

Die Abrechnung der Bohrungen erfolgt nach dem Solldurchmesser des Bohrlochs und nach seiner Länge; dabei ist nach Bodenklassen gem. ATV DIN 18300 »Erdarbeiten« oder anderen durchbohrten Stoffen zu trennen und in den Ansätzen nach Tiefen zu staffeln.

Außerdem ist bei Baugrundaufschlußbohrungen nach Bohrverfahren zu trennen.

Gemessen wird die Länge des Bohrlochs von der Oberfläche der Bohrung, d.h. ab Ansatzpunkt bis zur erreichten Bohrsohle.

Sollen Bohrrohre wieder gezogen werden, so ist dies in den Preis für das Bohren mit einzurechnen.

Wenn der Auftragnehmer ein Schichtenverzeichnis zu liefern hat, ist die jeweilige Bohrtiefe der einzelnen Bodenklassen dem Schichtenverzeichnis entsprechend abzurechnen (Bild 1).

Bei Bohrungen für das Herstellen von Ortbetonpfählen erfolgt die Tiefenstaffelung entsprechend dem Wechsel der Bodenklassen oder der anderen durchbohrten Stoffe (Bild 2).

Wenn nach den örtlichen Verhältnissen im Boden mit Hindernissen, z.B. Leitungen, Kabeln, Kanälen, Bauwerksresten, zu rechnen ist, muß durch Erkundung gesichert werden, daß die späteren Bohrungen von ihnen freikommen. Die erforderlichen Maßnahmen, z.B. die Herstellung von Schürflöchern und Schürfgruben, sind besonders zu vereinbaren und gesondert abzurechnen; diese Leistungen sind keine Nebenleistungen. Nach der Norm bestimmt der Auftraggeber, ob und wie ein Hindernis beseitigt oder gesichert oder ob die Bohrung aufgegeben oder versetzt werden soll.

Das Beseitigen von Bohrhindernissen ist keine Nebenleistung. Die erforderlichen Arbeiten sind nachzuweisen, d.h. sie dürfen im Stundenlohn ausgeführt und vergütet werden. Die durch diese besonderen Maßnahmen gewonnene Bohrlänge wird nicht doppelt vergütet, sondern bei der Abrechnung der Bohrung gem. 0.5.1 von der Bohrtiefe abgezogen (Bild 4).

Wenn der Auftragnehmer Bohrproben oder Sonderproben zu entnehmen hat, werden diese gesondert abgerechnet, da diese Leistungen nicht zu den Nebenleistungen gehören. Das gleiche gilt, wenn die Entnahme von Gas- und Wasserproben vorgesehen ist. Die Abrechnung erfolgt zum Stückpreis, wobei die Ansätze nach Art der Proben zu trennen sind. Die Ansätze sind bereits in der Leistungsbeschreibung vorzusehen.

Das Aufstellen des Bohrgeräts erfordert häufig Vorarbeiten wie Ausschachten von aufgefülltem Schutt und Aufbrechen von Straßendecken. Gem. 0.5.8 und 0.5.9 ist das Ausschachten von Schutt sowie das Aufbrechen und Wiederherstellen von

Straßenoberbauten keine Nebenleistung. Die Abrechnung erfolgt, falls für diese Leistungen besondere Ansätze in der Leistungsbeschreibung vorgesehen sind, nach Flächenmaß oder Raummaß, für das Ausschachten von Schutt nach Raummaß oder nach Arbeitszeit. Wenn ihr Umfang vor Vertragsabschluß nicht feststeht, empfiehlt es sich, Eventualpositionen vorzusehen. Sind keine Ansätze in der Leistungsbeschreibung vorhanden, kann von der dritten Möglichkeit, der Abrechnung zum Nachweis im Stundenlohn oder zum Nachweis der Selbstkosten, Gebrauch gemacht werden (Bild 5).

Bild 1 Aufschlußbohrung zur Baugrunduntersuchung

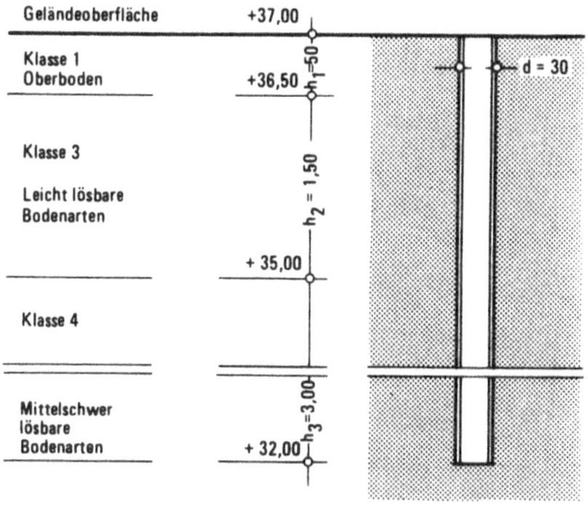

Gem. 0.5.1 Abrechnung der Aufschlußbohrung mit 30 cm Solldurchmesser, gestaffelt nach den Tiefen der einzelnen Bodenklassen (vgl. ATV DIN 18300 »Erdarbeiten«

L der Bohrung in Bodenklasse 1= h_1=0,50 m.

L der Bohrung in Bodenklasse 3= h_2=1,50 m.

L der Bohrung in Bodenklasse 4= h_3=3,00 m.

Das Ziehen des Rohrs ist mit dem Preis für das Bohren abgegolten.

Bild 2 Bohrungen zur Herstellung von Ortbetonpfählen

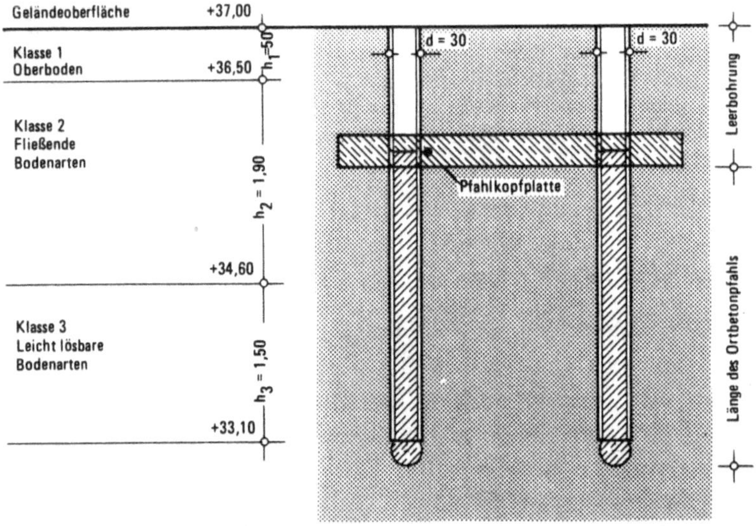

Gem. 0.5.1 Abrechnung der Bohrungen zur Herstellung von zwei Ortbetonpfählen mit Rohren von 30 cm Solldurchmesser, gestaffelt nach den einzelnen Bodenklassen (vgl. ATV DIN 18300 »Erdarbeiten« Die Abrechnung bezieht sich auf die ganze Länge des Bohrlochs, also auch auf die sog. Leerbohrung.

L der Bohrung in Bodenklasse 1=h_1=2 · 0,50=1,00 m.

L der Bohrung in Bodenklasse 2=h_2=2 · 1,90=3,80 m.

L der Bohrung in Bodenklasse 3=h_3=2 · 1,50=3,00 m.

Für die Herstellung und Abrechnung der Ortbetonpfähle gilt ATV DIN 18331 »Beton- und Stahlbetonarbeiten«.Bild 3 Bohrung zur Wassergewinnung

Bild 3 Bohrung zur Wassergewinnung

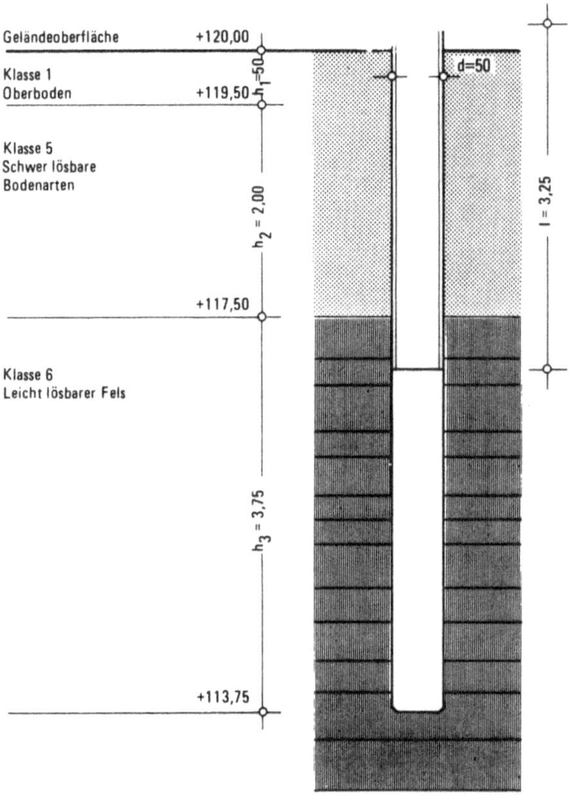

Gem. 0.5.1 Abrechnung der Bohrung zur Wassergewinnung mit 50 cm Solldurchmesser des Bohrrohrs, gestaffelt nach den Tiefen der einzelnen Boden- bzw. Felsklassen. Vgl. ATV DIN 18300 »Erdarbeiten«.

L der Bohrung in Klasse 1= h_1=0,50 m.

L der Bohrung in Klasse 5= h_2=2,00 m.

L der Bohrung in Klasse 6= h_3=3,75 m.

Gem. 0.5.5 Abrechnung des im Boden verbleibenden Rohrs von 50 cm Außendurchmesser nach Baulänge. Mit dem Preis sind etwaige Rohrverbindungen, Rohrschuhe und dergleichen abgegolten.

L des im Boden verbleibenden Rohrs=1=3,75 m.

Bild 4 Bohrloch mit hindernden Mauerresten

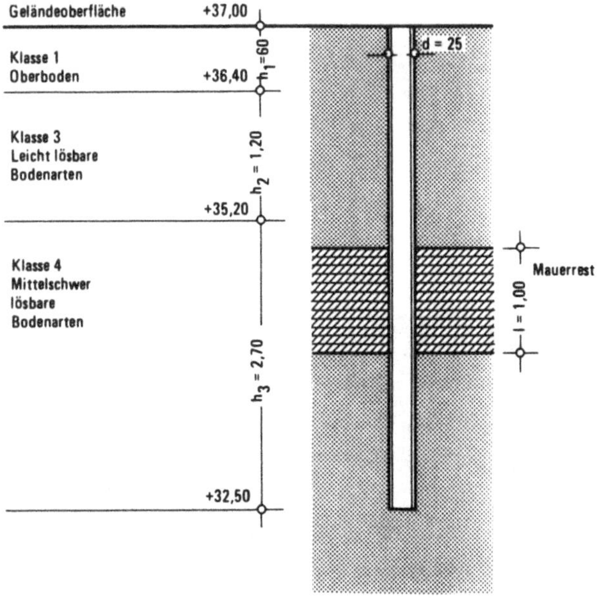

Gem. 0.5.1 Abrechnung der Bohrung mit 25 cm Solldurchmesser nach Länge des Bohrlochs, gestaffelt nach Bodenklassen. Vgl. ATV DIN 18300 »Erdarbeiten«.

Die durch das Beseitigen der Mauerreste gewonnene Bohrlänge wird als Besondere Leistung abgerechnet. Die gewonnene Bohrtiefe wird von der Bohrung abgezogen.

L der Bohrung in Klasse 1= h_1=0,60 m.

L der Bohrung in Klasse 3= h_2=1,20 m.

Von der Länge der Bohrung in Klasse 4 wird die durch das Beseitigen der Mauerreste gewonnene Tiefe von 1,00 m abgezogen.

L der abzurechnenden Bohrung in Klasse 4=h_3−l= 2,70−1,00=1,70 m.

Bild 5 Vorarbeiten zur Aufstellung des Bohrgerätes

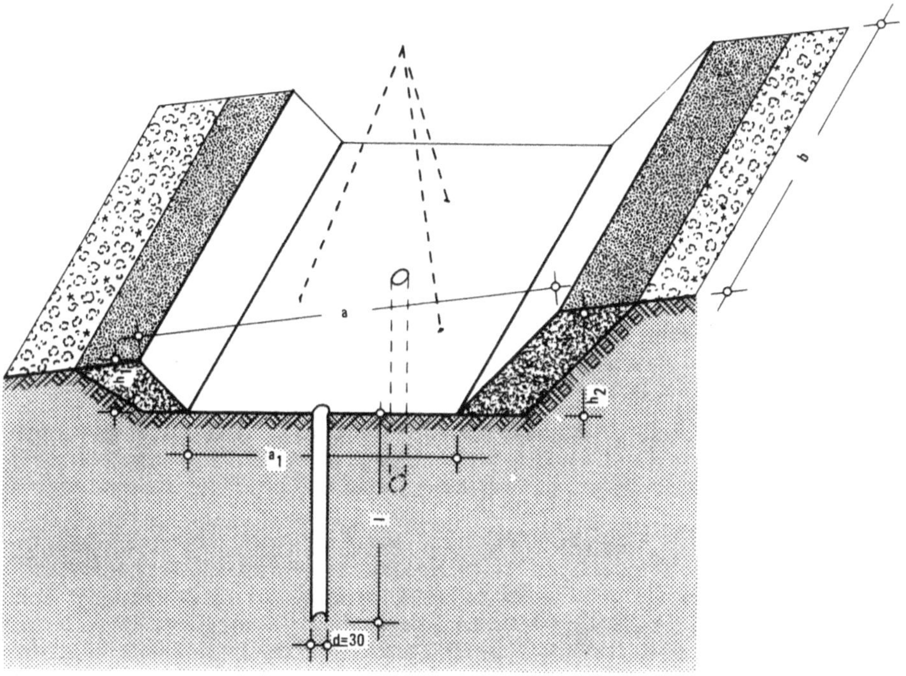

Gem. 0.5.8 Abrechnung der Ausschachtung des aufgefüllten Geländes nach Raummaß oder zum Nachweis im Stundenlohn.

Bei Abrechnung nach Raummaß ist V für den Längenabschnitt $b = a_1 = \left(\frac{h_1 + h_2}{2}\right) b = \ldots m^3$.

VOB Teil C:
Allgemeine Technische Vertragsbedingungen für Bauleistungen (ATV)
Brunnenbauarbeiten– DIN 18302
Ausgabe Juni 1996

1 Geltungsbereich

1.1 Die ATV »Brunnenbauarbeiten« – DIN 18203 – gilt für den Ausbau von Bohrungen zu Brunnen zur Wassergewinnung und -einleitung, zur Grundwasserabsenkung, zur Entwässerung, zur Entgasung. Sie gilt auch für den Ausbau von Bohrungen zu Grundwasser-Beschaffenheitsmeßstellen sowie für das Herstellen von Einsteigschächten. Sie umfaßt auch den Rückbau und die Sanierung von Brunnen und Grundwasser-Beschaffenheitsmeßstellen.

1.2 Die ATV DIN 18302 gilt nicht für die bei Brunnenbauarbeiten auszuführenden Erdarbeiten (siehe ATV DIN 18300 »Erdarbeiten«) und Bohrarbeiten (siehe ATV DIN 18301 »Bohrarbeiten«).

1.3 Ergänzend gelten die Abschnitte 1 bis 5 der ATV DIN 18299 »Allgemeine Regelungen für Bauarbeiten jeder Art«. Bei Widersprüchen gehen die Regelungen der ATV DIN 18301 vor.

5 Abrechnung

Gem. ATV DIN 18299 gilt allgemein:

Die Leistung ist aus Zeichnungen zu ermitteln, soweit die ausgeführte Leistung diesen Zeichnungen entspricht. Sind solche Zeichnungen nicht vorhanden, ist die Leistung aufzumessen.

> *Siehe hierzu die eingehende Erläuterung zu ATV DIN 18299 »Allgemeine Regelungen für Bauarbeiten jeder Art«.*

Abrechnungseinheiten

Gem. 0.5 sind im Leistungsverzeichnis die Abrechnungseinheiten wie folgt vorzusehen:

0.5.1 – Rohre mit Verbindungen und Dichtungen nach Baulänge (m), getrennt nach Werkstoffen, Durchmessern und Wanddicken,

0.5.2 – Filterrohre nach Baulänge (m), getrennt nach Arten und Werkstoffen, Durchmessern und Wanddicken,

0.5.3 – Filtersand, Filterkies und sonstige Schüttstoffe nach Schüttungshöhe (m), nach Raummaß (m^3) oder Gewicht (t), getrennt nach Güten und Korngrößen,

0.5.4 – Stoffe, die zum Dichten eingebracht werden, z.B. Ton oder Beton, nach Höhe der Dichtungsschichten (m), nach Raummaß (m^3) oder Gewicht (t),

0.5.5 – Kiesschüttungskörbe nach Baulänge (m), getrennt nach Durchmessern,

0.5.6 – Wandungen der Einsteigschächte nach Tiefe (m), getrennt nach lichten Durchmessern und Wanddicken,

0.5.7 – Senkkränze, Anker, Ankerringe, stählerne Träger, eingebrachte Brunnensohlen, Abdeckungen, Zwischenpodeste, Steig- und Belüftungsvorrichtungen und dergleichen nach Anzahl (Stück), getrennt nach Arten und Maßen,

0.5.8 – Brunnenköpfe, Ventile, Schieber, Wassermeßvorrichtungen einschließlich Dichtungen und Schrauben nach Anzahl (Stück), getrennt nach Arten und Maßen,

0.5.9 – Ein- und Ausbau von Pumpen zum Entsandungs-, Klar- und Leistungspumpen nach Anzahl (Stück), getrennt nach Arten,

0.5.10 – Entsandungs-, Klar- und Leistungspumpen nach Stunden (h), gestaffelt nach Förderleistungen (Förderstrom),

0.5.11 – Entnahme von Gas- und Wasserproben nach Anzahl (Stück), getrennt nach Arten,

0.5.12 – Zentrierungen nach Anzahl (Stück), getrennt nach Arten und Maßen,

0.5.13 – Hilfsleistungen und Wartezeiten bei Messungen und Untersuchungen am ausgebauten Bohrloch nach Arbeitszeit (h).

Ergänzend zu ATV DIN 182999 Abschnitt 5 gilt:

5.1 Baulängen von Rohren mit Verbindungen und Dichtungen werden in der Achse gemessen.

5.2 Bei Filtersand, Filterkies und sonstigen Schüttstoffen werden
- die Schüttungshöhe im eingebauten Zustand,
- das Raummaß oder Gewicht nach der nachgewiesenen eingebauten Menge

abgerechnet.

5.3 Bei Stoffen, die zum Dichten eingebracht werden, z.B. Ton oder Beton, werden
- die Höhe der Dichtungsschicht im eingebauten Zustand,
- das Raummaß oder Gewicht nach der nachgewiesenen eingebauten Menge

abgerechnet.

5.4 Bei anderen Stoffen für die Ringraumverfüllung werden
- die Höhe der Verfüllung im eingebauten Zustand,
- das Raummaß oder Gewicht nach der nachgewiesenen Menge

abgerechnet.

5.5 Bei Einsteigschächten wird die Tiefe von Oberkante bis Unterkante Schachtwand gemessen.

Zu 0.5.1:

Unter Rohren sind Bohrrohre (auch Mantelrohre, Schutzrohre oder Futterrohre genannt) sowie Filteraufsatzrohre, Sumpfrohre, Saugrohre, Belüftungsrohre, Entlüftungsrohre, Peilrohre u.ä. zu verstehen. Verbindungsstücke und Rohrdichtungen sind mit dem Preis für die Baulänge abgegolten. Die Baulänge der Rohre wird gem. 5.1 in der Rohrachse gemessen. Bei der Abrechnung ist nach den Bauarten der Rohre, z.B. Nietbohrrohre, Gewindebohrrohre, nahtlos gezogene Rohre, nach ihren äußeren Durchmessern, die zugleich die Solldurchmesser für die Bohrung darstellen (sofern sie nicht nach der Bohrung eingebaut werden), und nach Wanddicken zu trennen (Bilder 1, 2, 3).

Zu 0.5.2:

Das Brunnenfilterrohr ist das Wassereintrittsorgan des Bohrbrunnens. Es dient zugleich dazu, die ungenügende Standfestigkeit der Sande und Kiese des Grundwasserleiters zu stützen und eine sandfreie Entnahme des Wassers zu ermöglichen. Filterrohre werden aus metallischen Stoffen, aus Steinzeug, Kunststoff und auch aus Holz angefertigt. Unter den metallischen Filterrohren werden die genormten Stahlfilterrohre mit Schlitzbrückenlochung (vgl. DIN 4922) bevorzugt angewendet. Für kleinere Bohrbrunnenfilter und für Rammfilter genügen Stahlfilterrohre mit offener Schlitzlochung (vgl. DIN 4920).

Die Stahlfilterrohre sind stets entweder feuerverzinkt oder asphaltiert zu verwenden. Bei aggressiven Wässern werden Stahlfilterrohre mit einem Überzug aus Polyäthylen oder Polyamid oder mit einer Hartgummierung, ferner Filterrohre aus Kupfer, Kupferlegierungen sowie aus rost- und säurefreiem Stahl benutzt. Mit den Steinzeugfilterrohren, Kunststoffilterrohren, Holzfilterrohren und Kunstharz-Preßholzfilterrohren stehen mannigfache weitere Bauarten zur Verfügung. Auch Brunnenfilterrohre mit festaufliegendem Kiesbelag und Kieskornfilter mit gebundenem Kies werden eingebaut. Die früher üblichen Umspannungen mit Filtergewebe (vgl. DIN 4923) sind weitgehend von der Kiesumschüttung und von der Anwendung von Kiesschüttungskörben verdrängt worden.

Die Abrechnung erfolgt nach Baulängen, wobei nach Filterrohrarten, nach Durchmessern und nach Wanddicken zu trennen ist. (Bilder 1, 2, 3).

Zu 0.5.3:

Nach der Norm müssen Filtersande und Filterkiese DIN 4924 »Filtersande und Filterkiese für Brunnenfilter und Wasserreinigungsfilter« entsprechen. Filtersand besteht aus den Körnungen 0,25 bis 2 mm, wobei die Körnungen 0,25 bis 0,5 Sonderzwecken vorbehalten sind. Filterkies besteht aus den Körnungen über 2 bis 35 mm. Die Dicke der Schichten in Brunnenfiltern richtet sich nach der Kornabstufung. Sie gilt für Körnungen

von 0,75 bis 4 mm ≧ 60 mm,
über 6 bis 12 mm ≧ 70 mm,
über 12 bis 35 mm ≧ 80 mm.

Bei Brunnen mit mehrfacher Kornabstufung darf die Schichtdicke der feineren Abstufung niemals dünner als die der angrenzenden gröberen sein.

Der Auftraggeber kann gem. 5.2 wählen, ob er Filtersand, Filterkies und sonstige Schüttstoffe nach der Schüttungshöhe im eingebauten Zustand oder nach Raummaß oder nach dem Gewicht der nachgewiesenen eingebauten Menge abrechnen will. In jedem Fall ist nach Güte und Korngröße zu trennen (Bilder 2, 3, 4, 5).

Zu 0.5.4:

Nach der ATV müssen Brunnen so hergestellt werden, daß das Innere des Brunnens von außen her nicht verunreinigt werden kann. Wenn das Filteraufsatzrohr nicht bis zur Brunnenoberfläche geführt wird, sondern innerhalb des Mantelrohrs endet, sind Maßnahmen zu treffen, durch die ein Eintreiben von Sand oder nicht gewünschtem Wasser zwischen Mantelrohr und Aufsatzrohr in den Brunnen verhindert wird.

Nach der ATV müssen Brunnenköpfe den Brunnen so verschließen, daß eine Verunreinigung des Wassers ausgeschlossen ist und daß auch kein Hochwasser eindringen kann, wenn der Brunnen im Hochwassergebiet liegt. Dichtstoffe sind u. a. Ton oder Beton. Dichtstoffe für Rohrverbindungen sind mit dieser Vorschrift nicht gemeint.

Der Auftraggeber kann gem. 5.3 wählen, ob er die eingebrachten Dichtstoffe nach Höhe der Dichtungsschicht im eingebauten Zustand, nach Raummaß oder nach dem Gewicht der nachgewiesenen Einbaumenge abrechnen will (Bilder 2, 3, 4).

Zu 0.5.5:
Die am Filterrohr anliegende innere Kiesschüttung wird häufig über Tag in einen um das Filterrohr angeordneten Gewebekorb gepackt, so daß lediglich die äußere Schüttung mit Hilfe von Schüttungsrohren eingeschüttet wird.
Das Liefern und Einbauen von Kiesschüttungskörben ist keine Nebenleistung. Die Abrechnung erfolgt nach der Baulänge der Kiesschüttungskörbe, getrennt nach äußeren Durchmessern (Bild 3).

Zu 0.5.6:
Schachtbrunnen sind durch Ausschachten hergestellte Brunnen. Sie wurden früher auch Kesselbrunnen genannt. Mit Schachtbrunnen werden in geringer Tiefe liegende Grundwasserschichten erschlossen. Wegen ihrer geringen Brunnenleistung werden sie im allgemeinen nur zur Einzelwasserversorgung verwendet. Schachtbrunnen haben größere Durchmesser als Bohrbrunnen, etwa 1 bis 4 m und darüber. Ihre Wandungen werden gemauert oder aus Beton, Stahlbeton sowie aus fertigen Betonbauteilen (Schachtringe, Schachthälse, Auflageringe) hergestellt. Schachtbrunnen dienen neben der Wassergewinnung auch der Wasserspeicherung. Der geräumige Brunnenkessel kann ohne weiteres Rohrleitungen, Armaturen und Pumpen aufnehmen. Andererseits besteht durch die leichte Zugänglichkeit die Gefahr der Verunreinigung von der Geländeoberfläche her. Schachtbrunnen und Einsteigschächte werden gem. 0.5.6 nach dem Tiefenmaß der Wandungen abgerechnet. Das Tiefenmaß rechnet von Oberfläche Schachtwand bis Unterfläche Schachtwand. Es ist nach lichten Durchmessern und Wanddicken zu trennen (Bilder 4, 5). Bei kegelförmigen Schachtbrunnen oder kegelförmigen Teilen von Schachtbrunnen wird der lichte Durchmesser in der mittleren Tiefe des kegelförmigen Schachtteils gemessen (Bild 5).
Die Ausschachtung ist gesondert nach ATV DIN 18300 »Erdarbeiten« abzurechnen. Die Abrechnung etwaiger Wasserhaltungsarbeiten richtet sich nach ATV DIN 18305 »Wasserhaltungsarbeiten«.

Zu 0.5.7 und 0.5.8:
Die genannten Teile dienen dem weiteren Ausbau des Brunnens. Ihre Lieferung und ihr Einbau gehören nicht zu den Nebenleistungen. Sie werden zum Stückpreis abgerechnet (Bilder 4, 5).

Zu 0.5.9:
Der Ein- und Ausbau von Pumpen zum Entsandungs-, Klar- und Leistungspumpen ist nach der Anzahl abzurechnen, wobei nach Arten zu trennen ist.

Zu 0.5.10:
Nach der ATV gehört das Entsandungs-, Klar- und Leistungspumpen zu den Besonderen Leistungen. Die Abrechnung erfolgt nach Stunden, wobei nach Förderleistung, z.B. Förderstrom, zu staffeln ist.

Zu 0.5.11:
Nach der ATV gehört die Entnahme von Gas- und Wasserproben zu den Besonderen Leistungen, die nach Anzahl, getrennt nach Arten, abzurechnen sind.

Zu 0.5.12:
Zentrierungen werden nach Anzahl, getrennt nach Arten und Maßen abgerechnet.

Zu 0.5.13:
Hilfsleistungen sowie unverschuldete Wartezeiten bei Messungen u.ä. sind wie eine geleistete Arbeitszeit abzurechnen.

Bild 1 Schema eines Rohrbrunnens mit Kiesfilter

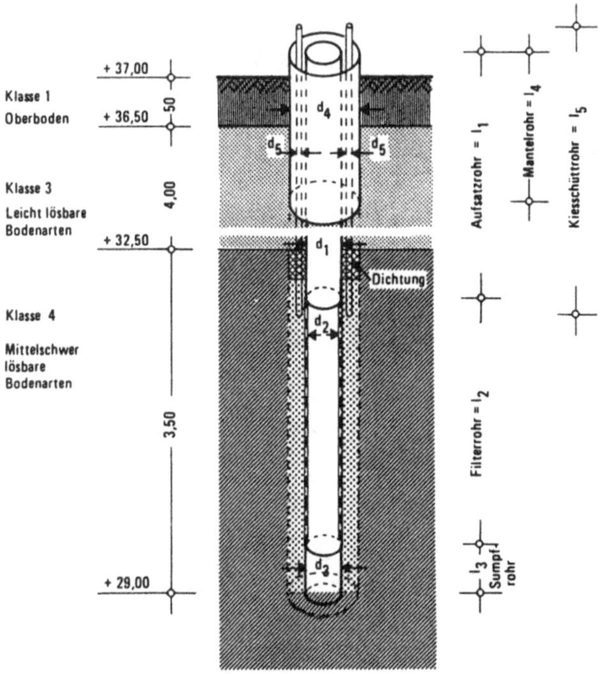

Gem. 0.5.1 Abrechnung des Mantelrohrs, des Aufsatzrohrs und des Sumpfrohrs nach Baulängen, getrennt nach den Herstellungsarten der Rohre, nach ihren äußeren Durchmessern und ihren Wanddicken.

Mantelrohr: Baulänge=l_4	äußerer Durchmesser=d_4	Wanddicke=s_4
Aufsatzrohr: Baulänge=l_1	äußerer Durchmesser=d_1	Wanddicke=s_1
Sumpfrohr: Baulänge=l_3	äußerer Durchmesser=d_3	Wanddicke=s_3

Gem. 0.5.2 Abrechnung des Filterrohrs nach Baulänge unter Angabe der Art des Filters, des inneren Durchmessers und der Wanddicke.

Filterrohr: Baulänge=l_2	innerer Durchmesser=d_2	Wanddicke=S_3

Abrechnung der Bohrarbeiten nach ATV DIN 18301 »Bohrarbeiten«.

Bild 2 Schema eines Kiesschüttungsbrunnens mit abgestufter Körnung

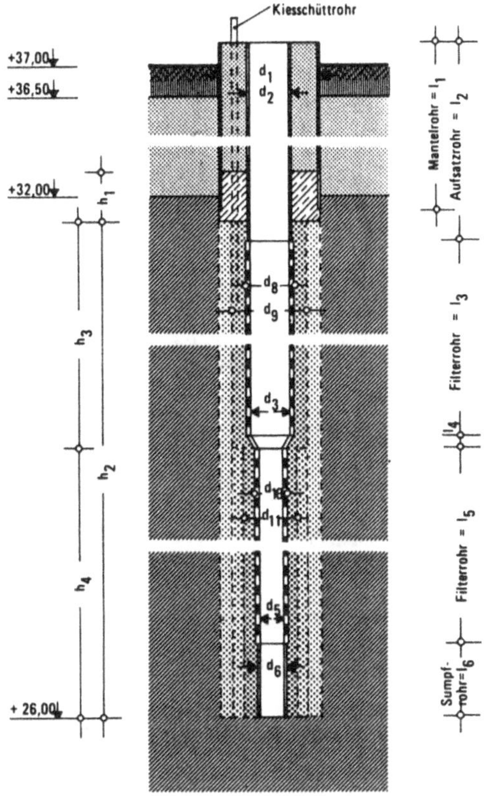

Gem. 0.5.3 Abrechnung der Schüttstoffe nach Schüttungshöhe im eingebauten Zustand oder nach Raummaß oder nach Gewicht der nachgewiesenen Einbaumenge.

Bei Abrechnung nach Schütthöhe ist

H Körnung 0,5 bis 2=h_2

H Körnung 2 bis 6=h_{3+4}

H Körnung 6 bis 8=h_4

Bei Abrechnung nach Raummaß ist

V Körnung 0,5 bis 2

$= h_2\left(\frac{d^2_1 - d^2_9}{4}\right)\pi = \ldots\ m^3.$

V Körnung 2 bis 6= $h_3\left(\frac{d^2_9 - d^2_8}{4}\right)\pi + h_4\left(\frac{d^2_9 - d^2_{11}}{4}\right)\pi = m^3.$

V Körnung 6 bis 8=$(h_4 - l_6)\left(\frac{d^2_{11} - d^2_{10}}{4}\right)\pi + l_6\left(\frac{d^2_{11} - d^2_6}{4}\right)\pi = \ldots m^3.$

Gem. 0.5.4 Abrechnung der Betonabdichtung nach Höhe der Dichtungsschicht im eingebauten Zustand oder nach Raummaß oder nach Gewicht der nachgewiesenen Einbaumenge. Die Höhe der Dichtungsschicht ist=h_1

V der Dichtungsschicht=$h_1\left(\frac{d^2_1 - d^2_2}{4}\right)\pi = \ldots m^3.$

Gem. 0.5.1 Abrechnung der Rohre einschließlich der Verbindungen und Dichtungen, getrennt nach äußeren Durchmessern, nach Baulängen.

L des Mantelrohrs=l_1=... m.

L des Aufsatzrohrs=l_2=... m.

L des Sumpfrohrs=l_6=... m.

Gem. 0.5.2 Abrechnung der Filterrohre, getrennt nach inneren Durchmessern, nach Baulängen.

L des Filterrohrs, innerer Durchmesser $d_3 = l_3 + l_4$=... m.

L des Filterrohrs, innerer Durchmesser $d_5 = l_5$=... m.

Bild 3 Schema eines Kiesschüttungsbrunnens mit Kiesschüttungskorb

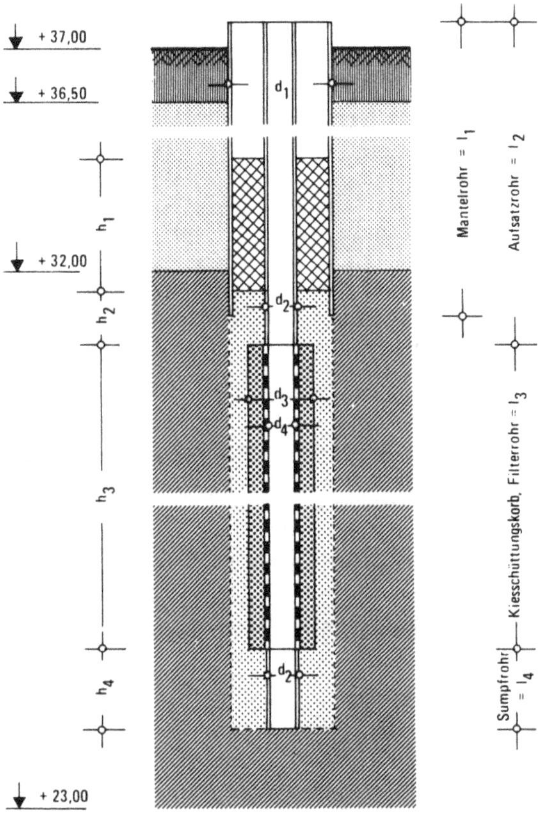

Gem. 0.5.5 Abrechnung des Kiesschüttungskorbes nach Baulänge mit Angabe des Durchmessers.

$L = h_3 = \ldots$ m.

Gem. 0.5.4 Abrechnung der eingebrachten Dichtung aus Ton nach Höhe der Dichtungsschicht oder nach Raummaß oder nach dem Gewicht der nachgewiesenen Einbaumenge.

Höhe der Dichtungsschicht= $h_1 = \ldots$ m³.

Bei Abrechnung nach Raummaß

ist $V = h_1 \left(\frac{d^2{}_1 - d^2{}_9}{4} \right) \pi = \ldots$ m³.

Gem. 0.5.3 Abrechnung der Schüttstoffe nach Schütthöhe oder nach Raummaß oder nach dem Gewicht der nachgewiesenen Einbaumenge. Bei Abrechnung nach Schütthöhe ist nach Schüttdurchmessern zu trennen.

H des Schüttdurchmessers $d_1 - d_2 = h_2 + h_4 = \ldots$ m.

H des Schüttdurchmessers $d_1 - d_3 = h_3 = \ldots$ m.

Bei Abrechnung nach Raummaß ist

$$V = (h_2 + h_4) \left(\frac{d^2{}_1 - d^2{}_2}{4} \right) \pi + h_3 \left(\frac{d^2{}_1 - d^2{}_3}{4} \right) \pi = \ldots m^3.$$

Gem. 0.5.2 Abrechnung des Filterrohrs unter Angabe des inneren Durchmessers und der Wanddicke nach Baulänge.

L des Filterrohrs$= l_3 = \ldots$ m.

Gem. 0.5.1 Abrechnung der Rohre, getrennt nach äußeren Durchmessern und Wanddicken, nach Baulänge.

L des Mantelrohrs$= l_1 = \ldots$ m.

L des Aufsatzrohrs$= l_2 = \ldots$ m.

L des Sumpfrohrs$= l_4 = \ldots$ m.

Abrechnung der Bohrarbeiten nach ATV DIN 18301 »Bohrarbeiten«.

Bild 4 Gemauerter Schachtbrunnen

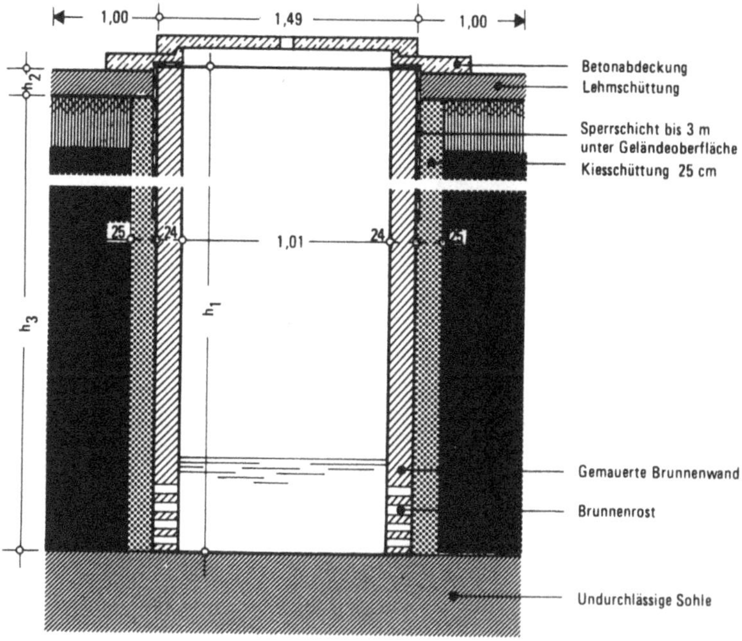

Gem. 0.5.6 Abrechnung des gemauerten Schachtbrunnens, lichte Weite 1,00 m, Wanddicke 24 cm, nach der Tiefe der Wandung.

$T=h_1=\ldots$ m.

Gem. 0.5.4 Abrechnung der Lehmschüttung nach Höhe oder Raummaß oder Gewicht der nachgewiesenen Einbaumenge.

Höhe der Lehmschicht$=h_2=\ldots$ m.

Bei Abrechnung der Lehmschicht nach Raummaß ist

$V=h_3\,(3{,}49^2-1{,}49^2)=\ldots\ m^3$.

Gem. 0.5.3 Abrechnung der Kiesschüttung nach Schüttungshöhe oder nach Raummaß oder nach Gewicht der eingebauten nachgewiesenen Menge. Die Schütthöhe ist$=h_3$.

Bei Abrechnung der Kiesschüttung nach Raummaß ist

$V=h_3\,(1{,}99^2-1{,}49^2)=\ldots\ m^3$.

Abrechnung der Ausschachtung nach ATV DIN 18300 »Erdarbeiten«.

Gem. 0.5.7 Abrechnung der Betonabdeckung zum Stückpreis.

Bild 5 Schachtbrunnen aus Betonfertigteilen

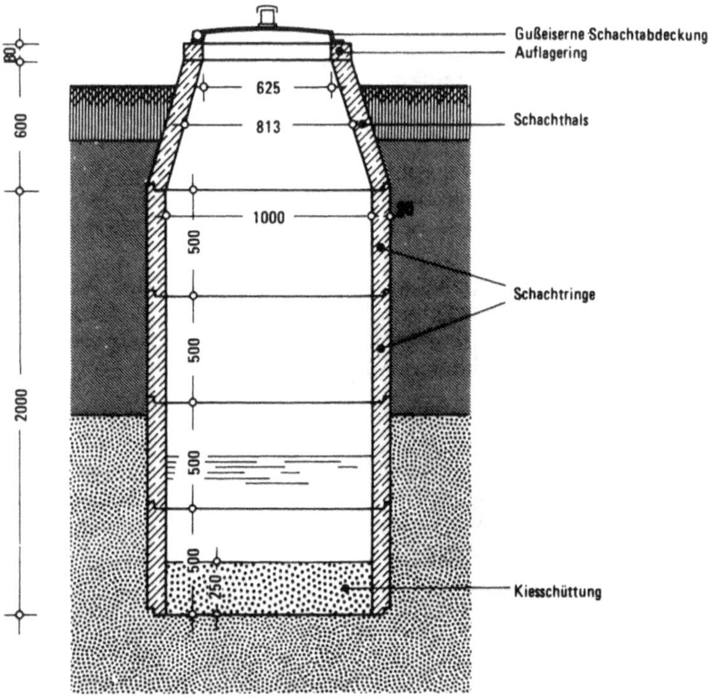

Gem. 0.5.6 Abrechnung des zylindrischen Teils des Schachtbrunnens (der Schachtringe), lichter Durchmesser 1000 mm, Wanddicke 90 mm, nach der Tiefe der Wandung.

T des zylindrischen Teils=4 · 0,50=2,00 m.

Abrechnung des kegelförmigen Abschlußteils (des Schachthalses), mittlerer lichter Durchmesser 813 mm, Wanddicke 90 mm, nach der Tiefe des Formstücks.

T des kegelförmigen Teils=0,60 m.

Gem. 0.5.3 Abrechnung der Kiesschüttung auf der Brunnensohle nach Schüttungshöhe, nach Raummaß oder nach dem Gewicht der nachgewiesenen Einbaumassen.

Die Kiesschüttung ist 25 cm hoch.

Bei Abrechnung der Kiesschüttung nach Raummaß ist

$V=0{,}50^2\pi \cdot 0{,}25=0{,}20^3$.

Gem. 0.5.7 Abrechnung des Auflagerings und der Schachtabdeckung je zum Stückpreis.

Abrechnung der Ausschachtung nach ATV DIN 18300 »Erdarbeiten«.

VOB Teil C:
Allgemeine Technische Vertragsbedingungen für Bauleistungen (ATV)
Verbauarbeiten– DIN 18303
Ausgabe Mai 1998

1 Geltungsbereich

1.1 Die ATV »Verbauarbeiten« – DIN 18303 – gilt für den vorübergehenden Verbau der Wände von Baugruben, Gräben u.ä. zur Sicherung der Standfestigkeit.

1.2 Die ATV DIN 18303 gilt nicht für

- die bei Verbauarbeiten auszuführenden Erdarbeiten (siehe ATV DIN 18330 »Erdarbeiten«),
- Lebendverbau,
- Verbau an unteridischen Hohlräumen.

1.3 Sie gilt auch nicht für

- Bohrpfahlwände (siehe ATV DIN 18301 »Bohrarbeiten« und ATV DIN 18331 »Beton- und Stahlbetonarbeiten«),
- Träger und Trägerbohlwände (siehe ATV DIN 18301 »Bohrarbeiten« und ATV DIN 18304 »Ramm-, Rüttel- und Preßarbeiten«),
- Spundwände (siehe ATV DIN 18304 »Ramm-, Rüttel- und Preßarbeiten«),
- Verankerungen (siehe ATV DIN 18301 »Bohrarbeiten« und ATV DIN 18309 »Einpreßarbeiten«),
- Schlitzwände (siehe ATV DIN 18313 »Schlitzwandarbeiten mit stützenden Flüssigkeiten«),

sofern diese Verbauarten durch den Auftraggeber vorgegeben sind.

5 Abrechnung

Gem. ATV DIN 18299 gilt allgemein:

Die Leistung ist aus Zeichnungen zu ermitteln, sofern die ausgeführte Leistung diesen Zeichnungen entspricht. Sind solche Zeichnungen nicht vorhanden, ist die Leistung aufzumessen.

Abrechnungseinheiten

Gem. 0.5 sind im Leistungsverzeichnis die Abrechnungseinheiten wie folgt vorzusehen:

0.5.1 nach Flächenmaß (m^2)
Herstellen, Vorhalten und Beseitigen des Verbaus (einschließlich Verkleidung, Aussteifung, Verbände, Verbindungen und dergleichen),

0.5.2 wie vor nach Längenmaß (m).

Ergänzend zur ATV DIN 18299, Abschnitte 5, gilt:

5.1 Bei Abrechnung nach Flächenmaß wird die Fläche aus der Länge und den Tiefen des Verbaus ermittelt.

Die Länge wird in der Achse des Verbaus der Wand gemessen, wobei Träger u.ä. übermessen werden.

Die Tiefen werden gemessen von 5 cm über Gelände oder Schutzstreifen oder von der vorgeschriebenen Oberkante des Verbaus bis zur planmäßigen Baugruben- oder Grabensohle am Verbau (Sichtfläche).

Gem. 0.5.1 und 0.5.2 Abrechnung für das Herstellen, Vorhalten und Beseitigen des Verbaus nach Flächenmaß oder Längenmaß.

Zur Leistung gehören Verkleidung, Aussteifung, Verbände, Verbindungen und dergleichen.

Für die Abrechnung nach Flächenmaß bestehen folgende Messungsvorschriften: Ermittlungsgrundlage für die Fläche sind Länge und Tiefe des Verbaus.

Für die Länge gilt das in der Achse gemessene Konstruktionsmaß des Verbaus. Bei der Ermittlung des Längenmaßes werden Träger übermessen, d.h., sie werden nicht abgezogen.

Für die Tiefe gilt als obere Begrenzung die vorgeschriebene Oberkante des Verbaus. Wenn diese nicht vorgeschrieben ist, bestimmt sich das Maß ab 5 cm über Gelände bzw. dem lastfreien Schutzstreifen. Wenn der Oberboden abgetragen worden ist, sind die 5 cm über der abgetragenen Fläche anzusetzen. Als untere Begrenzung des Tiefenmaßes gilt die planmäßige Baugruben- oder Grabensohle am Verbau (Bilder 1 bis 3).

5.2 Bei Abrechnung nach Längenmaß gilt die Länge in der Achse des Verbaus der Wand.

Die Abrechnung ist nach folgenden Messungsvorschriften vorzunehmen:

Für Gurtungen gilt die in der Achse des Verbaus gemessene Länge.

Für Anker gilt das Maß zwischen Unterfläche der Ankerplatte und der Verbindung bzw. dem Verbindungsglied des zu verankernden Verbauteils. Erfolgt die Verankerung durch Zugpfähle, so gilt das Maß zwischen der Spitze des Pfahls und der Verbindung bzw. dem Verbindungsglied des zu verankernden Verbauteils.

Für Steifen, Brusthölzer, Zangen, Träger gilt deren tatsächliche Länge (Bild 2 und 3).

5.3 Aussparungen für Leitungen u.ä. werden übermessen.

Durch diese Regelung wird die Abrechnung vereinfacht.

Bild 1 Senkrechter Normverbau

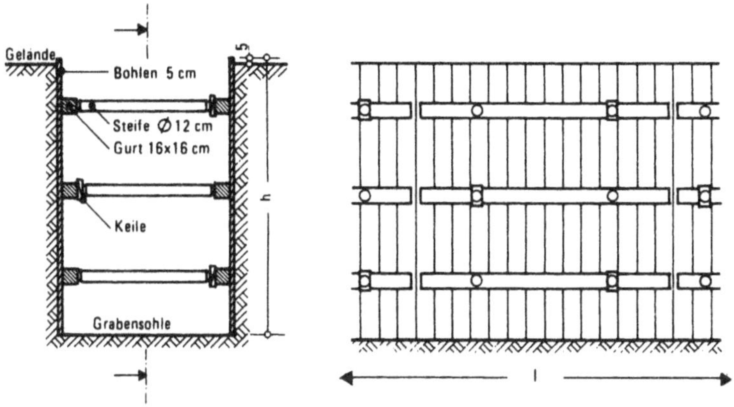

Gem. 0.5.1 Abrechnung bei einfachem Verbau für das Einbauen, Vorhalten und Beseitigen des gesamten Verbaus, also der Verkleidung, der Absteifung, der Gurtungen, der Verbände und Verbindungen nach Flächenmaß.

Gem. 5.1. Ermittlung der Fläche aus der Länge und der Tiefe des Verbaues. Für die Länge gilt das Achsmaß des Verbaues. Die Tiefe der Bohlenwände wird von 5 cm über Gelände bzw. Grabenoberflächen (oder von der vorgeschriebenen Oberkante des Verbaues) bis zur Grabensohle gerechnet.

F des senkrechten Normverbaues $= 2 \cdot l \cdot h = \ldots \text{ m}^2$.

Bild 2 Trägerbohlwand mit Gurtung, Grabenbreite über 4 m

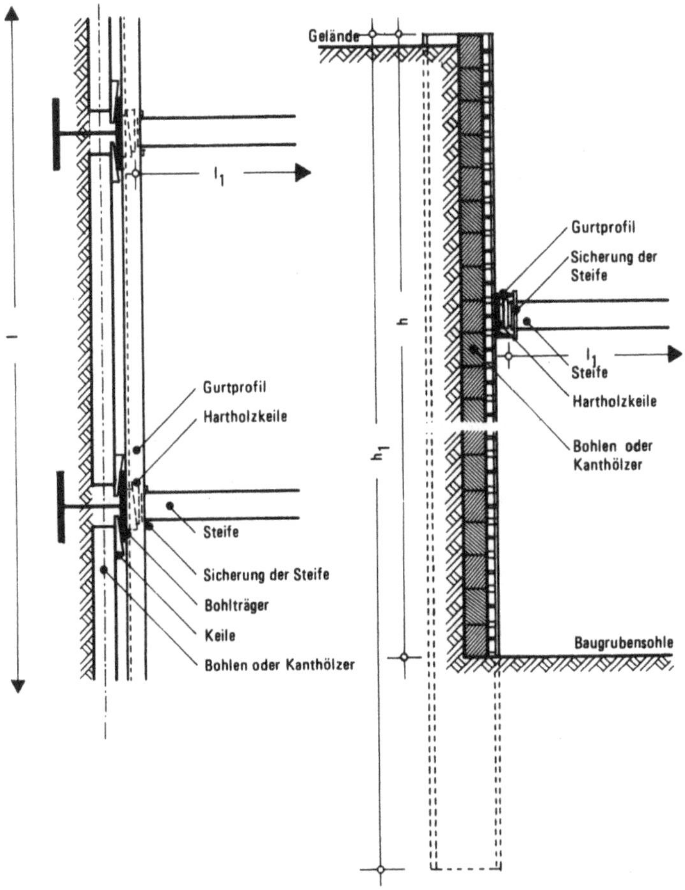

Gem. 0.5.1 oder 0.5.2 bei schwierigem Verbau Abrechnung für das Einbauen, Vorhalten und Beseitigen der Bohlwand nach Flächenmaß oder Längenmaß.

Gem. 5.1 Ermittlung der Fläche aus der Länge und der Tiefe des Verbaues. Die Länge wird in der Achse des Verbaues gemessen, die Träger werden nicht abgezogen, d.h., sie werden übermessen. Die Tiefe der hölzernen Bohlwand rechnet einschließlich eines Überstandes von 5 cm über Gelände bzw. Baugrubenoberfläche bis zur Baugrubensohle.

F der Bohlwand=$l \cdot h$=... m².

Gem. 0.5.2 bei schwierigem Verbau Abrechnung der Träger, der Gurtungen und der Steifen einschließlich Zubehör nach Längenmaß oder Anzahl.

Bei Abrechnung nach Längenmaß ist

L der Träger=h_1=... m. L der Gurtungen=l=... m. L der Steifen=... m.

Bild 3 Verankerte Spundwand für eine Schleusenkammer

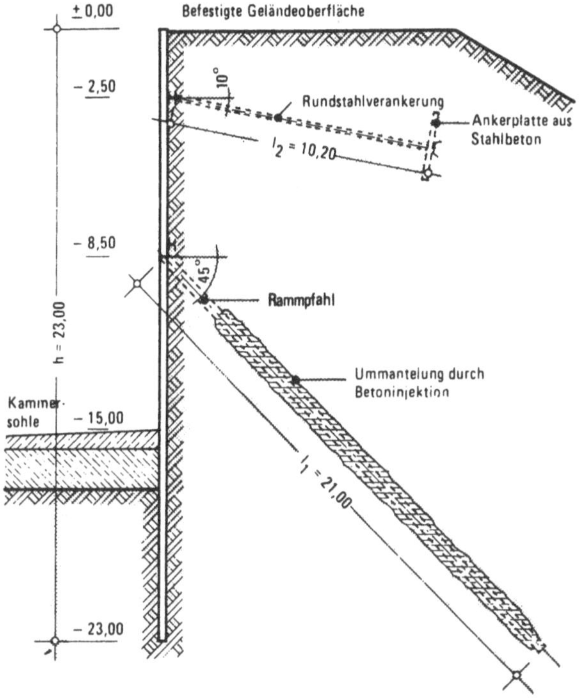

Abrechnung gem. 0.5.1 oder 0.5.2 nach Flächenmaß oder Längenmaß für das Liefern und Einbauen der Spundwand.

Gem. 5.1 wird die Fläche aus der Länge und der Tiefe des Verbaues ermittelt. Die Länge ist in der Achse der Spundwand zu messen; die Tiefe rechnet von der vorgeschriebenen Oberkante der Spundwand (sonst ab 5 cm über Gelände) bis zur Unterkante der Spundwand.

F der Spundwand=l (Längenmaß) · h=... m^2.

Abrechnung für das Liefern und Einbauen der übrigen Teile des Verbaues, z.B. der Gurtungen, der Anker, einschließlich Zubehör nach Längenmaß oder nach Anzahl.

Bei Abrechnung nach Längenmaß ist:

L der Gurtungen gem. 5.2=l (Längenmaß des Verbaues)=... m,

L der Anker gem. 5.2

für die Rammpfähle mit Betonummantelung je=l_1=21,00 m, gemessen von Pfahlspitze bis zur Verbindung mit der Spundwand und für die Rundstahlverankerung mit Ankerplatte aus Stahlbeton je=l_2=10,20 m, gemessen zwischen dem erdseitigen Ankerende an der Gurtung und der Unterfläche der Ankerplatte.

Ausführung und Abrechnung der Rammarbeiten nach ATV DIN 18304, der Beton- und Stahlbetonarbeiten nach ATV DIN 18331.

VOB Teil C:
Allgemeine Technische Vertragsbedingungen für Bauleistungen (ATV)
Ramm-, Rüttel- und Preßarbeiten – DIN 18304
Ausgabe Mai 1998

1 Geltungsbereich

1.1 Die ATV »Ramm-, Rüttel- und Preßarbeiten« – DIN 18304 – gilt für das Einbringen und Ziehen von Pfählen, Trägern und Bohlen durch Rammen, Rütteln (Vibrieren) und Pressen.

1.2 Die ATV DIN 18304 gilt für das entsprechende Einbringen und Ziehen von Mantelrohren für Ortbetonpfähle.

1.3 Die ATV DIN 18304 gilt nicht für das Verfüllen von Hohlräumen, verursacht durch das Ziehen von Pfählen, Trägern, Bohlen und Mantelrohren.

1.4 Ergänzend gelten die Abschnitte 1 bis 5 der ATV DIN 18299 »Allgemeine Regelungen für Bauarbeiten jeder Art«. Bei Widersprüchen gehen die Regelungen der ATV DIN 18304 vor.

5 Abrechnung

Gem. ATV DIN 18299 gilt allgemein:

Die Leistung ist aus Zeichnungen zu ermitteln, soweit die ausgeführte Leistung diesen Zeichnungen entspricht. Sind solche Zeichnungen nicht vorhanden, ist die Leistung aufzumessen.

Abrechnungseinheiten

Gem. 0.5 sind im Leistungsverzeichnis die Abrechnungseinheiten wie folgt vorzusehen:

0.5.1 Liefern der Pfähle, Träger, Mantelrohre

0.5.1.1 aus Holz oder Stahlbeton nach Anzahl (Stück), getrennt nach Querschnittsmaßen und Längen,

0.5.1.2 aus Stahl nach Gewicht (t) oder nach Anzahl (Stück), getrennt nach Profilen, Längen und Stahlgüten.

0.5.2 Liefern der Bohlen

0.5.2.1 aus Holz oder Stahlbeton nach Flächenmaß ohne Feder (m²), getrennt nach Dicken,

0.5.2.2 aus Stahl nach Gewicht (t) oder nach Anzahl (Stück), getrennt nach Profilen, Längen und Stahlgüten, oder nach Flächenmaß (m²), getrennt nach Profilen und Stahlgüten.

0.5.3 Vorhalten der Pfähle, Träger und Bohlen aus Stahl nach Gewicht (t), Bohlen aus Stahl auch nach Flächenmaß.

0.5.4 Einbringen

0.5.4.1 der Pfähle oder Träger nach Anzahl (Stück), getrennt nach Querschnittsmaßen oder Profilen, Längen und Einbringtiefen,

0.5.4.2 der Bohlen nach Flächenmaß (m²) der Wand, getrennt nach Querschnittsmaßen oder Profilen und Einbringtiefen.

0.5.5 Ziehen der Pfähle, Träger und Bohlen entsprechend Abschnitt 0.5.4.

0.5.6 Stoßverbindungen für Pfähle, Träger und Bohlen nach Anzahl (Stück).

Ergänzend zu ATV DIN 18299 Abschnitt 5 gilt:

5.1 Das Liefern oder Vorhalten der Bauelemente wird nach den vorgegebenen Längen, das Einbringen nach den vereinbarten Einbringtiefen abgerechnet.

Für die Abmessungen von Rammpfählen besteht folgende Faustregel:

Ist die Länge L kleiner als 6 m, so soll der mittlere Durchmesser (gemessen auf halber Pfahllänge) 25 cm betragen, ist L gleich oder größer als 6 m, so soll der mittlere Durchmesser 20 cm + L cm betragen.

Das Querschnittsmaß für Rammpfähle aus Baurundholz errechnet sich aus dem mittleren Durchmesser (gemessen auf halber Pfahllänge), für Rammpfähle aus Bauschnittholz aus den Abmessungen der Pfahlseiten.

Als Länge gilt für Pfähle oder Träger aus Holz, Stahlbeton oder Spannbeton die ganze unter die Ramme genommene vorgegebene Länge einschließlich der Spitze.

Die Abrechnung erfolgt gem. 0.5.1.1 jeweils zum Stückpreis, wobei die Ansätze nach Querschnittsmaßen und Längen zu trennen sind (Bild 1).

Gem. 0.5.1.2 kann die Lieferung der Pfähle oder Träger aus Stahl entweder nach Gewicht (t) oder nach der Stückzahl abgerechnet werden. Es ist nach Profilen, Längen und Stahlgüten zu trennen. Soll nicht das errechnete Gewicht, sondern das durch Wiegen ermittelte Gewicht der Abrechnung zugrunde gelegt werden, ist es in der LB vorzuschreiben. Das Wiegen kann Vorteile haben, besonders wenn von gleichen Rammelementen nur eine bestimmte Anzahl gewogen zu werden braucht. Die Wiegekarten einer öffentlichen Waage sind Belege für die Abrechnung (Bild 2).

Gem. 0.5.3 ist das Vorhalten der Pfähle, Träger und Bohlen aus Stahl nach Gewicht (t), Bohlen aus Stahl auch nach Flächenmaß (m^2) abzurechnen. (Bild 6).

Gem. 0.5.4.1 und 0.5.4.2 erfolgt die Abrechnung für das Einbringen der Pfähle oder Träger nach der Stückzahl, das der Bohlen nach dem Flächenmaß. In beiden Fällen ist nach Querschnittsmaßen oder Profilen sowie nach Einbringtiefen zu trennen. Das Abrechnen nur nach dem Rammen kommt in Betracht, wenn die Pfähle, Träger oder Bohlen der Wände nicht geliefert, sondern nur vorgehalten werden, wie es bei Baugrubenverkleidungen zumeist der Fall ist (Bild 5).

An die Stelle des Begriffs »Rammen« ist das Wort »Einbringen« getreten, da in der ATV nicht nur das Rammen, sondern auch Rüttel- und Preßarbeiten behandelt werden.

5.2 Das Ziehen der Bauelemente wird nach den vorgegebenen Längen abgerechnet.

Gem. 0.5.5 wird das Ziehen der Pfähle oder Träger nach der Stückzahl, das der Bohlen nach dem Flächenmaß der Wand abgerechnet. In beiden Fällen sind die Ansätze nach Querschnittsmaßen oder Profilen sowie Einbringtiefen zu trennen.

5.3 Wird das Liefern oder Vorhalten der Bauelemente aus Stahl nach Gewicht abgerechnet, dann ist maßgebend das errechnete Gewicht, bei genormten Profilen nach den DIN-Normen (Nenngewichte), bei anderen Profilen nach dem Profilbuch des Herstellers.

Gem. 0.5.3 ist das Vorhalten der Pfähle, Träger und Bohlen aus Stahl nach Gewicht (t), Bohlen aus Stahl auch nach Flächenmaß (m^2) abzurechnen. Wenn in der LB nicht Abrechnung nach Wiegekarten vorgeschrieben ist, muß das Gewicht errechnet werden (Siehe 5.1 und Bild 4).

5.4 Bei Bohlwänden gelten die Maße der Wandachse.

Gem. 0.5.2.1 und 0.5.2.2 wird das Liefern der Bohlen aus Holz oder Stahlbeton nach Flächenmaß ohne Feder (m^2), getrennt nach Dicken, aus Stahl nach Gewicht (t) oder nach Anzahl (Stück), getrennt nach Profilen, Längen und Stahlgüten, oder nach Flächenmaß (m^2), getrennt nach Profilen und Stahlgüten abgerechnet. Holzspundbohlen werden in Dicken zwischen 6 und 30 cm und in Breiten von ungefähr 15 cm hergestellt. Die größte Länge beträgt etwa 15 m. Die einzelnen Bohlen werden durch Nut und Feder durchgehend verbunden. Bei sehr dicken Bohlen wird häufig auf die Spundung verzichtet. Die Ausbildung von Abzweigungen und Ecken erfolgt mittels Bundpfählen und Eckpfählen, die gesondert abzurechnen sind. Stahlbetonspundbohlen sind im allgemeinen zwischen 12 und 40 cm dick und etwa 50 cm breit. Mit Rücksicht auf ihren Transport sind sie höchstens 20 m lang. Die Verbindung erfolgt durch Nut und Feder, jedoch wird eine Feder häufig nur im Bereich des Fußes zur Führung beim Rammen vorgehen. Der restliche Nutraum wird mit Dichtmitteln oder Beton verfüllt (Bild 3).

Gem. 0.5.6 werden Stoßverbindungen für Pfähle, Träger und Bohlen wie das Einbringen gem. 0.5.4 abgerechnet.

Nach der ATV hat der Auftragnehmer dem Auftraggeber unverzüglich anzuzeigen, wenn sich während der Ausführung herausstellt, daß die vorgegebenen Längen der Pfähle, Träger oder Bohlen zu kurz oder zu lang sind. Die zu treffenden Maßnahmen, z.B. Stoßverbindungen, sind als Besondere Leistungen abzurechnen. Abrechnungseinheit ist die Stückzahl.

Bild 1 Rammpfähle aus Holz **Rammpfähle aus Stahlbeton**

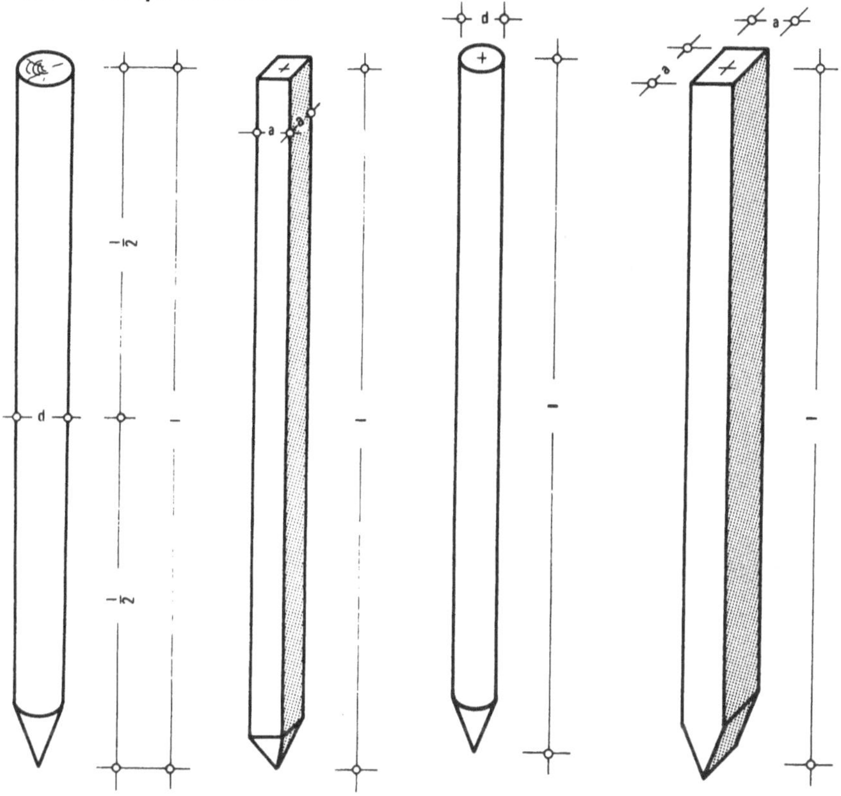

Gem. 0.5.1.1 Abrechnung des Lieferns der Rammpfähle aus Holz oder aus Stahlbeton nach Anzahl (Stück). Es ist nach Querschnittsmaßen und Längen zu trennen. Für runde hölzerne Rammpfähle ist der Durchmesser in Pfahlmitte zu messen. Ist die Holzart nicht vorgeschrieben, ist Nadelholz zu verwenden.

Bild 2 Rammpfähle aus Stahl

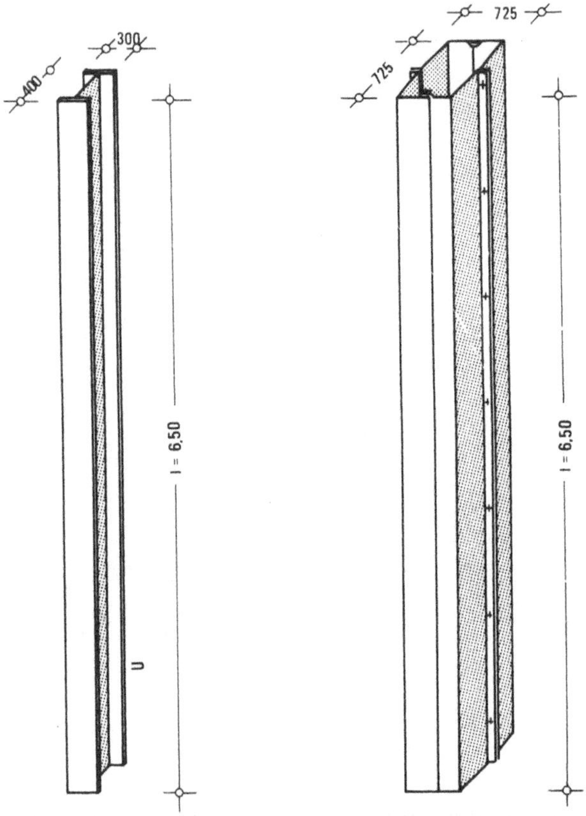

I PB 400 DIN 1025 St 37

UP 136 „Hösch" 725 x 725

Gem. 0.5.1.2 Abrechnung des Lieferns stählerner Rammpfähle nach Gewicht (t) oder nach Anzahl (Stück). Es ist nach Profilen, Längen und Stahlgüten zu trennen.

Bild 3 Rammbohlen aus Holz und aus Stahlbeton

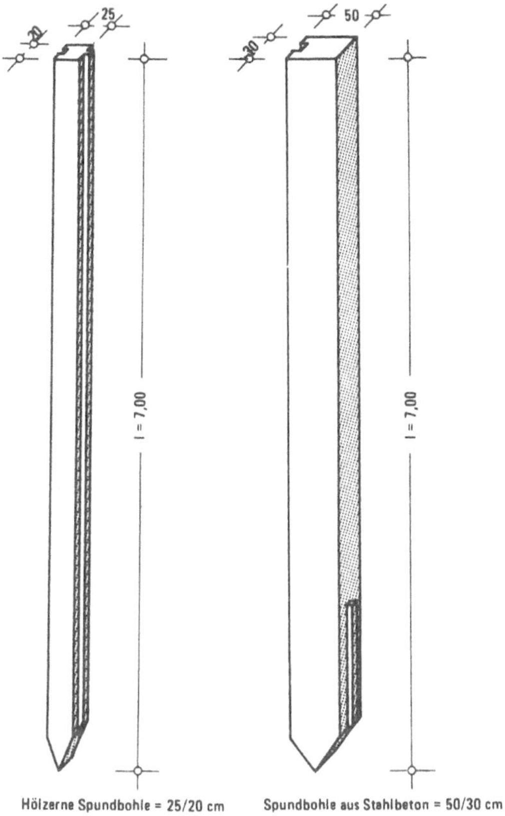

Gem. 0.5.2.1 Abrechnung für Liefern der Bohlen aus Holz oder Stahlbeton nach Flächenmaß ohne Feder (m^2), getrennt nach Dicken.

Gem. 5.1 wird das Liefern oder Vorhalten nach den vorgegebenen Längen, das Einbringen nach den vereinbarten Einbringtiefen abgerechnet.

Gem. 5.4 wird das Breitenmaß in der Wandachse gemessen.

Für 10 Stück hölzerne Spundbohlen, 25/20 cm, 7,00 m lang, ist

$F = 10 \cdot 0{,}25 \cdot 7{,}00 = 17{,}50\ m^2$.

Für 10 Stück Spundbohlen aus Stahlbeton, 50/30 cm, 7,00 m lang, ist

$F = 10 \cdot 0{,}50 \cdot 7{,}00 = 35{,}00\ m^2$.

Bild 4 Stählerne Spundbohlen und Kanaldielen

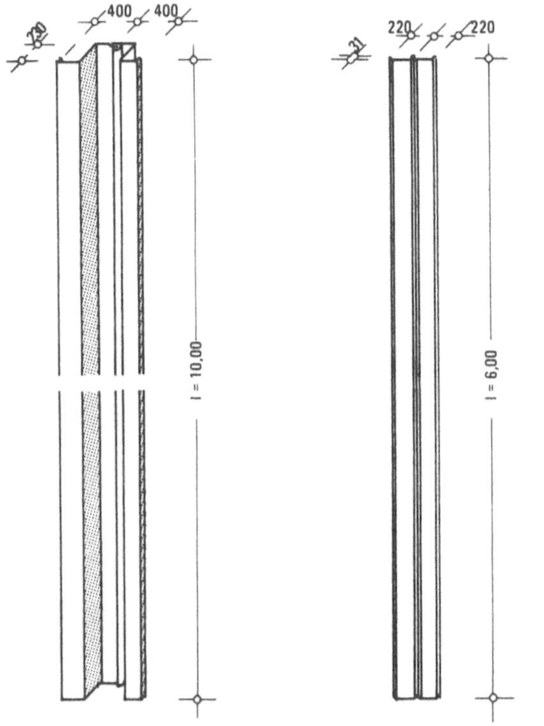

Stahlspundbohle „Hösch"
III 400/2,30

Kanaldiele „Kölner Modell"
HKM 1 220/31

Gem.0.5.2.2 Abrechnung für Liefern der stählernen Spundbohlen und Kanaldielen nach Gewicht (t) oder nach Anzahl (Stück), getrennt nach Profilen, Längen und Stahlgüten, oder nach Flächenmaß (m²), getrennt nach Profilen und Stahlgüten.

Gem. 5.1 ist das Liefern nach den vorgegebenen Längen, das Einbringen nach den vereinbarten Einbringtiefen abzurechnen.

Wird das Liefern nach Gewicht abgerechnet, so ist gem. 5.3 das errechnete Gewicht maßgebend.

Gewicht von 10 Stück Stahlspundbohlen »Hösch« III 400/230, 10 m lang

=10 · 10,00 · 0,62=6,20 t.

Gewicht von 10 Kanaldielen »Kölner Modell« HKM 1220/31, 6,00 m lang

=10 · 6,00 · 0,0114=0,68 t.

Bild 5 Gerammte Wände aus hölzernen Spundbohlen mit Eckpfahl und Bundpfählen

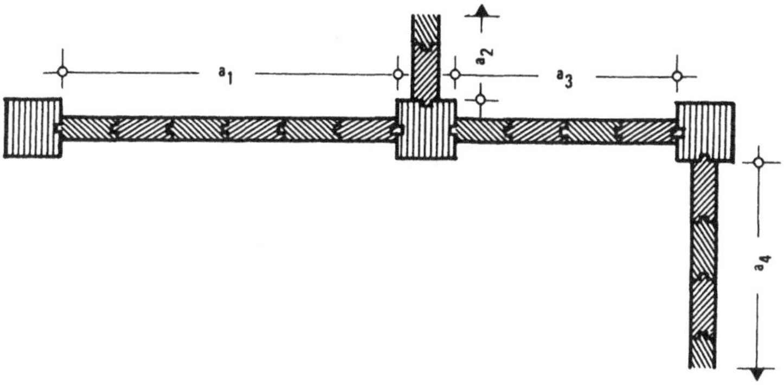

Gem. 0.5.4.1 Abrechnung für das Rammen des Eckpfahls und der Bundpfähle nach der Stückzahl. Es ist nach Querschnittsmaßen oder Profilen, Längen und Einbringtiefen zu trennen.

Gem. 0.5.4.2 Abrechnung für das Rammen der Bohlen nach dem Flächenmaß der Wand. Gem. 5.4 ist die Länge der Wand in der Achse zu messen. Es ist nach Querschnittsmaßen oder Profilen sowie nach Einbringtiefen zu trennen.

F der gerammten Spundwände=$(a_1+a_2+a_3+a_4) \cdot l = \ldots m^2$.

Bild 6 Stahlspundwand

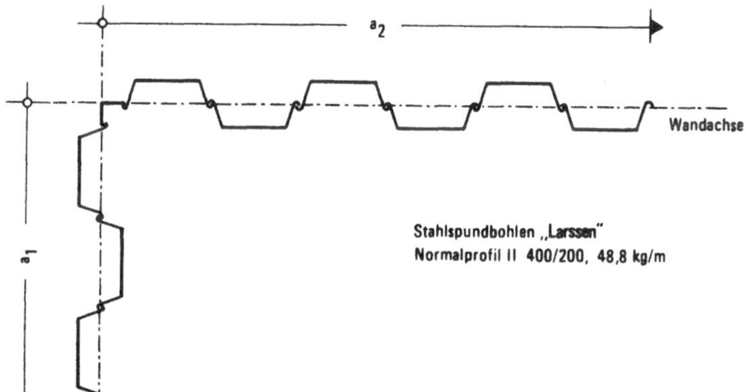

Gem. 0.5.4.2 Abrechnung für das Rammen der Spundbohlen aus Stahl nach dem Flächenmaß der Wand. Gem. 5.4 ist die Länge der Wand in der Wandachse zu messen. Es ist nach Querschnittsmaßen oder Profilen sowie nach Einbringtiefen zu trennen.

Bei gleichlangen Stahlspundbohlen ist F der gerammten Stahlspundwand=

$(a_1+a_2) \cdot l = \ldots m^2$.

Gem. 0.5.3 Abrechnung der Bohlen aus Stahl nach errechnetem Gewicht.

Abrechnung nach Wiegen muß in der LB vorgeschrieben sein.

VOB Teil C: Allgemeine Technische Vertragsbedingungen für Bauleistungen (ATV) Wasserhaltungsarbeiten – DIN 18305 Ausgabe Juni 1996

1 Geltungsbereich

1.1 Die ATV »Wasserhaltungsarbeiten« – DIN 18305 – gilt für offene und für geschlossene Wasserhaltungen

1.2 Die ATV DIN 18305 gilt nicht

- für im Zusammenhang mit der Herstellung von Wasserhaltungsanlagen auszuführende Erdarbeiten (siehe ATV DIN 18300 »Erdarbeiten«) und Bohrarbeiten (siehe ATV DIN 18301 »Bohrarbeiten«).
- für den Ausbau von Bohrungen zu Brunnen (siehe ATV DIN 18302 »Brunnenbauarbeiten«).

1.3 Ergänzend gelten die Abschnitte 1 bis 5 der ATV DIN 18299 »Allgemeine Regelungen für Bauarbeiten jeder Art«. Bei Widersprüchen gehen die Regelungen der ATV DIN 18305 vor.

5 Abrechnung

Gem. ATV DIN 18299 gilt allgemein:

Die Leistung ist aus Zeichnungen zu ermitteln, soweit die ausgeführte Leistung diesen Zeichnungen entspricht. Sind solche Zeichnungen nicht vorhanden, ist die Leistung aufzumessen.

Siehe hierzu die eingehende Erläuterung zu ATV DIN 18299 »Allgemeine Regelungen für Bauarbeiten jeder Art«.

Abrechnungseinheiten

Gem. 0.5 sind im Leistungsverzeichnis die Abrechnungseinheiten wie folgt vorzusehen:

0.5.1 – Einbau, Ausbau, Umbau von Absenkungsbrunnen, Pumpensümpfen, Quellfassungen, Beobachtungsrohren oder -brunnen, Pumpen, Antriebsmaschinen, Stromerzeugern und -verteilern, Meßvorrichtungen nach Anzahl (Stück),

0.5.2 – Einbau, Ausbau von Rohrleitungen mit Zubehör, getrennt nach Nennweiten, und von Gerinnen mit Zubehör nach Längenmaß (m),

0.5.3 – Vorhalten von Absenkbrunnen, Pumpensümpfen, Quellfassungen, Beobachtungsrohren oder -brunnen, Pumpen, Antriebsmaschinen, Stromerzeugern und -verteilern, Meßvorrichtungen, getrennt nach Anzahl (Stück) und nach Kalendertagen,

0.5.4 – Vorhalten von Rohrleitungen mit Zubehör, getrennt nach Nennweiten, und von Gerinnen mit Zubehör und Längenmaß (m) und nach Kalendertagen,

0.5.5 – Betrieb der Wasserhaltungsanlage oder von Teilen der Wasserhaltungsanlage nach Betriebstagen oder Betriebsstunden,

0.5.6 – Stellen der Bedienungsmannschaft bei Betriebsbereitschaft nach Tagen oder Stunden,

0.5.7 – Liefern von verbleibenden Rohren einschließlich Rohrverbindungen nach Längenmaß (m),

0.5.8 – Liefern von verbleibenden Einzelteilen nach Anzahl (Stück),
0.5.9 – Liefern und Einbauen von Sickerleitungen und Dränen nach Längenmaß (m),
0.5.10 – Liefern, Einbauen und Schließen von Brunnenköpfen nach Anzahl (Stück).

Ergänzend zur ATV DIN 18299, Abschnitt 5, gilt:

5.1 Das Längenmaß von Rohrleitungen mit Zubehör wird in der Achse gemessen.

5.2 Für das Vorhalten der Wasserhaltungsanlage oder von Teilen werden die Kalendertage vom vereinbarten Betriebsbeginn bis zum letzten Betriebstag oder vom vereinbarten Beginn bis zum Ende der Betriebsbereitschaft, angefangene Tage als volle Tage, gerechnet.

5.3 Für den Betrieb der Wasserhaltungsanlage oder von Teilen bzw. für das Gestellen der Bedienungsmannschaft bei Betriebsbereitschaft werden angefangene Tage als volle Tage, angefangene Stunden als volle Stunden, gerechnet.

Zu 0.5.1:

Nach der ATV hat der Auftragnehmer Umfang, Leistung und Wirkungsgrad sowie die Sicherheit der Wasserhaltungsanlage dem vorgesehenen Zweck entsprechend zu bemessen, wenn in der Leistungsbeschreibung nichts anderes vorgesehen ist. Der Auftragnehmer muß den Nachweis führen, daß die vorgesehene Anlage geeignet und ausreichend ist, wenn er die Wasserhaltungsanlage zu bemessen hat. In diesem Fall sind die allgemeine Anordnung der Anlage, die Lage der Pumpensümpfe und Brunnen nach Ort, Höhe und Tiefe, die Brunnenart, der Standort und die Leistung der Pumpen, die Antriebsmaschinen, die Kraftquelle und der Kraftbedarf vom Auftragnehmer anzugeben. Einbau, Ausbau und Umbau von Absenkungsbrunnen, Pumpensümpfen, Quellfassungen, Beobachtungsrohren, Beobachtungsbrunnen, Pumpen, Antriebsmaschinen, Stromerzeugern, Stromverteilern und Meßgeräten werden nach Art und Anzahl abgerechnet, ohne daß dadurch ein Eigentumsübergang auf den Auftraggeber stattfindet. Dabei können Einbau und Ausbau entweder gesonderte Ansätze erhalten oder zusammengefaßt werden. Der Ansatz für Umbau darf sich nur auf Fälle beziehen, in denen der Umbau aus Gründen vorzunehmen ist, die der Auftraggeber zu vertreten hat, z.B. wenn der Umbau infolge des Baufortschritts notwendig wird. Umbau von Teilen der Anlage im Rahmen der eigenen Arbeiten des Auftragnehmerns gehören zu den Nebenleistungen (Bilder 1, 2).

Das Vorhalten der genannten Anlagenteile ist gem. 0.5.3 gesondert abzurechnen.

Zu 0.5.2:

Hat der Auftragnehmer die Wasserhaltungsanlage zu bemessen, so muß er auch die Lage, Länge und die Nennweiten der Rohrleitungen angeben und den Nachweis führen, daß sie geeignet und ausreichend sind. Wenn Gerinne vorgesehen sind, muß der Auftragnehmer Angaben über Art und Querschnitte des Gerinnes und über das Zubehör machen. Wie schon zu 0.5.1 gilt auch hier, daß der Umbau von Rohrleitungen und Gerinnen zu den Nebenleistungen gehört, wenn er für Arbeiten des Auftragnehmers erforderlich wird, und daß er nur abzurechnen ist, sofern er bauseitig, z.B. durch den Baufortschrift, verursacht wird.

Einbau, Ausbau und auch Umbau der Rohrleitungen mit Zubehör, d.h. einschließlich der Flansche, Formstücke, Armaturen, werden, getrennt nach Nennweiten, nach Längenmaß abgerechnet. Gerinne mit Zubehör werden allenfalls nach Längenmaß abgerechnet, hier ist ggf. nach Rinnenquerschnitt zu trennen. Das Längenmaß wird gem. 5.1 in der Achse der Rohre bzw. des Gerinnes gemessen (Bilder 1, 2).

Zu 0.5.3:
Welche Anlageteile vorzuhalten sind, ergibt sich aus den Ansätzen für den Einbau von Absenkungsbrunnen, Pumpensümpfen usw. gem. 0.5.1. Die Abrechnung erfolgt getrennt nach Art und Anzahl sowie nach Kalendertagen. Die Abrechnung nach Kalendertagen kann gem. 5.2 vom vereinbarten Betriebsbeginn bis zum letzten Betriebstag oder vom vereinbarten Beginn bis zum Ende der Betriebsbereitschaft vorgesehen werden. Für die Auswahl ist entscheidend, ob die Wasserhaltung im Dauerbetrieb oder nur zeitweise gefahren wird. Dabei sind angefangene Tage als volle Tage zu rechnen. Da zum Zeitpunkt der Aufstellung der Leistungsbeschreibung die Anzahl der Kalendertage noch nicht genau bestimmt werden kann, ist es zweckmäßig, eine Position einzurichten, in der ein Preis je Vorhaltetag anzugeben ist. Es sollte auch eine Eventualposition für eine etwaige Stilliegezeit in der Leistungsbeschreibung enthalten sein.

Zu 0.5.4:
Die Ansätze für das Vorhalten der Rohrleitungen bzw. Gerinne richten sich nach den Leistungen, die gem. 0.5.2 für den Einbau von Rohrleitungen bzw. Gerinnen vorgesehen sind. Die Abrechnung für das Vorhalten von Rohrleitungen mit Zubehör und von Gerinnen mit Zubehör erfolgt nach Längenmaß, gemessen in der Achse, und nach Kalendertagen. Bei den Rohrleitungen ist nach Nennwerten zu trennen, bei Gerinnen sollte der Querschnitt angegeben werden. Die Entscheidung des Auftraggebers, ob er die Kalendertage vom vereinbarten Betriebsbeginn bis zum letzten Betriebstag oder vom vereinbarten Beginn bis zum Ende der Betriebsbereitschaft rechnen will, richtet sich danach, ob die Wasserhaltung ununterbrochen oder nur von Zeit zu Zeit in Betrieb sein muß (Bilder 1, 2).

Zu 0.5.5:
Die Kosten für den Betrieb der Wasserhaltungsanlage oder von Teilen der Wasserhaltungsanlage sind gesondert von den Kosten für das Vorhalten abzurechnen. Die Wahl, ob nach Betriebstagen oder nach Betriebsstunden abgerechnet werden soll, ist davon abhängig, ob die Wasserhaltung im Dauerbetrieb oder nur zeitweise gefahren wird. Angefangene Tage bzw. angefangene Stunden gelten als volle Tage bzw. volle Stunden.
Gem. 5.3. werden für den Betrieb der Wasserhaltungsanlage oder von Teilen angefangene Tage als volle Tage, angefangene Stunden als volle Stunden gerechnet.

Zu 0.5.6:
Gem. 5.3 werden für das Gestellen der Bedienungsmannschaft bei Betriebsbereitschaft angefangene Tage als volle Tage, angefangene Stunden als volle Stunden gerechnet. Eine Mischung von Tagen und Stunden ist nicht vorgesehen.

Zu 0.5.7:
Sollen Teile der Wasserhaltungsanlage verbleiben, z.B. um bei periodisch auftretendem starkem Wasserandrang den Grundwasserspiegel im Bereich eines Bauwerks niedrig zu halten, so sind die Kosten für die Stoffe und Bauteile abzurechnen. Als Abrechnungsgrundlage für die Rohre einschließlich der Rohrverbindungen gilt das Längenmaß, wobei nach Nennweiten zu trennen und gem. 5.1 das Längenmaß von Rohrleitungen mit Zubehör in der Achse zu messen ist.

Zu 0.5.8:
Sollen Einzelteile der Wasserhaltungsanlage verbleiben, um wie zuvor bei periodisch auftretendem starkem Wasserandrang den Grundwasserspiegel im Bereich einer baulichen Anlage niedrig zu halten, so sind diese Einzelteile als Lieferung, getrennt nach Art, nach Anzahl abzurechnen.

Zu 0.5.9:

Sickerleitungen dienen zur Entwässerung von Baugruben, Schlammtrockenplätzen, Sickerbecken usw. Sie bestehen aus einem Rohrstrang aus Tonrohren mit ungedichteten Stoßfugen oder aus wasserdurchlässigen Rohren, z.B. geschlitzten Rohren, die meist zusätzlich mit Kies, Steinschlag oder Schlacke umhüllt sind. Die Abrechnung erfolgt nach Längenmaß (Bild 3). Die dabei notwendigen Erdarbeiten sind nach ATV DIN 18300 »Erdarbeiten« auszuführen und abzurechnen.

Zu 0.5.10:

Nach der ATV sind Brunnen, die das Bauwerk durchdringen, mit besonderen Vorrichtungen, wenn nötig mit Brunnentöpfen, auszurüsten, damit ein sicheres Abschließen der Brunnenlöcher und ein einwandfreier Anschluß an die Abdichtung des Bauwerks gewährleistet ist. Der Anschluß an die Abdichtung gehört nicht zu den Wasserhaltungsarbeiten, sondern in den Leistungsbereich der ATV DIN 18336 »Abdichtungsarbeiten«. Das Liefern, Einbauen und Schließen von Brunnentöpfen ist keine Nebenleistung. Die Abrechnung erfolgt zum Stückpreis.

Bild 1 Schema einer geschlossenen Wasserhaltung

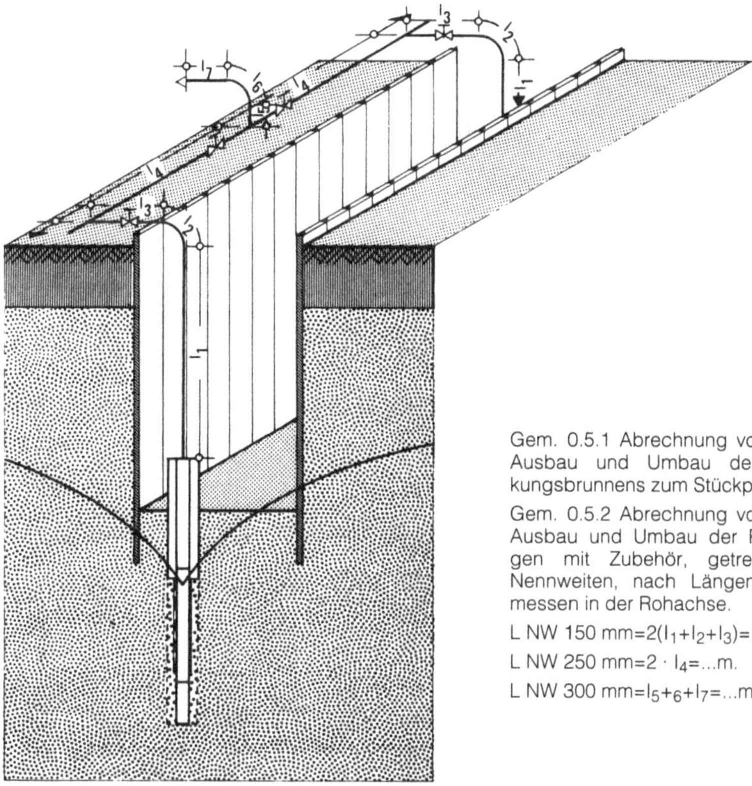

Gem. 0.5.1 Abrechnung von Einbau, Ausbau und Umbau des Absenkungsbrunnens zum Stückpreis.

Gem. 0.5.2 Abrechnung von Einbau, Ausbau und Umbau der Rohrleitungen mit Zubehör, getrennt nach Nennweiten, nach Längenmaß, gemessen in der Rohachse.

L NW 150 mm=$2(l_1+l_2+l_3)$=...m.

L NW 250 mm=$2 \cdot l_4$=...m.

L NW 300 mm=$l_{5+6}+l_7$=...m.

Bild 2 Schema einer offenen Wasserhaltung

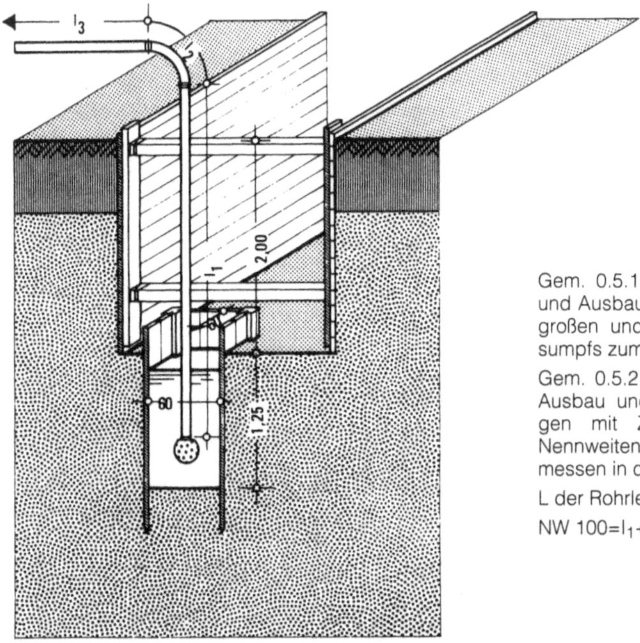

Gem. 0.5.1 Abrechnung von Einbau und Ausbau des im Lichten 60/60 cm großen und 1,25 m tiefen Pumpensumpfs zum Stückpreis.

Gem. 0.5.2 Abrechnung von Einbau, Ausbau und Umbau der Rohrleitungen mit Zubehör, getrennt nach Nennweiten, nach Längenmaß, gemessen in der Rohrachse.

L der Rohrleitung

NW $100 = l_1 + l_2 + l_3 = \ldots$ m.

Bild 3 Sickerleitung

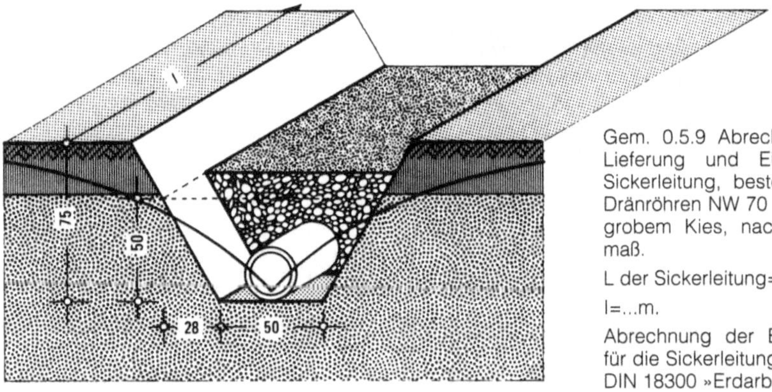

Gem. 0.5.9 Abrechnung von Lieferung und Einbau der Sickerleitung, bestehend aus Dränröhren NW 70 umhüllt mit grobem Kies, nach Längenmaß.

L der Sickerleitung=

l=...m.

Abrechnung der Erdarbeiten für die Sickerleitung nach ATV DIN 18300 »Erdarbeiten.

VOB Teil C:
Allgemeine Technische Vertragsbedingungen für Bauleistungen (ATV)
Entwässerungskanalarbeiten – DIN 18306
Ausgabe Dezember 1992

1 Geltungsbereich

1.1 Die ATV »Entwässerungskanalarbeiten – DIN 18306 – gilt für das Herstellen von geschlossenen Entwässerungskanälen, von Grundleitungen der Grundstücksentwässerung im Erdreich, auch unter Gebäuden, einschließlich der dazugehörigen Schächte.

Sie gilt auch für das Herstellen von dichten Vorflutleitungen von Dränungen mit Rohren über Nennweite 200.

1.2 Die ATV DIN 18306 gilt nicht für

- die bei der Herstellung der Kanäle, Leitungen und Schächte auszuführenden Erdarbeiten (siehe ATV DIN 18300 »Erdarbeiten«),
- Verbauarbeiten (siehe ATV DIN 18303 »Verbauarbeiten«),
- Rohrvortriebsarbeiten (siehe ATV DIN 18319 »Rohrvortriebsarbeiten«),
- das Herstellen von Entwässerungsleitungen innerhalb von Gebäuden (siehe ATV DIN 18381 »Gas-, Wasser- und Abwasser-Installationsarbeiten innerhalb von Gebäuden«),
- Rohrleitungen in Schutzrohren und Rohrkanälen.

1.3 Ergänzend gelten die Abschnitte 1 bis 5 der ATV DIN 18299 »Allgemeine Regelungen für Bauarbeiten jeder Art«. Bei Widersprüchen gehen die Regelungen der ATV DIN 18306 vor.

5 Abrechnung

Gem. ATV DIN 18299 gilt allgemein:

Die Leistung ist aus Zeichnungen zu ermitteln, soweit die ausgeführte Leistung diesen Zeichnungen entspricht. Sind solche Zeichnungen nicht vorhanden, ist die Leistung aufzumessen.

Siehe hierzu die eingehende Erläuterung zu ATV DIN 18299 »Allgemeine Regelungen für Bauarbeiten jeder Art«.

Abrechnungseinheiten

Gem. 0.5 sind im Leistungsverzeichnis die Abrechnungseinheiten wie folgt vorzusehen:

0.5.1 – Entwässerungskanäle und -leitungen nach Längenmaß (m),
0.5.2 – Schutz- und Dichtungsanstriche, Beschichtungen nach Flächenmaß (m²),
0.5.3 – Formstücke, z.B. Abzweige, angeformte Schachtaufsätze, Krümmer, nach Anzahl (Stück),
0.5.4 – Fertigteile wie Schachtunterteile, Schachtringe, Übergangsringe und Platten, Schachthälse usw., Einzelteile wie Schachtabdeckungen, Schmutzfänger, Steighilfen, nach Anzahl (Stück),

*) *Zu beziehen durch die Gesellschaft zur Förderung der Abwassertechnik e.V., Markt 71, 5205 St. Augustin 1*

0.5.5 – Schächte nach Raummaß der Wandungen (m^3), Längenmaß (m) oder Anzahl (Stück),
0.5.6 – Sohlschalen, Platten nach Längenmaß (m) oder Flächenmaß (m^2).

Ergänzend zur ATV DIN 18299, Abschnitt 5, gilt:

5.1 Bei Abrechnung nach Längenmaß werden die Achslängen zugrunde gelegt.

Bei Entwässerungskanälen und -leitungen aus vorgefertigten Rohren wird die lichte Weite von Schächten abgezogen, Formstücke werden übermessen.

Bei Entwässerungskanälen aus vorgefertigten Rohren mit Schachtaufsätzen und bei gemauerten sowie betonierten Entwässerungskanälen wird die lichte Weite der Schächte übermessen.

5.2 Die Schachttiefe wird von der Auflagerfläche der Schachtabdeckung bis zum tiefsten Punkt der Rinnensohle gerechnet.

Gem. 0.5.1 werden Entwässerungskanäle und Entwässerungsleitungen nach Längenmaß, gem. 0.5.5 Schächte nach dem Raummaß ihrer Wände, Decken und Sohlen oder nach Längenmaß oder Anzahl und gem. 0.5.6 Sohlschalen und Plattenbekleidungen nach Längenmaß oder Flächenmaß abgerechnet. Der Ermittlung des Längenmaßes von Entwässerungskanälen und Entwässerungsleitungen werden gem. 5.1 die Achslängen zugrunde gelegt, d.h., die Strecken werden von Schachtmitte zu Schachtmitte gemessen (Bild 1). Bei der Verwendung vorgefertigter Rohre, z.B. Betonrohre, Asbestzementrohre, Steinzeugrohre, wird gem. 5.1 bei der Ermittlung des Längenmaßes die lichte Weite von Schächten abgezogen. Das ist gerechtfertigt, weil die Rohrleitungen nicht durchgehen, sondern mit einer Einbindung in die Schachtwände enden (Bild 2). Formstücke, z.B. Abzweige, Bögen, werden in der Länge des Achsmaßes mitgemessen. Gem. 0.5.3 werden jedoch zur Abgeltung der Mehrkosten die Formstücke nach der Anzahl gesondert vergütet (Bild 3).

Die lichte Weite der Schächte wird gem. 5.1 nicht abgezogen, wenn bei Entwässerungskanälen vorgefertigte Rohre, z.B. Stahlbetonrohre, Asbestzementrohre mit Schachtansätzen verwendet werden, auf denen Einsteigschächte aufgebaut werden können. In diesem Fall enden die Kanalrohre nicht an der Schachtwand, sondern gehen durch, d.h., es wird ein Rohrteil verwendet, an dem ein Schachtansatz angearbeitet ist, in den die vorgefertigten Schachtringe nach DIN 4034 einbinden (Bild 4). Gem. 0.5.3 wird dieses Rohrstück mit dem angearbeiteten Schachtansatz nach der Anzahl gesondert vergütet.

Die lichte Weite von Schächten wird ferner nicht abgezogen, wenn die Entwässerungskanäle aus Kanalklinkern hergestellt oder am Ort betoniert werden (Bild 5).

Gem. 5.2 gilt für die Ermittlung des Maßes der Schachttiefe zur Abrechnung von Schächten nach Längenmaß die lichte Schachttiefe; sie wird von der Auflagerfläche der Schachtabdeckung bis zum tiefsten Punkt der Rinnensohle gemessen (Bilder 2, 4, 5).

Zu 0.5.1:

Die Abrechnung bezieht sich auf das Liefern und Verlegen von Beton- und Stahlbetonrohren, Steinzeugrohren, Guß- und Stahlrohren sowie von Kunststoffrohren für Entwässerungskanäle und Entwässerungsleitungen, ferner auch auf das Herstellen gemauerter und am Ort betonierter Entwässerungskanäle. Vgl. Erläuterung zu 5.1 (Bilder 1 bis 6).

Zu 0.5.2:

Schutzanstriche und Beschichtungen können z.B. bei Stahlrohren, aber auch bei Betonrohren notwendig werden, wenn diese aggressiven Wässern und Bodenarten ausgesetzt sind. Dichtungsanstriche und Beschichtungen dienen dazu, bestimmte Stoffe für ihren Verwendungszweck geeignet zu machen. Das Herstellen von Schutz- und Dichtungsanstrichen sowie von Beschichtungen wird nach Flächenmaß abgerechnet. Zu messen ist die tatsächlich angestrichene bzw. beschichtete Fläche. Bei genormten Rohren kann die Fläche aus Tabellen abgeleitet werden.

Zu 0.5.3:

Gem. 5.1 wird bei vorgefertigten Rohren für Entwässerungskanäle, bei denen Rohre mit Schachtaufsätzen verwendet werden, die lichte Weite der Schächte nicht abgezogen. Je Rohr mit Schachtaufsatz ist eine Zulage zum Preis des Entwässerungskanals abzurechnen, mit dem die Mehrkosten gegenüber einem normalen Rohrstück abgegolten werden.

Bei der Ermittlung des Längenmaßes der Entwässerungskanäle und der Entwässerungsleitungen werden gem. 5.1 Formstücke mitgemessen (Bild 3).

Zu 0.5.4:

Unter Fertigteilen sind Schachtringe, Schachthälse, Übergangsringe und Auflageringe aus Beton nach DIN 4034 oder Elementteile aus Asbestzement zu verstehen. Fertigteile können nach Anzahl und Art einzeln zum Stückpreis, aber auch als fertiger Schacht zum Stückpreis abgerechnet werden (vgl. 0.5.5). Der Auftraggeber muß sich bei der Aufstellung der Leistungsbeschreibung entscheiden, wie er abrechnen will (Bilder 2, 4, 5). Unter Einzelteilen sind die zum Ausbau der Schächte notwendigen Teile, z.B. Schachtabdeckungen, Aufsätze für Abläufe, Steigeisen, Sohlschalen, zu verstehen. Ihre Abrechnung kommt nur in Betracht, wenn die Einzelteile nicht bereits im Lieferumfang des fertigen Schachts oder der Fertigteile enthalten sind (Bilder 2, 4, 5).

Zu 0.5.5:

Der Auftraggeber hat die Wahl, die Schächte nach dem Raummaß ihrer Wände, Decken, Sohlen und Fundamente oder nach Längenmaß oder nach Anzahl abzurechnen. Die Abrechnung nach dem Raummaß der Schachtbauteile ist am zeitaufwendigsten. Sie ist jedoch dann angezeigt, wenn das Schachtbauwerk nicht ohne weiteres mit Normausführungen nach DIN 4034 verglichen werden kann, so daß zur Ermittlung der Leistung die Konstruktionsmaße der Schachtbauteile herangezogen werden müssen (Bild 5).

Die Abrechnung nach Längenmaß bedeutet eine erhebliche Messungsvereinfachung, da gem. 5.2 lediglich die lichte Schachttiefe d.h. das Maß zwischen Auflagerfläche der Schachtabdeckung und dem tiefsten Punkt der Rinnensohle festzustellen ist. Die Abrechnung nach Längenmaß ist besonders zweckmäßig, wenn es sich um Schächte mit gleichbleibendem Schachtdurchmesser oder um Schächte aus vorgefertigten Teilen handelt (Bilder 2, 4, 5).

Die Abrechnung zum Stückpreis ist die gröbste Abrechnungsart. Sie eignet sich insbesondere für Schächte aus vorgefertigten Teilen. In jedem Fall sollte sie aufgrund genauer Angaben über Art, Ausführung und Abmessungen erfolgen.

Zu 0.5.6:

Entwässerungskanäle werden häufig zum Schutz gegen Angreifen und Abschleifen mit widerstandsfähigen und glatten Sohlschalen und Platten belegt. Die Abrechnung der Sohlschalen und der Plattenbekleidungen erfolgt wahlweise nach Längenmaß oder nach Flächenmaß (Bilder 5, 6).

Bild 1 Entwässerung einer Hoffläche

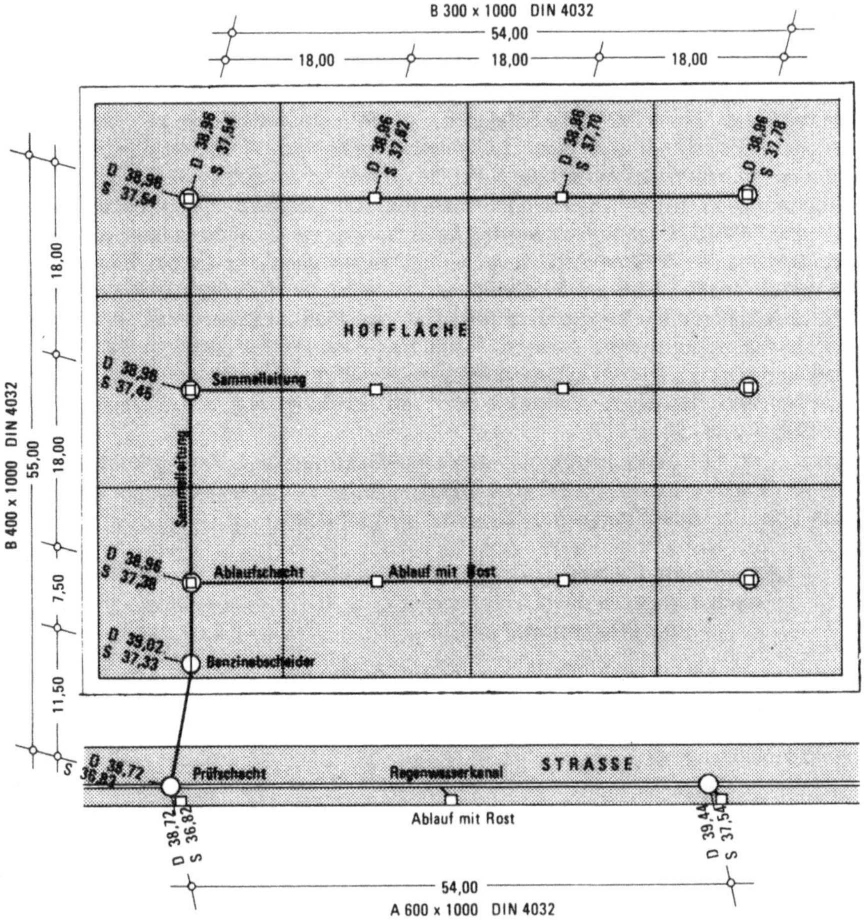

Gem. 0.5.1 Abrechnung des Entwässerungskanals und der Entwässerungsleitungen, getrennt nach Art, Ausführung und Abmessungen, nach Längenmaß.

Gem. 5.1 werden der Ermittlung des Längenmaßes die Achslängen zugrunde gelegt.

L der Sammelleitung B 300 × 1000 DIN 4032=3 · 18,00=54,00 m.

L der Sammelleitung B 400 × 1000 DIN 4032=2 · 18,00+7,50+11,50=55,00 m.

L des Entwässerungskanals A 600 × 1000 DIN 4032=54,00 m.

Bild 2 Entwässerungsleitung aus vorgefertigten Rohren mit vorgefertigtem Einsteigschacht

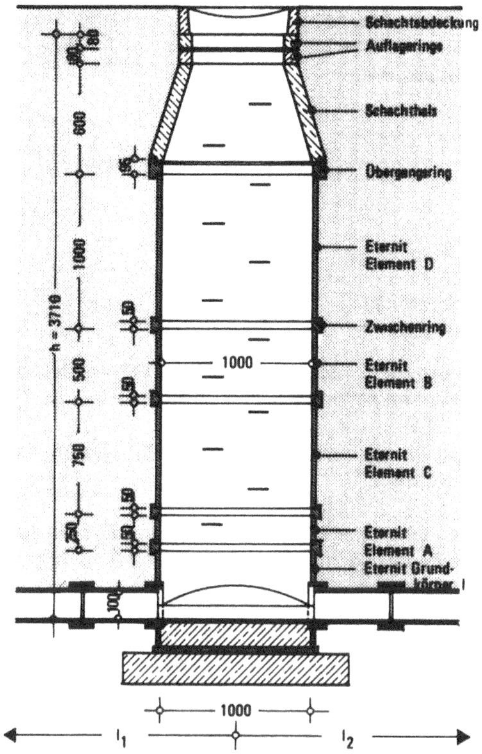

Gem. 0.5.1 Abrechnung der Entwässerungsleitung aus Asbestzementrohren, NW 100, nach Längenmaß.

Gem. 5.1 wird das Längenmaß in der Achslinie von Schachtmitte zu Schachtmitte gemessen. Da es sich um eine Entwässerungsleitung aus vorgefertigten Rohren handelt, wird die lichte Weite des Schachts abgezogen.

L der Entwässerungsleitung=

$l_1+l_2-1{,}00=\ldots$ m.

Gem. 0.5.4 Abrechnung des aus Fertigteilen bestehenden Einsteigschachts, NW 1000, entweder in fertiger Ausführung einschließlich der Ausbauteile, wie Schachtabdeckung, Steigeisen, Sohlgerinne, zum Stückpreis oder Abrechnung der einzelnen Fertigteile zum Stückpreis.

z.B.: 1 Stück Eternit Grundkörper I,
1 Stück Eternit Element A,
1 Stück Eternit Element B,
1 Stück Eternit Element C,
1 Stück Eternit Element D,
4 Stück Eternit Zwischenringe ESR,
1 Stück Eternit Übergangsring ESU,
1 Stück Schachthals 1000×25 A DIN 4034,
2 Stück Auflageringe 625×80 DIN 4034.

Abrechnung der einzelnen Ausbauteile, wie Schachtabdeckung, Steigeisen, Sohlschale, nur, sofern sie im Lieferumfang der Fertigteile nicht enthalten sind.

Der Ortbeton für das Fundament und für den Grundkörper ist nach ATV DIN 18331 »Beton- und Stahlbetonarbeiten« auszuführen und abzurechnen.

Gem. 0.5.5 Möglichkeit der Abrechnung des Einsteigschachts nach Längenmaß oder zum Stückpreis. Eine Abrechnung nach dem Raummaß der Wände, der Decke und der Sohle kommt für vorgefertigte Schächte nicht in Betracht.

Gem. 5.1 gilt als Längenmaß die lichte Schachttiefe, gemessen von der Auflagerfläche der Schachtabdeckung bis zum tiefsten Punkt der Rinnensohle.

L des Einsteigschachts=h=3710 mm.

Bild 3 Entwässerungsleitung mit Formstücken

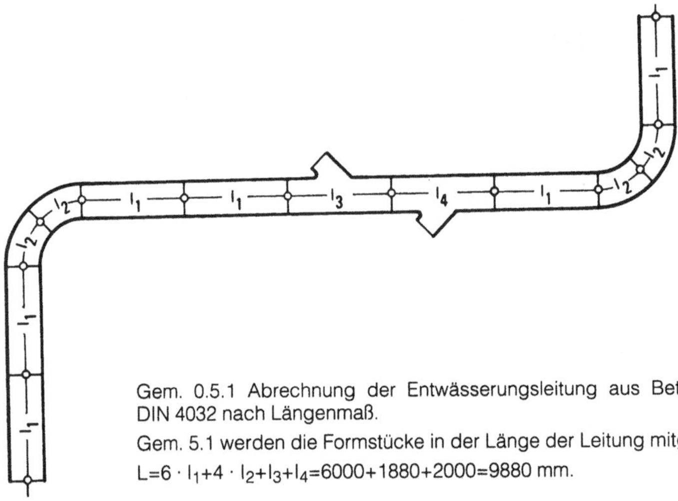

Gem. 0.5.1 Abrechnung der Entwässerungsleitung aus Betonrohren B 300×1000 DIN 4032 nach Längenmaß.

Gem. 5.1 werden die Formstücke in der Länge der Leitung mitgemessen.

$L = 6 \cdot l_1 + 4 \cdot l_2 + l_3 + l_4 = 6000 + 1880 + 2000 = 9880$ mm.

Gem. 0.5.3 Abrechnung der Formstücke, getrennt nach Art und Anzahl.

Abzurechnen sind:

4 Stück Bogen E 150 DIN 4032,

1 Stück Seitenzulauf ASR 300×150×1000 DIN 4032,

1 Stück Seitenzulauf ASL 300×150×1000 DIN 4032.

Bild 4 Entwässerungskanal aus vorgefertigten Stahlbetonrohren mit Schachtaufsatz

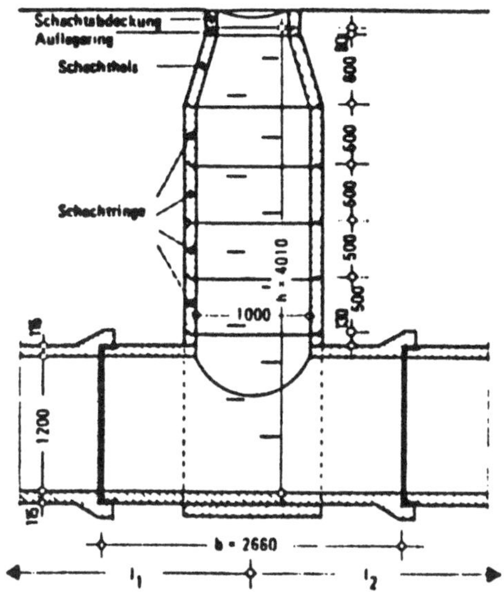

Gem. 0.5.1 Abrechnung des Entwässerungskanals, NW 1200 DIN 4035, nach Längenmaß.

Gem. 5.1 wird die lichte Weite des Schachts von der Kanallänge nicht abgezogen. Grundlage der Ermittlung sind die Achslängen von Schachtmitte zu Schachtmitte.

L des Kanals=l_1+l_2=...m.

Gem. 0.5.3 Abrechnung des 2,66 m langen Rohrteils NW 1200 mit angearbeitetem Schachtaufsatz NW 1000.

Gem. 0.5.4 Abrechnung des aufgesetzten, aus Fertigteilen bestehenden Einsteigschachts in fertiger Ausführung einschließlich der Ausbauteile, wie Schachtabdeckung, Steigeisen, zum Stückpreis

oder Abrechnung der einzelnen Fertigteile zum Stückpreis,

z.B.: 4 Stück Schachtringe 1000×500 B DIN 4034,
1 Stück Schachthals 1000×625 B DIN 4034,
1 Stück Auflagering 625×80 DIN 4034.

Abrechnung der einzelnen Einbauteile, wie Schachtabdeckung, Steigeisen, nur, sofern diese Teile im Lieferumfang der Fertigteile nicht enthalten sind.

Gem. 0.5.5 Abrechnung des Einsteigschachts nach Längenmaß oder zum Stückpreis. Die Abrechnung nach Raummaß des Betons kommt für vorgefertigte Schächte nicht in Betracht. Gem. 5.2 gilt als Längenmaß die lichte Schachttiefe, gemessen von Auflagerfläche der Schachtabdeckung, d.h. ab Oberfläche Auflagering, bis zum tiefsten Punkt der Rinnensohle.

L des Einsteigschachts=h=4010 mm.

Bild 5 Betonierter Entwässerungskanal mit betoniertem Prüfschacht und Einsteigschacht aus Fertigteilen

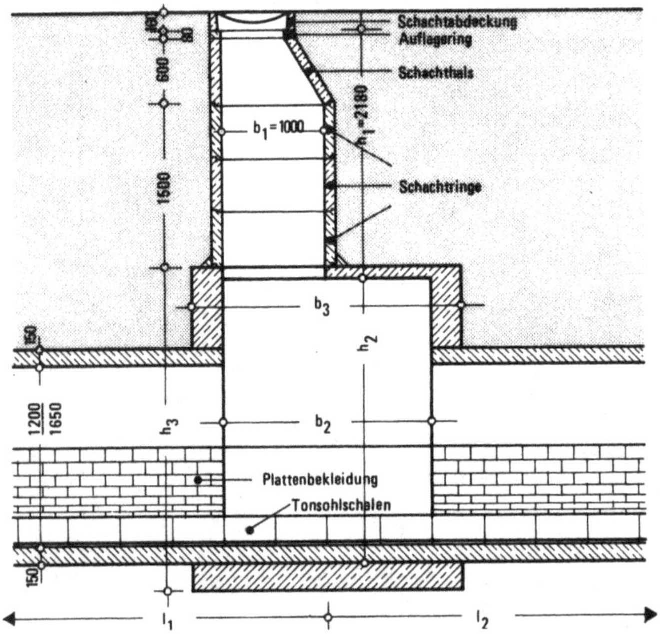

Gem. 0.5.1 Abrechnung des betonierten Entwässerungskanals, NW 1200×1650, Stahlbetonrohre, Wanddicke im Scheitel 150 mm, nach Längenmaß.

Gem. 5.1 wird bei betonierten Entwässerungskanälen die lichte Weite des Schachts nicht abgezogen.

L des Entwässerungskanals$=l_1+l_2=$.... m.

Gem. 0.5.4 Abrechnung des aus Fertigteilen bestehenden Einsteigschachts, NW 1000, entweder in fertiger Ausführung (vgl. auch 0.5.5) einschließlich der Ausbauteile, wie Schachtabdeckung, Steigeisen, Sohlschale, zum Stückpreis

oder Abrechnung der einzelnen Fertigteile zum Stückpreis,

z.B.: 3 Stück Schachtringe 1000×500 B DIN 4034,
1 Stück Schachthals 1000×625 B DIN 4034,
1 Stück Auflagering 625×80 DIN 4034.

Abrechnung der einzelnen Ausbauteile nur, sofern sie im Lieferumfang der Fertigteile nicht enthalten sind.

Gem. 0.5.5 Abrechnung des betonierten, quadratischen Prüfschachts nach dem Raummaß der Betonbauteile. Für Ausführung und Abrechnung gilt ATV DIN 18331 »Beton- und Stahlbetonarbeiten«.

Abrechnung des Einsteigschachts zum Stückpreis oder nach Längenmaß. Bei Abrechnung nach Längenmaß ist die Länge sinngemäß entsprechend 5.2 von der Auflagerfläche der Schachtabdeckung bis zur Unterfläche des untersten Schachtringes zu messen.

Gem. 0.5.6 Abrechnung der Sohlschalen und der Plattenbekleidung nach Längenmaß oder Flächenmaß.

L der Sohlschalen$=l_1+l_2=$... m. F$=(l_1+l_2)$ (Breite) =.... m^2.

L der Plattenbekleidung$=l_1+l_2-b_2=$...m.

$F=(l_1+l_2-b_2)$ (2 · Breite der Plattenbekleidung) =.... m^2.

Bild 6 Betonierter Entwässerungskanal mit Plattenbekleidung und Sohlschalen

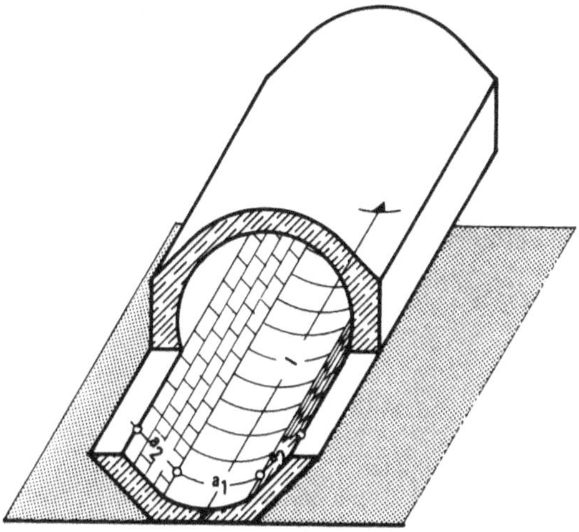

Gem. 0.5.1 Abrechnung des betonierten Entwässerungskanals, NW 1500/1500, Wanddicke im Scheitel 200 mm, nach Längenmaß.

L des Kanals=l=.... m.

Gem. 0.5.6 Abrechnung der Plattenbekleidung und der Sohlschalen nach Längenmaß oder Flächenmaß.

L der Plattenbekleidung beiderseits der Sohlschalen=l=... m.

F der Plattenbekleidung=$2a_2 \cdot l$=...m^2.

L der Sohlschalen=l=.... m.

F der Sohlschalen=$a_1 \cdot l$=.... m^2.

VOB Teil C:
Allgemeine Technische Vertragsbedingungen für Bauleistungen (ATV)
Druckrohrleitungsarbeiten im Erdreich – DIN 18307
Ausgabe Juni 1996

1 Geltungsbereich

1.1 Die ATV »Druckrohrleitungsarbeiten im Erdreich« – DIN 18307 – gilt für das Herstellen von Druckrohrleitungen zum Transport von Gas, Wasser und anderen Stoffen im Erdreich, auch unter Gebäuden sowie in Schutzrohren und Rohrkanälen.

1.2 Die ATV DIN 18307 gilt nicht für

- die bei der Herstellung von Druckrohrleitungen auszuführenden Erdarbeiten (siehe ATV DIN 18300 »Erdarbeiten«),
- Verbauarbeiten (siehe ATV DIN 18303 »Verbauarbeiten«),
- das Herstellen von Rohrleitungen innerhalb von Gebäuden (siehe ATV DIN 18381 »Gas-, Wasser- und Abwasser-Installationsarbeiten innerhalb von Gebäuden«).

1.3 Ergänzend gelten die Abschnitte 1 bis 5 der ATV DIN 18229 »Allgemeine Regelungen für Bauarbeiten jeder Art«. Bei Widersprüchen gehen die Regelungen der ATV DIN 18307 vor.

5 Abrechnung

Gem. ATV DIN 18299 gilt allgemein:

Die Leistung ist aus Zeichnungen zu ermitteln, soweit die ausgeführte Leistung diesen Zeichnungen entspricht. Sind solche Zeichnungen nicht vorhanden, ist die Leistung aufzumessen.

Siehe hierzu die eingehende Erläuterung zu ATV DIN 18299 »Allgemeine Regelungen für Bauarbeiten jeder Art«.

Abrechnungseinheiten

Gem. 0.5 sind im Leistungsverzeichnis die Abrechnungseinheiten wie folgt vorzusehen:

0.5.1 – Rohrleitungen nach Längenmaß (m), getrennt nach Nennweiten, Nenndrücken und Rohrarten,

0.5.2 – Schweißverbindungen und Rohrschnitte nach Anzahl (Stück), getrennt nach Nennweiten und Wanddicken,

0.5.3 – Formstücke nach Anzahl (Stück), getrennt nach Nennweiten, Nenndrücken und Arten,

0.5.4 – Armaturen und Zubehörteile nach Anzahl (Stück), getrennt nach Nennweiten, Nenndrücken und Arten,

0.5.5 – Anbohrungen nach Anzahl (Stück), getrennt nach Arten und Nennweiten der angebohrten und der anzuschließenden Rohre,

0.5.6 – Einbindungen und Anschlüsse an Leitungen nach Anzahl (Stück), getrennt nach Arten und Nennweiten der einzubauenden und der anzuschließenden Rohre,

0.5.7 – Prüfungen der Schweißnähte nach Anzahl (Stück), nach Arten, Nennweiten und Wanddicken der Rohre,

0.5.8 – Herstellen des Innenschutzes und Außenschutzes an Schweißverbindungen und anderen Rohrverbindungen nach Anzahl (Stück), getrennt nach Nennweiten und Arten,

0.5.9 – Kopflöcher für Schweißverbindungen nach Raummaß (m^3).

Ergänzend zur ATV DIN 18299 Abschnitt 5 gilt:

Bei Abrechnung nach Längenmaß (m) werden Rohrleitungen einschließlich Bögen und Rohrleitungsteile in der Mittelachse gemessen.

Rohrverbindungen, Formstücke und Armaturen werden übermessen.

Zu 0.5.1:

Abrechnungseinheit für Rohrleitungen ist das Längenmaß; dabei ist die Rohrlänge in der Mittelachse zu messen. Eingebaute Formstücke, Rohrverbindungen und Armaturen werden bei der Längenermittlung mitgemessen. Gem. 0.5.3 und 0.5.4 sind Formstücke, Armaturen und Zubehörteile nach Anzahl abzurechnen (Bild 1). In den Ansätzen ist nach Nennweiten, d.h. den lichten Sollweiten, und nach Nenndrücken sowie nach Rohrarten, z.B. gußeiserne Druckrohre, Stahlrohre, Kunststoffrohre und Bleirohre, zu trennen. Bei der Abrechnung ist nach DIN 276 zwischen Leitungen, die zur Erschließung gehören, und Leitungen, die zu den Außenanlagen gehören, zu unterscheiden (Bild 2).

Zu 0.5.2:

Gasleitungen aus Stahlrohr sollen möglichst geschweißte Rohrverbindungen erhalten. Wasserleitungen aus Stahlrohr sollen wegen des notwendigen Erneuerns und Ausbesserns des Innen- und Außenschutzes erst ab NW 600 geschweißte Verbindungen erhalten, sofern nicht Sonderschweißverbindungen angewendet werden, die ein Ausbessern des Rohrinnenschutzes unnötig machen. Es werden Stumpfschweißverbindungen und Schweißmuffenverbindungen ausgeführt.

Rohrschnitte müssen glatt verlaufen, Anfang und Ende dürfen nicht versetzt sein. Unebenheiten an der Schnittfläche und Grate sind zu beseitigen. Die Rohre sind entsprechend dem Werkstoff zu sägen, zu fräsen oder zu schneiden. Nur Stahlbeton- und Spannbetonrohre dürfen auch abgestemmt werden.

Die Abrechnung der Schweißverbindungen und Rohrschnitte erfolgt, getrennt nach Nennweiten und Wanddicken, nach Anzahl (Bild 3).

Zu 0.5.3:

Formstücke, z.B. Bogen, Abzweige, Flanschmuffenstücke, Einflanschstücke, werden bei der Ermittlung der Rohrleitungslänge mitgemessen. Die Abrechnung erfolgt, getrennt nach Nennweiten, Nenndrücken und Formstückarten, nach Anzahl.

Zu 0.5.4:

Armaturen mit Zubehör, z.B. Absperrorgane mit Steckschlüsseln, werden bei der Ermittlung der Rohrleitungslänge mitgemessen. Ihre Abrechnung erfolgt, getrennt Nennweiten, Nenndrücken und Armaturarten, nach Anzahl (Bild 1).

Zu 0.5.5:

Wenn in bestehenden Hauptleitungen keine Abzweige zum Anschluß von Nebenleitungen vorhanden sind, müssen die Anschlüsse ggf. durch Anbohrung hergestellt werden. Die Leistung des Anbohrens bezieht sich nicht nur auf die Ausführung der Bohrung, sondern auch auf den Einbau des Anschlußstücks. Die Abrechnung erfolgt, getrennt nach Art und Nennweite des angebohrten und auch des anzuschließenden Rohrteils, nach Anzahl zum Stückpreis.

Zu 0.5.6:

Einbindung ist die Verbindung zweier Rohrleitungen, die nicht durch das Anbohrverfahren hergestellt wird. Unter dem Anschluß an eine Leitung ist die Verbindung zu verstehen, die an vorhandenen, mit Kappen verschlossenen Abzweigstücken oder Rohrenden ausgeführt wird. Die Abrechnung der Einbindungen und Anschlüsse an Leitungen wird, getrennt nach Rohrart und Nennweite des eingebauten bzw. des angeschlossenen Rohrteils, nach Anzahl zum Stückpreis vorgenommen. Einbindungen und Anschlüsse an bestehende Rohrleitungen sind in keinem Fall Nebenleistungen.

Zu 0.5.7:

Sofern eine Prüfung der Schweißverbindung vorgesehen ist, muß nach DIN 54111 »Richtlinien für die Prüfung von Schweißverbindungen metallischer Werkstoffe mit Röntgen- und Gammastrahlen« geprüft werden, wenn in der Leistungsbeschreibung nichts anderes, z.B. Prüfen mit Ultraschall, vorgeschrieben ist. Das Prüfen von Schweißverbindungen ist in keinem Fall Nebenleistung. Die Abrechnung erfolgt nach Art, Nennweite und Wanddicke des Rohrs sowie nach Art der Prüfung zum Stückpreis.

Zu 0.5.8:

Wenn in der Leistungsbeschreibung kein Ansatz dafür vorgesehen ist, gehört das Herstellen des Innenschutzes und Außenschutzes an Schweißverbindungen und anderen Rohrverbindungen zu den Nebenleistungen. Soll die Leistung gesondert abgerechnet werden, ist dies in der Leistungsbeschreibung ausdrücklich vorzuschreiben. Die Abrechnung erfolgt dann, getrennt nach Nennweiten und Rohrarten, zum Stückpreis (Bild 3).

Das Ausbessern des Innen- und Außenschutzes von Leitungsteilen, wie es vor dem Einbau gem. DIN 19630 zu erfolgen hat, gehört zu den Nebenleistungen. Hat jedoch der Auftraggeber die Stoffe und Bauteile beigestellt und sind die Mängel vom Auftragnehmer nicht zu vertreten, so ist das Entrosten, Aufarbeiten und Ausbessern des Innen- und Außenschutzes keine Nebenleistung und bedarf besonderer Abrechnung.

Zu 0.5.9:

Kopflöcher sind Arbeitsräume an Muffen und Flanschen. Sie sind so tief und so breit anzulegen, daß die Verbindungen einwandfrei hergestellt und geprüft werden können. Das Herstellen von Muffenlöchern für nichtgeschweißte Rohrverbindungen gehört zu den Nebenleistungen. Das Herstellen von Kopflöchern für breite Einbauteile und für Schweißverbindungen ist in keinem Fall Nebenleistung. Kopflöcher werden nach Raummaß abgerechnet. Ausführung und Abrechnung von Kopflöchern gehören an sich in den Leistungsbereich von ATV DIN 18300 »Erdarbeiten«.

Bild 1 Schnitt durch eine gußeiserne Druckrohrleitung

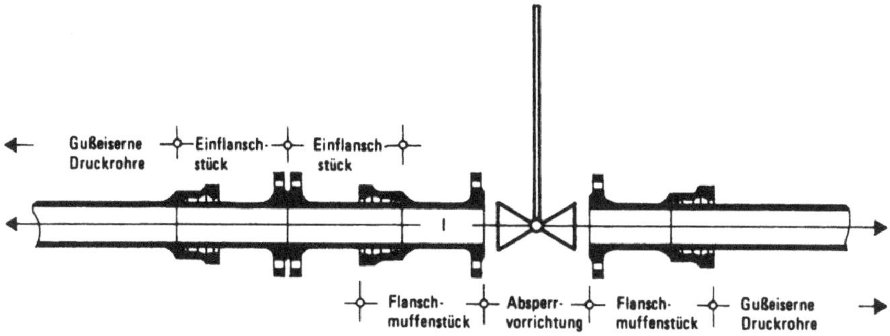

Gem. 0.5.1 Abrechnung der Rohrleitung, getrennt nach Nennweiten, Nenndrücken und Rohrart, nach Längenmaß, gemessen in der Mittelachse der Rohrleitung. Die Rohrverbindungen, Formstücke und Armaturen werden beim Längenmaß mitgemessen.

L der gußeisernen Rohrleitung, Rohre mit Stopfbuchsenmuffe, NW 150, ND 10=l=... m.

Gem. 0.5.3 Abrechnung der Formstücke, getrennt nach Nennweiten, Nenndrücken und Arten, nach Anzahl.

Nach Anzahl abzurechnen sind:

2 Stück Flanschmuffenstücke, 2 Stück Einflanschstücke.

Gem. 0.5.4 Abrechnung der Armaturen mit Zubehör, getrennt nach Nennweiten, Nenndrücken und Arten, nach Anzahl.

Nach Anzahl ist abzurechnen: 1 Stück Absperrvorrichtung mit Zubehör.

Bild 2 Aufstellung der Kosten für die Gas- und Wasseranschlußleitungen nach DIN 276

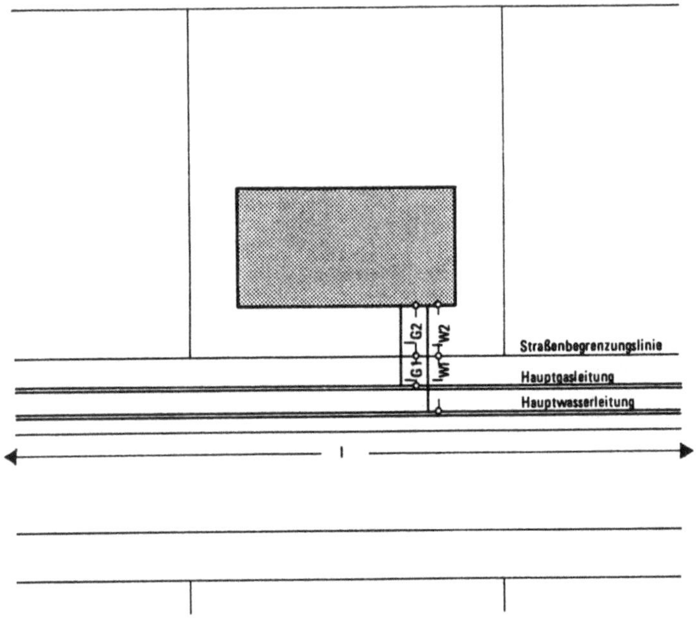

Gem. 0.5.1 Abrechnung der Rohrleitungen für die Gas- und Wasserversorgung, getrennt nach Nennweiten, Nenndrücken und Rohrarten, nach Längenmaß, gemessen in der Mittelachse der Rohrleitung.

Länge der Gashauptleitung und der Wasserhauptleitung $= l = \ldots$ m.

Länge der Anschlußleitung für Gas $= l_{G1} + l_{G2} = \ldots$ m.

Länge der Anschlußleitung für Wasser $= l_{W1} + l_{W2} = \ldots$ m.

Gem. DIN 276 sind die Kosten für Anschlußleitungen nach den anteiligen Erschließungskosten und den Kosten für die Außenanlagen zu trennen. Der Anteil der Erschließungskosten rechnet von der Hauptleitung bis zur Straßenbegrenzungslinie (Grundstücksgrenze), von der Straßenbegrenzungslinie ab bis zum Bauwerk rechnen die Kosten zu den Außenanlagen.

l_{G1} und l_{W1} sind die zur Erschließung gehörenden Teile der Gas- und Wasseranschlußleitungen.

l_{G2} und l_{W2} sind die zu den Außenanlagen gehörenden Teile der Gas- und Wasseranschlußleitungen.

Bild 3 Schweißverbindungen nahtloser Stahlrohre

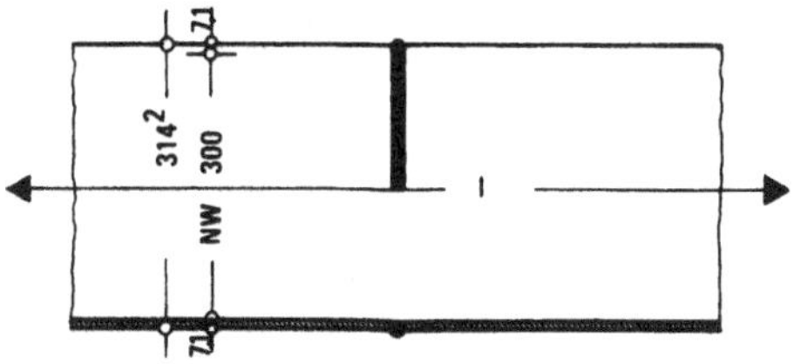

Stumpfschweißverbindung (St)
NW 300, ND 20, Wanddicke 7,1

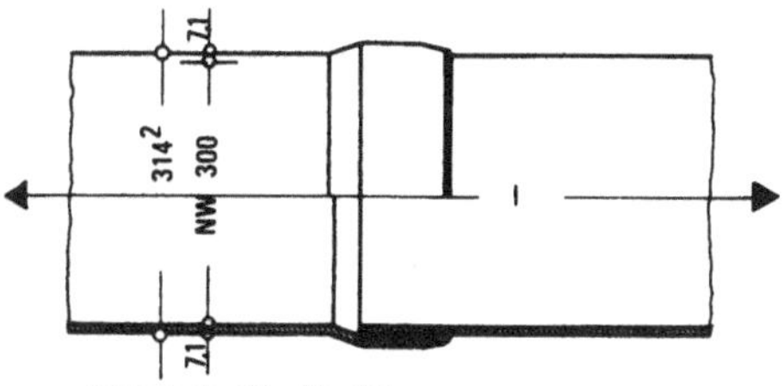

Einsteckschweißmuffe (Es)
NW 300, ND 20, Wanddicke 7,1

Gem. 0.5.1 Abrechnung der Rohrleitungen, getrennt nach Nennweiten, Nenndrücken und Rohrart, nach Längenmaß, gemessen in der Mittelachse der Rohrleitungen. Die Rohrverbindungen werden übermessen. L=l=... m.

Gem. 0.5.2 Abrechnung der Schweißverbindungen, getrennt nach Nennweiten und Wanddicken, nach Anzahl.

Nach Anzahl abzurechnen sind:

1 Stück Stumpfschweißverbindung (St), NW 300, Wanddicke 7,1

1 Stück Einsteckschweißmuffe (Es), NW 300, Wanddicke 7,1.

VOB Teil C:
Allgemeine Technische Vertragsbedingungen für Bauleistungen (ATV)
Dränarbeiten – DIN 18308
Ausgabe Juni 1996

1 Geltungsbereich

1.1 Die ATV »Dränarbeiten« – DIN 18308 – gilt für

- Dränung mit Rohren bis einschließlich Nennweite 200,
- rohrlose Dränung und
- Unterbodenmeliorationen

bei landwirtschaftlich genutzten Flächen, im Landschaftsbau, bei Sportplätzen und zum Schutz von baulichen Anlagen. Sie gilt bei landwirtschaftlich genutzten Flächen und im Landschaftsbau auch für die dazugehörigen Erdarbeiten.

1.2 Die ATV DIN 18308 gilt nicht für das Herstellen von geschlossenen Entwässerungskanälen (siehe ATV DIN 18306 »Entwässerungskanalarbeiten«) und nicht für die Entwässerung von Verkehrsflächen.

1.3 Ergänzend gelten die Abschnitte 1 bis 5 der ATV DIN 18299 »Allgemeine Regelungen für Bauarbeiten jeder Art«. Bei Widersprüchen gehen die Regelungen der ATV DIN 18308 vor.

5 Abrechnung

Gem. ATV DIN 18299 gilt allgemein:

Die Leistung ist aus Zeichnungen zu ermitteln, soweit die ausgeführte Leistung diesen Zeichnungen entspricht. Sind solche Zeichnungen nicht vorhanden, ist die Leistung aufzumessen.

Siehe hierzu die eingehende Erläuterung zu ATV DIN 18299 »Allgemeine Regelungen für Bauarbeiten jeder Art«.

Abrechnungseinheiten

Gem. 0.5 sind im Leistungsverzeichnis die Abrechnungseinheiten wie folgt vorzusehen:

0.5.1 – Rohrdräne nach Längenmaß (m), getrennt nach Tiefenlagen, Arten und Nennweiten der Rohre,

0.5.2 – Ummanteln der Dränrohre mit Filterstoffen nach Längenmaß (m), Raummaß (m^3) oder Gewicht (t),

0.5.3 – Dränschächte, Absturzschächte, Kontrollschächte, Spülschächte, Schlucker, Formstücke, Dränausmündungen nach Anzahl (Stück), getrennt nach Bauart und Maßen,

0.5.4 – Rohrlose Dräne nach Längenmaß (m),

0.5.5 – Unterbodenmelioration nach Flächenmaß (m^2).

Ergänzend zu ATV DIN 18299 Abschnitt 5 gilt:

Bei Dränungen für landwirtschaftlich genutzte Flächen und im Landschaftsbau umfassen die Dränarbeiten auch die dazugehörigen Erdarbeiten.

Zu 0.5.1:

Dränarbeiten für landwirtschaftlich genutzte Flächen sind entsprechend der ATV nach DIN 1185 Teil 3 »Dränung: Regelung des Bodenwasser-Haushalts durch Rohrdränung, rohrlose Dränung und Unterbodenmelioration, Ausführung« zu planen und auszuführen. Mit DIN 1185 wurde der Entwicklung auf dem Gebiet der Dräntechnik und der Bodenkunde Rechnung getragen. Die neue Norm hat die noch auf Handarbeit ausgerichtete »Dränanweisung« abgelöst. Doch die Maschinenarbeit brachte neue Probleme mit sich. Je leistungsfähiger und schwerer die Maschinen werden, desto mehr wird der Boden durch sie beansprucht. Das gilt insbesondere für gefügelabile und staunasse Bodenarten. Als Grundlage für die Wahl der technischen Maßnahmen dient in erster Linie die Beurteilung des Bodenwasser-Haushalts. Ziel der Dränung ist die möglichst weitgehende Besserung des Bodengefüges und dessen Stabilisierung. DIN 1185 gibt hierzu die notwendigen Richtlinien.

Wie schon aus dem Titel hervorgeht, werden mit den Dränarbeiten folgende Leistungen erfaßt:

a) Rohrdränungen, und zwar mit Grabenaushub, und grabenlose Rohrdränungen,

b) rohrlose Dränungen, auch in Kombination von Rohrdränungen und rohrlosen Dränungen,

c) Unterbodenmeliorationen, auch in Verbindung mit Rohrdränen.

Bei der Abrechnung der Rohrdräne ist nach Rohrdränen mit Grabenaushub und nach grabenlosen Rohrdränen zu trennen. Für beide Fälle gilt, daß die Dräne einschließlich der Formstücke und Abzweige sowie einschließlich der zugehörigen Erdarbeiten abgerechnet werden. Die Abrechnung erfolgt nach dem tatsächlichen Längenmaß, getrennt nach der Tiefenlage der Rohre, um den Erschwernisgrad der Erdarbeiten zu berücksichtigen, ferner nach Art und Nennweite der Rohre (Bild 1).

Oberflächenwasser sowie seitlich zuströmendes Wasser wird durch Fangdräne erfaßt und abgeleitet. Sie werden wie die anderen Rohrdräne abgerechnet (Bild 2).

Bei der Rohrdränung beträgt die Mindestnennweite für Sauger NW 50. Nach DIN 1180 »Dränrohre aus Ton; Maße, Anforderungen, Prüfung« gelten für Tonrohre folgende Nennweiten: 50, 65, 80, 100, 125, 150, 200. Die mittlere Rohrlänge beträgt 333 mm.

Nach DIN 1187 »Dränrohre aus PVC-hart (Polyvinylchlorid-hart); Maße, Anforderungen, Prüfung« gelten für gewellte (flexible) Rohre folgende Nennweiten: 40, 50, 65, 80, 100, 125, 160, 200; sie werden bis zu 300 m Länge geliefert. Für glatte (biegsame) Rohre, die in Bündeln zu 5 m Länge hergestellt werden, gelten folgende Nennweiten: 40, 50, 63, 75, 90, 100, 125, 140, 160.

Zu 0.5.2:

Das Ummanteln der Dränrohre soll der Versandung und Verschlammung entgegenwirken und zugleich die Lage der Dränrohre sowie der Anschlüsse sichern. Als Filterstoffe können unter Beachtung der biologischen Abbauprozesse Fasertorf, Grobsand, Kies, Kunststoffe, Schilf, Schlacke, Stroh, Tannenreisighäcksel, Heidekraut, Waldmoos, Torfmull u. ä. eingebaut werden. Der Filter muß das Dränrohr allseitig umhüllen. Die Filterstoffe können lose, mattenförmig oder als vorgefertigte Rohrummantelung eingebracht werden. Die Abrechnung der Ummantelung der Dränrohre mit Filterstoffen erfolgt wahlweise nach Längenmaß, Raummaß oder Gewicht. Die Abrechnung nach Längenmaß ist wegen der einfachen Weise, die Leistung festzustellen, in den meisten Fällen am zweckmäßigsten. Die Abrechnung der Ummantelung nach Raummaß erfaßt die tatsächliche Leistung am genauesten. Sie verursacht jedoch einige Rechenarbeit, da die von den Dränrohren verdrängte Masse abzuziehen ist. Die Abrechnung nach Gewicht kommt in der Regel nur für

Stoffe in Betracht, deren Lieferung nach Gewicht erfolgt oder deren Gewicht leicht feststellbar ist (Bilder 2, 3).

Zu 0.5.3:

Zu den Dränanlagen gehören nach ATV DIN 1185 Teil 3 folgende Bauteile:
1. Anschlüsse der Sauger und Sammler,
2. Dränschächte, Absturzschächte, Kontrollschächte,
3. Dränausmündungen,
4. Schlucker.
Die Abrechnung erfolgt einschließlich der Erdarbeiten für diese Bauteile, getrennt nach Bauarten und Abmessungen, nach Anzahl, also zum Stückpreis (Bilder 1, 4).

Zu 0.5.4:

Die rohrlose Dränung (Maulwurfsdränung) ist bei staunassem und haftnassem Boden angezeigt. Sie eignet sich auch zur Bekämpfung der Bodenerosion in schwerem Boden und ist in verockerungsgefährdetem Boden oft die einzige Entwässerungsmöglichkeit. Sie gestattet auch eine Flächenentwässerung, wenn die Vorflut für Rohrdränung unzureichend ist, und kann als Vorentwässerung für nachfolgende Rohrdränungen dienen. Sie wird mittels eines Preßkopfes hergestellt, der hinter einer Lockerungsschar im Schlepptau gezogen wird. Der Preßkopfdurchmesser soll bei Mineralböden 80 bis 100 mm, bei Moorböden 120 bis 200 mm betragen. Mit Fräsgeräten können in Moorböden rohrlose Dräne mit einem Profil von 150 mm Breite mal 200 mm Höhe eingefräst werden.
Die Abrechnung erfolgt nach Längenmaß, wobei nach der Profilweite der Preßköpfe bzw. Fräsgeräte zu trennen ist (Bild 1).

Zu 0.5.5:

Unterbodenmelioration ist bei Böden angebracht, die verdichtet oder verfestigt sind oder bei denen eine Bodenumschichtung zweckmäßig ist. Nicht zur Bodenmelioration gehört die Behandlung mechanisch verdichteten Bodens, z.B. von Pflugsohlen, Fahrspuren, bei einer Bearbeitungstiefe von weniger als 40 cm. Hier empfiehlt sich der Einsatz eines Spatenfluges oder eines anderen Gerätes zum Zerstören der verdichteten Schichten.
Die Unterbodenmelioration erfolgt durch Tieflockern oder Tiefpflügen. Es darf nur in einem bis zur Lockerungstiefe ausreichend trockenen Boden tiefgelockert werden. Tiefpflügen von Mineralboden darf nur bis zu einer Tiefe vorgenommen werden, in der ausreichend trockener Boden erfaßt wird. Bei Moor und Anmoor darf nur Boden bei einer Bodenfeuchte des Sanduntergrundes zwischen »frisch« bis »feucht« tiefgepflügt werden.
Zur Unterbodenmelioration durch Tieflockern oder Tiefpflügen gehört auch die Meliorationskalkung und die Meliorationsdüngung der Mineralböden sowie der tiefgepflügten Moore.
Die Abrechnung jeder dieser Meliorationsarten erfolgt nach Flächenmaß. Ggf. können Arten, die in einem Arbeitsgang ausgeführt werden, zusammengefaßt abgerechnet werden (Bild 5)

Bild 1 Schema einer Dränung

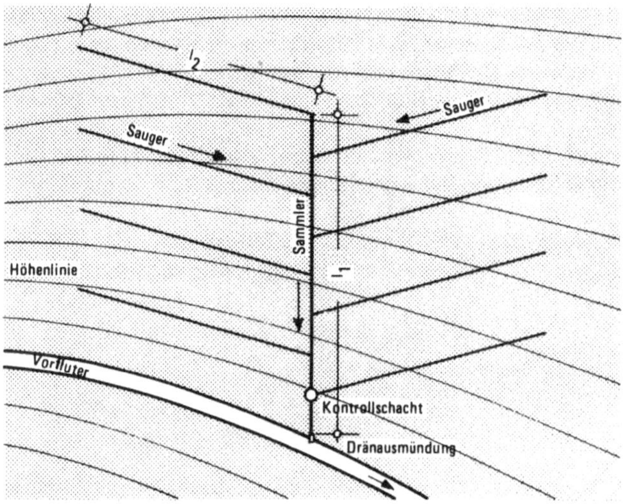

Im Falle von Rohrdränung gem. 0.5.1 Abrechnung der Rohrdräne einschließlich der Formstücke und Abzweige sowie einschließlich der dazugehörigen Erdarbeiten, getrennt nach Tiefenlage, Arten und Nennweiten der Rohr, nach Längenmaß.

L des Sammlers, Tiefe 1,20 m, Tondränrohre NW 120=l_1=... m.

L der Sauger, Tiefe 1,00 m, Tondränrohre NW 80=8 · l_2=... m.

Im Falle rohrloser Dränung Abrechnung gem. 5.2.4 nach Längenmaß.

L des Sammlers, Tiefe 1,20 m=l_1=... m.

L der Sauger, Tiefe 1,00 m=8 · l_2=... m.

Gem. 0.5.3 Abrechnung des Kontrollschachtes sowie der Dränausmündung, unter Angabe der Bauart und Abmessung, zum Stückpreis.

Bild 2 In der Höhe gestaffelte, parallele Fangdräne

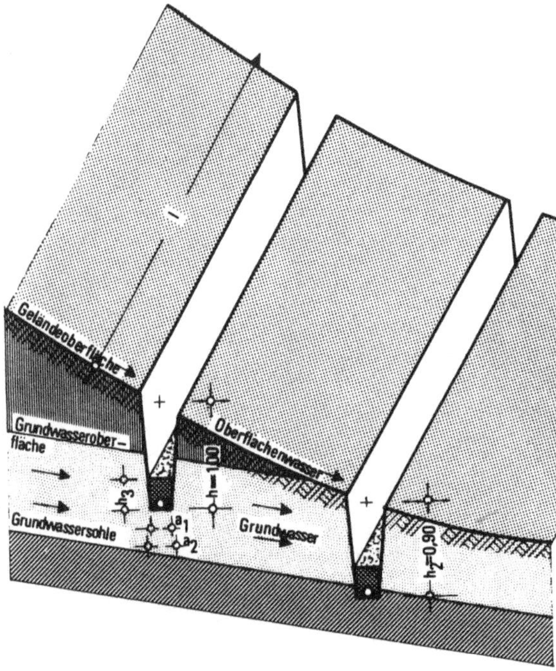

Gem. 0.5.1 Abrechnung der Fangdräne einschließlich der Formstücke und Abzweige sowie einschließlich der dazugehörigen Erdarbeiten, getrennt nach Tiefenlage, Arten und Nennweiten der Rohre, nach Längenmaß.

L des oberen, im Mittel 1,00 m tiefen Fangdräns, Tonrohre NW 100=l=... m.

L des unteren, im Mittel 0,90 m tiefen Fangdräns, Tonrohre NW 100=l=... m.

Gem. 0.5.2 Abrechnung der Ummantelung der Fangdräne mit Filterstoffen nach Längenmaß, Raummaß oder Gewicht.

Bei Abrechnung nach Längenmaß ist

L der Ummantelung=2 · l=... m.

Die Abrechnung nach Raummaß ist nach den eingebauten Filterstoffen vorzunehmen. Die durch die Rohre verdrängte Masse ist abzuziehen. Bei Abrechnung nach Raummaß der eingebauten Filterstoffe ist

$$V = \left(\frac{a_1+a_2}{2}\right) h_3 \cdot l - \frac{12{,}5^2}{4} \pi \cdot l = \ldots \text{ m}^3.$$

Bild 3 Ummantelung eines Sammlers mit Filterstoffen

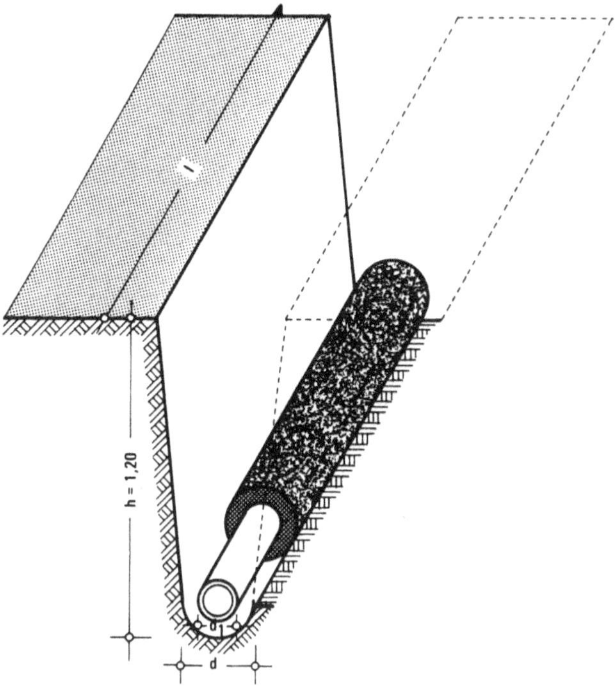

Gem. 0.5.2 Abrechnung der Ummantelung der Dränrohre mit Filterstoffen nach Längenmaß, Raummaß oder Gewicht.

Bei Abrechnung nach Längenmaß ist L der Ummantelung=l=... m.

Bei Abrechnung der Ummantelung nach Raummaß wird, entsprechend den Abrechnungsvorschriften in anderen einschlägigen ATV, z.B. DIN 18300, 18315, 18317, 18318 der Rauminhalt der Dränrohre abgezogen.

V der Ummantelung=$\left(\frac{d^2}{4}\pi - \frac{d_1^2}{4}\pi\right)$ l=... m³.

Bild 4 Dränungskontrollschacht mit Schlammfang

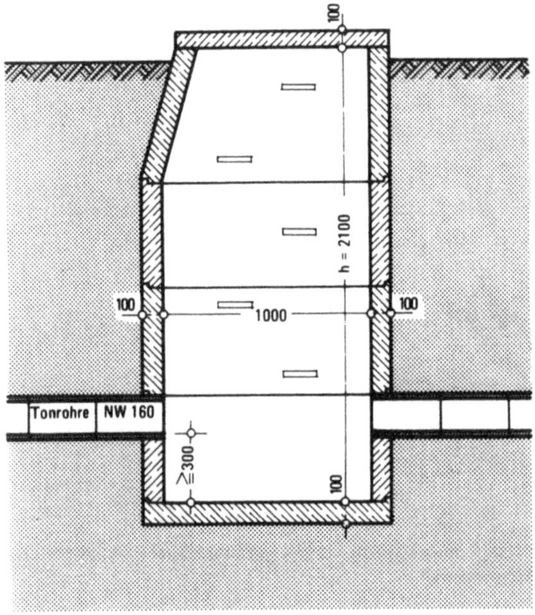

Gem. 0.5.3 Abrechnung des Kontrollschachts, lichte Schachttiefe 2,10 m, bestehend aus 3 Schachtringen SR 1000×500 B DIN 4034, 1 Schachthals SH 1000×625 B DIN 4034, 1 Betonabdeckplatte 10 cm dick, 1 Betonsohle 10 cm dick, einschließlich der dazugehörigen Erdarbeiten zum Stückpreis.

Bild 5 Unterbodenmelioration durch Tiefpflügen

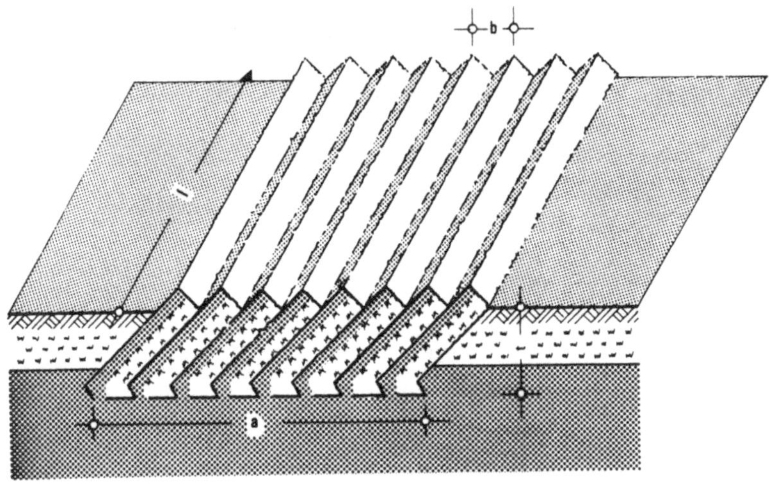

Gem. 0.5.5 Abrechnung der Unterbodenmelioration durch Tiefpflügen von Moor und Anmoor, Pflugtiefe=t, Furchenbreite=b, nach Flächenmaß.

$F = a \cdot l = \ldots\ m^2$.

VOB Teil C: Allgemeine Technische Vertragsbedingungen für Bauleistungen (ATV) Einpreßarbeiten – DIN 18309 Ausgabe Dezember 1992

1 Geltungsbereich

1.1 Die ATV »Einpreßarbeiten« – DIN 18309 – gilt für Einpreßarbeiten zum Dichten oder Verfestigen von Boden und Bauwerken (auch Erdbauwerken) und für das Füllen (Auspressen) von Hohlräumen für Verankerungen und dergleichen.

1.2 Die ATV DIN 18309 gilt nicht für das Auspressen von Spannkanälen im konstruktiven Ingenieurbau (siehe ATV DIN 18331 »Beton- und Stahlbetonarbeiten«).

1.3 Ergänzend gelten die Abschnitte 1 bis 5 der ATV DIN 18299 »Allgemeine Regelungen für Bauarbeiten jeder Art«. Bei Widersprüchen gehen die Regelungen der ATV DIN 18309 vor.

5 Abrechnung

Gem. ATV DIN 18299 gilt allgemein:

Die Leistung ist aus Zeichnungen zu ermitteln, soweit die ausgeführte Leistung diesen Zeichnungen entspricht. Sind solche Zeichnungen nicht vorhanden, ist die Leistung aufzumessen.

Siehe hierzu die eingehende Erläuterung zu ATV DIN 18299 »Allgemeine Regelungen für Bauarbeiten jeder Art«.

Abrechnungseinheiten

Gem. 0.5 sind im Leistungsverzeichnis die Abrechnungseinheiten wie folgt vorzusehen:

0.5.1 – Einpressen nach Betriebsstunden (h) der Einpreßbetriebszeit, getrennt nach Arten des Einpreßgutes,

0.5.2 – Prüfen der Wasserdurchlässigkeit nach Anzahl (Stück) der Prüfungen,

0.5.3 – Setzen von Abschlüssen, die nur für das Prüfen nötig sind, nach Anzahl (Stück), getrennt nach Tiefenlage der Abschlüsse,

0.5.4 – Prüfen des Verlaufs der Einpreßlöcher der durchgeführten und ausgewerteten Messungen nach Anzahl (Stück),

0.5.5 – Prüfen der Verfestigung nach Anzahl (Stück) der Teilprüfungen, getrennt nach Prüfverfahren,

0.5.6 – Liefern von Feststoffen zur Herstellung von Einpreßgut nach Gewicht (kg) der im eingebrachten Einpreßgut enthaltenen Mengen, getrennt nach Arten,

0.5.7 – Liefern von Emulsionen, Lösungen und flüssigen Zusätzen nach Raummaß (l) der im eingebrachten Einpreßgut enthaltenen Mengen, getrennt nach Arten.

Ergänzend zu ATV DIN 18299 Abschnitt 5 gilt:

Die Einpreßbetriebszeit beginnt, wenn der Druckschreiber einen Druckanstieg anzeigt; sie endet, nachdem der Druckschreiber den vereinbarten oder festgelegten Enddruck ausreichend lange angezeigt hat. (Nach der Norm ist die Einpressung nach Erreichen des Einpreßdruckes noch so lange unter gleichbleibendem Druck zu halten, bis bei Wegnahme des

Druckes kein Einpreßgut austritt.) Unterbrechungen des Einpressens, die zum Beseitigen von Störungen oder Verstopfungen nötig waren, werden bis zur Dauer von jeweils 15 Minuten bei der Berechnung der Betriebsstunden nicht abgezogen.

Zu 0.5.1:

Bei der Abrechnung für das Einpressen ist nach dem verwendeten Einpreßgut zu trennen. Welches Gerät verwendet wurde, ist für die Abrechnung unerheblich, da es nach der ATV dem Auftragnehmer freigestellt ist, sich geeignetes Gerät auszuwählen, sofern in der Leistungsbeschreibung darüber nichts vorgeschrieben ist. Das Einpreßgut selbst, d.h. seine Lieferung ist gem. 0.5.7 nach dem Hohlmaß (l) abzurechnen.

Das Einpreßgut kann aus Lösungen, Emulsionen, Suspensionen sowie aus Pasten und Mörtel bestehen. Verwendet werden

Lösungen und Emulsionen für das Dichten und Verfestigen von feinen Sanden und Rissen,

Suspensionen für das Dichten und Verfestigen von groben Sanden, Kiesen und Rissen, Pasten und Mörtel für das Dichten und Verfestigen von Geröllen, Kiesen, Spalten, Aushöhlungen und Verankerungen.

Nach der ATV ist der Einpreßdruck für jeden Arbeitsabschnitt am Mund des Einpreßlochs mit Druckschreiber aufzuzeichnen und die Aufnahme des Einpreßgutes in zeitlicher Zuordnung zum Druckverlauf zu messen und festzuhalten, wenn in der Leistungsbeschreibung nichts anderes vorgeschrieben ist. Das Einpressen ist nach Betriebsstunden der Einpreßbetriebszeit abzurechnen, wenn in der Leistungsbeschreibung nichts anderes, z.B. nach verbrauchtem Einpreßgut, nach verfestigter Bodenmasse, vorgeschrieben ist.

Die Einpreßbetriebszeit beginnt, wenn der Druckschreiber einen Druckanstieg anzeigt, sie endet, wenn der Einpreßabschnitt kein Einpreßgut mehr aufnimmt und der vorgeschriebene Einpreßdruck erreicht ist, jedoch erst, nachdem der Druck gleichbleibend noch so lange gehalten hat, bis bei Wegnahme des Drucks kein Einpreßgut austritt.

Treten Unterbrechungen beim Einpressen auf, so werden für die Beseitigung von Störungen und Verstopfungen jeweils bis zur Dauer von 15 Minuten keine Abzüge von den Betriebsstunden gemacht. Das Aufbereiten des Einpreßgutes, auch wenn der Auftraggeber die Stoffe beistellt, gehört zu den Nebenleistungen. Das Umsetzen aller Einrichtungen zum Aufbereiten des Einpreßgutes und zum Einpressen ist nur dann keine Nebenleistung, wenn dafür in der Leistungsbeschreibung Ansätze vorgesehen worden sind.

Zu 0.5.2:

Wenn Prüfen der Wasserdurchlässigkeit durch Wassereinpreßversuch vorgeschrieben ist, muß nach der ATV jeder Prüfabschnitt so abgeschlossen werden, daß der Prüfdruck aufgenommen werden kann. Dazu kann der für das Einpressen herzustellende Abschluß verwendet werden. Der Prüfabschnitt ist mit Wasser zu füllen. Das Wasser ist mit dem in der Leistungsbeschreibung vorgeschriebenen Prüfdruck so lange einzupressen, bis er mindestens 3 Minuten erhalten bleibt. Die während des gleichbleibenden Drucks vom Prüfabschnitt aufgenommene Wassermenge ist zu messen; das Schluckvermögen ist in l/min für 1 m Prüfabschnitt (WD-Wert) zu berechnen. Die Abrechnung erfolgt nach der Anzahl der Prüfungen zum Stückpreis.

Zu 0.5.3:

Werden Abschlüsse nur für das Prüfen der Wasserdurchlässigkeit nötig, so erfolgt für das Setzen der Abschlüsse, getrennt nach ihrer Tiefenlage, gesonderte Abrech-

nung nach Anzahl der Abschlüsse. Vergütet wird jedoch nur eine Zulage zum Preis für das Prüfen der Wasserdurchlässigkeit.
Wird der für das Einpressen herzustellende Abschluß für das Prüfen verwendet, findet keine Vergütung statt, da diese Abschlüsse sonst doppelt vergütet werden.

Zu 0.5.4:
Wenn Prüfen des Verlaufs der Einpreßlöcher vorgeschrieben ist, sind nach der ATV Neigung und Richtung des Einpreßlochs in den vorgeschriebenen Tiefen festzustellen. Die Abrechnung erfolgt nach Anzahl der durchgeführten und ausgewerteten Messungen zum Stückpreis.

Zu 0.5.5:
Wenn Prüfen der Verfestigung vorgeschrieben ist, muß nach der ATV der Bereich der Verfestigung durch Kernbohrungen und die Güte durch Prüfung der Bohrkerne festgestellt werden, wenn in der Leistungsbeschreibung nichts anderes, z.B. Sondierungen, Druckversuche, Schürfen, vorgeschrieben ist.
Bei der Abrechnung sind für die verschiedenen Prüfverfahren getrennte Absätze erforderlich. Abgerechnet wird nach der Anzahl der Teilprüfungen zum Stückpreis.

Zu 0.5.6:
Gem. ATV DIN 18299 Abschnitt 2.1.1 umfassen alle Leistungen auch die Lieferung der dazugehörigen Stoffe und Bauteile einschließlich Abladen und Lagern auf der Baustelle, wenn in der Leistungsbeschreibung nichts anderes vorgeschrieben ist. Mit dieser Standardregelung ist jedoch nicht gemeint, daß auch eine zusammengefaßte Abrechnung der Lieferung und der Arbeitsleistung vorgenommen werden muß. Eine gesonderte Abrechnung ist häufig wegen der anzustrebenden Preisklarheit geboten. Das ist auch bei den Einpreßarbeiten der Fall. Bei der Abrechnung der Lieferung von Feststoffen sind getrennte Ansätze für die einzelnen Feststoffarten erforderlich. Abgerechnet wird nach dem Gewicht der im eingebrachten Einpreßgut enthaltenen Feststoffe.

Zu 0.5.7:
Vgl. die Erläuterungen zu 0.5.1 und 0.5.6.
Bei der Abrechnung sind getrennte Ansätze für die einzelnen Stoffarten erforderlich. Abgerechnet wird nach dem Raummaß der eingebrachten Stoffe, und zwar nach Litern.

VOB Teil C:
Allgemeine Technische Vertragsbedingungen für Bauleistungen (ATV)
Sicherungsarbeiten an Gewässern, Deichen und Küstendünen
DIN 18310
Ausgabe September 1988

1 Geltungsbereich

1.1 Die ATV »Sicherungsarbeiten an Gewässern, Deichen und Küstendünen« – DIN 18310 – gilt für bautechnische und ingenieurbiologische Sicherungen, die die Sohlen und Böschungen von Gewässern, die Deiche und die Küstendünen gegen Beschädigungen und Zerstörungen schützen. Hierzu gehört auch der Verbau von Wundhängen zum Schutz von Gewässern.

1.2 Die ATV DIN 18310 gilt nicht für die beim Herstellen der Sicherungen auszuführenden Erdarbeiten (siehe ATV DIN 18300 »Erdarbeiten«).

1.3 Ergänzend gelten die Abschnitte 1 bis 5 der ATV DIN 18299 »Allgemeine Regelungen für Bauleistungen jeder Art«. Bei Widersprüchen gehen die Regelungen der ATV DIN 18310 vor.

5 Abrechnung

Gem. ATV DIN 18299 gilt allgemein:

Die Leistung ist aus Zeichnungen zu ermitteln, soweit die ausgeführte Leistung diesen Zeichnungen entspricht. Sind solche Zeichnungen nicht vorhanden, ist die Leistung aufzumessen.

> *Siehe hierzu die eingehende Erläuterung zu ATV DIN 18299 »Allgemeine Regelungen für Bauarbeiten jeder Art«.*

Abrechnungseinheiten

Gem. 0.5 der ATV sind im Leistungsverzeichnis die Abrechnungseinheiten wie folgt vorzusehen:

- 0.5.1 – Steinschüttung und Steinsatz nach Gewicht (t) oder Raummaß (m^3),
- 0.5.2 – Setzpack, Pflaster, Plattenbelag (Naturstein oder Beton) mit oder ohne Filterschicht, mit oder ohne Beton- oder Asphaltunterlage nach Flächenmaß (m^2), getrennt nach Dicken,
- 0.5.3 – Filterschichten oder Unterlagen nach Flächenmaß (m^2) oder nach Raummaß (m^3),
- 0.5.4 – Sohlschalen nach Längenmaß (m), getrennt nach Maßen und Ausführung mit oder ohne Filterschicht, mit oder ohne Beton- oder Asphaltunterlage,
- 0.5.5 – Beton- und Holzschwellen nach Längenmaß (m) oder Anzahl (Stück), getrennt nach Maßen,
- 0.5.6 – Betonformsteine nach Flächenmaß (m^2), Anzahl (Stück) oder Gewicht (t), getrennt nacht Maßen,
- 0.5.7 – Verguß nach Gewicht (t) der Vergußmasse oder Flächenmaß (m^2) der gesicherten Flächen oder Längenmaß (m) der vergossenen Fugen,

0.5.8 – Drahtsenkwalzen nach Längenmaß (m) oder Anzahl (Stück), getrennt nach Maßen,
0.5.9 – Steinmatten nach Flächenmaß (m^2) oder Raummaß (m^3), getrennt nach Maßen,
0.5.10 – Drahtschotterkästen nach Raummaß (m^3), nach Längenmaß (m) oder Anzahl (Stück), getrennt nach Maßen,
0.5.11 – Kunststoffbauteile nach Flächenmaß (m^2) oder Gewicht (kg), getrennt nach Maßen,
0.5.12 – Seile nach Längenmaß (m), getrennt nach Maßen,
0.5.13 – Säcke nach Anzahl (Stück), getrennt nach Maßen,
0.5.14 – Pfähle nach Längenmaß (m) oder Anzahl (Stück), getrennt nach Maßen,
0.5.15 – Pfahlwände nach Längenmaß (m) oder Flächenmaß (m^2), getrennt nach Maßen,
0.5.16 – Stangen- und Bohlenbeschlag nach Längenmaß (m), getrennt nach Maßen,
0.5.17 – Stangen- und Bohlenbeschlag mit Bettung aus Fichten- oder Tannenreisig nach Flächenmaß (m^2) oder Längenmaß (m), getrennt nach Maßen,
0.5.18 – Flechtwerk nach Flächenmaß (m^2) oder Längenmaß (m), getrennt nach Maßen,
0.5.19 – Wippen und Faschinenwalzen nach Längenmaß (m) oder Anzahl (Stück), getrennt nach Maßen,
0.5.20 – Faschinensenkwalzen nach Längenmaß (m) oder Anzahl (Stück), getrennt nach Maßen,
0.5.21 – Buschmatten, Faschinenmatten, Rauhwehr nach Flächenmaß (m^2), getrennt nach Maßen,
0.5.22 – Packfaschinat nach Raummaß (m^3),
0.5.23 – Buschlahnungen und Buschzäune nach Längenmaß (m), getrennt nach Maßen,
0.5.24 – Rauhbäume nach Anzahl (Stück),
0.5.25 – Rasensoden und Fertigrasen nach Flächenmaß (m^2),
0.5.26 – Ansaat nach Flächenmaß (m^2),
0.5.27 – Röhrichtwalzen nach Längenmaß (m) oder Anzahl (Stück), getrennt nach Maßen,
0.5.28 – Ballen-, Rhizom- und Halmpflanzungen nach Flächenmaß (m^2), Längenmaß (m) oder Anzahl (Stück),
0.5.29 – Setzstangen-, Setzholz- und Gehölzpflanzungen nach Anzahl (Stück), getrennt nach Maßen,
0.5.30 – Lebende Kämme und Spreitlagen nach Flächenmaß (m^2) oder Längenmaß (m),
0.5.31 – Busch-, Hecken- und Heckenbuschlagen nach Längenmaß (m),
0.5.32 – Stoffe zur Bodenverbesserung und Dünger nach Raummaß (m^3) oder Gewicht (t).

Ergänzend zu ATV DIN 18299 Abschnitt 5 gilt:

Ist nach Gewicht abzurechnen, so ist es durch Wiegen, bei Schiffsladungen nach Schiffseiche festzustellen.

Die Regel ist, daß bei Abrechnung nach Gewicht die Gewichtsermittlung durch das gewogene Gewicht erfolgt und, wenn es sich um Schiffsladungen handelt, nach dem Eichmaß des Schiffes. Soll hiervon abgewichen werden, so sind andere Verfahren zur Ermittlung des Gewichts, z.B. Berechnung nach der Menge mal dem spezifischen Gewicht, in der Leistungsbeschreibung vorzuschreiben.

Zu 0.5.1:

Die Steinschüttung, auch Steinwurf, Steinberollung genannt, entsteht durch Einbringen von Bruchsteinen oder grobem Kies über oder unter Wasser nach vorgeschriebenem Profil von Hand oder durch Maschinen. Auf feinsandigen und schluffigen Böden ist die Steinschüttung auf einem Filter zu verlegen. Anstellte eines Filters kann ein filterartiger Aufbau der Schüttung in Betracht kommen.

Beim Steinsatz werden unbearbeitete, lagerhafte Steine von bestimmter Masse im vorgeschriebenen Profil von Hand oder mit Maschine mauerwerksartig aufgesetzt. Der Steinsatz muß in die Sohle einbinden und kann durch Steinvorschüttung gegen Unterspülen geschützt werden. Er ist besonders zur Sicherung von Böschungsfüßen und Böschungen, die steiler als 1 : 2 sind, geeignet.

Die Abrechnung erfolgt, wenn in der Leistungsbeschreibung keine andere Gewichtsermittungsart vorgesehen ist, nach dem gewogenen Gewicht oder nach Raummaß (Bilder 1, 3).

Zu 0.5.2:

Setzpack wird auch als Gestück, Steinstickung, Steinpackung, Packlage, Vorlage und Rollierung bezeichnet. Bei der Herstellung von Setzpack werden Steine von etwa gleicher, im Mittel vorgeschriebener Höhe auf ein vorbereitetes Planum hochkant mit der größeren Fläche nach unten gesetzt. Diese Grundfläche muß eben sein. Die Steine sind so dicht nebeneinander zu setzen, daß das Planum vollständig abgedeckt ist. Der Setzpack kann durch Verzwicken mit kleinen Steinen, durch Vergießen oder durch Verspannen mit Pfählen gesichert werden.

Setzpack ist besonders geeignet zur Sicherung schmaler Gewässersohlen. Wird er auf einer Schotterschicht verlegt, kann er als Deckwerk für flache Böschungen, z.B. Deichfüße und Deichvorländer, die dauernder Wasserbewegung ausgesetzt sind, dienen.

Pflaster wird nach Rauhpflaster und Reihenpflaster unterschieden. Rauhpflaster wird aus lagerhaften Bruch- und Spaltsteinen von 15 bis 60 cm Dicke und einer der Schleppspannung des Gewässers entsprechenden Größe sowie mit dem notwendigen Gewicht hergestellt. Die Steine sind so weit zu behauen, als dies für ein dichtes Setzen im Verband notwendig ist. Das Verlegen erfolgt auf einer Filterschicht. Durchlaufende Fugen in Fließrichtung sind zu vermeiden. Zur Begrünung sind über Mittelwasser die Fugen mit Mutterboden auszufüllen, anzusäen oder mit Rasen auszustopfen. In die Fugen können auch Röhricht oder Weidensetzholz eingebracht werden.

Das Rauhpflaster ist eine häufige Art der profilgemäßen Sohlen- und Böschungssicherung, besonders dann, wenn ungünstige bodenmechanische Verhältnisse vorliegen und große dynamische Beanspruchungen zu erwarten sind. Sohlpflaster in stärkerem Gefälle ist durch Beton- oder Holzschwellen, Steinriegel, Pfahlreihen, Spund- oder Stülpwände in Felder zu unterteilen.

Reihenpflaster wird aus fünfseitigen, behauenen Natursteinen von 20 bis 60 cm Dicke oder aus Klinkern, Schlackenform- und Betonsteinen hergestellt. Die Steine werden reihenweise mit Fugen quer zur Fließrichtung auf einer Filterschicht verlegt. Das Reihenpflaster genügt starken Beanspruchungen.

Plattenbelag aus Natursteinen ist ein Flächenschutz, der mit plattigen Natursteinen in vorgeschriebener Dicke und Mindestgröße hergestellt wird. Die Fertigungsweise entspricht der des Rauhpflasters. Die Anwendung ist auf standfeste Flächen bei mäßiger Beanspruchung zu beschränken.

Ortbetonplatten werden aus wasserundurchlässigem Beton der Festigkeitsklasse B 25 hergestellt, der in vorgeschriebener Dicke auf ein vorbereitetes Planum aufgebracht und gleichmäßig verdichtet wird. Die Betonplatten werden in Streifen zunächst unter Auslassen jedes zweiten Streifens ausgeführt. Dieser Streifen wird nach dem Erhärten ohne Fugenausbildung dicht anbetoniert. Ortbetonplatten eignen sich wegen der geringen Rauhheit besonders für Gewässer mit kleinem Gefälle.

Vorgefertige Betonplatten können mit Falzen versehen sein, sie sind wie Rauhpflaster zu verlegen. Vorgefertigte Betonplatten sind auch zur Fußsicherung von Deichen geeignet.
Die Abrechnung von Setzpack, Pflaster und Plattenbelag erfolgt nach Flächenmaß. Sind mit den Sicherungsarbeiten Filterschichten, Beton- oder Asphaltunterlagen verbunden, so ist es zweckmäßig, diese mit dem Setzpack, dem Pflaster oder dem Plattenbelag zusammengefaßt abzurechnen, jedoch nur, sofern Flächengleichheit besteht. Werden Filterschichten oder Unterlagen getrennt abgerechnet, so kommt neben der Abrechnung nach Flächenmaß auch Abrechnung nach Raummaß in Betracht. In allen Fällen ist nach der Dicke der abzurechnenden Sicherungskörper zu trennen (Bilder 2, 3, 4).

Zu 0.5.3:
Filterschichten werden z.B. zur Verbesserung der Durchlässigkeit bei Setzpack, Pflaster und Plattenbelag angeordnet. Sie werden nach Flächenmaß oder Raummaß abgerechnet. Die Unterlage für Setzpack, Pflaster und Plattenbelag kann aus Beton oder Asphalt bestehen; Abrechnung nach Flächenmaß oder Raummaß.

Zu 0.5.4:
Vorgefertigte Sohlschalen werden aus wasserundurchlässigem Beton der Festigkeitsklasse B 25 mit oder ohne Falz hergestellt. Sie sind wie Rauhpflaster zu verlegen. Sie werden, getrennt nach Abmessungen und Ausführungsart, nach Längenmaß abgerechnet. Eine etwa auszuführende Filterschicht, Beton- oder Asphaltunterlage kann mit den Sohlschalen zusammengefaßt abgerechnet werden, sofern das Längenmaß beider Leistungen übereinstimmt. Bei getrennter Abrechnung gilt auch für die Filterschicht sowie für die Beton- oder Asphaltunterlage als Abrechnungseinheit das Längenmaß.

Zu 0.5.5:
Betonschwellen werden aus wasserundurchlässigem Beton der Festigkeitsklasse B 25 hergestellt. Sie haben meist rechteckigen Querschnitt und werden quer zur Fließrichtung bündig mit der Sohle verlegt und in die Böschung eingebunden. Sie werden zur zusätzlichen Sicherung von Sohle und Böschung in Verbindung mit anderen Sicherungselementen angewendet und dienen zur Festlegung von Sohlhöhen und Böschungsneigungen.
Holzschwellen bestehen aus Rund- oder Kantholz, das möglichst in einem Stück quer zur Fließrichtung verlegt, in die Ufer eingebunden und durch Pfähle gehalten wird. Werden mehrere Hölzer aufeinandergelegt, müssen sie verdübelt und verschraubt werden. Die Abrechnung von Betonschwellen und Holzschwellen erfolgt getrennt nach Abmessungen, nach Längenmaß oder Anzahl (Bild 4).

Zu 0.5.6:
Betonformsteine sind im allgemeinen bis 30 cm dick; sie wiegen bis zu 80 kg. Sie bestehen aus wasserundurchlässigem Beton der Festigkeitsklasse B 35. Die Verlegung geschieht im Verband. Steine mit Horizontalverbund verhindern ein seitliches Ausweichen, Steine mit Vertikalverbund das Herauslösen einzelner Stein aus dem Verband, wodurch eine Verringerung des Steingewichts ermöglicht wird. Abwechselnd verlegte Steine mit unterschiedlichen Dicken ergeben eine rauhe Oberfläche zur Energieumwandlung. Hohlräume an der Unterseite von Betonformsteinen verbessern die Haftwirkung, besonders bei Klei- und Tonböden.
Die Abrechnung für die Lieferung und das Verlegen von Betonformsteinen erfolgt nach Flächenmaß, Anzahl oder Gewicht. Die Ansätze sind dabei nach Abmessungen zu trennen (Bild 3).

Zu 0.5.7:

Es ist zweckmäßig, nach Lage des Falles die Abrechnungseinheit auszuwählen, die am einfachsten zur Leistungsermittlung führt. Die Auswahl muß allerdings schon bei der Aufstellung der Leistungsbeschreibung erfolgen (Bild 6).

Zu 0.5.8:

Drahtsenkwalzen werden möglichst unmittelbar am Verwendungsort hergestellt. Die Maschenweite des Drahtes richtet sich nach der Korngröße des Füllgutes. Auf eben ausgelegtem Drahtgeflecht werden längs der Mitte Steine oder Grobkies aufgeschüttet. Dann wird das Geflecht zusammengebogen und zu walzenförmigen Körpern mit verzinktem Bindedraht verflochten. Die Walzen können in beliebiger Länge und in Durchmessern bis zu 80 cm gefertigt werden.

Drahtsenkwalzen werden vor allem bei der Sicherung von Böschungsfüßen verwendet. Bei starker Geschiebeführung sind Drahtsenkwalzen durch Steinschüttungen zu schützen. Die Abrechnung erfolgt, getrennt nach Abmessungen, nach Längenmaß oder Anzahl (Bild 5).

Zu 0.5.9:

Steinmatten werden am Verwendungsort auf vorgeschriebenem Planum hergestellt. Auf diesem wird Maschendrahtgeflecht ausgelegt. In das Maschendrahtgeflecht werden in Abständen von 50 cm in der Länge und Breite V-förmige, verzinkte Drahtbügel senkrecht zum Planum eingesteckt. Darauf wird eine meist 20 cm dicke, verkeilte Steinlage aufgebracht, die wiederum mit Maschendrahtgeflecht abgedeckt wird. Mittels der Bügel werden die beiden Maschendrahtgeflechte miteinander verbunden. Läßt der Wasserstand den unmittelbaren Aufbau der Masse im Gewässerbett nicht zu, so ist sie auf einem Schwimmgerüst herzustellen und abzulassen. Die Abrechnung für das Herstellen und das Einbauen von Steinmatten erfolgt getrennt nach Abmessungen, nach Flächenmaß oder Anzahl (Bild 6).

Zu 0.5.10:

Drahtschotterkästen werden wie folgt hergestellt:

Kastenförmige Gebilde, die aus versteiftem Drahtgeflecht oder Baustahlgewebe in vorgeschriebenen Abmessungen gefertigt sind, werden am Ort mit Steinen, Schotter oder Kies gefüllt und durch Pfähle oder Steinschüttungen gehalten. Drahtschotterkästen werden für profilgerechte Längs- und Querbauten und für Kolkverbauungen verwendet.

Die Abrechnung für das Herstellen und Einbauen von Drahtschotterkästen erfolgt nach Raummaß oder getrennt nach Abmessungen, nach Längenmaß oder Anzahl. Die Abrechnung der Pfähle kann gem. 0.5.14, getrennt nach Abmessungen, nach Längenmaß oder Anzahl vorgenommen werden, sie kann aber auch zusammengefaßt mit der Abrechnung der Drahtschotterkästen erfolgen. Für die Abrechnung der ggf. notwendigen Steinschüttung gilt gem. 0.5.1 das Raummaß (Bild 7).

Zu 0.5.11:

Bei der konstruktiven Ausbildung von Bauelementen unter Verwendung von Kunststoffen ist mit Rücksicht auf die Verschiedenartigkeit und die noch zu geringe Erfahrung eine besonders sorgfältige Auswahl geboten.

Die Abrechnung von Kunststoffbauteilen, z.B. Folien, Gitter- und Gewebeplane, Netze, Geflechte, erfolgt getrennt nach Abmessungen, nach Flächenmaß oder Gewicht.

Zu 0.5.12:

Seile, z.B. zur Herstellung von Matten oder Geflecht, werden, getrennt nach ihren Dicken, nach Längenmaß abgerechnet.

Zu 0.5.13:
Säcke werden, getrennt nach Größen, nach Anzahl abgerechnet.

Zu 0.5.14:
Pfähle werden aus Stangen oder Stämmen gefertigt. Pfähle aus Rundholz werden am Zopf zugespitzt und am Kopf gerändelt. Stangen werden mit der Rinde, Stämme entrindet eingeschlagen oder gerammt. Pfähle dienen zum Verankern von Holzschwellen, Fußstangen, Flechtwerk, Wippen, Faschinensenkwalzen, Drahtschotterkästen, Rauhwehr, Spreitlagen, Gehölzen sowie zum Verspannen von Setzpack und Pflasterungen.
Die Abrechnung für Lieferung und Einbau erfolgt, getrennt nach Abmessungen, nach Längenmaß oder Anzahl.

Zu 0.5.15:
Pfahlwände sind in Reihen dicht nebeneinander eingeschlagene und ggf. mit Zangen verbundene Pfähle mit vorgeschriebenen Längen und Durchmessern. Sie werden zur Sicherung von Sohlen und Böschungsfüßen verwendet.
Die Abrechnung für Lieferung und Einbau der Pfahlwände erfolgt, getrennt nach Abmessungen, nach Längenmaß oder Flächenmaß. Als Längenmaß gelten die Längen der Pfahlwände.

Zu 0.5.16:
Stangenbeschläge bestehen aus einer oder mehreren übereinanderliegenden Stangen von 7 bis 14 cm Durchmesser, die durch Pfähle von 8 bis 12 cm Durchmesser und ca 1 m Länge festgehalten werden.
Bei Bohlenbeschlägen werden statt der Stangen Bohlen in Dicken von 4 bis 6 cm verwendet.
Derartige Beschläge dienen zur Sicherung der Böschungsfüße kleiner Wasserläufe mit ständiger Wasserführung. Die Abrechnung für Lieferung und Einbau erfolgt, getrennt nach Abmessungen, nach Flächenmaß.

Zu 0.5.17:
In Gewässern mit kleiner Sohlbreite können zur Sohlsicherung Stangen- und Bohlenbeschläge auch mit 8 bis 20 cm dicken Lagen aus Fichten- oder Tannenreisig, sogenannter Daasbettung, verbunden werden. Dabei sind jedoch Schwierigkeiten in der Unterhaltung zu erwarten.
Die Abrechnung für Lieferung und Einbau erfolgt, getrennt nach Abmessungen, nach Flächenmaß oder Längenmaß.

Zu 0.5.18:
Es ist zwischen Flechtwerken aus europäischen Hölzern (Flechtzäune) und Flechtwerken aus überseeischen Hölzern zu unterscheiden. Bei Flechtwerken werden Pfähle von 4 bis 10 cm Durchmesser im Abstand von 0,3 bis 0,5 m eingeschlagen und mit biegsamen, kräftigem Laubholzreisig umflochten. Die Höhe des Geflechts liegt in der Regel zwischen 0,3 bis 0,8 m. Das Geflecht ist in die Sohle einzubinden.
Flechtwerke, mit Ausnahme von Flechtwerken aus überseeischen Harthölzern, besitzen nur eine geringe Lebensdauer. Sie eignen sich deshalb vorwiegend nur für Behelfsmaßnahmen.
Die Abrechnung von Lieferung und Einbau erfolgt, getrennt nach Abmessungen, nach Flächenmaß oder Längenmaß. Mit der Abrechnung ist auch das Liefern und Einbauen der Pfähle abgegolten (Bild 7).

Zu 0.5.19:

Wippen sind zylindrische Körper von 10 bis 20 m Länge und 10 bis 15 cm Durchmesser. Sie werden aus biegsamen, 3 bis 5 m langem, möglichst unverzweigtem Nutzreisig hergestellt. Zur Anfertigung werden am Ufer in 60 bis 80 cm Abstand Pfahlböcke aufgestellt. In deren offene Gabel wird das Nutzreisig eingelegt. Es wird so geordnet, daß die Stammenden im Inneren verteilt liegen und von Buschwerk umhüllt sind. Die Wippen sind alle 20 cm mit Bindedraht straffzubinden. Sie werden mit Pfählen von 4 bis 5 cm Dicke und etwa 1 m Länge festgenagelt. Man verwendet sie bei Rauhwehr, wobei die Reisiglage mit Wippen befestigt wird.

Faschinenwalzen sind zylindrische Körper von 4 bis 20 m Länge und 25 bis 40 cm Durchmesser aus Nutzreisig, das in Abständen von 30 bis 60 cm mit Bindedraht gebunden wird. Beim Verlegen am Böschungsfuß sollen sie zu etwa 1/3 ihrer Dicke unter der Sohlhöhe liegen und derart in die Böschung eingreifen, daß sie nicht in den vorschriebenen Querschnitt hineinragen. Je nach Wasserstand können auch mehrere Faschinenwalzen übereinander angeordnet werden. Die Faschinenwalzen werden durch Pfähle mit mindestens 8 cm Durchmesser festgehalten, die in Abständen von etwa 80 cm an der Wasserseite eingeschlagen werden. Die Länge der Pfähle richtet sich nach der Bodenart.

Die Abrechnung für das Liefern und Einbauen von Wippen und Faschinenwalzen erfolgt, getrennt nach Abmessungen, nach Längenmaß oder Anzahl. Die verwendeten Pfähle sind in den Abrechnungspreis einzurechnen (Bild 8).

Zu 0.5.20:

Faschinensenkwalzen sind zylindrische Körper von 0,8 bis 1,2 m Durchmesser und beliebiger Länge. Sie bestehen aus einer im gepreßten Zustand 15 bis 20 cm dikken Umhüllung aus Nutzreisig mit einer Füllung aus Grobkies oder Bruchsteinen. Die Walze wird alle 30 cm mit Bindedraht gebunden. Die Faschinensenkwalzen werden am Gewässer hergestellt. Damit die Walze leicht eingebracht werden kann, läßt man sie auf Hölzern ins Wasser abgleiten. Faschinensenkwalzen werden insbesondere zur Ufersicherung an größeren Gewässern verwendet.

Die Abrechnung für Lieferung und Einbau erfolgt, getrennt nach Abmessungen, nach Längenmaß oder Anzahl.

Zu 0.5.21:

Buschmatten bestehen in der Regel aus zwei je 10 bis 30 cm dicken, kreuzweise eingebrachten Lagen von Reisig, die oben und unten durch Drahtroste aus mindestens 4 mm dicken verzinkten Stahldrähten begrenzt und durch Rödeldrähte zwischen den Rosten zusammengehalten werden. Buschmatten lassen sich auch aus nur einer Lage von Reisig herstellen. Sie haben dann den Vorzug, daß sie sich rollen lassen (Rollmatten). Am Böschungsfuß werden die Matten so eingebracht, daß das Reisig in Stromrichtung liegt, wodurch sie sich besser dem Böschungsknick anschmiegen. Im übrigen werden die Matten so verlegt, daß das Reisig quer zur Wasserströmung liegt. Sie dienen zur Flächensicherung von Sohle und Böschungen auf feinkörnigem Boden als Unterlage für Steinschüttungen und Faschinensenkwalzen. In größerer Wassertiefe werden Buschmatten durch Steinballast versenkt (Sinkstücke).

Faschinenmatten bestehen aus Wippen, die in Mattenbreiten miteinander verrödelt werden. Wippen werden in Fließrichtung verlegt und in Abständen von 1 bis 2 m durch schräggerichtete Wippen verbunden. Verwendung wie bei Buschmatten.

Bei Rauhwehr wird nichtbewurzelungsfähiges Reisig in 5 bis 20 cm dicker Lage mit den Stammenden nach unten quer oder schräg stromab ausgebreitet. Die Reisiglage wird mit Wippen befestigt, die im allgemeinen quer zum Reisig im Abstand von 60 bis 80 cm verlaufen. Anstelle der Wippen können auch Bindedraht und gespal-

tene Pfähle verwendet werden. Sind mehrere Reisiglagen übereinandergestaffelt nötig, dann überdecken die Wipfelenden der oberen Reisiglage jeweils die Stammenden der unteren Lage. Hierbei werden die Reisiglagen auf der Böschung von unten nach oben aufgebracht. Rauhwehr eignet sich als Flächensicherung unter Wasser.
Die Abrechnung für die Lieferung und den Einbau von Buschmatten, Faschinenmatten und Rauhwehr erfolgt jeweils, getrennt nach Abmessungen, nach Flächenmaß.

Zu 0.5.22:
Packfaschinat besteht aus 20 bis 30 cm dicken kreuzweise zueinander verlegten Schichten von Faschinenreisig. Dieser wird in Abständen von 60 cm mit Wippen abgedeckt, die mit Pfählen festgehalten werden. Die Pfähle sollen möglichst Astgabeln haben. Zwischen den Wippen und über diesen wird eine 20 bis 30 cm dicke Schicht aus Kies, Steinen und Erde aufgebracht, die so zu verdichten ist, daß auch die Hohlräume in den Reisigschichten möglichst ausgefüllt werden. Das Packfaschinat eignet sich besonders zum Verbau größerer Uferabrisse.
Die Abrechnung für das Liefern und Einbauen von Packfaschinat erfolgt, getrennt nach Abmessungen, nach Raummaß.

Zu 0.5.23:
Buschlahnungen bestehen aus zwei Pfahlreihen im Abstand von ungefähr 25 cm mit einer dazwischengelegten Packung aus Nadel- oder Laubholzreisig. Bei sandigem Untergrund ist eine 40 cm dicke Unterlage aus Stroh oder Heidekraut vorzusehen. Die Packung wird durch einen mindestens 4 mm dicken verzinkten Stahldraht gegen Aufschwimmen und durch seitlichen Bodenanwurf gegen Unterspülen gesichert. Buschlahnungen werden rechtwinklig und parallel zur Küste angelegt und bilden Rechteckte von etwa 400 × 200 m. Den örtlichen Verhältnissen entsprechend, können die Felder kleiner oder größer angelegt werden. Die Höhe der Buschlahnungen ist auf 1 bis 1,2 m über Watt beschränkt. Sie fördern die Schlickablagerung zur Ausbildung eines breiten und hohen Vorlandstreifens als Deichsicherung.
Buschzäune bestehen aus nebeneinander gestecktem 0,8 bis 1,0 m hohem Laubholzreisig. Es wird 30 cm tief in den Sand gestreckt. Die Winddurchlässigkeit der Buschzäune soll etwa 50% betragen. Buschzäune dienen zur Sicherung von Ausblasungszonen oder Steilhängen.
Die Abrechnung für das Liefern und Einbauen von Buschlahnungen und Buschzäunen erfolgt, getrennt nach Abmessungen, nach Längenmaß.

Zu 0.5.24:
Rauhbäume sind astreiche, kräftige Tannen und Fichten, die möglichst am Waldrand zu schlagen sind, notfalls auch Laubbäume. Sie werden in Uferanrissen mit dem Wipfel versenkt. Das herausragende Stammende wird gegen die Fließrichtung gerichtet und am Ufer verankert. Rauhbäume dienen zum vorläufigen Schutz vor Uferanrissen.
Die Abrechnung für das Liefern und Einbauen von Rauhbäumen erfolgt nach Anzahl zum Stückpreis.

Zu 0.5.25:
Fertigrasen werden als Rasensoden oder Rollrasen von einem dem Anwendungsbereich gleichwertigen Standort gewonnen oder als Rasenmatten hergestellt. Sie sind vor der Gewinnung auf 2 cm Wuchshöhe zu mähen.
Rasensoden sind in annähernd gleich großen und dicken Stücken abzuheben.
Breite: ca. 30 cm, Länge: ≧ 30 cm, Dicken: 3 bis 4 cm.

Rollrasen ist in gleichmäßig dicken, breiten und langen Stücken abzuschälen. Er kann auch im Handel bezogen werden. Breite: 30 cm, Länge: 167 cm, Dicken: 2 bis 3 cm.

Rasenmatten werden aus einer standortgemäßen Rasenmischung hergestellt und können im Handel bezogen werden. Breite: ca. 1 m, Länge: ≦ 10 m, Dicke: 2 bis 3 cm.

Die Abrechnung für das Liefern und Verlegen erfolgt nach Flächenmaß (Bilder 1, 3, 4).

Zu 0.5.26:

Mit der Ansaat sollte auch die Fertigstellungspflege im Sinne von DIN 18919 mit in Auftrag gegeben werden. Dafür sind in der LB die erforderlichen Angaben zu machen (Bild 2).

Zu 0.5.27:

Für Röhrichtwalzen geeignete Pflanzenarten sind: Schilf, Rohrglanzgras, Wasserschwaden, Kalmus, Wasserchwertlilie, Seggen, Mädelsüß.

Bei der Herstellung werden auf der vorgesehenen Uferlinie Pfähle in 1 bis 1,5 m Abstand zunächst so tief eingeschlagen, daß sie 20 bis 30 cm über den mittleren Wasserstand im Sommer herausragen. Hinter der Pfahlreihe ist für die etwa 40 cm dicke Walze ein Graben auszuheben, in den Maschendraht – ggf. über einer 10 bis 20 cm dicken Laubholzreisiglage – ausgerollt wird. Auf den Maschendraht wird Füllmaterial, wie Grobkies, Rasensoden- und Schilfballenreste, auch Grabenaushub, gebracht. Das Füllmaterial wird luft- und wasserseitig mit Röhrichtballen bedeckt. Der Maschendraht wird verrödelt. Die Oberfläche der Röhrichtwalze soll nicht mehr als 5 bis 7 cm über dem Wasserspiegel liegen. Seitlich der Walze noch vorhandene Lücken sind mit Boden- bzw. Ballenresten auszufüllen und die Pfähle bis auf die Scheitelhöhe der Walzen nachzuschlagen. Röhrichtwalzen werden an stehenden bis langsam fließenden Gewässern eingebaut.

Die Abrechnung für das Liefern und Einbauen von Röhrichtwalzen erfolgt, getrennt nach Abmessungen, nach Längenmaß oder Anzahl.

Zu 0.5.28:

Ballen-, Rhizom- und Halmpflanzungen, z.B. zur Befestigung von Dünen, werden wahlweise nach Flächenmaß, Längenmaß oder Anzahl der Ballen abgerechnet. Rhizome gehören zur Gattung der Wurzelfüßler.

Zu 0.5.29:

Setzstangen-, Setzholz- und Gehölzpflanzungen, z.B. zur Ufer- oder Böschungsbefestigung, werden, getrennt nach Größenabmessungen, nach Anzahl abgerechnet.

Die geeigneten Pflanzenarten sind nach den Richtlinien in DIN 19657 auszuwählen.

Zu 0.5.30:

Zur Herstellung lebender Kämme werden 30 cm tiefe Furchen schräg zur Fließrichtung in 0,5 bis 1,2 m Abstand ausgehoben. In diese werden 0,5 m lange Setzhölzer in 4 bis 8 cm Abstand hineingestellt. Nach dem Wiederauffüllen der Furchen sollen die Setzhölzer nicht mehr als 10 cm aus dem Boden herausragen. Lebende Kämme sind zur Auflandung von Flächen geeignet, die bei Niedrigwasser trockenfallen.

Zur Herstellung von Spreitlagen werden auf der Böschung bewurzelungsfähige Zweige oder Ruten von Strauchweiden senkrecht oder schräg zur Fließrichtung, mit dem Rutenende stromauf, dicht aneinandergelegt. Erforderlichenfalls ist der Fuß der Spreitlage gegen Auskolkung zu schützen. Der Rutenbelag wird entweder mit Draht oder Wippen befestigt. Die für die Drahtbefestigung benötigten Pfähle werden nach der Drahtverbindung so weit eingeschlagen, bis der Rutenbelag sicher am Boden festgehalten wird. Werden Wippen für die Befestigung verwendet, so beträgt der Abstand zwischen diesen 1 bis 1,2 m. Spreitlagen werden so übererdet, daß alle Zweige und Ruten in Erde eingebettet, aber nicht vollständig überdeckt sind.

Die Abrechnung für das Herstellen lebender Kämme und Spreitlagen einschließlich aller Lieferungen erfolgt nach Flächenmaß oder Längenmaß.

Zu 0.5.31:

Buschlagen werden wie folgt hergestellt:

Am Hangfuß beginnend, sind 0,5 bis 1,2 m tiefe keilförmige Schlitze mit leichtem Gefälle nach innen auszuheben. Abstand der Schlitze je nach Hangneigung 1,5 bis 3 m. 0,7 bis 1,6 m lange und höchtens 4 cm dicke bewurzelungsfähige Äste werden lagenweise so in den Schlitz eingelegt, daß nur ein Fünftel bis ein Viertel der Astlängen nach dem Verfüllen des Schlitzes herausragt. Zum Verfüllen wird das Aushubmaterial des nächst höheren Schlitzes verwendet. Bei nicht ausreichend standfestem Boden werden anstelle von Schlitzen Terassen ausgehoben. Die Buschlagen können zugleich mit Schüttungen eingebaut werden. Sie dienen der Oberflächen- und Tiefensicherung an Böschungen und Wundhängen.

Heckenlagen werden ebenfalls am Hangfuß beginnend hergestellt. Es sind 30 bis 50 cm tiefe keilförmige Schlitze mit leichtem Gefälle nach innen auszuheben. Abstand der Schlitze 1,5 bis 2 m. Je 1 m werden 10 bis 20 Stück der 40 bis 80 cm hohen Jungpflanzen dicht nebeneinander so eingelegt, daß nach dem Verfüllen der Schlitze die Pflanzen zu 2/3 ihrer Stammlänge mit angetretenem Boden bedeckt sind. Zum Verfüllen soll das Aushubmaterial des nächst höheren Schlitzes verwendet werden. Anwendung als Böschungs- und Hangsicherung außerhalb des Hochwasserbereiches, insbesondere im Bergland und Mittelgebirgsbereich.

Der Einbau von Heckenbuschlagen gleicht dem der Heckenlagen, jedoch werden die Jungpflanzen bis zur Hälfte durch Reisig, am besten durch bewurzelungsfähige Weiden, ersetzt. Sie werden wie Heckenlagen angewendet.

Die Abrechnung für die Herstellung einschließlich der Lieferung erfolgt nach Längenmaß.

Zu 0.5.32:

Stoffe zur Bodenverbesserung außer Dünger sind z.B. Torf, ergänzende Bodenarten sowie körnige Kunststoffmischungen. Die Abrechnung erfolgt nach Raummaß oder Gewicht.

Bild 1 Böschungssicherung durch Steinsatz mit Steinschüttung und Andeckung von Rasensoden

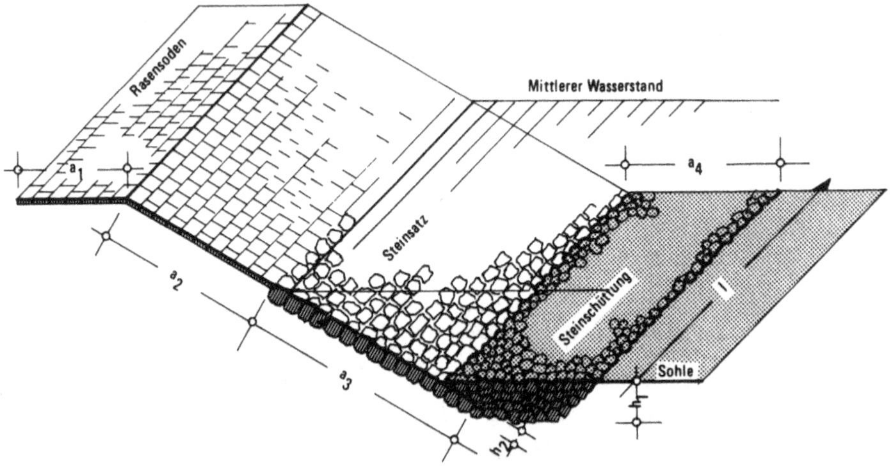

Gem. 0.5.1 Abrechnung für Lieferung und Einbau von Steinsatz und Steinschüttung nach Gewicht oder Raummaß.

Das Gewicht ist durch Wägen, bei Schiffsladungen durch Schiffseiche festzustellen.

Bei Abrechnung nach Raummaß ist
V der Scheinschüttung=$a_4 \cdot {}^2/_3\, h_1 \cdot l = ...\ m^3$.
V des Steinsatzes=$a_3 \cdot h_2 \cdot l = ...\ m^3$.

Gem. 0.5.25 Abrechnung für Lieferung und Verlegen der Rasensoden nach Flächenmaß.
F der Rasensoden=$(a_1+a_2)\ l = ...\ m^2$.

Bild 2 Ufer- und Sohlensicherung durch Setzpack, Rasenmatten und Ansaat

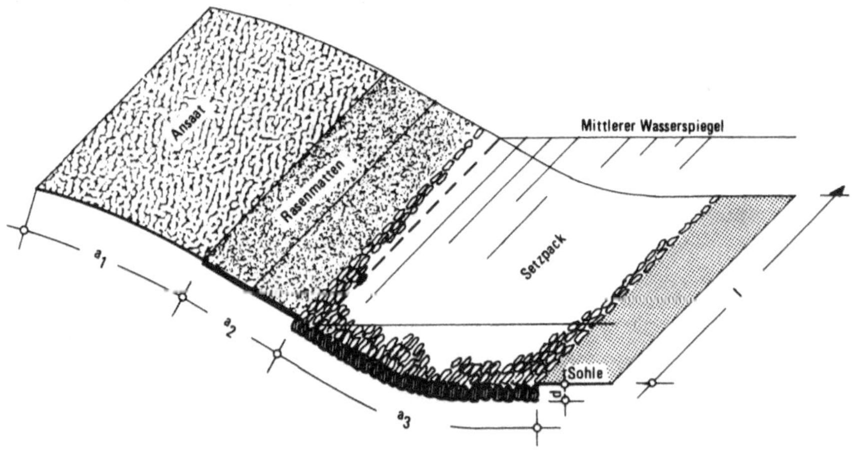

Gem. 0.5.2 Abrechnung für Lieferung und Verlegen von Setzpack, d cm hoch, nach Flächenmaß.
F des Setzpacks=$a_3 \cdot l = ...\ m^2$.

Gem. 0.5.25 Abrechnung für Liefern und Andecken der Rasenmatten, 1 m breit, nach Flächenmaß
F der Rasenmatten=$a_2 \cdot l = ...\ m^2$.

Gem. 0.5.26 Abrechnung der Ansaat einschließlich Lieferung des Saatgutes nach Flächenmaß.
F der Ansaat=$a_1 \cdot l = ...\ m^2$.

Bild 3 Ufersicherung durch Steinschüttung, Betonformsteine, Betonplatten und Rollrasen

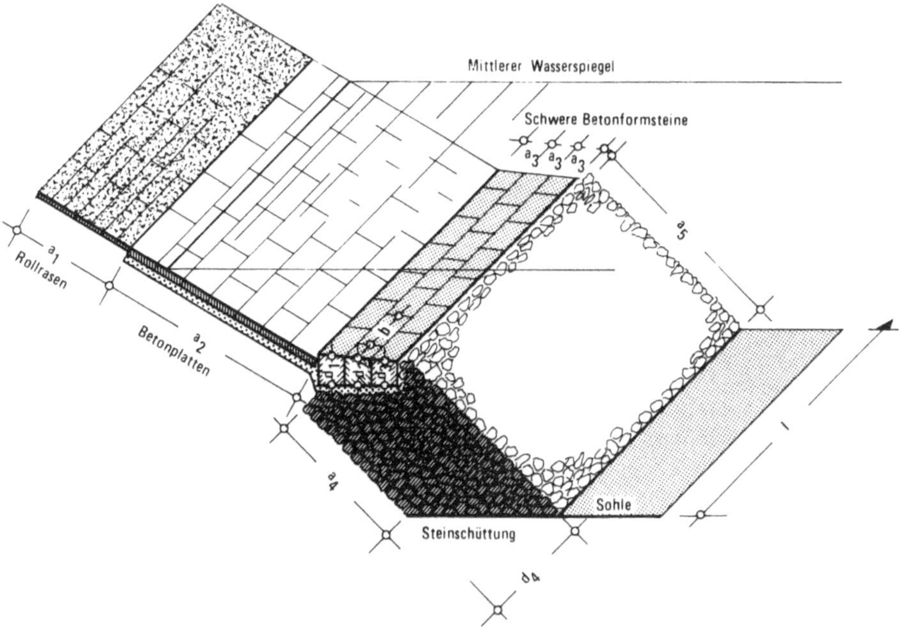

Gem. 0.5.1 Abrechnung der Steinschüttung nach Gewicht oder Raummaß. Das Gewicht ist durch Wägen bzw. durch Schiffseiche zu ermitteln. Bei Abrechnung nach Raummaß ist

$V = \frac{a_4+a_5}{2} d_4 \cdot l = \ldots m^3.$

Gem. 0.5.6 Abrechnung für Liefern und Einbauen der schweren Betonformsteine, getrennt nach Abmessungen, nach Flächenmaß, Anzahl oder Gewicht. Im Beispiel ist die Abrechnung nach Anzahl zweckmäßig. Bei Abrechnung nach Flächenmaß ist

F der Betonformsteine $d_1 \cdot a_3 \cdot b = a_3 \cdot l = \ldots m^2$,

F der Betonformsteine $d_2 \cdot a_3 \cdot b = a_3 \cdot l = \ldots m^2$,

F der Betonformsteine $d_3 \cdot a_3 \cdot b = a_3 \cdot l = \ldots m^2$.

Gem. 0.5.2 Abrechnung der 15 cm dicken und 60/100 cm großen Betonplatten einschließlich der Kiesfilterschicht nach Flächenmaß.

F der Betonplatten mit Kiesfilterschicht$= a_2 \cdot l = \ldots m^2$.

Bei getrennter Abrechnung der Kiesfilterschicht kann diese auch nach Raummaß abgerechnet werden. V der Kiesfilterschicht$=0{,}15 \cdot a_a\ l = \ldots m^3$.

Gem. 0.5.25 Abrechnung für Liefern und Andecken des Rollrasens nach Flächenmaß. F des Rollrasens$=a_1 \cdot l = \ldots m^2$.

Bild 4 Schema eines Sohlenabsturzes mit Schußbett

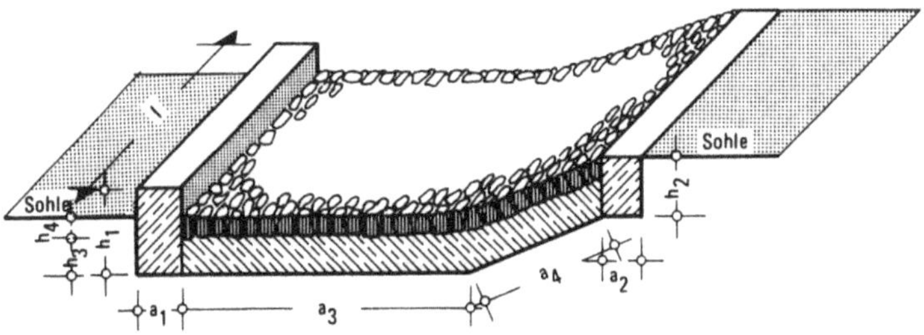

Gem. 0.5.5 Abrechnung der Betonschwellen, getrennt nach Abmessungen, nach Längenmaß oder Anzahl.

Bei Abrechnung nach Längenmaß ist

L der unteren Betonschwelle, Querschnitt a_1/h_1=l=... m,

L der oberen Betonschwelle, Querschnitt a_2/h_2=l=... m.

Gem. 0.5.2 Abrechnung des Rauhpflasters für die Sohle im Schußbrett einschließlich der Betonunterlage nach Flächenmaß, getrennt nach Dicken.

F des 30 cm dicken Rauhpflasters einschließlich der 50 cm dicken

Betonunterlage=(a_3+a_4) l=... m^2.

Bei getrennter Abrechnung der Betonunterlage kann diese auch nach Raummaß abgerechnet werden.

V der 50 cm dicken Betonunterlage=0,50 (a_3+a_4) l... m^3.

Bild 5 Drahtsenkwalze zur Sicherung von Böschungsfüßen

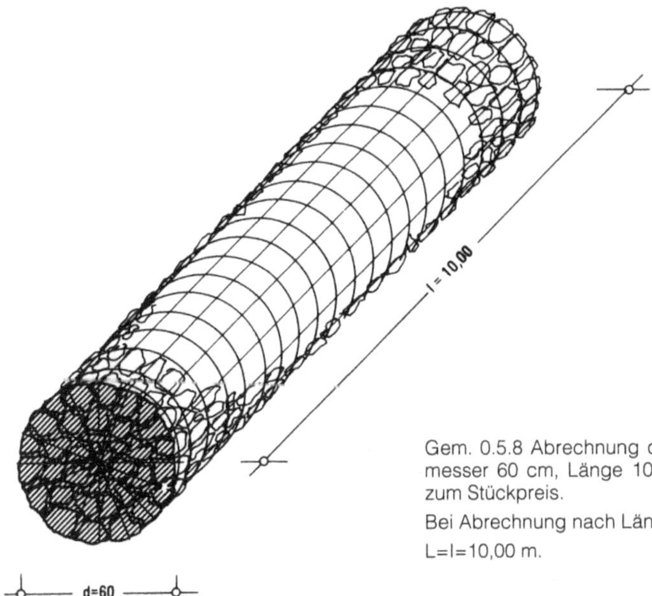

Gem. 0.5.8 Abrechnung der Drahtsenkwalze, Durchmesser 60 cm, Länge 10 m, nach Längenmaß oder zum Stückpreis.

Bei Abrechnung nach Längenmaß ist

L=l=10,00 m.

Bild 6 Böschungssicherung durch Steinmatten und Betonplatten

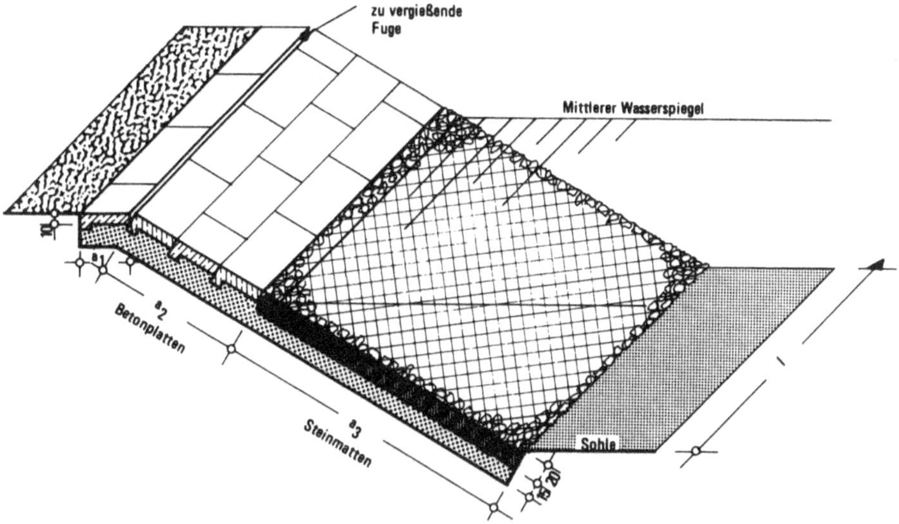

Gem. 0.5.2 Abrechnung der 10 cm dicken Betonplatten einschließlich Kiesfilterschicht nach Flächenmaß. F der vorgefertigten Betonplatten mit Kiesfilterschicht=(a_1+a_2) l=... m².

Gem. 0.5.9 Abrechnung der 20 cm dicken Steinmatten nach Flächenmaß oder Raummaß. Bei Abrechnung nach Flächenmaß ist F der Steinmatten=$a_3 \cdot$ l=... m².

Bei Abrechnung nach Raummaß ist V der Steinmatten=0,20 · $a_3 \cdot$ l=... m³.

Gem. 0.5.2 Abrechnung der Kiesfilterschicht unter den Steinmatten nach Flächenmaß oder Raummaß.

Bei Abrechnung nach Flächenmaß ist F der Kiesfilterschicht unter den Steinmatten=$a_3 \cdot$ l=... m².

Bei Abrechnung nach Raummaß ist V der Kiesfilterschicht unter den Steinmatten=a,15 · $a_3 \cdot$ l=... m³.

Gem. 0.5.7 Abrechnung von Fugenverguß nach Gewicht der Vergußmatte oder Flächenmaß der gesicherten Fläche oder Längenmaß der vergossenen Fugen. Im vorliegenden Fall ist Abrechnung nach Längenmaß zweckmäßig. L der vergossenen Fuge=l=... m.

Bild 7 Flechtzaun

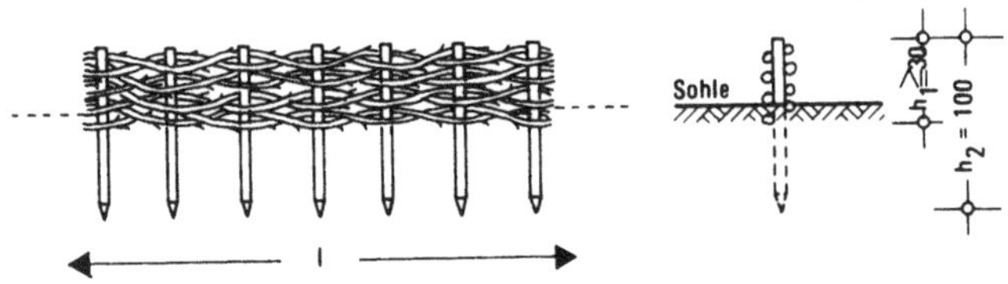

Gem. 0.5.18 Abrechnung des Flechtzauns, getrennt nach Abmessungen, nach Flächenmaß oder Längenmaß. Zum Flechtzaun gehören auch die Pfähle, die zusammen mit dem Flechtwerk abgerechnet werden.

Bei Abrechnung nach Flächenmaß ist F des 0,50 m hohen Flechtwerks=0,50 · l=... m².

Bei Abrechnung nach Längenmaß ist L des Flechtzauns=l=... m.

Bild 8 Wippe und Faschinenwalze

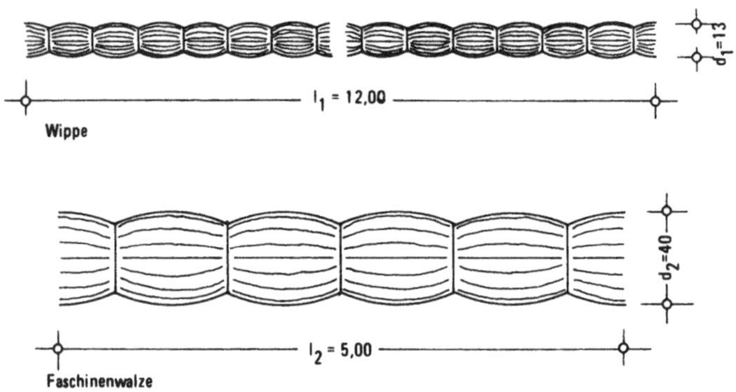

Gem. 0.5.19 Abrechnung von Wippen und Faschinenwalzen, getrennt nach Abmessungen, nach Längenmaß oder Anzahl.

Bei Abrechnung nach Längenmaß ist

L der Wippe mit Durchmesser von 13 cm=l_2=12,00 m,

L der Faschinenwalze mit Durchmesser von 40 cm=l_2=5,00 m.

VOB Teil C:
Allgemeine Technische Vertragsbedingungen für Bauleistungen (ATV)
Naßbaggerarbeiten – DIN 18311
Ausgabe Dezember 1992

1 Geltungsbereich

1.1 Die ATV »Naßbaggerarbeiten« – DIN 18311 – gilt für das Lösen von Boden und Fels unter Wasser einschließlich Laden, Fördern und Ablagern des gelösten Bodens und Fels unter oder über Wasser.

Sie gilt auch für das Lösen von Boden und Fels über Wasser im Uferbereich, wenn diese Arbeiten im Zusammenhang mit dem Lösen von Boden und Fels unter Wasser ausgeführt werden.

1.2 Die ATV DIN 18311 gilt nicht für

- Erdarbeiten (siehe ATV DIN 18300 »Erdarbeiten«),
- Erdarbeiten zur Herstellung von Dränungen im Landeskulturbau (siehe ATV DIN 18308 »Dränarbeiten«),
- Oberbodenarbeiten nach den Grundsätzen des Landschaftsbaus (siehe ATV DIN 18320 »Landschaftsbauarbeiten«).

1.3 Ergänzend gelten die Abschnitte 1 bis 5 der ATV DIN 18299 »Allgemeine Regelungen für Bauarbeiten jeder Art«. Bei Widersprüchen gehen die Regelungen der ATV DIN 18311 vor.

5 Abrechnung

Gem. ATV DIN 18299 gilt allgemein:

Die Leistung ist aus Zeichnungen zu ermitteln, soweit die ausgeführte Leistung diesen Zeichnungen entspricht. Sind solche Zeichnungen nicht vorhanden, ist die Leistung aufzumessen.

> *Siehe hierzu die eingehende Erläuterung zu ATV DIN 18299 »Allgemeine Regelungen für Bauarbeiten jeder Art«.*

Abrechnungseinheiten

Gem. 0.5 der ATV sind im Leistungsverzeichnis die Abrechnungseinheiten wie folgt vorzusehen:

0.5.1 – Abtrag, Ablagerung nach Raummaß (m^3), nach Flächenmaß (m^2) oder nach Gewicht (t),

0.5.2 – Fördern nach Raummaß (m^3) oder Gewicht (t),

0.5.3 – Beseitigen von Hindernissen nach Gewicht (t), nach Anzahl (Stück) oder Raummaß (m^3),

0.5.4 – Beseitigen einzelner Bäume, Steine und dergleichen nach Anzahl (Stück) oder Raummaß (m^3).

Ergänzend zur ATV DIN 18299, Abschnitt 5, gilt:

5.1 Das Aufmaß ist im Abtrag zu nehmen.

Nur wenn keine geeigneten Zeichnungen vorhanden sind, ist die Leistung aufzumessen. Muß aufgemessen werden, ist das Aufmaß im Abtrag zu nehmen, sofern in der LB nicht das Aufmaß im Laderaum oder auf der Ablagerungsfläche zu nehmen ist.

5.2 Bei der Mengenermittlung sind die üblichen Näherungsverfahren zulässig.

Wenn in der Leistungsbeschreibung keine bestimmten Berechnungsverfahren für die Mengenermittlung vorgeschrieben sind, dürfen die üblichen Näherungsverfahren angewendet werden, z. B. Ermittlung von Flächenmaßen durch Planimeter, wobei die Fläche mehrfach zu umfahren und das Ergebnis zu mitteln ist, Ermittlung von Rauminhalten aus geeigneten Teilkörpern, wobei in geraden Strecken die Teilkörper aus den Mittelwerten je zweier Querschnitte und ihrem Abstand berechnet werden können.

5.3 Die Leistung ist getrennt nach Baggerabschnitten, Förderwegen und Ablagerungsstellen abzurechnen. Als Förderweg gilt die kürzeste zumutbare Strecke vom Mittelpunkt der Fläche eines Baggerabschnittes zum Mittelpunkt der Ablagerungsfläche.

Nur im Idealfall ist die kürzeste zumutbare Strecke des Förderweges die unmittelbare Verbindungslinie der Mittelpunkte der Fläche des Baggerabschnittes und der Ablagerungsfläche. Zumeist verlängert sich diese Linie durch das Umgehen von Hindernissen oder durch das Überwinden von Höhenunterschieden. Zumutbar ist die Wahl einer Strecke, bei der die Leistung unter normalem Einsatz technischer Mittel und Beförderungsarten im Rahmen der Wirtschaftlichkeit ausgeführt werden kann.

5.4 Bei der Mengenermittlung auf der Ablagerungsfläche sind Setzungen des Untergrundes zu berücksichtigen, etwaige Spülverluste bleiben unberücksichtigt.

Gem. 5.1 ist das Aufmaß im Abtrag zu nehmen. Ist in der LB das Aufmaß auf der Ablagerungsfläche vorgeschrieben, sind Setzungen des Untergrundes, z. B. durch Bestimmung der Dicke des Ablagerungsgutes, zu berücksichtigen. Auftretende Spülverluste bleiben unberücksichtigt.

5.5 Ist nach Gewicht abzurechnen, so ist es durch Wiegen bei Schiffsladungen durch Schiffseiche festzustellen.

Die Ermittlung des Gewichts durch Berechnen ist ausgeschlossen. Das hat seinen Grund darin, daß für das Raumgewicht der Boden und Felsklassen keine normgültigen Gewichtsfestlegungen getroffen werden können. Das Wiegen kann nur dann ohne Beteiligung des Auftraggebers vor sich gehen, wenn die Nichtbeteiligung vereinbart ist und wenn amtlich gewogen wird. Die Vereinbarung hat der Auftragnehmer herbeizuführen.

5.6 Laderaumbagger und Schuten sowie deren Laderäume müssen amtlich vermessen sein.

Grundsätzlich ist das Aufmaß gem. 5.1 im Abtrag zu nehmen. Ist jedoch in der LB das Aufmaß im Laderaum vorgeschrieben, so müssen Laderaumbagger und Schuten sowie deren Laderäume amtlich vermessen sein.

5.7 Bei der Mengenermittlung nach Laderaummaß wird die gemittelte Füllhöhe des Laderaums nach üblichen Verfahren bestimmt und die Laderaumfüllung aus der amtlich bescheinigten Füllskala errechnet. Sind auf Laderaumbaggern geeignete Beladungsanzeiger vorhanden, so können auch diese zur Leistungsermittlung verwendet werden.

Nach dem Entleeren von Schuten oder Laderaumbaggern im Schiffsgefäß verbleibende Reste von Baggergut werden aufgemessen und in Abzug gebracht.

Die Mengenermittlung nach Laderaum ist in der Leistungsbeschreibung vorzuschreiben; im Regelfall ist das Aufmaß im Abtrag zu nehmen, falls die Leistung nicht aus Zeichnungen zu ermitteln ist.

Gem. 5.5.6 müssen Laderaumbagger und Schuten sowie deren Laderäume amtlich vermessen sein.

Die im Schiffsgefäß verbleibenden Reste von Baggergut können erheblich sein. Durch ihren Abzug soll die Leistung genauer ermittelt und zugleich auf ein korrektes Entleeren der Schiffsgefäße hingewirkt werden.

5.8 Bei Abrechnung nach Gewicht wird die Abladung nach Schiffseiche vor und nach der Beladung ermittelt. Bei unten nicht geschlossenem Laderaum, z. B. Klappschuten, ist der Auftrieb, bei unten geschlossenem Laderaum, z. B. Spülschuten, ist der Wasseranteil zu berücksichtigen.

Die Abrechnung der Abladung nach Gewicht ist in der Leistungsbeschreibung vorzuschreiben; im Regelfall ist das Aufmaß im Abtrag zu nehmen, falls die Leistung nicht aus Zeichnungen zu ermitteln ist.

Zu 0.5.1:

Bei der Aufstellung der Leistungsbeschreibung ist zu entscheiden, ob die Abrechnung von Abtrag bzw. Ablagerung nach Raummaß, Flächenmaß oder Gewicht am zweckmäßigsten ist. Für die Mengenermittlung sind gem. 5.2 die üblichen Näherungsverfahren zulässig. Bei Abrechnung nach Gewicht ist dieses durch Wiegen, bei Schiffsladungen durch Schiffseiche festzustellen.

Zu 0.5.2:

Der Auftraggeber muß bei der Aufstellung der Leistungsbeschreibung entscheiden, ob die Abrechnung für das Fördern nach Raummaß oder nach Gewicht zweckmäßig ist.

Zu 0.5.3:

Die Entscheidung, ob das Beseitigen von Hindernissen nach Gewicht, nach Anzahl oder nach Raummaß abzurechnen ist, trifft der Auftraggeber bei der Aufstellung der Lei+stungs+beschrei+bung.

Zu 0.5.4:

Es ist Sache des Auftraggebers bei der Aufstellung der Leistungsbeschreibung als Abrechnungseinheit für das Beseitigen einzelner Bäume, Steine und dergleichen, die Stückzahl oder das Raummaß vorzuschreiben.

VOB Teil C:
Allgemeine Technische Vertragsbedingungen für Bauleistungen (ATV)
Untertagebauarbeiten – DIN 18312
Ausgabe Mai 1998

1 Geltungsbereich

1.1 Die ATV »Untertagebauarbeiten« – DIN 18312 –gilt für das Herstellen unterirdischer Hohlräume in Boden und Fels in geschlossener Bauweise (Stollen, Tunnel, Kavernen, Schächte u.ä.) die nicht unmittelbar zur Gewinnung von Bodenschätzen dienen.

1.2 Das Herstellen (Vortrieb) unterirdischer Hohlräume umfaßt den Ausbruch (Lösen, Laden und Fördern von Boden und Fels unter Tage) und die Sicherung des Hohlraumes.

1.3 Die ATV DIN 18312 gilt auch dann für Sicherungsarbeiten, wenn diese gleichzeitig der Auskleidung (endgültiges Tragwerk) dienen.

1.4 Die ATV DIN 18312 gilt nicht für
- Verbauarbeiten außerhalb der unterirdischen Hohlräume (siehe ATV DIN 18303 »Verbauarbeiten«),
- Brunnenbauarbeiten (siehe ATV DIN 18302 »Brunnenbauarbeiten«),
- Rohrvortriebsarbeiten (siehe ATV DIN 18319 »Rohrvortriebsarbeiten«).

1.5 Die ATV DIN 18312 gilt auch nicht für
- Erdarbeiten (siehe ATV DIN 18300 »Erdarbeiten«),
- Wasserhaltungsarbeiten (siehe ATV DIN 18305 »Wasserhaltungsarbeiten«),
- Einpreßarbeiten (siehe ATV DIN 18309 »Einpreßarbeiten«),
- Spritzbetonarbeiten (siehe ATV DIN 18314 »Spritzbetonarbeiten«),
- Beton- und Stahlbetonarbeiten (siehe ATV DIN 18331 »Beton- und Stahlbetonarbeiten«).

5 Abrechnung
Gem. ATV DIN 18299 gilt allgemein:

Die Leistung ist aus Zeichnungen zu ermitteln, soweit die ausgeführte Leistung diesen Zeichnungen entspricht. Sind solche Zeichnungen nicht vorhanden, ist die Leistung aufzumessen.

Abrechnungseinheiten
Gem. 0.5 der ATV sind im Leistungsverzeichnis die Abrechnungseinheiten wie folgt festzulegen:

0.5.1 – Ausbruch nach Raummaß (m³) oder Längenmaß (m), getrennt nach Vortriebsklassen,
0.5.2 – Aufwendungen beim Ausbruch durch Zutritt von Bergwasser über die Grenzwassermenge hinaus als Zulage zum Ausbruch nach Raummaß (m³) oder Längenmaß (m), gestaffelt nach Wassermengen,
0.5.3 – Beseitigen von Hindernissen nach Raummaß (m³) oder Anzahl (Stück),

0.5.4 – Beseitigen von Wasser nach Raummaß (l, m^3),
0.5.5 – Sichern von Beton nach Flächenmaß (m^2),
0.5.6 – Verfüllen von Hohlräumen nach Raummaß (l, m^3),
0.5.7 – Maschendraht, Betonstahlmatten, Verzugs- oder Getriebedielen nach Flächenmaß (m^2), nach Gewicht (kg, t) oder Anzahl (Stück),
0.5.8 – Gitterträger und Streckenbögen nach Gewicht (kg, t) oder nach Anzahl (Stück),
0.5.9 – Felsnägel und Anker nach Anzahl (Stück), getrennt nach Arten und Größen,
0.5.10 – Tübbingausbau nach Längenmaß (m) oder Tübbingringe nach Anzahl (Stück).

Ergänzend zur ATV DIN 18299 Abschnitt 5 gilt:

5.1 Allgemeines

5.1.1 Bei der Mengenermittlung sind die üblichen Näherungsverfahren zulässig.

Wenn in der LB keine bestimmten Berechnungsverfahren für die Mengenermittlung vorgeschrieben sind, dürfen die üblichen Näherungsverfahren angewendet werden, z.B. Ermittlung von Flächengrößen durch Planimeter, wobei die Fläche mehrfach zu umfahren und das Ergebnis zu mitteln ist, Ermittlung von Rauminhalten aus geeigneten Teilkörpern, wobei in geraden Strecken die Teilkörper aus den Mittelwerten je zweier Querschnitte und ihrem Abstand berechnet werden können.

5.1.2 Bei Abrechnung nach Gewicht wird das Gewicht durch Berechnen ermittelt. Dabei ist maßgebend das errechnete Gewicht, bei genormten Profilen nach den DIN Normen (Nenngewichte), bei anderen Profilen nach dem Profilbuch des Herstellers.

Abrechnung nach Gewicht kommt nur gem. 0.5.7 für Maschendraht, Baustahlmatten sowie für Verzugs- oder Getriebedielen in Betracht, sofern nicht in der LB Abrechnung nach Flächenmaß oder Stückzahl vorgeschrieben ist.

5.2 Wasserableitung

Die abzurechnende Wassermenge wird ermittelt aus der aus dem Hohlraum abgeführten Wassermenge abzüglich der zugeführten Brauchwassermenge.

Nach den Vorschriften dieser ATV ist das Liefern und Beseitigen von Brauchwasser Nebenleistung. Bei der Mengenermittlung darf nur das Bergwasser erfaßt werden. Gem. 0.5.4 ist es – je nach Vorschrift der LB – nach Hohlmaß (l) oder Raummaß (m^3) abzurechnen.

5.3 Ausbruch

5.3.1 Die Ausbruchmengen sind nach theoretischem Ausbruchquerschnitt und Achslänge, getrennt nach Vortriebsklassen, zu ermitteln.
Das Ausbruchsollprofil (L_{AS}-Linie) ist die Summe aus innerer Tragwerksbegrenzung (L_{TW}-Linie), Bautoleranz der Innenschale (t_b), planmäßige Dicke der Innenschale (d_i), Deformationstoleranz der Außenschale (t_d), Dicke der Ankerköpfe und Abdichtung (d_{ak}), planmäßige Dicke der Außenschale (d_a), Innentoleranz (t_i) sowie Überhöhung (ü) zum Ausgleich nicht vermeidbarer Verformungen in Problemzonen.
Der Mehrausbruch zwischen dem Ausbruchsollprofil (L_{AS}-Linie) und der äußeren Ausbruchtoleranz (L_A-Linie) sowie vermeidbarer Mehrausbruch bleiben unberücksichtigt. Die äußere Ausbruchtoleranz (L_A-Linie) wird errechnet aus Ausbruchsollprofil (L_{AS}-Linie) und Außentoleranz (t_a).

Nach den Vorschriften dieser ATV

- *darf das in der LB vorgeschriebene Ausbruchsollprofil nur mit Zustimmung des Auftraggebers abgeändert werden,*
- *ist das Überschreiten der in der LB angegebenen Toleranz nach innen (t_i) nicht zulässig,*
- *ist das Überschreiten der in der LB angegebenen Toleranz nach außen (t_a) durch die Arbeitsweise des Auftragnehmers (vermeidbarer Mehrausbruch) zu vermeiden.*

Gem. 0.5.1 Abrechnung des Ausbruchs nach Raummaß (m^3) oder Längenmaß (m), getrennt nach Vortriebsklassen.

5.3.2 Mehrausbruch wird durch Aufmaß des entstandenen Hohlraums ermittelt.

Nach den Vorschriften der ATV gehören Maßnahmen, die durch geologische Verhältnisse einen nicht vermeidbaren Mehrausbruch verursachen, weil die vorgeschriebene Toleranz t_a überschritten werden muß, nicht zu den Nebenleistungen. Sie sind daher gesondert abzurechnen (Bild 2).

5.3.3 Bei Abzweigungen und Durchdringungen wird der abzweigende oder durchdringende Hohlraum mit vollem Profilquerschnitt bis zum theoretischen Schnittpunkt der Längsachsen durchgerechnet.

Diese Regelung entspricht zwar nicht der tatsächlich ausgeführten Leistung, weil Teile der Durchdringung doppelt erfaßt werden, doch bringt sie eine erhebliche Messungsvereinfachung mit sich, besonders wenn es sich um eine schräge Durchdringung handelt (Bild 3).

5.3.4 Hohlräume im Gebirge, die innerhalb des Ausbruchsollprofils liegen, werden bei der Ermittlung der Ausbruchmengen übermessen, z.B. bei vorhandenem Probestollen.

In der LB kann jedoch vorgeschrieben sein, daß angetroffene Hohlräume, die innerhalb des Ausbruchsollprofils liegen, bei der Ermittlung der Ausbruchmengen nicht zu übermessen sind.

5.4 Sicherung

5.4.1 Die Fläche der Sicherung aus Beton ist über die Abwicklung der Innenfläche (Innenleibung), diese aus dem Ausbruchsollprofil unter Berücksichtigung der festgelegten, theoretischen Dicke der Sicherung zu ermitteln. Öffnungen, Nischen und Aussparungen bis zu 1 m^2 Einzelgröße werden übermessen.

Nach der ATV ist die Sicherung entsprechend den in der LB vorgesehenen Ausbruchklassen einzubauen. Soweit Art und Umfang der Sicherung in der LB nicht vorgeschrieben sind, bleibt deren Wahl dem Auftragnehmer überlassen. Sicherungsmaßnahmen sind so auszuführen, daß ein Überschreiten der in der LB angegebenen Toleranz t_a (vermeidbarer Mehrausbruch) vermieden wird.

Gem. 0.5.5 Abrechnung des Sicherns mit Beton nach Flächenmaß (m^2). Daß Öffnung, Nischen und Aussparungen bis zu 1 m Einzelgröße übermessen werden, ist eine mit anderen ATV korrespondierende Abrechnungsvereinfachung (Bild 1).

5.4.2 Die Flächen von Maschendraht, Betonstahlmatten, Verzugs- und Getriebedielen werden nach den Sollmaßen der bedeckten Flächen ohne Berücksichtigung von Überlappungen, Sicken, Rippen, Aufbiegungen u.ä. ermittelt.

Gemäß 0.5.7 können Maschendraht, Betonstahlmatten, Verzugs- oder Getriebedielen nach Flächenmaß (m^2), nach Gewicht (kg, t) oder Anzahl (Stück) abgerechnet werden. Bei der Ermittlung der Flächen gelten die Sollmaße der bedeckten Flächen. Überlappungen, Sicken, Rippen, Aufbiegungen u.ä. bleiben unberücksichtigt.

5.4.3 Bei der Ermittlung des Gewichts von Gitterträgern und Stahlbögen werden Verbindungselemente, Fußplatten, Längsaussteifungen und Überlappungen nicht berücksichtigt.

Gemäß 0.5.8 Abrechnung der Gitterträger und Streckenbögen nach Gewicht (kg, t) oder Anzahl (Stück). Wird nach Gewicht abgerechnet, bleiben Verbindungselemente, Fußplatten, Längsaussteifungen und Überlappungen unberücksichtigt.

5.4.4 Die Länge der Sicherung mit Tübbings wird in Bauwerkslängsachse ermittelt.

Tübbings sind Ringsegmente aus Gußeisen, Walzstahl oder Stahlbeton, von denen mehrere im Schacht- und Tunnelausbau zu Ringen zusammengeschraubt werden. Dieser Tübbingausbau wird in nicht standfestem, wasserführendem Gebirge angewendet. Seine Vorteile sind hohe Druckfestigkeit, Korrosionsfestigkeit und Wasserdichtheit. Gem. 0.5.10 Abrechnung der Sicherung mit Tübbings nach Längenmaß (m) oder Anzahl (Stück) (Bild 2).

5.5 Verfüllung

Die Verfüllung von beim Ausbruch angetroffenen Hohlräumen wird durch Aufmaß der zu verfüllenden Anteile dieser Hohlräume ermittelt. Dabei anzulegende Öffnungen, Nischen und Aussparungen bis zu 0,25 m^3 Einzelgröße werden übermessen.

Gemäß 0.5.6 Abrechnung des Verfüllens von Hohlräumen nach Raummaß (l, m^3). Beim Verfüllen anzulegende Öffnungen, Nischen und Aussparungen bis zu 0,25 m^3 Einzelgröße bleiben bei der Mengenermittlung unberücksichtigt.

Zu 0.5.1:

Nach der ATV werden Boden und Fels aufgrund ihrer Eigenschaften nach den davon abhängigen Maßnahmen für den Ausbruch und die Sicherung des Hohlraums im Hinblick auf Form und Größe des Hohlraumquerschnittes sowie auf das in der LB vorgesehene Bauverfahren in Ausbruchklassen eingeteilt. Es werden Allgemeine Ausbruchklassen und Ausbruchklassen für den Vortrieb mit Vollschnittbohrmaschinen (V) unterschieden (Bilder 1, 2, 3).

Zu 0.5.2:

Nach der ATV gehören Aufwendungen bei den Ausbruch- und Sicherungsarbeiten, die durch Zutritt von Bergwasser bis zur Grenzwassermenge entstehen, zu den Nebenleistungen. Für die Bestimmung der Grenzwassermenge wird nur das bis zu einer Entfernung von 50 m von der Ortsbrust zutretende Bergwasser berücksichtigt.

Zu 0.5.3:

Nach der ATV zählt die Beseitigung unvermuteter Hindernisse, z.B. nicht angegebene Leitungen, Kanäle, Kabel, Dräne, Bauwerksreste, Vermarkungen, sonstige bauliche Anlagen, Findlinge, nicht zu den Nebenleistungen; ausgenommen sind einzelne Steine und Mauerreste bis zu 0,1 m^3 Rauminhalt (0,1 m^3 entspricht einer Kugel mit einem Durchmesser von rund 0,60 m) bzw. bei den Ausbruchklassen 6, 6A, 7 und 7A bis 0,01 m^3 Rauminhalt (0,01 m^3 entspricht einer Kugel mit einem Durchmesser von rund 0,30 m).

Zu 0.5.4:
Nach der ATV ist das Liefern und Beseitigen von Brauchwasser Nebenleistung. Bei der Mengenermittlung von Wasser darf nur das Bergwasser erfaßt werden. Je nach Vorschrift in der LB ist es nach Hohlmaß oder Raummaß abzurechnen.

Zu 0.5.5:
Siehe Erläuterung zu 5.4.1.

Zu 0.5.6:
Nach der ATV sind Hohlräume zwischen dem Ausbruchsollprofil und der Toleranz t_a sowie durch vermeidbaren Mehrausbruch entstandene Hohlräume mit geeignetem Material zu verfüllen. Gem. 5.3.1 bleibt diese Leistung bei der Abrechnung nach 0.5.6 unberücksichtigt. Der Abrechnung unterliegen als Besondere Leistung die Maßnahmen zum Verfüllen von beim Ausbruch angetroffenen Hohlräumen sowie von Hohlräumen, die durch nicht vermeidbaren, die angegebene Toleranz t_a überschreitenden Mehrausbruch entstanden sind (Bild 2):

Zu 0.5.7:
Siehe Erläuterung zu 5.4.2.

Zu 0.5.8:
Abrechnung der Gitterträger und Streckenbögen wahlweise nach Gewicht oder Anzahl. Wird nach Gewicht abgerechnet, bleiben Verbindungselemente, Fußplatten, Längsaussteifungen und Überlappungen unberücksichtigt.

Zu 0.5.9:
Art und Größe der Felsnägel und Anker richten sich nach der Beschaffenheit von Boden und Fels. Falls in der LB keine Vorschriften bestehen, liegt die Wahl beim Auftragnehmer. Die Abrechnung erfolgt nach der Anzahl, wobei nach Arten und Größen zu trennen ist.

Zu 0.5.10:
Siehe die Erläuterung zu 5.4.4.

Bild 1 Schema eines Stollenausbruchs

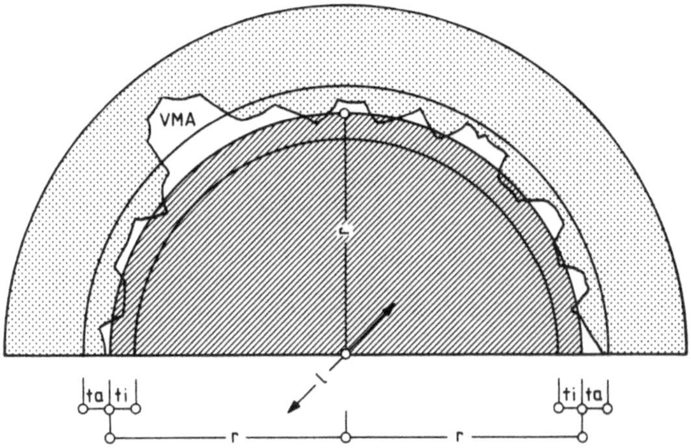

Gemäß 5.3.1 Abrechnung der Ausbruchmengen nach dem theoretischen Ausbruchquerschnitt (Ausbruchsollprofil) und der Achslänge; es ist nach Ausbruchklassen zu trennen, wenn in der LB nichts anderes vorgeschrieben ist. Die Toleranz t_i darf nicht überschritten werden. Unberücksichtigt bleiben der Mehrausbruch zwischen Ausbruchsollprofil und Toleranz t_a sowie vermeidbarer Mehrausbruch (VMA). l=Länge des Stollens, in der Achse gemessen;

F des Ausbruchprofils=$0{,}5 \cdot r^2 \cdot \pi = m^2$.

Anzurechnender Ausbruch=$l \cdot 0{,}5 \cdot r^2 \cdot \pi = m^3$.

Gemäß 0.5.5 Abrechnung des Sicherns mit Beton nach Flächenmaß (m^2).

$F = l \cdot 0{,}5 \cdot 2r \cdot \pi = m^2$.

Bild 2 Schema eines Stollenausbruchs mit nichtvermeidbarem Mehrausbruch

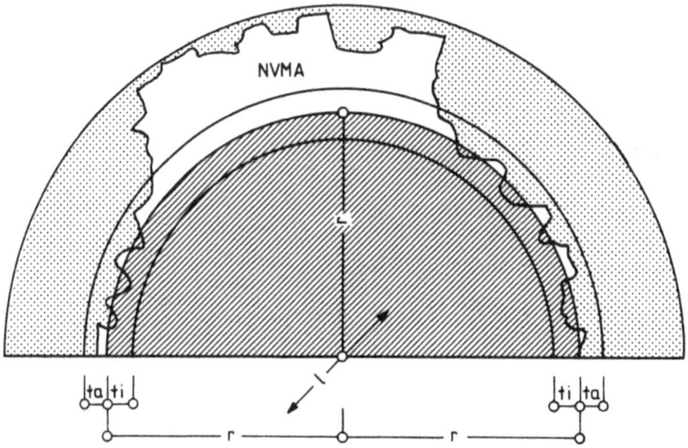

Gemäß 5.3.2 Abrechnung des nichtvermeidbaren Mehrausbruchs (NVMA) durch Aufmaß des entstandenen Hohlraums (l, m^3).

Gemäß 5.1.1 sind bei der Mengenermittlung die üblichen Näherungsverfahren zulässig, wenn in der LB darüber nichts vorgeschrieben ist.

Gemäß 0.5.1 Abrechnung des Ausbruchs nach Raummaß (m^3).

l=Achslänge des Stollens; F des Ausbruchprofils=$0{,}5 \cdot r^2 \cdot \pi = m^2$;
Abzurechnender Ausbruch=$l \cdot 0{,}5 \cdot r^2 \cdot \pi = m^3$.

Gemäß 0.5.10 Abrechnung des Sicherns mit Tübbings nach Längenmaß (m) oder Anzahl (Stück).

l=Längenmaß des Stollens.

Bild 3 Schema einer schrägen Abzweigung in einem Tunnel

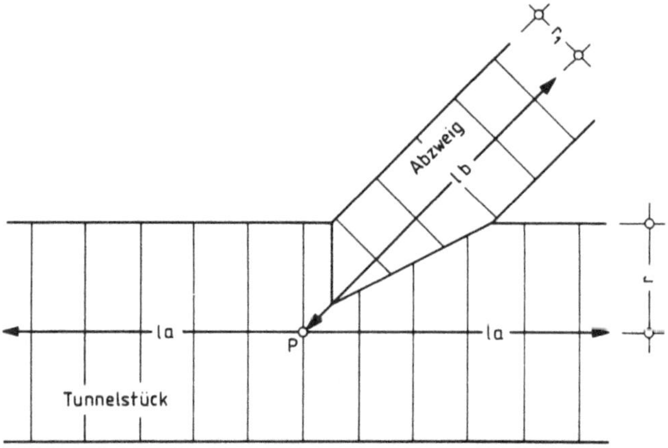

Gemäß 5.3.3 Ermittlung des abzweigenden Hohlraums mit vollem Profilquerschnitt bis zum theoretischen Schnittpunkt der Längsachsen (la und lb) in P, wenn in der LB nichts anderes vorgeschrieben ist.

Gemäß 0.5.1 Abrechnung des Ausbruchs nach Raummaß (m^3).

Tunnelstück=$la \cdot 0{,}5 \cdot r^2 \cdot \pi = m^3$;
Abzweigstück: $lb \cdot 0{,}5 \cdot r^2 \cdot \pi = m^3$.

Die Längsachse des Abzweigs (lb) wird bis P gemessen.

VOB Teil C:
Allgemeine Technische Vertragsbedingungen für Bauleistungen (ATV)
Schlitzwandarbeiten mit stützenden Flüssigkeiten – DIN 18313
Ausgabe Juni 1996

1 Geltungsbereich

1.1 Die ATV »Schlitzwandarbeiten mit stützenden Flüssigkeiten« – DIN 18313 – gilt für das Herstellen von Wänden und anderen Bauwerksteilen in flüssigkeitsgestützten Erdschlitzen und für das Ausheben dieser Schlitze unter stützender Flüssigkeit, z.B. Ortbetonschlitzwände, Fertigteilschlitzwände, Einphasenschlitzwände – gegebenenfalls mit Einbauteilen – und Tonbetonschlitzwände.

Sie gilt auch für das Herstellen und Beseitigen von Leitwänden und für die dazugehörenden Erdarbeiten.

1.2 Die ATV DIN 18313 gilt nicht für das Herstellen von Dichtungswänden in Schlitzen, die mit Hilfe von eingerammten, eingepreßten oder eingerüttelten Trägern oder Bohlen hergestellt werden (sogenannte Schmalwände).

1.3 Ergänzend gelten die Abschnitte 1 bis 5 der ATV DIN 18299 »Allgemeine Regelungen für Bauarbeiten jeder Art«. Bei Widersprüchen gehen die Regelungen der ATV DIN 18313 vor.

5 Abrechnung

Gem. ATV DIN 18299 Abschnitt 5 gilt allgemein:

Die Leistung ist aus Zeichnungen zu ermitteln, soweit die ausgeführte Leistung diesen Zeichnungen entspricht. Sind solche Zeichnungen nicht vorhanden, ist die Leistung aufzumessen.

> *Siehe hierzu die eingehende Erläuterung zu ATV DIN 18299 »Allgemeine Regelungen für Bauarbeiten jeder Art«.*

Abrechnungseinheiten

Gem. 0.5 der ATV sind im Leistungsverzeichnis die Abrechnungseinheiten wie folgt vorzusehen:

0.5.1 – Herstellen und Beseitigen der Leitwände einschließlich dazugehörender Erdarbeiten nach Länge (m), getrennt nach doppelseitigen oder einseitigen Leitwänden, gegebenenfalls getrennt nach Herstellen und Beseitigen der Leitwände.

0.5.2 – Schlitzwände, getrennt nach Grundrißformen, z.B. Rechteckquerschnitten, T-Querschnitten,

0.5.2.1 – einschließlich Aushub, Beton (bzw. anderem Schlitzwandstoff) und Bewehrung nach Flächenmaß (m³),

0.5.2.2 – getrennt nach Aushub und Beton (bzw. anderem Schlitzwandstoff) einschließlich Bewehrung
- Schlitzwandaushub nach Raummaß (m³) oder Flächenmaß (m²),
- Schlitzwand nach Flächenmaß m²),

0.5.2.3 – getrennt nach Aushub, Beton (bzw. anderem Schlitzwandstoff) und Bewehrung
- Schlitzwandaushub nach Raummaß (m³) oder Flächenmaß (m²),

- Schlitzwand nach Flächenmaß (m^2),
- Bewehrung nach Gewicht (kg, t) für Liefern, Schneiden, Biegen, Flechten und Einbauen,

0.5.3 – Verfüllen des Leerschlitzes nach Raummaß (m^3) oder Flächenmaß (m^2).

0.5.4 – Ersatz des Verlustes an stützender Flüssigkeit nach Raummaß (m^3) oder nach Gewicht (kg) der für die Herstellung der Ersatzflüssigkeit verwendeten Stoffe.

0.5.5 – Anschlüsse, Aussparungen, Einbauteile wie Ankerschienen, Leitungen, Dübel, Ankerhülsen u.ä. sowie Verbauträger nach Anzahl (Stück), getrennt nach Bauart und Maßen.

0.5.6 – Dichtungs- und Stützelemente, z.B. Dichtungsbahnen und Stahlspundwände nach Flächenmaß (m^2), getrennt nach Bauart und Maßen.

0.5.7 – Beseitigen von Hindernissen beim Aushub nach Flächenmaß (m^2) oder Raummaß (m^3) oder, wenn dies nicht möglich ist, nach Arbeitszeit (h).

Ergänzend zur ATV DIN 18299 gilt:

5.1 Der Ermittlung der Leistung – gleichgültig ob sie nach Zeichnungen oder Aufmaß erfolgt sind zugrunde zu legen

- für die Länge der Leitwände, des Schlitzwandaushubes und der Schlitzwände die Länge der Schlitzwandachse im Grundriß,
- für die Dicke des Schlitzwandaushubes und der Schlitzwände die vorgeschriebene Nenndicke nach DIN 4126,
- für die Tiefe der Schlitzwand das Maß von der vorgeschriebenen Schlitzwand-Oberkante bis zur vorgeschriebenen Schlitzwand-Unterkante.
- für die Tiefe der Schlitzwand das Maß von der vorgeschriebenen Bodenoberfläche bis zur vorgeschriebenen Schlitzwand-Unterkante,
- für die Tiefe des leeren Schlitzbereiches (Leerschlitz) das Maß von der vorgegebenen Bodenoberfläche bis zur vorgeschriebenen Schlitzwand-Oberkante.

DIN 4126 gilt für Ortbeton-Schlitzwände mit einer Mindestnenndicke von 40 cm. Sie soll der Vereinheitlichung der Konstruktion und Ausführung von Schlitzwänden dienen. Diese können als Teile einer Baukonstruktion einen bleibenden oder (z.B. als Baugrubenwände) einen vorübergehenden Zweck haben. In beiden Fällen können sie eine tragende oder dichtende oder eine tragende und dichtende Funktion ausüben. Als tragende Konstruktion sind sie nicht nur zur Aufnahme von normal zur Wandfläche wirkenden horizontalen Erd- und Wasserlasten, sondern auch zur Aufnahme von parallel zu der Wand wirkenden Lasten, wie z.B. Übertragung vertikaler Lasten auf den Boden, geeignet. Schlitzwände werden durch Aneinanderreihen von Schlitzwandelementen, die auch I, T oder andere Grundrißformen besitzen können, gebildet. Eine Ortbeton-Schlitzwand ist eine Wand aus Beton oder Stahlbeton, die in flüssigkeitsgestützten Schlitzen im Boden nach dem Kontraktorverfahren hergestellt wird.

Kontraktorverfahren ist ein Verfahren zum Einbau von Beton unter stützender Flüssigkeit (oder unter Wasser, siehe auch DIN 1045 Abschn. 6.5.7.7 und 10.4). Dabei wird der Beton ohne Verunreinigung durch die stützende Flüssigkeit und ohne Entmischung durch ein Schüttrohr oder Pumprohr eingebracht, das in den bereits eingebrachten Beton so tief eintaucht, daß die Betonsäule im Rohre nicht abreißt und die stützende Flüssigkeit nicht in das Rohr eindringen kann.

Ein Schlitzwandelement ist eine Betoniereinheit bei der Schlitzwandherstellung. Die Schlitzwandelemente werden in der Regel durch Abstellkonstruktionen voneinander getrennt (Bild 1, 2).

Abmessungen: *dn Nenndicke (Breite des Aushubwerkzeugs)*
da Ausbruchdicke
lE Länge (Achsabstand der Abstellkonstruktionen)
t Tiefe
h Wandhöhe.

5.2 Das Flächenmaß wird unabhängig von der Grundrißform der Schlitzwand aus der Länge und der Tiefe nach Abschnitt 5.1 ermittelt.

Gemäß 0.5.2.1 werden Schlitzwände einschließlich Aushub, Beton (bzw. anderem Schlitzwandstoff) und Bewehrung nach Flächenmaß (m^2) abgerechnet.

Gemäß 5.1 gilt zur Ermittlung des Flächenmaßes einer Schlitzwand für das Längenmaß die Länge der Schlitzwandachse im Grundriß und für die Tiefe das Maß von der vorgeschriebenen Schlitzwand-Oberkante bis zur vorgeschriebenen Schlitzwand-Unterkante (Bild 1, 2).

5.3 Das Raummaß wird ermittelt aus dem Flächenmaß nach Abschnitt 5.2 multipliziert mit der Nenndicke nach Abschnitt 5.1.

5.4 Aussparungen, Leitungen und Einbauteile werden übermessen.

5.5 Durch Bewehrung verdrängte Betonmengen, bzw. andere Schlitzwandmengen, werden nicht abgezogen.

5.6 Der Ersatz des Verlustes an stützender Flüssigkeit wird ermittelt nach Raummaß, gemessen an der Mischanlage oder nach Gewicht der für die Herstellung der Ersatzflüssigkeit verwendeten Stoffe.

5.7 Bewehrung

Das Gewicht der Bewehrung wird nach den Stahllisten abgerechnet.

Das Stahlgewicht wird unter Ansatz der statisch erforderlichen und konstruktiven Bewehrungs-Elemente, wie z.B. Fußbügel, Abstandshalter, Diagonalen, Flachbügel, Stahlbügel, Aufhängebügel, ermittelt.

Maßgebend ist das errechnete Gewicht, bei genormten Stählen die Gewichte der DIN-Normen (Nenngewichte), bei anderen Stählen die Gewichte des Profilbuchs des Herstellers.

Bindedraht, Walztoleranzen und Verschnitt werden bei der Ermittlung des Abrechnungsgewichtes nicht berücksichtigt.

Zu 0.5.1:

Eine Leitwand ist ein am Ort hergestelltes oder vorgefertigtes Hilfskonstruktionsteil, z.B. aus Beton, Holz oder Stahl, welches im Bereich der Geländeoberfläche gleichlaufend zu den Längsseiten der auszuhebenden Schlitze angeordnet wird, um beim Schlitzaushub eine Führung für das Aushubwerkzeug zu geben und den Rand des Schlitzes vor Nachbruch im Bereich des schwankenden Spiegels der stützenden Flüssigkeit zu schützen (Bild 1, 2).{0G}

Zu 0.5.2:

Schlitzwände werden, getrennt nach Grundrißformen, z.B. Rechteckquerschnitten, T-Querschnitten, gem. 5.1 abgerechnet. Die Abrechnungsvorschriften sehen drei

Möglichkeiten vor. Je nach Lage des Falles muß sich der Auftraggeber in der LB für eine davon entscheiden:

- *Schlitzwände einschließlich Aushub, Beton bzw. anderem Schlitzwandstoff und Bewehrung nach Flächenmaß (0.5.2.1),*
- *Schlitzwände, getrennt nach Aushub und Beton bzw. anderem Schlitzwandstoff, einschließlich Bewehrung (0.5.2.2),*
- *Schlitzwände, getrennt nach Aushub, Beton bzw. anderem Schlitzwandstoff und Bewehrung (0.5.2.3) (Bild 1, 2).*

Die Boden- und Felsarten sind in ATV DIN 18311 »Naßbaggerarbeiten« in die Klassen A (Fließende Bodenarten) bis M (Fester Fels und vergleichbare Bodenarten) eingestuft. Im übrigen gilt für die einheitliche Beschreibung von Bodenarten (Lockergesteinen) DIN 18196 Erdbau; Bodenklassifikation für bautechnische Zwekke und Methoden zum Erkennen von Bodengruppen.

Gemäß 0.5.2.1 Abrechnung des Schlitzwandaushubs nach Flächenmaß (m²); hierbei gilt gem. 5.1 als Längenmaß die Schlitzwandachse im Grundriß und als Tiefenmaß das Maß von der vorgeschriebenen Bodenoberfläche bis zur vorgeschriebenen Schlitzwand-Unterkante.

Der Bodenaushub ist nach Boden- und Felsklassen zu trennen, wenn in der LB nichts anderes vorgeschrieben ist (Bild 2).

Zu 0.5.3:

Nach der ATV ist das Ersetzen des Verlustes an stützender Flüssigkeit infolge Ausfließen aus dem Schlitz in unterirdische Hohlräume (dazu gehört nicht der Porenraum des Bodens), soweit die Ursache dafür nicht vom Auftragnehmer zu vertreten ist, keine Nebenleistung.

Nach der ATV gehören Maßnahmen beim Antreffen abweichender Bodenverhältnisse (z.B. Ändern der Standsicherheitsnachweise, Ersetzen und Verändern der stützenden Flüssigkeit nach Qualität und Menge, Ändern der Aushub- und Betonmenge) nicht zu den Nebenleistungen.

Bild 1 Grundrißschema einer Schlitzwand mit verschiedenen Grundrißformen

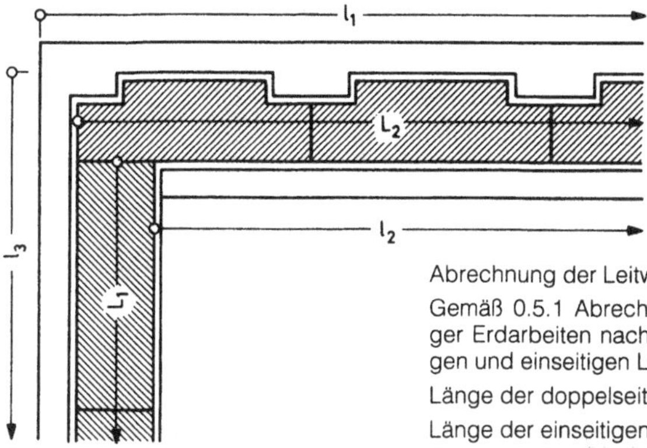

Abrechnung der Leitwände und Schlitzwände getrennt.

Gemäß 0.5.1 Abrechnung der Leitwände einschl. zugehöriger Erdarbeiten nach Länge (m), getrennt nach doppelseitigen und einseitigen Leitwänden.

Länge der doppelseitigen Leitwände: l_1+l_2=m.

Länge der einseitigen Leitwände: l_3=m.

Gemäß 0.5.2 Abrechnung der Schlitzwände, getrennt nach Grundrißformen, nach Flächenmaß (m²).

Schlitzwände mit T-förmigem Grundriß: $L_2 \cdot t_2$=m²;

Schlitzwände mit rechteckigem Grundriß: $L_1 \cdot t_2$=m².

Bild 2 Schnittschema einer Schlitzwand ohne Bewehrung

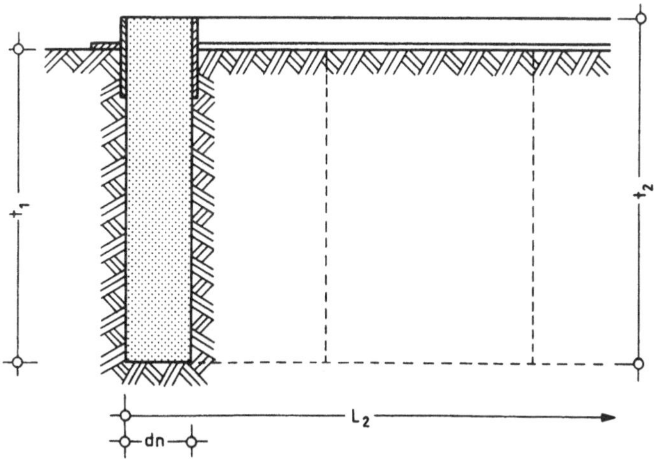

Gemäß 0.5.2.2 Abrechnung des Schlitzwandaushubs nach Raummaß (m³); wenn in der LB nichts anderes vorgeschrieben ist, ist nach Boden- und Felsklassen zu trennen.

Länge der Schlitzwandachse im Grundriß (L_1), Dicke des Aushubs in Nenndicke (dn) nach DIN 4126, Tiefe des Aushubs von der vorgeschriebenen Bodenoberfläche bis zur vorgeschriebenen Schlitzwand-Unterkante; $L_1 \cdot dn \cdot t_1$=m³.

Gemäß 0.5.2.3 Abrechnung der Schlitzwände, getrennt nach Grundrißformen nach Flächenmaß (m²).

Schlitzwände mit T-förmigem Grundriß: $L_2 \cdot t_2$=m²;

Schlitzwände mit rechteckigem Grundriß: $L_1 \cdot t_2$=m².

VOB Teil C:
Allgemeine Technische Vertragsbedingungen für Bauleistungen (ATV)
Spritzbetonarbeiten – DIN 18314
Ausgabe Juni 1996

1 Geltungsbereich

1.1 Die ATV »Spritzbetonarbeiten« – DIN 18314 – gilt für das Herstellen von Bauteilen aus bewehrtem oder unbewehrtem Beton mit geschlossenem Gefüge, der im Spritzverfahren aufgetragen und dabei verdichtet wird.

Sie gilt auch für das Ausbessern und Verstärken von Bauteilen.

1.2 Die ATV DIN 18314 gilt nicht für Putzmörtel, der im Spritzverfahren aufgetragen wird.

1.3 Abschnitt 5 der ATV DIN 18314 gilt nicht für Spritzbeton als Sicherung bei Untertagebauarbeiten, soweit dafür in der ATV DIN 18312 »Untertagebauarbeiten« Regelungen enthalten sind.

1.4 Ergänzend gelten die Abschnitte 1 bis 5 der ATV DIN 18229 »Allgemeine Regelungen für Bauarbeiten jeder Art«. Bei Widersprüchen gehen die Regelungen der ATV DIN 18314 vor.

5 Abrechnung

Gem. ATV DIN 18299 gilt allgemein:

Die Leistung ist aus Zeichnungen zu ermitteln, soweit die ausgeführte Leistung diesen Zeichnungen entspricht. Sind solche Zeichnungen nicht vorhanden, ist die Leistung aufzumessen.

> *Siehe hierzu die eingehende Erläuterung zu ATV DIN 18299 »Allgemeine Regelungen für Bauarbeiten jeder Art«.*

Abrechnungseinheiten

Gem. 0.5 der ATV sind im Leistungsverzeichnis die Abrechnungseinheiten wie folgt vorzusehen:

0.5.1 Spritzbeton, getrennt nach Beton, Schalung und Bewehrung:
0.5.1.1 – Beton nach Flächenmaß (m²) oder Raummaß (m³),
0.5.1.2 – Schalung nach Flächenmaß (m²),
0.5.1.3 – Kantenschalung an Unterzügen, Stützen usw. nach Längenmaß (m),
0.5.1.4 – Bewehrung (Liefern, Schneiden, Biegen, Verlegen), nach Gewicht (kg, t).
0.5.2 Spritzbeton, getrennt nach Beton (einschließlich Schalung) und Bewehrung:
0.5.2.1 – Beton (einschließlich Schalung) nach Flächenmaß (m²) oder Raummaß (m³),
0.5.2.2 – Bewehrung (Liefern, Schneiden, Biegen, Verlegen) nach Gewicht (kg, t).
0.5.3 Spritzbeton, Beton einschließlich Schalung und Bewehrung:
Beton nach Flächenmaß (m²) oder Raummaß (m³).

Ergänzend zu ATV DIN 18299 Abschnitt 5 gilt:

5.1 Bei Abrechnung nach Flächenmaß oder Raummaß werden Öffnungen wie durchbindende und einbindende Bauteile bis zu 1 m² Spritzbetonoberfläche übermessen; dies gilt auch für Nischen, Schlitze, Kanäle u.ä., die nicht spritzbetoniert sind.

Gemäß 0.5.1.1 wird Beton nach Flächenmaß (m²) oder Raummaß (m³) und gemäß 0.5.1.2 Schalung, ausgenommen Kantenschalung, nach Flächenmaß (m²) abgerechnet. Nischen, Schlitze, Kanäle u.ä., die nicht mit Spritzbeton behandelt sind, sind wie Öffnungen bis zu je 1 m² Spritzbetonoberfläche zu übermessen.

5.2 Die Verfüllung von Hohlräumen wird durch Aufmaß der Hohlräume ermittelt. Dabei anzulegende Öffnungen, Nischen und Aussparungen bis zu 0,25 m³ Einzelgröße werden übermessen.

Diese Vorschrift korrespondiert mit der Abrechnungsregel in ATV DIN 18312 »Untertagebauarbeiten« Abschn. 5.6. Das Übermessen von anzulegenden Öffnungen, Nischen und Aussparungen bis zu 0,25 m³ Einzelgröße dient der Vereinfachung der Abrechnung.

5.3 Durch die Bewehrung, z.B. Stabstähle, Profilstäbe, Spannstähle mit Zubehör sowie Anker verdrängte Spritzbetonmengen werden auch dann nicht abgezogen, wenn getrennt nach Beton und Bewehrung abgerechnet wird.

Wird Spritzbeton bewehrt, so werden, falls der Beton nach Raummaß (m³) abzurechnen ist, die Bewehrungselemente nicht vom Raummaß abgezogen.

5.4 Bei Abrechnung nach Raummaß für unregelmäßige Auftragsflächen wird die Querschnittsfläche durch Profilvergleich vor und nach dem Spritzen ermittelt.

Für die Abrechnung ist es einfacher, wenn in der LB bei unregelmäßigen Auftragsflächen Abrechnung nach dem Flächenmaß (m²) vorgeschrieben wird. Der in dieser Vorschrift vorgesehene Profilvergleich vor und nach dem Spritzen kann nur ein annäherndes Ergebnis für das Raummaß (m³) erbringen.

5.5 Bei getrennter Abrechnung der Schalung wird die Schalung zum Herstellen von Öffnungen nach Abschnitt 5.2 nicht mitgerechnet.

Diese Regelung dient der Vereinfachung des Aufmessens.

5.6 Bei getrennter Abrechnung der Bewehrung gilt:

Zur Bewehrung gehören auch die Unterstützungen, z.B. Stahlböcke, Spiralbewehrungen, Verspannungen, Auswechslungen Montageeisen u.a.

Maßgebend ist das errechnete Gewicht, bei deutschen genormten Stählen nach den Gewichten der DIN-Normen (Nenngewichten), bei anderen Stählen nach den Gewichten des Profilbuches des Erzeugerwerkes.

Bindedraht, Walztoleranz und Verschnitt bleiben bei der Ermittlung des Abrechnungsgewichtes unberücksichtigt.

Wenn in der LB nichts anderes vorgeschrieben ist, z.B. Abrechnung nach Abschn. 0.5.2, 0.5.3, so wird Spritzbeton getrennt nach Beton, Schalung und Bewehrung abgerechnet.

Für die Festigkeit des Spritzbetons gelten die Festigkeitsklassen nach DIN 1045. Spritzbeton wird im allgemeinen als Beton B I hergestellt, in besonderen Fällen auch als Beton B II, z.B. für die Ausbesserung und Verstärkung von Bauteilen höherer Festigkeitsklassen sowie für Beton mit besonderen Eigenschaften. Dies sind nach DIN 1045: wasserundurchlässiger Beton, Beton mit hohem Frostwiderstand,

Beton mit hohem Widerstand gegen chemische Angriffe, Beton mit hohem Abnutzungswiderstand, Beton mit ausreichendem Widerstand gegen Hitze, Beton für Unterwasserschüttung (Unterwasserbeton).
Nach DIN 18551 gilt bezüglich der Betondeckung DIN 1045, jedoch darf die Betondeckung 2 cm nicht unterschreiten.

Zu 0.5.1.1:
Ob Spritzbeton bei getrennter Abrechnung nach Beton, Schalung und Bewehrung nach Flächenmaß (m^2) oder nach Raummaß (m^3) abzurechnen ist, richtet sich nach der Art der Leistung. Abrechnung nach Flächenmaß ist angezeigt, wenn Flächen größerer Ausdehnung mit einer geringen Auftragsdicke herzustellen sind. Abrechnung nach Raummaß kommt bei der Verfüllung von Hohlräumen und bei der Herstellung von massiven Bauteilen in Betracht.

Zu 0.5.1.2 und 0.5.1.3:
Das Flächenmaß der Schalung wird nach der tatsächlich eingeschalten Fläche bemessen. Aus Gründen der Vereinfachung wird die Kantenschalung an Unterzügen, Stützen, Risaliten u.ä. nach dem Längenmaß abgerechnet. Werden bei der Verfüllung von Hohlräumen Öffnungen, Nischen und Aussparungen angelegt, so wird die Schalung nicht mitgerechnet, wenn die Öffnungen, Nischen und Aussparungen die Einzelgröße von 0,25 m^3 nicht überschreiten.

Zu 0.5.1.4:
Die Maße und Gewichte werden auf zwei Dezimalstellen gerundet, wenn in der LB nichts anderes vorgeschrieben ist. Ist nach Gewicht abzurechnen, so ist das Gewicht durch Wiegen auf einer öffentlichen Waage, bei Schiffsladungen durch Schiffseiche festzustellen.
Siehe 5.6 mit Erläuterung.

Zu 0.5.3:
Der Auftraggeber kann in der LB vorschreiben, daß Spritzbeton nicht getrennt gem. 0.5.1 nach Beton, Schalung und Bewehrung, sondern entweder gem. 0.5.2 getrennt nach Beton (einschließlich Schalung) und Bewehrung oder gem. 0.5.3 Beton einschließlich Schalung und Bewehrung abzurechnen ist. In diesem Fall wird der Beton nach Flächenmaß oder Raummaß abgerechnet.

VOB Teil C: Allgemeine Technische Vertragsbedingungen für Bauleistungen (ATV) Verkehrswegebauarbeiten; Oberbauschichten ohne Bindemittel DIN 18315 Ausgabe Juni 1996

1 Geltungsbereich

1.1 Die ATV »Verkehrswegebauarbeiten; Oberbauschichten ohne Bindemittel« – DIN 18315 – gilt für das Befestigen von Straßen und Wegen aller Art, Plätzen, Höfen, Flugbetriebsflächen, Bahnsteigen und Gleisanlagen mit

- Trag- und Deckschichten im Straßenbau,
- Frostschutz- und Planumsschutzschichten für Gleisanlagen.

1.2 Die ATV DIN 18315 gilt nicht

- für das Verbessern und Verfestigen des Unterbaus und des Untergrundes,
- für das Herstellen von Gleisbettungen (siehe ATV DIN 18325 »Gleisbauarbeiten«).

1.3 Ergänzend gelten die Abschnitte 1 bis 5 der ATV DIN 18299 »Allgemeine Regelungen für Bauarbeiten jeder Art«. Bei Widersprüchen gehen die Regelungen der ATV DIN 18314 vor.

5 Abrechnung

Gem. ATV DIN 18299 Abschnitt 5 gilt allgemein:

Die Leistung ist aus Zeichnungen zu ermitteln, soweit die ausgeführte Leistung diesen Zeichnungen entspricht. Sind solche Zeichnungen nicht vorhanden, ist die Leistung aufzumessen.

Siehe hierzu die eingehende Erläuterung zu ATV DIN 18299 »Allgemeine Regelungen für Bauarbeiten jeder Art«.

Abrechnungseinheiten

Gem. 0.5 sind im Leistungsverzeichnis die Abrechnungseinheiten wie folgt vorzusehen:

0.5.1 – Nachverdichten der Unterlage nach Flächenmaß (m^2),
0.5.2 – Herstellen der planmäßigen Höhenlage, Neigung und der festgelegten Ebenheit der Unterlage nach Flächenmaß (m^2),
0.5.3 – Planumsschutzschichten für Gleisanlagen nach Flächenmaß (m^2), Raummaß (m^3) oder Gewicht (t),
0.5.4 – Tragschichten nach Flächenmaß (m^2), Raummaß (m^3) oder Gewicht (t),
0.5.5 – Deckschichten nach Flächenmaß (m^2),
0.5.6 – Oberbauschichten aus unsortierten Mineralstoffen nach Flächenmaß (m^2), Raummaß (m^3) oder Gewicht (t),
0.5.7 – Probenahmen für Kontrollprüfungen nach Anzahl (Stück).

Ergänzend zur ATV DIN 18299 Abschnitt 5 gilt:

5.1 Bei Abrechnung nach Flächenmaß werden Aussparungen oder Einbauten bis zu 1 m² Einzelgröße sowie Schienen übermessen.

Nach Flächenmaß werden abgerechnet: das Nachverdichten der Unterlage, das Herstellen der planmäßigen Höhenlage, Neigung und der festgelegten Ebenheit der Unterlage sowie Deckschichten. Nach Flächenmaß, Raummaß oder Gewicht werden Planumsschutzschichten für Gleisanlagen, Tragschichten, Deckschichten sowie Oberbauschichten aus unsortierten Mineralstoffen abgerechnet. Abrechnungseinheit für Probenahmen für Kontrollprüfungen ist die Anzahl. Bei Abrechnung nach Flächenmaß werden lediglich Aussparungen oder Einbauten bis zu 1 m² Einzelgröße sowie Schienen übermessen (Bild 1 und 2). Das Herstellen der Aussparungen selbst gehört zu den Besonderen Leistungen, wenn es nach Anzahl, Bauart und Maßen in der LB nicht vorgesehen ist und Einzelheiten nicht rechtzeitig angegeben werden. Das Schließen von Aussparungen sowie das Herstellen von Einbauten ist gleichfalls als Besondere Leistung abzurechnen.

5.2 Bei Abrechnung nach Raummaß werden nicht abgezogen der eingenommene Raum von

- Aussparungen oder Einbauten mit einer mittleren Durchdringungsfläche bis zu 1 m²,
- Leitungen.

Durch Leitungen, z.B. Entwässerungskanäle, Kabel mit Abdeckungen, Rohrleitungen, Schächte, Schieber, verdrängte Massen werden nur abgezogen, wenn die mittlere Durchdringungsfläche des eingenommenen Raumes 1 m² übersteigt (Bild 1). Die Rauminhalte anderer Körper, z.B. Schienen, Schwellen werden nicht abgezogen, da ihre mittlere Durchdringungsfläche 1 m² nicht übersteigt (Bild 2). Die Abrechnung nach Raummaß kommt für Planungsschutzschichten für Gleisanlagen, für Tragschichten sowie für Einfachbauweisen aus unsortiertem Gestein in Betracht. Der Auftraggeber hat die Wahl, die Tragschichten und die Einfachbauweisen auch nach Flächenmaß oder Gewicht abzurechnen. Er muß seine Entscheidung jedoch bereits bei Aufstellung der LB treffen.

Zu 0.5.1 und 0.5.2:

Unterlage ist der Bereich unter den herzustellenden Oberbauschichten. Die Unterlage muß für das Aufbringen der Oberbauschichten geeignet sein. Im allgemeinen hat der Auftragnehmer für die Oberbauarbeiten auch die Arbeiten, die sich auf das Herstellen der Unterlage beziehen, in Auftrag. Ist dies nicht der Fall und zeigen sich z.B. bei der Prüfung der Unterlage durch den Auftragnehmer Mängel, sei es bei der Nachverdichtung oder bei der planmäßigen Höhenlage, der Neigung und der festgelegten Ebenheit der Unterlage, so muß sie der Auftraggeber beseitigen lassen. Wenn er die Mängelbeseitigung dem Auftragnehmer für die Oberbauarbeiten überträgt, ist die Leistung gegebenenfalls nach ATV DIN 18300 »Erdarbeiten« oder in einfachen Fällen nach den Vorschriften dieser Norm abzurechnen. Lag die Ursache für die Mängel jedoch beim Auftragnehmer selbst, so erhält er keine Vergütung.

Für die Ermittlung der Leistung des Nachverdichtens sowie des planmäßigen Herstellens der Höhenlage, der Neigung und der Ebenheit der Unterlage gelten die für das Vorbereiten der Unterlage vorgesehenen Maße; dabei werden gem. 5.1 Aussparungen bis zu 1 m² Einzelgröße einschließlich und Schienen nicht abgezogen (Bilder 1, 2).

Die ATV DIN 18315 gilt nicht für Bodenverbesserungen und Bodenverfestigungen des Unterbaus und des Untergrundes.

Zu 0.5.3 und 0.5.4:
Abrechnungseinheit für Planungsschutzschichten für Gleisanlagen sowie für Tragschichten ist entweder das Flächenmaß, das Raummaß oder das Gewicht. Nach welcher Einheit abzurechnen ist, muß in der LB festgelegt werden. Wird eine Schicht unmittelbar befahren oder wenn sie wegen ungünstiger Witterung liegenbleibt, so sind die zu ergreifenden Maßnahmen Besondere Leistungen (Bild 1). Gem. 5.1 werden bei Abrechnung nach Flächenmaß Aussparungen und Einbauten bis zu 1 m² Einzelgröße sowie Schienen übermessen. Gem. 5.2 werden bei Raummaß der eingenommene Raum von Aussparungen oder Einbauten mit einer mittleren Durchdringungsfläche bis zu 1 m² sowie Leitungen nicht abgezogen.

Zu 0.5.5:
Die Abrechnung von Deckschichten beschränkt sich auf das Flächenmaß. Gem. 5.1 werden bei Abrechnung nach Flächenmaß Aussparungen oder Einbauten bis zu 1 m² Einzelgröße sowie Schienen übermessen. Aussparungen können durch einliegende, einbindende und durchbindende Bauteile bzw. Gegenstände verursacht sein. Einliegende Bauteile sind z.B. Abdeckungen von Schächten und Entwässerungsrinnen; einbindende und durchbindende Bauteile sind z.B. Schaltschränke, Freitreppen, Pfeilervorlagen, Brunnen, Fernsprechzellen (Bild 1).

Zu 0.5.6:
Bei Einfachbauweisen wird nicht nach Tragschichten und Deckschichten unterschieden. Der Auftraggeber kann Abrechnung nach Flächenmaß, Raummaß oder Gewicht vorschreiben. Er muß sich jedoch zu einer dieser Abrechnungseinheiten bereits bei der Aufstellung der LB entschließen. Gem. 5.1 werden bei Abrechnung nach Flächenmaß Aussparungen bis zu 1 m² Einzelgröße einschließlich sowie Schienen nicht abgezogen. Gem. 5.2 werden bei Abrechnung nach Raummaß die durch Leitungen einschließlich Schächte, Schieber u.ä. verdrängten Massen nicht abgezogen, wenn ihre mittlere Durchdringungsfläche 1 m² nicht überschreitet.
Für die Ermittlung der Leistung gelten die Konstruktionsmaße (Bild 2).
Das Herstellen der Aussparungen sowie das Einsetzen von Fertigteilen ist in jedem Fall als Besondere Leistung abzurechnen.

Zu 0.5.7:
Nach den Regelungen dieser ATV gehören die Eignungsprüfung sowie die Eigenüberwachungsprüfung zu den Nebenleistungen des Auftragnehmers, soweit die Stoffe und Bauteile vom Auftraggeber geliefert oder hergestellt wurden.
Kontrollprüfungen des Auftraggebers einschließlich der Probenahmen sind jedoch als Besondere Leistungen abzurechnen. Abrechnungseinheit für Probenahmen für Kontrollprüfungen ist die Anzahl.

Bild 1 Zweispuriger Wirtschaftsweg mit Kabelkontrollschacht

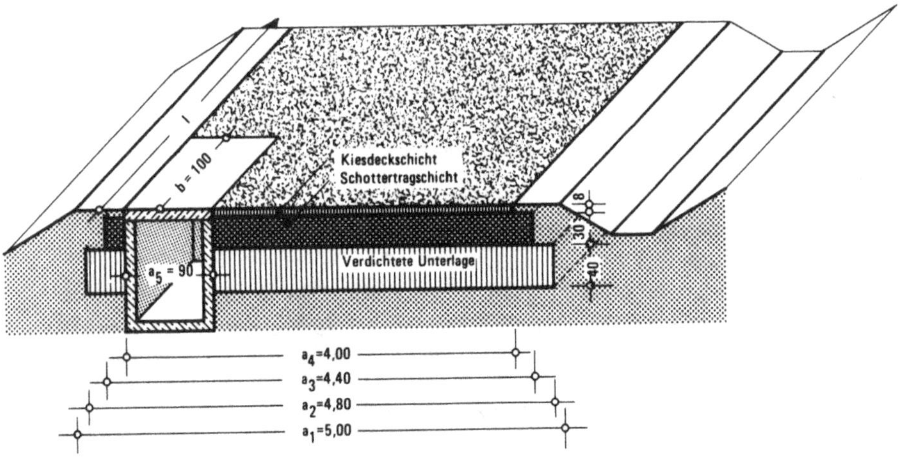

Gem. 0.5.1 Abrechnung für das Nachverdichten der Unterlage nach Flächenmaß. Dabei wird gem. 5.1 die Aussparung für den Kabelkontrollschacht nicht abgezogen, da diese mit 0,90×1,00<1 m² ist.

F der 40 cm tief nachzuverdichtenden Fläche der Unterlage=$a_2 \cdot l$=... m².

Gem. 0.5.2 Abrechnung für das Herstellen der planmäßigen Höhenlage, der Neigung und der vorgeschriebenen Ebenheit der Unterlage nach Flächenmaß. Gem. 5.1 kein Abzug der Aussparung des Kabelschachts, die nur 0,90 m² groß ist.

F der plangemäß hergestellten Unterlage=$a_2 \cdot l$=... m².

Gem. 0.5.4 Abrechnung der Schottertragschicht nach Flächenmaß, Raummaß oder Gewicht.

Bei Abrechnung nach Flächenmaß ist

F der 30 cm dicken Schottertragschicht=$a_3 \cdot l$=... m².

Gem. 5.1 kein Abzug der Aussparung für den Kabelschacht, da diese <1 m² ist.

Bei Abrechnung nach Raummaß werden gem. 5.2 nur durch Leitungen, einschließlich Schächte, Schieber u.ä. verdrängte Massen nicht abgezogen, wenn ihr mittlerer Querschnitt 1 m² nicht überschreitet.

V der 30 cm dicken Schottertragschicht=$a_3 \cdot 0{,}30 \cdot l - 0{,}90 \cdot 0{,}30 \cdot 1{,}99$=... m³.

Gem. 0.5.5 Abrechnung der Kiesdeckschicht nach Flächenmaß. Gem. 5.1 kein Abzug der Aussparung für den Kabelschacht, die diese <1 m² ist.

F der 8 cm dicken Kiesdeckschicht=$a_4 \cdot l$=... m².

Bild 2 Wirtschaftsweg in Einfachbauweise mit Feldbahngleis

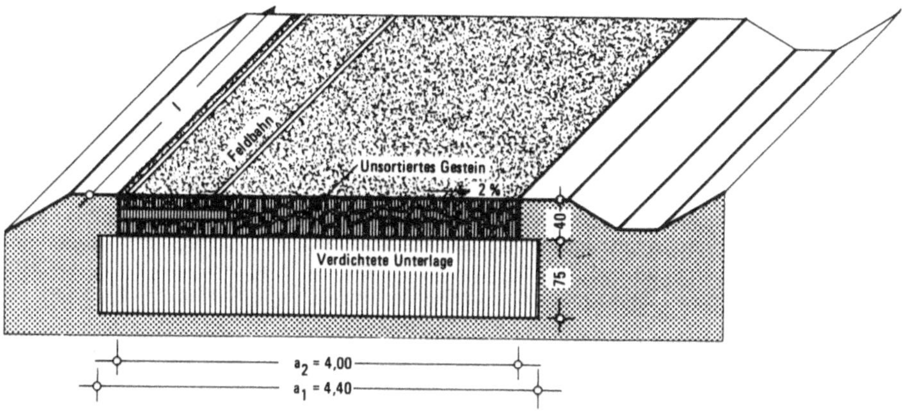

Gem. 0.5.6 Abrechnung des in Einfachbauweise hergestellten Wirtschaftsweges nach Flächenmaß, Raummaß oder Gewicht.

Gem. 5.1 werden bei Abrechnung nach Flächenmaß die Schienen nicht abgezogen, während gem. 5.2 bei Abrechnung nach Raummaß durch Leitungen einschließlich Schächte, Schieber u.ä. verdrängte Massen nicht abgezogen werden, wenn ihre mittlere Durchdringungsfläche 1 m^2 nicht überschreitet.

Bei Abrechnung nach Flächenmaß ist

F der 40 cm dicken Tragschicht aus unsortiertem Gestein=$a_2 \cdot l$=... m^2.

Bei Abrechnung nach Raummaß ist

V der 40 cm dicken Tragschicht aus unsortiertem Gestein=$0{,}40 \cdot a_2 \cdot l$. Kein Abzug der Schienen und der Schwellen der Feldbahn.

Gem. 0.5.1 Abrechnung für das 75 cm tiefe Nachverdichten der Unterlage nach Flächenmaß.

F der nachverdichteten Unterlage=$a_1 \cdot l$=... m^2.

Gem. 0.5.2 Abrechnung für das Herstellen der planmäßigen Höhenlage, Neigung und der vorgeschriebenen Ebenheit der Unterlage nach Flächenmaß.

F der planmäßig hergestellten Unterlage=$a_1 \cdot l$=... m^2.

VOB Teil C:
Allgemeine Technische Vertragsbedingungen für Bauleistungen (ATV)
Verkehrswegebauarbeiten; Oberbauschichten mit hydraulischen Bindemitteln – DIN 18316
Ausgabe Juni 1996

1 Geltungsbereich

1.1 Die ATV »Verkehrswegebauarbeiten; Oberbauschichten mit hydraulischen Bindemitteln« – DIN 18316 – gilt für das Befestigen von Straßen und Wegen aller Art, Plätzen, Höfen, Flugbetriebsflächen, Bahnsteigen und Gleisanlagen mit Tragschichten und Decken.

1.2 Die ATV DIN 18316 gilt nicht für das Verbessern und Verfestigen des Unterbaus und des Untergrundes.

1.3 Ergänzend gelten die Abschnitte 1 bis 5 der ATV DIN 18299 »Allgemeine Regelungen für Bauarbeiten jeder Art«. Bei Widersprüchen gehen die Regelungen der ATV DIN 18316 vor.

5 Abrechnung

Gem. ATV DIN 18299 Abschn. 5 gilt allgemein:

Die Leistung ist aus Zeichnungen zu ermitteln, soweit die ausgeführte Leistung diesen Zeichnungen entspricht. Sind solche Zeichnungen nicht vorhanden, ist die Leistung aufzumessen.

Siehe hierzu die eingehende Erläuterung zu ATV DIN 18299 »Allgemeine Regelungen für Bauarbeiten jeder Art«.

Abrechnungseinheiten

Gem. 0.5 sind im Leistungsverzeichnis die Abrechnungseinheiten wie folgt vorzusehen:

0.5.1 – Nachverdichten der Unterlage nach Flächenmaß (m^2),
0.5.2 – Herstellen der planmäßigen Höhenlage, Neigung und der festgelegten Ebenheit der Unterlage nach Flächenmaß (^{2}),
0.5.3 – Reinigen nach Flächenmaß (m^2),
0.5.4 – Schichten zum Angleichen oder Ausgleichen der Höhenlage nach Gewicht (t) oder Raummaß (m^3),
0.5.5 – Tragschichten und Betondecken nach Flächenmaß (m^2),
0.5.6 – Bewehrung nach Flächenmaß (m^2) oder nach Gewicht (t) entsprechend den Bewehrungsplänen,
0.5.7 – Fugenherstellung und -verguß nach Längenmaß (m), getrennt nach den verschiedenen Arten der Fugenausbildung, einschließlich Verdübelung und Verankerung,
0.5.8 – Verdübelungen und Verankerungen, sofern sie gesondert abgerechnet werden sollen, nach Längenmaß (m) der verdübelten oder verankerten Fugen oder nach Anzahl (Stück),
0.5.9 – Nachbehandlung der Oberfläche von Betondecken nach Flächenmaß (m^2),
0.5.10 – Probenahmen für Kontrollprüfungen nach Anzahl (Stück).

Ergänzend zu ATV DIN 18299 Abschnitt 5 gilt:

5.1 Bei Abrechnung nach Flächenmaß werden Aussparungen oder Einbauten bis zu 1 m² Einzelgröße sowie Fugen und Schienen übermessen.

Nach Flächenmaß werden abgerechnet:

- *das Nachverdichten der Unterlage (0.5.1),*
- *das Herstellen der planmäßigen Höhenlage, Neigung und der festgelegten Ebenheit der Unterlage (0.5.2),*
- *das Reinigen (0.5.3),*
- *Tragschichten und Betondecken (0.5.6),*
- *Nachbehandlung der Oberfläche von Betondecken (0.5.9).*

Die Abrechnung der Bewehrung kann nach Flächenmaß, aber auch nach dem Gewicht entsprechend den Bewehrungsplänen erfolgen. Der Auftragsnehmer muß sich bei der Aufstellung der LB entscheiden, ob er die Bewehrung nach Flächenmaß oder nach Gewicht abrechnen will.

Bei Abrechnung nach Flächenmaß werden Aussparungen und Einbauten für einliegende, einbindende und durchbindende Bauteile oder Gegenstände bis zu 1 m² Einzelgröße einschließlich sowie Fugen und Schienen nicht abgezogen, d. h. sie werden übermessen. Einliegende Bauteile sind z.B. Schachtabdeckungen, Straßenabläufe, andersgeartete Trag- und Deckschichtkonstruktionen. Einbindende und durchbindende Bauteile oder Gegenstände sind z.B. Säulen, Pfeiler, Pfeilervorlagen, Kellerhälse, Schaltkästen, Maste, Alarm- und Signalanlagen, Brunnen, Telefonhäuschen. Fugen sind z.B. Arbeitsfugen, Dehnungsfugen sowie Preßfugen, d. h. Fugen zwischen den Oberbauschichten und anderen Bauteilen oder Gegenständen.

Das Übermessen der Aussparungen bis zu 1 m² Einzelgröße einschließlich sowie der Fugen und der Schienen ist eine Messungserleichterung, bei der sich der Aufwand für die Ermittlung der Leistung und die Vergütung geringfügiger, an der Flächengröße fehlender Leistungsteile aufwiegen (Bild 1).

Unabhängig von dieser Messungsvereinfachung ist das Herstellen von Aussparungen und Einbauten immer dann als Besondere Leistung abzurechnen, wenn die Aussparungen nach Art, Größe und Anzahl in der LB nicht angegeben sind. Das Schließen von Aussparungen sowie das Einsetzen von Fertigteilen ist in jedem Falle als Besondere Leistung abzurechnen.

Die in 5.1 gegebenen Messungserleichterungen gelten auch für Unterlagpapier und Unterlagfolien, die gem. 0.5.3 nach Flächenmaß abzurechnen sind.

Wird die Bewehrung nach Gewicht abgerechnet, so ist das Gewicht nach den Bewehrungsplänen abzurechnen. Zur Bewehrung gehören auch die Unterstützungen. Ihre Gewichte werden dem Gewicht der Bewehrung zugerechnet. Grundlage für die Gewichtsermittlung bilden die Nenngewichte, wie sie z.B. in DIN 488 Teil 2 »Betonstahl; Betonstabstahl, Maße und Gewichte« und in DIN 488 Teil 4 »Betonstahl; Betonstahlmatten und Bewehrungsdraht, Aufbau, Maße und Gewichte« enthalten sind. Bindedraht, Walztoleranzen und Verschnitt bleiben bei der Gewichtsermittlung unberücksichtigt, wenn in der LB nichts anderes vorgeschrieben ist.

5.2 Bei Abrechnung von Bewehrung nach Flächenmaß werden Überdeckungen nicht berücksichtigt.

Für die Ermittlung des Flächenmaßes ist die Fläche der bewehrten Oberbauschicht maßgebend. Überdeckungen der Betonstahlmatten oder des Bewehrungsdrahtes werden dem Flächenmaß nicht zugerechnet.

5.3 Bei Abrechnung von Fugen nach Längenmaß werden Durchdringungen der Fugen übermessen.

Gem. 5.1 werden bei der Abrechnung nach Flächenmaß die Fugen übermessen. Gem. 5.2 werden bei der Abrechnung nach Raummaß die durch Fugenkonstruktionen verdrängten Massen nicht abgezogen.
Die Fugenherstellung und der Fugenverguß sind gem. 0.5.7 nach Längenmaß abzurechnen, wobei nach den verschiedenen Arten der Fugenausbildung, einschließlich Verdübelung und Veankerung zu trennen ist. Für Durchdringungen erfolgt kein Abzug.

Zu 0.5.1:

Unterlage ist der Bereich unter den herzustellenden Oberbauschichten. Die Abrechnung erfolgt nach Flächenmaß, wobei gem. 5.1 Aussparungen bis zu 1 m² Einzelgröße sowie Fugen und Schienen übermessen werden. Das Herstellen der Aussparungen selbst ist als Besondere Leistung abzurechnen, wenn die Aussparungen nach Art, Größe und Anzahl nicht in der LB angegeben sind. In jedem Fall gehört das Schließen von Aussparungen sowie das Einsetzen von Fertigteilen zu den Besonderen Leistungen.
Die Unterlage besteht aus der anstehenden Bodenart oder aus Schüttstoffen, die den Anforderungen entsprechend zu verdichten sind. Nach der Norm hat der Auftragnehmer mit der im Verkehr erforderlichen Sorgfalt die Unterlage auf Eignung für das Aufbringen von Oberbauschichten zu prüfen. Gem. VOB/B § 4 Nr. 3 hat er dem Auftraggeber Bedenken gegen die Güte der vom Auftraggeber gelieferten Stoffe oder Bauteile, gegen die vorgesehene Art der Ausführung oder gegen die Leistungen anderer Unternehmer unverzüglich – möglichst schon vor Beginn seiner Arbeiten – schriftlich mitzuteilen. Solche Bedenken sind insbesondere auch bei unzureichender Verdichtung der Unterlage, bei Abweichungen von der planmäßigen Höhenlage, von der planmäßigen Neigung oder von der vorgeschriebenen Ebenheit der Unterlage geltend zu machen; denn ATV DIN 18316 gilt nicht für Bodenverbesserungen und Bodenverfestigungen des Unterbaus und des Untergrundes. Das Nachverdichten und das Herstellen der planmäßigen Unterlage wird nur dann als Besondere Leistung vergütet, wenn die Notwendigkeit zu derartigen Leistungen nicht vom Auftragnehmer verursacht worden ist. Für die Ermittlung der Leistung gelten die für die Herrichtung der Unterlage vorgesehenen Maße (Bilder 1, 2).

Zu 0.5.2:

Im allgemeinen wird dem Auftragnehmer, der die Oberbauschichten auszuführen hat, auch die Herstellung der planmäßigen Höhenlage, der Neigung und der festgelegten Ebenheit der Unterlage in Auftrag gegeben. Ist dies nicht der Fall und muß die Unterlage nachverdichtet werden, so ist das Nachverdichten nach Flächenmaß gesondert abzurechen. Das gleiche gilt für das Herstellen der planmäßigen Höhenlage, der Neigung und der festgelegten Ebenheit der Unterlage.
Bei der Flächenermittlung werden gem. 5.1 Aussparungen und Einbauten bis zu 1 m² Einzelgröße einschließlich sowie Fugen und Schienen nicht abgezogen.

Zu 0.5.3:

Abrechnungseinheit für Reinigen ist das Flächenmaß. Reinigen gehört zum Vorbereiten der Unterlage. Es bezieht sich u.a. auf das Beseitigen von schädlichen Verschmutzungen. Soweit die Notwendigkeit solcher Leistungen nicht vom Auftragnehmer verursacht ist, gehört das Reinigen zu den Besonderen Leistungen.

Zu 0.5.4:

Schichten zum Angleichen oder Ausgleichen der Höhenlage sind nach Gewicht oder Raummaß abzurechnen. Der Auftraggeber muß bei der Aufstellung der LB festlegen, nach welcher Einheit abgerechnet werden soll.

Zu 0.5.5:

Nach der Regelung sind Tragschichten und Betondecken nach Flächenmaß abzurechnen, wobei die Vorschrift zu 5.1 anzuwenden ist, d. h. Aussparungen oder Einbauten bis zu 1 m² Einzelgröße einschließlich sowie Fugen und Schienen sind zu übermessen. Bei den Aussparungen oder Einbauten ist zwischen einliegenden, einbindenden und durchbindenden Bauteilen bzw. Gegenständen zu unterscheiden. Einliegende Bauteile sind z.B. Schachtabdeckungen, Straßenabläufe andersgeartete Trag- und Deckschichtkonstruktionen. Einbindende und durchbindende Bauteile bzw. Gegenstände sind z.B. Säulen, Pfeiler, Pfeilervorlagen, Kellerhälse, Schaltkästen, Maste, Alarm- und Signalanlagen, Brunnen, Telefonhäuschen.

Zu den Fugen zählen außer den für die Oberbauschichten selbst notwendigen Quer- und Längsfugen auch die Anschlußfugen (Preßfugen) an eingebaute Bauteile, z.B. Abläufe, Schaltschränke, oder angrenzende Bauteile, z.B. Bordsteine.

Die Herstellung der Aussparungen ist als Besondere Leistung abzurechnen, wenn die Aussparungen nach Art, Größe und Anzahl in der LB nicht angegeben sind. Das Schließen von Aussparungen sowie das Einsetzen von Fertigteilen, z.B. von Schachtauflageringen, ist stets eine Besondere Leistung. Die Ermittlung der Leistung erfolgt nach den Konstruktionsmaßnahmen der Tragschichten und Betondekken.

Ist Abrechnung nach Raummaß vorgeschrieben, so wird der durch Fugenkonstruktionen, Bewehrung, Verdübelung, Verankerung oder Leitungen eingenommene Raum übermessen. Alle anderen einliegenden Bauteile und Baukörper, z.B. Schächte, Fundamente, Gleiskörper sind abzuziehen, wenn ihr mittlerer Querschnitt 1 m² überschreitet (Bilder 1, 2).

Zu 0.5.6:

Stahleinlagen sind vorzusehen, wenn Plattenlängen über 5 m gewählt werden, außerdem dort, wo ungleichmäßige Senkungen, z.B. in Bergsenkungsgebieten, zu erwarten sind.

Nach der Norm müssen, wenn Flächenbewehrung vorgesehen ist, mindestens 2 kg/m² Betonstahl IV eingebaut werden. Die Bewehrung darf die Wirksamkeit der Fugen nicht beeinträchtigen. Die Betondeckung muß mindestens 3 cm betragen.

Als Flächenmaß für die Bewehrung gilt das Flächenmaß der bewehrten Betondekke. Überdeckungen der Bewehrung werden gem. 5.2 dem Flächenmaß nicht hinzugerechnet. Aussparungen über 1 m² Einzelgröße, die beim Flächenmaß der Oberbauschichten abgezogen werden, sind in gleicher Weise beim Flächenmaß für die Bewehrung abzuziehen (Bild 2).

Wird die Bewehrung nach Gewicht abgerechnet, so ist das Gewicht nach den Bewehrungsplänen zu ermitteln. Zur Bewehrung gehören auch die Unterstützungen. Ihre Gewichte werden dem Gewicht der Bewehrung zugerechnet. Die Grundlage für die Gewichtsermittlung bilden die Nenngewichte, wie sie z.B. in DIN 488 Teil 2 »Betonstahl; Betonstabstahl, Maße und Gewichte« und in DIN 488 Teil 4 »Betonstahl; Betonstahlmatten und Bewehrungsdraht, Aufbau, Maße und Gewichte« enthalten sind. Bindedraht, Walztoleranzen und Verschnitt bleiben bei der Ermittlung des Abrechnungsgewichts unberücksichtigt.

Zu 0.5.7:

Zur Vermeidung von wilden Rissen und zum Ausgleich der Längenänderungen ist jede Betondecke durch Fugen in Platten zu unterteilen. Man unterscheidet Raumfugen, Scheinfugen und Preßfugen. Raumfugen trennen die Platten in ganzer Dicke der Decke voneinander und ermöglichen durch einen etwa 20 mm breiten vorgebildeten Fugenspalt eine Ausdehnung der Platten. Bei Scheinfugen sind in der Betondecke Kerben angeordnet. Die Kerben müssen so ausgebildet sein, daß Risse bei Überschreiten der Betonzugfestigkeit an den Kerbstellen auftreten. Preßfugen trennen die Platten in ganzer Dicke voneinander oder auch von anderen Bauteilen oder Gegenständen, z.B. Abläufen, Bordsteinen. Im Gegensatz zu den Raumfugen bieten sie keinen Raum für eine Ausdehnung der Platte über ihre ursprünglichen Abmessungen hinaus.

Die Betondecke ist quer zur Fahrbahn durch Querfugen, die als Raum-, Schein- oder Preßfugen ausgebildet werden, in Fahrtrichtung durch Längsfugen, die als Schein- oder Preßfugen ausgebildet werden, in Platten zu unterteilen. Die Querfugen verlaufen im allgemeinen rechtwinklig zur Straßenachse. An den Längsfugen sollen die Querfugen nicht gegeneinander versetzt sein.

Gem. 5.1 und 5.3 werden die Fugen bei der Abrechnung von Betondecken übermessen. Damit wird die Ermittlung der Leistung erheblich vereinfacht. Das Herstellen der Fugen und ihr Verguß werden durch das Übermessen nicht abgegolten. Die Abrechnung dafür erfolgt als Hauptleistung nach den Vorschriften dieses Abschnitts nach Längenmaß. Dabei ist nach den verschiedenen Arten der Fugenausbildung, z.B. Raumfugen, Scheinfugen, Preßfugen, zu trennen. Bei sich kreuzenden Fugen wird gem. 5.5 jede Fuge in voller Länge durchgerechnet, d. h. die Durchdringungen werden nicht abgezogen.

Mit der Abrechnung der Fugen werden zur Vereinfachung auch die Verdübelungen und die Verankerungen erfaßt. Sind Verdübelungen und Verankerungen gesondert abzurechnen, so gilt gem. 0.5.8 als Abrechnungseinheit das Längenmaß der verdübelten oder verankerten Fugen oder die Abrechnung nach Anzahl zum Stückpreis (Bilder 1, 2, 3, 4).

Zu 0.5.8:

Zur Lastübertragung und zur Sicherung gleicher Höhenlagen an den Querfugen sind im allgemeinen Dübel, zur Verhinderung des Auseinanderwanderns der Platten an den Längsfugen Anker vorzusehen. Gem. 0.5.6 sind Verdübelungen und Verankerungen in der Regel zusammen mit der Fugenausbildung und dem Fugenverguß abzurechnen. Eine getrennte Abrechnung kann jedoch notwendig und zweckmäßig sein, wenn es sich um verschiedenartige Konstruktionen von Dübeln und Verankerungen handelt.

Die Abrechnung erfolgt dann nach dem Längenmaß der verdübelten oder verankerten Fugen oder nach Anzahl zum Stückpreis (Bild 4).

Zu 0.5.9:

Abrechnungseinheit für das Nachbehandeln der Oberfläche von Betondecken ist das Flächenmaß. Zu den Nachbehandlungen der Oberfläche von Betondecken gehört u.a. das Abstumpfen bei Glätte zur Aufrechterhaltung des Verkehrs. Diese Arbeit gehört zu den Besonderen Leistungen.

Zu 0.5.10:

Nach den Regelungen dieser ATV gehören die Eignungsprüfung sowie die Eigenüberwachungsprüfung zu den Nebenleistungen des Auftragnehmers, soweit er die Stoffe und Bauteile geliefert oder hergestellt hat.

Kontrollprüfungen und Probenahmen dafür sind jedoch als Besondere Leistungen abzurechnen. Abrechnungseinheit für Probenahmen für Kontrollprüfungen des Auftraggebers ist die Anzahl.

Bild 1 Zweispurige Straße mit Betondecke auf Kiestrageschicht mit Frostschutzschicht

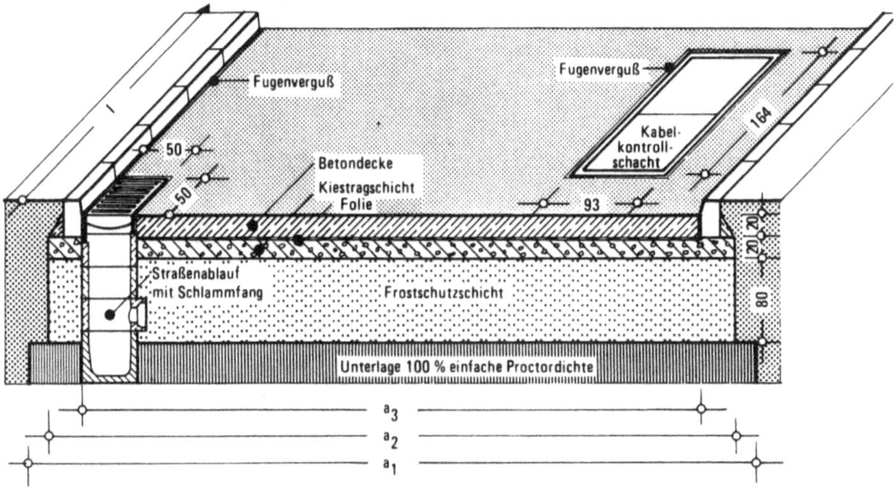

Gem. 0.5.1 Abrechnung für das Nachverdichten der Unterlage nach Flächenmaß. Gem. 5.1 kein Abzug für die Querschnittsfläche des Ablaufschachts, da dieser mit 0,50 · 0,50=0,25 m²<1 m² ist, jedoch Abzug der Querschnittsfläche des Kabelkontrollschachts, die mit 0,93 · 1,64=1,53 m²>1 m² ist. F der nachverdichteten Fläche=a_1 · l−1,53=... m².

Gem. 0.5.2 Abrechnung für das Herstellen der planmäßigen Höhenlage, der planmäßigen Neigung und der vorgeschriebenen Ebenheit nach Flächenmaß. Gem. 5.1 kein Abzug für die Querschnittsfläche des Ablaufschachts, die <1 m² ist, jedoch Abzug für die Querschnittsfläche des Kontrollschachts, die >1 m² ist. F der planmäßigen Unterlage=a_1 · l−1,53=... m².

Gem. 5.1 kein Abzug für die Querschnittsfläche des Straßenablaufs, jedoch Abzug für die Querschnittsfläche des Kabelkontrollschachts. F der 80 cm dicken Frostschutzschicht=a_2 · l−1,53=... m².

F der 20 cm dicken Kiestragschicht=a_2 · l−1,53=... m².

F der 20 cm dicken Betondecke=a_3 · l−1,53=... m². Die Fugen werden nicht abgezogen.

Gem. 0.5.7 Abrechnung für den Verguß der Preßfugen der Betondecke nach Längenmaß.

Ist Abrechnung der Tragschichten nach Raummaß vorgesehen so werden gem. 5.3 durch Fugenkonstruktion, Verdübelung, Verankerung oder Leistungen verdrängte Massen nicht abgezogen.

Bild 2 Fahrbahn mit bewehrter Betondecke, Betontragschicht und Frostschutzschicht

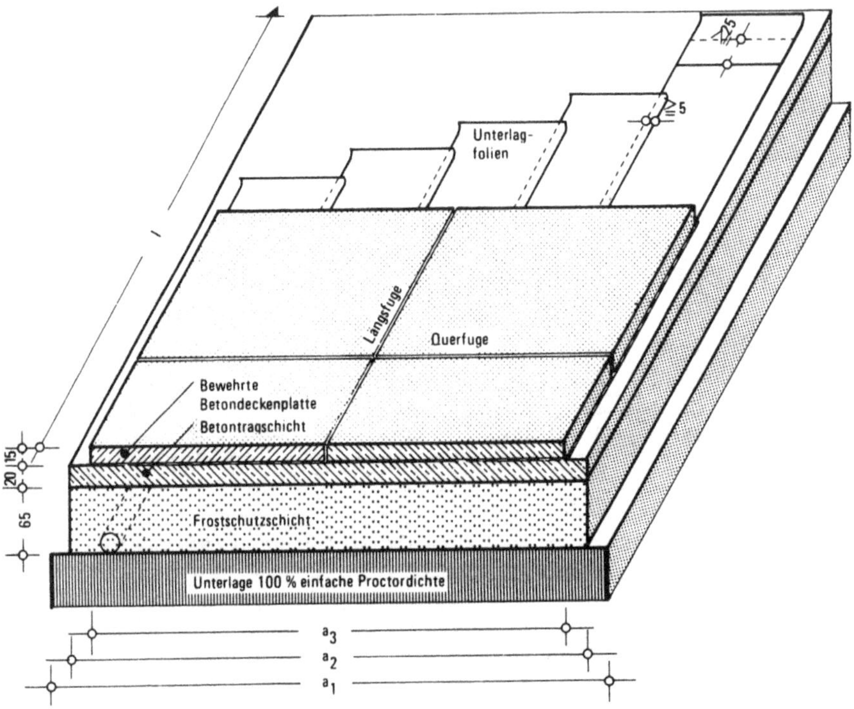

Gem. 0.5.1 Abrechnung des Nachverdichtens der Unterlage nach Flächenmaß.

F der nachverdichteten Fläche=$a_1 \cdot l = \ldots\ m^2$.

Gem. 0.5.2 Abrechnung für das planmäßige Herstellen der Unterlage nach Flächenmaß.

F der planmäßig hergestellten Unterlage=$a_1 \cdot l = \ldots\ m^2$.

Gem. 0.5.5 Abrechnung der Betondecke nach Flächenmaß. Die Fugen werden gem. 5.1 übermessen. Die Bewehrung wird gesondert gem. 0.5.6 abgerechnet. F der Betondecke=$a_3 \cdot l = \ldots\ m^2$.

Gem. 0.5.5 Abrechnung der Betontragschicht nach Flächenmaß.

F der Betontragschicht=$a_2 \cdot l = \ldots\ m^2$.

Gem. 0.5.6 Abrechnung der Bewehrung der Betondecke nach Flächenmaß, dabei werden gem. 5.2 die Überdeckungen nicht berücksichtigt, oder nach Gewicht entsprechend den Bewehrungsplänen. F der Bewehrung der Betondecke=$a_3 \cdot l = \ldots\ m^2$.

Gem. 0.5.7 Abrechnung der Fugenherstellung des Fugenvergusses, getrennt nach Arten, nach Längenmaß. Durchdringungen werden gem. 5.3 nicht abgezogen.

Bild 3 Unverdübelte Querfuge mit Längsfuge

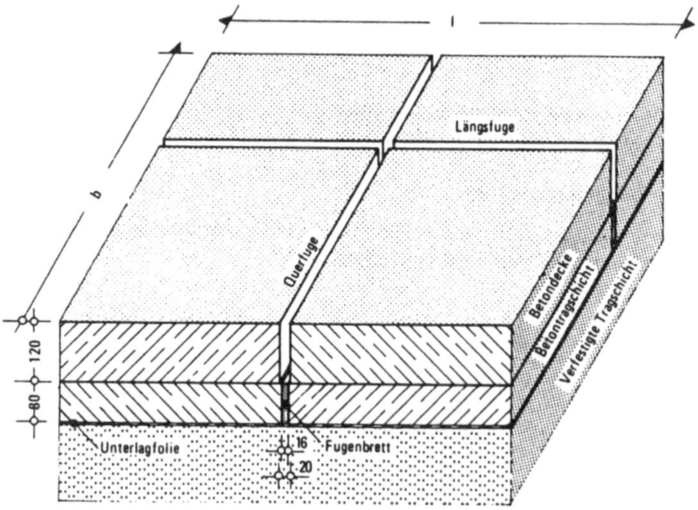

Gem. 0.5.7 Abrechnung für Fugenherstellung und Fugenverdruß nach Längenmaß, getrennt nach Art der Fugenausbildung. Duchdringungen von Fugen werden gem. 5.3 nicht abgezogen.

L der Querfuge=b=... m. L der Längsfuge=l=... m.

Bild 4 Schema der Verdübelung einer Querfuge

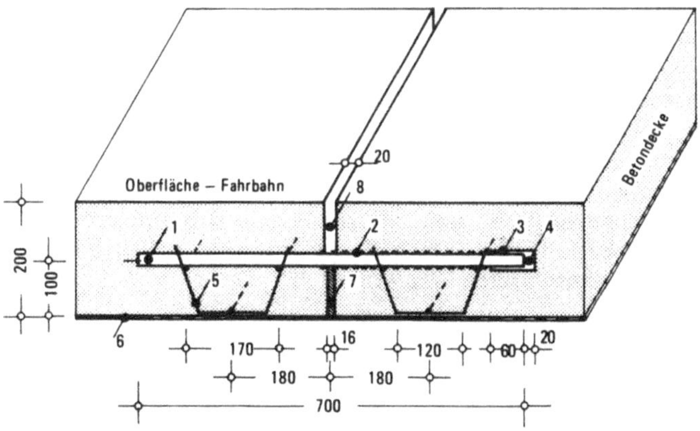

1 Dübel, 22 mm ∅, 700 mm lang
2 Bitumenumhüllung des Dübels
3 Hülse
4 Dehnungsraum
5 Korb aus Baustahlgewebe
6 Unterlagpapier
7 Weichholzbrett, 16 mm dick
8 zu vergießende Querfuge, 20 mm breit

Gem. 0.5.7 Abrechnung der Herstellung der Fuge und des Fugenvergusses, getrennt nach Art der Fugenausbildung, einschließlich Verdübelung nach Längenmaß. Durchdringungen der Fugen werden gem. 5.3 nicht abgezogen.

Gem. 0.5.8 Abrechnung der Verdübelung, sofern dies nicht zusammen mit der Abrechnung der Fugen gem. 0.5.7 erfolgt, nach Längenmaß der verdübelten Fugen oder nach Anzahl der Dübel zum Stückpreis.

VOB Teil C:
Allgemeine Technische Vertragsbedingungen für Bauleistungen (ATV)
Verkehrswegebauarbeiten; Oberbauschichten aus Asphalt
DIN 18317
Ausgabe Juni 1996

1 Geltungsbereich

1.1 Die ATV »Verkehrswegebauarbeiten; Oberbauschichten aus Asphalt« – DIN 18317 – gilt für das Befestigen von Straßen und Wegen aller Art, Plätzen, Höfen, Flugbetriebsflächen, Bahnsteigen und Gleisanlagen mit

- Tragschichten,
- Tragdeckschichten,
- Binderschichten,
- Deckschichten oder Oberflächenschutzschichten

sowie für Deckschichten auf Brücken.

1.2 Die ATV DIN 18317 gilt nicht

- für das Verbessern und Verfestigen des Unterbaus und des Untergrundes,
- für das Herstellen von Schichten mit pechhaltigen Ausbaustoffen,
- für das Herstellen von Schutzschichten aus Gußasphalt auf Bauwerksabdichtungen und wasserdichten Belägen aus Gußasphalt bzw. für Gußasphalt und Dichtungsschicht nach ATV DIN 18354 »Gußasphaltarbeiten«,
- für das Herstellen von Estrichen nach ATV DIN 18354 »Gußasphaltarbeiten«,

1.3 Ergänzend gelten die Abschnitte 1 bis 5 der ATV DIN 18299 »Allgemeine Regelungen für Bauarbeiten jeder Art«. Bei Widersprüchen gehen die Regelungen der ATV DIN 18317 vor.

5 Abrechnung

Gem. ATV DIN 18299 Abschn. 5 gilt allgemein:

Die Leistung ist aus Zeichnungen zu ermitteln, soweit die ausgeführte Leistung diesen Zeichnungen entspricht. Sind solche Zeichnungen nicht vorhanden, ist die Leistung aufzumessen.

Siehe hierzu die eingehende Erläuterung zu ATV DIN 18299 »Allgemeine Regelungen für Bauarbeiten jeder Art«.

Abrechnungseinheiten

Gem. 0.5 sind im Leistungsverzeichnis die Abrechnungseinheiten wie folgt vorzusehen:

0.5.1 – Nachverdichten Unterlage nach Flächenmaß (m²),
0.5.2 – Herstellen der planmäßigen Höhenlage und Neigung sowie der festgelegten Ebenheit der Unterlage aus Asphalt nach Gewicht (t),
0.5.3 – Reinigen nach Flächenmaß (m²),
0.5.4 – Einsprühen mit bitumenhaltigem Bindemittel nach Flächenmaß (m²) oder Gewicht (t),
0.5.5 – Schichten zum Angleichen oder Ausgleichen der Höhenlage nach Gewicht (t),

0.5.6 – Tragschichten, Tragdeckschichten, Binderschichten, Deckschichten, Oberflächenschutzschichten nach Flächenmaß (m^2) oder Gewicht (t),
0.5.7 – Behandlung der Oberflächen von Deckschichten nach Flächenmaß (m^2),
0.5.8 – Fugenherstellung und -verguß nach Längenmaß (m),
0.5.9 – Probenahmen für Kontrollprüfungen nach Anzahl (Stück).

Ergänzend zu ATV DIN 18299 Abschn. 5 gilt:

Bei Abrechnung nach Flächenmaß werden Aussparungen oder Einbauten bis zu 1 m^2 Einzelgröße sowie Fugen und Schienen übermessen.

Nach Flächenmaß werden abgerechnet:
- *Nachverdichten der Unterlage,*
- *Reinigen,*
- *Einsprühen mit bitumenhaltigem Bindemittel, jedoch auch nach Gewicht,*
- *Tragschichten, Tragdeckschichten, Binderschichten, Deckschichten, Oberflächenschutzschichten, jedoch auch nach Gewicht,*
- *Behandlung der Oberflächen von Deckschichten.*

Nach Gewicht werden abgerechnet:
- *Herstellen der planmäßigen Höhenlage und Neigung sowie der festgelegten Ebenheit der Unterlage mit Asphalt,*
- *Einsprühen mit bitumenhaltigem Bindemittel, jedoch auch nach Flächenmaß,*
- *Schichten zum Angleichen oder Ausgleichen der Höhenlage,*
- *Tragschichten, Tragdeckschichten, Binderschichten, Deckschichten, Oberflächenschutzschichten, jedoch auch nach Flächenmaß.*

Nach Längenmaß wird Fugenherstellung und -verguß abgerechnet.

Nach der Anzahl werden Probenahmen für Kontrollprüfungen abgerechnet.

Bei Abrechnung nach Flächenmaß werden Aussparungen und Einbauten für einliegende, einbindende und durchbindende Bauteile oder Gegenstände, z.B. Straßenabläufe, andersgeartete Trag- und Deckschichtkonstruktionen, einbindende und durchbindende Bauteile oder Gegenstände, z.B. Säulen, Pfeiler, Pfeilervorlagen, Kellerhälse, Schaltkästen, Maste, Alarm- und Signalanlagen, bis zu 1 m^2 Einzelgröße einschließlich sowie alle Fugen und Schienen nicht abgezogen, d.h., sie werden übermessen.

Fugen sind z.B. Arbeitsfugen, Dehnungsfugen sowie Preßfugen, d.h. Fugen zwischen den Oberbauschichten und anderen Bauteilen oder Gegenständen, sowie Längsfugen. Schlitze sind Aussparungen in den Oberbauschichten, die diese oft nicht ganz durchdringen. Sie dienen zur Einbettung von Leitungen oder ähnlichen Zwecken und werden in der Regel wieder geschlossen.

Das Übermessen der Aussparungen bis zu 1 m^2 Einzelgröße einschließlich sowie der Fugen und Schienen ist eine Messungserleichterung, bei der sich der Aufwand für die Ermittlung der Leistung und die Vergütung geringfügiger, an der Flächengröße fehlender Leistungsteile aufwiegen. Unabhängig von dieser Messungserleichterung ist das Herstellen von Aussparrungen oder Einbauten immer dann besonders zu vergüten, wenn es nach Art, Größe und Anzahl in der Leistungsbeschreibung nicht vorgesehen ist (Bilder 1, 2).

Das Schließen von Aussparungen sowie das Einsetzen von Fertigteilen ist in jedem Fall als Besondere Leistung abzurechnen.

Eine Abrechnung nach Raummaß, die für Tragschichten, Tragdeckschichten, Binderschichten u.ä. in Frage käme, ist in der ATV nicht vorgesehen; mithin bestehen auch keine Vorschriften für Abzüge bei dieser Abrechnungseinheit wegen verdrängter Massen.

Zu 0.5.1 und 0.5.2:

Unterlage ist der Bereich unter den herzustellenden Oberbauschichten. Im allgemeinen hat der Auftragnehmer für die Oberbauarbeiten auch die Arbeiten, die sich auf das Herstellen der Unterlage beziehen, in Auftrag. Ist dies nicht der Fall, und zeigen sich z.B. bei der Prüfung der Unterlage durch den Auftragnehmer Mängel, so muß sie der Auftraggeber beseitigen lassen. Wenn er die Mängelbeseitigung dem Auftragnehmer für die Oberbauarbeiten überträgt, ist die Leistung nach diesen Vorschriften abzurechnen. Lag die Ursache für die Mängel jedoch beim Auftragnehmer selbst, so erhält er keine Vergütung. Für die Ermittlung der Leistungen des Nachverdichtens und des planmäßigen Herstellens der Unterlage gelten die für das Vorbereiten der Unterlage vorgesehenen Maße (Bilder 1, 2).{0G}

Zu 0.5.3:

Das Reinigen der Unterlage oder aufgebrachter Schichten kann manuell oder durch Maschineneinsatz erfolgen. Für die Leistungsermittlung gelten die Konstruktionsmaße der zu reinigenden Flächen. Nach den Vorschriften dieser ATV ist das Reinigen von schädlichen Verschmutzungen als Besondere Leistung abzurechnen, soweit die Notwendigkeit der Reinigung nicht vom Auftraggeber verursacht ist.

Zu 0.5.4:

Das Einsprühen und Vorspritzen mit bitumenhaltigen Bindemitteln ist nur dann als Besondere Leistung abzurechnen, wenn der Auftragnehmer für die Notwendigkeit dieser Leistung nicht verantwortlich ist. Die Notwendigkeit ist z.B. gegeben, wenn der Auftraggeber unter bestimmten Witterungsverhältnissen arbeiten lassen will.

Für die Ermittlung der Leistung gelten die Flächenmaße der zu besprühenden Schichten bzw. das Gewicht des Mischgutes, das durch amtliches Wiegen zu ermitteln ist.

Zu 0.5.5:

Schichten zum Angleichen oder Ausgleichen der Höhenlage werden deshalb nach Gewicht abgerechnet, weil die Abrechnung nach Flächenmaß wegen der ungleichmäßigen Schichtdicken zu ungenau wäre. Auch in diesem Fall darf die Notwendigkeit zur planmäßigen Herstellung der Höhenlage nicht vom Auftragnehmer verursacht sein, wenn die Arbeit als Besondere Leistung abgerechnet werden soll. Für die Leistungsermittlung gilt das Gewicht des Mischgutes. Es ist durch Wiegen zu ermitteln.

Zu 0.5.6:

Der Auftragnehmer kann wählen, ob er Tragschichten, Tragdeckschichten, Binderschichten, Deckschichten und Oberflächenschutzschichten nach Flächenmaß oder Gewicht abrechnen will. Er muß seine Entscheidung allerdings bereits zum Zeitpunkt der Aufstellung der Leistungsbeschreibung treffen. Wenn man den Grundsatz berücksichtigt, der in ATV DIN 18299 Abschn. 5 festgelegt ist, daß die Abrechnung nach Zeichnungen den Vorrang haben soll, verdient die Abrechnung nach Flächenmaß den Vorzug.

Gem. Ergänzung zu ATV DIN 18299 Abschn. 5 werden bei Abrechnung nach Flächenmaß Aussparungen bis zu 1 m² Einzelgröße einschließlich sowie Fugen und Schienen nicht abgezogen. Vgl. hierzu die dortige Erläuterung (Bilder 1, 2).

Bei Abrechnung nach Flächenmaß gelten für die Leistungsermittlung die Konstruktionsmaße der Tragschichten, Tragdeckschichten, Binderschichten, Deckschichten und Oberflächenschutzschichten. Bei Abrechnung nach Gewicht gelten für die Leistungsermittlung die durch amtliches Wiegen festgestellten Mischgutmengen.

Zu 0.5.7:
Nach den Vorschriften dieser ATV ist bei der Oberflächenbehandlung der Edelsplitt unmittelbar nach dem Aufspritzen des Bindemittels gleichmäßig verteilt aufzustreuen und durch Walzen anzudrücken.
Die Abrechnungseinheit ist das Flächenmaß. Gem. Ergänzung zu ATV DIN 18299 Abschn. 5 werden bei Abrechnung nach Flächenmaß Aussparungen bis zu 1 m² Einzelgröße sowie Fugen und Schienen übermessen.

Zu 0.5.8:
Abrechnungseinheit für Fugenherstellung und Fugenverguß ist das Längenmaß. Es richtet sich nach den Konstruktionsmaßen der durch Fugen zu trennenden Bauteile.
Das Herstellen von Anschlüssen an bestehende Bauteile und Oberbauschichten durch Schneiden, Fräsen, durch Ausbilden von Fugen oder besondere Konstruktionen und Ausführungen ist als Besondere Leistung abzurechnen.
Gem. Ergänzung zu ATV DIN 18299 Abschn. 5 werden bei Abrechnung nach Flächenmaß u. a. Fugen nicht abgezogen. Diese Regelung dient ausschließlich der Messungsvereinfachung, da die Aufwendungen für das Ermitteln der Leistung der Oberbauarbeiten in der Regel höher sein werden als der Wert der im Fugenbereich nicht ausgeführten Leistung. Bei der Abrechnung ist nach Konstruktionsart der Fugen, z.B. Arbeitsfugen bei Gußasphaltdecken, Bewegungsfugen bei Bauwerkanschlüssen, zu trennen (Bilder 1, 2).

Zu 0.5.9:
Nach den Regelungen dieser ATV gehören die Eignungsprüfung sowie die Eigenüberwachungsprüfung zu den Nebenleistungen des Auftragnehmers, soweit er die Stoffe und Bauteile geliefert oder hergestellt hat.
Kontrollprüfungen, die der Auftraggeber veranlaßt, und Probenahmen dafür sind jedoch als Besondere Leistungen abzurechnen. Abrechnungseinheit für die Probenahmen für Kontrollprüfungen ist die Anzahl.

Bild 1 Zweispurige Fahrbahn mit Deckschicht aus Gußasphalt, Asphaltbinderschicht, bitumenhaltiger Tragschicht, verfestigter Zementtragschicht und Frostschutzschicht

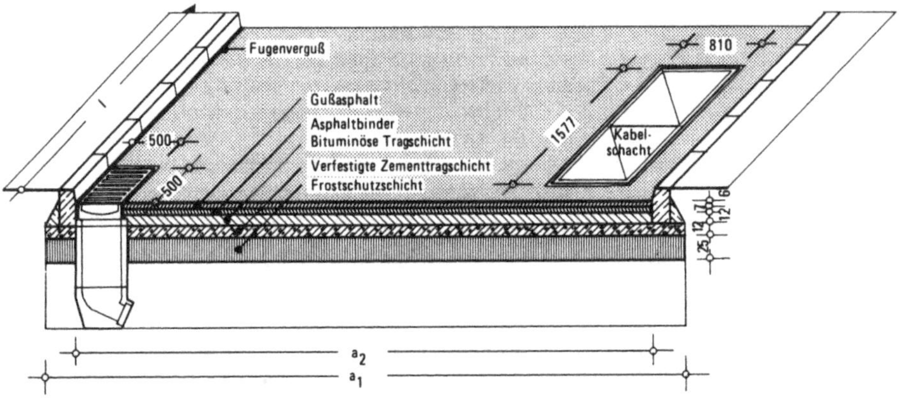

Gem. 0.5.1 ggf. Abrechnung für Nachverdichten der Unterlage nach Flächenmaß. Bei der Ermittlung der Fläche kein Abzug der Querschnittsfläche des Ablaufschachts, da diese mit 0,50 · 0,50=0,25 m² <1 m² ist, jedoch Abzug der Querschnittsfläche des Kabelschachts, die mit 0,81 · 1,58=1,28 m² >1 m² ist.

F der nachverdichteten Unterlage=$a_1 \cdot l - 1{,}28 = \dots$ m².

Gem. 0.5.2 Abrechnung für das Herstellen der planmäßigen Höhenlage, Neigung und der festgelegten Ebenheit der Unterlage aus Asphalt nach Gewicht.

Abzug der Querschnittsfläche des Kabelschachts, die >1 m² ist.

F der planmäßig hergestellten Unterlage=$a_1 \cdot l - 1{,}28 = \dots$ m².

Gem. 0.5.6 Abrechnung der 12 cm dicken bitumenhaltigen Tragschicht, der 7 cm dicken Asphaltbinderschicht und der 6 cm dicken Deckschicht aus Gußasphalt nach Flächenmaß oder Gewicht.

Bei Abrechnung nach Flächenmaß kein Abzug für die Aussparung des Straßenablaufs, jedoch Abzug der Aussparung für den Kabelkontrollschacht, die mit 1,28 m²>1 m² ist. Für alle genannten Oberbauschichten aus Asphalt ist

$F = a_2 \cdot l - 1{,}28 = \dots$ m².

Abrechnung der mit Zement verfestigten Tragschicht nach ATV DIN 18316.

Gem. 0.5.8 Abrechnung für Fugenherstellung und Fugenverguß nach Längenmaß der Fugen.

Bild 2 Parkhafen mit Aussparungen und Kabelschlitz

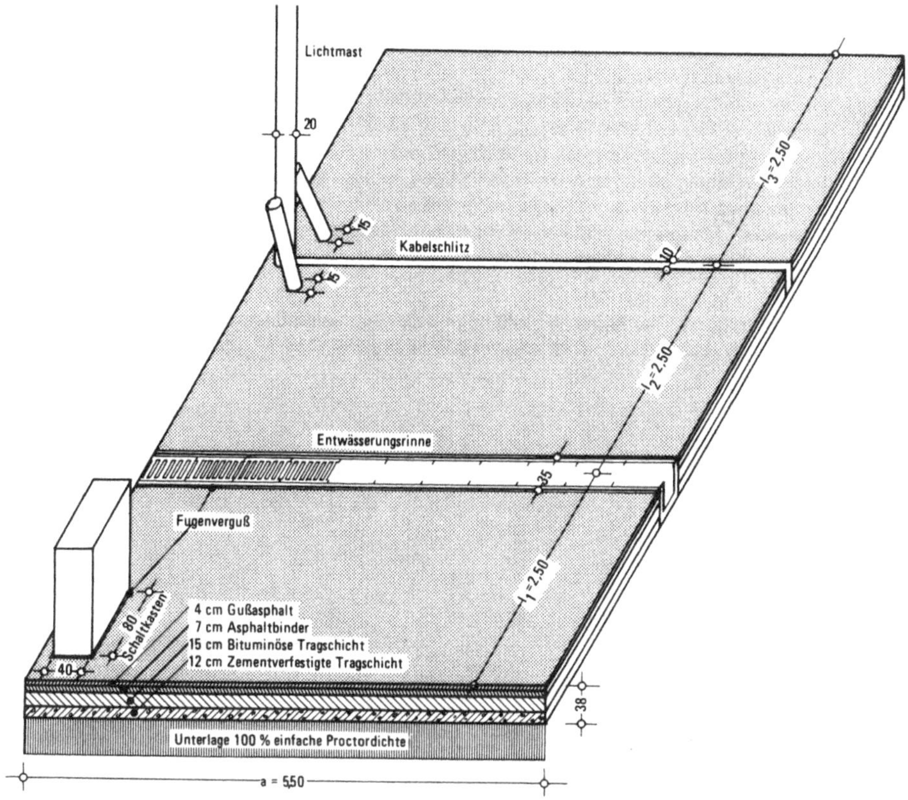

Gem. 0.5.1 ggf. Abrechnung für das Nachverdichten der Unterlage nach Flächenmaß. In der Unterlage befinden sich keine Aussparungen, die abzuziehen sind. Die Aussparung für den Lichtmast ist <1 m².

F der nachverdichteten Unterlage=5,50 · 3 · 2,50=41,25 m².

Gem. 0.5.2 Abrechnung für das Herstellen der planmäßigen Unterlage aus Asphalt nach Gewicht. In der Unterlage befinden sich keine abzuziehenden Aussparungen; die Aussparung für den Lichtmast ist <1 m².

F der planmäßig hergestellten Unterlage ist=5,50 · 3 · 2,50·=41,25 m².

Gem. 0.5.6 Abrechnung der Tragschicht, der Binderschicht und der Deckschicht nach Flächenmaß oder Gewicht. Bei Abrechnung nach Flächenmaß kein Abzug für die Fugen und den Kabelschlitz. Ferner kein Abzug der Aussparungen für den Lichtmast und die Abweiser sowie den Schaltkasten, da die Einzelgrößen 1 m² nicht überschreiten; jedoch Abzug der Aussparung für die Entwässerungsrinne, die mit 0,35 · 5,50=1,93 m²>1 m² ist.

F der bitumenhaltigen Tragschicht, der Asphaltbinderschicht und der Deckschicht aus Gußasphalt jeweils=5,50 · 3 · 2,50Ö1,93=39,32 m².

Bei Abrechnung der Tragschicht, der Binderschicht und der Deckschicht nach Gewicht erfolgt die Gewichtsermittlung im allgemeinen durch Wiegen.

Gem. 0.5.8 Abrechnung der Fugenherstellung und des Fugenvergusses nach Längenmaß. L des Fugenvergusses=2(0,40+0,80+5,50)+0,20 · 3,14+2 · 0,15 · 3 · 14=14,97 m.

VOB Teil C:
Allgemeine Technische Vertragsbedingungen für Bauleistungen (ATV) Verkehrswegebauarbeiten; Pflasterdecken, Plattenbeläge und Einfassungen – DIN 18318
Ausgabe Juni 1996

1 Geltungsbereich

1.1 Die ATV »Verkehrswegebauarbeiten; Pflasterdecken, Plattenbeläge, Einfassungen« – DIN 18318 – gilt für das Befestigungen von Straßen und Wegen aller Art, Plätzen, Höfen, Flugbetriebsflächen, Bahnsteigen und Gleisanlagen mit Pflaster und Platten sowie für das Herstellen von Einfassungen und Rinnen. Sie gilt auch für das Befestigen solcher Flächen mit Naturwerkstein, Betonwerkstein und Klinkerplatten.

1.2 Ergänzend gelten die Abschnitte 1 bis 5 der ATV DIN 18299 »Allgemeine Regelungen für Bauarbeiten jeder Art«. Bei Widersprüchen gehen die Regelungen der ATV DIN 18318 vor.

5 Abrechnung

Gem. ATV DIN 18299 Abschn. 5 gilt allgemein:

Die Leistung ist aus Zeichnungen zu ermitteln, soweit die ausgeführte Leistung diesen Zeichnungen entspricht. Sind solche Zeichnungen nicht vorhanden, ist die Leistung aufzumessen.

Siehe hierzu die eingehende Erläuterung zu ATV DIN 18299 »Allgemeine Regelungen für Bauarbeiten jeder Art«.

Abrechnungseinheiten

Gem. 0.5 sind im Leistungsverzeichnis die Abrechnungseinheiten wie folgt vorzusehen:

0.5.1 – Nachverdichten der Unterlage nach Flächenmaß (m²),

0.5.2 – Herstellen der planmäßigen Höhenlage, Neigung und der festgelegten Ebenheit der Unterlage nach Flächenmaß (m²),

0.5.3 – Pflasterdecken und Plattenbeläge

0.5.3.1 – Pflasterdecken und Plattenbeläge nach Flächenmaß (m²), getrennt nach Ausführungsarten (z.B. im Bogen, nach Muster), nach Arten und Maßen der Pflastersteine oder der Platten,

0.5.3.2 – Abputzen aufgenommener Pflasterdecken und Plattenbeläge nach Flächenmaß (m²), getrennt nach Arten und Fugenfüllung und der Unterlage, nach Arten und Maßen der Pflasterdecken und Plattenbeläge.

0.5.3.3 – Zuarbeiten oder Schneiden von Platten und Pflaster
- für Verlegen und Versetzen an Kanten und Einfassungen nach Längenmaß (m),
- für Verlegen und Versetzen an Einbauten und Aussparungen nach Anzahl (Stück),

0.5.3.4 – Zuarbeiten oder Schneiden von Platten aus Naturstein nach Anzahl (Stück).

0.5.4 – Fugenverguß oder Fugenfüllung

0.5.4.1 – Fugenverguß und Fugenfüllung von Pflasterdecken und Plattenbelägen nach Flächenmaß (m²), getrennt nach Befestigungsarten und Arten des Fugenvergusses oder der Fugenfüllung,

0.5.4.2 – Fugenverguß von Dehnungs- und Randfugen nach Längenmaß (m), getrennt nach Fugenmaßen und Arten des Fugenvergusses.

0.5.5 – Einfassungen

0.5.5.1 – Bord- oder Einfassungssteine nach Längenmaß (m), getrennt nach Arten und Maßen,

0.5.5.2 – Fundamente mit oder ohne Rückenstütze von Einfassungen nach Raummaß (m^3) oder, getrennt nach Maßen, nach Längenmaß (m),

0.5.5.3 – Bearbeiten von Köpfen der Bord- und Einfassungssteine nach Anzahl (Stück), getrennt nach Arten und Maßen,

0.5.5.4 – Nacharbeiten der Schnurkante, Nacharbeiten oder Aufarbeiten eines vorhandenen Anlaufs (Fase) oder der Trittflächen an Bordsteinen nach Längenmaß (m), getrennt nach Arten und Maßen.

Ergänzend zu ATV DIN 18299 Abschn. 5 gilt:

5.1 Einzelflächen unter 0,5 m^2 werden als 0,5 m^2 abgerechnet.

Diese Bestimmung dient nicht nur der Messungserleichterung, sondern vor allem auch dem Vergütungsausgleich der Leistungen, deren Flächen unter 0,5 m^2 Größe liegen, da der Herstellungsaufwand für Leistungen unter 0,5 m^2 im allgemeinen konstant bleibt.

5.2 Für das Abputzen aufgenommener Pflasterdecken und Plattenbeläge wird das Maß der aufgenommenen Fläche abgerechnet.

Mit dieser Regelung wird klargestellt, welche Fläche der Leistungsermittlung zugrunde zu legen ist. Sie ist durch Aufmaß festzustellen, wenn keine Zeichnungen vorhanden sind, aus denen die ausgeführte Leistung der Pflasterdecken und Plattenbeläge hervorgeht.

5.3 Das Zuarbeiten oder Schneiden von Platten und Pflaster an Kanten und Einfassungen wird nach der Länge der Fuge zwischen Belag und Kante oder Einfassung abgerechnet.

Diese Messungsvorschrift ergänzt die in ATV DIN 18299 Abschn. 5 allgemein gegebene Regelung, daß die Leistung aufzumessen ist, wenn keine Zeichnungen vorhanden sind, die der ausgeführten Leistung der Pflasterdecken oder der Plattenbeläge entsprechen. Sie ist vor allem anzuwenden, wenn Gehwegplatten an Einfassungen mit runden Grundflächen verlegt werden.

5.4 Fugenverguß und Fugenfüllung von Pflasterdecken und Plattenbelägen werden nach der Fläche des Belages abgerechnet.

Für die Ermittlung der Leistung gilt das Flächenmaß der befestigten Fläche, z.B. des Großpflasters.

Der Fugenverguß zwischen Dehnungs- und Randfugen, z.B. zwischen Pflaster und Bordstein wird jedoch nach Längenmaß abgerechnet.

5.5 Die Länge der Einfassung wird an der Vorderseite der Bord- oder Einfassungssteine gemessen. Dies gilt auch bei der Abrechnung von Fundamenten mit und ohne Rückenstütze nach Längenmaß.

Diese Messungsvorschrift ist notwendig, weil bei Krümmungen und Ecken Längenunterschiede zwischen der Vorderseite und der Rückseite bestehen.

5.6 Nacharbeiten der Schnurkante, Nacharbeiten oder Aufarbeiten eines vorhandenen Anlaufs (Fase) oder der Trittflächen von Bordsteinen werden nach der Länge der bearbeiteten Bordsteine abgerechnet.

Mehrleistungen, die aus dem Nacharbeiten der Schnurkante, dem Nacharbeiten oder Aufarbeiten eines vorhandenen Anlaufs oder der Trittflächen an Bordsteinen entstehen, sind nur dann zu vergüten und besonders abzurechnen, wenn diese Leistungen nach dem Vertrag dem Auftragnehmer nicht ohnehin obliegen. Abgerechnet wird nach der Länge der Vorderseite der bearbeiteten Bordsteine.

5.7 Bei Abrechnung werden übermessen:

- Randfugen zwischen Pflasterdecke oder Plattenbelag und Einfassung, z.B. Bordstein, Schiene,
- Fugen innerhalb der Pflasterdecke oder des Plattenbelages und Stoßfugen zwischen den einzelnen Bordsteinen oder Einfassungssteinen,
- Schienen, wenn beidseitig die gleiche Befestigungsart an die Schienen herangeführt ist,
- in der befestigten Fläche liegende oder in sie hineinragende Aussparungen oder Einbauten bis einschließlich 1 m² Einzelgröße, z.B. Schächte, Schieber, Maste, Stufen.

Es sind Randfugen, Flächenfugen und Stoßfugen zu unterscheiden. Randfugen liegen zwischen Pflaster oder Plattenbelag und Einfassung. Einfassungen bestehen z.B. aus Bordsteinen, Einfassungssteinen, Schienen.

Flächenfugen liegen innerhalb der Pflasterdecke oder des Plattenbelages, Stoßfugen zwischen den einzelnen Bordsteinen oder Einfassungssteinen.

Aussparungen sind in der Leistung fehlende oder auszulassende Flächen mit oder ohne körperliche Begrenzung. Aussparungen mit körperlicher Begrenzung sind z.B. Schächte, Straßenabläufe, Schaltschränke, Stufen, Kellerhälse. Aussparungen ohne körperliche Begrenzung sind z.B. Flächen für Baumscheiben. Liegen Aussparungen, die größer als 1 m² sind und demnach abgezogen werden müssen, in verschiedenen Befestigungsarten, z.B. in Gehwegplatten und Mosaikpflaster, werden die Teilflächen von jeder dieser Befestigungsarten abgezogen, auch wenn diese Teilstücke im einzelnen kleiner als 1 m² sind. Die Teilflächen der Aussparungen gelten nicht als Einzelgrößen. Diese Messungserleichterung ist dadurch gerechtfertigt, daß sich der Aufwand für die Feststellung der Leistung und die Vergütung geringfügiger, an der Flächengröße fehlender Leistungsteile aufwiegen (Bilder 1 bis 5).

5.8 Aussparungen oder Einbauten über 1 m² Einzelgröße werden abgezogen; wenn sie in verschiedenen Befestigungsarten liegen, werden sie anteilig abgezogen.

Wie unter 5.7 dargelegt, gelten die Teilflächen von Aussparungen, die in verschiedenen Befestigungsarten liegen, nicht als Einzelgrößen. Sie sind anteilig abzuziehen, wenn die Abmessung von Aussparungen und Einbauten 1 m² überschreitet (Bild 3).

Zu 0.5.1:

Unterlage ist der Bereich unter den zu befestigenden Flächen. Nach der ATV hat der Auftragnehmer mit der im Verkehr erforderlichen Sorgfalt die Unterlage auf Eignung für das Aufbringen von Pflasterdecken und Plattenbelägen zu prüfen. Stellt er dabei eine offensichtlich unzureichende Tragfähigkeit fest, muß der Auftraggeber eine Nachverdichtung veranlassen. Überträgt er die Mängelbeseitigung dem Auftragnehmer, der mit den Oberbauarbeiten beauftragt ist, so ist die Leistung nach dem Flächenmaß abzurechnen. Dabei werden gem. 5.8 Aussparungen oder Einbauten über 1 m² Einzelgröße abgezogen (Bild 1).

Zu 0.5.2:

Zeigen sich bei der Prüfung des Untergrundes, die der Auftragnehmer gem. B § 4 Nr. 3 vorzunehmen hat, Abweichungen von der planmäßigen Höhenlage Neigung oder Ebenheit, und erhält der Auftragnehmer den Auftrag, den von anderer Seite verursachten Mangel zu beheben, so ist diese Leistung nach dem Flächenmaß abzurechnen. Es gelten die Maße, die für die Vorbereitung der Unterlage festgelegt sind. Aussparungen oder Einbauten über 1 m² Einzelgröße sind abzuziehen (Bild 1).

Zu 0.5.3.1:

Pflaster wird unterschieden nach

- *Formen, Abmessungen und Güteklassen der Pflastersteine: Mosaikpflastersteine, Kleinpflastersteine, Großpflastersteine, Güteklasse I oder II,*
- *Bettung: Sand, Kiessand, Zementmörtel,*
- *Stoffart: Naturstein, Beton,*
- *Art der Pflasterung: Reihenpflaster, Segmentpflaster, Rauhpflaster, Verbundpflaster, Netzpflaster;*

Plattenbeläge werden unterschieden nach

- *Formen und Abmessungen: quadratische Platten, Friesplatten, Eckplatten, Rechteckplatten, einschichtig oder zweischichtig,*
- *Bettung: Sand, Kies, Mörtel,*
- *Stoffart: Naturstein, Beton,*
- *Art des Verlegens: Diagonalverband, Reihenverband.*

Die Abrechnung der Pflasterdecken und der Plattenbeläge erfolgt unter Trennung nach Ausführungsarten sowie nach Arten und Maßen der Pflastersteine oder der Platten nach Flächenmaß. Dabei ist zu beachten:

Gem. 5.1 werden Einzelflächen unter 0,5 m² als 0,5 m² abgerechnet;

Gem. 5.7 werden Randfugen zwischen Pflasterdecke oder Plattenbelag und Einfassung, z.B. Bordstein, Schiene, übermessen; ferner werden übermessen:

Fugen innerhalb der Pflasterdecke oder des Plattenbelages und Stoßfugen zwischen den einzelnen Bordsteinen oder Einfassungen, Schienen, wenn beidseitig die gleiche Befestigungsart an die Schienen herangeführt ist, sowie in der befestigten Fläche liegende oder in sie hineinreichende Aussparungen oder Einbauten bis einschließlich 1 m² Einzelgröße, z.B. Schächte, Schieber, Maste.

Gem. 5.8 werden Aussparungen oder Einbauten über 1 m² Einzelgröße abgezogen; wenn sie in verschiedenen Befestigungsarten liegen, werden sie anteilig abgezogen (Bilder 1 bis 4 und 5).

Zu 0.5.3.2:

Maßstäbe für die Bewertung der Leistung des Abputzens aufgenommener Pflasterdecken und Plattenbeläge sind die Art des Fugenvergusses und der Fugenfüllung sowie die Ausführung der Unterlage. Bei der Abrechnung nach Flächenmaß ist nach Arten der Fugenfüllung und der Unterlage sowie nach Arten und Maßen der Pflasterdecken und Plattenbeläge zu trennen. Bei der Abrechnung sind die Abschn. 5.1, 5.2, 5.7 und 5.8 zu beachten.

Zu 0.5.3.3:

Gehwegplatten oder Pflastersteine, die an runde oder eckige Einfassungen stoßen, bedürfen der Zuarbeitung bzw. des Schneidens. Bezieht sich das Zuarbeiten bzw. Schneiden auf das Verlegen und Versetzen an Kanten und Einfassungen, so erfolgt die Abrechnung nach Längenmaß; bezieht es sich auf das Verlegen und Versetzen an Einbauten und Aussparungen, so erfolgt die Abrechnung nach Anzahl.

Gem. 5.3 wird das Zuarbeiten oder Schneiden an Kanten und Einfassungen nach der Länge der Fuge zwischen Belag und Kante oder Einfassung abgerechnet (Bilder 2 und 3).

Zu 0.5.3.4:

Bezieht sich das Zuarbeiten oder Schneiden auf Platten aus Naturstein, so ist nach der Anzahl abzurechnen. Gegwegplatten aus Naturstein sind an den Seitenflächen, an der oberen und auch an der unteren Fläche bearbeitet.

Das Zuarbeiten oder Schneiden von Platten und Pflaster einschließlich Paßstücken, z.B. an Kanten und Anschlüssen, für die Verlegung an Einbauten und Aussparungen ist als Besondere Leistung abzurechnen (Bild 5).

Zu 0.5.4.1 und 0.5.4.2:

In dieser ATV ist über Fugenmaterial folgendes geregelt: Als ungebundenes Fugenmaterial sind Sand, Kiessand, Brechsand oder Splitt zu verwenden. Geeignete Körnungen sind Sand 0/2 mm oder 0/4 mm, Splitt 1/3 mm oder 2/5 mm oder ein kornabgestuftes Brechsand-Splitt-Gemisch 0/5 mm.

Schlämmbare und gießfähige Zementmörtel müssen mindestens 600 kg/m^3 Zement enthalten, andere Zementmörtel sind im Mischungsverhältnis 1:4 herzustellen.

Kalkmörtel sind im Mischungsverhältnis 1:3 bis 1:4 herzustellen.

Das Mischungsverhältnis wird in Raumteilen gemessen.

Fugenverguß aus Bitumen muß den Technischen Lieferbedingungen für bituminöse Fugenvergußmassen (TLbit Fug) entsprechen. Sonstiges elastisches, plastisches oder elastoplastisches Fugenmaterial muß DIN 18540 Teil 2 »Abdichtung von Außenwandfugen im Hochbau mit Fugendichtungsmassen; Anforderung und Prüfung« entsprechen.

Fugenverguß und Fugenfüllung von Pflasterdecken und Plattenbelägen sind nach Längenmaß abzurechnen. Dabei ist nach Befestigungsarten, Arten des Fugenvergusses oder der Fugenfüllung zu trennen. Die Abrechnung erfolgt nach der Fläche des Belages. Die Abschn. 5.1 und 5.8 sind zu beachten.

Fugenverguß von Dehnungs- und Randfugen ist nach Längenmaß abzurechnen. Dabei ist nach Fugenmaßen und Arten des Fugenvergusses zu trennen (Bilder 1 und 3).

Zu 0.5.5.1:

Es werden Bord- und Einfassungssteine aus Beton, Bordsteine aus Naturstein, sowie Bordrinnen- und Muldensteine aus Beton unterschieden. Die Abrechnung erfolgt nach Längenmaß, getrennt nach Arten und Maßen. Abschn. 5.5 ist zu beachten (Bilder 1, 2, 3 und 6).

Zu 0.5.5.2:

Fundamente von Bordsteinen oder Kantensteinen werden mit oder ohne Rückenstütze in Ortbeton hergestellt. Der Auftraggeber hat die Wahl, die Fundamente nach Raummaß oder nach Längenmaß abzurechnen. Er muß seine Entscheidung jedoch bereits bei der Aufstellung der LB treffen. Bei der Abrechnung nach Längenmaß ist nach den Maßen der Fundamente zu trennen (Bilder 1, 2 und 3).

Zu 0.5.5.3:

Sind Bordsteinköpfe besonders zu bearbeiten, z.B. bei Einfahrten, so sind die bearbeiteten Bordsteinköpfe nach der Anzahl abzurechnen; es ist nach Arten und Maßen zu trennen.

Das gleiche gilt für das Bearbeiten von Einfassungssteinen.

Zu 0.5.5.4:

Mehrleistungen, die aus dem Nacharbeiten der Schnurkante, Nacharbeiten oder Aufarbeiten eines vorhandenen Anlaufs (Fase) oder der Trittflächen an Bordsteinen entstehen, sind nur dann als Besondere Leistung abzurechnen, wenn sie nach dem Vertrag dem Auftragnehmer nicht ohnehin obliegen. Abrechnungseinheit ist das Längenmaß; es ist nach Arten und Maßen zu trennen (Bild 6).

Bild 1 Großpflaster und Mosaikpflaster

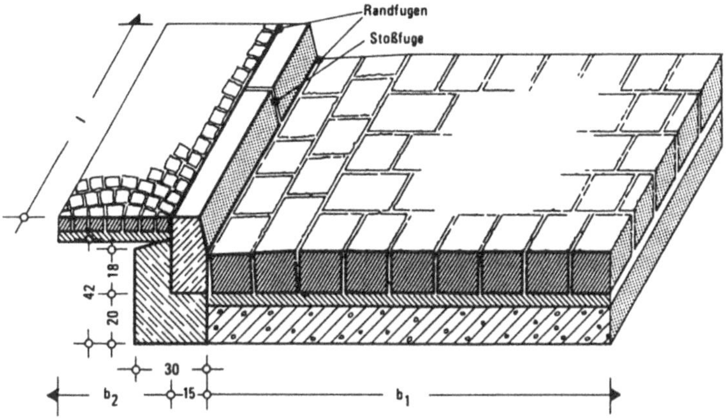

Gem. 0.5.1 ggf. Abrechnung für Nachverdichten der Unterlage nach Flächenmaß.

F der nachverdichteten Unterlage des Straßenpflasters=$b_1 \cdot l$=... m².

Gem. 0.5.2 Abrechnung für das Herstellen der planmäßigen Unterlage für das Straßenpflaster nach Flächenmaß. F der planmäßig hergestellten Unterlage=$b_1 \cdot l$=... m².

Gem. 0.5.3.1 Abrechnung des Straßenpflasters, Großstein 1 DIN 18502 Basaltlava, in Zementmörtel auf zementverfestigter Tragschicht, nach Flächenmaß. Gem. 5.7 kein Abzug der Randfuge zwischen Pflaster und Bordstein. Gem. 5.7 kein Abzug der Fugen innerhalb der Pflasterfläche.

F des Großpflasters=$b_1 \cdot l$=... m².

Ausführung und Abrechnung der zementverfestigten Tragschicht nach ATV DIN 18316.

Gem. 0.5.3.1 Abrechnung des Mosaikpflasters in Sand, Mosaikstein 2 DIN 18502 Diorit, nach Flächenmaß. F des Mosaikpflasters=$b_2 \cdot l$=... m².

Gem. 0.5.4.1 Abrechnung für den Fugenverguß des Großpflasters nach dem Flächenmaß der befestigten Straßenfläche. F der befestigten Straßenfläche mit Fugenverguß=$b_1 \cdot l$... m².

Gem. 0.5.5.1 Abrechnung des Bordsteins, A4 DIN 483 Granit, nach Längenmaß. Gem. 5.7 kein Abzug der Stoßfugen des Bordsteins. L des Bordsteins=l=... m.

Gem. 0.5.5.2 Abrechnung des 30 cm breiten Fundaments des Bordsteins mit 15 cm breiter Rückenstütze nach Raummaß oder Längenmaß. L des Fundaments=l=... m.

V des Fundaments=$0{,}30 \cdot 0{,}20 \cdot l + \left(\frac{0{,}42+0{,}38}{2}\right) \cdot 0{,}15 \cdot l$=...m³.

Bild 2 Gepflasterte Straße mit Gehweg

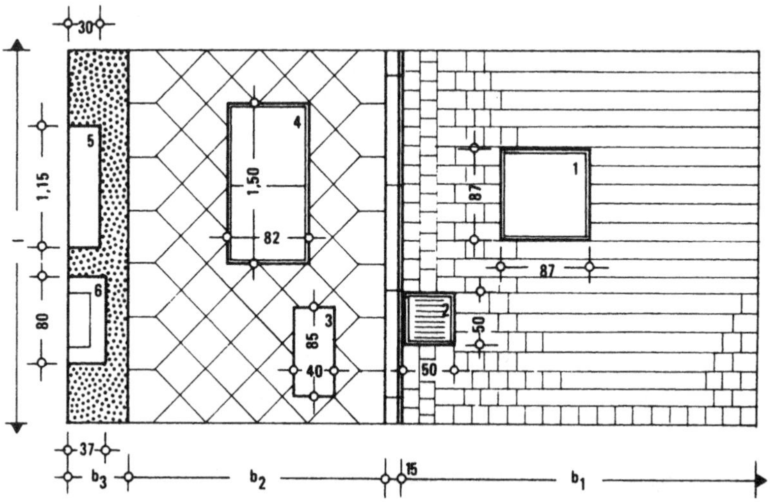

1 Abdeckung für Einsteigschacht
2 Straßenablauf
3 Schaltkasten
4 Kabelschachtabdeckung
5 Stufe
6 Kellerhals

Gem. 0.5.3.1 Abrechnung des Straßenpflasters, Großpflasterstein 3 DIN 18502 Basaltlava, Reihenpflaster im Mörtelbett auf Betontragschicht, nach Flächenmaß. Gem. 5.7 kein Abzug der Randfugen zwischen Pflaster und Bordstein. Gem. 5.7 kein Abzug der Fugen innerhalb der Pflasterfläche. Gem. 5.7 kein Abzug der Aussparungen für den Straßeneinsteigschacht (1) und für den Straßenablauf (2), da diese in ihrer Einzelgröße 1 m² nicht überschreiten. F des Großpflasters= $b_1 \cdot l$=... m².

Gem. 0.5.3.1 Abrechnung des Plattenbelages auf dem Gehweg, Gehwegplatten A, B 300 DIN 485 im Mörtelbett, nach Flächenmaß.

Gem. 5.7 kein Abzug der Randfugen zwischen Platten und Bordstein sowie kein Abzug der Fugen innerhalb des Plattenbelages. Gem. 5.7 kein Abzug der Aussparung für den Schaltkasten (3), da diese<1 m² ist, jedoch Abzug der Aussparung für die Kabelschachtabdeckung (4), die mit 0,82 · 1,50=1,23 m²>1 m² ist. F der Gehwegplatten=$b_2 \cdot l - 1{,}23$=... m².

Gem. 0.5.3.3 Abrechnung für das Zuarbeiten der Gehwegplatten an der Aussparung für den Kabelkontrollschacht nach dem Längenmaß des Umfangs der Aussparung. L der zugearbeiteten Gehwegplatten=2(0,82+1,50)=4,64 m.

Gem. 0.5.3.1 Abrechnung des Kleinpflasters im Sandbett, Mosaikpflasterstein 1 DIN 18502 Basalt, nach Flächenmaß. Gem. 5.7 kein Abzug der Randfugen zwischen dem Pflaster und der Hausmauer, der Stufe, dem Kellerhals sowie dem Plattenbelag sowie kein Abzug der Fugen innerhalb des Pflasters. Gem. 5.7 kein Abzug der Aussparung für die Stufe und für den Kellerhals, da diese in ihrer Einzelgröße<1 m² sind.

Gem. 0.5.5.1 Abrechnung des Bordsteins, A5 DIN 482 Granit, nach Längenmaß. Gem. 5.7 kein Abzug der Stoßfugen. L des Bordsteins=l=... m.

Gem. 0.5.5.2 Abrechnung des Fundaments und der Rückenstütze des Bordsteins nach Raummaß oder, getrennt nach Abmessungen, nach Längenmaß.

Bild 3 Gehweg mit Aussparungen, Bordstein und Pflasterstraße

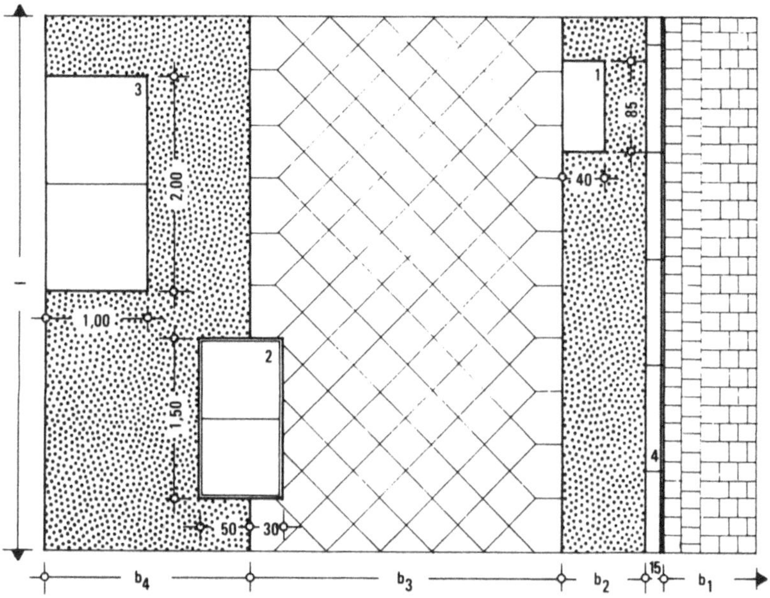

1 Schaltschrank
2 Kabelschachtabdeckung
3 Fernsprechzellen
4 Bordsteine

Gem. 0.5.3.1 Abrechnung des Straßenpflasters, Großpflasterstein 1 I DIN 18502 Granit, in Kiessand, nach Flächenmaß.

Gem. 5.7 kein Abzug der Randfuge und kein Abzug der Fugen innerhalb der Pflasterfläche. F des Straßenpflasters=$b_1 \cdot l$=... m².

Gem. 0.5.3.1 Abrechnung der Gehwegplatten, A 300 DIN 485, in Mörtel, nach Flächenmaß. Gem. 5.7 kein Abzug der Randfuge zwischen Plattenbelag und Kabelschachtabdeckung (2) und kein Abzug der Fugen innerhalb des Plattenbelages. Gem. 5.7 Abzug der im Plattenbelag liegenden Teilfläche der Aussparung für die Kabelschachtabdeckung (2), da diese in ihrer Gesamtfläche mit $0{,}80 \cdot 1{,}50 = 1{,}20\ m^2 > 1\ m^2$ ist.

F des Plattenbelages=$b_3 \cdot l - 0{,}30 \cdot 1{,}50$=... m².

Gem. 0.5.3.1 Abrechnung des Mosaikpflasters, Mosaikstein 2 DIN 18502 Basalt, in Sand, nach Flächenmaß.

Gem. 5.7 kein Abzug der Randfugen zwischen Mosaikpflaster und Bordstein, Plattenbelag sowie Kabelschachtabdeckung (2) sowie kein Abzug der Fugen innerhalb der Pflasterfläche. Gem. 5.7 kein Abzug der Aussparung für den Schaltschrank (1), der mit $0{,}40 \cdot 0{,}85 = 0{,}34\ m^2 < 1\ m^2$ ist, jedoch gem. 5.8 Abzug der Teilfläche der Aussparung für die Kabelschachtabdeckung (2), die in ihrer Gesamtgröße 1 m² überschreitet, und Abzug der Aussparung für die beiden Fernsprechzellen (3), die eine Einheit bilden, mit $1{,}00 \cdot 2{,}00 = 2{,}00\ m^2$.

Gem. 0.5.3.3 Abrechnung des Zuarbeitens für das Verlegen der Gehwegplatten an der Kabelschachtabdeckung (2) nach Anzahl der zugearbeiteten Platten und Steine.

Gem. 0.5.4.1 Abrechnung für den Fugenverguß des Straßenpflasters nach Flächenmaß der befestigten Fläche.

F des Fugenvergusses=$b_1 \cdot l$=... m².

Gem. 0.5.4.2 Abrechnung für den Verguß der Randfuge zwischen Straßenpflaster und Bordstein nach Längenmaß.

Gem. 0.5.5.1 Abrechnung des Bordsteins, A5 DIN 483, nach Längenmaß.

Gem. 0.5.5.2 Abrechnung des Bordsteinfundaments mit Rückenstütze nach Raummaß oder, getrennt nach Abmessungen, nach Längenmaß.

Bild 4 Im Bogen verlegte Gehwegplatten aus Beton

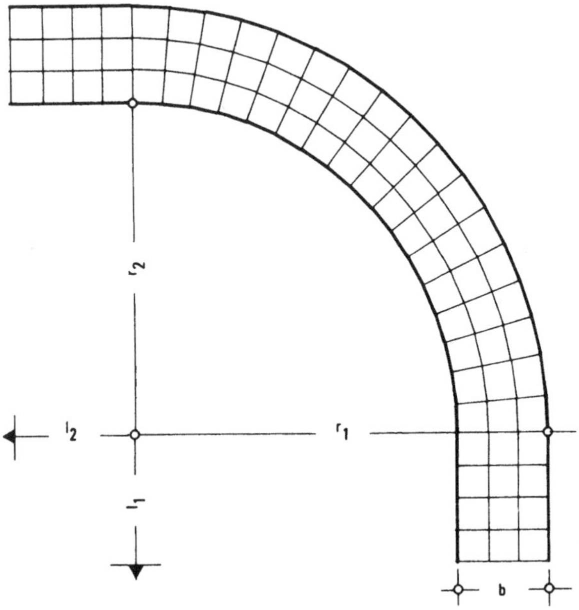

Gem. 0.5.3.1 Abrechnung der Gehwegplatten aus Beton A 300 DIN 485, in Kiessand, nach Flächenmaß. Gem. 5.7 kein Abzug der Fugen innerhalb des Plattenbelages.

F des Plattenbelages aus Betonplatten$=(l_1+l_2)b+\frac{1}{4}r^2{}_1\pi-\frac{1}{4}r^2{}_2\pi=\ldots m^2$.

Gem. 0.5.3.1 Abrechnung für im Bogen verlegte Gegwegplatten aus Beton nach dem Flächenmaß.

Gem. 5.7 kein Abzug der Fugen.

F der Bogenfläche$=\frac{1}{4}r^2{}_1\pi-\frac{1}{4}r^2{}_2\pi=\ldots m^2$.

Bild 5 Im Bogen verlegte Gehwegplatten aus Naturstein

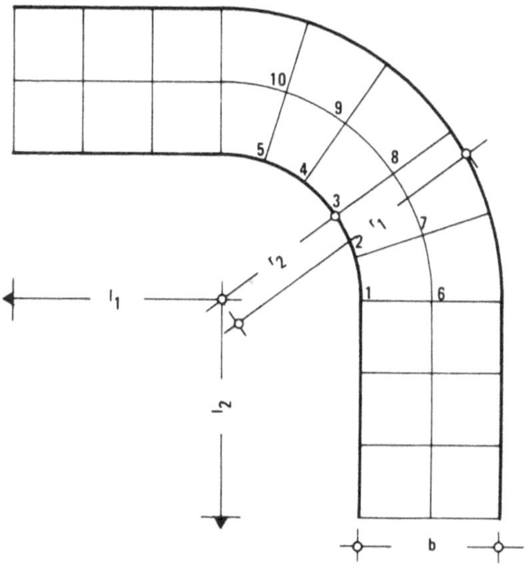

Gem. 0.5.3.1 Abrechnung des Plattenbelages, getrennt nach Ausführungen sowie nach Art und Abmessungen der Platten, nach Flächenmaß. Gem. 5.7 kein Abzug der Fugen innerhalb der Plattenfläche.

F des Plattenbelages

$$=(l_1+{}_2)b+\frac{1}{4}r^2{}_1\pi-\frac{1}{4}r^2{}_2\pi=\ldots m^2.$$

Gem. 0.5.3.4 Abrechnung für das Zuarbeiten der im Bogen verlegten Platten aus Naturstein nach Anzahl zum Stückpreis.

Im Beispiel sind Zuarbeiten für die Platten 1 bis 10 erforderlich. Da das Zuarbeiten für die Platten 1 bis 5 und 6 bis 10 jeweils die gleiche Leistung bedingt, ist Trennung der Ansätze zweckmäßig.

Bild 6 Gerader Bordstein mit Anlauf aus Naturstein

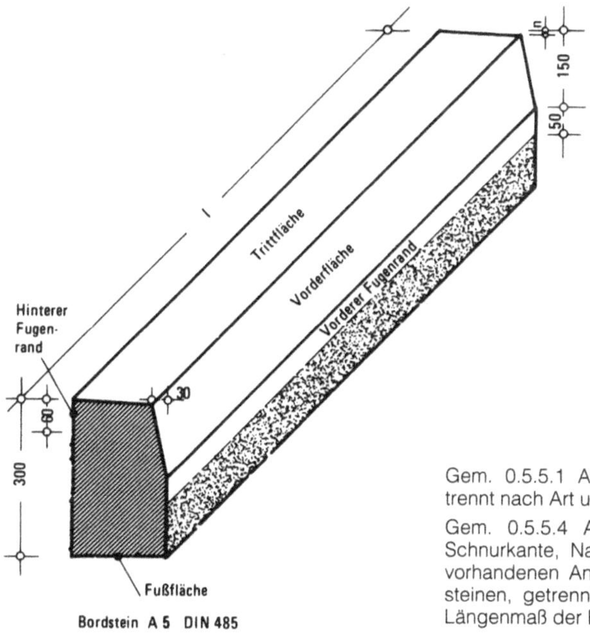

Gem. 0.5.5.1 Abrechnung von Einfassungen, getrennt nach Art und Maßen, nach Längenmaß.

Gem. 0.5.5.4 Abrechnung für Nacharbeiten der Schnurkante, Nacharbeiten oder Aufarbeiten eines vorhandenen Anlaufs oder der Trittfläche an Bordsteinen, getrennt nach Art und Maßen, nach dem Längenmaß der Bordsteine.

VOB Teil C:
Allgemeine Technische Vertragsbedingungen für Bauleistungen (ATV)
Rohrvortriebsarbeiten – DIN 18319
Ausgabe Juni 1996

1 Geltungsbereich

1.1 Die ATV »Rohrvortriebsarbeiten« – DIN 18319 – gilt für den unterirdischen Einbau von vorgefertigten Rohren beliebigen Profils durch Pressen, Rammen oder Ziehen.

1.2 Die ATV DIN 18319 umfaßt auch das Lösen von Boden und Fels beim Vortrieb sowie das Fördern aus dem Rohr und dem unmittelbaren Arbeitsbereich.

1.3 Die ATV DIN 18319 gilt auch für
- Rohrvortriebsarbeiten im Verdrängungsverfahren,
- das Überfahren bestehender Leitungen,
- das Verdrängen bestehener Rohrleitungen.

1.4 Die ATV DIN 18319 gilt nicht für
- die bei der Herstellung der Baugruben auszuführenden Erdarbeiten sowie das Fördern von Boden und Fels außerhalb des unmittelbaren Arbeitsbereiches (siehe ATV DIN 18300 »Erdarbeiten«),
- Bohrarbeiten (siehe ATV DIN 18301 »Bohrarbeiten«),
- Verbauarbeiten (siehe ATV DIN 18303 »Verbauarbeiten«),
- Rammarbeiten (siehe DIN 18304 »Rammarbeiten«),
- Wasserhaltungsarbeiten (siehe ATV DIN 18305 »Wasserhaltungsarbeiten«),
- Entwässerungskanalarbeiten (siehe ATV DIN 18306 »Entwässerungskanalarbeiten«),
- Druckrohrleitungsarbeiten im Erdreich (siehe ATV DIN 18307 »Druckrohrleitungsarbeiten im Erdreich«),
- Einpreßarbeiten (siehe ATV DIN 18309 »Einpreßarbeiten«),
- vorauseilende Ausbruch- und Sicherungsarbeiten (siehe ATV DIN 18312 »Untertagebauarbeiten«),
- das Einbringen von Rohren in Vortriebsrohre oder bestehende Rohre.

1.5 Ergänzend gelten die Abschnitte 1 bis 5 der ATV DIN 18299 »Allgemeine Regelungen fü'r Bauarbeiten jeder Art«. Bei Widersprüchen gehen die Regelungen der ATV DIN 18319 vor.

5 Abrechnung

Gem. ATV DIN 18299 gilt allgemein:

Die Leistung ist aus Zeichnungen zu ermitteln, soweit die aufgeführte Leistung diesen Zeichnungen entspricht. Sind solche Zeichnungen nicht vorhanden, ist die Leistung aufzumessen.

Siehe hierzu die eingehende Erläuterung zu ATV DIN 18299 »Allgemeine Regelungen für Bauarbeiten jeder Art«.

Ergänzend zur ATV DIN 18299 Abschnitt 5 gilt:

5.1 Bei Abrechnung nach Längenmaß wird die Achslänge der Leitung zwischen den Innenseiten Start- und Zielgruppe zugrunde gelegt. Liegt keine Baugrube vor, gilt die vorgetriebene Leitungslänge zwischen planmäßigem Start- und Zielpunkt. Zwischenschächte werden übermessen.

5.2 Abgerechnet werden auch Leistungen für aufgegebene Vortriebsstrecken, es sei denn, daß die Ursache der Auftragnehmer zu vertreten hat.

0.5 Abrechnungseinheiten

Im Leistungsverzeichnis sind die Abrechungseinheiten wie folgt vorzusehen:

0.5.1 – Vortriebsarbeiten nach Längenmaß (m), getrennt nach Arten und Nennweiten der Rohre sowie nach Boden- und Felsklassen,

0.5.2 – Überfahren bzw. Verdrängen bestehender Leitungen nach Längenmaß (m), getrennt nach Arten und Nennweiten der Rohre sowie nach Länge, Art und Nennweite jeder Leitung.

0.5.3 – Beseitigen von Hindernissen, z.B. Mauerresten, Schutt, Steinen, Baumstümpfen o.ä. unterirdisch nach Zeit (h), oberirdisch nach Raummaß (m^3) oder nach Anzahl (Stück) oder nach Zeit (h),

0.5.4 – Umsetzen der Vortriebseinrichtungen nach Anzahl (Stück), getrennt nach Umsetzen von Grube zu Grube und innerhalb einer Grube,

0.5.5 – Führen der Protokolle nach Anzahl (Stück) oder nach Leitungslänge (m),

0.5.6 – Umleitungsmaßnahmen für die Vorflut nach Stunden (h), gestaffelt nach Förderleistung (Förderstrom) der einzusetzenden Pumpen und nach Anzahl (Stück) der Einsatzorte der Pumpen,

0.5.7 – Reinigen bestehender Leitungen nach Längenmaß (m), getrennt nach Durchmesser sowie nach Grad und Art der Verschmutzung,

0.5.8 – Liefern von Feststoffen zur Herstellung von Einpreßgut nach Gewicht (kg) oder im eingebrachten Einpreßgut enthaltenen Mengen, getrennt nach Arten,

0.5.9 – Liefern von Emulsionen, Lösungen und flüssigen Zusätzen nach Raummaß (l) der im eingebrachten Einpreßgut enthaltenen Menge, getrennt nach Arten.

Zu 0.5.1:

Abrechnungseinheit für Rohrvortriebsarbeiten ist das Längenmaß. Es ist nach Arten und Nennweiten des Rohrs sowie nach Boden- und Felsklassen zu trennen. Gem. 5.1 wird bei Abrechnung nach Längenmaß die Achslänge der Leitung zwischen den Innenseiten Start- und Zielgrube zugrunde gelegt. Ist keine Baugrube vorhanden, ist die vorgetriebene Leitungslänge zwischen planmäßigem Start- und Zielpunkt zu messen. Vorhandene bzw. notwendige Zwischenschächte werden der Achslänge zugerechnet. Zu den abzurechnenden Leistungen zählen auch aufgegebene Vortriebsstrecken, außer wenn der Auftragnehmer das Aufgeben verursacht hat. Wichtig für die Abrechnung ist eine in der LB richtig vorgenommene Einordnung nach den Boden- und Felsklassen:

- *nichtbindige Lockergesteine (Hauptbestandteile Sand, Kies) entsprechend ihrer Korngrößenverteilung und Lagerungsdichte,*
- *bindige Lockergesteine (Hauptbestandteile Schluff, Ton bzw. Sand, Kies, mit hohen Massenanteilen von Schluff und Ton) entsprechend ihrer Konsistenz,*
- *organische Böden (Torfe und Schlämme),*
- *Lockergesteine mit Korngrößen größer als 63 mm,*
- *Festgesteine entsprechend ihrer einachsialen Druckfestigkeit.*

Zu den Besonderen Leistungen gehören:

- *das Herstellen, Vorhalten, Sichern und Verfüllen der Start- und Zielgruben,*
- *Maßnahmen bei abweichenden Boden-, Fels- und Wasserverhältnissen,*
- *Maßnahmen bei Abweichungen von der vereinbarten Vortriebsachse,*
- *das Sichern gefährdeter baulicher Anlagen,*
- *das Herstellen von AnscIhlüssen an das Vortriebsrohr,*
- *das Führen von Vortriebsprotokollen, die vom Auftraggeber verlangt werden,*
- *das Aufstellen, Vorhalten und Beseitigen von Spritzschutzeinrichtungen,*
- *das Liefern von Standsicherheitsnachweisen.*

Zu 0.5.2:

Abrechnungseinheit für das Überfahren bzw. Verdrängen bestehender Leitungen ist das Längenmaß. Zu messen ist gem. 5.1 in der Achslänge. Wichtig für die Abrechnung sind die Ansätze in der LB nach Arten und Nennweiten der Rohre und ferner nach Länge, Art und Nennweite jeder Leitung. Die preisbildenden Unterschiede ergeben sich aus den Angaben über Art, Maße, Werkstoffe, Verbindungen, Hausanschlüsse sowie Einbauten und dergleichen. Für eine genaue Preisermittlung sind in der LB beim Überfahren oder Verdrängen bestehender Rohrleitungen Art und Menge des Abflusses in der Rohrleitung und in den Anschlußleitungen anzugeben.

Zu den Besonderen Leistungen gehören:

- *das Vorbereiten der Leitungen, z.B. Reinigen oder Verfüllen,*
- *Maßnahmen zur Erhaltung der Vorflut in den Leitungen,*
- *Maßnahmen zur Erhaltung der Vorflut in den bestehenden Anschlußleitungen.*

Zu 0.5.3:

Abrechnungseinheit für das Beseitigen von Hindernissen, z.B. Mauerresten, Schutt, Steinen, Baumstümpfen o.ä., ist bei unterirdischen Arbeiten der Zeitverbrauch, bei Arbeiten auf der Erde das Raummaß oder die Stückzahl oder auch die Stundenzahl. Während bei oberirdischen Arbeiten das Raummaß, die Stückzahl oder die Stundenzahl als Abrechnungseinheiten vorgesehen sind, beschränkt sich bei Arbeiten unter der Erde die Abrechnungseinheit auf den Zeitverbrauch. Die Art der Beseitigung von Steinen, die im Hinblick auf den Vortriebsdurchmesser ein Hindernis darstellen, ist gemeinsam mit dem Auftraggeber festzulegen. Werden unvermutete Hindernisse, z.B. nicht angegebene Leitungen, Kabel, Dräne, Vermarkungen, Bauwerksreste, Bauwerksteile, angetroffen, ist der Auftraggeber unverzüglich darüber zu unterrichten. Er bestimmt, wie das Hindernis beseitigt oder gesichert werden soll oder welche sonstigen Maßnahmen zu treffen sind.

Zu den Besonderen Leistungen gehören:

- *Maßnahmen zur Erkundung der genauen Lage vorhandener Leitungen, Kabel, Dräne, Kanäle, Vermarkungen und sonstiger baulicher Anlagen,*
- *Maßnahmen zur Beseitigung von Steinen, die im Hinblik auf den Vortriebsdurchmesser ein Hindernis darstellen,*
- *Maßnahmen zur Beseitigung unvermuteter Hindernisse, z.B. nicht angegebene Leitungen, Kabel, Dräne, Vermarkungen, Bauwerksreste, Bauwerksteile.*

Zu 0.5.4:

Abrechnungseinheit für das Umsetzen der Vortriebseinrichtungen ist die Stückzahl. Wegen der unterschiedlichen Kosten ist nach Umsetzen von Grube zu Grube und innerhalb einer Grube zu trennen. Die Wahl des Bauverfahrens und des Arbeitsablaufs sowie die Wahl und der Einsatz der Baugeräte sind Sache des Auftragnehmers.

Zu den Besonderen Leistungen gehören:

- *das Umstellen der Vortriebseinrichtungen und der Geräte von Baugrube zu Baugrube sowie innerhalb der Baugrube, wenn dies der Auftragnehmer nicht zu vertreten hat,*
- *das Umrüsten der Vortriebs- und Bodenabbaueinrichtungen aus Gründen, die der Auftragnehmer nicht zu vertreten hat.*

Zu 0.5.5:

Abrechnungseinheit für das Führen der Protokolle ist entweder die Stückzahl oder die Leitungslänge. Gem. 5.1 bestimmt sich die Länge nach der Achslänge der Leitung zwischen den Innenseiten Start- und Zielgrube. Besteht keine Baugrube, gilt die vorgetriebene Leitungslänge zwischen planmäßigem Start- und Zielpunkt, wobei Zwischenschächte übermessen werden. Nach Länge abzurechnen sind auch Leitungen für aufgegebene Vortriebsstrecken, sofern dies der Auftragnehmer nicht zu vertreten hat. Das Führen von Vortriebsprotokollen, die vom Auftraggeber verlangt werden, gehört zu den Besonderen Leistungen.

Zu 0.5.6:

Abrechnungseinheit für Umleitungsmaßnahmen für die Vorflut ist der Zeitverbrauch nach Stunden. Es ist nach Förderleistung (Förderstrom) der einzusetzenden Pumpen und nach der Anzahl der Einsatzorte der Pumpen zu staffeln. Reichen die vereinbarten Maßnahmen für die Beseitigung von Grundwasser, Quellwasser, Sickerwasser u.ä. nicht aus, so sind die erforderlichen zusätzlichen Maßnahmen gemeinsam mit dem Auftraggeber festzulegen. Diese zusätzlichen Maßnahmen zählen zu den Besonderen Leistungen.

Zu 0.5.7:

Abrechnungseinheit für das Reinigen bestehender Leitungen ist das Längenmaß. Es ist nach Durchmessern sowie nach Grad und Art der Verschmutzung zu trennen. Die Länge ist aus dem Achsmaß der Leitung zu ermitteln. Treffen Leitungen aufeinander, gilt das Achsmaß bis zum Schnittpunkt. Das Vorbereiten bestehender Leitungen beim Überfahren oder Verdrängen, z.B. Reinigen oder Verfüllen, gehört zu den Besonderen Leistungen.

Zu 0.5.8:

Abrechnungseinheit für das Liefern von Feststoffen zur Herstellung von Einpreßgut ist das Gewicht. Es kann auch nach den im eingebrachten Einpreßgut enthaltenen Mengen abgerechnet werden. Es ist nach Arten zu trennen.

Zu 0.5.9:

Abrechnungseinheit für das Liefern von Emulsionen, Lösungen und flüssigen Zusätzen ist das Raummaß, gemessen nach Litern der im eingebrachten Einpreßgut enthaltenen Mengen. Es ist nach Arten zu trennen.

VOB Teil C:
Allgemeine Technische Vertragsbedingungen für Bauleistungen (ATV)
Landschaftsbauarbeiten – DIN 18320
Ausgabe Juni 1996

1 Geltungsbereich

1.1 Die ATV »Landschaftsbauarbeiten« – DIN 18320 – gilt für

- vegetationstechnische Bau-, Pflege- und Instandhaltungsarbeiten,
- ingenieurbiologische Sicherungsbauweisen,
- Bau-, Pflege- und Instandhaltungsarbeiten für Spiel- und Sportanlagen,
- Schutzmaßnahmen für Bäume, Pflanzenbestände und Vegetationsflächen.

1.2 Die ATV DIN 18320 gilt nicht für

- Bodenarbeiten, die anderen als vegetationstechnischen Zwecken dienen (siehe ATV DIN 18300 »Erdarbeiten«) und
- Pflanz- und Saatarbeiten zur Sicherung an Gewässern, Deichen und Küstendünen (siehe ATV DIN 18310 »Sicherungsarbeiten an Gewässern, Deichen und Künstendünen«).

1.3 Ergänzend gelten die Abschnitte 1 bis 5 der ATV DIN 18299 »Allgemeine Regelungen für Bauarbeiten jeder Art«. Bei Widersprüchen gehen die Regelungen der ATV DIN 18320 vor.

5 Abrechnung

Gem. ATV DIN 18299 Abschnitt 5 gilt allgemein:

Die Leistung ist aus Zeichnungen zu ermitteln, soweit die ausgeführte Leistung diesen Zeichnungen entspricht. Sind solche Zeichnungen nicht vorhanden, ist die Leistung aufzumessen.

Siehe hierzu die eingehende Erläuterung zu ATV DIN 18299 »Allgemeine Regelungen für Bauarbeiten jeder Art«.

Abrechnungseinheiten

Gem. 0.5 sind im Leistungsverzeichnis die Abrechnungseinheiten wie folgt vorzusehen:

0.5.1 Flächenmaß (m²) für
0.5.1.1 – Säubern der Baustelle von störenden Stoffen,
0.5.1.2 – Aufnehmen von pflanzlichen Bodendecken,
0.5.1.3 – Sichern von Bodenflächen und Oberflächen von Bodenlagern,
0.5.1.4 – Auf- und Abtrag von Boden,
0.5.1.5 – Aufnehmen von Flächenbefestigungen,
0.5.1.6 – Bodenbearbeitung, z.B. Lockern, Ebnen, Verdichten,
0.5.1.7 – Einarbeiten von Dünger und Bodenverbesserungsstoffen,
0.5.1.8 – Rasen und wiesenähnliche Flächen,
0.5.1.9 – Naß- und Trockenansaaten,
0.5.1.10 – Deckbauweisen des Lebendverbaues,
0.5.1.11 – Herstellen von Filter-, Drän-, Trag- und Deckschichten,
0.5.1.12 – Schutzvorrichtungen für Pflanzflächen,

0.5.1.13 – Pflegeleistungen, z.B. Rasenschnitt, Gehölzschnitt, Heckenschnitt, Beregnen, Bodenlockerung, Pflanzenschutz, Winterschutzmaßnahmen.
0.5.2 – Raummaß (m^3) für
0.5.2.1 – Auf- und Abtrag von Boden,
0.5.2.2 – Entfernen von ungeeigneten Bodenarten,
0.5.2.3 – Lagern von Boden, Kompost, sonstigen Schnittgütern und Bauholz,
0.5.2.4 – Ausbringen von Bodenverbesserungsstoffen,
0.5.2.5 – Bewässerung,
0.5.2.6 – Säubern der Baustelle von störenden Stoffen.
0.5.3 – Längenmaß (m) für
0.5.3.1 – Faschinenverbau, Flechtwerke, Buschlagen, Heckenlagen, Pflanzgräben, Pflanzriefen,
0.5.3.2 – Einfriedungen, Einfassungen, Abgrenzungen, lineare Markierungen,
0.5.3.3 – Dränstränge, Rinnen, getrennt nach Art und Größe,
0.5.3.4 – Schnitt von Hecken.
0.5.4 – Anzahl (Stück), getrennt nach Art und Größe, für
0.5.4.1 – Roden oder Herausnehmen von Pflanzen, Vegetationsstücken,
0.5.4.2 – Einschlagen von Pflanzen, Pflanzarbeiten, Setzen von Steckhölzen und Setzstangen, Verankerungen von Gehölzen,
0.5.4.3 – Pflanzgruben,
0.5.4.4 – Pflegen von Einzelpflanzen, Pflanzgefäßen,
0.5.4.5 – Schutzvorrichtungen für Pflanzen,
0.5.4.6 – Ausstattungsgegenstände, z.B. Bänke, Tische, Abfallbehälter, Spiel- und Sportgeräte,
0.5.4.7 – Markierungszeichen, Punktmarkierungen,
0.5.4.8 – Einläufe, Regner,
0.5.4.9 – Schneiden von Gehölzen.
0.5.5 – Gewicht (kg, t) für
0.5.5.1 – Ausbringen von Saatgut für Naß- und Trockensaaten,
0.5.5.2 – Ausbringen von Dünger,
0.5.5.3 – Säubern der Baustelle von störenden Stoffen.

Ergänzend zur ATV DIN 18299, Abschnitt 5, gilt:

5.1 Allgemeines

5.1.1 Der Ermittlung der Leistung – gleichgültig, ob sie nach Zeichnungen oder nach Aufmaß erfolgt – sind zugrunde zu legen:

- die tatsächlichen Maße; dabei werden Flächen bei der Ermittlung der Leistung in der Abwicklung gemessen.
- bei der Pflege von Dachbegrünungen die tatsächliche Vegetationsfläche einschließlich eventueller Randstreifen.

Das tatsächliche Maß wird entweder aus geeigneten Zeichnungen entnommen, wobei bei geneigten Flächen das Maß geometrisch zu ermitteln ist, oder es ist am Ort durch Messen festzustellen. In der LB ist vorzuschreiben, wenn Maße aus der Horizontalprojektion von Zeichnungen oder Meßtischblättern verwendet werden sollen. Wird die Leistung nach Zeichnungen in der Abwicklung ermittelt, gelten die Maße der durch Querprofile oder Schnitte ergänzten Zeichnungen

5.1.2 Flächen werden getrennt nach Flächenneigungen abgerechnet, wenn ihre Neigung steiler als 1 : 4 ist.

Diese Vorschrift dient der Vereinfachung der Abrechnung. Bei Flächenneigungen, die kleiner als 1 : 4 sind, ist der Unterschied der Flächengrößen gering, so daß er vernachlässigt werden darf. Bei größeren Flächenneigungen muß der Leistungsunterschied, der mit den verschiedenen Neigungen verbunden ist, durch getrennte Abrechnung berücksichtigt werden.

5.1.3 Abtrag wird an der Entnahmestelle ermittelt.

Das Raummaß des Abtrages ist an der Entnahmestelle zu ermitteln, auch wenn es sich um den Abtrag von Bauschutt oder Müll handelt. Eine andere Art der Leistungsermittlung, z.B. Abrechnung nach loser Menge in Transportgefäßen, ist in der LB vorzuschreiben.

5.1.4 Bodenlager werden jeweils im einzelnen nach ihrer Fertigstellung ermittelt.

Die Vorschrift, Bodenlager nach ihrer Fertigstellung zu ermitteln, hat ihren Grund darin, daß nach längerer Lagerung durch Setzung und Bewuchs Veränderungen eintreten, die ein genaues Ermitteln der Menge dann nicht mehr zulassen (Bild 5).

5.1.5 Anschüttungen, Andeckungen, Einbau von Schichten werden im fertigen, Vegetationstragschichten im gesetzten Zustand zur Zeit der Abnahme an den Auftragstellen ermittelt.

Wenn Anschüttungen, Andeckungen, Einbau von Schichten nicht im fertigen Zustand an den Auftragstellen ermittelt werden sollen, z.B. an der Entnahmestelle oder Abrechnung nach Transporteinheiten bei Schüttgütern, ist es in der LB eindeutig anzugeben.
Für Vegetationstragschichten gilt die besondere Regelung, daß sie im gesetzten Zustand zur Zeit der Abnahme an den Auftragstellen zu ermitteln sind.

5.1.6 Boden wird getrennt nach Bodengruppen nach DIN 18915 und, soweit 50 m Förderweg überschritten werden, auch gestaffelt nach Länge der Förderwege abgerechnet.

Die Leistung der Bodenarbeiten ist getrennt nach Bodengruppen zu ermitteln. Sofern zum Förderweg keine Angaben gemacht werden, ist in der Leistung auch die Abgeltung für einen Förderweg bis 50 m einschließlich enthalten. Beträgt der Förderweg mehr als 50 m, ist bei der Leistungsermittlung der Förderweg in seiner gesamten Länge zu berücksichtigen, d.h. er ist in den Ansätzen anzugeben. Dabei rechnet die Länge des Förderweges vom Schwerpunkt der Entnahmestelle bis zum Schwerpunkt der Ablagerungsstelle. Es gilt der kürzeste zumutbare Weg. Erschwernisse durch Steigungen sind in die Preise einzurechnen.
Für die Trennung nach Bodengruppen ist DIN 18915 anzuwenden.

5.1.7 Ist nach Gewicht abzurechnen, so ist die Menge durch Wägen, bei Schiffsladungen durch Schiffseiche festzustellen.

Die Ermittlung des Gewichts durch Berechnen ist ausgeschlossen. Das hat seinen Grund darin, daß für das Raumgewicht der verschiedenen Bodenarten keine normgültigen Gewichtsfestlegungen getroffen werden können. Das Wiegen kann nur dann ohne Beteiligung des Auftraggebers vorsichgehen, wenn die Nichtbeteiligung vereinbart ist und wenn amtlich gewogen wird. Die Vereinbarung hat der Auftragnehmer herbeizuführen.

5.1.8 Zu rodende Pflanzen werden vor dem Roden ermittelt, dabei Sträucher getrennt nach Höhe, Bäume getrennt nach Stammdurchmesser, der in 1 m Höhe über dem Gelände ermittelt wird. Bei mehrstämmigen Bäumen gilt als Durchmesser die Summe der Durchmesser der einzelnen Stämme.

Wichtig ist, daß zu rodende Pflanzen vor dem Roden zu berechnen sind. Wenn zu rodende Pflanzen entgegen der vorgesehenen Regelung ermittelt werden sollen, z.B. durch Aufmaß nach Fläche bei Angabe des vorhandenen Bestandsdurchschnitts, ist es in der LB vorzuschreiben.

Gem. ATV DIN 18299 Abschn. 4.1.3 gehören Messungen für das Ausführen und Abrechnen der Arbeiten zu den Nebenleistungen des Auftragsnehmers (Bild 1).

5.1.9 Schnitt von Hecken wird nach der bearbeiteten Fläche ermittelt.

Für die Flächenermittlung gelten die Abschn. 5.1.1 und 5.1.2. Siehe die dortigen Erläuterungen.

5.2 Es werden abgezogen:

5.2.1 bei der Abrechnung nach Flächenmaß (m²)

- bei Naß- und Trockensaaten nach DIN 18918 Aussparungen über 100 m² Einzelfläche, z.B. Felsflächen, Bauwerke,
- bei sonstigen Flächen Aussparungen über 2,5 m² Einzelfläche, z.B. Bäume, Baumscheiben, Stützen, Einläufe, Felsnasen, Schrittplatten.

DIN 18918 gilt für Sicherungsbauweisen im Rahmen des Landschaftsbaus mit Saatgut, lebenden Pflanzen, lebenden Pflanzenteilen und nichtlebenden Stoffen zur Verhinderung von Erosion, Rutschung und Gesteinsabgang (Steinschlag, Felssturz und Muren) sowie zur Begrünung von Flächen, die durch natürliche Einflüsse oder technische Maßnahmen von Oberboden entblößt sind, sowie von Bodenschüttungen, Industrie- und Müllhalden. Bei Naß- und Trockensaaten werden Aussparungen bis zu 100 m² Einzelfläche nicht abgezogen.

Bei sonstigen Flächen, die nicht unter DIN 18918 fallen, beträgt die Übermessung von Aussparungen nur 2,5 m² Einzelfläche (Bilder 2, 3 und 4).

5.2.2 bei der Abrechnung nach Längenmaß (m) Unterbrechungen über 1 m Länge.

Solche Unterbrechungen können bei den Leistungen vorkommen, die unter 0.5.3.1 bis 0.5.3.3 aufgezählt sind.

Zu 0.5.1.1:

Das Beseitigen von einzelnen Steinen und Mauerresten bis zu 0,01 m³ Rauminhalt gehört jedoch zu den Nebenleistungen. 0,01 m³ Rauminhalt entspricht einer Kugel mit einem Durchmesser von etwa 0,3 m. Abrechnungseinheit ist das Flächenmaß.

Zu 0.5.1.2:

Zur Neuansaat und Neubepflanzung kann das Aufnehmen vorhandener pflanzlicher Bodendecken erforderlich werden. Abrechnung erfolgt nach Flächenmaß. Abschn. 5.1.1 und 5.1.2 sind zu beachten.

Zu 0.5.1.3:

DIN 18918 ist zu beachten. Abzurechnen ist nach Flächenmaß. Abschn. 5.1.1 und 5.1.2 sind zu beachten.

Zu 0.5.1.4:
Gem. 5.1.5 werden Anschüttungen, Andeckungen, Einbau von Schichten im fertigen, Vegetationstragschichten im gesetzten Zustand zur Zeit der Abnahme an den Auftragstellen ermittelt. Abtrag wird gem. 5.1.3 an der Entnahmestelle ermittelt. Als Abrechnungseinheit kann auch das Raummaß gewählt werden.

Zu 0.5.1.5:
Die Flächenbearbeitung hindernde Bauwege und Wege müssen aufgenommen werden. Für die Ermittlung der Leistung gilt ihr Flächenmaß (Bild 3).

Zu 0.5.1.6:
Bodenverbesserungen wie Lockern, Ebnen, Verdichten sind nach DIN 18915 »Vegetationstechnik im Landschaftsbau; Bodenarbeiten«, auszuführen. Abrechnung erfolgt nach Flächenmaß unter Beachtung von 5.1.1, 5.1.2 und 5.2.1 (Bilder 2 und 3).

Zu 0.5.1.7:
Einarbeiten von Dünger und Bodenverbesserungsstoffen ist mit dem Bearbeiten des Bodens verbunden. Abrechnung nach Flächenmaß unter Beachtung der Abschn. 5.5.1 und 5.1.2. Das Ausbringen von Bodenverbesserungsstoffen ohne Bodenbearbeitung ist gem. 0.5.2.4 nach Raummaß abzurechnen. Das Ausbringen von Dünger ist nach Gewicht abzurechnen.

Zu 0.5.1.8:
Rasen ist nach DIN 18917 auszuführen. Abgerechnet wird nach Flächenmaß unter Beachtung von 5.1.1 und 5.1.2 (Bilder 2 bis 5).

Zu 0.5.1.9:
Naß- und Trockensaaten sind nach DIN 18918 auszuführen. Die Abrechnung erfolgt nach Flächenmaß, wobei 5.1.1, 5.1.2 und 5.2.1 zu beachten sind.

Zu 0.5.1.10:
Deckbauweisen des Lebendverbaues gehören zu den Sicherungsarbeiten in der Landschaft. Sie sind nach Flächenmaß unter Beachtung von 5.1.1 und 5.1.2 abzurechnen.

Zu 0.5.1.11:
Das Herstellen von Filter-, Drän-, Trag- und Deckschichten richtet sich nach DIN 18035 »Sportplätze«, Teile 4, 5, 6, 7 und 8. Abrechnungseinheit ist das Flächenmaß (Bild 4).

Zu 0.5.1.12:
Bei Schutzvorrichtungen für Pflanzenflächen, Winterschutzmaßnahmen und Pflanzenschutz ist DIN 18918 »Vegetationstechnik im Landschaftsbau; . . .« zu beachten. Abrechnung erfolgt nach Flächenmaß.

Zu 0.5.1.13:
Zu den Pflegeleistungen, wie Rasenschnitt, Unkrautbeseitigung, Bodenlockerung, Bewässerung, gehören auch die Fertigstellungspflegearbeiten; sie sind für Pflanzarbeiten, Rasenarbeiten im Landschaftsbau, Sicherungsarbeiten und Sportplatzbauarbeiten nach den einschlägigen DIN-Normen auszuführen. Abgerechnet wird nach dem Flächenmaß.
Das Liefern von Wasser für Unterhaltungsarbeiten ist als Besondere Leistung abzurechnen (Bild 3).

Zu 0.5.2.1:
Gem. 5.1.5 werden Anschüttungen, Andeckungen, Einbau von Schichten im fertigen Zustand an den Auftragsstellen ermittelt. Abtrag wird gem. 5.1.3 an der Entnahmestelle ermittelt. Abrechnungseinheit ist das Raummaß.

Zu 0.5.2.2:
Für das Entfernen von ungeeigneten Bodenarten gilt DIN 18915 »Vegetationstechnik im Landschaftsbau; Bodenarbeiten«. Die Leistung ist nach Raummaß abzurechnen. Gem. 5.1.3 wird der Abtrag an der Entnahmestelle ermittelt.

Zu 0.5.2.3:
Gem. 5.1.4 werden Bodenlagerungen im einzelnen jeweils sofort nach ihrer Fertigstellung ermittelt, da sich nach längerer Lagerung durch Setzung und Bewuchs Veränderungen ergeben, die eine genaue Leistungsermittlung nicht mehr zulassen. Abrechnungseinheit ist das Raummaß (Bild 5).

Zu 0.5.2.4:
Im Gegensatz zum Einarbeiten von Verbesserungsstoffen, das gem. 0.5.1.5 nach Flächenmaß abzurechnen ist, wird das Ausbringen von Bodenverbesserungsstoffen nach Raummaß abgerechnet.

Zu 0.5.2.5:
Die Bewässerung von Landschaftsbauarbeiten wird nach dem Raummaß der Wasserlieferung abgerechnet. Gem. 0.5.1.11 jedoch erfolgt die Bewässerung bei Pflegeleistungen nach Flächenmaß. Das Liefern von Wasser bei Leistungen für Unterhaltungsarbeiten ist als Besondere Leistung abzurechnen.

Zu 0.5.2.6:
Siehe Erläuterung zu 0.5.1.1.

Zu 0.5.3.1:
Nach dem reihungsartigen Verlauf des Faschinenverbaus, der Flechtwerke, Buschlagen, Heckenlagen, Pflanzgräben und Pflanzriefen werden diese Leistungen nach Längenmaß abgerechnet. Gem. 5.2.2 werden dabei Unterbrechungen über 1 m Länge abgezogen.

Zu 0.5.3.2:
Es gilt das gleiche wie zu 0.5.3.1 (Bilder 3 und 4).

Zu 0.5.3.3:
Dränstränge und Rinnen sind getrennt nach Art und Größe nach Längenmaß abzurechnen. Dabei ist 5.2.2 zu beachten.

Zu 0.5.3.4:
Es gilt das gleiche wie zu 0.5.3.1.

Zu 0.5.4.1:
Gem. 5.1.8 werden zu rodende Pflanzen vor dem Roden ermittelt, dabei Sträucher getrennt nach Höhe, Bäume getrennt nach Stammdurchmesser, der in 1 m Höhe über dem Gelände ermittet wird. Bei mehrstämmigen Bäumen gilt als Durchmesser die Summe der Durchmesser der einzelnen Stämme. Die Abrechnung erfolgt nach der Anzahl.
Gem. ATV DIN 18299 Abschn. 4.1.3 gehören Messungen für das Ausführen und Abrechnen der Arbeiten zu den Nebenleistungen des Auftragsnehmers (Bild 1).

Zu 0.5.4.2:
Das Einschlagen von Pflanzen zur späteren Pflanzung, die Pflanzarbeit, das Setzen von Steckhölzern und Setzstangen sowie die Verankerung von Gehölzen ist nach der Anzahl abzurechnen (Bild 3).

Zu 0.5.4.3:
Pflanzgruben werden nach der Stückzahl abgerechnet (Bild 3).

Zu 0.5.4.4:
Die Bewässerung bei Pflegeleistungen, die sich auf einzelne Pflanzen bezieht, wird nach der Anzahl abgerechnet. Die Bewässerung von Flächen bei Pflegeleistungen wird jedoch gem. 0.5.1.13 nach Flächenmaß abgerechnet.

Zu 0.5.4.5:
Für Maßnahmen zum Schutz von Pflanzen gilt DIN 18918 »Vegetationschutz im Landschaftsbau; Ingenieurbiologische Sicherungsweisen, ...«. Abrechnungseinheit ist die Anzahl.

Zu 0.5.4.6:
Nach der Anzahl werden Ausstattungsgegenstände, wie Bänke, Tische, Abfallbehälter, Spiel- und Sportgeräte, abgerechnet.

Zu 0.5.4.7:
Auf Sport- und Spielplätzen anzubringende Markierungszeichen und Punktmarkierungen sind nach der Anzahl abzurechnen. Lineare Markierungen werden jedoch gem. 0.5.3.2 nach Längenmaß abgerechnet.

Zu 0.5.4.8:
Einläufe und Regner sind nach der Anzahl abzurechnen, dabei ist nach Art und Größe zu trennen.

Zu 0.5.4.9:
Beim Schnitt von Gehölzen bei Unterhaltungsarbeiten ist DIN 18919 zu beachten. Abrechnung erfolgt nach dem Längenmaß.

Zu 0.5.5.1:
Wegen der ungenauen Flächenermittlung unebener Fels- und Felstrümmerflächen sind Naß- und Trockensaaten auf derartigen Geländeteilen nach Gewicht abzurechnen. Dabei ist gem. 5.1.7 das Gewicht durch Wiegen, bei Schiffsladungen durch Schiffseiche festzustellen. Das Wiegen kann nur dann ohne Beteiligung des Auftraggebers vor sich gehen, wenn die Nichtbeteiligung vereinbart ist und wenn amtlich gewogen wird. Die Vereinbarung hat der Auftragsnehmer herbeizuführen.

Gem. 0.5.1.7 sind Naß- und Trockensaaten auf ebenem Gelände nach Flächenmaß abzurechnen.

Zu 0.5.5.2:
Das Ausbringen von Dünger, das nicht mit einer Bodenbearbeitung verbunden ist, wird nach Gewicht abgerechnet. Es gilt 5.1.7.

Das Einarbeiten von Dünger ist gem. 0.5.1.5 nach Flächenmaß abzurechnen.

Zu 0.5.5.3:
Das Säubern der Baustelle von störenden Stoffen kann je nach Lage gem. 0.5.1.1 nach Flächenmaß, gem. 0.5.2.6 nach Raummaß und gem. 0.5.5.3 nach Gewicht abgerechnet werden. Die Entscheidung muß bei der Aufstellung der Leistungsbeschreibung erfolgen. 5.1.7 ist zu beachten.

Bild 1 Roden und Pflanzen

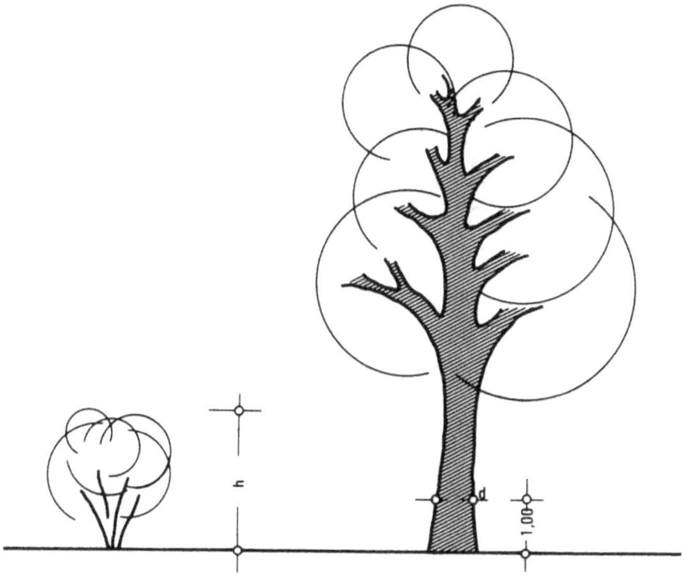

Gem. 5.1.8 Ermittlung der zu rodenden Pflanzen vor dem Roden, Sträucher getrennt nach Höhe(h), Bäume getrennt nach Stammdurchmesser, der in 1 m Höhe über dem Gelände gemessen wird, wenn in der LB nichts anderes, z.B. Aufmaß nach Fläche bei Angabe des vorhandenen Bestandurchschnitts, vorgeschrieben ist.

Nach dieser ATV ist das Beseitigen einzelner Sträucher bis 2 m Höhe und einzelner Bäume bis zu 10 cm Stammdurchmesser, gemessen 1 m über dem Erdboden, der dazugehörigen Baumstümpfe und Wurzeln Nebenleistung. Bei mehrstämmigen Bäumen gilt als Durchmesser die Summe der Durchmesser der einzelnen Stämme.

Gem. 0.5.4.1 Abrechnung des Rodens, des Herausnehmens sowie des Pflanzens von Gehölzen mit allen Nebenarbeiten nach Anzahl (Stück).

Bild 2 Bodenlockerung und Rasenansaat

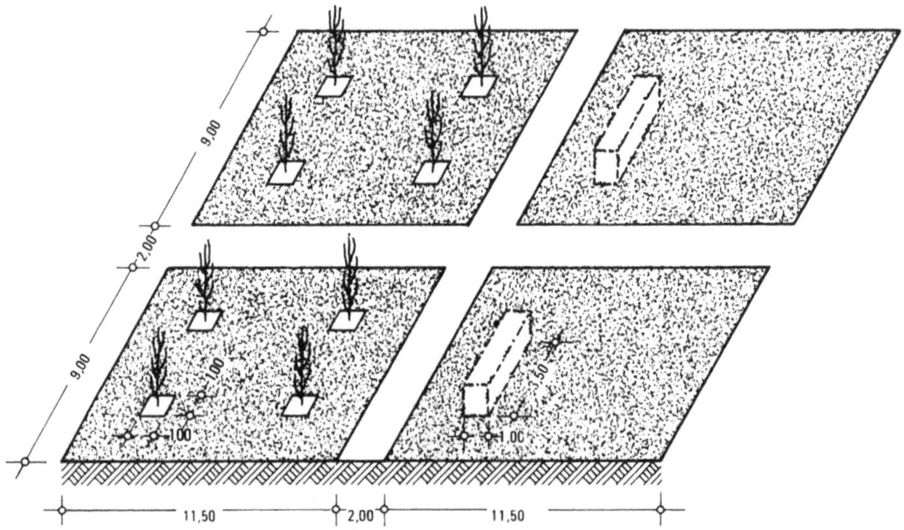

Gem. 0.5.1.6 Abrechnung für das Lockern des Oberbodens und gem. 0.5.1.8 für das Herstellen der Rasendecke durch Ansaat nach Flächenmaß. Gem. 5.2.1 kein Abzug der Baumscheiben, die im einzelnen mit 1,00 · 1,00<2,5 m² sind, jedoch Abzug der Aussparungen für die Hecken, die im einzelnen mit 1,00 · 3,50=3,50 m²>2,5 m² sind.

F für das Lockern des Oberbodens und für das Herstellen der Rasendecke

je=4 (9,00 · 11,50)−2 · 1,00 · 3,50=407,00 m².

Die gleiche Flächengröße ist für die Pflegeleistung maßgebend.

Bild 3 Rasenfläche mit Aussparungen

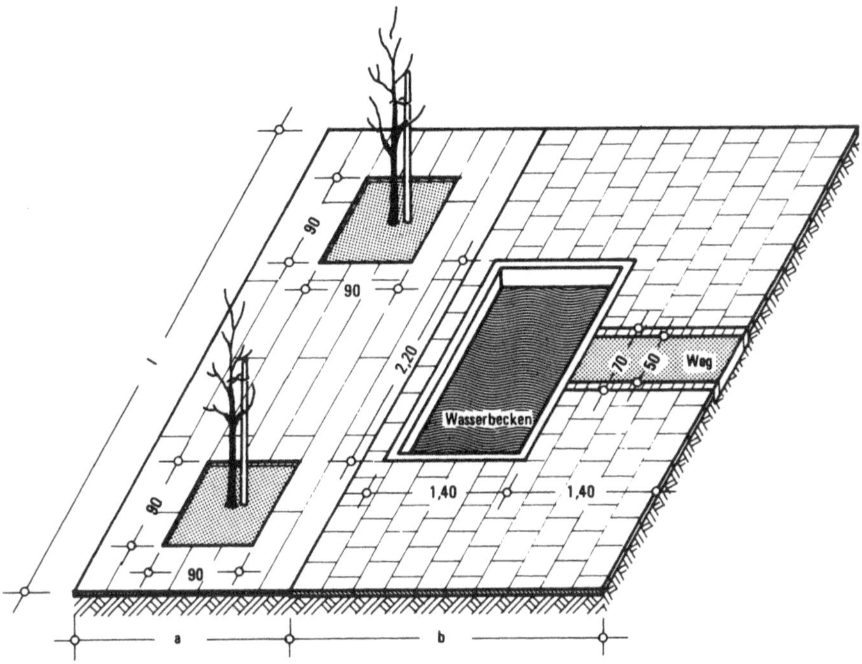

Gem. 0.5.1.6 Abrechnung für das Lockern der Oberbodenschicht nach Flächenmaß.

Gem. 5.2.1 Abzug der Aussparung für das Wasserbecken, die mit

1,40 · 2,20=3,08 m²>2,5 m² ist, jedoch kein Abzug für die Wegfläche einschließlich der Einfassung, die mit

0,70 · 1,40=0,89 m²<2,5 m² ist. F des gelockerten Oberbodens=(a+b) l−3,08 m=... m².

Gem. 0.5.1.8 Abrechnung für das Herstellen der Rasendecke aus Fertigrasen nach Flächenmaß. Gem. 5.2.1 Abzug der Aussparung für das Wasserbecken mit 3,08 m², jedoch kein Abzug für die Wegfläche einschließlich Einfassung mit 0,98 m², ferner kein Abzug der Aussparungen für die Baumscheiben, die im einzelnen mit

0,90 · 0,90=0,81 m²<2,5 m² sind.

F des Rollrasens=a · l=... m². F der Rasensoden=b · l−3,08=... m².

Gem. 0.5.1.13 Abrechnung des Wässerns für die Pflegeleistung nach Flächenmaß, nach Zeiteinheiten, nach Wassermenge oder nach Anzahl der bewässerten Einheiten. Im Beispiel kommt Abrechnung nach bewässerten Einheiten nicht in Betracht. Nach dieser ATV ist die Wasserlieferung keine Nebenleistung. Die Wasserlieferung muß in den Ansätzen mit vorgeschrieben werden. Bei Abrechnung nach Flächenmaß ist gem. 5.2.1 die Aussparung für das Wasserbecken abzuziehen.

F der bewässerten Fläche=(a+b)l−3,08=... m².

Gem. 0.5.3.2 Abrechnung der Wegeinfassung mit Natursteinen nach Längenmaß.

L der Einfassung=2 · 1,40=2,80 m.

Gem. 0.5.1.2 Abrechnung des Aufnehmens pflanzlicher Bodendecken für das Herstellen des Kiesweges nach Flächenmaß.

F des Kiesweges=0,50 · 1,40=0,70 m².

Gem. 0.5.4.2 Abrechnung für das Pflanzen der Zierbäume und für die Baumverankerung nach Anzahl zum Stückpreis.

Gem. 0.5.4.3 Abrechnung für das Herstellen der Pflanzgruben nach Anzahl oder nach Raummaß.

Bild 4 Tennenfläche und Sportrasen

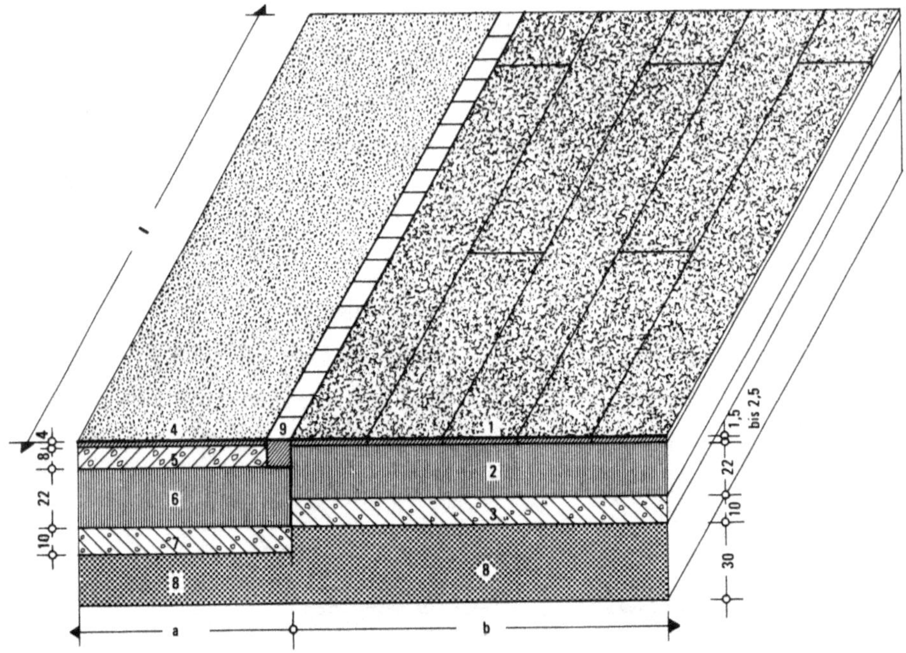

1 Rollrasen
2 Tragschicht
3 Dränschicht
4 Tennenbelag
5 Dynamische Schicht
6 Tragschicht
7 Filterschicht
8 Untergrund, verbessert oder verdichtet
9 Einfassung aus Natursteinen

Abrechnung

für die Herstellung des Fertigrasens aus Rollrasen gem. 0.5.1.8,

für den Einbau der 22 cm dicken Tragschicht für den Sportrasen gem. 0.5.1.11,

für den Einbau der Dränschicht gem. 0.5.1.11,

je nach Flächenmaß.

$F = b \cdot l = \ldots\ m^2$.

Abrechnung

für die Herstellung des Tennenbelages gem. 0.5.1.11,

für den Einbau der dynamischen Schicht gem. 0.5.1.11,

für den Einbau der Tragschicht der Tennenfläche gem. 0.5.1.11,

für den Einbau der Filterschicht gem. 0.5.1.11

je nach Flächenmaß.

$F = a \cdot l = \ldots\ m^2$.

Gem. 0.5.3.2 Abrechnung der Einfassung aus Natursteinen nach Längenmaß.

L der Einfassung=l= ... m.

Bild 5 Flächensicherung durch Naßsaat

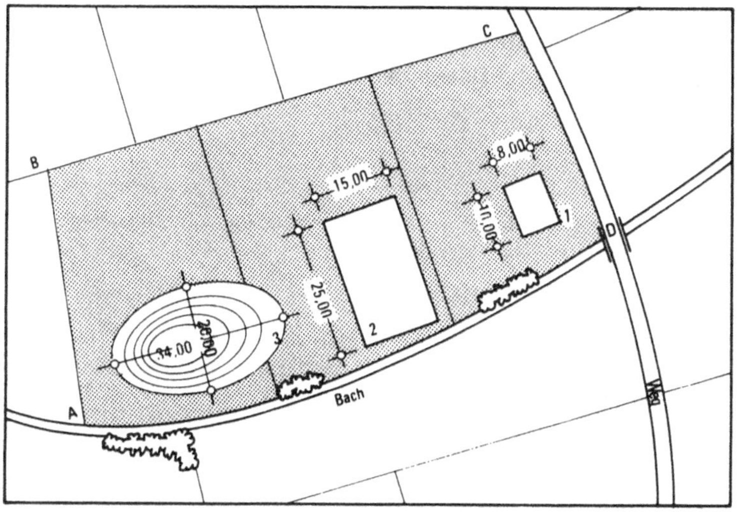

1 Schuppen
2 Teich
3 Felserhebung

Gem. 0.5.1.8 Abrechnung für das Herstellen von Rasendecken durch Naßsaat auf dem Grundstück A B C D nach Flächenmaß. Sofern in der Leistungsbeschreibung vorgeschrieben, auch Abrechnung nach Raummaß der aufgewendeten Mengen.

Gem. 5.2.1 kein Abzug der Grundfläche des Schuppens, da diese mit

$8{,}00 \cdot 10{,}00 = 80{,}00\ m^2 < 100\ m^2$ ist, jedoch Abzug der Fläche des Teichs, die mit

$15{,}00 \cdot 25{,}00 = 375{,}00\ m^2 > 100\ m^2$ ist, sowie der Fläche der Felserhebung, die mit

$\pi/4 \cdot 20{,}00 \cdot 34{,}00 = 533{,}60\ m^2 > 100\ m^2$ ist. Kein Abzug der Sträucher am Bach.

F der durch Naßsaat gesicherten Fläche=

Fläche von A B C D abzüglich (375,00+533,60)=... m^2.

Bild 6 Lagerung von Oberboden, Unterboden und Kompost

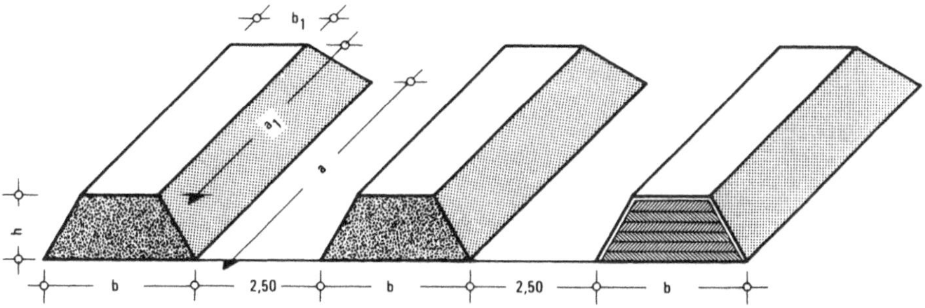

Gem. 0.5.2.3 Abrechnung der Lagerung von Boden und Kompost nach Raummaß.

Gem. 5.1.4 sind Bodenablagerungen jeweils im einzelnen nach ihrer Fertigstellung abzurechnen.

Die Berechnung des Raummaßes erfolgt nach der Simpsonschen Fomel, da die Lagerungskörper im Beispiel Prismatoide sind.

$$V \text{ je Lagerung} = \frac{h}{6}\left[a \cdot b + a_1 \cdot b_1 + 4\left(\frac{a+b}{2} \cdot \frac{a1+b1}{2}\right)\right] = \ldots\ m^3.$$

VOB Teil C:
Allgemeine Technische Vertragsbedingungen für Bauleistungen (ATV)
Gleisbauarbeiten – DIN 18325
Ausgabe Dezember 1992

1 Geltungsbereich

1.1 Die ATV »Gleisbauarbeiten« – DIN 18325 – gilt für das Herstellen von Gleisanlagen und Arbeiten an Gleisanlagen (Gleise, Weichen und Bettung).

1.2 Die ATV DIN 18325 gilt nicht

- für die bei Gleisbauarbeiten auszuführenden Erdarbeiten (siehe ATV DIN 18300 »Erdarbeiten«) sowie Frostschutz- und Planumsschutzschichten (siehe ATV DIN 18315 »Verkehrswegebauarbeiten; Oberbauschichten ohne Bindemittel«),
- für die Befestigung von Verkehrswegen (siehe ATV DIN 18315 »Verkehrswegebauarbeiten; Oberbauschichten ohne Bindemittel«, ATV DIN 18316 »Verkehrswegebauarbeiten; Oberbauschichten mit hydraulischen Bindemitteln«, ATV DIN 18317 »Verkehrswegebauarbeiten; Oberbauschichten aus Asphalt«, ATV DIN 18318 »Verkehrswegebauarbeiten, Pflasterdecken, Plattenbeläge, Einfassungen«).

1.3 Ergänzend gelten die Abschnitte 1 bis 5 der ATV DIN 18299 »Allgemeine Regelungen für Bauarbeiten jeder Art«. Bei Widersprüchen gehen die Regelungen der ATV DIN 18325 vor.

5 Abrechnung

Gem. ATV DIN 18299 Abschn. 5 gilt allgemein:

Die Leistung ist aus Zeichnungen zu ermitteln, soweit die ausgeführte Leistung diesen Zeichnungen entspricht. Sind solche Zeichnungen nicht vorhanden, ist die Leistung aufzumessen.

Siehe hierzu die eingehende Erläuterung zu ATV DIN 18299 »Allgemeine Regelungen für Bauarbeiten jeder Art«.

Abrechnungseinheiten

Gem. 0.5 sind im Leistungsverzeichnis die Abrechnungseinheiten wie folgt vorzusehen:

0.5.1 beim Auf- und Abladen:

0.5.1.1 – Bettungsstoffe und Bettungsrückstände nach Gewicht (t) oder Raummaß (m^3),

0.5.1.2 – Gleise nach Längenmaß (m),

0.5.1.3 – Schienen nach Längenmaß (m) oder nach Gewicht (t),

0.5.1.4 – Gleisschwellen nach Anzahl (Stück),

0.5.1.5 – Weichen, Kreuzungen und Kreuzungsweichen nach Anzahl (Stück) oder nach Gewicht (t),

0.5.1.6 – Gestänge von Weichen, Kreuzungen und Kreuzungsweichen nach Gewicht (t) oder Anzahl (Stück),

0.5.1.7 – Weichenschwellen nach Längenmaß (m), Weichenschwellensätze nach Anzahl (Stück),

0.5.1.8 – loses Schienen-, Schwellen- und Weichenkleineisen sowie Kleinteile nach Gewicht (t) oder Anzahl (Stück),

0.5.1.9 – Weichenstellvorrichtungen und Schienenentwässerungskästen nach Anzahl (Stück),
0.5.1.10 – Kabelkanäle und Abdeckungen nach Anzahl (Stück) oder Längenmaß (m).
0.5.2 – beim Ausführen von Gleisarbeiten
0.5.2.1 – Bettung nach Längenmaß (m), Flächenmaß (m^2) oder Raummaß (m^3),
0.5.2.2 – Gleise nach Längenmaß (m),
0.5.2.3 – Schienen nach Längenmaß (m),
0.5.2.4 – Gleisschwellen nach Anzahl (Stück),
0.5.2.5 – Weichen, Kreuzungen und Kreuzungsweichen nach Anzahl (Stück) oder Leistungslänge (m),
0.5.2.6 – Weichenschwellen nach Längenmaß (m),
0.5.2.7 – Schienen- und Schwellenkleineisen sowie Kleinteile und dergleichen nach Anzahl (Stück), Längenmaß des Gleises (m) oder Leistungslänge der Weichen (m),
0.5.2.8 – Weichenstellvorrichtungen und Schienenentwässerungskästen nach Anzahl (Stück),
0.5.2.9 – Kabelkanäle und Abdeckungen nach Längenmaß (m).

Ergänzend zu ATV DIN 18299 Abschn. 5 gilt:

5.1 Abrechnung nach Gewicht

5.1.1 Bei der Berechnung des Gewichtes ist bei deutschen genormten Stählen das Gewicht nach DIN-Normen (Nenngewicht), bei anderen Stählen das Gewicht nach dem Profilbuch des Herstellerwerkes zugrunde zu legen.

Eine der wichtigsten Abrechnungsgrundlagen ist die Ermittlung des Gewichts, da besonders bei schweren Stoffen und Bauteilen die Abrechnung nach Gewicht vorgeschrieben wird. Die Gewichtsermittlung muß teils durch Wiegen, teils durch Berechnen erfolgen. Das Berechnen hat den Vorteil größerer Genauigkeit, stört den Hergang der Leistung nicht und erspart dem Auftraggeber, wenn er die Stoffe und Bauteile beistellt, das umständliche Wiegen.

5.1.2 Das Gewicht wird ermittelt bei
- Bettungsstoffen und Bettungsrückständen durch Wiegen,
- Schienen durch Berechnen,
- Weichen, Kreuzungen und Kreuzungsweichen, jeweils ohne Schwellen, durch Wiegen,
- Gestänge von Weichen, Kreuzungen und Kreuzungsweichen durch Berechnen,
- Kleineisen und Kleinteile durch Wiegen oder Berechnen.

Die Vorschrift, daß das Gewicht bei einigen Leistungen durch Wiegen und bei anderen durch Berechnen bzw. auch durch Wiegen und Berechnen zu ermitteln ist, resultiert aus der Praxis. Es wird die jeweils günstigste Ermittlungsart vorgeschrieben.

5.2 Abrechnung nach Raummaß

Das Raummaß
- von Bettungsstoffen und Bettungsrückständen wird beim Auf- und Abladen in loser Menge,
- der eingebauten Bettung wird im verdichteten Zustand ermittelt.

Nebenleistungen sind das Sammeln und Aufladen der vom Auftraggeber beigestellten Gebinde, Paletten, Ladebehelfe u.ä. auf Fahrzeuge des Auftraggebers sowie das Wiederherstellen des Schotterprofils. Das Beseitigen oder Einebnen von Bettungsrückständen ist jedoch als Besondere Leistung abzurechnen.

5.3 Abrechnung nach Längenmaß

Die Gleislänge wird in Gleisbögen im Außenstrang gemessen. Die Leistungslänge bei Weichen, Kreuzungen oder Kreuzungsweichen wird begrenzt durch Zungenstöße bzw., soweit vorhanden, durch äußere Herzstückstöße.

Bei Weichenschwellen wird deren Länge gemessen.

Gem. 0.5.1.7 werden jedoch Weichenschwellensätze nach Anzahl abgerechnet.

Für die Gleislänge in Gleisbögen gilt die größte Länge, die bei der Messung des Außenstranges erzielt wird.

5.4 Abrechnung nach Einsatzzeit- und Mengenstaffel

5.4.1 Die Einsatzzeiten oder Mengen sind je Schicht zu ermitteln.

Die Vorschriften 5.4.1 bis 5.4.7 sind auf die besonderen Arbeitsverhältnisse beim Gleisbau abgestimmt, da der Bahnbetrieb während der Herstellung der Leistung möglichst wenig gestört werden darf. Es wird daher hier geregelt, wie Einsatzstaffeln oder Mengenstaffeln abzurechnen sind, wenn solche in der LB vorgeschrieben worden sind.

5.4.2 Die Einsatzzeit beginnt jeweils mit dem Abschluß des Rüstens an der Maschine an der Arbeitsstelle und endet mit der Aufforderung, die Gleisanlage zu räumen, oder mit der Erfüllung der Leistung in der Schicht.

Das Bereitmachen der Maschine zum Einsatz, d.h. die Zeit des Rüstens an den Maschinen vor dem Einsatz, z.B. Arbeitsstellenbeleuchtung durch Fahrzeugscheinwerfer bei Arbeiten mit Maschinen des Auftragnehmers, Umsetzen von Gleisbaumaschinen, soweit es für die Ausführung der Leistung erforderlich ist, gehört zu den Nebenleistungen; diese Vorzeit zählt nicht zur Einsatzzeit.

5.4.3 Überschreitet die Arbeitszeit je Tag die Schichtzeit, so werden die Einsatzzeiten oder geleisteten Mengen je Tag mit dem Verhältnis der Schichtzeit zur Arbeitszeit multipliziert.

Als Schichtzeit gilt die tägliche Tarifarbeitszeit zuzüglich der Ruhepausen nach dem für die gewerblichen Arbeitnehmer des Auftragnehmers gültigen Tarifvertrag.

Die Arbeitszeit je Tag beginnt 30 Minuten vor der ersten vereinbarten Gleissperrung und endet 30 Minuten nach der letzten Gleissperrung.

Die Vorschrift ergibt folgende Rechnung:
Schichtzeit=8,5 Stunden. Verlängerte Arbeitszeit=9,5 Stunden.
Bescheinigte Sperrzeiten ergeben die Einsatzzeit=5 Stunden.
Anzurechnende Sperrzeit=5 · 8,5/9,5=4,47 Stunden.

5.4.4 Sind Leistungen in nicht gesperrten Gleisanlagen zwischen den Zugfahrten zu erbringen, so ist für die Zuordnungen der Leistungen im Leistungsverzeichnis die Zahl der arbeitsunterbrechenden Züge und Rangierfahrten (im Arbeits- und Nachbargleis) je Schicht zu ermitteln.

Diese Vorschrift ist bei der Aufstellung der LB zu beachten.

5.4.5 Werden Sperrungen der Gleisanlagen aus Gründen, die der Auftragnehmer zu vertreten hat, nicht genutzt, z.B. wegen Maschinenschäden, so werden die angefallenen Einsatzstunden und die erbrachten Mengen mit dem Verhätltnis der Schichtzeit zur geleisteten Arbeitszeit multipliziert. Die geleistete Arbeitszeit ergibt sich aus der Arbeitszeit gekürzt um die Ausfallzeit. Die Ausfallzeit beginnt mit dem Stillstand der Maschine und endet mit der Betriebsbereitschaft der Maschine. Wird die Maschine erst nach Ende der Sperrung der Gleisanlage wieder betriebsbereit, so ist die Zeit bis zu 30 Minuten vor der nächsten vorgesehenen Sperrung der Gleisanlage der Ausfallzeit zuzurechnen.

In der LB ist die Art der Arbeiten, die in gesperrten Gleisanlagen auszuführen sind, sowie die Einschränkung des Bahnbetriebes durch dauernde oder zeitweilige Sperrung oder Stillegung von Gleisanlagen mit Zeitangabe anzugeben.

In der LB ist auch die Art der Arbeiten anzugeben, die in Zugpausen auszuführen sind; hierzu gehört auch die Angabe der Zugfolge.

Aus der Vorschrift in 5.4.5 ergibt sich folgende Berechnung:

Schichtzeit=8,5 Stunden. Geleistete Arbeitszeit=6 Stunden.

Die bescheinigten Sperrzeiten ergeben eine Einsatzzeit=3 Stunden.

Anzurechnende Einsatzzeit: 3 · 8,5/6=4,25 Stunden.

5.4.6 Werden Sperrungen der Gleisanlage aus Gründen, die der Auftragnehmer nicht zu vertreten hat, z.B. fehlende Sicherungsposten, Nebel, Frost, hohe Schienenwärme, nicht gewährt, so werden bei Berechnung der Einsatzzeit oder Mengen je Schicht nur die tatsächlich erreichten Einsatzzeiten oder Mengen angesetzt.

In Fällen, in denen die vereinbarten Sperrzeiten nicht gewährt werden können und ein Verschulden dafür nicht beim Auftragnehmer liegt, können nur die tatsächlich erreichten Einsatzzeiten oder Mengen angesetzt werden.

5.4.7 Werden verschiedenartige Arbeiten, z.B. Verdichthebegänge und Stabilisierungen nach Mengenstaffeln von einer Maschine ausgeführt, so werden die jeweils erbrachten Leistungen in jeder Schicht zusammengezählt und damit die Vergütung bestimmt.

Wenn von einer Maschine verschiedenartige Arbeiten ausgeführt werden, so sind die gleichartigen Leistungen in jeder Schicht zu addieren, woraus sich die Abrechnung ergibt.

Zu 0.5.1: Auf- und Abladen

Nach den Vorschriften dieser ATV gehört das Wiegen und das Abladen von Stoffen und Bauteilen, die der Auftraggeber beistellt, nicht zu den Nebenleistungen und bedarf besonderer Abrechnung. Nebenleistung jedoch ist das Befördern der vom Auftraggeber beigestellten Stoffe und Bauteile von den in der LB angegebenen Übergabestellen auf der Baustelle zu den Verwendungsstellen und etwaiges Zurückbefördern.

Zu den Besonderen Leistungen zählt auch das Aufladen, Fördern und Abladen ausgebauter Stoffe und Bauteile.

Zu 0.5.1.1:

Bettungsstoffe und Bettungsrückstände, z.B. Schotter, Splitt, Sand, können nach Wahl des Auftraggebers nach Gewicht (t) oder Raummaß (m^3) abgerechnet werden. Das Gewicht ist durch Wiegen zu ermitteln; eine andere Berechnungsart ist nicht zugelassen. Die Ermittlung des Raummaßes erfolgt nach loser Menge.

Zu 0.5.1.2:

Unter Gleisen sind paarige Schienen zu verstehen. Sie werden nach Längenmaß abgerechnet, wobei gem. 5.3 die Gleislänge in Gleisbögen im Außenstrang zu messen ist. Es ist also die größte Länge zu erfassen.

Zu 0.5.1.3:

Schienen werden sowohl nach ihrer Länge als auch gem. 5.1.2 nach ihrem berechneten (also nicht gewogenen) Gewicht abgerechnet. Schienen unterscheiden sich nach ihren Profilen und Längen. Die Regellänge mißt 30 m.

Zu 0.5.1.4:

Gleisschwellen können aus Holz, Beton oder Stahl bestehen. Je nach dem Stoff, aus dem sie hergestellt sind, ist ihre Länge verschieden. Das Auf- und Abladen wird nach der Stückzahl abgerechnet.

Zu 0.5.1.5:

Der Auftraggeber muß in der LB vorschreiben, ob Weichen, Kreuzungen und Kreuzungsweichen nach Stückzahl oder gem. 5.1.2 nach gewogenem Gewicht (also nicht berechnetem) abgerechnet werden sollen.

Zu 0.5.1.6:

Die Entscheidung, ob Gestänge von Weichen, Kreuzungen und Kreuzungsweichen nach durch Berechnen ermitteltem Gewicht oder nach der Stückzahl abzurechnen ist, muß bei Aufstellung der LB getroffen werden. Ist nach Gewicht abzurechnen, gilt 5.1.1 und 5.1.2.

Zu 0.5.1.7:

Zum Unterschied von Gleisschwellen haben Weichenschwellen keine einheitlichen Längenabmessungen. Aus Gründen der Genauigkeit sind sie daher gem. 5.3 nach dem Längenmaß der Schwellen abzurechnen. Weichenschwellensätze, die ebenfalls unterschiedlich lange Einzelstücke aufweisen, sind der Einfachheit halber nach der Stückzahl der Sätze abzurechnen.

Zu 0.5.1.8:

Der Auftraggeber kann in der Leistungsbeschreibung die Abrechnung von losem Schienen-, Schwellen- und Weichenkleineisen sowie von Kleinteilen gem. 5.1.2 nach durch Wiegen, nach durch Berechnen ermitteltem Gewicht oder gem. 0.5.1.8 nach der Stückzahl vorschreiben. Für Abrechnung nach dem berechneten Gewicht gilt 5.1.2 sowie 5.1.1. Die Entscheidung, ob das Gewicht durch Wiegen oder durch Berechnen zu ermitteln ist, hängt von der Art des Abrechnungsgutes ab.

Zu 0.5.1.9:

Es ist nach Weichenstellvorrichtungen für Handbedienung und für Fernsteuerung zu unterscheiden.

Abrechnungseinheit für Weichenstellvorrichtungen und Schienenentwässerungskästen ist die Anzahl.

Zu 0.5.1.10:

Der Auftraggeber kann in der Leistungsbeschreibung die Abrechnung von Kabelkanälen und Abdeckungen nach der Stückzahl oder nach Längenmaß vorschreiben.

Zu 0.5.2 Ausführen von Gleisarbeiten

Zu 0.5.2.1:

Der Auftraggeber hat die Wahl, bei der Ausführung von Gleisarbeiten die Bettung nach Längenmaß, Flächenmaß oder Raummaß abzurechnen. Bei Abrechnung nach Raummaß ist die Bettung gem. 5.2 in verdichtetem Zustand zu messen.

Zu 0.5.2.2:
Abrechnungseinheit für Gleise ist das Längenmaß. Gem. 5.3 ist die Gleislänge in Gleisbögen im Außenstrang zu messen.

Zu 0.5.2.3:
Beim Ausführen von Gleisarbeiten werden Schienen nach Längenmaß abgerechnet, beim Auf- und Abladen auch nach berechnetem Gewicht.

Zu 0.5.2.4:
Wie beim Auf- und Abladen gem. 0.5.1.4 werden Gleisschwellen nach Anzahl abgerechnet.

Zu 0.5.2.5:
Der Auftraggeber kann in der LB beim Ausführen von Gleisarbeiten die Abrechnung von Weichen, Kreuzungen und Kreuzungsweichen entweder nach der Stückzahl oder gem. 5.3 nach Leistungslängen vorschreiben. Gem. 0.5.1.5 sind das Auf- und Abladen nach der Stückzahl oder nach durch Wiegen ermitteltem Gewicht abzurechnen.
Die Leistungslänge bei Weichen, Kreuzungen oder Kreuzungsweichen wird durch Zungenstöße bzw., soweit vorhanden, durch äußere Herzstückstöße begrenzt.

Zu 0.5.2.6:
Weichenschwellen werden wie bei 0.5.1.7 nach Längenmaß abgerechnet.

Zu 0.5.2.7:
Der Auftraggeber kann in der LB beim Ausführen von Gleisarbeiten als Abrechnungseinheit von Schienen- und Schwellenkleineisen sowie von Kleinteilen und dergleichen entweder die Stückzahl oder das Längenmaß des Gleises oder gem. 5.3 die Leistungslänge der Weichen vorschreiben.

Zu 0.5.2.8:
Weichenstellvorrichtungen und Schienenentwässerungskästen sind wie bei 0.5.1.9 nach Anzahl abzurechnen.

Zu 0.5.2.9:
Kabelkanäle und Abdeckungen sind nur nach Längenmaß und nicht wie in 0.5.1.10 auch nach Anzahl abzurechnen.

VOB Teil C:
Allgemeine Technische Vertragsbedingungen für Bauleistungen (ATV)
Mauerarbeiten – DIN 18330
Ausgabe Juni 1996

1 Geltungsbereich

1.1 Die ATV »Mauerarbeiten« – DIN 18330 – gilt für Mauerwerk jeder Art aus natürlichen und künstlichen Steinen.

1.2 Die ATV DIN 18330 gilt nicht für
- Quadermauerwerk (siehe ATV DIN 18332 »Naturwerksteinarbeiten«),
- Versetzen von Betonwerksteinen (siehe ATV DIN 18333 Betonwerksteinarbeiten«).

1.3 Ergänzend gelten die Abschnitte 1 bis 5 der ATV DIN 18299 »Allgemeine Regelungen für Bauarbeiten jeder Art«. Bei Widersprüchen gehen die Regelungen der ATV DIN 18330 vor.

5 Abrechnung

Gem. ATV DIN 18299 Abschn. 5 gilt allgemein:

Die Leistung ist aus Zeichnungen zu ermitteln, soweit die ausgeführte Leistung diesen Zeichnungen entspricht. Sind solche Zeichnungen nicht vorhanden, ist die Leistung aufzumessen.

Siehe hierzu die eingehende Erläuterung zu ATV DIN 18299 »Allgemeine Regelungen für Bauarbeiten jeder Art«.

Abrechnungseinheiten

Gem. 0.5 sind im Leistungsverzeichnis die Abrechnungseinheiten wie folgt vorzusehen:

0.5.1 Flächenmaß (m^2), getrennt nach Bauart und Maßen, für
0.5.1.1 – Mauerwerk, siehe auch 0.5.2.1 Mauerwerk über 24 cm Dicke nach Raummaß,
0.5.1.2 – Ausmauern von Fachwerkwänden und Stahl- und Betonskeletten, siehe auch 0.5.2.2,
0.5.1.3 – Leichte Trennwände,
0.5.1.4 – Sicht- und Verblendmauerwerk,
0.5.1.5 – Verblendschalen, Bekleidungen,
0.5.1.6 – Gewölbe,
0.5.1.7 – Ausfugen,
0.5.1.8 – Bodenbeläge aus Flach- oder Rollschichten,
0.5.1.9 – Auffüllungen von Decken,
0.5.1.10 – Dämmstoffe bei zweischaligem Mauerwerk und Wärmedämmverbundsystemen,
0.5.1.11 – Abdichtungen, Sperr- und Schutzschichten,
0.5.1.12 – Leichtbauplatten,
0.5.1.13 – Fertigteile und Fertigteildecken.
0.5.2 Raummaß (m^3), getrennt nach Bauart und Maßen, für
0.5.2.1 – Mauerwerk über 24 cm Dicke, siehe auch 0.5.1.1 Mauerwerk nach Flächenmaß,

0.5.2.2 – Ausmauern von Stahlbetonskeletten, siehe auch 0.5.1.2.
0.5.2.3 – Pfeiler, siehe auch 0.5.3.3 sowie 0.5.4.4,
0.5.2.4 – Pfeilervorlagen gleicher Bauart wie das dahinterliegende Mauerwerk, siehe auch 0.5.3.4,
0.5.2.5 – Gemauerte Schornsteine, getrennt nach Anzahl und Querschnitt der Züge und Dicken der Wangen, siehe auch 0.5.3.5,
0.5.2.6 – Dämmstoffe für die Auffüllung von Hohlräumen,
0.5.2.7 – Schüttungen. Abrechnung auch nach Gewicht.
0.5.3 Längenmaß (m), getrennt nach Bauart und Maßen, für
0.5.3.1 – Leibungen bei Sicht- und Verblendmauerwerk, Sohlbänke und Gesimse einschließlich etwaiger Auskragungen,
0.5.3.2 – Gemauerte oder vorgefertigte Stürze, Überwölbungen und Entlastungsbögen über Öffnungen und Nischen,
0.5.3.3 – Pfeiler, siehe auch 0.5.2.3 sowie 0.5.4.4,
0.5.3.4 – Pfeilervorlagen, siehe auch 0.5.2.4,
0.5.3.5 – Gemauerte Schornsteine, getrennt nach Anzahl und Querschnitt der Züge und Dicke der Wangen, siehe auch 0.5.2.5,
0.5.3.6 – Schornsteine aus Formstücken, getrennt nach Anzahl und Querschnitt der Züge,
0.5.3.7 – Gemauerte Stufen,
0.5.3.8 – Ausmauern, Ummanteln oder Verblenden von Stahlträgern, Unterzügen, Stützen und dergleichen,
0.5.3.9 – Herstellen von Schlitzen, siehe auch 0.5.4.1,
0.5.3.10 – Ringanker,
0.5.3.11 – Schließen von Schlitzen,
0.5.3.12 – Herstellen von Bewegungs- und Trennfugen,
0.5.3.13 – Schneiden von Vormauersteinen,
0.5.3.14 – Abfangen der Außenschalen bei zweischaligen Außenwänden,
0.5.3.15 – Rollschichten, Mauerabdeckungen,
0.5.3.16 – Herstellen von Mauerwerksschrägen, z.B. Dachschrägen.
0.5.4 Anzahl (Stück), getrennt nach Bauart und Maßen, für
0.5.4.1 – Herstellen von Aussparungen, z.B. Öffnungen, Nischen, Schlitze, Durchbrüche, siehe auch 0.5.3.9,
0.5.4.2 – Vorgefertigte Stürze, Überwölbungen und Entlastungsbögen über Öffnungen und Nischen,
0.5.4.3 – Vorgefertigte Sohlbänke und Gesimse einschließlich etwaiger Auskragungen,
0.5.4.4 – Pfeiler, siehe auch 0.5.2.3 sowie 0.5.3.3,
0.5.4.5 – Schornsteinköpfe, getrennt nach Anzahl und Querschnitt der Züge,
0.5.4.6 – Schornsteinreinigungsverschlüsse, Rohrmuffen, Übergangsstücke und dergleichen,
0.5.4.7 – Kellerlichtschächte, Sinkkästen, Fundamente für Geräte und dergleichen,
0.5.4.8 – Liefern und Einbauen von Stahlteilen und Fertigteilen, z.B. Fertigteildecken,
0.5.4.9 – Liefern und Einsetzen von Ankerschienen, Anschluß- und Randprofilen,
0.5.4.10 – Liefern und Einbauen von Ankern, Bolzen usw.,
0.5.4.11 – Liefern und Einbauen von Tür- und Fensterzargen, Überlagshölzern, Dübeln, Dübelsteinen und dergleichen,
0.5.4.12 – Schließen von Aussparungen, Durchbrüchen usw.,
0.5.4.13 – Stahlteile und Walzstahlprofile, Fertigbauteile und Fertigteildecken, siehe auch 0.5.4.8,
0.5.4.14 – Schneiden von Vormauersteinen, siehe auch 0.5.3.13,
0.5.4.15 – Abfangungen der Außenschalen bei zweischaligem Mauerwerk, siehe auch 0.5.3.14.
0.5.5 Gewicht (kg) für

0.5.5.1 – Betonstahl, Stahlprofile, Anker, Bolzen,
0.5.5.2 – Schüttungen, siehe auch 0.5.2.7.

Ergänzend zu ATV DIN 18299 Abschn. 5 gilt:

5.1 Allgemeines

5.1.1 Der Ermittlung der Leistung – gleichgültig, ob sie nach Zeichnung oder nach Aufmaß erfolgt – sind zugrunde zu legen:

- für Bauteile aus Mauerwerk, Sicht- und Verblendmauerwerk deren Maße,
- für Bodenbeläge die zu belegende Fläche bis zu den begrenzenden, ungeputzten bzw. unbekleideten Bauteilen,
- für Bodenbeläge ohne begrenzende Bauteile deren Maße,

  Für Bauteile aus Mauerwerk sind deren Maße zugrunde zu legen. Das gleiche gilt für Bodenbeläge ohne begrenzende Bauteile.

  Für die Leistungsermittlung von Bodenbelägen mit begrenzenden Bauteilen wurde, um die oft nicht zutreffenden Begriffe Rohbaumaß bzw. Konstruktionsmaß zu vermeiden, die präzise, jedoch umständliche Fassung gefunden, daß die zu belegende Fläche bis zu den begrenzenden, ungeputzten bzw. unbekleideten Bauteilen zu bemessen ist.

- bei Fassaden mit mehrschaligem Aufbau für das Sicht- und Verblendmauerwerk und für die Dämmschicht die Maße der Außenseite der Außenschale,

  Diese besondere Regelung für mehrschaliges Außenmauerwerk wurde in Anlehnung an die Abrechnung von Fassaden anderer Gewerke aufgenommen. Danach sind die Maße der äußeren Ansichtsfläche der Außenschale anzusetzen, d.h. die Dicke der Außenschale wird an Außenecken zweimal, an Innenecken jedoch nicht gerechnet. Die gleichen Maße sind für die Dämmschicht anzusetzen, obwohl deren Maße sich in der Regel um die Dicke der Außenschale verringern.

- für die Verfugung die Maße der zu verfugenden Fläche.

  Die Leistungsmittlung bezieht sich auf die gesamte sichtbare Fläche des zu verfugenden Mauerwerks. Abschnitt 5.1.12 ist zu beachten.

5.1.2 Fugen werden übermessen.

Diese Regelung dient der Abrechnungsvereinfachung.

5.1.3 Bei Öffnungen und Nischen gelten deren Maße. Die Höhe bogenförmiger Öffnungen und Nischen ist um 1/3 der Stichhöhe zu verringern.

Öffnungen sind Unterbrechungen des Mauerwerks, die dessen ganze Dicke einnehmen. Sie können unverschließbar oder, wie z.B. Fenster, Türen, Durchreichen, verschließbar sein. Nischen sind Unterbrechungen des Mauerwerks, die nur einen Teil seiner Dicke einnehmen, wie z.B. Heizkörpernischen, Nischen für Einbauschränke. Für Öffnungen und Nischen gelten die kleinsten lichten Konstruktionsmaße des Mauerwerks (Bilder 13, 31, 32, 34, 35, 39, 41, 43, 44, 48, 52 bis 55, 60 bis 62, 68, 91).

Bei Umrahmungen von Öffnungen mit Natursteingewände gilt nicht das durch diese eingebauten Bauteile gebildete kleinste Maß der lichten Öffnung, sondern gem. 5.1.1 ebenfalls das kleinste lichte Konstruktionsmaß des Mauerwerks (Bild 43). Wegen des Abzugs der Einbindungen dieser Bauteile vgl. 5.2.1 bis 5.2.2.

Unter Stichhöhe ist die Höhe des Bogens, bezogen auf das Widerlager, zu verstehen. Ist der Bogen ein Halbkreis, so ist die Stichhöhe gleich dem Radius. Zur Ver-

einfachung der Abrechnung wird auf eine genaue Flächenermittlung verzichtet. Bogenförmige Öffnungsflächen werden in Rechtecke verwandelt, deren Breite der Öffnung oder der Nische entspricht und deren Höhe in jedem Falle 2/3 der Stichhöhe beträgt (Bild 14).

5.1.4 Bei Mauerwerk, das bis Oberfläche Rohdecke durchgeht, wird von Oberfläche Rohdecke (bei Kellergeschossen von Oberfläche Fundament) bis Oberfläche Rohdecke gerechnet, bei anderem Mauerwerk die tatsächliche Höhe.

Gem. 5.1.1 sind der Ermittlung der Leistung für Bauteile aus Mauerwerk deren Konstruktionsmaße zugrunde zu legen. Für Mauerwerk, das bis zur Oberfläche der Rohdecke durchgeht, gilt als Höhenmaß das Konstruktionsmaß von Oberfläche Rohdecke bis zur Oberfläche der darüberliegenden Rohdecke. Als Höhenmaß für Kellermauerwerk ist das Konstruktionsmaß von Oberfläche Fundament bis Oberfläche der Rohdecke anzusetzen. Das gleiche gilt für Mauerwerk im Erdgeschoß nichtunterkellerter Bauwerke oder Bauwerksteile (Bild 19).

Mauerwerk ist auch dann als durchgehend anzusehen, wenn andere Bauteile, z.B. die Rohdecke, einbinden (Bild 20). Geht das Mauerwerk nicht durch, z.B. wenn die Rohdecke das Mauerwerk unterbricht (Bild 21) oder wenn in der Leistungsbeschreibung bei einer einbindenden Rohdecke ein besonderer Ansatz für das dahinterliegende Mauerwerk (Kranzmauerwerk) vorgesehen ist, gilt als Höhenmaß das Maß für die tatsächlich ausgeführte Leistung, d.h. von Oberfläche der darunterliegenden Rohdecke bis zur Unterfläche der betreffenden Rohdecke (Bild 22).

Gem. 5.2.1 werden bei Abrechnung nach Flächenmaß durchbindende Bauteile nur abgezogen, wenn ihre Einzelgröße mehr als 0,25 m^2 beträgt. Gem. 5.2.2 werden bei Abrechnung nach Raummaß durchbindende Bauteile nur abgezogen, wenn ihre Einzelgröße 0,25 m^3 übersteigt. Bei anderem Mauerwerk, z.B. einer abgestuften Grenzmauer, wird der Abrechnung die tatsächliche Höhe zugrunde gelegt (Bild 23).

5.1.5 Bei Abrechnung nach Flächenmaß wird die Höhe von Mauerwerk mit oben abgeschrägtem Querschnitt bis zur höchsten Kante gerechnet.

Während bei Mauerwerk mit oben abgeschrägtem Querschnitt bei Abrechnung nach Flächenmaß die Höhe bis zur höchsten Kante gemessen und damit die Ermittlung der Leistung vereinfacht wird, ist bei Abrechnung nach Raummaß die tatsächliche Leistung zu ermitteln (Bild 24).

5.1.6 Bei Wanddurchdringungen wird nur eine Wand durchgehend berücksichtigt, bei Wänden ungleicher Dicke die dickere Wand.

Unter Wanddurchdringung sind Wandkreuzungen, Wandecken und einseitig auftreffende Wände zu verstehen. Diese Vorschrift bezieht sich nur auf Wanddurchdringungen aus Mauerwerk gleicher Bauart (Bild 25). Der zweite Halbsatz, daß bei Wänden ungleicher Dicke die dickere zu berücksichtigen ist, hat keine Bedeutung, wenn beide Wände nach Raummaß abzurechnen sind (Bild 26). Wände ungleicher Bauart sind gem. 5.1.2 getrennt nach ihren Konstruktionsmaßen abzurechnen (Bild 27).

5.1.7 Bei der Ermittlung der Länge von Wänden werden durchbindende, einbindende und einliegende, gemauerte Schornsteine nicht mitgemessen, dabei gilt als Wangendicke des Schornsteins die erforderliche Mindestdicke. Das dabei nicht gemessene Wandmauerwerk rechnet zum Schornstein.

Bei der Abrechnung von Wandmauerwerk wird Schornsteinmauerwerk abgezogen. Dabei ist es gleichgültig, ob die Bauarten des Schornsteins und des Wandmauer-

werks gleich sind oder nicht. Gem. 0.5.2.6 und 0.5.3.4 werden gemauerte Schornsteine für Rauch, Abgas und Lüftung, getrennt nach Bauart, Anzahl und Querschnitt der Züge sowie Dicke der Wangen, nach Raummaß oder Längenmaß abgerechnet. Ungeachtet der Mauerwerksverzahnung gilt als Begrenzung des im Wandmauerwerk liegenden Schornsteinmauerwerks die bauaufsichtlich erforderliche Mindestdicke der Schornsteinwangen, wenn in der Leistungsbeschreibung nichts anderes vorgesehen ist (Bilder 28, 29). Nicht zur Schornsteinkonstruktion gehörendes, aber im Bereich des Schornsteins gelegenes Wandmauerwerk wird nicht mitgemessen, sondern dem Schornsteinmauerwerk zugeschlagen (Bild 30). Gem. 5.1.16 werden Schornsteine aus Formstücken bei der Abrechnung von Wänden mit ihren tatsächlichen Abmessungen abgezogen (Bild 30).

5.1.8 Als ein Bauteil gilt bei den Abzügen nach Flächenmaß und Raummaß auch jedes aus Einzelteilen zusammengesetzte Bauteil, z.B. Fenster- und Türumrahmungen, Fenster- und Türstürze, Rolladenkästen.

Durchbindende, einbindende und einliegende Bauteile aus Naturwerkstein oder Betonwerkstein bestehen meistens aus mehreren Einzelstücken. Die Vorschriften über die Abzüge gem. 5.2 beziehen sich jedoch auf den gesamten Einbauteil, z.B. auf die gesamte Gesimslänge, die ganze Risalithöhe, die gesamte Fenster- und Türumrahmung, alle Träger von Fenster- und Türstürzen (Bilder 38, 39, 43, 44).

5.1.9 Rahmen, Riegel, Ständer, Deckenbalken, Vorlagen und Fachwerksteile aus Holz, Beton oder Metall bis 30 cm Einzelbreite werden übermessen.

Diese Regelung gilt für die Leistungsermittlung sowohl nach Flächenmaß wie nach Raummaß.

5.1.10 Bei Abrechnung von Gewölben nach Flächenmaß (m^2) wird bei einer Stichhöhe unter einem Sechstel der Spannweite die überwölbte Grundfläche abgerechnet, bei größeren Stichhöhen die abgewickelte Untersicht.

Die Abrechnung gemauerter Gewölbe erfolgt gem. 0.5.1.8 nach Flächenmaß. Je nach der Stichhöhe wird für die Ermittlung des Flächenmaßes die überwölbte Grundfläche oder die abgewickelte Untersicht des Gewölbes zugrunde gelegt. Stichhöhe ist die lichte Höhe des Gewölbes, bezogen auf den Fußpunkt der Widerlager. Ist die Stichhöhe niedriger oder gleich 1/6 der Spannweite, wird die überwölbte Grundfläche abgerechnet, bei größeren Stichhöhen die Abwicklung der sichtbaren Unterseite. Etwaige Einbindungen des Gewölbes in die Widerlager sowie Flächen von Gurtungen bleiben unberücksichtigt (Bilder 56, 57, 58). Bei Gewölben zwischen Stahlträgern, bei denen die Spannweite von Stegmitte zu Stegmitte rechnet, wird die Flanschbreite der Träger bei der Ermittlung der überwölbten Grundfläche bzw. der Fläche der Gewölbeuntersicht mitgemessen (Bild 59). Öffnungen, z.B. für Treppen,

5.1.11 Stürze, Überwölbungen und Entlastungsbögen werden gesondert gemessen, wenn die Öffnung oder die Nische abgezogen wird.

In der Abrechnung für das Herstellen von Öffnungen gem. 0.5.4.10 sind die Kosten für gemauerte Stürze, Überwölbungen und Entlastungsbögen nicht enthalten, soweit es sich um Öffnungen oder Nischen handelt, die abzuziehen sind. Die Abrechnung von Überdeckungen zählt als Besondere Leistung; sie ist nach der Anzahl der Überdeckungen zu berechnen. Das gilt sowohl für den Fall der Abrechnung des Mauerwerks nach Flächenmaß als auch nach Raummaß. Scheitrechte Stürze zählen zu den Überwölbungen. Als Grundlage für die richtige Preisermittlung sind in der

LB die Konstruktionsmaße der Überdeckung und die Dicke des Mauerwerks anzugeben (Bilder 60, 61, 62).

5.1.12 Leibungen von Öffnungen über 2,5 m² Einzelgröße und von Nischen, soweit für das dahinterliegende Mauerwerk besondere Ansätze in der Leistungsbeschreibung vorgesehen sind, werden bei Sicht- und Verblendmauerwerk gesondert gerechnet.

Hier wird geregelt, daß diese Leistung gesondert darzustellen und auszuschreiben ist.

5.1.13 Bei Abrechnung nach Längenmaß (m) werden Bauteile wie

- Leibungen bei Sicht- und Verblendmauerwerk, Sohlbänke, Gesimse, Bänder, Stürze, Überwölbungen, Entlastungsbögen, Auskragungen, Rollschichten, Mauerwerksschrägen sowie gemauerte Stufen in ihrer größten Länge,
- geschnittene Vormauersteine in der Ansichtsfläche sichtbaren Schnittlänge und
- Abfangungen für Mauerwerksschalen in der größten Länge des abgefangenen Bauteils

gemessen.

Bei Abfangungen für Mauerwerksschalen ist als größte Länge des abgefangenen Bauteils das Abfangungselement einschließlich der zugehörigen Auflager zu verstehen.

5.1.14 Tür- und Fensterpfeiler im Wandmauerwerk werden, wenn sie schmaler als 50 cm sind, und die beiderseits dieser Pfeiler liegenden Öffnungen abgezogen werden, gesondert gerechnet, andernfalls gelten sie als Wandmauerwerk.

Tür- und Fensterpfeiler werden nur dann als Besondere Leistung gesondert gerechnet, wenn sie schmaler als 50 cm sind und wenn die beiderseits dieser Pfeiler liegenden Öffnungen bei Abrechnung nach Flächenmaß größer als 2,5 m² und bei Abrechnung nach Raummaß größer als 0,5 m³ sind. Werden die Öffnungen gem. 5.2.1 bzw. 5.2.2 nicht abgezogen, sind die Pfeiler als Wandmauerwerk abzurechnen.

Mit Pfeilern sind hier gemauerte Pfeiler gemeint. Es gelten die Maße ihrer Konstruktion, d.h. es wird die tatsächlich ausgeführte Leistung abgerechnet (Bild 66). Die Vorschrift gilt nicht nur für freistehende, sondern auch für durchbindende, einbindende und einliegende Pfeiler, vorausgesetzt, daß sie anderer Bauart sind als das Mauerwerk, durch das sie durchbinden, in das sie einbinden oder in dem sie einliegen (Bild 67). Es gelten die drei Abrechnungsarten: Anzahl, Längenmaß oder Raummaß. Tür und Fensterpfeiler, die innerhalb des Wandmauerwerks liegen und in der gleichen Bauart wie dieses hergestellt sind, werden als Besondere Leistung abgerechnet, wenn diese Tür- oder Fensterpfeiler weniger als 50 cm breit sind und wenn die beiderseits der Pfeiler liegenden Öffnungen gem. 5.2.1 bzw. 5.2.2 abzuziehen sind (Bild 68). Sind sie anderer Bauart als das Wandmauerwerk, müssen sie gem. 0.5.2.3, 0.5.3.3 und 0.5.4.4 getrennt nach Bauart, Geschossen abgerechnet werden (Bilder 69, 70). Werden gemauerte Pfeiler nach Längenmaß abgerechnet, sind für Einbindungen und Aussparungen keine Abzüge zu machen. Werden sie nach Raummaß abgerechnet, so gelten für den Abzug von Einbindungen die Vorschriften gem. 5.2.2. Demzufolge kommt ein Abzug für die Einbindung eines anderen Bauteils nur in Betracht, wenn das einbindende Volumen 0,5 m³ übersteigt.

5.1.15 Gemauerte Schornsteine werden in der Achse von Oberlfäche Fundament bis Oberfläche Dachhaut gemessen.

Breite und Dicke von durchbindenden, einbindenden und einliegenden Schornsteinen werden nach Abschnitt 5.1.7 berücksichtigt. Züge, Reinigungsöffnungen, Rohröffnungen und dergleichen werden übermessen, Verwahrungen (Auskragungen) werden nicht mitgerechnet.

Gemauerte Schornsteinfundamente werden nicht zusammen mit dem Schornstein, sondern getrennt abgerechnet. Das gilt auch für Ausmauerungen zur Unterstützung gezogener Schornsteine. Bei profilierten Dachabdeckungen, z.B. Welltafeln, ist deren obere Flächenbegrenzung als Oberfläche anzusehen.

Gem. 5.1.7 werden bei der Ermittlung der Länge von Wänden durchbindende, einbindende und einliegende, gemauerte Schornsteine nicht mitgemessen, dabei gilt als Wangendicke des Schornsteins die erforderliche Mindestdicke. Das dabei nicht mitgemessene Wandmauerwerk rechnet zum Schornstein.

Bei durchbindenden, einbindenden und einliegenden Schornsteinen, die sich in der Bauart vom Wandmauerwerk unterscheiden, ist der tatsächliche Schornsteinquerschnitt der Abrechnung zugrunde zu legen, d.h. etwaiges Wandmauerwerk hinter einer Einbindung oder hinter einem einliegenden Schornstein wird in diesem Fall mit dem Wandmauerwerk abgerechnet (Bilder 28 bis 30 und 71 bis 77).

5.1.16 Bei Schornsteinen aus Formstücken wird das Längenmaß in der Achse bis Oberkante Formstücke gemessen.

Diese Vorschrift gilt auch für Füchse aus Formstücken. Das Längenmaß von Schornsteinen aus Formstücken rechnet von der Fläche ab, auf die das erste Formstück aufgesetzt ist. Es gelten die Maße der Formstücke. Bei einbindenden oder einliegenden Schornsteinen aus Formstücken ist das dahinter verbleibende Mauerwerk mit dem Wandmauerwerk abzurechnen (Bild 73). Gemauerte Ummantelungen der Formstücke sind gem. 0.5.3.7 abzurechnen.

Bei geneigter Oberfläche der Dachhaut ist das Maß nach dem unteren und oberen Austritt des Schornsteins zu mitteln.

5.1.17 Bei der Abrechnung von Auffüllungen von Decken wird die Fläche des jeweils darüberliegenden Raumes zugrunde gelegt, Balken oder Träger werden übermessen.

Für die Bemessung der Fläche gelten die Konstruktionsmaße des darüberliegenden Raumes. Nicht zur Fläche gehören die Grundflächen der Türöffnungen und der Nischen in den begrenzenden Wänden. Pfeilervorlagen bis zu 0,5 m² Grundfläche einschließlich sind gem. 5.2.1 nicht abzuziehen. Balken und Träger, die in der Auffüllung liegen, werden in keinem Fall abgezogen. Andere Aussparungen innerhalb der Auffüllung, z.B. Treppenlöcher, sind nur abzuziehen, wenn ihre Einzelgröße 0,5 m² überschreitet (Bild 83). In der Leistungsbeschreibung sind Angaben über die Art des Auffüllgutes und über die mittlere Auffüllhöhe zu machen. Für die Abrechnung der Auffüllung hölzerner Zwischenböden gilt ATV DIN 18334 »Zimmer- und Holzbauarbeiten«.

5.1.18 Liefern, Schneiden, Biegen und Einbauen von Bewehrungsstahl werden gesondert gerechnet. Maßgebend ist das errechnete Gewicht bei genormten Stählen nach den DIN-Normen (Nenngewichte), bei anderen Stählen nach dem Profilbuch des Herstellers.

Bei Verwendung von deutschem genormtem Betonstahl gelten die in DIN 488 angegebenen Gewichte, bei anderen Stählen die Einheitsgewichte nach dem Profilbuch des Erzeugerwerkes. In der Abrechnung ist gem. 0.5.5.1 das Liefern, Schneiden, Biegen und Verlegen enthalten. Handelt es sich um Stahlbetonarbeiten, ist die Leistung nach ATV DIN 18331 abzurechnen.

5.2 Es werden abzogen

5.2.1 Bei Abrechnung nach Flächenmaß (m^2):
- Öffnungen über 2,5 m^2 Einzelgröße,
- durchbindende Bauteile (Deckenplatten und dergleichen) über je 0,5 m^2 Einzelgröße,
- Nischen sowie Aussparungen für einbindende Bauteile, soweit für das dahinterliegende Mauerwerk besondere Ansätze in der Leistungsbeschreibung vorgesehen sind,
- bei Bodenbelägen aus Flach- oder Rollschichten Aussparungen über 0,5 m^2 Einzelgröße,
- bei Auffüllungen von Decken Aussparungen über 0,5 m^2 Einzelgröße.

5.2.2 Bei Abrechnung nach Raummaß (m^3):
- Öffnungen und Nischen über 0,5 m^3 Einzelgröße,
- einbindende, durchbindende und eingebaute Bauteile über 0,5 m^3 Einzelgröße,
- Schlitze für Rohrleitungen und dergleichen über je 0,1 m^2 Querschnittsgröße.

Im Zuge der Vereinheitlichung und Angleichung wurden die Bemessungswerte für den Abzug nach Flächenmaß von 1 auf 2,5 m^2 und bei der Abrechnung nach Raummaß von 0,25 auf 0,50 m^3 erhöht.

Mit der Anhebung von 1 auf 2,5 m^2 Flächengröße soll der bisher notwendige Abzug von üblichen Türöffnungen entbehrlich werden. Es bestehen jedoch folgende Abweichungen:

Flächen über 0,5 m^2 Einzelgröße bei

durchbindenden Bauteilen,

Nischen sowie Aussparungen für einbindende Bauteile,

wenn für das dahinterliegende Mauerwerk Ansätze in der Leistungsbeschreibung vorgesehen sind,

Aussparungen bei Bodenbelägen aus Flach- oder Rollschichten,

Aussparungen bei Auffüllungen von Decken.

Bei der Abrechnung nach Raummaß ist die Bemessungsgröße von 0,1 m^2 für den Querschnitt bei Schlitzen für Rohrleitungen und dergleichen beibehalten worden. Schlitze mit bis zu 0, 26 m x 0,375 m bzw. 0,385 m x 0,25 m werden demnach nicht abgezogen.

Zu 0.5.1.1 und 0.5.2.1:

Ob die Abrechnungseinheit nach Flächenmaß oder gem. 0.5.2.2 nach Raummaß anzuwenden ist, richtet sich nach Bauart und Dicke des Mauerwerks. Die Angabe der Mauerwerksdicke erfolgt bei Mauerziegeln in cm, z.B. 11,5, 24, 36,5, 49 oder in Bruchteilen der Mauersteine, z.B. ½ Stein, 1 Stein, 1½ Steine, 2 Steine. Bilder 15 bis 18.

Unter Bauarten sind sowohl die verschiedenen Konstruktionen für das Mauerwerk, z.B. Vollmauerwerk (Bild 4), Luftschichtmauerwerk (Bild 5, 16, 42), Verblendmauerwerk mit Luftschicht (Bild 6), eingespanntes Mauerwerk (Bild 7), als auch die Ausführung des Mauerwerks unter Verwendung der verschiedenen Stein- und Stoffarten, z.B. künstliche Steine (Bild 4 bis 6), Bauplatten (Bild 7), natürliche Steine (Bild 8), sowie die gemischte Verarbeitung dieser Stein- und Stoffarten zu verstehen. Die Bauarten werden, nach Geschossen getrennt, abgerechnet und sind infolgedessen getrennt in der Leistungsbeschreibung aufzuführen (Bild 9).

Bei der Abrechnung nach Flächenmaß läßt sich die Leistung wegen der Trennungsmöglichkeit nach der Dicke differenzierter erfassen als bei Abrechnung nach Raummaß. Der Arbeitsaufwand für die Feststellung der Leistung ist dafür jedoch umfangreicher als bei der Abrechnung nach Raummaß, da hierbei eine weitergehende Zusammenfassung des abzurechnenden Mauerwerks möglich ist (Bild 15).

Es gelten die Abzugsregeln gem. 5.2.1 und 5.2.2.

Zu 0.5.1.2 und 0.5.2.2:

Abrechnungseinheit für das Ausmauern von Fachwerkwänden und Stahl- und Betonskeletten ist das Flächenmaß. Für das Ausmauern von Stahlbetonskeletten gilt gem. 0.5.2.2 auch das Raummaß. Bilder 46 und 47.

Gem. 5.1.9 werden Rahmen, Riegel, Ständer Deckenbalken, Vorlagen und Fachwerksteile aus Holz, Beton oder Metall bis 30 cm Einzelgröße übermessen.

Zu 0.5.1.3:

Abrechnungseinheit für leichte Trennwände ist das Flächenmaß. Gem. 5.2.1 sind Öffnungen über 2,5 m^2 Einzelgröße abzuziehen. Bilder 7 und 48.

Zu 0.5.1.4:

Abrechnungseinheit für Sicht- und Verblendmauerwerk ist das Flächenmaß. Gem. 5.1.2 werden die Fugen übermessen. Bilder 2, 51 bis 55, 68.

Leibungen von Öffnungen, Aussparungen und Nischen über 2,5 m^2 Einzelgröße werden gesondert gerechnet. Gem. 5.2.1 sind Öffnungen über 2,5 m^2 Einzelgröße abzuziehen. Gem. 5.1.3 gelten bei Öffnungen und Nischen, deren Maße. Die Höhe bogenförmiger Öffnungen und Nischen ist um $1/3$ der Stichhöhe zu verringern. Gem. 5.1.11 werden Stürze, Überwölbungen und Entlastungsbögen gesondert gemessen, auch wenn die Öffnung oder Nische abgezogen wird.

Zu 0.5.1.5:

Abrechnung von Verblendschalen und Bekleidungen nach Flächenmaß. Gem. 5.2.1 sind Öffnungen über 2,5 m^2 Einzelgröße abzuziehen. Bild 1. Gem. 5.1.2 werden die Fugen übermessen.

Zu 0.5.1.6:

Abrechnung von Gewölben nach Flächenmaß. Je nach der Stichhöhe wird für die Ermittlung des Flächenmaßes die überwölbte Grundfläche oder die abgewickelte Untersicht des Gewölbes zugrunde gelegt. Stichhöhe ist die lichte Höhe des Gewölbes, bezogen auf den Fußpunkt des Widerlagers. Ist die Stichhöhe niedriger oder gleich $1/6$ der Spannweite, wird die überwölbte Grundfläche abgerechnet, bei größeren Stichhöhen die Abwicklung der sichtbaren Unterseite. Etwaige Einbindungen des Gewölbes in die Widerlager sowie Flächen von Gurtungen bleiben unberücksichtigt. Bilder 56 bis 58. Bei Gewölben zwischen Stahlträgern, bei denen die Spannweite von Stegmitte zu Stegmitte rechnet, wird die Flanschbreite der Träger bei der Ermittlung der überwölbten Grundfläche bzw. der Fläche der Gewölbeuntersicht mitgemessen. Bild 59. Öffnungen, z.B. für Treppen, Aussparungen z.B. für Schornsteine, werden gem. 5.2.1 abgezogen, wenn ihre Einzelgröße 2,5 m^2 Einzelgröße übersteigt. Durchbindende Bauteile, z.B. Schächte, werden abgezogen wenn ihre Einzelgröße 0,5 m^2 übersteigt.

Zu 0.5.1.7:

Abrechnung des Ausfugens nach Flächenmaß. Gem. 5.2.1 Abzug von Öffnungen über 2,5 m^2 Einzelgröße.

Zu 0.5.1.8 und 0.5.1.9:

Abrechnung der Bodenbeläge aus Flach- und Rollschichten sowie der Auffüllungen von Decken nach Flächenmaß. Gem. 5.2.1 Abzug der Aussparungen über 0,5 m^2 Einzelgröße. Bilder 82 und 83. Bei der Abrechnung von Auffüllungen von Decken wird die Fläche des jeweils darüberliegenden Raumes zugrunde gelegt, Balken oder Träger werden übermessen.

Zu 0.5.1.10 und 0.5.1.11:
Abrechnung von Dämmstoffen bei zweischaligem Mauerwerk und Wärmedämmverbundsystemen sowie von Abdichtungen, Sperr- und Schutzschichten nach Flächenmaß. Die Abzugsregeln gem. 5.2.1 sind zu beachten.

Zu 0.5.1.12:
Siehe 0.5.1.3.

Zu 0.5.1.13; 0.5.4.2, 0.5.4.3 und 0.5.4.8:
Abrechnung von Fertigteilen und Fertigteildecken nach Flächenmaß. Bild 95.

Zu 0.5.2.1:
Im Gegensatz zur Regelung in 0.5.1.1, nach der Mauerwerk ohne Berücksichtigung seiner Dicke nach Flächenmaß abzurechnen ist, wurde festgelegt, daß die Abrechnung von Mauerwerk nach Raummaß erst dann in Frage kommt, wenn die Dicke 24 cm übersteigt. Gem. 5.1.4 wird bei Mauerwerk, das bis Oberfläche Rohdecke durchgeht, von Oberfläche (bei Kellergeschossen von Oberfläche Fundament) bis Oberfläche Rohdecke gerechnet, bei anderem Mauerwerk die tatsächliche Höhe. Siehe Erläuterung zu 0.5.1.1.

Zu 0.5.2.2:
Siehe 0.5.1.2.

Zu 0.5.2.3, 0.5.3.3 und 0.5.4.4:
Pfeiler werden sowohl nach Raummaß als auch nach Längenmaß und nach Anzahl abgerechnet. Siehe Erläuterung zu 5.1.14.

Zu 0.5.2.4 und 0.5.3.4:
Abrechnung von Pfeilervorlagen bei gleicher Bauart wie das dahinterliegende Mauerwerk nach Raummaß oder, falls die Bauart verschieden ist, nach Längenmaß. Gem. 5.1.14 werden Tür- und Fensterpfeiler im Wandmauerwerk, wenn sie schmaler als 50 cm sind und die dazwischenliegenden Öffnungen abgezogen werden, gesondert gerechnet, andernfalls gelten sie als Wandmauerwerk.

Zu 0.5.2.5 und 0.5.3.5:
Abrechnungseinheit für gemauerte Schornsteine ist sowohl das Raummaß als auch das Längenmaß. Siehe Erläuterung zu 5.1.15.

Zu 0.5.2.6 und 0.5.2.7:
Abrechnung von Dämmstoffen für die Auffüllung von Hohlräumen und von Schüttungen nach Raummaß. Gem. 5.2.2 Abzug einbindender, durchbindender und eingebauter Bauteile über 0,5 m^3 Einzelgröße.

Zu 0.5.3.1 bis 0.5.3.12 sowie 0.5.3.15 und 0.5.3.16:
Leibungen bei Sicht- und Verblendmauerwerk, Sohlbänke, Gesimse, Bänder, Stürze, Überwölbungen, Entlastungsbögen, Auskragungen, Rollschichten, Mauerwerksschrägen, gemauerte Stufen, Pfeiler, Pfeilervorlagen, gemauerte Schornsteine, Schornsteine aus Formstücken und dergleichen werden in ihrer größten Länge abgerechnet.

Zu 0.5.3.13:
Gem. 5.1.13 werden geschnittene Steine in der sichtbaren Schnittfläche gemessen. Abrechnung auch nach Anzahl.

Zu 0.5.3.14:
Abfangungen für Mauerwerksschalen werden gem. 5.1.13 in der größten Länge des abgefangenen Bauteils gemessen. Abrechnung gem. 0.5.4.15 auch nach Anzahl.

Zu 0.5.4.1 und 0.5.4.12:
Abrechnung für das Herstellen und Schließen von Aussparungen nach Anzahl. Das Herstellen kann gem. 0.5.3.9 auch nach Längenmaß abgerechnet werden.

Zu 0.5.4.2 und 0.5.4.3:
Abrechnung von vorgefertigten Bauteilen wie Stürze, Sohlbänke, Gesimse nach Anzahl.

Zu 0.5.4.4:
Pfeiler können sowohl nach Anzahl wie auch nach Raummaß und Längenmaß abgerechnet werden.

Zu 0.5.4.5, 0.5.4.6 und 0.5.4.7:
Abrechnungseinheit für Schornsteinköpfe, Rohrmuffen, Kellerlichtschächte, Fundamente für Geräte und dergleichen ist die Anzahl.

Zu 0.5.4.8 bis 0.5.4.11 und 0.5.4.13:
Liefern und Einbauen von Ankerschienen, Profilen, Ankern, Bolzen, Zargen, Dübeln und dergleichen ist nach Anzahl abzurechnen; desgleichen Abrechnung nach Anzahl für Stahlteile und Walzprofile, Fertigbauteile und Fertigteil decken.

Zu 0.5.4.14:
Schneiden von Vormauersteinen kann nach Anzahl, aber auch gem. 0.5.3.13 nach Längenmaß abgerechnet werden.

Zu 0.5.4.15:
Abrechnungseinheit für Abfangungen der Außenschalen bei zweischaligem Mauerwerk ist sowohl nach Anzahl als auch gem. 0.5.3.14 das Längenmaß.

Zu 0.5.5.1:
Abrechnungseinheit für Betonstahl, Stahlprofile, Anker und Bolzen ist das Gewicht in kg. Siehe Erläuterung zu 5.1.18.

Zu 0.5.5.2:
Schüttungen werden sowohl nach Gewicht wie auch gem. 0.5.2.7 nach Raummaß abgerechnet.

Bild 1 Mauerwerk, außen mit Platten bekleidet, innen geputzt

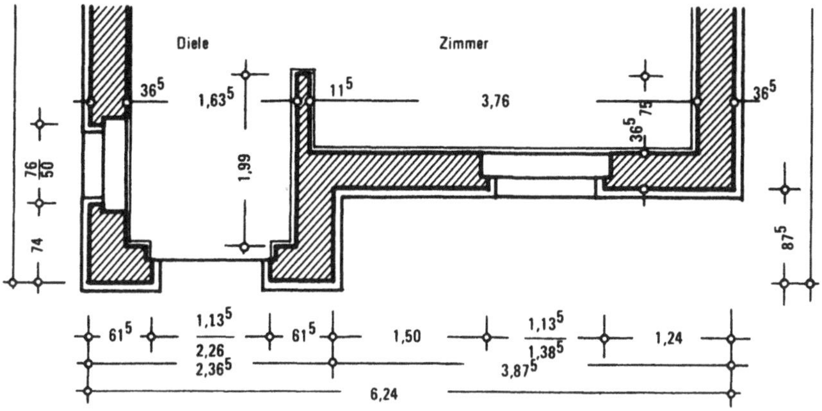

Die dargestellten Maße sind die Konstruktionsmaße für das Mauerwerk; sie sind zugleich die Rohbaumaße des Mauerwerks.

Die „äußeren Fertigmaße sind entsprechend der Plattenbekleidung größer, die inneren Fertigmaße entsprechend dem Putz kleiner.

Bild 2 Mauerwerk, außen verblendet, innen teils verblendet, teils geputzt

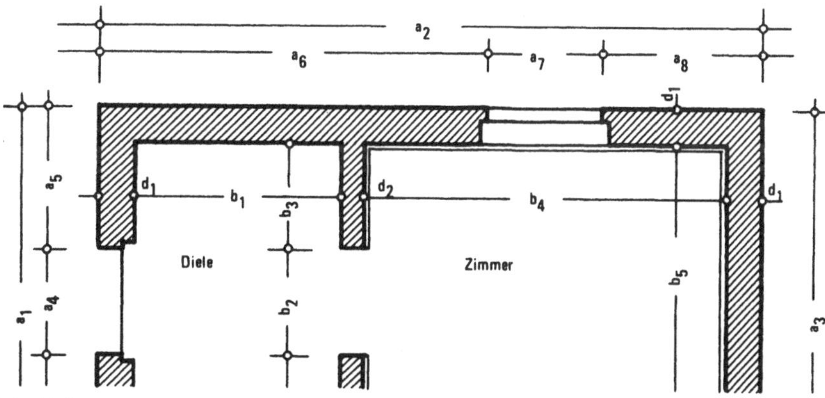

Die Maße a_1 bis a_8 sind die äußeren Konstruktionsmaße des verblendeten Mauerwerks; sie sind zugleich die Fertigmaße des verblendeten Mauerwerks. Gem. DIN 18201 sind es Nennmaße (Sollmaße).

Die Maße b_1 bis b_5 sind die inneren Konstruktionsmaße des Mauerwerks; dabei sind die Maße b_1 bis b_3 die Fertigmaße des verblendeten Mauerwerks, die Maße b_4 und b_5 die Rohbaumaße des geputzten Mauerwerks. Die Maße d_1 und d_2 sind die Konstruktionsmaße für die Dicke des Mauerwerks.

Bild 3 Bodenbeläge aus Flachschichten

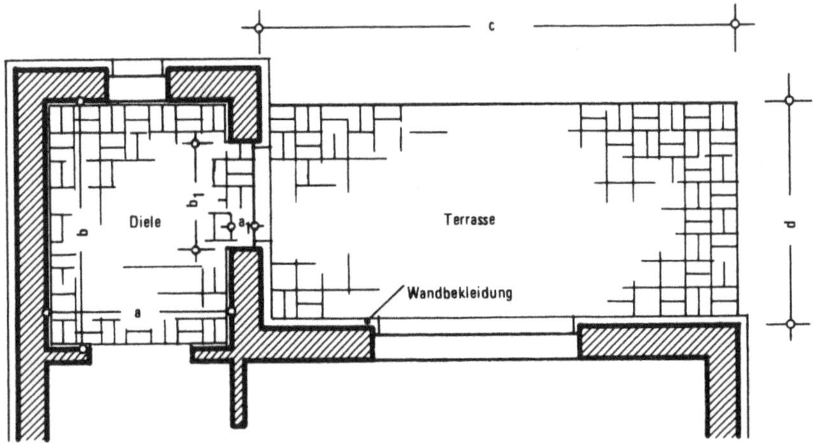

Für den Bodenbelag in der Diele gelten die Maße $a \cdot b + a_1 \cdot b_1 = ...$ m², d.h. die zu belegende Fläche wird bis zu den Wänden ohne Berücksichtigung des Putzes gemessen.

Für den Belag der Terrasse gelten die Maße $c \cdot d = ...$ m², d.h. die zu belegende Fläche wird da, wo sie von den Wänden begrenzt wird, bis zu diesen ohne Berücksichtigung der Wandbekleidung gemessen; wo sie frei endet, gilt die tatsächliche Fläche.

Bild 4 Vollmauerwerk aus künstlichen Steinen

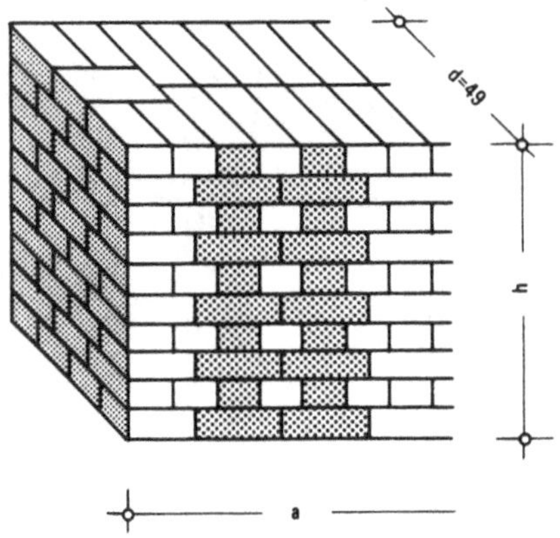

2 Steine dickes Mauerwerk im Kreuzverband

Abrechnung nach Raummaß, da d>24 cm ist (vgl. 0.5.2.1).

$V = a \cdot d \cdot h = ...$ m³.

Bild 5 Luftschichtmauerwerk mit Drahtankern

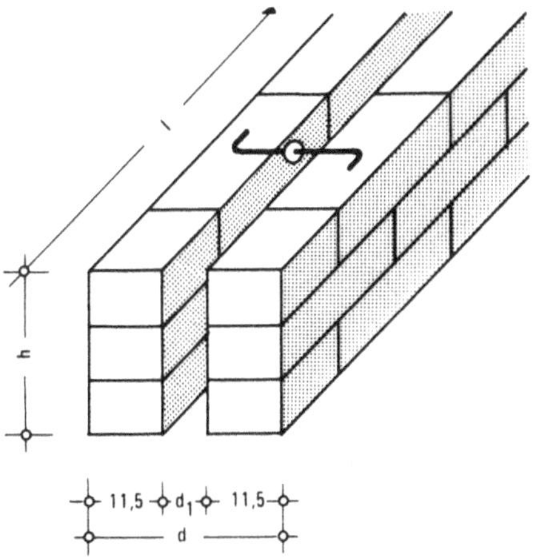

Die Luftschicht soll nach DIN 1053 höchstens 7 cm und muß mindestens 4 cm dick sein.

Abrechnung gem. 0.5.1.1 nach Flächenmaß.

F=h · l=... m².

Bild 6 Schnitt durch einschaliges Verblendmauerwerk (Sichtmauerwerk), innen geputzt

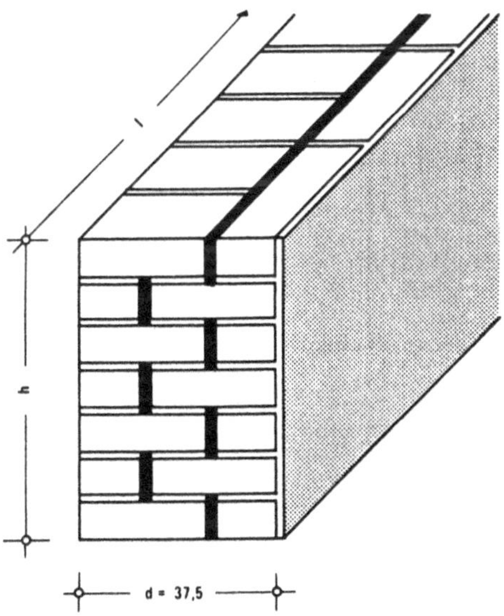

Wegen der Schlagregensicherheit muß bei einschaligem Verblendmauerwerk je Mauerschicht mindestens eine 2 cm dicke, hohlraumfrei vermörtelte, zwischen zwei Steinreihen durchgehende Längsfuge vorhanden sein; sie muß schichtweise verspringen. Das $1^1/2$ Steine dicke Mauerwerk ist in diesem Fall 37,5 cm dick.

Abrechnung entsprechend 0.5.1.4 nach Flächenmaß oder entsprechend 0.5.2.1 Raummaß.

F=h · l=... m².

V=d · h · l=... m³.

Bild 7 Eingespannte Leichtwand aus Wandbauplatten

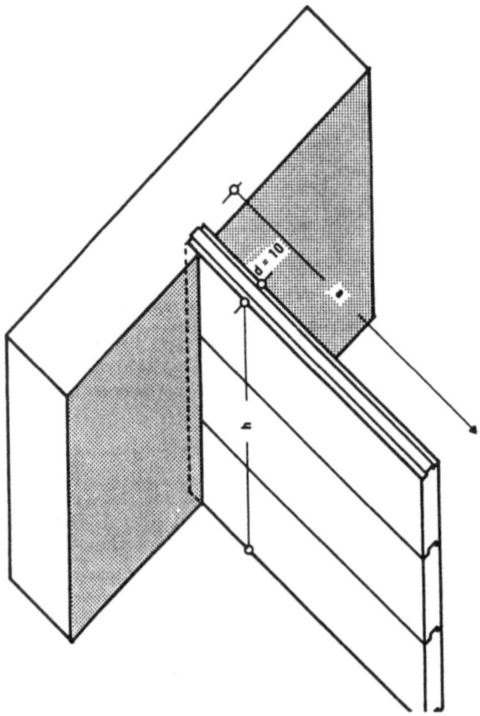

Abrechnung der Leichtwand entsprechend 0.5.1.3 nach Flächenmaß

F=a · h=... ².

Bild 8 Nach DIN 18330 abzurechnendes Mauerwerk aus natürlichen Steinen entsprechend DIN 1053

Trockenmauerwerk
Kein Mörtel. Die Hohlräume sind durch kleinere Steine so ausgefüllt, daß Spannung zwischen den Mauersteinen entsteht.

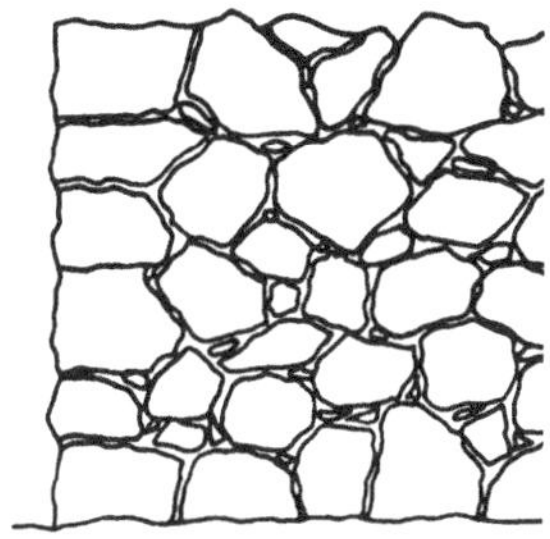

Zyklopenmauerwerk
Bruchsteine nur wenig bearbeitet und satt im Verband in Mörtel verlegt.

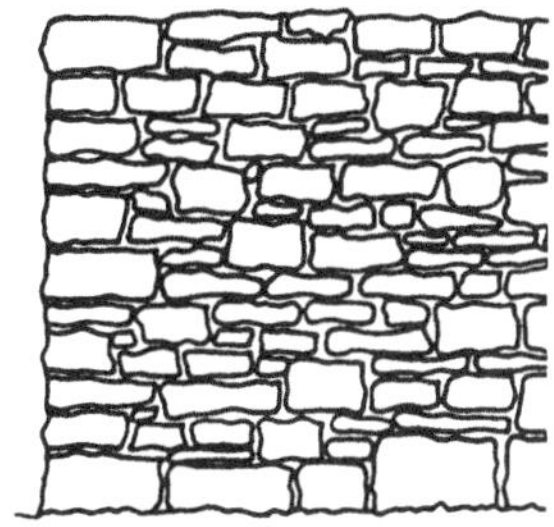

Bruchsteinmauerwerk
Bruchsteine nur wenig bearbeitet, satt im Verband in Mörtel verlegt: Schichtausgleich des Mauerwerks in Absätzen von höchstens 1,50 m.

Hammerrechtes Schichtenmauerwerk
Lager- und Stoßfugen der Steine der Sichtfläche auf mindestens 12 cm Tiefe bearbeitet. Schichtausgleich in Abständen von höchstens 1,50 m.

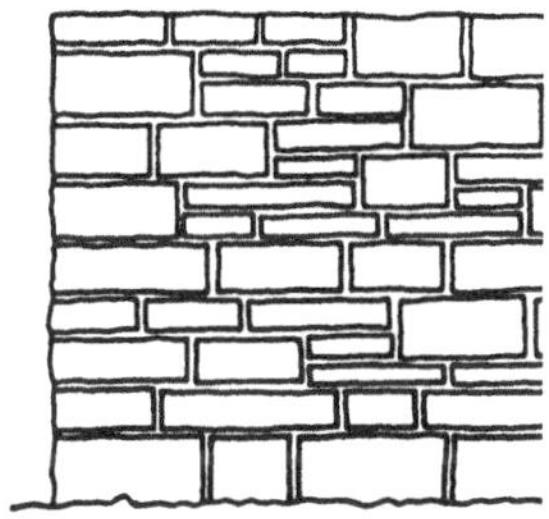

Unregelmäßiges Schichtenmauerwerk
Lager- und Stoßfugen der Steine der Sichtfläche auf mindestens 15 cm Tiefe bearbeitet. Fugen der Sichtfläche nicht weiter als 3 cm. Schichthöhenwechsel innerhalb der Schicht und in den verschiedenen Schichten. Schichtausgleich in Abständen von höchstens 1,50 m.

Regelmäßiges Schichtenmauerwerk
Wie unregelmäßiges Schichtmauerwerk, jedoch kein Wechsel der Steinhöhe innerhalb einer Schicht. Bei Gewölben, Kuppeln u.ä. müssen die Lagerfugen über die ganze Dicke durchgehen.

Beim Quadermauerwerk, das nach ATV DIN 18332 »Naturwerksteinarbeiten« auszuführen und abzurechnen ist, sind alle Steine genau nch den angegebenen Maßen zu bearbeiten. Die Lager- und Stoßfugen müssen in ganzer Tiefe bearbeitet sein.

Bild 9 Geschoßweise Trennung des Mauerwerks

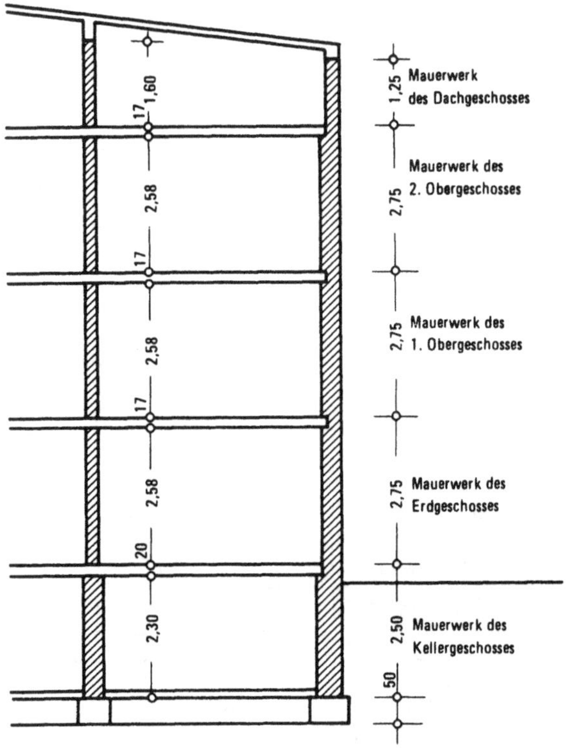

Für die Abrechnung vgl. 0.5.1.1, 0.5.2.1 und 5.1.2.

Bild 10 Bruchsteinmauerwerk in einem Fundamentgraben

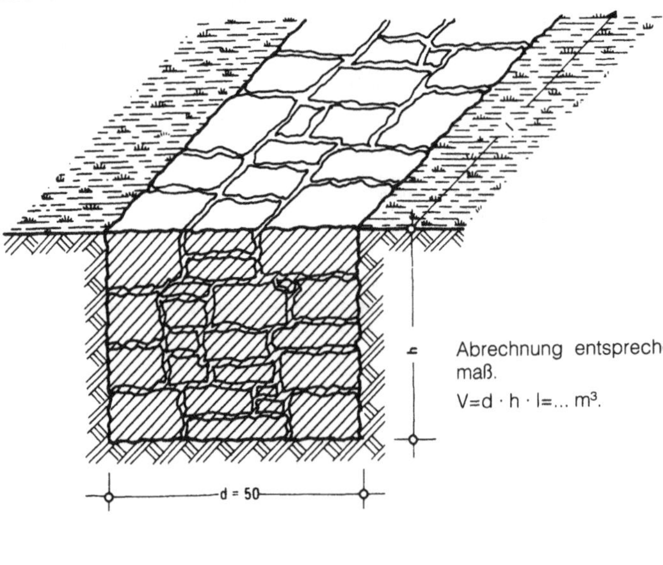

Abrechnung entsprechend 0.5.2.1 nach Raummaß.

$V = d \cdot h \cdot l = \ldots \, m^3$.

Bild 11 Einhäuptiges, unregelmäßiges Schichtenmauerwerk als Stützmauer

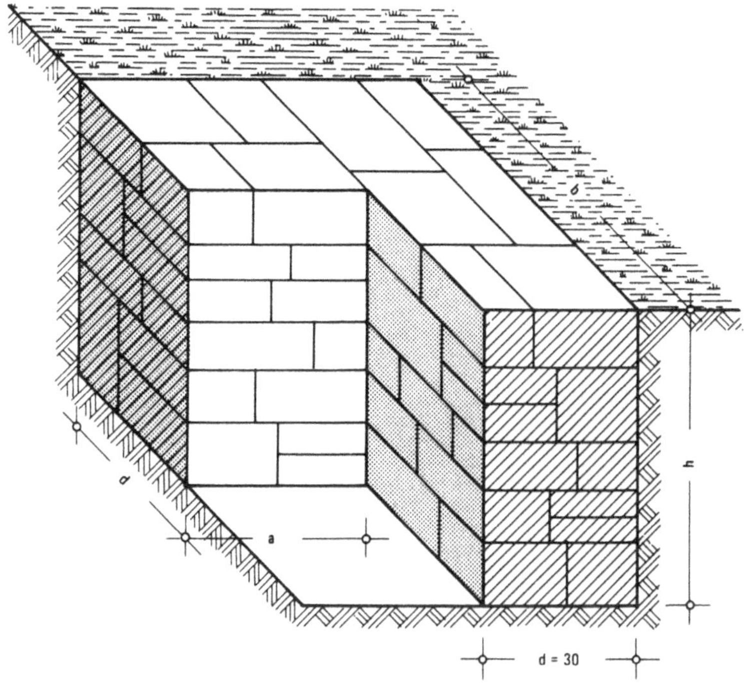

Abrechnung getrennt nach einhäuptigem und mehrhäuptigem Mauerwerk.

Abrechnung gem. 0.5.2.1 nach Raummaß.

Gem. 5.1.6 wird nur eine Wand durchgehend berücksichtigt.

$V = (a+b) \cdot h \cdot d = \ldots\ m^3$.

Bild 12 Mehrhäuptiges, regelmäßiges Schichtenmauerwerk

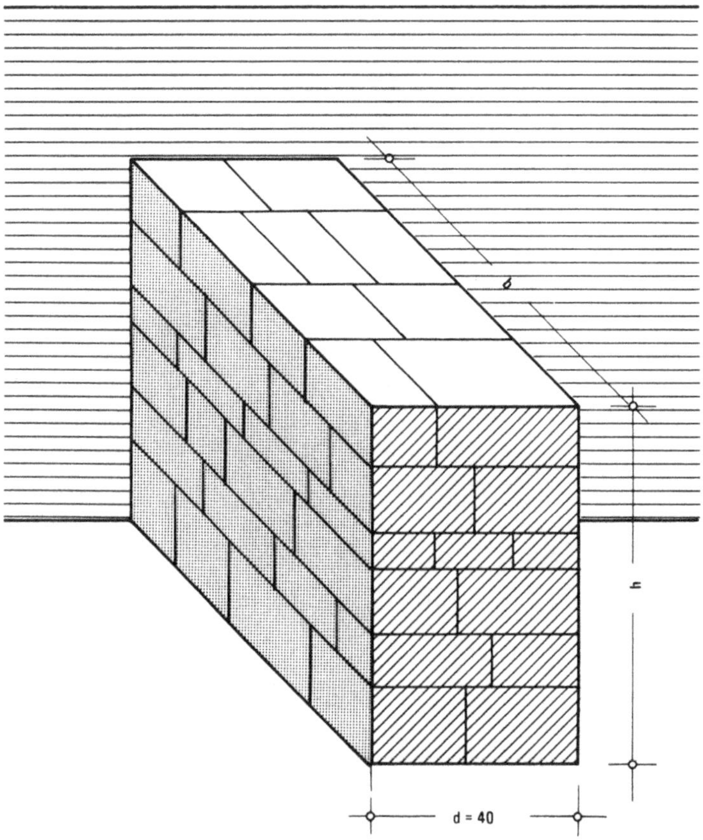

Abrechnung gem. 0.5.2.1 nach Raummaß. Abrechnung getrennt nach einhäuptigem und mehrhäuptigem Mauerwerk bei Verwendung von Natursteinen.

$V = b \cdot h \cdot d = \ldots m^3$.

Bild 13 Fensteröffnung, Fensternische, Türöffnung, Wandnische

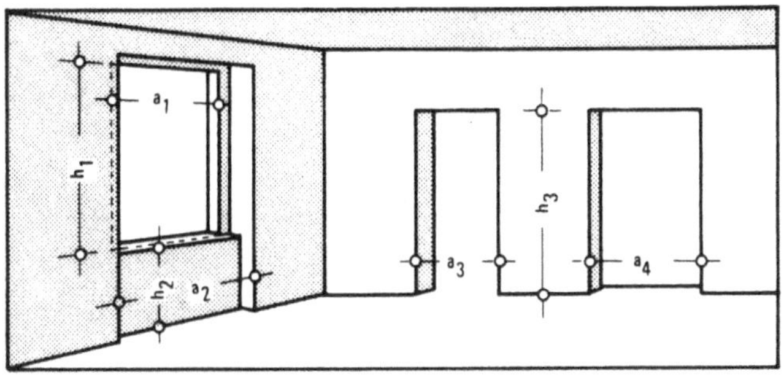

Bei Öffnungen und Nischen gelten gem. 5.1.3 die Konstruktionsmaße der kleinsten Öffnung.

Lichte Öffnung des Fensters	$=a_1 \cdot h_1=\ldots\ m^2$,
der Fensternische	$=a_2 \cdot h_2=\ldots\ m^2$,
der Türöffnung	$=a_3 \cdot h_3=\ldots\ m^2$,
der Wandnische	$=a_4 \cdot h_3=\ldots\ m^2$.

Bild 14 Türöffnung und Fensteröffnung mit bogenförmiger Überdeckung

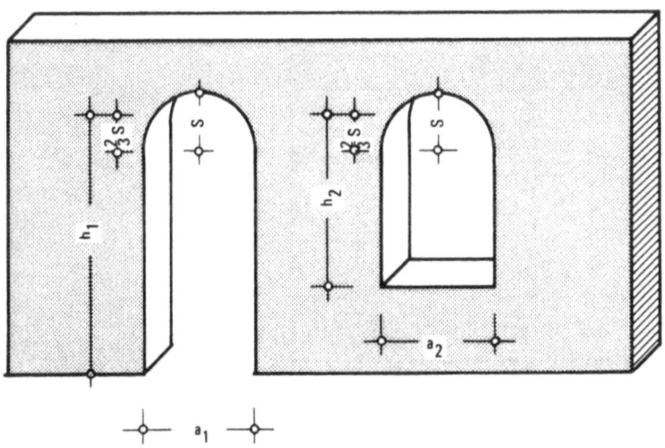

Gem. 5.1.3 ist die Höhe bogenförmig überdeckter Öffnungen und Nischen um 1/3 der Stichhöhe zu verringern.

Fläche der lichten Türöffnung$=a_1\ (h_1+2/3\ s)=\ldots\ m^2$.

Fläche der lichten Fensteröffnung$=a_2\ (h_2+2/3\ s)=\ldots\ m^2$.

Bild 15 Mauerwerk aus Wandplatten oder Mauersteinen (Beispiele)

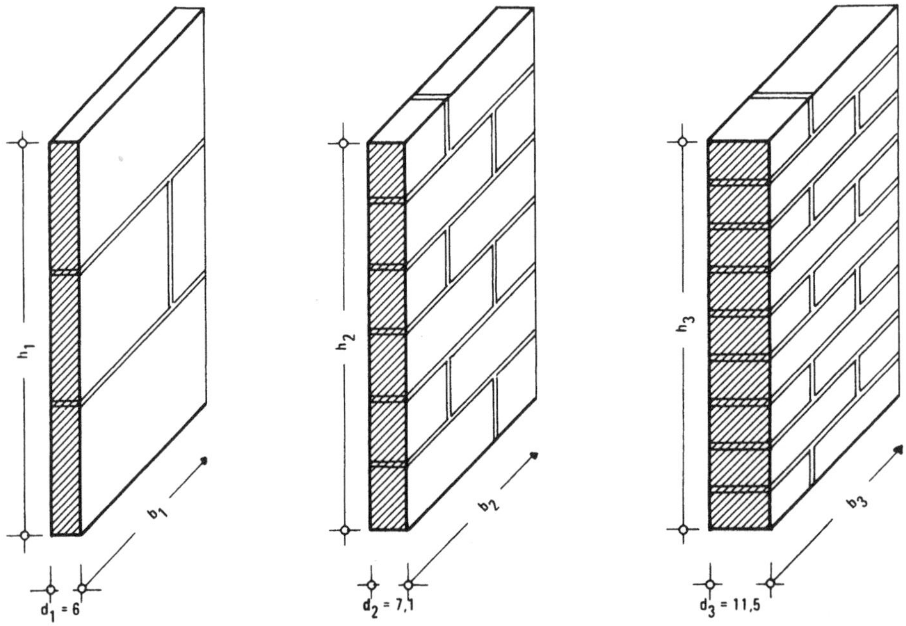

Plattenwand aus Gasbeton-Bauplatten	Leichte Trennwand aus hochkant gestellten Mauerziegeln	½ Stein dicke Trennwand

Gem. 0.5.1.1 wird Mauerwerk nach Flächenmaß abgerechnet, getrennt nach Bauarten.

$F = b \cdot h = \ldots m^2$.

Bild 16 Mauerwerk über 11,5 cm bis 40 cm Dicke (Beispiele)

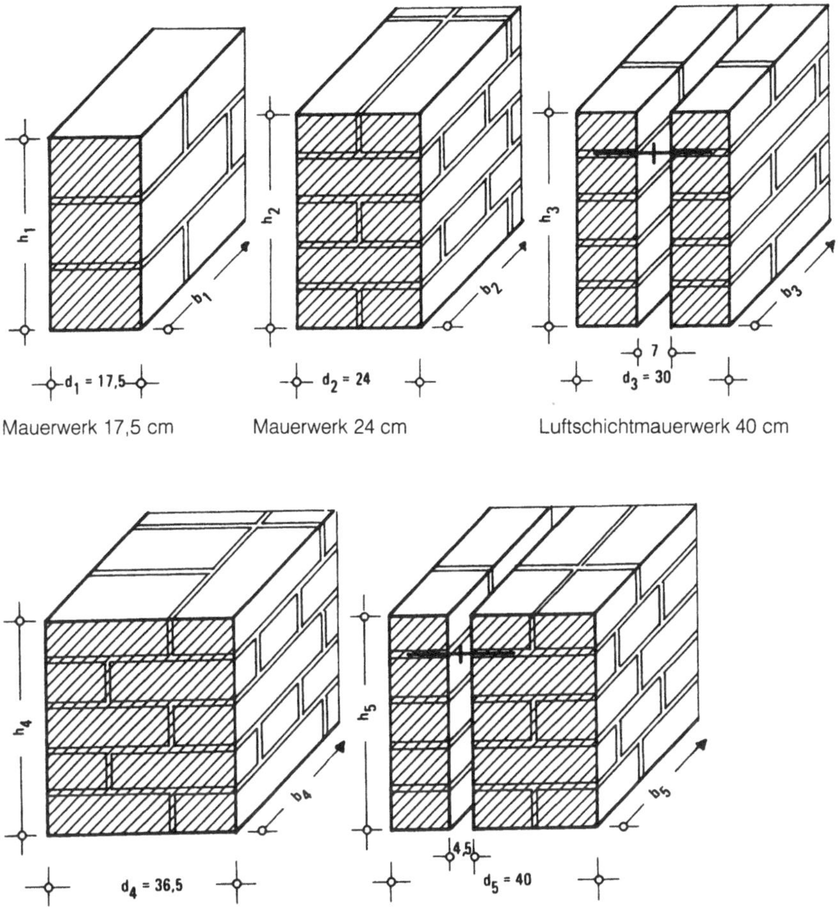

Mauerwerk 17,5 cm — Mauerwerk 24 cm — Luftschichtmauerwerk 40 cm

Mauerwerk 36,5 cm — Luftschichtmauerwerk 40 cm

Gem. 0.5.1.2 bzw. 0.5.2.1 wird Mauerwerk nach Flächenmaß oder Raummaß abgerechnet. Bei Abrechnung nach Flächenmaß ist nach Mauerdicken zu trennen. Durchgehende Luftschichten bis 7 cm Dicke werden nicht abgezogen.

$F = b \cdot h = m^2$.

$V = b \cdot h \cdot d = m^3$.

Bild 17 Mauerwerk über 24 cm Dicke (Beispiele)

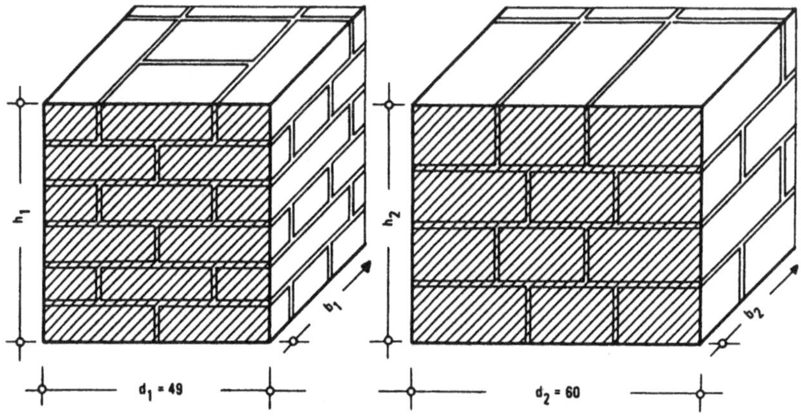

Mauerwerk 49 cm dick Mauerwerk 60 cm dick

Gem. 0.5.2.1 wird Mauerwerk über 24 cm Dicke nach Raummaß abgerechnet.

V=b · h · d=m³.

Bild 18 Abrechnungsarten des Mauerwerks nach Mauerwerksdicken

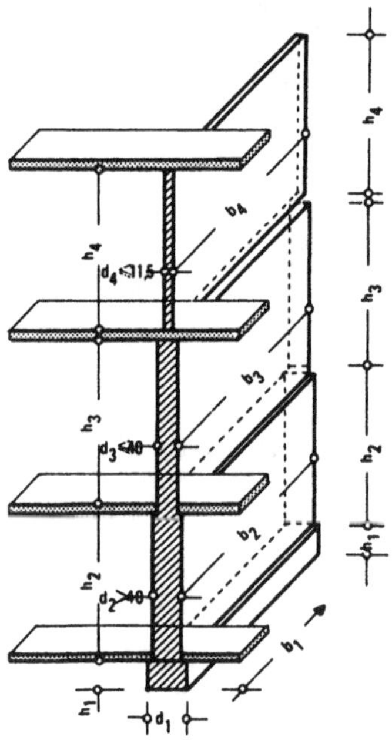

Gem. 0.5.1.1 wird Mauerwerk nach Flächenmaß, gem 0.5.2.1 über 24 cm Dicke nach Raummaß abgerechnet.

Bild 19 Unterkellerter Bauwerksteil mit durchgehendem und nicht durchgehendem Mauerwerk

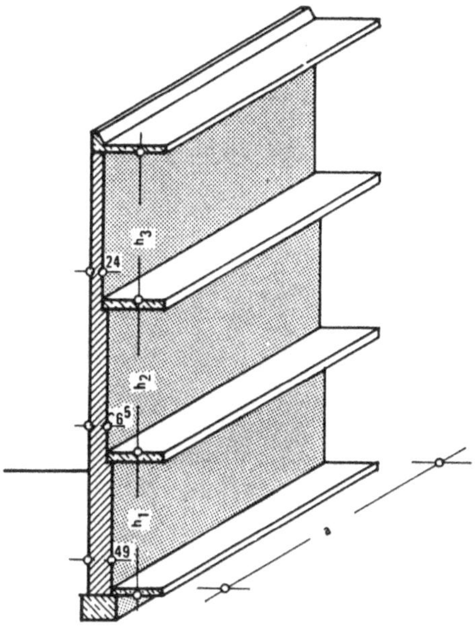

Gem. 5.1.4 rechnet die Höhe des durchgehenden Kellermauerwerks von Oberfläche Fundament bis Oberfläche Rohdecke Erdgeschoß, die Höhe des durchgehenden Erdgeschoßmauerwerks von Oberfläche Rohdecke bis Oberfläche Rohdecke Obergeschoß, die Höhe des nicht durchgehenden Obergeschoßmauerwerks von Oberfläche Rohdecke bis Unterfläche Rohdecke Dach.

Gem. 5.1.1 gelten im übrigen die Konstruktionsmaße der Bauteile aus Mauerwerk.

Bild 20 Durchgehendes Mauerwerk mit aufliegender und einbindender Rohdecke

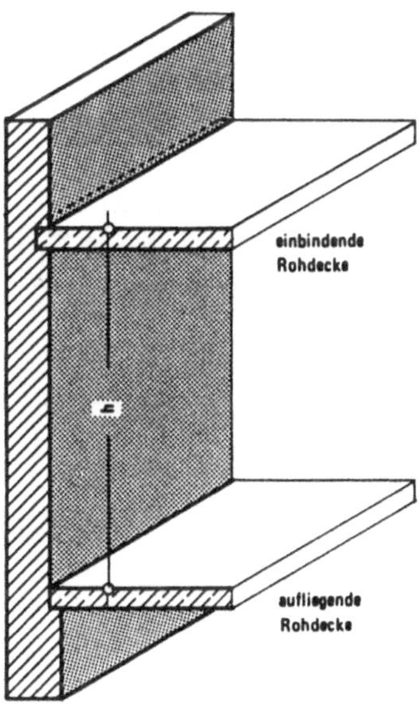

Gem. 5.2.1 wird bei Abrechnung des Mauerwerks nach Flächenmaß die Aussparung für die einbindende Rohdecke nicht abgezogen, da für das dahinterliegende Mauerwerk keine besondere Konstruktion und kein besonderer Ansatz in der Leistungsbeschreibung vorgesehen sind. Die Aussparung würde auch dann nicht abgezogen, wenn das dahinterliegende Mauerwerk in anderer Konstruktion ausgeführt, jedoch kein besonderer Ansatz dafür vorgesehen wäre.

Gem. 5.2.2 wird bei Abrechnung nach Raummaß die Einbindung der Deckenplatte abgezogen, wenn die Einzelgröße der Einbindung 0,5 m^3 übersteigt.

Gem. 5.1.4 rechnet durchgehendes Mauerwerk von Oberfläche Rohdecke bis Oberfläche der darüberliegenden Rohdecke.

Bild 21 Mauerwerk mit durchbindenden Deckenplatten

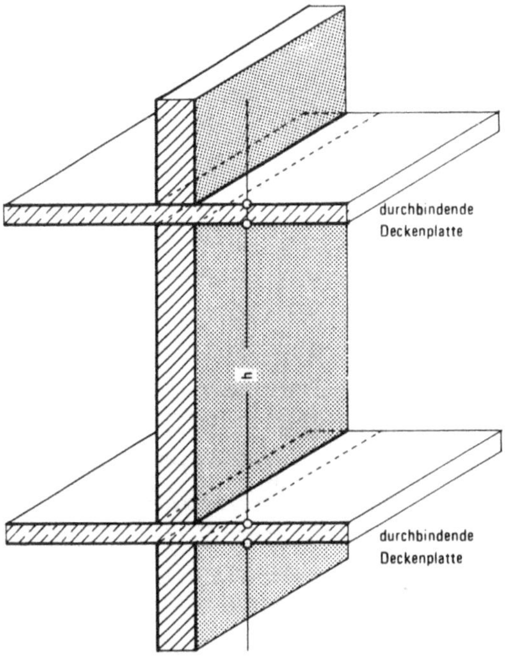

Gem. 5.1.4 wird bei nicht durchgehendem Mauerwerk die Höhe von Oberfläche Rohdecke bis Unterfläche der darüberliegenden Rohdecke gerechnet.

Gem. 5.2.1 wird bei Abrechnung nach Flächenmaß die Durchbindung der Deckenplatte abgezogen, wenn ihre Einzelgröße über 0, 5 m² liegt.

Gem. 5.2.2 wird bei Abrechnung nach Raummaß die Durchbindung der Deckenplatte abgezogen, wenn ihre Einzelgröße 0,5 m³ übersteigt.

Bild 22 Mauerwerk mit einbindender Rohdecke und Kranzmauerwerk

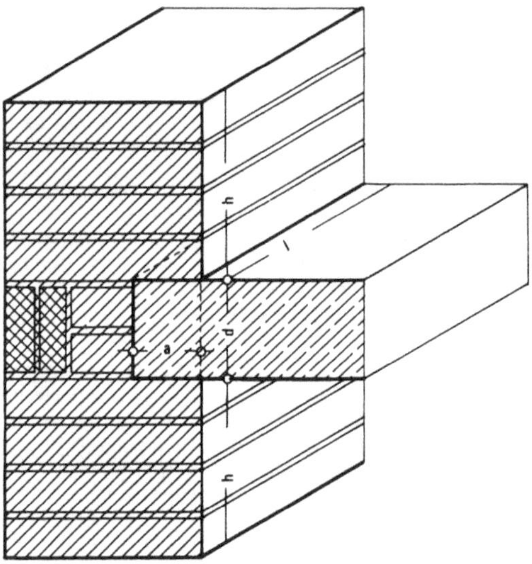

Gem. 5.1.4 wird bei nicht durchgehendem Mauerwerk die Höhe von Oberfläche Rohdecke bis Unterfläche der darüberliegenden Rohdecke gerechnet.

Gem. 5.2.1 wird bei Abrechnung des Mauerwerks nach Flächenmaß die Einbindung der Rohdecke abgezogen, wenn für das dahinterliegende Mauerwerk, das sog. Kranzmauerwerk, ein besonderer Ansatz im Leistungsverzeichnis vorgesehen ist. Im Beispiel ist dies der Fall. Abzug:

$d \cdot l = \ldots m^2$.

Gem. 5.2.2 wird bei Abrechnung nach Raummaß die Einbindung abgezogen, wenn die Einzelgröße der Einbindung 0,5 m³ übersteigt. Abzug erforderlich, wenn

$a \cdot d \cdot l > 0{,}25\ m^3$ ist.

Bild 23 Abgestufte, freistehende Mauer

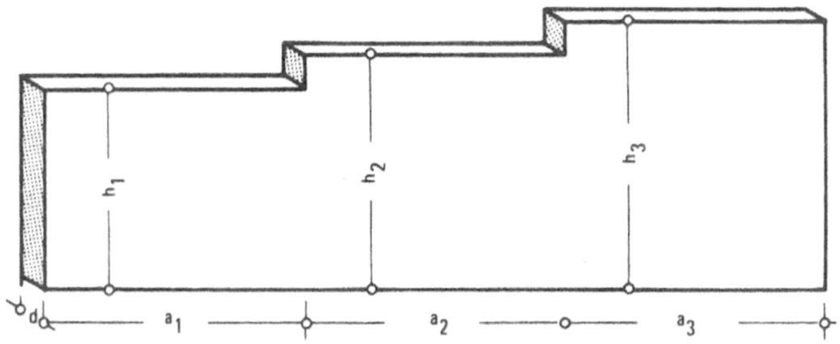

Gem. 5.1.4 wird der Abrechnung von Mauerwerk, das nicht von Decken begrenzt ist, die tatsächliche Höhe zugrunde gelegt.

Bei Abrechnung nach Flächenmaß ist $F = a_1 \cdot h_1 + a_2 \cdot h_2 + a_3 \cdot h_3 = \ldots\ m^2$.

Bei Abrechnung nach Raummaß ist $V = (a_1 \cdot h_1 + a_2 \cdot h_2 \cdot h_2 + a_3 \cdot h_3 \cdot d = \ldots\ m^3$.

Bild 24 Freistehende Mauer mit schrägem oberem Abschluß

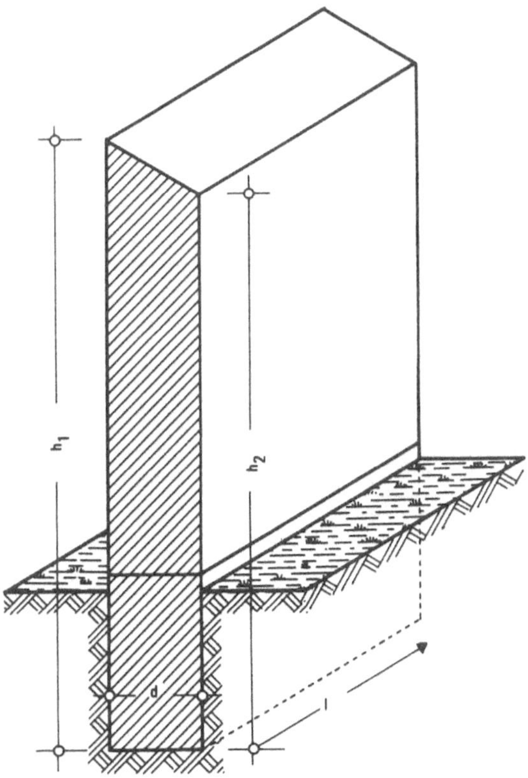

Gem. 0.5.1.2 Abrechnung nach Flächenmaß oder gem. 0.5.2.1 Raummaß. Gem. 5.1.5 wird bei Abrechnung nach Flächenmaß die Höhe von Mauerwerk mit oben abgeschrägtem Querschnitt bis zur höchsten Kante gerechnet.

Abrechnung nach Flächenmaß:

$F = h_1 \cdot l = \ldots\ m^2$.

Abrechnung nach Raummaß:

$$V = \frac{(h_1 + h_2)}{2} \cdot d \cdot l = \ldots m^3.$$

Bild 25 Wanddurchdringung gleicher Bauart und Dicke

Gem. 5.1.6 wird bei Wanddurchdringungen nur eine Wand durchgehend berücksichtigt, bei Wänden ungleicher Dicke die dickere.

$F=(a+b_1+b_2) \cdot h=\ldots m^2$.

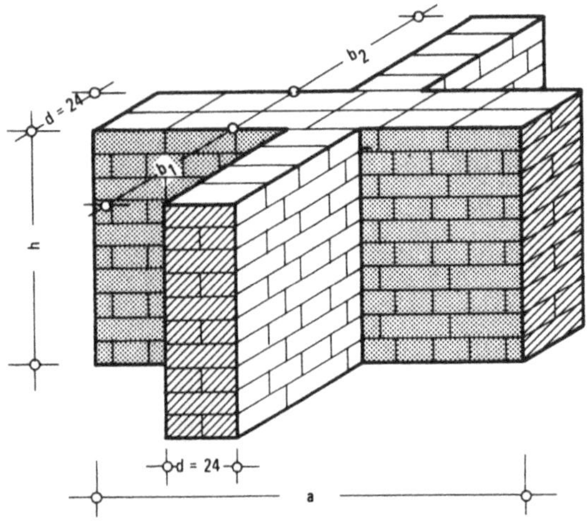

Bild 26 Wanddurchdringung gleicher Bauart, ungleicher Dicke

Gem. 5.1.6 wird bei Wanddurchdringungen nur eine Wand durchgehend berücksichtigt; die dickere Wand, im Beispiel die 36,5 cm dicke Wand, wird durchgerechnet.

F der 24 cm dicken Wand= $(a_1+a_2) \cdot h=\ldots m^2$.

V der 36,5 cm dicken Wand= $V=b \cdot h \cdot d_2=\ldots m^3$.

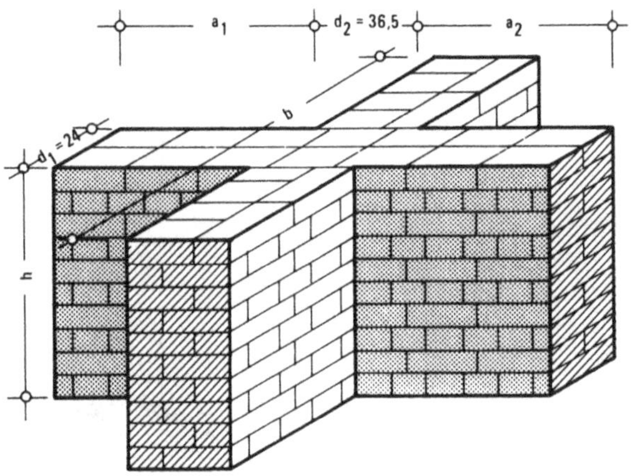

Bild 27 Wanddurchdringung ungleicher Bauart und ungleicher Dicke

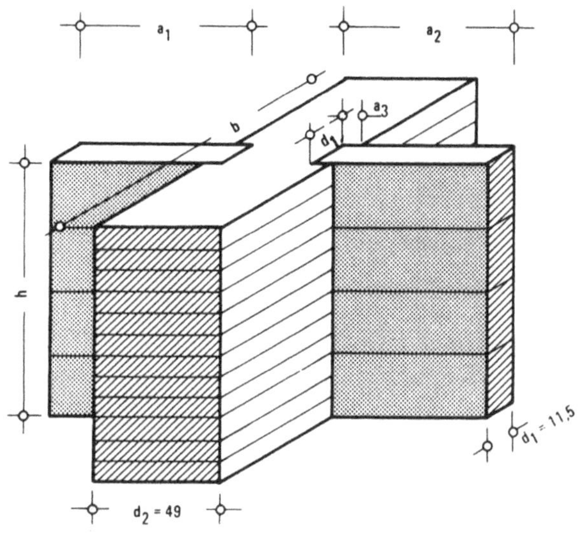

Die Wände werden getrennt nach Bauarten abgerechnet.

Gem. 0.5.1.1 ist die 11,5 cm dicke Plattenwand nach Flächenmaß abzurechnen, die 49 cm dicke Wand aus Ziegelmauerwerk gem. 0.5.2.1 nach Raummaß.

Gem. 5.2.1 werden die Einbindungen der Plattenwand von der 49 cm dicken Mauer abgezogen, wenn die Einzelgröße jeder Einbindung 0,5 m^2 übersteigt.

F der Plattenwand=$(a_1+a_2)h=\ldots\ m^2$.

Im Beispiel sind die Einbindungen je Einzelgröße <0,5 m^2; sie werden nicht abgezogen.

Bild 28 Durchbindender Schornstein

Gem. 5.1.7 werden bei der Ermittlung der Länge von Wänden durchbindende, einbindende und einliegende Schornsteine nicht mitgemessen. Als Wangendicke des Schornsteins gilt die erforderliche Mindestdicke, wenn darüber in der Leistungsbeschreibung nichts vorgeschrieben ist.

Gem. 0.5.2.5 bzw. 0.5.3.5 werden gemauerte Schornsteine, getrennt nach Bauart, Anzahl und Querschnitt der Züge sowie Dicke der Wangen, nach Raummaß oder Längenmaß abgerechnet.

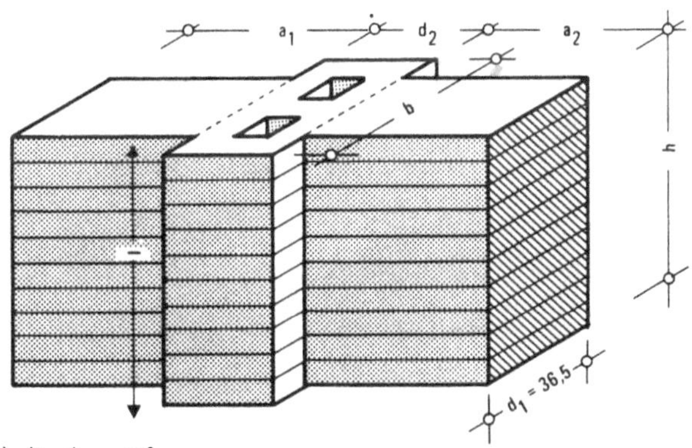

V der 36,5 cm dicken Wand=$(a_1+a_2)\cdot h\cdot d_1=\ldots\ m^3$.

V des Schornsteins=l (gemessen in der Achse von Oberfläche Fundament bis Oberfläche Dachhaut).

Bild 29 Einliegender gemauerter Schornstein

Gem. 5.1.7 werden bei der Ermittlung der Länge von Wänden durchbindende, einbindende und einliegende gemauerte Schornsteine nicht mitgemessen.

Gem. 0.5.2.5 bzw. 0.5.3.5 werden gemauerte Schornsteine, getrennt nach Bauart, Anzahl und Querschnitt der Züge sowie Dicke der Wangen, nach Raummaß oder Längenmaß abgerechnet.

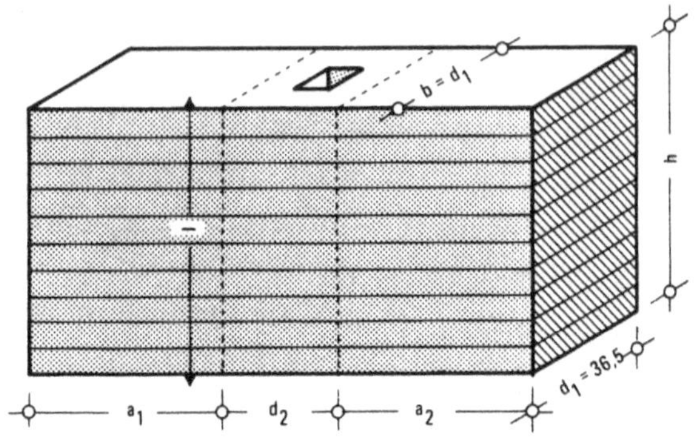

V der 36,5 cm dicken Wand=$(a_1+a_2) \cdot h \cdot d_1$=... m^3.

V der Schornsteins=$d_1 \cdot d_2 \cdot l$=... m^3.

L des Schornsteins=l (gemessen in der Achse von Oberfläche Fundament bis Oberfläche Dachhaut).

Bild 30 Einbindender gemauerter Schornstein

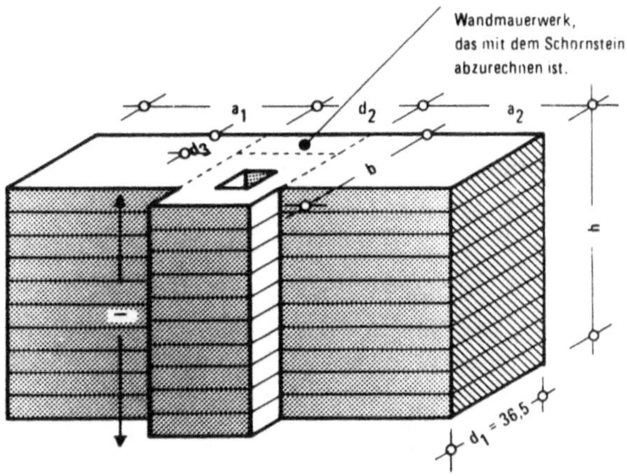

Gem. 5.1.7 werden bei der Ermittlung der Länge von Wänden durchbindende, einbindende und einliegende gemauerte Schornsteine nicht mitgemessen. Das z.B. bei einbindendem Schornstein nicht berücksichtigte Wandmauerwerk $d_2 \cdot d_3 \cdot h$ wird mit dem Schornstein abgerechnet.

V der 36,5 cm dicken Wand=$(a_1+a_2) \cdot h \cdot d_1$=... m^3.

V des Schornsteins=$b \cdot l \cdot d_2$=... m^3.

L des Schornsteins=l (gemessen in der Achse von Oberfläche Fundament bis Oberfläche Dachhaut).

Bild 31 Wand mit Türöffnung, Fensteröffnung, Fensternische und Wandnische

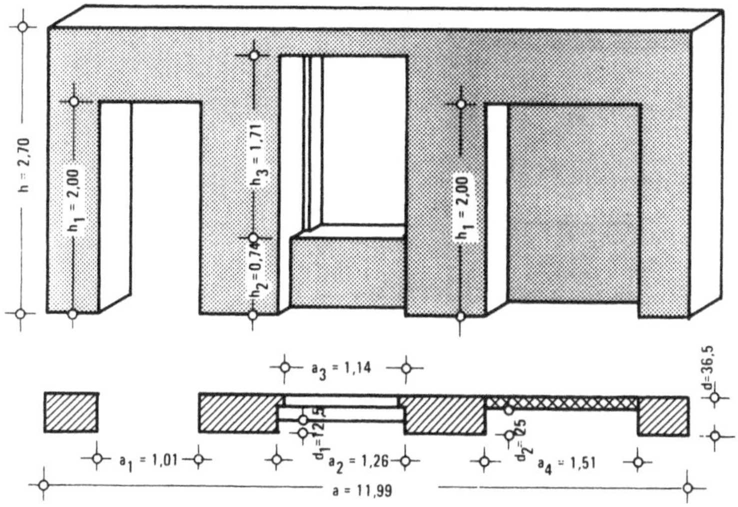

Gem. 0.5.2.1 wird die 36,5 cm dicke Wand nach Raummaß abgerechnet.
Bei Abrechnung nach Raummaß sind gem. 5.2.2 abzuziehen:
die Türöffnung mit $a_1 \cdot h_1 \cdot d=1{,}01 \cdot 2{,}00 \cdot 0{,}365=0{,}74$ m³
die Fensteröffnung mit $a_3 \cdot h_3 \cdot d=1{,}14 \cdot 1{,}71 \cdot 0{,}365=0{,}71$ m³
die Wandnische mit $a_4 \cdot h_1 \cdot d_1=1{,}14 \cdot 1{,}71 \cdot 0{,}125$ =0,76 m³

2,21 m³

Die Nische unter dem Fenster wird abgezogen, weil ihr Rauminhalt mit
$a_2 \cdot h_2 \cdot d_1=1{,}26 \cdot 0{,}74 \cdot 0{,}125=1{,}12>0{,}5$ m³ ist.
$V= a \cdot b \cdot d-2{,}21-1{,}12=11{,}00 \cdot 2{,}70 \cdot 0{,}365-3{,}33=7{,}51$m³.

Bild 32 Wand mit ineinander übergehenden Öffnungen

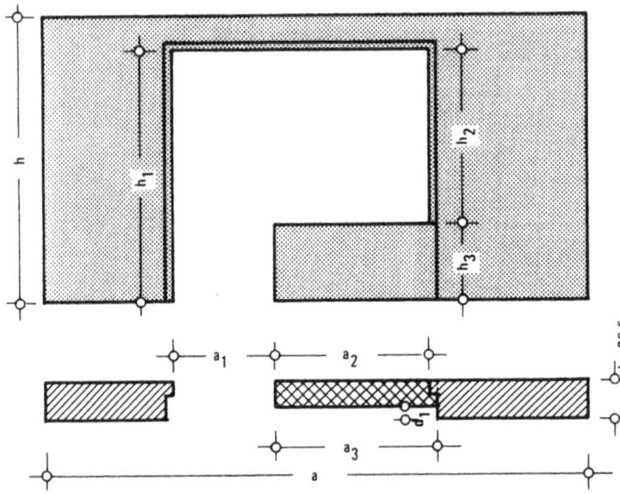

Gem. 0.5.2.1 Abrechnung der 36,5 cm dicken Wand nach Raummaß.

Bei Abrechnung nach Raummaß wird gem. 5.2.2 die gesamte Tür- und Fensteröffnung mit $(a_1 \cdot h_1 + a_2) \cdot d = \ldots\ m^3$ abgezogen, weil beide Öffnungen ineinander übergehen und ihr Gesamtvolumen 0,5 m^3 übersteigt. Die Nische unter dem Fenster wird nicht abgezogen, weil ihre Einzelgröße mit $a_3 \cdot h_3 \cdot d_1 = \ldots\ m^3$ unter 0,5 m^3 bleibt.

$V = a \cdot h \cdot d - (a_1 \cdot h_1 + a_2 \cdot h_2) \cdot d = \ldots\ m^3$.

Bild 33 Mauerwerk mit durchbindender Balkonplatte

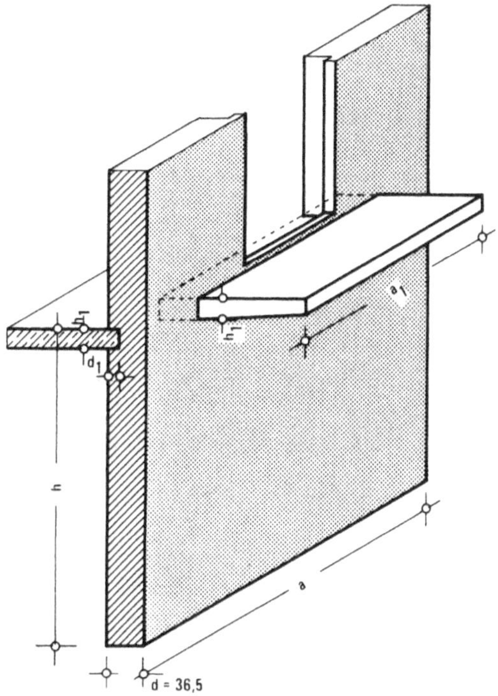

Gem. 0.5.2.1 Abrechnung der 36,5 cm dicken Wand nach Raummaß.

Bei Abrechnung nach Raummaß werden gem. 5.2.2 die Einbindung der Deckenplatte mit $h_1 \cdot (a-a_1) \cdot d_1$ und die Durchbindung der Balkonplatte mit $h_1 \cdot a_1 \cdot d$ nicht abgezogen, da beide Werte je für sich kleiner als 0,5 m^3 sind. $V = a \cdot h \cdot d = \ldots m^3$.

Bild 34 Einliegender Stahlbetonbalken als Mauerwerksüberdeckung

Gem. 0.5.1.1 Abrechnung der 24 cm dicken Wand nach Flächenmaß.

Bei Abrechnung nach Flächenmaß wird gem. 5.2.1 der Stahlbetonbalken, der wie ein durchbindender Bauteil zu behandeln ist, nicht abgezogen, da die von ihm verdrängte Mauerwerksfläche mit

$a_2 \cdot h_2 = 1{,}25 \cdot 0{,}20 = 0{,}25\ m^2$ ist; desgleichen ist die Fläche der Öffnung nicht abzuziehen, da sie kleiner als 2,5 m² ist.

$F = a \cdot h = \ldots\ m^2$.

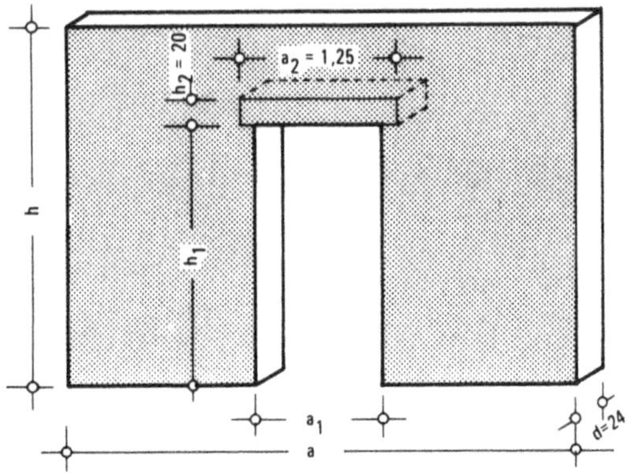

Bild 35 Einliegender Holzbalken als Überdeckung einer Mauerwerksnische

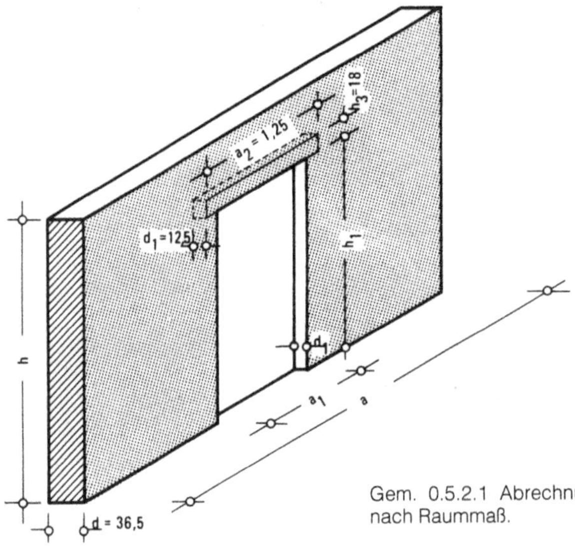

Gem. 0.5.2.1 Abrechnung der 36,5 cm dicken Wand nach Raummaß.

Bei Abrechnung nach Raummaß wird gem. 5.2.2 das einliegende Volumen des Holzbalkens nicht abgezogen, da es mit

$a_2 \cdot h_3 \cdot d_1 = 1{,}25 \cdot 0{,}18 \cdot 0{,}25 < 0{,}5\ m^3$ ist.

Dagegen wird das Volumen der Nische, das $>0{,}5\ m^3$ ist, abgezogen.

$V = a \cdot h \cdot d - a_1 \cdot h_1 \cdot d_1 = \ldots\ m^3$.

Das Überlagsholz wird gem. 0.5.4.11 zum Stückpreis gesondert abgerechnet.

Bild 36 Mauerwerk mit Aussparung für allseitig einbindende Rohdecke

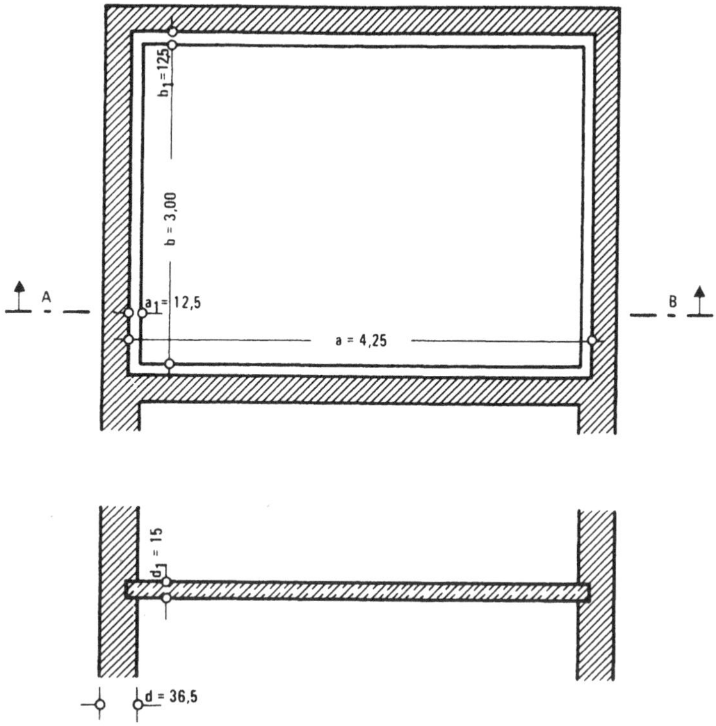

Schnitt A – B

Gem. 0.5.2.1 Abrechnung der 36,5 cm dicken Mauern nach Raummaß.

Bei Abrechnung nach Raummaß wird gem. 5.2.2 das Einbindungsvolumen, das sich aus den Einbindungen aller vier Wände zusammensetzt, nicht abgezogen, da diese Gesamtgröße der Einbindung mit $2(a+b)a_1 \cdot d_1 = 2(4{,}25+3{,}00)0{,}125 \cdot 0{,}15 = 0{,}27$ kleiner als 0,5 m^3 ist.

Bild 37 Wände mit Kranzmauerwerk für einbindende Rohdecke

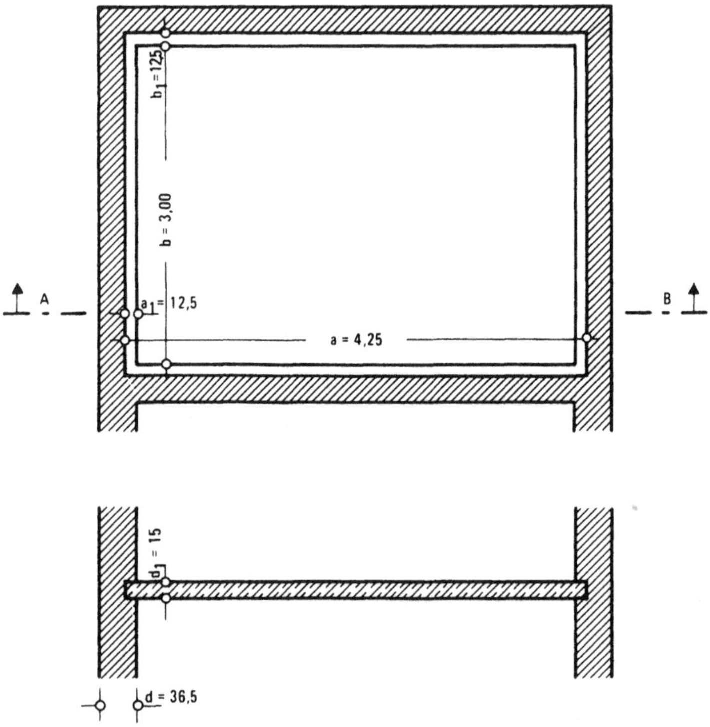

Gem. 0.5.2.1 Abrechnung der 36,5 cm dicken Wände nach Raummaß.

Bei Abrechnung nach Raummaß wird gem. 5.2.2 das Gesamtvolumen der Einbindungen nicht abgezogen, das sich aus den Einbindungen der vier Wände zusammensetzt, mit

$2(a+b)a_1 \cdot d_1 = 2(4,25+3,00)0,125 \cdot 0,15 = 0,27$ m³. Das Gesamtvolumen der Einbindungen ist kleiner als 0,5 m³.

Bild 38 Mauerwerk mit einbindendem Gesimsband aus Naturwerkstein

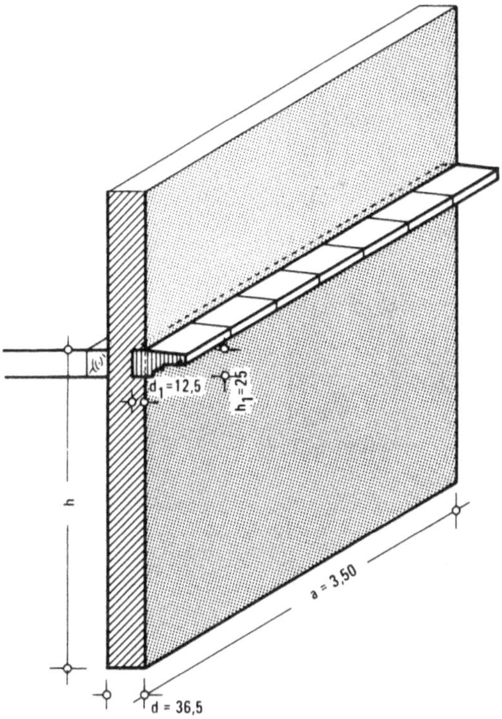

Gem. 0.5.2.1 Abrechnung der 36,5 cm dicken Wand nach Raummaß.

Gem. 5.1.9 gilt das aus Einzelstücken zusammengesetzte Gesimsband als ein Bauteil.

Bei Abrechnung nach Raummaß wird gem. 5.2.2 der einbindende Teil des Gesimsbandes nicht abgezogen, da $a \cdot h_1 \cdot d_1 = 3{,}50 \cdot 0{,}25 \cdot 1{,}25 = 0{,}11 < 0{,}5\ m^3$ ist.

$V = a \cdot h \cdot d = \ldots\ m^3$.

Bild 39 Mauerwerk mit einbindenden Risaliten aus Naturwerkstein

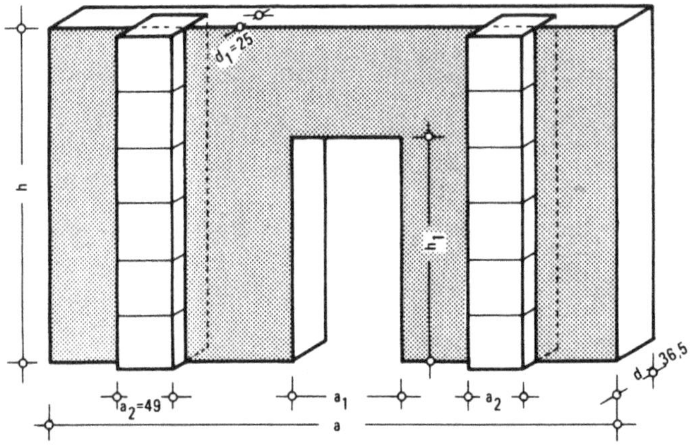

Gem. 0.5.2.1 Abrechnung der 36,5 cm dicken Wand nach Raummaß.

Gem. 5.1.9 gelten die aus Einzelstücken zusammengesetzten Risalite je als ein Bauteil.

Bei Abrechnung nach Raummaß wird gem. 5.2.2 die Einbindung jedes der beiden Risalite nicht abgezogen, da ihre Einzelgröße mit $a_2 \cdot d_1 \cdot h=0{,}49 \cdot 0{,}25 \cdot 3{,}00=0{,}37$ kleiner als 0,5 m³ ist.

Bild 40 Mauerwerk mit einbindenden Deckenbalken

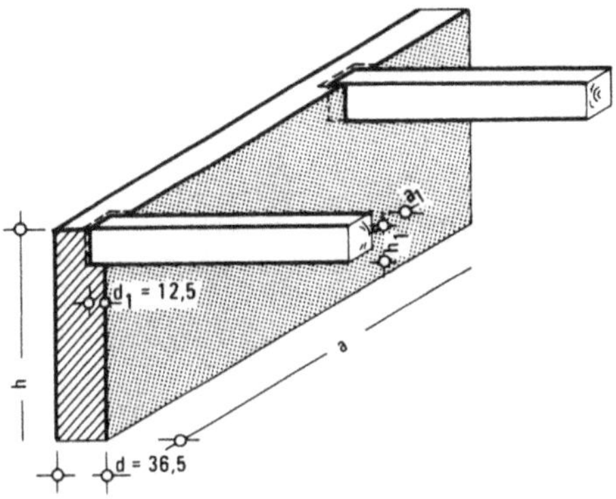

Gem. 0.5.2.1 Abrechnung der 36,5 cm dicken Wand nach Raummaß.

Bei Abrechnung nach Raummaß gem. 5.2.2 kein Abzug der Einbindungen, da das Volumen jeder einzelnen Einbindung <0,5 m³ ist. $V=a \cdot h \cdot d=\ldots$ m³.

Bild 41 Mauerwerk mit senkrechtem und waagerechtem Rohrleitungsschlitz

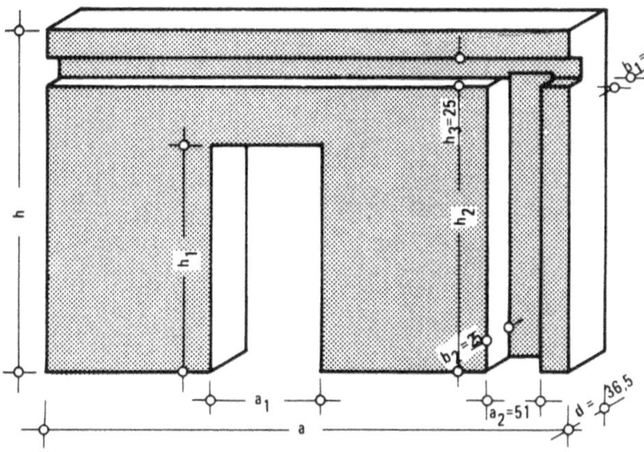

Gem. 0.5.2.1 Abrechnung der 36,5 cm dicken Wand nach Raummaß.

Bei Abrechnung nach Raummaß wird gem. 5.2.2 der waagerechte Schlitz nicht abgezogen, da sein Querschnitt mit

$b_1 \cdot h_3=0{,}125 \cdot 0{,}25=0{,}03<0{,}1\ m^2$ ist.

Dagegen wird der senkrechte Schlitz abgezogen, da sein Querschnitt mit

$a_2 \cdot b_2=0{,}51 \cdot 0{,}25=0{,}13>0{,}1\ m^2$ ist.

Ferner wird das Volumen der Türöffnung abgezogen, da es $>0{,}5\ m^3$ ist.

$V=a \cdot h \cdot d-(a_1 \cdot h_1 \cdot d+a_2 \cdot b_2 \cdot h_2)=...\ m^3$.

Bild 42 Mauerwerk mit Luftschicht

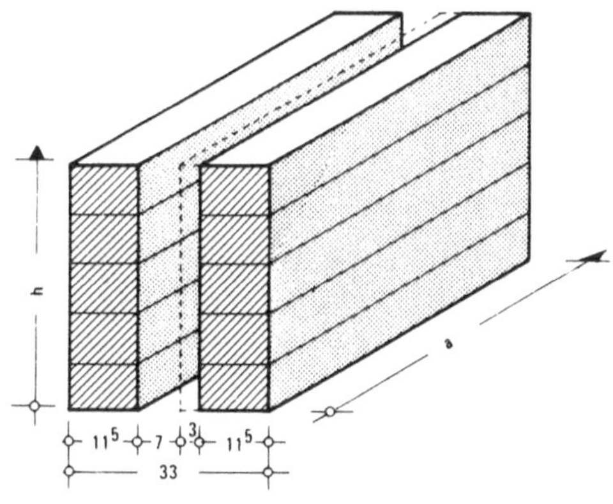

Gem. 0.5.2.1 Abrechnung des 33 cm dicken Mauerwerks nach Raummaß.

Bei Abrechnung nach Raummaß wird gem. 5.2.2 der über 7 cm Dicke hinausgehende Teil der Luftschicht abgezogen.

V des Mauerwerks$=a \cdot h \cdot d-a \cdot h \cdot 0{,}03=...\ m^3$.

Nach DIN 1053 soll jedoch die Dicke der Luftschicht höchstens 7 cm betragen.

Bild 43 Mauerwerk mit einliegendem Tür- und Fenstergewände aus Naturwerkstein

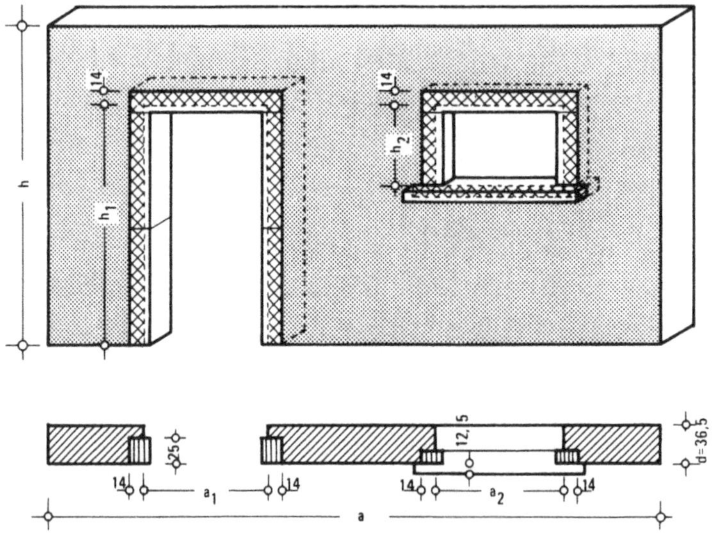

Gem. 0.5.2.1 Abrechnung des 36,5 cm dicken Mauerwerks nach Raummaß.

Gem. 5.1.8 gelten das aus Einzelteilen zusammengesetzte Türgewände und Fenstergewände als je ein Bauteil, desgleichen die Fensterbank.

Bei Abrechnung nach Raummaß gem. 5.2.2 kein Abzug der Einbindungen des Tür- und Fenstergewändes, da jede in ihrer Einzelgröße $<0,5$ cm³ ist. Aus dem gleichen Grund kein Abzug der Fensterbank; jedoch Abzug der Rauminhalte der lichten Tür- und Fensteröffnung, da jeder dieser Rauminhalte $>0,5$ m³ ist.

$V=(a \cdot h-a_1 \cdot h_1-a_2 \cdot h_2)d=\ldots\ m^3$.

Bild 44 Mauerwerk mit Türsturz aus I-Trägern

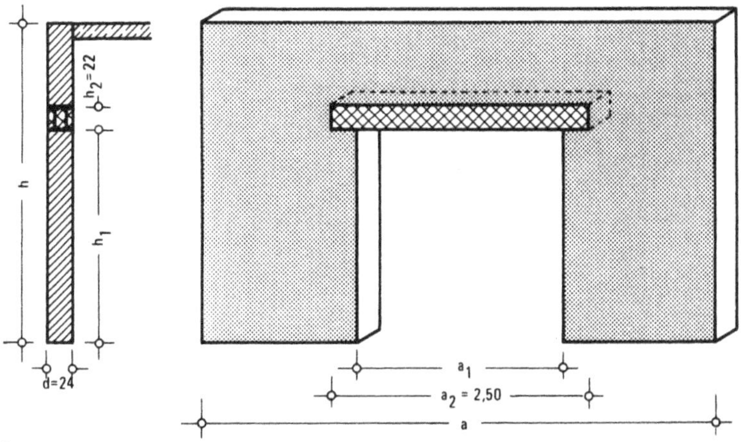

Gem. 0.5.1.1 Abrechnung der 24 cm dicken Wand nach Flächenmaß.

Gem. 5.1.8 gelten die nebeneinander liegenden I-Träger des Sturzes als ein Bauteil.

Bei Abrechnung nach Flächenmaß wird gem. 5.2.1 der einliegende und zugleich durchbindende Trägersturz abgezogen, da die von ihm verdrängte Mauerwerksfläche mit

$h_2 \cdot a_2=0{,}22 \cdot 2{,}50=0{,}55>0{,}5$ m² ist.

Außerdem ist die lichte Mauerwerksöffnung abzuziehen, da sie >2,5 m² ist.

$F=a \cdot h-(a_1 \cdot h_1+a_2 \cdot h_2)=\ldots$ m².

Gem. 0.5.3.8 gesonderte Abrechnung der Trägerausmauerung nach Längenmaß

$L=a_2=2{,}50$ m.

Gem. 0.5.5.1 gesonderte Abrechnung für Lieferung und Einbau der I-Träger nach Handelsgewicht.

Bild 45 Ausmauerung einer hölzernen Fachwerkwand

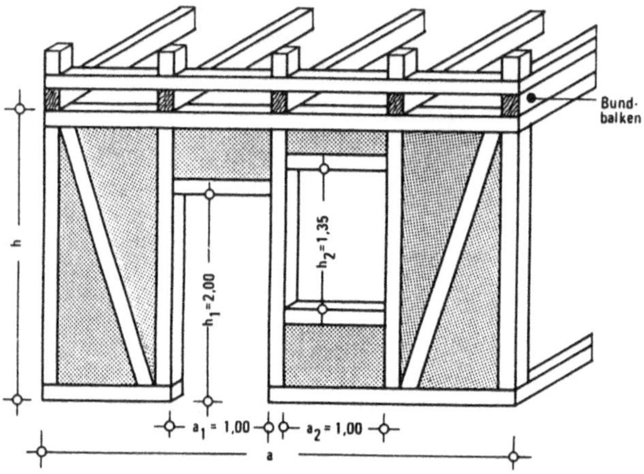

Gem. 0.5.1.2 Abrechnung der Ausmauerung der Fachwerkwand nach Flächenmaß.

Die Höhe der Bundbalken wird bei der Ermittlung des Höhenmaßes nicht mitgemessen. Schwellen, Pfosten, Rähme und Streben werden nicht abgezogen; kein Abzug der lichten Türöffnung, da diese mit $a_1 \cdot h_1=1{,}00 \cdot 2{,}00=2{,}00$ kleiner als 2,5 m^2 ist.

Aus dem gleichen Grunde kein Abzug der lichten Fensteröffnung, da diese mit $a_2 \cdot h_2=1{,}00 \cdot 1{,}35=1{,}35$ kleiner als 2,5 m^2 ist.

Bild 46 Ausmauerung eines Stahlfachwerks

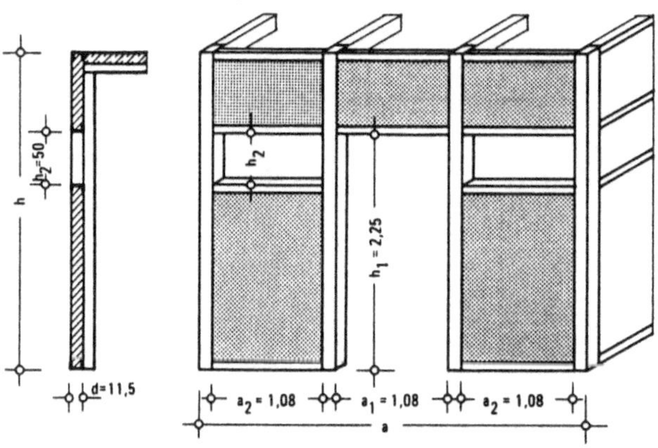

Gem. 0.5.1.2 Abrechnung der Ausmauerung des Stahlfachwerks nach Flächenmaß, getrennt nach Dicke der Ausmauerung. Die Stahlteile der Fachwerkswand werden übermessen. Ebenfalls nicht abgezogen werden die beiden Fensteröffnungen, deren jede mit $a_2 \cdot h_2=1{,}08 \cdot 0{,}50=0{,}54$ kleiner als 2,5 m^2 ist.

Nicht abgezogen wird die Türöffnung, die mit $a_1 \cdot h_1=1{,}08 \cdot 2{,}38$ kleiner als 2,5 m^2 ist.

$F=a \cdot h-a_1 \cdot h_1=\ldots m^2$.

Bild 47 24 cm dicke Ausmauerung eines Stahlbetongerippes

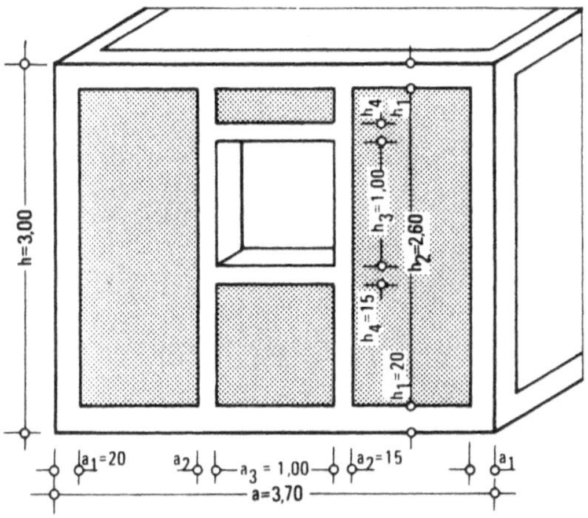

Gem. 0.5.1.2 Abrechnung der Ausmauerung eines Stahlbetongerippes nach Flächenmaß oder gem. 0.5.2.2 nach Raummaß. Gem. 5.1.9 werden Rahmen, Riegel und Ständer übermessen.

Die lichte Fensteröffnung ist nicht abzuziehen, da sie mit $a_3 \cdot h_3 = 1{,}00 \cdot 1{,}00 = 1{,}00\ m^2$ die Grenze des abzugsfreien Größenmaßes von 2,5 m^2 nicht übersteigt.

Bei Abrechnung nach Raummaß werden gem. 5.2.2 die Stahlbetonbauteile in der Dicke der Ausmauerung mit $3{,}21 \cdot 0{,}24 = 0{,}77\ m^3$ abgezogen.

Die Fensteröffnung wird nicht abgezogen, da ihr Rauminhalt 0,5 m^3 nicht übersteigt.

Bild 48 Einbindende Plattenwand mit Türöffnung

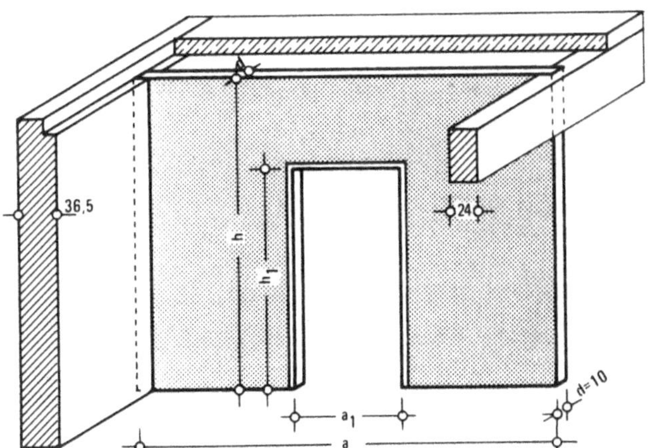

Gem. 0.5.2.3 Abrechnung der Plattenwand (als leichte Trennwand) nach Flächenmaß. Es gelten die Konstruktionsmaße der Plattenwand einschließlich der Einbindungen. Die Türöffnung, bemessen nach dem lichten Zargenmaß, wird nicht abgezogen, da sie kleiner als 2,5 m^2 ist.

$F = a \cdot h = \ldots\ m^2$.

Gem. 0.5.4.11 wird das Liefern und Einbauen der Türzarge nach Stück besonders abgerechnet.

Bild 49 Leichte Trennwände zwischen Rohdecken

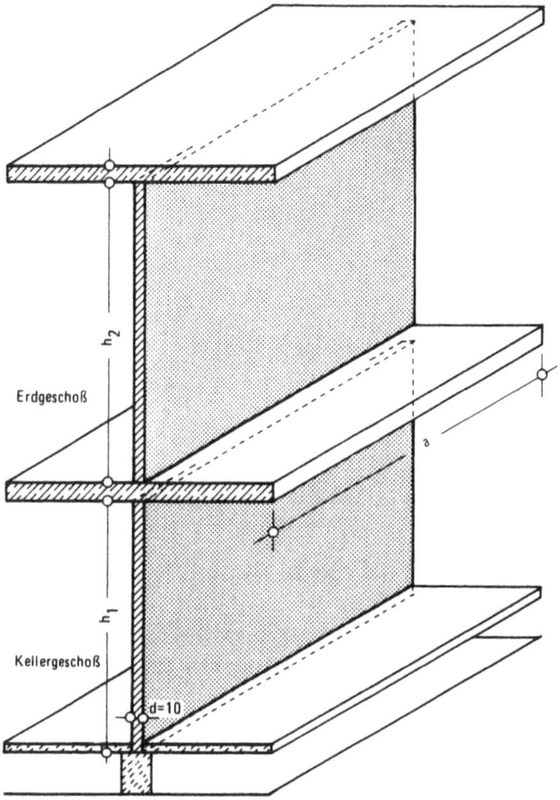

Gem. 0.5.1.5 Abrechnung der leichten Trennwände nach Flächenmaß.

Gem. 5.1.5 rechnet die Höhe der leichten Trennwand im Keller von Oberfläche Fundament bis Unterfläche Rohdecke über dem Keller und die Höhe der leichten Trennwand im Erdgeschoß von Oberfläche Rohdecke bis Unterfläche der darüberliegenden Rohdecke.

F (Kellergeschoß)=

$a \cdot h_1 = ...\ m^2$.

F (Erdgeschoß=

$a \cdot h_2 = ...\ m^2$.

Bild 50 Ziegelmauerwerk mit Natursteinverblendung aus regelmäßigem Schichtenmauerwerk

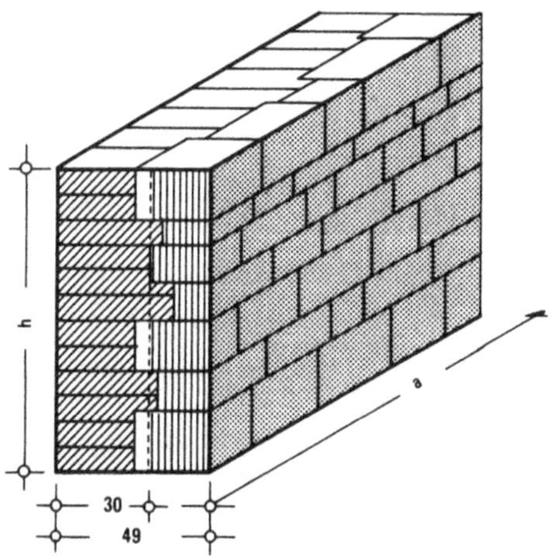

Gem. 0.5.1.6 Abrechnung der Natursteinverblendung nach Flächenmaß. Über die Gesteinsart, die Einbindetiefe und die Art der Verankerung mit der Hintermauerung sind die erforderlichen Abgaben zu machen.

$F = a \cdot h = ...\ m^2$.

Für die Abrechnung des Hintermauerwerks gilt bei Abrechnung nach Raummaß für die Dicke das Mittelmaß der Verzahnung.

V der Hintermauerung=$a \cdot h \cdot 0,30 = ...\ m^3$.

Bild 51 Sichtmauerwerk, 1/2 Stein dick

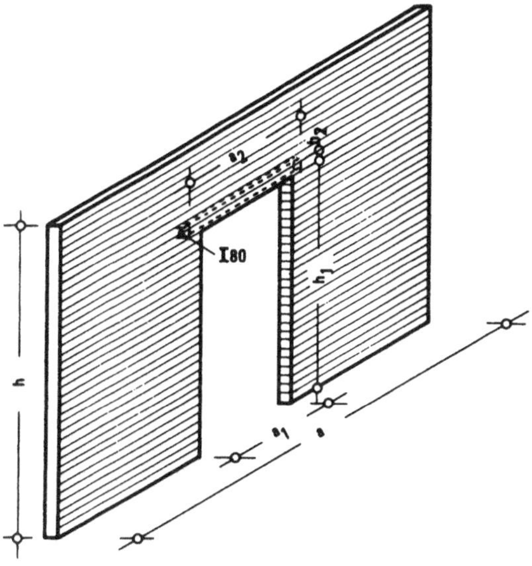

Gem. 0.5.1.6 Abrechnung des 11,5 cm dicken Sichtmauerwerks nach Flächenmaß. Dabei Abzug der Türöffnung, da diese >1 m^2 ist.

$F=a \cdot h-a_1 \cdot h_1=...\ m^2$.

Abrechnung für das Herstellen der Öffnung, da diese >1 m^2 ist, gem. 0.5.4.10 zum Stückpreis.

Abrechnung der Ausmauerung und Verblendung des Sturzträgers gem. 0.5.3.7 nach Längenmaß.

$L=a_2=...$ m.

Abrechnung des Türsturzes aus I 80 gem. 0.5.5.2 nach dem Handelsgewicht.

Bild 52 Klinkerverblendetes Kalksandsteinmauerwerk

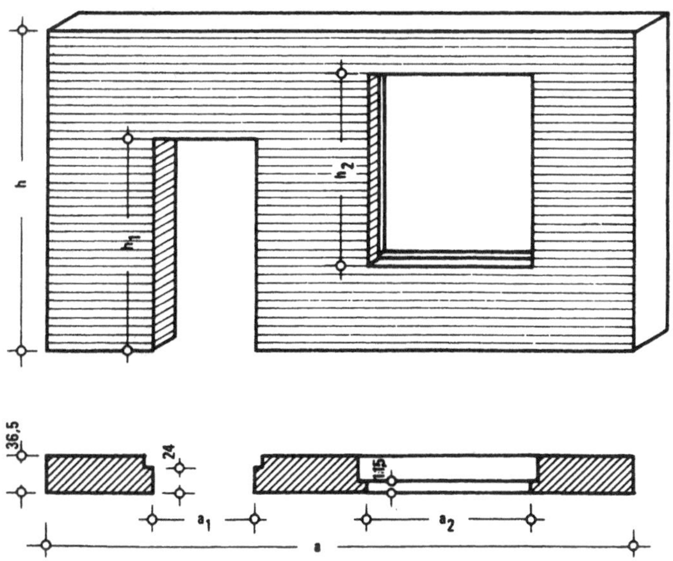

Gem. 0.5.1.6 Abrechnung der Verblendung aus Klinkern nach Flächenmaß. Türöffnung und Fensteröffnung werden abgezogen, da jede der Öffnungen >1 m^2 ist.

Hinzugerechnet wird gem. 5.1.21 die 24 cm tiefe, verblendete Türleibung mit $(a_1+2 \cdot h_1)$ 0,24=... m^2, während die verblendeten Fensterleibungen nicht berücksichtigt werden, da die Leibungstiefe nur 11,5 cm beträgt.

$F=a \cdot h+(a_1+2 \cdot h_1)\ 0{,}24=...\ m^2$.

Bild 53 Verblendung mit gestaffelter Türleibung

Gem. 0.5.1.5 Abrechnung der Verblendung des 36,5 cm dicken Mauerwerks nach Flächenmaß. Die lichte Türöffnung wird gem. 5.2.1 nicht abgezogen, da sie <2,5 m² ist. Die gestaffelte Leibung wird mit der Tiefe von $d_1+d_2+d_3=d=36{,}5$ cm und mit der Höhe h_1, die waagerechte Verblendung der Unterseite des Sturzes mit $(a_1+a_2+a_3)$ 1/3 · 0,365 berücksichtigt. Die Leibungsflächen a_3-a_2 und a_2-a_1 werden bei der Berechnung der Wandfläche mit erfaßt.

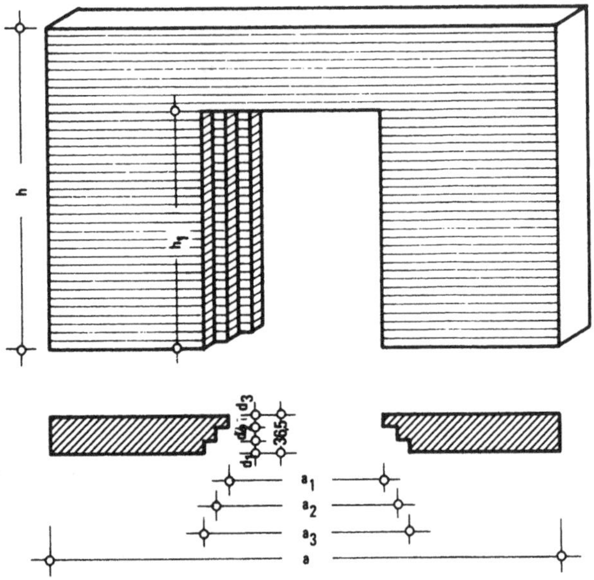

Bild 54 Verblendung von 49 cm dickem Mauerwerk mit schräger Fensterleibung

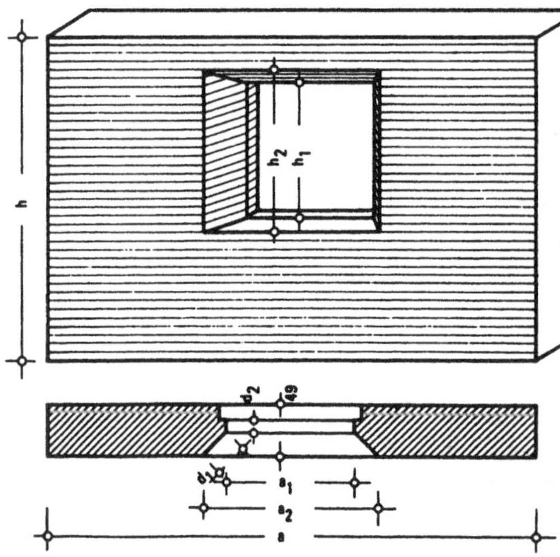

Gem. 0.5.1.5 Abrechnung der Verblendung des 49 cm dicken Mauerwerks nach Flächenmaß kein Abzug gem. 5.2.1 der lichten Fensteröffnung mit $a_1 \cdot h_1$, da die Öffnung >2,5 m² ist. Hinzurechnung der Verblendung der Leibungen und des Sturzes, gemessen in der Abwicklung.

Bild 55 Auszufugendes Mauerwerk mit Türöffnung und Aussparung für ein Hinweisschild

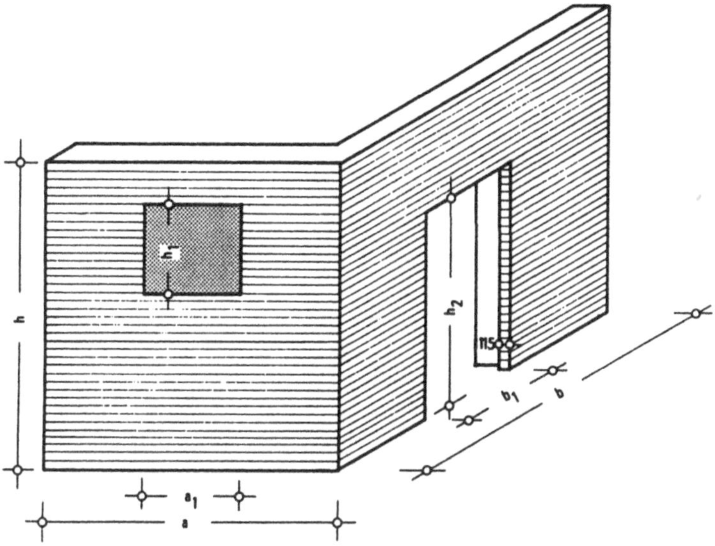

Gem. 0.5.1.7 Abrechnung des Ausfugens nach Flächenmaß. Gem. 5.2.1 kein Abzug der Türöffnung, da $b_1 \cdot h_2 > 2{,}5$ m² ist; ebenso kein Abzug für die Aussparung für das Hinweisschild, da $a_1 \cdot h_1 < 2{,}5$ m² ist. Hinzurechnung des Ausfugens der Türleibung und der Unterseite des Türsturzes mit $(b_1 + 2 \cdot h_2) 0{,}115 = \ldots$ m². (Im Gegensatz zur Abrechnung des Verblendens wird auch das Ausfugen von Leibungen unter 13 cm Tiefe berücksichtigt.)

Bild 56 Gewölbe zwischen Mauerwerk mit Aussparung für einen Schornstein

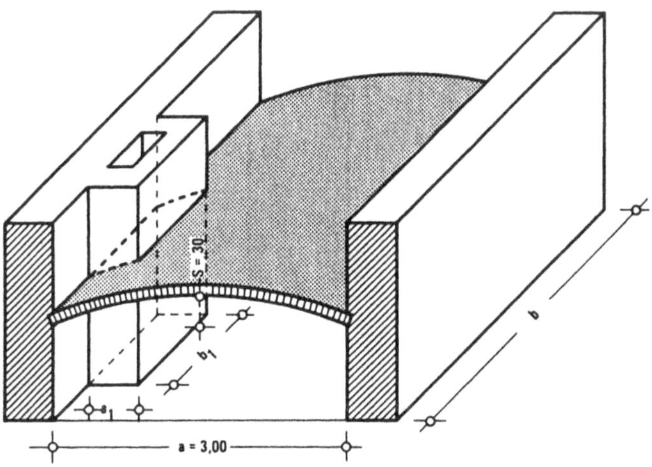

Gem. 0.5.1.6 Abrechnung des gemauerten Gewölbes nach Flächenmaß. Die Stichhöhe s=0,30 m beträgt 1/10 der Spannweite a=3,00 m; da sie <1/6 der Spannweite ist, wird gem. 5.1.10 die überwölbte Grundfläche abgerechnet. Die Aussparung für den Schornstein $a_1 \cdot b_1$ ist <0,5 m² und wird deshalb nicht abgezogen. $F = a \cdot b = \ldots$ m².

Bild 57 Gewölbe zwischen Mauern, Stichhöhe über 1/6 Spannweite

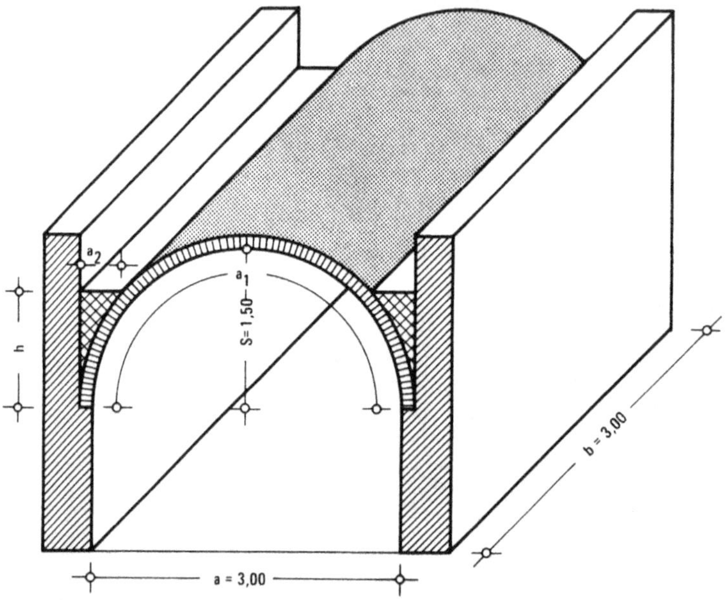

Gem. 0.5.1.6 Abrechnung des gemauerten Gewölbes nach Flächenmaß. Die Stichhöhe s=1,50 m beträgt 1/2 der Spannweite von a=3,00 m; da sie >1/6 der Spannweite ist, wird gem. 5.1.11 die abgewickelte Untersicht des Gewölbes abgerechnet.

$F=a_1 \cdot b=2 \cdot 1{,}50 \cdot 3{,}142 \cdot 3{,}00=28{,}28\ m^2$.

Gem. 0.5.3.8 Abrechnung der Ausmauerung des (kreuzweise schraffierten) Gewölbezwickels nach Längenmaß unter Angabe der Abmessungen des Querschnittes der Ausmauerung.

Bild 58 Gewölbe zwischen Mauern und Gurtung

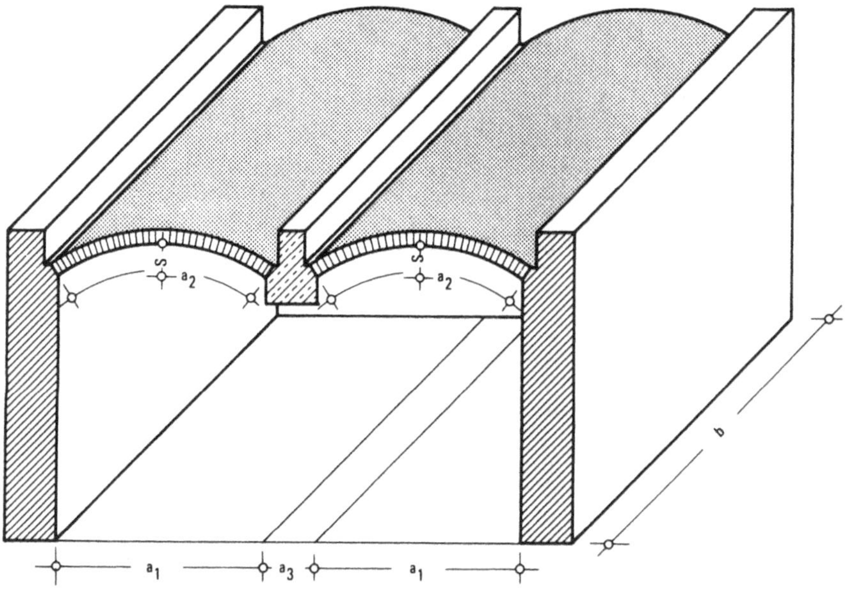

Gem. 0.5.1.6 Abrechnung der gemauerten Gewölbekappen nach Flächenmaß. Ist s <1/6 Spannweite, d.h. <1/6 a_1, wird gem. 5.1.10 die überwölbte Grundfläche abgerechnet. Die Fläche der Gurtung ist dabei nicht mitzumessen, da sie nicht zur überwölbten Grundfläche gehört.

$F=2 \cdot a_1 \cdot b=... m^2$.

Ist s >1/6 Spannweite, d.h. >1/6 a_1, wird die abgewickelte Untersicht des Gewölbes abgerechnet. Dabei sind die Flächen der Gurtung nicht mitzumessen.

Bild 59 Gemauerte Kappen zwischen Stahlträgern

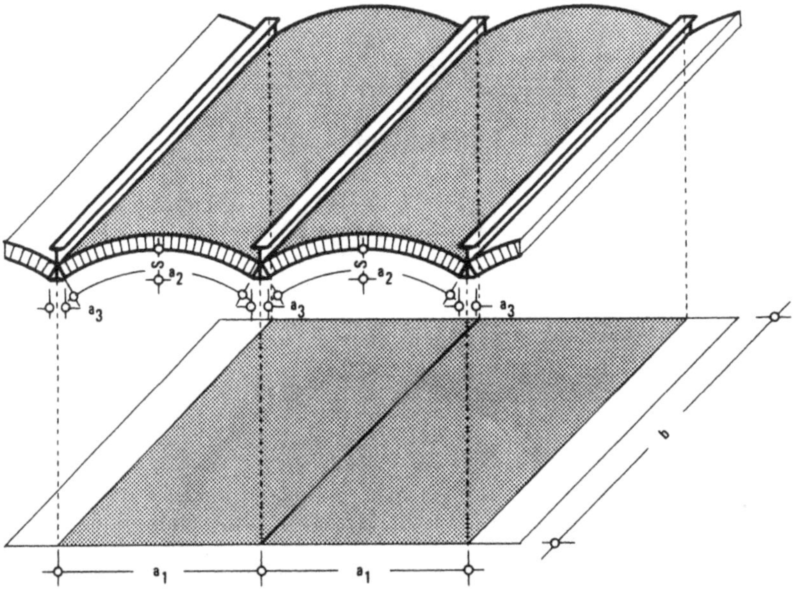

Gem. 0.5.1.6 Abrechnung der gemauerten Kappen nach Flächenmaß.

Da die Spannweite a_1 jeweils bis Mitte Trägersteg vorgesehen ist, wird gem. 5.1.10 sowohl bei Abrechnung der überwölbten Grundfläche als auch bei Abrechnung der abgewickelten Untersicht die Flanschbreite der Träger mitgemessen.

Ist $s < 1/6$ von a_1, so ist F der überwölbten Grundfläche$=2 \cdot a_1 \cdot b = \ldots\ m^2$.

Ist $s > 1/6$ von a_1, so ist F der abgewickelten Untersicht$=2 \cdot a_2 + 2 \cdot a_3 \cdot b = \ldots\ m^2$.

Bild 60 Verblendmauerwerk mit scheitrechtem Sturz

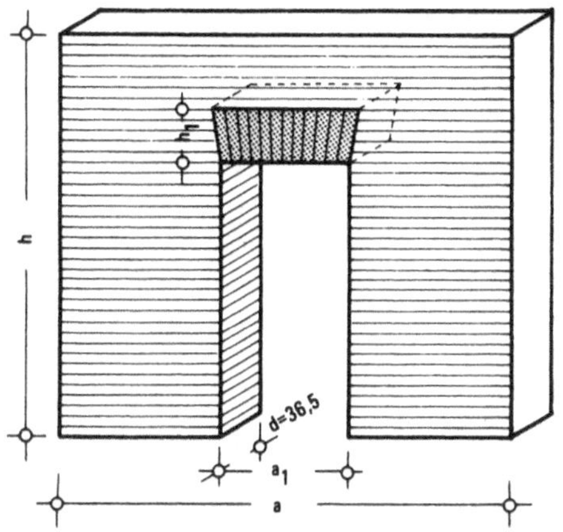

Gem. 0.5.4.2 Abrechnung des scheitrechten Sturzes nach Anzahl. Gleichartige Stürze sind in einer Position zusammenzufassen.

$F=a_1 \cdot h_1=... m^2$.

Ferner ist zu beachten:

Abrechnung des 36,5 cm dicken Mauerwerks gem. 0.5.2.1 nach Raummaß. Dabei kein Abzug des Rauminhalts der Türöffnung, da der Rauminhalt <0,5 m³ ist.

Abrechnung der Verblendung gem. 0.5.1.4 nach Flächenmaß, wobei gem. 5.2.1 die Öffnung nicht abzuziehen und die Leibungen, da sie über 13 cm Tiefe haben, zu berücksichtigen sind.

Abrechnung des Ausfugens gem. 0.5.1.7 nach Flächenmaß.

Abrechnung für das Herstellen der Öffnung gem. 0.5.4.1. nach Anzahl.

Bild 61 Überwölbte Öffnungen und überwölbte Nische

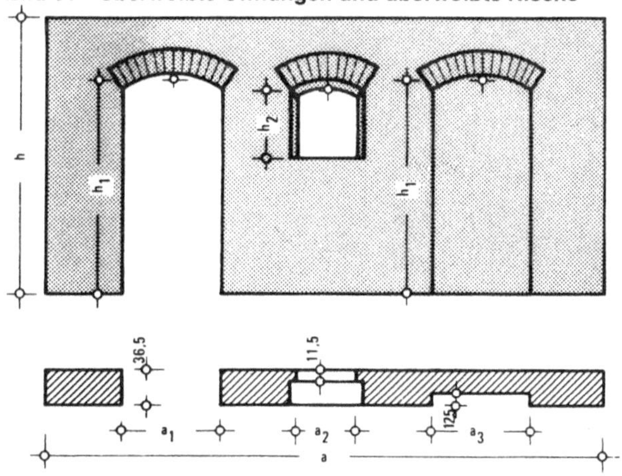

Gem. 0.5.4.2 Abrechnung der überwölbten Türöffnung nach Anzahl. Die überwölbte Öffnung des Fensters bleibt unberücksichtigt, da sie <0,5 m³ ist und deshalb bei Abrechnung des Mauerwerks nach Raummaß gem. 5.2.2 nicht abgezogen wird.

Die überwölbte Nische bleibt unberücksichtigt, da die Nische <0,5 m³ ist und deshalb bei Abrechnung des Mauerwerks nach Raummaß gem. 5.2.2 nicht abzuziehen ist.

Bild 62 Scheitrechter Sturz mit Entlastungsbogen

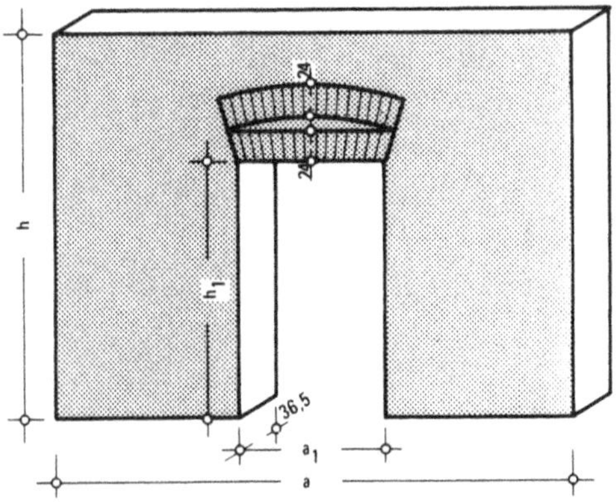

Gem. 0.5.4.2 Abrechnung des scheitrechten Sturzes und des Entlastungsbogens nach Anzahl sowie gesondert gem. 5.1.12, wobei bei Abrechnung des Mauerwerks nach Raummaß gem. 5.2.2 die Türöffnung nicht abzuziehen ist.

Bild 63 Gemauerte, auskragende Sohlbank

Gem. 0.5.3.1 Abrechnung der gemauerten Sohlbank einschließlich ihrer Auskragung nach Längenmaß oder gem. 0.5.4.3 nach Anzahl. In beiden Fällen ist nach Bauart und Maßen zu trennen. Das Längenmaß ist gem. 5.1.13 an der Vorderkante der Sohlbank zu messen.

L=a=... m.

Bild 64 Rollschicht als Mauerabdeckung

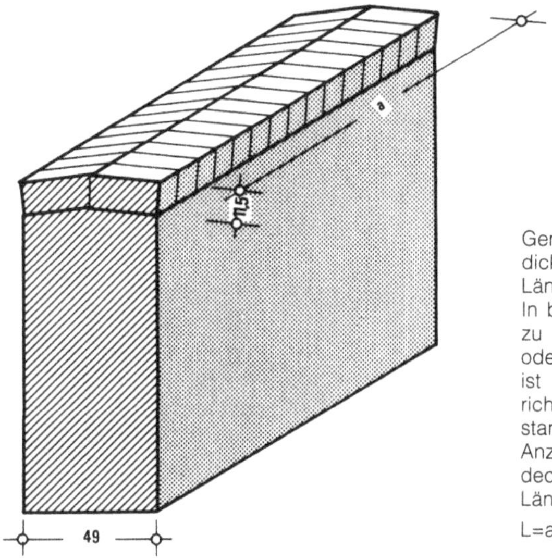

Gem. 0.5.3.1 Abrechnung der die 36,5 cm dicke Mauer abdeckenden Rollschicht nach Längenmaß oder gem. 0.5.4.3 nach Anzahl. In beiden Fällen ist nach Bauart und Maßen zu trennen. Die Wahl, ob nach Längenmaß oder nach Anzahl abgerechnet werden soll, ist bei der Ausschreibung zu treffen; sie richtet sich nach dem Abrechnungsgegenstand und danach, ob er in mehrfacher Anzahl abzurechnen ist. Für die Mauerabdeckung empfiehlt sich die Abrechnung nach Längenmaß.

L=a= m.

Bild 65 Gemauertes Gesimsband

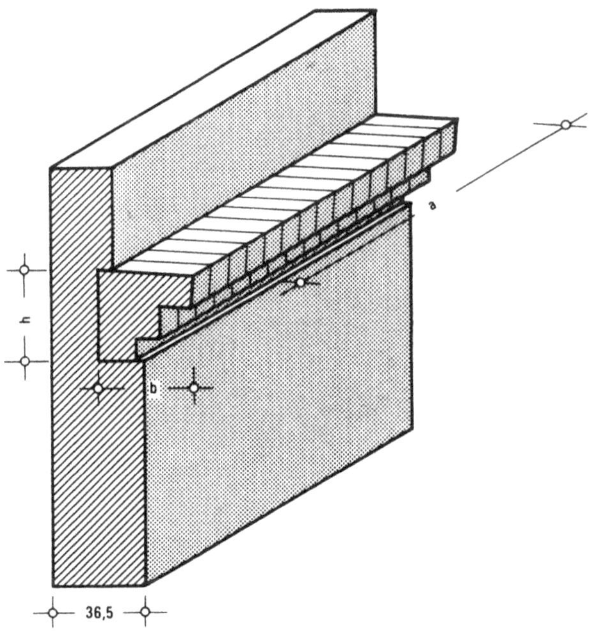

Gem. 0.5.3.1 Abrechnung des gemauerten Gesimsbandes nach Längenmaß oder gem. 0.5.4.3 nach Anzahl. In beiden Fällen ist nach Bauart und Maßen zu trennen. Es ist zweckmäßig, die Abrechnung nach Längenmaß vorzunehmen, da die Länge die bestimmende Einheit ist und das Gesimsband am Bauwerk nur einmal vorkommt. L=a=... m.

Bild 66 Plattenbalkendecke mit gemauerten Stützpfeilern

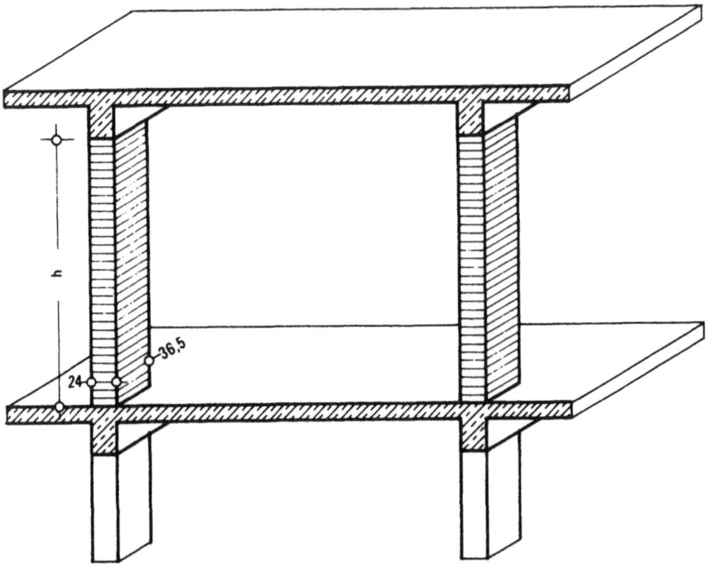

Gem. 0.5.4.4 Abrechnung der gemauerten Pfeiler nach Anzahl, gem. 0.5.3.3 nach Längenmaß oder gem. 0.5.2.4 nach Raummaß. Bei Abrechnung nach Anzahl, Trennung nach Bauart und Maßen. Bei Abrechnung nach Längenmaß, Trennung nach Bauart und Querschnitt. Maßgebend ist das Konstruktionsmaß des Pfeilers in seiner Höhe. L=2 · h=... m.

Bei Abrechnung nach Raummaß, Trennung nach Bauart und Maßen. Maßgebend sind die Konstruktionsmaße des Pfeilers. V=2 · 0,24 · 0,365 · h= m^3.

Bild 67 Beispiel für durchbindende, einbindende und einliegende Pfeiler aus Klinkern

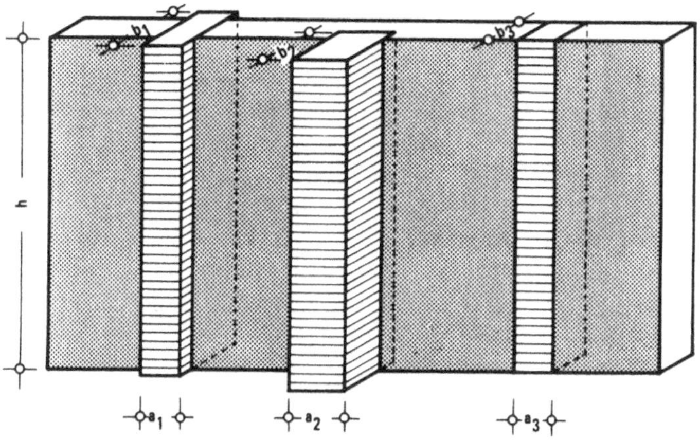

Gem. 0.5.4.4 gesonderte Abrechnung der mit Klinkern gemauerten Pfeiler nach Anzahl, gem. 0.5.3.3 nach Längenmaß oder gem. 0.5.2.4 nach Raummaß. Wegen der Abzüge vom andersartigen Mauerwerk der Wand bei Abrechnung nach Raummaß vgl. 5.2.2. Bei Abrechnung nach Anzahl, Trennung der Pfeiler nach Bauart und Maßen.

Bei Abrechnung nach Längenmaß, Trennung nach Bauart und Querschnitt; für das Längenmaß gilt das Konstruktionsmaß für die tatsächliche Höhe der Pfeiler.

L=h=... m.

Bei Abrechnung nach Raummaß, Trennung nach Bauart und Maßen.

V des durchbindenden Pfeilers $=a_1 \cdot b_1 \cdot h=... m^3$.

V des einbindenden Pfeilers $=a_2 \cdot b_2 \cdot h=... m^3$.

V des eingebauten Pfeilers $=a_3 \cdot b_3 \cdot h=... m^3$.

Bild 68 Wandmauerwerk mit Tür- und Fensterpfeilern

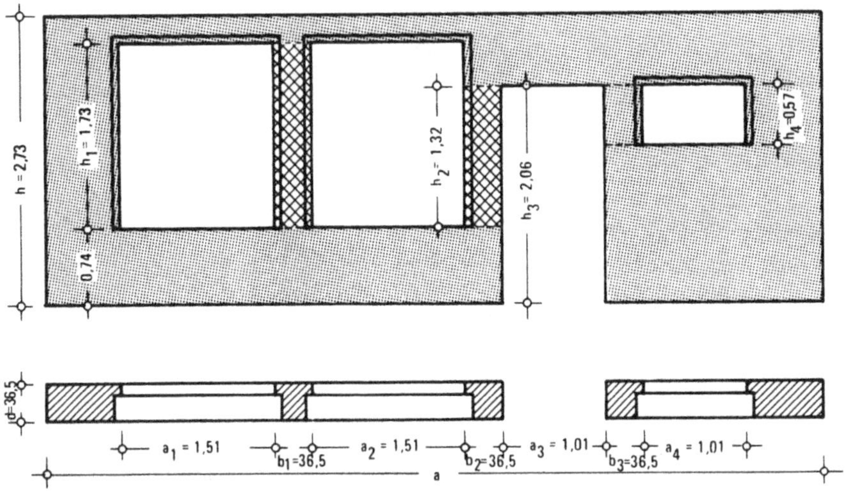

Gem. 5.1.14 keine gesonderte Abrechnung des Pfeilers der Breite b_1 und des Pfeilers der Breite b_2, da die beiderseits dieser Pfeiler liegenden Öffnungen gem. 5.2.1 und 5.2.2 nicht abzuziehen sind.

Die Pfeiler gelten als Wandmauerwerk.

Bild 69 Wandmauerwerk mit Pfeilervorlagen gleicher Bauart

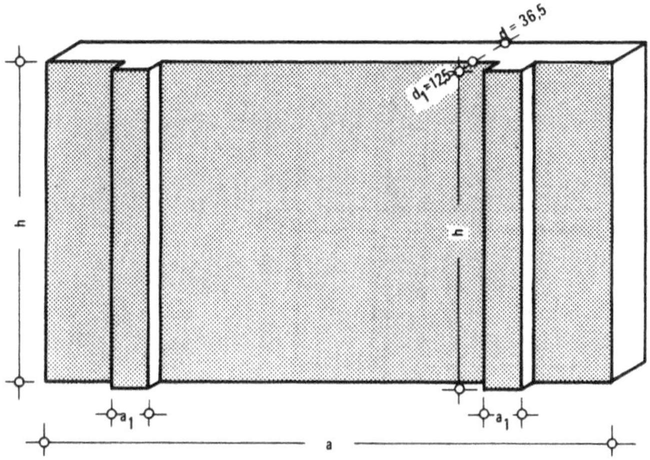

Wird das Wandmauerwerk nach Raummaß gem. 0.5.2.1 abgerechnet, so erfolgt gem. 0.5.2.4 die Abrechnung der Pfeilervorlagen zusammen mit der Abrechnung des Wandmauerwerks.

$V = a \cdot h \cdot d + 2 \cdot a_1 \cdot h \cdot d_1 = \ldots \, m^3$.

Bild 70 Wandmauerwerk mit Pfeilervorlagen ungleicher Bauart

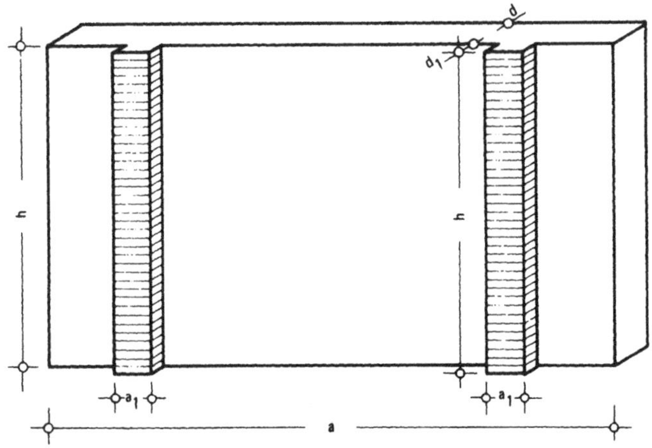

Gem. 0.5.3.3 werden die Pfeilervorlagen ungleicher Bauart, wenn das Wandmauerwerk nach Flächenmaß abgerechnet wird, nach Längenmaß abgerechnet. F der Wand=a · h=... m². L der Pfeiler= 2 · h=... m.

Wird das Wandmauerwerk nach Raummaß abgerechnet, so werden die Pfeilervorlagen ebenfalls nach Längenmaß abgerechnet, da sie eine andere Bauart als das Wandmauerwerk haben. V der Wand= a · h · d=... m³. L der Pfeilervorlagen=2 · h=... m.

Bild 71 Gemauerter Hausschornstein gleicher Bauart wie das Wandmauerwerk

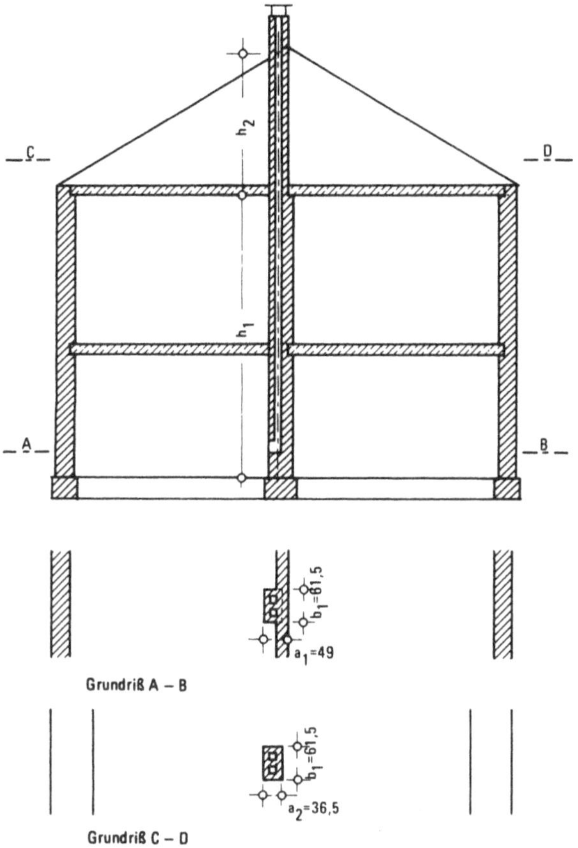

Gem. 0.5.2.5 Abrechnung des gemauerten Schornsteins nach Raummaß oder gem. 0.5.3.5 nach Längenmaß. Sind mehrere Schornsteine abzurechnen, ist nach Bauart, Anzahl und Querschnitt der Züge sowie Dicke der Wangen zu trennen. Der Schornsteinkopf ist gem. 0.5.4.5 das Fundament gem. 0.5.4.7 gesondert abzurechnen.

Bei Abrechnung nach Raummaß rechnet der bei der Einbindung hinter dem Schornstein liegende Teil des Wandmauerwerks mit zum Schornsteinmauerwerk. Die Höhe h_2 ergibt sich aus dem Schnitt der Achslinie des Schornsteins mit der Oberfläche der Dachhaut. Kein Abzug der Reinigungsöffnungen.

$V = a_1 \cdot b_1 \cdot h_1 + a_2 \cdot b_1 \cdot h_2 = ...\ m^3$.

Bei Abrechnung nach Längenmaß ist wegen des einbindenden Teils des Schornsteins nach den Längen h_1 und h_2 zu trennen.

Länge des einbindenden Schornsteinteils $L = h_1 = ...$ m,

Länge des freistehenden Schornsteinteils $L = h_2 = ...$ m.

Bild 72 Gezogene Schornsteine gleicher Bauart wie das Wandmauerwerk

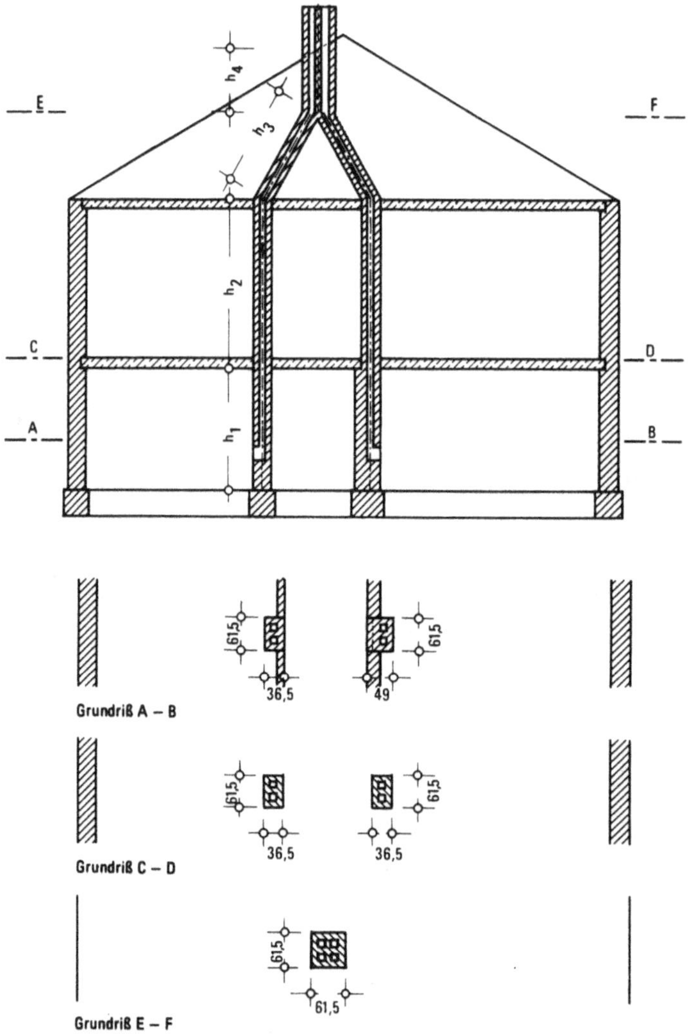

Gem. 0.5.2.5 Abrechnung der gemauerten Schornsteine nach Raummaß oder gem. 0.5.3.5 nach Längenmaß. Zu trennen sind:

a) der einbindende zweizügige Teil mit dahinterliegendem Wandmauerwerk,

b) die einbindenden Teile ohne dahinterliegendes Wandmauerwerk,

c) die gezogenen Teile,

d) der zusammengeführte Teil,

Der Schornsteinkopf ist gem. 0.5.4.5 das Fundament gem. 0.5.4.7 gesondert abzurechnen.

Bei Abrechnung nach Raummaß ist

V a)=0,49 · 0,615 · h_1=... m^3,
V b)=0,365 · 0,615 (h_1+2 · h_2)=... m^3,
V c)=0,365 · 0,615 · 2 · h_3=... m^3,
V d)=0,615 · 0,615 · h_4=... m^3.

Bei Abrechnung nach Längenmaß ist

L a)=h_1=... m,
L b)=h_1+2 · h_2=... m,
L c)=2 · h_3=... m,
L d)=h_4=... m.

Bild 73 Schornstein aus Formstücken

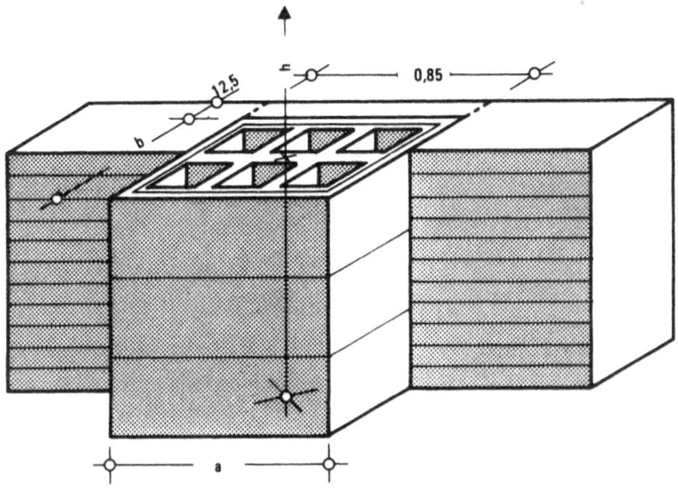

Gem. 0.5.3.5 Abrechnung des Schornsteins aus Formstücken nach Längenmaß. Das Längenmaß wird gem. 5.1.16 in der Achse des Schornsteins von Oberfläche, Fundament bzw. von Oberfläche der Ebene gemessen, auf der das erste Formstück aufgesetzt ist.

Bei mehreren Schornsteinen ist nach Bauart, Maßen sowie Anzahl und Querschnitt der Züge zu trennen.

L=h=... m.

Das hinter dem Schornstein liegende Mauerwerk des Querschnitts 0,125 · 0,85 wird im Gegensatz zur Abrechnung von Schornsteinen, die gleicher Bauart wie das Wandmauerwerk sind, gem. 5.1.7 mit dem Wandmauerwerk abgerechnet.

Bild 74 Schornsteinkopf aus Klinkermauerwerk

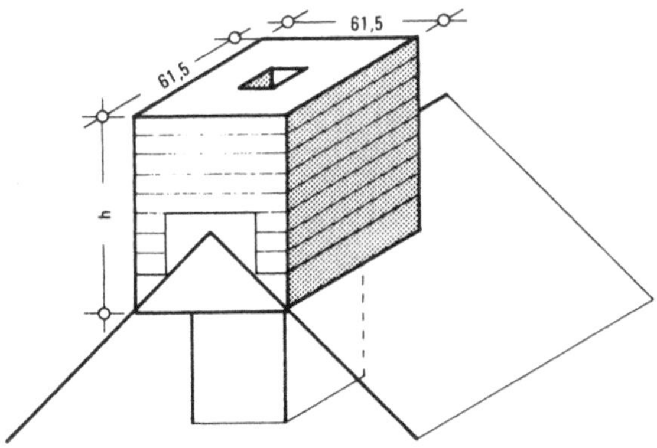

Gem. 0.5.4.5 Abrechnung des Schornsteinkopfes zum Stückpreis. Bei mehreren Schornsteinköpfen ist nach Bauart und nach Maßen sowie nach Anzahl und Querschnitt der Züge zu trennen.

Bild 75 Schornsteinkopf mit Betonkranz und Metallüberdeckung

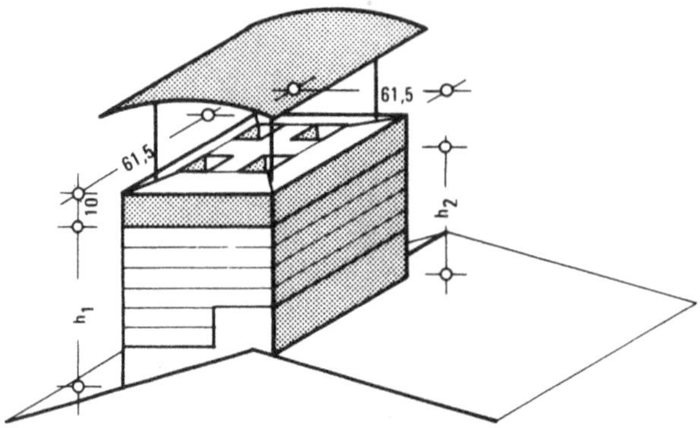

Gem. 0.5.4.5 Abrechnung des gemauerten Schornsteinkopfes zum Stückpreis. Abrechnung des Betonkranzes gem. ATV DIN 18331, der Metallüberdeckung gem. ATV DIN 18{V} 360. Bei entsprechender Beschreibung kann auch die gesamte Leistung im Stückpreis erfaßt werden.

Bild 76 Schornsteinteil mit Reinigungsverschlüssen

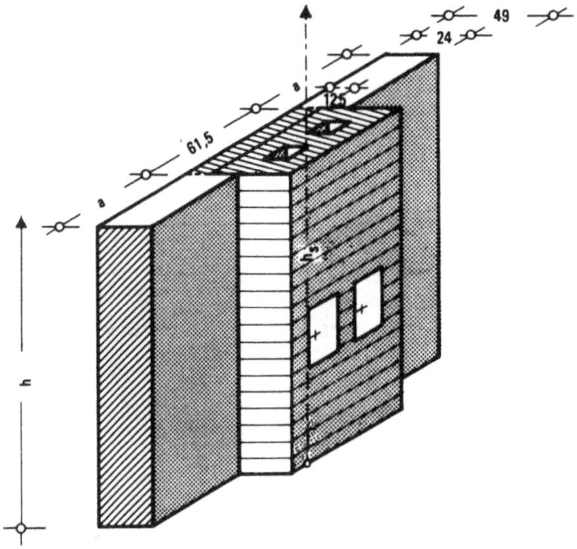

Gem. 0.5.1.1 Abrechnung des 24 cm dicken Wandmauerwerks nach Flächenmaß. Gleiche Bauart von Wand und Schornstein, Wand geputzt.

Gem. 5.1.7 wird bei der Ermittlung der Länge der Wand der einliegende Schornstein nicht mitgemessen. Das dabei nicht mitgemessene Wandmauerwerk mit dem Querschnitt 0,615 · 0,125 rechnet zum Schornstein.

F der Wand=2a · h=... m².

V der Wand=2a · h · 0,24=... m³.

Gem. 0.5.2.5 Abrechnung des Schornsteins nach Raummaß oder gem. 0.5.3.5 nach Längenmaß. Das hinter der Einbindung liegende Mauerwerk der Wand ist mit abzurechnen. Die Reinigungsöffnungen werden nicht abgezogen.

V des Schornsteins=0,615 · 0,49 · h=... m³.

L der Schornsteins=h_S=... m, gemessen in der Achse von Oberfläche Fundament bis Oberfläche Dachhaut.

Gem. 0.5.4.6 Abrechnung der Schornstein-Reinigungsverschlüsse nach Anzahl.

Bild 77 Schornstein mit Rohraufsatz

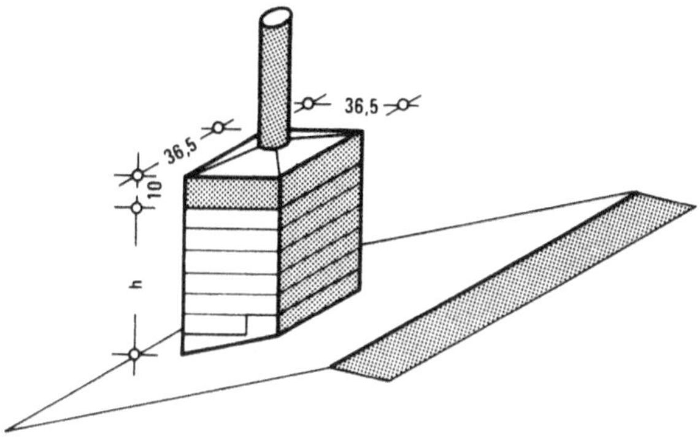

Gem. 0.5.4.5 Abrechnung des Schornsteinkopfes (ohne Betonkranz und Rohraufsatz) zum Stückpreis. Bei mehreren Schornsteinköpfen ist nach Bauart, Maßen sowie Anzahl und Querschnitt der Züge zu trennen.

Gem. 0.5.4.6 Abrechnung des Rohraufsatzes zum Stückpreis.

Abrechnung des Betonkranzes gem. ATV DIN 18331.

Bei entsprechender Beschreibung kann auch die gesamte Leistung im Stückpreis erfaßt werden.

Bild 78 Gemauerte gerade Stufen, keine Einbindung in das Wangenmauerwerk

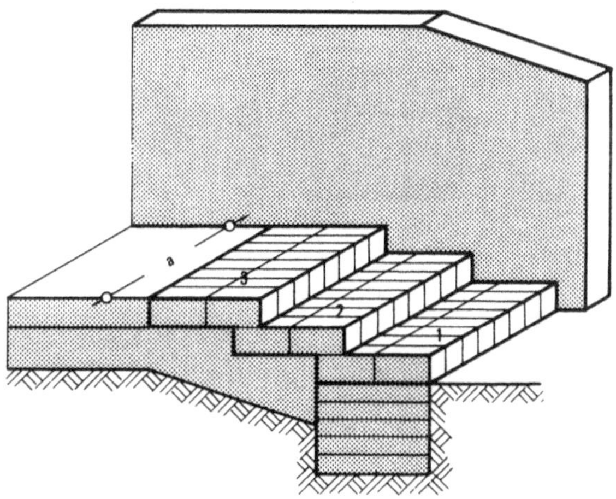

Gem. 0.5.3.7 Abrechnung der gemauerten Stufen gem. 5.1.13 mit der größten Länge jeder Stufe nach Längenmaß. Das Längenmaß der Stufen rechnet bis zur Oberfläche des ungeputzten Wangenmauerwerks. Die Putzdicke wird nicht abgezogen.

L=3 · a=... m.

Das Fundament unter der ersten Stufe wird gem. 0.5.4.7 gesondert abgerechnet.

Bild 79 Gemauerte Stufen zwischen Betonwänden mit Einbindung

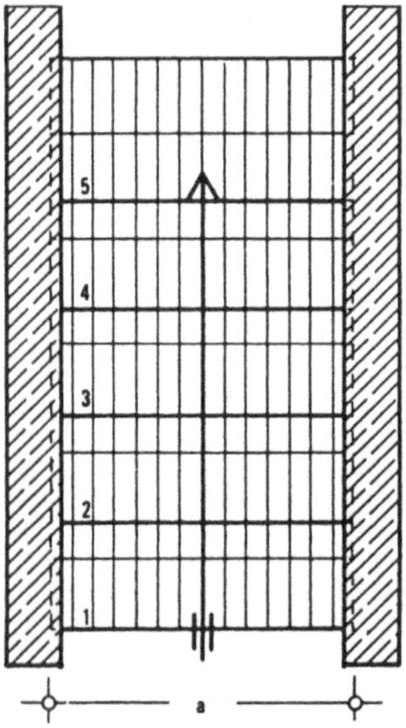

Gem. 0.5.3.7 Abrechnung der gemauerten Stufen mit der größten Länge jeder Stufe nach Längenmaß. Die Einbindung der Stufen in die Betonwände ist mitzumessen.

L=5 · a=... m.

Abzug der Einbindungen von den Betonwänden gem. ATV DIN 18331.

Bild 80 Gemauerte abgewinkelte Stufen ohne Einbindung

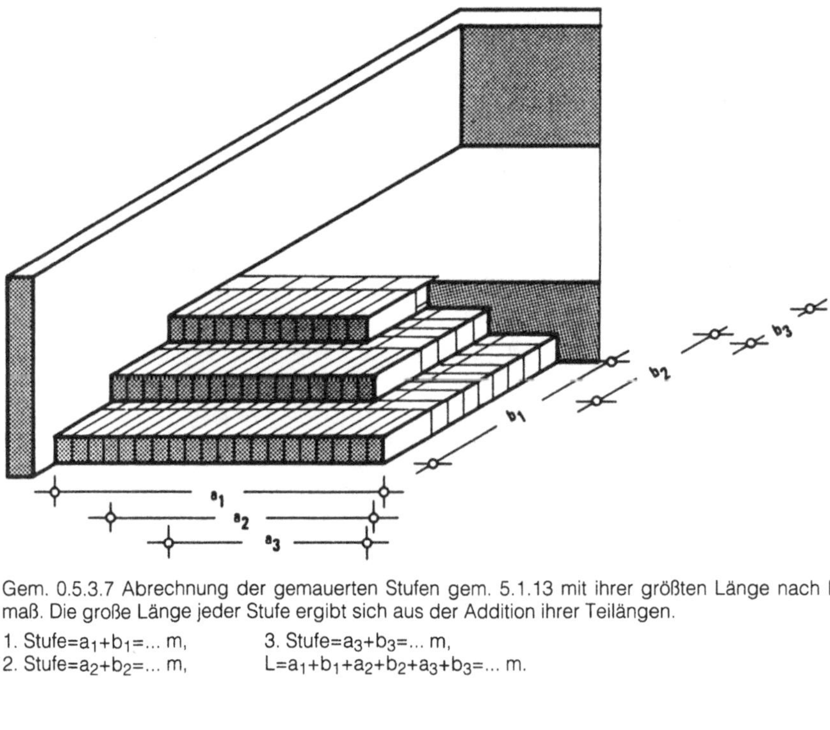

Gem. 0.5.3.7 Abrechnung der gemauerten Stufen gem. 5.1.13 mit ihrer größten Länge nach Längen maß. Die große Länge jeder Stufe ergibt sich aus der Addition ihrer Teilängen.

1. Stufe=a_1+b_1=... m,
2. Stufe=a_2+b_2=... m,
3. Stufe=a_3+b_3=... m,

L=$a_1+b_1+a_2+b_2+a_3+b_3$=... m.

Bild 81 Gemauerte Wendelstufen ohne Einbindung

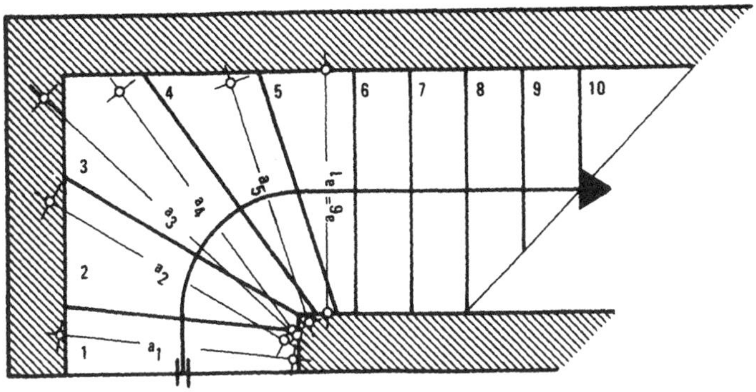

Gem. 0.5.3.7 Abrechnung der gemauerten Wendelstufen nach Längenmaß und gem. 5.1.13 unter Berücksichtigung der größten Länge jeder einzelnen Stufe. Die Stufen haben gleiche Bauart, jedoch ungleiche Maße.

1. Stufe=a_1=Länge an der Vorderkante der Stufe 2,
2. Stufe=a_2=Länge des Zusammenschnitts mit Stufe 3,
3. Stufe=a_3=Längste Diagonale der Trittfläche von Stufe 3.
4. Stufe=a_4=Länge der Vorderkante von Stufe 4,
5. Stufe=a_5=Länge der Vorderkante von Stufe 5,
6. bis 10. Stufe=Länge der Vorderkante jeder Stufe,

$L=a_1+a_2+a_3+a_4+a_5+5 \cdot a_6=\ldots$ m.

Bild 82 Fußbodenbelag einer Terrasse aus Flachschichten

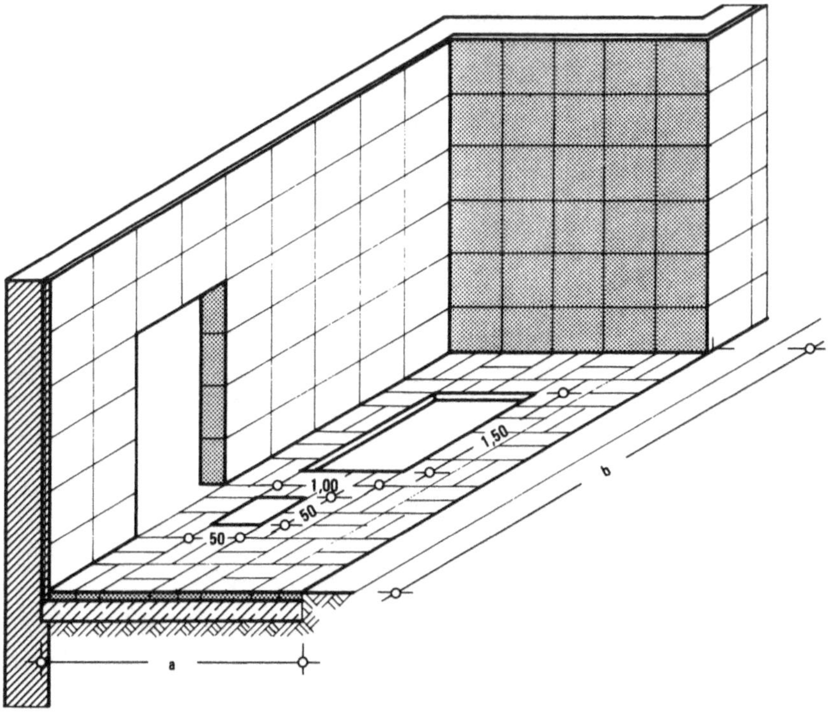

Gem. 0.5.1.8 Abrechnung des Fußbodenbelages aus Flachschichten nach Flächenmaß. Die begrenzenden Wände sind mit Natursteinplatten bekleidet. Obwohl der Fußbodenbelag an die Wandbekleidung anstößt, wird er bis zur unbekleideten Wandoberfläche durchgemessen. Für die nicht von Bauteilen begrenzten Seiten des Fußbodenbelages gelten die tatsächlichen Maße. Die Aussparung für die Abtretroste wird nicht abgezogen, da sie mit $0{,}50 \cdot 0{,}50 = 0{,}25 < 0{,}5\ m^2$ ist.

Die Aussparung für das Planschbecken hingegen ist gem. 5.2.1 abzuziehen, da sie mit $1{,}00 \cdot 1{,}50 = 1{,}50 > 0{,}5\ m^2$ ist. $F = a \cdot b - 1{,}00 \cdot 1{,}20 = \ldots\ m^2$.

Bild 83 Auffüllung einer Decke zwischen Stahlträgern

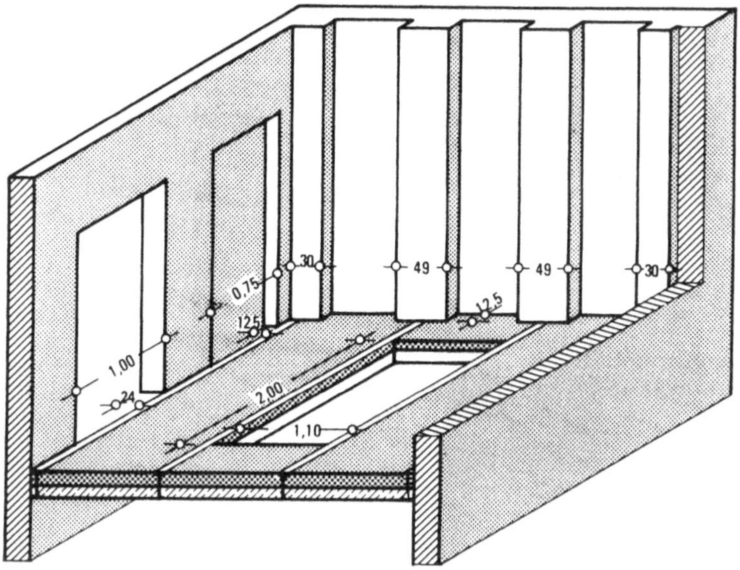

Gem. 0.5.1.9 Abrechnung der Auffüllung nach Flächenmaß. Für die Ermittlung des Flächenmaßes gelten die Konstruktionsmaße des darüberliegenden Raumes. Etwaiger Wandputz wird nicht abgezogen, die Aussparungen für die Pfeilervorlagen werden nicht abgezogen, da sie im einzelnen <0,5 m² sind. Dagegen ist die Aussparung für das Treppenloch gem. 5.2.1 abzuziehen, da es mit 1,10 · 2,00=2,20>0,5 m² ist.

Die innerhalb der begrenzenden Wände liegenden Grundflächen der Türöffnung und der Nische werden nicht hinzugerechnet. Die eingeschütteten Träger werden nicht abgezogen. F=a · b−1,10 · 2,00=... m².

Bild 84 Ausmauerung und Ummantelung einer Stahlstütze

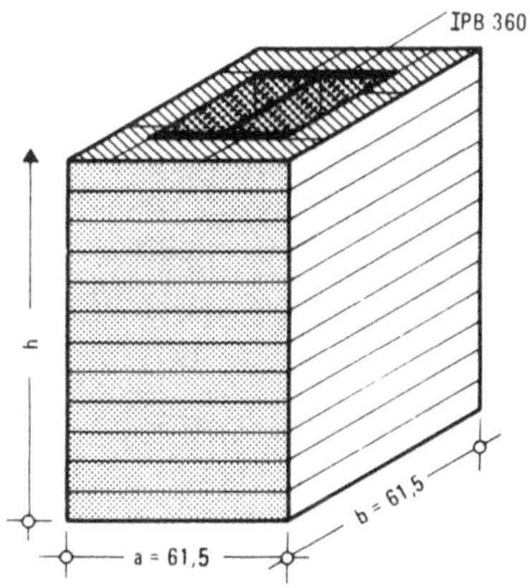

Gem. 0.5.3.8 Abrechnung der Ausmauerung und der Ummantelung der Stahltütze mit ½ Stein dickem Verblendmauerwerk nach Längenmaß. Das Stützenprofil (z.B. IPB 360) ist anzugeben. L=h=... m.

Bild 85 Ausgemauerter Fenstersturz aus Stahlträgern

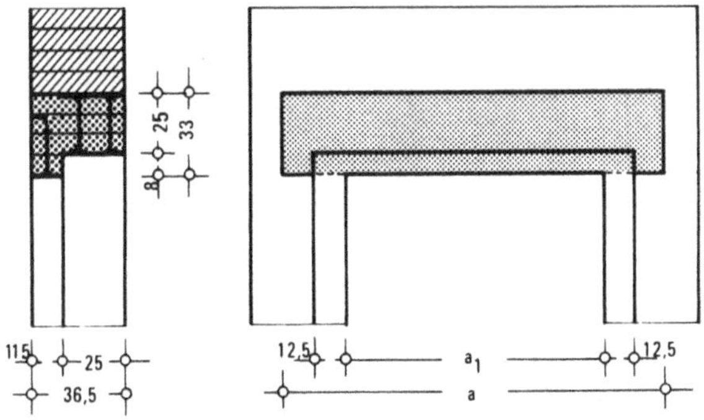

Gem. 0.5.3.8 Abrechnung der Ausmauerung der Stahlträger nach Längenmaß. Die Ausmauerung bezieht sich auf die ganze Länge der Stahlträger (3 Stück I24).

L=a=... m.

Bild 86 Gemauerter Kellerlichtschacht

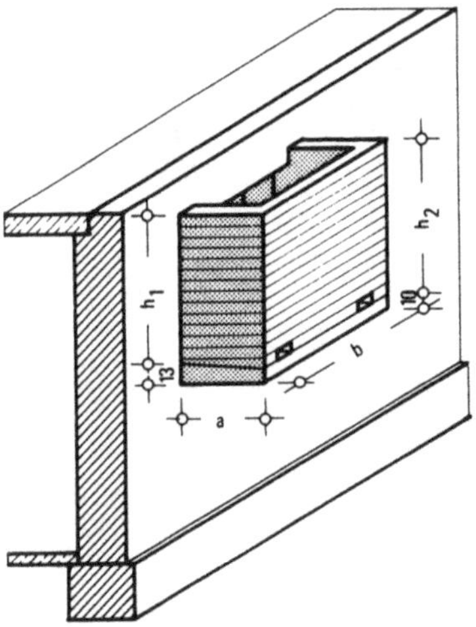

Gem. 0.5.4.7 Abrechnung des gemauerten Kellerlichtschachtes zum Stückpreis. Bei mehreren und unterschiedlichen Kellerlichtschächten ist nach Bauart und Maßen zu trennen. Die Betonplatte ist gesondert gem. ATV DIN 18331 abzurechnen, sie kann jedoch auch bei entsprechender Beschreibung mit im Stückpreis erfaßt werden.

Bild 87 Gemauerter Sinkkasten für Regenwasserversickerung

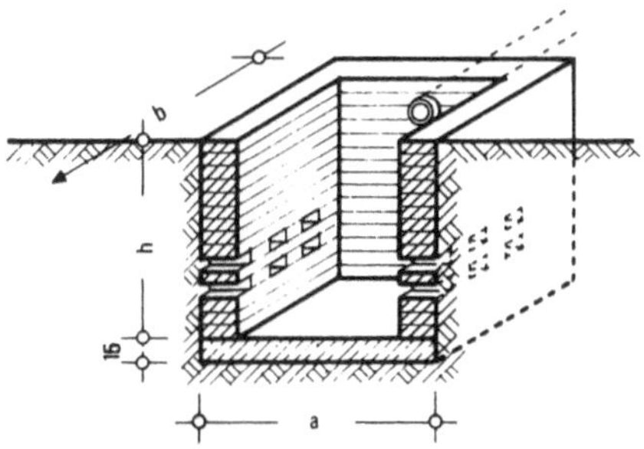

Gem. 0.5.4.7 Abrechnung des gemauerten Sinkkastens zum Stückpreis. Bauart und Maße sind anzugeben.

Gem. 0.5.4.8 sind das Liefern und Einbauen der Zarge und der Abdeckplatte gesondert abzurechnen.

Die Betonplatte ist gesondert nach ATV DIN 18331 abzurechnen; sie kann jedoch auch bei entsprechender Beschreibung mit im Stückpreis abgerechnet werden.

Bild 88 Anker für einen Deckenbalken

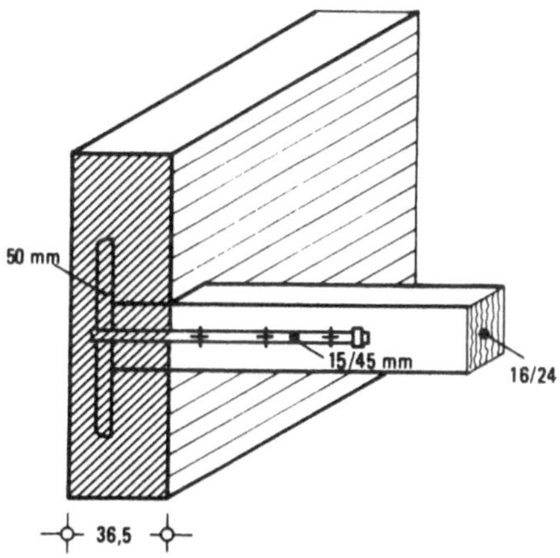

Gem. 0.5.4.9 Abrechnung für Liefern und Einbauen der Anker zum Stückpreis oder Handelsgewicht.

Wenn die Lieferung bauseits erfolgt, wird das Einbauen ebenfalls zum Stückpreis oder nach Handelsgewicht abgerechnet.

Bild 89 Schornsteinschelle für eine Laufbohle

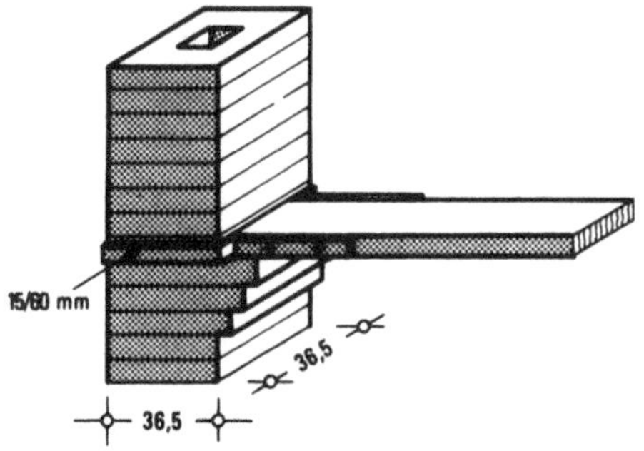

Gem. 0.5.4.9 Abrechnung von Liefern und Einbauen der Schornsteinschelle zum Stückpreis oder 0.5.5.2 nach Handelsgewicht.

Bild 90 Mauerwerk mit Steigeisen

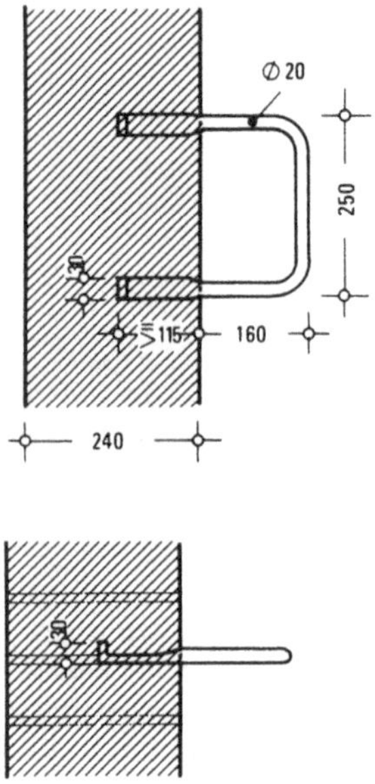

Gem. 0.5.4.9 Abrechnung von Liefern und Einbauen der Steigeisen zum Stückpreis oder gem. 0.5.5.2 nach Handelsgewicht.

Bild 91 Türöffnung mit Überlagsholz und Dübelsteinen

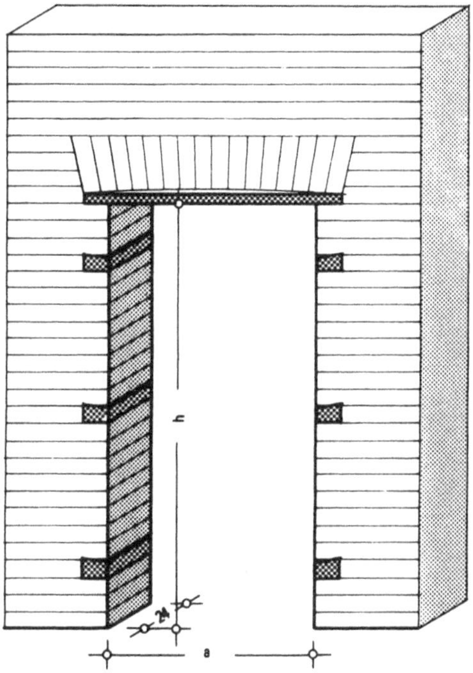

Gem. 0.5.4.11 Abrechnung für Liefern und Einbauen des Überlagsholzes zum Stückpreis; desgleichen gesonderte Abrechnung für Liefern und Einbauen der Dübelsteine nach Anzahl zum Stückpreis.

Für die Abrechnung des Mauerwerks gem. 5.2.1 gelten die lichten Maße der Türöffnung:

Breite=a, Höhe=h, Tiefe=0,24 m.

Bild 92 Treppengeländer

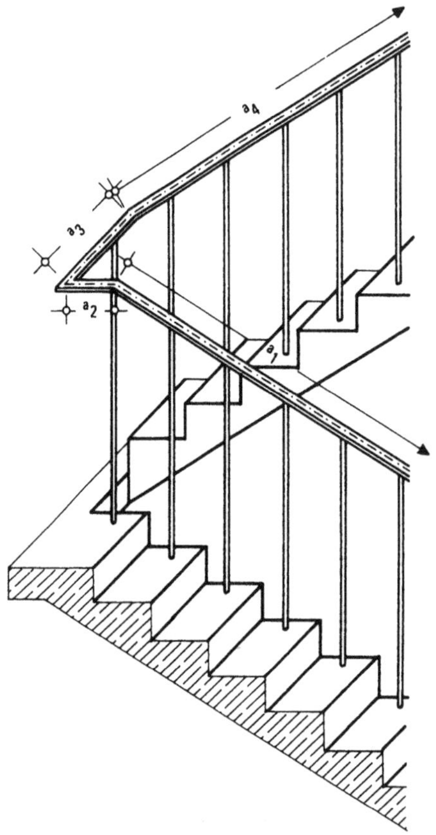

Gem. 0.5.3.9 Abrechnung des Einsetzens des Treppengeländers nach Längenmaß, gemessen in der Mittellinie der tatsächlichen Länge des Handlaufs.

$L = a_1 + a_2 + a_3 + a_4 = \ldots$ m.

Liefern und Aufstellen des Geländers sind nach ATV DIN 18360 abzurechnen.

Bild 93 Nachträglicher Mauerdurchbruch

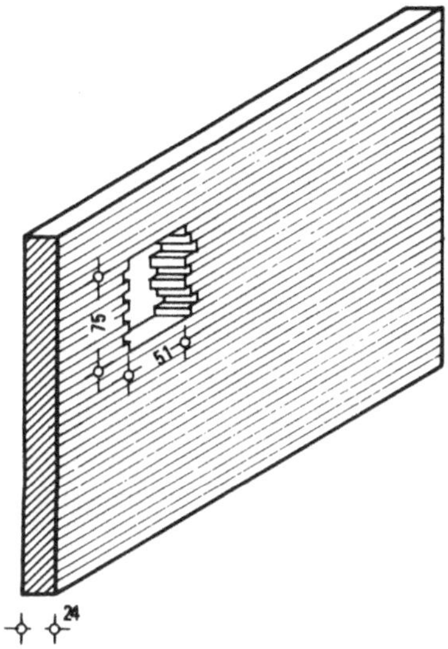

Abrechnung der Stemmarbeiten für den Mauerdurchbruch in der 24 cm dicken Wand in der Größe von 0,51 · 0,75=0,39 m² zum Stückpreis.

Gem. 0.5.4.12 Abrechnung für das Schließen des Wanddurchbruchs ebenfalls zum Stückpreis unter Angabe der Maße.

Bild 94 Nachträglich gestemmter Schlitz

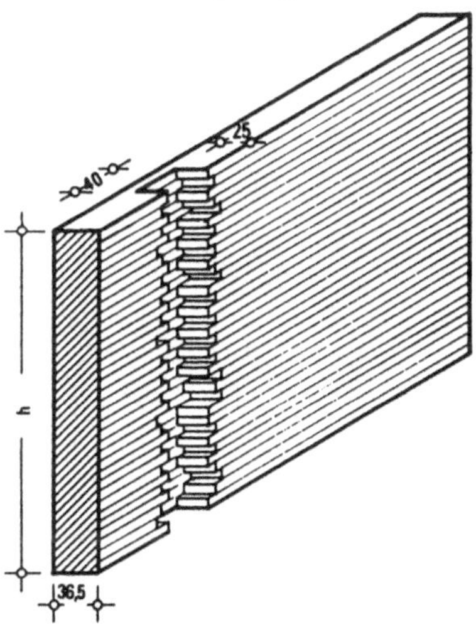

Abrechnung der Stemmarbeiten für den 0,40 m breiten, 0,25 m tiefen und h=... m hohen Schlitz nach Längenmaß.

L=h=... m.

Gem. 0.5.3.12 Abrechnung für das Schließen des Schlitzes ebenfalls nach Längenmaß.

Bild 95 Beispiel für ein Stahlbeton-Fertigbau-System

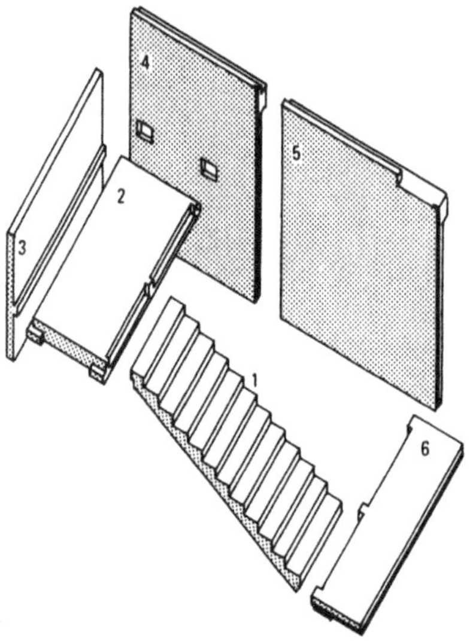

1 Treppe, für beide Läufe verwendbar

2 Podestplatte

3 Brüstungsplatte am Podest

4 Wandplatte zur Aufnahme des Podests, die gegenüberliegende Wandplatte ist das Spiegelbild

5 Wandplatte zur Aufnahme der Antritt- bzw. Austrittplatte, die gegenüberliegende Wandplatte ist das Spiegelbild

6 Antritt- bzw. Austrittplatte.

Gem. 0.5.4.8 Abrechnung für Liefern und Einbauen jedes einzelnen Fertigbauteils, unter Angabe der Bauart und der Maße, zum Stückpreis.

VOB Teil C:
Allgemeine Technische Vertragsbedingungen für Bauleistungen (ATV)
Beton-und Stahlbetonarbeiten – DIN 18331
Ausgabe Juni 1996

1 Geltungsbereich

1.1 Die ATV »Beton und Stahlbetonarbeiten« – DIN 18331 – gilt für das Herstellen von Bauteilen aus bewehrtem oder unbewehrtem Beton jeder Art.

1.2 Die ATV DIN 18331 gilt nicht für

- Einpreßarbeiten (siehe ATV DIN 18309 »Einpreßarbeiten«),
- Schlitzwandarbeiten (siehe ATV DIN 18313 »Schlitzwandarbeiten«),
- Spritzbetonarbeiten (siehe ATV DIN 18314 »Spritzbetonarbeiten«),
- Oberbauschichten mit hydraulischen Bindemitteln (siehe ATV DIN 18316 »Verkehrswegebauarbeiten; Oberbauschichten mit hydraulischen Bindemitteln«),
- Betonwerksteinarbeiten (siehe ATV DIN 18333 »Betonwerksteinarbeiten«),
- Betonerhaltungsarbeiten (siehe ATV DIN 18349 »Betonerhaltungsarbeiten«),
- Estricharbeiten (siehe ATV DIN 18353 »Estricharbeiten«).

1.3 Ergänzend gelten die Abschnitte 1 bis 5 der ATV DIN 18299 »allgemeine Regelungen für Bauarbeiten jeder Art«. Bei Widersprüchen gehen die Regelungen der ATV DIN 18331 vor.

5 Abrechnung

Gem. ATV DIN 18299 Abschn. 6 gilt allgemein:

Die Leistung ist aus Zeichnungen zu ermitteln, soweit die ausgeführte Leistung diesen Zeichnungen entspricht. Sind solche Zeichnungen nicht vorhanden, ist die Leistung aufzumessen.

Siehe hierzu die eingehende Erläuterung zu ATV DIN 18299 »Allgemeine Regelungen für Bauarbeiten jeder Art«.

Abrechnungseinheiten

Gem. 0.5 sind im Leistungsverzeichnis die Abrechnungseinheiten wie folgt vorzusehen:

0.5.1 Raummaß (m^3), getrennt nach Bauart und Maßen, für
0.5.1.1 – massige Bauteile, z.B. Fundamente, Stützmauern, Widerlager, Füll- und Mehrbeton,
0.5.1.2 – Brückenüberbauten, Pfeiler.
0.5.2 Flächenmaß (m^2), getrennt nach Bauart und Maßen, für
0.5.2.1 – Beton-Sauberkeitsschichten (Unterbeton),
0.5.2.2 – Wände, Silo- und Behälterwände, Fundament- und Bodenplatten, Decken,
0.5.2.3 – Fertigteile; auch nach Anzahl bei besonderer Bearbeitung,
0.5.2.4 – Treppenlaufplatten mit oder ohne Stufen, Treppenpodestplatten; Stufen allein nach Längenmaß oder Anzahl,
0.5.2.5 – Herstellen von Aussparungen, z.B. Öffnungen, Nischen, Hohlräume, Schlitze, Kanäle sowie von Profilierungen; auch nach Anzahl,
0.5.2.6 – Schließen von Aussparungen; auch nach Anzahl,

0.5.2.7 – Dämm-, Trenn- und Schutzschichten sowie gleichzustellende Maßnahmen,

0.5.2.8 – Abdeckungen; auch nach Anzahl,

0.5.2.9 – besondere Ausführungen von Betonflächen, z.B. Anforderungen an die Schalung, nachträgliche Bearbeitung oder sonstige Maßnahmen,

0.5.2.10– Schalung; für Plattenränder, Schlitze, Kanäle, Profilierungen auch nach Längenmaß; Schalung für Aussparungen, Profilierungen, Vouten, Konsolen u.ä. nach Anzahl.

0.5.3 Längenmaß (m), getrennt nach Bauart und Maßen, für

0.5.3.1 – Stützen, Pfeilervorlagen, Balken, Fenster- und Türstürze, Unterzüge,

0.5.3.2 – Fertigteile, mit besonders bearbeiteter oder strukturierter Oberfläche; auch nach Anzahl,

0.5.3.3 – Stufen; auch nach Anzahl,

0.5.3.4 – Herstellen von Schlitzen, Kanälen, Profilierungen; auch nach Flächenmaß,

0.5.3.5 – Schließen von Schlitzen und Kanälen,

0.5.3.6 – Herstellen von Fugen einschließlich Liefern und Einbauen von Fugenbändern, Fugenblechen, Verpreßschläuchen, Fugenfüllungen,

0.5.3.7 – Betonpfähle; auch nach Anzahl,

0.5.3.8 – Umwehrungen; auch nach Anzahl,

0.5.3.9 – Schalung für Plattenränder, Schlitze, Kanäle, Profilierungen; auch nach Anzahl.

0.5.4 Anzahl (Stück), getrennt nach Bauart und Maßen, für

0.5.4.1 – Stützen, Pfeilervorlagen, Balken, Fenster- und Türstürze, Unterzüge; auch nach Längenmaß,

0.5.4.2 – Fertigteile; Fertigteile mit Konsolen, Winkelungen u.ä.; auch nach Längenmaß,

0.5.4.3 – Stufen; auch nach Längenmaß,

0.5.4.4 – Herstellen von Aussparungen, z.B. Öffnungen, Nischen, Hohlräume, Schlitze, Kanäle sowie von Profilierungen; auch nach Flächenmaß,

0.5.4.5 – Schließen von Aussparungen; auch nach Flächenmaß,

0.5.4.6 – Herstellen von Vouten, Auflagerschrägen, Konsolen,

0.5.4.7 – Einbauen bzw. Liefern und Einsetzen von Einbauteilen, Bewehrungsanschlüssen, Dübelleisten, Ankerschienen, Verbindungselementen, ISO-Körben u.ä.; auch nach Gewicht,

0.5.4.8 – Betonpfähle, Herrichten der Pfahlköpfe, Fußverbreiterungen; auch nach Längenmaß,

0.5.4.9 – Abdeckungen, Umwehrungen; Abdeckungen auch nach Flächenmaß; Umwehrungen auch nach Längenmaß,

0.5.4.10– Schalung für Aussparungen, Profilierungen, Vouten, Konsolen u.ä.; auch nach Längenmaß,

0.5.4.11– vorkonfektionierte Formteile; z.B. Ecken und Knoten bei Fugenbändern u.ä.,

0.5.4.12– Fertigteile mit besonders bearbeiteter oder strukturierter Oberfläche; Fertigteile auch nach Längenmaß.

0.5.5 Gewicht (kg, t), getrennt nach Bauart und Maßen, für

0.5.5.1 – Liefern, Schneiden, Biegen und Verlegen von Bewehrungen und Unterstützungen,

0.5.5.2 – Einbauteile, Verbindungselemente u.ä.

Ergänzend zur ATV DIN 18299, Abschnitt 5, gilt:

5.1 Beton und Stahlbeton mit oder ohne Schalung

5.1.1 Allgemeines

5.1.1.1 Der Ermittlung der Leistung – gleichgültig, ob sie nach Zeichnung oder nach Aufmaß erfolgt – sind zugrunde zu legen:

- für Bauteile aus Beton oder Stahlbeton deren Maße,
- für Bauteile mit werksteinmäßiger Bearbeitung die Maße, die die Bauteile vor der Bearbeitung hatten,
- für besonders bearbeitete oder strukturierte Oberflächen die Maße der besonders bearbeiteten Fläche.

Für Bauteile aus Beton oder Stahlbeton gelten deren tatsächlich ausgeführte Maße. Diese Regelung entspricht VOB/B § 2 Abs. 2, wonach die Vergütung nach der tatsächlich ausgeführten Leistung berechnet wird. Für Bauteile mit werksteinmäßiger Bearbeitung gelten die Maße, die vor der Bearbeitung vorhanden waren, d.h., eine durch die Bearbeitung entstandene Maßminderung bleibt unberücksichtigt. Die Maße für besonders bearbeitete oder stukturierte Oberflächen sind die der bearbeiteten Fläche (Bilder 1 bis 3, 28, 40, 41).

5.1.1.2 Durch die Bewehrung, z.B. Betonstabstähle, Profilstähle, Spannbetonbewehrungen mit Zubehör, Ankerschienen, verdrängte Betonmengen werden nicht abgezogen.

Einbetonierte Pfahlköpfe und Spundwände werden nicht abgezogen.

Diese Regelung dient der Abrechnungsvereinfachung. Zur Bewehrung zählen alle Stähle, die zur Konstruktion des betreffenden Stahlbetonbauteils gehören, einschließlich Abstandhalter, Verteiler, Spannkanäle bei Spannbeton usw. Bei umfangreichen Bewehrungen kann der Stahlanteil bis zu 10 Gewichtsprozent des Stahlbetonkörpers betragen (Bilder 8 bis 11). Betonmassen, die durch andere, nicht zur Bewehrung gehörende Bauteile verdrängt werden, sind gem. 5.1.2.1 abzuziehen, wenn die im Zusammenhang verdrängte Betonmasse 0,5 m³ übersteigt (Bild 8).

Zu den Berechnungsvereinfachungen gehört es auch, daß einbetonierte Pfahlköpfe, Walzprofile und Spundwände generell nicht abgezogen werden (Bilder 14 und 15).

5.1.1.3 Geneigt liegende oder gekrümmte Decken werden mit ihren tatsächlichen Maßen gerechnet.

5.1.1.4 Decken werden zwischen den äußeren Begrenzungsflächen der Decke oder Auskragung gerechnet.

Liegt die Decke auf oder bindet sie nicht ein, so sind die äußeren Begrenzungen, die auch die Konstruktionsmaße sind, der Leistungsermittlung zugrunde zu legen. Das gleiche gilt für aufliegende und auskragende oberste Decken, z.B. Dachplatten mit oder ohne Dachüberstand.

Binden Decken in die Wände ein, ohne daß sie die gleiche Betonzusammensetzung haben und ohne daß sie in anderer Weise, z.B. durch Betonierfuge, von den Wänden getrennt sind, rechnen die Einbindungen zur Decke, d.h., die Einbindungen werden mitgemessen (Bilder 7, 24).

Bei Betonfertigteildecken, die aus Tragbalken und Füllkörper bestehen, wird die Decke nur bis Außenfläche Füllkörper oder Außenfläche Betonabschlußstreifen ge-

rechnet. Schräge und gekrümmte Decken werden mit der Abwicklung der Oberfläche der Deckenplatte abgerechnet.

Für Decken aus Betonfertigteilen, die aus Tragbalken und Füllkörpern bestehen, gilt die Regelung, daß die Decke in jedem Fall nur bis Außenfläche Füllkörper und, wenn ein Betonabschlußstreifen angeordnet ist, bis zu dessen Außenfläche gemessen werden darf. Die Auflagereinbindungen der Tragbalken in die Wände bleiben unberücksichtigt (Bild 32).

Zu den schrägen und gekrümmten Decken zählen nicht nur Dachdecken, sondern z.B. auch Treppenläufe. Die Schrägen und die Krümmungen werden nicht in der senkrechten Projektion, sondern in der Abwicklung gemessen. Es gelten die Abmessungen der Oberfläche in der Deckenplatte (Bild 34). Bei Abwicklungen verschieden geneigter Dachplatten ist die Oberfläche größer als die Unterseite (Bild 34).

5.1.1.5 Sind Bauteile durch vorgegebene Betonfugen oder in anderer Weise baulich voneinander abgegrenzt, so wird jedes Bauteil mit seinen tatsächlichen Maßen abgerechnet *(Bilder 22, 23, 26, 27).*

5.1.1.6 Durchdringungen, Einbindungen

- Durchdringungen

  Bei Wänden wird nur eine Wand durchgerechnet, bei ungleicher Dicke die dickere.

  Bei Unterzügen und Balken wird nur ein Unterzug bzw. Balken durchgerechnet, bei ungleicher Höhe der höhere, bei gleicher Höhe der breitere *(Bild 37).*

  Die Vorschrift gilt für Abrechnung nach Flächenmaß und für Abrechnung nach Raummaß. Nach dem Grundsatz gem. VOB/B § 2 Nr. 2, daß die Vergütung nach der tatsächlich ausgeführten Leistung zu berechnen ist, werden Wanddurchdringungen nicht doppelt berechnet. Zu den Wanddurchdringungen gehören auch Wände, die an Ecken zusammentreffen (Bilder 17, 19, 20, 21, 24)). Wände, für die nach ihrer inneren oder äußeren Struktur, nach der Art der Bewehrung oder nach anderen baulichen Eigenschaften besondere Ansätze in der Leistungsbeschreibung vorgesehen sind, werden nach den Konstruktionsmaßen ihrer Herstellung, getrennt nach ihren Eigenschaften, abgerechnet. Dabei kann es vorkommen, daß entgegen der allgemeinen Regel eine dünnere Wand durchgehend zu messen ist, wenn sie die dickere Wand durchdringt (Bild 22 und 23).

- Einbindungen

  Bei Wänden, Pfeilervorlagen und Stützen, die in Decken einbinden, wird die Höhe von Oberfläche Rohdecke bzw. Fundament bis Unterfläche Rohdecke gerechnet.

  Bei Stürzen und Unterzügen wird die Höhe von deren Unterfläche bis Unterfläche Deckenplatte gerechnet.

  Binden Stützen in Unterzüge oder Balken ein, werden die Unterzüge und Balken durchgemessen, wenn sie breiter als die Stützen sind. Die Stützen werden in diesem Fall bis Unterfläche Unterzug oder Balken gerechnet.

  Bei einbindenden Wänden, Pfeilervorlagen und Stützen, die also nicht bis Oberfläche Rohdecke durchgehen, sowie bei freistehenden Betonwänden wird die tatsächliche Höhe gerechnet. Bei Wänden gilt dann das Maß von Oberfläche Fundament bzw. Rohdecke bis Unterfläche Rohdecke. Einbindende Stürze und Unterzüge sind nur von ihrer Unterfläche bis zur Unterfläche Deckenplatte zu rechnen. Unterzüge und Balken werden durchgemessen, wenn Stützen in sie einbinden, die eine geringere Breite als die Unterzüge und Balken haben. Da nur die tatsächliche Leistung abzurechnen ist, sind die Stützen bis Unterfläche Unterzug oder Balken zu rechnen (Bilder 23 und 25).

5.1.1.7 Bei Abrechnung von Bauteilen nach Flächenmaß werden Nischen, Schlitze, Kanäle, Fugen u.ä. nicht abgezogen.

Im Gegensatz zur Abrechnung nach Raummaß werden Nischen, Schlitze, Kanäle, Fugen u.ä. bei Abrechnung nach Flächenmaß nicht abgezogen. Eine Begrenzung ihrer Abmessungen ist nicht vorgesehen. Gem. 5.1.2.2 sind jedoch Öffnungen, Durchdringungen und Einbindungen über 2,5 m² Einzelgröße abzuziehen (Bilder 4, 5).

5.1.1.8 Fugenbänder und -bleche u.ä. werden nach ihrer größten Länge (Schrägschnitte, Gehrungen) gerechnet, Formteile sowie vorkonfektionierte Knoten und Ecken werden dabei übermessen.

5.1.1.9 Betonpfähle werden von planmäßiger Oberseite Pfahlkopf (Ortbetonpfähle von der Oberseite nach Bearbeitung) bis zur vorgeschriebenen Unterseite Pfahlfuß bzw. Pfahlspitze gerechnet.

Bei Ortbetonpfählen bleiben Mehrmengen des Betons, bis zu 10% über die theoretische Menge hinaus unberücksichtigt.

Ortpfähle sind betonierte Pfähle, die in Verbindung mit Bohrarbeiten am Ort eingebracht werden. Die Abrechnung schließt die Bohrung nicht mit ein, da ATV DIN 18301 auch für Bohrarbeiten zur Ausführung von Betonpfählen gilt.

Die Einbindung der Ortpfähle in die Pfahlkopfplatte wird der Pfahllänge nicht hinzugerechnet. Das Längenmaß, nach dem die Ortpfähle abgerechnet werden, gilt von Oberseite Pfahlkopf bis Unterseite Pfahlfuß bzw. Pfahlspitze (Bild 14 und 40).

5.1.2 Es werden abgezogen:

5.1.2.1 Bei Abrechnung nach Raummaß (m³):

- Öffnungen, Nischen, Kassetten, Hohlkörper u.ä. über 0,5 m³ Einzelgröße sowie Schlitze, Kanäle, Profilierungen u.ä. über 0,1 m³ je m Länge.

  Diese Vorschrift erleichtert und vereinfacht die Abrechnung. Die hohen Aufwendungen, die sonst für eine exakte Feststellung der Leistungen notwendig wären, werden erheblich eingeschränkt. Sie gilt für alle Bauteile, die nach Raummaß abzurechnen sind.

  Das Abzugsmaß bezieht sich auf Aussparungen, z.B. Öffnungen, Nischen, Kassetten, Hohlkörper, mit einer Einzelgröße über 0,5 m³, ferner auf Schlitze, Kanäle, Profilierungen u.ä. über 0,1 m³ je laufenden Meter. Das Herstellen von Aussparungen wie Öffnungen, Nischen, Schlitzen, Kanälen sowie von Profilierungen u.ä. gehört zu den Besonderen Leistungen. Auch das Schließen der Aussparungen ist Besondere Leistung.

- Durchdringungen und Einbindungen von Bauteilen, z.B. Einzelbalken, Balkenstege bei Plattenbalkendecken, Stützen, Einbauteile, Betonfertigteile, Stahl- oder Steinzeugrohre über 0,5 m³ Einzelgröße, wenn sie durch vorgegebene Betonierfugen oder in anderer Weise baulich abgegrenzt sind; als ein Bauteil gilt dabei auch jedes aus Einzelteilen zusammengesetzte Bauteil, z.B. Fenster- und Türumrahmungen, Fenster- und Türstürze, Gesimse.

  Einbindungen beanspruchen mit ihrem Volumen nur einen Anteil des Querschnitts des Betonbauteils. Durchdringungen durchstoßen den Querschnitt des Bauteils in seiner ganzen Dicke. Wenn ein Abzug erfolgen soll, muß die verdrängte Betonmasse im Zusammenhang ein Volumen von mehr als 0,5 m³ haben (Bild 12). Durchdringt z.B. eine Entwässerungsleitung ein Fundament an mehreren Stellen, so gilt

jede dieser Stellen als eine Druchdringung, die nicht abgezogen wird, wenn 0,5 m³ im einzelnen nicht überschritten werden (Bild 13).
Zu den Berechnungsvereinfachungen gehört es auch, daß einbetonierte Pfahlköpfe, Walzprofile und Spundwände generell nicht abgezogen werden (Bilder 14 und 15).

5.1.2.2 Bei Abrechnung nach Flächenmaß (m²):

Öffnungen, Durchdringungen und Einbindungen über 2,5 m² Einzelgröße.

Im Gegensatz zur Abrechnung nach Raummaß werden Nischen, Schlitze, Kanäle, Fugen u.ä. bei Abrechnung nach Flächenmaß in keinem Fall abgezogen. Eine Begrenzung ihrer Abmessungen ist nicht vorgesehen. Abgezogen werden lediglich Öffnungen, Druchdringungen und Einbindungen über 2,5 m² Einzelgröße (Bilder 6, 7, 24).

5.2 Schalung

5.2.1 Allgemeines

5.2.1.1 Die Schalung von Bauteilen wird in der Abwicklung der geschalten Flächen gerechnet. Nischen, Schlitze, Kanäle, Fugen u.ä. werden übermessen.

Gem. 5.1.1.1 sind der Ermittlung der Schalungsflächen die tatsächlichen Maße der einzuschalenden Bauteile aus Beton zugrunde zu legen. Gemessen werden die abgewickelten Flächen (Bilder 33, 34, 35). Zur Vereinfachung der Abrechnung der Balkenschalung, Stützenschalung, Wandschalung und Treppenschalung werden Aussparungen und Schalungsausschnitte für Anschlüsse von Balken an Balken, Balken an Stützen und Balken an Wänden sowie Schlitze und Kanäle (Bild 42, 43) übermessen, d.h. von der Schalungsfläche nicht abgezogen.

5.2.1.2 Deckenschalung wird zwischen Wänden und Unterzügen oder Balken nach den geschalten Flächen der Deckenplatten gerechnet. Die Schalung von freiliegenden Begrenzungsseiten der Deckenplatte wird gesondert gerechnet.

Deckenschalung und Balkenschalung sind gesondert abzurechnen. Die Balkenschalung ist nicht durch den Preis der Deckenschalung mit abgegolten. Vgl. Erläuterung zu 5.2.1.2. Deckenöffnungen bis zu 2,5 m² Einzelgröße, z.B. für Schornsteine, Lichtdurchlässe, werden vom Flächenmaß nicht abgezogen (Bild 43). Gem. 0.5.4.10 ist jedoch gesonderte Abrechnung der Schalung für die Deckenöffnungen nach Anzahl erforderlich. Bei Abrechnung nach Flächenmaß wird die geschalte Betonfläche in der Abwicklung gerechnet. Die Schalungsflächen freiliegender Begrenzungsseiten der Deckenplatten, z.B. bei Balkonplatten, Dachüberständen, werden dem Flächenmaß der geschalten Betonflächen der Deckenplatte zugerechnet.

5.2.1.3 Schalung für Aussparungen, z.B. Öffnungen, Nischen, Hohlräume, Schlitze, Kanäle, sowie für Profilierungen wird bei der Abrechnung nach Flächenmaß in der Abwicklung der geschalten Betonfläche gerechnet.

Die Schalung für Aussparungen, d.h. die Schalung, die für die Herstellung der Leibungen von Öffnungen, der Leibungen und Rückwände von Nischen, der Hohlräume in der Betonwand, der Schlitze, Kanäle u. ä. erforderlich ist, kann gem. 0.5.3.9 und 0.5.4.10 nach Längenmaß oder nach der Anzahl abgerechnet werden. Die Abrechnung nach Längenmaß ist nur für die Schalung von Aussparungen zweckmäßig, deren Abmessungen durch das Längenmaß bestimmt sind, z.B. für Schlitze,

Kanäle u.ä. Die Flächenermittlung erfolgt nach den tatsächlichen Maßen der geschalten Betonflächen der Öffnungen, Nischen usw., die in der Abwicklung zu messen sind (Bild 44).

5.2.2 Es werden abgezogen:

Öffnungen, Durchdringungen, Einbindungen, Anschlüsse von Bauteilen, u.ä. über 2,5 m² Einzelgröße.

5.3 Bewehrung

5.3.1 Allgemeines

5.3.1.1 Das Gewicht der Bewehrung wird nach den Stahllisten abgerechnet.

Zur Bewehrung gehören auch die Unterstützungen, z.B. Stahlböcke, Abstandhalter aus Stahl, sowie Spiralbewehrungen, Verspannungen, Auswechselungen, Montageeisen, nicht jedoch Zubehör zur Spannbewehrung, z.B. Hüllrohre, Spannköpfe, Kupplungsstücke.

5.3.1.2 Maßgebend ist das errechnete Gewicht, bei genormten Stählen die Gewichte der DIN-Normen (Nenngewichte), bei anderen Stählen die Gewichte des Profilbuchs des Herstellers.

Die Nenngewichte für Betonstabstahl (glatt und gerippt) sind in DIN 488 Teil 2 »Betonstahl; Betonstabstahl, Maße, Gewichte«, die für Betonstahlmatten (glatt, profiliert oder gerippt) in DIN 488 Teil 4 »Betonstahl; Betonstahlmatten und Bewehrungsdraht, Aufbau, Maße und Gewichte« enthalten. Die Nenngewichte weiterer Walzstähle sind, soweit es sich um deutsche Stähle handelt, den DIN-Normen zu entnehmen, die unter den Sachgruppen 519 bis 522 des DIN-Normalblattverzeichnisses aufgeführt sind.

Gem. DIN 488 Teil 1 ist Betonstahl ein Stahl mit nahezu kreisförmigem Querschnitt zur Bewehrung von Beton. Betonstahl wird als Betonstabstahl (S), Betonstahlmatte (M) oder als Bewehrungsdraht hergestellt. Die Betonstahlsorten BSt 420 S und BSt 500 S werden als gerippter Betonstabstahl, die Betonstahlsorte BSt 500 M als geschweißte Betonstahlmatte aus gerippten Stählen, die Betonstahlsorten BSt 500 G und BSt 500 P als glatter und profilierter Bewehrungsdraht geliefert.

5.3.1.3 Bindedraht, Walztoleranzen und Verschnitt werden bei der Ermittlung des Abrechnungsgewichtes nicht berücksichtigt.

Bindedraht dient zur Verbindung der Zug- und Druckbewehrung (Hauptbewehrung) mit den Quer- und Verteilerstäben oder Bügeln. Diese Verbindungen dürfen bei vorwiegend ruhender Belastung durch Schweißen ersetzt werden. Vgl. DIN 1045 Abschnitt 13.1 und DIN 4099. Unter Walztoleranzen sind Herstellungsunterschiede zu verstehen, die beim Walzen der Profile, insbesondere durch Abnutzung der Walzen, unvermeidlich sind. Infolge der Walztoleranzen können die tatsächlichen Gewichte in einem bestimmten Maß über oder unter dem Nenngewicht liegen; gem. 5.3.1.2 gilt jedoch das Nenngewicht. Verschnitt ist der Mehrverbrauch an Stahl, der sich aus der Verwendung der Regellängen der Stahlstäbe ergibt.

Norm ist, daß Bindedraht, Walztoleranzen und Verschnitt bei der Ermittlung des Abrechnungsgewichts unberücksichtigt bleiben. Wenn davon abgewichen werden soll, muß dies in der Leistungsbeschreibung vorgeschrieben werden.

Zu 0.5.1:

Es bestehen folgende drei Möglichkeiten der Abrechnung:

1. *Beton- und Stahlbetonbauteile einschließlich Schalung und Bewehrung.*
2. *Beton- und Stahlbetonbauteile einschließlich Schalung, jedoch Bewehrung getrennt,*
3. *Beton- und Stahlbetonbauteile, jedoch Beton, Schalung, Bewehrung, je für sich getrennt.*

Üblich ist die Abrechnung einschließlich Schalung und Bewehrung, die eine wesentliche Berechnungsvereinfachung mit sich bringt. Die beiden anderen Abrechnungsmöglichkeiten kommen immer dann in Frage, wenn der Auftraggeber den Bewehrungsstahl liefert, wenn der Auftragnehmer Stahlsorten anbieten soll, die er am Lager hat oder die er günstig liefern kann, wenn die erforderlichen Stahlmengen in der Leistungsbeschreibung nicht genau angegeben werden können, wenn es bei der Schalung auf eine genaue Feststellung der ausgeführten Leistung ankommt und schließlich, wenn der Beton ohne Schalung, z.B. Fundamentbeton, hergestellt wird.

Zu 0.5.1.1:

Bei allen drei Ausschreibungsarten werden massige Bauteile, z.B. Fundamente, Stützmauern, Widerlager, Füll- und Mehrbeton, getrennt nach Bauart und Maßen, nach Raummaß abgerechnet.

Fundamente werden nach Einzelfundamenten, Streifenfundamenten (Bild 27), Fundamentplatten (Bild 14), Stützmauern nach senkrechter, schräger und abgewinkelter Form, Widerlager nach Einzelwiderlagern und Streifenwiderlagern unterschieden. Einbindungen beanspruchen mit ihrem Volumen nur einen Anteil des Querschnitts des Betonbauteils, Durchdringungen durchstoßen den Querschnitt des Bauteils in seiner ganzen Dicke.

Gem. 5.1.2.1 werden Durchdringungen und Einbindungen von Bauteilen über 0,5 m^3 Einzelgröße abgezogen, wenn sie baulich abgegrenzt sind. Als Bauteil gilt dabei auch jedes aus Einzelteilen zusammengesetzte Bauteil. Gem. 5.1.1.1 gelten bei der Ermittlung der Leistung für Bauteile aus Beton oder Stahlbeton deren tatsächliche Maße. Diese Regelung entspricht VOB/B § 2 Abs. 2 nach der die Vergütung aufgrund der tatsächlich ausgeführten Leistung erfolgt (Bilder 12 bis 15).

Zu 0.5.1.2:

Abrechnungseinheit für Brückenüberbauten und Pfeiler ist, getrennt nach Bauart und Maßen, das Raummaß. Für Pfeilervorlagen gilt das Längenmaß.

Zu 0.5.2:

Die Abrechnung nach Flächenmmaß ist einfacher als die nach Raummaß, da gem. 5.1.2.2 bei Abrechnung nach Flächenmaß für Nischen, Kassetten, Hohlkörper, Schlitze und Kanäle kein Abzug erfolgt, sondern nur Öffnungen, Durchdringungen und Einbindungen über 2,5 m^2 Einzelgröße abzuziehen sind.

Zu 0.5.2.1:

Beton-Sauberkeitsschichten (Unterbeton) sind nach Flächenmaß abzurechnen. Abzüge gem. 5.1.2.2 sind zu beachten.

Zu 0.5.2.2:

Abrechnungseinheit für Wände, Silo- und Behälterwände, Fundament- und Bodenplatten, Decken ist, getrennt nach Bauart und Maßen, das Flächenmaß. Gem. 5.1.1.3 werden schräge oder gekrümmte Bauteile, z.B. gewölbte Decken, mit den größten Maßen gerechnet. Gem. 5.1.1.4 werden Decken zwischen den äußeren Begrenzungsflächen der Decke oder Auskragung gerechnet. Gem. 5.1.1.5 werden

Wände oder Decken, die durch vorgegebene Betonfugen oder in anderer Weise baulich abgegrenzt sind, einzeln mit den jeweiligen tatsächlichen Maßen abgerechnet. Gem. 5.1.1.6 wird bei Wanddurchdringungen nur eine Wand durchgerechnet, bei ungleicher Dicke die dickere. Bei Wänden, die in Decken einbinden, wird die Höhe von Oberfläche Rohdecke bzw. Fundament bis Unterfläche Deckenplatte gerechnet.

Bei Wänden, deren Dicke ungleichmäßig verläuft, z.B. bei konischer Ausführung, ist die mittlere Dicke maßgebend. Die Abzüge gem. 5.1.2.2 sind zu beachten (Bilder 1 bis 7, 9, 16 bis 26, 29 bis 31, 34).

Zu 0.5.2.3:

Fertigteile sind, getrennt nach Bauart und Maßen, nach Flächenmaß oder Längenmaß abzurechnen. Für Fertigteile mit besonders bearbeiteter oder sturkturierter Oberfläche ist die Anzahl die Abrechnungseinheit (Bilder 31, 36, 38).

Zu 0.5.2.4:

Abrechnungseinheit für Treppenlaufplatten mit oder ohne Stufen, Treppenpodestplatten ist das Flächenmaß. Es ist nach Bauart und Maßen zu trennen. Stufen allein sind, getrennt nach Bauart und Maßen, entweder nach Längenmaß oder nach Anzahl abzurechnen. Gem. 5.1.1.3 sind schräge Bauteile mit den größten Maßen zu rechnen (Bilder 33, 35).

Zu 0.5.2.5:

Abrechnungseinheiten für das Herstellen von Aussparungen, z.B. Öffnungen, Nischen, Hohlräume, Schlitze, Kanäle, sowie von Profilierungen, ist das Flächenmaß. Es ist nach Bauart und Maßen zu trennen. Profilierungen können auch nach Anzahl abgerechnet werden. Das Herstellen von Öffnungen, Nischen, Schlitzen und Kanälen sowie von Profilierungen gehört zu den Besonderen Leistungen. Das Schließen ebenfalls (Bilder 5, 6).

Zu 0.5.2.6:

Das Schließen von Aussparungen kann entweder nach Flächenmaß oder nach Anzahl abgerechnet werden. Der Bauherr muß bei der Aufstellung der LB entscheiden, nach welcher Einheit abgerechnet werden soll. Das Schließen von Aussparungen und dergleichen gehört zu den Besonderen Leistungen.

Zu 0.5.2.7:

Abrechnungseinheit für Dämm-, Trenn- und Schutzschichten sowie gleichzustellende Maßnahmen ist das Flächenmaß. Gem. 5.1.2.2 sind bei Abrechnung nach Flächenmaß Öffnungen, Durchdringungen und Einbindungen über 2,5 m² Einzelgröße abzuziehen.

Zu 0.5.2.8:

Abdeckungen können entweder nach Flächenmaß oder nach Anzahl abgerechnet werden. Wegen der Abzüge ist 5.1.2.2 zu beachten. Über die Wahl der Abrechnungseinheit ist bei Aufstellung der LB zu entscheiden.

Zu 0.5.2.9:

Besondere Ausführungen von Betonflächen, z.B. Anforderungen an die Schalung, nachträgliche Bearbeitung oder sonstige Maßnahmen, sind nach Flächenmaß abzurechnen.

Nach den Regelungen dieser ATV sind geschalte Flächen des Betons schalungsrauh, d.h. unbearbeitet, wie sie sich nach dem Ausschalen zeigen, nicht geschalte Flächen roh abgezogen herzustellen, wenn in der Leistungsbeschreibung keine andere, also eine von dieser Normalausführung abweichende Ausführungsart vorgeschrieben ist. Solche besonderen Ausführungsarten sind z.B. Herstellen einer glatten Oberfläche, Herstellen von Waschbeton, werksteinmäßige Bearbeitung, Herstellen von gebrochenen Kanten, Entgraten, besondere Maßnahmen zur Putzhaftung und für Werksteinbekleidungen, z.B. Aufrauhen, Einsetzen von Drahtschlaufen. Die Abrechnung erfolgt nach Flächenmaß, d.h. gem. 5.1.1.1 nach den tatsächlichen Maßen der behandelten Flächen (Bild 61).

Zu 0.5.2.10:

Schalung ist nach Flächenmaß abzurechnen. Dagegen ist die Abrechnungseinheit für Schalung von Plattenrändern, Schlitzen, Kanälen und Profilierungen entweder das Längenmaß oder die Anzahl. Bei Abrechnung nach Längenmaß sind Abzüge nicht vorgesehen. Gem. 5.2.1.1 wird die Schalung von Bauteilen in der Abwicklung der geschalten Flächen gerechnet. Nischen, Schlitze, Kanäle, Fugen u.ä. werden übermessen. Gem. 5.2.1.2 wird Deckenschalung zwischen Wänden und Unterzügen oder Balken nach der geschalten Fläche der Deckenplatten gerechnet. Die Schalung von freiliegenden Begrenzungsstreifen der Deckenplatte ist gesondert abzurechnen. Gem. 5.2.1.3 wird Schalung für Aussparungen sowie für Profilierungen bei Abrechnung nach Flächenmaß in der Abwicklung der geschalten Betonfläche gerechnet (Bilder 42 bis 44).

Zu 0.5.3.1:

Abrechnungseinheit für Stützen, Pfeilervorlagen, Balken, Fenster- und Türstürze, Unterzüge ist das Längenmaß. Es ist nach Bauart und Maßen zu trennen. Gem. 5.1.1.2 werden durch die Bewehrung verdrängte Betonmengen nicht abgezogen. Gem. 5.1.1.1 ist das tatächlich ausgeführte Längenmaß zu rechnen. Nach Lage des Falles kann auch nach Anzahl abgerechnet werden. In der LB muß festgelegt sein, nach welcher Einheit abgerechnet werden soll. Gem. 5.1.1.6 wird bei Durchdringungen von Stürzen und Balken nur ein Unterzug bzw. Balken durchgerechnet, bei ungleicher Höhe der höhere, bei gleicher Höhe der breitere. Binden Pfeilervorlagen und Stützen in Decken ein, wird die Höhe von Oberfläche Rohdecke bzw. Fundament bis Unterfläche Rohdecke gerechnet. Das Stützenfundament wird der Stütze nicht zugerechnet, auch wenn beide durch die Bewehrung verbunden sind. Gem. 0.5.1.1 werden Fundamente nach Raummaß abgerechnet. Bei Stürzen und Unterzügen wird die Höhe von deren Unterfläche bis Unterfläche Deckenplatte gerechnet. Binden Stützen in Unterzüge oder Balken ein, werden sie durchgemessen, wenn sie breiter als die Stütze sind. Die Stützen werden in diesem Fall bis Unterfläche Unterzug oder Balken gerechnet. Gem. 5.1.2.1 werden Durchdringungen und Einbindungen von Bauteilen, z.B. Einzelbalken, Balkenstege bei Plattenbalkendekken, Stützen, Einbauteile, Betonfertigteile, Stahl- oder Steinzeugrohre, über 0,5 m^3 Einzelgröße bei Abrechnung nach Raummaß abgezogen, wenn sie baulich abgegrenzt sind. Bei Abrechnung nach Flächenmaß erfolgen derartige Abzüge nicht (Bilder 8, 27, 28, 36, 37).

Zu 0.5.3.2:

Fertigteile können nach Längenmaß, aber auch nach Flächenmaß oder Anzahl abgerechnet werden. Die Zuordnung nach Längenmaß ist gegeben, wenn bei Fertigteilen die Längenausdehnung überwiegt, nach Flächenmaß, wenn die Flächengröße bestimmend ist. Die Abrechnung nach Anzahl ist zu wählen, wenn es sich um mehrere gleichgeartete Fertigteile handelt (Bilder 32, 36, 38).

Zu 0.5.3.3:

Stufen werden sowohl nach Längenmaß wie auch nach Anzahl abgerechnet. Im allgemeinen werden Stufen, die zugleich mit der Treppenlaufplatte betoniert werden, zusammen mit der Treppenlaufplatte, d.h. ohne eigenen Ansatz, abgerechnet, während später aufbetonierte Stufen gesondert abgerechnet werden. Grundsätzlich sind jedoch beide Abrechnungsarten möglich; die Entscheidung, welche davon zu wählen ist, muß in der Leistungsbeschreibung erfolgen. Bei Abrechnung der Stufen nach Längenmaß wird die größte Länge jeder Stufe gemessen; die Addition der Einzelmaße ergibt das Gesamtlängenmaß. Auch bei Abrechnung der Stufen nach Anzahl gilt für die Preisermittlung die größte Länge der Stufen. In diesem Fall ist jedoch, wenn verschiedene Längen bestehen, nach diesen zu trennen.

Einbindungen der Stufen werden der Stufenlänge zugerechnet, wenn sie durch unterschiedliche Betonzusammensetzung oder in anderer Weise baulich abgegrenzt sind (Bilder 35, 39).

Zu 0.5.3.4:

Abrechnungseinheit für das Herstellen von Schlitzen, Kanälen und Profilierungen ist sowohl das Längenmaß als auch das Flächenmaß. Nach welcher Einheit abzurechnen ist, bestimmt sich danach, ob das Längenmaß oder das Flächenmaß überwiegt. Es ist nach Bauart und Maßen zu trennen.

Zu 0.5.3.5:

Schließen von Schlitzen und Kanälen wird nach Längenmaß abgerechnet. Die Arbeiten gehören zu den Besonderen Leistungen.

Zu 0.5.3.6:

Abrechnungseinheit für das Herstellen von Fugen einschließlich Liefern und Einbauen von Fugenbändern, Fugenblechen, Verpreßschläuchen und Fugenfüllungen ist das Längenmaß. Es ist nach Bauart und Maßen zu trennen. Diese Arbeiten gehören zu den Besonderen Leistungen. Gem. 5.1.1.8 sind Fugenbänder und Fugenbleche u.ä. nach ihrer größten Länge (Schrägschnitte und Gehrungen) zu rechnen. Formteile sowie vorkonfektionierte Kanten und Ecken werden übermessen. Das Herstellen von Bewegungs- und Scheinfugen sowie von Fugendichtungen zählt zu den Besonderen Leistungen.

Zu 0.5.3.7:

Betonpfähle werden, getrennt nach Bauart und Maßen, nach Längenmaß abgerechnet. Gem. 5.1.1.9 werden Betonpfähle von planmäßiger Oberseite Pfahlkopf (Ortbetonpfähle von der Oberseite nach Bearbeitung) bis zur vorgeschriebenen Unterseite Pfahlfuß bzw. Pfahlspitze gerechnet. Bei Ortbetonpfählen bleiben Mehrmengen des Betons bis zu 10% über die theoretische Menge hinaus unberücksichtigt. Maßnahmen zum Beseitigen überschüssigen Betons an den Pfahlschäften, z.B. Abstemmen, Abfräsen, gehören zu den Besonderen Leistungen. Ortpfähle sind betonierte Pfähle, die in Verbindung mit Bohrarbeiten am Ort eingebracht werden. Die Abrechnung schließt die Bohrung nicht mit ein; sie erfolgt für das Bohren nach ATV DIN 18301. Gem. 5.1.1.2 werden einbetonierte Pfahlköpfe nicht abgezogen (Bild 14, 40).

Zu 0.5.3.8:

Umwehrungen werden, getrennt nach Bauart und Maßen, entweder nach Längenmaß oder nach Anzahl abgerechnet.

Zu 0.5.3.9:

Abrechnungseinheit für Schalung von Plattenrändern, Schlitzen, Kanälen, Profilierungen, getrennt nach Bauart und Maßen, entweder nach Längenmaß oder nach Anzahl. Die Einheit, nach der abgerechnet werden soll, ist in der LB festzulegen. Schalung für Aussparungen, wie Schlitze, Kanäle sowie für Profilierungen wird bei

Abrechnung nach Flächenmaß, die ebenfalls möglich ist, in der Abwickung der geschalten Betonfläche gerechnet.

Zu 0.5.4:

Abrechnung nach Anzahl ist dann angezeigt, wenn es sich entweder um ein Einzelstück oder um mehrere gleichartige Bauteile handelt.

Zu 0.5.4.1:

Abrechnungseinheit für Stützen, Pfeilervorlagen, Balken, Fenster- und Türstürze sowie Unterzüge ist, getrennt nach Bauart und Maßen, entweder die Anzahl oder das Längenmaß. Gem. 5.1.1.1 ist das tatsächlich ausgeführte Längenmaß zu rechnen. Gem. 5.1.1.2 werden durch die Bewehrung verdrängte Betonmengen nicht abgezogen. Gem. 5.1.1.6 wird bei Durchdringungen von Stürzen und Balken nur ein Unterzug bzw. Balken durchgerechnet, bei ungleicher Höhe der höhere, bei gleicher Höhe der breitere. Binden Pfeilervorlagen und Stützen in Decken ein, wird die Höhe von Oberfläche Rohdecke bzw. Fundament bis Unterfläche Rohdecke gerechnet. Das Stützenfundament wird der Stütze nicht zugerechnet, auch wenn beide durch die Bewehrung verbunden sind. Gem. 0.5.1.1 werden Fundamente nach Raummaß abgerechnet. Bei Stürzen und Unterzügen wird die Höhe von deren Unterfläche bis Unterfläche Deckenplatte gerechnet. Binden Stützen in Unterzüge oder Balken ein, werden die Unterzüge und Balken durchgemessen, wenn sie breiter als die Stütze sind. Die Stützen werden in diesem Fall bis Unterfläche Unterzug oder Balken gerechnet. Gem. 5.1.2.1 werden Durchdringungen und Einbindungen von Bauteilen, z.B. Einzelbalken, Balkenstege bei Plattenbalkendecken, Stützen, Einbauteile, Betonfertigteile, Stahl- oder Steinzeugrohre, über 0,5 m^3 Einzelgröße bei Abrechnung nach Raummaß abgezogen, wenn sie baulich abgegrenzt sind. Bei Abrechnung nach Flächenmaß erfolgen derartige Abzüge nicht (Bilder 8, 11, 27, 28, 36, 37, 38).

Zu 0.5.4.2:

Fertigteile, Fertigteile mit Konsolen, Winkelungen u.ä. werden nach Anzahl abgerechnet. Gesondert sind nach Anzahl Fertigteile abzurechnen, die eine besonders bearbeitete oder strukturierte Oberfläche haben. Siehe 0.5.4.12. Es ist nach Bauart und Maßen zu trennen. Die Abrechnung von Fertigteilen kann auch nach Flächenmaß oder Längenmaß erfolgen. Die Wahl der Abrechnungseinheit erfolgt mit der Aufstellung der LB (Bild 38).

Zu 0.5.4.3:

Abrechnungseinheit für Stufen ist entweder das Längenmaß oder die Anzahl.

Im allgemeinen werden Stufen, die zugleich mit der Treppenlaufplatte betoniert werden, zusammen mit der Treppenlaufplatte, d.h. ohne eigenen Ansatz, abgerechnet, während später aufbetonierte Stufen gesondert abgerechnet werden. Grundsätzlich sind jedoch beide Abrechnungsarten möglich; die Entscheidung, welche davon zu wählen ist, muß in der Leistungsbeschreibung erfolgen. Bei Abrechnung der Stufen nach Längenmaß wird die größte Länge jeder Stufe gemessen; die Addition der Einzelmaße ergibt das Gesamtlängenmaß. Auch bei Abrechnung der Stufen nach Anzahl gilt für die Preisermittlung die größte Länge der Stufen. In diesem Fall ist jedoch, wenn verschiedene Längen bestehen, nach diesen zu trennen.

Einbindungen der Stufen werden der Stufenlänge zugerechnet, wenn sie durch unterschiedliche Betonzusammensetzung oder in anderer Weise baulich abgegrenzt sind (Bild 39).

Zu 0.5.4.4:

Abrechnungseinheit für das Herstellen von Aussparungen, z.B. Öffnungen, Nischen, Hohlräumen, Schlitzen, Kanälen, sowie von Profilierungen ist, getrennt nach Bauart und Maßen, die Anzahl. Das Herstellen von Schlitzen, Kanälen und Profilierungen kann auch nach Längenmaß abgerechnet werden. Diese Arbeiten gehören zu den Besonderen Leistungen (Bilder 4 bis 6).

Zu 0.5.4.5:

Das Schließen von Aussparungen ist nach Anzahl abzurechnen. Für das Schließen von Schlitzen und Kanälen gilt das Längenmaß. Es ist nach Bauart und Maßen zu trennen. Diese Arbeit gehört zu den Besonderen Leistungen.

Zu 0.5.4.6:

Das Herstellen von Vouten, Auflagerschrägen und Konsolen ist nach Anzahl, getrennt nach Bauart und Maßen, abzurechnen. Die Abrechnung erfolgt gesondert als Besondere Leistung. Gem. 5.1.1.3 sind schräge oder gekrümmte Bauteile mit den größten Maßen zu rechnen.

Zu 0.5.4.7:

Abrechnungseinheit für Einbauen bzw. Liefern und Einsetzen von Einbauteilen, Bewehrungsanschlüssen, Dübelleisten, Ankerschienen, Verbindungselementen, ISO-Körben u.ä., getrennt nach Bauart und Maßen, die Anzahl oder das Gewicht. Diese Arbeiten sind Besondere Leistungen.

Zu 0.5.4.8:

Betonpfähle, Herrichten der Pfahlköpfe, Fußverbreiterungen werden, getrennt nach Bauart und Maßen, nach Anzahl oder nach Längenmaß abgerechnet. Gem. 5.1.1.9 werden Betonpfähle von der planmäßigen Oberseite des Pfahlkopfes (Ortbetonpfähle von der Oberseite nach Bearbeitung) bis zur vorgeschriebenen Unterseite Pfahlfuß bzw. Pfahlspitze gerechnet. Bei Ortbetonpfählen bleiben Mehrmengen des Betons bis zu 10% über die theoretische Menge hinaus unberücksichtigt. Maßnahmen zur Beseitigung überschüssigen Betons an den Pfahlschäften, z.B. Abstemmen, Abfräsen, gehören zu den Besonderen Leistungen. Ortpfähle sind betonierte Pfähle, die in Verbindung mit Bohrarbeiten am Ort eingebracht werden. Die Abrechnung schließt die Bohrung nicht mit ein. Sie erfolgt für das Bohren nach ATV DIN 18301. Gem. 5.1.1.2 werden einbetonierte Pfahlköpfe nicht abgezogen (Bilder 14, 40).

Zu 0.5.4.9:

Abdeckungen und Umwehrungen werden, getrennt nach Bauart und Maßen, nach Anzahl oder nach Flächenmaß abgerechnet. Gem. 5.1.2.2 werden bei Abrechnung nach Flächenmaß Öffnungen, Durchdringungen und Einbindungen über 2,5 m³ Einzelgröße abgezogen. Über die Wahl der Abrechnungseinheit ist bei der Aufstellung der LB zu entscheiden.

Zu 0.5.4.10:

Abrechnungseinheit für Schalung von Aussparungen, Profilierungen, Vouten, Konsolen u.ä. ist, getrennt nach Bauart und Maßen, die Anzahl oder für Plattenränder, Schlitze, Kanäle sowie Profilierungen das Längenmaß. Gem. 5.2.1.3 wird Schalung für Aussparungen, z.B. für Öffnungen, Nischen, Hohlräume, Schlitze, Kanäle, sowie für Profilierungen bei der Abrechnung nach Flächenmaß in der Abwicklung der geschalten Betonfläche gerechnet.

Zu 0.5.4.11:

Vorkonfektionierte Formteile, z.B. Ecken und Knoten bei Fugenbändern u.ä., sind, getrennt nach Bauart und Maßen, nach Anzahl abzurechnen.

Zu 0.5.4.12:

Fertigteile mit besonders bearbeiteter oder strukturierter Oberfläche sind nach Anzahl abzurechnen. Gem. 5.1.1.1 sind der Ermittlung der Leistung bei besonders bearbeiteten oder strukturierten Oberflächen die Maße der besonders bearbeiteten Fläche zugrunde zu legen. Bei werksteinmäßiger Bearbeitung gelten die Maße, die die Bauteile vor der Bearbeitung hatten (Bild 41).

Zu 0.5.5.1:

Das Liefern, Schneiden, Biegen und Verlegen von Bewehrungen und Unterstützungen wird nach Gewicht abgerechnet. Gem. 5.3.1.1 wird das Gewicht nach den Stahllisten abgerechnet. Zur Bewehrung gehören auch die Unterstützungen, z.B. Stahlböcke, Abstandhalter aus Stahl, sowie Spiralbewehrungen, Verspannungen, Auswechslungen, Montageeisen, nicht jedoch Zubehör zur Spannbewehrung, z.B. Hüllrohre, Spannköpfe, Kupplungsstücke, Einpreßmörtel, sowie Spannen und Verpressen. Diese Leistungen sind Nebenleistungen.

Unter Ausführungszeichnungen, nach denen das Gewicht der schlaffen Bewehrung abgerechnet wird, sind insbesondere die Schalungszeichnungen und die Bewehrungszeichnungen zu verstehen. Die Schalungszeichnungen enthalten alle Konstruktionsmaße für die äußere Form des Betonbauteils; nach ihnen wird eingeschalt. Die Bewehrungszeichnungen enthalten Angaben über die Größe, Lage und Menge der Bewehrung.

Auf Bewehrungszeichnungen müssen außerdem Angaben gemacht werden über:

a) verwendete Stahlsorte,

b) Korntrennung,

c) Betongüteklasse,

d) Zementart,

e) Zementgehalt je m^3 Fertigbeton.

Dafür wird im allgemeinen ein Stempel verwendet, in dessen Spalten die Eintragungen vorgenommen werden.

Unter schlaffer Bewehrung wird eine Bewehrung für Stahlbetonbauteile verstanden, die keine Vorspannung erhalten (Bild 8). Die vorgespannte Bewehrung dient zur Erzeugung von Spannbetonbauteilen, bei denen der Beton durch Einleiten besonderer Kräfte derart vorgespannt ist, daß er unter der Gebrauchslast nicht oder nur begrenzt auf Zug beansprucht wird (Bild 11).

Wird der Bewehrungsstahl bauseits geliefert, so gelten diese Regelungen nur für die bei der Herstellung des Stahlbetons zu leistenden Arbeiten. Bindedraht und andere zum Einbau der Bewehrung notwendige Stoffe mit Ausnahme der Unterstützungen wie Stahlböcke, Abstandshalter aus Stahl, Spiralbewehrungen, Verspannungen, Auswechslungen, Montagestähle u.ä., die zur Bewehrung rechnen, sowie das Zubehör zur Spannbewehrung sind vom Auftragnehmer auch dann zu liefern und in die Preise einzurechnen, wenn der Bewehrungsstahl vom Bauherrn gestellt wird.

Zur Herstellung vorgespannter Bewehrungen gehört auch das Injizieren, d.h. das Auspressen der Hüllrohre mit Betonmörtel. Das Injizieren wird demzufolge bei getrennter Abrechnung von Beton und Bewehrung zusammen mit der vorgespannten Bewehrung abgerechnet.

Gem. 5.3.1.2 ist das errechnete Gewicht maßgebend. Bei genormten Stählen sind dies die Gewichte der DIN Normen (Nenngewichte), bei anderen Stählen die Gewichte des Profilbuchs des Herstellers.

Die Nenngewichte für Betonstabstahl (glatt und gerippt) sind in DIN 488 Teil 2 »Betonstahl; Betonstabstahl, Maße, Gewichte«, die für Betonstahlmatten (glatt, profiliert oder gerippt) in DIN 488 Teil 4 »Betonstahl; Betonstahlmatten und Bewehrungsdraht, Aufbau, Maße und Gewichte« enthalten. Die Nenngewichte weiterer Walzstähle sind, soweit es sich um deutsche Stähle handelt, den DIN-Normen zu entnehmen, die unter den Sachgruppen 519 bis 522 des DIN-Normalblattverzeichnisses aufgeführt sind.

Gem. DIN 488 Teil 1 ist Betonstahl ein Stahl mit nahezu kreisförmigem Querschnitt zur Bewehrung von Beton. Betonstahl wird als Betonstabstahl (S), Betonstahlmatte (M) oder als Bewehrungsdraht hergestellt. Die Betonstahlsorten BSt 420{V} S und BSt 500S werden als gerippter Betonstabstahl, die Betonstahlsorte BSt 500M als geschweißte Betonstahlmatte aus gerippten Stählen, die Betonstahlsorten BSt 500G und BSt 500{V} P als glatter und profilierter Bewehrungsdraht geliefert.

Gem. 5.3.1.3 werden Bindedraht, Walztoleranzen und Verschnitt bei der Ermittlung des Abrechnungsgewichtes nicht berücksichtigt.

Bindedraht dient zur Verbindung der Zug- und Druckbewehrung (Hauptbewehrung) mit den Quer- und Verteilerstäben oder Bügeln. Diese Verbindungen dürften bei vorwiegend ruhender Belastung durch Schweißen ersetzt werden. Vgl. DIN 1045 Abschnitt 13.1 und DIN 4099. Unter Walztoleranzen sind Herstellungsunterschiede zu verstehen, die beim Walzen der Profile, insbesondere durch Abnutzung der Walzen, unvermeidlich sind. Infolge der Walztoleranzen können die tatsächlichen Gewichte in einem bestimmten Maß über oder unter dem Nenngewicht liegen; gem. 5.3.1.2 gilt jedoch das Nenngewicht. Verschnitt ist der Mehrverbrauch an Stahl, der sich aus der Verwendung der Regellängen der Stahlstäbe ergibt.

Norm ist, daß Bindedraht, Walztoleranzen und Verschnitt bei der Ermittlung des Abrechnungsgewichts unberücksichtigt bleiben. Wenn davon abgewichen werden soll, muß dies in der Leistungsbeschreibung vorgeschrieben werden.

Zu 0.5.2:

Einbauteile, Verbindungselemente u.ä. werden, getrennt nach Bauart und Maßen, nach Gewicht oder nach Anzahl abgerechnet (Bild 10).

Bild 1 Schüttbetonwände, außen mit Platten bekleidet, innen geputzt

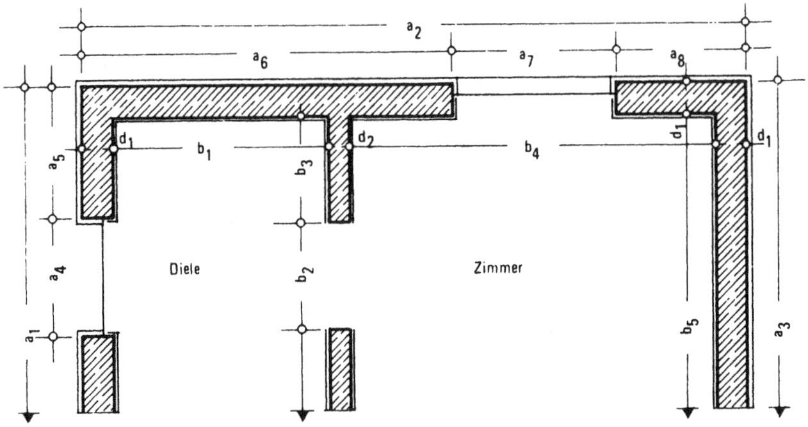

Längen a_1 bis a_8=äußere Konstruktionsmaße, zugleich Rohbaumaße der Betonwände.

Längen b_1 bis b_5=innere Konstruktionsmaße, zugleich Fertigmaße der Betonwände.

Dicken d_1 und d_2=Konstruktionsmaße der Dicke der Betonwände.

Gem. 5.1.1.1 gelten für die Leistungsermittlung die tatsächlich ausgeführten Maße der Bauteile aus Beton oder Stahlbeton.

Bild 2 Schüttbetonwände, außen sichtbar bleibend, innen z.T. sichtbar bleibend, z.T. geputzt

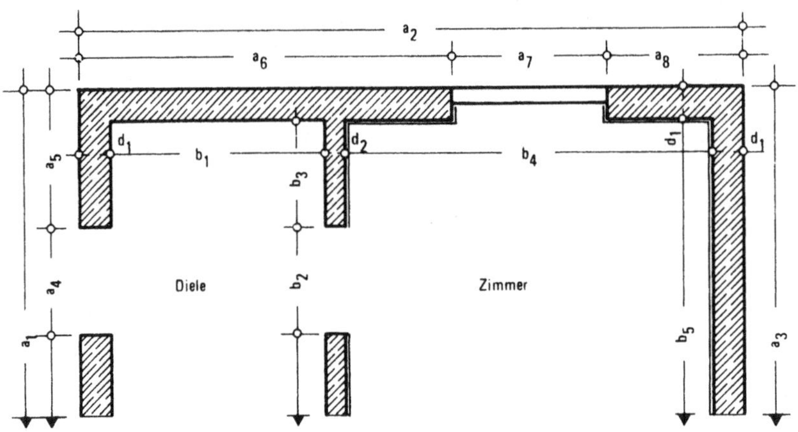

Längen a_1 bis a_8=äußere Konstruktionsmaße, zugleich Fertigmaße der Betonwände.

Längen b_1 bis b_3=innere Konstruktionsmaße, zugleich Fertigmaße der Betonwände.

Längen b_4 und b_5=innere Konstruktionsmaße, zugleich Rohbaumaße der Betonwände.

Dicken d_1 und d_2=Konstruktionsmaße der Dicke der Betonwände.

Gem. 5.1.1.1 Abrechnung der Betonbauteile nach den tatsächlich ausgeführten Maßen.

Bild 3 Betonwand mit werksteinmäßiger Oberflächenbehandlung als Stützmauer

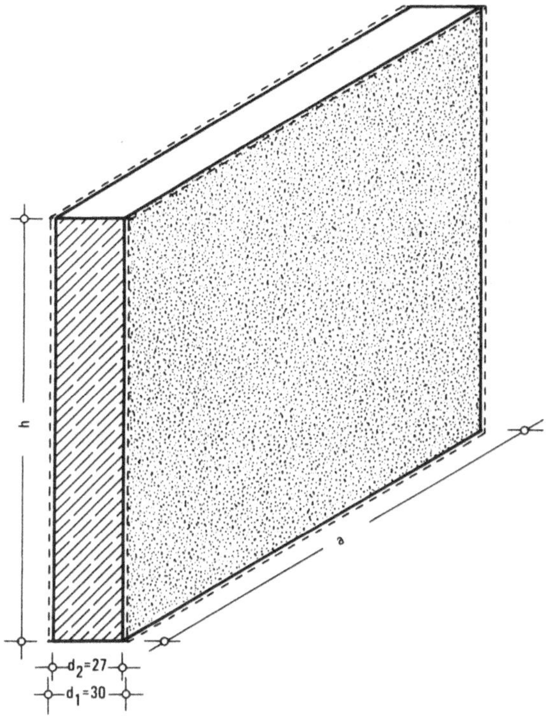

Ausgeführtes Konstruktionsmaß der Dicke der unbearbeiteten Betonwand d_1=30 cm.

Fertigmaß der Wanddicke nach der werksteinmäßigen Bearbeitung d_2=27 cm.

Gem. 5.1.1.1 Abrechnung nach den Konstruktionsmaßen des unbearbeiteten Wandkörpers.

Gem. 0.5.1.1 Abrechnung der Betonstützwand nach Raummaß.

$V=a \cdot h \cdot d_1= . . . m^3$.

Bild 4 Betonwand mit Tür, Fenster, Fensternische, Schlitz und Wanddurchlaß

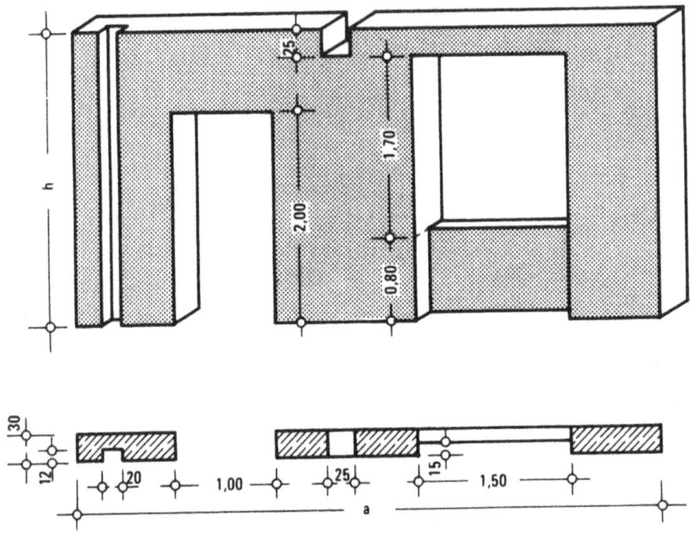

Gem. 0.5.2.2 Abrechnung der Betonwand nach Flächenmaß.

Gem. 5.1.2.2 kein Abzug der Türöffnung, da sie mit 1,00 · 2,00 m kleiner als 2,50 m^2 ist. Ebenfalls kein Abzug der Fensteröffnung, die mit 1,50 · 1,70 m kleiner als 2,50 m^2 ist.

Gem. 5.1.1.7 kein Abzug der Nische und des Schlitzes sowie des Wanddurchlasses.

Gem. 0.5.4.4 Abrechnung der Herstellung des Wanddurchlasses nach der Anzahl.

Bild 5 Unterbrochene Betonwand und durchgehende Nische

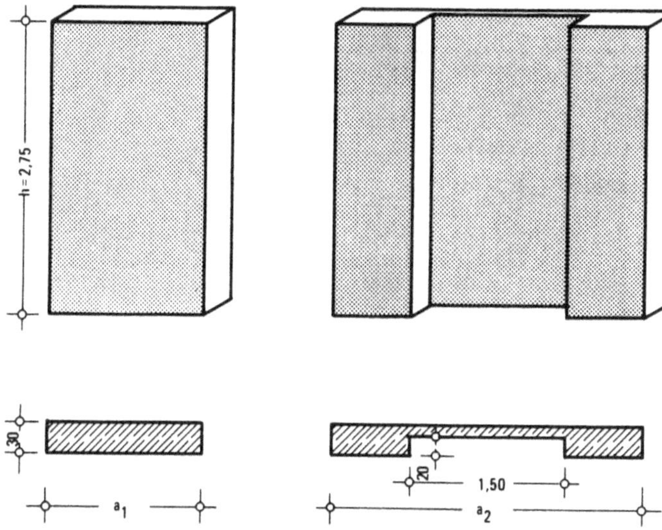

Gem. 0.5.2.2 Abrechnung der beiden Wandteile nach Flächenmaß.

Gem. 5.1.1.1 gelten die tatsächlich ausgeführten Maße.

Gem. 5.1.1.7 wird die durchgehende Nische nicht abgezogen.

Ist die Wandöffnung größer als 2,50 m², ist sie gem. 5.1.2.2 abzuziehen.

Gem. 0.5.2.5 ist das Herstellen der Wandöffnung als Besondere Leistung nach Flächenmaß abzurechnen.

Bild 6 Betonwand, 25 cm dick, mit Tür, Fenster, Fensternische, Schlitz und Wanddurchlaß

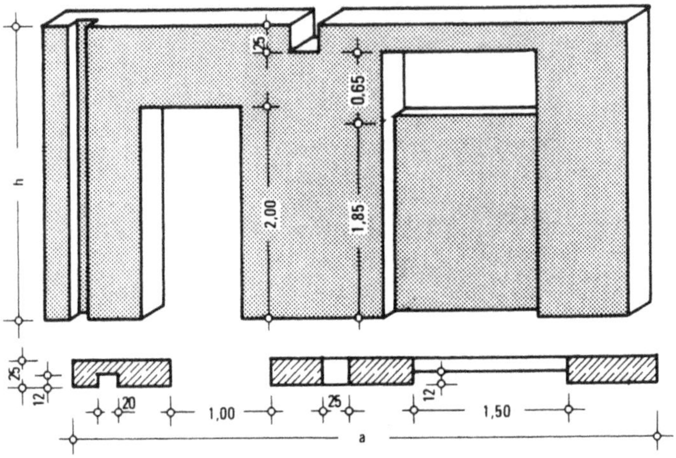

Gem. 0.5.2.2 Abrechnung der Betonwand nach Flächenmaß. Gem. 5.1.1.6 wird bei einbindenden Wänden, die also nicht durchgehen, die tatsächliche Höhe, also von Oberfläche Fundament bzw. Rohdecke bis Unterfläche Rohdecke, gerechnet.

Gem. 5.1.1.7 werden die Fensternische, der Schlitz sowie der Wanddurchlaß nicht abgezogen.

Gem. 5.1.2.2 werden die Tür- und die Fensteröffnung übermessen, da sie die Einzelgröße von 2,50 m² nicht erreichen. Gem. 0.5.2.5 bzw. 0.5.4.4 ist das Herstellen der Aussparungen, also der Öffnungen, der Nische, des Schlitzes sowie des Wanddurchlasses, als Besondere Leistung nach Flächenmaß oder Anzahl abzurechnen.

Bild 7 Einbindende Stahlbetondecke mit verschiedenen Öffnungen

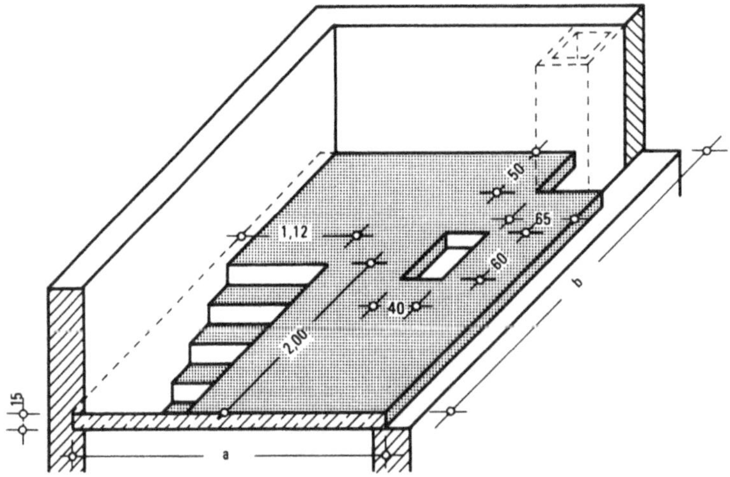

Gem. 0.5.2.2 Abrechnung der Stahlbetondecke nach Flächenmaß.

Gem. 5.1.1.4 sind Decken zwischen den äußeren Begrenzungsflächen oder Auskragung zu rechnen.

Gem. 5.1.2.2 werden die verschiedenen Öffnungen nicht abgezogen, da ihre Einzelgröße 2,50 m² nicht erreicht.

Bild 8 Bewehrung einer Stahlbetonstütze

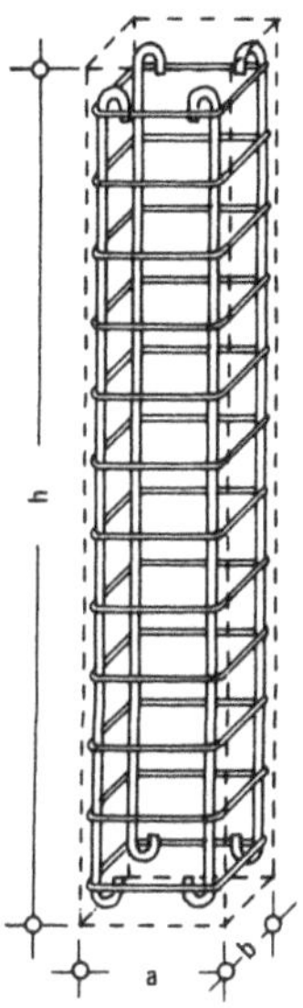

Gem. 0.5.4.1 bzw. 0.5.3.1 Abrechnung der Stahlbetonstütze nach Anzahl oder Längenmaß. Die durch die Bewehrung verdrängten Betonmassen werden gem. 5.1.1.2 nicht abgezogen. Sie werden auch nicht abgezogen, wenn die Abrechnung der Bewehrung getrennt von Beton und Schalung gem. 0.5.5.1 erfolgt.

Bei Abrechnung nach Längenmaß gilt die ausgeführte Länge der Stütze.

L=h=. . . m.

Bild 9 Gestelzte Stahlbetondecke

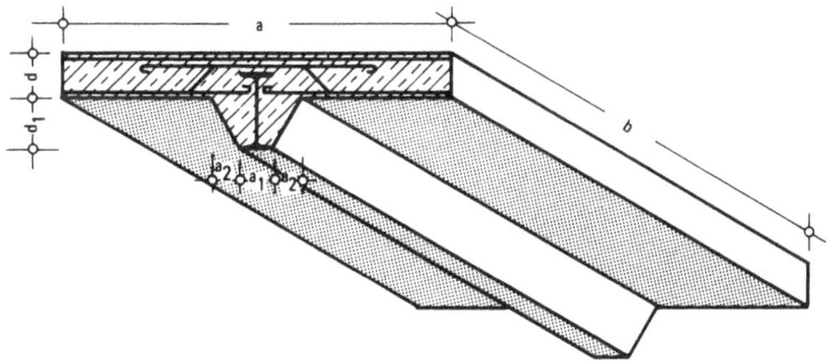

Gem. 0.5.2.2 Abrechnung der gestelzten Stahlbetondecke nach Flächenmaß. Es gelten die ausgeführten Maße gem. 5.1.1.1.

Bei Abrechnung nach Flächenmaß kein besonderer Ansatz für die Trägerkonstruktion, da für sie (im Beispiel) keine besondere Abrechnung vorgesehen ist.

F=a · b=. . . m².

Bild 10 Stahlbetonplattenbalken mit Ankerplatten und Hängestangen

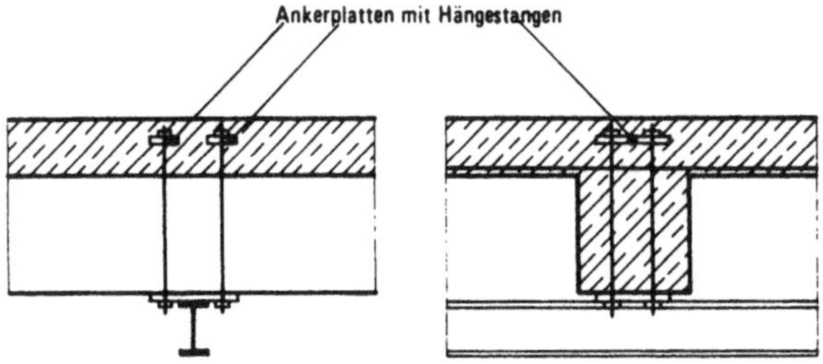

Gem. 5.1.1.2 werden durch die Bewehrung, Ankerplatten u.ä. verdrängte Betonmassen bei der Abrechnung nicht abgezogen.

Bild 11 Balken mit Spannbetonbewehrung

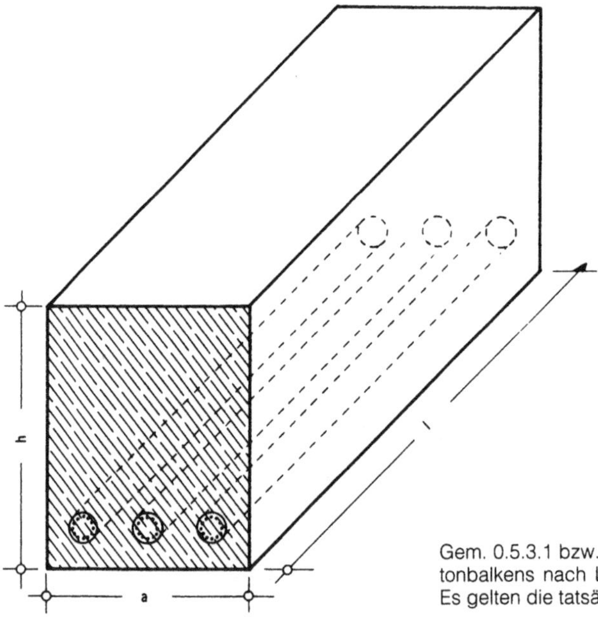

Gem. 0.5.3.1 bzw. 0.5.4.1 Abrechnung des Stahlbetonbalkens nach Längenmaß oder zum Stückpreis. Es gelten die tatsächlichen Maße des Balkens.

Gem. 5.1.1.2 kein Abzug der durch die Bündel der Spannbetonbewehrung verdrängten Betonmasse.

Bei getrennter Abrechnung der Bewehrung gem. 0.5.5.1 Abrechnung für Liefern, Schneiden, Zusammenbauen, Verlegen nach Gewicht. Gem. 5.3.1.1 ist für die Gewichtsermittlung das Gewicht des Spannstahls nach den Stahllisten maßgebend.

Zur Bewehrung gehören auch die Unterstützungen, z.B. Stahlböcke, Abstandhalter aus Stahl sowie Spiralbewehrungen, Verspannungen, Auswechslungen, Montageeisen, nicht jedoch Zubehör zur Spannbewehrung, z.B. Hüllrohre, Spannköpfe, Kupplungsstücke, Einpreßmörtel sowie Spannen und Verpressen. Diese Leistungen sind Nebenleistungen. Gem. 5.3.1.2 ist das errechnete Gewicht der Bewehrung maßgebend. Gem. 5.3.1.3 werden Bindedraht, Walztoleranzen und Verschnitt bei der Ermittlung des Abrechnungsgewichtes nicht berücksichtigt.

Bild 12 Fundamentsreifen aus Beton mit durchbindendem Entwässerungsrohr

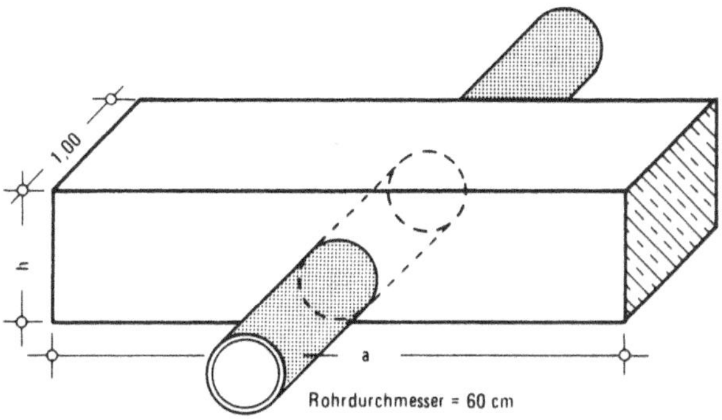

Gem. 0.5.1.1 Abrechnung des Fundamentbetons nach Raummaß. Kein Abzug der von dem durchdringenden Entwässerungsrohr verdrängten Betonmasse, da diese mit

0,30 · 0,30 · 3,14 · 1,00=0,28 kleiner als 0,5 m^3 ist.

Bild 13 Betonfundamente mit mehrfach durchbindendem Entwässerungsrohr

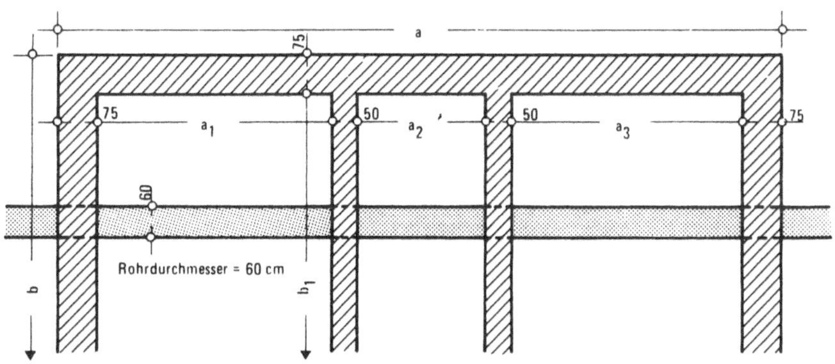

Gem. 0.5.1.1 Abrechnung des Fundamentbetons nach Raummaß.

Gem. 5.1.1.6 wird bei den Durchdringungen nur ein Fundamentstreifen durchgehend berücksichtigt, bei Fundamenten ungleicher Dicke das dickere.

Kein Abzug der von dem durchdringenden Entwässerungsrohr verdrängten Betonmassen, da diese nicht im Zusammenhang stehen und einzeln, z.B. mit

0,30 · 0,30 · 3,14 · 0,75=0,21 kleiner als 0,5 m^3 sind.

Bild 14 Fundamentplatte mit einbetonierten Pfahlköpfen

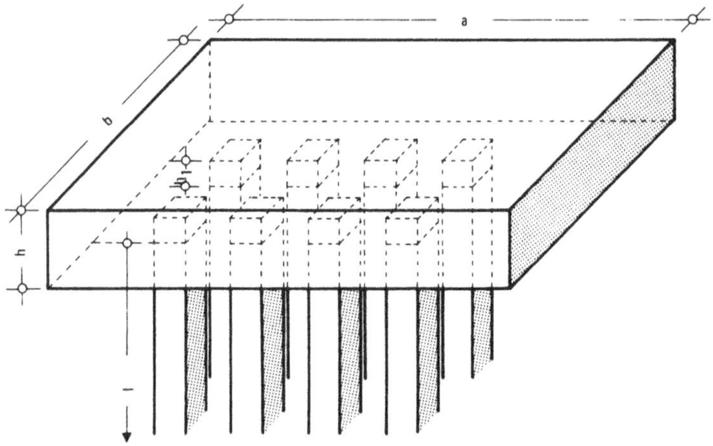

Gem. 0.5.1.1 Abrechnung der Fundamentplatte nach Raummaß. Gem. 5.1.1.2 kein Abzug der mit Höhe h_1, einbetonierten Pfahlköpfe.

$V = a \cdot b \cdot h = \ldots m^3$.

Gem. 0.5.3.7 bzw. 0.5.4.8 Abrechnung der Ortpfähle (die Bohrung nach ATV DIN 18301) nach Längenmaß oder Anzahl, gemessen von Oberseite nach deren Bearbeitung bis zur vorgeschriebenen Unterseite Pfahlfuß bzw. Pfahlspitze.

Bild 15 Einbetonierte Kastenspundwand

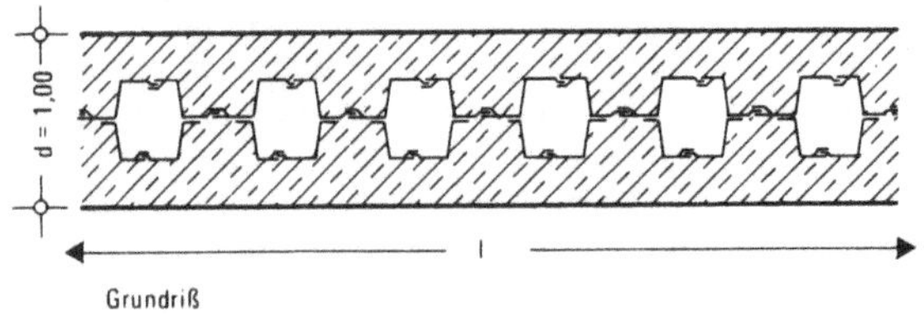

Gem. 0.5.1.1 Abrechnung der 100 cm dicken Betonwand nach Raummaß. Gem. 5.1.1.2 kein Abzug der einbetonierten Kastenspundwand und ihrer Hohlräume.

$V = l \cdot 1{,}00 \cdot h = \ldots m^3$.

Abrechnung der Kastenspundwand nach ATV DIN 18304 »Rammarbeiten«.

Bild 16 Behälterwand aus Stahlbeton

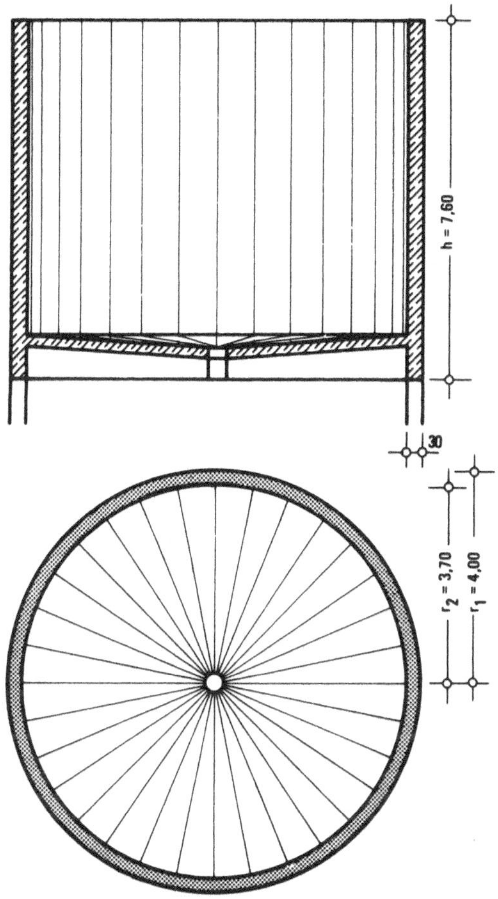

Gem. 0.5.2.2 Abrechnung der Behälterwand nach Flächenmaß. Gem. 5.1.1.3 ist bei gekrümmten Bauteilen mit den größten Maßen zu rechnen. Im vorliegenden Fall gilt zur Ermittlung der Mantelfläche der größere Radius r_1. $F=2r \cdot 3,14h=24,00 \cdot 3,14 \cdot 7,60=190,91\ m^2$.

Bild 17 Bauwerksteil mit durchdringenden und nichtdurchdringenden Betonwänden

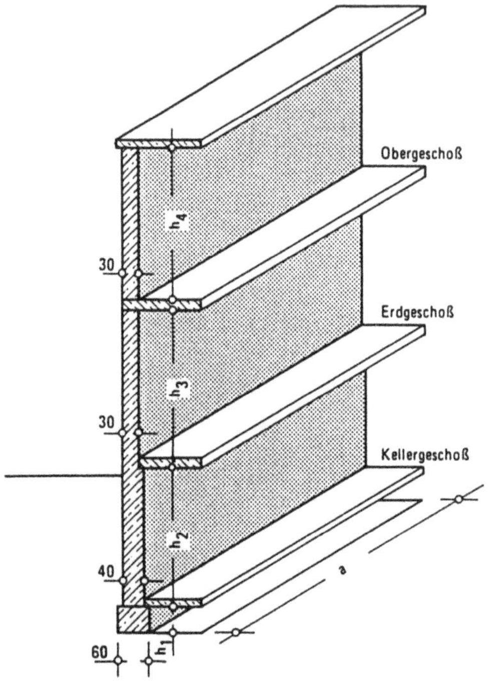

Gem. 0.5.1.1 Abrechnung des Fundamentes nach Raummaß. Nach 5.1.1.1 gelten die tatsächlich ausgeführten Maße. Gem. 0.5.2.2 Abrechnung der Betonwände nach Flächenmaß.

Die 40 cm dicke Kellerwand dient der EG-Decke als Auflager. Sie ist von Oberfläche Fundament bis Unterfläche EG-Decke zu rechnen.

Die 30 cm dicken Wände des EG und des OG werden von der OG-Decke durchdrungen. Sie sind mit den Höhen h_2 und h_3 abzurechnen.

Bild 18 Betonwand mit abgeschrägtem Querschnitt

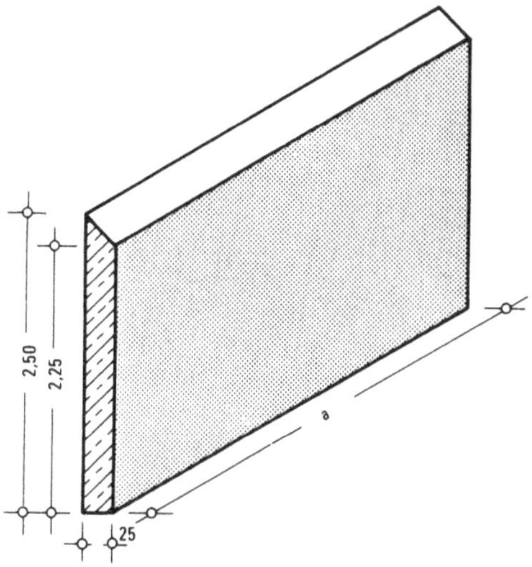

Gem. 0.5.2.2 Abrechnung der 25 cm dicken Betonwand nach Flächenmaß. Bei Abrechnung nach Flächenmaß Bemessung der Höhe bis zur obersten Kante der Wand.

$F = a \cdot 2{,}50 = \ldots m^2$.

Bild 19 Wanddurchdringung gleicher Betonart, gleicher Dicke

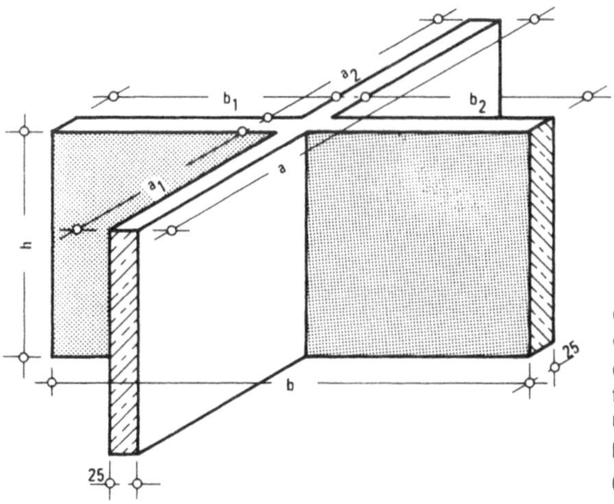

Gem. 0.5.2.2 Abrechnung der 25 cm dicken Wände nach Flächenmaß.

Gem. 5.1.1.6 wird nur eine der Betonwände durchgemessen. Bei Abrechnung nach Flächenmaß ist

$F = (a + b_1 + b_2)\ h$ oder

$(a_1 + a_2 + b)\ h = \ldots m^2$.

Bild 20 Wanddurchdringung gleicher Betonart, ungleicher Dicke

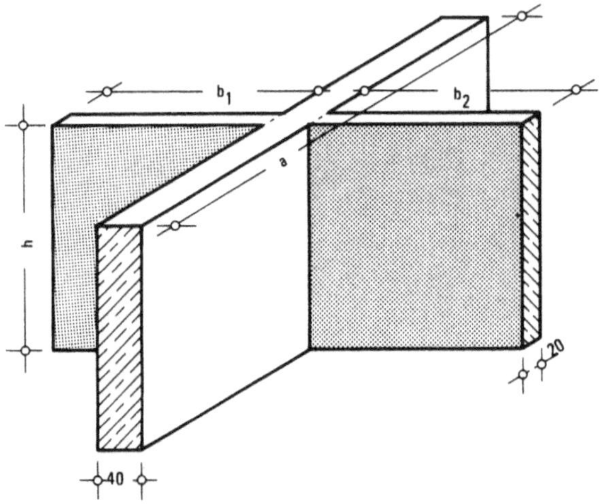

Gem. 0.5.2.2 Abrechnung der 20 cm dicken und der 40 cm dicken Betonwand nach Flächenmaß.

Gem. 5.1.1.6 wird die dickere, die 40 cm dicke Wand, durchgemessen.

Bei Abrechnung nach Flächenmaß für die 20 cm dicke Wand ist $F=(b_1+b_2)\ h=...\ m^2$.

Bild 21 Aneinanderstoßende Betonwände gleicher Bauart

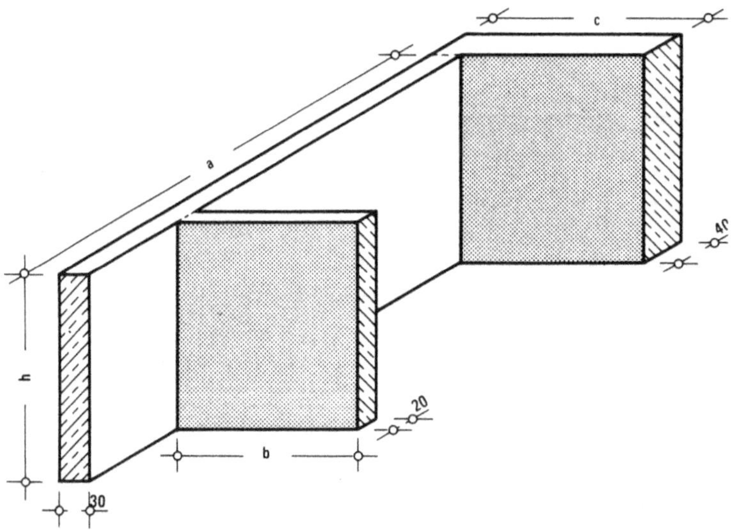

Gem. 0.5.2.2 Abrechnung der 20 cm dicken, der 30 cm und der 40 cm dicken Betonwände nach Flächenmaß.

Gem. 5.1.1.6 wird die 20 cm dicke Wand nicht durchgemessen, weil sie dünner als die 30 cm dicke Wand ist. Am Eckzusammenstoß der 30 cm und 40 cm dicken Wände wird die 40 cm dicke Wand als die dickere durchgemessen.

Bild 22 Durchdringung von Wänden ungleicher Bauart

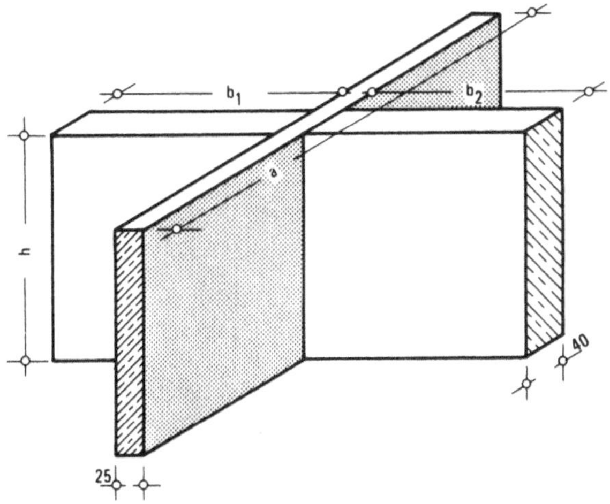

Gem. 0.5.2.2 Abrechnung der 25 cm dicken Stahlbetonwand nach Flächenmaß.

Gem. 5.1.1.5 wird die 25 cm dicke Stahlbetonwand durchgemessen (obwohl sie die dünnere Wand ist), da sie unterschiedlicher Bauart zu der 40 cm dicken Wand aus Schüttbeton ist und jede Wand in ihrer tatsächlichen Ausdehnung entsprechend ihren tatsächlich ausgeführten Maßen zu berechnen ist.

Bei Abrechnung nach Flächenmaß ist F der Stahlbetonwand= a · h=. . . m².

Bild 23 Schüttbetonwand mit einbindenden Stahlbetonwänden

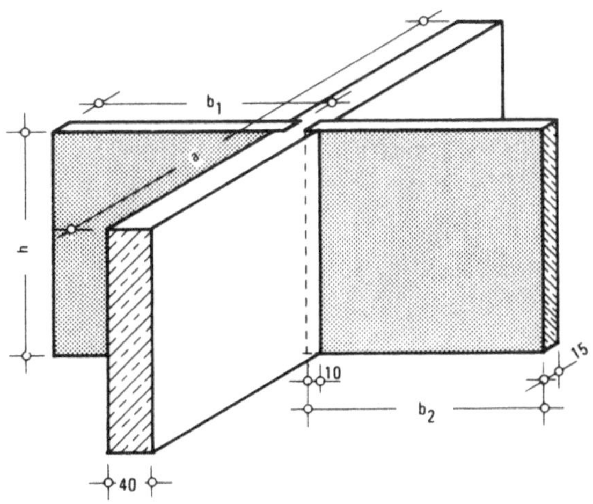

Gem. 0.5.2.2 Abrechnung der einbindenden, 15 cm dicken Stahlbetonwände und der 40 cm dicken Wand aus Schüttbeton nach Flächenmaß.

Die Abrechnung erfolgt nach den tatsächlich ausgeführten Maßen.

Bild 24 Betonwand mit durchbindender Eingangsüberdeckung aus Stahlbeton

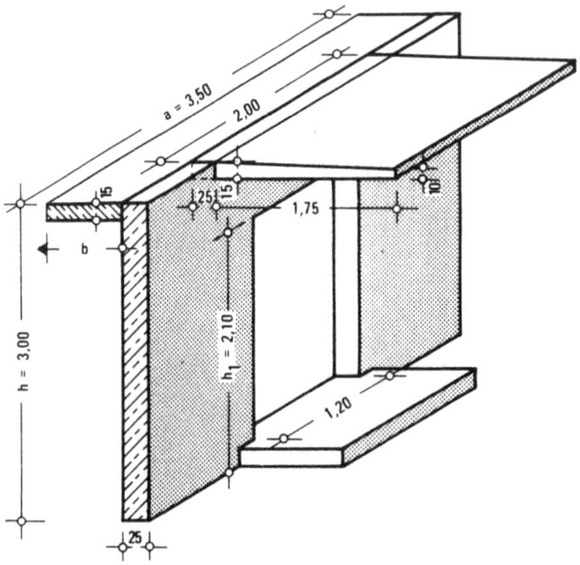

Gem. 0.5.2.2 Abrechnung der 25 cm dicken Wand aus Schüttbeton nach Flächenmaß.

Bei Abrechnung nach Flächenmaß gem. 5.1.2.2 kein Abzug der Fläche der Durchbindung, da sie mit 0,15 · 2,00=0,30 kleiner als 2,5 m² ist.

Jedoch Abzug der Türöffnung, da diese mit 1,20 · 2,10=2,52 größer als 2,5 m² ist.

F der 25 cm dicken Betonwand=3,50 · 3,00−2,52=7,98 m².

Gem. 0.5.2.2 Abrechnung der Stahlbetondecke nach Flächenmaß.

F=3,50 · b=. . . m².

Gem. 0.5.2.2 Abrechnung der Stahlbetonüberdeckung nach Flächenmaß.

F=2,00 · 2,00=4,00 m².

Bild 25 Betonwand mit einbindendem Gesims

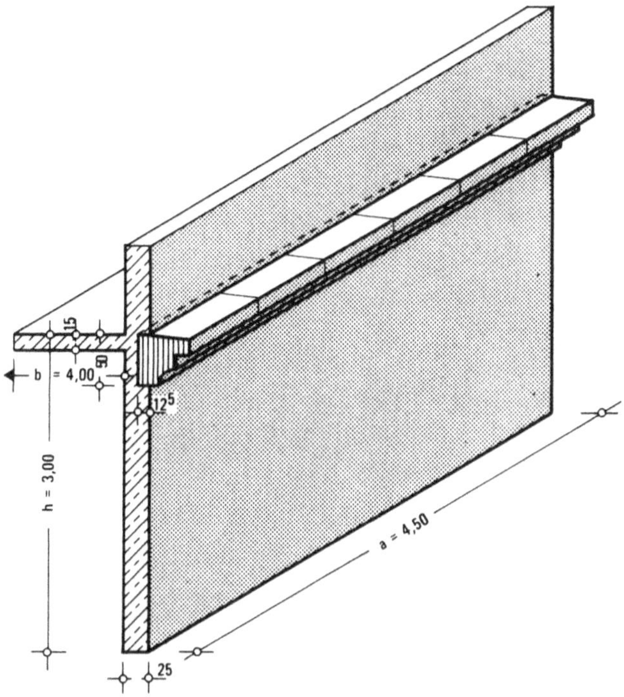

Gem. 0.5.2.2 Abrechnung der 25 cm dicken Betonwand nach Flächenmaß. Bei Abrechnung nach Flächenmaß gem. 5.1.2.2 kein Abzug des einbindenden Teils des Gesimses.

F der Betonwand=a · h=4,50 · 3,00=13,50 m².

Gem. 0.5.2.2 Abrechnung der Stahlbetondecke nach Flächenmaß. Bei Abrechnung nach Flächenmaß wird das Auflager gem. 5.1.1.5 abgezogen, da die Stahlbetondecke gegenüber der Betonwand keine andere Betonzusammensetzung hat und von dieser baulich nicht getrennt ist.

F der Stahlbetondecke=a · b=4,50 · 4,00=18,00 m².

Bild 26 Betonwand mit Auflagerschräge

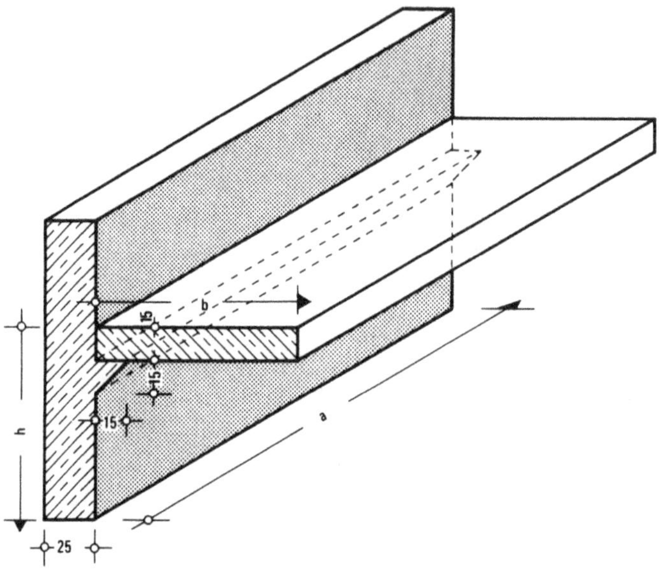

Gem. 0.5.2.2 Abrechnung der 25 cm dicken Betonwand nach Flächenmaß. Bei Abrechnung nach Flächenmaß wird die Auflagerschräge nicht gesondert abgerechnet; sie ist in den Preis der Wand einzubeziehen.

F=a · h=. . . m².

Gem. 0.5.2.2 Abrechnung der Stahlbetondecke nach Flächenmaß. Die Auflagerschräge gehört konstruktiv nicht zur Decke.

F=a · b=. . . m².

Bild 27 Freistehende Stützen einer Einfriedung aus Stahlbeton

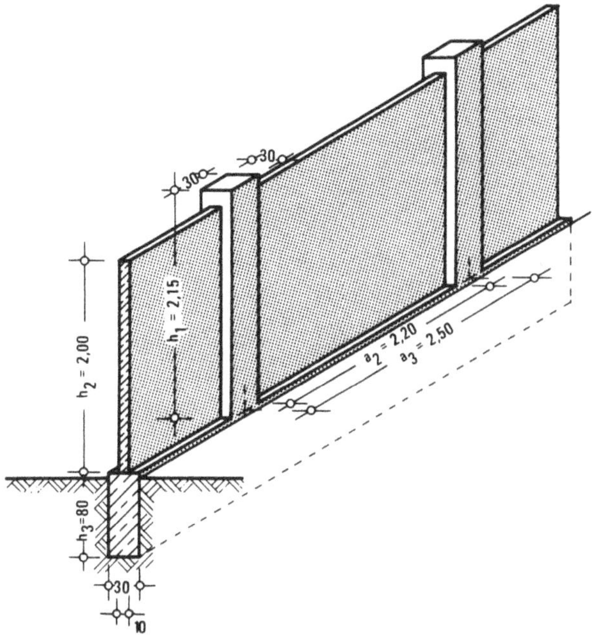

Gem. 0.5.3.1 und 0.5.4.1 Abrechnung der 30/30 cm dicken freistehenden Stützen nach Längenmaß oder Anzahl. Es wird die tatsächliche Höhe der Stützen ab Oberfläche Fundament gemessen.

Bei Abrechnung nach Längenmaß ist

L jeder Stütze$=h_1=2,15$ m.

Gem. 0.5.2.2 Abrechnung der 10 cm dicken Stahlbetonwände nach Flächenmaß.

Gem. 5.1.1.5 kein Abzug der Einbindungen in die Stützen.

Gem. 0.5.1.1 gesonderte Abrechnung des Betonfundaments nach Raummaß.

V jedes Fundamentfeldes$=a_3 \cdot h_3 \cdot 0,30=2,50 \cdot 0,80 \cdot 0,30=0,60$ m³.

Bild 28 Nichteinbindende Stütze aus Stahlbeton

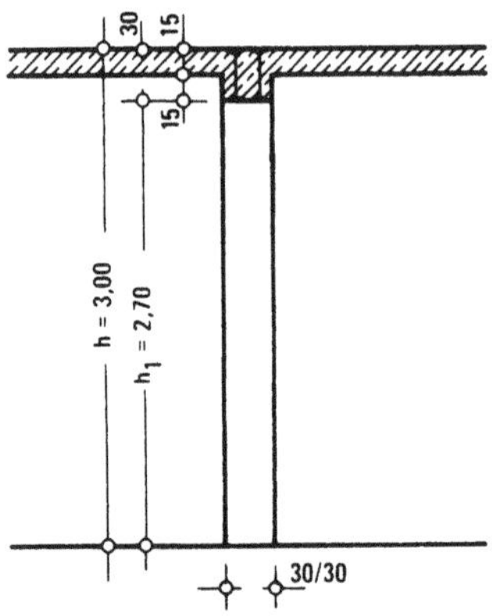

Gem. 0.5.3.1 und 0.5.4.1 Abrechnung der nicht einbindenden, 30/30 cm dicken Stahlbetonstütze nach Längenmaß oder Anzahl.

Gem. 5.1.1.1 wird die tatsächliche Höhe der Stütze von Oberfläche Rohdecke bis Unterseite der I-Träger gemessen.

$L=h_1=2,70$ m.

Bild 29 Schnitt durch eine Stahlsteindecke

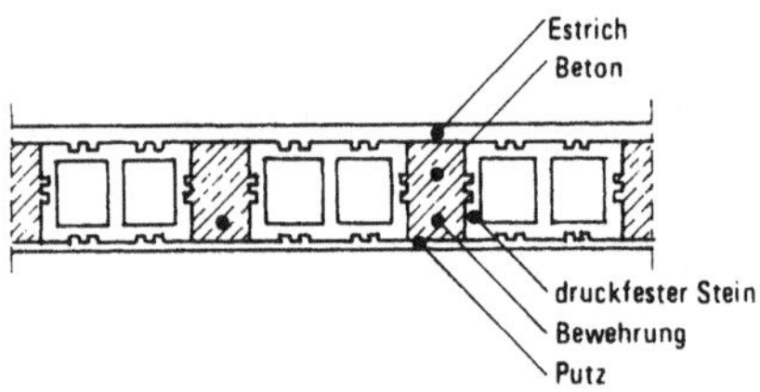

Stahlsteindecken gehören zu den Platten und plattenartigen Bauteilen (vgl. DIN 1045).

Bild 30 Schnitte durch Plattenbalken und Plattenbalkendecke

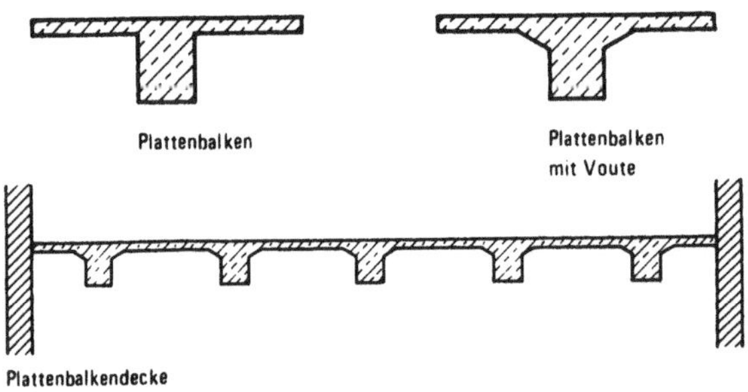

Plattenbalken vereinigen in sich die Eigenschaften des Balkens und der Platte. Mehrere Plattenbalken können zu Plattenbalkendecken zusammengefügt werden (vgl. DIN 1045).

Bild 31 Schnitt durch eine Stahlbetonrippendecke

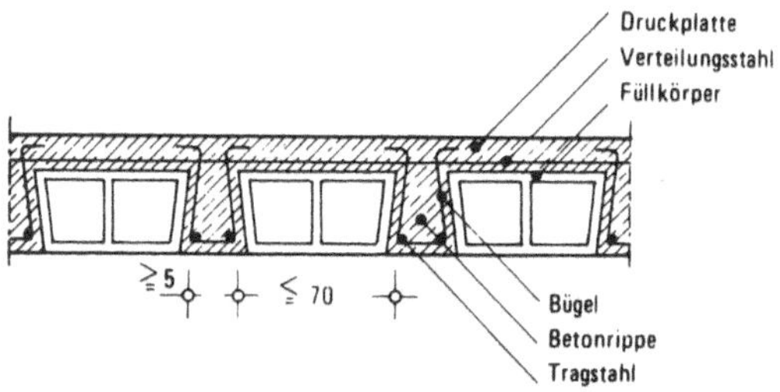

Stahlbetonrippendecken sind Plattenbalkendecken mit einem lichten Abstand der Rippen von höchstens 70 cm. Die Rippen müssen mindestens 5 cm breit sein (vgl. DIN 1045).

Bild 32 Betonfertigteildecke aus Tragbalken und Füllkörperteil

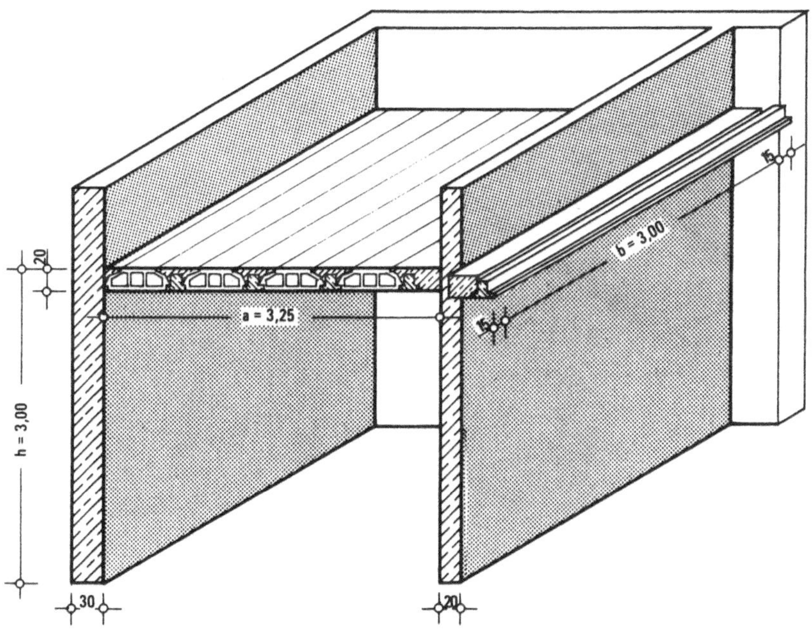

Gem. 0.5.2.2 und 0.5.4.1 Abrechnung der 20 cm dicken Betonfertigteildecke nach Flächenmaß oder Anzahl.

Gem. 5.1.1.4 wird bis Außenfläche Füllkörper bzw. Außenfläche Betonabschlußstreifen gemessen. Die Auflagereinbindungen der Tragbalken in die Betonwände bleiben unberücksichtigt.

F=a · b=3,25 · 3,00=9,75 m².

Gem. 0.5.2.2 Abrechnung der Betonwände nach Flächenmaß. Für die Ermittlung der Leistung gilt die Höhe des Geschosses=h=3,00 m, da die Wände durchgehen.

Bild 33 Treppenlaufplatte ohne Stufen aus Stahlbeton

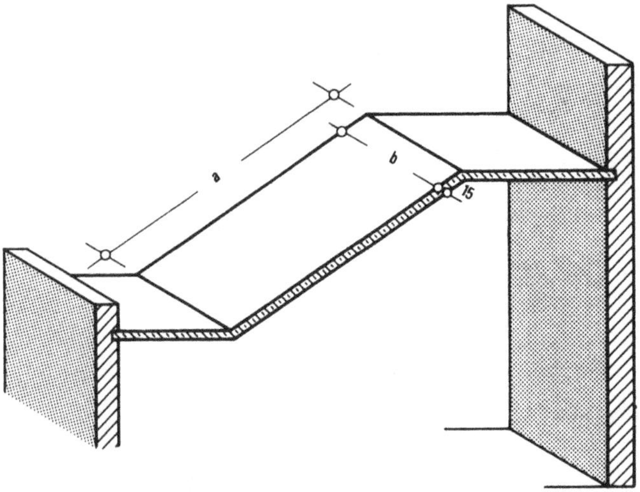

Gem. 0.5.2.4 Abrechnung der 15 cm dicken Treppenlaufplatte aus Stahlbeton nach Flächenmaß.

Gem. 5.1.1.3 wird die schräge Fläche nicht in der senkrechten Projektion, sondern nach ihren tatsäch chen größten Abmessungen abgerechnet.

Bild 34 Halle mit schrägen Dachplatten

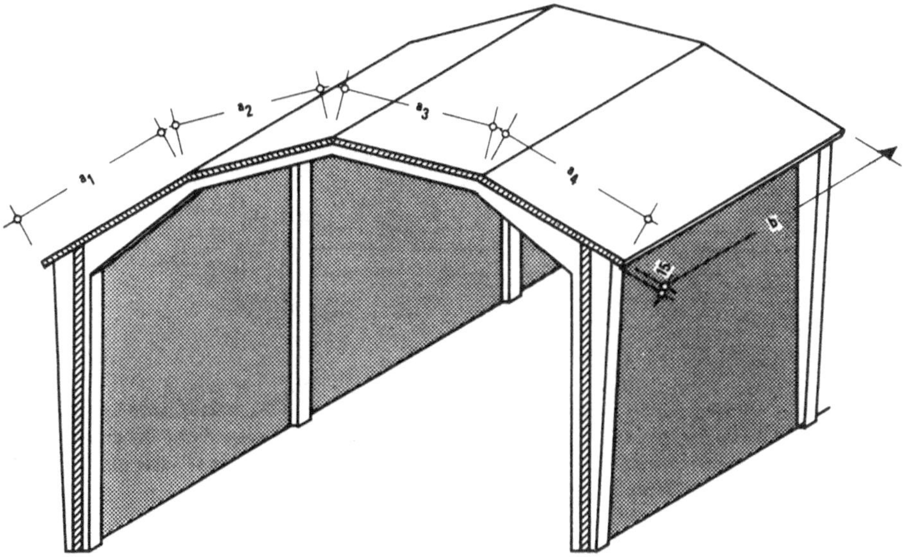

Gem. 0.5.2.2 Abrechnung der 15 cm dicken Dachplatten aus Stahlbeton nach Flächenmaß.

Gem. 5.1.1.4 und 5.1.1.3 werden die Dachplatten in der Abwicklung ihrer Oberflächen nach ihren größten Maßen bemessen.

$F=(a_1+a_2+a_3+a_4)b=...\ m^2$.

Bild 35 Podestplatten und Treppenlaufplatte mit aufbetonierten Stufen und einbindenden Balken

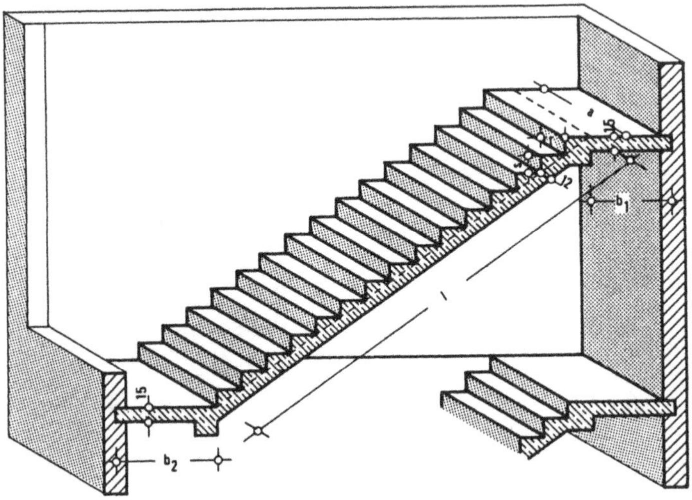

Gem. 0.5.2.4 Abrechnung der Podestplatten und der Treppenlaufplatte nach Flächenmaß. Dabei ist von der Angabe in der Leistungsbeschreibung abhängig, ob die Treppenlaufplatte mit oder ohne Stufen abgerechnet werden soll.

Die Länge der schrägen Treppenlaufplatte wird gem. 5.1.1.3 mit den größten Maßen der Oberfläche gemessen.

Da im Beispiel für die Balken in der LB keine besonderen Ansätze vorgesehen sind, wird der zur Treppenlaufplatte gehörende Balken mit dem Preis der Treppenlaufplatte und der zur unteren Podestplatte gehörende Balken mit dem Preis der unteren Podestplatte abgegolten, d.h. es erfolgt dafür keine besondere Abrechnung.

Im Beispiel sollen die aufbetonierten Stufen, wie dies auch zweckmäßig ist, mit dem Preis der Treppenlaufplatte abgegolten werden. Die Einbindungen der Podestplatten in die Mauerwerkswände werden gem. 5.1.1.5 bei den Podestplatten berücksichtigt.

Bei gesonderter Abrechnung der Stufen erfolgt gem. 0.5.4.3 bzw. 0.5.3.3 die Abrechnung nach Anzahl oder Längenmaß. Der Abrechnung nach Längenmaß wird die größte Länge jeder Stufe zugrunde gelegt.

L der Stufen=15a=. . . m.

Bild 36 Betonwand mit einbindenden Stahlbetonfertigbalken

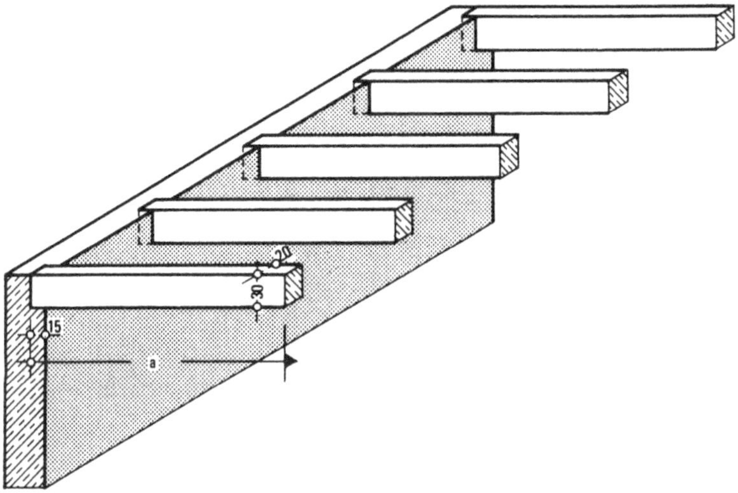

Gem. 0.5.3.1 bzw. 0.5.4.1 Abrechnung der einbindenden Stahlbetonbalken nach Längenmaß oder zum Stückpreis. Die 15 cm tiefen Einbindungen der Balken in die Betonwand werden gem. 5.1.1.5 mitgerechnet, da die Fertigbalken von Beton der Wand baulich getrennt sind.

Bei Abrechnung nach Längenmaß ist L=a · 5=. . . m.

Bild 37 Sich kreuzende Stahlbetonbalken

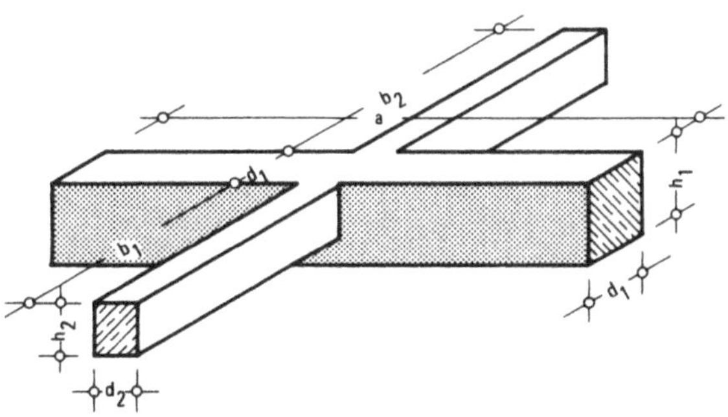

Gem. 0.5.3.1 bzw. 0.5.4.1 Abrechnung der Balken nach Längenmaß oder Anzahl.

Gem. 5.1.1.1 ist die tatsächlich ausgeführte Länge zu messen.

Gem. 5.1.1.6 wird nur ein Balken durchgerechnet, im vorliegenden Fall der höhere.

Länge des höheren Balkens=a=. . . m, des niedrigeren Balkens=b_1+b_2=. . . m.

Bild 38 Treppenlaufplatten und Podestplatten aus Stahlbetonfertigteilen

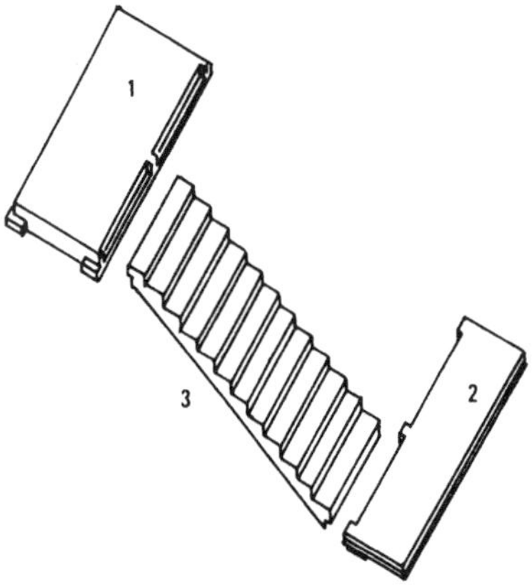

1 Zwischenpodestplatte
2 Geschoßpodestplatte
3 Treppenlaufplatte

Gem. 0.5.4.2 Abrechnung der Podestplatten und der Treppenlaufplatten zum Stückpreis.

Bei Treppenlaufplatten und Podestplatten aus Fertigteilen ist Abrechnung zum Stückpreis, getrennt nach Arten und Maßen, am zweckmäßigsten.

Bild 39 Treppenlauf mit ungleichmäßig langen, aufbetonierten Stufen

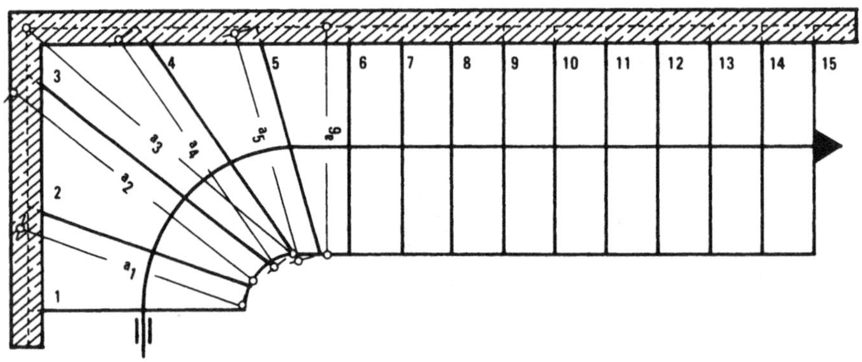

Gem. 0.5.4.3 bzw. 0.5.3.3 Abrechnung der aufbetonierten Stufen, sofern sie nicht gem. 0.5.2.4 zusammen mit der Treppenlaufplatte abgerechnet werden sollen, nach Anzahl oder Längenmaß. Da der Treppenlauf ungleichmäßig lange Stufen hat, ist Abrechnung nach Längenmaß zweckmäßig. Bei Abrechnung nach Anzahl müßte nach den verschiedenen Einzellängen getrennt werden; das ergäbe im vorliegenden Fall 6 Ansätze. Die Einbindung der Stufen in die Betonwand ist gem. 5.1.1.5 bei den Stufenlängen zu berücksichtigen, da die Betonzusammensetzung von Wand und Stufen verschieden ist.

Bei Abrechnung nach Längenmaß sind folgende Einzellängen zu addieren:

$L = a_1 + a_2 + a_3 + a_4 + a_5 + 10 a_{6 \text{ bis } 15} = \ldots$ m.

Bild 40 Pfahlkopfplatte mit Ortpfählen und Leerbohrungen

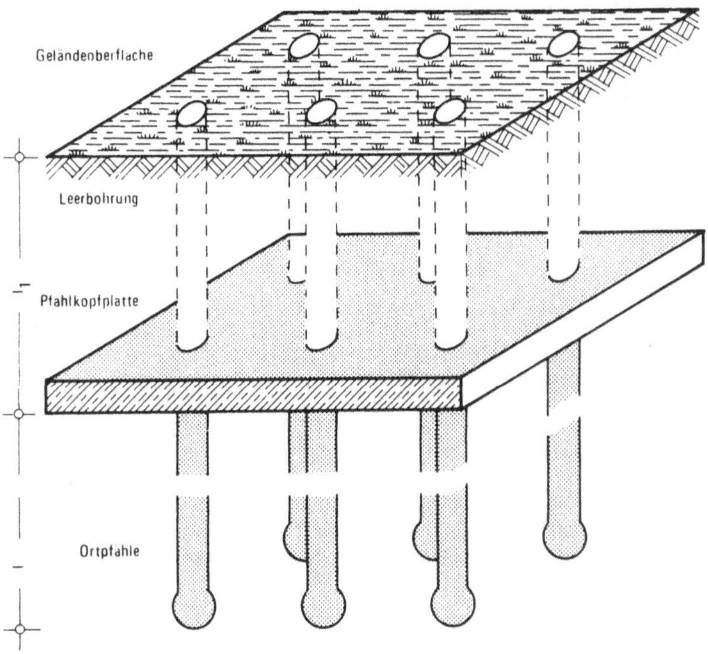

Gem. 0.5.3.7 bzw. 0.5.4.8 Abrechnung der Betonpfähle nach Längenmaß oder Anzahl. Die Länge wird gem. 5.1.1.9 von planmäßiger Oberseite Pfahlkopf bis zur vorgeschriebenen Unterseite Pfahlfuß bzw. Pfahlspitze gemessen. L des einzelnen Pfahls=l=. . . m.

Abrechnung der Leerbohrungen von Unterfläche Pfahlkopfplatte bis Oberfäche Gelände bzw. Bohransatz nach ATV DIN 18301 »Bohrarbeiten«. L der einzelnen Leerbohrung=l_1=. . . m.

Gem. 5.1.1.2 werden bei Abrechnung der Pfahlkopfplatte die einbetonierten Pfahlköpfe nicht abgezogen.

Bild 41 Besonders bearbeitete Flächen eines Dachgesimses

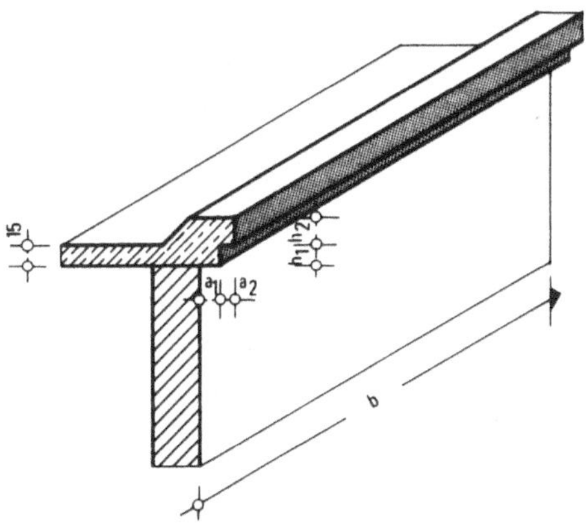

Gem. 0.5.2.9 Abrechnung der mit besonders glatter Schalung hergestellten sichtbaren Fläche des Dachgesimses nach Flächenmaß. Die Fläche wird in der Abwicklung gemessen.

$F=(a_1+h_1+a_2+h_2)b=...\ m^2$.

Bild 42 Grundrißausschnitt einer Wandschalung
(Dargestellt ist nur die Schalungshaut)

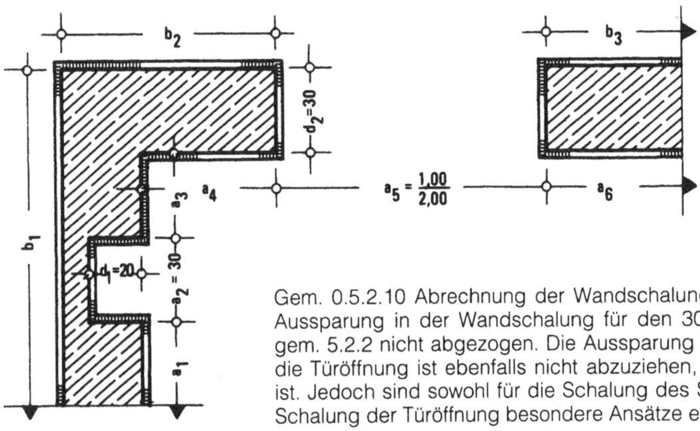

Gem. 0.5.2.10 Abrechnung der Wandschalung nach Flächenmaß. Die Aussparung in der Wandschalung für den 30 cm breiten Schlitz wird gem. 5.2.2 nicht abgezogen. Die Aussparung in der Wandschalung für die Türöffnung ist ebenfalls nicht abzuziehen, da sie kleiner als 2,5 m² ist. Jedoch sind sowohl für die Schalung des Schlitzes als auch für die Schalung der Türöffnung besondere Ansätze erforderlich.

F der inneren Wandflächen (Höhe=h)=$(a_1+a_2+a_3+a_4+a_5+a_6)h$=. . . m².

F der äußeren Wandfläche=$(b_1+b_2+a_5+b_3)$=. . . m².

Gem. 0.5.3.9 bzw. 0.5.4.10 Abrechnung der Schalung für den Schlitz und für die Türöffnung nach Längenmaß oder Anzahl.

Bei Abrechnung nach Flächenmaß wird die Schalung gem. 5.2.1.3 in der Abwicklung der geschalten Betonfläche gerechnet.

F der Schalung des Schlitzes	=(2 · 0,20+0,30)2,75=1,93 m².
F der Schalung der Türöffnung	=(2 · 2,0+1,00)=1,50 m².

Bei Abrechnung nach Längenmaß oder Anzahl bezieht sich auf die volle selbständige Leistung der Schalung für den Schlitz und die Türöffnung.

Bei Abrechnung nach Längenmaß ist

L der Schalung des Schlitzes	=h=2,75 m.
L der Schalung der Türöffnung	=2 · 2,00+1,00=5,00 m.

Bild 43 Deckenplatte mit Balken und Öffnung
(Die Schalung selbst ist nicht dargestellt)

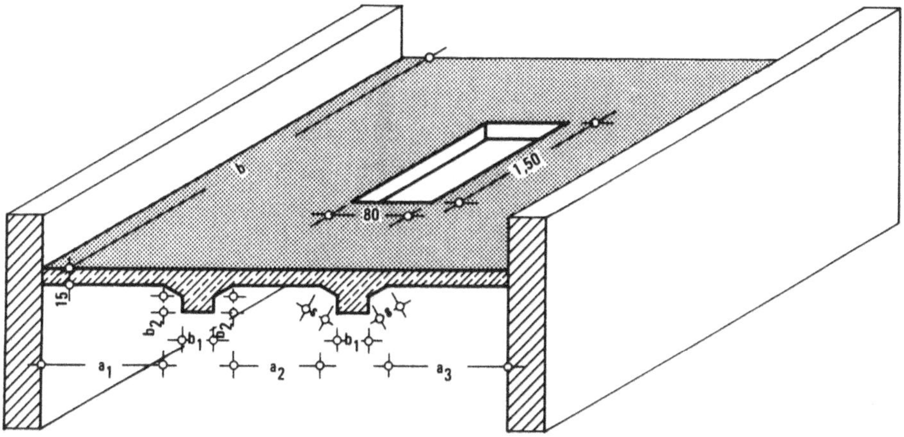

Gem. 0.5.2.1.2 Abrechnung der Schalung für die 15 cm dicke Deckenplatte nach Flächenmaß.

Gem. 5.2.1.1 ist die geschalte Betonfläche der Deckenplatte in der Abwicklung zu messen. Die Auflagerschrägen sind der Schalungsfläche für die Deckenplatte hinzuzurechnen. Die Deckenöffnung für das Oberlicht ist nicht abzuziehen, da sie mit 0,80 · 1,50=1,20 kleiner als 2,5 m² ist.

F der Schalung der Deckenplatte=$(a_1+a_2+a_3+4_s)b-0{,}80 \cdot 1{,}50=\ldots$ m².

Gem. 0.5.4.10 ist die Schalung für die Deckenöffnung nach Anzahl gesondert bzw. gem. 5.2.1.3 in der Abwicklung der geschalten Betonfläche abzurechnen.

F der Schalung der Deckenöffnung=2(0,80+1,50)0,15=0,69 m².

Gem. 5.2.1.1 wird die Balkenschalung in der Abwicklung der geschalten Betonflächen gerechnet.

F der Balkenschalung=$2(b_1+2b_2)b=\ldots$ m².

Bild 44 Betonwand mit Öffnungen, Nische und Schlitz

(Die Schalung selbst ist nicht dargestellt)

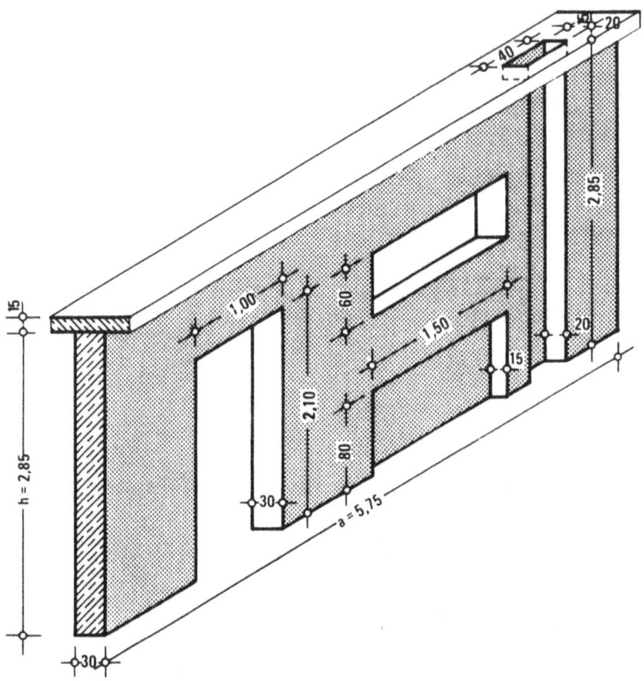

Gem. 0.5.2.10 Abrechnung der Schalung für die 30 cm dicke Betonwand nach Flächenmaß.

Gem. 5.2.1.1 wird die Wandschalung in der Abwicklung der geschalten Flächen gemessen, die Wand hat jedoch weder Vor- noch Rücksprünge, ihre geschalte Fläche ist=2a.h.

Gem. 5.2.1.1 werden Nische und Schlitz nicht abgezogen.

Gem. 5.1.2.2 werden auch die Aussparungen für die Tür und für das Fenster nicht abgezogen, da ihre Einzelgröße 2,5 m² nicht erreicht.

F der Wandschalung=2a.b=2 · 2,85 · 5,75=32,78 m².

Gem. 0.5.3.9 bzw. 0.5.4.10 Abrechnung der Schalung für die Fensteröffnung, die Nische und den Schlitz nach Längenmaß oder Anzahl.

Gem. 5.2.1.3 wird in der Abwicklung der geschalten Betonfläche gerechnet.

F der Schalung der Türöffnung	=(2 · 2,10+1,00) 0,30=1,56 m².
F der Schalung der Fensteröffnung	=(2 · 1,50+0,60) 0,30=1,08 m².
F der Schalung der Nische	=(2 · 0,80+1,50) 0,15+0,80 · 1,50=1,67 m².
F der Schalung des Schlitzes	=(2 · 0,20+0,40) 2,85=2,28 m².
Bei Abrechnung nach Längenmaß:	
L der Schalung des Schlitzes	=2,85 m.

VOB Teil C:
Allgemeine Technische Vertragsbedingungen für Bauleistungen (ATV)
Naturwerksteinarbeiten – DIN 18332
Ausgabe Juni 1996

1 Geltungsbereich

1.1 Die ATV »Naturwerksteinarbeiten« – DIN 18332 – gilt auch für Verblend- und Quadermauerwerk aus Naturwerkstein.

1.2 Die ATV DIN 18332 gilt nicht für

- Befestigen von Straßen, Wegen, Plätzen, Betriebsflächen und Bahnsteigen mit Naturwerkstein (siehe ATV DIN 18218 »Verkehrswegebauarbeiten; Pflasterdecken, Plattenbeläge, Einfassungen«),
- Mauerwerk aus natürlichen Steinen (siehe ATV DIN 18330 »Mauerarbeiten«) und
- Ansetzen und Verlegen von Solnhofener Platten, Natursteinfliesen und Natursteinriemchen (siehe ATV DIN 18352 »Fliesen- und Plattenarbeiten«).

1.3 Ergänzend gelten die Abschnitte 1 bis 5 der ATV DIN 18299 »Allgemeine Regelungen für Bauarbeiten jeder Art«. Bei Widersprüchen gehen die Regelungen der ATV DIN 18332 vor.

5 Abrechnung

Gem. ATV DIN 18299 Abschn. 5 gilt allgemein:

Die Leistung ist aus Zeichnungen zu ermitteln, soweit die ausgeführte Leistung diesen Zeichnungen entspricht. Sind solche Zeichnungen nicht vorhanden, ist die Leistung aufzumessen.

Siehe hierzu die eingehende Erläuterung zu ATV DIN 18299 »Allgemeine Regelungen für Bauarbeiten jeder Art«.

Abrechnungseinheiten

Gem. 0.5 sind im Leistungsverzeichnis die Abrechnungseinheiten wie folgt vorzusehen:

0.5.1 Flächenmaß (m²), getrennt nach Bauart und Maßen, für
0.5.1.1 – Ausgleichsschichten,
0.5.1.2 – Bewehrungen, Trag- und Unterkonstruktionen,
0.5.1.3 – Bodenbeläge, Decken- und Wandbekleidungen,
0.5.1.4 – Dämmschichten, Trennschichten,
0.5.1.5 – Außenwandbekleidungen,
0.5.1.6 – Fensterbänke, Abdeckplatten,
0.5.1.7 – Bekleidungen an Säulen, Pfeilern, Lisenen,
0.5.1.8 – freistehende Wände,
0.1.5.9 – Unterböden mit und ohne Schüttungen,
0.5.1.10 – Verblendmauerwerk; jedoch mittragendes Verblendmauerwerk nach Raummaß,
0.5.1.11 – Vorbehandeln des Untergrundes,
0.5.1.12 – Oberflächenbehandlung.
0.5.2 Raummaß (m³), getrennt nach Bauart und Maßen, für

0.5.2.1 – mittragendes Verblendmauerwerk; jedoch nicht mittragendes Verblendmauerwerk nach Flächenmaß,
0.5.2.2 – Quadermauerwerk,
0.5.2.3 – Vierungen bei Instandhaltungsarbeiten,
0.5.2.4 – Werkstücke; jedoch auch nach Flächenmaß.
0.5.3 Längenmaß (m), getrennt nach Bauart und Maßen, für
0.5.3.1 – Abdeckplatten, sichtbare Stirnflächen, Wassernasen,
0.5.3.2 – Anschlag-, Trenn-, Eckschutz- und Verankerungsschienen,
0.5.3.3 – Bewegungs- und Anschlußfugen mit Fugendichtstoffen oder Profilen, Fugeninstandhaltung,
0.5.3.4 – Eckausbildungen bei Verblend- und Quadermauerwerk, abgedickte Sichtkanten,
0.5.3.5 – Eckausbildungen mit zweiseitigen Gehrungsschnitten,
0.5.3.6 – Eck- und Randplatten,
0.5.3.7 – Falze, Gehrungen, Nuten, Profile,
0.5.3.8 – Gesimse, Fensterbänke, Tür- und Fensterumrahmungen,
0.5.3.9 – Gleitschutzkanten, -profile,
0.5.3.10 – Schräg- und nichtwinkelige Schnitte,
0.5.3.11 – Sockelleisten,
0.5.3.12 – Stufen und Schwellen.
0.5.4 Anzahl (Stück), getrennt nach Bauart und Maßen, für
0.5.4.1 – Anarbeiten an gebogene, nicht rechtwinkelige sowie nicht lot- und fluchtrecht begrenzende Bauteile,
0.5.4.2 – Ankertaschen für verdeckt sitzende Anker,
0.5.4.3 – bearbeitete Seitenansichten (seitliche Köpfe), Profilwiederkehren, Verkröpfungen,
0.5.4.4 – Bohrungen, Ausklinkungen, Aussparungen, Ausnehmungen,
0.5.4.5 – Einbauen von Anschlag-, Trenn- und Eckschutzschienen, Mattenrahmen, Winkelrahmen, Roste und Tragkonstruktionen für andere Einbauteile,
0.5.4.6 – Werkstücke; jedoch auch nach Raummaß,
0.5.4.7 – Pfeiler, Säulen, Lisenen,
0.5.4.8 – Wasserrillen,
0.5.4.9 – Stufen, Schwellen, abgetreppte und schräge Sockelleisten; jedoch Stufen und Schwellen auch nach Längenmaß,
0.5.4.10 – Vierungen und Ausbesserungen mit Restauriermörtel bei Instandhaltungsarbeiten; jedoch auch nach Raummaß,
0.5.4.11 – Installations- und Einbauteile.

Ergänzend zur ATV DIN 18299, Abschnitt 5, gilt:

5.1 Allgemeines

5.1.1 Der Ermittlung der Leistung – gleichgültig, ob sie nach Zeichnungen oder nach Aufmaß erfolgt – sind zugrunde zu legen:

5.1.1.1 Bei Innenbekleidungen, Bodenbelägen, Ausgleichsschichten, Trennschichten, Dämmschichten, Unterböden, Oberflächenbehandlungen, Bewehrungen, Trag- und Unterkonstruktionen

- auf Flächen mit begrenzenden Bauteilen die Maße der zu bekleidenden bzw. zu belegenden Flächen bis zu den begrenzenden, ungedämmten, ungeputzten bzw. unbekleideten Bauteilen,

– auf Flächen ohne begrenzende Bauteile die Maße der zu bekleidenden bzw. zu belegenden Flächen.

Soweit es sich bei Flächen mit begrenzenden Bauteilen um Maße aus Zeichnungen handelt, sind es gem. DIN 18201 deren Nennmaße (Sollmaße). Sind Zeichnungen mit solchen Maßen nicht vorhanden, muß die Leistung durch Aufmaß ermittelt werden. Die Maße müssen bis zu den begrenzenden Bauteilen genommen werden, ohne daß eine etwaige Dämmung oder Bekleidung berücksichtigt werden darf.

Auf Flächen, die nicht von Bauteilen begrenzt werden, z.B. Tanzflächen im Freien, gelten die tatsächlichen Maße der zu belegenden Fläche (Bilder 2, 6).

5.1.1.2 Bei Wandbekleidungen, die an Sockel anschließen, das Maß ab Oberseite Sockel, bei Wandbekleidungen, die unmittelbar auf den Bodenbelag aufsetzen, das Maß ab Oberseite Bodenbelag.

Schließen Wandbekleidungen an Sockelleisten an, so gilt das Maß bis zur Oberseite der Sockelleiste. Ist keine Sockelleiste vorhanden und schließt die Wandbekleidung unmittelbar an den Bodenbelag an, so gilt das Maß bis Oberfläche Bodenbelag. Es ist in jedem Fall die tatsächliche Leistung zu messen.

5.1.1.3 Bei Fassaden die Maße der Bekleidung.

Diese Art des Messens kann nur dann aus Zeichnungen entommen werden, wenn detaillierte Pläne vorhanden sind, aus denen die Dicke der Bekleidung einschließlich etwaiger Unterkonstruktionen zu ersehen ist. Das Maß der Bekleidung ist in der Breite der Fassadenfläche in jedem Fall größer als die zu bekleidende Wandläche (Bild 1).

5.1.2 Bei Abrechnung nach Längenmaß wird die größte Bauteil- bzw. Werkstücklänge gerechnet. Bei zusammengesetzten Werkstücken ergibt sich die Gesamtlänge aus der Summe der Längen der einzelnen Werkstücke einschließlich der Fugenbreiten.

Schräge Sockelplatten (Bischofsmützen) werden an der Oberkante und abgetreppte Sokkelplatten abgewickelt gemessen.

Die Abrechnung nach Längemaß ist nur für Bauteile zweckmäßig und geeignet, deren Abmessungen durch das Längenmaß bestimmt werden, z.B. für Gesimse, Gewände, Sohlbänke, Sockel, Pfeiler, Säulen. Es wird die größte Länge des Werkstücks gerechnet. Ist ein Bauteil aus einzelnen Werkstücken zusammengesetzt, z.B. Säulen, Gesimse, Sockel, so ist das Längenmaß des ganzen Bauteils zu messen, ohne daß die Fugenbreiten abgezogen werden (Bilder 1 bis 5, 8 und 9).

Bei schrägen Sockelplatten folgt die obere Kante des Sockels gradlinig dem Verlauf eines von der Horizontalen abweichenden Bauteils, z.B. dem Anstieg eines Treppenlaufs oder einer Rampe. Bei Abrechnung nach Längenmaß wird an der oberen Kante gemessen. Es ist also im Gegensatz zu der allgemeinen Regelung nicht die größte, sondern die kleinste Länge zu rechnen. Diese Abweichung ist darin begründet, daß das Maß entlang der Oberkante sehr viel leichter zu ermitteln ist als das der Unterkante, bei der oft infolge der Zwickelbildung und der Anpassung an die Überstände der Trittstufen beträchtlich viele Einzelmaße zu addieren wären. Außerdem würde das übergroße Längenmaß, das aus der Abwicklung der Unterkante entstünde, nicht im richtigen Verhältnis zur Leistung stehen. In ähnlicher Weise ist die Länge von Wangenplatten zu messen, sofern die Abrechnung nach Längenmaß vorgesehen ist, nur daß hier die Länge an der unteren Kante zu messen ist (Bild 8).

Bei abgetreppten Sockelplatten folgt die obere Kante dem abgetreppten Verlauf eines Bauteils, z.B. dem Stufenverlauf einer Treppe. Außer der Abrechnung nach An-

zahl der abgetreppten Sockelplatten kann nach dem Längenmaß abgerechnet werden. Für die Bemessung gilt die Länge, die sich aus der Abwicklung der oberen abgetreppten Kante ergibt (Bild 9).
Gem. 5.2.2 sind Unterbrechungen über 1 m Einzellänge abzuziehen.

5.1.3 Bei der Abrechnung nach Flächenmaß (m²) werden Fugen übermessen, bearbeitete Leibungen und bearbeitete Stirnflächen hinzugerechnet.

Einzelstücke, z.B. Abdeckungen, Fensterbänke, mit einer Breite unter 20 cm, werden mit 20 cm Breite, mit einem Flächenmaß unter 0,25 m² mit 0,25 m² abgerechnet.

Bei nicht rechtwinkeligen und ausgeklinkten Flächen von Einzelstücken wird das kleinste umschriebene Rechteck gemessen. Aussparungen, Ausnehmungen und Öffnungen an Einzelplatten und Einzelwerkstücken werden übermessen.

Nach Flächenmaß werden u.a. abgerechnet:
Bodenbeläge, Decken- und Wandbekleidungen, Fassadenbekleidungen, Fensterbänke, Abdeckplatten, Verblendmauerwerk, Bekleidungen für besondere Bauteile, freistehende Säulen und Pfeiler sowie freistehende Wände. Dabei werden bearbeitete Leibungen dem Flächenmaß zugerechnet. Bearbeitete sichtbare Stirnflächen, z.B. Stirnseiten bei Mauerenden, werden ebenfalls dem Flächenmaß zugerechnet. Fugen werden immer mitgemessen. Gehören zu einer Leistung, die nach Flächenmaß abzurechnen ist, Einzelstücke mit Ausklinkungen, z.B. für Pfeilervorlagen oder solche, die nicht rechtwinklig sind, z.B. Anpassungen an schräge oder runde Bauteile, so werden ihre Flächen nach dem kleinstumschriebenen Rechteck berechnet. Mehrkosten bei der Herstellung werden dadurch berücksichtigt, daß für jedes Einzelstück auch dann 0,25 m² berechnet werden, wenn die tatsächlichen Abmessungen kleiner als 0,25 m² sind (Bilder 1 bis 3, 6).
Ist die Breitenabmessung solcher Bauteile kleiner als 20 cm, wird sie mit 20 cm abgerechnet.
Wegen der Hochwertigkeit von Naturwerksteinarbeiten ist die Größe zu übermessender Aussparungen, z.B. Öffnungen, Pfeilervorlagen, Rohrdurchführungen, gering bemessen. Sie beträgt lediglich 0,1 m², d.h. Aussparungen bis einschließlich 0,1 m² Einzelgröße werden gem. 5.2.1 von der Leistung nicht abgezogen.
Zu beachten ist, daß bei Abrechnung nach Flächenmaß bei zweischaligem Mauerwerk jede Schale für sich zu messen ist.

5.1.4 Bei Abrechnung von zusammengesetzten Werkstücken und Mauerwerk nach Raummaß (m³) werden Fugen übermessen. Bei zweihäuptigem Mauerwerk werden etwaige Zwischenschichten übermessen.

Bei Werkstücken wird der kleinste umschriebene rechtwinkelige Körper zugrunde gelegt, an welchem das Werkstück mit Rücksicht auf das natürliche Lager des Steines ausgeführt werden kann. Raummaße unter 0,03 m³ werden mit 0,03 m³ abgerechnet.

Nach Raummaß werden abgerechnet:
Quadermauerwerk, mittragendes Verblendmauerwerk, Vierungen bei Instandhaltungsarbeiten und massive Einzelwerkstücke. Wie bei Abrechnung nach Flächenmaß werden die Fugen mitgemessen.
Bei Einzelstücken, z.B. Teilstücke bei Überwölbungen, wird der kleinste rechtwinklige Körper berechnet, der zur Herstellung des Werkstücks unter Berücksichtigung des natürlichen Lagers des Steins benötigt wird. Unter natürlichem Lager ist die Schichtung des Gesteins zu verstehen. Bei der Gewinnung des Werkstücks muß diese Schichtung dem Verwendungszweck entsprechen. Steinkörper, deren Raum-

maß 0,03 m³ unterschreitet, werden mit dem Mindestmaß von 0,03 m³ abgerechnet (Bilder 2, 7).
Gem. 5.2.3 werden Aussparungen, Öffnungen und Nischen, einbindende, durchbindende und eingebaute Bauteile über 0,5 m³ Einzelgröße sowie Schlitze für Rohrleitungen und dergleichen über je 0,1 m² Querschnitt abgezogen.
Eingefügte Dämmschichten sowie Aussparungen bis zu 0,5 m³ Einzelgröße werden nicht abgezogen.
Bei zweihäuptigem Mauerwerk wird der Hohlraum bzw. der verfüllte Zwischenraum dem Natursteinmauerwerk nicht zugerechnet. Jede Schale ist einzeln abzurechnen.

5.2 Es werden abgezogen:

5.2.1 Bei Abrechnung nach Flächenmaß (m²):
Aussparungen und Öffnungen in Bekleidungen und Belägen über 0,1 m² Einzelgröße *(Bilder 1, 6).*

5.2.2 Bei Abrechnung nach Längenmaß (m):
Unterbrechungen über 1 m Einzellänge.

5.2.3 Bei Abrechnung nach Raummaß (m³):
Aussparungen, Öffnungen und Nischen, einbindende, durchbindende und eingebaute Bauteile über 0,5 m³ Einzelgröße, Schlitze für Rohrleitungen und dergleichen über je 0,1 m² Querschnittsfläche *(Bild 2).*

Zu 0.5.1.1:
Ausgleichsschichten können erforderlich werden, wenn größere Unebenheiten, als nach DIN 18202 zulässig, vorliegen. Sie sind nach Flächenmaß, getrennt nach Bauart und Maßen, abzurechnen.

Zu 0.5.1.2:
Abrechnungseinheit für Bewehrungen, Trag- und Unterkonstruktionen ist das Flächenmaß. Sie können notwendig werden, wenn der Auftragnehmer bei seiner Prüfung Mängel des Untergrundes, z.B. ungenügende Tragfähigkeit, nicht ausreichende Frostsicherheit, Ausblühungen, Verschmutzungen, feststellt. Gem. 5.2.1 sind Aussparungen und Öffnungen über 0,1 m² Einzelgröße abzuziehen.

Zu 0.5.1.3:
Bodenbeläge, Decken- und Wandbekleidungen werden nach Flächenmaß abgerechnet. Gem. 5.1.1.1 sind bei Bodenbelägen und Wandbekleidungen auf Flächen mit begrenzenden Bauteilen die Maße der zu belegenden bzw. zu bekleidenden Flächen bis zu den begrenzenden, ungedämmten, ungeputzten bzw. unbekleideten Bauteilen zu rechnen. Auf Bodenflächen ohne begrenzende Bauteile gelten die Maße der zu belegenden Fläche. Besteht der Bodenbelag aus verschiedenen Werksteinarten, so ist nach diesen getrennt abzurechnen, sofern nicht in der LB gemischte Verlegung vorgeschrieben ist. Gem. 5.1.1.2 ist bei Wandbekleidungen, die an Sockel anschließen, das Maß ab Oberseite Sockel, bei Wandbekleidungen, die unmittelbar auf den Bodenbelag aufsetzen, das Maß ab Oberseite Bodenbelag zu messen. Gem. 5.2.1 sind Aussparungen und Öffnungen über 0,1 m² Einzelgröße abzuziehen (Bilder 2, 6).

Zu 0.5.1.4:

Dämmschichten und Trennschichten werden nach Flächenmaß abgerechnet. Dämmschichten zwischen Belägen bzw. Bekleidungen dienen dem Schall- und Wärmeschutz. Trennschichten verhindern die Verbindung von zu belegenden bzw. zu bekleidenden Bauteilen mit den Belägen bzw. den Bekleidungen aus Naturwerkstein. 5.2.1 ist zu beachten. Diese Arbeiten gehören zu den Besonderen Leistungen.

Zu 0.5.1.5:

Abrechnungseinheit für Außenwandbekleidungen ist das Flächenmaß. Es ist nach Bauart und Maßen zu trennen. Gem. 5.1.1.3 gelten die Maße der Bekleidung. Das bedeutet, daß die Leistung zwar genau erfaßt wird, daß sie aber nur bei Vorliegen detaillierter Pläne aus Zeichnungen zu ermitteln ist. In jedem Fall ist die Breitenausdehnung größer als das Maß der bekleideten Außenwand. 5.2.1 ist zu beachten.

Zu 0.5.1.6:

Fensterbänke und Abdeckplatten werden nach Flächenmaß abgerechnet. Für Abdeckplatten ist auch wegen der dabei anfallenden Stirnflächen und Wassernasen Abrechnungseinheit das Längenmaß.

Für das Flächenmaß gilt die Abzugsregel gem. 5.2.1, für das Längenmaß die nach 5.2.2 (Bild 3).

Zu 0.5.1.7:

Bekleidungen an Säulen, Pfeilern und Lisenen werden nach Flächenmaß abgerechnet. Sie sind sinngemäß wie Außenwandbekleidungen abzurechnen.

Zu 0.5.1.8:

Abrechnungseinheit für freistehende Wände ist das Flächenmaß. Die Abrechnung erfolgt in der Abwicklung, sinngemäß wie bei Außenwandbekleidungen, getrennt nach Bauart und Maßen. Abgezogen werden gem. 5.2.1 Aussparungen und Öffnungen über 0,1 m² Einzelgröße.

Zu 0.5.1.9:

Unterboden mit und ohne Schüttungen sind nach Flächenmaß abzurechnen. Die Herstellung von Unterböden mit und ohne Schüttungen, z.B. Sand, dient zur Vorbereitung der Aufbauschichten. Diese Arbeiten gehören zu den Besonderen Leistungen.

Zu 0.5.1.10:

Abrechnungseinheit für Verblendmauerwerk ist das Flächenmaß. Nach DIN 1053 ist zwischen einschaligem und zweischaligem Verblendmauerwerk zu unterscheiden. Einschaliges Verblendmauerwerk wird mit dem Hintermauerwerk im Verband ausgeführt. Verblendmauerwerk, das nicht im Verband mit der Hintermauerung ausgeführt wird, nennt man zweischaliges Mauerwerk. Es kann ohne und mit Luftschicht hergestellt werden. Bei Mauerenden werden die bearbeiteten sichtbaren Stirnflächen der Abrechnungsfläche zugerechnet (Bild 3).

Gem. 5.2.1 sind Aussparungen und Öffnungen über 0,1 m² Einzelgröße abzuziehen.

Zu 0.5.1.11:

Vorbehandeln des Untergrundes wird nach Flächenmaß abgerechnet. Eine Vorbehandlung kann notwendig werden, wenn der Auftragnehmer Mängel am Untergrund, z.B. chemische Verunreinigung, feststellt.

Zu 0.5.1.12:

Oberflächenbehandlung ist nach Flächenmaß abzurechnen. Das Bearbeiten nach dem Versetzen bzw. Verlegen, z.B. Abschleifen, gehört zu den Besonderen Leistungen.

Zu 0.5.2.1:

Im Gegensatz zu Verblendmauerwerk, das gem. 0.5.1.10 nach Flächenmaß abgerechnet wird, ist die Abrechnungseinheit für mittragendes Verblendmauerwerk das Raummaß. Gem. 5.1.4 werden bei Abrechnung von Mauerwerk Fugen übermessen. Bei zweihäuptigem Mauerwerk werden etwaige Zwischenschichten übermessen. Gem. 5.2.3 werden Aussparungen, Öffnungen und Nischen, einbindende, durchbindende und eingebaute Bauteile über 0,5 m³ Einzelgröße, Schlitze für Rohrleitungen und dergleichen über 0,1 m² Querschnittsfläche abgezogen.

Zu 0.5.2.2:

Quadermauerwerk ist nach Raummaß abzurechnen.

Bei Quadermauerwerk müssen die Steine genau nach den angegebenen Maßen, die Lager und Stoßfugen in ganzer Tiefe bearbeitet sein. Innerhalb einer Schicht darf die Höhe der Steine nicht wechseln. Gehören zum Quadermauerwerk Einzelstücke, die keine rechtwinkligen Prismen, also keine Quader sind, z.B. Bogenstücke bei Überwölbungen, so wird für diese Einzelstücke der kleinstumschriebene rechtwinklige Körper gerechnet, sofern die natürliche Steinschichtung keinen größeren Steinkörper erfordert. Vgl. 5.1.4 mit Erläuterung.

Für die Abrechnung gelten die Nennmaße des aus Quadermauerwerk hergestellten Bauwerkteils (Bilder 2, 7).

Gem. 5.2.3 werden bei Abrechnung nach Raummaß Aussparungen, Öffnungen und Nischen, einbindende, durchbindende und eingebaute Bauteile über 0,5 m³ Einzelgröße, Schlitze für Rohrleitungen und dergleichen über je 0,1 m² Querschnittsfläche abgezogen.

Zu 0.5.2.3:

Vierungen bei Instandhaltungsarbeiten werden nach Raummaß abgerechnet. 5.1.4 und 5.2.3 sind zu beachten. Siehe auch 0.5.4.10.

Zu 0.5.2.4:

Zum Unterschied von einzelnen Werkstücken, Gesimsen, Fensterbänken, Gewänden usw., die gem. 0.5.4.6 nach Anzahl abzurechnen sind, ist die Abrechnungseinheit für massive einzelne Werkstücke das Raummaß, 5.1.4 und 5.2.3 sind zu beachten.

Zu 0.5.3.1:

Abdeckplatten, sichtbare Stirnflächen und Wassernasen werden nach Längenmaß, getrennt nach Bauart und Maßen, abgerechnet. Die Herstellung von Wasserrillen ist nach Anzahl abzurechnen. Gem. 5.2.2 werden bei Abrechnung nach Längenmaß Unterbrechungen über 1 m Einzellänge abgezogen. Gem. 5.1.2 werden bei Abrechnung nach Längenmaß die größten Bauteil- bzw. Werkstücklängen gerechnet. Bei zusammengesetzten Werkstücken ergibt sich die Gesamtlänge aus der Summe der Längen der einzelnen Werkstücke einschließlich der Fugenbreiten (Bilder 2, 3).

Zu 0.5.3.2:

Abrechnungseinheit für Anschlag-, Trenn-, Eckschutz- und Verankerungsschienen ist das Längenmaß. Gem. 5.1.2 wird die größte Bauteillänge gerechnet. Das Liefern und Einbauen gehört zu den Besonderen Leistungen.

Zu 0.5.3.3:

Bewegungs- und Anschlußfugen mit Fugendichtstoffen oder Profilen sowie Fugeninstandhaltung ist nach Längenmaß abzurechnen. Es ist zwischen Bewegungsfugen, Bauwerkstrennfugen und Anschlußfugen zu unterscheiden. Gem. 5.2.2 werden Unterbrechungen über 1 m Einzellänge abgezogen.

Zu 0.5.3.4:

Quadermauerwerk und mittragendes Verblendmauerwerk werden nach Raummaß abgerechnet. Die zugehörigen Eckausbildungen sowie abgedickte Kanten sind jedoch gesondert nach Längenmaß abzurechnen (Bild 4).

Zu 0.5.3.5:

Eckausbildungen mit zweiseitigen Gehrungsschnitten sind nach Längenmaß abzurechnen. Diese Arbeiten gehören zu den Besonderen Leistungen.

Zu 0.5.3.6:

Eck- und Randplatten sind getrennt von Belägen und Bekleidungen nach Längenmaß abzurechnen. Ggf. ist 5.2.2 zu beachten.

Zu 0.5.3.7:

Falze, Gehrungen, Nuten und Profile sind nach Längenmaß abzurechnen. Das Herstellen von Gehrungen ist Besondere Leistung. Gem. 5.2.2 sind Unterbrechungen über 1 m Einzellänge abzuziehen.

Zu 0.5.3.8:

Fensterbänke sind sowohl nach Flächenmaß wie auch nach Längenmaß und Anzahl abzurechnen. Gesimse sowie Tür- und Fensterumrahmungen können wahlweise nach Längenmaß oder Anzahl abgerechnet werden. Für Bauteile aus Naturwerkstein, deren Längenmaß für ihre Gesamtausdehnung bestimmend ist, ist Abrechnung nach Längenmaß angebracht; das sind insbesondere Gesimse, Fensterbänke, Tür- und Fenstergewände, Umrahmungen und Abdeckungen. Gem. 5.1.2 wird die größte Bauteil- bzw. Werkstücklänge gerechnet. 5.2.2 ist zu beachten (Bilder 4, 5).

Zu 0.5.3.9:

Gleitschutzkanten und Gleitschutzprofile sind als Besondere Leistung, getrennt nach Bauart und Maßen, nach Längenmaß abzurechnen. Gem. 5.2.2 sind Unterbrechungen über 1 m Einzellänge abzuziehen. Gem. 5.1.2 ist die größte Bauteillänge zu rechnen.

Zu 0.5.3.10:

Schrägschnitte und nichtwinkelige Schnitte sind nach Längenmaß abzurechnen. Die Arbeiten gehören zu den Besonderen Leistungen.

Zu 0.5.3.11:

Gerade Sockelleisten werden ausschließlich nach Längenmaß abgerechnet. Abgetreppte und schräge Sockelleisten sind nach Anzahl abzurechnen. Gem. 5.1.2 ist die größte Länge des geraden Sockelbauteils zu messen. Das kann das Maß der äußeren Kante, bei vorherrschend einspringenden Ecken, z.B. in Innenräumen, jedoch auch das Maß der inneren Kante sein. Maßgebend ist die Gesamtlänge des ggf. in der Abwicklung zu messenden Sockels (Bilder 1, 2, 8, 9).

Zu 0.5.3.12:

Stufen und Schwellen können wahlweise nach Längenmaß oder nach Anzahl abgerechnet werden.

Bei der Abrechnung nach Längenmaß wird gem. 5.1.2 die größte Werkstücklänge gerechnet, d.h. etwaige Einbindungen sind mitzurechnen. Die Gesamtlänge von Stufen ergibt sich aus der Addition der Länge der einzelnen Stufen. Die Kopfseiten der Stufen werden mit ihrer Länge nur hinzugerechnet, wenn sie bearbeitet sind. Die Berechnung nach der Anzahl ist zweckmäßig, wenn gleichartige und gleichgroße Stufen oder Schwellen abzurechnen sind.
Bei abgewinkelten Stufen ergibt sich die Länge aus der Summe der Schenkellängen. Bei runden Stufen, die nach außen gerundet sind, ermittelt sich die größte Länge an der Vorderkante, bei nach innen gerundeten Stufen an der Hinterkante (Bilder 1, 8, 9, 10).

Zu 0.5.4.1:
Das Anarbeiten an gebogene, nicht rechtwinklige sowie nicht lot- und fluchtrecht begrenzende Bauteile ist als Besondere Leistung nach Anzahl abzurechnen.

Zu 0.5.4.2:
Ankertaschen für verdeckt sitzende Anker sind ausschließlich, getrennt nach Bauart und Maßen, nach Anzahl abzurechnen.

Zu 0.5.4.3:
Bearbeitete Seitenansichten (seitliche Köpfe), Profilwiederkehren, Verkröpfungen sind, getrennt nach Bauart und Maßen, nach Anzahl abzurechnen.

Zu 0.5.4.4:
Bohrungen, Ausklinkungen, Aussparungen, Ausnehmungen sind nach Anzahl abzurechnen.

Zu 0.5.4.5:
Nach dieser ATV ist das Liefern und Einbauen von Anschlag-, Trenn- und Dehnungsschienen als Besondere Leistung abzurechnen. Zu den Besonderen Leistungen gehört auch das Liefern und Einbauen von Bewehrungen und Tragkonstruktionen, die jedoch auch nach Flächenmaß abgerechnet werden können. Ebenfalls zu den Besonderen Leistungen rechnet das Herstellen von Trag- und Frostschutzschichten bei Wege-, Platz- und Terrassenbelägen.
Die Abrechnung erfolgt, getrennt nach Bauart und Maßen, nach Anzahl.

Zu 0.5.4.6:
Im Gegensatz zu massiven Einzelstücken, die nach Raummaß abzurechnen sind, werden einzelne weniger massive Werkstücke nach Anzahl abgerechnet. Es handelt sich dabei z.B. um Säulenkapitelle, Abdeckungen von Pfeilern u. ä. Fensterbänke sowie Abdeckplatten können wahlweise nach Flächenmaß, Längenmaß oder Anzahl abgerechnet werden. Bestimmend für die Wahl des Flächenmaßes oder des Längenmaßes ist ihre Ausdehnung in der Fläche oder Länge.
Tür- und Fensterumrahmungen, Gewände und sonstige Umrahmungen können entweder nach Längenmaß oder nach Anzahl abgerechnet werden. 5.1.2 ist bei Abrechnung nach Längenmaß und 5.1.4 bei Abrechnung nach Flächenmaß zu beachten. Bei Abrechnung nach Anzahl wird das ganze, aus Werkstücken zusammengesetzte Bauteil abgerechnet (Bilder 2, 4, 5, 7).

Zu 0.5.4.7:
Abrechnungseinheit von Pfeilern, Säulen und Lisenen ist die Anzahl.

Zu 0.5.4.8:
Wasserrillen werden ausschließlich nach Anzahl abgerechnet.

Zu 0.5.4.9:

Stufen, Schwellen, abgetreppte und schräge Sockelleisten können nicht nur nach Anzahl, sondern auch nach Längenmaß abgerechnet werden.

Bei abgetreppten Sockelplatten folgt die obere Kante dem abgetreppten Verlauf eines Bauteils, z.B. dem Stufenverlauf einer Treppe. Außer der Abrechnung nach Anzahl der abgetreppten Sockelplatten kann wahlweise auch nach Längenmaß abgerechnet werden. Für die Bemessung gilt die Länge, die sich aus der Abwicklung der oberen abgetreppten Kante ergibt (Bild 9).

Bei schrägen Sockelplatten folgt die obere Kante des Sockels gradlinig dem Verlauf eines von der Horizontalen abweichenden Bauteils, z.B. dem Anstieg eines Treppenlaufs oder einer Rampe. Bei Abrechnung nach Längenmaß wird an der oberen Kante gemessen. Es ist also im Gegensatz zu Regelung in 5.1.2 nicht die größte, sondern die kleinste Länge zu rechnen. Diese Abweichung liegt darin begründet, daß das Maß entlang der Oberkante sehr viel leichter zu ermitteln ist als das an der Unterkante, bei der oft infolge der Zwickelbildung und der Anpassung an die Überstände der Trittstufen beträchtlich viele Einzelmaße zu addieren wären. Außerdem würde das übergroße Längenmaß, das aus der Abwicklung der Unterkante entstünde, nicht im richtigen Verhältnis zur Leistung stehen. In ähnlicher Weise ist die Länge von Wangenplatten zu messen, sofern die Abrechnung nach Längenmaß vorgesehen ist, nur daß hier die Länge an der unteren Kante zu messen ist (Bilder 1, 8, 9).

Zu 0.5.4.10:

Vierungen und Ausbesserungen mit Restauriermörtel bei Instandhaltungsarbeiten sind nach Anzahl abzurechnen. Vierungen bei Instandhaltungsarbeiten sind nach Längenmaß abzurechnen.

Zu 0.5.4.11:

Abrechnungseinheit für Installations- und Einbauteile ist die Anzahl. Es ist nach Bauart und Maßen zu trennen. Das Einsetzen von Installations- und Einbauteilen ist Besondere Leistung.

Bild 1 Fassadenbekleidung mit Aussparungen

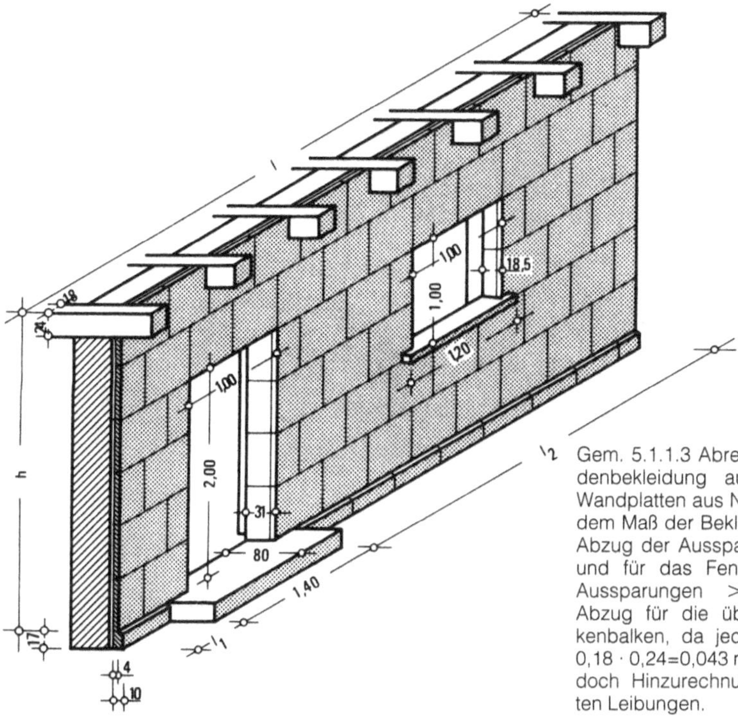

Gem. 5.1.1.3 Abrechnung der Fassadenbekleidung aus 40 mm dicken Wandplatten aus Naturwerkstein nach dem Maß der Bekleidung. Gem. 5.2.1 Abzug der Aussparungen für die Tür und für das Fenster, da jede der Aussparungen $>0{,}1\ m^2$ ist. Kein Abzug für die überstehenden Deckenbalken, da jede Aussparung mit $0{,}18 \cdot 0{,}24 = 0{,}043\ m^2 < 0{,}1\ m^2$ ist, jedoch Hinzurechnung der bearbeiteten Leibungen.

F der Fassadenbekleidung$= h \cdot l - (1{,}00 \cdot 2{,}00 + 1{,}00 \cdot 1{,}00) + 0{,}31 \cdot 5{,}00 + 0{,}19 \cdot 3{,}00 = \ldots\ m^2$.

Gem. 0.5.1, 0.5.3 bzw. 0.5.4 Abrechnung der Fensterbank aus Naturwerkstein nach Flächenmaß, Längenmaß oder zum Stückpreis. Bei Abrechnung nach Längenmaß ist L der Fensterbank=1,20 m, bei Abrechnung nach Flächenmaß $1{,}40 \cdot 0{,}80 = 1{,}12\ m^2$.

Gem. 0.5.3.11 bzw. 0.5.4.9 Abrechnung der Sockelplatten aus Naturwerkstein, Dicke 10 cm, Höhe 17 cm, nach Längenmaß oder Anzahl. Gem. 5.1.2 wird die Länge aller einzelnen Stücke einschließlich der Fugenbreite gemessen. L der Sockelplatten$= l_1 + l_2 = \ldots$ m.

Gem. 0.5.3.12 bzw. 0.5.4.9 Abrechnung der Natursteinschwelle nach Längenmaß oder zum Stückpreis. Bei Abrechnung nach Längenmaß ist L der Schwelle=1,40 m.

Bild 2 Quadermauerwerk mit Öffnungen, Nische und Schlitz

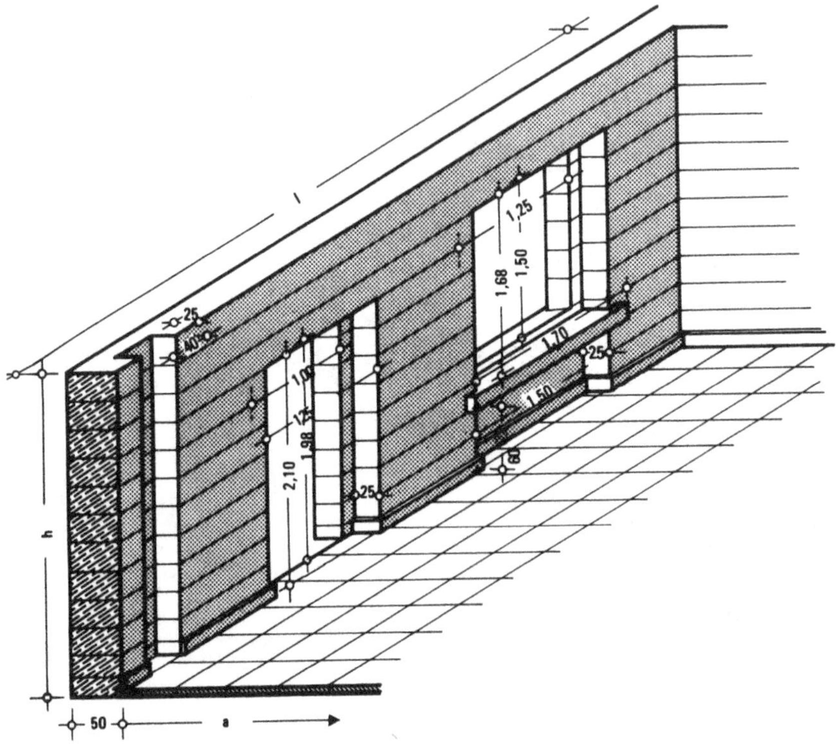

Gem. 0.5.2.2 Abrechnung des 50 cm dicken Quadermauerwerks nach Raummaß. Es gelten die tatsächlichen Maße der Bauteile. Gem. 5.1.4 werden die Fugen übermessen. Gem. 5.2.3 Abzug der Türöffnung und der Fensteröffnung, da deren Rauminhalte im einzelnen 0,5 m^3 überschreiten. Kein Abzug des Rauminhalts der Nische, der mit

1,50 · 0,60 · 0,25=0,23 m^3<0,5 m^3 ist. Kein Abzug des Schlitzes, dessen Querschnitt mit 0,40 · 0,25=0,1 m^2 die Höchstgrenze nicht übersteigt.

V des Quadermauerwerks=

h · l · 0,50−(1,25 · 2,10+1,00 · 1,98) 0,25−(1,50 · 1,68+1,25 · 1,50)0,25=... m^3.

Gem. 0.5.3.1 bzw. 0.5.4.6 Abrechnung der Nischenabdeckung aus Naturwerkstein nach Längenmaß oder zum Stückpreis.

Bei Abrechnung nach Längenmaß ist L der Nischenabdeckung=1,70 m.

Gem. 0.5.1.3 Abrechnung des 25 mm dicken Bodenbelages aus Naturwerksteinplatten nach Flächenmaß. Gem. 5.1.1.1 rechnen die Beläge bis zu den begrenzenden unbekleideten Wänden. Gem. 5.1.4 werden die Fugen übermessen.

F des Bodenbelages=a · l+(1,25+1,50) 0,25=... m^2.

Gem. 0.5.3.11 Abrechnung der Sockelplatten nach Längenmaß. Kein Abzug für die Unterbrechung durch den Schlitz, da dieser geschlossen werden muß. Gem. 5.1.2 Berechnung der größten Länge, wobei sich die Gesamtlänge aus den Längen der einzelnen Stücke einschließlich der Fugenbreite ergibt. Die größte Länge ist an der Außenkante gegeben, ausgenommen in der Nische, wo die Innenkante des Sockels zu messen ist.

Bild 3 Mit Quadersteinen verblendete Ziegelmauer

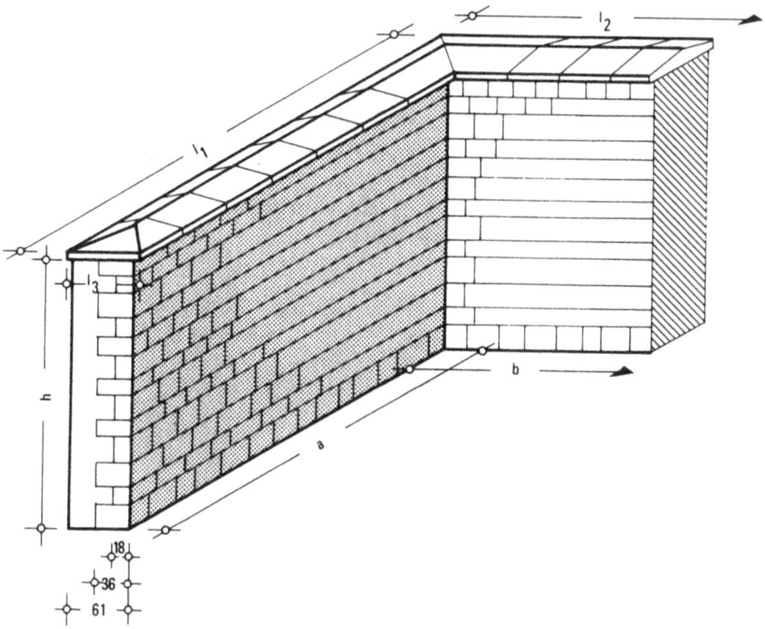

Gem. 0.5.1.10 Abrechnung des einschaligen Verblendmauerwerks aus Quadersteinen nach Flächenmaß. Gem. 5.1.3 werden die Fugen übermessen; die bearbeitete sichtbare Stirnfläche wird dem Flächenmaß hinzugerechnet.

F des Verblendmauerwerks aus Quadersteinen = $(a+b)h+\left(\frac{0{,}36+0{,}18}{2}\right)h = \ldots\ m^2$.

Gem. 0.5.1.6 bzw. 0.5.3.1 Abrechnung der Abdeckplatten aus Naturwerkstein nach Flächenmaß oder Längenmaß. Bei Abrechnung nach Längenmaß wird gem. 5.1.2 die größte Länge gemessen. Der bearbeitete Kopf an der Stirnseite wird gem. 5.1.3 dem Flächenmaß zugerechnet. Bei Abrechnung nach Längenmaß ist die Abwicklung zu messen.

L der Abdeckplatten=$l_1+l_2+l_3=\ldots$ m.

Bild 4 Gesimslänge bei einspringenden und ausspringenden Ecken

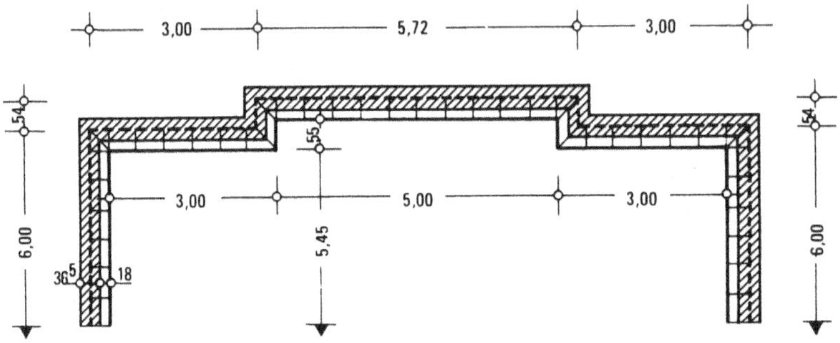

Aufsicht auf ein Gesims mit einspringenden Ecken

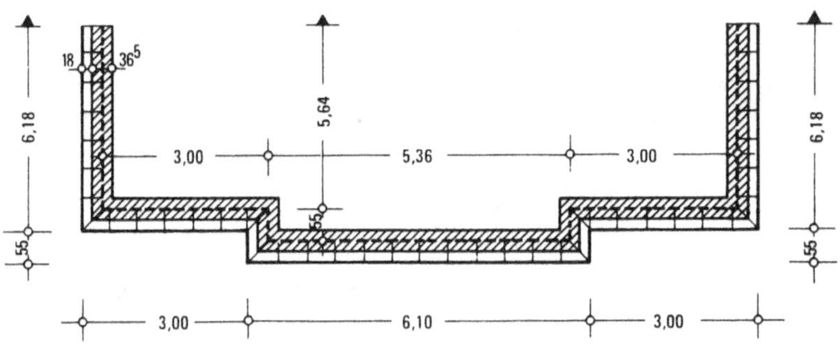

Aufsicht auf ein Gesims mit ausspringenden Ecken

Gem. 0.5.3.8 bzw. 0.5.4.6 Abrechnung der Gesimse nach Längenmaß. Gem. 5.1.2 wird die größte Länge gemessen, die sich bei zusammengesetzten Bauteilen aus der Summe der Länge der Einzelstücke ergibt.

Abrechnung des Gesimses mit einspringenden Ecken: Die größte Länge ist an der Gesimshinterkante zu messen.

L des Gesimses mit einspringenden Ecken

=6,00+3,00+0,54+5,72+0,54+3,00+6,00=24,80 m.

(An der Vorderkante gemessen, ergäbe sich nur:

5,45+3,00+0,55+5,00+0,55+3,00+5,45=23,00 m.)

Abrechnung des Gesimses mit ausspringenden Ecken: Die größte Länge ist an der Vorderkante des Gesimses zu messen.

L des Gesimses mit ausspringenden Ecken

=6,18+3,00+0,55+6,10+0,55+3,00+6,18=25,56 m.

(An der Hinterkante gemessen, ergäbe sich nur:

5,64+3,00+0,55+5,36+0,55+3,00+5,64=23,74 m.)

Gem. 0.5.3.4 sind Eckausbildungen gesondert abzurechnen.

Bild 5 Türgewände aus Naturwerkstein

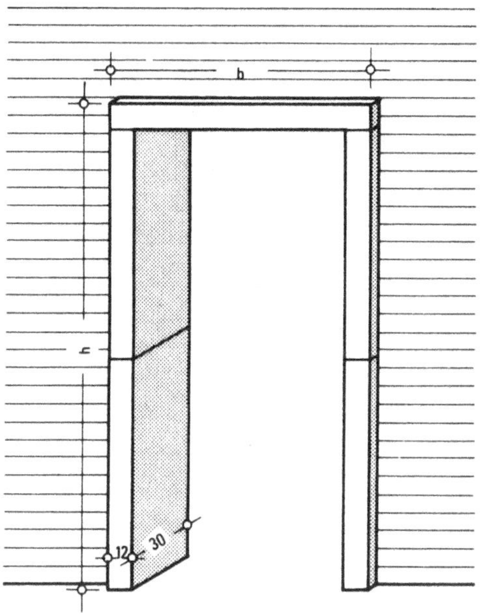

Gem. 0.5.3.8 Abrechnung des Türgewändes aus Naturwerkstein, 12/30 cm, nach Längenmaß.

Gem. 5.1.2 ist die größte Länge zu messen, die sich bei zusammengesetzten Bauteilen aus der Summe der Längen der Einzelstücke einschließlich der Fugenbreiten ergibt.

L des Türgewändes=2h+b=...m.

Bild 6 Terrassenbelag aus Naturwerksteinplatten

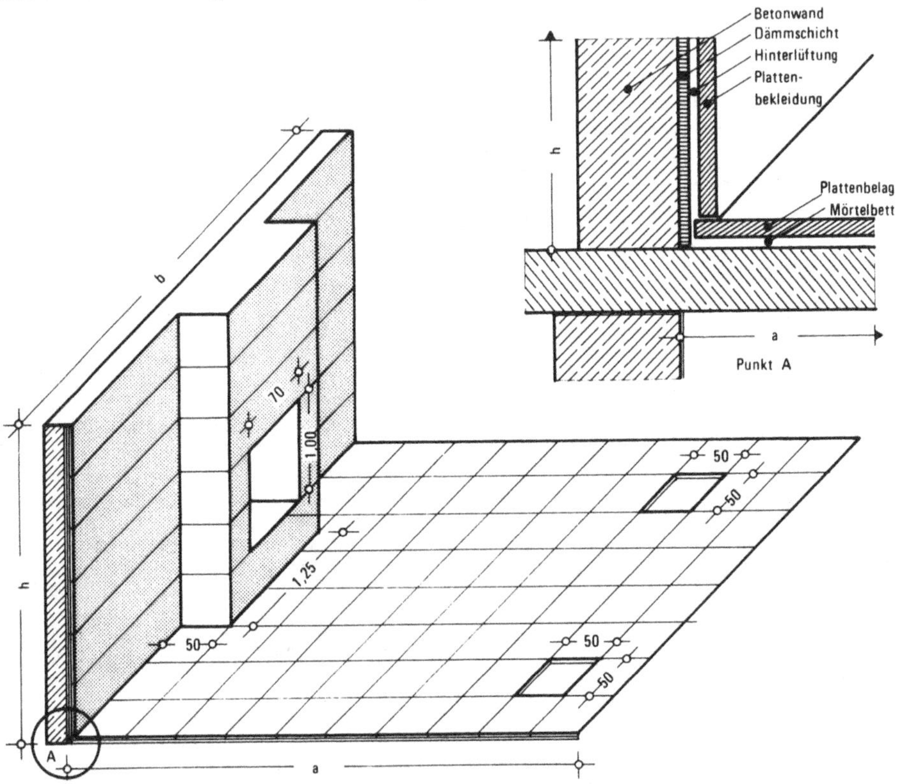

Gem. 0.5.1.3 Abrechnung des Terrassenbelages aus Naturwerksteinplatten, 50/50 cm, im Mörtelbett, nach Flächenmaß.

Gem. 5.1.1.1 ist bis an die unbekleidete Wand zu messen.

Gem. 5.2.1 Abzug der Aussparung für die Grundfläche des offenen Kamins, da diese mit $0{,}50 \cdot 1{,}25 = 0{,}63\ m^2 > 0{,}1\ m^2$ ist, ferner Abzug der Aussparungen für die Pflanzlöcher, die im einzelnen mit $0{,}25\ m^2$ die Höchstgrenze für Abzüge von $0{,}1\ m^2$ überschreiten.

F des Terrassenbelages$= a \cdot b - 0{,}63 - 2 \times 0{,}25 = \ldots\ m^2$.

Gem. 0.5.1.3 Abrechnung der Wandbekleidung mit Naturwerksteinplatten nach Flächenmaß.

Gem. 5.1.1.1 gelten für Bekleidungen die Maße der zu bekleidenden Flächen bis zu den begrenzenden Bauteilen.

Gem. 5.2.1 Abzug der Aussparung für die Kaminöffnung, die mit $0{,}70\ m^2 > 0{,}1\ m^2$ ist.

F der Wandbekleidung$= (b + 2 \cdot 0{,}50)h - 0{,}70 = \ldots\ m^2$.

Bild 7 Säulenkapitell als Einzelstück

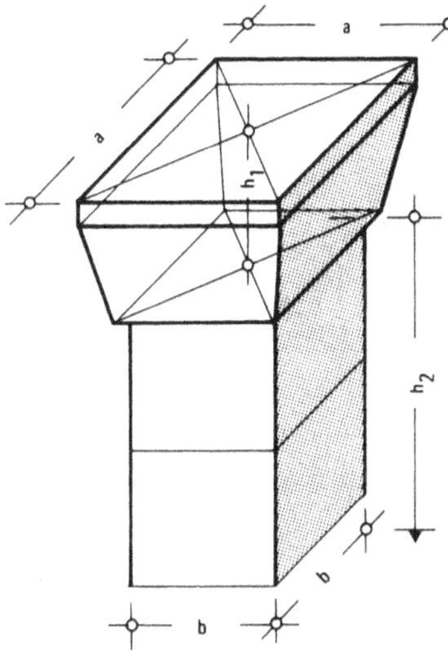

Gem. 0.5.4.6 Abrechnung des Säulenkapitells, Größe $a \cdot a \cdot h_1$, als Einzelwerkstück zum Stückpreis.

Falls der Säulenschaft aus Quadermauerwerk hergestellt und gem. 0.5.2.2 nach Raummaß abgerechnet wird, kann auch das Kapitell nach Raummaß gem. 5.1.4 abgerechnet werden. Als Berechnungsgrundlage für das Kapitell gilt dann das Raummaß des kleinstumschriebenen rechtwinkligen Körpers.

V des Säulenschafts $= b \cdot b \cdot h_2 = \ldots\ m^3$.

V des Kapitells $= a \cdot a \cdot h_1 = \ldots\ m^3$.

Bild 8 Naturwerksteinstufen mit schrägen Sockelplatten

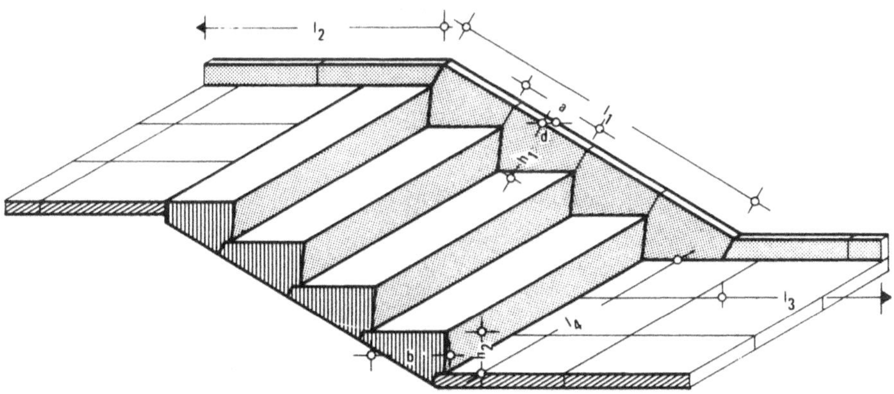

Gem. 0.5.3.11 bzw. 0.5.4.9 Abrechnung der schrägen Sockelplatten (Bischofsmützen) nach Längenmaß, gemessen an der oberen Kante, oder nach Anzahl.

Bei Abrechnung nach Längenmaß ist

L der schrägen Sockelplatten $= l_1 = \ldots$ m.

Gem. 0.5.3.11 Abrechnung der waagerechten Sockelleisten nach Längenmaß. Gem. 5.1.2 wird die größte Länge gerechnet, die sich bei zusammengesetztem Sockel aus der Summe der Längen der einzelnen Stücke einschließlich der Fugenbreiten ergibt.

L der waagerechten Sockelleisten $= l_2 + l_3 = \ldots$ m.

Gem. 0.5.3.12 bzw. 0.5.4.9 Abrechnung der Stufen aus Naturwerkstein nach Längenmaß oder Anzahl.

Bei Abrechnung nach Längenmaß ist die Länge der einzelnen Stufen zu addieren.

L der Stufen $= 4 \cdot l_4 = \ldots$ m.

Bild 9 Naturwerksteinstufen mit abgetreppten Sockelplatten

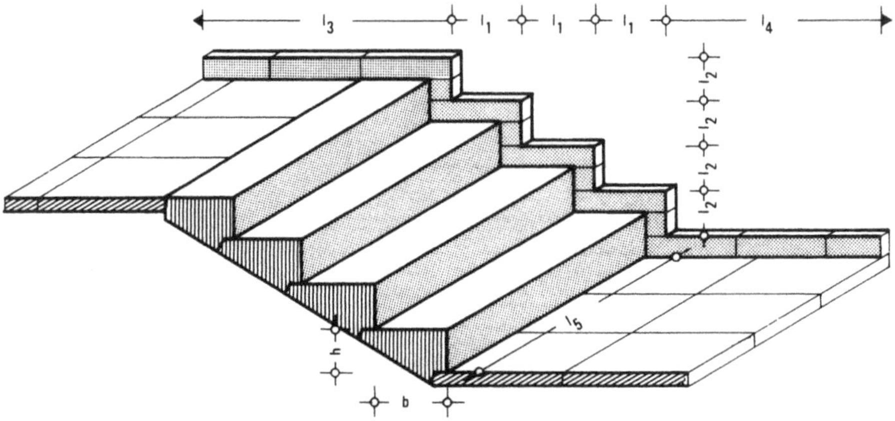

Gem. 0.5.3.11 bzw. 0.5.4.9 Abrechnung der abgetreppten Sockelplatten nach Längenmaß, abgewinkelt gemessen, oder nach Anzahl der einzelnen Sockelplatten. Bei Abrechnung von Längenmaß ist die größte Länge in der Abwicklung zu messen.

L der abgetreppten Sockelplatten=3 · l_1+4_2=... m.

Gem. 0.5.3.12 bzw. 0.5.4.9 Abrechnung der Stufen aus Naturwerkstein nach Längenmaß oder Anzahl. Bei Abrechnung nach Längenmaß ist gem. 5.1.2 die größte Länge zu ermitteln, die sich aus der Summe der Längen der einzelnen Stufen ergibt. L der Stufen=4 · l_5=... m.

Gem. 0.5.3.11 Abrechnung der waagerechten Sockelplatten nach Längenmaß. Gem. 5.1.2 wird die größte Länge gerechnet, die sich aus der Summe der Längen der einzelnen Stücke einschließlich der Fugenbreiten ergibt. L der waagerechten Sockelplatten=l_3+l_4=... m.

Bild 10 Abgewinkelte Eingangsstufen aus Naturwerkstein

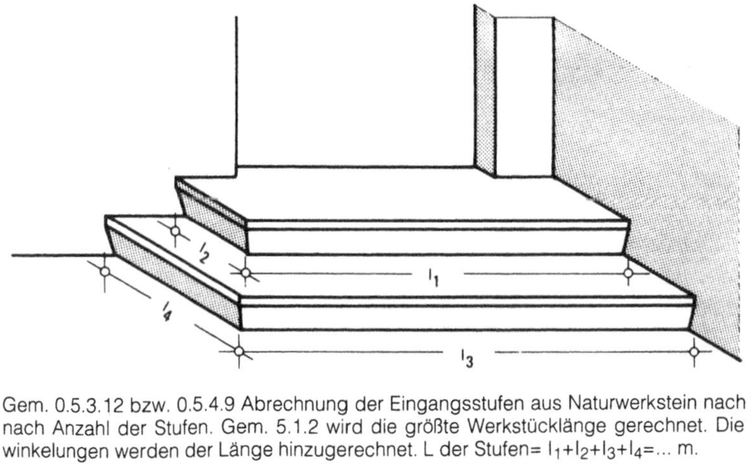

Gem. 0.5.3.12 bzw. 0.5.4.9 Abrechnung der Eingangsstufen aus Naturwerkstein nach Längenmaß oder nach Anzahl der Stufen. Gem. 5.1.2 wird die größte Werkstücklänge gerechnet. Die bearbeiteten Abwinkelungen werden der Länge hinzugerechnet. L der Stufen= l_1+l_2+l_3+l_4=... m.

VOB Teil C:
Allgemeine Technische Vertragsbedingungen für Bauleistungen (ATV)
Betonwerksteinarbeiten – DIN 18333
Ausgabe Juni 1996

1 Geltungsbereich

1.1 Die ATV »Betonwerksteinarbeiten« – DIN 18333 – gilt für das Einbauen, Verlegen und Versetzen von Betonwerkstein.

1.2 Die ATV DIN 18333 gilt nicht für

- Beläge aus Gehwegplatten und Pflastersteinen aus Beton (siehe ATV DIN 18318 »Verkehrswegebauarbeiten; Pflasterdecken, Plattenbeläge, Einfassungen«),
- das Herstellen von Bauteilen aus bewehrtem oder unbewehrtem Beton (siehe ATV DIN 18331 »Beton- und Stahlbetonarbeiten«).

1.3 Ergänzend gelten die Abschnitte 1 bis 5 der ATV DIN 18299 »Allgemeine Regelungen für Bauarbeiten jeder Art«. Bei Widersprüchen gehen die Regelungen der ATV DIN 18333 vor.

Abrechnungseinheiten

Gem. 0.5 sind im Leistungsverzeichnis die Abrechnungseinheiten wie folgt vorzusehen:

0.5.1 – Flächenmaß (m^2), getrennt nach Bauart und Maßen, für
0.5.1.1 – Bodenbeläge,
0.5.1.2 – Wandbekleidungen,
0.5.1.3 – Werkstücke, siehe auch 0.5.2.1, 0.5.3.1 und 0.5.4.1,
0.5.1.4 – nachträgliche Oberflächenbehandlung,
0.5.2 – Raummaß (m^3), getrennt nach Bauart und Maßen, für
0.5.2.1 – Werkstücke, siehe auch 0.5.1.3, 0.5.1.10 und 0.5.4.1,
0.5.3 – Längenmaß (m), getrennt nach Bauart und Maßen, für
0.5.3.1 – Gesimse,
0.5.3.2 – Profilbänder,
0.5.3.3 – Sockel, jedoch abgetreppte Sockel je Stufe gem. 0.5.4.4 sowie schräge Sockel (Bischofsmützen) nach Anzahl,
0.5.3.4 – Kehlen,
0.5.3.5 – abgerundete Kanten,
0.5.3.6 – Treppenstufen und Treppenwangen, siehe auch 0.5.4.3,
0.5.3.7 – Fensterbänke, siehe auch 0.5.4.2,
0.5.3.8 – Mauerabdeckplatten,
0.5.3.9 – Einfassungen,
0.5.3.10 – Werkstücke, siehe auch 0.5.1.3, 0.5.2.1 und 0.5.4.1,
0.5.3.11 – Schließen von Fugen,
0.5.3.12 – Schrägschnitte,
0.5.3.13 – bearbeitete Köpfe und Verkröpfungen, siehe auch 0.5.4.6.
0.5.4 – Anzahl (Stück), getrennt nach Bauart und Maßen, für
0.5.4.1 – Werkstücke, z.B. Mülltonnenschränke, siehe auch 0.5.1.3, 0.5.2.1 und 0.5.3.10,
0.5.4.2 – Fensterbänke (innen und außen), siehe auch 0.5.3.7,
0.5.4.3 – Treppenstufen und Treppenwangen, siehe auch 0.5.3.6,

0.5.4.4 – abgetreppte Sockel je Stufe, siehe auch 0.5.3.3,
0.5.4.5 – schräge Sockel (Bischofsmützen), siehe auch 0.5.3.3,
0.5.4.6 – bearbeitete Köpfe und Verkröpfungen, siehe auch 0.5.3.13,
0.5.4.7 – Fensterumrahmungen,
0.5.4.8 – Türumrahmungen,
0.5.4.9 – Säulen,
0.5.4.10 – Pfeiler und Pfeilervorlagen,
0.5.4.11 – Aussparungen für Rohrdurchführungen,
0.5.4.12 – Dübel, Geländerpfosten, Bodeneinläufe und dergleichen,
0.5.4.13 – Gehrungen.

Mit diesen Hinweisen soll erreicht werden, daß gleiche Leistungen stets mit den gleichen Abrechnungseinheiten versehen werden, um so die Kostenermittlung zu erleichtern, weil häufig auf bereits früher ermittelte Kostenwerte zurückgegriffen werden kann. Bemerkenswert ist, daß mitunter für die gleiche Leistung verschiedene Abrechnungseinheiten zur Wahl vorgesehen sind, womit gebräuchlich gewordene Abrechnungseinheiten ihre Berücksichtigung finden.

5 Abrechnung

Ergänzend zu ATV DIN 18299 Abschnitt 5 gilt:

5.1 Allgemeines

5.1.1 Der Ermittlung der Leistung – gleichgültig, ob sie nach Zeichnungen oder nach Aufmaß erfolgt – sind zugrunde zu legen:

5.1.1.1 bei Innen-Wandbekleidungen und Bodenbelägen

- auf Flächen mit begrenzenden Bauteilen die Maße der zu bekleidenden bzw. zu belegenden Flächen bis zu den begrenzenden, ungedämmten bzw. unbekleideten Bauteilen,
- auf Flächen ohne begrenzende Bauteile die Maße der zu bekleidenden bzw. zu belegenden Flächen,

Soweit es sich bei Flächen mit begrenzenden Bauteilen um Maße aus Zeichnungen handelt, sind es gem. DIN 18201 deren Nennmaße (Sollmaße). Sind Zeichnungen mit solchen Maßen nicht vorhanden, muß die Leistung durch Aufmaß ermittelt werden. Die Maße müssen bis zu den begrenzenden Bauteilen gemessen werden, ohne daß eine etwaige Dämmung oder Bekleidung dieser Bauteile berücksichtigt werden darf.

Auf Flächen, die nicht von Bauteilen begrenzt werden, z.B. Terrassen im Freien, gelten die tatsächlichen Maße der zu belegenden Fläche.

5.1.1.2 bei Wandbekleidungen, die an Stehsockel, Kehlsockel, Kehlleisten oder ausgerundeten Ecken als Sockel anschließen oder unmittelbar auf den Bodenbelag aufsetzen, das Maß ab Oberseite Sockel oder Oberseite Bodenbelag.

Schließen Innen-Wandbekleidungen an Sockel an, so gilt das Maß bis Oberseite Sockel. Ist kein Sockel vorhanden und schließt die Wandbekleidung unmittelbar an den Bodenbelag an, so gilt das Maß bis Oberfläche Bodenbelag. In jedem Fall ist die tatsächliche Leistung zu messen. Die Vorschriften gem. 5.1.1.1 und 5.1.1.2 bringen eine bedeutende Abrechnungsvereinfachung. Diese besteht neben dem Vorteil, daß sich bei geeigneten Zeichnungen das Messen sehr erleichtert, darin, daß Massenermittlungen verwendet werden können, die aus anderen Abrechnungen bekannt sind.

5.1.1.3 bei Fassaden die Maße der Bekleidung.

Diese Art des Messens kann nur dann nach Zeichnungen erfolgen, wenn detaillierte Pläne vorhanden sind, aus denen die Dicke der Bekleidung und etwaiger Unterkonstruktionen zu ersehen ist. Das Maß der Fassadenbekleidung ist in der Breite in jedem Fall größer als das der zu bekleidenden Wandfläche.

5.1.2 Bei Abrechnung nach Längenmaß wird die größte Bauteil bzw. Werkstücklänge gerechnet. Bei zusammengesetzten Werkstücken ergibt sich die Gesamtlänge aus der Summe der Längen der einzelnen Werkstücke einschließlich der Fugenbreiten.

Die Abrechnung nach Längenmaß ist nur für Bauteile zweckmäßig und geeignet, deren Abmessungen durch das Längenmaß bestimmt werden, z.B. für Gesimse, Sockel, Kehlen, Treppenwangen und Treppenstufen, Fensterbänke, Mauerwerksabdeckungen, Einfassungen. Es wird die größte Werkstückslänge gerechnet, bei zusammengesetzten Bauteilen die Summe der Längen der einzelnen Werkstükke einschließlich der Fugenbreiten. Bild 2.

Die Länge bearbeiteter Köpfe von Werkstücken wird der Werkstückslänge hinzugerechnet.

5.1.3 Bei Abrechnung nach Flächenmaß werden Fugen übermessen, bearbeitete Leibungen und bearbeitete sichtbare Stirnflächen hinzugerechnet. Bei Einzelwerkstücken wird die Fläche des kleinstumschriebenen Rechtecks gemessen.

Grundlage für die Abrechnung von Bekleidungen an Wänden, Deckenuntersichten u.ä. sind gem. DIN 18201 die Nennmaße der zu bekleidenden Flächen. Aussparungen für Öffnungen, z.B. für kleine Fenster, Leitungsdurchführungen, werden bis zu 0,1 m^2 Einzelgröße nicht abgezogen.

Grundlage für die Abrechnung von Bodenbelägen, die an Bauteile angrenzen, ist die zu belegende Fläche, wobei bis an die Oberfläche der begrenzenden Bauteile, d.h bis an die ungeputzte bzw. unbekleidete Wand, Brüstung oder dergleichen zu messen ist. Werden Bodenbeläge nicht durch Bauteile begrenzt, sind ihre tatsächlichen Abmessungen maßgebend. Vgl. 5.1.1.1 mit Erläuterung. Alle Fugen werden der Fläche hinzugerechnet, d.h. sie werden übermessen. In jedem Falle, ob Aussparungen abzuziehen sind oder nicht, werden bearbeitete Leibungen der Fläche zugerechnet, das gilt auch für alle bearbeiteten Stirnflächen, sofern sie sichtbar bleiben. Einzelne Werkstücke, z.B. Wandtafeln, Zierstücke über Öffnungen, werden nach dem kleinsten umschriebenen Rechteck bemessen (Bild 1).

5.1.4 Bei Abrechnung nach Raummaß gelten die Maße des kleinsten umschriebenen Quaders ohne Abzug etwaiger Dämmschichten, Aussparungen und Fugen.

Nach Raummaß werden nur größere Werkstücke, z.B. Balkonbrüstungen, Sohlbänke mit angearbeiteten Pflanzkästen, abgerechnet. Solche Werkstücke können jedoch auch nach Flächenmaß, Längenmaß oder Anzahl abgerechnet werden. Entscheidend ist, welche Abrechnungseinheit am zweckmäßigsten ist. Der Auftraggeber muß seine Wahl bereits bei der Aufstellung der Ausschreibungsunterlagen treffen (Bild 8, 9).

5.2 Es werden abgezogen:

5.2.1 bei Abrechnung nach Flächenmaß (m^2) Aussparungen und Öffnungen über 0,1 m^2 Einzelgröße.

5.2.2 bei Abrechnung nach Längenmaß Unterbrechungen über 1 m Einzellänge.

Zu 0.5.1.2:
Bei Bodenbelägen, die von aufgehenden Bauteilen, z.B. Wänden, Brüstungen, begrenzt werden, ist die zu belegende Fläche bis an diese Bauteile zu messen, ohne daß ein etwa vorhandener Putz oder eine Plattenbekleidung an diesen Bauteilen vom Flächenmaß abgezogen wird. Wenn Bodenbeläge nicht durch Bauteile begrenzt werden, d. h. wenn sie frei enden, gelten die tatsächlichen Abmessungen.
Bei Wandbekleidungen bilden die Konstruktionsmaße der zu bekleidenden Flächen die Grundlagen zur Feststellung der Leistung; vgl. 5.1.1.1 mit Erläuterung. Die bei dieser Regelung nicht ganz genaue Leistungsermittlung wird zugunsten der damit verbundenen Abrechnungsvereinfachung in Kauf genommen. Der Auftragnehmer muß jedoch bei seiner Preisbildung berücksichtigen, daß bei einspringenden Ecken infolge der Doppelberechnung der Plattendurchdringung und wegen der Fugendicke sowie etwaiger Dämmschichten ein größeres Flächenmaß gegenüber der tatsächlichen Leistung erzielt wird, während sich bei ausspringenden Ecken ein entsprechend kleineres Flächenmaß ergibt (Bilder 1, 4, 5).

Zu 0.5.1.3, 0.5.3.10 und 0.5.4.1:
Siehe die Erläuterung zu 0.5.1.1 (Bild 9).

Zu 0.5.1.4:
Nach dieser ATV ist die nachträgliche Oberflächenbehandlung als Besondere Leistung abzurechnen. Abrechnungseinheit ist das Flächenmaß. 5.1.4 und 5.2.1 sind zu beachten.

ZU 0.5.2.1:
Bei Abrechnung einzelner Werkstücke kann der Auftraggeber zwischen allen vier Abrechnungseinheiten wählen. Er muß sich jedoch bereits bei der Ausarbeitung der Verdingungsunterlagen für eine davon entscheiden. Bestimmend für die Wahl sind Form und Abmessungen des Werkstücks. 5.1.2, 5.1.4 und 5.1.5 sind zu beachten (Bilder 8, 9).

Zu 0.5.3.1 und 0.5.3.4:
Bauteile aus Betonwerkstein wie Gesimse, Profilbänder, gerade Sockel und Kehlen, bei denen die Länge für die Abrechnung bestimmend ist, werden nach Längenmaß abgerechnet. Gem. 5.1.2 wird die größte Bauteillänge gerechnet. Bei zusammengesetzten Werkstücken ergibt sich die Gesamtlänge aus der Summe der Längen der einzelnen Werkstücke einschließlich der Fugenbreiten. 5.2.2 ist zu beachten (Bilder 3, 4).

Zu 0.5.3.5:
Nach dieser ATV ist das Ausbilden von ausgerundeten Ecken, abgerundeten Kanten und Kehlen als Besondere Leistung abzurechnen. Dabei sind 5.1.2 und 5.2.1 zu beachten (Bild 5).

Zu 0.5.3.6:
Treppenstufen und Treppenwangen können wahlweise nach Längenmaß und nach Anzahl abgerechnet werden. Der Auftraggeber muß sich zu der einen oder anderen

Abrechnungseinheit bei der Aufstellung der LB entscheiden. Bei der Abrechnung nach Längenmaß sind 5.1.2 und 5.2.2 zu beachten (Bilder 3 und 6).

Zu 0.5.3.7:
Fensterbänke können wahlweise nach Längenmaß oder nach Anzahl abgerechnet werden. Bei Abrechnung nach Längenmaß wird gem. 5.1.2 die größte Bauteillänge gerechnet. Bei zusammengesetzten Werkstücken ergibt sich die Gesamtlänge aus der Summe der Werkstückteile zuzüglich der Fugenbreiten.

Zu 0.5.3.8, 0.5.3.13 und 0.5.4.6:
Mauerabdeckplatten sind nach Längenmaß gem. 5.1.2 abzurechnen. Sind bearbeitete Köpfe oder Verkröpfungen mit der Herstellung von Abdeckungen abzurechnen, so ist die Abrechnung gesondert nach Anzahl vorzunehmen. Bei Abrechnung nach Längenmaß sind die betreffenden Werkstücke in der Abwicklung zu rechnen. 5.2.2 ist zu beachten.

Zu 0.5.3.9:
Einfassungen sind gem. 5.1.2 nach Längenmaß abzurechnen. Die größte Bauteillänge ist bei einspringenden Ecken an der Hinterkante, bei ausspringenden Ekken an der Vorderkante zu messen. 5.2.2 ist zu beachten.

Zu 0.5.3.10:
Siehe die Erläuterung zu 0.5.2.1 (Bild 9).

Zu 0.5.3.11:
Nach dieser ATV ist das Ausbilden, Schließen und-/oder Abdecken von Bewegungs- und Anschlußfugen als Besondere Leistung abzurechnen. Es gelten 5.1.2 und 5.2.2.

Zu 0.5.3.12:
Nach dieser ATV ist das Herstellen von Gehrungen und Schrägschnitten als Besondere Leistung abzurechnen.

Zu 0.5.3.13:
Siehe die Erläuterung zu 0.5.3.8.

Zu 0.5.4.1:
Siehe die Erläuterung zu 0.5.2.1 (Bild 9).

Zu 0.5.4.2:
Siehe die Erläuterung zu 0.5.3.7 (Bild 7).

Zu 0.5.4.3:
Siehe die Erläuterung zu 0.5.3.6 (Bild 3).

Zu 0.5.4.4:
Abgetreppte Sockelplatten werden der Einfachheit halber nach der Stückzahl abgerechnet. Eine Abrechnung nach Längenmaß ist nicht vorgesehen (Bild 6).

Zu 0.5.4.5:
Bei abgeschrägten Sockelplatten (Bischofsmützen) folgt die obere Kante des Sockels geradlinig dem Verlauf eines von der Horizontalen abweichenden Bauteils, z.B. dem Anstieg eines Treppenlaufs oder einer Rampe. Abrechnungseinheit ist die Anzahl. Das Längenmaß ist als Abrechnungseinheit nicht vorgesehen (Bilder 3).

Zu 0.5.4.6:
Siehe die Erläuterung zu 0.5.3.13.

Zu 0.5.4.7 und 0.5.4.8:
Fensterumrahmungen und Türumrahmungen sind nach der Anzahl abzurechnen. Eine Abrechnung nach Längenmaß ist nicht vorgesehen (Bild 7).

Zu 0.5.4.9 und 0.5.4.10:
Säulen, Pfeiler und Pfeilervorlagen werden nach Anzahl abgerechnet. Abrechnung nach Raummaß oder Längenmaß kommt nur in Betracht, wenn diese Bauteile aus einzelnen Werkstücken hergestellt sind (Bild 7).

Zu 0.5.4.11 und 0.5.4.12:
Nach dieser ATV ist das Herstellen von Löchern und Aussparungen für Rohrdurchführungen, Dübel, Geländerpfosten, Bodeneinläufe und dergleichen als Besondere Leistung abzurechnen. Die Abrechnung erfolgt nach der Anzahl.

Zu 0.5.4.13:
Nach dieser ATV gehört das Herstellen von Gehrungen und Schrägschnitten zu den Besonderen Leistungen, die eines Ansatzes in der LB bedürfen.

Bild 1 Bemessung von Bodenbelägen und Wandbekleidungen

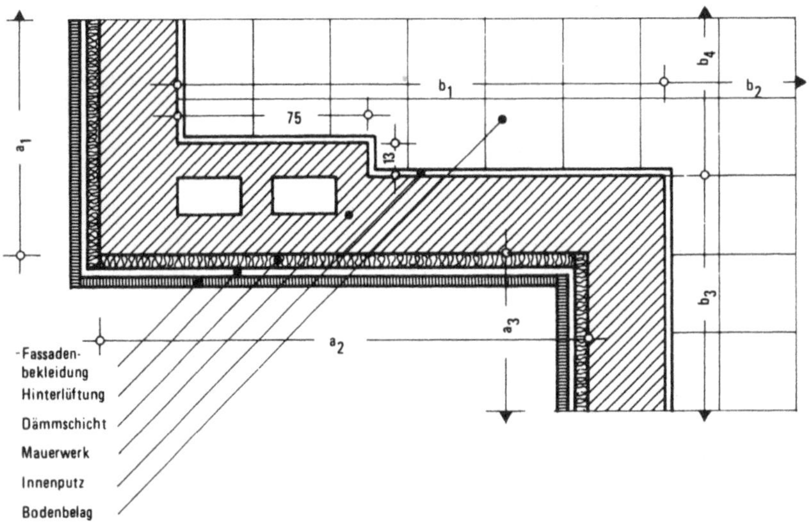

Gem. 0.5.1.1 und 0.5.1.2 Abrechnung der Bodenbeläge und Wandbekleidungen nach Flächenmaß.

Gem. 5.1.1.1 gelten für Wandbekleidungen die Nennmaße der zu bekleidenden Flächen, für Bodenbeläge die zu belegende Fläche bis zu den begrenzenden, ungeputzten bzw. unbekleideten Bauteilen. Gem. 5.1.4 wird die Aussparung für die Schornsteinvorlage, die mit 0,75 · 0,13=0,10 m² ist, nicht abgezogen.

F der Wandbekleidung=$(a_1+a_2+a_3)$ · Höhe=... m².

F des Bodenbelages=$b_1 \cdot b_4+(b_3+b_4) \cdot b_2$=... m².

Bild 2 Gesims aus Betonwerkstein

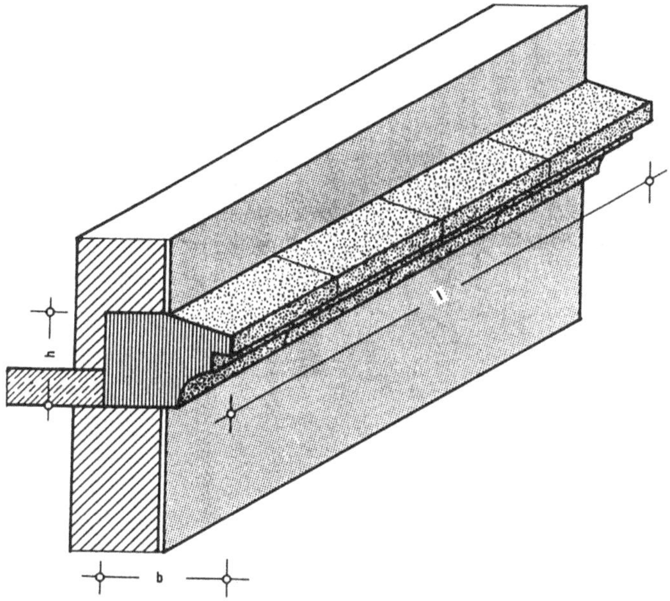

Gem. 0.5.3.1 Abrechnung des Gesimses aus Betonwerkstein nach Längenmaß.

Gem. 5.1.2 wird bei Abrechnung nach Längenmaß die größte Werkstücklänge gerechnet. Sie ergibt sich bei dem aus einzelnen Werkstücken zusammengesetzten Gesims aus der Summe der einzelnen Längen einschließlich der Fugenbreite.

L des Gesimses=l=... m.

Bild 3 Betonwerksteinstufen mit schrägem Sockel

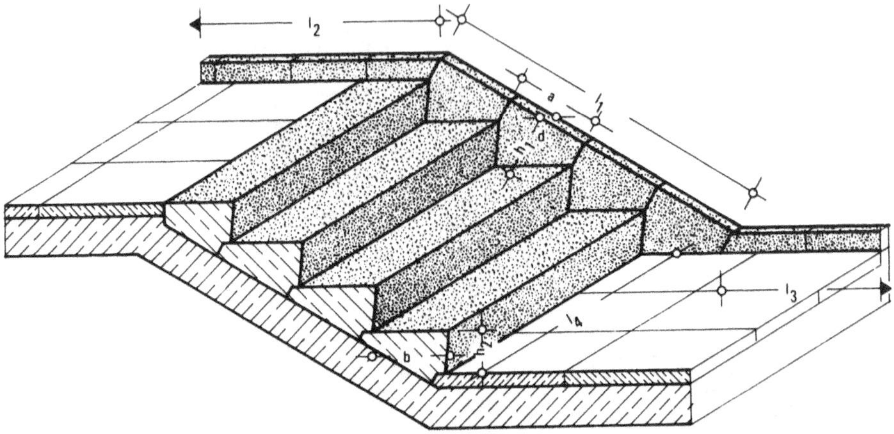

Gem. 0.5.3.3 Abrechnung des geraden, waagerechten Sockels nach Längenmaß.

Gem. 5.1.2 wird die größte Länge gerechnet. Sie ergibt sich bei dem zusammengesetzten Sockel aus der Summe der Längen der einzelnen Stücke einschließlich der Fugenbreiten.

L des geraden, waagerechten Sockels=l_2+l_3=... m.

Gem. 0.5.3.6 Abrechnung der Treppenstufen nach Längenmaß. Die Länge der einzelnen Stufen ist zu addieren.

L der Stufen=4 · l_4=... m.

Gem. 0.5.4.5 Abrechnung der Bischofsmützen nach Anzahl.

4 Stück Bischofsmützen Größe a · h_1 · d, zweischichtiger Betonwerkstein.

Gem. 0.5.4.3 Abrechnung der Treppenstufen auch nach Anzahl.

4 Stück Treppenstufen, Länge=l_4, Trittbreite=b, Höhe=h_2, zweischichtiger Betonwerkstein.

Bild 4 Wandbekleidung mit oberem Kehlabschluß

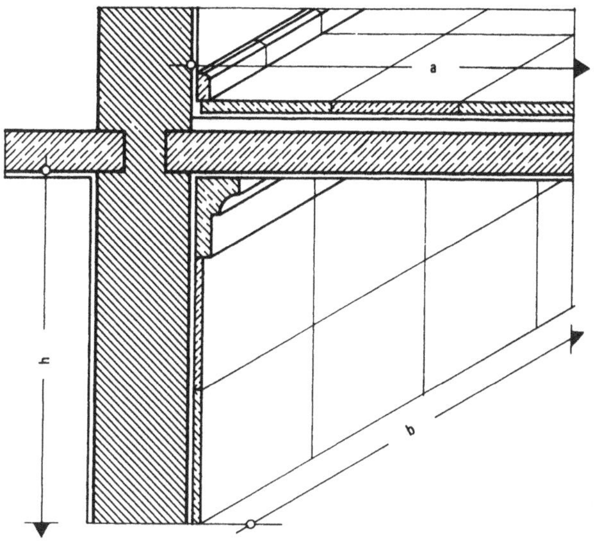

Gem. 0.5.3.4 Abrechnung des oberen Kehlabschlusses nach Längenmaß. Die Länge ist gleich der Breite der zu bekleidenden Wand; gem. 5.1.1.1 gelten deren Nennmaße.

L der Kehle=b=... m.

Gem. 0.5.1.2 Abrechnung der Wandbekleidung nach Flächenmaß. Die Kehle wird der Wandbekleidung nicht zugerechnet.

F der Wandbekleidung=b · h abzüglich oberem Kehlabschluß=... m².

Gem. 0.5.1.1 Abrechnung des Bodenbelages nach Flächenmaß. Gem. 5.1.1.1 wird die zu belegende Fläche bis zur ungeputzten Wand gerechnet.

F des Bodenbelages=a · b=... m².

Gem. 0.5.3.3 Abrechnung des geraden, waagerechten Sockels nach Längenmaß.

Gem. 5.1.2 wird die größte Länge gerechnet. Sie ergibt sich beim zusammengesetzten Sockel aus der Summe der Längen aller Einzelstücke einschließlich der Fugenbreiten. Bei einspringenden Ecken ergibt sich die größte Länge an der hinteren Kante.

L des geraden, waagerechten Sockels=b=... m.

Bild 5 Wandbekleidung mit ausgerundeter Ecke

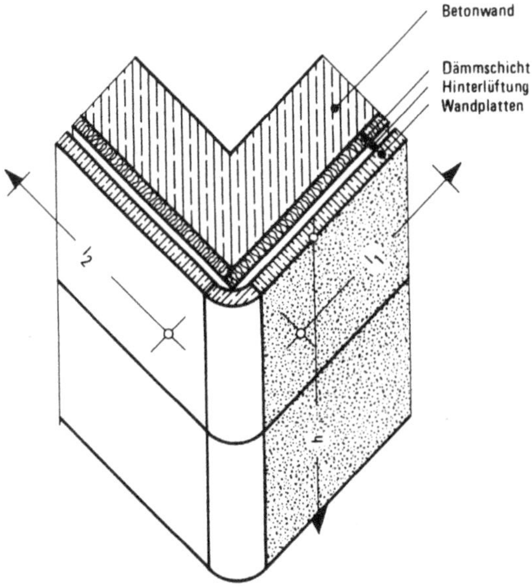

Gem. 0.5.3.5 Abrechnung der ausgerundeten Ecke der Wandbekleidung nach Längenmaß. Die Länge ist gleich der Höhe der Wandbekleidung. Für die Wandbekleidung gelten gem. 5.1.1.1 die Nennmaße der zu bekleidenden Bauteile.

L der ausgerundeten Ecke=h=... m.

Gem. 0.5.1.2 Abrechnung der Wandbekleidung nach Flächenmaß. Es gelten gem. 5.1.1.1 die Nennmaße der zu bekleidenden Bauteile.

F der Wandbekleidung=$(l_1+l_2) \cdot h$=... m^2.

Bild 6 Stufen mit abgetrepptem Sockel

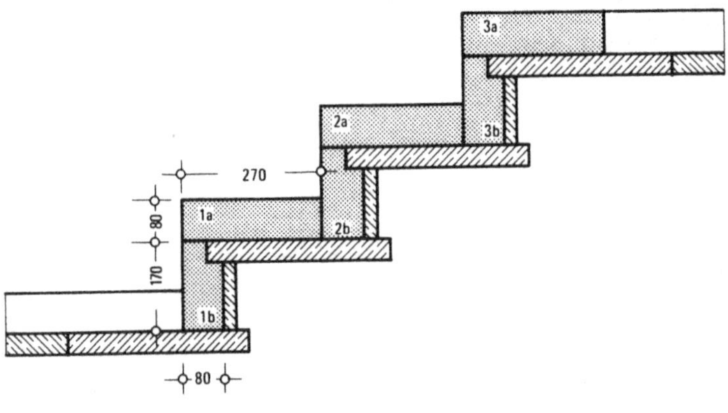

Gem. 0.5.4.4 Abrechnung des abgetreppten Sockels je Stufe nach Anzahl. Der Sockel besteht je Stufe aus zwei Stücken, dem waagerechten Stück mit den Abmessungen 270/80/40 mm und dem senkrechten Stück mit den Abmessungen 170/80/40 mm. Beide Stücke gelten für die Abrechnung als eine Einheit. Die Anzahl der Einheiten entspricht der Zahl der Stufen.

Bild 7 Außenwand mit Bauteilen aus Betonwerkstein

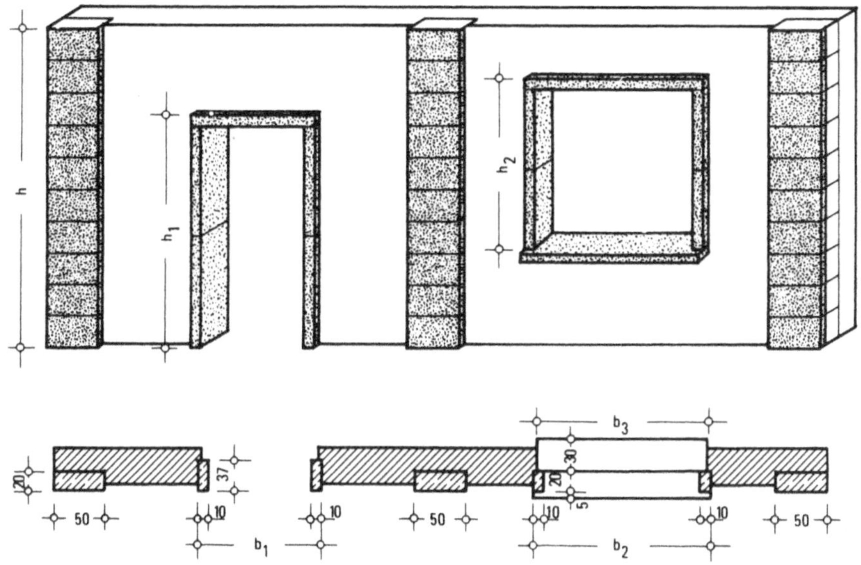

Gem. 0.5.4.8 Abrechnung der Türumrahmung zum Stückpreis. Abmessungen der Türumrahmung: Höhe=h_1, Breite=b; Abmessungen des Betonwerksteins: 37/10 cm.
Gem. 0.5.4.7 Abrechnung der Fensterumrahmung zum Stückpreis.
Abmessungen der Fensterumrahmung: Höhe=h_2, Breite=b_2;
Abmessungen des Betonwerksteins: 20/10 cm.
Gem. 0.5.4.2 Abrechnung der äußeren Fensterbank zum Stückpreis.
Abmessungen der äußeren Fensterbank: Länge=b_2, Breite=25 cm, Dicke=8 cm.
Fensterbänke können gem. 0.5.3.7 auch nach Längenmaß abgerechnet werden.
L der äußeren Fensterbank=b_2=... m.
Gem. 0.5.4.2 Abrechnung der inneren Fensterbank zum Stückpreis.
Abmessungen der inneren Fensterbank: Länge=b_3, Breite=30 cm, Dicke=8 cm.
Gem. 0.5.4.10 Abrechnung der Pfeilervorlagen nach Anzahl.
Abmessungen der Pfeiler: Höhe=h, Breite=50 cm, Dicke=20 cm.
Anzahl=3 Stück.

Bild 8 Pfeilerkapitell aus Betonwerkstein

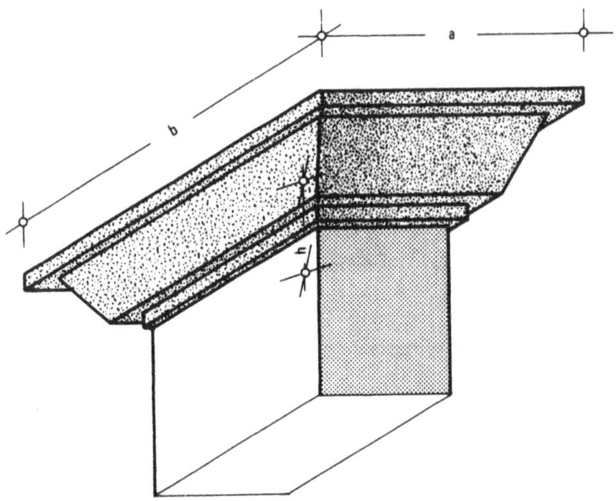

Gem. 0.5.2.1 Abrechnung des Pfeilerkapitells als größeres Werkstück nach Raummaß, Flächenmaß, Längenmaß oder zum Stückpreis.

Bei Abrechnung nach Längenmaß wird gem. 5.1.2 die größte Werkstücklänge gerechnet. Die bearbeiteten Köpfe werden mit ihren abgewickelten Längen dem Längenmaß zugerechnet.

L des Pfeilerkapitells=2b+a=... m.

Bei Abrechnung nach Flächenmaß ist die obere Fläche des Werkstücks für die Berechnung bestimmend.

F des Pfeilerkapitells=a · b=... m^2.

Bei Abrechnung nach Raummaß gelten gem. 5.1.4 die Abmessungen des kleinsten umschriebenen Quaders.

V des Pfeilerkapitells=a · b · h=... m^3.

Bild 9 Balkonbrüstung aus Betonwerkstein

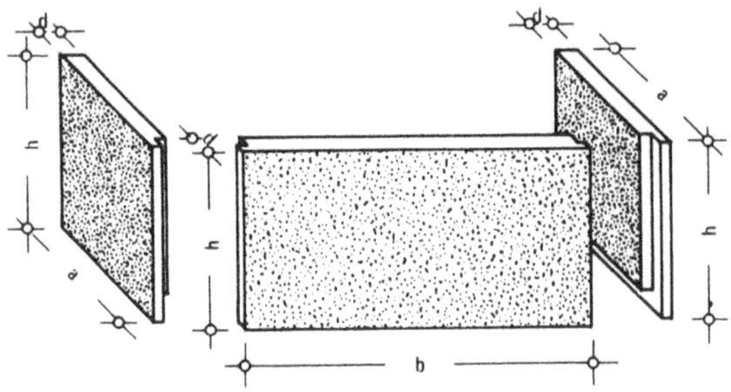

Gem. 0.5.2.1, 0.5.1.3, 0.5.3.10 und 0.5.4.1 Abrechnung der Balkonbrüstung nach Raummaß, Flächenmaß, Längenmaß oder Anzahl.

Bei Abrechnung nach Raummaß gelten gem. 5.1.4 die Abmessungen der kleinsten umschriebenen Quader. Die Ausklinkungen werden deshalb nicht abgezogen.
V aller Brüstungsteile=2a · h · d+b · h · d=... m^3.

Bei Abrechnung nach Flächenmaß ist
F aller Brüstungsteile=2a · h+b · h=... m^2.
Bei Abrechnung nach Längenmaß ist
L aller Brüstungsteile=2a+b=... m.

Abrechnung nach Anzahl:
2 Stück Seitenplatten, Größe=a/h/d;
1 Stück Frontplatte, Größe=b/h/d.

VOB Teil C:
Allgemeine Technische Vertragsbedingungen für Bauleistungen (ATV)
Zimmer- und Holzbauarbeiten – DIN 18334
Ausgabe Juni 1996

1 Geltungsbereich

1.1 Die ATV »Zimmer- und Holzbauarbeiten« – DIN 18334 – gilt für alle Konstruktionen des Holzbaues, des Ingenieurholzbaues und entsprechender trockener Bauweisen.

1.2 Die ATV DIN 18334 gilt nicht für

- Schalungsarbeiten bei Beton und Stahlbetonarbeiten (siehe ATV DIN 18331 »Beton- und Stahlbetonarbeiten«),
- Verbau bei Baugrubenarbeiten (siehe ATV DIN 18303 »Verbauarbeiten«),
- Parkettarbeiten (siehe ATV DIN 18356 »Parkettarbeiten«) und
- gestemmte Türen und Tore (siehe ATV DIN 18355 »Tischlerarbeiten«).

1.3 Ergänzend gelten die Abschnitte 1 bis 5 der ATV DIN 18299 »Allgemeine Regelungen für Bauarbeiten jeder Art«. Bei Widersprüchen gehen die Regelungen der ATV DIN 18334 vor.

5 Abrechnung

Gem. ATV DIN 18299 Abschn. 5 gilt allgemein:

Die Leistung ist aus Zeichnungen zu ermitteln, soweit die ausgeführte Leistung diesen Zeichnungen entspricht. Sind solche Zeichnungen nicht vorhanden, ist die Leistung aufzumessen.

Siehe hierzu die eingehende Erläuterung zu ATV DIN 18299 »Allgemeine Regelungen für Bauarbeiten jeder Art«.

Abrechnungseinheiten

Gem. 0.5 sind im Leistungsverzeichnis die Abrechnungseinheiten wie folgt vorzusehen:

0.5.1 Flächenmaß (m^2), getrennt nach Bauart und Maßen, für
0.5.1.1 – Wände, Böden, Verschläge,
0.5.1.2 – Bekleidungen, Schalungen, Lattungen, Unterkonstruktionen,
0.5.1.3 – vorgefertigte Flächenbauteile, Vorsatzschalen,
0.5.1.4 – Dämmungen, Dampf- und Windsperren; an Balkenköpfen nach Anzahl,
0.5.1.5 – Holzschindeldeckungen,
0.5.1.6 – Füllungen in Treppengeländern,
0.5.1.7 – Oberflächenbearbeitungen, z.B. Hobeln, Schleifen; an Sparren nach Anzahl,
0.5.1.8 – Holzschutz; auch nach Raummaß, Längenmaß und Anzahl,
0.5.2 Raummaß (m^2), getrennt nach Bauart und Maßen, für
0.5.2.1 – Liefern von Hölzern und Brettschichtholz für Verzimmerungen, wie Kanthölzer, Balken, Bohlen, Baurundhölzer,
0.5.2.2 – Holzschutz; auch nach Flächenmaß, Längenmaß und Anzahl,
0.5.3 Längenmaß (m), getrennt nach Bauart und Maßen, für
0.5.3.1 – Abbinden, Aufstellen oder Verlegen der Hölzer aus Abschn. 0.5.2,

0.5.3.2 – Liefern, Abbinden und Aufstellen oder Verlegen von zusammengesetzten, vorgefertigten, parallelgurtigen Holzbauteilen, z.B. Brettschichthölzer, hölzerne I-Träger; vorgefertigte Holzkonstruktionen auch nach Anzahl,
0.5.3.3 – Fasen und Profilieren von Holzkanten,
0.5.3.4 – Zuschnitte von Schalungen, Bekleidungen u.ä. an schrägen An- und Abschlüssen,
0.5.3.5 – Streifenschalungen und -bekleidungen an Firsten, Traufen, Kehlen, Ortgängen, Gesimsen, Attiken, Pfeilern, Stützen, Lisenen, Unterzügen, Rohrleitungen u.ä.,
0.5.3.6 – Streifendeckungen aus Holzschindeln an Firsten, Traufen, Ortgängen u.ä.,
0.5.3.7 – An- und Abschlüsse aus Profilhölzern oder Profilen anderer Werkstoffe,
0.5.3.9 – An- und Abschlüsse sowie Eckausbildungen bei Holzschindelbekleidungen,
0.5.3.8 – Fugenausbildungen und Fugenabdichtungen,
0.5.3.10 – Fuß- und Scheuerleisten, Verleistungen,
0.5.3.11 – Längenbauteile, z.B. Schwellen, Schienen, Leibungen,
0.5.3.12 – Sohlbänke, Umrahmungen, Überlagshölzer, Lagerhölzer,
0.5.3.13 – Abschottungen,
0.5.3.14 – Treppenbauteile, z.B. Wangen, Geländer, Handläufe,
0.5.3.15 – Sperrschichten unter Hölzern, z.B. unter Schwellen, Balken,
0.5.3.16 – Windverbände,
0.5.3.17 – Einfriedungen,
0.5.3.18 – Holzschutz; auch nach Flächenmaß, Raummaß und Anzahl.
0.5.4 Anzahl (Stück), getrennt nach Bauart und Maßen, für
0.5.4.1 – Schiftersparrenschnitte,
0.5.4.2 – Erschwernis zum Abbinden und Aufstellen-/Verlegen von Hölzern bei schwierigen Verzimmerungen, z.B. bei Türmen, Kuppeln, Dachgaupen, geschweiften Dachflächen, Grat- und Kehlsparren,
0.5.4.3 – Bearbeiten von Sparren-, Pfetten- und Balkenköpfen, z.B. Hobeln, Profilieren; Flächenbearbeitung nach Flächenmaß,
0.5.4.4 – Auswechselungen, z.B. an Kaminen, Treppen, Dachflächenfenstern, Dachausstiegen,
0.5.4.5 – Aufschieblinge, Keilhölzer und Gefälleteile,
0.5.4.6 – vorgefertigte Holzkonstruktionen, z.B. genagelte, gedübelte, geleimte oder anders verbundene Binder, Rahmen, Stützen, Unterzüge, Träger,
0.5.4.7 – Verstärkungen an Bauteilen, z.B. im Bereich von Aussparungen, Ausklinkungen, angeschnittenen Kassetten,
0.5.4.8 – Herstellen und-/oder Schließen von Öffnungen für Einbauteile, z.B. für Stützen, Türen, Fenster, Oberlichte, Leuchten, Gitter, Revisionsklappen, Installationseinrichtungen,
0.5.4.9 – Einsetzen von Einbauteilen, z.B. Dachflächenfenster, Dachausstiege, Einschubtreppen, Raumteiler, Lichtbänder, Fenster, Zargen, Installationseinrichtungen,
0.5.4.10 – Verschalungen und Bekleidungen an Schornsteinköpfen u.ä.,
0.5.4.11 – Türen, Tore, Laden, Schwellen u.ä.,
0.5.4.12 – Treppen und Treppenbauteile; Treppenbauteile, z.B. Wangen, Geländer, Handläufe auch nach Längenmaß,
0.5.4.13 – Beläge und Schutzabdeckungen je Stufe,
0.5.4.14 – Dämmungen und Sperren an Balkenköpfen; Flächendämmungen nach Flächenmaß,
0.5.4.15 – konstruktive Bauteile aus Stahl, z.B. Dübel, Bolzen, Verankerungen, Verbindungen, Abhänger, Abstandshalter, Konsolen,
0.5.4.16 – Holzschutz; auch nach Flächenmaß, Raummaß und Längenmaß.
0.5.5 Gewicht (kg), getrennt nach Bauart und Maßen, für
0.5.5.1 – konstruktive Bauteile aus Stahl, z.B. Verbindungen, Verankerungen, Gelenke, Knotenplatten, Stützenfüße.

Ergänzend zu ATV DIN 18299 Abschn. 5 gilt:

5.1 Allgemeines

5.1.1 Der Ermittlung der Leistung – gleichgültig, ob sie nach Zeichnungen oder nach Aufmaß erfolgt – sind zugrunde zu legen:

5.1.1.1 für verzimmerte Hölzer und Brettschichthölzer bei der Ermittlung des Raummaßes (m^3)
- die größte Länge einschließlich der Zapfen und anderer Holzverbindungen,
- der volle Querschnitt ohne Abzug von Auslinkungen, Aussparungen, Querschnittsschwächungen u.ä.

Gem. 5.1.1.1 wird zur Ermittlung des Raummaßes für das Liefern verzimmerter Hölzer und Brettschichthölzer die größte Länge einschließlich der Zapfen und anderer Holzverbindungen gemessen sowie der volle Querschnitt ohne Abzug von Ausklinkungen, Aussparungen, Querschnittsschwächungen u.ä. angesetzt. Der Rauminhalt wird aus der Länge und dem Querschnitt ermittelt.

Die Abrechnung erfolgt nicht nach den zum Einschnitt im Sägewerk aufgestellten Holzlisten, sondern gem. 5.1.1.1 für verzimmerte Hölzer nach deren Einbaumaßen. Dabei wird die Länge einschließlich der Zapfen, der überblatteten Stöße und anderer ineinandergreifender Verbindungen für jedes verzimmerte Stück voll gerechnet (Bilder 1 bis 5, 13, 16).

5.1.1.2 für Bekleidungen, leichte Unterdecken, Dachschalungen und Unterdächer, Schalungen, Lattungen, Verschläge, Böden, Dämmungen, Sperren, Unterkonstruktionen, Vorsatzschalen u.ä.
- auf Flächen ohne begrenzende Bauteile die Maße der zu schalenden, zu dämmenden bzw. zu bekleidenden Flächen,
- auf Flächen mit begrenzenden Bauteilen die Maße der zu belegenden Flächen bis zu den sie begrenzenden, ungeputzten, ungedämmten bzw. nicht bekleideten Bauteilen,
- bei Fassaden die Maße der Bekleidung.

Gem. 5.1.1.2 gelten für die Abrechnung von Bekleidungen, leichten Unterdecken, Dachschalungen und Unterdächer, Schalungen, Lattungen, Verschläge, Böden, Dämmungen, Sperren, Unterkonstruktionen, Vorsatzschalen u.ä. auf Flächen ohne begrenzende Bauteile die Maße der zu behandelnden Flächen, auf Flächen mit begrenzenden Bauteilen, die Maße der zu behandelnden Flächen bis zu den sie begrenzenden, ungeputzen, ungedämmten bzw. nicht bekleideten Flächen, also die Nennmaße, die in den Bauzeichnungen hierfür eingetragen sind.

Anders hingegen ist die Abrechnung bei Fassaden, wo das Fertigmaß der hergestellten Fläche zu messen ist.

Die Ermittlung der Leistung wird in diesem Fall durch örtliches Aufmaß erfolgen müssen, weil nur selten ausreichend detaillierte Pläne zur Verfügung stehen. Die Bekleidung der Fassaden ist, gemessen in der Horizontalen, stets größer als das Maß des bekleideten Wandbauteils.

5.1.1.3 für nichttragende Trennwände deren Maße bis zu den sie begrenzenden ungeputzten, ungedämmten bzw. nicht bekleideten Bauteilen,

Für nichttragende Trennwände gelten die gleichen Messungsvorschriften wie gem. 5.1.1.2 für Bekleidungen auf Flächen mit begrenzenden Bauteilen.

5.1.1.4 für verzimmerte Hölzer bei Abrechnung nach Längenmaß die größte Länge einschließlich der Holzverbindungen,

Abrechnungseinheit für das Abbinden, Aufstellen und Verlegen verzimmerter Hölzer ist das Längenmaß; es ist die größte Länge zu messen, wobei, z.B. bei Zapfenverbindungen, einschließlich des Zapfens zu messen ist.

5.1.1.5 für sonstige Bauteile die größten, gegebenenfalls abgewickelten Bauteillängen, dabei werden Fugen übermessen,

Für sonstige Leistungen, die nach Flächenmaß abgerechnet werden, z.B. An- und Abschlüsse aus Profilhölzern, Sohlbänke, Umrahmungen, ist die größte Länge zu messen, wobei Fugen mitzumessen sind. Um die größte Länge zu ermitteln, muß gegebenenfalls in der Abwicklung gemessen werden.

5.1.1.6 für konstruktive Stahlteile bei Abrechnung nach Gewicht das nach Abschnitt 5 der ATV DIN 18360 »Metallbauarbeiten«, durch Berechnen zu ermittelnde Gewicht.

Gem. 5.1.1.6 ist für konstruktive Stahlteile bei Abrechnung nach Gewicht das nach DIN 18360 Metallbauarbeiten Abschn. 5 durch Berechnen zu ermittelnde Gewicht abzurechnen. Siehe dort.

5.1.2 Die Wandhöhen überwölbter Räume werden bis zum Gewölbeanschnitt, die Wandhöhe der Schildwände bis zu 2/3 des Gewölbestichs gerechnet.

Bei der Flächenermittlung überwölbter Räume werden die Wandhöhen bis zum Gewölbeanschnitt, d.h. bis zum Beginn der Wölbung gemessen, während zur Vereinfachung die Wandhöhen der Schildwände bis zu 2/3 des Gewölbestichs zu rechnen sind.

5.1.3 Fußleisten und Konstruktionen bis 10 cm Höhe werden übermessen.

Diese Vorschrift vereinfacht die Abrechnung von Leistungen, die nach Flächenmaß abzurechnen sind.

5.1.4 Bei der Flächenermittlung von gewölbten Decken mit einer Stichhöhe unter 1/6 der Spannweite wird die Fläche des überdeckten Raumes berechnet. Gewölbe mit *größerer Stichhöhe werden nach der Fläche der abgewickelten Untersicht gerechnet.*

Die Vorschrift bezieht sich auf Leistungen, die gemäß 0.5.1 nach dem Flächenmaß abzurechnen sind. Sie entspricht den gleichlautenden Regelungen in ATV DIN 18330 »Mauerarbeiten« sowie in ATV DIN 18350 »Putz- und Stuckarbeiten«. Je nach der Stichhöhe wird für die Ermittlung des Flächenmaßes die überwölbte Grundfläche oder die abgewickelte Untersicht des Gewölbes zugrunde gelegt. Stichhöhe ist die lichte Höhe des Gewölbes, bezogen auf den Fußpunkt der Widerlager. Ist die Stichhöhe niedriger oder gleich 1/6 der Spannweite, wird die überwölbte Grundfläche abgerechnet, bei größeren Stichhöhen die Abwicklung der sichtbaren Unterseite.

5.1.5 In Decken, Wänden, Dächern, Schalungen, Wand- und Deckenbekleidungen, Vorsatzschalen, Dämmungen, Sperren sowie leichten Außenwandbekleidungen werden Öffnungen, Aussparungen und Nischen bis zu 2,5 m² Einzelgröße übermessen.

Diese Messungsvereinfachung korrespondiert mit den Vorschriften in ATV DIN 18338 »Dachdeckungs- und Dachabdichtungsarbeiten«, ATV DIN 18339 »Klempnerarbeiten« und ATV DIN 18350 »Putz- und Stuckarbeiten« (Bilder 10, 14, 15, 18, 20 bis 22, 24, 31).

5.1.6 Ganz oder teilweise gedämmte oder bekleidete Leibungen von Öffnungen, Aussparungen und Nischen über 2,5 m² Einzelgröße werden gesondert gerechnet.

Öffnungen, Aussparungen und Nischen in Decken, Wänden, Dächern, Schalungen, Wand- und Deckenbekleidungen, Vorsatzschalen, Dämmungen, Sperren sowie leichten Außenwandbekleidungen werden gemäß 5.1.5 bei der Flächenermittlung abgezogen, wenn ihre Einzelgröße 2,5 m² übersteigt. Sind ihre Leibungen ganz oder teilweise gedämmt oder bekleidet, sind sie gesondert gemäß 0.5.3.11 nach Längenmaß abzurechnen. Öffnungen in Wänden, Schalungen, Wandbekleidungen, Vorsatzschalen, Dämmungen, Sperren sowie leichten Außenwandbekleidungen sind z.B. Fenster, Türen, Durchreichen, in Decken z.B. Treppenlöcher, Oberlichte. Die Öffnungen können verschließbar oder unverschließbar sein. Nischen sind Ausnehmungen in Wänden, wobei die Tiefe der Nischen nur einen Teil der Wanddicke einnimmt. Nischen unterscheiden sich von Wandrücksprüngen dadurch, daß sie nicht in voller Wandhöhe durchgehen. Sie sind oben durch einen Sturz und im unteren Teil gegebenenfalls durch die volle Wanddicke, mitunter auch nur durch eine Schwelle oder gar nicht begrenzt. Aussparungen liegen in der zu dämmenden bzw. zu bekleidenden Wand- oder Deckenfläche. Sie entstehen dort, wo eine andere Flächenbehandlung erfolgt, z.B. bei Einbauteilen, Fliesen- oder Plattenbekleidungen, Kunstwerken. Leibungen sind die in die Bauteiltiefe greifenden, die Öffnungen oder Nischen begleitenden und begrenzenden Flächen, deren Hauptausdehnung das Längenmaß ist. Die mit den Vorschriften in den Abschnitten 5.1.5 und 5.1.6 gegebenen Messungsvereinfachungen sind erheblich.

5.1.7 Öffnungen, Nischen und Aussparungen werden, auch falls sie unmittelbar zusammenhängen, getrennt gerechnet.

Nischen, die unterhalb einer Öffnung liegen, z.B. Fensternischen, haben oftmals keine obere Begrenzung. Sie gelten jedoch als nicht zusammenhängend, wenn sie durch ein Fensterbrett getrennt sind. Zusammenhängende Nischen und Öffnungen, hierzu gehören auch solche, die übereck zusammenhängen, sind getrennt zu berechnen.

5.1.8 Rückflächen von Nischen werden unabhängig von ihrer Einzelgröße mit ihrem Maß gesondert gerechnet.

Während gemäß 5.1.5 Öffnungen, Aussparungen und Nischen bis zu 2,5 m² Einzelgröße übermessen werden, sind unabhängig von ihrer Größe die Rückflächen von Nischen – auch Spiegel genannt – gesondert abzurechnen (Bilder 10, 18).

5.1.9 In Böden und den dazugehörigen Dämmungen, Schüttungen Sperren u.ä. werden Öffnungen und Aussparungen, z.B. für Pfeilervorlagen, Kamine, Rohrdurchführungen u.ä., bis 0,5 m² Einzelgröße übermessen.

Auch diese Messungsvereinfachung korrespondiert mit der Vorschrift in ATV DIN 18350 »Putz- und Stuckarbeiten« Abschn. 5.1.7. Öffnungen und Aussparungen über 0,5 m² Einzelgröße sind von der Fläche abzuziehen (Bilder 16, 17, 23, 25, 26, 28).

5.1.10 Bei Zwischenböden, Dämmungen, Schüttungen, Sperren, Schalungen, Bekleidungen u.ä. werden Rahmen, Riegel, Ständer und andere Fachwerksteile sowie Sparren, Lattungen, Unterkonstruktionen übermessen.

Gem. 5.1.1.2 gelten für diese Leistungen auf Flächen ohne begrenzende Bauteile die Maße der zu behandelnden Flächen, auf Flächen mit begrenzenden Bauteilen die Maße bis zu den sie begrenzenden, ungeputzten, ungedämmten bzw. nicht

bekleideten Bauteilen. Es sind die vollen Flächen ohne Abzug der Rahmen, Riegel, Ständer und anderer Fachwerkssteile sowie ohne Abzug der Sparren, Lattungen und Unterkonstruktionen zu messen und nach Flächenmaß, getrennt nach Bauart und Maßen, abzurechnen.
Gem. 5.1.9 sind Öffnungen und Aussparungen über 0,5 m² Einzelgröße jedoch abzuziehen (Bild 28).

5.1.11 Bei Lattungen, Sparschalungen, Blindböden, Verschlägen und Bekleidungen aus Latten, Brettern, Paneelen, Lamellen u.ä. werden die Zwischenräume übermessen.

Die bei diesen Leistungen entstehenden bzw. vorgesehenden Zwischenräume gehören zur Fläche und werden bei der Abrechnung nach dem Flächenmaß nicht abgezogen (Bilder 16, 17, 23).

5.1.12 Bei Abrechnung nach Längenmaß (m) werden Unterbrechungen bis zu 1 m Einzellänge übermessen.

Diese Messungsvereinfachung korrespondiert mit den Vorschriften in DIN 18338 »Dachdeckungs- und Dachabdichtungsarbeiten«, ATV DIN 18339 »Klempnerarbeiten« und ATV DIN 18 350 »Putz- und Stuckarbeiten« (Bilder 22, 24, 27, 32).

5.1.13 Herstellen von Aussparungen für Einzelleuchten, Lichtbänder, Lichtkuppeln, Lüftungsgitter, Luftauslässe, Revisionsöffnungen, Stützen, Pfeilervorlagen, Schalter, Steckdosen, Rohrdurchführungen, Kabel u. ä. werden, getrennt nach Größe, gesondert gerechnet.

Nach dieser ATV gehören das Herstellen und Anlegen von Öffnungen, z.B. für Schalter, Rohrdurchführungen, Kabel, Pfeilervorlagen, nur dann zu den Besonderen Leistungen, wenn sie nicht im Zuge mit den übrigen Arbeiten durchgeführt werden können.
Wegen des oft erheblichen Arbeitsaufwandes sind diese Leistungen gem. 0.5.4.8, getrennt nach Bauart und Maßen, nach der Anzahl abzurechnen.

5.2 Es werden abgezogen:

5.2.1 bei Arechnung nach Flächenmaß (m²):
Öffnungen, Aussparungen und Nischen über 2,5 m² Einzelgröße, in Böden über 0,5 m² Einzelgröße.

5.2.2 bei Abrechnung nach Längenmaß (m):
Unterbrechung über 1 m Einzellänge.

Zu 0.5.1.1:
Für Wände sind gem. 5.1.1.5 die größten, ggf. abgewickelten Bauteillängen zu messen, wobei Fugen zur Fläche rechnen. Wie bei nichttragenden Trennwänden gem. 5.1.1.3, deren Maße bis zu den sie begrenzenden ungeputzen, ungedämmten bzw. nicht bekleideten Bauteilen zu messen sind, werden auch die Maße von Wänden gerechnet. Fußleisten und Konstruktionen bis 10 cm Höhe werden übermessen. 5.1.2 und 5.1.5 sind zu beachten (Bilder 24 bis 25 und 31). Für Böden und Verschläge gelten die Messungsvorschriften gem. 5.1.1.2. Zu Blindböden gehören auch die Einschubleisten.

Zu 0.5.1.2:
Für Bekleidungen, Schalungen, Lattungen und Unterkonstruktionen werden die Flächenmaße gem. 5.1.1.2 ermittelt. Gem. 5.1.11 werden bei Lattungen, Sparschalun-

gen und anderen Unterkonstruktionen die Zwischenräume übermessen (Bilder 14 bis 23, 35 und 36).

Zu 0.5.1.3:

Vorgefertigte Flächenbauteile werden z.B. im Tafelbau verwendet, einer Bauweise, mittels der leichte Trennwände erstellt werden (Bilder 10, 11).

Zu 0.5.1.4:

Für Dämmungen, Dampf- und Windsperren gelten die Messungsvorschriften gem. 5.1.1.2. Gem. 5.1.9 werden Öffnungen und Aussparungen bis 0,5 m² Einzelgröße nicht abgezogen (Bilder 13, 16, 28).

Zu 0.5.1.5:

Eine Holzschindel ist durch Sägen bzw. Spalten hergestelltes Vollholz zur Dachdeckung und Wandbekleidung. Holzschindeldeckungen werden gem. 5.1.1.2 abgerechnet.

Zu 0.5.1.6:

Füllungen in Treppengeländern werden gem. 5.1.1.5 in der vollen Fläche in der größten Länge des Geländers gemessen.

Zu 0.5.1.7:

Oberflächenbearbeitungen sind gem. 5.1.1.2 abzurechnen. Das Bearbeiten von Sparren-, Pfetten- und Balkenköpfen, z.B. durch Hobeln, Profilieren, wird dagegen gem. 0.5.4.3 nach der Anzahl abgerechnet.

Zu 0.5.1.8:

Der Holzschutz kann nach Ermessen des Auftraggebers nach Flächenmaß, Raummaß, Längenmaß oder Anzahl abgerechnet werden (Bilder 10, 14, 29, 31, 32).

Zu 0.5.2.1:

Gem. 5.1.1.1. sind für verzimmerte Hölzer und Brettschichthölzer bei der Ermittlung des Raummaßes zugrunde zu legen:

- *die größte Länge einschließlich Zapfen und anderer Holzverbindungen sowie*
- *der volle Querschnitt ohne Abzug von Ausklinkungen, Aussparungen, Querschnittsschwächungen u.ä.*

Der Rauminhalt wird aus der Länge und dem Querschnitt ermittelt. Die Abrechnung erfolgt nicht nach den zum Einschnitt im Sägewerk aufgestellten Holzlisten, sondern nach deren Einbaumaßen (Bilder 1 bis 5, 13, 16).

Zu 0.5.2.2:

Siehe die Erläuterung zu 0.5.1.8 (Bild 30).

Zu 0.5.3.1:

Während für das Liefern von Hölzern und Brettschichtholz für Verzimmerungen das Raummaß vorzusehen ist, wird das Abbinden, Aufstellen oder Verlegen dieser Hölzer nach Längenmaß abgerechnet. Gem. 5.1.1.4 ist die größte Länge einschließlich der Holzverbindungen zu rechnen (Bilder 1 bis 5, 13, 16).

Zu 0.5.3.2:

Die Abrechnung für vorgefertigte hölzerne Bauteile kann je nach Anzahl des Bauteils nach Flächenmaß, Längenmaß oder nach Anzahl abgerechnet werden. So sind vorgefertigte Flächenbauteile nach Flächenmaß, zusammengesetzte vorgefertigte, parallelgurtige Holzbauteile nach Längenmaß und vorgefertigte Holzkonstruktionen, z.B. Binder, Rahmen, Stützen, Unterzüge, Träger nach der Anzahl abzurechnen. 5.1.12 ist zu beachten (Bild 9).

Zu 0.5.3.3:

Das Fasen und Profilieren von Holzkanten dient vornehmlich dekorativen Zwecken. Unterbrechungen bis 1 m Länge sind gem. 5.1.12 zu übermessen; gem. 5.1.1.5 ist die größte Bauteillänge, ggf. die Abwicklung, zu messen. Nach dieser ATV ist das Bearbeiten von Oberflächen, z.B. durch Hobeln, Schleifen sowie Fasen und Profilieren von Holzkanten als Besondere Leistung abzurechnen.

Zu 0.5.3.4:

Nach dieser ATV gehören Zuschnitte von Schalungen, Bekleidungen u.ä. an schrägen An- und Abschlüssen zu den als Besondere Leistungen abzurechnenden Arbeiten.

Zu 0.5.3.5:

Abrechnungseinheit für Streifenschalungen und -bekleidungen an Firsten, Traufen usw. ist das Längenmaß. 5.1.12 ist zu beachten (Bilder 15, 17, 19 bis 21).

Zu 0.5.3.6:

Streifendeckungen aus Holzschindeln an Firsten, Traufen usw. werden nach Längenmaß abgerechnet. Gem. 5.2.2 sind Unterbrechungen über 1 m Länge abzuziehen (Bilder 21, 22).

Zu 0.5.3.7:

Das Herstellen von An- und Abschlüssen aus Profilhölzern oder Profilen anderer Werkstoffe ist nach Längenmaß abzurechnen. 5.1.12 ist zu beachten.

Zu 0.5.3.8:

Bei Eckausbildungen bemißt sich die größte Länge an den Außenkanten. Sie sind in der Abwicklung zu messen. Besondere Eckausbildungen gehören zu den Besonderen Leistungen.

Zu 0.5.3.9:

Abrechnungseinheit für Fugenausbildungen und Fugenabdichtungen ist das Längenmaß. 5.2.2 ist zu beachten. Nach der ATV gehört die Ausbildung von Fugen und Fugenabdichtungen zur Hauptleistung. Lediglich die Herstellung von besonderen Fugenausbildungen zählt als Besondere Leistung (Bilder 11, 12).

Zu 0.5.3.10:

Fuß- und Scheuerleisten sind nach Längenmaß unter Beachtung von 5.2.2 abzurechnen. Gem. 5.1.3 werden sie bei Abrechnung von flächigen Leistungen bis zu 10 cm Höhe übermessen (Bilder 19, 26, 27, 35, 36).

Zu 0.5.3.11:

Abrechnungseinheit für Längenbauteile wie Schwellen, Schienen, Leibungen ist das Längenmaß. Gem. 5.1.12 werden Unterbrechungen bis zu 1 m Einzellänge übermessen (Bilder 18, 24).

Zu 0.5.3.12:

Für Sohlbänke, Umrahmungen, Überlagshölzer und Lagerhölzer gilt als Abrechnungseinheit das Längenmaß. Bei Lagerhölzern ist 5.2.2 zu beachten (Bilder 23, 25, 26, 28).

Zu 0.5.3.13:

Für Abschottungen gilt als Abrechnungseinheit das Längenmaß; 5.2.2 ist zu beachten.

Zu 0.5.3.14:

Treppenbauteile, wie Wangen, Geländer, Handläufe, werden nach Längenmaß abgerechnet. Gem. 0.5.1.6 sind jedoch Füllungen in Treppengeländern nach Flächenmaß zu bemessen (Bilder 33, 34).

Zu 0.5.3.15:

Sperrschichten unter Hölzern können zu Schalldämmzwecken sowie zum Schutz gegen Feuchtigkeit eingebaut werden. Unterbrechungen der Länge um mehr als 1 m sind abzuziehen.

Zu 0.5.3.16:

Windverbände sind nach dem größten Längenmaß der Einzelbauglieder abzurechnen.

Zu 0.5.3.17:

Einfriedungen werden in ihrer größten Länge abgerechnet, wobei Unterbrechungen durch Türen oder Tore von mehr als 1 m Einzellänge gem. 5.1.12 abzuziehen sind. Die Türen und Tore selbst werden gem. 0.5.4.11 nach Anzahl abgerechnet.

Zu 0.5.3.18:

Siehe die Erkläuterung zu 0.5.1.8 (Bilder 9, 30, 32).

Zu 0.5.4.1:

Unter Schiftersparrenschnitten ist das Herstellen von Sparrenschrägschnitten an Kehlen und Graten zu verstehen. Nach den Vorschriften dieser ATV ist das Herstellen von Schiftersparrenschnitten als Besondere Leistung abzurechnen. Abrechnungseinheit ist die Anzahl; es ist nach Bauart und Maßen zu trennen (Bilder 4, 15).

Zu 0.5.4.2:

Schwierige Verzimmerungen sind nach der Anzahl der Bauteile, z.B. Grat- und Kehlsparren, geschweifte Dachflächen, Türme, Kuppeln, abzurechnen. Nach den Vorschriften dieser ATV gehört das Abbinden und Aufstellen bei schwierigen Verzimmerungen zu den Besonderen Leistungen (Bilder 4, 5).

Zu 0.5.4.3:

Während Oberflächenbearbeitungen gem. 0.5.1.7 nach Flächenmaß abzurechnen sind, ist die Abrechnungseinheit für das Bearbeiten von Sparren-, Pfetten- und Balkenköpfen, z.B. durch Hobeln oder Profilieren, die Anzahl. Nach dieser ATV gehören diese Arbeiten zu den Besonderen Leistungen (Bild 7).

Zu 0.5.4.4:

Auswechslungen sind nach Bauart und Maßen nach der Abzahl abzurechnen.

Zu 0.5.4.5:

Aufschieblinge, Keilhölzer, Gefälleteile sind als typische Einzelbauteile nach Anzahl, getrennt nach Bauart und Maßen, abzurechnen (Bilder 6, 21).

Zu 0.5.4.6:

Vorgefertigte Holzkonstruktionen, die als Einzelanfertigungen eingebaut werden, z.B. Binder, Rahmen, Stützen, Unterzüge, Träger, sind nach Anzahl abzurechnen. Siehe die Erläuterungen zu 0.5.1.3 und 0.5.3.2 (Bild 8).

Zu 0.5.4.7:

Nach den Vorschriften dieser ATV sind Verstärkungen von Bauteilen, z.B. im Bereich von Aussparungen, Ausklinkungen, angeschnittenen Kassetten, als Besondere Leistung abzurechnen. Abrechnungseinheit ist die Anzahl.

Zu 0.5.4.8:

Nach dieser ATV zählt das Herstellen und Anlegen von Öffnungen, z.B. für Schalter, Rohrdurchführungen, Kabel, Pfeilervorlagen, soweit sie nicht im Zuge mit den übrigen Arbeiten durchgeführt werden können, zu den Besonderen Leistungen. Abrechnungseinheit ist die Anzahl.

Das Herstellen bzw. Schließen von Öffnungen für Einbauteile gehört zur Hauptleistung; sie ist ebenfalls nach der Anzahl abzurechnen.

Zu 0.5.4.9:

Das Einsetzen von Einbauteilen ist nach der Anzahl der eingesetzten Einbauteile abzurechnen. In der ATV sind diese Arbeiten nicht als Besondere Leistung aufgeführt.

Zu 0.5.4.10:

Verschalungen und Bekleidungen an Schornsteinköpfen sind, getrennt nach Bauart und Maßen, nach Anzahl abzurechnen (Bild 15).

Zu 0.5.4.11:

Gezimmerte Türen, Tore, Läden, Schwellen u.ä. sind nach Anzahl abzurechnen. Nach der ATV sind gezimmerte Türen und Tore aus ungehobelten, besäumten Brettern und Bohlen der Güteklasse II und aus ungehobelten Latten der Güteklasse I herzustellen. Nichtgezimmerte, also gestemmte Türen und Tore, fallen unter die ATV DIN 18355 »Tischlerarbeiten« (Bilder 29, 30, 32 bis 34).

Zu 0.5.4.12:

Treppen und Treppenbauteile, z.B. Podeste, Pfosten, sind nach Anzahl abzurechnen (Bilder 33 bis 36).

Zu 0.5.4.13:

Beläge und Schutzabdeckungen für Treppenläufe werden nach der Anzahl der einzelnen Stufen abgerechnet.

Zu 0.5.4.14:

Dämmungen und Sperren an Balkenköpfen dienen vornehmlich dem Wärme- und Schallschutz sowie dem Schutz vor Feuchtigkeit. Sie sind nach der Anzahl abzurechnen. Siehe auch 0.5.1.4 und 0.5.3.15 mit Erläuterungen.

Zu 0.5.4.15:

Konstruktive Bauteile aus Stahl, d. h. Verbindungselemente wie Dübel, Bolzen, Verankerungen, ferner Abhänger, Abstandshalter, Konsolen, werden nach der Anzahl abgerechnet. Nach dieser ATV ist das Liefern von statisch nachzuweisenden oder konstruktiv erforderlichen Verbindungs- und Befestigungsmitteln als Besondere Leistung abzurechnen. Dagegen gehört das Liefern von Drahtstiften und von Holzschrauben bis 6 mm Durchmesser zu den Nebenleistungen. Siehe auch die Erläuterung zu 0.5.5.1.

Zu 0.5.4.16:

Siehe die Erläuterung zu 0.5.1.9 (Bilder 29, 30, 33).

Zu 0.5.5.1:

Neben der Abrechnung nach der Anzahl (siehe die Erläuterung zu 0.5.4.15) können konstruktive Bauteile aus Stahl auch nach Gewicht, getrennt nach Bauart und Maßen, abgerechnet werden. Für die Art der Gewichtsberechnung wird auf die Grundsätze in ATV DIN 18360, Abschnitt 5.1.6, verwiesen.

Bild 1 Kantholz, Balken (DIN 4070-2), Bretter und Bohlen (DIN 4071-1), Baurundholz (DIN 4074-2)

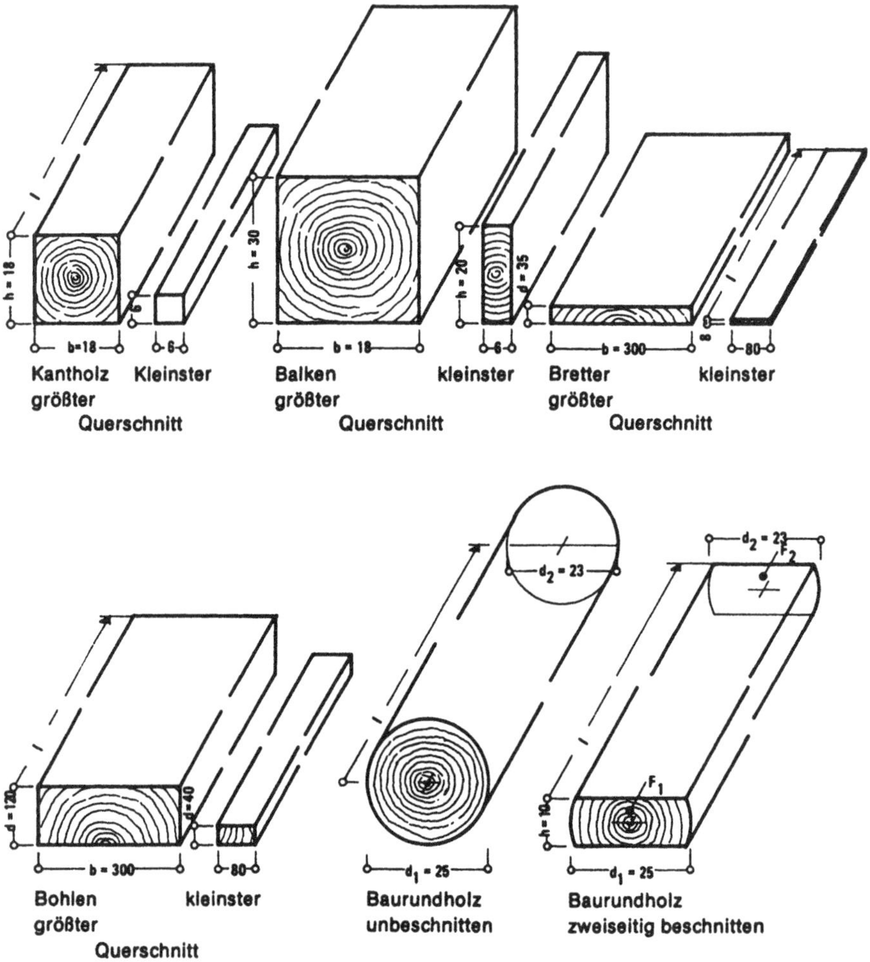

Gem. 0.5.2.1 Abrechnung der Lieferung von Kantholz, Balken, Brettern, Bohlen und Baurundholz nach Raummaß. Ermittlung des Rauminhalts aus Länge und Querschnitt.

RI Kantholz und Balken=b · h · l=... m³.

RI Bretter und Bohlen=b · d · l=... m³.

RI Bauholz unbeschnitten $= 0{,}5 \left(\frac{d_1^2 \pi}{4} + \frac{d_2^2 \pi}{4} \right) l = \ldots m^3.$

RI Baurundholz zweiseitig beschnitten$= \frac{F_1 + F_2}{2} \cdot l = \ldots m^3.$

Gem. 0.5.3.1 Abrechnung des Abbindens und Aufstellens oder Verlegens der vorbezeichneten Hölzer nach Längenmaß.

L=l=... m.

Bild 2 Verzimmerte Hölzer; Holzverbindungen

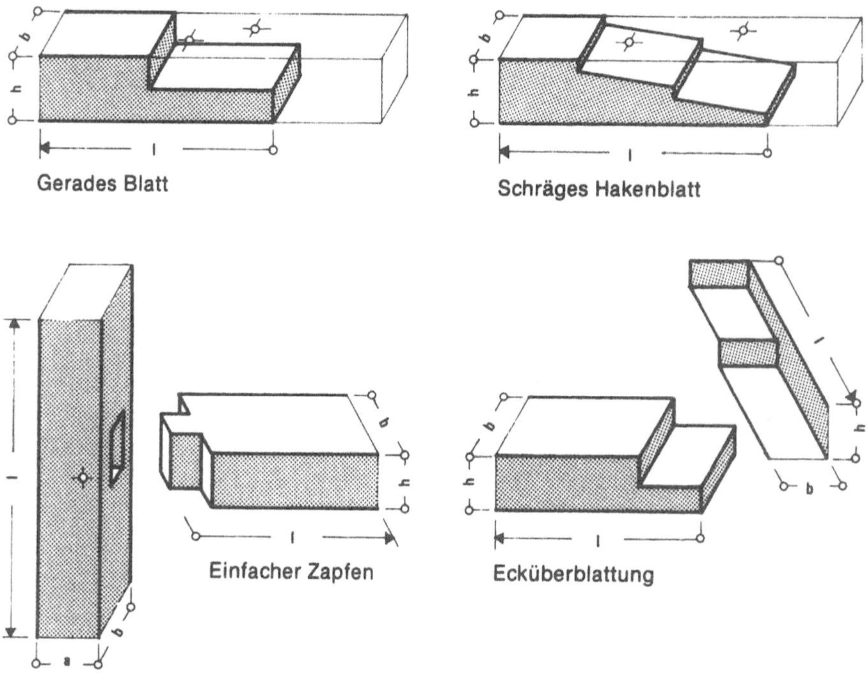

Gem. 0.5.2.1 Abrechnung des Liefern verzimmerter Hölzer nach Raummaß. Die Länge der Hölzer wird einschließlich der Zapfen und anderer Holzverbindungen gerechnet. Verschnitt bleibt unberücksichtigt. Ausnehmungen werden nicht abgezogen.

Rl=b · h · l=... m³.

Gem. 0.5.3.1 Abrechnung des Abbindens und Aufstellens oder Verlegens der verzimmerten Hölzer nach Längenmaß. Es gilt die für das Raummaß anzuwendende größte Länge einschließlich der Zapfen und anderer Holzverbindungen.

L=l=... m.

Bild 3 Verzimmerte Hölzer; Sparren, Balken, Zangen und Streben

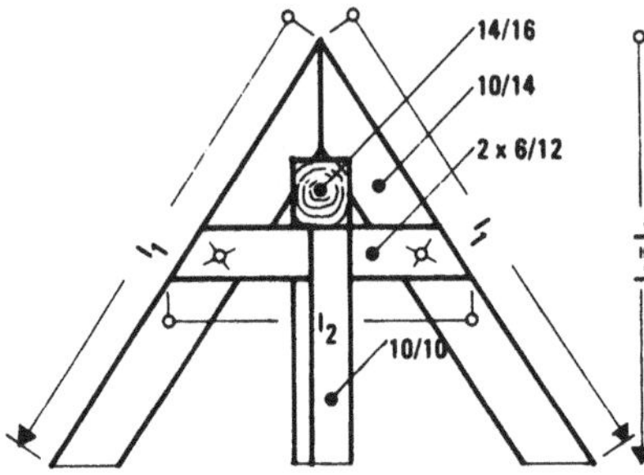

Sparren mit Firstpfette und Zange

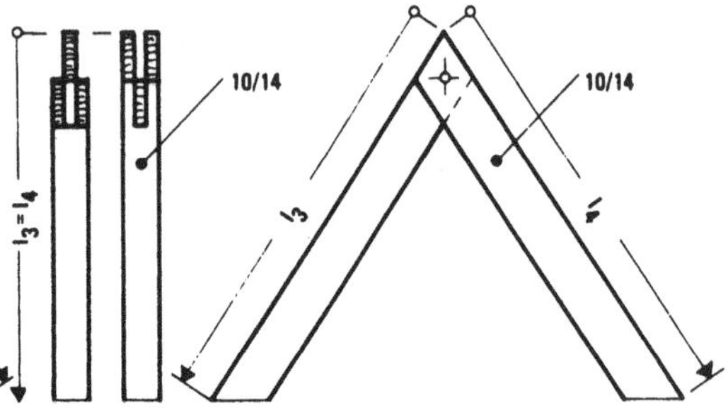

Sparren mit Scherzapfen

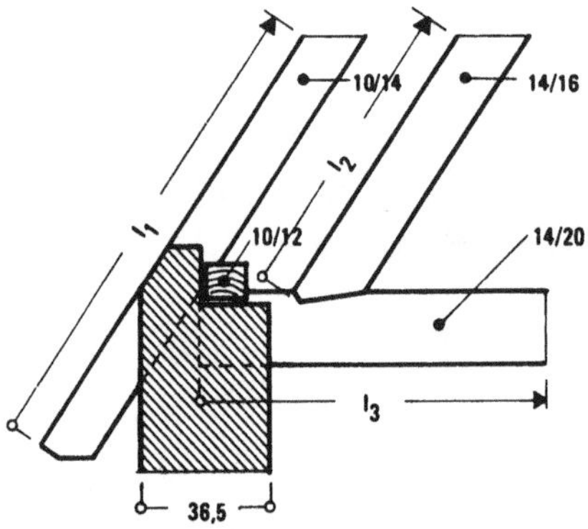

Fußpunkt eines Pfettendaches

Gem. 0.5.2.1 Abrechnung des Lieferns zu verzimmernder Hölzer nach Raummaß. Länge einschließlich der Zapfen und anderen Holzverbindungen. Verschnitt bleibt unberücksichtigt, Ausnehmungen werden nicht abgezogen. Ermittlung des Raummaßes nach Länge und Querschnitt, z.B.:

Rl der Sparren=n $\cdot$ l_1 $\cdot$ $^{10}/_{14}$=... m^3.

Rl der Zange=2 $\cdot$ l_2 $\cdot$ $^{6}/_{12}$=... m^3.

Gem. 0.5.3.1 Abrechnung des Abbindens und Aufstellens oder Verlegens der verzimmerten Hölzer nach Längenmaß, z.B.:

L der Sparren=n $\cdot$ l_1=... m.

L der Zange=2 $\cdot$ l_2=... m.

Bild 4 Gratsparren, Kehlsparren und Schifter

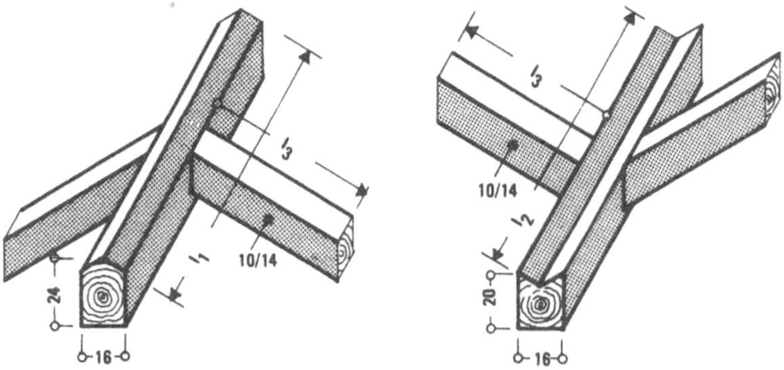

Gratsparren mit Schiftern

Kehlsparren mit Schiftern

Gem. 0.5.2.1 Abrechnung des Lieferns von Gratsparren, Kehlsparren und Schiftern nach Raummaß. Länge einschließlich Zapfen und anderer Holzverbindungen. Ermittlung des Raummaßes aus Länge und Querschnitt. Verschnitt bleibt unberücksichtigt; Ausnehmungen werden nicht abgezogen.

Gem. 0.5.3.1 Abrechnung des Abbindens und Aufstellens von Gratsparren, Kehlsparren und Schiftern nach Längenmaß. Es gilt die Länge gem. 5.2.2. 5.1.12 ist zu beachten.

Gem. 0.5.4.1 Abrechnung der Schrifterschnitte, d.h. Abrechnung der Leistung des Herstellens und Zusammenfügens von Sparrenschrägschnitten sowie gem. 0.5.4.2 Abrechnung der Erschwernis für die Verzimmerung von Gratsparren und Kehlsparren nach der Stückzahl.

Bild 5 Dachgaupe mit abgewalmter Überdeckung

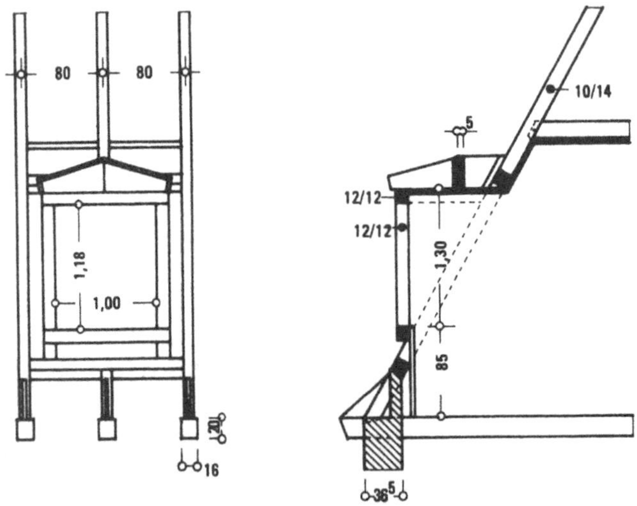

Gem. 0.5.2.1 Abrechnung des Lieferns der verzimmerten Hölzer nach Raummaß. Ermittlung des Raummaßes aus Länge und Querschnitt. Die Länge wird einschließlich der Zapfen und anderer Holzverbindungen gemessen. Verschnitt bleibt unberücksichtigt. Ausnehmungen werden nicht abgezogen.

Gem. 0.5.3.1 Abrechnung des Abbindens und Aufstellens von schwierigen Verzimmerungen, z.B. Türme, Kuppeln, Dachgaupen, geschweifte Dachflächen, nach Längenmaß; es gilt die Länge gemäß 5.1.12.

Gem. 0.5.4.2 Abrechnung der zusätzlichen Leistung beim Abbinden und Aufstellen schwieriger Verzimmerungen nach Anzahl.

Abrechnung der Dach- und Wangenschalung der Gaupe nach Flächenmaß.

Bild 6 Aufschieblinge

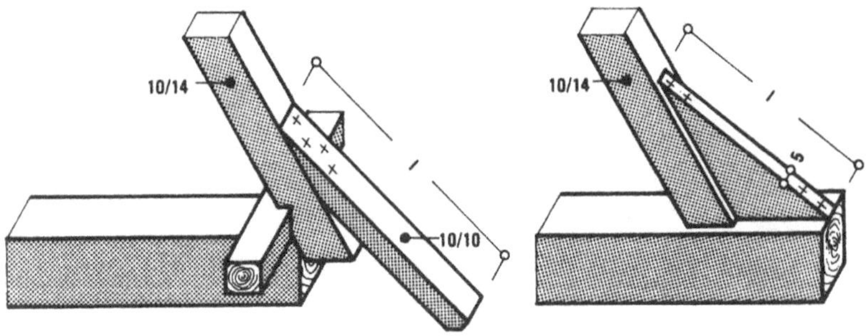

Kantholz-Aufschiebling **Bohlen-Aufschiebling**

Gem. 0.5.4.5 Abrechnung für das Herrichten und Anbringen der Aufschieblinge nach Anzahl.

Bild 7 Sparren-, Pfetten- und Balkenköpfe; gehobelt und profiliert

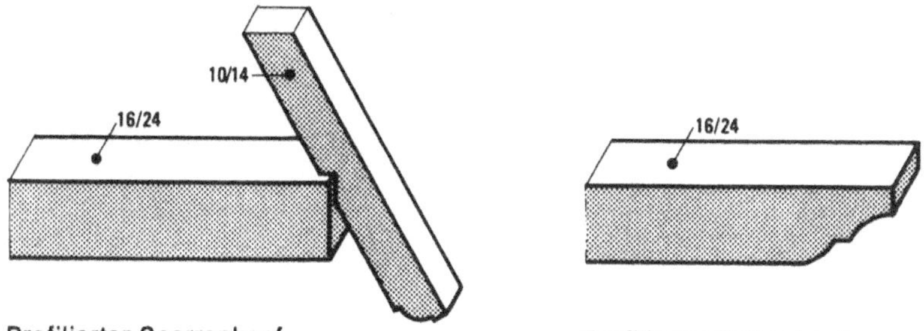

Profilierter Sparrenkopf   Profilierter Balkenkopf

Gem. 0.5.4.3 Abrechnung der Leistung für das Hobeln und-/oder Profilieren von Sparren-, Pfetten- und Balkenköpfen beim Abbinden, Aufstellen oder Verlegen verzimmerter Hölzer nach Anzahl.

Bild 8 Freitragender Nagelbinder

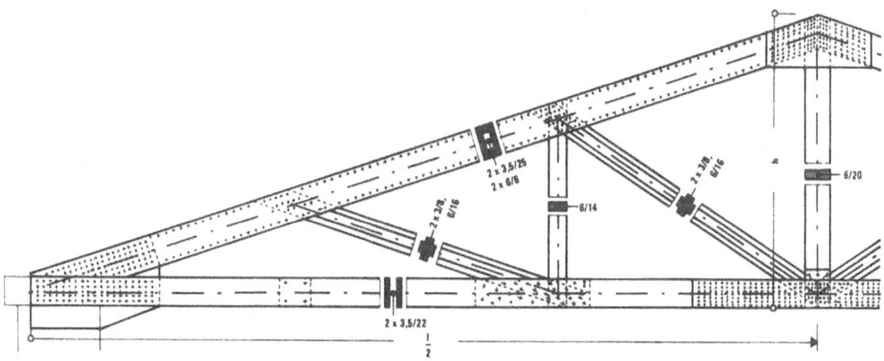

Gem. 0.5.4.6 Abrechnung des Lieferns und Aufstellens freitragender Binder, z.B. Nagelbinder, Dübelbinder, verleimte Binder, nach Anzahl. Die Positionen sind nach Bauart und Maßen der Binder zu trennen.

Bild 9 Konstruktive Bauteile; Träger, Stützen

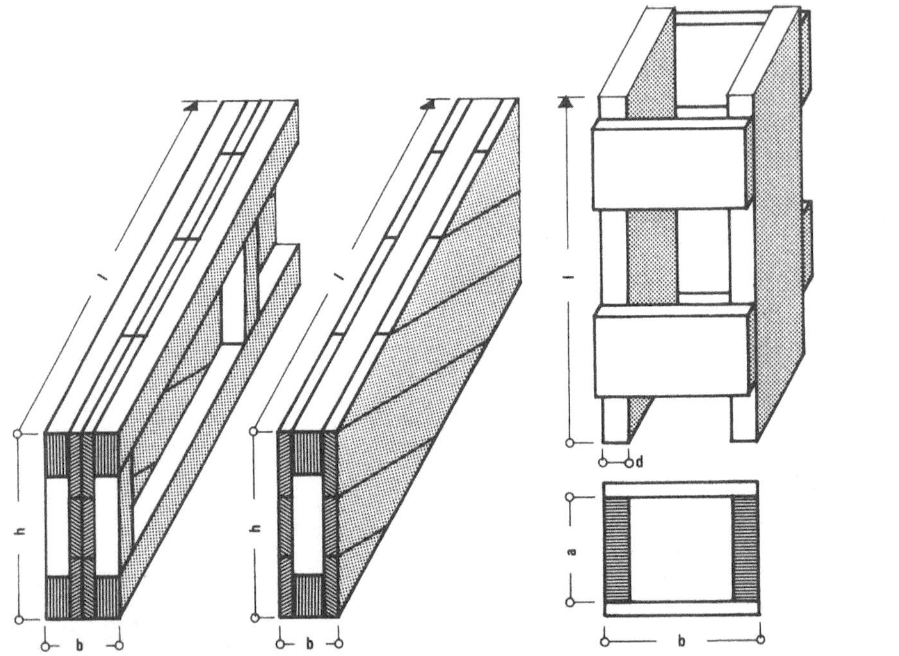

I-Vollwandträger   Hohlkasten-Vollwandträger   Stütze mit geleimten Bindehölzern

Gem. 0.5.3.2 Abrechnung vorgefertigter hölzerner Träger und Stützen nach Längenmaß. Gem. 5.1.1.4 gilt die größte Länge.

In gleicher Weise gem. 0.5.3.18 Abrechnung des Holzschutzes für derartige konstruktive Bauteile, falls in der LB nicht Abrechnung nach Raummaß oder Stückzahl vorgeschrieben ist.

Bild 10 Vorgefertigte Wand- und Deckenbauteile

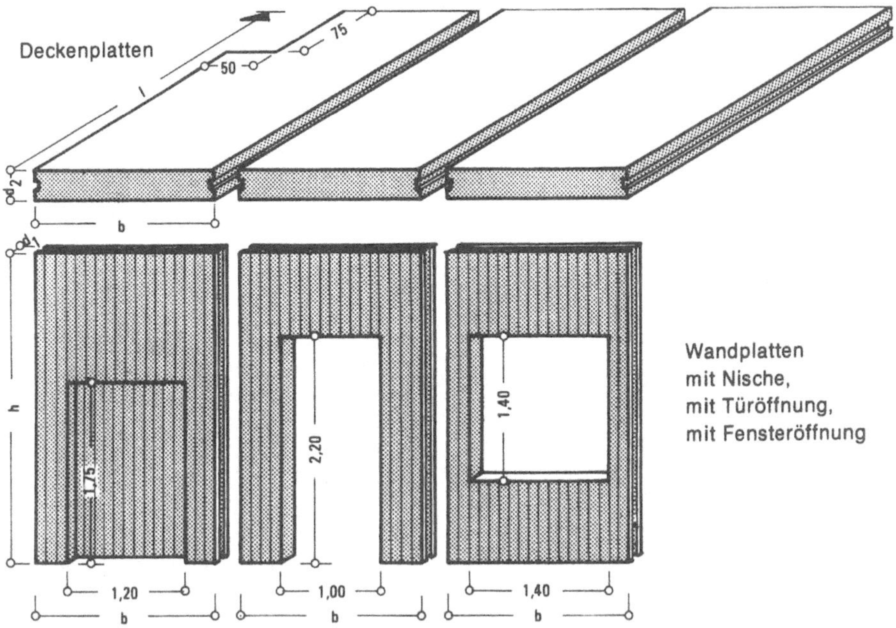

Gem. 0.5.1.3 Abrechnung der vorgefertigten Flächenbauteile nach Flächenmaß, getrennt nach Bauart und Maßen.

Gem. 5.1.5 kein Abzug der Tür- und der Fensteröffnung, da beide je für sich das Maß von 2,5 m² nicht überschreiten. Aus dem gleichen Grund kein Abzug der Nische.

Ferner auch gem. 5.1.9 kein Abzug der Aussparung in der Deckenplatte, da diese kleiner als 0,5 m² ist.

Gem. 5.1.8 Abrechnung der Nischenrückfläche unabhängig von ihrer Einzelgröße mit ihrem Maß 1,20×1,75=2,10 m².

Gem. 0.5.1.8 Abrechnung des Holzschutzes nach Flächenmaß, falls nicht in der LB Abrechnung nach Raummaß, Längenmaß oder Stückzahl vorgeschrieben ist.

Bild 11 Fugen- und Eckausbildung vorgefertigter Bauteile

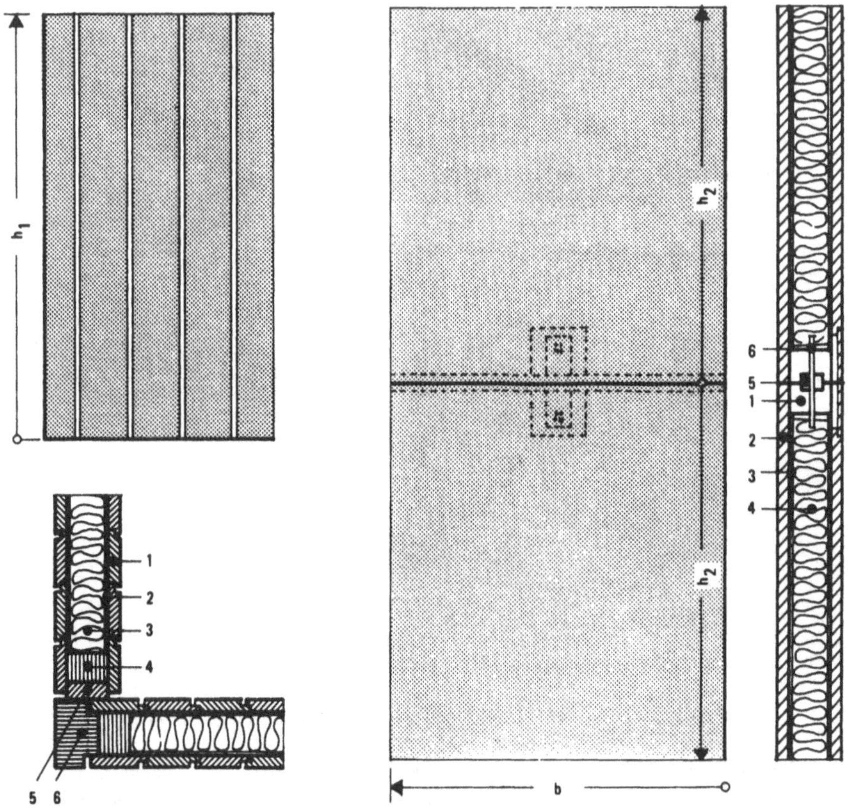

Beispiel einer Eckausbildung
1 Stülpschalung
2 Folie
3 Dämmplatte
4 Rahmenholz
5 und 6 Verbindungshölzer

Beispiel für die Ausbildung einer Horizontalfuge
1 Rahmenholz
2 Spanplatte
3 Folie
4 Dämmplatte
5 Verbindungsplatte
6 Keilverschluß

Gem. 0.5.3.9 Abrechnung der Fugen- und Eckausbildung als Leistung zur Lieferung und zum Aufstellen vorgefertigter Bauteile nach Längenmaß. Es gilt gem. 5.1.1.5 die jeweils größte Länge.

Bild 12 Bekleidung der Leibungen bei vorgefertigten Bauteilen

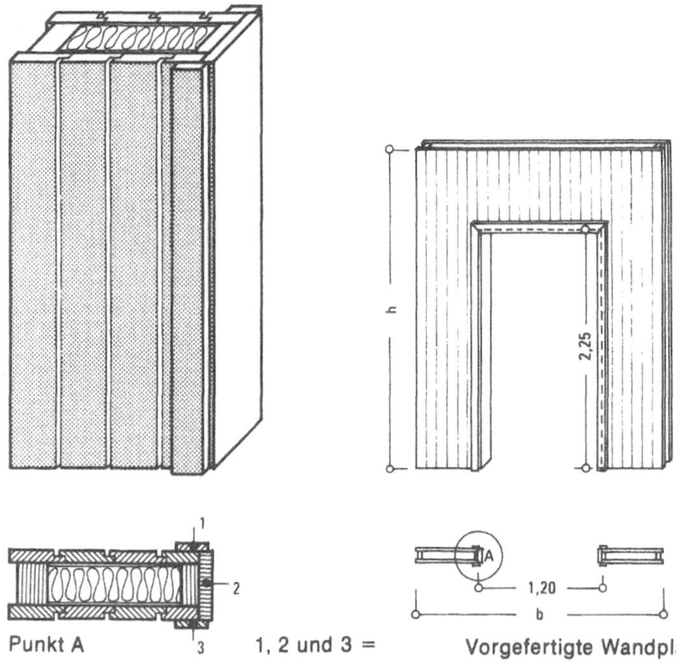

Punkt A

1, 2 und 3 = Leibungshölzer

Vorgefertigte Wandplatte mit offenem Durchgang

Gem. 0.5.3.11 Abrechnung der Leibungen nach Längenmaß. Gem. 5.1.1.5 gilt die größte Länge einschließlich der Holzverbindungen. Jedoch keine besondere Abrechnung, wenn die Leibungen im vorgefertigten Wandbauteil bereits enthalten waren und dieses gem. 0.5.1.3 nach Flächenmaß abgerechnet wurde.

Bild 13 Zwischenböden einer Holzbalkendecke

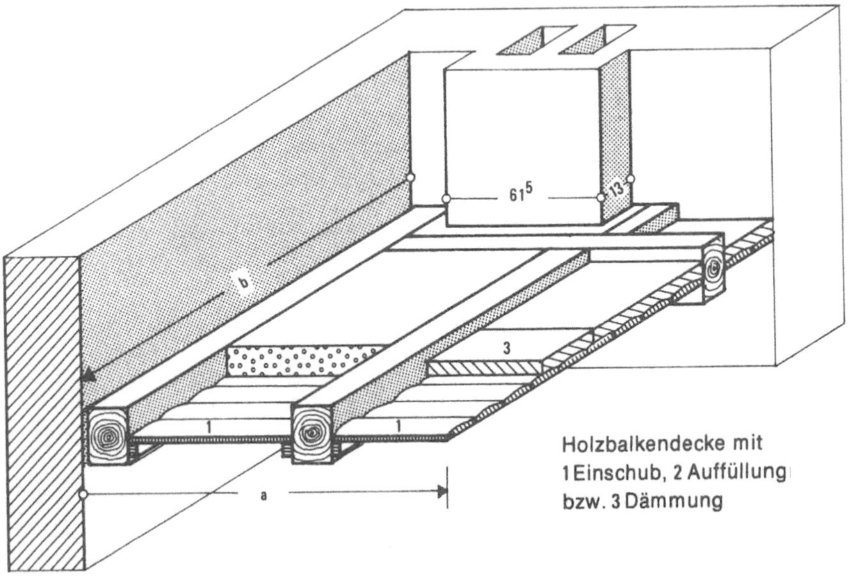

Gem. 0.5.2.1 Abrechnung des Lieferns der Balken nach Raummaß. Länge der Balken einschließlich der Zapfen und anderer Holzverbindungen. Verschnitt bleibt unberücksichtigt.

Gem. 0.5.3.1 Abrechnung des Abbindens und Verlegens der Balken nach Längenmaß. Länge gem. 5.1.1.4 und 5.1.12.

Gem. 0.5.1.4 Abrechnung des Einschubs einschließlich der Latten nach Flächenmaß. Ermittlung der Fläche gem. 5.1.1.2 zwischen den begrenzenden, ungeputzen bzw. unbekleideten Bauteilen, d.h. Ermittlung nach den Entwurfsmaßen der raumumschließenden Wände. F=a · b=... m^2. Kein Abzug der Aussparung für die Schornsteine, da deren Fläche miit 0,13 · 0,62 m kleiner als 0,5 m^2 ist.

Gem. 5.1.11 werden die Zwischenräume übermessen.

Gem. 0.5.1.4 Abrechnung der Auffüllung bzw. der Dämmung nach Flächenmaß. Es gilt das gleiche wie für den Einschub.

Bild 14 Dachschalung

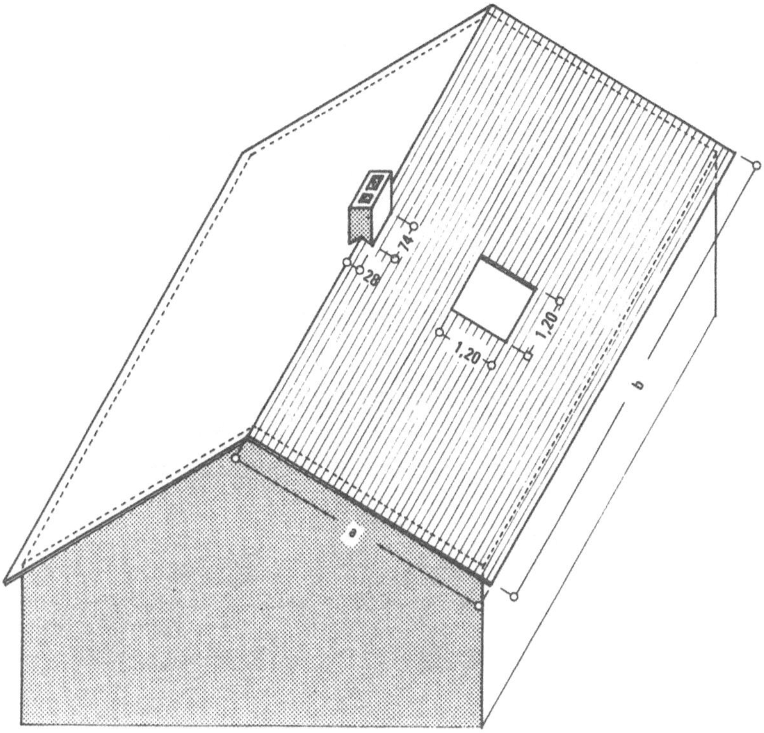

Gem. 0.5.1.2 Abrechnung der Dachschalung einschließlich Lieferung nach Flächenmaß. Gem. 5.1.1.2 gelten auf Flächen ohne begrenzende Bauteile die Maße der zu verschalenden Flächen. Diese Maße ergeben sich im vorliegenden Fall aus der Länge der Sparren einschließlich etwaiger Aufschieblinge und den vorgesehenen Überständen an den Traufen und Ortgängen.

Gem. 5.1.5 kein Abzug der Aussparung für das Flachdachfenster, desgleichen nicht für die Schornsteinaussparung, da beide Aussparungen das Maß von 2,5 m² nicht überschreiten.

Gem. 0.5.1.8 Abrechnung des Holzschutzes nach dem Flächenmaß der Dachschalung. Abrechnung des Holzschutzes ist auch nach Raummaß, Längenmaß und Anzahl möglich.

Bild 15 Dachschalung mit Kehlschalung, Gaupenschalung und Schornsteinsattel

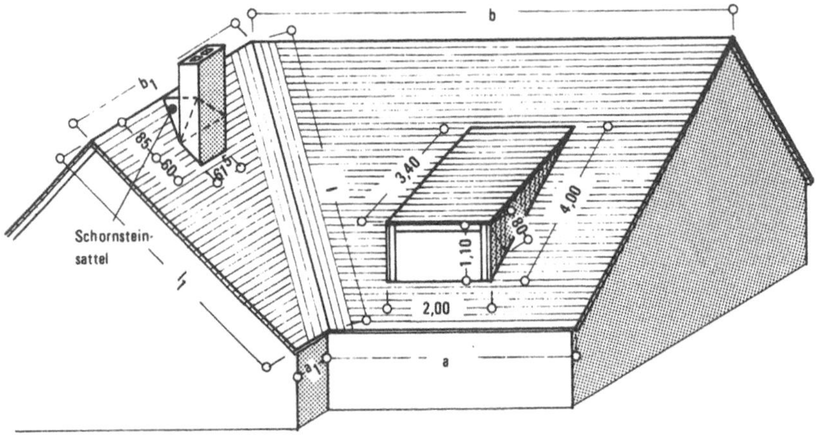

Gem. 0.5.1.2 Abrechnung der Dachschalung nach Flächenmaß. Ermittlung der Fläche gem. 5.1.1.2 wie bei Bild 14.

$$F = l_1 \left(\frac{a+b}{2} \right) + l_1 \left(\frac{a_1+b_1}{2} \right) - 2{,}00 \cdot 4{,}00 = \ldots\ m^2;$$

die Aussparung für die Dachgaupe ist gem. 5.1.5 abzuziehen, da ihre Fläche mit 2,00 · 4,00 m größer als 2,5 m² ist. Nicht abzuziehen ist die Aussparung für den Schornsteinkopf und den Schornsteinsattel, deren Fläche je kleiner als 2,5 m² ist.

Gem. 0.5.3.5 Abrechnung der Leistung für die Kehlschalung nach Längenmaß.

$L = l = \ldots$ m.

Gem. 0.5.1.2 Abrechnung der Dach- und Wangenschalung der Dachgaupe als selbständige Leistung nach Flächenmaß. Für die Ermittlung der Fläche gelten gem. 5.1.1.2 die Maße der zu schalenden Flächen.

$F = 2{,}00 \cdot 3{,}40 + 2 \cdot 4{,}00 \cdot 0{,}80/2 = 10{,}00\ m^2$.

Gem. 0.5.4.10 Abrechnung des Schornsteinsattels einschließlich Lieferung zum Stückpreis.

Bild 16 Holzbalkendecke mit Einschub, Deckenunterschalung und Sparschalung

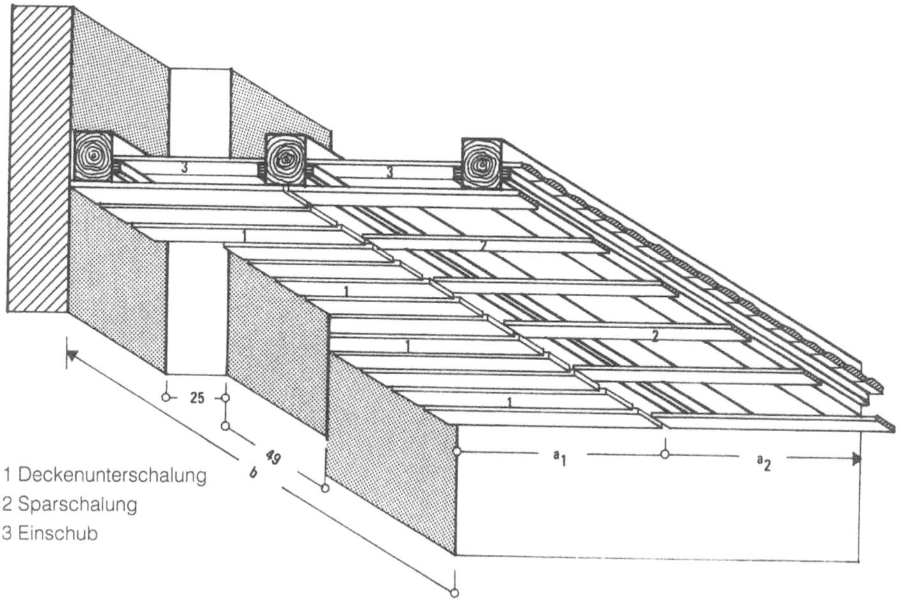

1 Deckenunterschalung
2 Sparschalung
3 Einschub

Gem. 0.5.2.1 Abrechnung des Lieferns der Balken nach Raummaß. Dabei wird die Länge einschließlich der Zapfen und anderer Holzverbindungen gemessen. Verschnitt bleibt unberücksichtigt.

Gem. 0.5.3.1 Abrechnung des Abbindens und Verlegens der Balken nach Längenmaß. Länge entsprechend 5.1.1.4 und 5.1.12.

Gem. 0.5.1.4 Abrechnung des Einschubs einschließlich der Latten zwischen den ungeputzten Wänden ohne Abzug der Balken nach Flächenmaß.

F des Einschubs=$(a_1+a_2) \cdot b$=... m²; gem. 5.1.9 kein Abzug der Aussparung für die Schornsteinvorlage, da deren Fläche mit 0,25 · 0,49 m kleiner als 0,5 m² ist.

Gem. 5.1.11 werden die Zwischenräume übermessen.

Gem. 0.5.1.2 Abrechnung der Deckenunterschalung und der Sparschalung nach Flächenmaß. Für die Ermittlung der Fläche gelten gem. 5.1.1.2 die Maße bis zu den begrenzenden, ungeputzten bzw. unbekleideten Bauteilen.

F der Deckenunterschalung=$a_1 \cdot b$=... m²; kein Abzug der Schornsteinaussparung, da diese kleiner als 0,5 m² ist. Die Zwischenräume werden gem. 5.1.11 übermessen.

F der Sparschalung=$a_2 \cdot b$=... m².

Bild 17 Deckenbekleidung eine Stahlbetondecke mit Unterkonstruktion

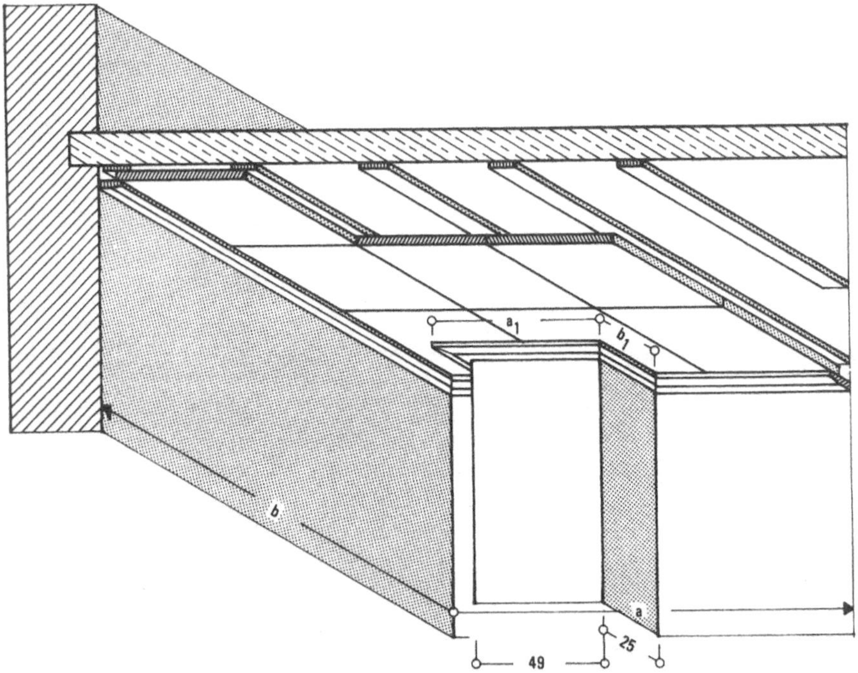

Gem. 0.5.1.2 Abrechnung der Deckenkleidung einschließlich Unterkonstruktion zwischen den ungeputzten Wänden nach Flächenmaß. Für die Ermittlung der Flächen gelten gem. 5.1.1.2 auf Flächen mit begrenzenden Bauteilen die Maße der zu bekleidenden Deckenflächen bis zu den sie begrenzenden, ungeputzten, ungedämmten bzw. nicht bekleideten Bauteilen.

F=a · b=... m²; gem. 5.1.9 kein Abzug der Aussparung für die Schornsteinvorlage, da ihre Fläche mit 0,25 · 0,49 m kleiner als 2,5 m² ist.

Gem. 5.1.11 werden die Zwischenräume übermessen.

Gem. 0.5.3.5 Abrechnung der Leistung für die Eckausbildung nach Längenmaß. Es gilt die größte Länge; sie liegt bei einspringenden Ecken an der Wandseite.

$L=2\,(a+b+b_1)=\ldots$ m.

Bild 18 Zimmermannsmäßige Wandbekleidung mit Dämmung

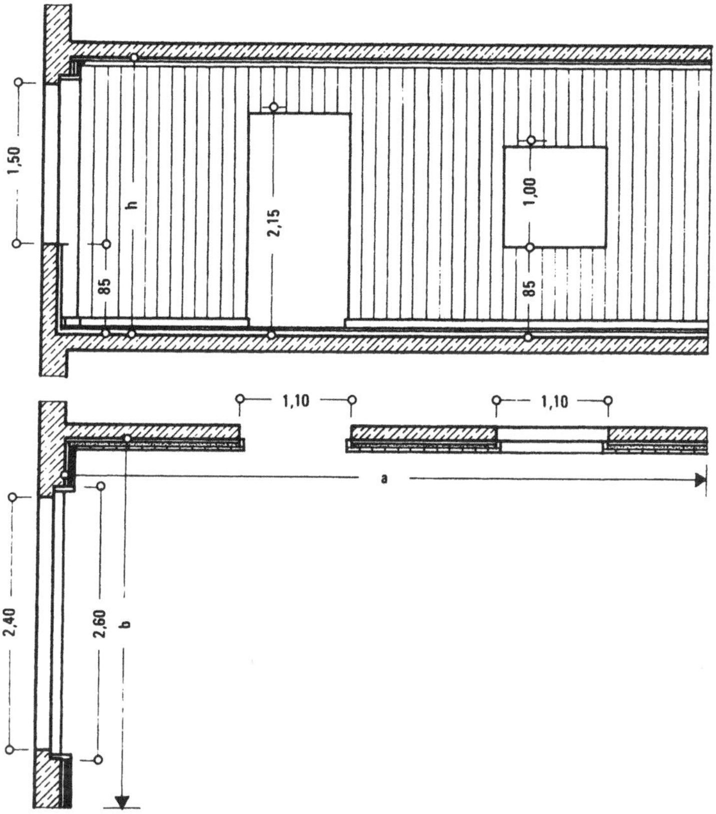

Gem. 0.5.1.2 Abrechnung der Wandbekleidung aus genuteten Brettern einschließlich Unterkonstruktion und Dämmung nach Flächenmaß. Für die Flächenermittlung gelten gem. 5.1.1.2 auf Flächen mit begrenzenden Bauteilen die Maße der zu belegenden Flächen bis zu den sie begrenzenden, ungeputzten, ungedämmten bzw. nicht bekleideten Bauteilen.

Gem. 5.1.5 kein Abzug der Öffnungen für die Tür und das kleine Fenster sowie für die Nische unter dem großen Fenster, da sie die Einzelgrößen 2,5 m² nicht überschreiten. Jedoch Abzug der großen Fensteröffnung mit 2,40 · 1,50=3,60 m².

Die Wandbekleidung, die Unterkonstruktion und die Dämmung können auch je für sich abgerechnet werden. Die Abrechnungsgrößen sind in allen Fällen gleich.

F=a · b · h−3,60=... m².

Keine Abrechnung der unbekleideten Nischenrückfläche gem. 5.1.8.

Gem. 0.5.3.11 Abrechnung der Leibungen nach Längenmaß. Gem. 5.1.1.4 gilt die größte Länge einschließlich der Holzverbindungen.

Bild 19 Bekleidung von Rohrleitungen

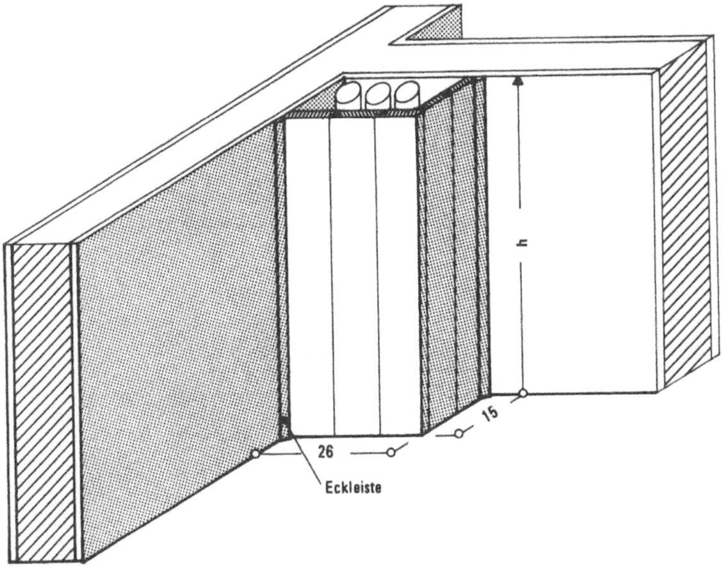

Gem. 0.5.1.2 bzw. 0.5.3.5 Abrechnung der Rohrbekleidung nach Flächenmaß oder nach Längenmaß.

Gem. 5.1.1.2 gelten für die Ermittlung des Flächenmaßes die Maße bis zu den begrenzenden, ungenutzten, ungedämmten bzw. nicht bekleideten Wänden, Decken, und Fußböden.

Für die Ermittlung des Längenmaßes gelten die größten Längen der Schalhölzer.

Gem. 0.5.3.10 Abrechnung der Eckleisten nach Längenmaß.

Bild 20 Dachlattung mit Traufbrett und Gesimsbrett

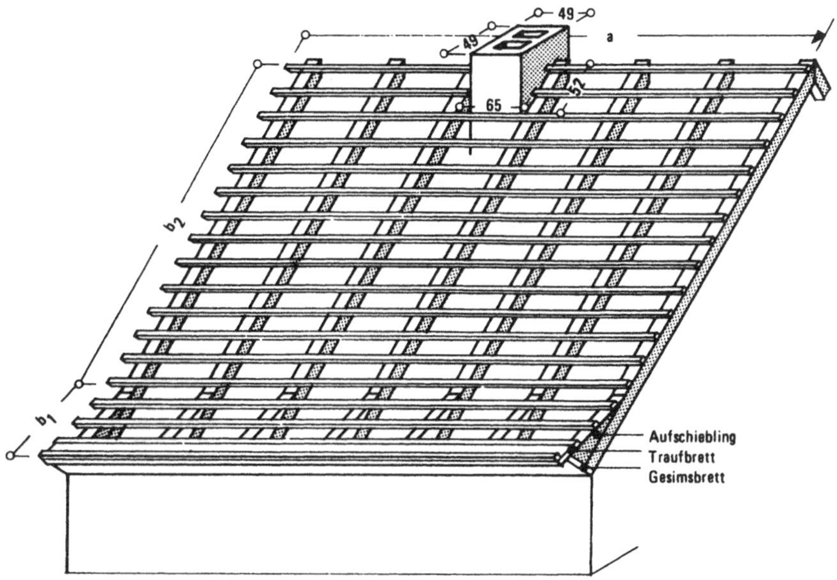

Gem. 0.5.1.2 Abrechnung der Dachlattung nach Flächenmaß. Für die Leistungsermittlung gelten gem. 5.1.1.2 die Maße der Lattung, d.h. der gelatteten Fläche. Das Flächenmaß errechnet sich aus der Fallinie des Daches zwischen Außenkante der Trauflatte und Außenkante der Firstlatte sowie dem waagerechten Längenmaß der Lattung. Alle Aussparungen über 2,5 m² Einzelgröße sind gem. 5.1.5 abzuziehen. Die Zwischenräume zwischen den Latten werden jedoch gem. 5.1.11 übermessen.

$F=a\,(b_1+b_2)=\ldots\ m^2$.

Gem. 0.5.3.5 Abrechnung des Traufbrettes nach Längenmaß.

L=a=... m.

Gem. 0.5.3.5 Abrechnung des Gesimsbrettes nach Längenmaß. Gerechnet wird die größte Länge. Im Falle einer Verkröpfung liegt die größte Länge an der Außenkante.

L=a+Länge der Verkröpfung=... m.

Bild 21 Kastengesims und Traufbrett

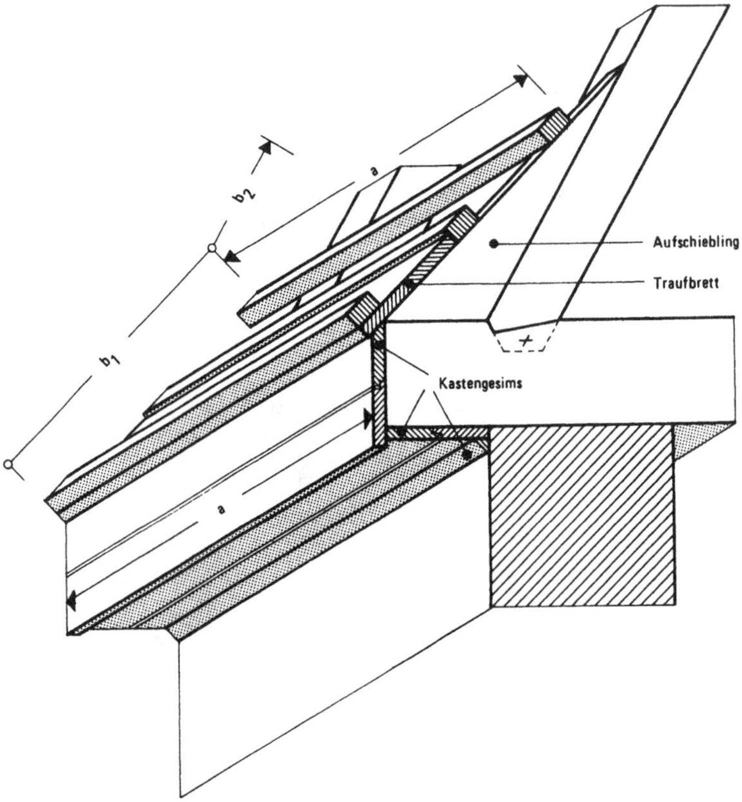

Gem. 0.5.4.5 Abrechnung der Aufschieblinge nach Anzahl. Gem. 0.5.1.2 Abrechnung der Dachlatten nach Flächenmaß. Für die Leistungsermittlung gelten gem. 5.1.1.2 die Maße der Lattung, d.h. der gelatteten Fläche. Das Flächenmaß ergibt sich aus dem Abstandsmaß zwischen Außenkante Trauflatte und Außenkante Firstlatte sowie aus dem waagerechten Längenmaß der Lattung. Aussparungen über 2,5 m² Einzelgröße sind gem. 5.1.5 abzuziehen.

$F=a\ (b_1+b_2)=\ldots$ m abzüglich etwaiger Aussparungen.

Gem. 0.5.3.6 Abrechnung des Traufbrettes nach Längenmaß. L=a=... m.

Gem. 0.5.3.5 Abrechnung des Kastengesimses nach Längenmaß. Ggf. ist nach Bauart und Maßen zu trennen. Gerechnet wird die größte Länge, die bei ausspringenden Ecken an der Außenkante des Gesimses liegt. Die Dreiecksleiste gehört in den Leistungsumfang des Kastengesimses.

Bild 22 Ortbrett und Zahnleiste

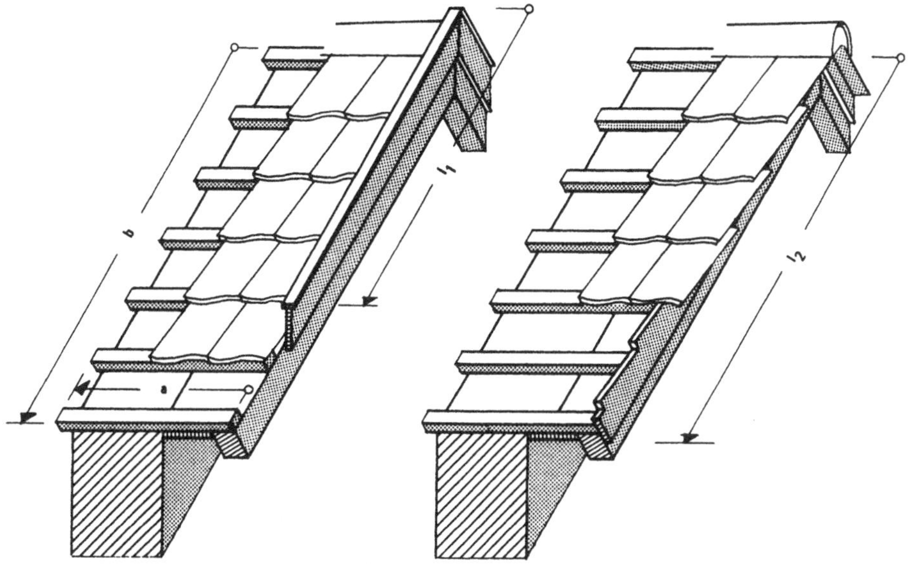

Gem. 0.5.1.2 Abrechnung der Dachlattung nach Flächenmaß. Für die Leistungsermittlung gelten gem. 5.1.1.2 die Maße der Lattung, d.h. der gelatteten Fläche.

Das Flächenmaß ergibt sich aus dem Abstand zwischen Außenkante Firstlatte und Außenkante Trauflatte sowie aus dem waagerechten Längenmaß der Lattung. Aussparungen über 2,5 m^2 Einzelgröße sind gem. 5.1.5 abzuziehen.

F der Lattung=a · b=... m^2 abzüglich etwaiger Aussparungen.

Gem. 0.5.3.6 Abrechnung des Ortbrettes einschließlich der Windfeder sowie der Zahnleiste nach Längenmaß. Gerechnet wird die größte Länge.

L=l_1... m.

Gem. 5.1.12 werden Unterbrechungen bis zu 1,0 m Einzellänge übermessen, d.h. nicht vom Längenmaß abgezogen.

Bild 23 Blindboden auf Lagerhölzern

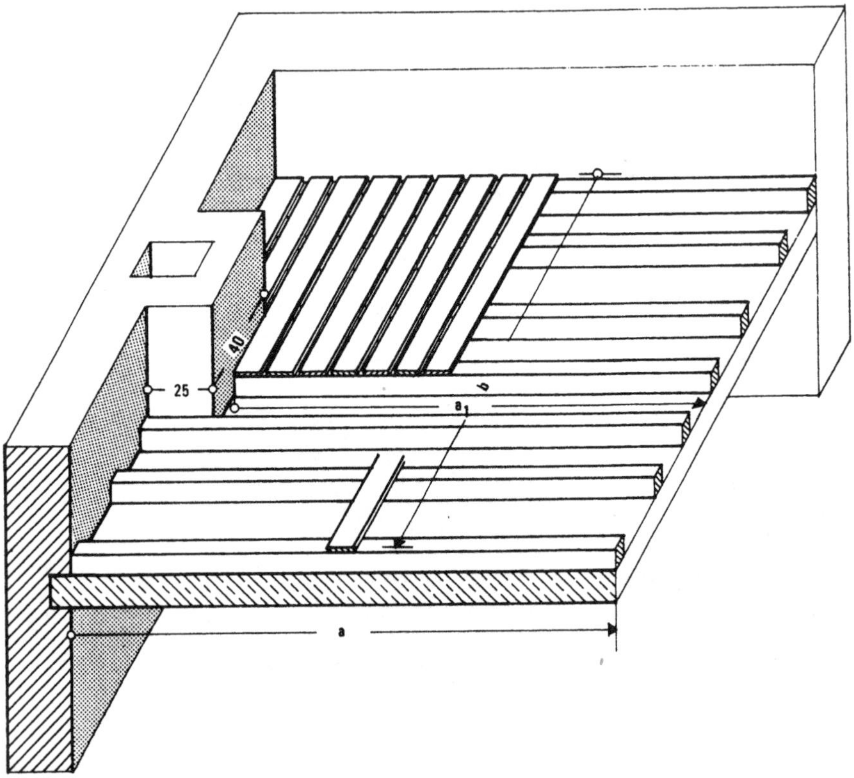

Gem. 0.5.3.12 Abrechnung der Lagerhölzer für den Blindboden nach Längenmaß. Für die Ermittlung der Längen gelten gem. 5.1.1.5 die größten Bauteillängen.

$L = n \cdot a + 1 \cdot a_1 = \ldots$ m.

Gem. 0.5.1.2 Abrechnung des Blindbodens aus Brettern nach Flächenmaß. Es gilt gem. 5.1.1.2 die Fläche zwischen den ungeputzten Wänden.

$F = a \cdot b = \ldots$ m²; gem. 5.1.9 kein Abzug für die Schornsteinaussparung, da deren Fläche mit $0{,}25 \cdot 0{,}40$ m kleiner als 0,5 m² ist. Die Zwischenräume zwischen den Brettern werden gem. 5.1.11 übermessen, d.h. sie werden nicht von der Fläche abgezogen.

Bild 24 Leichtwand auf Schwellenholz

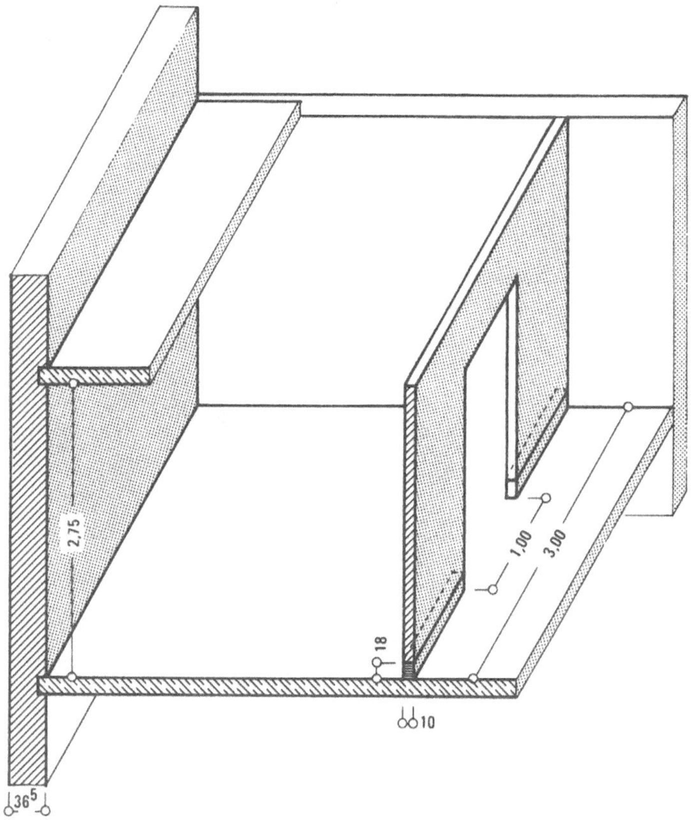

Gem. 0.5.1.1 Abrechnung der Leichtwand nach Flächenmaß. Für die Ermittlung der Fläche gelten gem. 5.1.1.2 die Maße bis zu den sie begrenzenden ungeputzten, ungedämmten bzw. nicht bekleideten Bauteilen. Gem. 5.1.5 kein Abzug der Türöffnung, da sie kleiner ist als 2,5 m².

Gem. 0.5.3.11 Abrechnung der Schwelle unter der Leichtwand nach Längenmaß. Für die Ermittlung der Länge gilt gem. 5.1.1.5 der Abstand zwischen den ungeputzten Wänden. Die Unterbrechung der Schwelle durch die Türöffnung ist gem. 5.1.12 nicht abzuziehen, da sie das Maß von 1,0 m nicht überschreitet.

Bild 25 Gespundeter Fußboden auf Lagerhölzern

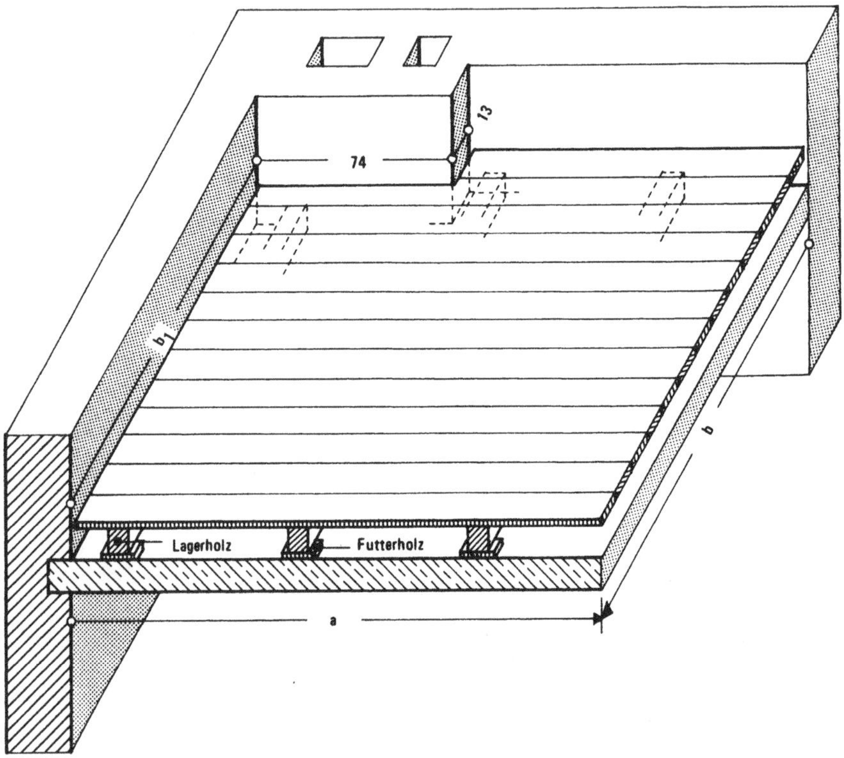

Gem. 0.5.11 Abrechnung der gespundeten Fußbodendielung nach Flächenmaß. Für die Ermittlung der Fläche gelten gem. 5.1.1.2 die Maße zwischen den begrenzenden, ungeputzten bzw. unbekleideten Bauteilen, auch wenn die tatsächlich ausgeführte Leistung an etwaigen Putzflächen oder Wandbekleidungen endet.

F=a · b=... m²; gem. 5.1.9 kein Abzug der Aussparung für die Schornsteinvorlage, deren Fläche mit 0,13 · 0,74 m kleiner als 0,5 m² ist.

Gem. 0.5.3.12 Abrechnung der Lagerhölzer für den gespundeten Fußboden nach Längenmaß. Für die Ermittlung der Länge gilt gem. 5.1.1.5 der Abstand zwischen den begrenzenden, ungeputzten bzw. unbekleideten Baustellen.

$L=1 \cdot b_1+n \cdot b=... m; b_1=b-0{,}13$ m.

Etwa vorgesehene Futterhölzer zur Unterlüftung der Lagerhölzer und der Fußbodenbretter sind zweckmäßig durch die Leistungsbeschreibung der Leistung für die Lagerhölzer zuzuordnen.

Bild 26 Hobeldielen auf Lagerhölzern mit Scheuerleiste und Hinterlüftung

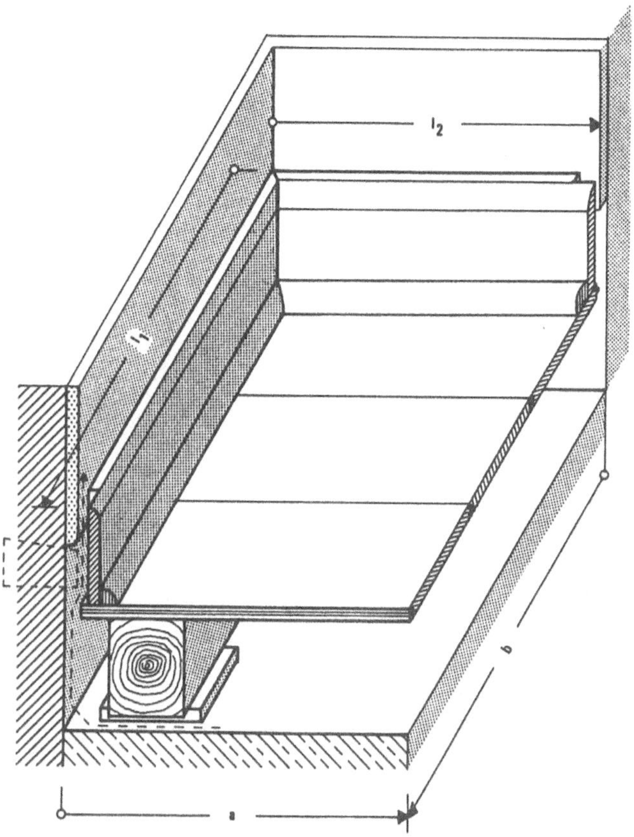

Gem. 0.5.1.1 Abrechnung der Hobeldielen nach Flächenmaß. Für die Ermittlung der Fläche gelten auch hier gem. 5.1.1.2 die Maße zwischen den begrenzenden, ungeputzten bzw. unbekleideten Bauteilen, auch wenn die tatsächliche Leistung von Putzflächen oder Wandbekleidungen begrenzt wird.

F der Hobeldielen=a · b=... m². Alle Aussparungen über 0,5 m² Einzelgröße sind gem. 5.1.9 abzuziehen.

Gem. 0.5.3.10 Abrechnung der Scheuerleisten sowie der Profil-, Stab- und Dreikantleisten nach Längenmaß. 5.1.3 ist zu beachten. Es gilt die größte Länge; sie liegt bei einspringenden Ecken auf der Wandseite. Sind Befestigungsmittel, z.B. Dübel, vorgesehen, ist es zweckmäßig, ihre Lieferung und ihren Einbau der Leistung für die Scheuerleisten zuzuordnen. Für den Einbau von Dübelsteinen gilt ATV DIN 18330 »Mauerarbeiten«.

L der Scheuerleisten=l_1+$_2$=... m.

Gem. 0.5.3.12 Abrechnung der Lagerhölzer nach Längenmaß. Für die Ermittlung der Länge gelten gem. 5.1.1.4 die Maße zwischen den begrenzenden Bauteilen. Es ist zu empfehlen, das Liefern und Einbringen des Futterholzes in die Leistung für die Lagerhölzer einzubeziehen.

L der Lagerhölzer=n · b=... m.

Bild 27 Teilgrundriß eines Wohnraumes mit Darstellung der Fußleisten bzw. Profilleisten

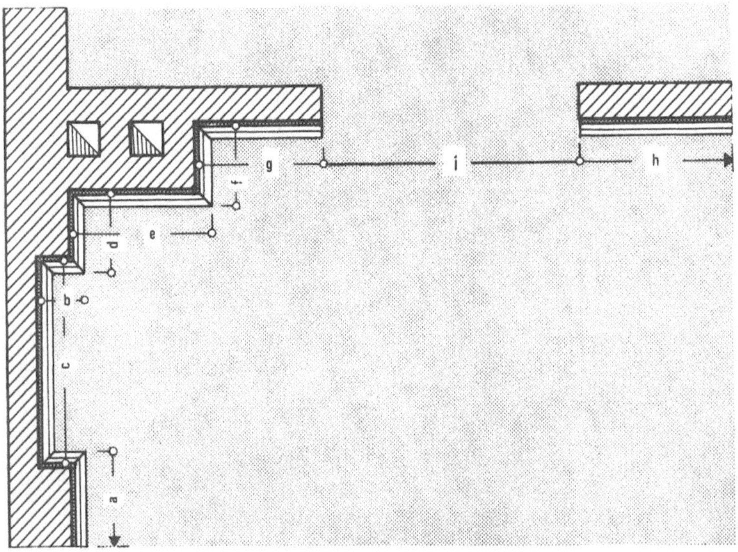

Gem. 0.5.3.10 Abrechnung von Fußleisten und Scheuerleisten sowie von Profil,- Stab- und Dreikantleisten nach Längenmaß. Es gilt die größte Länge; sie liegt bei einspringenden Ecken auf der Wandseite, bei ausspringenden Ecken auf der Außenseite. Gemäß 5.1.3 werden Fußleisten bis 10 cm Höhe übermessen.

L=a+2 · b+c+d+e+f+g+h=... m.

Die Länge i ist größer als 1,0 m und daher gem. 5.1.12 abzuziehen.

Es empfiehlt sich, zusammengesetzte Profile in nur einer Position abzurechnen. Dübel und andere Befestigungsmittel sind in der Leistungsbeschreibung vorzuschreiben, wobei es zweckmäßig ist, sie zusammen mit der Leistung für die Fußleisten usw. abzurechnen. Für den Einbau von Dübelsteinen gilt jedoch ATV DIN 18330 »Mauerarbeiten«.

Bild 28 Dämmung des Fußbodens zwischen Lagerhölzern

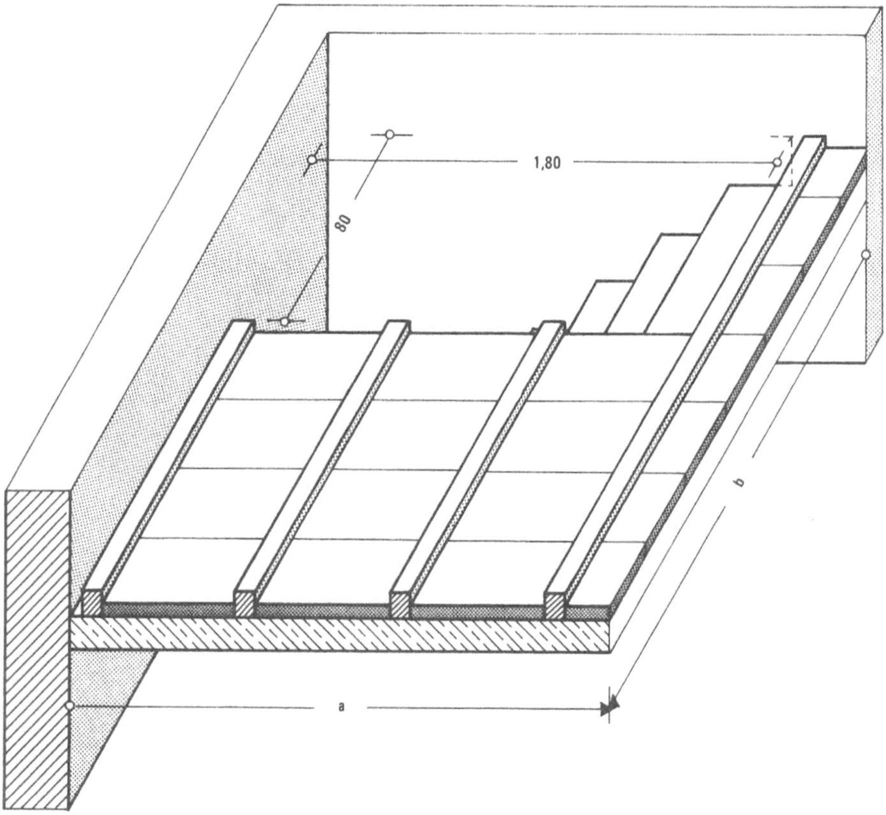

Gem. 0.5.3.12 Abrechnung der Lagerhölzer für den Fußboden nach Längenmaß. Für die Ermittlung der Länge gelten gem. 5.1.1.5 die Abstände zwischen den ungeputzten Wänden, d.h. die Maße zwischen den begrenzenden Bauteilen. Unterbrechungen der Lagerhölzer durch Öffnungen sind gem. 5.1.12 nur abzuziehen, wenn sie das Maß von 1,0 m überschreiten.

L der Lagerhölzer=n · b=... m.

Gem. 0.5.1.4 Abrechnung der Dämmung aus Dämmplatten nach Flächenmaß. Es gelten die Vorschriften für die Abrechnung von Fußböden und Blindböden, d.h. die Fläche ist aus den Maßen zwischen den begrenzenden, ungeputzten bzw. unbekleideten Bauteilen zu ermitteln. Aussparungen über 0,5 m² Einzelgröße sind gem. 5.1.9 abzuziehen. Die Lagerhölzer werden nicht berücksichtigt, d.h. sie werden aus Gründen der Vereinfachung gem. 5.1.10 übermessen und nicht abgezogen.

F der Dämmung=a · b−0,80 · 1,80=... m²; die Aussparung für das Treppenloch, deren Flächenmaß mit 0,80 · 1,80 m größer als 0,5 m² ist, muß abgezogen werden.

Bild 29 Gezimmerte Türen

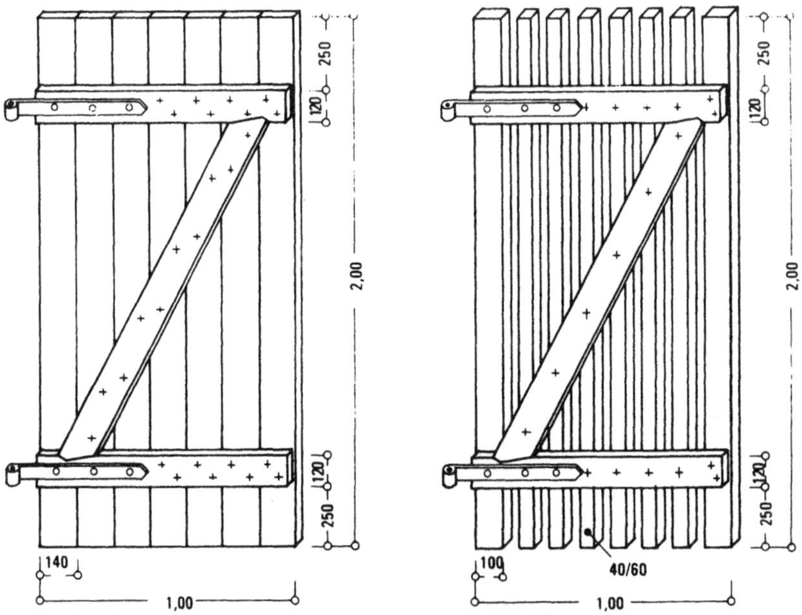

Brettertür **Lattentür**

Gem. 0.5.4.11 Abrechnung gezimmerter Türen und Tore nach Anzahl. Die Ansätze sind nach Ausführungsarten und Maßen zu trennen.

Gem. 0.5.1.8 bzw. 0.5.4.16 Abrechnung der Holzschutzbehandlung nach Flächenmaß oder nach Anzahl. Die beiden anderen Abrechnungsmöglichkeiten nach Raummaß oder nach Längenmaß kommen im vorliegenden Fall nicht in Betracht. Bei Abrechnung nach Flächenmaß ist

F der Holzschutzbehandlung jeder der gezimmerten Türen=2 · 1,00 · 2,00=4,00 m².

Bild 30 Innentür mit Futter und Bekleidung sowie mit Schwelle

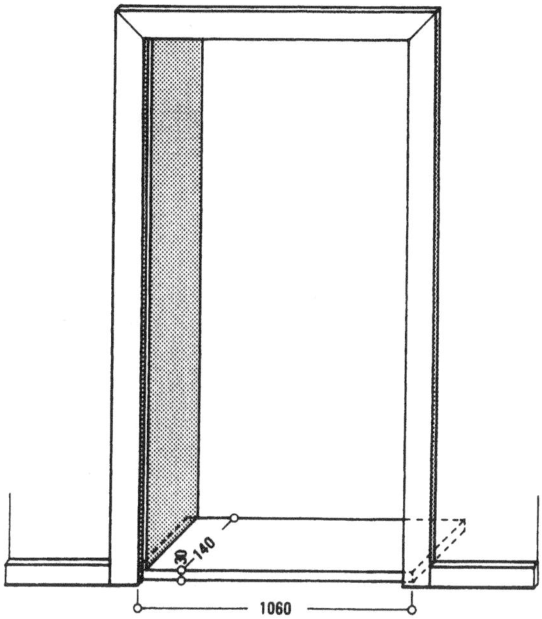

Gem. 0.5.4.11 Abrechnung von Türschwellen nach Anzahl. Die Ansätze sind nach Holzart, Längen und Breiten zu trennen.

Gem. 0.5.1.8, 0.5.3.18 oder 0.5.4.16 Abrechnung der Holzschutzbehandlung nach Längenmaß, Flächenmaß oder Anzahl. Die Abrechnungsmöglichkeit nach Raummaß kommt im vorliegenden Fall nicht in Betracht. Bei Abrechnung der Holzschutzbehandlung nach Längenmaß ist

L der Schwelle=1060 cm.

Bei der Abrechnung der allseitigen Holzschutzbehandlung nach Flächenmaß ist

F der Schwelle=2 (0,14+0,03) · (1,06+0,03)=0,31 m^2.

Die Abrechnung von Futter und Bekleidung fällt in den Leistungsbereich ATV DIN 18355 »Tischlerarbeiten«.

Bild 31 Lattenverschlag

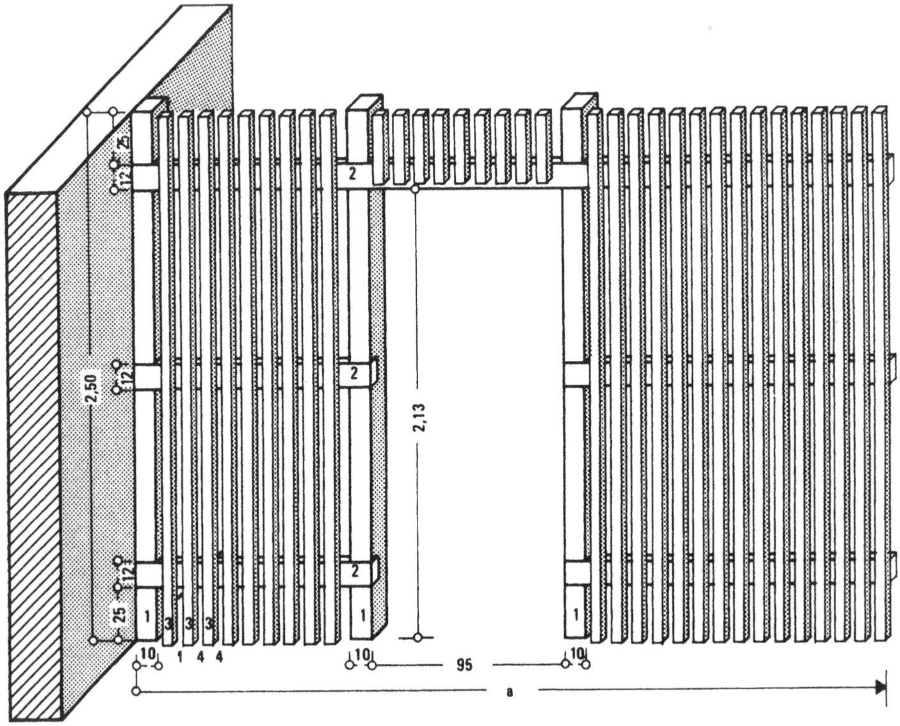

1 Pfosten 10/10 cm
2 Riegelbretter 30/120 cm
3 Latten 24/48 mm
4 Zwischenräume 50 mm

Gem. 0.5.1.1 Abrechnung des Lattenverschlages nach Flächenmaß. Für die Flächenermittlung gelten gem. 5.1.1.2 die Maße zwischen den begrenzenden ungeputzten Bauteilen. Die Zwischenräume zwischen den Latten werden gem. 5.1.11 nicht abgezogen.

F des Lattenverschlages=a · 2,50=... m²; die Aussparung für die Lattentür ist gem. 5.1.5 nicht abzuziehen, da ihre Fläche mit 0,95 · 2,13 m kleiner als 2,5 m² ist und die gezimmerte Lattentür als selbständige Leistung zum Stückpreis abgerechnet wird.

Gem. 0.5.1.8 Abrechnung der Holzschutzbehandlung für den Lattenverschlag nach Flächenmaß. Die übrigen Abrechnungsmöglichkeiten nach Raummaß, Längenmaß und Anzahl kommen im vorliegenden Fall nicht in Betracht. Die Fläche ist zweiseitig zu rechnen.

F des Lattenverschlages für die Holzschutzbehandlung=2 · a · 2,50=... m².

Bild 32 Lattenzaum

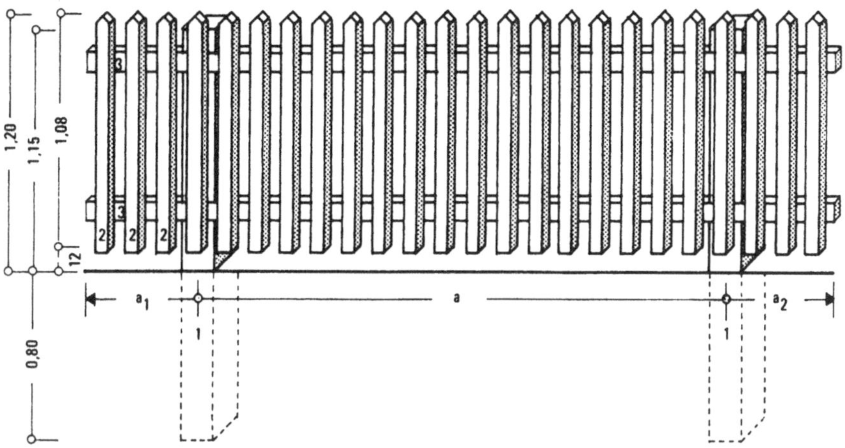

1 Pfosten 14/14 cm
2 Latten 4/6 cm
3 Riegelbrett 30/100 mm

Gem. 0.5.3.17 Abrechnung des Lattenzaunes nach Längenmaß. Bauart und Höhe sind anzugeben. Bei mehreren Lattenzäunen ist ggf. nach Bauart und Höhe zu trennen.

Gem. 5.1.1.5 ist die größte Länge einschließlich der Holzverbindungen maßgebend.

Gem. 5.1.12 sind Unterbrechungen von mehr als 1,0 m Einzellänge von Längenmaß abzuziehen.

Gem. 0.5.4.11 Abrechnung von Zauntüren und -toren nach der Stückzahl, getrennt nach Bauart und Maßen.

Gem. 0.5.1.8 bzw. 0.5.3.18 Abrechnung der Holzschutzarbeiten nach Flächenmaß oder Längenmaß. Die anderen Abrechnungsmöglichkeiten (nach Raummaß oder Anzahl) kommen im vorliegenden Fall nicht in Betracht. Die Fläche ist zweiseitig zu rechnen.

F des Lattenzauns=2 · 1,08 $(a+a_1+a_2=...$ m.

L des Lattenzauns=$a+a_1+a_2=5.$ m.

Die Pfosten bestehen aus Beton.

Bild 33 Eingeschobene Treppe

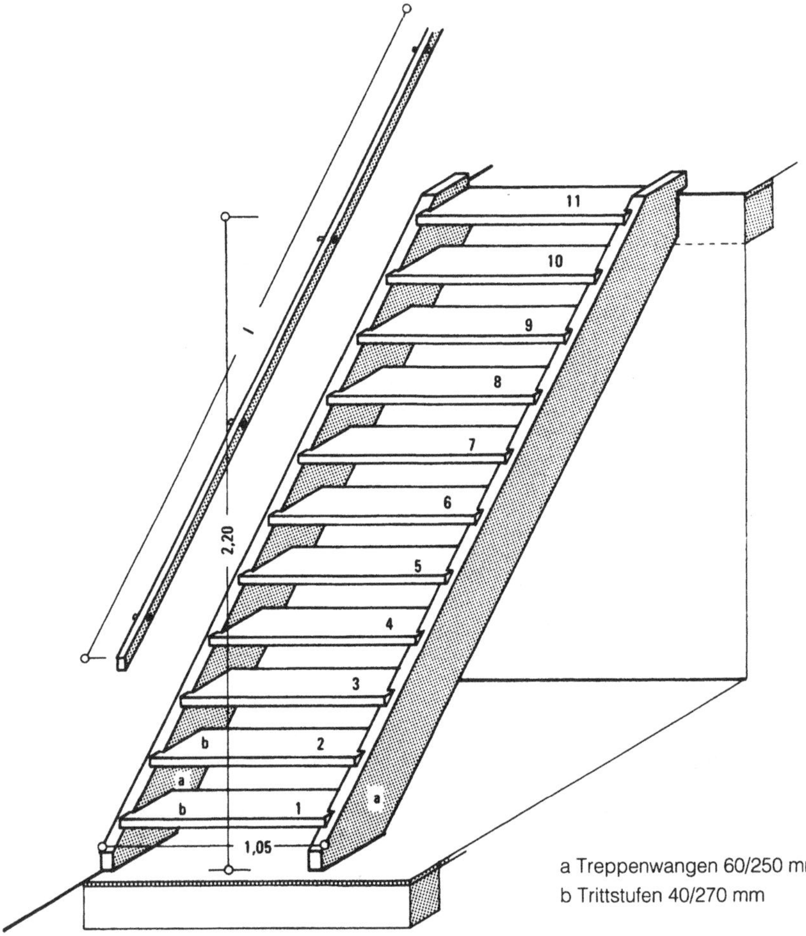

a Treppenwangen 60/250 mm

b Trittstufen 40/270 mm

Gem 0.5.4.12 Abrechnung der eingeschobenen Treppe nach Stückzahl, getrennt nach Bauart und Maßen.

Gem. 0.5.3.14 Abrechnung des Handlaufs nach dem längsten Maß.

L=l=... m.

Gem. 0.5.4.16 Abrechnung der Holzschutzbehandlung der Treppe zum Stückpreis. Die übrigen Abrechnungsmöglichkeiten (nach Flächenmaß, Raummaß oder Längenmaß) kommen für Treppen nicht in Betracht.

Bild 34 Schnitt durch eine aufgesattelte Treppe

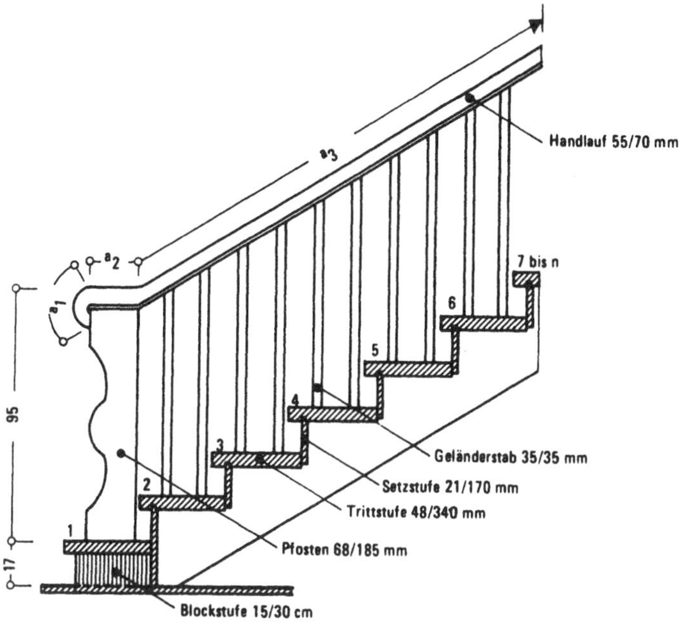

Gem. 0.5.4.12 Abrechnung der aufgesattelten Treppe einschließlich des Pfostens nach Anzahl, getrennt nach Bauart und Maßen.

Gem. 0.5.4.12 Möglichkeit der Abrechnung des Pfostens zum Stückpreis.

Gem. 0.5.3.14 Abrechnung des Geländers nach dem längsten Maß.

$L = a_1 + a_2 + a_3 = \ldots$ m.

Bild 35 Schnitt durch das Podest einer eingestemmten Treppe

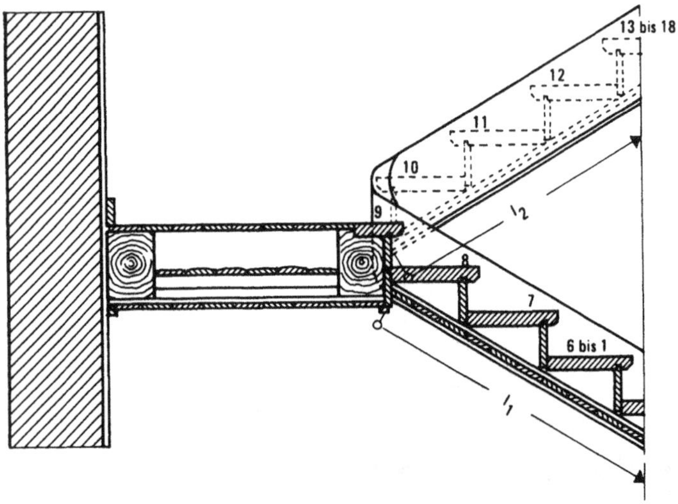

Gem. 0.5.4.12 Abrechnung der zweiläufigen eingestemmten Treppe nach Anzahl, Bauart und Maße sind anzugeben.

Gem. 0.5.4.12 Abrechnung des Wangenkrümmlings und des Podestes je für sich als selbständige Leistung zum Stückpreis. Die unterseitige Podestbekleidung ist der Leistung für das Podest zuzuordnen.

Gem. 0.5.3.10 Abrechnung der Abdeckleisten unter den Wangen nach Längenmaß.

$L=2\ (l_1+l_2)=\ldots$ m.

Gem. 0.5.1.2 Abrechnung der unterseitigen Treppenbekleidung nach Flächenmaß. Für die Ermittlung der Fläche gelten gem. 5.1.1.2 die Maße der zu bekleidenden Fläche, d. h. die Maße zwischen den Wangen und den anderen begrenzenden Bauteilen.

Bild 36 Unterseitige Treppenbekleidung

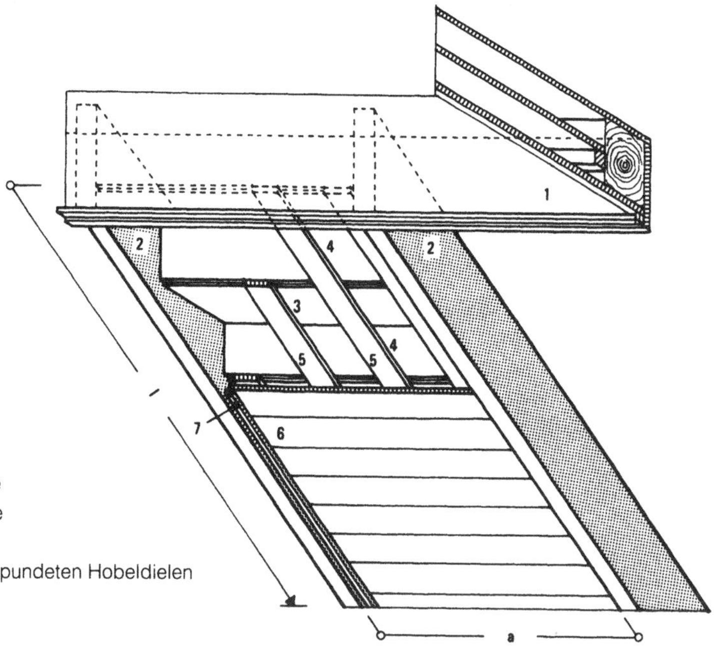

1 Podest
2 Treppenwangen
3 Unterseite Trittstufe
4 Rückseite Setzstufe
5 Sparschalung
6 Bekleidung mit gespundeten Hobeldielen
7 Wangenleiste

Gem. 0.5.1.2 Abrechnung der unterseitigen Treppenbekleidung nach Flächenmaß. Für die Ermittlung der Fläche gelten gem. 5.1.1.2 die Maße der zu bekleidenden Fläche, d.h. die Maße zwischen den Wangen und den anderen begrenzenden Bauteilen.

$F=a \cdot l=\ldots \text{ m}^2$.

Gem. 0.5.3.10 Abrechnung der Abdeckleisten nach Längenmaß.

$L=2 \cdot l=\ldots \text{ m}$.

Gem. 0.5.4.12 Abrechnung des Podestes als selbständige Leistung zum Stückpreis. Hierbei kann die Bekleidung der Unterseite des Podestes entweder mit dem Podest oder auch als selbständige Leistung abgerechnet werden.

VOB Teil C: Allgemeine Technische Vertragsbedingungen für Bauleistungen (ATV) Stahlbauarbeiten – DIN 18335 Ausgabe Juni 1996

1 Geltungsbereich

1.1 Die ATV »Stahlbauarbeiten« – DIN 18335 – gilt für Stahlbauleistungen des konstruktiven Ingenieurbaues im Hoch- und Tiefbau einschließlich des Stahlverbundbaues.

1.2 Die ATV DIN 18335 gilt nicht für Metallbau- und Schlosserarbeiten (siehe ATV DIN 18360 »Metallbauarbeiten«).

1.3 Ergänzend gelten die Abschnitte 1 bis 5 der ATV DIN 18299 »Allgemeine Regelungen für Bauarbeiten jeder Art«. Bei Widersprüchen gehen die Regelungen der ATV DIN 18355 vor.

5 Abrechnung

Gem. ATV DIN 18299 Abschn. 5 gilt allgemein:

Die Leistung ist aus Zeichnungen zu ermitteln, soweit die ausgeführte Leistung diesen Zeichnungen entspricht. Sind solche Zeichnungen nicht vorhanden, ist die Leistung aufzumessen.

Siehe hierzu die eingehende Erläuterung zu ATV DIN 18299 »Allgemeine Regelungen für Bauarbeiten jeder Art.

Abrechnungseinheiten

Gem. 0.5 sind im Leistungsverzeichnis die Abrechnungseinheiten wie folgt vorzusehen:

0.5.1 Stahlbauteile nach Gewicht (kg, t), Längenmaß (m), Flächenmaß (m²), Raummaß (m³) oder Anzahl (Stück).

0.5.2 Verbundteile aus Stahl und Beton oder Stahlbeton nach Längenmaß (m), Flächenmaß (m²), Raummaß (m³), Anzahl (Stück) oder getrennt
- Stahlbauteile nach Abschnitt 0.5.1,
- Beton- und Stahlbetonteile nach ATV DIN 18331 »Beton- und Stahlbetonarbeiten«.

0.5.3 Lagerkörper, Übergangskonstruktionen und andere besondere Bauteile nach Gewicht (kg, t), Längenmaß (m), Flächenmaß (m²) oder Anzahl (Stück); wenn sie mit der Hauptkonstruktion gewogen werden, nach Längenmaß (m), Flächenmaß (m²) oder Anzahl (Stück) als Zulage zur Hauptkonstruktion.

Ergänzend zu ATV DIN 18299 Abschnitt 5 gilt:

5.1 Allgemeines

Bei Abrechnung nach Gewicht wird es durch Berechnen ermittelt. Das Gewicht von Formstücken, z.B. Guß- oder Schmiedeteilen, wird jedoch durch Wiegen ermittelt.

Die Regel ist, daß bei Abrechnung nach Gewicht das Gewicht durch Berechnen zu ermitteln ist. Soll die Ermittlung durch Wiegen erfolgen, muß es in der Leistungsbe-

schreibung vorgeschrieben sein. Im Gegensatz dazu ist es die Regel, das Gewicht von Formstücken durch Wiegen zu ermitteln, da bei einer Berechnung nicht auf Tabellenwerte zurückgegriffen werden kann. Andere Ermittlungsarten sind in der Leistungsbeschreibung vorzuschreiben.

Die Ermittlung des Gewichts durch Berechnen ist die genauere Methode zur Feststellung der Leistung. Sie sollte jedoch nur angewendet werden, wenn die Aufwendungen für das Berechnen gegenüber dem Wiegen durch die Eigenart oder den Wert der Bauleistung begründet sind.

5.2 Gewichtsermittlung durch Berechnen

5.2.1 Für die Ermittlung der Maße gelten:

- bei Flachstählen bis 180 mm Breite sowie bei Form- und Stabstählen die größte Länge,
- bei Flachstählen über 180 mm Breite und bei Blechen die Fläche des kleinsten umschriebenen, aus geraden oder nach außen gekrümmten Linien bestehenden Vielecks, bei hochkantig gebogenen Flachstählen jedoch anstatt der Sehne die nach innen gekrümmte Linie,
- bei angeschnittenen, ausgeklinkten oder beigezogenen Trägern der volle Querschnitt.

Ausschnitte und einspringende Ecken werden übermessen.

Mit diesen Vorschriften wird die Gewichtsermittlung durch Berechnen wesentlich vereinfacht. Die mit den Messungserleichterungen verbundene Zeitersparnis ist bedeutender als der etwaige Wertgewinn durch die Genauigkeit bei der Berechnung.

Gem. 0.5.1 kann die Abrechnung der Leistungen nach Gewicht, Längenmaß, Flächenmaß, Raummaß oder Stückzahl erfolgen. In der LB muß die vom Auftraggeber gewünschte Abrechnungsart angegeben sein. Soll die Leistung durch Berechnen, also nicht durch Wiegen, ermittelt werden, gilt für die Ermittlung der dazu erforderlichen Maße folgendes:

- *Flachstähle bis 180 mm Breite sowie Form- und Stabstähle:*
  Bei Abrechnung nach zu berechnendem Gewicht gilt die größte Länge, die gemäß 5.2.2 mit den Gewichten nach den DIN-Normen der genormten Profile oder nach den aus dem Profilbuch des Herstellers ersichtlichen Gewichten zu multiplizieren ist (Bild 1, 2).
- *Flachstähle über 180 mm Breite sowie Bleche:*
  Bei Abrechnung nach zu berechnendem Gewicht gilt für die zu ermittelnde Fläche das kleinste umschriebene Vieleck, das aus geraden oder nach außen gekrümmten Begrenzungslinien besteht. Das Vieleck darf also keine einspringenden Ecken aufweisen. Das Gewicht errechnet sich gem. 5.2.2 mit 7,85 kg/m² je 1 mm Dicke (Bild 4, 5).
- *hochkantig gebogene Flachstähle:*
  Um die größte Länge zu ermitteln, gilt nicht die Länge der Sehne, sondern die Abwicklungslänge der nach innen gekrümmten Linie des Flachstahls (Bild 5).
- *angeschnittene, ausgeklinkte oder beigezogene Träger:*
  Es gelten die Maße des vollen Querschnitts. Ausschnitte und einspringende Ecken werden übermessen (Bild 3).

5.2.2 Bei der Berechnung des Gewichts ist zugrunde zu legen:

- bei genormten Profilen das Gewicht nach DIN-Norm,
- bei anderen Profilen das Gewicht aus dem Profilbuch des Herstellers,
- bei Blechen, Breitflachstählen und Bandstählen das Gewicht von 7,85 kg je m² Fläche und mm Dicke,

- bei Formstücken aus Stahl die Dichte von 7,85 kg/dm³ und bei solchen aus Gußeisen (Grauguß) die Dichte von 7,25 kg/dm³.

Verbindungsmittel, z.B. Schrauben, Nieten, Schweißnähte bleiben unberücksichtigt.

Dem größeren Arbeitsaufwand, der mit der Gewichtsermittlung durch Berechnen verbunden ist, stehen folgende Vorteile gegenüber:
Die Leistungsermittlung kann sehr genau erfolgen; die Feststellung der Leistung ist an keinen bestimmten Termin gebunden, besonders nicht an Termine des Einbaus; die Abrechnung kann nach den Stahlarten getrennt werden, dazu muß allerdings das Leistungsverzeichnis entsprechend gegliedert sein.

Gem. 5.1 ist es die Regel, das Gewicht durch Berechnen zu ermitteln. Ermittlung durch Wiegen muß in der Leistungsbeschreibung vorgeschrieben sein.

Unter dem Begriff Blech sind folgende Blecharten zusammengefaßt:

Feinstblech und Weißblech in Tafeln unter 0,50 mm Dicke, DIN 1540,

Feinblech, d.h. Stahlblech unter 3 mm Dicke, DIN 1016 und DIN 1541,

Mittelblech, d.h. Stahlblech von 3 bis 4,75 mm Dicke, DIN 1542,

Grobblech, d.h. Stahlblech über 4,75 mm Dicke, DIN 1543.

Unter Breitflachstahl ist warmgewalzter Breitflachstahl nach DIN 59200 zu verstehen. Die Breitenmaße reichen von 151 bis 1250 mm, die Dickenmaße von 5 bis 60 mm.

Bandstahl ist warmgewalzter Bandstahl nach DIN 1016 mit Dicken von 0,8 bis 15 mm sowie kaltgewalzter Bandstahl nach DIN 1544 mit Dicken von 0,1 bis 5,0 mm.

Für Bleche, Breitflachstähle und Bandstähle gilt das Gewicht von 7,85 kg je m² Fläche und je 1 mm Dicke. In der früheren Ausgabe der Norm betrug das Einheitsgewicht 8,0 kg/m² je 1 mm Dicke.

Für Formstücke aus Stahl (Stahlguß) gilt die Dichte von 7,85 kg/dm³, für Formstücke aus Gußeisen (Grauguß) gilt die Dichte von 7,25 kg/dm³.

5.2.3 Walztoleranz und Verschnitt bleiben unberücksichtigt.

Unter Walztoleranzen sind die Gewichtsabweichungen zu verstehen, die sich aus dem Unterschied zwischen dem gewogenen und dem errechneten Gewicht ergeben. Walztoleranzen bleiben bei der Ermittlung des Gewichts durch Berechnen unberücksichtigt. Verschnitt bleibt im Regelfall ebenfalls außer Betracht, da nur die vertragliche Leistung abzurechnen ist und deshalb nur fertige Werkstücke bzw. Bauteile zu wiegen sind. Soll vom Regelfall abgewichen werden, ist es in der Leistungsbeschreibung vorzuschreiben.

5.3 Gewichtsermittlung durch Wiegen

Sämtliche Bauteile sind zu wiegen. Von gleichen Bauteilen braucht nur eine angemessene Anzahl gewogen zu werden.

Es sind alle zur vertraglichen Leistung gehörenden Stahlbauteile zu wiegen. Die Ermittlung des Gewichts durch Wiegen muß gem. 5.1 mit Ausnahme von Formstükken in der Leistungsbeschreibung vorgeschrieben sein. Das Gewicht von Formstücken ist im Regelfall durch Wiegen zu ermitteln. Das Gewicht etwaiger Anstriche oder Oberflächenschutzschichten wird nicht berücksichtigt. Im Regelfall braucht von gleichen Bauteilen nur eine angemessene Anzahl gewogen zu werden. Das Gewicht gleicher Bauteile bestimmt sich aus dem Mittelwert der gewogenen Bauteile. Die Anzahl kann als angemessen gelten, wenn sich bei Erhöhung der gewogenen Anzahl von Bauteilen der Mittelwert nicht mehr wesentlich erhöht.

Zu 0.5.1:

Der Auftraggeber muß sich in der LB entscheiden, ob Stahlbauteile nach Gewicht, Längenmaß, Flächenmaß, Raummaß oder Stückzahl abgerechnet werden sollen. Soll nach Gewicht abgerechnet werden, so ist gem. 5.1 in der Regel das Gewicht durch Berechnen zu ermitteln. Die Abrechnung des durch Wiegen zu ermittelnden Gewichts ist in der LB vorzuschreiben. Im Gegensatz hierzu steht die Abrechnung des Gewichts von Formstücken, z.B. Guß- oder Schmiedeteilen. Da sich das Gewicht von Formstücken durch Berechnen nur schwer feststellen läßt, ist es in der Regel durch Wiegen zu ermitteln, wenn in der LB nichts anderes vorgeschrieben ist.

Zu 0.5.2:

Bei Verbundteilen aus Stahl und Beton oder Stahlbeton ist die Abrechnung nach Gewicht nicht zugelassen. Der Auftraggeber muß in der LB entscheiden, ob nach Längenmaß, Flächenmaß, Raummaß oder Stückzahl abgerechnet werden oder ob getrennte Abrechnung der Stahlbauteile nach 0.5.1 und der Beton- und Stahlbetonbauteile nach ATV DIN 18331 Abschn. 5 erfolgen soll.

Zu 0.5.3:

Gem. 0.5.1 sind im Normalfall Lagerkörper, Übergangskonstruktionen und andere besondere Bauteile nach berechnetem Gewicht abzurechnen, wobei für die Ermittlung der Maße 5.2.1 gilt. Wird ihr Gewicht mit der Hauptkonstruktion durch Wiegen ermittelt, so sind die Bauteile als entsprechende Zulagepositionen abzurechnen.

Bild 1 Flachstahl, Form- und Stabstahl

A= Flachstahl bis 180 mm Breite
B=Formstahl IPBv 180 DIN 1025-St 37-2
C=Stabstahl U 200 DIN 1026-St 37-2
D=Stabstahl Z 200 DIN 1027-USt 37-2

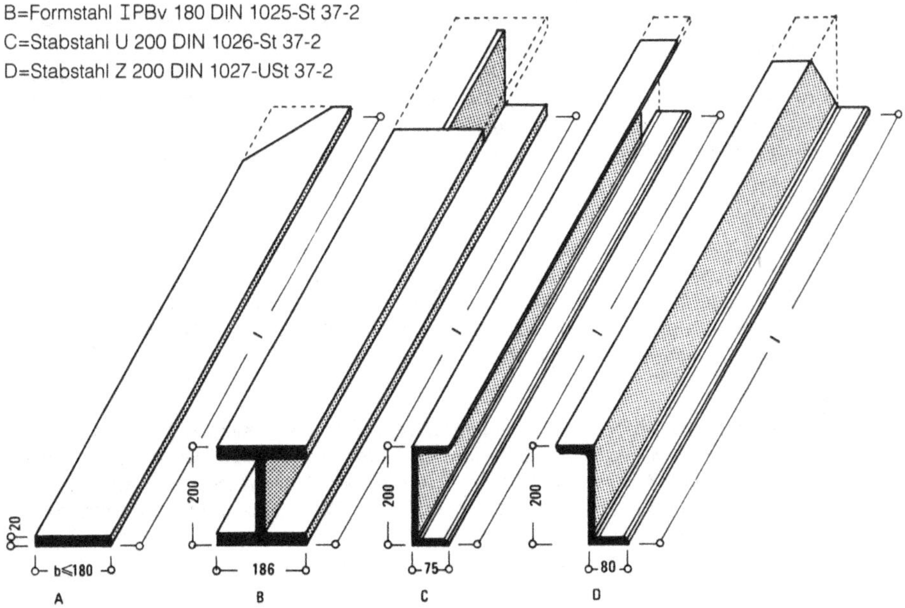

Gem. 5.2.1 gilt bei Abrechnung nach zu berechnendem Gewicht für Flachstähle bis 180 mm Breite (A) sowie für Form- und Stabstähle (B, C, D) die größte Länge (l).

Gem. 5.3 sind bei der Ermittlung der Leistung durch Wiegen sämtliche Bauteile zu wiegen; bei gleichen Bauteilen nur eine angemessene Anzahl.

Gem. 0.5.1 kommt Abrechnung nach Gewicht, Längenmaß, Flächenmaß, Raummaß oder Stückzahl in Betracht.

Bild 2 Formstahl

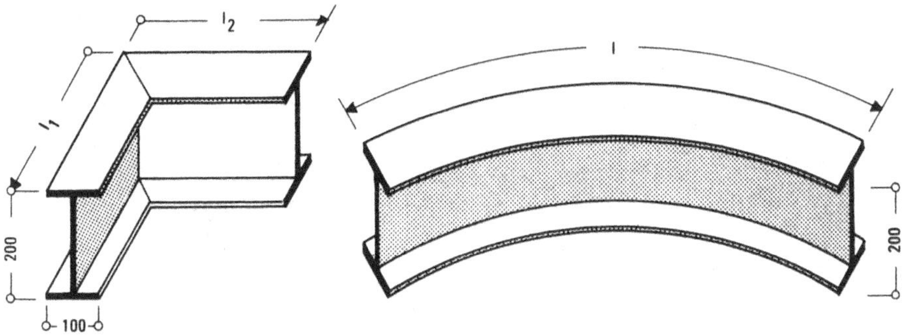

A= auf Gehrung gestoßener mittelbreiter I-Träger IPE 200 DIN 1025-St 37

B= in der Länge gebogener mittelbreiter I-Träger IPE 200 DIN 1025-St 37

Gem. 5.2.1 gilt bei Abrechnung nach zu berechnendem Gewicht für Formstahl die größte Länge. Die Anschnitte durch die Gehrung bei A bleiben unberücksichtigt, bei B gilt die äußere Bogenlänge.

L für $A=l_1+l_2=$... m,

L für B=l=... m.

Gem. 5.3 kann die Ermittlung der Leistung durch Wiegen erfolgen, wenn es in der LB vorgeschrieben ist. Von gleichen Bauteilen braucht nur eine angemessene Anzahl gewogen zu werden.

Gem. 0.5.1 kommt Abrechnung nach Gewicht, Längenmaß, Flächenmaß, Raummaß oder Stückzahl in Betracht.

Bild 3 Form- und Stabstahl

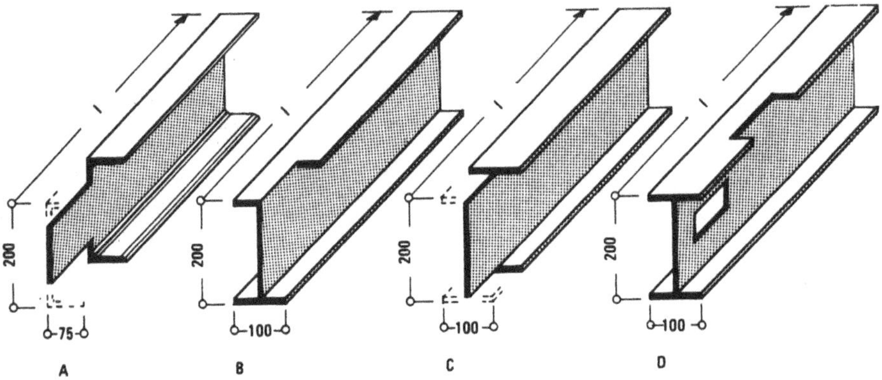

A= doppelt ausgeklinkter U-Stahl
U 200 DIN 1026-St 37-2

B= einseitig abgeflanschter I-Träger
IPE 200 DIN 1025-ST 37

C= beidseitig doppelt abgeflanschter I-Trägerr
IP 200 DIN 1025-St 37

D= Ausgeschnittener und einseitig abgeflanschter I-Träger
IP 200 DIN 1025-ST 37

Gem. 5.2.1 gilt bei Abrechnung nach zu berechnendem Gewicht für Form- und Stabstahl die größte Länge (l). Bei angeschnittenen, ausgeklinkten oder beigezogenen Trägern gilt der volle Querschnitt. Ausschnitte und einspringende Ecken werden übermessen.

Gem. 5.3 kann die Ermittlung der Leistung durch Wiegen erfolgen, wenn es in der LB vorgeschrieben ist. Von gleichen Bauteilen braucht nur eine angemessene Anzahl gewogen zu werden.

Gem. 0.5.1 kann die Abrechnung nach Wahl des Auftraggebers nach Gewicht, Längenmaß, Flächenmaß, Raummaß oder Stückzahl erfolgen.

Bild 4 Flachstahl über 180 mm Breite und Blech

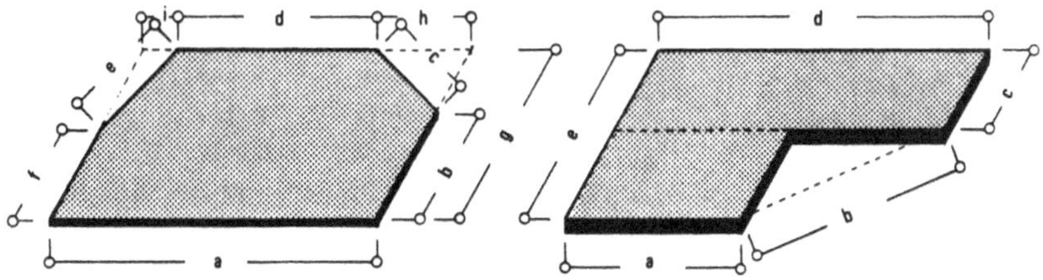

A
Knotenblech mit ausspringenden Ecken

B
Flachstahl mit einspringenden Ecken

Gem. 0.5.1 kann nach Wahl des Auftraggebers die Abrechnung nach Gewicht, Längenmaß, Flächenmaß, Raummaß oder nach Stückzahl erfolgen.

Gem. 5.2.1 gilt bei Abrechnung nach zu berechnendem Gewicht für Flachstähle über 180 mm Breite sowie von Blech die Fläche des kleinsten umschriebenen Vielecks, das aus geraden oder nach außen gekrümmten Linien besteht. Einspringende Teile werden übermessen.

Das Vieleck darf keine einspringenden Ecken haben. Für die Flächenermittlung von A gelten die Begrenzungslinien a bis f. Die Abrechnungsfläche ist gleich der tatsächlichen Fläche des Werkstücks.

F für $A=a \cdot g-\frac{g-b}{2} \cdot h-\frac{g-f}{2} \cdot i=\ldots m^2$.

Für die Flächenermittlung von B gelten die Begrenzungslinien a bis e. Die Abrechnungsfläche ist größer als die tatsächliche Fläche des Werkstücks.

F für $B=a \cdot (e-c)+d \cdot c+\frac{e-c}{2}(d-a)=\ldots m^2$.

Bild 5 Flachstahl über 180 mm Breite und Blech

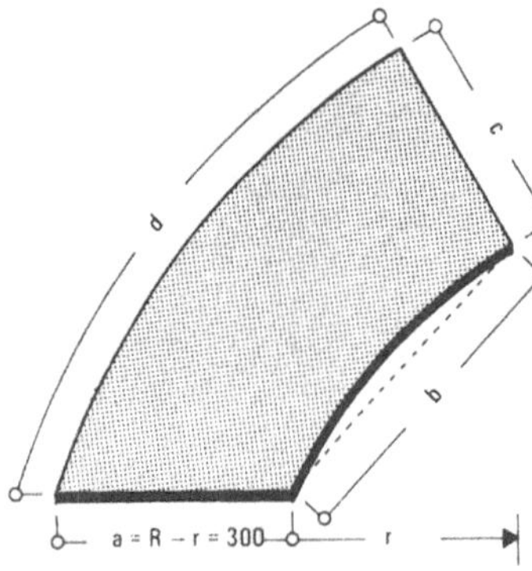

A
Stahlblech mit nach außen und innen gekrümmten Begrenzungslinien

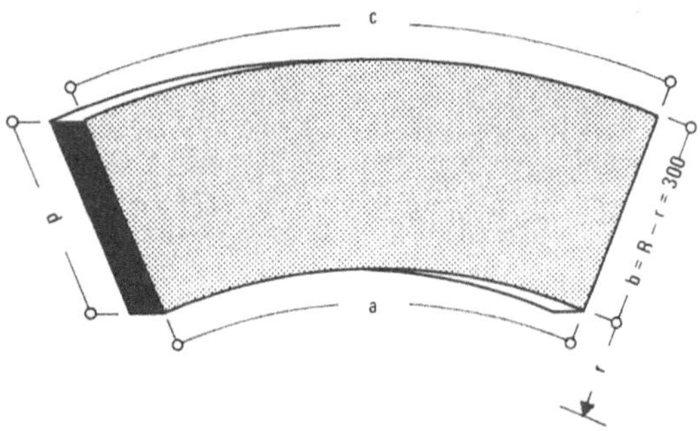

B
Hochkantig gebogener Flachstahl

Gem. 0.5.1 kann nach Wahl des Auftraggebers die Abrechnung nach Gewicht. Längenmaß, Flächenmaß, Raummaß oder Stückzahl erfolgen.

Gem. 5.2.1 gilt bei Abrechnung nach zu berechnendem Gewicht für Flachstähle über 180 mm Breite sowie für Blech die Fläche des kleinsten umschriebenen Vielecks, das aus geraden oder nach außen gekrümmten Linien besteht. Das Vieleck darf also keine einspringenden Ecken haben.

Für die Flächenermittlung von A gelten die Begrenzungslinien a bis d. Die Fläche errechnet sich aus dem Kreisringausschnitt, dessen Zentriwinkel im vorliegenden Fall 45° beträgt, und aus dem von der Linie b begrenzten Kreisabschnitt. Die abzurechnende Fläche ist größer als das Werkstück.

Für die Flächenermittlung von B gelten die Begrenzungslinien a bis d. Die Fläche errechnet sich aus dem Kreisringausschnitt, dessen Zentriwinkel im vorliegenden Fall 45° beträgt. Die abzurechnende Fläche ist gleich der des Werkstücks.

$$F \text{ für } B = \pi \frac{(R^2 - r^2)}{8} \ldots m^2.$$

VOB Teil C:
Allgemeine Technische Vertragsbedingungen für Bauleistungen (ATV)
Abdichtungsarbeiten – DIN 18336
Ausgabe Juni 1996

1 Geltungsbereich

1.1 Die ATV »Abdichtungsarbeiten« – DIN 18336 – gilt für Abdichtungen mit Bitumen, Bitumenwerkstoffen, Metallbändern und Kunststoff-Dichtungsbahnen gegen Bodenfeuchtigkeit, nichtdrückendes und drückendes Wasser.

1.2 Die ATV DIN 18336 gilt nicht für
- wasserundurchlässigen Beton (siehe ATV DIN 18331 »Beton- und Stahlbetonarbeiten«),
- Dachabdichtungen (siehe ATV DIN 18338 »Dachdeckungs- und Dachabdichtungsarbeiten«),
- Gußasphaltarbeiten (siehe ATV DIN 18354 »Gußasphaltarbeiten«),
- Abdichtungen der Fahrbahntafeln von Brücken, die zu öffentlichen Straßen gehören,
- Abdichtungen von Erdbauwerken und Deponien.

1.3 Ergänzend gelten die Abschnitte 1 bis 5 der ATV DIN 18299 »Allgemeine Regelungen für Bauarbeiten jeder Art«. Bei Widersprüchen gehen die Regelungen der ATV DIN 18336 vor.

Abrechnungseinheiten
Gem. 0.5 sind im Leistungsverzeichnis die Abrechnungseinheiten wie folgt vorzusehen:

0.5.1 Flächenmaß (m^2), getrennt nach Bauart und Maßen, für
0.5.1.1 – Abdichtungen einschließlich der Flächen von rückläufigen Stößen, getrennt nach Neigungen bis 1 : 1 und über 1 : 1,
0.5.1.2 – Verstärkungen in der Fläche.
0.5.2 Längenmaß (m), getrennt nach Bauart und Maßen, für
0.5.2.1 – Abdichtungen über Bewegungsfugen, getrennt nach Neigungen der Flächen bis 1 : 1 und über 1 : 1,
0.5.2.2 – waagerechte Abdichtungen in Wänden gegen Bodenfeuchtigkeit,
0.5.2.3 – Übergänge, Anschlüsse und Abschlüsse,
0.5.2.4 – Kehranschlüsse,
0.5.2.5 – rückläufige Stöße,
0.5.2.6 – Verstärkung an Kanten, Kehlen, Anschlüssen und Übergängen.
0.5.3 Anzahl (Stück), getrennt nach Bauart und Maßen, für Anschlüsse der Abdichtungen an Durchdringungen, getrennt nach Arten und Größen sowie nach Neigungen bis 1 : 1 und über 1 : 1, in denen die Durchdringungen angeordnet sind.
0.5.4 Vorbehandeln des Abdichtungsuntergrundes nach Flächenmaß (m^2) oder, wenn das nicht möglich ist, nach Arbeitszeit (h).

5 Abrechnung

Ergänzend zu ATV DIN 18299 Abschnitt 5 gilt:

5.1 Der Ermittlung der Leistung – gleichgültig, ob sie nach Zeichnungen oder nach Aufmaß erfolgt – sind zugrunde zu legen

- bei Abdichtungen auf Flächen, die von Bauteilen begrenzt sind, die Fläche bis zu den begrenzenden, ungeputzten bzw. unbekleideten Bauteilen,
- bei Abdichtungen auf Flächen ohne begrenzende Bauteile die Maße der Abdichtung,
- für die Länge von Abdichtungen oder Abdichtungsverstärkungen über Fugen, an Übergängen, Anschlüssen, Abschlüssen, Kanten und Kehlen die größte Bauteillänge.

Sind Abdichtungen auf Flächen von Bauteilen begrenzt, so gelten gem. DIN 18201 die Nennmaße (Sollmaße) der begrenzenden Bauteile, d.h. die Maße der ungeputzten bzw. unbekleideten begrenzenden Bauteile. Diese Vorschrift kommt der Ermittlung der Leistung aus Zeichnungen entgegen, die wegen ihrer Einfachheit als die schnellste und sicherste Ermittlungsart anzusehen ist (Bilder 3, 6, 8).

Sind Abdichtungen auf Flächen zu messen, die nicht an begrenzende Bauteile stoßen, so gelten die Flächenmaße der Abdichtung. Die Leistung wird in diesem Fall zumeist durch Aufmaß ermittelt werden müssen (Bilder 1, 2).

Die Maße von Abdichtungen, die nach der Länge zu ermitteln sind, z.B. Abdichtungen oder Abdichtungsverstärkungen über Fugen, Kanten, Kehlen usw., sind in der größten Länge des betreffenden Bauteils zu messen (Bild 3).

Zur Messungsvereinfachung werden gem. 5.3 bei der Ermittlung des Flächenmaßes Aussparungen, z.B. für Öffnungen, Durchdringungen, bis zu einer Einzelgröße von 2,50 m² sowie Fugen übermessen.

Bei der Ermittlung des Längenmaßes werden Unterbrechungen bis zu einer Einzellänge von 1,00 m nicht abgezogen.

5.2 Bei rückläufigen Stößen werden ihre Flächen, zusätzlich zu der Länge der Stöße, sowohl als Sohl- als auch als Wandabdichtung abgerechnet.

Wegen der Hochwertigkeit dieser Leistung ist eine zweifache Abrechnung vorgesehen. Einmal ist gem. 5.1 die größte Länge der Stöße abzurechnen, zum anderen ist zusätzlich zur Längenabrechnung das Flächenmaß dieser Stöße abzurechnen und zwar sowohl als Sohl- wie auch als Wandabdichtung.

5.3 Es werden übermessen

- bei der Ermittlung des Flächenmaßes Aussparungen, z.B. für Öffnungen, Durchdringungen, bis zu einer Einzelgröße von 2,50 m² sowie Fugen,
- bei der Ermittlung des Längenmaßes Unterbrechungen bis zu einer Einzellänge von 1,00 m (Bilder 1, 2, 8, 9, 11).

Zu 0.5.1.1:

Gem. 5.1 sind Abdichtungen einschließlich der Flächen von rückläufigen Stößen, sofern sie von Bauteilen begrenzt sind, bis zu den ungeputzten bzw. unbekleideten Bauteilen zu messen. Für Abdichtungen auf Flächen ohne begrenzende Bauteile gelten die Maße der Abdichtung. Es ist nach Arten und Neigungen zu trennen. Bei der Trennung nach Neigungen ist zwischen Neigungen bis 1:1 und über 1:1 zu unterscheiden (Bilder 1, 2, 5 bis 11).

Zu 0.5.1.2:

Verstärkungen in der Fläche sind ebenfalls nach Flächenmaß gem. 5.1, getrennt nach Arten, abzurechnen.

Zu 0.5.2.1:

Bei der Abdichtung über Bewegungsfugen sind Abdichtungen gegen Bodenfeuchtigkeit, gegen nichtdrückendes Wasser und gegen drückendes Wasser zu unterscheiden. Die Abdichtung gegen nichtdrückendes Wasser kann durch Bitumen-

bahnen oder durch Kunststoff-Dichtungsbahnen erfolgen. Gem. 5.1 gelten für das Längenmaß die größten Bauteillängen (Bilder 5 bis 7, 10, 12).

Zu 0.5.2.2:
Die waagerechte Abdichtung in Wänden ist einlagig mit lose verlegten Bitumen-Dachdichtungsbahnen G 200 DD auszuführen. Es gelten die größten Bauteillängen (Bilder 2, 9).

Zu 0.5.2.3:
Nach den Vorschriften der ATV sind Verstärkungen der Abdichtung in der Fläche an Kanten, Kehlen, Anschlüssen, Abschlüssen, Übergängen und Durchdringungen als Besondere Leistungen abzurechnen.

Zu 0.5.2.4:
Kehranschlüsse werden in ihrer größten Länge, getrennt nach Arten und Größen, abgerechnet.

Zu 0.5.2.5:
Gem. 0.5.1.1 sind die Flächen rückläufiger Stöße, getrennt nach Arten und nach Neigungen abzurechnen. Ihre Länge ist gem. 5.1 in ihrer größten Ausdehnung gesondert abzurechnen.

Zu 0.5.2.6:
Siehe die Erläuterung zu 0.5.2.3 (Bilder 3, 11).

Zu 0.5.3:
Nach der Anzahl sind abzurechnen die Anschlüsse der Abdichtung an Durchdringungen, wobei nach Arten und Größen sowie nach Neigungen der Flächen zu trennen ist, in denen die Durchdringungen liegen. Die Einbauteile sind zu unterscheiden nach: Klebeflanschen, Anschweißflanschen, Manschetten, Schellen, Klemmschienen, Los- und Festflanschkonstruktionen, Telleranker (Bilder 1, 3, 4, 8, 13).

Bild 1 Abdichtung auf Trogmauerwerk

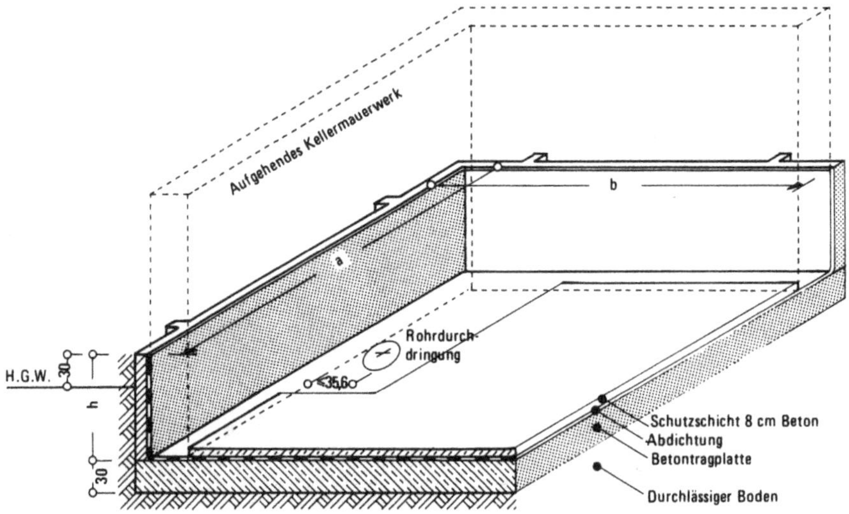

Gem. 0.5.1.1 Abrechnung der Abdichtungsfläche nach Flächenmaß. Für die Ermittlung der Fläche gelten gem. 5.1 die von der Abdichtung bedeckten Flächen. Ihre Abmessungen sind den Maßen der Bauteile zu entnehmen, deren Flächen mit der Abdichtung bedeckt sind. Aussparungen bis 2,50 m² Einzelgröße werden gem. 5.3 nicht abgezogen.

F=senkrechte Flächen + waagerechte Fläche

=2 (a+b) h+a · b=... m²; die Rohrdurchdringung wird gem. 5.3 nicht abgezogen, da ihre Fläche bei einem Durchmesser bis zu 35,6 cm nicht größer als 2,50 m² ist.

Bei verschiedenen Abdichtungsarten ist die Abrechnung nach diesen zu trennen.

Gem. 0.5.3 Abrechnung der Durchdringung nach Anzahl. Bei Abrechnung nach Anzahl ist nach Bauart und Maßen zu trennen.

Bild 2 Äußere Abdichtung mit Schutzmauer

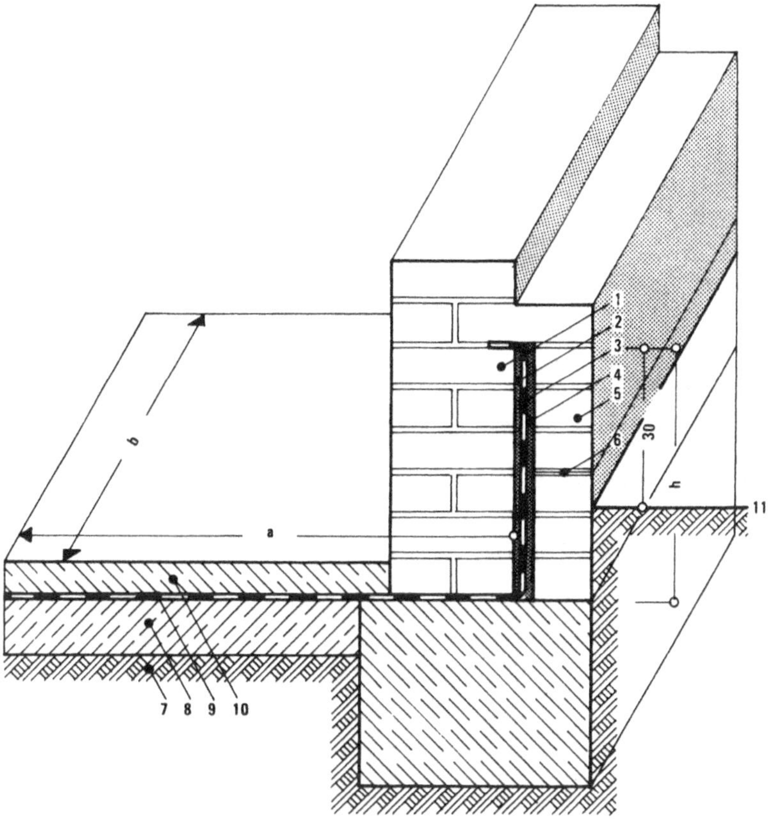

1	aufgehendes Mauerwerk	7	durchlässiger Boden
2	Putzunterlage der Abdichtung	8	Estrich
3	Abdichtung mit nackten Pappen	9	Abdichtung mit nackten Pappen und Kupferband
4	Mörtelfuge		
5	½ Stein dicke Schutzmauer	10	Schutzbeton
6	Pappestreifen	11	Geländeoberfläche, zugleich höchster Grundwasserstand

Gem. 0.5.1.1 Abrechnung der Abdichtungsfläche nach Flächenmaß. Für die Ermittlung der Fläche gelten gem. 5.1 die von der Abdichtung bedeckten Flächen. Falls diese durch Bauteile begrenzt sind, bis zu deren Nennmaßen. Aussparungen bis 2,50 m² Einzelgröße werden gem. 5.3 abgezogen.

Da im vorliegenden Fall zwei Ausführungsarten der Abdichtung angewendet werden, sind die Ansätze nach diesen zu trennen.

F der senkrechten Abdichtung =b · h=... m². F der waagerechten Abdichtung=a · b=... m².

Der zur Abdichtung gegen nichtdrückendes Wasser eingelegte Pappestreifen (6) ist gem. 0.5.2.2 nach Längenmaß abzurechnen. Es ist nach Arten und Wanddicken zu trennen.

Bild 3 Wannenabdichtung mit drei bzw. vier Lagen nackter Pappe

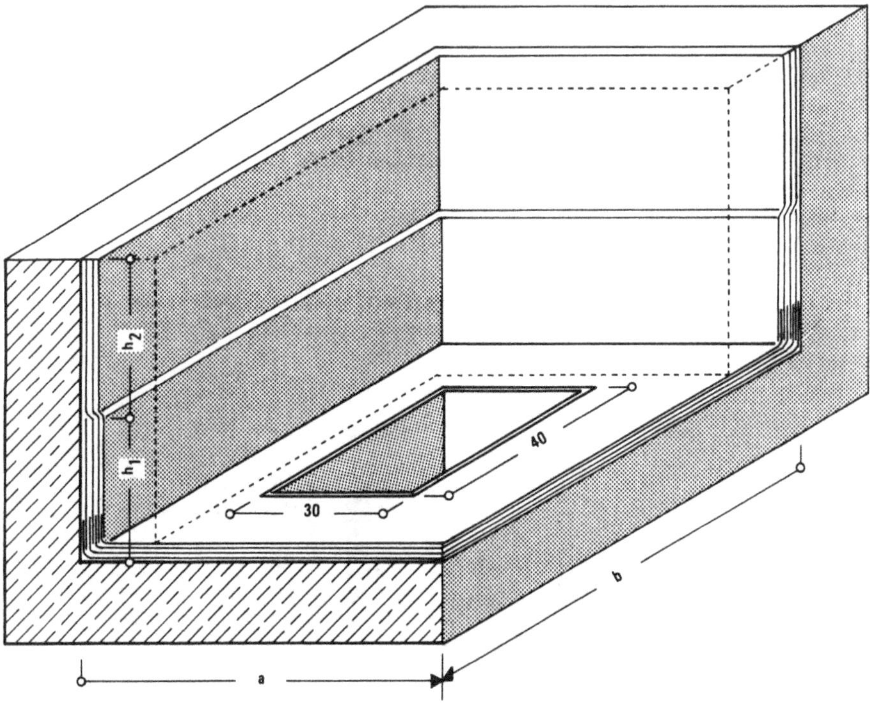

Gem. 0.5.1.1 Abrechnung der Abdichtungsflächen nach Flächenmaß. Für die Feststellung der Leistung gelten gem. 5.1 die von der Abdichtung bedeckten Flächen, gemessen bis zu den begrenzenden Bauteilen. Im vorliegenden Fall ist der obere Teil der Abdichtung dreilagig; der untere Teil sowie die waagerechte Abdichtung sind vierlagig ausgebildet. Für diese verschiedenen Ausführungsarten sind getrennte Ansätze erforderlich. Gem. 0.5.2.6 Abrechnung der Kehlstöße nach Längenmaß.

F der vierlagigen Abdichtung=waagerechter und senkrechter Teil

$= a \cdot b - 0{,}30 \cdot 0{,}40 + 2\,(a+b)\,h_1 = \ldots\ m^2$; die Aussparung für den Durchdringungstopf ist nicht abzuziehen, da ihre Fläche mit $0{,}30 \cdot 0{,}40$ m kleiner als 2,5 m^2 ist.

F der dreilagigen Abdichtung$=2\,(a+b)\,h_2 = \ldots\ m^2$.

Gem. 0.5.3 Abrechnung der Durchdringung nach Anzahl. Es ist nach Bauart und Abmessungen zu trennen.

Bild 4 Durchdringung einer Wandabdichtung

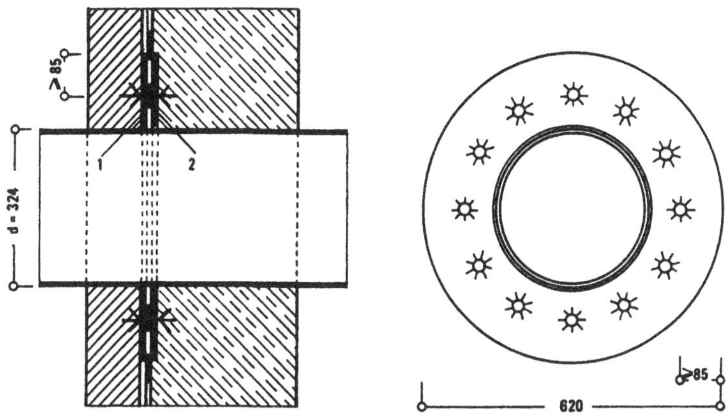

Gem. 0.5.3 Abrechnung des Anschlusses der Abdichtung nach Anzahl. Bei Abrechnung nach Anzahl ist nach Bauart und Abmessungen zu trennen.

Gem. 5.3 kein Abzug der Durchdringung von der Abdichtungsfläche, da F der Durchdringung

$= \frac{d^2}{4} \cdot \pi = 0{,}08 m^2$, also kleiner als 2,50 m^2 ist.

Bild 5 Abdichtung der Dehnungsfuge einer Wannenplatte

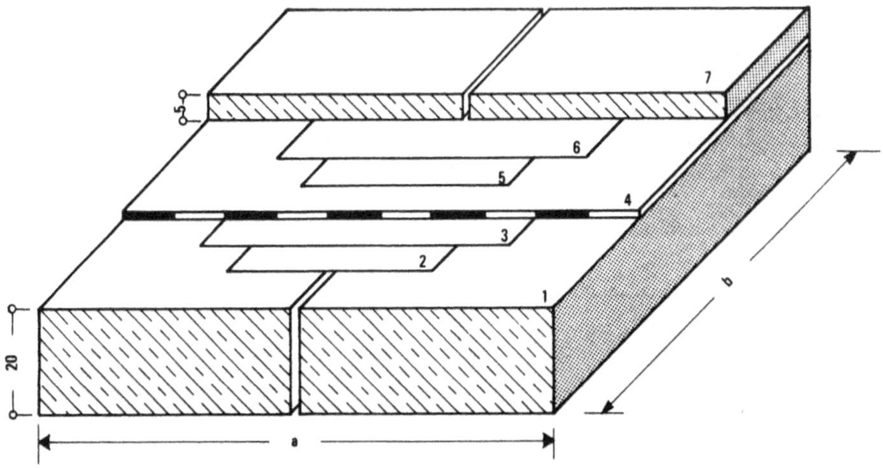

1 Wannenplatte 20 cm Stahlbeton
2 Metallstreifen ≥ 300 mm
3 Pappe
4 Abdichtung aus 3 Papplagen
5 Metallstreifen ≥ 300 mm
6 Pappe
7 Betonschutzschicht 5 cm

Gem. 0.5.1.1 Abrechnung der Abdichtung nach Flächenmaß. Für die Ermittlung der Leistung gelten gem. 5.1 die Maße der von der Abdichtung bedeckten Fläche.

F=a · b=... m².

Gem. 0.5.2.1 Abrechnung der Abdichtung über der Dehnungsfuge in der Wannenplatte nach Längenmaß. Es gilt das Maß zwischen den begrenzenden Bauteilen.

L=b=... m.

Gem. 0.5.2.1 Abrechnung des Vergießens der Fuge in der Betonschutzschicht nach Längenmaß. Für die Länge gilt das Konstruktionsmaß der Betonschutzschicht.

L=b=... m.

Nach der ATV sind Abdichtungen über Bauwerksfugen als Besondere Leistung abzurechnen.

Bild 6 Abdichtung der Setzungsfuge von Bauwerkstellen bei einer Außenhautdichtung

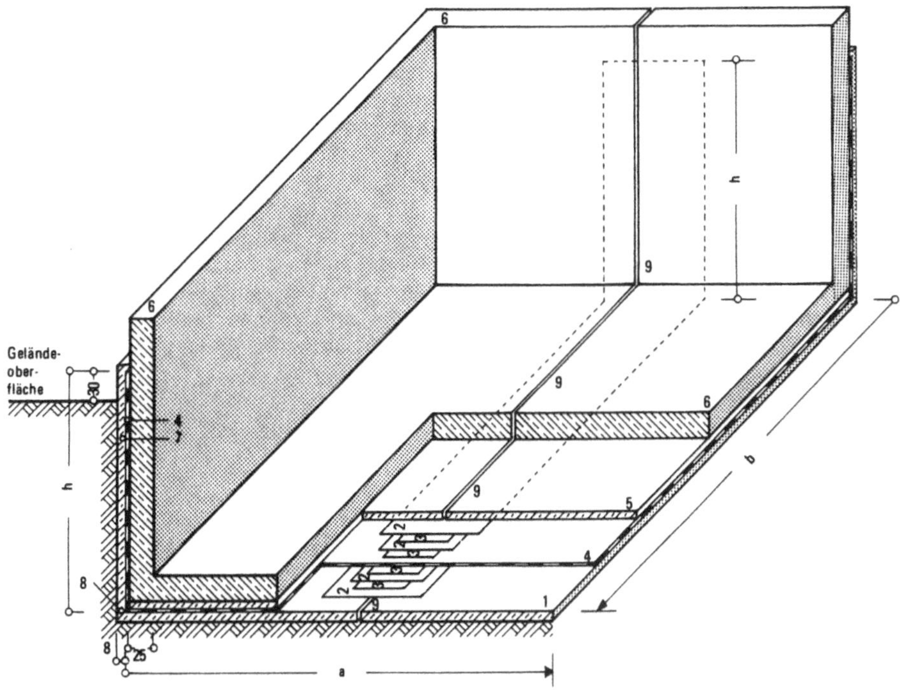

1 Unterbeton
2 Papplagen
3 Metallbänder
4 dreifache Abdichtung
5 waagerechte Betonschutzschicht
6 abzudichtende Bauwerksteile
7 senkrechte Betonschutzschicht
8 Trennpappe
9 Setzungsfuge

Gem. 0.5.1.1 Abrechnung der waagerechten und senkrechten Abdichtung nach Flächenmaß. Für die Ermittlung der Leistung sind gem. 5.1 die von der Abdichtung bedeckten Flächen zu messen, wobei an begrenzende Bauteile anstoßende Flächen bis zu deren Nennmaßen zu messen sind. Aussparungen für Durchdringungen über 2,50 m² Einzelgröße einschließlich werden gem. 5.3 abgezogen. Im vorliegenden Fall gelten für die Flächenermittlung die Konstruktionsmaße des Unterbetons abzüglich der Dicke der darauf stehenden Betonschutzschicht von 8 cm sowie die Konstruktionsmaße der senkrechten Bauwerksflächen in Höhe der Abdichtung. Die Abdichtung ist für die waagerechte Fläche und die senkrechten Flächen dreilagig, daher erfolgt keine getrennte Abrechnung.

F der Abdichtung=a · b+2(a+b) h=... m².

Gem. 0.5.2.1 Abrechnung der Abdichtung über Setzungsfuge nach Längenmaß. Nach den Vorschriften der ATV sind Abdichtungen über Bauwerksfugen als Besondere Leistung abzurechnen.

L der Abdichtung der Setzungsfuge=b+2 · h=... m.

Gem. 0.5.2.1 Abrechnung des Vergießens der Fugen in den Schutzschichten nach Längenmaß. Nur waagerechte Fugen werden vergossen; senkrechte äußere Schutzschichten sind an den Ecken in Abständen von etwa 5 bis 10 m durch Fugen mit Pappeeinlagen zu unterbrechen. Auch diese Fugenausbildung ist gesondert nach Längenmaß abzurechnen.

L der zu vergießenden waagerechten Fugen=Fuge im Unterbeton + Fuge in der waagerechten Schutzschicht=b+2 · 0,08+b=... m.

L der senkrechten Fugen=n · h=m.

Bild 7 Abdichtung der Bewegungsfuge einer Druckplatte

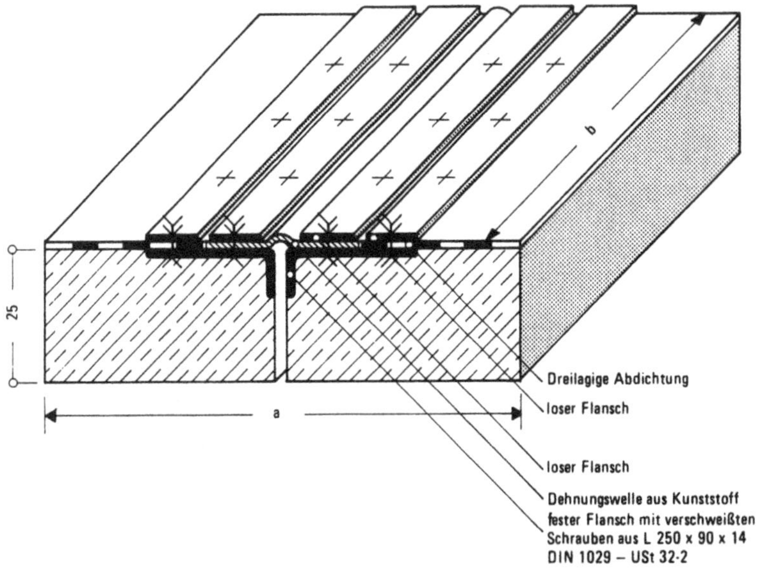

Gem. 0.5.1.1 Abrechnung der abgedichteten Fläche nach Flächenmaß. Für die Leistungsermittlung gelten gem. 5.1 die Maße der von der Abdichtung bedeckten Fläche bzw. die Abstände zwischen den begrenzenden Bauteilen.

F=a · b=... m². Etwaige Aussparungen für Durchdringungen bis zu 2,50 m² Einzelgröße einschließlich werden übermessen.

Gem. 0.5.2.1 Abrechnung der Abdichtung über der Bewegungsfuge in der Druckplatte nach Längenmaß. Es gilt das Maß zwischen den begrenzenden Bauteilen.

L=b=... m.

Bild 8 Fußbodenabdichtung eines Feuchtraums mit Bodenablauf

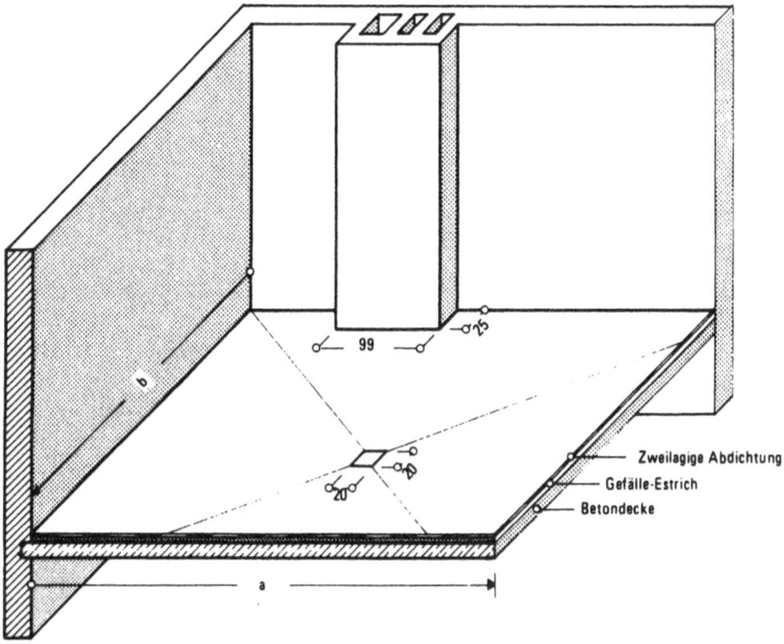

Gem. 0.5.1.1 Abrechnung der Fußbodenabdichtung nach Flächenmaß. Für die Leistungsermittlung gilt gem. 5. 1 die von der Abdichtung bedeckte Fläche. Sie wird nach den Konstruktionsmaßen, d.h. zwischen den ungeputzten bzw. unbekleideten Wänden gemessen.

F=a · b−0,99 · 0,25=... m²; gem. 5.3 kein Abzug der Aussparung für den Bodenablauf, dessen Fläche mit 0,20 · 0,20 m kleiner als 2,50 m² ist, ferner kein Abzug der Aussparung für die Schornsteinvorlage, deren Fläche mit 0,99 · 0,25 m ebenfalls kleiner als 2,50 m² ist.

Gem. 0.5.3 Abrechnung des Anschlusses der Abdichtung an den Bodenablauf zum Stückpreis. Sind mehrere Anschlüsse der Abdichtung an Bauteile abzurechnen, sind die Ansätze nach Art und Abmessung zu trennen.

Bild 9 Abdichtungen gegen seitliche und aufsteigende Feuchtigkeit

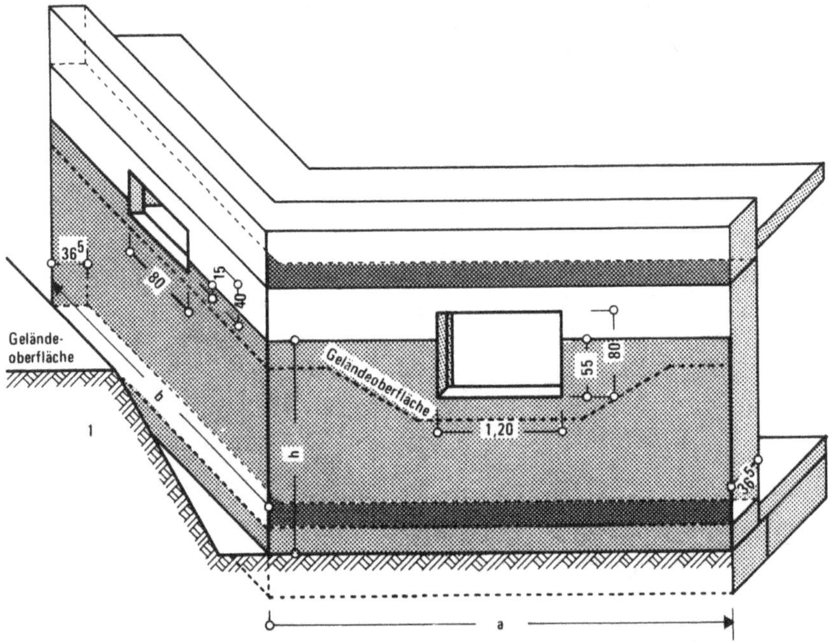

Gem. 0.5.1.1 Abrechnung der Abdichtung gegen seitliche Feuchtigkeit durch bituminöse Aufstriche nach Flächenmaß. Für die Leistungsermittlung gilt gem. 5.1 die von der Abdichtung bedeckte Fläche. Sie wird nach den Nennmaßen dieser Fläche gemessen.

F der bituminösen Aufstriche= (a+b) h−1,20 · 0,55=... m²; die Aussparung am kleinen Kellerfenster wird gem. 5.3 nicht abgezogen, da ihre Fläche mit 0,80 · 0,15 m kleiner als 2,50 m² ist, die Aussparung des großen Kellerfensters ist ebenfalls nicht abzuziehen, da ihre Fläche mit 1,20 · 0,55 m die Größe von 2,50 m² unterschreitet.

Gem. 0.5.2.2 Abrechnung der Abdichtungen der 35,6 cm dicken gemauerten Kellerwände gegen aufsteigende Feuchtigkeit nach Längenmaß; es ist nach Arten und Wanddicken zu trennen.

L der 36,5 cm breiten Abdichtungen der Kellerwände=2 (a+b)=... m.

Bild 10 Abdichtung einer Winkelstützmauer gegen Sickerwasser

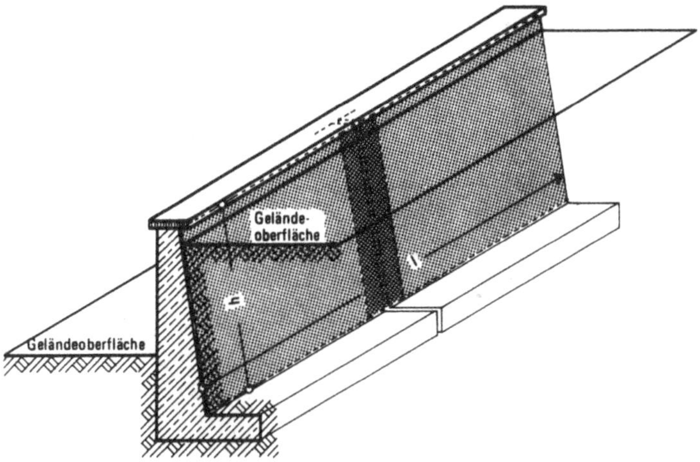

Gem. 0.5.1.1 Abrechnung der Abdichtung der stark geneigten rückwärtigen Fläche der betonierten Winkelstützmauer aus Pappen nach Flächenmaß. Für die Feststellung der Leistung gilt gem. 5.1 die von der Abdichtung bedeckte Fläche.

F=l · h=... m².

Gem. 0.5.2.1 Abrechnung der zusätzlichen Leistung für die Abdichtung über der Fuge in der Winkelstützmauer nach Längenmaß. Die Abrechnung erfolgt in einer Zulageposition zu den Leistungen für die Flächenabdichtung.

L der Abdichtung über der Fuge=h... m.

Bild 11 Anschluß einer Balkonabdichtung an Mauerwerk

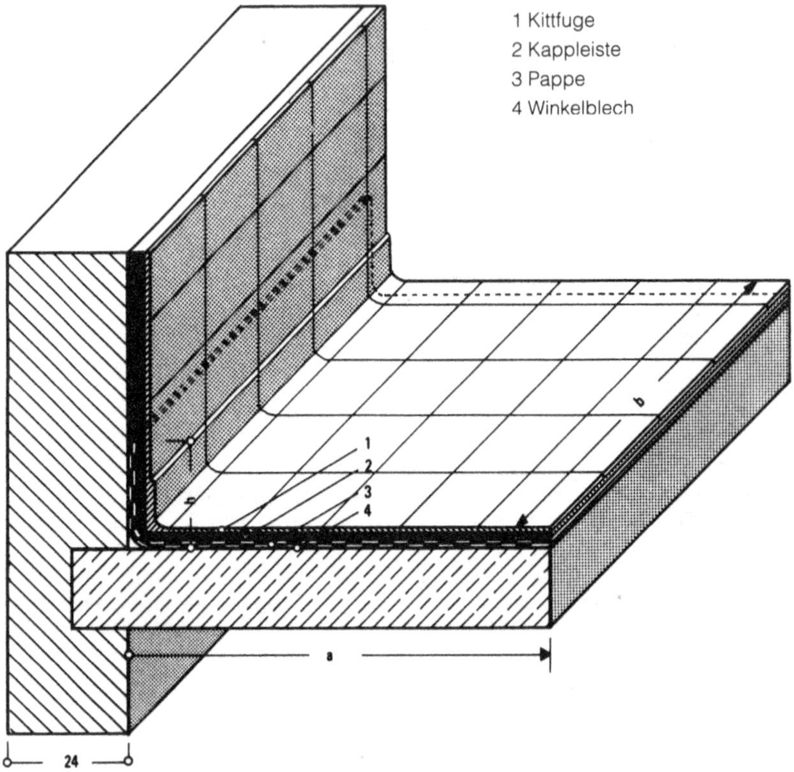

Gem. 0.5.1.1 Abrechnung der Balkonabdichtung durch Flächenmaß. Für die Feststellung der Leistung gilt gem. 5.1 die von der Abdichtung bedeckte Fläche. Die waagerechte Abdichtung wird zwischen den ungeputzten Bauteilen gemessen. Die am aufgehenden Mauerwerk hochgezogene Sockelabdichtung wird zwischen den begrenzenden, ungeputzten Balkonwangen gemessen, wobei die Aussparung für die Doppeltür abzuziehen ist, da ihre Fläche größer als 2,50 m^2 ist.

F der waagerechten Abdichtung=a · b=... m^2.

F der hochgezogenen Abdichtung

=b · h abzüglich der Aussparung für die Türöffnung=... m^2.

Gem. 0.5.2.6 Abrechnung der Verstärkung der Abdichtung beim Anschluß an die Metalleinfassung am aufgehenden Mauerwerk nach Längenmaß L=b abzüglich der Breite der Balkontüröffnung=... m.

Bild 12 Abdichtung einer Bauwerksfuge

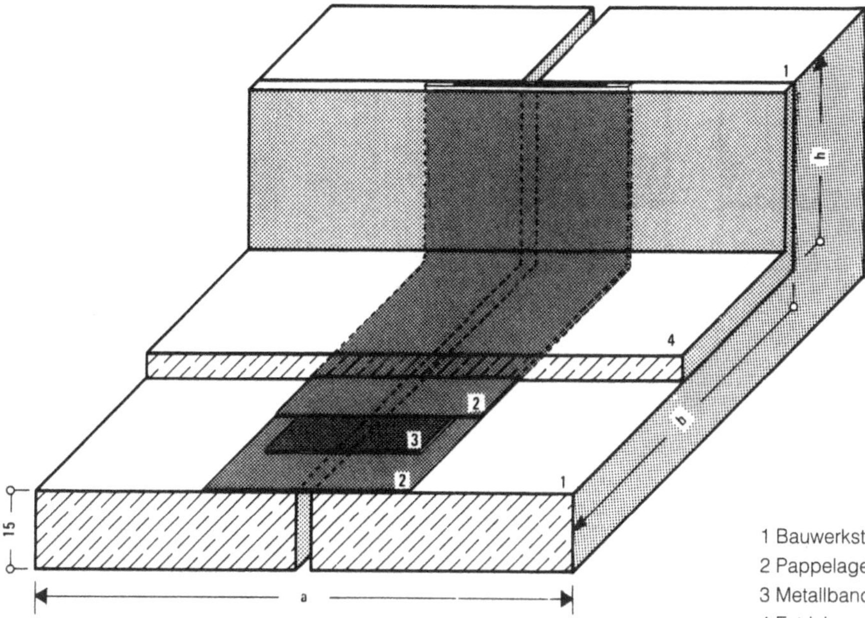

1 Bauwerksteil
2 Pappelage
3 Metallband
4 Estrich

Gem. 0.5.2.1 Abrechnung der Abdichtung der Bauwerksfuge nach Längenmaß. Die Fugenabdichtung wird als Besondere Leistung abgerechnet.

L der Fugenabdichtung=b+2 · h=... m.

Bild 13 Anschluß der Fußbodenabdichtung eines Feuchtraums an eine Rohrdurchdringung

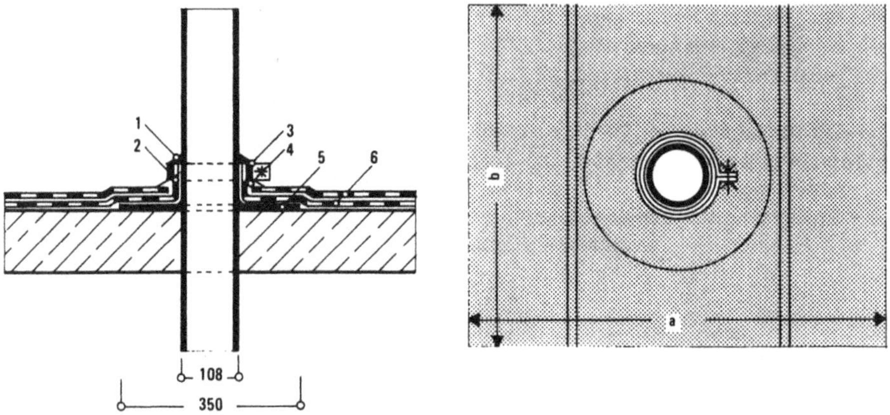

1 Kittfuge
2 Pappe
3 Schelle
4 Bitumenverguß
5 Angeschweißter Einklebeflansch
6 Zweilagige Abdichtung

Gem. 0.5.1.1 Abrechnung der waagerechten Abdichtung des Feuchtraums nach Flächenmaß. Für die Feststellung der Leistung gilt gem. 5.1 die von der Abdichtung bedeckte Fläche. Sie wird zwischen den begrenzten, ungeputzten bzw. unbekleideten Bauteilen gemessen.

F=a · b=... m²; kein Abzug der Aussparung für die Rohrdurchdringung, da deren Fläche kleiner als 2,50 m² ist.

Gem. 0.5.3 Abrechnung der Abdichtung an der Rohrdurchdringung nach Anzahl zum Stückpreis. Die Ansätze sind nach Art und Abmessungen zu trennen.

VOB Teil C:
Allgemeine Technische Vertragsbedingungen für Bauleistungen (ATV)
Dachdeckungs- und Dachabdichtungsarbeiten – DIN 18338
Ausgabe Juni 1996

1 Geltungsbereich

1.1 Die ATV »Dachdeckungs- und Dachabdichtungsarbeiten« – DIN 18338 – gilt für Dachdeckungen und Dachabdichtungen einschließlich der erforderlichen Dichtungs-, Dämm- und Schutzschichten. Sie gilt auch für Außenwandbekleidungen mit Dachdeckungsstoffen.

1.2 Die ATV DIN 18338 gilt nicht für

- das Herstellen von Dachdeckungen mit am Bau zu fälzenden Metallbauteilen und Metallanschlüssen (siehe ATV DIN 18339 »Klempnerarbeiten«),
- das Herstellen von Deckunterlagen aus Latten oder als Schalung und das Herstellen von Außenwandbekleidungen mit Holzschindeln (siehe ATV DIN 18334 »Zimmer- und Holzbauarbeiten«),
- Abdichtungen gegen Bodenfeuchtigkeit, nichtdrückendes und drückendes Wasser (siehe ATV DIN 18336 »Abdichtungsarbeiten«) sowie
- Metallbauarbeiten (siehe ATV DIN 18360 »Metallbauarbeiten«).

1.3 Ergänzend gelten die Abschnitte 1 bis 5 der ATV DIN 18299 »Allgemeine Regelungen für Bauarbeiten jeder Art«.

Bei Widersprüchen gehen die Regelungen der ATV DIN 18338 vor.

5 Abrechnung

Gem. ATV DIN 18299 Abschn. 5 gilt allgemein:

Die Leistung ist aus Zeichnungen zu ermitteln, soweit die ausgeführte Leistung diesen Zeichnungen entspricht.

Sind solche Zeichnungen nicht vorhanden, ist die Leistung aufzumessen.

Abrechnungseinheiten

Gem. 0.5 sind im Leistungsverzeichnis die Abrechnungseinheiten wie folgt vorzusehen:

0.5.1 Flächenmaß (m^2), getrennt nach Bauart und Maßen, für
0.5.1.1 – Dachdeckungen, z.B. mit Papp- oder Strohdocken, Verstrich, Klammerbefestigung,
0.5.1.2 – Dachabdichtungen,
0.5.1.3 – Voranstriche, Trennschichten, Sperrschichten, Dämmschichten, Schutzschichten, Unterspannbahnen, Kiesschüttungen, Plattenbeläge, Schichten für Begrünungen,
0.5.1.4 – Außenwandbekleidungen.
0.5.2 Längenmaß (m), getrennt nach Bauart und Maßen, für
0.5.2.1 – Deckungen oder Abdichtungen von Firsten, Graten, Kehlen, Ortgängen u.ä.,
0.5.2.2 – Deckungen oder Abdichtungen von Brandwänden,
0.5.2.3 – Profile, Abdeckungen, Kanten, Abschlüsse und Anschlüsse, z.B. an Lichtkuppeln, Dachflächenfenster, Dachaufbauten,

0.5.2.4 – Bohlen,
0.5.2.5 – Abdichtung über Bauwerksfugen,
0.5.2.6 – Verstärkungen der Abdichtungen in den Flächen an Kanten, Kehlen, Anschlüssen, Abschlüssen, Übergängen, Durchdringungen u.ä.,
0.5.2.7 – Bekleidungen von Leibungen,
0.5.2.8 – Laufroste,
0.5.2.9 – Schneefanggitter u.ä.,
0.5.3 Anzahl (Stück), getrennt nach Bauart und Maßen, für
0.5.3.1 – Anschlüsse an Öffnungen und Durchdringungen, z.B. Abläufe, Rohre, Schornsteine,
0.5.3.2 – Gaubenpfosten und Gauben,
0.5.3.3 – Lichtkuppeln, Dachflächenfenster, Lichtplatten, Glasformstücke u.ä.,
0.5.3.4 – Sicherheitsdachhaken, Trittstufen, Stützen, Lüfter u.ä.,
0.5.3.5 – Einzelformziegel und -stücke, z.B. Lüfterziegel, Eckziegel.

Ergänzend zu ATV DIN 18299 Abschnitt 5 gilt:

5.1 Allgemeines

5.1.1 Der Ermittlung der Leistung – gleichgültig, ob sie nach Zeichnung oder Aufmaß erfolgt – sind zugrunde zu legen:

5.1.1.1 bei Dachdeckungen und Dachabdichtungen, Voranstrichen, Trennschichten, Sperrschichten, Schutzschichten, Kiesschüttungen, Plattenbelägen und dergleichen

- auf Flächen, die von Bauteilen, z.B. Attiken, Wänden, begrenzt sind, die Fläche bis zu den begrenzenden ungeputzten bzw. unbekleideten Bauteilen,
- auf Flächen ohne begrenzende Bauteile die Maße der Dachdeckung oder Dachabdichtung, Voranstriche, Trennschichten, Sperrschichten, Schutzschichten, Kiesschüttungen, Plattenbeläge und dergleichen.

Der Vorrang, den die Feststellung der Leistungen aus den Zeichnungen genießt, soll den Zeit- und Arbeitsaufwand ersparen helfen, der für das örtliche gemeinsame Aufmessen und für das damit verbundene Anfertigen von Skizzen aufzuwenden wäre. Die Wahl der Zeichnungen ist freigestellt. Es können z.B. Entwurfszeichnungen, Ausführungszeichnungen oder Bestandszeichnungen sein, sofern sie nur die Bedingungen erfüllen, daß aus ihnen die ausgeführte Leistung ersichtlich ist. In der Leistungsbeschreibung ist anzugeben, ob nach Zeichnungen oder nach örtlichem Aufmaß abzurechnen ist. Die Grundlagen für die Leistungsermittlung sind in jedem Falle einheitlich, gleichgültig, ob diese aus Zeichnungen oder durch örtliches Aufmaß vorgenommen wird.

Dachdeckungen und Dachabdichtungen werden gem. 0.5.1.1 bzw. 0.5.1.2 nach Flächenmaß abgerechnet. Grenzen die Dachflächen an Bauteile, z.B. Brandmauern, Attiken, so werden die zu deckenden bzw. abzudichtenden Flächen bis an die begrenzenden, ungeputzten bzw. unbekleideten Bauteile gemessen. Werden Dachdeckungen oder Dachabdichtungen nicht von Bauteilen begrenzt, gelten die Abmessungen der zu deckenden oder abzudichtenden Fläche (Bilder 1 bis 15).

Diese eindeutigen Regelungen schließen es zur Erleichterung der Abrechnung aus, daß Dachkanten sowie An- oder Abschlüsse mitgemessen und der Abrechnungsfläche zugeschlagen werden; Dachkanten, An- und Abschlüsse bleiben bei der Flächenermittlung unberücksichtigt. Sie werden gem. 0.5.2.3 nach Längenmaß abgerechnet (Bilder 1 bis 15).

Dachdeckungen und Dachabdichtungen, die nicht an Bauteile angrenzen, z.B. bei Terrassen, sind gem. 0.5.1.1 bzw. 0.5.1.2 nach Flächenmaß abzurechnen. Es gelten für die Flächenermittlung die tatsächlichen Maße der Leistung.

5.1.1.2 bei Dämmschichten die Maße der Dämmung. Bohlen, Sparren und dergleichen werden übermessen.

Gem. 0.5.1.3 sind Dämmschichten nach Flächenmaß abzurechnen. Es gelten die Maße der tatsächlich ausgeführten Dämmung, wobei die Dämmung unterbrechende Bohlen, Sparren und dergleichen übermessen werden (Bild 2).

5.1.1.3 bei Außenwandbekleidungen die Maße der Bekleidung.

Die Abrechnung erfolgt gem. 0.5.1.1 nach Flächenmaß. Es gelten die Maße der tatsächlich ausgeführten Bekleidung. Die zur Flächenermittlung zu messenden Maße weichen von den Maßen der bekleideten Bauteile insofern ab, als sich bei ausspringenden Ecken, z.B. bei Turmaufbauten, größere Flächen als die des Bauteils ergeben, während sie bei einspringenden Ecken kleiner als die der Bauteile sind.

5.1.2 Schließen Dachdeckungen und Dachabdichtungen an Firste, Grate und Kehlen an, wird bis Mitte First, Grat oder Kehle gerechnet.

Dachdeckungen und Dachabdichtungen werden einheitlich für jeden Bedachungsstoff gem. 0.5.1.1 bzw. 0.5.1.2 nach Flächenmaß abgerechnet. Beim Anschluß von Dach- und Wanddeckungen sowie von Wand- und Dachabdichtungen an Firste, Grate oder Kehlen treten häufig Überdeckungen ein, die eine genaue Abgrenzung der Leistung nicht zulassen. Zur Klarstellung ist deshalb geregelt, daß die Flächen derartiger Deckungen und Abdichtungen jeweils von Mitte First, Grat oder Kehle zu messen sind. Unter Mitte First, Grat oder Kehle ist die Schnittlinie der Oberfläche der die Dachbeläge tragenden Unterkonstruktion, z.B. Oberfläche der Schalung, Dachlattung, Oberfläche der Stahlbetondecke, im First, im Grat oder in der Kehle zu verstehen (Bilder 3, 6, 7).

5.1.3 Bei Abrechnung nach Flächenmaß (m^2) werden eingebaute Formstücke, z.B. Lüfterziegel, Einzelformziegel, Eckziegel, Glasformstücke, übermessen.

Eingebaute Formstücke werden zusammen mit der nach Flächenmaß abzurechnenden Leistung abgerechnet, d.h. sie werden von der Fläche nicht abgezogen. Gem. 0.5.3 sind sie jedoch, getrennt nach Bauart und Maßen, nach ihrer Anzahl abzurechnen.

5.1.4 Bindet eine Aussparung anteilig in angrenzende, getrennt zu berechnende Flächen ein, wird zur Ermittlung der Übermessensgröße die jeweils anteilige Aussparungsfläche gerechnet.

5.1.5 Bei Abrechnung nach Längenmaß (m) wird die größte Bauteillänge gemessen, z.B. bei An- und Abschlüssen.

Die Vorschrift bezieht sich auf alle Leistungen, für die Abrechnung nach Längenmaß vorgeschrieben ist. Gem. 5.2.2 werden Unterbrechungen über 1 m Einzellänge abgezogen (Bild 1).

5.1.6 Bei Deckungen, Bekleidungen und Abdichtungen von Firsten, Graten, Kehlen, Ortgängen und dergleichen wird die Länge in der Mittellinie einfach gemessen.

Gem. 0.5.2.1 ist die Abrechnungseinheit für Deckungen von Firsten, Graten, Kehlen, Ortgängen u.ä. das Längenmaß. Es ist in der Mittellinie zu messen.

5.2 Es werden abgezogen:

5.2.1 bei Abrechnung nach Flächenmaß (m^2):
Aussparungen über 2,5 m^2 Einzelgröße in der Dachdeckung, Dachabdichtung bzw. Außenwandbekleidung, z.B. für Schornsteine, Fenster, Oberlichter, Gauben.

5.2.2 bei Abrechnung nach Längenmaß (m):
Unterbrechungen über 1 m Einzellänge (Bilder 2, 8).

Zu 0.5.1.1:
Dachdeckungen sind zu unterscheiden nach:
- Ziegeldeckung, Betondachsteindeckung,
- Schieferdeckung,
- Deckung mit zementgebundenen Platten,
- Deckung mit vorgefertigten Dachdeckungsteilen aus Metall,
- Schindeldeckungen,
- Rohr- und Strohdeckung.
Bei der Abrechnung ist zu beachten, daß gem. 5.2.1 Aussparungen und Öffnungen über 2,5 m^2 Einzelgröße für Schornsteine, Fenster, Oberlichte, Gauben und dergleichen abzuziehen sind.
Bauarten sind Dachdeckungen mit Pappstreifen, Docken, Verstrich, Sturmklammern (Bilder 1 bis 8, 14, 15).

Zu 0.5.1.2:
Dächer mit Abdichtungen sind zu unterscheiden nach:
- Dachabdichtungen mit Bitumenbahnen,
- Dachabdichtungen aus hochpolymeren Dachbahnen.
Abrechnungseinheit ist das Flächenmaß. Es gelten die Vorschriften gem. 5.1.1.1 und 5.2.1 (Bilder 1, 2, 9 bis 13).

Zu 0.5.1.3:
Abrechnungseinheit für Voranstriche, Trennschichten, Sperrschichten, Dämmschichten, Schutzschichten, Kiesschüttungen, Plattenbeläge ist das Flächenmaß. Es gelten die Vorschriften gem. 5.1.1.1 und 5.2.1. Gem. 5.1.1.2 ist zu beachten, daß die tatsächlichen Maße der Leistung gelten und daß Bohlen, Sparren und dergleichen übermessen werden (Bilder 1, 2, 9, 10).

Zu 0.5.2.1:
Abrechnungseinheit für Deckungen von Firsten, Graten, Kehlen, Ortgängen u.ä. ist das Längenmaß. Gem. 5.1.5 wird die größte Bauteillänge gemessen. Gem. 5.1.6 ist das Maß in der Mittellinie zu nehmen. 5.2.2 ist zu beachten (Bilder 2, 3, 4, 6).

Zu 0.5.2.2:
Die Deckung von Brandwänden wird nach Längenmaß abgerechnet. Gem. 5.1.5 ist die größte Bauteillänge zu messen. Gem. 5.2.2 sind Unterbrechungen über 1 m Einzellänge abzuziehen.

Zu 0.5.2.3:
Abrechnungseinheit für Anschlüsse, Profile, Abdeckungen, Dachkanten und Abschlüsse ist das Längenmaß. Gem. 5.1.5 ist die größte Bauteillänge zu messen. Unterbrechungen bis 1 m Einzellänge werden gem. 5.2.2 übermessen (Bilder 1 bis 4, 7, 8, 14).

Zu 0.5.2.4:
Bohlen, z.B. Laufbohlen für den Schornsteinfeger, sind nach Längenmaß abzurechnen. Es gilt das Maß ihrer Länge (Bilder 9, 10).

Zu 0.5.2.5:
Da die Dachabdichtung wasserdicht auszuführen ist, hat die Ausbildung von Bewegungsfugen und Stoßfugen besondere Bedeutung. Die Abdichtung über Bauwerksfugen wird nach Längenmaß abgerechnet. 5.1.5 und 5.2.2 sind zu beachten (Bild 11).

Zu 0.5.2.6:
Nach den Vorschriften der ATV sind Verstärkungen der Abdichtung bei Anschlüssen an aufgehendem Mauerwerk, Metalleinfassungen und dergleichen als Besondere Leistungen abzurechnen. Abrechnungseinheit ist das Längenmaß. Gem. 5.1.5 ist die größte Bauteillänge zu messen. Gem. 5.2.2 werden Unterbrechungen bis zu 1 m Einzellänge nicht abgezogen (Bilder 1, 9, 10, 14).

Zu 0.5.2.7:
Nach den Vorschriften der ATV muß die Deckung von Leibungen der Deckung der Dachflächen entsprechen. Abrechnungseinheit ist das Längenmaß, das gem. 5.1.5 in der größten Bauteillänge zu messen ist. Gegebenenfalls ist 5.2.2 zu beachten.

Zu 0.5.3.1:
Abrechnungseinheit für Anschlüsse an Öffnungen und Durchdringungen, z.B. Abläufe, Rohre, Schornsteine, ist die Anzahl. Es ist nach Bauart und Maßen zu trennen. Nach den Vorschriften der ATV ist das Einbauen und Eindecken beigestellter Teile oder Gegenstände als Besondere Leistung abzurechnen (Bilder 2, 12 bis 14).

Zu 0.5.3.2:
Die Deckung von Gaubenpfosten und Gauben ist nach Anzahl abzurechnen. Nach den Vorschriften der ATV muß die Deckung von Gaubenpfosten der Deckung der Dachflächen entsprechen.

Zu 0.5.3.3:
Lichtkuppeln, Dachfenster, Lichtplatten, Glasformstücke und dergleichen sind nach Anzahl abzurechnen. Die ATV schreibt vor, daß der Einbau von Glasformstücken u.a.m. als Besondere Leistung abzurechnen ist (Bilder 1, 2, 13).

Zu 0.5.3.4:
Abrechnungseinheit für Dachhaken, Laufbrettstützen, Lüfter und dergleichen ist die Anzahl. In der ATV ist vorgeschrieben, daß das Einbauen von Dachhaken als Besondere Leistung abzurechnen ist (Bild 15).

Zu 0.5.3.5:
Einzelformziegel und -stücke, z.B. Lüfterziegel, Eckziegel, werden nach Anzahl abgerechnet. Nach Vorschrift der ATV ist das Einbauen von Einzelformziegeln, Lüfterziegeln, Eckziegeln und dergleichen als Besondere Leistung abzurechnen (Bilder 3, 4).

Bild 1 Dachabdichtungen

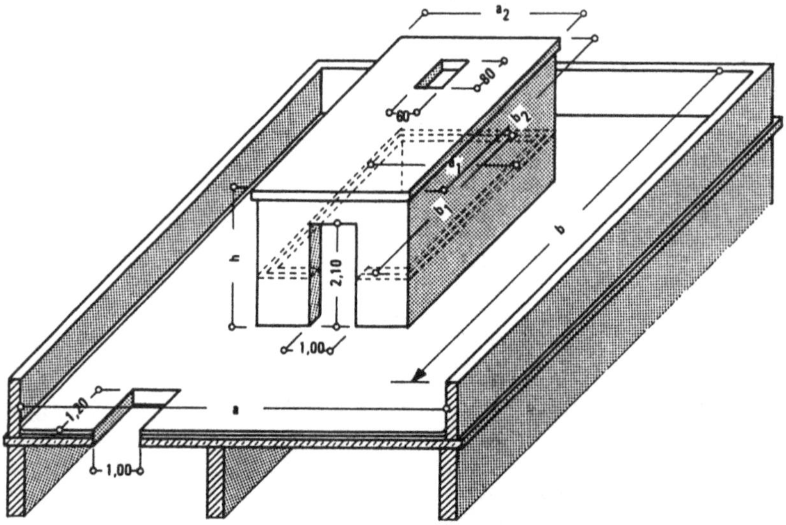

Gem. 0.5.1.2 Abrechnung der Dachabdichtungen und gem. 0.5.1.3 der Sperrschichten nach Flächenmaß. Dachkanten sowie An- und Abschlüsse werden gem. 0.5.2.3 nach Längenmaß gesondert abgerechnet.

Für die Ermittlung der von der Attika und dem Dachaufbau begrenzten Fläche der Dachabdichtung gelten gem. 5.1.1.1 die Maße bis zu den begrenzenden, ungeputzten bzw. unbekleideten Bauteilen. Die Aussparung für die Oberlichtöffnung ist gem. 5.2.1 nicht abzuziehen, da ihre Fläche mit 1,00 · 1,20 m kleiner als 2,5 m^2 ist.

F der von Bauteilen begrenzten waagerechten Dachabdichtung

$=a \cdot b - a_1 \cdot b_1 = \ldots\ m^2$;

dabei sind a_1 und b_1 äußere Rohbaumaße des Dachaufbaus.

Für die Ermittlung der Dachabdichtung des Dachaufbaus, deren Fläche nicht von Bauteilen begrenzt ist, gelten gem. 5.1.1.1 die Maße der Dachabdichtung. Die Aussparung für das Oberlicht ist nicht abzuziehen, da deren Fläche mit 0,60 · 0,80 m kleiner als 2,5 m^2 ist.

F der waagerechten Dachabdichtung des Dachaufbaus$=a_2 \cdot b_2 = \ldots\ m^2$;

dabei sind a_2 und b_2 die äußeren Abmessungen der Dachplatte.

Gem. 0.5.1.3 Abrechnung der Dämmschichten nach Flächenmaß. Für die Leistungsermittlung gelten die Messungsvereinfachungen des Abschnitts 5.1.1.1. Die Flächengrößen sind mit den zu 0.5.1.1 ermittelten Größen identisch.

Gem. 0.5.2.6 Abrechnung der Verstärkungen der Abdichtungen beim Anschluß an das aufgehende Mauerwerk des Dachaufbaus und an die Metalleinfassung an der Attika nach Längenmaß. Für die Ermittlung des Längenmaßes gelten gem. 5.1.5 die Größtmaße der Bauteile. Kein Abzug für die Unterbrechung, da diese nicht über 1 m hinausgeht.

L der Verstärkung der Abdichtungen$=2\,(a+b)+2(a_1+b_1)=\ldots$ m.

Gem. 0.5.3.3 Abrechnung der Lichtkuppeln nach Anzahl. Die Ansätze sind nach Art und Maßen zu trennen.

Bild 2 Dachdeckungen und Dachabdichtungen auf Flächen, die nicht von Bauteilen begrenzt sind

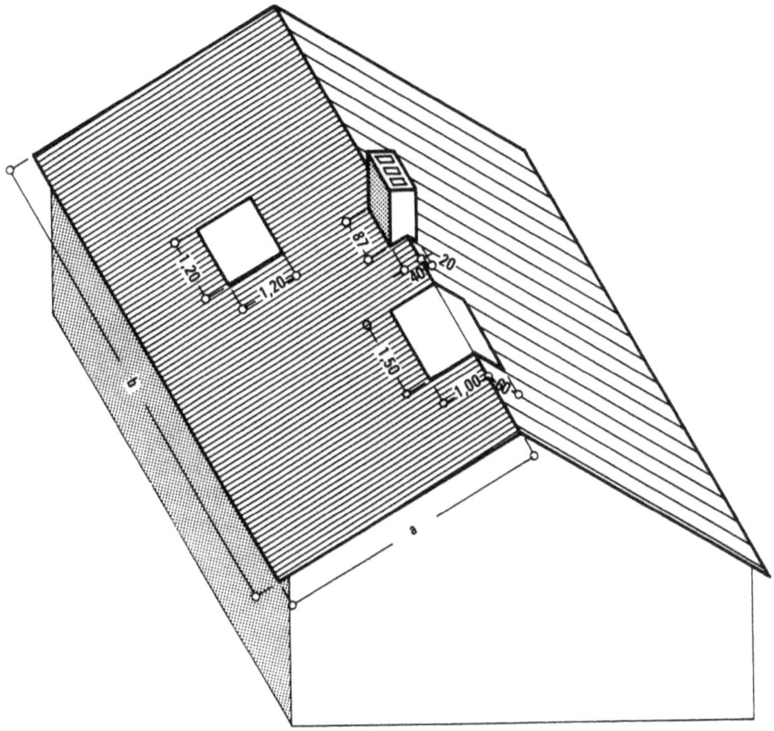

Gem. 0.5.1.1 bzw. 0.5.1.2 Abrechnung der Dachdeckung und der Dachabdichtung nach Flächenmaß. Gem. 5.1.1.1 gelten für die Flächenermittlung die Abmessungen der Dachdeckung bzw. der Dachabdichtung. Dachkanten sowie An- und Abschlüsse werden gem. 0.5.2.3 gesondert abgerechnet. Die Aussparung für das Flachdachfenster ist gem. 5.2.1 nicht abzuziehen, da sie mit 1,20×1,20 m kleiner als 2,5 m² ist. Die Aussparung für das über den First greifende Oberlicht ist in jeder Dachfläche für sich zu messen; jedoch kein Abzug, da jeder Teil kleiner als 2,5 m² ist. Aus dem gleichen Grund wird auch keiner der Aussparungsteile für den Schornstein abgezogen.

F der Dachdeckung und der Dachabdichtung=2a · b=... m².

Gem. 0.5.2.1 Abrechnung der Deckung des Firstes, der Dachkanten sowie gem. 0.5.2.3 der An- und Abschlüsse nach Längenmaß, gemessen in der Mittellinie. Gemäß 5.2.2 werden über 1 m lange Unterbrechungen für Schornsteine, Fenster, Oberlichte, Entlüfter und dergleichen abgezogen.

L des aus Formstücken hergestellten Firstes=b−1,50=... m.

Gem. 0.5.1.3 Abrechnung der Sperrschicht nach der tatsächlich ausgeführten Leistung nach Flächenmaß.

F der Sperrschicht gleich der Dachabdichtung=2a · b=... m².

Gem. 0.5.1.3 Abrechnung der Dämmschicht nach Flächenmaß. Zu rechnen ist die von der Dämmung bedeckte Fläche. Es besteht Flächengleichheit mit der Sperrschicht. Gem. 5.1.1.2 werden Bohlen und Sparren übermessen.

Gem. 0.5.3.1 Abrechnung des Anschlusses der Dachbelagsarbeiten an den Schornstein, an das Flachdachfenster und an das Dachoberlicht am First nach Anzahl zum Stückpreis. Die Ansätze sind nach Art und Maßen zu trennen.

Gem. 0.5.3.3 Abrechnung für Lieferung und Einbau des Flachdachfensters sowie des Oberlichts am First, getrennt nach Art und Maßen, nach Anzahl zum Stückpreis. Für die Ausführung in Holz sind ATV DIN 18355 »Tischlerarbeiten«, für die Ausführung in Metall ATV DIN 18360 »Metallbauarbeiten« zu beachten.

Bild 3 Biberschwanz-Kronendeckung

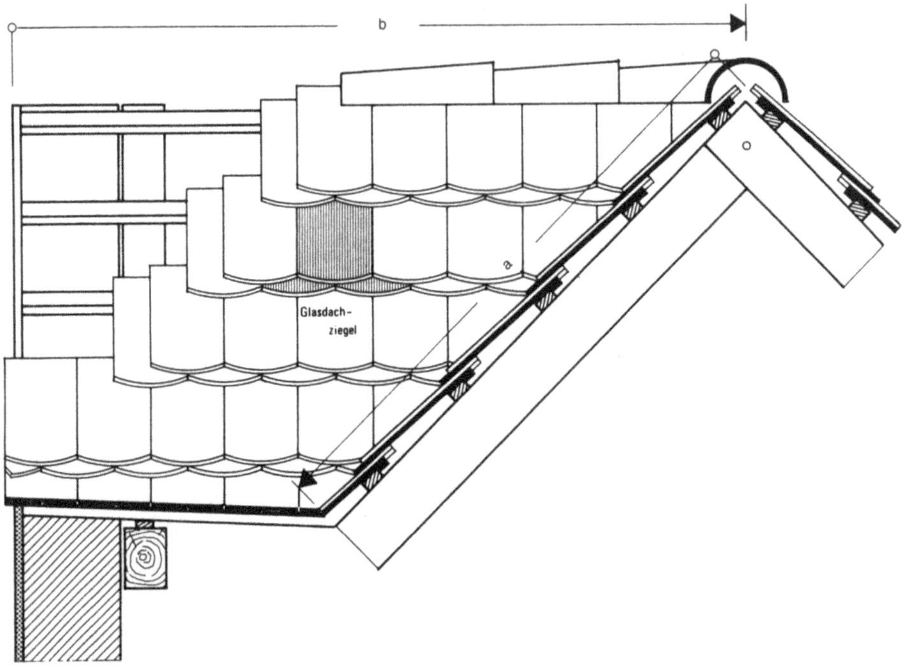

Gem. 0.5.1.1 Abrechnung der Biberschwanz-Kronendeckung nach Flächenmaß. Die Dachkante am Giebel, der Anschluß an die Firstdeckung sowie der Abschluß zur Traufe werden gemäß 0.5.2.3 gesondert abgerechnet. Gem. 5.1.1.1 gelten für die Leistungsermittlung bei Dachdeckungen auf Flächen, die nicht von Bauteilen, z.B. Wänden, Brandmauern, begrenzt sind, die Abmessungen der Dachdeckungen. Abzurechnen ist die zu deckende Dachfläche in ihrer Breite (b) von Oberfläche Außenputz bis Oberfläche Außenputz und in der Dachhöhe (a) von Außenkante Trauflatte bis Mitte First (nicht Oberkante Firstziegel) gem. 5.1.2.

F der Kronendeckung=2a · b... m².

Gem. 0.5.2.1 Abrechnung der Firstdeckung mit Formstücken nach Längenmaß als Zulage zur Kronendeckung. Die Länge ist der Mittellinie zu messen. Das Längenmaß gleicht dem Breitenmaß der zu deckenden Fläche.

L der Firstdeckung=b=... m.

Gem. 0.5.3.5 Abrechnung von Lüftungsziegeln, Glasdachziegeln und dergleichen nach Anzahl zum Stückpreis. Die Ansätze sind nach Art und Maßen zu trennen.

Bild 4 Flachdachpfannen-Deckung

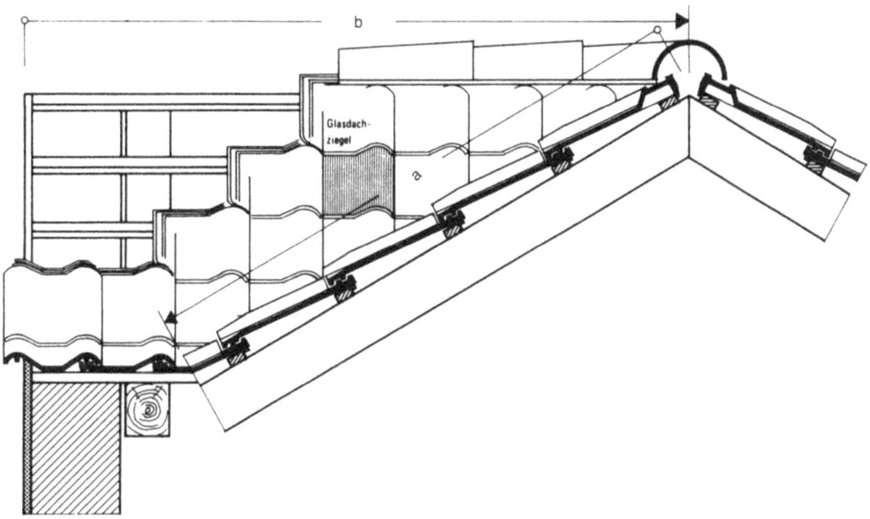

Gem. 0.5.1.1 Abrechnung der Flachdachpfannen-Deckung nach Flächenmaß. Für die Leistungsermittlung gelten gem. 5.1.1.1 bei Dachdeckungen auf Flächen, die nicht von Bauteilen, z.B. Wänden, Brandmauern, begrenzt sind, die Abmessungen der Dachdeckungen. Abzurechnen ist deshalb die Dachfläche in ihrer Breite (b) von Oberfläche Außenputz bis Oberfläche Außenpuutz, in der Dachhöhe (a) von Außenkante Trauflatte bis Mitte First gem. 5.1.2. Unter Mitte First ist die Schnittlinie der Oberflächenebenen der Dachlattung im First zu verstehen.

F der Flachdachpfannen-Deckung=2a · b=... m².

Gem. 0.5.2.1 Abrechnung der Firstdeckung mit Firstziegeln nach Längenmaß. Die Länge ist gem. 5.1.6 in der Mittellinie einfach zu messen.

In gleicher Weise sind gem. 0.5.2.3 der Anschluß an die Firstdeckung und die Ausbildung der Dachkanten mittels Formstücken abzurechnen. Falls für den Abschluß an der Traufe Kurzpfannen verwendet werden, gilt diese Abrechnungsvorschrift auch dafür.

L der Firstdeckung=b=... m.

L der Anschlußausbildung an der Firstdeckung mit Formziegeln=2 · b=... m.

L der Dachkantenausbildung mit Formziegeln=4 · a=... m.

L des Traufabschlusses mit Kurzpfannen=2 · b=... m.

Gem. 0.5.3.5 Abrechnung von Lüftungsziegeln, Glasdachziegeln und dergleichen nach Anzahl zum Stückpreis. Die Ansätze sind nach Art und Maßen zu trennen.

Bild 5 Bemessung der Dachdeckung an der Traufe

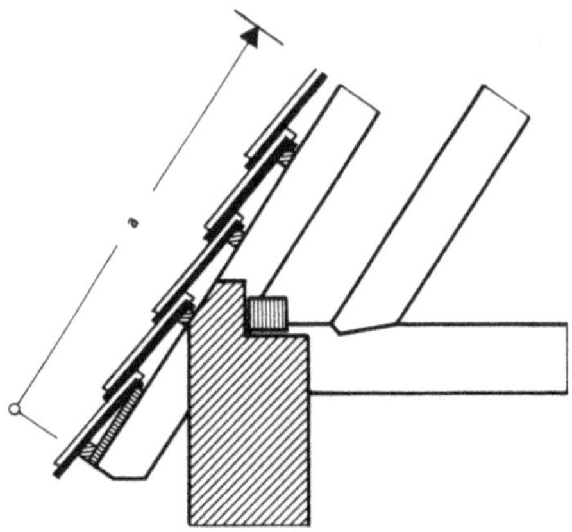

Gem. 0.5.1.1 Abrechnung der Dachdeckung nach Flächenmaß.

Für die Leistungsermittlung gelten gem. 5.1.1.1 bei Dachdeckungen auf Flächen, die nicht von Bauteilen, z.B. Wänden, Brandmauern, begrenzt sind, die Abmessungen der Dachdeckungen. Die Dachhöhe (a) ist von Außenkante Trauflatte bis Mitte First zu messen (vgl. 5.1.2). Unter Mitte First ist die Firstschnittlinie der Oberflächen der Dachlattungsebenen zu verstehen.

Bild 6 Bemessung der Dachdeckung am Grat

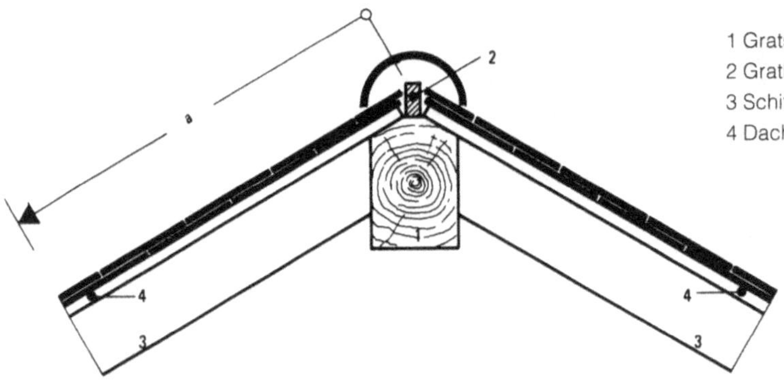

1 Gratsparren
2 Gratlatte
3 Schiftsparren
4 Dachlatten

Gem. 0.5.1.1 Abrechnung der Dachdeckung nach Flächenmaß.

Für die Leistungsermittlung gelten gem. 5.1.1.1 bei Dachdeckungen auf Flächen, die nicht von Bauteilen, z.B. Wänden, Brandmauern, begrenzt sind, die Abmessungen der Dachdeckungen. Zur Flächenermittlung ist die Dachhöhe (a) gem. 5.1.2 von Mitte First zu messen. Mitte First bedeutet die Schnittlinie der Lattungsoberflächen im First.

Gem. 0.5.2.1 Abrechnung der Gratdeckung nach Längenmaß. Die Länge ist in der Mittellinie zu messen. In gleicher Weise ist der Anschluß der Dachdeckung an die Gratdeckung abzurechnen, da im vorliegenden Fall die Biberschwänze zu Formstücken, die sich an die Gratlatte anlegen, zugearbeitet werden müssen. Obwohl der Anschluß beiderseits der Gratdeckung erfolgt, ist seine Länge gem. 5.1.6 einfach in der Mittellinie zu messen.

Bild 7 Bemessung der Dachdeckung an der Kehle

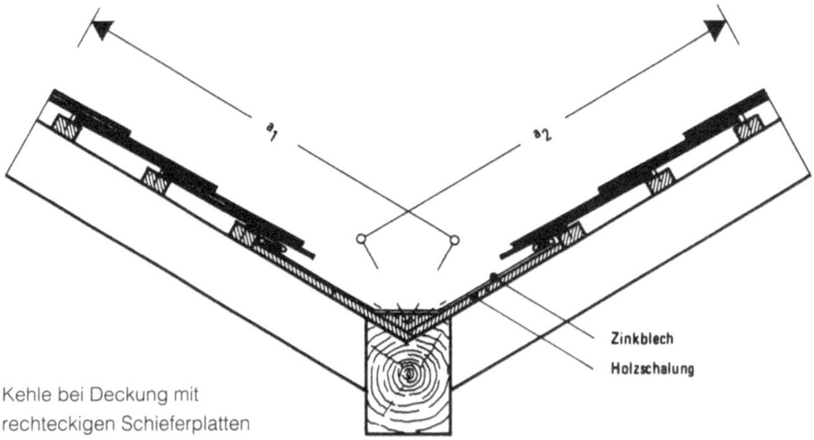

Kehle bei Deckung mit
rechteckigen Schieferplatten

Gem. 0.5.1.1 Abrechnung der Dachdeckung nach Flächenmaß.

Für die Leistungsermittlung gelten gem. 5.1.1.1 bei Dachdeckungen auf Flächen, die nicht von Bauteilen, z.B. Wänden, Brandmauern, begrenzt sind, die Abmessungen der Dachdeckungen. Zur Flächenermittlung sind die Dachhöhen (a_1, a_2) gem. 5.1.2 von Mitte Kehle bis Mitte First zu messen. Unter Mitte Kehle und Mitte First sind die Schnittlinien der Lattungsoberflächen in der Kehle bzw. im First zu verstehen.

Gem. 0.5.2.3 Abrechnung des Anschlusses der Dachdeckung an die Kehle nach Längenmaß. Die Länge ist in der Mittellinie einfach zu messen. Die Länge des beiderseitigen Anschlusses ist in der Mitte der Kehle einfach zu messen.

Ausführung und Abrechnung der Kehleindeckung aus Zinkblech richten sich nach ATV DIN 18339 »Klempnerarbeiten«.

Bild 8 Bemessung der Dachdeckung am Wandanschluß

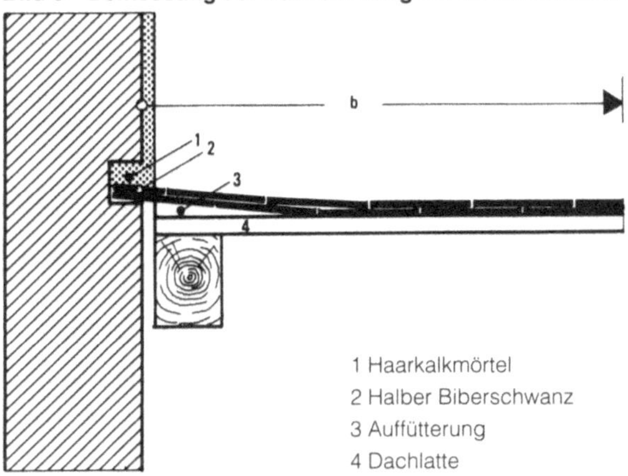

1 Haarkalkmörtel
2 Halber Biberschwanz
3 Auffütterung
4 Dachlatte

Gem. 0.5.1.1 Abrechnung der Dachdeckung nach Flächenmaß.

Für die Leistungsermittlung gilt gem. 5.1.1.1 bei Dachdeckungen auf Flächen, die von Bauteilen begrenzt sind, die Fläche bis zu den begrenzenden, ungeputzten bzw. unbekleideten Bauteilen. Zur Flächenermittlung ist daher die Breite (b) vom unverputzten Mauerwerk an zu messen.

Gem. 0.5.2.3 Abrechnung des Anschlusses der Dachdeckung an das Wandmauerwerk nach Längenmaß.

Gem. 5.2.2 werden bei Abrechnung nach Längenmaß Unterbrechungen über 1 m Einzellänge abgezogen.

Bild 9 Starrer Anschluß einer Dachabdichtung

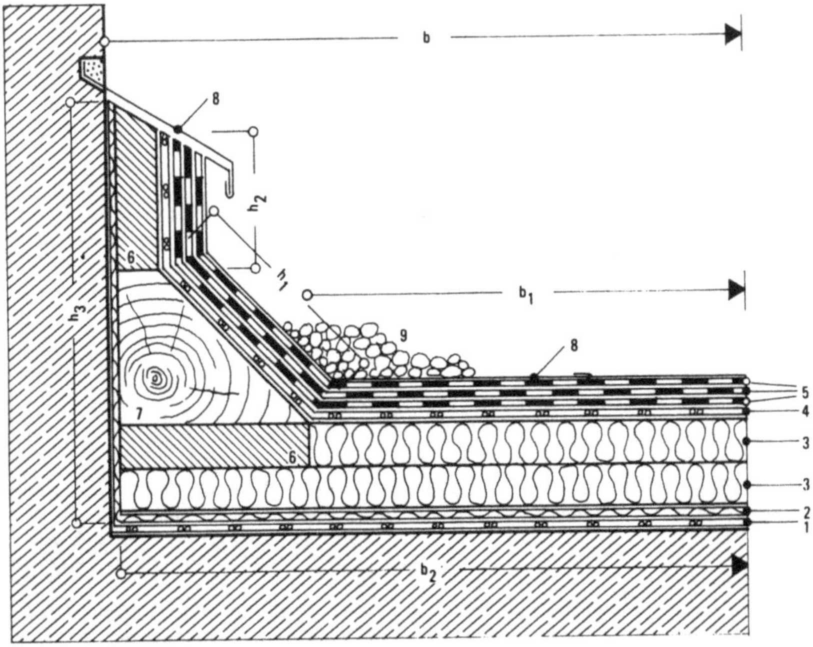

1 Ausgleichschicht
2 Dampfsperre
3 Dämmschichten
4 Dampfdruckausgleichschicht
5 Abdichtungslagen
6 Holzbohlen
7 Kantholz
8 Kappleiste und Metallabdeckung
9 Kiesschüttung

Gem. 0.5.1.2 Abrechnung der drei Abdichtungslagen (5) nach Flächenmaß. Für die Leistungsermittlung gilt gem. 5.1.1.1 bei Dachabdichtungen auf Flächen, die von Bauteilen begrenzt sind, die Fläche bis zu den begrenzenden, ungeputzten bzw. unbekleideten Bauteilen. Zur Flächenberechnung ist die Breite (b) von der ungeputzten Betonwand an zu messen.

Der gleichen Abrechnung unterliegen gem. 0.5.1.3 die Ausgleichschicht, die Sperrschicht und die doppelte Dämmschicht.

Gem. 0.5.2.4 Abrechnung der Bohlen und des Kantholzes nach Längenmaß, vorausgesetzt, daß nicht Ausführung und Abrechnung nach ATV DIN 18334 »Zimmer- und Holzbauarbeiten« erfolgen.

Gem. 0.5.2.6 Abrechnung der Verstärkung der Abdichtung beim Anschluß an die aufgehende Betonwand nach Längenmaß.

Die Metallabdeckung und die Kappleiste sind nach ATV DIN 18360 »Metallbauarbeiten« auszuführen und abzurechnen.

Bild 10 Traufabschluß einer Dachabdichtung

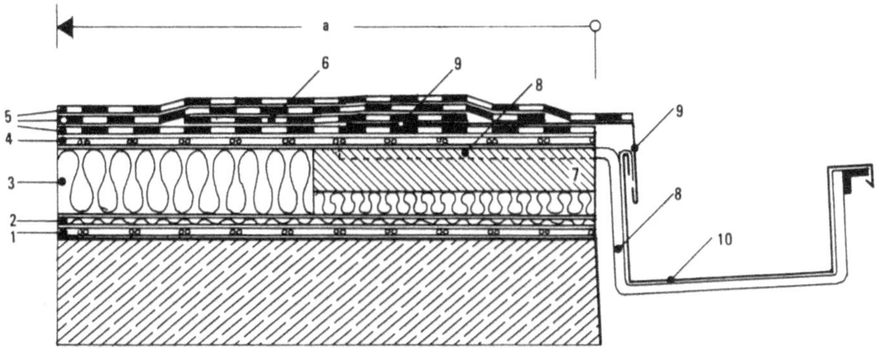

1 Ausgleichschicht	6 Schleppstreifen
2 Dampfsperre	7 Traufbohle
3 Dämmschicht	8 Rinneisen
4 Dampfdruckausgleichschicht	9 Traufblech
5 Abdichtungslagen	10 Regenrinne

Gem. 0.5.1.2 Abrechnung der Abdichtungslagen (5) nach Flächenmaß. Für die Leistungsermittlung gelten gem. 5.1.1.1 bei Dachabdichtungen, die nicht von Bauteilen begrenzt werden, die Abmessungen der Dachabdichtungen. Zur Flächenberechnung ist die Fallinie des Daches (a) von Außenkante Traufbohle (7) an zu messen.

Der gleichen Abrechnung unterliegen gem. 0.5.1.3 die Ausgleichschicht, die Dampfsperre und die Dämmschicht. Gem. 0.5.2.4 Abrechnung der Traufbohle (7) nach Längenmaß, vorausgesetzt, daß Ausführung und Abrechnung nicht nach ATV DIN 18334 »Zimmer- und Holzbauarbeiten« erfolgen.

Gem. 0.5.2.6 Abrechnung der Verstärkung der Abdichtung an der Traufe (6) nach Längenmaß.

Dachrinne, Rinneisen und Traufblech sind nach ATV DIN 18339 »Klempnerarbeiten« auszuführen und abzurechnen.

Bild 11 Abdichtung über einer Bauwerksfuge

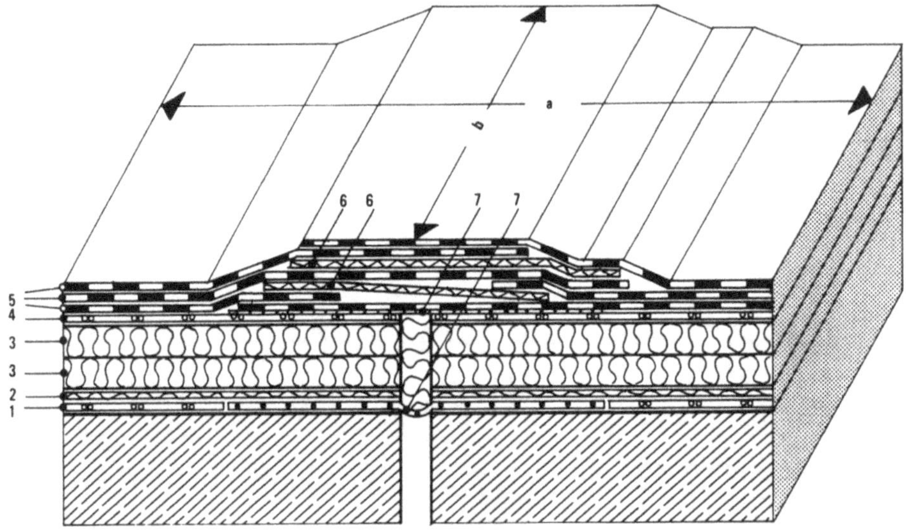

1 Ausgleichschicht
2 Dampfsperre
3 Dämmschichten
4 Dampfdruckausgleichschicht
5 Abdichtungslagen
6 Metallriffelbänder
7 Kunststoffbahn

Gem. 0.5.1.2 Abrechnung der Dachabdichtung nach Flächenmaß. Wo Dachabdichtungen von Bauteilen begrenzt sind, gilt gem. 5.1.1.1 für die Flächenermittlung die Fläche bis zu den begrenzenden, ungeputzten bzw. unbekleideten Bauteilen. Wo Dachabdichtungen nicht von Bauteilen begrenzt sind, gelten die Abmessungen der Dachabdichtungen.

F der Dachabdichtung=a · b=... m^2.

Gem. 0.5.2.5 Abrechnung der Abdichtung über die Bauwerksfuge nach Längenmaß. Es gilt die Länge der abgedichteten Fuge.

L der abgedichteten Fuge=b=... m.

Bild 12 Anschluß der Dachabdichtung an einen Antennenmast

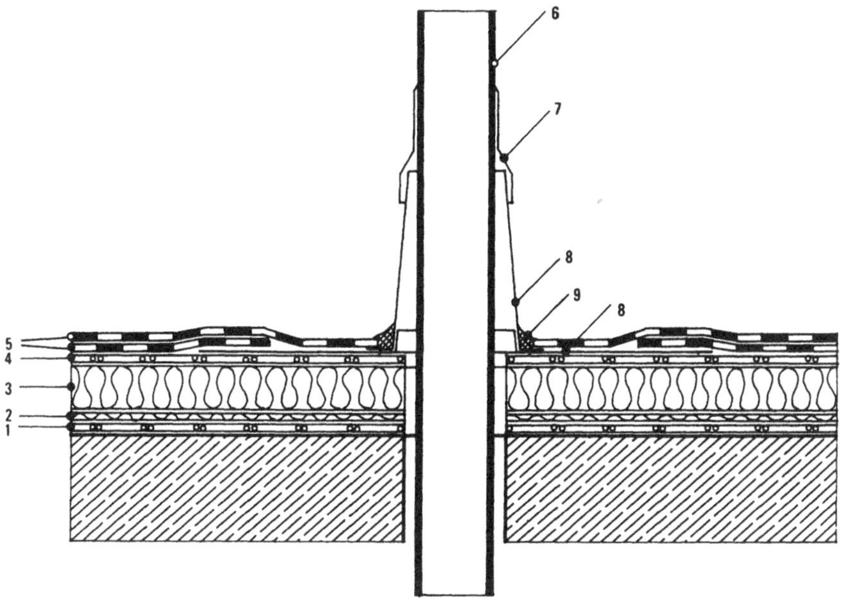

1 Ausgleichschicht
2 Dampfsperre
3 Dämmschicht
4 Dampfdruckausgleichschicht
5 Abdichtungslagen

6 Antennenmast
7 Manschette mit Rohrschelle
8 Kleberflansch mit Metalleinfassung
9 Bitumenverguß

Gem. 0.5.1.2 Abrechnung der Dachabdichtung nach Flächenmaß. Wo Dachabdichtungen von Bauteilen begrenzt sind, gilt gem. 5.1.1.1 für die Flächenermittlung die Fläche bis zu den begrenzenden, ungeputzten bzw. unbekleideten Bauteilen, wo Dachabdichtungen nicht von Bauteilen begrenzt sind, gelten die Abmessungen der Dachabdichtungen.

Gem. 0.5.3.1 Abrechnung des Anschlusses der Dachabdichtung an den Antennenmast zum Stückpreis. Die Ansätze für Anschlüsse an derartige Dachdurchdringungen sind nach Art und Maßen zu trennen.

Bild 13 Anschluß einer Dachpappendeckung an ein Dachfenster

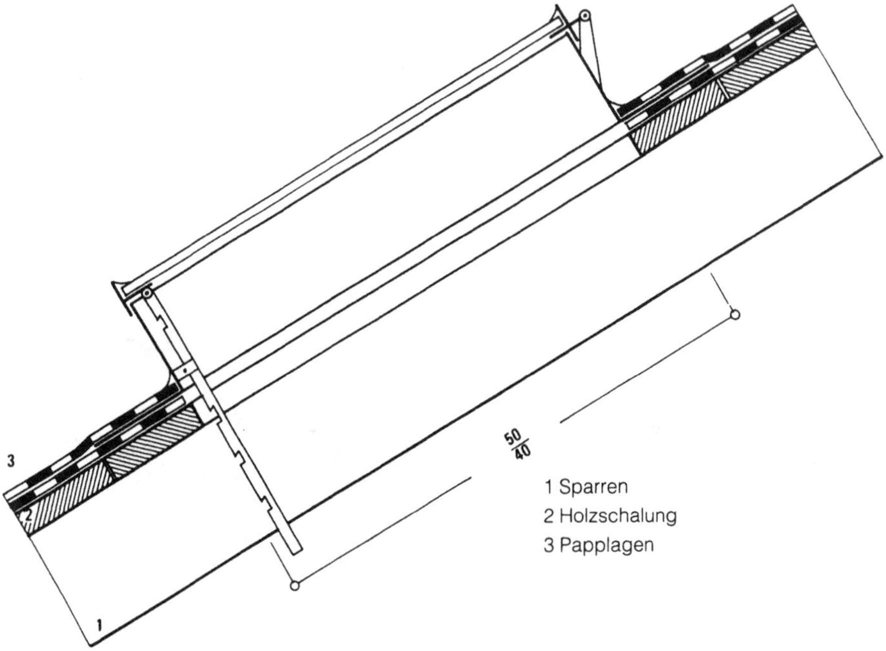

Gem. 0.5.1.2 Abrechnung der Dachpappendeckung nach Flächenmaß. Wo Dachdeckungen von Bauteilen begrenzt sind, gilt für die Flächenermittlung die Fläche bis zu den begrenzenden, ungeputzten bzw. unbekleideten Bauteilen, wo Dachdeckungen nicht von Bauteilen begrenzt sind, gelten die Abmessungen der Dachdeckungen (vgl. 5.1.1.1).

Gem. 0.5.3.1 Abrechnung des Anschlusses der Dachpappendeckung an das Dachfenster als selbständige Leistung zum Stückpreis. Die Ansätze für Anschlüsse an derartigen Dachdurchdringungen sind nach Art und Maßen zu trennen.

Gem. 0.5.3.3 Abrechnung für Lieferung und Einbau des Dachfensters zum Stückpreis als selbständige Leistung. Ggf. sind die Ansätze nach Art und Maßen zu trennen.

Bild 14 Schneefanggitter mit Stützen

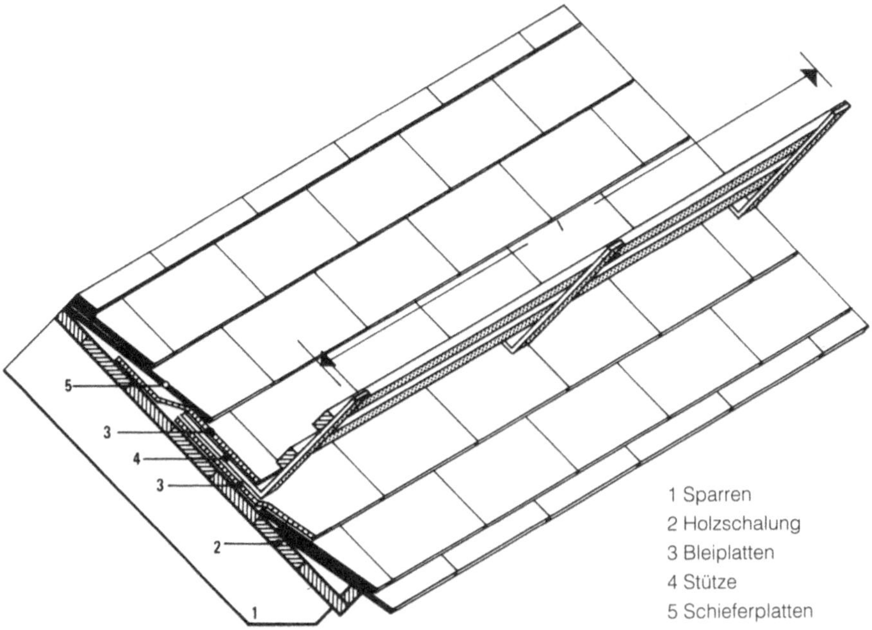

Gem. 0.5.1.1 Abrechnung der Schieferdeckung nach Flächenmaß.

Wo Dachdeckungen von Bauteilen begrenzt sind, gilt gem. 5.1.1.1 für die Flächenermittlung die Fläche bis zu den begrenzenden, ungeputzten bzw. unbekleideten Bauteilen; wo Dachdeckungen nicht von Bauteilen begrenzt sind, gelten die Abmessungen der Dachdeckungen.

Gem. 0.5.3.1 Abrechnung der Anschlüsse der Schieferdeckung an die Stützen des Schneefanggitters nach Anzahl als selbständige Leistung.

Gem. 0.5.2.3 Abrechnung für Lieferung und Befestigung des Schneefanggitters und der Stützen nach Längenmaß. Zu messen ist die tatsächliche Länge des Schneefanggitters.

L=l=... m.

Gem. 0.5.2.6 Abrechnung der Verstärkung der Abdichtung für die Stützen der Schneefanggitters nach Längenmaß.

Bild 15 Laufbrettstützen

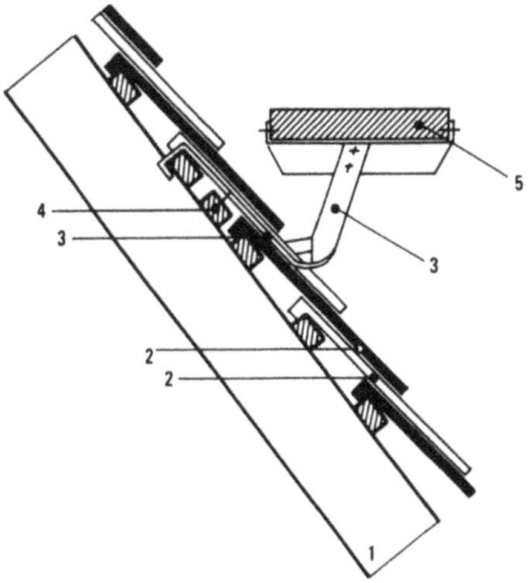

1 Sparren
2 Doppeldeckung mit Biberschwänzen
3 Laufbrettstütze
4 Sicherheitslatte
5 Laufbrett

Gem. 0.5.1.1 Abrechnung der Doppeldeckung aus Biberschwänzen nach Flächenmaß.

Wo Dachdeckungen von Bauteilen begrenzt sind, gilt gem. 5.1.1.1 für die Flächenermittlung die Fläche bis zu den begrenzenden, ungeputzten bzw. unbekleideten Bauteilen; wo Dachdeckungen nicht von Bauteilen begrenzt sind, gelten die Abmessungen der Dachdeckungen.

Gem. 0.5.3.4 Abrechnung für das Liefern und Befestigen der Laufbrettstützen nach Anzahl als selbständige Leistung.

Das Liefern und Einbauen der Sicherheitslatte fällt in den Leistungsbereich von ATV DIN 18334 »Zimmer- und Holzbauarbeiten«. Das gleiche gilt für das Laufbrett. Ausführung und Abrechnung für diese Leistungen richten sich nach den dort gegebenen Vorschriften.

VOB Teil C:
Allgemeine Technische Vertragsbedingungen für Bauleistungen (ATV)
Klempnerarbeiten – DIN 18339
Ausgabe Juni 1996

1 Geltungsbereich

1.1 ATV »Klempnerarbeiten« – DIN 18339 – gilt nicht für

- Deckungen mit genormten Well-, Pfannen- und Trapezblechen (siehe ATV DIN 18338 »Dachdeckungs- und Dachabdichtungsarbeiten«),
- Fassaden und Bekleidungen mit Metallbauteilen (siehe ATV DIN 18360 »Metallbauarbeiten«) und
- Blecharbeiten bei Dämmarbeiten (siehe ATV DIN 18421 »Dämmarbeiten an technischen Anlagen«).

1.2 Ergänzend gelten die Abschnitte 1 bis 5 der ATV DIN 18299 »Allgemeine Regelungen für Bauarbeiten jeder Art«. Bei Widersprüchen gehen die Regelungen der ATV DIN 18339 vor.

5 Abrechnung

Gem. ATV DIN 18299 Abschn. 5 gilt allgemein:

Die Leistung ist aus Zeichnungen zu ermitteln, soweit die ausgeführte Leistung diesen Zeichnungen entspricht. Sind solche Zeichnungen nicht vorhanden, ist die Leistung aufzumessen.

Siehe hierzu die eingehende Erläuterung zur ATV DIN 18299 »Allgemeine Regelungen für Bauarbeiten jeder Art«.

Abrechnungseinheiten

Gem. 0.5 sind im Leistungsverzeichnis die Abrechnungseinheiten wie folgt vorzusehen:

0.5.1 Flächenmaß (m^2) für
0.5.1.1 – Dachdeckungen, Wandbekleidungen und dergleichen, getrennt nach Art,
0.5.1.2 – Trenn- und Dämmschichten, getrennt nach Art und Dicke.
0.5.2 Längenmaß (m) für
0.5.2.1 – geformte Bleche, Blechprofile, z.B. Firste, Grate, Traufen, Kehlen, An- und Abschlüsse, Einfassungen, Gefällestufen, Dehnungs- und Bewegungselemente von Dachdeckungen und Wandbekleidungen, Abdeckungen für Gesimse, Ortgänge, Fensterbänke, Überhangstreifen, getrennt nach Art, Dicke und Zuschnitt,
0.5.2.2 – Schneefanggitter einschließlich Stützen, getrennt nach Art und Größe,
0.5.2.3 – Rinnen und Traufblech, getrennt nach Art, Dicke, Zuschnitt oder Nennmaß,
0.5.2.4 – Wulstverstärkungen an Rinnen, getrennt nach Art und Größe,
0.5.2.5 – Regenfallrohre, getrennt nach Art, Dicke und Nennmaß,
0.5.2.6 – Strangpreßprofile, getrennt nach Art und Größe,
0.5.2.7 – in Streifen verlegte Trenn- und Dämmschichten, getrennt nach Art, Dicke und Breite.
0.5.3 Anzahl (Stück) für
0.5.3.1 – Ecken bei geformten Blechen und Blechprofilen sowie Formstücke bei Strangpreßprofilen, getrennt nach Art und Größe,

0.5.3.2 – Leiterhaken, Laufbrettstützen, Dachlukendeckel, getrennt nach Art und Größe, Einfassungen für Durchdringungen, z.B. Lüftungshauben, Dachentlüfter, Rohre und Stützen für Geländer, Laufbretter, Schneefanggitter, getrennt nach Art, Größe, Dicke und Zuschnitt,

0.5.3.3 – Dehnungsausgleicher, z.B. an Dachrinnen, Traufblechen, An- und Abschlüssen, Gesims- und Mauerabdeckungen, getrennt nach Art, Dicke und Zuschnitt,

0.5.3.4 – Rinnenwinkel, Bodenstücke, Ablaufstutzen, Rinnenkessel, Gliederbogen, konische Rohre für Ablaufstutzen, Regenrohrklappen, Rohranschlüsse, Rohrbogen und -winkel, Standrohre und Abdeckplatten, Laub- und Schmutzfänger, Wasserspeier und dergleichen, getrennt nach Art, Dicke und Größe,

0.5.3.5 – Abdeckhauben an Schornsteinen, Schächten und dergleichen, getrennt nach Art, Dicke und Größe.

Ergänzend zur ATV DIN 18299 Abschnitt 5 gilt:

5.1 Allgemeines

5.1.1 Der Ermittlung der Leistung – gleichgültig, ob sie nach Zeichnung oder nach Aufmaß erfolgt – sind zugrunde zu legen:

bei Dachdeckungen und Dachabdichtungen

- auf Flächen ohne begrenzende Bauteile die Maße der zu deckenden bzw. zu bekleidenden Flächen,
- auf Flächen mit begrenzenden Bauteilen die Maße der zu deckenden bzw. zu bekleidenden Flächen bis zu den begrenzenden ungeputzten bzw. unbekleideten Bauteilen;

bei Fassaden die Maße der Bekleidung.

Der Vorrang, den die Feststellung der Leistungen aus den Zeichnungen genießt, soll den Zeit- und Arbeitsaufwand ersparen helfen, der für das örtliche gemeinsame Aufmessen und für das damit verbundene Anfertigen von Skizzen aufzuwenden wäre. Die Wahl der Zeichnungen ist freigestellt. Es können z.B. Entwurfszeichnungen, Ausführungszeichnungen oder Bestandszeichnungen sein, sofern sie nur die Bedingung erfüllen, daß aus ihnen die ausgeführte Leistung ersichtlich ist. In der Leistungsbeschreibung ist anzugeben, ob nach Zeichnungen oder nach örtlichem Aufmaß abzurechnen ist. Die Grundlagen für die Leistungsermittlung sind in jedem Fall einheitlich, gleichgültig, ob diese aus Zeichnungen oder durch örtliches Aufmaß vorgenommen wird (Bilder 1 bis 5).

Dachdeckungen, Wandbekleidungen und dergleichen sind gem. 0.5.1.1 und Trenn- und Dämmschichten gem. 0.5.1.2 nach Flächenmaß abzurechnen. Auf Flächen ohne begrenzende Bauteile sind die Maße der zu deckenden bzw. zu bekleidenden Flächen zu messen.

Für Flächen, die von Bauteilen begrenzt sind, gelten die Maße bis zu den begrenzenden ungeputzten bzw. unbekleideten Bauteilen, d.h. deren Nennmaße (siehe DIN 18201).

Bei Fassaden gelten die Maße der Bekleidung. Sie sind nicht identisch mit den Maßen der bekleideten Wände, denn an ausspringenden Ecken ergeben sich größere Flächen, während sie an einspringenden Ecken kleiner als die Bauteilsmaße sind.

5.1.2 Bei Trenn- und Dämmschichten werden Bohlen, Sparren und dergleichen übermessen.

Gem. 0.5.1.2 sind Trenn- und Dämmschichten nach Flächenmaß abzurechnen, getrennt nach Art und Dicke. In der Fläche liegende Bohlen, Sparren und dergleichen werden nicht abgezogen (Bild 1).

5.1.3 Bei Schrägschnitten von Abkantungen und Profilen wird die jeweils größte Kantenlänge zugrunde gelegt.

Abkantungen und Profile sind gem. 0.5.2.1 nach Längenmaß abzurechnen. Es ist jeweils die größte Kantenlänge zu messen, womit dem Schwierigkeitsgrad dieser Leistung entsprochen wird.

5.1.4 Bei geformten Blechen und Blechprofilen werden Überdeckungen und Überfälzungen übermessen.

Geformte Bleche und Blechprofile sind gem. 0.5.2.1 nach Längenmaß abzurechnen. Überdeckungen sowie Überfälzungen werden nicht abgezogen. Abgezogen werden jedoch gem. 5.2.2 Unterbrechungen von mehr als 1 m Länge (Bilder 3, 5).

5.1.5 Rinnen und Traufbleche werden an den Vorderwulsten gemessen, Winkel und Dehnungsausgleicher werden übermessen.

Rinnen und Traufbleche sind gem. 0.5.2.3 nach Längenmaß, getrennt nach Art, Dicke, Zuschnitt oder Nennmaß abzurechnen. Das Längenmaß ist an den Vorderwulsten zu nehmen. Winkel und Dehnungsausgleicher werden nicht abgezogen (Bilder 2, 6).

5.1.6 Regenfallrohre werden in der Mittellinie gemessen, Winkel und Bogen werden übermessen.

Gem. 0.5.2.5 ist die Abrechnungseinheit für Regenfallrohre das Längenmaß. Es ist in der Mittellinie zu messen, wobei Winkel und Bogen nicht abgezogen werden.

5.1.7 Bei der Ermittlung des Längenmaßes wird die größte Bauteillänge gemessen.

Diese Vorschrift bezieht sich auf alle Leistungen, für die das Längenmaß als Abrechnungseinheit vorgeschrieben ist. Zu beachten ist, daß gem. 5.2.2 Unterbrechungen von mehr als 1 m Länge abzuziehen sind (Bild 4).

5.2 Es werden abgezogen:

5.2.1 bei Abrechnung nach Flächenmaß (m²):

Aussparungen und Öffnungen über 2,5 m² Einzelgröße, z.B. für Schornsteine, Fenster, Oberlichte, Entlüftungen.

5.2.2 bei Abrechnung nach Längenmaß (m):

Unterbrechungen von mehr als 1 m Länge.

Zu 0.5.1.1:

Wandbekleidungen und Dachdeckungen aus Metall nach DIN 18339 sind Arbeiten, bei denen Blechtafeln für den Verwendungszweck besonders hergerichtet werden, z.B. gefälzte Wanddeckungen, Falzdachdeckungen, Leistendachdeckungen. Nicht zu den Klempnerarbeiten gehört das Bedecken mit vorgefertigten Metallbauteilen (vgl. DIN 18338). Abrechnungseinheit ist das Flächenmaß, bei dessen Ermittlung die Überdeckung der Bleche an den Lötnähten und an den Falzen nicht berücksichtigt wird. Der Auftragnehmer muß dies bei seiner Preisbildung beachten und die Aufwendungen für die größeren Stoffmengen in die Preise für seine vertragliche Leistung einrechnen. Für die Ermittlung der abzurechnenden Fläche gelten die Vorschriften des Abschnitts 5.1.1.

Bei der Trennung nach Arten ist auch der Werkstoff anzugeben, z.B. Titanzink, feuerverzinkter Stahl, Aluminium, Kupfer, Edelstahl, Blei. 5.2.1 ist zu beachten (Bilder 1 bis 5).

Zu 0.5.1.2:

Abrechnungseinheit für Trenn- und Dämmschichten ist das Flächenmaß; es ist nach Arten und Dicken zu trennen. Gem. 5.1.2 werden Bohlen, Sparren und dergleichen übermessen, d.h. sie werden nicht von der Fläche abgezogen. 5.2.1 ist zu beachten.

Zu 0.5.2.1

Geformte Bleche und Blechprofile sind nach Längenmaß abzurechnen. Dabei werden gem. 5.1.4 Überdeckungen und Überfälzungen nicht abgezogen. Bei Schrägschnitten von Abkantungen und Profilen wird jeweils die größte Kantenlänge zugrunde gelegt (siehe 5.1.3). Gem. 5.1.7 ist die größte Bauteillänge zu messen. Gem. 5.2.2 werden Unterbrechungen von mehr als 1 m Länge abgezogen.

Nach den Vorschriften der ATV ist das Einbauen von Innen- und Außenecken an geformten Blechen und Blechprofilen als Besondere Leistung abzurechnen (Bilder 1, 3 bis 5).

Zu 0.5.2.2:

Schneefanggitter einschließlich ihrer Stützen werden nach Längenmaß abgerechnet. Durchdringungen an den Stützen sind gem. 0.5.3.2 nach Anzahl abzurechnen. Es ist nach Art und Größe zu trennen. Gem. 5.1.7 ist die größte Bauteillänge zu messen. Gem. 5.2.2 werden Unterbrechungen bis 1 m Länge nicht abgezogen.

Zu 0.5.2.3:

Rinnen und Traufblech sind, getrennt nach Art, Dicke, Zuschnitt oder Nennmaß (siehe DIN 18201), nach Längenmaß abzurechnen. Bei der Ermittlung des größten Längenmaßes gem. 5.1.7 ist gem. 5.1.5 an den Vorderwulsten zu messen. 5.2.2 ist zu beachten (Bilder 2, 6).

Zu 0.5.2.4:

Abrechnungseinheit von Wulstverstärkungen an Rinnen ist das Längenmaß. Es ist nach Art und Größe zu trennen. Gem. 5.1.7 ist die größte Bauteillänge zu messen. Das Maß ist gem. 5.1.5 an den Vorderwulsten zu nehmen. 5.2.2 ist zu beachten.

Zu 0.5.2.5:

Regenfallrohre werden getrennt nach Art, Dicke und Nennmaß abgerechnet. Als Besondere Leistung ist das Abnehmen und Wiederanbringen abzurechnen, soweit es der Auftragnehmer nicht zu vertreten hat (Bild 7).

Zu 0.5.2.6:

Abrechnungseinheit von Strangpreßprofilen ist das Längenmaß. Es ist nach Art und Größe zu trennen. Das Einbauen von Formstücken an Strangpreßprofilen ist jedoch nach Anzahl und zwar als Besondere Leistung abzurechnen.

Zu 0.5.2.7:

In Streifen verlegte Trenn- und Dämmschichten, z.B. bei Anschlüssen, sind nach Längenmaß abzurechnen. Gem. 5.1.7 wird die größte Bauteillänge gerechnet. Gem. 5.2.2 werden Unterbrechungen bis 1 m Länge nicht abgezogen.

Zu 0.5.3.1:

Ecken bei geformten Blechen und Blechprofilen sowie Formstücke bei Strangpreßprofilen werden, getrennt nach Art und Größe, nach Anzahl abgerechnet. Nach der ATV ist das Einbauen von Innen- und Außenecken an geformten Blechen und Blechprofilen Besondere Leistung. Gem. 5.1.3 wird bei Schrägschnitten die jeweils größte Kantenlänge zugrunde gelegt.

Zu 0.5.3.2:

Getrennt nach Art und Größe, sind Leiterhaken, Laufbrettstützen abzurechnen, während bei Einfassungen für Durchdringungen nach Art, Größe, Dicke und Zuschnitt zu trennen ist. Das Einbauen von Dachhaken, Laufbrettstützen und Dachlukendeckel ist als Besondere Leistung abzurechnen.

Zu 0.5.3.3:

Abrechnungseinheiten von Dehnungsausgleichern ist die Anzahl. Es ist nach Art, Dicke und Zuschnitt zu trennen.

Zu 0.5.3.4:

Getrennt nach Art, Dicke und Größe sind abzurechnen:

Rinnenwinkel, Bodenstücke, Ablaufstutzen, Rinnenkessel, Gliederbogen, konische Rohre für Ablaufstutzen, Regenrohrklappen, Rohranschlüsse, Rohrbogen und -winkel, Standrohre und Abdeckplatten, Laub- und Schmutzfänger, Wasserspeier und dergleichen. Nach der ATV ist das Einbauen von Rinnenwinkeln, Bodenstücken, Ablaufstutzen, Rinnenkesseln, Rohrbogen und -winkeln, konischen Rohren und Wasserspeiern als Besondere Leistung abzurechnen; desgleichen das Liefern und Einbauen von Laub- und Schmutzfängern (Bilder 6, 7).

Zu 0.5.3.5:

Abdeckungen an Schornsteinen, Schächten und dergleichen werden nach Anzahl, getrennt nach Art, Dicke und Größe, abgerechnet (Bild 8).

Bild 1 Metalldachdeckung mit Aussparungen

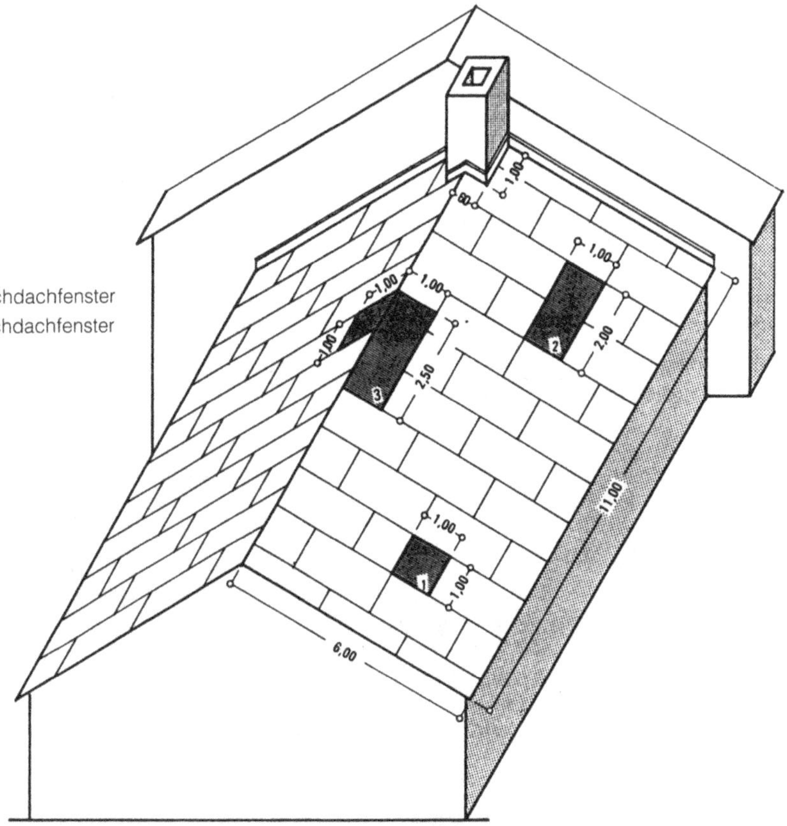

1 kleines Flachdachfenster
2 großes Flachdachfenster
3 Oberlicht

Gem. 0.5.1.1 Abrechnung der Metalldachdeckung nach Flächenmaß. Wo Metalldachdeckungen von Bauteilen, z.B. Mauern, Brandwände, begrenzt werden, ist gem. 5.1.1 die abzurechnende Fläche bis zu den begrenzenden, ungeputzten bzw. unbekleideten Bauteilen zu messen; wo sie nicht von Bauteilen begrenzt sind, gelten die Abmessungen der zu deckenden Fläche.

Gem. 0.5.2.1 Abrechnung der Maueranschlüsse, der Firste, der Traufen, der Ortgänge und der Schornsteineinfassung nach Längemaß, getrennt nach Art, Dicke und Zuschnitt.

Gem. 5.2.1 kein Abzug der Aussparungen für den Schornstein, die Flachdachfenster und auch nicht für den größeren Teil des Oberlichts, da selbst dieser mit 1,00 · 2,50 m das Grenzmaß von 2,50 m² nicht überschreitet.

F der Metalldachdeckung = 2 · 6,00 · 11,00=132 m².

Bild 2 Messung der Metalldachdeckung an der Traufe

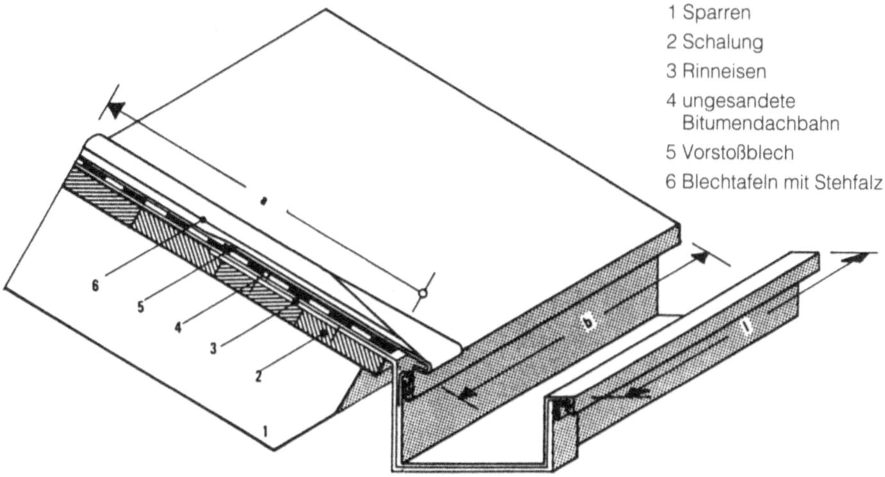

Gem. 0.5.1.1 Abrechnung der Metalldachdeckung nach Flächenmaß.

Ermittlung der abzurechnenden Flächen gem. 5.1.1. Das Höhenmaß (a) ist von Außenfläche Schalung an der Traufe bis Mitte First zu messen, d.h. es gilt das Maß der zu deckenden Fläche, da an First und Traufe keine begrenzenden Bauteile vorhanden sind. Mitte First ist die Schnittlinie der Oberfläche der Deckungsunterkonstruktion im First.

Für das Breitenmaß (b) gelten gem. 5.1.1 bei Metalldachabdeckungen, die von Bauteilen begrenzt sind, die Maße bis zu den begrenzenden, ungeputzten bzw. unbekleideten Bauteilen und bei Metalldachdeckungen, die nicht von Bauteilen begrenzt sind, die Abmessungen, der zu deckenden Fläche.

F der Metalldachdeckung =a · b=... m^2.

Gem. 0.5.2.3 Abrechnung des Vorstoßblechs an der Traufe nach Längenmaß.

Gem. 0.5.2.3 Abrechnung der Kastenrinne nach Längenmaß, das gem. 5.1.5 an der Vorderwulst zu messen ist.

L der Kastenrinne=l=... m.

Bild 3 Messung der Metalldachdeckung am Ortgang

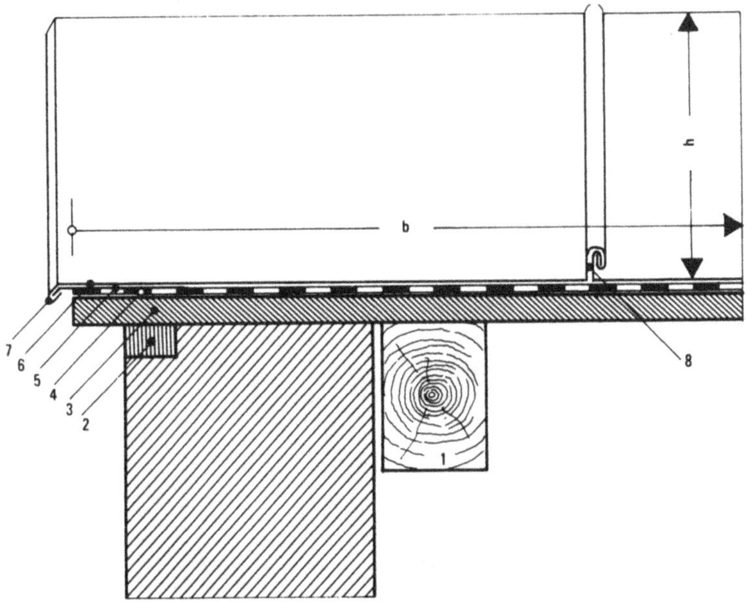

1 Sparren
2 Mauerlatte
3 Schalung
4 unbesandete Bitumendachbahn
5 Haft
6 Blechtafel der Metalldachdeckung
7 Abkantung mit Falz
8 doppelter Stehfalz

Gem. 0.5.1.1 Abrechnung der Metalldachdeckung nach Flächenmaß. Für die Leistungsermittlung gelten gem. 5.1.1 bei Metalldachdeckungen, die nicht von Bauteilen begrenzt sind, die Abmessungen der zu deckenden Fläche. Diese ist im vorliegenden Fall gleich der Oberfläche der Schalung. Das Breitenmaß (b) ist deshalb ab Außenseite Schalung am Ortgang zu messen. Der doppelte Stehfalz (8) wird gem. 5.1.4 übermessen. Die Mehrleistung für die Abkantung und den Falz am Ortgang ist gem. 0.5.2.1 nach Längenmaß gesondert abzurechnen.

F der Metalldachdeckung = b · h=... m².

Bild 4 Messung der Metalldachdeckung am Maueranschluß

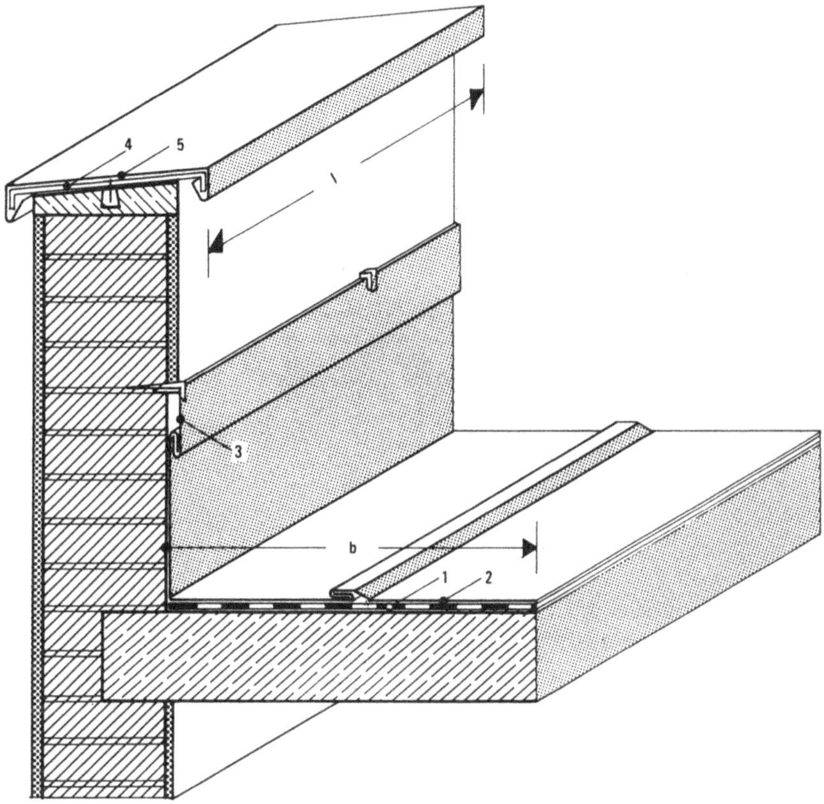

1 unbesandete Bitumdachbahn
2 Blechtafel der Metalldachdeckung
3 Kappleiste
4 Befestigungseisen
5 Abdeckblech

Gem. 0.5.1.1 Abrechnung der Metalldachdeckung nach Flächenmaß. Für die Flächenermittlung gilt gem. 5.1.1 bei Metalldachdeckungen, die von Bauteilen begrenzt sind, die Fläche bis zu den begrenzenden, ungeputzten bzw. unbekleideten Bauteilen. Das Breitenmaß (b) ist deshalb ab Oberfläche Mauerwerk zu messen. Die Mehrkosten für den hochgezogenen Maueranschluß sind gem. 0.5.2.1 nach Längenmaß gesondert abzurechnen.

Gem. 0.5.2.1 Abrechnung der Abdeckung der Mauerkrone als selbständige Leistung nach Längenmaß getrennt nach Art, Dicke und Zuschnitt. Gemessen wird gem. 5.1.7 die größte Länge.

Bild 5 Ortgangeinfassung mit Zinkblech

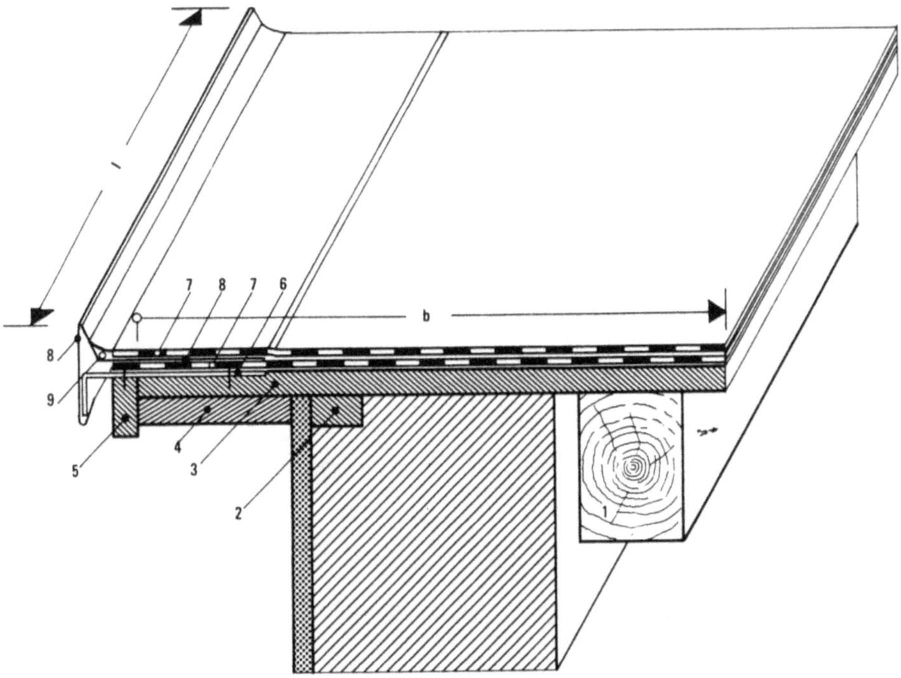

1 Sparren
2 Mauerlatte
3 Dachschalung
4 Unterschalung am Ortgang
5 Stirnbrett
6 Hafteisen
7 Dachbahnen
8 Ortgangeinfassung
9 Bitumendichtung

Gem. 0.5.2.1 Abrechnung der Ortgangeinfassung der Dachbahndeckung mit Zinkblech als selbständige Leistung nach Längenmaß. Überdeckungen und Falze werden gem. 5.1.4 übermessen.

Abrechnung der Dachabdichtung nach ATV DIN 18338 nach Flächenmaß wie dort gem. 0.5.1.2.

F der Dachabdichtung = b · l=m².

Bild 6 Messung von Dachrinnen

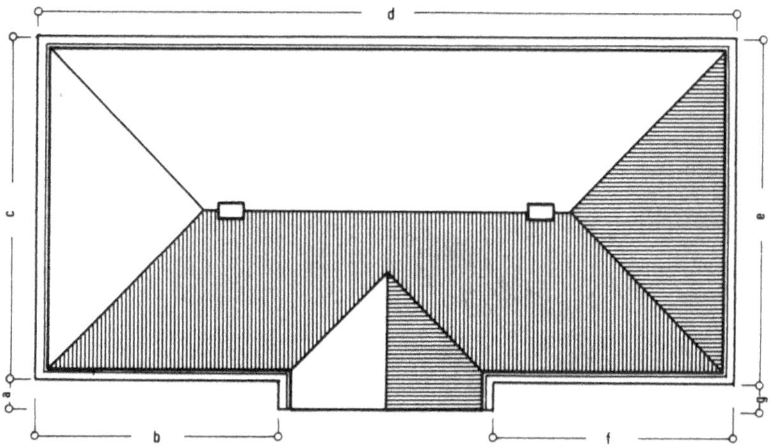

Gem. 0.5.2.3 Abrechnung der Rinnen und des Zubehörs, wie Traufblech nach Längenmaß. Zu messen ist gem. 5.1.5 an den Vorderwulsten. Es ist nach Art, Dicke, Zuschnitt oder Nennmaß zu trennen.

L der Dachrinne = a+b+c+d+e+f+g=... m.

Gem. 0.5.3.4 Abrechnung der Winkel der Dachrinne sowie der Ablaufstutzen nach Anzahl zum Stückpreis, getrennt nach Art, Dicke und Größe.

Bild 7 Messung von Regenfallrohren

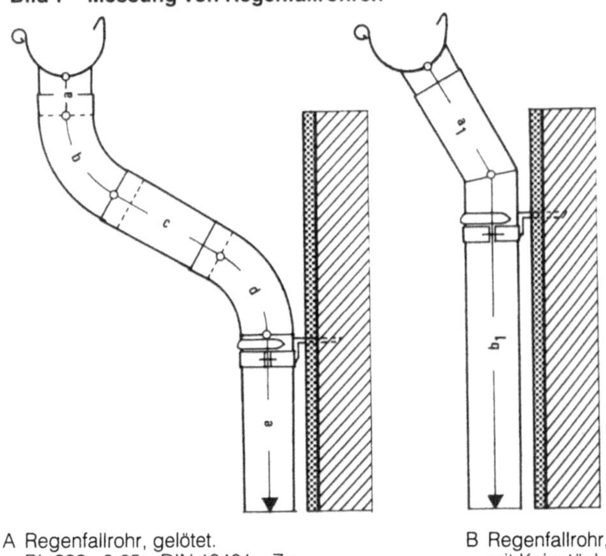

A Regenfallrohr, gelötet.
RL 333 · 0,65 DIN 18461 – Zn
Boden B 333 · 0,65 DIN 18461 – Zn

B Regenfallrohr, gelötet, mit Kniestück

Gem. 0.5.2.5 Abrechnung der Regenfallrohre mit Zubehör, Bögen und Kniestück nach Längenmaß. Zu messen ist in der Mittellinie, d.h. in der Rohrachse.

L des Regenfallrohrs A=a+b+c+d+e=... m.

L des Regenfallrohrs B=a_1+b_1=... m.

Gem. 0.5.3.4 Abrechnung der Bögen (bei A) und des Kniestücks (bei B) nach Anzah, getrennt nach Art, Dicke und Größe.

Bild 8 Dachbahndeckung mit Dunsthaube

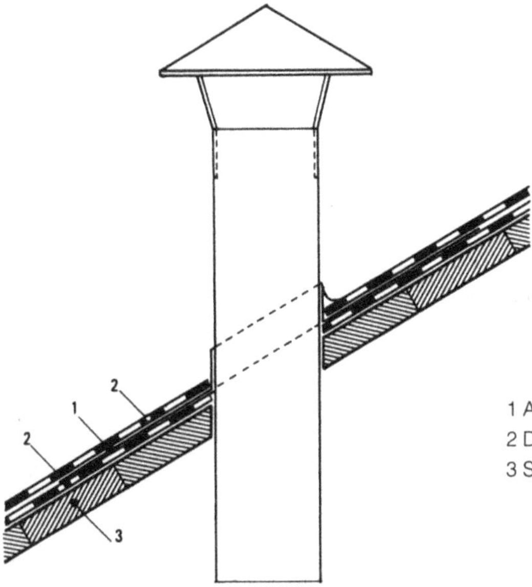

1 Anschlußblech
2 Dachbahnen
3 Schalung

Gem. 0.5.3.5 Abrechnung der Dunsthaube als selbständige Leistung zum Stückpreis. In gleicher Weise werden Rinnenkessel, Laubfangkörbe, Wasserspeier und Einfassungen von Rohrdurchführungen abgerechnet. Es ist nach Größe, Dicke und Art zu trenne.

VOB Teil C:
Allgemeine Technische Vertragsbedingungen für Bauleistungen (ATV)
Betonerhaltungsarbeiten – DIN 18349
Ausgabe Juni 1996

1 Geltungsbereich

1.1 Die ATV »Betonerhaltungsarbeiten« – DIN 18349 – gilt für Arbeiten zur Erhaltung und Instandsetzung von Bauteilen aus bewehrtem oder unbewehrtem Beton.

1.2 Die ATV DIN 18349 gilt nicht für

- das Herstellen von Bauteilen aus Beton (siehe ATV DIN 18331 »Beton- und Stahlbetonarbeiten«),
- Die Oberflächenbehandlung von Bauten und Bauteilen (siehe ATV DIN 18363 »Maler- und Lackierarbeiten«) und
- das Herstellen von Bauteilen aus bewehrtem oder unbewehrtem Beton im Spritzverfahren (siehe ATV DIN 18314 »Spritzbetonarbeiten«).

1.3 Ergänzend gelten die Abschnitte 1 bis 5 der ATV DIN 18299 »Allgemeine Regelungen für Bauarbeiten jeder Art«. Bei Widersprüchen gehen die Regelungen der ATV DIN 18349 vor.

5 Abrechnung

Gem. ATV DIN 18299 gilt allgemein:

Die Leistung ist aus Zeichnungen zu ermitteln, soweit die ausgeführte Leistung diesen Zeichnungen entspricht. Sind solche Zeichnungen nicht vorhanden, ist die Leistung aufzumessen.

Siehe hierzu die eingehende Erläuterung zu ATV DIN 18299 »Allgemeine Regelungen für Bauarbeiten jeder Art«.

0.5 Abrechnungseinheiten

Im Leistungsverzeichnis sind die Abrechnungseinheiten wie folgt vorzusehen:

0.5.1 Flächenmaß (m²), getrennt nach Bauart und Maßen, für
0.5.1.1 – Wände, Decken, Fundamente, Bodenplatten, Treppenlaufplatten, Podeste,
0.5.1.2 – örtlich begrenzte Fehlstellen,
0.5.1.3 – Ausbrüche von mehr als 1 m² Einzelgröße, getrennt nach der jeweils größten Tiefe,
0.5.1.4 – Unterzüge, Überzüge, Stützen, Balken mit mehr als 1,6 m in der Abwicklung,
0.5.1.5 – Profilstahl mit mehr als 0,3 m Abwicklung,
0.5.1.6 – nachträgliche Bearbeitung von Oberflächen,
0.5.1.7 – Schalungen,
0.5.1.8 – flächige Abdeck- und Schutzmaßnahmen mit Folien, Platten und dergleichen,
0.5.1.9 – Einhausungen.

0.5.2 Längenmaß (m), getrennt nach Bauart und Maßen, für
0.5.2.1 – Überzüge, Unterzüge, Stützen, Balken, Vorlagen, Fenster- und Türstürze bis zu 1,6 m in der Abwicklung,

0.5.2.2 – Gesimse, Leibungen, Faschen,
0.5.2.3 – Fachwerke,
0.5.2.4 – Stufen und Treppenwangen,
0.5.2.5 – Ausbilden von Kanten, Tropfkanten, Abfasungen bei mehr als 1 m Einzellänge,
0.5.2.6 – örtlich begrenzte Fehlstellen, z.B. Ausbrüche bis 0,1 m Breite und über 1 m Einzellänge, getrennt nach der jeweils größten Tiefe,
0.5.2.7 – Schalung für Schlitze, Reprofilierungen und dergleichen,
0.5.2.8 – Freilegen von Betonstahl über 1 m Einzellänge, getrennt nach Durchmesser bis 16 mm und über 16 mm,
0.5.2.9 – Korrosionsschutz von Betonstahl über 1 m Einzellänge,
0.5.2.10 – Profilstahl,
0.5.2.11 – Herstellen von Fugen,
0.5.2.12 – Verfüllen von Rissen, getrennt nach Verfahren, Zweck und Verfüllmenge,
0.5.2.13 – Angleichen von Rissen,
0.5.2.14 – Abdichten der Fugen mit Fugenbändern, Verpreßschläuchen, Fugenprofilen, Fugenfüllungen und dergleichen,
0.5.2.15 – Dübelleisten.

0.5.3 Anzahl (Stück), getrennt nach Bauart und Maßen, für
0.5.3.1 – Konsolen,
0.5.3.2 – Ausbrüche über 0,1 m Breite, getrennt nach der jeweils größten Tiefe und Flächengröße
bis zu 0,01 m²,
bis zu 0,10 m²,
bis zu 0,25 m²,
bis zu 0,50 m²,
bis zu 0,75 m²,
bis zu 1,00 m²,
0.5.3.3 – Freilegen von Betonstahl bis 0,5 m Einzellänge,
0.5.3.4 – Freilegen von Betonstahl über 0,5 m bis 1 m Einzellänge,
0.5.3.5 – Korrosionsschutz von Betonstahl bis 1 m Einzellänge,
0.5.3.6 – Schalung für Reprofilierungen, Vouten, Konsolen bis 1 m Einzellänge,
0.5.3.7 – vorkonfektionierte Formteile, z.B. Ecken und Knoten bei Fugenbändern und -profilen,
0.5.3.8 – Kleben von Stahllamellen,
0.5.3.9 – Abdeckmaßnahmen an Türen, Fenstern, Zwischenwänden, Markisen, Geländern und dergleichen,
0.5.3.10 – Verfüllen von Aussparungen,
0.5.3.11 – Verankerungsdübel,
0.5.3.12 – Bauwerksuntersuchungen, Prüfungen, z.B. Prüfen der Oberflächenzugfestigkeit,
0.5.3.13 – Beseitigen von störenden Fremdkörpern, z.B. Bindedraht, Nägel, Kunststoffteile,
0.5.3.14 – Schalungen für Aussparungen,
0.5.3.15 – Einhausungen.

0.5.4 Gewicht (kg) für
0.5.4.1 – Verbrauch an Füllgut für Risse,
und, getrennt nach Bauart und Maßen, für
0.5.4.2 – Liefern, Schneiden, Biegen und Verlegen von Bewehrungen und Lagesicherungen,
0.5.4.3 – Einbauteile, Bewehrungsanschlüsse, Dübelleisten, Ankerschienen, Verbindungselemente und ähnliches.

Ergänzend zur ATV DIN 18299, Abschnitt 5, gilt:

5.1 Allgemeines

5.1.1 Die Ermittlung der Leistung – gleichgültig, ob sie nach Zeichnung oder Aufmaß erfolgt – sind für Bauteile die Maße der behandelten Fläche zugrunde zu legen.

Die Bestimmung, daß für Bauteile die Maße der behandelten Fläche für die Leistungsermittlung zugrunde zu legen sind, entspricht der Regelung in VOB/B § 2 Abs. 2, wonach die Vergütung nach der tatsächlich ausgeführten Leistung zu berechnen ist.

5.1.2 Die Wandhöhen überwölbter Räume werden bis zum Gewölbeanschnitt, die Wandhöhe der Schildwände bis zu $2/3$ des Gewölbestiches gerechnet.

Bei der Flächenermittlung überwölbter Räume wird zur Vereinfachung der Abrechnung die Wandhöhe der Schildwände bis zu $2/3$ des Gewölbestichs gerechnet, während die Wandhöhen bis zum Gewölbeanschnitt zu messen sind. Gewölbeanschnitt ist die Linie, von der aus die Wölbung beginnt. Gewölbestich ist die Höhe ab Gewölbeanschnitt bis zum unteren Scheitelpunkt des Gewölbes. Diese Näherungsrechnung korrespondiert mit Abrechnungsvorschriften anderer ATV, z.B. DIN 18350 Putz- und Stuckarbeiten (dortiges Bild 7), DIN 18363 Maler- und Lackierarbeiten (dortiges Bild 4).

5.1.3 Bei der Flächenermittlung von gewölbten Decken mit einer Stichhöhe unter $1/6$ der Spannweite wird die Fläche des überdeckten Raumes gerechnet.

Gewölbe mit größerer Stichhöhe werden nach der Fläche der abgewickelten Untersicht gerechnet.

Die Abrechnungsvereinfachung, daß Gewölbe mit einer Stichhöhe unter $1/6$ der Spannweite nach der Fläche des überdeckten Raumes und Gewölbe mit größerer Stichhöhe nach der Fläche der abgewickelten Untersicht zu berechnen sind, korrespondiert mit den in Abschn. 5.1.2 genannten ATV. Siehe Bilder 12 und 13 der ATV DIN 18350.

5.1.4 Bei Kreuzungen von Unterzügen oder Balken mit Stützen werden die Unterzüge und Balken durchgemessen, wenn sie breiter als die Stützen sind. Die Stützen werden in diesem Fall bis Unterseite Unterzug oder Balken gerechnet.

5.1.5 Ganz oder teilweise behandelte Leibungen von Öffnungen, von Aussparungen und von Nischen über 2,5 m^2 Einzelgröße werden gesondert gerechnet.

Leibungen sind die in die Bauteiltiefe greifenden, die Öffnungen und Nischen begleitenden und begrenzenden Flächen. Sie werden gesondert nach Längenmaß abgerechnet, wenn die Öffnungen, Aussparungen und Nischen die Einzelgröße von 2,5 m^2 überschreiten.

5.1.6 Bei ungleichmäßiger Dicke von Ausbrüchen und Schichten wird die größte Bearbeitungstiefe durch Profilvergleich vor und nach der Ausführung ermittelt.

5.1.7 Rückflächen von Nischen werden unabhängig von ihrer Einzelgröße mit ihrem Maß gesondert gerechnet.

Während gem. 5.6.1 Öffnungen, Aussparungen und Nischen über 2,5 m² Einzelgröße abgezogen werden, sind die Rückflächen von Nischen (Spiegel) unabhängig von ihrer Einzelgröße mit ihrem Flächenmaß gesondert abzurechnen.

5.1.8 Öffnungen, Nischen und Aussparungen werden auch, falls sie unmittelbar zusammenhängen, getrennt gerechnet.

Gem. 5.5.1 werden bei Abrechnung nach Flächenmaß Öffnungen, Aussparungen und Nischen über 2,5 m² Einzelgröße abgezogen.

5.1.9 In behandelten Flächen liegende Rahmen, Riegel, Ständer, Unterzüge und Vorlagen bis 0,3 m Einzelbreite werden übermessen, die behandelten Seiten gesondert gerechnet. Deren Beschichtung in anderer Technik oder anderem Farbton wird gesondert gerechnet.

Ist die Einzelbreite von in behandelten Flächen liegenden Rahmen, Riegel, Ständer, Unterzüge und Vorlagen größer als 0,3 m, so werden sie bei der Ermittlung des Flächenmaßes abgezogen. Sind ihre Seiten behandelt, werden diese gesondert gerechnet. Ist deren Beschichtung in anderer Technik oder in anderem Farbton, wird auch dies gesondert gerechnet. Die Abrechnung der Seiten erfolgt gem. 0.5.1.4 nach Längenmaß, wenn ihre Abwicklung 1,6 m nicht überschreitet, im anderen Fall wird nach Flächenmaß abgerechnet.

5.1.10 Treppenwangen werden in ihrer größten Breite gerechnet.

5.1.11 Reprofilierungen von Kanten werden in der Abwicklung gesondert gerechnet.

Die Wiederherstellung von Kantenprofilen wird neben der Ermittlung des Maßes der Flächen, die von der Kante begrenzt sind, gesondert gerechnet. Ist die Einzellänge der Kante größer als 1 m, erfolgt die Abrechnung nach Längenmaß.

5.1.12 Freilegen von Bewehrungsstahl, Ausbrüche sowie Wiederherstellen der Oberfläche werden nach den größten Maßen gerechnet.

Bei Abrechnung nach Flächenmaß (m²) wird mit dem kleinsten umschriebenen Rechteck gerechnet.

Das Freilegen von Bewehrungsstahl über 1 m Einzellänge wird nach dem größten Längenmaß gerechnet. Es ist nach Durchmesser bis 16 mm und über 16 mm zu trennen. Das Freilegen von Betonstahl bis 0,5 m Einzellänge bzw. über 0,5 m bis 1 m Einzellänge wird nach Anzahl abgerechnet. Ausbrüche sowie Wiederherstellen der Oberfläche werden nach Flächenmaß abgerechnet, wenn ihre Einzelgröße 1 m² überschreitet. Nach Längenmaß werden Ausbrüche abgerechnet, deren Breite 0,1 m nicht überschreitet, deren Länge jedoch größer als 1 m ist. In beiden Fällen sind die größten Maße anzusetzen; es ist nach der jeweils größten Tiefe zu trennen.

Bei Abrechnung nach Flächenmaß ist der Flächenermittlung aus meßtechnischen Gründen das kleinste umschriebene Rechteck zugrunde zu legen.

5.1.13 Bei Abrechnung der Schalung nach Flächenmaß wird das kleinste umschriebene Rechteck gerechnet.

5.1.14 Schutzabdeckungen werden in ihrer Abwicklung gerechnet.

5.2 Bewehrungsstahl

5.2.1 Die Vorbehandlung und der Korrosionsschutz des Bewehrungsstahles werden jeweils gesondert gerechnet.

Korrosionsschutz von Betonstahl über 1 m Einzellänge wird nach dem größten Längenmaß, bis 1 m Einzellänge nach der Anzahl abgerechnet.

5.2.2 Liefern, Schneiden, Biegen und Einbauen von Bewehrungsstahl werden gesondert gerechnet. Maßgebend ist das errechnete Gewicht bei genormten Stählen nach den DIN-Normen (Nenngewichten), bei anderen Stählen nach Gewichten aus dem Profilbuch des Herstellers.

5.2.3 Bindedraht, Walztoleranzen und Verschnitt bleiben bei der Ermittlung des Abrechnungsgewichtes unberücksichtigt.

5.3 Fugenabdichtungen

Fugenbänder und Fugenprofile werden in ihrer größten Länge (Schrägschnitt, Gehrungen) gerechnet.

5.4 Füllen von Rissen

5.4.1 Mehr- oder Minderverbrauch von Füllgut wird gesondert gerechnet.

5.4.2 Angleichen der abgedichteten Risse an die Betonstruktur wird nach der Rißlänge gesondert gerechnet.

5.5 Es werden abgezogen:

5.5.1 Bei Abrechnung nach Flächenmaß (m^2):

Öffnungen, Aussparungen und Nischen über 2,5 m^2 Einzelgröße.

5.5.2 Bei Abrechnung nach Längenmaß (m):

Unterbrechungen über 1 m Einzellänge.

Zu 0.5.1.1:

Abrechnungseinheit für Wände, Decken, Fundamente, Bodenplatten, Treppenlaufplatten, Podeste ist das Flächenmaß. Es ist nach Bauart und Maßen zu trennen. Gem. 5.5.1 sind bei Abrechnung nach Flächenmaß Öffnungen, Aussparungen und Nischen mit einer Einzelgröße über 2,5 m^2 abzuziehen. Gem. 5.1.7 werden Rückflächen von Nischen (Spiegel) unabhängig von ihrer Einzelgröße gesondert gerechnet. Gem. 5.1.8 werden Öffnungen, Aussparungen und Nischen auch für den Fall, daß sie unmittelbar zusammenhängen, z.B. Heizkörpernische unter einem Fenster, getrennt abgerechnet.

Zu 0.5.1.2:

Abrechnungseinheit für örtlich begrenzte Fehlstellen ist das Flächenmaß. Gem. 5.1.12 wird das Flächenmaß mittels des kleinsten umschriebenen Rechtecks berechnet. Dieses Näherungsverfahren dient zur Erleichterung des Messens. Örtlich begrenzte Fehlstellen, z.B. Ausbrüche bis 0,1 m Breite und über 1 m Einzellänge sind jedoch, getrennt nach der jeweils größten Tiefe, nach Längenmaß abzurechnen (siehe 0.5.2.6). Gem. 5.5.2 sind bei Abrechnung nach Längenmaß Unterbrechungen über 1 m Einzellänge abzuziehen.

Zu 0.5.1.3:

Abrechnungseinheit für Ausbrüche von mehr als 1 m² Einzelgröße ist das Flächenmaß. Es ist nach der jeweils größten Tiefe zu trennen. Nach Anzahl, getrennt nach Bauart und Maßen, werden jedoch Ausbrüche über 0,1 m Breite, getrennt nach der jeweils größten Tiefe und nach folgender Staffelung der Flächengröße: bis zu 0,01 m², bis zu 0,10 m², bis zu 0,25 m², bis zu 0,50 m², bis zu 0,75 m², bis zu 1,00 m² abgerechnet (siehe 0.5.3.2). Ausbrüche werden gem. 5.1.12 nach ihrem größten Maß gerechnet.

Zu 0.5.1.4:

Abrechnungseinheit für Unterzüge, Überzüge, Stützen, Balken, mit mehr als 1,6 m in der Abwicklung ist das Flächenmaß. Ist die Abwicklung dieser Bauglieder, z.B. auch Vorlagen, Fenster- und Türstürze, nur bis zu 1,6 m groß, ist nach Längenmaß abzurechnen (siehe 0.5.2.1). Gem. 5.1.4 werden bei Kreuzungen von Unterzügen oder Balken mit Stützen die Unterzüge und Balken durchgemessen, wenn sie breiter als die Stützen sind. Die Stützen werden in diesem Fall bis Unterseite Unterzug oder Balken gerechnet.

Zu 0.5.1.5:

Abrechnungseinheit für Profilstahl mit mehr als 0,3 m Abwicklung ist das Flächenmaß. Profilstahl mit geringerer Abwicklungslänge ist nach Längenmaß abzurechnen (siehe 0.5.2.10).

Zu 0.5.1.6:

Abrechnungseinheit für nachträgliches Bearbeiten von Oberflächen ist das Flächenmaß. Gem. 5.5.1 werden bei Abrechnung nach Flächenmaß Öffnungen, Aussparungen und Nischen über 2,5 m² Einzelgröße abgezogen.

Zu 0.5.1.7:

Abrechnungseinheit für Schalungen ist das Flächenmaß. In diesem Fall sind gem. 5.5.1 Öffnungen, Aussparungen und Nischen über 2,5 m² Einzelgröße abzuziehen, Schalung für Schlitze, Reprofilierungen und dergleichen ist nach Längenmaß abzurechnen (siehe 0.5.2.7). In diesem Fall sind gem. 5.5.2 Unterbrechungen über 1 m Einzellänge abzurechnen. Abrechnung nach Anzahl ist vorgesehen für Schalung von Reprofilierungen, Vouten, Konsolen bis 1 m Einzellänge (siehe 0.5.3.6) sowie für Schalung von Aussparungen (siehe 0.5.3.14).

Zu 0.5.1.8:

Abrechnungseinheit für flächige Abdeck- und Schutzmaßnahmen mit Folien, Platten und dergleichen ist das Flächenmaß. Gem. 5.5.1 sind Öffnungen, Aussparungen und Nischen bis zu 2,5 m² zu übermessen, d.h. der Leistung zuzurechnen. Abdeckmaßnahmen an Türen, Fenstern, Zwischenwänden, Markisen, Geländern und dergleichen sind nach der Anzahl abzurechnen (siehe 0.5.3.6).

Zu 0.5.1.9:
Abrechnungseinheit für Einhausungen, d.h. für Umhüllungen von Bauwerken bzw. Bauteilen, ist das Flächenmaß. Einhausungen können auch, je nach Lage des Falls, nach ihrer Anzahl abgerechnet werden (siehe 0.5.3.15). In beiden Fällen ist nach Bauart und Maßen zu trennen.

Zu 0.5.2.1:
Abrechnungseinheit für Überzüge, Unterzüge, Stützen, Balken, Vorlagen, Fenster- und Türstürze bis zu 1,6 m in der Abwicklung ist das Längenmaß. Gem. 5.5.2 werden bei Abrechnung nach Längenmaß Unterbrechungen bis 1 m Einzellänge der Leistung zugerechnet. Gem. 5.1.4 werden bei Kreuzungen von Unterzügen und Balken mit Stützen die Unterzüge und Balken durchgemessen, wenn sie breiter als die Stützen sind. Die Stützen werden in diesem Fall bis Unterseite Unterzug oder Balken gerechnet. Unterzüge, Überzüge, Stützen, Balken mit mehr als 1,6 m in der Abwicklung werden nach dem Flächenmaß abgerechnet (siehe 0.5.1.4).

Zu 0.5.2.2:
Abrechnungseinheit für Gesimse, Leibungen, Faschen ist das Längenmaß. Gem. 5.5.2 sind Unterbrechungen über 1 m Einzellänge abzuziehen. Gem. 5.1.5 werden ganz oder teilweise behandelte Leibungen von Öffnungen, von Aussparungen und von Nischen über 2,5 m² Einzelgröße gesondert abgerechnet.

Zu 0.5.2.3:
Abrechnungseinheit für Fachwerke ist das Längenmaß. Gem. 5.1.9 werden in behandelten Flächen liegende Rahmen, Riegel, Ständer, Unterzüge und Vorlagen bis 0,3 m Einzelbreite übermessen. Die behandelten Fachwerksteile werden gesondert gerechnet. Deren Beschichtung in anderer Technik oder in anderem Farbton wird ebenfalls gesondert gerechnet (siehe 5.1.9).

Zu 0.5.2.4:
Abrechnungseinheit für Stufen und Treppenwangen ist das Längenmaß. Gem. 5.1.10 werden Treppenwangen in ihrer größten Breite gerechnet.

Zu 0.5.2.5:
Abrechnungseinheit für das Ausbilden von Kanten, Tropfkanten, Abfasungen bei mehr als 1 m Einzellänge ist das Längenmaß. Leistungen unter 1 m Einzellänge sind nach Stückzahl abzurechnen.

Zu 0.5.2.6:
Abrechnungseinheit für örtlich begrenzte Fehlstellen, z.B. Ausbrüche bis 0,1 m Breite und über 1 m Einzellänge, ist das Längenmaß. Es ist nach der jeweils größten Tiefe zu trennen. Örtlich begrenzte Fehlstellen größerer Abmessungen sind nach Flächenmaß abzurechnen (siehe 0.5.1.2).

Zu 0.5.2.7:
Abrechnungseinheit für Schlitze, Reprofilierungen und dergleichen ist das Längenmaß. Gem. 5.5.2 sind Unterbrechungen über 1 m Einzellänge abzuziehen. Schalung für Reprofilierungen, Vouten, Konsolen bis nur 1 m Einzellänge sind nach Anzahl abzurechnen (siehe 0.5.3.6).

Zu 0.5.2.8:
Abrechnungseinheit für das Freilegen von Betonstahl über 1 m Einzellänge ist das Längenmaß. Dabei ist nach Durchmessern bis 16 mm und über 16 mm zu trennen. Das Freilegen von Betonstahl bis 0,5 m Einzellänge sowie über 0,5 m bis 1 m Ein-

zellänge ist nach Anzahl abzurechnen (siehe 0.5.3.3 und 0.5.3.4). Gem. 5.1.12 wird das Freilegen von Bewehrungsstahl nach den größten Maßen gerechnet.

Zu 0.5.2.9:

Abrechnungseinheit für Korrosionsschutz von Betonstahl über 1 m Einzellänge ist das Längenmaß. Korrosionsschutz von Betonstahl bis 1 m Einzellänge ist nach der Anzahl abzurechnen (siehe 0.5.3.5). Gem. 5.2.1 sind die Vorbehandlung und der Korrosionsschutz des Bewehrungsstahls jeweils gesondert zu rechnen.

Zu 0.5.2.10:

Abrechnungseinheit für Profilstahl ist das Längenmaß. Profilstahl mit mehr als 0,3 m Abwicklung ist nach Flächenmaß abzurechnen (siehe 0.5.1.5).

Zu 0.5.2.11:

Abrechnungseinheit für das Herstellen von Fugen ist das Längenmaß. Gem. 5.3 werden Fugenbänder und Fugenprofile in ihrer größten Länge (Schrägschnitt, Gehrungen) gerechnet. Das Herstellen von Fugen und Fugenabdichtungen gehört zu den Besonderen Leistungen.

Zu 0.5.2.12:

Abrechnungseinheit für das Verfüllen von Rissen ist das Längenmaß. Es ist nach Verfahren, Zweck und Verfüllmenge zu trennen. Der Verbrauch an Füllgut für Risse ist nach Gewicht abzurechnen (siehe 0.5.4.1). Zu den Besonderen Leistungen gehören das Vorabdichten bei stark wasserführenden Rissen und das Vornässen von trockenen Rissen für die Ausbildung der Porenstruktur des Polyurethan(PUR)-Harzes. Gem. 5.4.1 ist der Mehr- oder Minderverbrauch von Füllgut besonders zu rechnen.

Zu 0.5.2.13:

Abrechnungseinheit für das Angleichen von Rissen an die Betonstruktur ist das Längenmaß. Gem. 5.4.2 wird das Angleichen der abgedichteten Risse an die Betonstruktur nach der Rißlänge gesondert gerechnet.

Zu 0.5.2.14:

Abrechnungseinheit für das Abdichten der Fugen mit Fugenbändern, Verpreßschläuchen, Fugenprofilen, Fugenfüllungen und dergleichen ist das Längenmaß. Gem. 5.3 werden Fugenbänder und Fugenprofile in ihrer größten Länge (Schrägschnitt, Gehrungen) gerechnet. Gem. 5.5.2 werden Unterbrechungen über 1 m Einzellänge abgezogen. Vorkonfektionierte Formteile, z.B. Ecken und Knoten bei Fugenbändern und -profilen, sind nach Anzahl abzurechnen (siehe 0.5.3.7). Das Herstellen von Fugen und Fugenabdichtungen gehört zu den Besonderen Leistungen.

Zu 0.5.2.15:

Abrechnungseinheit für Dübelleisten ist das Längenmaß. Gem. 5.5.2 sind Unterbrechungen über 1 m Einzellänge abzuziehen. Verankerungsdübel werden nach Stückzahl abgerechnet (siehe 0.5.3.11).

Zu 0.5.3.1:

Abrechnungseinheit für Konsolen ist die Anzahl. Wie bei allen Abrechnungseinheiten ist nach Bauart und Maßen zu trennen. Das gilt auch für die Schalung von Konsolen bis 1 m Einzellänge (siehe 0.5.3.6).

Zu 0.5.3.2:

Ausbrüche über 0,1 m Breite sind, getrennt nach der jeweils größten Tiefe, in folgender Staffelung der Flächengröße nach Anzahl abzurechnen: bis zu 0,01 m², 0,10 m², 0,25 m², 0,50 m², 0,75 m², 1,00 m². Ausbrüche von mehr als 1 m² Einzelgröße sind, getrennt nach der jeweils größten Tiefe, nach Flächenmaß abzurechnen (0.5.1.3). Bei Abrechnung nach Flächenmaß wird gem. 5.1.12 mit dem kleinsten umschriebenen Rechteck gerechnet.

Zu 0.5.3.3:

Abrechnungseinheit für das Freilegen von Betonstahl bis 0,5 m Einzellänge ist die Anzahl. Freilegen von Betonstahl über 0,5 m bis 1 m Einzellänge ist ebenfalls nach Anzahl abzurechnen (siehe 0.5.3.4). Freilegen von Betonstahl über 1 m Einzellänge ist, getrennt nach Durchmesser bis 16 mm und über 16 mm, nach Längenmaß abzurechnen (siehe 0.5.2.8).

Zu 0.5.3.4:

Abrechnungseinheit für Freilegen von Betonstahl über 0,5 m bis 1 m Einzellänge ist die Stückzahl. Ebenfalls nach Stückzahl wird das Freilegen von Betonstahl bis 0,5 m Einzellänge abgerechnet (siehe 0.5.3.3). Das Freilegen von Betonstahl über 1 m Einzellänge ist nach Längenmaß abzurechnen. Dabei ist nach Durchmesser bis 16 mm und über 16 mm zu trennen (siehe 0.5.2.8).

Zu 0.5.3.5:

Abrechnungseinheit für Korrosionsschutz von Betonstahl bis 1 m Einzellänge ist die Anzahl. Korrosionsschutz über 1 m Einzellänge ist nach Längenmaß abzurechnen (siehe 0.5.2.9).

Zu 0.5.3.6:

Abrechnungseinheit für Reprofilierungen, Vouten, Konsolen bis 1 m Einzellänge ist die Anzahl. Die Konsolen sind ebenfalls nach Anzahl abzurechnen (siehe 0.5.3.1).

Zu 0.5.3.7:

Abrechnungseinheit für vorkonfektionierte Formteile, z.B. Ecken und Knoten bei Fugenbändern und Fugenprofilen, ist die Anzahl. Das Abdichten der Fugen mit Fugenbändern, Verpreßschläuchen, Fugenprofilen, Fugenfüllungen und dergleichen wird nach Längenmaß abgerechnet (siehe 0.5.2.14). Gem. 5.3 werden Fugenbänder und Fugenprofile in ihrer größten Länge (Schrägschnitt, Gehrungen) gerechnet.

Zu 0.5.3.8 und 0.5.3.9:

Abrechnungseinheit für das Kleben von Stahllamellen sowie für Abdeckmaßnahmen an Türen, Fenstern, Zwischenwänden, Markisen, Geländern und dergleichen ist die Stückzahl. Es ist nach Bauart und Maßen zu trennen. Flächige Abdeck- und Schutzmaßnahmen mit Folien, Platten und dergleich sind nach Flächenmaß abzurechnen (siehe 0.5.1.8). Gem. 5.1.14 werden Schutzabdeckungen in ihrer Abwicklung gerechnet. Zusätzliche Schutzmaßnahmen gegen schädigende Einflüsse, z.B. chemische Beanspruchung, sind Besondere Leistungen.

Zu 0.5.3.10:

Abrechnungseinheit für das Verfüllen von Aussparungen ist die Anzahl. Es ist nach Bauart und Maßen zu trennen.

Zu 0.5.3.11:

Abrechnungseinheit für Verankerungsdübel ist die Stückzahl. Es ist nach Bauart und Maßen zu trennen. Dübelleisten sind nach Längenmaß abzurechnen (siehe 0.5.2.15).

Zu 0.5.3.12:

Abrechnungseinheit für Bauwerksuntersuchungen, Prüfungen, z.B. Prüfung der Oberflächenfestigkeit, ist die Anzahl. Leistungen der Eigenüberwachung nach den Bestimmungen der Richtlinie des Deutschen Ausschusses für Stahlbeton (DAStb) sind Nebenleistung, während zusätzliche Leistungen zum Nachweis der Güte der Stoffe und Bauteile, soweit sie der Auftraggeber über die Nebenleistung hinaus verlangt, zu den Besonderen Leistungen gehören.

Zu 0.5.3.13:

Abrechnungseinheit für das Beseitigen von störenden Fremdkörpern, z.B. Bindedraht, Nägel, Kunststoffteile, ist die Stückzahl. Diese Arbeiten gehören zu den Besonderen Leistungen.

Zu 0.5.3.14:

Abrechnungseinheit für Schalung von Aussparungen ist die Anzahl. Schalungen größerer Flächen sind nach dem Flächenmaß abzurechnen (siehe 0.5.1.8). Gem. 5.1.13 wird bei Abrechnung nach Flächenmaß das kleinste umschriebene Rechteck gerechnet.

Zu 0.5.3.15:

Abrechnungseinheit für Einhausungen, z.B. Umhüllung von Bauwerken oder Bauwerksteilen, ist nach Lage des Einzelfalls entweder die Anzahl, getrennt nach Bauart und Maßen, oder das Flächenmaß (siehe 0.5.1.9). Im letztgenannten Fall wird gem. 5.1.14 die Schutzabdeckung in ihrer Abwicklung gerechnet.

Zu 0.5.4.1:

Abrechnungseinheit für den Verbrauch an Füllgut für Risse ist das Gewicht. Das Verfüllen von Rissen selbst ist, getrennt nach Bauart und Maßen sowie nach Verfahren, Zweck und Verfüllmenge, nach Längenmaß abzurechnen (siehe 0.5.2.12). Gem. 5.4.1 ist der Mehr- oder Minderverbrauch von Füllgut gesondert abzurechnen.

Zu 0.5.4.2:

Abrechnungseinheit für Liefern, Schneiden, Biegen und Verlegen von Bewehrungen und Lagesicherungen ist, getrennt nach Bauart und Maßen, das Gewicht. Gem. 5.2.2 werden Liefern, Schneiden, Biegen und Einbauen von Bewehrungsstahl gesondert gerechnet. Maßgebend ist das errechnete Gewicht bei genormten Stählen nach DIN-Normen (Nenngewicht), bei anderen Stählen nach Gewichten aus dem Profilbuch des Herstellers. Gem. 5.2.3 bleiben Bindedraht, Walztoleranzen und Verschnitt bei der Ermittlung des Abrechnungsgewichtes unberücksichtigt.

Zu 0.5.4.3:

Abrechnungseinheit für Einzelbauteile, Bewehrungsanschlüsse, Ankerschienen, Verbindungselemente und ähnliches ist das Gewicht. Es ist nach Bauart und Maßen zu trennen.

VOB Teil C:
Allgemeine Technische Vertragsbedingungen für Bauleistungen (ATV)
Putz- und Stuckarbeiten – DIN 18350
Ausgabe Juni 1996

1 Geltungsbereich

1.1 Die ATV »Putz- und Stuckarbeiten« – DIN 18350 – gilt für nasse und trockene Bauweisen.

1.2 Ergänzend gelten die Abschnitte 1 bis 5 der ATV DIN 18299 »Allgemeine Regelungen für Bauarbeiten jeder Art«. Bei Widersprüchen gehen die Regelungen der ATV DIN 18350 vor.

5 Abrechnung

Gem. ATV DIN 18299 Abschnitt 5 gilt allgemein:

Die Leistung ist aus Zeichnungen zu ermitteln, soweit die ausgeführte Leistung diesen Zeichnungen entspricht. Sind solche Zeichnungen nicht vorhanden, ist die Leistung aufzumessen.

> *Siehe hierzu die eingehenden Erläuterungen zur ATV DIN 18299 »Allgemeine Regelungen für Bauarbeiten jeder Art«.*

Abrechnungseinheiten

Gem. 0.5 sind im Leistungsverzeichnis die Abrechnungseinheiten wie folgt vorzusehen:

0.5.1 Flächenmaß (m^2), getrennt nach Bauart und Maßen, für
0.5.1.1 – Wand- und Deckenputz, innen und außen, getrennt nach Art des Putzes,
0.5.1.2 – Drahtputzwände und -decken,
0.5.1.3 – flächige Bewehrungen und Putzträger,
0.5.1.4 – Stuckflächen,
0.5.1.5 – Deckenbekleidungen und Unterdecken,
0.5.1.6 – Dämmungen und Dämmplatten an Decken und Wänden,
0.5.1.7 – Wandbekleidungen,
0.5.1.8 – Vorsatzschalen,
0.5.1.9 – nichttragende Trennwände,
0.5.1.10 – Unterböden,
0.5.1.11 – Dämmungen, Auffüllungen und Schüttungen unter Böden,
0.5.1.12 – Unterkonstruktionen,
0.5.1.13 – Folien, Pappen, Dampfsperren.
0.5.2 Längenmaß (m), getrennt nach Bauart und Maßen, für
0.5.2.1 – Leibungen von Öffnungen, Aussparungen und Nischen,
0.5.2.2 – Putz- und Bekleidungsarbeiten an Pfeilern, Lisenen und Unterzügen,
0.5.2.3 – Zuschnitte von Bekleidungen an Schrägen, z.B. an Decken, Wänden, Böden,
0.5.2.4 – Putze an Gesimsen und Kehlen sowie Ausrunden,
0.5.2.5 – Putzanschlüsse und Putzabschlüsse,
0.5.2.6 – Stuckprofile,
0.5.2.7 – Sohlbänke, Fenster- und Türumrahmungen, Friese, Faschen, Putzbänder, Schattenfugen und dergleichen,

0.5.2.8 – Hilfskonstruktionen im Bereich von Decken und Wänden zur Aufnahme von Installationsteilen, Beleuchtungskörpern u.ä.,

0.5.2.9 – Richtwinkel an Kanten, Kantenschutzprofile, Einputzschienen, Sockelschienen, Randwinkel, Lüftungsprofile, Anschnittstücke, Abschlußprofile, Vorhangschienen u.ä.,

0.5.2.10 – Anschlüsse an andere Bauteile, Anschluß-, Bewegungs- und Gebäudetrennfugen, Fugenüberspannungen,

0.5.2.11 – Streifenbewehrungen und Streifenputzträger bis 1 m Breite,

0.5.2.12 – Abschottungen, Schürzen und Unterzüge in Deckenbekleidungen, Unterdecken und bei Wandbekleidungen,

0.5.2.13 – Dichtungsbänder, Dichtungsprofile, Ausspritzungen.

0.5.3 Anzahl (Stück), getrennt nach Bauart und Maßen, für

0.5.3.1 – Herstellen von Öffnungen für Türen, Fenster u.ä. bei Trockenbauweise,

0.5.3.2 – Herstellen von Aussparungen und Hilfskonstruktionen für Einzelleuchten, Lichtbänder, Lichtkuppeln, Lüftungsgitter, Luftauslässe, Revisionsöffnungen, Stützen, Pfeilervorlagen, Schalter, Steckdosen, Rohrdurchführungen, Kabel, Installationsteile u.ä.,

0.5.3.3 – Stuckarbeiten (Rosetten o. ä.),

0.5.3.4 – Ecken und Verkröpfungen von Stuckprofilen, Gesimsen und Kehlen,

0.5.3.5 – Putz- und Bekleidungsarbeiten an Schornsteinköpfen, Konsolen usw.,

0.5.3.6 – Einbau von Einzelleuchten, Lichtbändern, Lüftungsgittern, Luftauslässen, Gerüstverankerungen u.ä.,

0.5.3.7 – Schließen von Öffnungen und Durchbrüchen,

0.5.3.8 – Anarbeiten an Installationen bei Trockenbauweise.

Ergänzend zu ATV DIN 18299 Abschnitt 5 gilt:

5.1 Allgemeines

5.1.1 Der Ermittlungs der Leistung – gleichgültig, ob sie nach Zeichnungen oder nach Aufmaß erfolgt – sind zugrunde zu legen:

5.1.1.1 für Putz, Stuck, Dämmungen, Auffüllungen, Schüttungen, Bekleidungen, Unterböden, Vorsatzschalen, Unterkonstruktionen, flächige Bewehrungen und Putzträger sowie Folien, Pappen, Dampfsperren

- auf Flächen ohne begrenzende Bauteile die Maße der zu putzenden, zu dämmenden, zu bekleidenden bzw. mit Stuck zu versehenen Flächen,
- auf Flächen mit begrenzenden Bauteilen die Maße der zu behandelnden Flächen bis zu den sie begrenzenden ungeputzten, ungedämmten bzw. nicht bekleideten Bauteilen,
- bei Fassaden die Maße der Bekleidung.

Der Vorrang, den die Feststellung der Leistung aus den Zeichnungen genießt, soll den Zeit- und Arbeitsaufwand ersparen helfen, der für das örtliche gemeinsame Aufmaß und das damit verbundene Anfertigen von Skizzen aufzuwenden wäre. Die Wahl der Zeichnungen ist freigestellt. Es können z.B. Entwurfszeichnungen, Ausführungszeichnungen oder Bestandszeichnungen sein, sofern sie nur die Bedingung erfüllen, daß aus ihnen die ausgeführte Leistung ersichtlich ist. In der Leistungsbeschreibung ist anzugeben, ob nach Zeichnungen oder nach örtlichem Aufmaß abzurechnen ist. In jedem Fall sind die Grundlagen für die Leistungsermittlung einheitlich, sei es, daß sie aus Zeichnungen, sei es, daß sie durch örtliches Aufmaß vorgenommen wird.

Für die Leistungsermittlung auf Flächen ohne begrenzende Bauteile gelten die Maße der zu behandelnden Fläche, also die Maße, die für die Fläche aus den Bauzeichnungen zu entnehmen sind. Für die Leistungsermittlung auf Flächen mit begrenzenden Bauteilen gelten die Maße der zu behandelnden Fläche bis zu den sie begrenzenden ungeputzten, ungedämmten bzw. nicht bekleideten Bauteilen; diese Maße entsprechen ebenfalls den in den Bauzeichnungen enthaltenen Maßangaben. Für die Leistungsermittlung bei Fassadenbekleidungen gelten abweichend hiervon nicht die Maße der zu bekleidenden Fläche, wie sie in den Bauzeichnungen enthalten sind, sondern die Maße der fertigen Bekleidung, die erst nachträglich festgestellt werden können (Bilder 1 bis 7, 9 bis 14, 16, 17).

5.1.1.2 für nichttragende Trennwände deren Maße bis zu den sie begrenzenden ungeputzten, ungedämmten bzw. nicht bekleideten Bauteilen.

Zur Trockenbauweise gehört die Herstellung nichttragender Trennwände. Auch wenn sie in die angrenzenden Bauteile eingenutet sein sollten, sind sie nur bis an diese Bauteile zu messen.

5.1.2 Bei der Ermittlung des Längenmaßes wird die größte, gegebenenfalls abgewickelte Bauteillänge gemessen. Fugen werden übermessen (Bilder 10, 11, 15, 17).

Abwicklungen bei der Ermittlung des Längenmaßes kommen bei Verkröpfungen, z.B. bei Gesimsen, Stuckprofilen u.ä., vor.

5.1.3 Die Wandhöhen überwölbter Räume werden bis zum Gewölbeanschnitt, die Wandhöhe der Schildwände bis zu 2/3 des Gewölbestichs gerechnet.

Bei der Flächenermittlung überwölbter Räume wird zur Vereinfachung der Abrechnung die Fläche der Schildwände bis 2/3 des Gewölbestichs gerechnet. Diese Näherungsrechnung entspricht der Abrechnungserleichterung in anderen ATV, z.B. DIN 18330 »Mauerarbeiten«, DIN 18334 »Zimmer- und Holzbauarbeiten« (Bild 7).

5.1.4 Fußleisten und Konstruktionen bis 10 cm Höhe werden übermessen.

Bei der Ermittlung des Flächenmaßes von Wänden werden Fußleisten, Scheuerleisten und Konstruktionen abgezogen, wenn ihr Höhenmaß 10 cm überschreitet (Bilder 1 bis 3, 5, 6, 9).

5.1.5 Bei der Flächenermittlung von gewölbten Decken mit einer Stichhöhe unter 1/6 der Spannweite wird die Fläche des überdeckten Raumes berechnet. Gewölbe mit größerer Stichhöhe werden nach der Fläche der abgewickelten Untersicht gerechnet.

Die Abrechnungsvereinfachung, daß Gewölbe mit einer Stichhöhe unter 1/6 der Spannweite nach der Fläche des überdeckten Raumes und Gewölbe mit größerer Stichhöhe nach der Fläche der abgewickelten Untersicht zu berechnen sind, entspricht der Vereinfachung in ATV DIN 18330 »Mauerarbeiten« und in ATV DIN 18334 »Zimmer- und Holzbauarbeiten« (Bilder 12, 13).

5.1.6 In Decken, Wänden, Dächern, Schalungen, Wand- und Deckenbekleidungen, Vorsatzschalen, Dämmungen, Sperren sowie leichten Außenwandbekleidungen werden Öffnungen, Aussparungen und Nischen bis zu 2,5 m² Einzelgröße übermessen.

Öffnungen in zu putzenden Wänden oder Decken sind z.B. Fenster, Türen, Durchreichen, Treppenlöcher, in Wänden auch unverschließbare Öffnungen, soweit sie durch einen Sturz markiert sind. In der vollen Wandhöhe fehlende Wandteile sind im Sinne dieses Abschnitts keine Öffnungen, sondern Wandunterbrechungen.

Nischen sind Ausnehmungen in Wänden, wobei die Tiefe der Nischen nur einen Teil der Wanddicke einnimmt. Ihre rückwärtige Fläche wird oft als Spiegel bezeichnet. Nischen unterscheiden sich von Wandrücksprüngen dadurch, daß sie nicht in voller Wandhöhe durchgehen. Sie sind entweder durch einen Sturz oder im unteren Teil durch die volle Wanddicke, z.B. auch durch eine Schwelle, begrenzt.

Aussparungen liegen in der zu putzenden Fläche. Sie entstehen dort, wo statt des Putzes keine oder eine andere Behandlung der Wand- oder Deckenfläche erfolgt, z.B. bei Einbauteilen, Bekleidungen mit anderen Stoffen.

Die mit dem Übermessen von Öffnungen, Aussparungen und Nischen bis zu 2,5 m² Einzelgröße gegebene Messungserleichterung korrespondiert mit den Vorschriften in ATV DIN 18334 »Zimmer- und Holzbauarbeiten«, ATV DIN 18338 »Dachdeckungs- und Dachabdichtungsarbeiten« und DIN 18339 »Klempnerarbeiten«. Sie dient nicht nur einer erheblichen Abrechnungsvereinfachung, sondern auch der Vereinheitlichung in den ATVen (Bilder 1, 2, 7 bis 9, 11, 14, 16, 17).

5.1.7 In Böden und den dazugehörigen Dämmungen, Schüttungen, Sperren u.ä. werden Öffnungen und Aussparungen, z.B. für Pfeilervorlagen, Kamine, Rohrdurchführungen u.ä., bis 0,5 m² Einzelgröße übermessen.

Diese Messungsvereinfachung entspricht der Regelung in ATV DIN 18334 »Zimmer- und Holzbauarbeiten« Abschn. 5.1.9. Öffnungen und Aussparungen über 0,5 m² Einzelgröße sind von dem Flächenmaß abzuziehen (Bild 16).

5.1.8 Ganz oder teilweise geputzte, gedämmte oder bekleidete Leibungen von Öffnungen, Aussparungen und Nischen über 2,5 m² Einzelgröße werden gesondert gerechnet.

Leibungen sind die in die Bauteiltiefe greifenden, die Öffnungen oder Nischen begleitenden und begrenzenden Flächen. Sie können geputzt oder ungeputzt, bekleidet oder unbekleidet sein. Die Abrechnung erfolgt nach dem Längenmaß gemäß 0.5.2.1. Es ist gemäß 5.1.2 die größte, gegebenenfalls die abgewickelte Bauteillänge zu messen. Etwaige Fugen bleiben unberücksichtigt (Bilder 1,7, 9, 11, 17).

5.1.9 Rückflächen von Nischen werden unabhängig von ihrer Einzelgröße mit ihrem Maß gesondert gerechnet.

Während gemäß 5.1.6 Öffnungen, Aussparungen und Nischen bis zu 2,5 m² Einzelgröße übermessen werden, sind unabhängig von ihrer Größe die Rückflächen von Nischen – Spiegel genannt – gesondert gemäß 0.5.1.1 nach dem Flächenmaß abzurechnen (Bild 9).

5.1.10 Öffnungen, Nischen und Ausparungen werden, auch falls sie unmittelbar zusammenhängen, getrennt gerechnet.

Nischen, die unterhalb einer Öffnung liegen, z.B. Fensternischen, haben oftmals keine obere Begrenzung. Sie gelten jedoch als nicht zusammenhängend, wenn sie durch ein Fensterbrett (Sohlbank) getrennt sind. Zusammenhängende Nischen und Öffnungen, hierzu gehören auch solche, die übereck zusammenhängen, sind getrennt gemäß 0.5.1.1 nach dem Flächenmaß abzurechnen (Bilder 1, 9).

5.1.11 Herstellen von Aussparungen für Einzelleuchten, Lichtbänder, Lichtkuppeln, Lüftungsgitter, Luftauslässe, Revisionsöffnungen, Stützen, Pfeilervorlagen, Schalter, Steckdosen, Rohrdurchführungen, Kabel u. ä. wird, getrennt nach Größe, gesondert gerechnet.

Nach den Vorschriften der ATV gilt das Herstellen bzw. Anpassen von Aussparungen u.ä. als Besondere Leistung, soweit sie nicht im Zuge mit den übrigen Arbeiten ausgeführt werden können. Gem. 0.5.3.2 sind diese Leistungen, getrennt nach Bauart und Maßen, nach der Anzahl abzurechnen.

5.1.12 Bei gedämmten, bekleideten, beschichteten und geputzten Flächen werden Rahmen, Riegel, Ständer und andere Fachwerkteile sowie Sparren, Lattungen und Unterkonstruktionen übermessen.

Diese Messungserleichterung entspricht der Vorschrift in ATV DIN 18334 »Zimmer- und Holzbauarbeiten« Abschn. 5.1.10.

5.2 Es werden abgezogen:

5.2.1 bei Abrechnung nach Flächenmaß (m^2):

Öffnungen, Aussparungen und Nischen über 2,5 m^2 Einzelgröße, in Böden über 0,5 m^2 Einzelgröße,

5.2.2 bei Abrechnung nach Längenmaß (m):

Unterbrechungen über 1 m Einzellänge.

Zu 0.5.1.1:
Bei Wand- und Deckenputz gelten für die Flächenermittlung die Vorschriften gem. 5.1.1.1. Gem. 5.1.4 werden Fußleisten und Konstruktionen, z.B. Verdeckung von Kabeln, übermessen, wenn ihre Höhe 10 cm übersteigt.
Gem. 5.1.9 werden Rückflächen von Nischen unabhängig von ihrer Einzelgröße mit ihrem Maß gesondert gerechnet. 5.1.10 bis 5.1.12 sowie die Abzüge gem. 5.2.1 sind zu beachten. Gem. 5.1.3 werden die Wandhöhen überwölbter Räume bis zum Gewölbeanschnitt, die Wandhöhe der Schildwände bis zu 2/3 des Gewölbestichs gerechnet. Die Vorschriften über die Flächenermittlung von gewölbten Decken gem. 5.1.5 sind zu beachten (Bilder 1 bis 7, 9 bis 14, 16, 17).

Zu 0.5.1.2 bis 0.5.1.8:
Siehe die Erläuterung zu 0.1.5.1.

Zu 0.5.1.9:
Für nichttragende Trennwände gelten gem. 5. 1.1.2 deren Maße bis zu den sie begrenzenden ungeputzten, ungedämmten bzw. nicht bekleideten Bauteilen. Etwaige Einnutungen werden nicht berücksichtigt.

Zu 0.5.1.10 bis 0.5.1.13:
Gem. 5.1.7 werden in Böden und den dazugehörigen Dämmungen, Schüttungen, Sperren u.ä. Öffnungen und Aussparungen, z.B. für Pfeilervorlagen Kamine, Rohrdurchführungen u.ä., bis 0,5 m^2 Einzelgröße übermessen. 5.1.11 ist zu beachten.

Zu 0.5.2.1:
Gem. 5.1.8 werden ganz oder teilweise geputzte, gedämmte oder bekleidete Leibungen von Öffnungen, Aussparungen und Nischen über 2,5 m^2 Einzelgröße gesondert gerechnet. Die Abrechnung erfolgt gem. 5.1.2 nach der größten, ggf. abgewickelten Bauteillänge. 5.2.2 ist zu beachten (Bilder 1, 7).

Zu 0.5.2.2:
Siehe die Erläuterung zu 0.5.2.1 (Bilder 13, 15).

Zu 0.5.2.3:
Nach der ATV sind Zuschnitte von Bekleidungen an Schrägen, z.B. an Decken, Wänden, Böden, als Besondere Leistung abzurechnen.

Zu 0.5.2.4:
Nach der ATV ist das Herstellen von Kehlen und Gesimsen als Besondere Leistung abzurechnen (Bilder 3, 10, 11).

Zu 0.5.2.5:
Nach der ATV ist das Herstellen von Putzanschlüssen und Putzabschlüssen nur dann als Besondere Leistung abzurechnen, wenn dazu besondere Maßnahmen erforderlich sind, z.B. Abdeckungen (Bild 14).

Zu 0.5.2.6:
Gem. 0.5.3.4 ist das Herstellen von Ecken und Verkröpfungen an Stuckprofilen, Kehlen und Gesimsen Besondere Leistung. Gem. 5.1.2 wird bei der Ermittlung des Längenmaßes die größte, ggf. abgewickelte Bauteillänge gemessen, wobei Fugen zu übermessen sind. 5.2.2 ist zu beachten (Bilder 3, 14).

Zu 0.5.2.7:
Nach der ATV ist das Herstellen von Sohlbänken, Fenster- und Türumrahmungen und Faschen als Besondere Leistung abzurechnen. Es gilt die Erläuterung zu 0.5.2.6 (Bilder 2, 11, 17).

Zu 0.5.2.8:
Abrechnungseinheit für Hilfskonstruktionen im Bereich von Decken und Wänden zur Aufnahme von Installationen, Beleuchtung u.ä. ist das Längenmaß. 5.1.2 und 5.2.2 sind zu beachten. Die Leistung ist als Besondere Leistung abzurechnen.

Zu 0.5.2.9:
Nach der ATV ist der Einbau von Einputzschienen, Putztrennschienen, Eckschutzschienen, Richtwinkeln an Kanten, Leisten u.ä. als Besondere Leistung abzurechnen. Für die Längenermittlung ist 5.1.2 zu beachten.

Zu 0.5.2.10:
Nach der ATV ist das Herstellen von Anschlüssen an andere Bauteile, Anschluß-, Bewegungs- und Gebäudetrennfugen als Besondere Leistung abzurechnen. Die Abrechnung erfolgt nach Längenmaß gem. 5.1.2.

Zu 0.5.2.11:
Die Abrechnung nach Längenmaß für Streifenbewehrungen und Streifenputzträger ist mit einer Breite von 1 m begrenzt. Breitere Streifenbewehrungen und Streifenputzträger sind nach Flächenmaß abzurechnen.

Zu 0.5.2.12:
Nach der ATV ist das Herstellen von Abschottungen, Schürzen und Scheinunterzügen bei Deckenbekleidungen, unter Decken und Wandbekleidungen als Besondere Leistung abzurechnen. Abrechnungseinheit ist das Längenmaß gem. 5.1.2.

Zu 0.5.2.13:
Dichtungsbänder, Dichtungsprofile und Ausspritzungen sind nach Längenmaß abzurechnen. 5.1.2 und 5.2.2 sind zu beachten.

Zu 0.5.3.1:
Nach der ATV ist das Herstellen von Öffnungen für Türen, Fenster u.ä. bei Trockenbauweise als Besondere Leistung abzurechnen. Die Abrechnung erfolgt nach der Anzahl, wobei nach Bauart und Maßnahmen zu trennen ist.

Zu 0.5.3.2:
Nach der ATV ist das Herstellen bzw. Anpassen von Aussparungen u.ä. nur dann als Besondere Leistung abzurechnen, soweit dies nicht im Zuge mit den übrigen Arbeiten ausgeführt werden kann.

Zu 0.5.3.3:
Im Gegensatz zur Abrechnung von Stuckflächen gem. 0.5.1.4 nach Flächenmaß, sind einzelne Stuckarbeiten, z.B. Rosetten, nach Anzahl abzurechnen.

Zu 0.5.3.4:
Nach der ATV ist das Herstellen von Ecken und Verkröpfungen an Stuckprofilen, Kehlen und Gesimsen als Besondere Leistung abzurechnen. Die Stuckprofile selbst werden gem. 0.5.2.6 nach Längenmaß unter Beachtung von 5.1.2 abgerechnet (Bilder 3, 10, 14).

Zu 0.5.3.5:
Abrechnungseinheit für Putz- und Bekleidungsarbeiten an Schornsteinköpfen, Konsolen usw. ist die Anzahl. Es ist nach Bauart und Maßen zu trennen.

Zu 0.5.3.6:
Der Einbau von Einzelleuchten, Lichtbändern, Lüftungsgittern, Luftauslässen, Gerüstverankerungen u.ä. ist nach Anzahl abzurechnen. Nach der ATV ist jedoch das Herstellen von im Bauwerk verbleibenden Verankerungsmöglichkeiten als Besondere Leistung abzurechnen.

Zu 0.5.3.7:
Das Schließen von Öffnungen und Durchbrüchen ist, getrennt nach Bauart und Maßen, nach Anzahl abzurechnen. Nach der ATV ist jedoch nachträgliches Herstellen und Schließen von Löchern im Mauerwerk und Beton für Auflager und Verankerungen eine Besondere Leistung.

Zu 0.5.3.8:
Abrechnungseinheit für das Anarbeiten an Installationen bei Trockenbauweise ist die Anzahl. Es ist nach Bauart und Maßen zu trennen.

Bild 1 Wandputz innen

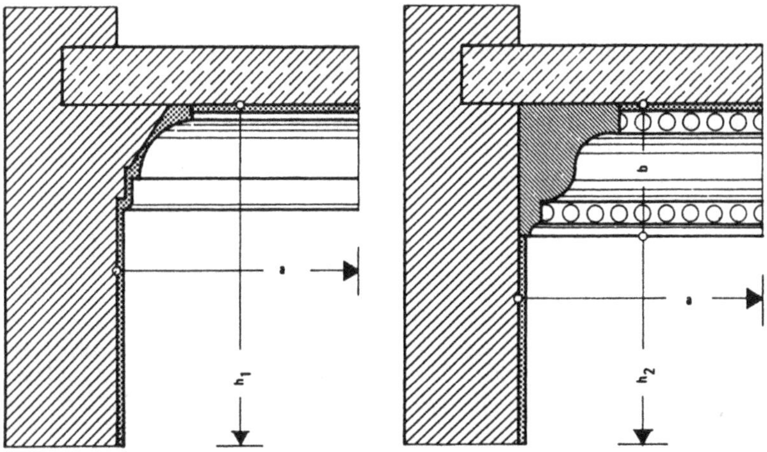

A Wand mit geputztem Gesims B Wand mit Stuckgesims

Gem. 0.5.1.1 Abrechnung des Wandinnenputzes nach Flächenmaß. Gegebenenfalls ist nach Art des Putzes zu trennen. Der Ermittlung der Leistung sind gem. 5.1.1 die Maße der zu putzenden Flächen zugrunde zu legen.

Gem. 5.1.1.1 werden Wände, die in voller Höhe geputzt sind, von Oberfläche Rohdecke bis Unterfläche Rohdecke gemessen. Gemäß 5.1.4 ist die Fußleistenhöhe der Putzhöhe zuzurechnen, da sie 10 cm Höhe nicht übersteigt.

Gem. 5.1.10 werden zusammenhängende Öffnungen und Nischen getrennt abgerechnet.

Gem. 5.1.6 ist die Fensteröffnung abzuziehen, da sie mit 1,43 · 1,89=2,70 m² größer als 2,5 m² ist.

Die Nische unter dem Fenster ist nicht abzuziehen, da sie mit 0,95 · 2,01=1,97 m² kleiner als 2,5 m² ist.

F des Putzes der Wohnraumwand=4,62 · 2,75 − 2,70=10,00 m².

Gem. 5.1.8 sind die geputzten Leibungen der Fensteröffnung gesondert abzurechnen, da diese Öffnung größer als 2,5 m² ist; gem. 0.5.2.1 erfolgt die Abrechnung nach Längenmaß.

Bild 2 Innenwandputz mit umrahmten Öffnungen

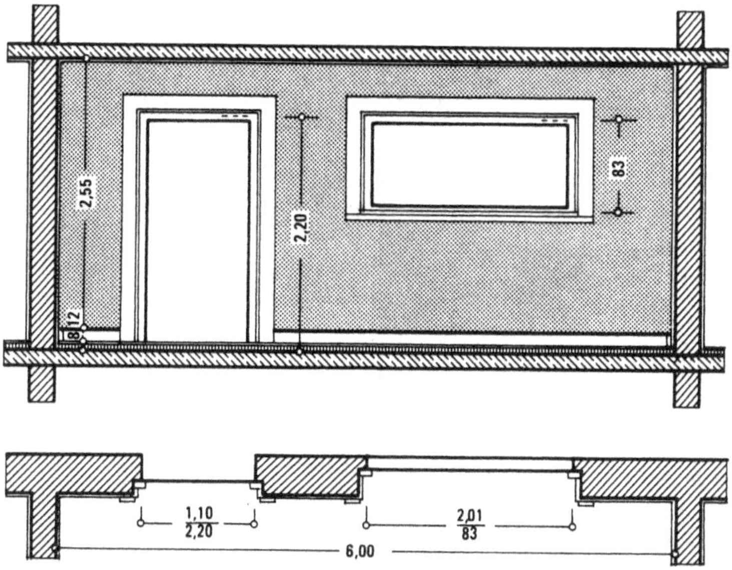

Gem. 0.5.1.1 Abrechnung des Innenwandputzes nach Flächenmaß. Für die Leistungsermittlung gelten gem. 5.1.1.1 die Maße der zu putzenden Fläche.

Das Höhenmaß der Wand rechnet von Oberfläche Rohdecke bis Unterfläche Rohdecke.

Gem. 5.1.4 wird die Fußleiste, da sie größer als 10 cm ist, von der Putzfläche abgezogen.

Gem. 0.5.2.7 wird die Mehrleistung bei den Fenster- und Türumrahmungen gesondert nach Längenmaß abgerechnet.

Gem. 5.1.6 werden weder Tür- noch Fensteröffnung abgezogen, da die Einzelgrößen dieser Öffnungen kleiner als 2,5 m² sind.

F des Putzes der Innenwand=6 (2,55+0,08)=15,78 m².

Bild 3 Messung des Innenwandputzes bei Gesimsen

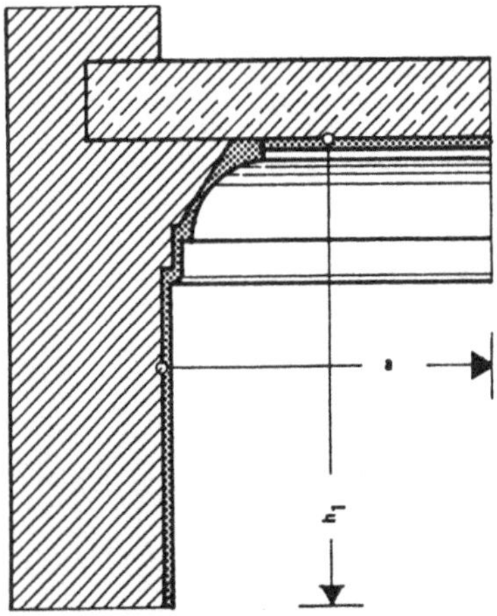

A Wand mit geputztem Gesims

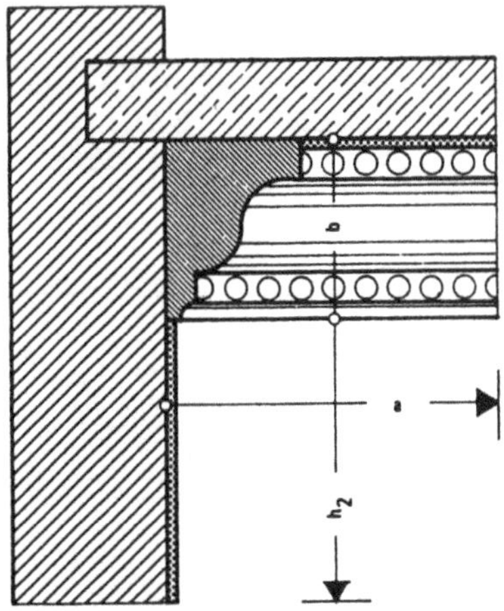

B Wand mit Stuckgesims

Gem. 0.5.1.1 Abrechnung des Wandinnenputzes nach Flächenmaß. Für die Flächenermittlung gelten die Maße von Oberfläche Rohdecke bis Unterkante Gesims. Bei Abrechnung des Wandputzes im Fall A gem. 5.1.4 Abzug der vom geputzten Gesims bedeckten Wandfläche und gesonderte Abrechnung des Gesimses nach Längenmaß (0.5.2.4). Das geputzte Gesims ist breiter als 10 cm.

Bei Abrechnung des Wandputzes im Fall B gem. 5.1.4 Abzug der vom Stuckgesims bedeckten Wandfläche und gesonderte Abrechnung des Gesimses nach Längenmaß (0.5.2.6). Das Stuckgesims ist ebenfalls breiter als 10 cm.

Gem. 0.5.3.4 werden Ecken und Verkröpfungen von Stuckprofilen, Gesimsen und Kehlen gesondert nach der Stückzahl abgerechnet.

Bild 4 Messung des Putzes an der Holzbalkendecke

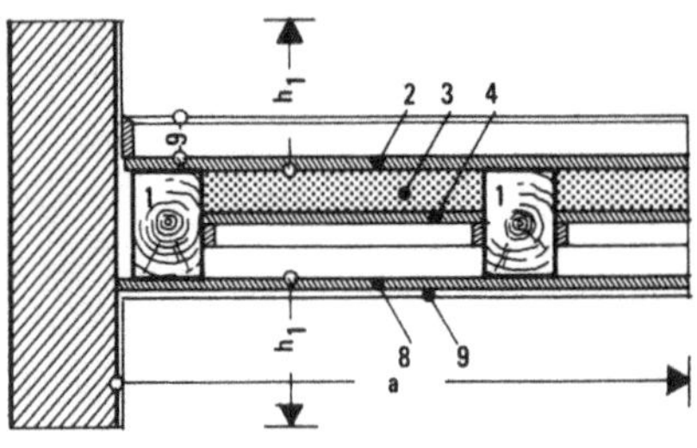

A Gedielte Holzbalkendecke mit Einschub

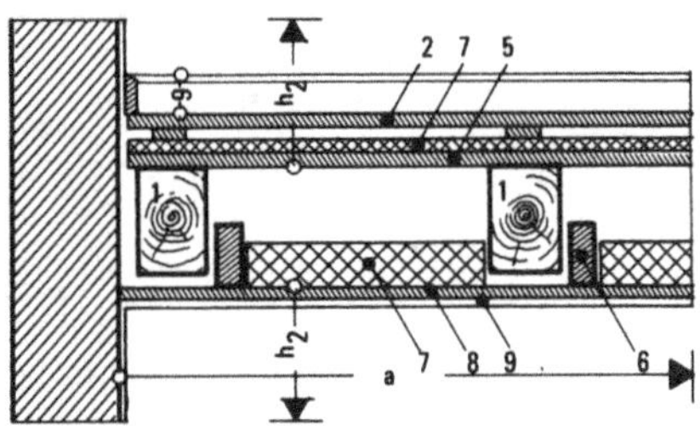

B Gedielte Holzbalkendecke mit Blindboden und selbsttragender Unterschale

1 Balken	4 Einschub	7 Dämmplatten
2 Dielung	5 Blindboden	8 Putzträger
3 Dämmung	6 Tragbohle der Unterschale	9 Putz

Gem. 0.5.1.1 Abrechnung des Innenwandputzes nach Flächenmaß. Für die Flächenermittlung gelten gem. 5.1.1.1 die Maße der zu putzenden Fläche, das sind im Fall A die Maße von Oberfläche Balken bis Unterfläche Tragholz der Putzschale.

F des Wandputzes bei A=a · h_1=... m². F des Wandputzes bei B=a · h_2=... m².

Bild 5 Messung des Putzes an Plattendecken

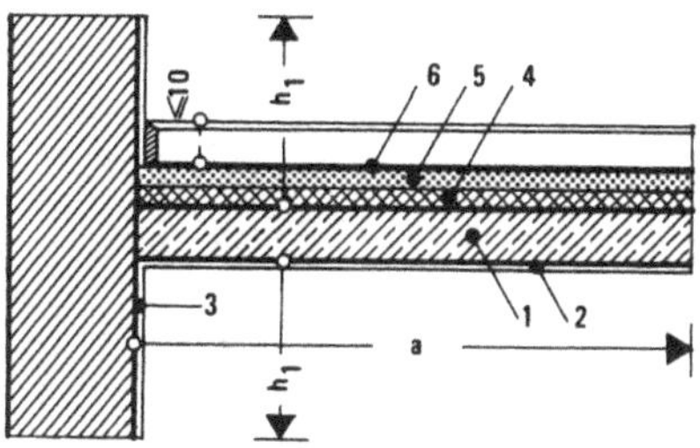

A Plattendecke aus Stahlbeton mit Dämmung und schwimmendem Estrich

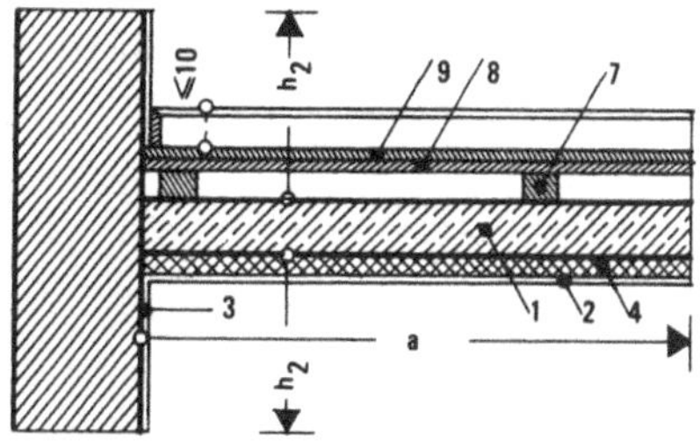

B Plattendecke aus Stahlbeton mit Parkett auf Blindboden sowie Dämmung unter der Platte

1 Platte aus Stahlbeton
2 Deckenputz
3 Wandputz

4 Dämmung
5 Schwimmender Estrich
6 Belag

7 Lagerholz
8 Blindboden
9 Parkett

Gem. 0.5.1.1 Abrechnung des Innenwandputzes nach Flächenmaß. Für die Flächenermittlung gelten gem. 5.1.1.1 die Maße der zu putzenden Fläche, das sind im Fall A und B jeweils die Maße von Oberfläche Rohdecke bis Unterfläche Rohdecke. Gem. 5.1.4 wird die Fußleiste bis 10 cm Höhe übermessen. Die Leistungsunterschiede zwischen A und B muß der Auftragnehmer bei seinen Preisen für den Innenwandputz berücksichtigen.

F des Wandputzes bei A=a · h_1=... m². F des Wandputzes bei B=a · h_2=... m².

Bild 6 Messung des Innenwandputzes an Rippendecken

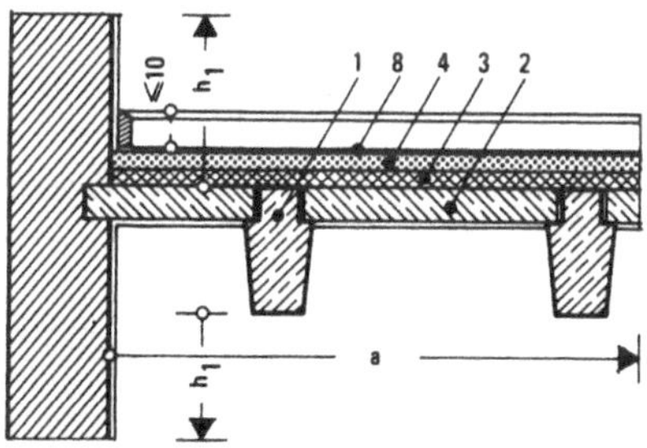

Fall A

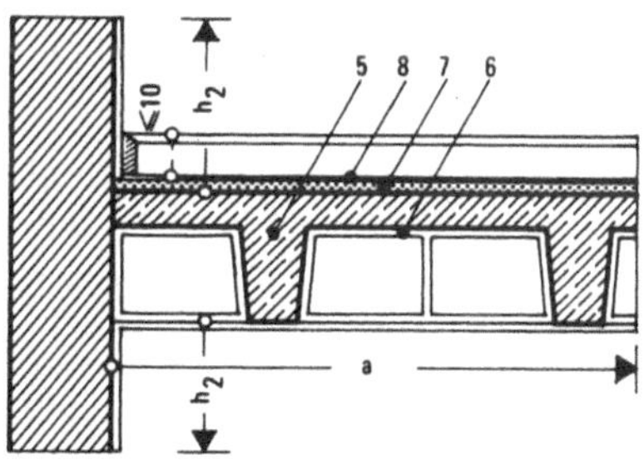

Fall B

1 Stahlbeton
2 quertragende Ausfachung
3 Dämmung
4 Schwimmender Estrich

5 Stahlbetonrippendecke aus Ortbeton
6 nichttragender Füllkörper
7 Estrich
8 Fußbodenheizug

Gem. 0.5.1.1 Abrechnung des Innenwandputzes nach Flächenmaß. Für die Flächenermittlung gelten gem. 5.1.1.1 die Maße der zu putzenden Fläche, das sind im Fall A das Maß von der Oberfläche bis zur Unterfläche der Fertigbalken, im Fall B das Maß von der Oberfläche der Stahlbetonplatte bis zur Unterfläche der Rippen bzw. der Füllkörper. Die Leistungsunterschiede beim Wandputz zwischen den Fällen A und B muß der Auftragnehmer in seinen Preisen für den Wandputz berücksichtigen.

Gem. 5.1.4 wird die Fußleiste bis 10 cm Höhe übermessen.

F des Wandputzes bei A=a · h_1=... m².

F des Wandputzes bei B=a · h_2=... m².

Bild 7 Wandputz überwölbter Räume

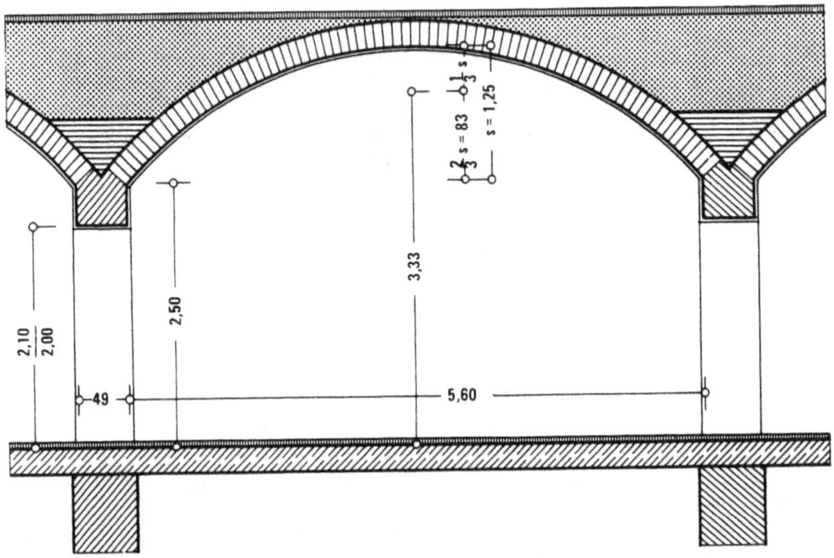

s=Gewölbestich, d.h. Höhe ab Gewölbeanschnitt bis zum unteren Scheitelpunkt des ungeputzten Gewölbes.

Gem. 0.5.1.1 Abrechnung des Innenwandputzes nach Flächenmaß. Für die Flächenermittlung gelten gem. 5.1.1.1 die Maße der geputzten Flächen.

Gem. 5.1.3 werden die Wandhöhen überwölbter Räume bis zum Gewölbeanschnitt, die Wandhöhe der Schildwände bis zu $^2/_3$ des Gewölbestichs gerechnet.

Gem. 5.1.6 werden die Öffnungen mit $2{,}00 \cdot 2{,}10 = 4{,}20\ m^2$ vom Wandputz abgezogen, da sie größer als $2{,}50\ m^2$ sind.

Gem. 5.1.8 werden die geputzten Leibungen der Öffnungen gesondert nach Längenmaß (0.5.2.1) abgerechnet, da die Öffnungen größer als $2{,}50\ m^2$ sind.

F einer Seitenwand der Länge $a = 2{,}50 \cdot a - 4{,}20 = \ldots\ m^2$,

F einer Schildwand$= 5{,}60 \cdot 3{,}33 = 18{,}65\ m^2$.

Bild 8 Messung einer Türöffnung mit Futter und Bekleidung aus Holz

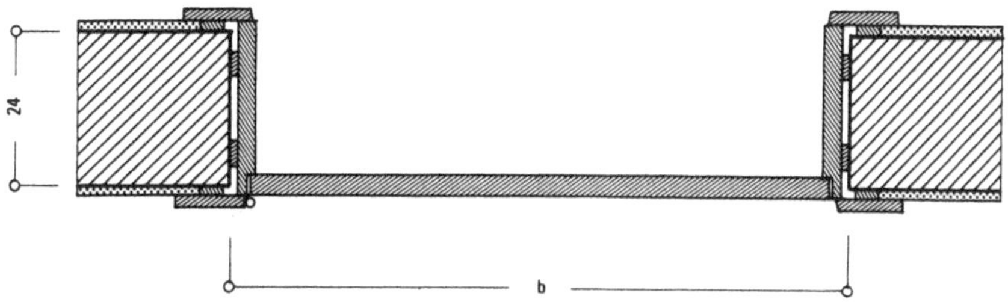

Gem. 5.1.6 sind Öffnungen bis zu einer Einzelgröße von 2,5 m² zu übermessen. Sind die Wandöffnungen größer, so gelten für den Flächenabzug die Maße des lichten Mauerwerks. In der Breite (b) gilt das Maß von Mauerwerk zu Mauerwerk, in der Höhe von Oberfläche Rohdecke bis Unterfläche Sturz.

Bild 9 Geputzte Wandfläche mit Öffnungen, Nischen und Aussparung

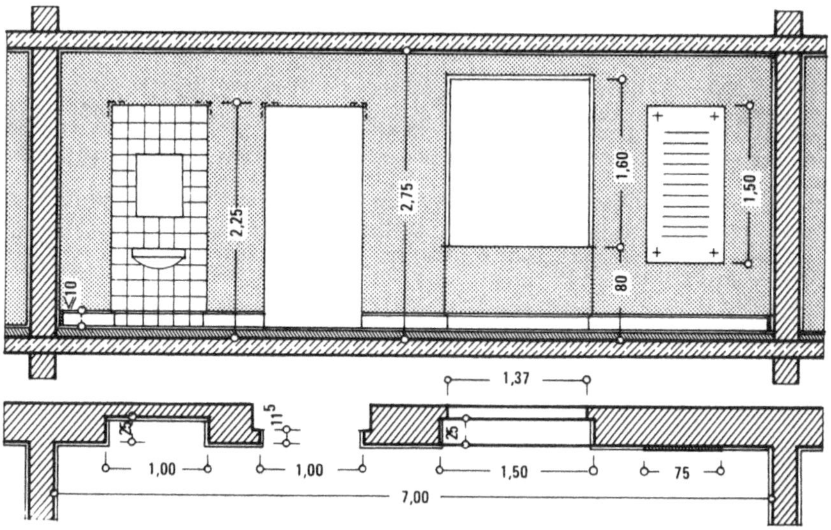

Gem. 0.5.1.1 Abrechnung des Innenwandputzes nach Flächenmaß. Für die Flächenermittlung gelten gem. 5.1.1.1 die Maße der zu putzenden Fläche.

Gem. 5.1.6 werden alle Öffnungen, Aussparungen und Nischen bis 2,5 m² Einzelgröße übermessen. Demnach kein Abzug der Türöffnung, der Fensteröffnung, der gem. 5.1.10 getrennt zu rechnenden Nischen unter dem Fenster, der gefliesten Nische und der Aussparung für die Schrifttafel, da alle Einzelgrößen kleiner als 2,5 m² sind.

Gem. 5.1.4 kein Abzug der Fußleiste, die kleiner als 10 cm ist. Gem. 5.1.8 keine gesondere Abrechnung der geputzten Fensterleibungen und der Leibungen der Nische unter dem Fenster, da die Fensteröffnung und die Nische darunter jeweils das Maß von 2,5 m² unterschreiten.

Gem. 5.1.9 wird die Rückfläche der Nische unter dem Fenster mit 1,50 · 0,80=1,2 m² gesondert gerechnet.

F des Wandputzes: 7 · 2,75−1,20=18,05 m²,

F der Nischenrückwand: 1,50 · 0,80=1,20 m².

Bild 10 Messung des Außenputzes am Gesims

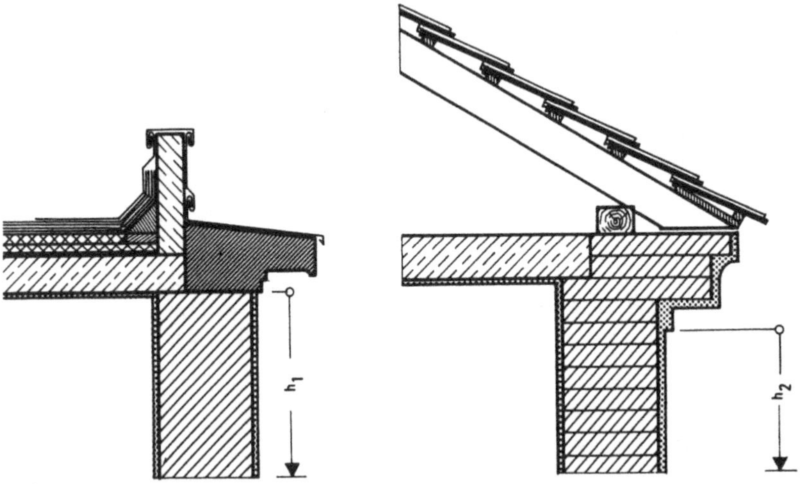

A Hauptgesims aus Werkstein

B Geputztes Hauptgesims

Gem. 0.5.1.1 Abrechnung des Außenwandputzes, getrennt nach Art des Putzes, nach Flächenmaß. Für die Flächenermittlung gelten gem. 5.1.1.1 die Maße der zu putzenden Flächen. Das Höhenmaß rechnet bei nichtgeputzten Hauptgesimsen (Fall A) bis Unterkante Gesims (h_1), bei geputzten oder gezogenen Hauptgesimsen (Fall B) ebenfalls bis Unterkante Gesims (h_2) im Fall B wird jedoch das gezogene Hauptgesims nach Längenmaß 0.5.2.4 gesondert abgerechnet. Es ist gem. 5.1.2 die größte Länge zu messen. Diese verläuft bei ausspringenden Ecken an der Außenkante, bei einspringenden Ecken an der Gesimsinnenkante.

Gem. 0.5.3.4 werden Ecken und Verkröpfungen von Stuckprofilen, Gesimsen und Kehlen zum Stückpreis abgerechnet.

Bild 11 Außenwandputz mit Bandgesims und umrahmter Fensteröffnung

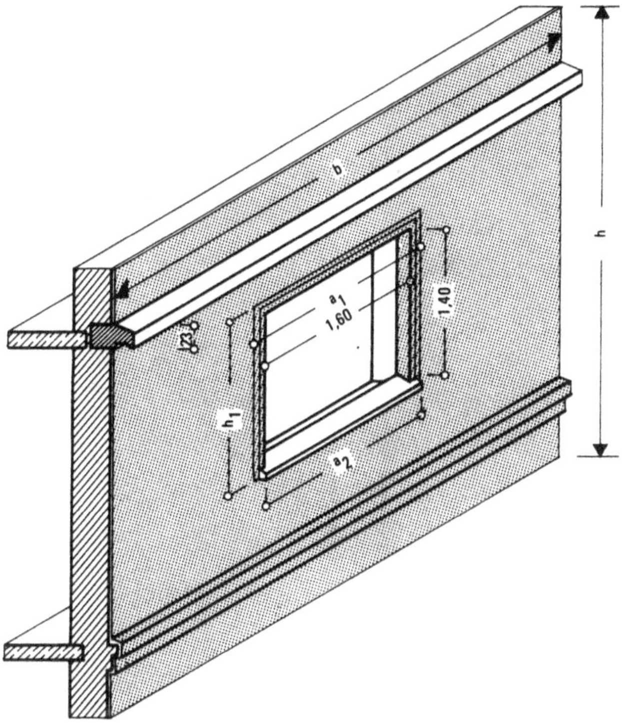

Gem. 0.5.1.1 Abrechnung des Außenwandputzes nach Flächenmaß. Gegebenenfalls ist nach Putzarten zu trennen. Für die Flächenermittlung gelten gem. 5.1.1.1 die Maße der zu putzenden Fläche.

Gem. 5.1.6 kein Abzug der Fensteröffnung, die mit 1,60 · 1,40=2,24 kleiner als 2,5 m² ist. Daher auch gem. 5.1.8 keine gesondere Abrechnung der geputzten Leibungen.

Gesonderte Abrechnung der Umrahmung der Fensteröffnung nach Längenmaß (0.5.2.7) ohne Abzug der Putzfläche vom Flächenmaß des Wandputzes.

L der Fensterumrahmung: $2 \cdot h_1 + a_1 = \ldots$ l.

Desgleichen gem. 0.5.2.4 gesonderte Abrechnung des geputzten Bandgesimses nach Längenmaß, dessen Breite von dem Höhenmaß des Wandputzes abzuziehen ist, da sie mehr als 10 cm beträgt.

Bild 12 Messung von Gewölbeputz, Stichhöhe über $^1/_6$ Spannweite

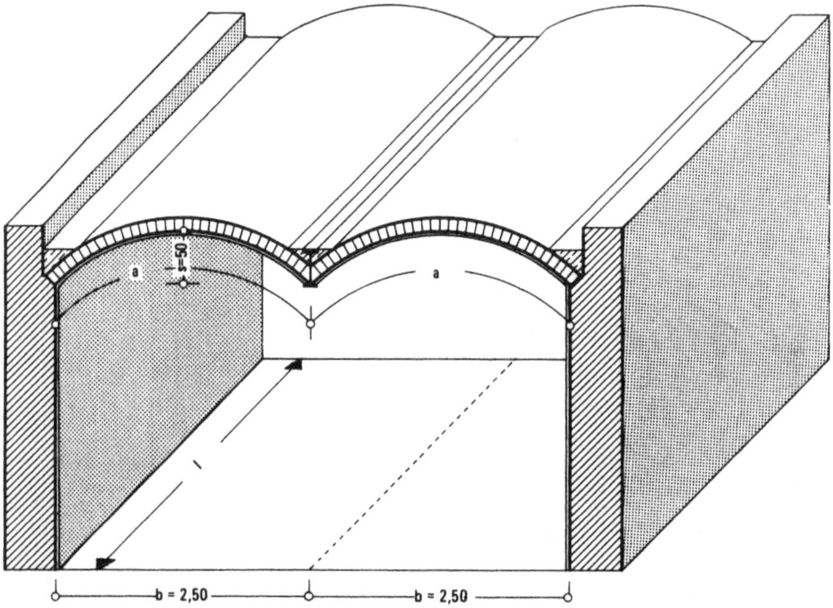

Spannweite b=2,50 m
Stichhöhe s=0,50 m=$^1/_5$ b

Gem. 0.5.1.1 Abrechnung des Gewölbeputzes nach Flächenmaß. Für die Flächenermittlung gelten gem. 5.1.1.1 die Maße der zu putzenden Flächen. Da die Stichhöhe (s) im vorliegenden Fall größer als $^1/_6$ der Spannweite ist, wird gem. 5.1.5 die abzurechnende Leistung nach der Fläche der abgewickelten Gewölbeuntersicht berechnet. Der ungeputzt bleibende Flansch des Gurtträgers bleibt unberücksichtigt, d.h. seine Fläche wird vom Gewölbeputz nicht abgezogen, da die Gewölbe bis Mitte Träger gespannt sind.

F des Gewölbeputzes=2 · a · l=... m².

Bild 13 Messung von Gewölbeputz, Stichhöhe unter 1/6 Spannweite

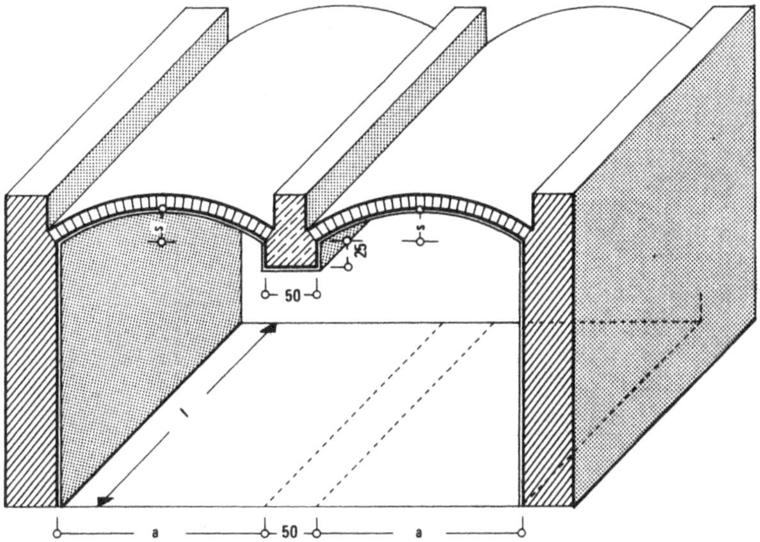

Gem. 0.5.1.1 Abrechnung des Gewölbeputzes nach Flächenmaß. Für die Flächenermittlung gelten gem. 5.1.1.1 die Maße der zu putzenden Flächen. Da die Stichhöhe (s) im vorliegenden Fall kleiner als 1/6 der Gewölbespannweite ist, wird gem. 5.1.5 als abzurechnende Leistung die Fläche des vom Gewölbe überdeckten Raumes gemessen. Die Fläche der Gurtung ist dabei nicht mitzurechnen, da sie nicht zu der vom Gewölbe überdeckten Fläche gehört.

F des Gewölbeputzes=2 · a · l=... m².

Gem. 0.5.2.2 Abrechnung des Putzes der Gurtung nach Längenmaß

L des Putzes der Gurtung=0,50 · l=... m.

Bild 14 Deckenputz mit Stuckarbeit und Aussparungen

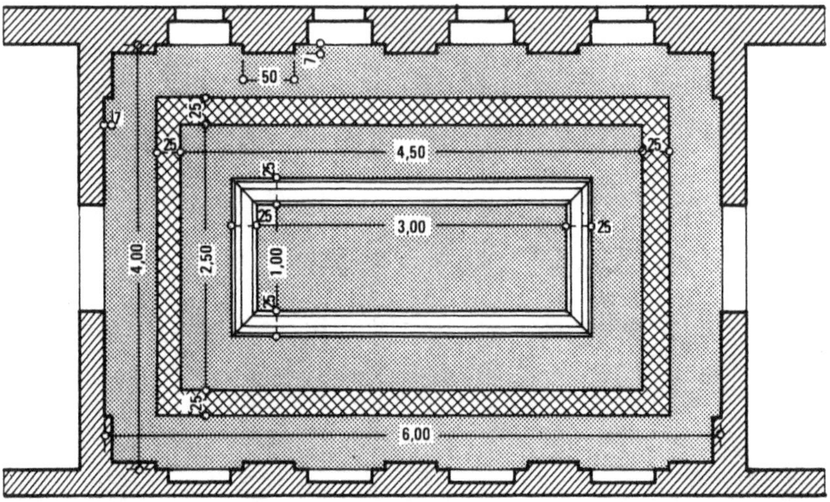

Grundriß mit Deckenprojektion

Gem. 0.5.1.1 Abrechnung des Deckenputzes nach Flächenmaß. Für die Flächenermittlung gelten gem. 5.1.1.1 die Maße der zu putzenden Fläche.

Gem. 5.1.6 kein Abzug der Aussparungen für die Wandrisalite, die im einzelnen kleiner als 2,5 m² sind. Jedoch Abzug der Aussparung für die Deckenbeleuchtung, die mit 2 (5,00+2,50) 0,25=3,75 m² größer als 2,5 m² ist.

Ferner kein Abzug der von der Stuckarbeit bedeckten Fläche, die mit 2 (3,50+1,00) 0,25=2,25 m² ebenfalls kleiner als 2,5 m² ist.

F des Deckenputzes=6,00 · 4,00−3,75=20,25 m².

Gem. 0.5.2.5 Abrechnung des Putzanschlusses an die Konstruktion der Deckenbeleuchtung nach Längenmaß.

L des Putzanschlusses=2 (5,00+3,00+4,50+2,50)=30,00 m.

Gem. 0.5.2.6 Abrechnung der Stuckarbeiten nach Längenmaß.

L der Stuckarbeit=2 (3,50+1,00)=9,00 m.

Gem. 0.5.3.4 Abrechnung der vier Verkröpfungen bei der Stuckarbeit zum Stückpreis.

Bild 15 Messung des Putzes an Stützen und Unterzügen

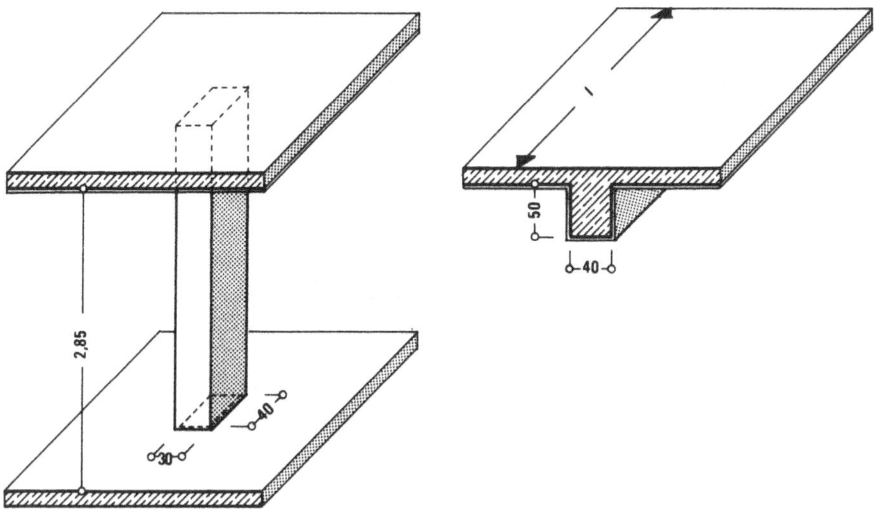

Gem. 0.5.2.2 Abrechnung des Putzes an der Stütze sowie am Unterzug nach Längenmaß, getrennt nach Bauart und Maßen.

Gem. 5.1.2 wird bei der Ermittlung des Längenmaßes die größte, ggf. abgewickelte Bauteillänge, gemessen.

L des Putzes an der Stütze: 2,85 m.

L des Putzes am Unterzug: 1=... m.

Bild 16 Wand- und Deckenbekleidung mit Gipskartonplatten

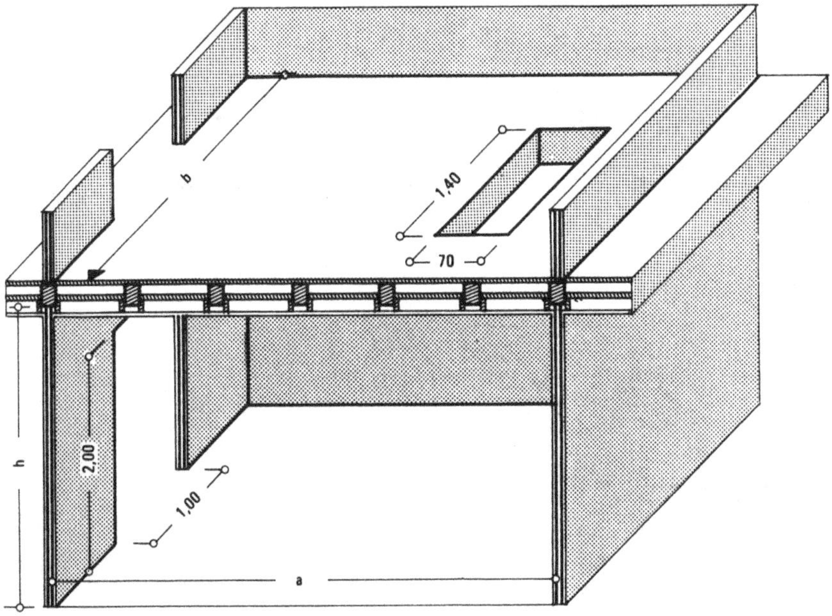

Gem. 0.5.1.1 Abrechnung der Wand- und Deckenbekleidung mit Gipskartonplatten nach Flächenmaß
Für die Flächenermittlung gelten gem. 5.1.1.1 sinngemäß die Maße der zu bekleidenden Flächen.

Gem. 5.1.6 kein Abzug der Türöffnung, die kleiner als 2,5 m² ist.

Gem. 5.1.7 Abzug der Öffnung für die Bodentreppe, die mit 0,70 · 1,40=0,98 m² größer als 0,5 m² ist.

F der Wandbekleidung: a · h=... m²,

F der Deckenbekleidung: a · b−0,98=... m².

Bild 17 Messung von geputzten Fensterumrahmungen

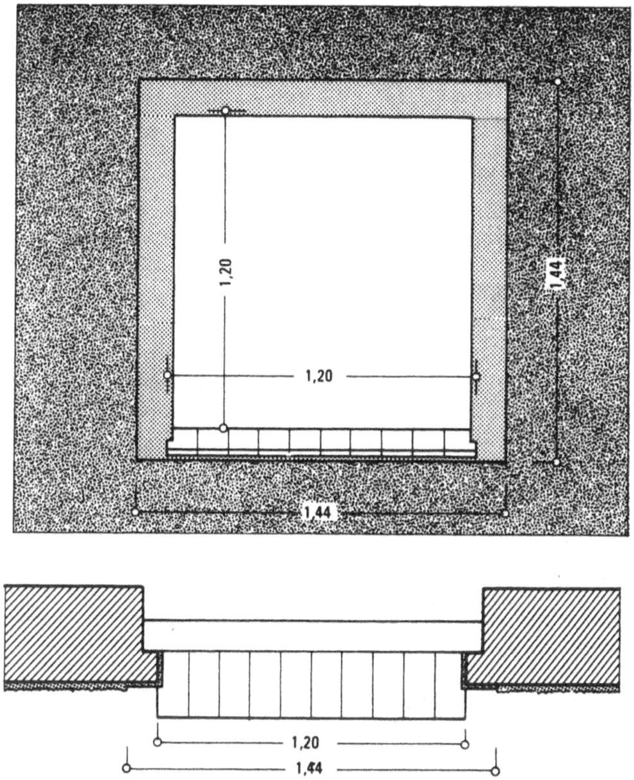

Gem. 0.5.1.1 Abrechnung des Rauhputzes der Außenwand nach Flächenmaß. Die feingeputzte Umrahmung der Fensteröffnung wird mitgerechnet, d.h. ihre Fläche wird von der abzurechnenden Putzfläche des Rauhputzes nicht abgezogen. Bemessen der Fläche gem. 5.1.1.1.

Gem. 5.1.6 kein Abzug der Fensteröffnung, die mit ihren lichten Konstruktionsmaßen von 1,20 · 1,20 kleiner als 2,5 m² ist.

Gem. 5.1.8 keine gesonderte Abrechnung der geputzten Leibungen.

Gem. 0.5.2.7 Abrechnung der Mehrleistung für die geputzte Fensterumrahmung nach Längenmaß. Es ist gem. 5.1.2 die größte Länge zu messen.

Bei Abrechnung nach Längenmaß ist

L=3 · 1,44=4,32 m.

VOB Teil C:
Allgemeine Technische Vertragsbedingungen für Bauleistungen (ATV)
Fassadenarbeiten – DIN 18351
Ausgabe Mai 1998

1 Geltungsbereich

1.1 Die ATV »Fassadenarbeiten« – DIN 18351 – gilt für großformatige, hinterlüftete Außenwandbekleidungen mit Unterkonstruktionen und für hinterlüftete keramische Außenwandbekleidungen, z.B. von Wänden, Stützen, Brüstungen und Attiken sowie Unterseiten von Bauteilen im Außenbereich, wie bei Durchfahrten, Balkonen, Auskragungen.

1.2 Die ATV DIN 18351 gilt nicht für

- hinterlüftete Außenwandbekleidungen mit Naturwerkstein- und Betonwerksteinplatten mit einer Nenndicke = 30 mm (siehe ATV DIN 18332 »Naturwerksteinarbeiten« und ATV DIN 18333 »Betonwerksteinarbeiten«),
- Außenwandbekleidungen aus Brettern oder Bohlen sowie mit Holzschindeln (siehe ATV DIN 18334 »Zimmer- und Holzbauarbeiten«),
- Außenwandbekleidungen mit Dachdeckungsstoffen (siehe ATV DIN 18338 »Dachdeckungs- und Dachabdichtungsarbeiten«),
- das Herstellen von Metall-Wandbekleidungen mit am Bau zu fälzenden Metallbauteilen und Metallanschlüssen (siehe ATV DIN 18339 »Klempnerarbeiten),
- das Herstellen von Bauteilen aus Holz und Kunststoff für Außenwandbekleidungen (siehe ATV DIN 18355 »Tischlerarbeiten«).

1.3 Ergänzend gelten die Absätze 1 bis 5 der ATV DIN 18299 »Allgemeine Regelungen für Bauarbeiten jeder Art«. Bei Widersprüchen gehen die Regelungen der ATV DIN 18351 vor.

5 Abrechnung

Gem. ATV DIN 18299 gilt allgemein:

Die Leistung ist aus Zeichnungen zu ermitteln, sofern die ausgeführte Leistung diesen Zeichnungen entspricht. Sind solche Zeichnungen nicht vorhanden, ist die Leistung aufzumessen.

Abrechnungseinheiten

Gem. 0.5 sind im Leistungsverzeichnis die Abrechnungseinheiten wie folgt vorzusehen:

0.5.1 Flächenmaß (m^2), getrennt nach Bauart und Maßen, für
0.5.1.1 Bekleidungen (mit oder ohne Unterkonstruktion und/oder Dämmschichten),
0.5.1.2 Trag- und Unterkonstruktionen sowie Bekleidungen auch im Bereich erhöhter Lasten,
0.5.1.3 Dämmschichten
0.5.1.4 Ausgleichsschichten, Trennschichten,
0.5.1.5 Vorbehandlung des Untergrundes,
0.5.1.6 nachträgliche Oberflächenbehandlung.
0.5.2 Längenmaß (m), getrennt nach Bauart und Maßen, für
0.5.2.1 Blenden, Attika-Bekleidungen, Abdeckungen sowie andere streifenförmige Bekleidungen, z.B. an Traufen, Gesimsen, Balkonen, Pfeilern, Stützen, Unterzügen,

0.5.2.2 Leibungen, Fensterbänke,
0.5.2.3 Sockel- und Sturzausbildungen,
0.5.2.4 An- und Abschlußprofile, Lüftungsprofile, Schutzgitter an Lüftungsöffnungen,
0.5.2.5 Abschottungen,
0.5.2.6 An- und Abschlüsse sowie Eckausbildungen (Außen- und Innenecken),
0.5.2.7 Ausbilden und Schließen von Bewegungs- und Bauteilfugen,
0.5.2.8 Abdichten von Bauwerksfugen bzw. deren Abdeckung,
0.5.2.9 Abdichtungsstreifen bei Anschlüssen an Fenstern, Metalleinfassungen, Mauerabdeckungen und dergleichen,
0.5.2.10 streifenförmige Trenn- und Dämmschichten und dergleichen,
0.5.2.11 Zuschnitte von Bekleidungen, z.B. an schrägen An- und Abschlüssen.
0.5.3 Anzahl (Stück), getrennt nach Bauart und Maßen, für
0.5.3.1 Bekleidungen besonderer Bauteile, z.B. Balkone, Fundamentsockel, Säulen, Pfeiler,
0.5.3.2 Formteile, Fensterbänke und dergleichen,
0.5.3.3 Eckausbildungen (Verstärkungen), Endstücke,
0.5.3.4 besondere Unterkonstruktionen und Verankerungen,
0.5.3.5 Einzelbauteile, Zierplatten und dergleichen,
0.5.3.6 Aussparungen, z.B. für Leuchten, Luftauslässe, Rohrdurchführungen, Steckdosen,
0.5.3.7 Schließen von Installationsdurchgängen und dergleichen,
0.5.3.8 Verstärkungen an Bauteilen, z.B. im Bereich von Aussparungen,
0.5.3.9 verbleibende Gerüstanker,
0.5.3.10 nachträglich zu montierende Teile, z.B. nach dem bzw. beim Abbau der Gerüste.

Ergänzend zu ATV DIN 18299 gilt:

5.1 Allgemeines

5.1.1 Der Ermittlung der Leistung – gleichgültig, ob sie nach Zeichnung oder Aufmaß erfolgt – sind für Bekleidungen, Unterkonstruktionen, Wärme- und Schalldämmungen, Oberflächenbehandlungen und dergleichen die Maße der Bekleidung zugrunde zu legen.

Diese Abrechnungsvorschrift unterscheidet sich von den meisten allgemeinen Regelungen in anderen ATV dadurch, daß sich die Ermittlung der Leistung nur auf die tatsächlichen Maße der ausgeführten Bekleidung bezieht. Diese Maße sind bei begrenzenden äußeren Bauteilen größer als die der Bauteile, während sie bei innenliegenden begrenzenden Bauteilen kleiner als die Konstruktionsmaße der Bauteile sind (Bild 2).

Es kommen die drei Abrechnungsarten Flächenmaß, Längenmaß und Anzahl in Betracht.

5.1.2 Fugen werden übermessen.

Diese Vorschrift dient der Messungserleichterung.

5.1.3. In Fassadenflächen liegende unbekleidete Rahmen, Riegel, Ständer, Unterzüge, Vorlagen und dergleichen, bis 0,3 m Einzelbreite, werden übermessen.

Auch diese Vorschrift dient der Messungserleichterung. Sie kommt vornehmlich bei Skelett- oder Fachwerksbauten zur Anwendung.

5.1.4 Bei Abrechnung nach Längenmaß (m) wird die größte, bei gebogenen Bauteilen die äußere abgewickelte Bauteillänge gemessen.

Das Längenmaß kommt bei längenorientierten Leistungen zur Anwendung. Es sind dies z.B. streifenförmige Bekleidungen an Gesimsen, Pfeilern, Unterzügen und dergleichen (Bild 3).
Gem. 5.2.2 sind Unterbrechungen über 1 m Einzellänge abzuziehen.

5.1.5 Bei Abrechnung nach Flächenmaß (m^2) von Einzelbauteilen mit nicht rechtwinkeligen oder ausgeklinkten Flächen wird das kleinste umschriebene Rechteck gerechnet.

Es sind dies z.B. trapezförmige Bekleidungsstücke, ausgeschnittene unregelmäßige Rechteckstücke u.ä. (siehe Bild 1).

5.2 Es werden abgezogen:

5.2.1 Bei Abrechnung nach Flächenmaß (m^2):
Aussparungen in der Bekleidung, z.B. Öffnungen, Nischen, über 2,5 m^2 Einzelgröße

5.2.2 Bei Abrechnung nach Längenmaß (m):
Unterbrechungen über 1 m Einzellänge.

Diese Abzüge sind auf Leistungen gröberen Umfangs abgestimmt.

Zu 0.5.1.1:
Abrechnungseinheit für Bekleidungen nach Flächenmaß. Sie ist für Bekleidungen allein oder zusammen mit Unterkonstruktionen und Dämmschichten anzuwenden. Über Art und Stoffe der Bekleidung sind im LV Angaben zu machen. Das Flächenmaß bestimmt sich nach flächenorientierten Leistungen.

Zu 0.5.1.2:
Trag- und Unterkonstruktionen werden nach ihrer Fläche abgerechnet. Ausführung und Art der Maße sind in der LB vorzugeben: Der Abzug von Aussparungen gem. 5.1.1 ist zu beachten. Die Abrechnung nach Flächenmaß schließt auch Leistungen im Bereich erhöhter Lasten ein, z.B. Windlasten.

Zu 0.5.1.3:
Abrechnungseinheit für Dämmschichten ist das Flächenmaß. Art und Dicke der Dämmschichten sind in der LB vorzugeben. Zur Dämmung gehören: Wärme- und Schalldämmung sowie Entdröhnung.

Zu 0.5.1.4:
Abrechnungseinheit für Ausgleichsschichten und Trennschichten ist das Flächenmaß. Abweichungen von den vorgeschriebenen Maßen sind, soweit die in DIN Normen gezogenen Grenzen nicht überschritten werden, zulässig. Sind die Normbestimmungen nicht eingehalten, ist das Ausgleichen unebener oder nicht lot- und fluchtrechter Montagegründe eine Besondere Leistung. Trennschichten, z.B. als Feuchtigkeitsschutz, sind ebenfalls nach Flächenmaß abzurechnen.

Zu 0.5.1.5:
Die Art, Beschaffenheit und Festigkeit des Untergrundes kann eine Vorbehandlung notwendig machen. Die Abrechnung erfolgt nach dem Flächenmaß. Abzüge gem. 5.2.1 sind zu beachten.

Zu 0.5.1.6:
Der Auftraggeber muß die Art der Oberflächenbehandlung bei der LB festlegen. Die nachträgliche Oberflächenbearbeitung ist nach Flächenmaß als Besondere Leistung abzurechnen.

Zu 0.5.2.1:
Streifenförmige Bekleidungen, wie Blenden, Attika-Bekleidungen und Abdeckungen, werden, getrennt nach Bauart und Maßen, nach Längenmaß abgerechnet. Zu solchen Bekleidungen gehören, z.B. Arbeiten an Traufen, Gesimsen, Balkonen, Pfeilern, Stützen und Unterzügen.

Zu 0.5.2.2:
Leibungen und Fensterbänke gehören zu den Leistungen, die nach Längenmaß abgerechnet werden. Sie zählen zu den Formteilen, die nach Art, Anzahl und Größe in der LB vorzusehen sind.

Zu 0.5.2.3:
Abrechnungseinheit von Sockel- und Sturzausbildungen ist das Längenmaß. Bei der Abrechnung werden Unterbrechungen über 1 m Einzellänge abgezogen.

Zu 0.5.2.4:
An- und Abschlußprofile, Lüftungsprofile, Schutzgitter an Lüftungsöffnungen sind nach Längenmaß abzurechnen. Der Bauherr hat Art, Anzahl, Abmessungen und Ausbildung von An- und Abschlüssen in der LB anzugeben.

Zu 0.5.2.5:
Abrechnungseinheit für Abschottungen ist das Längenmaß. Art, Anzahl und Abmessungen sind in der LB vorzuschreiben. Wegen des Abzugs bei der Abrechnung ist 5.2.2 zu beachten.

Zu 0.5.2.6:
Nach Art, Anzahl, Abmessungen und Ausbildung getrennt sind An- und Abschlüsse abzurechnen. Das gilt auch für die Ausbildung von Außen- und Innenecken.

Zu 0.5.2.7:
Das Ausbilden und Schließen von Bewegungs- und Bauteilfugen ist nach Längenmaß abzurechnen. Art, Lage und Abmessungen sind in der LB anzugeben. Wegen des Abzuges bei der Abrechnung ist 5.2.2 beachten.

Zu 0.5.2.8:
Abrechnungseinheit für die Abdichtung von Bauwerksfugen ist das Längenmaß. Das gilt auch für die Abdeckung dieser Fugen. Nach den Vorschriften der ATV müssen Bewegungsfugen des Bauwerks konstruktiv mit gleicher Bewegungsmöglichkeit übernommen werden.

Zu 0.5.2.9:
Abdichtungsstreifen bei Anschlüssen an Fenstern, Metalleinfassungen, Mauerabdeckungen und dergleichen werden nach dem Längenmaß abgerechnet. Es ist nach Bauart und Maßen zu trennen.

Zu 0.5.2.10:
Streifenförmige Trenn- und Dämmschichten sind, nach Art und Maßen getrennt, abzurechnen.

Zu 0.5.2.11:

Nach Bauart und Maßen getrennt, sind Zuschnitte von Bekleidungen, z.B. an schrägen An- und Abschlüssen, abzurechnen. Wegen des Abzugs bei der Abrechnung ist 5.2.2 zu beachten.

Zu 0.5.3.1:

Abrechnungseinheit für Bekleidungen besonderer Bauteile ist die Stückzahl. Zu den besonderen Bauteilen gehören, z.B. Balkone, Fundamentsockel, Säulen, Pfeiler u.ä. Es kommen folgende Bekleidungselemente in Betracht:

Bekleidungselemente aus

- *Metall und Metallverbundelementen,*
- *Keramik (Steingut, Steinzeug, Ziegel),*
- *Kunststoff,*
- *Glas,*
- *Natur- und Betonwerksteinen,*
- *Verbundelementen und Stoffkombinationen.*

In der LB sind Angaben über Art, Lage, Größe und Beschaffenheit der Bekleidung besonderer Bauteile zu machen.

Zu 0.5.3.2:

Abrechnungseinheit von Formteilen, Fensterbänken und dergleichen ist die Stückzahl. Wegen ihrer längenorientierten Abmessungen können Leibungen und Fensterbänke auch nach Längenmaß abgerechnet werden.

Zu 0.5.3.3:

Eckausbildungen, z.B. Verstärkungen, sowie Endstücke sind nach der Stückzahl abzurechnen. Wenn die Länge des Bauteils überwiegt, können Ausbildungen von Außen- und Innenecken auch nach Längenmaß abgerechnet werden. Welche Abrechnungsart anzuwenden ist, muß in der LB angegeben sein.

Zu 0.5.3.4:

Besondere Unterkonstruktionen und Verankerungen sind nach der Stückzahl abzurechnen. Hierzu sind in der LB folgende Angaben zu machen:

- *Art und Ausbildung der Verankerung der Unterkonstruktion (Dübel, Bolzen, Ankerschienen) sowie*
- *Besonderheiten der Verankerung bei mehrschaligen Untergründen (Verankerung in der Wetterschale, Konsolanker, Durchgangsbohrungen).*

Zu 0.5.3.5:

Abrechnungseinheit für Einzelbauteile, Zierplatten und dergleichen ist die Stückzahl. Es ist nach Bauart und Maßen zu trennen.

Zu 0.5.3.6:

Abrechnungseinheit für Aussparungen ist die Stückzahl. Aussparungen werden notwendig bei Leuchten, Luftauslässen, Rohrdurchführungen, Steckdosen u.ä. Art, Anzahl, Abmessungen und Ausbildung der Aussparungen sind in der LB anzugeben.

Zu 0.5.3.7:

Das Schließen von Installationsdurchgängen und dergleichen wird nach der Stückzahl abgerechnet. Installationsdurchgänge sind z.B. Rohrdurchführungen für Wasser, Gas und Lüftung.

Zu 0.5.3.8:
Verstärkungen an Bauteilen, z.B. an Kanten und Ecken sowie für die Randzonen bei Aussparungen, werden nach der Stückzahl abgerechnet. Sie werden bei konstruktiven Anforderungen, z.B. Fugenausbildung, Ableitung von Niederschlagswasser und Be- und Entlüftungsöffnungen, notwendig.

Zu 0.5.3.9:
Verbleibende Gerüstanker werden nach der Stückzahl abgerechnet. Art, Anzahl und Lage sind in der LB festzulegen. Das Herstellen von im Bauwerk verbleibenden Gerüstverankerungen ist eine Besondere Leistung.

Zu 0.5.3.10:
Wenn nach dem bzw. während des Abbaus der Gerüste nachträglich noch Bauteile zu montieren sind, ist dies als Besondere Leistung abzurechnen.

Bild 1 Bemessung von unregelmäßigen Fassadenbauteilen

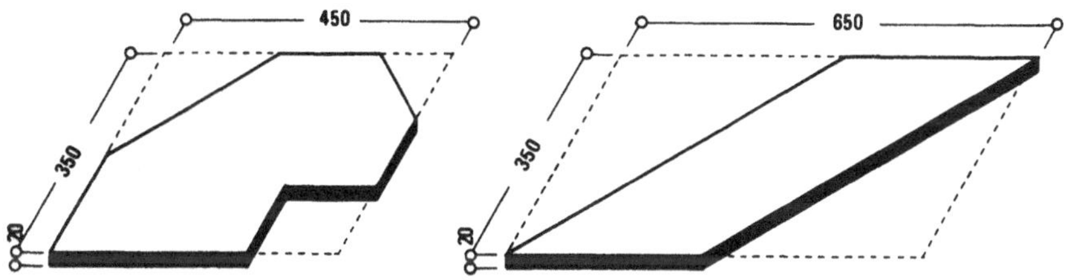

A Ausgeschnittenes, unregelmäßiges Rechteckstück aus Stahlblech 2 mm dick

B Trapezförmiges Stück aus Stahlblech 2 mm dick

Gemäß 5.1.5 wird bei Abrechnung nach Flächenmaß von Einzelbauteilen mit nicht rechtwinkeligen oder ausgeklinkten Flächen das kleinste umschriebene Rechteck gerechnet.

Bild 2 Messung von Öffnungen in Metallfassaden mit Werksteinleibungen

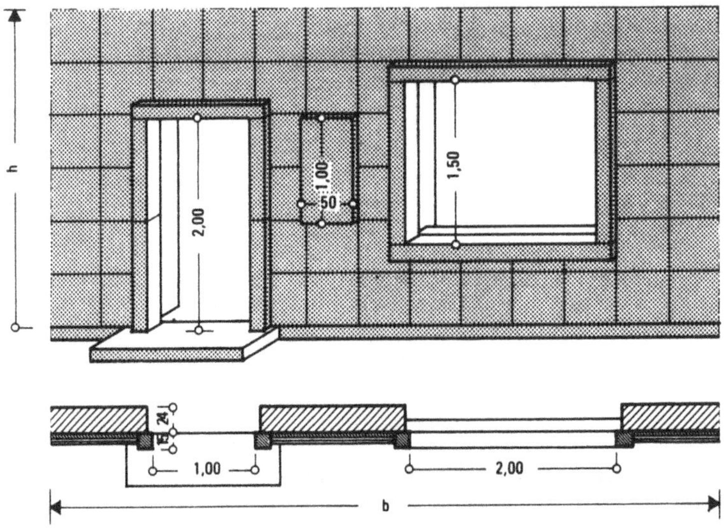

Gem. 0.5.1.1 Abrechnung der Fassadenbekleidung nach Flächenmaß.

Die Unterkonstruktion und die Dämmschicht sind ebenfalls nach Flächenmaß abzurechnen. Es gelten die Maße der ausgeführten Leistung.

Gem. 5.2.1 kein Abzug der Aussparung für die Wandtafel, da die Fläche kleiner als 2,5 m² ist.

Ebenfalls kein Abzug für die Türöffnung, die mit 1,00 · 2,00 m

= 2,00 m² kleiner ist als 2,50 m².

Jedoch Abzug der Fensteröffnung, die mit 2,00 · 1,50 m = 3,00 m²

das Maß von 2,50 m² übersteigt.

F der Fassadenbekleidung ist

b · h – 3,00 =... m².

Abrechnung der Leibungen aus Naturwerkstein nach ATV DIN 18332 »Naturwerksteinarbeiten«.

Bild 3 Messung von Metallfassaden mit bekleideten Leibungen

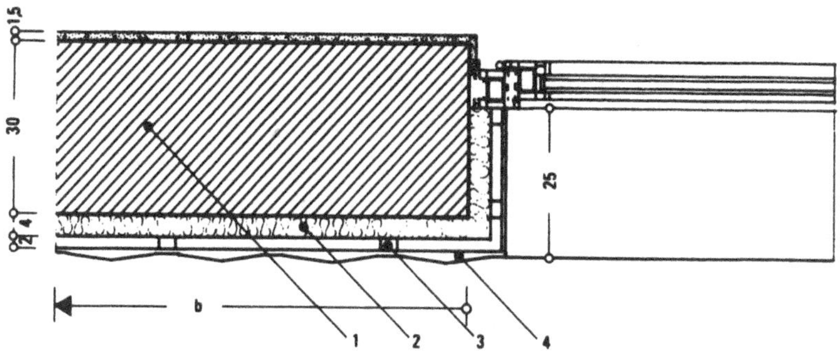

1 Mauerwerk

2 Dämmung

3 Unterkonstruktion aus Metallprofilen

4 Profiliertes Blech

Gem. 0.5.1.1 Abrechnung der Wandbekleidung einschließlich Unterkonstruktion und Dämmschicht nach Flächenmaß. Aussparungen in der Bekleidung, z.B. Öffnungen, Nischen, über 2,50 m² Einzelgröße werden abgezogen.

Gem. 5.1.1 gelten für die Ermittlung der Fläche die Maße der ausgeführten Leistung.

Die Profilierung der Fassadenbleche bleibt bei der Bemessung unberücksichtigt.

Gem. 0.5.2.2 sind Bekleidungen von Leibungen nach Längenmaß abzurechnen.

Gem. 5.1.4 wird bei Abrechnung nach Längenmaß die größte, bei gebogenen Bauteilen die äußere abgewickelte Bauteillänge gemessen.

VOB Teil C:
Allgemeine Technische Vertragsbedingungen für Bauleistungen (ATV)
Fliesen- und Plattenarbeiten – DIN 18352
Ausgabe Juni 1996

1 Geltungsbereich

1.1 Die ATV »Fliesen- und Plattenarbeiten« – DIN 18352 – gilt für das Ansetzen und Verlegen von

- Fliesen, Platten und Mosaik,
- Solnhofener Platten, Natursteinfliesen, Natursteinmosaik und Natursteinriemchen.

1.2 Die ATV DIN 18352 gilt nicht für das Ansetzen und Verlegen von

- anderen Platten aus Naturwerksteinen (siehe ATV DIN 18332 »Naturwerksteinarbeiten«) und
- Platten aus Betonwerkstein (siehe ATV DIN 18333 »Betonwerksteinarbeiten«).

1.3 Ergänzend gelten die Abschnitte 1 bis 5 der ATV DIN 18299 »Allgemeine Regelungen für Bauarbeiten jeder Art«. Bei Widersprüchen gehen die Regelungen der ATV DIN 18352 vor.

5 Abrechnung

Gem. ATV DIN 18299 Abschn. 5 gilt allgemein:

Die Leistung ist aus Zeichnungen zu ermitteln, soweit die ausgeführte Leistung diesen Zeichnungen entspricht. Sind solche Zeichnungen nicht vorhanden, ist die Leistung aufzumessen.

Siehe hierzu die eingehende Erläuterung zur ATV DIN 18299 »Allgemeine Regelungen für Bauarbeiten jeder Art«.

Abrechnungseinheiten

Gem. 0.5 sind im Leistungsverzeichnis die Abrechnungseinheiten wie folgt vorzusehen:

0.5.1 nach Flächenmaß (m²), getrennt nach Bauart und Maßen, für
0.5.1.1 – Vorbehandlung des Untergrundes,
0.5.1.2 – Ausgleichsschichten,
0.5.1.3 – Trennschichten,
0.5.1.4 – Dämmschichten,
0.5.1.5 – Unterböden,
0.5.1.6 – Decken-, Wand- und Bodenbeläge,
0.5.1.7 – Oberflächenbehandlung der Beläge,
0.5.1.8 – Bewehrungen, Trag- und Unterkonstruktionen,
0.5.1.9 – Wände.
0.5.2 nach Längenmaß (m), getrennt nach Bauart und Maßen, für
0.5.2.1 – Stufen und Schwellen,
0.5.2.2 – Sockel und Kehlen,
0.5.2.3 – Gehrungen an Fliesen- und Plattenkanten,
0.5.2.4 – Schrägschnitte,
0.5.2.5 – Profile und Leisten aus Formstücken,
0.5.2.6 – Rinnen und Roste,

0.5.2.7 – Schienen,
0.5.2.8 – Ausbilden und Schließen von Bewegungsfugen.
0.5.3 nach Anzahl (Stück), getrennt nach Bauart und Maßen, für
0.5.3.1 – Stufen und Schwellen; auch nach Längenmaß,
0.5.3.2 – freie Stufenköpfe,
0.5.3.3 – Zwickel bei abgestuften Begrenzungen der Beläge, z.B. über Treppen,
0.5.3.4 – Bekleidungen besonderer Bauteile, z.B. Fundamentsockel, Säulen, Pfeiler,
0.5.3.5 – Einmauern von Einbauwannen und Brausewannen,
0.5.3.6 – Anarbeiten der Beläge an Waschtische, Spülbecken, Wannen, Brausewannen, Wannenuntertritte, schräge Wannenschürzen,
0.5.3.7 – Anarbeiten der Beläge an Aussparungen im Belag wie Öffnungen, Fundamentsockel, Rohrdurchführungen und dergleichen von mehr als 0,1 m² Einzelgröße,
0.5.3.8 – Einbauen von Einbauteilen und Schienen,
0.5.3.9 – Formteile, Zierplatten,
0.5.3.10 – Einsetzen von Schaltern, Steckdosen und Sinkkastenaufsätzen u.ä.,
0.5.3.11 – Herstellen von Löchern in Wand- und Bodenbelägen für Installationen und Einbauteile,
0.5.3.12 – elastische Fugenfüllung an Installationsdurchgängen, Bodenentwässerungen u.ä.,
0.5.3.13 – Türzargen,
0.5.3.14 – Gehrungen.

Ergänzend zu ATV DIN 18299 Abschnitt 5 gilt:

5.1 Allgemeines

5.1.1 Der Ermittlung der Leistung – gleichgültig, ob sie nach Zeichnungen oder nach Aufmaß erfolgt – sind zugrunde zu legen:

5.1.1.1 bei Innenwandbekleidungen, Deckenbekleidungen, Bodenbelägen, Ausgleichsschichten, Trennschichten, Dämmschichten, Unterböden, Oberflächenbehandlungen, Bewehrungen, Trag- und Unterkonstruktionen

- auf Flächen mit begrenzenden Bauteilen die Maße der zu bekleidenden bzw. zu belegenden Flächen bis zu den begrenzenden ungeputzten, ungedämmten bzw. unbekleideten Bauteilen,
- auf Flächen ohne begrenzende Bauteile die Maße der zu bekleidenden bzw. zu belegenden Flächen.

Der Vorrang, den die Feststellung der Leistung aus Zeichnungen genießt, soll den Zeit- und Arbeitsaufwand ersparen helfen, der für das örtliche gemeinsame Aufmaß und für das damit verbundene Anfertigen von Skizzen aufzuwenden wäre. Die Wahl der Zeichnungen ist freigestellt. Es können z.B. Entwurfszeichnungen, Ausführungszeichnungen oder Bestandszeichnungen sein, sofern sie nur die Bedingung erfüllen, daß aus ihnen die ausgeführte Leistung ersichtlich ist. In der LB ist anzugeben, ob nach Zeichnungen oder nach örtlichem Aufmaß abzurechnen ist. In jedem Fall sind die Grundlagen für die Leistungsermittlung einheitlich.

Für die Leistungsermittlung auf Flächen mit begrenzenden Bauteilen gelten die Maße der zu behandelnden Fläche bis zu den sie begrenzenden ungeputzten, ungedämmten bzw. unbekleideten Bauteilen. Diese Maße entsprechen den in den Zeichnungen enthaltenen Nennmaßen (siehe DIN 18201).

Für die Leistungsermittlung auf Flächen ohne begrenzende Bauteile gelten die Maße der zu behandelnden Fläche, also ebenfalls Maße, die aus Bauzeichnungen zu entnehmen sind (Bilder 1 bis 3, 7 bis 10, 12).

5.1.1.2 bei Wandbekleidungen, die an Stehsockel, Kehlsockel, Kehlleisten oder ausgerundeten Ecken als Sockel anschließen oder unmittelbar auf den Bodenbelag aufsetzen, das Maß ab Oberseite Sockel oder Oberseite Bodenbelag.

Wandbekleidungen sind bis Unterkante Rohdecke zu messen. Das Höhenmaß gilt jedoch nicht von Oberfläche Rohdecke an, sondern beginnt ab Oberseite Sockel, wenn die Wandbekleidung an den Sockel anschließt und ab Oberfläche Bodenbelag, falls sie auf diesen unmittelbar aufsetzt (Bild 2).

5.1.1.3 bei Fassaden die Maße der Bekleidung.

Im Gegensatz zu den Vorschriften in 5.1.1.1 gelten bei Fassaden die Maße der Bekleidung. Sie sind nicht mit den Nennmaßen der zu bekleidenden Wände identisch, denn an ausspringenden Ecken ergeben sich größere Flächen, besonders, wenn Unterkonstruktionen vorhanden sind, während sie an einspringenden Ecken kleiner sind.

5.1.1.4 bei Stufenbelägen, Schwellen, Sockeln, Kehlen, Gehrungen an Fliesen- und Plattenkanten, Schrägschnitten, Profilen, Leisten, Schienen und Beckenköpfen deren größte Maße.

Bei den nach Längenmaß abzurechnenden Leistungen sind die größten Maße zu messen. Gem. 5.2.2 werden Unterbrechungen über 1 m Einzellänge abgezogen. Gem. 5.1.4 ist bei Ermittlung des Längenmaßes die größte Bauteillänge zu messen.

5.1.2 Bestehen Wandbekleidungen aus Schichten, von denen eine nicht die volle, jedoch mehr als die halbe Schichthöhe hat, so wird diese Schicht mit der vollen Schichthöhe abgerechnet. Dies gilt nicht für Wandbekleidungen in Raumhöhe oder deren Höhe in der Leistungsbeschreibung durch Maßangabe festgelegt ist, oder deren Schichthöhen größter als 30 cm sind.

Ergibt es sich, daß eine der Schichten nicht die volle, jedoch mehr als die halbe Schichthöhe hat, z.B. bei Aussparungen oder beim oberen Abschluß der Wandbekleidung, so wird diese Schicht mit der vollen Schichthöhe abgerechnet, d.h. die Mehrleistung für das Zupassen der Beläge wird damit abgegolten. Eine Ausnahme bilden Schichthöhen, die größer als 30 cm sind. In diesem Fall gilt die Höhe von Oberfläche Bodenbelag bis Unterfläche Rohdecke, sofern der Wandbelag nicht an einen Sockel anschließt und unmittelbar auf den Bodenbelag aufsetzt. Reicht die Wandbekleidung nicht bis an die Decke und ist ihre Höhe vorgeschrieben, so wird die tatsächlich ausgeführte Leistung gemessen und so abgerechnet, wie sie dem Ansatz nach angeboten ist (Bilder 2, 7, 8).

5.1.3 Binden Fliesentrennwände oder Wände aus Zellenwandsteinen in Beläge ein, so werden die Beläge durchgerechnet. Bei Fliesentrennwänden, die sich kreuzen oder ineinander einbinden, wird im Bereich der Verbindung nur eine Wand berücksichtigt.

Wandbekleidungen werden durchgemessen, auch wenn andere Trennwände oder Wände aus Zellenwandsteinen durch Formstücke mit ihnen verbunden sind. Bei Wanddurchdringungen (Wandkreuzungen und Wandeinbindungen) wird nur eine Wand durchgemessen (Bilder 10, 11).

5.1.4 Bei der Ermittlung des Längenmaßes wird die größte Bauteillänge gemessen.

Bei der Ermittlung der größten Bauteillänge ist darauf zu achten, daß an zu messenden Ecken die Maße verspringen, d.h. bei einspringenden Ecken ist die hintere Kante und bei ausspringenden Ecken die vordere Kante zu messen. (Bilder 2, 3, 4, 8, 12).

5.1.5 Bei Abrechnung nach Flächenmaß (m²) werden in die verlegte Bekleidung oder in den verlegten Belag eingesetzte Profilleisten, Zierplatten und Formteile, z.B. Seifenschalen, übermessen.

Diese Vorschrift dient der Messungsvereinfachung. Gem. 0.5.3.9 sind eingesetzte Formteile und Zierplatten nach der Anzahl, getrennt nach Bauart und Maßen, abzurechnen.

5.2 Es werden abgezogen:

5.2.1 bei Abrechnung nach Flächenmaß (m²)
Aussparungen und Öffnungen über 0,1 m² Einzelgröße *(Bilder 5 bis 8, 11).*

5.2.2 bei Abrechnung nach Längenmaß (m)
Unterbrechungen über 1 m Einzellänge.

Zu 0.5.1.1:
Die Vorbehandlung des Untergrundes kann notwendig werden, wenn der Auftragnehmer bei seiner Prüfung gem. B § 4 Nr. 3 entsprechende Mängel festgestellt hat, die beseitigt werden müssen. Besondere Leistung ist nach der ATV das Auffüllen des Untergrundes zur Herstellung der erforderlichen Höhe oder des nötigen Gefälles sowie das Herstellen von Unterputz zum Ausgleich unebener oder nicht lot- und fluchtrechter Wände, sofern die zulässigen Toleranzen überschritten werden. Die Abrechnung erfolgt gem. 5.1.1.1 nach Flächenmaß. Gem. 5.2.1 sind Aussparungen und Öffnungen über 0,1 m² Einzelgröße abzuziehen. 5.1.5 ist zu beachten (Bilder 1, 2, 5, 6).

Zu 0.5.1.2:
Siehe die Erläuterung zu 0.5.1.1 (Bild 5).

Zu 0.5.1.3 und 0.5.1.4:
Trenn- und Dämmschichten werden zum Schutz gegen Feuchtigkeit und zu Zwekken der Schall- und Wärmedämmung sowie zum Feuerschutz eingebaut. Die Abrechnung erfolgt nach Flächenmaß gem. 0.5.1.1; 5.2.1 ist zu beachten. Nach der ATV sind Maßnahmen zum Schutz gegen Feuchtigkeit und zur Wärme- und Schalldämmung als Besondere Leistung abzurechnen.

Zu 0.5.1.5:
Die Herstellung von Unterböden wird notwendig, wenn der vorhandene Untergrund als Verlegefläche nicht geeignet ist. Abrechnung nach Flächenmaß gem. 5.1.1.1. Zu beachten ist 5.2.1.

Zu 0.5.1.6:
Bei der Abrechnung von Wandbelägen ist nach Innen-Wandbekleidungen und Fassadenbekleidungen zu unterscheiden. Während bei Innen-Wandbekleidungen (wie auch bei Bodenbelägen) auf Flächen mit begrenzenden Bauteilen die Maße der zu bekleidenden (bzw. zu belegenden) Flächen bis zu den begrenzenden, ungeputzten, ungedämmten bzw. unbekleideten Bauteilen und bei Flächen ohne begrenzende Bauteile die Maße der zu bekleidenden (bzw. zu belegenden) Flächen gelten, besteht bei Fassaden die neue Vorschrift, daß die Maße der fertigen Bekleidung zu messen sind (Bilder 1 bis 10, 12).

Zu 0.5.1.7:
Abrechnungseinheit für Oberflächenbehandlungen der Beläge, z.B. Polieren, ist das Flächenmaß. Es gelten 5.1.1.1, 5.1.5 und 5.2.1.

Trag- und Unterkonstruktionen kommen in Betracht, wenn bei Verwendung von klein- und großformatigen Fliesen und Platten eine andere Befestigung als mit Mörtel und Klebstoff vorgeschrieben werden muß. Abrechnungseinheit ist das Flächenmaß. Es gelten 5.1.1.1, 5.1.5 und 5.2.1.

Zu 0.5.1.8:

Fliesentrennwände und Wände aus Zellenwandsteinen sind so zu bewehren, daß ihre Standfestigkeit gewährleistet ist. Die Bewehrung ist so einzubauen, daß keine Korrosionsschäden auftreten können. In allen Fällen, in denen nach Flächenmaß abzurechnen ist, sind die Ansätze nach Bauart und Maßen zu trennen. Aussparungen und Öffnungen über 0,1 m² Einzelgröße werden gem. 5.2.1 abgezogen (Bilder 2 bis 12).

Zu 0.5.1.9:

Bei der Herstellung von Wänden sind Fliesentrennwände und Trennwände aus Zellenwandsteinen zu unterscheiden. Nach der ATV sind als Besondere Leistungen abzurechnen:

- *Herstellen von Löchern für Installationen und Einbauteile,*
- *Stemmarbeiten für Installationen und Einbauteile,*
- *Einsetzen von Installations- und Einbauteilen,*
- *nachträgliches Anarbeiten an Einbauteile,*
- *Anarbeiten der Beläge, z.B. an Waschtische, Spülbecken, Wannen, Brausewannen, Wannenuntertritte, schräge Wannenschürzen,*
- *Ausbilden, Schließen und-/oder Abdecken von Bewegungs- und Anschlußfugen,*
- *Liefern und Einsetzen von Profilleisten, Zierplatten und Formteilen, z.B. Seifenschalen (Bild 11).*

Zu 0.5.2.1:

Stufen und Schwellen können sowohl nach Längenmaß als auch nach der Anzahl abgerechnet werden; gem. 5.1.4 ist die größte Bauteillänge zu messen. Gem. 5.2.2 werden Unterbrechungen bis zu 1 m Einzellänge nicht abgezogen. Nach der ATV ist das Ausbilden freier Stufenköpfe eine Besondere Leistung. Ebenso ist das Herstellen von Zwickeln bei abgestuften Begrenzungen der Beläge, z.B. über Treppen, als Besondere Leistung abzurechnen (Bild 1).

Zu 0.5.2.2.:

Gem. 5.1.1.4 gelten bei Stufenbelägen, Schwellen, Sockeln, Kehlen, Gehrungen an Fliesen- und Plattenkanten usw. deren größte Maße. Gem. 5.2.2 sind Unterbrechungen über 1 m Einzellänge abzuziehen (Bilder 1 bis 4, 6, 8, 12).

Zu 0.5.2.3 bis 0.5.2.5:

Gem. 5.1.4 gelten für die Abrechnung dieser Leistungen deren größte Maße. Nach der ATV ist das Liefern und Einsetzen von Profilleisten, Zierplatten und Formteilen als Besondere Leistung abzurechnen. Das gleiche gilt für das Herstellen von Gehrungen an Fliesen- und Plattenkanten (Bilder 5, 10).

Zu 0.5.2.6 und 0.5.2.7:

Rinnen und Roste sowie Schienen werden wegen ihrer die Abrechnungseinheit bestimmenden Ausdehnung nach Längenmaß abgerechnet. 5.1.1.4 und 5.2.2 sind zu beachten (Bild 12).

Zu 0.5.2.8:

Nach der ATV ist das Ausbilden, Schließen bzw. Abdecken von Bewegungs- und Anschlußfugen als Besondere Leistung abzurechnen. Abrechnungseinheit ist das Längenmaß. Es gelten 5.1.1.4 und 5.2.2.

Zu 0.5.3.1 bis 0.5.2.3:

Stufen und Schwellen können sowohl nach Längenmaß als auch nach der Anzahl abgerechnet werden. Die Abrechnung nach Anzahl empfiehlt sich, wenn die Stufen gleiche Bauart und Maße aufweisen. Nach der ATV ist das Ausbilden freier Stufenköpfe als Besondere Leistung abzurechnen. Das gleiche gilt für das Herstellen von Zwickeln bei abgestuften Begrenzungen der Beläge, z.B. über Treppen (Bilder 1, 9).

Zu 0.5.3.4:

Bekleidungen besonderer Bauteile, deren Bemessung schwierig ist, z.B. Fundamentsockel, Säulen, Pfeiler, werden zur Vereinfachung nach der Anzahl abgerechnet.

Zu 0.5.3.5:

Abrechnungseinheit für das Einmauern von Einbauwannen und Brausewannen ist die Anzahl. Nach der ATV sind folgende Arbeiten als Besondere Leistungen abzurechnen:

- *Herstellen von Löchern in Wand- und Bodenbelägen für Installationen und Einbauteilen,*
- *Stemmarbeiten für Installationen und Einbauteile,*
- *Einsetzen von Installations- und Einbauteilen,*
- *nachträgliches Anarbeiten an Einbauteile (Bild 6).*

Zu 0.5.3.6 und 0.5.3.7:

Nach der ATV ist das Anarbeiten der Beläge an Aussparungen im Belag, wie Öffnungen, Fundamentsockel, Rohrdurchführungen und dergleichen von mehr als 0,1 m^2 Einzelgröße als Besondere Leistung abzurechnen. 5.2.1 ist zu beachten. Das gleiche gilt für das Anarbeiten der Beläge an Waschtische, Spülbecken, Wannen, Brausewannen, Wannenuntertritte und schräge Wannenschürzen (Bild 6).

Zu 0.5.3.8 und 0.5.3.9:

Als Besondere Leistung sind abzurechnen.

- *Einsetzen von Installations- und Einbauteilen,*
- *Liefern und Einsetzen von Profilleisten, Zierplatten und Formteilen, z.B. Seifenschalen (Bild 6).*

Zu 0.5.3.10 und 0.5.3.11:

Nach der ATV sind Stemmarbeiten für Installationen und Einbauteile sowie das Einsetzen von Installations- und Einbauteilen als Besondere Leistungen abzurechnen. Das gleiche gilt für das Herstellen von Löchern in Wand- und Bodenbelägen für Installationen und Einbauteile. Die Abrechnung erfolgt für diese Arbeiten, für die weder das Flächenmaß noch das Längenmaß bestimmende Einheit ist, nach der Anzahl (Bild 6).

Zu 0.5.3.12:

Nach der ATV ist das Ausbilden, Schließen bzw. Abdecken von Bewegungs- und Anschlußfugen als Besondere Leistung abzurechnen. Die Abrechnung erfolgt nach der Anzahl.

Zu 0.5.3.13:

Nach der ATV ist das Herstellen von Löchern in Wand- und Bodenbelägen für Installationen und Einbauteile, z.B. Türzargen, als Besondere Leistung abzurechnen. Das gleiche gilt für das Einsetzen von Installations- und Einbauteilen. Abrechnungseinheit ist die Anzahl (Bilder 5 bis 8).

Zu 0.5.3.14:
Nach der ATV ist das Herstellen von Gehrungen an Fliesen- und Plattenkanten als Besondere Leistung nach der Anzahl abzurechnen.

Bild 1 Messung von Bodenbelägen

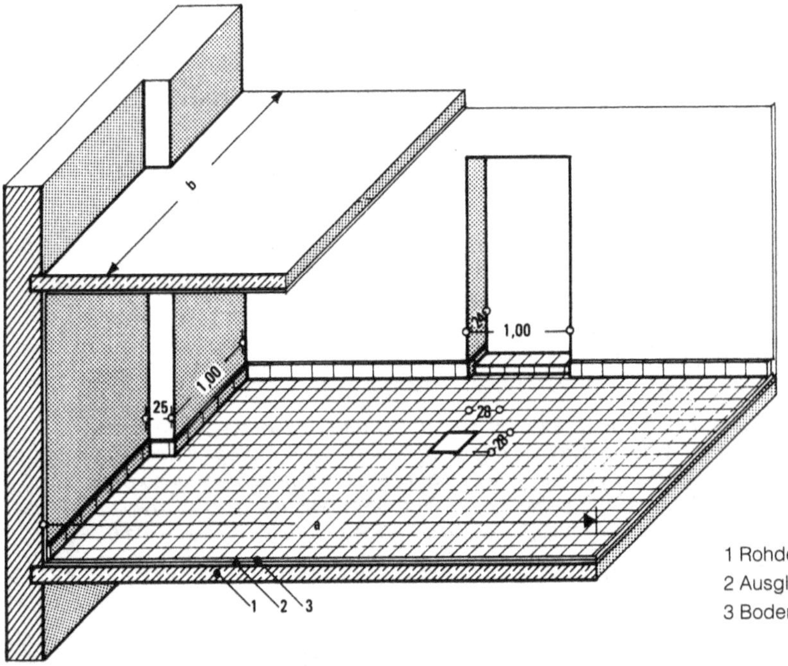

1 Rohdecke
2 Ausgleichsschicht
3 Bodenbelag

Gem 0.5.1.1 Abrechnung für das Ausgleichen des Untergrundes nach Flächenmaß unter Angabe der Dicke der Ausgleichsschicht.

Gem. 0.5.1.6 Abrechnung des Bodenbelages ebenfalls nach Flächenmaß. In beiden Fällen gelten für die Leistungsermittlung gem. 5.1.1.1 die Abmessungen der auszugleichenden und der zu belegenden Fläche bis zu den begrenzenden, ungeputzten bzw. unbekleideten Bauteilen. Gem. 5.2.1 Abzug der Aussparung für die Pfeilervorlage, die mit 1,00 · 0,25 größer als 0,10 m² ist; kein Abzug für die Aussparung des Einlaufkastens, der mit 0,28 · 0,28 kleiner als 0,10 m² ist.

F der Ausgleichsschicht wie auch des Bodenbelages=a · b−1,00 · 0,25=... m².

Gem. 0.5.2.2 Abrechnung des Stehsockels nach Längenmaß.

L=a−1,00+2 · 0,24+b+... m.

Nach den Vorschriften der ATV keine Abrechnung für das Anarbeiten des Bodenbelages an den Einlaufkasten, da die Aussparung kleiner ist als 0,10 m².

Abrechnung für das Anarbeiten des Bodenbelages an die Pfeilervorlage zum Stückpreis, da die Aussparung für die Pfeilervorlage größer als 0,10 m² ist.

Gem. 0.5.3.1 Abrechnung der Türschwelle nach Anzahl oder Längenmaß. Da es sich im vorliegenden Fall nur um eine Schwelle handelt, ist Abrechnung nach Längenmaß zweckmäßig.

L der Schwelle=1,00 m.

Bild 2 Messung von Sockeln sowie anschließenden Bekleidungen und Belägen

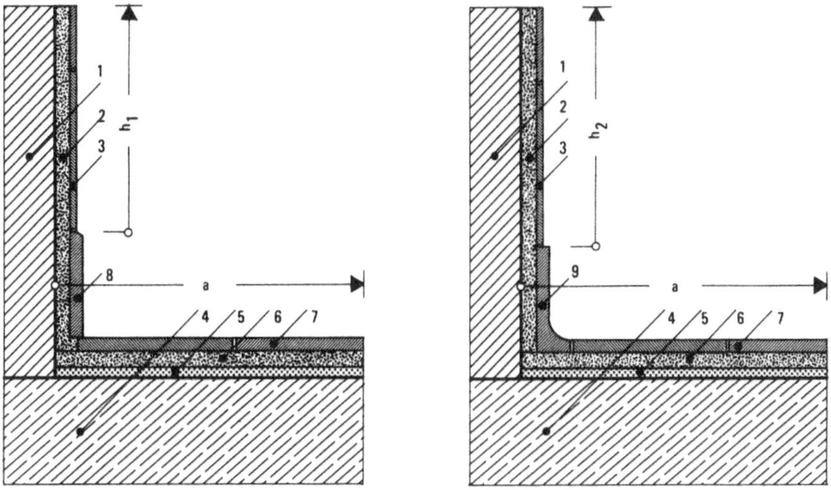

A Stehsockel

B Kehlsockel

1 Mauerwerk
2 Mörtelbrett
3 Wandfliesen
4 Rohdecke
5 Ausgleichsschicht
6 Mörtelbett
7 Bodenfliesen
8 Stehsockel
9 Kehlsockel

Gem. 0.5.1.6 Abrechnung von Bodenbelägen und Abrechnung von Wandbekleidungen nach Flächenmaß. Für die Flächenermittlung von Wandbekleidungen gelten gem. 5.1.1.1 die Maße der zu bekleidenden Fläche. Schließen Wandbekleidungen an Stehsockel (A) oder Kehlsockel (B) an, ist gem. 5.1.1.2. die Höhe (h_1 bzw. h_2) ab Oberseite Sockel zu rechnen. Für die Flächenermittlung von Bodenbelägen gelten gem. 5.1.1.1 die Abmessungen der zu belegenden Fläche bis zu den begrenzenden, ungeputzten bzw. unbekleideten Bauteilen, in den Fällen A und B also bis zur Oberfläche der Mauersteine.

Gem. 0.5.2.2 Abrechnung des Stehsockels (A) un des Kehlsockels (B) als selbständige Leistung nach Längennaß. Zu messen ist gem. 5.1.4 die größte Bauteillänge. Es ist nach Bauart und Maßen zu trennen.

Bild 3 Messung von Bekleidungen und Belägen mit und ohne Kehlleiste

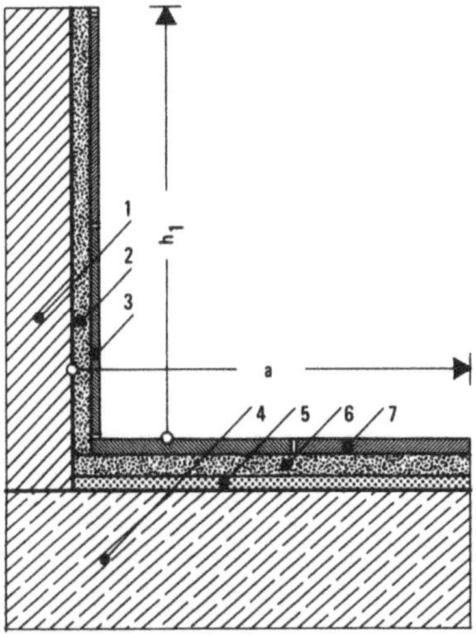

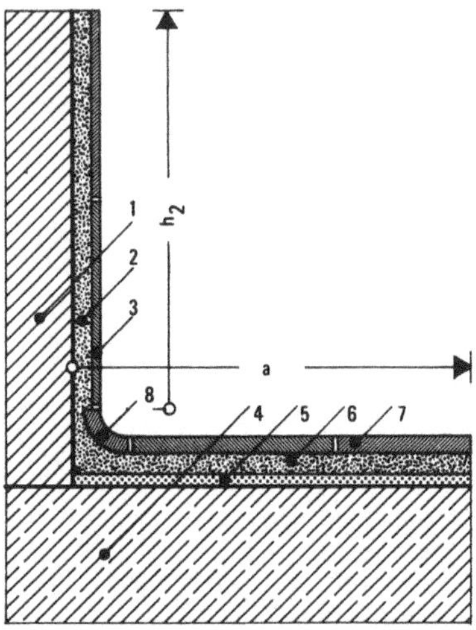

A Unmittelbar aufgesetzte Wandbekleidung

B Bodenbelag mit Eckausrundung

1 Mauerwerk	5 Ausgleichsschicht
2 Mörtelbett	6 Mörtelbett
3 Wandfliesen	7 Bodenfliesen
4 Rohdecke	8 Eckausrundung

Gem. 0.5.1.1 Abrechnung der Ausgleichsschicht der Bodenbeläge und der Wandbekleidung nach Flächenmaß.

Für die Flächenermittlung der Wandbekleidungen gelten gem. 5.1.1 die Maße der zu bekleidenden Fläche. Setzt die Wandbekleidung unmittelbar auf den Bodenbelag auf (Fall A), ist die Höhe (h_1) von Oberfläche Bodenbelag zu rechnen, schließt sie an eine als Sockel ausgerundete Ecke des Bodenbelages an (Fall B), ist die Höhe (h_2) von Oberseite Sockel zu rechnen.

Für die Flächenermittlung der Bodenbeläge, der Wandbekleidungen sowie der Ausgleichsschicht gelten gem. 5.1.1.1 die Maße der zu belegenden Fläche bis zu den begrenzenden, ungeputzten bzw. unbekleideten Bauteilen, in den Fällen A und B also bis zur Oberfläche der Mauersteine.

Gem. 0.5.2.2 Abrechnung der als Sockel ausgerundeten Ecke des Bodenbelages (B) als selbständige Leistung nach Längenmaß. Zu messen ist gem. 5.1.4 die größte Bauteillänge.

Bild 4 Messung von Wandbekleidungen mit Kehlleisten und abgerundeten Ecken

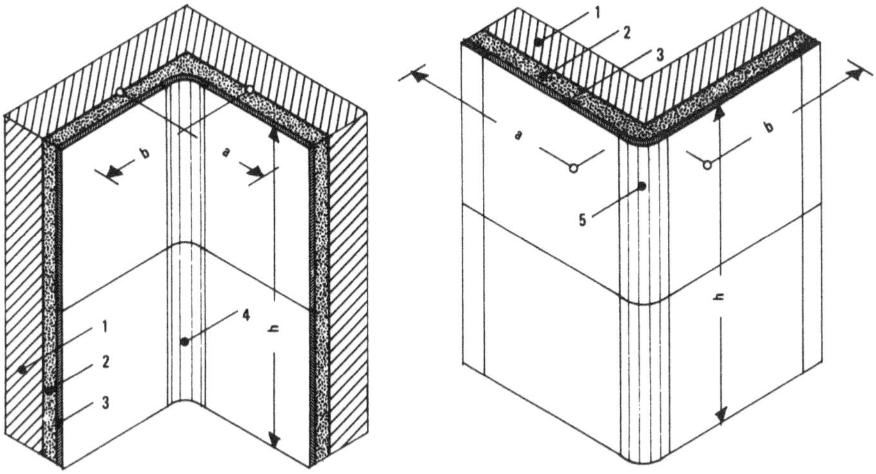

A Kehlleiste B gerundete Ecke

1 Mauerwerk
2 Mörtelbett
3 Wandfliesen
4 Kehlleiste
5 gerundete Ecke

Gem. 0.5.1.6 Abrechnung der Wandbekleidungen nach Flächenmaß. Für die Flächenermittlung gelten gem. 5.1.1.1 die Maße der zu bekleidenden Flächen bis zu den begrenzenden, ungeputzten, unbekleideten Bauteilen.

Gem. 0.5.2.2 Abrechnung der Kehlleiste (A) innerhalb der Wandbekleidung, desgleichen der gerundeten Ecke (B) nach Längenmaß. Die Länge ist gem. 5.1.4 als größte Bauteillänge zu messen.

Bild 5 Messung von Wandbekleidungen

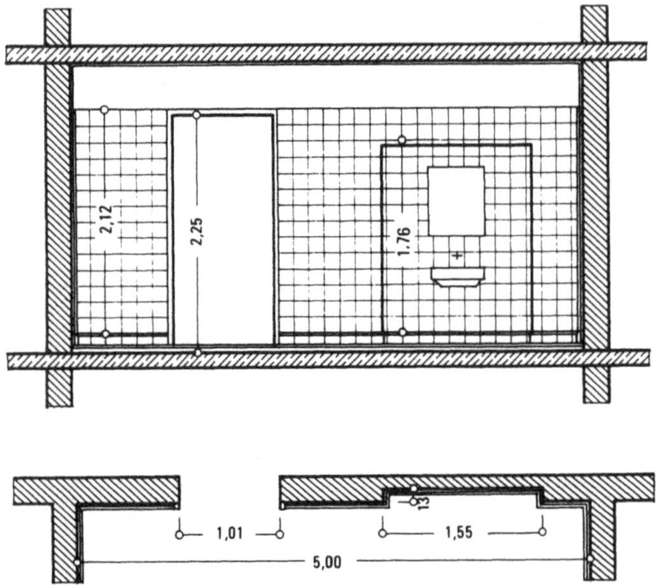

Gem. 0.5.1.6 Abrechnung der Wandbekleidung nach Flächenmaß. Für die Flächenermittlung gelten gem. 5.1.1.1 die Maße der zu bekleidenden Fläche bis zu den begrenzenden, ungeputzten, unbekleideten Bauteilen. Da die Wandbekleidung an einen Stehsockel anschließt, ist die Höhe gem. 5.1.1.2 von Oberseite Sockel bis zum oberen Fliesenabschluß zu rechnen. Gem. 5.2.1 ist die Tür mit ihren lichten Konstruktionsmaßen abzuziehen, da die Öffnung mit $1{,}01 \cdot 2{,}25 = 2{,}27$ m² größer als 0,10 m² ist.

F der Wandbekleidung $= 5{,}00 \cdot 2{,}12 - 2{,}27 + (1{,}55 + 2 \cdot 1{,}76) \cdot 0{,}13 = 8{,}99$ m².

Gem. 0.5.2.5 Abrechnung der Fliesen an der Unterseite des Nischensturzes nach Längenmaß.

Gem. 0.5.3.13 Abrechnung für das Anarbeiten der Wandbekleidung an die Türzarge, da die Türöffnung größer als 0,10 m² ist, als selbständige Leistung zum Stückpreis; desgleichen Abrechnung für das Anarbeiten an die Nischenöffnung.

Gem. 0.5.2.5 Abrechnung der Eckleisten an der Nische nach Längenmaß.

L der Eckleisten $= 2 \cdot 1{,}76 + 1{,}55 = 5{,}07$ m.

Bild 6 Messung von Wandbekleidungen, Bekleidungen an geneigten Flächen, Decken und an Unterseiten von Stürzen

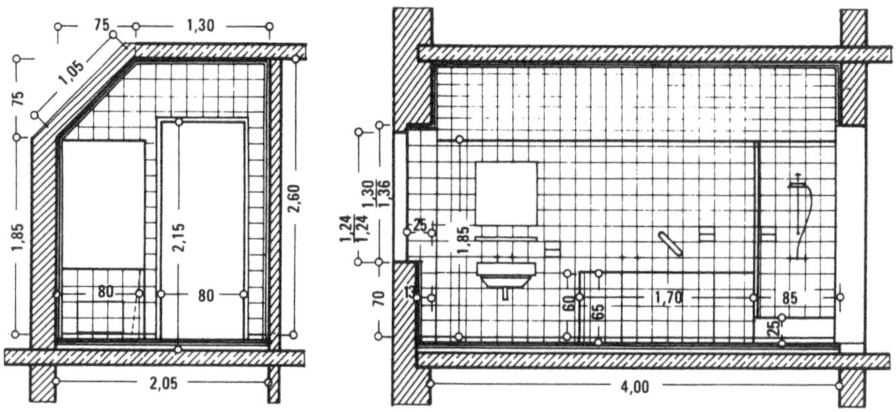

Gem. 0.5.1.6 Abrechnung der Wandbekleidung und der Deckenbekleidung nach Flächenmaß. Für die Flächenermittlung gelten gem. 5.1.1.1 die Maße der zu bekleidenden Flächen bis zu den begrenzenden, ungeputzten, unbekleideten Bauteilen. Da die Wandbekleidung an einen Kehlsockel anschließt, wird die Höhe ab Oberseite Sockel gerechnet. Gem. 5.2.1 sind die Türöffnung, die Fensteröffnung und die Aussparungen für die Einbauwanne und die Brausetasse abzuziehen, da sie im einzelnen größer als 0,10 m² sind.

F der Wandbekleidung einschließlich der schrägen Wandfläche

=(4,00+2 · 2,05) · 2,60−0,75 · 0,75+4,00 (1,85+1,05)

+0,80 · 0,65+2 · 0,13 · 0,70+(2 · 1,30+1,36) · 0,25=33,79 m².

Davon ist abzuziehen:	Türöffnung 0,80 · 2,15	= 1,72 m²
	Fensteröffnung 1,24 · 1,24	= 1,54 m²
	Aussparung Einbauwanne 1,70 · 0,65	= 1,11 m²
	Aussparung Brausetasse 2 · 0,85−0,25	= 0,43 m²
		4,80 m²

F=33,79−4,80=28,99 m². F der Deckenbekleidung=4,00 · 1,30=5,20 m².

Gem. 0.5.2.2 Abrechnung der gerundeten Ecke an der Einbauwanne nach Längenmaß.

Gem. 0.5.3.9 Abrechnung der Seifenschalen (3 Stück) nach Anzahl.

Gem. 0.5.3.6 Abrechnung für das Anarbeiten der Wandbekleidung an die Brausetasse als selbständige Leistung zum Stückpreis.

Gem. 0.5.3.13 Abrechnung für das Anarbeiten der Wandbekleidung an die Türzarge, an die Fensteröffnung und die Fensternische sowie an die Aussparung für die Einbauwanne, die je größer als 0,10 m² sind, als selbständige Leistung zum Stückpreis, getrennt nach Form und Abmessungen der Aussparungen.

Gem. 0.5.3.5 Abrechnung für das Einmauern der Einbauwanne und der Brausetasse zum Stückpreis, sofern nicht Ausführung und Abrechnung nach ATV DIN 18300 »Mauerarbeiten« erfolgen.

Gem. 0.5.3.8 Abrechnung für den Einbau der Türanschlagschiene und des Haltegriffs über der Einbauwanne sowie des Revisionsrahmens als selbständige Leistung zum Stückpreis.

Gem. 0.5.3.11 Abrechnung für das Herstellen der Löcher für die Rohrdurchbrüche und für die Brausestange nach Anzahl.

Bild 7 Messung der Höhe bei Wandbekleidungen

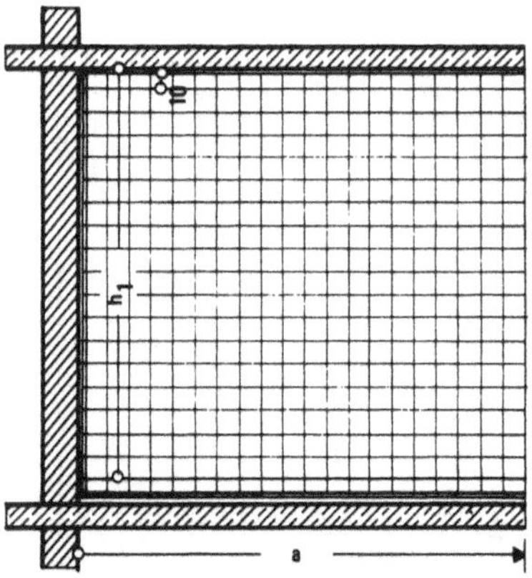

A Wandbekleidung mit Stehsockel, oberste Fliesenschicht größer als halbe Schichthöhe, jedoch Höhe der Wand in der Leistungsbeschreibung festgelegt.

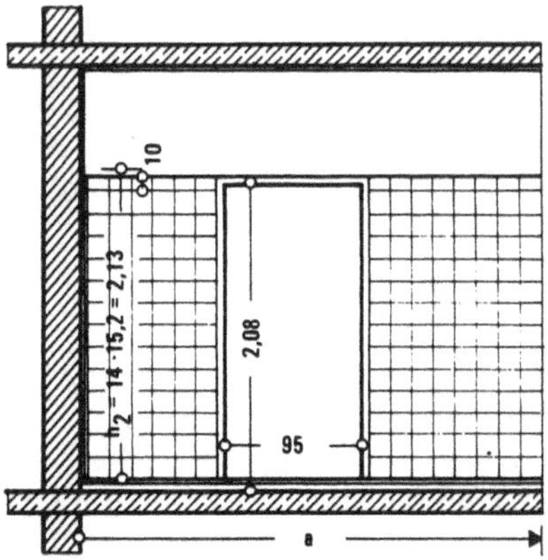

B Fliesen setzen sich auf Bodenbelag auf. Höhe der Wandbekleidung in der Leistungsbeschreibung nicht festgelegt.

Gem. 0.5.1.6 Abrechnung der Wandbekleidung nach Flächenmaß. Der Flächenermittlung sind gem. 5.1.1.1 die Maße der zu bekleidenden Fläche bis zu den begrenzenden, ungeputzten, unbekleideten Bauteilen zugrunde zu legen.

Im Fall A schließt die Wandbekleidung an einen Stehsockel an. Die Höhe (h_1) ist in der Leistungsbeschreibung durch ihr Maß angegeben. Daher Bemessung der Höhe ab Oberseite Sockel bis Unterfläche Rohdecke.

F im Fall A=a · h_1=... m².

Im Fall B ist die Höhe der Wandbekleidung in der Leistungsbeschreibung nicht genau angegeben. Die Fliesen sollen mit der Türzarge abschließen. Die oberste Schichthöhe ist größer als eine halbe Schichthöhe. Die Fliesen setzen unmittelbar auf den Bodenbelag auf. Die Höhe (h_2) ist daher von Oberfläche Bodenbelag und gem. 5.1.2 nach der Zahl der Schichten zu rechnen, wobei die oberste Schicht ebenfalls als voll anzusetzen ist. Gem. 5.2.1 Abzug der Türöffnungen mit ihren lichten Konstruktionsmaßnahmen.

F im Fall B=a · 2,13−2,08 · 0,95=... m².

Gem. 0.5.3.13 Abrechnung für das Anarbeiten der Wandbekleidung an den Türzargen im Fall B als selbständige Leistung zum Stückpreis.

Bild 8 Messung bei Wandbekleidungen mit festgesetzten Höhen

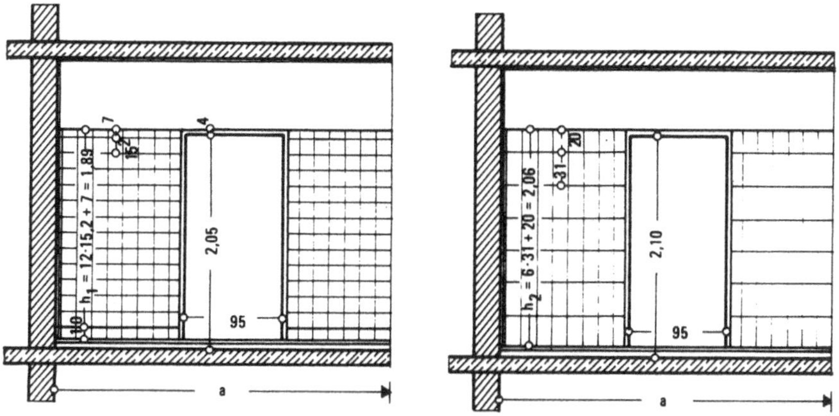

A Wandfliesen auf Stehsockel, oberste Schicht kleiner als eine halbe Schichthöhe.

B Wandfliesen auf Bodenbelag aufgesetzt, oberste Schicht größer als eine halbe Schichthöhe.

Gem. 0.5.1.6 Abrechnung der Wandbekleidung nach Flächenmaß. Für die Flächenermittlung gelten gem. 5.1.1.1 die Maße der zu bekleidenden Fläche bis zu den begrenzenden, ungeputzten, unbekleideten Bauteilen.

Im Fall A schließt die Wandbekleidung an einen Stehsockel an. Das Höhenmaß (h_1) ist in der Leistungsbeschreibung festgelegt. Daher Bemessung der Höhe ab Oberseite Sockel bis zum oberen Rand der Fliesung. Gem. 5.1.2 keine Berücksichtigung der Mehrleistung für die oberste Fliesenschicht, die kleiner als die halbe Schichthöhe ist. Diese Mehrleistung wäre auch nicht zu berücksichtigen, wenn in der Leistungsbeschreibung keine Maßangaben enthalten gewesen wären. Gem. 5.2.1 Abzug der Türöffnung.

F im Falle A=a · 1,89−0,95 · 2,05=... m².

Gem. 0.5.2.2 Abrechnung des Stehsockels als selbständige Leistung nach Längenmaß. Es gelten gem. 5.1.4 die größten Bauteillängen.

Im Fall B sitzt die Wandbekleidung unmittelbar auf dem Bodenbelag auf. Die oberste Schicht ist größer als die halbe Schichthöhe. Das Höhenmaß ist in der Leistungsbeschreibung festgelegt. Daher Bemessung der Höhe (h_2) der Wandbekleidung ab Oberfläche Bodenbelag bis zum oberen Rand der Fliesung. Gem. 5.1.2 keine Berücksichtigung der Mehrkosten für die oberste Schicht, da die Schichthöhen größer als 30 cm sind. Diese Mehrkosten wären auch nicht zu berücksichtigen, wenn in der Leistungsbeschreibung keine Höhenangabe enthalten gewesen wäre.

Gem. 5.2.1 Abzug der Türöffnung.

F im Falle B=a · 2,06−0,95 · 2,10=... m².

Gem. 0.5.3.13 in den Fällen A und B Abrechnung für das Anarbeiten der Wandbekleidung an die Türzarge als selbständige Leistung zum Stückpreis.

Bild 9 Messung von Abstufungen und Abschrägungen bei Wandbekleidungen

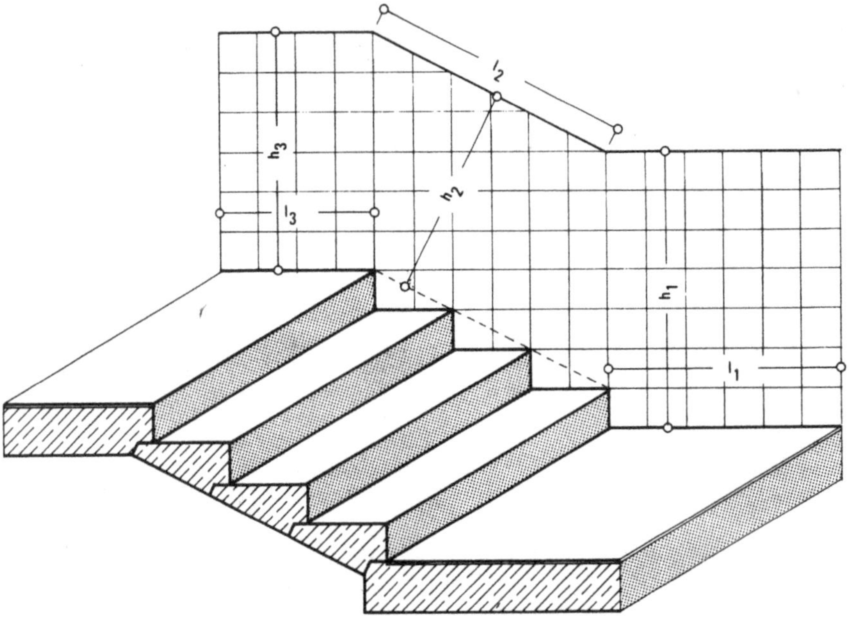

Gem. 0.5.1.6 Abrechnung der Wandbekleidung nach Flächenmaß. Für die Flächenermittlung gelten gem. 5.1.1.1 die Maße der zu bekleidenden Fläche bis an die begrenzenden, ungeputzten und unbekleideten Bauteile. Da die Wandbekleidung unmittelbar auf dem Bodenbelag aufsitzt, rechnet die Höhe von Oberseite Bodenbelag bis zum oberen Rand der Fliesung. Die drei Stufenzwickel der Treppe sind nicht mit der Fläche, sondern gem. 0.5.3.3 als selbständige Leistung zum Stückpreis abzurechnen.

F der Wandbekleidung$=l_1 \cdot h_1+l_2 \cdot h_2+l_3 \cdot h_3=\ldots$ m^2.

Bild 10 Messung von Wandbekleidungen und Wände aus Zellenwandsteinen

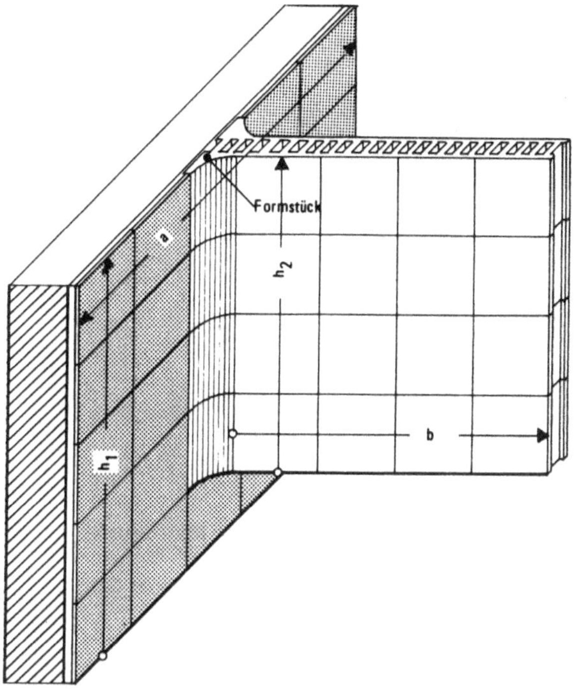

Gem. 0.5.1.6 Abrechnung der Wandbekleidung nach Flächenmaß. Für die Flächenermittlung gelten gem. 5.1.1.1 die Maße der zu bekleidenden Fläche bis zu den begrenzenden, ungeputzten, unbekleideten Bauteilen. Da die Wandbekleidung unmittelbar auf den Bodenbelag aufsetzt, rechnet die Höhe von Oberfläche Bodenbelag an. Die Trennwand ist aus Zellenwandsteinen hergestellt und mit der Wandbekleidung durch Formstücke verbunden. Infolgedessen wird gem. 5.1.3 die Wandbekleidung in der Breite (a) durchgemessen. Die Trennwand ist mit ihren tatsächlichen Abmessungen nach Flächenmaß oder zum Stückpreis als Wandbauteil abzurechnen.

F der Wandbekleidung=$a \cdot h_1$=... m^2.

Gem. 0.5.2.5 Abrechnung der Anschlußformstücke für die Trennwand nach Längenmaß. Gegebenenfalls ist nach Bauart und Maßen zu trennen.

L der Formstücke=h_2=... m.

Bild 11 Messung von Fliesentrennwänden

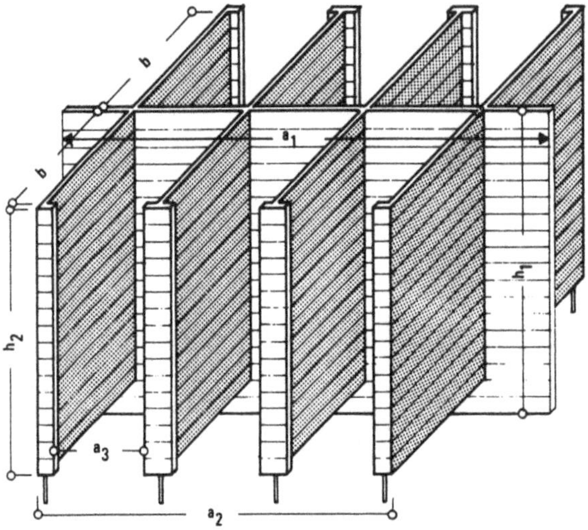

Gem. 0.5.1.9 Abrechnung der beiderseits gefliesten, aus Fertigteilen bestehenden Fliesentrennwände als Wandbauelemente nach Flächenmaß. Es ist nach Bauart und Maßen zu trennen.

Bei Wänden, die sich kreuzen oder nur einbinden, wird gem. 5.1.3 nur eine Wand durchgehend gemessen. Türen werden gem. 5.2.1 mit der lichten Öffnungsgröße abgezogen.

$F = a_1 \cdot h_1 + 2 (a_2 \cdot h_2) + 8 \cdot b \cdot h_2 - 6 \cdot a_3 \cdot h_2 = \ldots m^2$.

Bild 12 Messung von Bodenbelägen und Überlaufrinnen

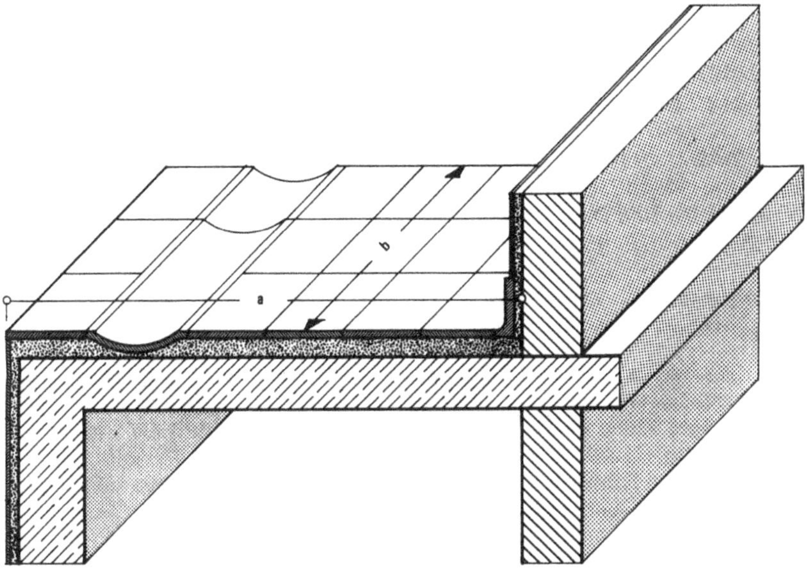

Rand eines Schwimmbeckens

Gem. 0.5.1.6 Abrechnung des Bodenbelages am Schwimmbeckenrand nach Flächenmaß. Wo der Bodenbelag von Bauteilen begrenzt ist, rechnet er gem. 5.1.1.1 bis zu den begrenzenden, ungeputzten bzw. unbekleideten Bauteilen, wo er nicht von Bauteilen begrenzt ist, gilt seine Abmessung bis zum äußersten Rand des Belages.

F des Bodenbelages am Randstreifen=a · b=... m.

Gem. 0.5.2.2 Abrechnung des Stehsockels als selbständige Leistung nach Längenmaß.

L des Stehsockels=b=... m.

Gem. 0.5.2.6 Abrechnung der Überlaufrinne nach Längenmaß.

L der Überlaufrinne=b=... m.

Die Längenermittlung richtet sich in beiden Fällen nach der in 5.1.4 gegebenen Regel.

VOB Teil C:
Allgemeine Technische Vertragsbedingungen für Bauleistungen (ATV)
Estricharbeiten – DIN 18353
Ausgabe Juni 1996

1 Geltungsbereich

1.1 Die ATV »Estricharbeiten« – DIN 18353 – gilt für das Herstellen von Estrichen in nasser und trockener Bauweise.

1.2 Die ATV DIN 18353 gilt nicht für das Herstellen von Asphaltestrichen im Heißeinbau (siehe ATV DIN 18354 »Gußasphaltarbeiten«).

1.3 Ergänzend gelten die Abschnitte 1 bis 5 der ATV DIN 18299 »Allgemeine Regelungen für Bauarbeiten jeder Art«. Bei Widersprüchen gehen die Regelungen der ATV DIN 18353 vor.

5 Abrechnung

Gem. ATV DIN 18299 Abschn. 5 gilt allgemein:

Die Leistung ist aus Zeichnungen zu ermitteln, soweit die ausgeführte Leistung diesen Zeichnungen entspricht. Sind solche Zeichnungen nicht vorhanden, ist die Leistung auszumessen.

Siehe hierzu die eingehende Erläuterung zur ATV DIN 18299 »Allgemeine Regelungen für Bauarbeiten jeder Art«.

Abrechnungseinheiten

Gem. 0.5 sind im Leistungsverzeichnis die Abrechnungseinheiten wie folgt vorzusehen:

0.5.1 Flächenmaß (m^2), getrennt nach Bauart und Maßen, für
0.5.1.1 – Vorbehandlung des Untergrundes,
0.5.1.2 – Haftbrücken,
0.5.1.3 – Ausgleichsschichten,
0.5.1.4 – Trennschichten,
0.5.1.5 – Dämmschichten, Schüttungen,
0.5.1.6 – Estriche, Terrazzoböden, Kunstharz-, Nutz- und Schutzschichten,
0.5.1.7 – Oberflächenbehandlung,
0.5.1.8 – Bewehrungen.
0.5.2 Längenmaß (m), getrennt nach Bauart und Maßen, für
0.5.2.1 – Abschneiden von Wand-Randstreifen,
0.5.2.2 – Leisten, Profile, Schienen,
0.5.2.3 – Kehlen, Sockel, Kanten,
0.5.2.4 – Ausbilden und Schließen von Fugen.
0.5.3 Anzahl (Stück), getrennt nach Bauart und Maßen, für
0.5.3.1 – Estriche auf Stufen und Schwellen,
0.5.3.2 – Schienen, Profile, Rahmen; Schienen und Profile auch nach Längenmaß,
0.5.3.3 – Schließen von Aussparungen,
0.5.3.4 – Anarbeiten an Durchdringungen.

Ergänzend zu ATV DIN 18299 Abschnitt 5 gilt:

5.1 Allgemeines

5.1.1 Der Ermittlung der Leistung – gleichgültig, ob sie nach Zeichnungen oder nach Aufmaß erfolgt – sind zugrunde zu legen:

5.1.1.1 bei Estrichen, Kunstharz-, Nutz- und Schutzschichten, Terrazzoböden, Trennschichten, Dämmschichten, Schüttungen, Bewehrungen und Oberflächenbehandlung

- auf Flächen mit begrenzenden Bauteilen die Maße der zu belegenden Fläche bis zu den sie begrenzenden ungeputzten bzw. nicht bekleideten Bauteilen,
- auf Flächen ohne begrenzende Bauteile, deren Maße.

Der Vorrang, den die Feststellung der Leistung aus Zeichnungen genießt, soll den Zeit- und Arbeitsaufwand ersparen helfen, der für das örtliche gemeinsame Aufmaß und für das damit verbundene Anfertigen von Skizzen aufzuwenden wäre. In der LB ist anzugeben, ob nach Zeichnungen oder nach örtlichem Aufmaß abzurechnen ist. In jedem Fall sind die Grundlagen für die Leistungsermittlung einheitlich.

Für die Leistungsermittlung auf Flächen mit begrenzenden Bauteilen gelten die Maße der zu behandelnden Fläche bis zu den sie begrenzenden ungeputzten bzw. nicht bekleideten Bauteilen. Sie entsprechen den Nennmaßen (siehe DIN 18201).

Für die Leistungsermittlung auf Flächen ohne begrenzende Bauteile gelten die Maße der zu behandelnden Fläche; das sind Maße, die ebenfalls aus Bauzeichnungen zu entnehmen sind (Bilder 1 bis 7).

5.1.1.2 für das Anarbeiten an Durchdringungen von mehr als 0,1 m² Einzelgröße die Maße der Abwicklung.

Die Messungserleichterung bei Aussparungen ist wie in ATV DIN 18352 »Fliesen- und Plattenarbeiten«, ATV DIN 18354 »Asphaltbelagarbeiten«, ATV DIN 18356 »Bodenbelagarbeiten« darauf beschränkt, daß nur ausgesparte Flächen bis zu 0,10 m² Einzelgröße übermessen werden dürfen. Aussparungen, die diese Größe überschreiten, z.B. für Treppenlöcher, größere Pfeiler- oder Schornsteinvorlagen, Maschinenfundamente, sind von der abzurechnenden Fläche abzuziehen. Flächen in Türöffnungen und Nischen, die mit Estrichen belegt sind, werden der abzurechnenden Leistung zugerechnet; eine Größenbegrenzung ist hierbei nicht vorgeschrieben. Fugen, wie Trenn-, Dehnungs- und Anschlußfugen, werden in jedem Falle übermessen, d.h. nicht abgezogen (Bilder 1, 4, 5, 6).

5.1.2 Bei der Ermittlung des Längenmaßes wird die größte Bauteillänge gemessen.

Bei Leisten, Profilen, Schienen u.ä. ist zu beachten, daß bei einspringenden Ecken die größte Länge an der Hinterkante, bei ausspringenden Ecken an der Vorderkante zu messen ist (Bilder 2 bis 5).

5.2 Es werden abgezogen:

5.2.1 bei Abrechnung nach Flächenmaß (m²):

Aussparungen, z.B. für Öffnungen, Pfeiler, Pfeilervorlagen, Rohrdurchführungen, über 0,1 m² Einzelgröße *(Bilder 1, 3 bis 6)*,

5.2.2 bei Abrechnung nach Längenmaß (m):
Unterbrechungen über 1 m Einzellänge *(Bilder 2 bis 4).*

Zu 0.5.1.1:
Zur Vorbehandlung des Untergrundes gehören:
- *Reinigen des Untergrundes von grober Verschmutzung durch Bauschutt, Mörtelreste, Öl, Farbreste u.ä., soweit sie von anderen Unternehmern herrührt,*
- *besonderes Reinigen des Untergrundes mittels Staubsauger, Hochdruckreiniger u.ä.,*
- *Vorbereiten des Untergrundes mittels Fräsen, Stocken, Strahlen u.ä.*

Abrechnungseinheit ist das Flächenmaß. Für die Leistungsermittlung gilt 5.1.1.1. Gem. 5.2.1 sind Aussparungen über 0,1 m² Einzelgröße abzuziehen. Die genannten Arbeiten sind als Besondere Leistungen abzurechnen.

Zu 0.5.1.2:
Das Aufbringen von Haftbrücken ist als Besondere Leistung nach Flächenmaß abzurechnen. Es gelten 5.1.1.1 und 5.2.1.

Zu 0.5.1.3:
Als Besondere Leistungen sind nach Flächenmaß abzurechnen:
- *Ausgleich von Unebenheiten des Untergrundes, welche die Toleranzen nach DIN 18202: 1986-05, Tabelle 3 überschreiten,*
- *Ausgleich von Unebenheiten des Untergrundes bei Estrichen aus fließfähigen Massen, soweit diese Unebenheiten 20% der vorgeschriebenen Nenndicke des Estrichs überschreiten (Bilder 1, 2).*

Zu 0.5.1.4 und 0.5.1.5:
Als Besondere Leistung sind besondere Maßnahmen zum Schutz gegen Feuchtigkeit abzurechnen. Ausgenommen ist jedoch das Sichern der Arbeiten gegen Niederschlagswasser, mit dem normalerweise gerechnet werden muß, und seine etwa erforderliche Beseitigung. Dämmungen dienen dem Schall- und Wärmeschutz. Abrechnungseinheit ist das Flächenmaß. Es gelten 5.1.1.1 und 5.2.1 (Bild 2).

Zu 0.5.1.6:
Abrechnungseinheit für Estriche, Terrazzoböden, Kunstharz-, Nutz- und Schutzschichten ist das Flächenmaß. Für die Leistungsermittlung gelten 5.1.1.1, 5.1.1.2 und 5.2.1. Bei Estrichen ist zwischen Anhydrit-, Magnesia- und Zementestrichen zu unterscheiden. Terrazzoböden müssen zweischichtig hergestellt werden. Für Kunstharz-, Nutz- und Schutzschichten auf Estrichen und Beton sind Reaktionsharze nach DIN 16945, ggf. mit Zuschlägen, zu verwenden. Besondere Maßnahmen für das Herstellen von Estrichen im Freien, z.B. Zelte, sind als Besondere Leistung abzurechnen (Bilder 1 bis 7).

Zu 0.5.1.7:
Die Oberfläche von Estrichen ist abzureiben. Besondere Oberflächenbehandlungen, z.B. Glätten, ist als Besondere Leistung abzurechnen. Abrechnungseinheit ist das Flächenmaß. Es gelten 5.1.1.1, 5.1.1.2 und 5.2.1.

Zu 0.5.1.8:
Zementestriche müssen bewehrt sein. Für die Bewehrungen gilt DIN 488 Teil 4 »Betonstahl; Betonstahlmatten und Bewehrungsdraht, Aufbau, Maße und Gewicht«. Die Abrechnung erfolgt nach Flächenmaß gem. 5.1.1.1. Das Einbauen von Bewehrungen ist eine Besondere Leistung.

Zu 0.5.2.1:
Nach der ATV ist das Entfernen des Überstandes von Randstreifen nach Verlegen der Bodenbeläge als Besondere Leistung abzurechnen. Abrechnungseinheit ist das Längenmaß. Gem. 5.1.2 ist die größte Baulänge zu messen. Gem. 5.2.2 werden Unterbrechungen von mehr als 1 m Einzellänge abgezogen.

Zu 0.5.2.2:
Abrechnungseinheit für Leisten, Profile und Schienen ist das Längenmaß. Es ist gem. 5.1.2 die größte Bauteillänge zu messen. Gem. 5.2.2 sind Unterbrechungen von mehr als 1 m Einzellänge abzuziehen. Nach der ATV ist das Einbauen von Anschlag-, Stoß- und Trennschienen als Besondere Leistung abzurechnen (Bild 4).

Zu 0.5.2.3:
Das Ausbilden von Kehlen und Sockeln ist als Besondere Leistung nach Längenmaß abzurechnen. Gem. 5.1.2 ist die größte Bauteillänge zu messen. 5.2.2 ist zu beachten. Für die Ausführung von Sockeln aus Naturwerkstein gilt ATV DIN 18332 und aus Betonwerkstein ATV DIN 18333 (Bilder 3 bis 5).

Zu 0.5.2.4:
Das Ausbilden, Verfüllen, Schließen und Abdecken von Fugen mit Fugenmassen oder Fugenprofilen ist als Besondere Leistung nach Längenmaß abzurechnen. Es gelten 5.1.2 und 5.2.2.
Nach der ATV müssen Dehnungsfugen des Baukörpers in Estrichen an gleicher Stelle und in gleicher Breite übernommen werden. Sonstige Fugen, z.B. Dehnungsfugen des Estrichs, Anschlußfugen, sind in Abstimmung mit dem Auftraggeber anzulegen. Der Estrich über Preßfugen ist im Untergrund anzuschneiden, wenn in der Leistungsbeschreibung nichts anderes vorgeschrieben ist. Das Anschneiden des Estrichs gehört zu den Nebenleistungen. In der Leistungsbeschreibung müssen Angaben darüber enthalten sein, welche Art der Fugenausbildung vorgesehen ist (Bilder 2, 3, 6).

Zu 0.5.3.1:
Estriche, die auf Tritt- und Setzstufen oder nur auf Trittstufen sowie auf Schwellen ausgeführt werden, sind nach der Anzahl abzurechnen. Die Ansätze sind nach Bauart und Maßen zu trennen. Die Arbeit ist eine Besondere Leistung (Bild 7).

Zu 0.5.3.2:
Das Einbauen von Anschlag-, Stoß- und Trennschienen ist als Besondere Leistung nach der Anzahl abzurechnen. Das gilt auch für Rahmen, z.B. Mattenrahmen (Bilder 4, 7).

Zu 0.5.3.3:
Gem. 5.2.1 sind bei Abrechnung nach Flächenmaß Aussparungen, z.B. für Öffnungen, Pfeiler, Pfeilervorlagen, Rohrdurchführungen, über 0,1 m² Einzelgröße abzuziehen. Das Schließen der Aussparungen sowie das Herstellen von Kanten an Aussparungen von mehr als 0,1 m² Einzelgröße ist als Besondere Leistung abzurechnen (Bild 4).

Zu 0.5.3.4:
Regelfall für das Anarbeiten an Durchdringungen ist die Abrechnung nach der Anzahl. Es kann jedoch auch angezeigt sein, das Anarbeiten nach Längenmaß abzurechnen. In einem solchen Fall gelten gem. 5.1.1.2 die Maße der Abwicklung, sofern die Durchdringung mehr als 0,1 m² Einzelgröße beträgt.

Bild 1 Messung von Ausgleichsschicht und Estrich

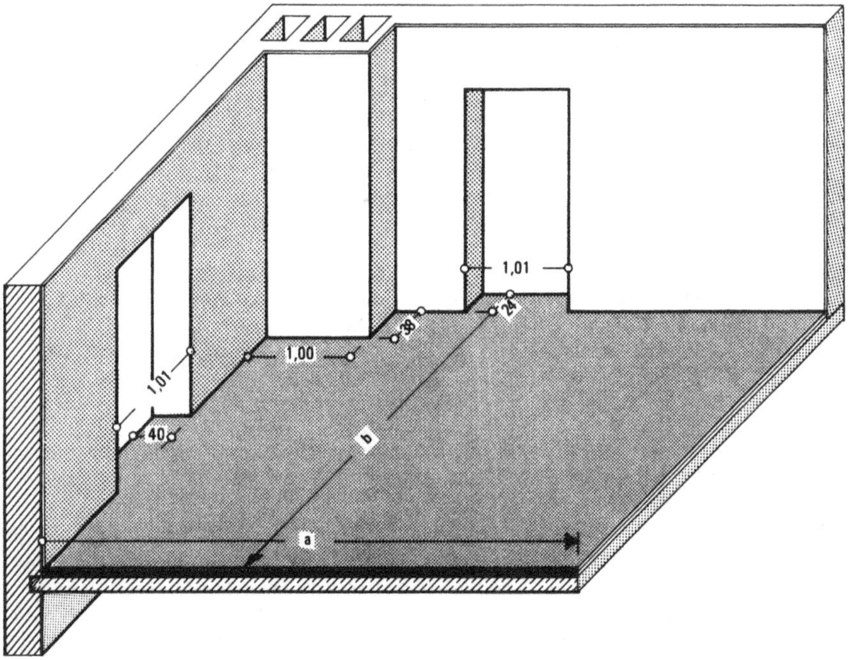

Gem. 0.5.1.3 Abrechnung der 3 cm dicken Ausgleichsschicht nach Flächenmaß.

Gem. 0.5.1.6 Abrechnung des Estrichs nach Flächenmaß.

In beiden Fällen ist der Ermittlung der Leistung gem. 5.1.1.1 die zu belegende Fläche bis zu den begrenzenden, ungeputzten bzw. unbekleideten Bauteilen zugrunde zu legen.

Gem. 5.2.1 Abzug der Aussparung für die Schornsteinvorlage, die mit 1,00 · 0,38 größer als 0,10 m^2 ist. Hinzurechnung der Grundflächen der beiden Türöffnungen mit 1,01 (0,40+0,24)=0,65 m^2.

F der Ausgleichsschicht und auch des Estrichs

$=a \cdot b-0{,}38+0{,}65=\ldots\ m^2$.

Bild 2 Messung von Estrichen an begrenzenden Bauteilen

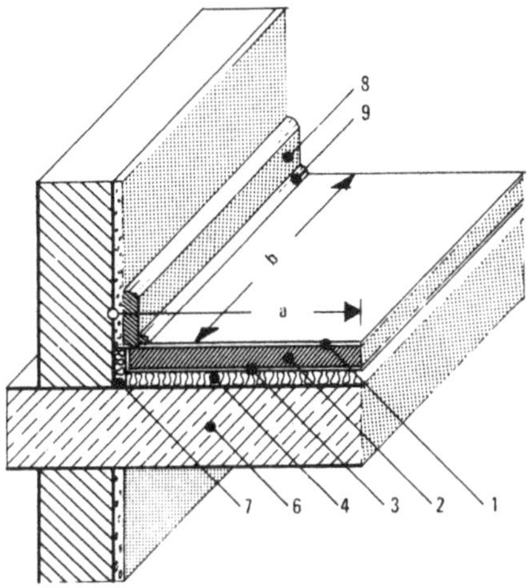

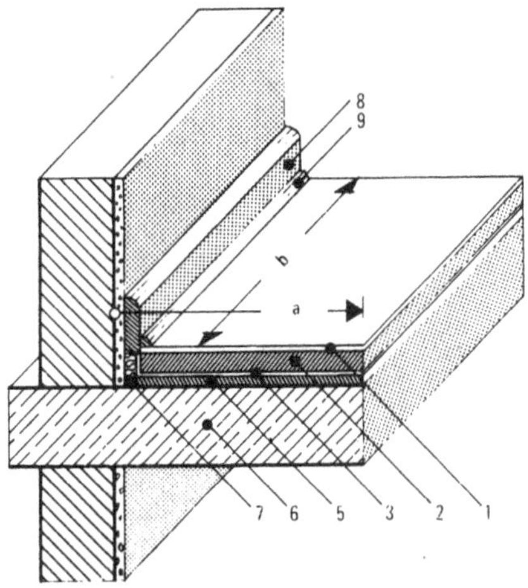

A Schwimmender Estrich,
Putz beginnt oberhalb des Estrichs

B Zementstrich auf Ausgleichsschicht,
Putz schließt an die Rohdecke an

1 Bodenbelag	4 Dämmschicht	7 Randstreifen
2 Estrich	5 Ausgleichschicht	8 hölzerne Fußleiste
3 Abdeckung	6 Rohdecke	9 Viertelstab

Gem. 0.5.1.6 bzw. 0.5.1.5 Abrechnung des schwimmenden Estrichs sowie der Dämmschicht (A) und Abrechnung des Zementestrichs (B), in beiden Fällen auch einschließlich der Abdeckung, nach Flächenmaß.

Gem. 0.5.1.3 Abrechnung der 1,5 cm dicken Ausgleichsschicht (B) ebenfalls nach Flächenmaß. Für die Flächenermittlung gelten (auch für die Ausgleichsschicht) gem. 5.1.1.1 die Abmessungen der zu belegenden Fläche bis zu den begrenzenden, ungeputzten bzw. unbekleideten Bauteilen, wo keine begrenzenden Bauteile vorhanden sind, die Abmessungen der zu belegenden Fläche. Die Dicke des Dämmstreifens bei A sowie die Dicken des Dämmstreifens und des Putzes bei B werden der abzurechnenden Fläche zugerechnet. F für A und B=a · b=... m².

Gem. 0.5.2.4 Abrechnung der Randstreifen (A und B) als Anschlußfuge nach Längenmaß. Für die Längenermittlung gelten 5.1.2 und 5.2.2.

Bild 3 Messung von Estrichen mit Sockel

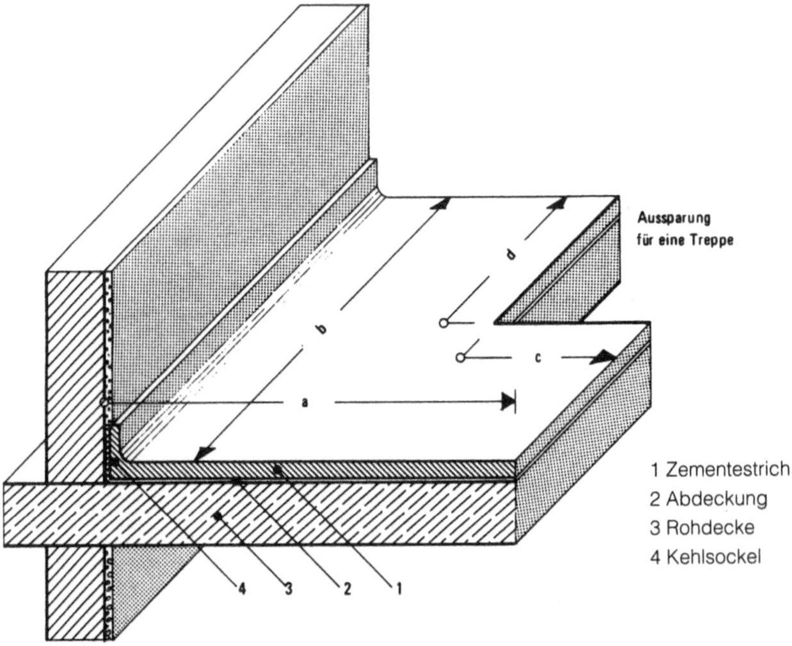

Gem. 0.5.1.6 Abrechnung des Zementestrichs auf Trennschicht einschließlich der Abdeckung, getrennt nach Dicke, nach Flächenmaß. Für die Flächenermittlung gelten gem. 5.1.1.1 die Abmessungen der zu belegenden Fläche bis zu den begrenzenden, ungeputzten bzw. unbekleideten Bauteilen; wo der Estrich nicht von Bauteilen begrenzt ist, gelten die Abmessungen der zu belegenden Fläche. Die Grundfläche des Kehlsockels gehört zur Estrichfläche. Gem. 5.2.1 Abzug der Treppenlochaussparung, die größer als 0,10 m^2 ist.

Gem. 0.5.2.4 Abrechnung des Kehlsockels, ggf. getrennt nach Bauart und Abmessungen, nach Längenmaß. Für die Längenermittlung sind die Regelungen der Abschnitte 5.1.2 und 5.2.2 anzuwenden.

Gem. 0.5.2.3 Abrechnung für das Herstellen der Kanten für die Treppenlochaussparung nach Längenmaß. Gem. 5.1.2 ist die Größte Bauteillänge zu messen.

L=2 (c+d)=... m.

Gem. 0.5.2.4 Abrechnung der Randdämmstreifen als Anschlußfuge nach Längenmaß. Es gilt für die Längenermittlung gem. 5.1.2 die größte Bauteillänge.

Bild 4 Messung von Estrichen mit Aussparungen

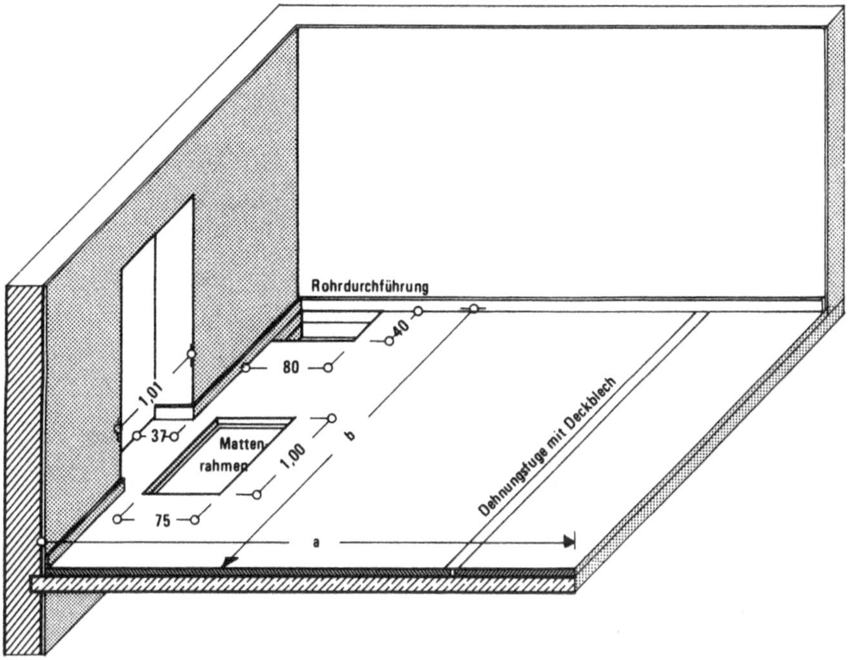

Gem. 0.5.1.6 Abrechnung des Verbundestrichs nach Flächenmaß. Für die Flächenermittlung gelten gem. 5.1.1.1 die Abmessungen der zu belegenden Fläche bis zu den begrenzenden, ungeputzten bzw. unbekleideten Bauteilen.

Gem. 5.2.1 Abzug der Aussparung für den Mattenrahmen, die mit 1,00 · 0,75 größer als 0,10 m² ist; Abzug der Aussparung für die noch einzubauenden Rohrdurchführungen, die mit 0,80 · 0,40 ebenfalls größer als 0,10 m² ist. Hinzurechnung der Grundrißfläche der Türöffnung mit 1,01 · 0,37=0,37 m². Kein Abzug für die Dehnungsfuge.

F des Verbundestrichs=a · b− (0,75+0,32)+0,37=... m².

Gem. 0.5.2.3 Abrechnung des Sockels nach Längenmaß. Für die Längenermittlung gelten die Regelungen des Abschnitts 5.1.2.

Gem. 0.5.3.3 Abrechnung für das Schließen der Aussparung nach Einbau der Rohrdurchführungen zum Stückpreis. Gegebenenfalls ist nach Form und Abmessungen zu trennen.

Gem. 0.5.2.4 Abrechnung für die Ausbildung der Dehnungsfuge im Estrich nach Längenmaß. Für die Längenermittlung gelten die Regelungen der Abschnitte 5.1.2 und 5.2.2.

L der Dehnungsfuge=b=... m.

Gem. 0.5.3.2 Abrechnung für den Einbau (ggf. auch mit Lieferung) des 1,00 · 0,75 m großen Mattenrahmens zum Stückpreis; Abrechnung für den Einbau des Abdeckungsprofils für die Dehnungsfuge gem. 0.5.2.2 nach Längenmaß.

Bild 5 Messung der Aussparung im Estrich für einen Rohrgraben

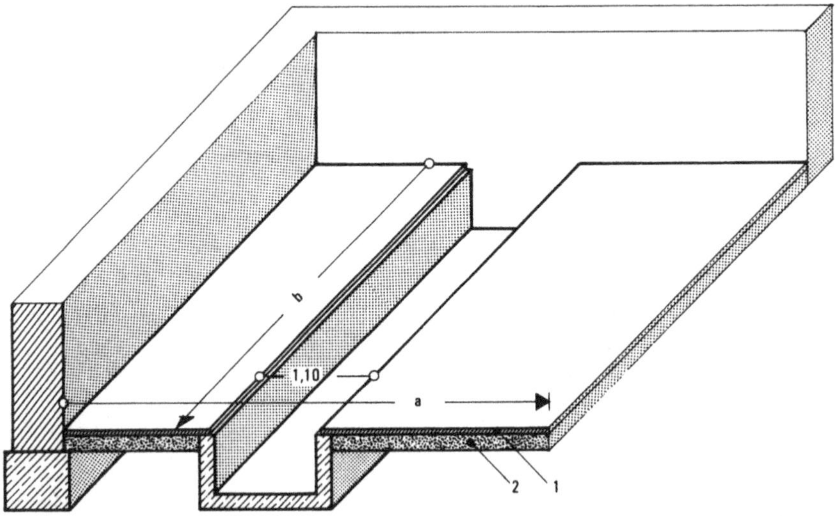

1 5 cm dicker Zementestrich als Verbundestrich
2 Unterbeton

Gem. 0.5.1.6 Abrechnung des Zementverbundestrichs nach Flächenmaß. Für die Flächenermittlung gelten gem. 5.1.1.1 die Abmessungen der zu belegenden Fläche bis zu den begrenzenden, ungeputzten bzw. unbekleideten Bauteilen.

Gem. 5.2.1 Abzug der Aussparung für den Rohrgraben, die größer als 0,10 m^2 ist.

F des Estrichs=a · b−1,10 · b=... m^2.

Gem. 0.5.2.3 Abrechnung für das Herstellen der Kanten bei der Aussparung für die Deckplatten des Rohrgrabens nach Längenmaß als selbständige Leistung. Für die Längenermittlung gelten gem. 5.1.2 die Maße der größten Bauteillänge.

Für die Ausführung und Abrechnung der Betonarbeiten für den Rohrgraben und für die zugehörige Abdeckung mit Fertigplatten gilt ATV DIN 18331 »Beton- und Stahlbetonarbeiten«.

Bild 6 Messung von Trennfugen

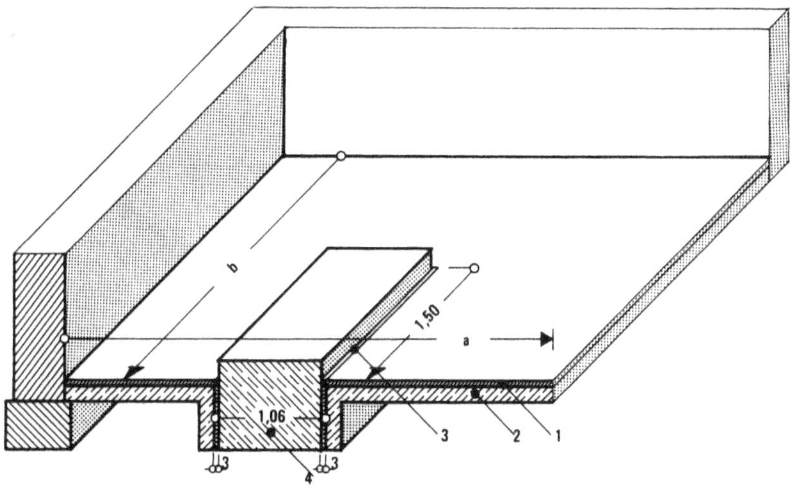

1 Verbundestrich
2 Betonplatte
3 Trennfuge mit plastischem Dichtstoff
4 Maschinenfundament

Gem. 0.5.1.6 Abrechnung des Verbundestrichs nach Flächenmaß. Für die Flächenermittlung gelten gem. 5.1.1.1 die Abmessungen der zu belegenden Fläche bis zu den begrenzenden, ungeputzten bzw. unbekleideten Bauteilen.

Gem. 5.2.1 Abzug der Aussparung für das Maschinenfundament, die mit 1,50 · 1,06=1,59 m² größer als 0,10 m² ist.

F des Verbundestrichs=a · b−1,59=... m².

Gem. 0.5.2.4 Abrechnung für das Ausbilden der 3 cm dicken Trennfuge am Maschinenfundament nach Längenmaß.

Desgleichen Abrechnung für das Füllen der Trennfuge mit plastischen Dichtstoffen nach Längenmaß.

L der Trennfuge=2 (1,06+1,50)=5,12 m.

Bild 7 Messung von Estrichen auf Stufen

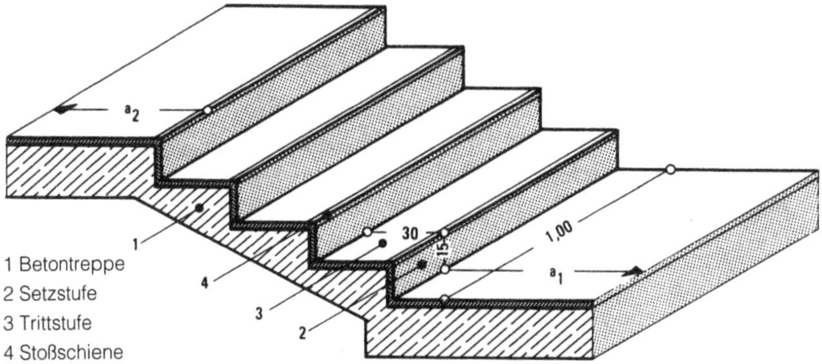

Gem. 0.5.1.6 Abrechnung des Verbundestrichs auf den Podesten nach Flächenmaß. Für die Flächenermittlung gelten die Regelungen in Abschnitt 5.1.1.1.

F des Estrichs der Podeste=(a_1+a_2) 1,00=... m^2.

Gem. 0.5.3.1 Abrechnung des Estrichs auf den Trittstufen und Setzstufen, Steigungsverhältnis 15/30, als selbständige Leistung nach Anzahl.

Bei der Abrechnung sind die Estriche auf drei Trittstufen und vier Setzstufen abzurechnen.

Gem. 0.5.3.2 Abrechnung des Einbaus (ggf. auch der Lieferung) von vier Stoßschienen als selbständige Leistung nach Anzahl. Nach der ATV gehört das Herstellen des Estrichanschlusses an die Stoßschienen, sofern diese eingebaut sind, zu den Nebenleistungen.

VOB Teil C:
Allgemeine Technische Vertragsbedingungen für Bauleistungen (ATV)
Gußasphaltarbeiten – DIN 18354
Ausgabe Mai 1998

1 Geltungsbereich

1.1 Die ATV »Gußasphaltarbeiten« – DIN 18354 – gilt für

- Estriche aus Gußasphalt nach den Normen der Reihe DIN 18560 »Estriche im Bauwesen«,
- Schutzschichten aus Gußasphalt auf Bauwerksabdichtungen nach DIN 18195-10 »Bauwerksabdichtungen – Schutzschichten und Schutzmaßnahmen«,
- Abdichtungen in Verbindung mit Gußasphalt nach DIN 18195-5 »Bauwerksabdichtungen – Abdichtung gegen nichtdrückendes Wasser, Bemessung und Ausführung«,
- Gußasphaltestriche nach den Normen der Reihe DIN 28052 »Chemischer Apparatebau – Oberflächenschutz mit nichtmetallischen Werkstoffen für Bauteile aus Beton in verfahrenstechnischen Anlagen«.

1.2 Die ATV DIN 18354 gilt nicht für

- Gußasphaltdeckschichten im Straßenbau und Gußasphaltdeckschichten auf Brücken (siehe ATV DIN 18317 »Verkehrswegebauarbeiten, Oberbauschichten aus Asphalt«) und
- Sicherungsarbeiten an Gewässern, Deichen und Küstendünen (siehe ATV DIN 18310 »Sicherungsarbeiten an Gewässern, Deichen und Küstendünen«).

1.3 Ergänzend gelten die Abschnitte 1 bis 5 der ATV DIN 18299 »Allgemeine Regelungen für Bauarbeiten jeder Art«. Bei Widersprüchen gehen die Regelungen der ATV DIN 18354 vor.

5 Abrechnung

Gem. ATV DIN 18299 Abschnitt 5 gilt allgemein:

Die Leistung ist aus Zeichnungen zu ermitteln, soweit die ausgeführte Leistung diesen Zeichnungen entspricht. Sind solche Zeichnungen nicht vorhanden, ist die Leistung aufzumessen.

Abrechnungseinheiten

Gem. 0.5 sind im Leistungsverzeichnis folgende Abrechnungseinheiten vorzusehen:

0.5.1 Flächenmaß (m²), getrennt nach Bauart und Maßen, für
0.5.1.1 – Auffüllungen des Untergrundes,
0.5.1.2 – Dämmschichten, Trennschichten, Dichtungsschichten, Schutzschichten,
0.5.1.3 – Gußasphaltestriche, Gußasphaltbeläge,
0.5.1.4 – Einbau von Mattenrahmen u.ä.,
0.5.1.5 – Oberflächenbehandlungen,
0.5.2 Raummaß (m³), getrennt nach Bauart und Maßen für
0.5.2.1 – Auffüllungen des Untergrundes,
0.5.3 Längenmaß (m), getrennt nach Bauart und Maßen, für
0.5.3.1 – Stufenbeläge,

0.5.3.2 – Herstellen von Abdichtungen über Bewegungsfugen,
0.5.3.3 – Aussparen von Fugen im Gußasphaltestrich und -belag,
0.5.3.4 – Fugenfüllungen,
0.5.3.5 – Einbau von Fugen- und Abschlußprofilen, Anschlag-, Stoß- und Trennschienen,
0.5.3.6 – Herstellen von Aussparungen,
0.5.3.7 – Herstellen von Aufkantungen.
0.5.4 Anzahl (Stück), getrennt nach Bauart und Maßen, für
0.5.4.1 – Stufenbeläge,
0.5.4.2 – Anschluß von Durchdringungen an Dichtungsschichten,
0.5.4.3 – Herstellen von Eckausbildungen bei Fugen- und Abschlußprofilen,
0.5.4.4 – Einbau von Mattenrahmen u.ä.,
0.5.4.5 – Herstellen von Aussparungen,
0.5.4.6 – Schließen von Aussparungen.
0.5.5 Gewicht (t) für
0.5.5.1 – Auffüllungen des Untergrundes,
0.5.5.2 – Gußasphaltestrich, Gußasphaltbelag.

Ergänzend zur ATV DIN 18299 Abschnitt 5 gilt:

5.1 Allgemeines

5.1.1 Der Ermittlung der Leistung – gleichgültig, ob sie nach Zeichnung oder nach Aufmaß erfolgt – sind zugrunde zu legen:

- bei Flächen ohne begrenzende Bauteile deren Maße,
- bei Flächen mit begrenzenden Bauteilen die Maße der zu belegenden Flächen bis zu den ungeputzten bzw. nicht bekleideten Bauteilen.

Der Vorrang, den die Feststellung der Leistung aus den Zeichnungen genießt, soll den Zeit- und Arbeitsaufwand ersparen, der für das örtliche gemeinsame Aufmessen und für das damit verbundene Anfertigen von Skizzen aufzuwenden wäre. Die Wahl der Zeichnungen ist freigestellt. Es können z.B. Entwurfszeichnungen, Ausführungszeichnungen oder Bestandszeichnungen sein, sofern sie nur die Bedingung erfüllen, daß aus ihnen die ausgeführte Leistung ersichtlich ist. In der LB ist anzugeben, ob nach Zeichnungen oder nach örtlichem Aufmaß abzurechnen ist.

Als allgemeine Messungsregel gilt, daß die zu belegende Fläche bis zu den begrenzenden, ungeputzten bzw. unbekleideten Bauteilen, z.B. Wände, Säulen, zu messen ist, wobei die Dicke etwa vorhandenen Wandputzes, etwaiger Wandbekleidungen, z.B. Dämmplatten, oder etwaiger Dämmstreifen dem abzurechnenden Asphaltbelag zugerechnet wird, und daß für Asphaltbeläge, die nicht von Bauteilen begrenzt werden, die Abmessungen der zu belegenden Fläche gelten. Die Größe einer von Bauteilen begrenzten Fläche eines Asphaltbelages gleicht der durch die Nennmaße der Bauteile bestimmten Raumgrundfläche.

Diese Messungsregel ist in jedem Falle anzuwenden, also nicht nur, wenn die Leistung aus Zeichnungen, sondern auch, wenn sie durch örtliches Aufmaß ermittelt wird. Sie hat zwar den Nachteil, daß die festgestellte Leistung nicht ganz genau mit der tatsächlichen übereinstimmt, weil die abzurechnende Fläche in der Regel etwas größer als die tatsächlich ausgeführte Fläche des Asphaltbelages ist, dem steht jedoch der Vorteil gegenüber, daß sich die Fläche aus den Nennmaßen verhältnismäßig leicht ermitteln läßt und daß eine auf diese Art für andere Zwecke errechnete Flächengröße für die Abrechnung verwendet werden kann.

Bei Flächen ohne begrenzende Bauteile gelten die tatsächlich ausgeführten Maße.

5.1.2 Bei der Abrechnung nach Raummaß werden Fugen, Leitungen und Einbauteile übermessen.

Diese Vorschrift erleichtert die Abrechnung.

5.1.3 Bei der Abrechnung nach Flächenmaß werden Fugen und Einbauteile übermessen.

Diese Vorschrift dient ebenfalls der Abrechnungserleichterung.

5.1.4 Bei der Abrechnung nach Gewicht ist nach Wiegescheinen abzurechnen.

Soll eine andere Abrechnungsart angewendet werden, ist es in der LB vorzuschreiben.

5.2 Es werden abgezogen:

5.2.1 bei Abrechnung nach Flächenmaß (m^2):

Aussparungen, z.B. für Öffnungen, Pfeiler, Pfeilervorlagen, Rohrdurchführungen, über 0,1 m^2 Einzelgröße.

Aussparungen bis zu 0,1 m^2 Einzelgröße werden übermessen, sind sie größer als 0,1 m^2 werden sie abgezogen.

5.2.2 bei Abrechnung nach Längenmaß (m):

Unterbrechungen über 1 m Einzellänge.

Unterbrechungen bis zu 1 m Einzellänge werden übermessen. Sind sie größer als 1 m, werden sie abgezogen.

Zu 0.5.1.1:

Nach der ATV ist das Ausgleichen größerer Unebenheiten als Besondere Leistung abzurechnen, sofern die Unebenheiten des Untergrundes die Toleranzen nach DIN 18202 überschreiten. Abrechnungseinheit ist das Flächenmaß. Es gelten die Vorschriften gem. 5.1.1 und 5.2. Es ist nach Art und Dicke zu trennen.

Zu 0.5.1.2:

Abrechnungseinheit für Dämmschichten und Trennschichten sowie für Dichtungsschichten und Schutzschichten ist das Flächenmaß. Dämmschichten dienen in erster Linie dem Schall- und Wärmeschutz. Trennschichten werden z.B erforderlich, wenn Gußasphaltbeläge z.B. als Nutzestrich hergestellt werden. Sie bestehen aus Bitumenpapier, Natronkraftpapier, Rippenpappe, Rohglasvlies o.ä. Stoffen. Sie sind nach Art und Dicke zu trennen.

Zu 0.5.1.3:

Abrechnungseinheit für Gußasphaltestriche und Gußasphaltbeläge ist, getrennt nach Bauart und Maßen, das Flächenmaß. Es kann aber auch nach Gewicht abgerechnet werden. Gem. 5.1.4 ist bei Abrechnung nach Gewicht nach Wiegescheinen abzurechnen. Gem. 5.1.3 werden bei Abrechnung nach Flächenmaß Fugen und Einbauteile übermessen (Bilder 1 und 2).

Zu 0.5.1.4:

Das Einbauen von Mattenrahmen u.ä. ist nach der ATV als Besondere Leistung nach Flächenmaß abzurechnen. Es gelten 5.1.1 und 5.2.1. Die Abrechnung kann jedoch auch nach Anzahl vorgesehen werden. Dazu muß sich der Auftraggeber jedoch bereits bei der Aufstellung der LB entscheiden.

Zu 0.5.1.5:

Nach der ATV ist die Oberfläche von Gußasphaltbelägen mit Sand abzureiben. Eine zusätzliche Behandlung der Oberfläche, z.B. Schleifen, ist als Besondere Leistung nach Flächenmaß gem. 5.1.1 und 5.2.1 abzurechnen.

Zu 0.5.2.1:

Auffüllungen können nicht nur nach Flächenmaß und Gewicht, sondern auch nach Raummaß abgerechnet werden. Wichtig ist, daß die Entscheidung, welche Abrechnungseinheit anzuwenden ist, bereits bei Aufstellung der LB getroffen wird.

Zu 0.5.3.1:

Das Einbauen von Gußasphaltbelägen auf Stufen (Tritt- und Setzstufen) und auf Schwellen kann sowohl nach Längenmaß als auch nach der Anzahl erfolgen. Die Entscheidung, welche Abrechnungseinheit gewählt wird, ist bei der Aufstellung der LB zu treffen. Bei Abrechnung nach Längenmaß gilt die tatsächlich ausgeführte Länge. Es ist nach Bauart und Maßen zu trennen.

Zu 0.5.3.2:

Abrechnungseinheit für das Herstellen von Abdichtungen über Bewegungsfugen, getrennt nach Bauart und Maßen, ist das Längenmaß. Gem. 5.2.2 sind Unterbrechungen über 1 m Einzellänge abzuziehen. Nach den Regelungen der ATV müssen Bewegungsfugen des Baukörpers im Gußasphaltestrich bzw. Gußasphaltbelag an gleicher Stelle übernommen werden.

Zu 0.5.3.3:

Das Aussparen von Fugen im Gußasphaltestrich bzw. Gußasphaltbelag wird nach Längenmaß abgerechnet. 5.2.2 ist zu beachten.

Zu 0.5.3.4:

Abrechnungseinheit für Fugenfüllungen ist das Längenmaß. Nach der ATV sind Fugen in Gußasphaltschichten so zu füllen, daß keine bewegungshemmenden Fremdkörper eindringen können. Fugen in Gußasphaltestrichen, die mit Bodenbelägen versehen werden, bleiben unverfüllt.

Zu 0.5.3.5:

Abrechnungseinheit für Einbau von Fugen- und Abschlußprofilen, Anschlag-, Stoß- und Trennschienen ist das Längenmaß. Es ist nach Bauart und Maßen zu trennen. Unterbrechungen über 1 m Einzellänge sind abzuziehen. Diese Arbeiten gehören zu den Besonderen Leistungen.

Zu 0.5.3.6:

Das Herstellen von Aussparungen wird nach Längenmaß abgerechnet. Soweit die Aussparungen nach Anzahl, Art und Größe in der LB angegeben sind, gehören sie zu den Nebenleistungen.

Zu 0.5.3.7:

Abrechnungseinheit für das Herstellen von Aufkantungen ist, getrennt nach Bauart und Maßen, das Längenmaß. Gem. 5.2.2 sind Unterbrechungen über 1 m Einzellänge abzuziehen.

Zu 0.5.4.1:

Die Abrechnung für das Herstellen von Gußasphaltbelägen auf Stufen kann sowohl nach Anzahl als auch nach Längenmaß erfolgen. Die Entscheidung darüber ist in der LB zu treffen. Bei Abrechnung nach Anzahl ist nach Bauart und Stufengröße zu trennen.

Zu 0.5.4.2:
Abrechnungseinheit für den Anschluß von Durchdringungen an Dichtungsschichten ist, getrennt nach Bauart und Größe, die Anzahl. Diese Arbeiten gehören zu den Besonderen Leistungen.

Zu 0.5.4.3:
Das Herstellen von Eckausbildungen bei Fugen- und Abschlußprofilen wird, getrennt nach Bauart und Maßen, nach Anzahl abgerechnet.

Zu 0.5.4.4:
Die Abrechnung für den Einbau von Mattenrahmen u.ä. kann sowohl nach Flächenmaß als auch nach der Stückzahl erfolgen. Die Arbeit gehört zu den Besonderen Leistungen. Bei Abrechnung nach Anzahl ist nach Bauart und Maßen zu trennen (Bild 1).

Zu 0.5.4.5:
Das Herstellen von Aussparungen kann sowohl nach Flächenmaß als auch nach Anzahl abgerechnet werden. Die Entscheidung hat bei der Aufstellung der LB zu erfolgen. Diese Arbeit ist eine Besondere Leistung, wenn sie in der LB nicht angegeben ist.

Zu 0.5.4.6:
Das Schließen von Aussparungen wird, getrennt nach Bauart und Maßen, nach der Stückzahl abgerechnet.

Zu 0.5.5.1:
Abrechnungseinheit für Auffüllungen des Untergrundes ist sowohl das Flächenmaß wie auch das Raummaß und das Gewicht. Gem. 5.1.4 ist bei Abrechnung nach Gewicht die Menge aus den Wiegescheinen zu ermitteln.

Zu 0.5.5.2:
Abrechnungseinheit für Gußasphaltestriche und Gußasphaltbeläge ist sowohl das Flächenmaß als auch die Anzahl. Es gelten die Meßregeln gem. 5.1.1, 5.1.3 und 5.1.4. Gem. 5.2.1 werden bei Abrechnung nach Flächenmaß Aussparungen über 0,1 m² Einzelgröße abgezogen (Bild 1).

Bild 1 Messung eines Gußasphaltestrichs mit Aussparungen

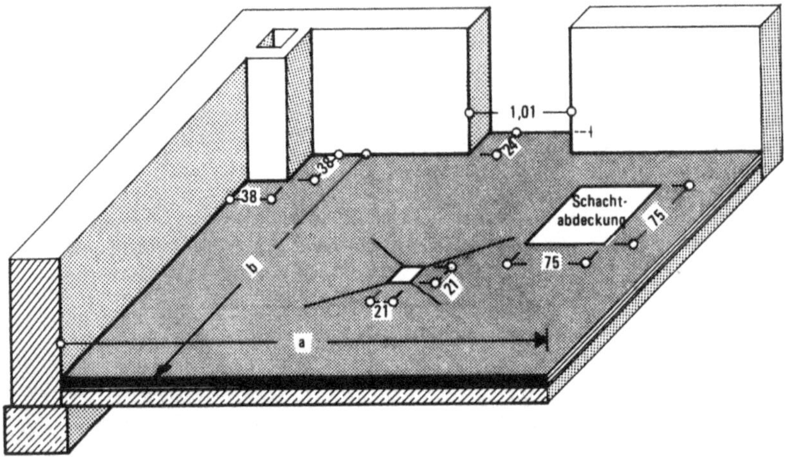

Gem. 0.5.1.3 Abrechnung des wasserdichten Gußasphaltestrichs ohne Kehlsockel nach Flächenmaß. Für die Flächenermittlung gelten gem. 5.1.1 die Abmessungen der zu belegenden Fläche bis zu den begrenzenden, ungeputzten bzw. unbekleideten Kellermauern.

Gem. 5.2.1 Abzug der Aussparung für die Schornsteinvorlage, die mit 0,38 · 0,38=0,14 m² größer als 0,10 m² ist; ferner Abzug der Aussparung für die Schachtabdeckung, die mit 0,75 · 0,75=0,56 m² ebenfalls größer als 0,10 m² ist. Kein Abzug für den Bodeneinlauf, dessen Aussparung kleiner als 0,10 m² ist. Hinzurechnen des Asphaltestrichs in der Türöffnung mit 1,01 · 0,24=0,24 m².

F des Asphaltestrichs=a · b−(0,14+0,56)+0,24=... m².

Gem. 0.5.4.4 bzw. 0.5.1.4 Abrechnung für das Liefern und Einbauen des Rahmens für die Schachtabdeckung als selbständige Leistung zum Stückpreis oder nach Flächenmaß.

Keine Abrechnung fü das Anarbeiten des Asphaltestrichs an die Schornsteinvorlage und an den Rahmen für die Schachtabdeckung, da Nebenleistung.

Gem. 0.5.3.5 Abrechnung für das Liefern und Einbauen der Trennschiene in der Türöffnung als selbständige Leistung nach Längenmaß.

Bild 2 Messung von Gußasphaltestrich auf Trittstufen

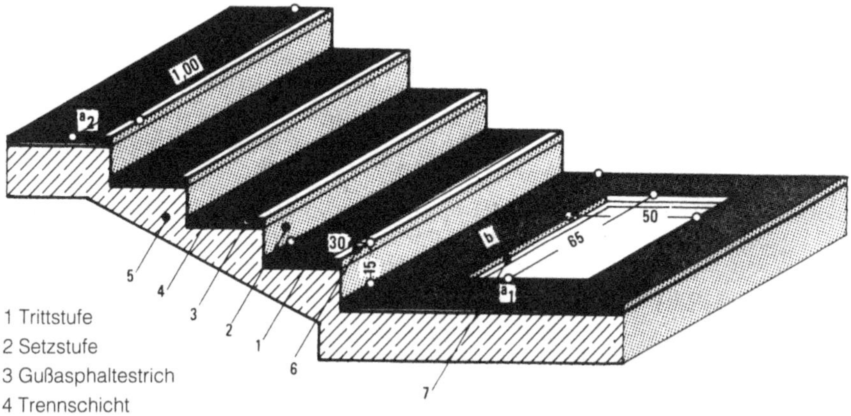

1 Trittstufe
2 Setzstufe
3 Gußasphaltestrich
4 Trennschicht
5 Stahlbetontreppe
6 Stoßschiene
7 Mattenrahmen

Gem. 0.5.1.3 Abrechnung des Gußasphaltestrichs auf den Podesten nach Flächenmaß. Für die Flächenermittlung gem. 5.1.1 die Abmessungen der zu belegenden Flächen bis zu den begrenzenden, ungeputzten bzw. unbekleideten Bauteilen, wie Wand, Setzstufe, und bei Flächen, die nicht von Bauteilen begrenzt werden, die Abmessungen der zu belegenden Fläche.

Gem. 5.2.1 Abzug der Aussparung für den Mattenrahmen, die mit $0{,}65 \cdot 0{,}50 = 0{,}33\ m^2$ größer als $0{,}10\ m^2$ ist.

F des Gußasphaltestrichs auf den Podesten$= a_1 \cdot b - 0{,}33 + a_2 \cdot 1{,}00 = ...\ m^2$.

Gem. 0.5.4.4 bzw. 0.5.1.4 Abrechnung für die Lieferung und das Einbauen des Mattenrahmens als selbständige Leistung zum Stückpreis oder Flächenmaß.

Keine Abrechnung für das Anarbeiten des Gußasphaltestrichs an den eingebauten Mattenrahmen, da Nebenleistung.

Gem. 0.5.4.1 bzw. 0.5.3.1 Abrechnung des Gußasphaltestrichs auf den Trittstufen als selbständige Leistung nach Anzahl zum Stückpreis oder nach Längenmaß. Gegebenenfalls ist nach Art und Größe der Stufen zu trennen.

Gem. 0.5.3.5 Abrechnung für die Lieferung und das Einbauen von fünf Stoßschienen nach Längenmaß. Für die Ermittlung des Längenmaßes gilt die Addition der größten Stufenlängen. L der Stoßschienen$= 5 \cdot 1{,}00 = 5{,}00$ m.

VOB Teil C:
Allgemeine Technische Vertragsbedingungen für Bauleistungen (ATV)
Tischlerarbeiten – DIN 18355
Ausgabe Juni 1996

1 Geltungsbereich

1.1 Die ATV »Tischlerarbeiten« – DIN 18355 – gilt für das Herstellen und Einbauen von Bauteilen aus Holz und Kunststoff, wie Türen, Tore, Fenster, Fensterelmente, Klappläden, Trennwände, Wand- und Deckenbekleidungen, Schrankwände, Innenausbauten, Einbaumöbel.

Sie gilt auch für Holz-Metallkonstruktionen.

1.2 Die ATV DIN 18355 gilt nicht für

- Treppen, Holzfußböden, Fußleisten, gezimmerte Türen und Tore, Schalungen, zimmermannsmäßige Bekleidungen und Verschläge (siehe ATV DIN 18334 »Zimmer- und Holzbauarbeiten«),
- Parkettarbeiten (siehe ATV DIN 18356 »Parkettarbeiten«),
- Beschläge (siehe ATV DIN 18357 (»Beschlagarbeiten«),
- Maler- und Lackierarbeiten (siehe ATV DIN 18363 »Maler- und Lackierarbeiten«),
- Verglasungsarbeiten (siehe ATV DIN 18361 »Verglasungsarbeiten«) und
- Metallfenster (siehe ATV DIN 18360 »Metallbauarbeiten«).

1.3 Ergänzend gelten die Abschnitte 1 bis 5 der ATV DIN 18299 »Allgemeine Regelungen für Bauarbeiten jeder Art«. Bei Widersprüchen gehen die Regelungen der ATV DIN 18355 vor.

5 Abrechnung

Gem. ATV DIN 18299 Abschn. 5 gilt allgemein:

Die Leistung ist aus Zeichnungen zu ermitteln, soweit die ausgeführte Leistung diesen Zeichnungen entspricht. Sind solche Zeichnungen nicht vorhanden, ist die Leistung aufzumessen.

> *Siehe hierzu die eingehende Erläuterung zur ATV DIN 18299 »Allgemeine Regelungen für Bauarbeiten jeder Art«.*

Abrechnungseinheiten

Gem. 0.5 sind im Leistungsverzeichnis die Abrechnungseinheiten wie folgt vorzusehen:

0.5.1 Flächenmaß (m^2), getrennt nach Bauart und Maßen, für
0.5.1.1 – Wand- und Deckenbekleidung,
0.5.1.2 – Oberflächenbehandlung; diese auch nach Anzahl.
0.5.2 Längenmaß (m), getrennt nach Bauart und Maßen, für
0.5.2.1 – Leisten,
0.5.2.2 – Blenden,
0.5.2.3 – An- und Abschlußprofile,
0.5.2.4 – Schattenfugen,
0.5.2.5 – Leibungsverkleidungen usw.; Futter und Bekleidungen auch nach Anzahl.
0.5.3 Anzahl (Stück), getrennt nach Bauart und Maßen, für
0.5.3.1 – Fenster,
0.5.3.2 – Türen,

0.5.3.3 – Einbauschränke,
0.5.3.4 – Fensterbänke u.ä.,
0.5.3.5 – Rolladendeckel,
0.5.3.6 – Fenster- und Türläden,
0.5.3.7 – Tore, Futter und Bekleidungen,
0.5.3.8 – Zargenrahmen,
0.5.3.9 – Oberflächenbehandlung; auch nach Flächenmaß,
0.5.3.10 – Aussparungen für Einzelleuchten, Lichtbänder, Lichtkuppeln, Lüftungsgitter, Luftauslässe, Revisionsöffnungen, Stützen, Pfeilervorlagen, Schalter, Steckdosen, Rohrdurchführungen, Kabel u.ä.

Ergänzend zu ATV DIN 18299 Abschnitt 5 gilt:

5.1 Allgemeines

5.1.1.1 Der Ermittlung der Leistung – gleichgültig, ob sie nach Zeichnungen oder nach Aufmaß erfolgt – sind zugrunde zu legen:

5.1.1.1 für Wand- und Deckenbekleidungen, Oberflächenbehandlungen, Vorsatzschalen, Unterdecken, Unterkonstruktionen, Dämmungen u.ä.

- auf Flächen ohne begrenzende Bauteile die Maße der zu bekleidenden Flächen,
- auf Flächen mit begrenzenden Bauteilen, die Maße der zu bekleidenden Flächen bis zu den sie begrenzenden, ungeputzten, ungedämmten bzw. nicht bekleideten Bauteilen,
- bei Fassaden die Maße der Bekleidung.

Die Wahl der Zeichnungen für die Leistungsermittlung ist freigestellt. Sie müssen lediglich die Bedingung erfüllen, daß aus ihnen die ausgeführte Leistung ersichtlich ist. In der LB ist anzugeben, ob nach Zeichnungen oder nach örtlichem Aufmaß abzurechnen ist. Die Grundlagen für die Leistungsermittlung sind einheitlich, gleichgültig, ob diese aus Zeichnungen oder durch Aufmaß vorgenommen wird.

Zur Messungserleichterung und damit auch zur Vereinfachung der Abrechnung gelten für Wand- und Deckenbekleidungen die Nennmaße (siehe DIN 18201) der zu bekleidenden Flächen, sofern sie nicht von Bauteilen begrenzt sind; sind die zu behandelnden Flächen durch Bauteile begrenzt, gelten die Maße bis zu diesen begrenzenden Bauteilen ohne daß vorhandene Bekleidungen, Dämmungen oder Putz abzuziehen sind.

Bei Fassadenbekleidungen gelten die Maße der Bekleidung. Sie sind nicht identisch mit den Maßen der bekleideten Wände, weil die Dicke der Bekleidungen und ggf. der zugehörigen Unterkonstruktion Abweichungen bedingen (Bilder 10 bis 12).

5.1.1.2 für nichttragende Trennwände, Einbauschränke, Fenster und Türen, deren Maße bis zu den sie begrenzenden, ungeputzten, ungedämmten bzw. nicht bekleideten Bauteilen.

Auch wenn nichttragende Trennwände eingenutet sein sollten, gilt das Maß bis zu den ungeputzten, ungedämmten bzw. unbekleideten Bauteilen. Für Einbauschränke, Fenster und Türen gelten ebenfalls diese Maße, d.h. die Maße bis zur ungeputzten, ungedämmten bzw. unbekleideten inneren oder äußeren Leibung (Bilder 1 bis 4, 6, 7, 9).

5.1.1.3 für sonstige Bauteile die größten, gegebenenfalls abgewickelten Bauteillängen; dabei werden Fugen übermessen.

Für sonstige Bauteile, die nach Längenmaß zu bemessen sind, z.B. Leisten, Blenden, An- und Abschlußprofile, Schattenfugen, Leibungsverkleidungen usw. sowie auch für Bauteile, die nach Anzahl abgerechnet werden, gilt, daß die größten, ggf. abgewickelten Bauteillängen zu messen sind. Fugen sind zu übermessen (Bild 8).

5.1.2 Bei der Ermittlung des Längenmaßes wird die größte, gegebenenfalls abgewickelte Bauteillänge gemessen; Fugen werden übermessen.

Diese Messungsvorschrift berücksichtigt Verwinkelungen und Verkröpfungen bei Leisten, Blenden, Profilen u.ä. Bei einspringenden Ecken liegt das größte Längenmaß an der Rückseite des Bauteils, während bei ausspringenden Ecken an der Vorderseite zu messen ist. Gem. 5.2.2 sind Unterbrechungen über 1 m Einzellänge abzuziehen (Bilder 11, 12).

5.1.3 Die Wandhöhen überwölbter Räume werden bis zum Gewölbeanschnitt, die Wandhöhe der Schildwände bis zu 2/3 des Gewölbestichs gerechnet.

Bei der Flächenermittlung überwölbter Räume wird zur Vereinfachung der Abrechnung die Fläche der Schildwände bis zu 2/3 des Gewölbestichs gemessen. Gewölbeanschnitt ist die Linie, an der sich die Wölbung von der senkrechten Wandfläche absetzt. Gewölbestich ist die Höhe ab Gewölbeanschnitt bis zum unteren Scheitelpunkt des ungeputzten Gewölbes. Diese Näherungsrechnung entspricht den Vorschriften in anderen ATV, z.B. DIN 18350 »Putz- und Stuckarbeiten«, DIN 18330 »Mauerarbeiten« und DIN 18334 »Zimmer- und Holzbauarbeiten«.

5.1.4 Fußleisten und Konstruktionen bis 10 cm Höhe werden übermessen.

Bei der Flächenermittlung gem. 5.1.1.1 werden Fußleisten, Scheuerleisten und Konstruktionen, z.B. Abdeckung von Kabeln, abgezogen, wenn ihre Höhe 10 cm überschreitet.

5.1.5 Bei der Flächenermittlung von gewölbten Decken mit einer Stichhöhe unter 1/6 der Spannweite wird die Fläche des überdeckten Raumes berechnet. Gewölbe mit größerer Stichhöhe werden nach der Fläche der abgewickelten Untersicht gerechnet.

Die Abrechnungsvereinfachung, daß Gewölbe mit einer Stichhöhe unter 1/6 der Spannweite nach der Fläche des überdeckten Raumes und Gewölbe mit größerer Stichhöhe nach der Fläche der abgewickelten Untersicht zu berechnen sind, entspricht den Vorschriften in ATV DIN 18330 »Mauerarbeiten«, ATV DIN 18334 »Zimmer- und Holzbauarbeiten« und ATV DIN 18350 »Putz- und Stuckarbeiten«.

5.1.6 In Decken- und Wandbekleidungen sowie leichten Außenwandbekleidungen werden Öffnungen, Aussparungen und Nischen bis 2,5 m^2 Einzelgröße übermessen.

Öffnungen in zu behandelnden Wänden sind z.B. Fenster, Türen, Durchreichen, Treppenlöcher, in Wänden auch unverschließbare Öffnungen, soweit sie durch einen Sturz markiert sind. In der vollen Wandhöhe fehlende Wandteile sind keine Öffnungen im Sinne dieser Vorschrift, sondern Wandunterbrechungen.

Aussparungen liegen in der zu behandelnden Fläche. Sie entstehen dort, wo statt der Bekleidung keine oder eine andere Behandlung der Wand- oder Deckenfläche erfolgt, z.B. bei Einbauteilen.

Nischen sind Ausnehmungen in Wänden, wobei die Tiefe der Nische nur einen Teil der Wanddicke einnimmt. Ihre rückwärtige Fläche wird als Spiegel bezeichnet. Nischen unterscheiden sich von Wandrücksprüngen dadurch, daß sie nicht in voller Wandhöhe durchgehen. Sie sind entweder durch einen Sturz oder im unteren Teil durch die volle Wanddicke, z.B. durch eine Schwelle, begrenzt.

Die mit dem Übermessen von Öffnungen, Aussparungen und Nischen bis zu 2,5 m^2 Einzelgröße gegebene Messungserleichterung korrespondiert mit den Vorschriften *in ATV DIN 18334, ATV DIN 18336, ATV DIN 18338, ATV DIN 18339 und ATV DIN 18350.*

5.1.7 Ganz oder teilweise bekleidete Leibungen von Öffnungen, Aussparungen und Nischen, in Decken und Wänden über 2,5 m² Einzelgröße werden gesondert gerechnet.

Leibungen sind die in die Bauteile greifenden, die Öffnungen, Aussparungen und Nischen begleitenden und begrenzenden Flächen. Sie können geputzt oder ungeputzt, bekleidet oder unbekleidet sein. Sie sind nach Längenmaß abzurechnen. Gem. 5.1.2 wird die größte, ggf. abgewickelte Bauteillänge gemessen, wobei Fugen nicht abgezogen werden. Gem. 5.2.2 werden Unterbrechungen bis 1 m Einzellänge nicht abgezogen.

5.1.8 Öffnungen, Nischen und Aussparungen werden, auch falls sie unmittelbar zusammenhängen, getrennt gerechnet.

Nischen, die unterhalb einer Öffnung liegen, z.B. Heizkörpernischen unter Fenstern, haben oftmals keine obere Begrenzung. Sie gelten jedoch als nicht zusammenhängend, wenn sie z.B. durch eine Fensterbank (Sohlbank) getrennt sind. Die Abrechnung erfolgt nach Flächenmaß.

5.1.9 Ganz oder teilweise bekleidete Rückflächen von Nischen werden unabhängig von ihrer Einzelgröße mit ihrem Maß gesondert berechnet.

Während gem. 5.1.6 Öffnungen, Aussparungen und Nischen bis zu 2,5 m² Einzelgröße übermessen werden, sind die Rückflächen von Nischen (Spiegel) unabhängig von ihrer Einzelgröße mit ihrem Maß gesondert zu rechnen. Bei teilweise bekleideten Spiegeln sind nur die behandelten Flächen zu messen. Abgerechnet wird nach Flächenmaß.

5.1.10 In Böden und den dazugehörigen Dämmungen, Schüttungen, Sperren u.ä. werden Öffnungen und Aussparungen, z.B. für Pfeilervorlagen, Kamine, Rohrdurchführungen, bis 0,5 m² Einzelgröße übermessen.

Diese Messungsvereinfachung entspricht den Regelungen in den ATV DIN 18334 »Zimmer- und Holzbauarbeiten« und DIN 18350 »Putz- und Stuckarbeiten«.

5.1.11 Bei Bekleidungen u.ä. werden Rahmen, Riegel, Ständer und andere Fachwerksteile sowie Sparren, Lattungen, Unterkonstruktionen übermessen.

Diese Messungsvereinfachung entspricht den Vorschriften in ATV DIN 18334 »Zimmer- und Holzbauarbeiten« und ATV DIN »Putz- und Stuckarbeiten«.

5.1.12 Bei Bekleidungen aus Latten, Brettern, Paneelen, Lamellen u.ä. werden die Zwischenräume übermessen.

Diese Messungserleichterung korrespondiert mit der Vorschrift in ATV DIN 18334 »Zimmer- und Holzbauarbeiten«.

5.1.13 Herstellen von Aussparungen für Einzelleuchten, Lichtbänder, Lichtkuppeln, Lüftungsgitter, Luftauslässe, Revisionsöffnungen, Stützen, Pfeilervorlagen, Schalter, Steckdosen, Rohrdurchführungen, Kabel u.ä. werden, getrennt nach Größe, gesondert gerechnet.

Das Herstellen von Aussparungen dieser Art ist nach der Anzahl, getrennt nach Bauart und Maßen, abzurechnen.

5.2 Es werden abgezogen:

5.2.1 bei Abrechnung nach Flächenmaß (m^2)
Öffnungen, Aussparungen und Nischen über 2,5 m^2 Einzelgröße, in Böden über 0,5 m^2 Einzelgröße *(Bild 10)*,

5.2.2 bei Abrechnung nach Längenmaß (m) Unterbrechungen über 1 m Einzellänge.

Diese Vorschriften korrespondieren mit den Regelungen in den ATV DIN 18334 »Zimmer- und Holzbauarbeiten« und DIN 18350 »Putz- und Stuckarbeiten«.

Zu 0.5.1.1:
Zur Wand- und Deckenbekleidung zählt auch das Bekleiden von Nischen, das Herstellen von Vorsatzschalen, Unterdecken, Unterkonstruktionen, Dämmungen u.ä. Abrechnungseinheit ist das Flächenmaß. Es gelten die Vorschriften von 5.1.1.1 und für nichttragende Trennwände von 5.1.1.2. Gem. 5.2.1 sind Öffnungen, Aussparungen und Nischen über 2,5 m^2 Einzelgröße, in Böden über 0,5 m^2 Einzelgröße abzuziehen (Bilder 10 bis 12).

Zu 0.5.1.2:
In der ATV ist allgemein geregelt:
- *Sichtbar bleibende Holzoberflächen sind zu putzen, z.B. durch Hobeln, Schleifen; Hobelschläge dürfen nicht erkennbar sein. Hölzer, z.B. Palisander, Makassar, sind, soweit ihre Inhaltsstoffe es erfordern, zu sperren und erst nach ausreichender Durchtrockung fein zu schleifen. Der Schleifstaub ist durch Ausbürsten zu entfernen.*
- *Bei Bekleidungen mit Brettern und Füllungen muß die vorgeschriebene Oberflächenbehandlung über die ganze Fläche vor dem Einbau durchgeführt werden. Zur Oberflächenbehandlung gehören:*
- *Vorbehandlung der Holzoberfläche,*
- *Oberflächenbehandlung von Außenbauteilen (Fenster, Türen usw.),*
- *Oberflächenbehandlung von Innenbauteilen.*

Abgerechnet wird gem. 5.1.1.1 nach Flächenmaß. 5.2.1 ist zu beachten.

Zu 0.5.2.1:
Das Liefern und Befestigen von Deckleisten zum Anschließen an andere Bauteile, z.B. Abschlußleisten gegen Wandputz, ist nach der ATV als Besondere Leistung abzurechnen. Abrechnungseinheit ist das Längenmaß. Gem. 5.1.2 ist die größte, ggf. abgewickelte Bauteillänge zu messen, wobei Fugen übermessen werden. Gem. 5.2.2 sind Unterbrechungen über 1 m Einzellänge abzuziehen. Das Liefern der erforderlichen Befestigungsmittel gehört zu den Nebenleistungen (Bild 11).

Zu 0.5.2.2:
Unter Blenden sind Abdeckungen zu verstehen, die aus dekorativen Gründen angebracht werden. Da ihre bestimmende Ausdehnung die Länge ist, sind sie nach Längenmaß abzurechnen. Es gelten 5.1.1.3, 5.1.2 und 5.2.2.

Zu 0.5.2.3 und 0.5.2.4:
An- und Abschlußprofile, sichtbare Randwinkel und Schattenfugendeckleisten sind nach den Regelungen der ATV an den Ecken und auf den Begrenzungsflächen stumpf zu stoßen, Randwinkel dem Wand- und Deckenverlauf anzupassen. Abrechnungseinheit ist das Längenmaß. Es gelten 5.1.2 und 5.2.2 (Bild 12).

Zu 0.5.2.5:

Gem. 5.1.7 werden ganz oder teilweise bekleidete Leibungen von Öffnungen, Aussparungen und Nischen in Decken und Wänden über 2,5 m² Einzelgröße gesondert gerechnet. Abgerechnet wird nach Längenmaß. Es gelten 5.1.1.3, 5.1.2 und 5.2.2.

Zu 0.5.3.1:

Fenster sind, getrennt nach Bauart und Maßen, nach der Anzahl abzurechnen. Gem. 5.1.1.2 gelten die Maße der Fenster bis zu den sie begrenzenden ungeputzten, ungedämmten bzw. nicht bekleideten Bauteilen, d.h. es gelten die Nennmaße (siehe DIN 18201) der lichten Öffnung (Bilder 1, 6, 7).

Zu 0.5.3.2 und 0.5.3.3:

Für Türen und Einbauschränke gilt das gleiche wie zu 0.5.3.1 (Bilder 2 bis 4, 9).

Zu 0.5.3.4:

Fensterbänke sind nach der Anzahl, getrennt nach Art und Maßen, abzurechnen. Den Fensterbänken ähnlich sind Abdeckungen über Heizkörpern. Für die Bemessung gilt 5.1.1.3.

Zu 0.5.3.5:

Es gilt das gleiche wie zu 0.5.3.4. Für die Herstellung der Rolläden gilt die ATV DIN 18358.

Zu 0.5.3.6:

Fenster- und Türläden sind nach der Anzahl abzurechnen. Es ist nach Bauart und Maßen zu trennen. Bei gestemmten Fenster- und Türläden müssen die oberen Rahmenhölzer durchgehen. Die senkrechten Rahmenhölzer sind in die oberen Rahmenhölzer verdeckt einzuzapfen. Bei Außenanwendung muß die Verleimung der Beanspruchungsgruppe B 4 nach DIN 68602 entsprechen. Für die Bemessung gilt 5.1.1.3 (Bild 8).

Zu 0.5.3.7:

Es sind Rahmentore und glatte Tore zu unterscheiden. Futter und Bekleidungen sind fachgerecht miteinander zu verbinden, z.B. verfälzen, verdübeln, verzinken, verzapfen, verdeckt schrauben. Das Liefern der Verbindungsmittel ist Nebenleistung. Für die Bemessung gelten 5.1.1.2 und 5.1.1.3.

Zu 0.5.3.8:

Abrechnungseinheit für Zargenrahmen ist die Anzahl. Es ist nach Bauart und Maßen zu trennen. Für die Bemessung gelten 5.1.1.2 bzw. 5.1.1.3.

Zu 0.5.3.9:

Für die Oberflächenbehandlung kommt Abrechnung nach Flächenmaß oder nach der Anzahl in Betracht. Siehe die Erläuterung zu 0.5.1.2. Es ist nach Art und Maßen zu trennen. Es gelten 5.1.1.1 und 5.2.1.

Zu 0.5.3.10:

Abrechnungseinheit für das Herstellen der Aussparungen für Einzelleuchten, Lichtbänder, Lichtkuppeln, Lüftungsgitter, Luftauslässe, Revisionsöffnungen, Stützen, Pfeilervorlagen, Schalter, Steckdosen, Rohrdurchführungen, Kabel u.ä. ist die Anzahl. Es gilt 5.1.13, wobei nach Größe zu trennen ist (Bild 11).

Bild 1 Fensteröffnung in geputztem Mauerwerk

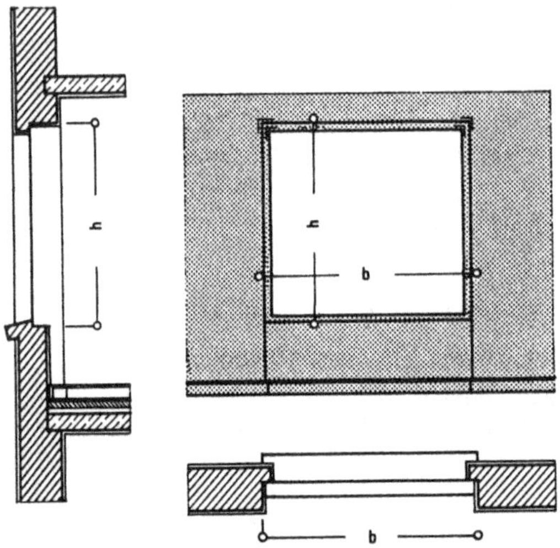

Gem. 0.5.3.1 Abrechnung des Fensters unter Angabe von Art und Größe zum Stückpreis nach Anzahl.

Gem. 5.1.1.2 gelten für die Größenbemessung die Maße bis zur ungeputzten bzw. nicht bekleideten inneren Leibung.

Breite=b=... m.

Höhe=h=... m.

Bild 2 Türöffnung in Verblendmauerwerk

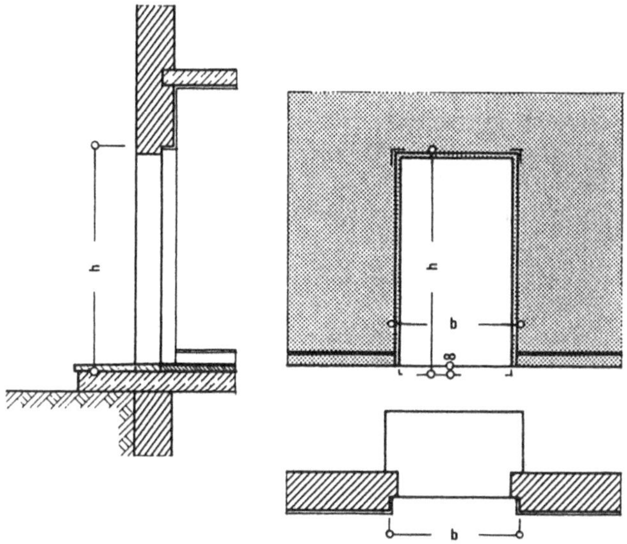

Gem. 0.5.3.2 Abrechnung der Eingangstür unter Angabe von Art und Größe zum Stückpreis.

Gem. 5.1.1.2 gelten für die Größenbemessung die Maße bis zur ungeputzten bzw. nicht bekleideten inneren Leibung.

Breite=b=... m.

Höhe=h=... m.

Auf die Rohdecke wird im vorliegenden Fall ein 8 cm dicker Bodenbelag aufgebracht.

Bild 3 Türöffnung in Mauerwerk mit Werksteinbekleidung

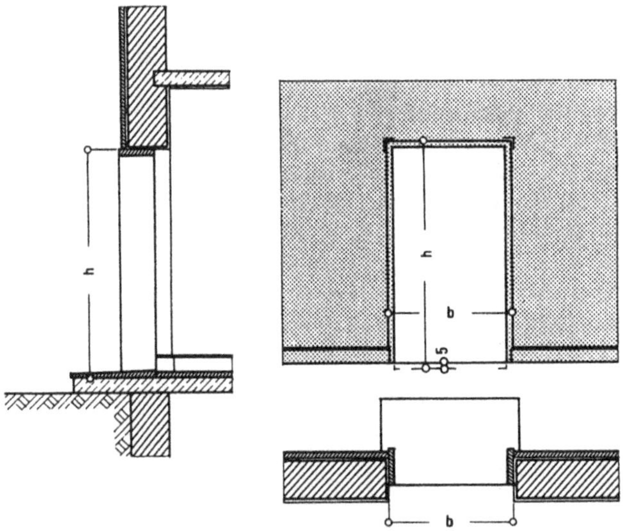

Gem. 0.5.3.2 Abrechnung der Eingangstür unter Angabe von Art und Größe zum Stückpreis.

Gem. 5.1.1.2 gelten für die Größenbemessung die Maße bis zur ungeputzten, ungedämmten bzw unbekleideten Leibung

Breite=b=-. m.

Höhe=h=-. m.

Auf die Rohdecke wird im vorliegenden Fall ein 5 cm dicker Bodenbelag aufgebracht.

Bild 4 Türöffnung mit Holzzarge in einer leichten Trennwand

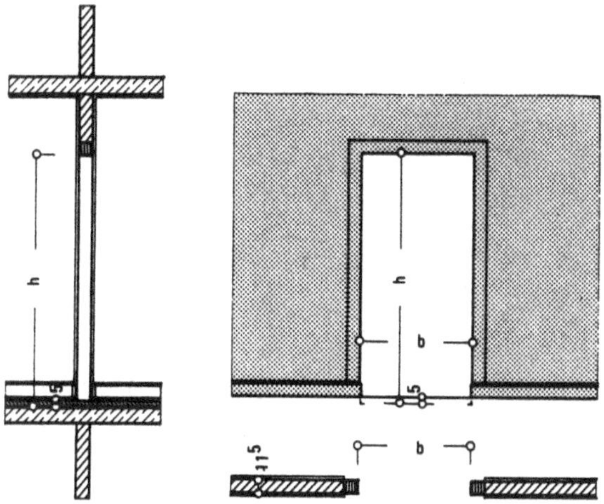

Gem. 0.5.3.2 Abrechnung der Zimmertür unter Angabe von Art und Größe nach Anzahl zum Stückpreis.

Gem. 5.1.1.2 gelten für die Größenbemessung die Maße bis zur Zarge. Bei leichten Trennwänden, deren Öffnung durch eine hölzerne Zarge gebildet wird, sind die lichten Öffnungsweiten der Zarge maßgebend.

Breite der lichten Türöffnung=b=... m.

Höhe der lichten Türöffnung=h=... m.

Auf die Rohdecke wird im vorliegenden Fall ein 5 cm dicker Bodenbelag aufgebracht.

Bild 5 Abrechnung bei Abweichungen von den festgelegten Abmessungen einer nicht genormten Tür

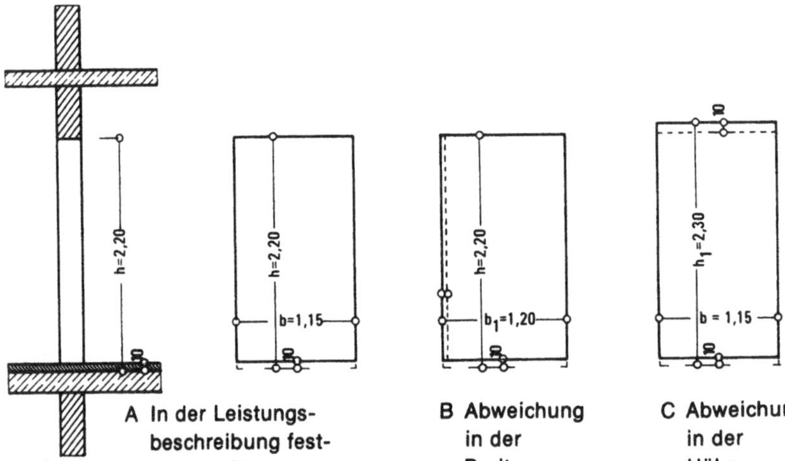

A In der Leistungsbeschreibung festgelegte Abmessungen **B Abweichung in der Breite** **C Abweichung in der Höhe**

Im Fall B ist die Türöffnung um 5 cm breiter hergestellt worden, als in der Leistungsbeschreibung angegeben. Der Auftragnehmer hatte nach dem Vertrag die Verpflichtung, die Maße rechtzeitig am Bau zu prüfen, da es sich um einen nicht genormten Bauteil handelt. Die größere Breite hat er vor Beginn der Fertigung festgestellt, so daß ihm nach der ATV kein Anspruch auf Änderung des Preises zusteht, weil die Maßüberschreitung nicht mehr als 5 cm beträgt.

Im Fall C ist die Höhe der Türöffnung um 10 cm größer als in der Leistungsbeschreibung angegeben. In diesem Fall ist das Grenzmaß von 5 cm überschritten, so daß für den Auftragnehmer ein Anspruch auf Preisänderung gegeben ist.

Auf die Rohdecke wird ein 10 cm dicker Bodenbelag aufgebracht.

Bild 6 Größenbemessung eines Blendrahmen-Verbundfensters

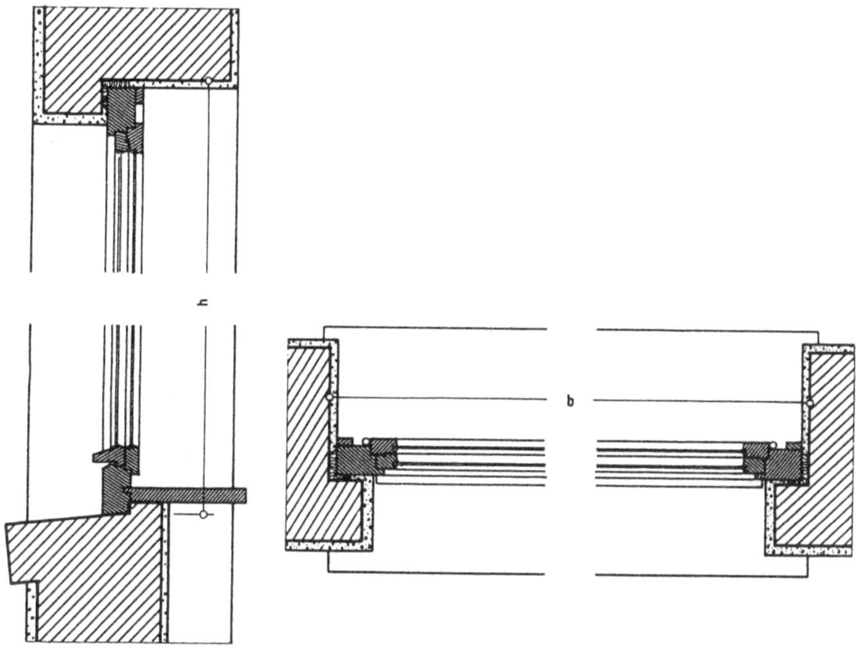

Gem. 0.5.3.1 Abrechnung des Blendrahmens-Verbundfensters nach Anzahl zum Stückpreis. Für die Holzabmessungen gelten die Bestimmungen in den Abschnitten 3.1 und 3.2.

Gem. 5.1.1.2 sind der Größenbemessung für die Leistungsermittlung die Maße bis zu der ungeputzten inneren Leibung zugrunde zu leigen.

Breite=b=... m.

Höhe=h=... m.

Bild 7 Größenbemessung eines Zargen-Doppelfensters

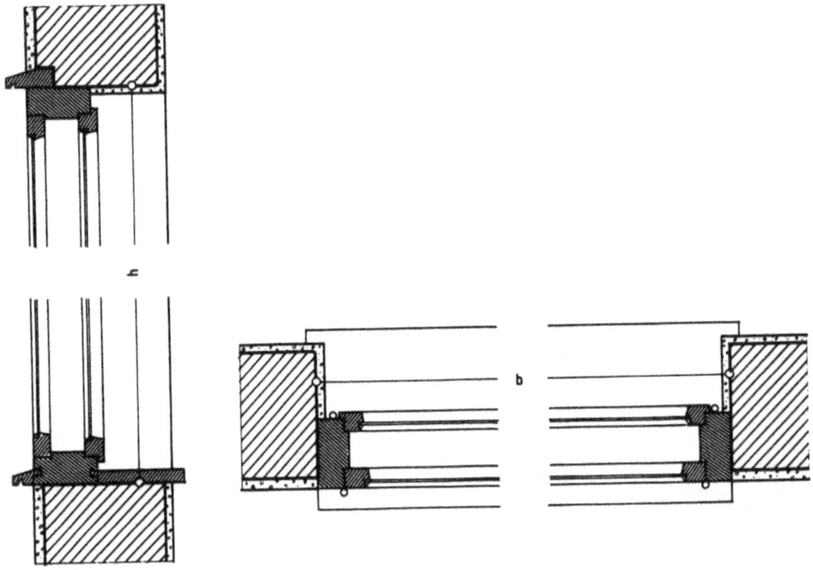

Gem. 0.5.3.1 Abrechnung des Zargen-Doppelfensters nach Anzahl zum Stückpreis. Für die Holzabmessungen gelten die Bestimmungen der ATV. In den Zeichnungen für Vollholz enthaltene Maße sind Fertigmaße.

Gem. 5.1.1.2 sind der Größenbemessung für die Leistungsermittlung die Nennmaße der lichten Öffnungen zugrunde zu legen.

Breite der Lichten Maueröffnung=b=... m.

Höhe der lichten Maueröffnung=h=... m.

Bild 8 Größenbemessung von Fensterläden

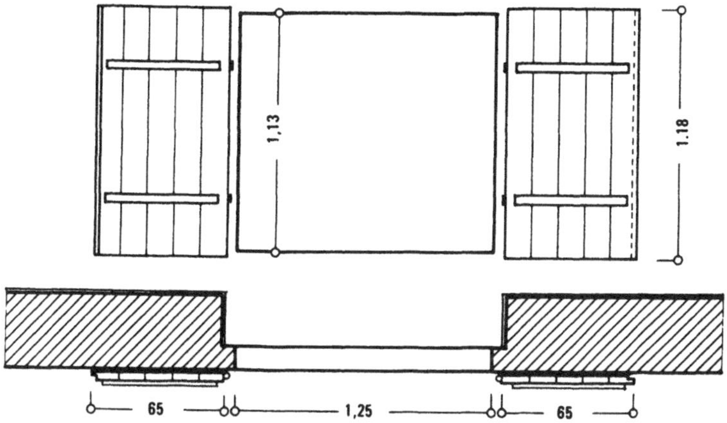

Gem. 0.5.3.6 Abrechnung der zweiflügeligen Fensterläden aus 30 mm dicken genuteten Brettern mit Einschubleisten nach Anzahl zum Stückpreis. Anzahl und Stückpreis beziehen sich auf beide, eine Abrechnungseinheit bildende Fensterladenflügel.

Gem. 5.1.1.3 sind für die Größenbemessung der Leistung die größten, ggf. abgewickelten Bauteillängen maßgebend.

Die tatsächlichen Abmessungen der Fensterläden sind mit zweimal 0,65-/1,18 m größer als die der lichten Öffnung.

Bild 9 Größenbemessung einer Sperrholztür mit Futter und Bekleidung

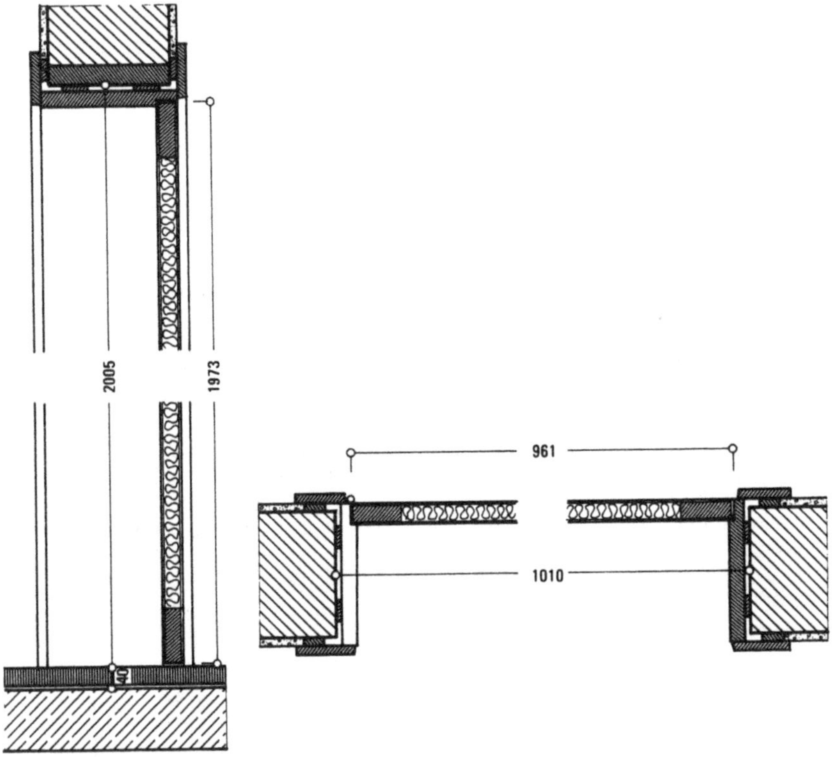

Gem. 0.5.3.2 Abrechnung der in den Falz schlagenden Sperrholztür einschließlich Futter und Bekleidung nach Anzahl zum Stückpreis.

Gem. 5.1.1.2 sind für die Größenbemessung der Leistung die Maße bis zur ungeputzten Leibung maßgebend. Dabei ist es erforderlich, die Dicke des Fußbodenbelages anzugeben, der auf die Rohdecke aufgebracht wird.

Abzurechnende Breite =1010 mm,

Abzurechnende Höhe =2045 mm,

Dicke des Fußbodenbelages = 40 mm.

Im vorliegenden Fall errechnet sich ein Blattmaß von 961/1973 mm.

Bild 10 Messung der Wandbekleidung an einer Türöffnung

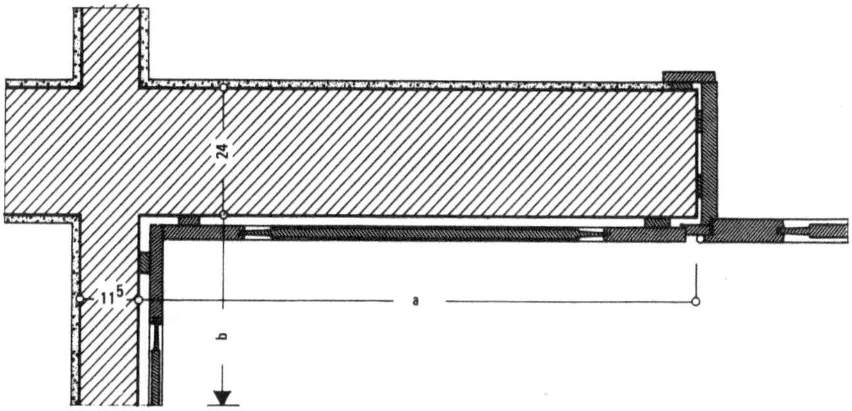

Gem. 0.5.1.1 Abrechnung der aus Rahmen und Füllungen bestehenden Wandbekleidung nach Flächenmaß. Für die Flächenermittlung gelten gem. 5.1.1.1 die Nennmaße der zu bekleidenden Flächen. Öffnungen, Aussparungen und Nischen über 2,5 m Einzelgröße werden gem. 5.2.1 abgezogen. Das Breitenmaß (a) wird von Oberfläche ungeputztem Mauerwerk bis zur lichten Türöffnung, d.h. bis zur Leibung der ungeputzten Mauerwerksöffnung gemessen. Die Türöffnung ist mit ihren lichten Konstruktionsmaßen abzuziehen.

Bild 11 Messung von Deckenbekleidungen

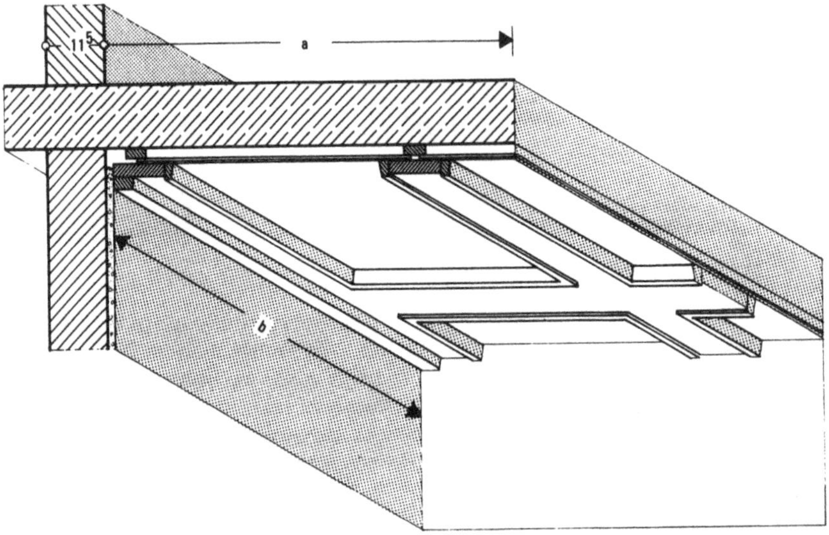

Gem. 0.5.1.1 Abrechnung der Deckenbekleidung aus profilierten Feldern nach Flächenmaß. Für die Flächenermittlung gelten gem. 5.1.1.1 die Nennmaße der zu bekleidenden Fläche. Etwa vorkommende Aussparungen sind gem. 0.5.3.10 nach der Anzahl gesondert abzunehmen.

F=a · b=... m².

Gem. 0.5.2.1 Abrechnung der Leiste, die zum Anschluß an den Wandputz erforderlich ist, unter Angabe von Art und Abmessung als selbständige Leistung nach Längenmaß. Für die Längenermittlung gelten sinngemäß die Vorschriften des Abschnitts 5.1.2.

L der Anschlußleiste an den Wandputz=2(a+b)=... m.

Bild 12 Messung von Bekleidungen unter Holzbalkendecken

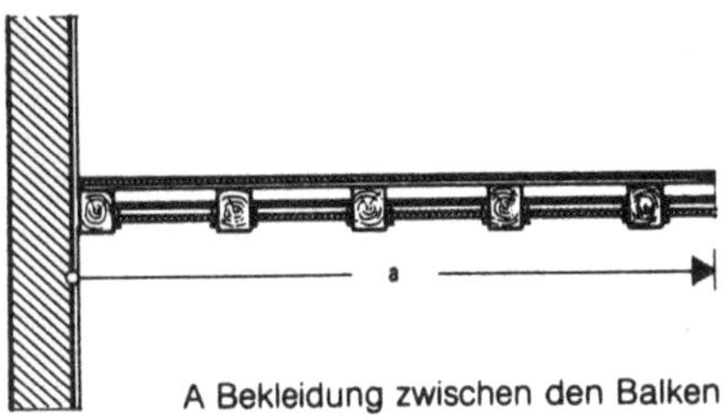

A Bekleidung zwischen den Balken

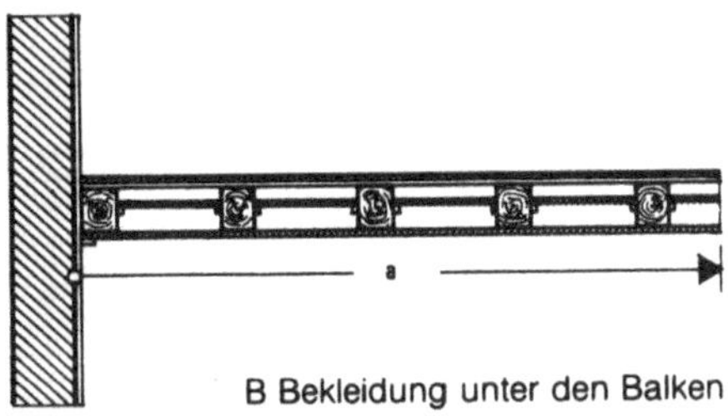

B Bekleidung unter den Balken

Gem. 0.5.1.1 Abrechnung der Deckenbekleidung unter den Holzbalkendecken (A und B) nach Flächenmaß. Für die Flächenermittlung gelten gem. 5.1.1.1 die Nennmaße der zu bekleidenden Flächen. In den Fällen A und B ist die zu bekleidende Deckenfläche gleich groß. Das Breitenmaß (a) ist zwischen den Oberflächen der begrenzenden, ungeputzten bzw. unbekleideten Mauern zu messen. Die verschiedenartigen Aufwendungen für die Leistungen sind in den Preisen für die Deckenbekleidung zu berücksichtigen.

Gem. 0.5.2.3 im Fall B Abrechnung für Liefern und Befestigen der Anschlußleiste an den Wandputz unter Angabe von Art und Abmessungen als selbständige Leistung nach Längenmaß. Für die Längenermittlung gelten die Vorschriften des Abschnitts 5.1.2 sinngemäß. Die Leisten zwischen den Balken im Fall A gehören zur Leistung und erfordern keine besondere Abrechnung

VOB Teil C:
Allgemeine Technische Vertragsbedingungen für Bauleistungen (ATV)
Parkettarbeiten – DIN 18356
Ausgabe Mai 1998

1 Geltungsbereich

1.1 Die ATV »Parkettarbeiten« – DIN 18356 – gilt für das Verlegen von Parkett der Normenreihe DIN 280.

1.2 Die ATV DIN 18356 gilt nicht für das Verlegen von Lagerhölzern und Blindböden (siehe ATV DIN 18334 »Zimmer- und Holzbauarbeiten«).

1.3 Ergänzend gelten die Abschnitte 1 bis 5 der ATV DIN 18299 »Allgemeine Regelungen für Bauarbeiten jeder Art«. Bei Widersprüchen gehen die Regelungen der ATV DIN 18356 vor.

5 Abrechnung

Gem. ATV DIN 18299 Abschnitt 5 gilt allgemein:

Die Leistung ist aus Zeichnungen zu ermitteln, soweit die ausgeführte Leistung diesen Zeichnungen entspricht. Sind solche Zeichnungen nicht vorhanden, ist die Leistung aufzumessen.

Abrechnungseinheiten

Gem. 0.5 sind im Leistungsverzeichnis die Abrechnungseinheiten wie folgt vorzusehen:

0.5.1 Flächenmaß (m²), getrennt nach Bauart und Maßen, für
0.5.1.1 – Parkett,
0.5.1.2 – Parkettunterlagen,
0.5.1.3 – Versiegelungen.
0.5.2 Längenmaß (m), getrennt nach Bauart und Maßen, für
0.5.2.1 – Fußleisten, Deckleisten,
0.5.2.2 – Versiegelung von Fußleisten,
0.5.2.3 – Verfugungen,
0.5.2.4 – Dämmstreifen.
0.5.3 Anzahl (Stück), getrennt nach Bauart und Maßen, für
0.5.3.1 – Versiegelung von Stufen, Türschwellen und dergleichen.

Ergänzend zu ATV DIN 18299 Abschnitt 5 gilt:

5.1 Allgemeines

5.1.1 Der Ermittlung der Leistung – gleichgültig, ob sie nach Zeichnungen oder Aufmaß erfolgt – sind zugrunde zu legen:

bei Parkettböden, Parkettunterlagen, Oberflächenbehandlungen

- auf Flächen mit begrenzenden Bauteilen die Maße der zu belegenden Flächen bis zu den begrenzenden, ungeputzten bzw. nicht bekleideten Bauteilen,
- auf Flächen ohne begrenzende Bauteile deren Maße,

– auf Flächen von Stufen und Schwellen deren größte Maße.

Mit der Einräumung des Vorranges, den die Feststellung der Leistung aus den Zeichnungen erhalten hat, soll der Zeit- und Arbeitsaufwand erspart werden, der für das örtliche gemeinsame Aufmaß und das damit verbundene Anfertigen von Skizzen aufzuwenden wäre. Die Wahl der Zeichnungen ist freigestellt. Es können z.B. Entwurfszeichnungen, Ausführungszeichnungen oder Bestandszeichnungen sein, sofern sie nur die Bedingung erfüllen, daß aus ihnen die tatsächlich ausgeführte Leistung ersichtlich ist. In der LB ist anzugeben, ob nach Zeichnungen oder nach örtlichem Aufmaß abzurechnen ist. Die Grundlagen für die Leistungsermittlung sind einheitlich, gleichgültig ob diese aus Zeichnungen oder durch örtliches Aufmaß vorgenommen wird. Abrechnungseinheit für Parkett ist das Flächenmaß. Als allgemeine Messungsregel gilt, daß die Parkettfläche bis an die sie begrenzenden Bauteile, z.B. Wände, Stufen, gemessen wird, wobei die Dicke etwa vorhandenen Wandputzes, etwaiger Wandbekleidungen, z.B. Dämmplatten oder etwaiger Dämmstreifen bei schwimmenden Estrichen, der abzurechnenden Parkettfläche zugerechnet wird. Die Größe einer von Bauteilen begrenzten Parkettfläche ist demnach gleich der durch die Nennmaße der Bauteile bestimmten Raumgrundfläche. Diese Messungsregel ist in jedem Falle anzuwenden, also nicht nur, wenn die Leistung aus Zeichnungen, sondern auch wenn sie durch örtliches Aufmaß ermittelt wird. Sie hat zwar den Nachteil, daß die festgestellte Leistung nicht ganz genau mit der tatsächlichen übereinstimmt, weil die abzurechnende Leistung in der Regel etwas größer ist als die tatsächlich ausgeführte Parkettfläche; dem steht jedoch der Vorteil gegenüber, daß sich die Fläche aus den Konstruktionsmaßen verhältnismäßig leicht ermitteln läßt und daß eine auf diese Art für andere Zwecke bereits errechnete Flächengröße für die Abrechnung verwendet werden kann. Parkettflächen, die nicht von Bauteilen begrenzt werden, sind nach ihren tatsächlichen Maßen abzurechnen. Auch diese Abmessungen können aus den Nennmaßen der Zeichnungen entnommen werden. Gem. 5.2.1 sind Aussparungen über 0,1 m² Einzelgröße abzuziehen. Für die Bemessung auf Stufen und Schwellen gelten deren größte Maße (Bilder 1 bis 4).

5.1.2 Bei der Ermittlung des Längenmaßes wird die größte Bauteillänge gemessen.

Das Längenmaß ist für Fußleisten und Deckleisten sowie für Versiegelungen vorgesehen, bei denen die Länge das bestimmende Ausdehnungsmaß ist. Gem. 5.2.2 sind Unterbrechungen von mehr als 1 m Einzellänge abzuziehen (Bilder 1 bis 3).

5.1.3 In Böden nachträglich eingearbeitete Teile werden übermessen, z.B. Intarsien, Markierungen.

Im Gegensatz zu 5.2.1, wonach Aussparungen, z.B. für Öffnungen, Pfeiler, Pfeilervorlagen, Rohrdurchführungen, über 0,1 m² abzuziehen sind, werden nachträglich eingearbeitete Teile wie Intarsien oder Markierungen übermessen.

5.2 Es werden abgezogen:

5.2.1 bei Abrechnung nach Flächenmaß (m²):

Aussparungen, z.B. für Öffnungen, Pfeiler, Pfeilervorlagen, Rohrdurchführungen, über 0,1 m² Einzelgröße.

Nach der ATV ist in Räumen mit besonderer Installation das Herstellen dieser Aussparungen als Besondere Leistung abzurechnen. Abrechnungseinheit dafür ist die Stückzahl (Bilder 1, 3).

5.2.2 bei Abrechnung nach Längenmaß (m):
Unterbrechungen über 1 m Einzellänge.

Zu 0.5.1.1:

Nach der ATV ist das Parkett aus Parketthölzern entsprechend DIN 280 Teil 1 bis Teil 5 herzustellen und zwar bei Verlegung von

- *Parkettstäben aus Sortierung Standard nach DIN 280 Teil 1,*
- *Mosaikparkettlamellen aus Sortierung Natur nach DIN 280 Teil 2,*
- *Parkettriemen aus Sortierung Standard nach DIN 280 Teil 3,*
- *Parkettdielen und Parkettplatten mit stabparkettartiger Oberseite aus Sortierung Standard nach DIN 280 Teil 4,*
- *Parkettdielen und Parkettplatten mit mosaikparkettartiger Oberseite aus Sortierung Natur nach DIN 280 Teil 2,*
- *Fertigparkett-Elementen aus Sortierung, z.B. Eiche El-XXX, nach DIN 280 Teil 5.*

Es sind folgende Parkettarten zu unterscheiden:
genageltes Parkett aus Parkettstäben oder Parkettafeln, Stabparkett, Tafelparkett und Parkettriemen in Parkettklebstoffen, Mosaikparkett in hartplastischem Parkettklebstoff und Parkett aus Fertigparkett-Elementen.

Bei der Abrechnung ist ferner danach zu trennen, ob Parkett auf Parkettunterlagen verlegt wird und welche Parkettunterlagen verwendet werden. Parkettunterlagen, z.B. Spanplatten, Unterlagspappen, Bitumenfilze, Folien, gehören zu den Parkettarbeiten. Sie können in getrennten Positionen oder zusammen mit dem Parkett ausgeschrieben und abgerechnet werden. Nicht zu den Parkettarbeiten gehören Blindböden und ihre Unterkonstruktionen, die nach ATV DIN 18334 »Zimmer- und Holzbauarbeiten« auszuführen und abzurechnen sind. Ebenfalls nicht zu den Parkettarbeiten zählt der Randstreifen bei schwimmenden Estrichen, der mit der Dämmung abzurechnen ist.

Gem. 5.1.1 sind für die Flächenermittlung die Abmessungen der zu belegenden Fläche bis zu den begrenzenden, ungeputzten bzw. unbekleideten Bauteilen maßgebend. Sind keine begrenzenden Bauteile vorhanden, gelten die tatsächlichen Abmessungen.

Gem. 5.2.1 sind Aussparungen für Öffnungen, Pfeiler, Pfeilervorlagen Kamine, Rohrdurchführungen nur dann abzuziehen, wenn ihre Einzelgröße 0,10 m² übersteigt. Das ist bei Rohrdurchführungen z.B. erst dann der Fall, wenn der äußere Rohrdurchmesser größer als 36 cm ist (Bild 1 und 4):

Zu 0.5.1.2:

Parkettunterlagen, z.B. Spanplatten, Unterlagspappen, Bitumenfilze, Folien, werden, getrennt nach Bauart und Maßen, nach Flächenmaß abgerechnet. 5.2.1 ist zu beachten.

Zu 0.5.1.3:

Versiegelungen sind, getrennt nach ihrer Art, entweder nach Flächenmaß, nach Längenmaß oder nach der Anzahl einzelner Bauteile abzurechnen. Nach der ATV muß Versiegelung besonders vorgeschrieben werden. Ist die Versiegelung in der LB nicht angegeben, so hat der Auftragnehmer die Versiegelungsart und das Versiegelungsmittel im Benehmen mit dem Auftraggeber entsprechend dem Verwendungszweck des Raumes und der vorgesehenen Beanspruchung auszuwählen. Die Versiegelung von Parkettflächen wird nach Flächenmaß, von Fußleisten und anderen durch das Längenmaß bestimmten Bauteilen nach Längenmaß, von Stufen,

Türschwellen und dergleichen nach Anzahl abgerechnet. Es gelten die allgemeinen Messungsregeln gem. 5.1.1 (Bilder 1 bis 4).

Zu 0.5.2.1:
Abrechnungseinheit für das Liefern und Anbringen von Fußleisten und Deckleisten ist das Längenmaß. Gem. 5.1.2 ist die größte Bauteillänge zu messen. Gem. 5.2.2 sind Unterbrechungen über 1 m Einzellänge abzuziehen. Das Liefern der Befestigungsmittel ist Nebenleistung. Dagegen ist der Einbau von Dübeln zur Befestigung von Fußleisten als Besondere Leistung abzurechnen. An sich gehört das Liefern und Anbringen von Fußleisten und Deckleisten in den Leistungsbereich der ATV DIN 18334 »Zimmer- und Holzbauarbeiten« bzw. der ATV DIN 18355 »Tischlerarbeiten«. Es ist nur dann den Parkettarbeiten zuzuordnen, wenn die Holzart der Fußleiste der Holzart des Parketts entsprechen soll (Bilder 1 bis 3).

Zu 0.5.2.2:
Abrechnungseinheit für das Versiegeln von Fußleisten ist das Längenmaß. Unterbrechungen über 1 m Einzellänge werden abgezogen. (Bilder 1 bis 3).

Zu 0.5.2.3:
Abrechnungseinheit für Verfugungen ist das Längenmaß. Über Bewegungsfugen im Bauwerk sind im Parkett und gegebenenfalls auch in den Parkettunterlagen Fugen anzulegen.

Zu 0.5.2.4:
Dämmstreifen werden nach Längenmaß abgerechnet. Unterbrechungen über 1 m Einzellänge werden abgezogen. Das Abschneiden überstehender Randstreifen und deren Abdeckung ist als Besondere Leistung abzurechnen. Die Dämmwirkung von Dämmstoffen darf durch die Parkettklebstoffe nicht wesentlich beeinträchtigt werden.

Zu 0.5.3.1:
Die Versiegelung von Stufen, Türschwellen und dergleichen ist nach der Stückzahl abzurechnen. Versiegelungsart und Versiegelungsmittel sind auf die jeweilige Holzart abzustimmen.

Bild 1 Messung von Stabparkett auf Holzspanplatten

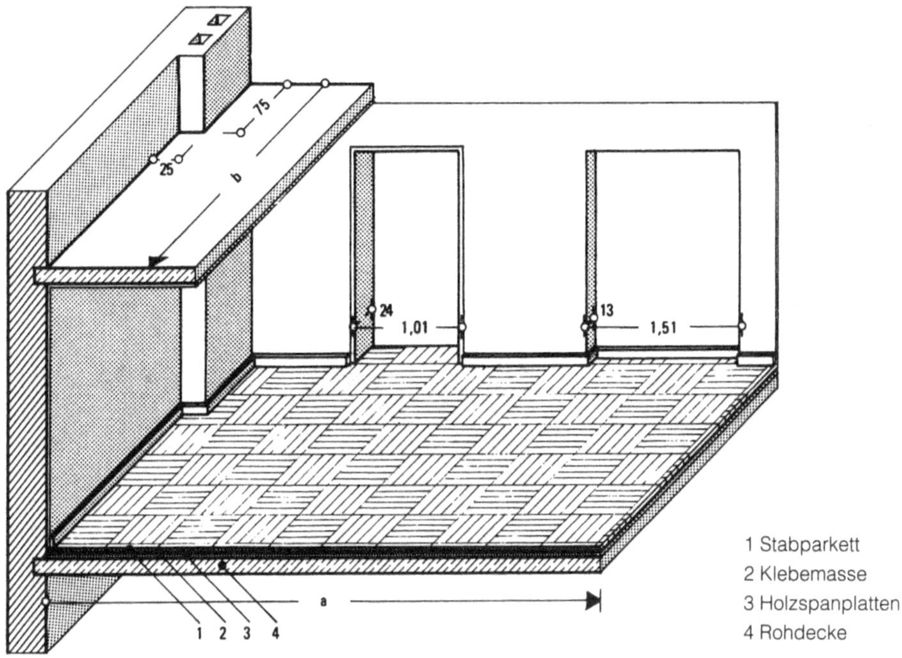

Gem. 0.5.1.1 Abrechnung des in Klebemasse verlegten Stabparketts einschlieálich der Parkettunterlage aus Holzspanplatten unter Angabe der Holzart und der Verlegeart nach Flächenmaß.

Für die Flächenermittlung gelten gem. 5.1.1 die Abmessungen der zu belegenden Fläche bis zu den begrenzenden, ungeputzten bzw. unbekleideten Bauteilen.

Gem. 5.2.1 Abzug der Aussparung für die Schornsteinvorlage, die mit $0{,}25 \cdot 0{,}75 = 0{,}19$ m² größer als 0,10 m² ist.

Hinzurechnung der Grundfläche in der Türöffnung mit $0{,}24 \cdot 1{,}01 = 0{,}24$ m² und der Grundfläche in der Nische mit $0{,}13 \cdot 1{,}51 = 0{,}20$ m².

F des Stabparketts$= a \cdot b - 0{,}19 + 0{,}24 + 0{,}20 = \ldots$ m².

Gem. 0.5.2.1 Abrechnung der Fußleisten nach Längenmaß. Für die Längenermittlung gelten die Vorschriften 5.1.2 und 5.2.2. Für die Ausführung und Abrechnung von Fußleisten gilt in der Regel jedoch ATV DIN 18334 »Zimmer- und Holzbauarbeiten«.

Gem. 0.5.1.3 Abrechnung der Versiegelung des Parketts nach Flächenmaß entsprechend 5.1, der Versiegelung der Fußleisten gem. 0.5.2.2 nach Längenmaß entsprechend 5.1.2 und 5.2.2.

Bild 2 Messung von Stabparkett auf Blindboden

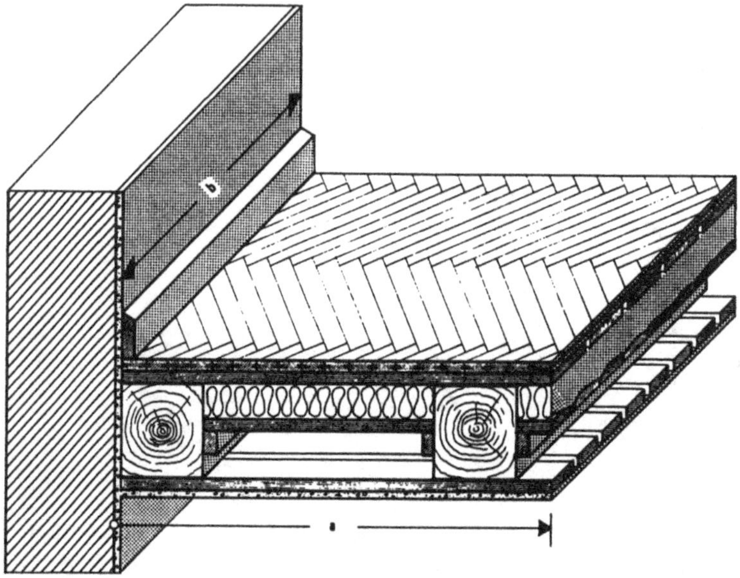

Gem. 0.5.1.1 Abrechnung des auf Blindboden genagelten Stabparketts nach Flächenmaß. Der Blindboden ist nach ATV DIN 18334 »Zimmer- und Holzbauarbeiten« auszuführen und abzurechnen.

Für die Flächenermittlung des Stabparketts gelten gem. 5.1.1 die Abmessungen der zu belegenden Fläche bis zu den begrenzenden, ungeputzten bzw. unbekleideten Bauteilen.

F des Stabparketts=a · b=... m².

Gem. 0.5.2.1 Abrechnung der Fußleiste nach Längenmaß. Für die Längenermittlung gelten die Vorschriften 5.1.2 und 5.2.2. In der Regel sind jedoch Fußleisten nach ATV DIN 18334 auszuführen und abzurechnen.

Gem. 0.5.1.3 Abrechnung der Versiegelung des Parketts nach Flächenmaß, der Versiegelung der Fußleisten gem. 0.5.2.2 nach Längenmaß.

Bild 3 Messung von Parkett aus Fertigparkett-Elementen auf Parkettunterlage

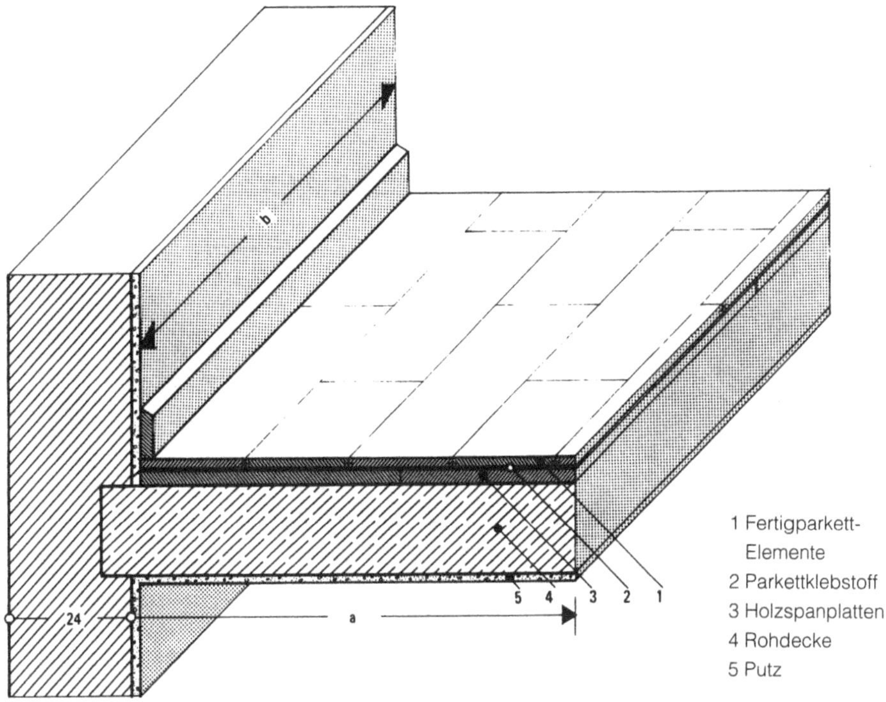

Gem. 0.5.1.1 Abrechnung des Parketts, bestehend aus Fertigparkett-Elementen 200/400 mm, die auf Holzspanplatten geklebt sind, nach Flächenmaß. Die Leistung umfaßt auch das Liefern und Verlegen der Holzspanplatten.

Für die Flächenermittlung gelten gem. 5.1.1 die Abmessungen der zu belegenden Fläche bis zu den begrenzenden, ungeputzten bzw. unbekleideten Bauteilen.

F des Parketts und der Parkettunterlage=a · b=... m².

Gem. 0.5.2.1 Abrechnung der Fußleiste nach Längenmaß. Für die Längenermittlung gelten die Vorschriften von 5.1.1 und 5.2.2. Wenn es sich nicht darum handelt, daß die Holzart der Fußleiste der Holzart des Parketts entsprechen muß, sind die Fußleisten nach ATV DIN 18334 »Zimmer- und Holzbauarbeiten« auszuführen und abzurechnen.

Gem. 0.5.2.2 Abrechnung der Versiegelung der Fußleiste nach Längenmaß entsprechend 5.1.2 und 5.2.2. Jedoch keine besondere Abrechnung für die Versiegelung der Fertigparkett-Elemente, die ja bereits versiegelt sind.

Bild 4 Messung von Mosaikparkett auf schwimmendem Estrich

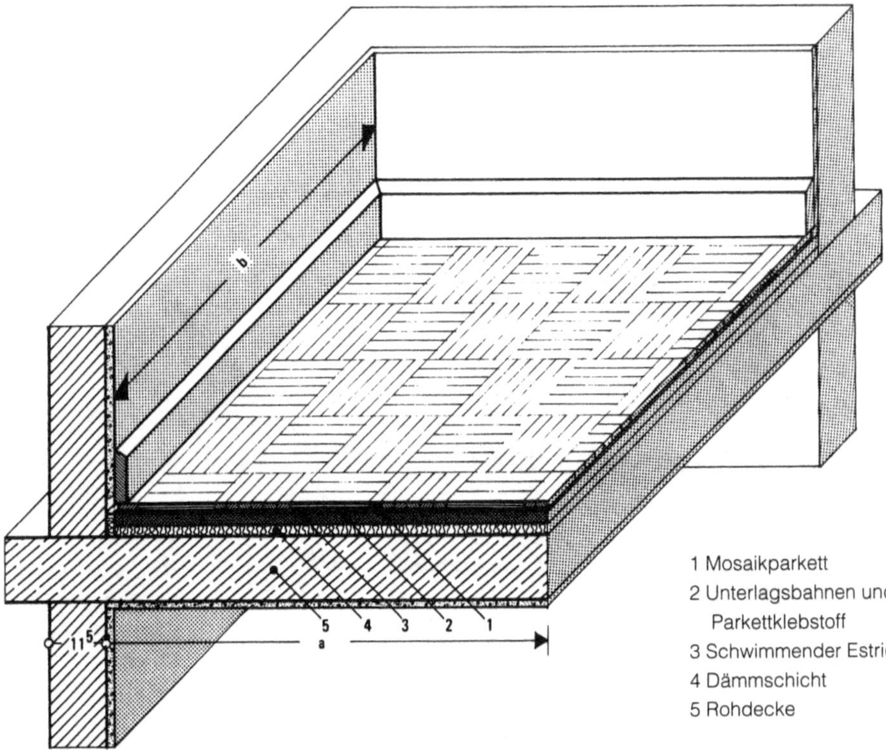

1 Mosaikparkett
2 Unterlagsbahnen und Parkettklebstoff
3 Schwimmender Estrich
4 Dämmschicht
5 Rohdecke

Gem. 0.5.1.1 Abrechnung des Mosaikparketts unter Angabe der Holzart nach Flächenmaß. Die Leistung umfaßt auch das Liefern und Verlegen der Unterlagspappe. Der Randdämmstreifen ist mit dem schwimmenden Estrich zusammen abzurechnen.

Für die Flächenermittlung des Mosaikparketts und der Parkettunterlage gelten gem. 5.1.1 die Abmessungen der zu belegenden Fläche bis zu den begrenzenden, ungeputzten bzw. unbekleideten Bauteilen.

F des Mosaikparketts=a · b=... m².

Gem. 0.5.1.3 Abrechnung der Versiegelung des Mosaikparketts nach Flächenmaß entsprechend Abschnitt 5.1.1.

Die im vorliegenden Fall zu streichende Fußleiste ist nach ATV DIN 18334 »Zimmer- und Holzbauarbeiten« auszuführen und abzurechnen.

VOB Teil C:
Allgemeine Technische Vertragsbedingungen für Bauleistungen (ATV)
Beschlagarbeiten – DIN 18357
Ausgabe Juni 1996

1 Geltungsbereich

1.1 Die ATV-»Beschlagarbeiten« – DIN 18357 – gilt für das Anbringen von Beschlägen zum Öffnen und Schließen oder zum Feststellen von Türen, Fenstern, Toren und dergleichen.

1.2 Ergänzend gelten die Abschnitte 1 bis 5 der ATV DIN 18299 »Allgemeine Regelungen für Bauarbeiten jeder Art«. Bei Widersprüchen gehen die Regelungen der ATV DIN 18357 vor.

5 Abrechnung

Gem. ATV DIN 18299 Abschnitt 5 gilt allgemein:

Die Leistung ist aus Zeichnungen zu ermitteln, soweit die ausgeführte Leistung diesen Zeichnungen entspricht. Sind solche Zeichnungen nicht vorhanden, ist die Leistung aufzumessen.

Siehe hierzu die eingehende Erläuterung zu ATV DIN 18299 »Allgemeine Regelungen für Bauarbeiten jeder Art«.

Abrechnungseinheiten

Gem. 0.5 sind im Leistungsverzeichnis die Abrechnungseinheiten wie folgt vorzusehen:

Anzahl (Stück), getrennt nach Art und Anzahl der Beschlagteile, nach Anzahl der Bauelemente für

0.5.1 – das Beschlagen von Bauelementen, wie Fenster, Türen, Tore, Einbaumöbel und dergleichen,

0.5.2 – das Anbringen einzelner Beschläge.

Keine ergänzenden Regelungen zur ATV DIN 18299 Abschnitt 5.

Zu 0.5.1:

Nach der ATV umfaßt das Beschlagen auch die Lieferung der dazugehörigen Stoffe einschließlich Abladen und Lagern auf der Baustelle, wenn in der Leistungsbeschreibung nichts anderes vorgeschrieben ist.

In der Norm sind Regelungen über folgende Stoffe und Bauteile enthalten:

- *Türbeschläge (Türbänder, Türdrücker, Türschilder, Türschlösser),*
- *Beschläge für Tore, Harmonika-, Falt- und Schiebetüren,*
- *Türschließer,*
- *Federbänder,*
- *elektrische Türöffner,*
- *Beschläge für Fenster und Fenstertüren,*
- *Beschläge für Einbaumöbel.*

Zu den Nebenleistungen, für die keine Ansätze in der LB erforderlich sind, gehören u.a.:
die Bemusterung der Baubeschläge,
das Liefern der Schrauben, Stifte, Nägel, Befestigungseisen und dergleichen,
das Liefern der für die Beschlagarbeiten erforderlichen Ausführungszeichnungen.
Als selbständige Leistungen hingegen sind abzurechnen:
das Anfertigen von Probestücken, wenn sie nicht am Bau verwendet werden,
das Herstellen und Schließen von Löchern in Mauerwerk, Beton und dergleichen.
Das Beschlagen von Fenstern, Türen, Toren, Einbaumöbeln und dergleichen wird nach der Anzahl dieser Bauteile zum Stückpreis abgerechnet, d.h. die Ansätze beziehen sich auf die Anzahl der Fenster, Türen usw.; sie sind jedoch nach Art und Anzahl der Beschlagteile zu trennen. Für die Preisermittlung kommt es auf eine genaue Leistungsbeschreibung an. Für die Bezeichnung mit links oder rechts gilt DIN 107 (Bild 1).

Zu 0.5.2:

Das Anbringen und Gangbarmachen einzelner Beschläge, z.B. der nachträgliche Einbau einer Hauptschlüsselanlage, wird zum Stückpreis nach Anzahl der Beschläge abgerechnet.

Bild 1 Bezeichnung mit links oder rechts für Türflügel nach DIN 107

	Bezeichnung der Tür nach DIN 107	Kennzahl der Tür nach ISO-Empfehlung R 1226	Bezeichnung des Schlosses nach DIN 107	Kennzahl des Schlosses nach ISO-Empfehlung R 1226	Kennzahl des Schlosses nach ARGE[1]
 Linksflügel Schloß auf Öffnungsfläche	L	6	L 0	60	1
 Linksflügel Schloß auf Schließfläche			L 1	61	3
 Rechtsflügel Schloß auf Öffnungsfläche	R	5	R 0	50	2
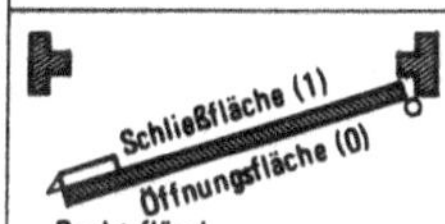 Rechtsflügel Schloß auf Schließfläche			R 1	51	4

1) Arbeitsgemeinschaft der Europäischen Schloß- und Beschlagindustrie.

Ein Linksflügel ist ein Flügel von Drehflügeltüren (sinngemäß auch von Drehflügelfenstern und Drehflügelläden), dessen Drehachse bei Blickrichtung auf seine Öffnungsfläche links liegt.

Ein Linksschloß ist ein Schloß für den Linksflügel einer Drehtür (sinngemäß auch eines Drehflügelfensters oder eines Drehflügelladens).

Ein Rechtsflügel ist ein Flügel von Drehflügeltüren (sinngemäß auch von Drehflügelfenstern oder Drehflügelläden), dessen Drehachse bei Blickrichtung auf seine Öffnungsfläche rechts liegt.

Ein Rechtsschloß ist ein Schloß für den Rechtsflügel einer Drehflügeltür (sinngemäß auch eines Drehflügelfensters oder eines Drehflügelladens).

VOB Teil C: Allgemeine Technische Vertragsbedingungen für Bauleistungen (ATV)
Rolladenarbeiten – DIN 18358
Ausgabe September 1988

1 Geltungsbereich

1.1 Die ATV »Rolladenarbeiten« – DIN 18358 – gilt für das Herstellen und Einbauen von Rolläden, Rollgittern, Jalousien, Außenrollos, Verdunkelungen und Markisen.

1.2 Ergänzend gelten die Abschnitte 1 bis 5 der ATV DIN 18299 »Allgemeine Regelungen für Bauarbeiten jeder Art«. Bei Widersprüchen gehen die Regelungen der ATV DIN 18358 vor.

5 Abrechnung

Gem. ATV DIN 18299 Abschnitt 5 gilt allgemein:

Die Leistung ist aus Zeichnungen zu ermitteln, soweit die ausgeführte Leistung diesen Zeichnungen entspricht. Sind solche Zeichnungen nicht vorhanden, ist die Leistung aufzumessen.

Siehe hierzu die eingehende Erläuterung zu ATV DIN 18299 »Allgemeine Regelungen für Bauarbeiten jeder Art«.

Abrechnungseinheiten

Gem. 0.5 sind im Leistungsverzeichnis die Abrechnungseinheiten wie folgt vorzusehen:

Anzahl (Stück), getrennt nach Stoffart, Bauart und Maßen, für Rolläden, Rolltore, Rollgitter, Rolljalousien, Raffjalousien, Außenrollos, Verdunkelungen und Markisen.

Keine ergänzende Regelung zur ATV DIN 18299 Abschnitt 5.

Gem. DIN 18073 gelten als Abrechnungsmaße für

- *Rollabschlüsse und Rolljalousien:*
  die lichten Rohbaumaße der Öffnungen, bei nicht unmittelbar über der Öffnung liegendem Rollraum das Höhenmaß bis Mitte Welle, bei Anlagen, deren Breiten über die Öffnungsbreite zuzüglich der erforderlichen Konstruktionsmaße hinausgehen, das Maß bis Hinterkante Führungsschienen (Bilder 1, 2, 3),
- *Raffjalousien:*
  die Breite des Lamellenbehangs und die Höhe von Oberkante Oberschiene bis Unterkante Unterschiene (Bilder 4, 5, 6),
- *Außenrollos:*
  die Breite des Behangs und die Höhe von Mitte Welle bis Unterkante Unterschiene,
- *Verdunkelungen:*
  die Breite der Anlagen, gemessen bis Hinterkante Führungsschienen und die Höhe von Mitte Welle bis Unterkante Einfallschiene,
- *Rollmarkisen:*
  als Breite die Gestellaußenmaße und als Ausfall das Maß von Hinterkante Welle bis Vorderkante Ausfallprofil in der Schräge des ausgefahrenen Markisentuchs (Ausfallmaß).

Nach der ATV sind Abweichungen von den in der LB angegebenen Maßen bis zu 3 cm, bei angegebenen Fertigmaßen für Rolltore und Rollgitter bis zu 5 cm jeder Abmessung, ohne Anspruch auf Änderung der Vergütung zu berücksichtigen, sofern die Notwendigkeit der Abweichung vor Beginn der Fertigung festgestellt wird oder vom Auftragnehmer vor Beginn der Fertigung hätte festgestellt werden müssen.

Zu den Nebenleistungen, für die keine besonderen Ansätze erforderlich sind, gehört u.a.:

die Vorlage von Plänen für Aussparungen, die zur Anbringung von Rolläden, Rolltoren, Rollgittern, Außenrollos, Jalousien, Verdunkelungen und Markisen nötig sind, oder das Anzeichnen der erforderlichen Aussparungen;

das Eintragen der notwendigen Aussparungen in bauseits gestellte Baupläne oder Anzeichnen am Bau.

Als selbständige Leistungen hingegen sind abzurechnen:

das Herstellen und Schließen von Löchern, Durchbrüchen, Schlitzen u.ä. in Mauerwerk, Beton, Stahlbeton, Werkstein u.a., Bohren oder Brennen von Löchern in Stahlbauteile vorhandener Konstruktionen;

das Herstellen des Auflagers für die zu befestigenden Teile;

das Liefern und Einbauen von Rollkästen und Rollkastenabschlüssen, Einbau von Mauerkästen (Bild 7);

das Herstellen vom Auftraggeber verlangter Probestücke, wenn sie nicht am Bau verwendet werden.

Die Abrechnung von Rolläden, Rolltoren, Rollgittern, Außenrollos, Jalousien, Verdunkelungen und Markisen erfolgt nach der Anzahl der Anlagen zum Stückpreis. Dabei ist nach Stoffart, z.B. Rolläden mit Selbstroller-Federwellen, und nach Abmessungen zu trennen.

Die in der ATV festgelegten Maßtoleranzen dienen der Vereinfachung, da zur Zeit der Aufstellung der Verdingungsunterlagen meist noch keine Ausführungszeichnungen für die Rolladenarbeiten vorliegen.

Bild 1 Messung eines Rolladens für ein Blendrahmen-Verbundfenster

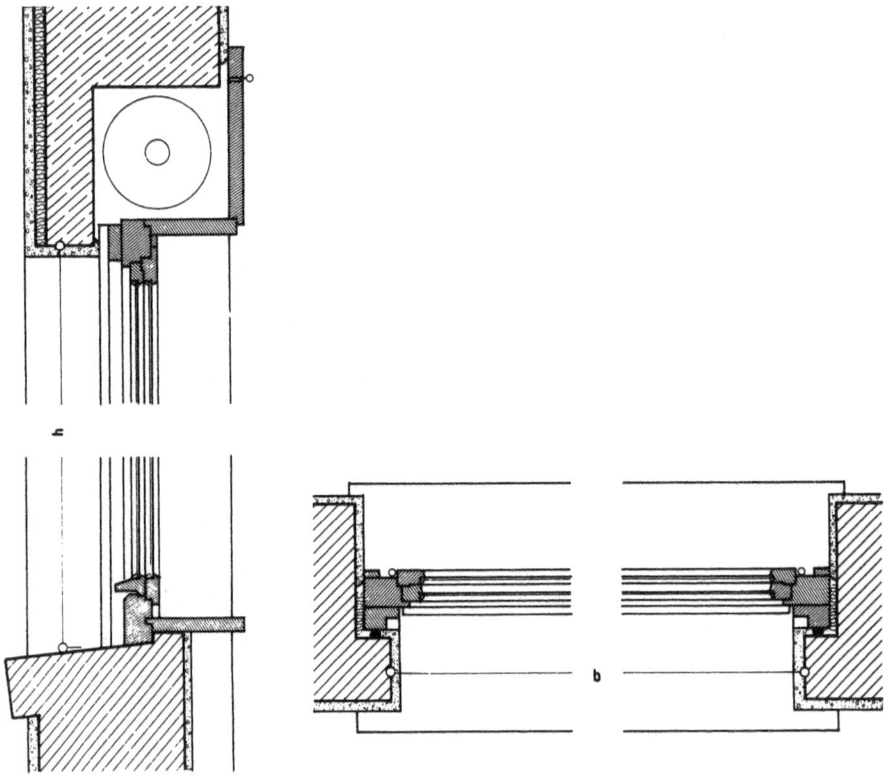

Gem. 0.5 Abrechnung des Holzrolladens für das Blendrahmen-Verbundfenster unter Angabe der Bauart und der Abmessungen nach Anzahl zum Stückpreis.

Für die Größenbemessung gelten die lichten Rohbaumaße der zu schließenden Öffnung.

Abmessungen der zu schließenden Öffnung:

Breite= b=... m,

Höhe = h=,.. m.

Lieferung und Einbau des Rollkastens und des Rollkastenabschlusses sind nach ATV DIN 18355 »Tischlerarbeiten« auszuführen. Die Lieferung und der Einbau des Mauerkastens sind nach ATV DIN 18330 »Mauerarbeiten« auszuführen.

Höhe und Tiefe des Rollkastenraumes sind in DIN 18074, Tabelle 3, geregelt.

Bild 2 Messung des Rolladens für ein Zargen-Einfachfenster

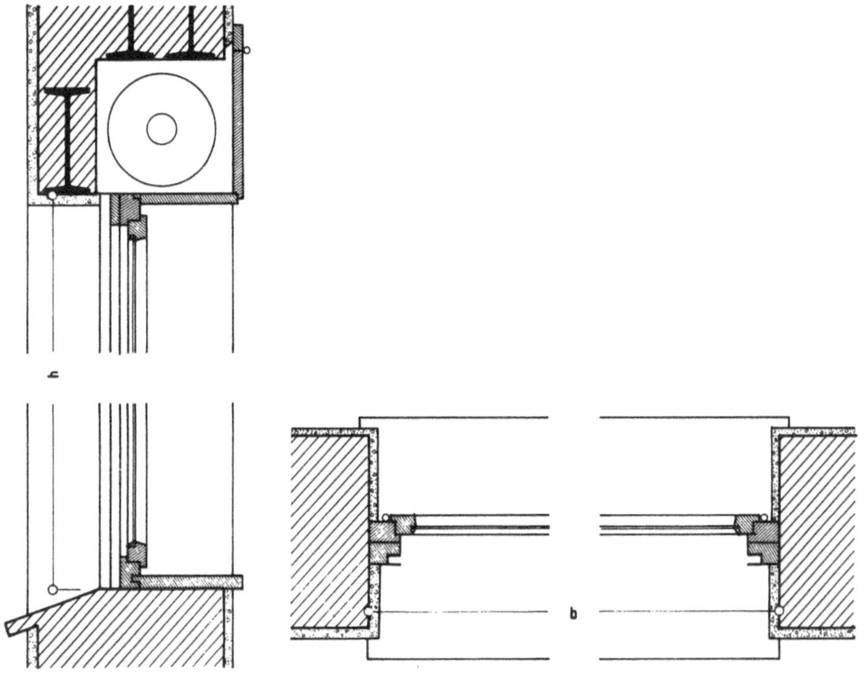

Gem. 0.5 Abrechnung des Holzrollades für das Zargen-Einfachfenster unter Angabe der Bauart und der Abmessungen nach Anzahl zum Stückpreis.

Für die Größenbemessung gelten die lichten Rohbaumaße der zu schließenden Öffnung.

Abmessungen der zu schließenden Öffung:

Breite= b=... m,

Höhe = h=... m.

Lieferung und Einbau des Rollkastens und des Rollkastenabschlusses sind nach ATV DIN 18355 »Tischlerarbeiten« auszuführen. Die Lieferung und der Einbau des Mauerkastens sind nach ATV DIN 18330 »Mauerarbeiten« auszuführen.

Höhe und Tiefe des Rollkastenraumes sind in DIN 18074, Tabelle 3, geregelt.

Bild 3 Messung des Rolladens für ein Schaufenster

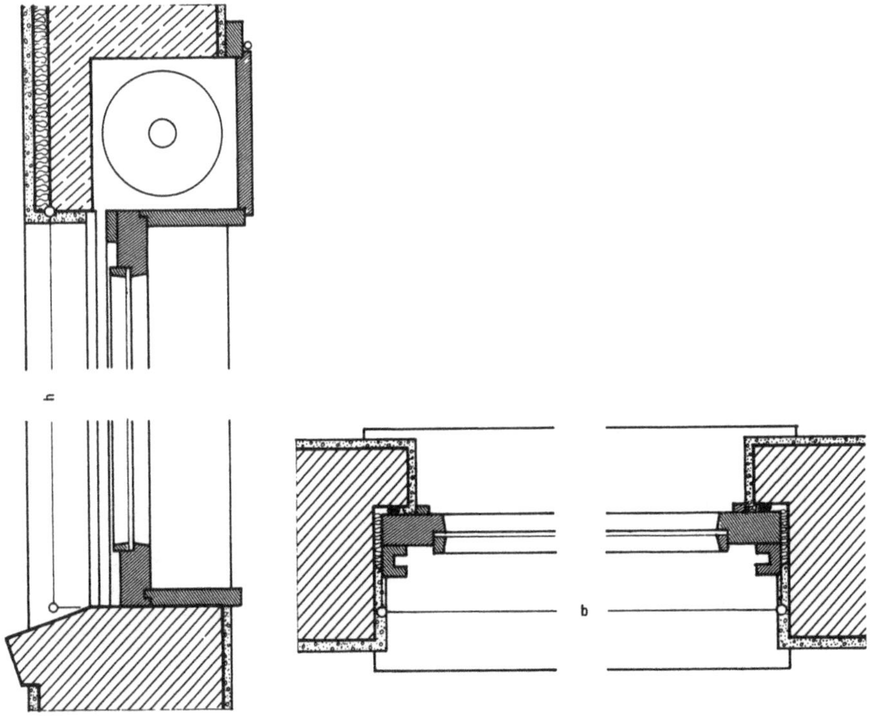

Gem. 0.5 Abrechnung des Rolladens aus Kunststoff für das Schaufenster unter Angabe der Bauart und der Abmessungen zum Stückpreis.

Für die Größenbemessung gilt für die Höhe das lichte Rohbaumaß, für die Breite das Maß bis Hinterkante der Führungsschienen der zu schließenden Öffnung.

Abmessungen der zu schließenden Öffnung:

Breite= b=... m,

Höhe = h=... m.

Lieferung und Einbau des Rollkastens und des Rollkastenabschlusses sind nach ATV DIN 18355 »Tischlerarbeiten« auszuführen. Die Höhe und die Tiefe des Rollkastenraumes sind in DIN 18074, Tabelle 3, geregelt.

Bild 4 Größenbemessung einer zwischen den Außenleibungen liegenden Raffjalousie

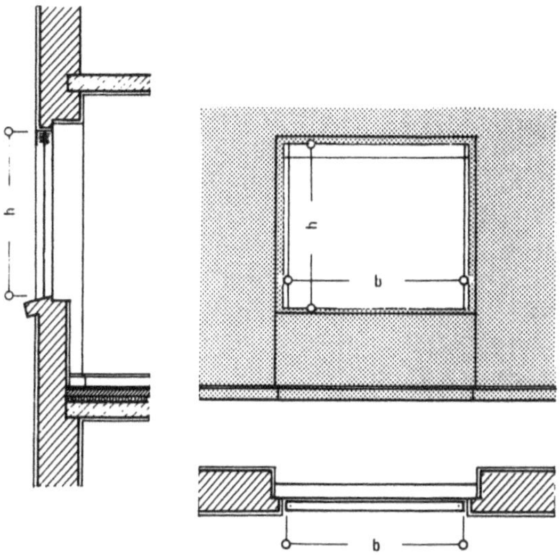

Gem. 0.5 Abrechnung der zwischen den Außenleibungen liegenden Raffjalousie aus speziallegiertem Aluminium mit endlosem Schnurzug zum Heben, Senken und Verstellen für eine Fensteröffnung nach Anzahl zum Stückpreis.

Für die Größenbemessung gelten die Breite des Lamellenbehanges und die Höhe von Oberkante Oberschiene bis Unterkante Unterschiene.

Breite= b=... m,

Höhe = h=... m.

Bild 5 Größenbemessung einer zwischen den Innenleibungen liegenden Raffjalousie

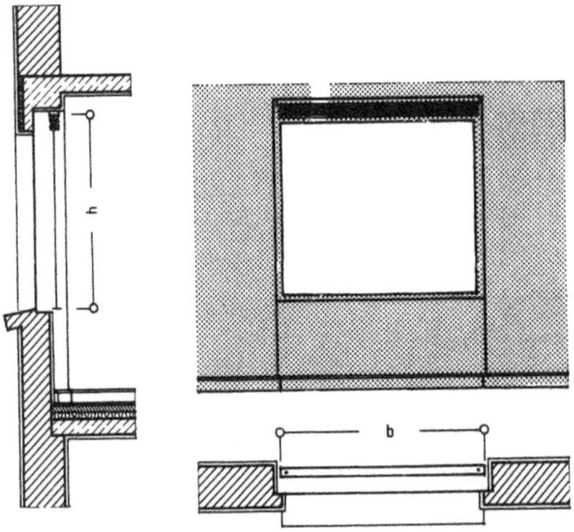

Gem. 0.5 Abrechnung der zwischen den Innenleibungen liegenden Raffjalousie einer Fensteröffnung, bestehend aus speziallegiertem Aluminium, unter Angabe der Abmessung nach Anzahl zum Stückpreis.

Für die Größenbemessung gelten die Breite des Lamellenbehanges und die Höhe von Oberkante Oberschiene bis Unterkante Unterschiene.

Breite= b=... m,

Höhe = h=... m.

Bild 6 Größenbemessung einer außenliegenden Raffjalousie

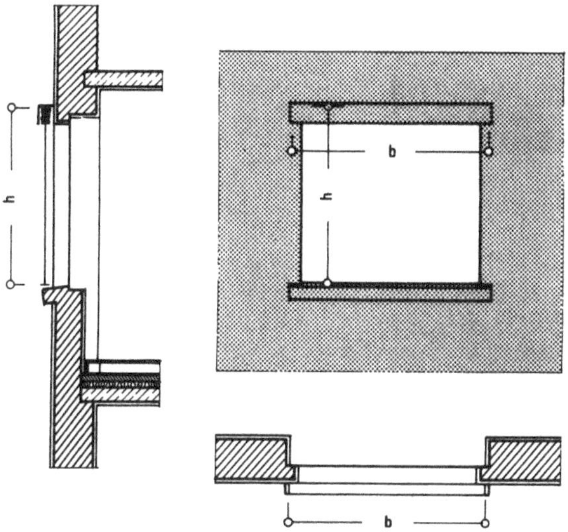

Gem. 0.5 Abrechnung der aus speziallegiertem Aluminium bestehenden, außenliegenden Raffjalousie von einer Fensteröffnung nach Anzahl zum Stückpreis.

Für die Größenbemessung gelten die Abmessungen der Raffjalousie, d.h. die tats„chliche Breite (b) und die Höhe (h) von Unterseite Unterschiene bis Oberseite Oberschiene.

Bild 7 Mauerkasten für Einlaßroller nach DIN 18077

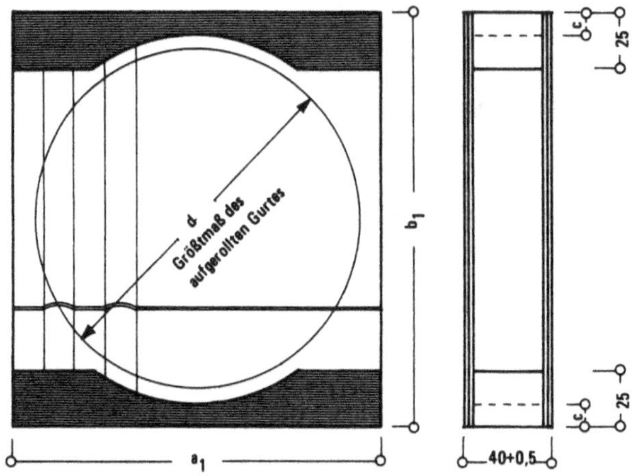

Kenn-zahlen	Art	Maße			
		a_1	b_1	c	d
11	Mauerkasten für Einlaßroller, 5 m aufrollend	170	183	10	150
12	Mauerkasten für Einlaßroller, 3 m aufrollend	135	158	12	155

Bezeichnung eines Mauerkastens 11 für einen Einlaßroller, 5 m aufrollend:

Mauerkasten 11 DIN 18077.

Nach der ATV gehören zur Leistung der Rolladenarbeiten das Liefern und Einbauen der Mauerkasten für Einlaßroller. Ihr Einbau ist nach ATV DIN 18330 »Mauerarbeiten« auszuführen.

VOB Teil C:
Allgemeine Technische Vertragsbedingungen für Bauleistungen (ATV)
Metallbauarbeiten – DIN 18360
Ausgabe Juni 1996

1 Geltungsbereich

1.1 Die ATV »Metallarbeiten« – DIN 18360 – gilt für Konstruktionen aus Metall auch im Verbund mit anderen Werkstoffen.

1.2 Die ATV DIN 18360 gilt nicht für

- Stahlbauarbeiten (siehe ATV DIN 18335 »Stahlbauarbeiten«),
- Klempnerarbeiten (siehe ATV DIN 18339 »Klempnerarbeiten«),
- Beschlagarbeiten (siehe ATV DIN 18357 »Beschlagarbeiten«),
- Rolladenarbeiten (siehe ATV DIN 18358 »Rolladenarbeiten«).

1.3 Ergänzend gelten die Abschnitte 1 bis 5 der ATV DIN 18299 »Allgemeine Regelungen für Bauarbeiten jeder Art«. Bei Widersprüchen gehen die Regelungen der ATV DIN 18360 vor.

5 Abrechnung

Gem. ATV DIN 18299 Abschnitt 5 gilt allgemein:

Die Leistung ist aus Zeichnungen zu ermitteln, soweit die ausgeführte Leistung diesen Zeichnungen entspricht. Sind solche Zeichnungen nicht vorhanden, ist die Leistung aufzumessen.

Abrechnungseinheiten

Gem. 0.5 sind im Leistungsverzeichnis die Abrechnungseinheiten wie folgt vorzusehen:

0.5.1 Flächenmaß (m^2), getrennt nach Bauart und Maßen, für
0.5.1.1 – Bühnen, Stege, Abdeckungen, Roste, siehe auch 0.5.2.1 sowie 0.5.3.3 und 0.5.3.5,
0.5.1.2 – Bleche, siehe auch 0.5.4.1,
0.5.1.3 – Metallfassaden, Fensterwände, Bekleidungen, abgehängte Decken und dergleichen, siehe auch 0.5.3.5,
0.5.1.4 – Unterkonstruktionen, siehe auch 0.5.2.4 sowie 0.5.3.6,
0.5.2 Längenmaß (m), getrennt nach Bauart und Maßen, für
0.5.2.1 – Geländer, Gitter, Leitern, Roste, Abdeckungen, siehe auch 0.5.1.1 sowie 0.5.3.5,
0.5.2.2 – Profile, siehe auch 0.5.3.4,
0.5.2.3 – Fensterwände, siehe auch 0.5.1.3 sowie 0.5.3.5,
0.5.2.4 – Unterkonstruktionen, siehe auch 0.5.1.4 sowie 0.5.3.6,
0.5.3 Anzahl (Stück), getrennt nach Bauart und Maßen, für
0.5.3.1 – Fenster, Türen und Tore, Bühnen, siehe auch 0.5.1.1,
0.5.3.2 – Schaufenster, Schaukästen, Vitrinen und dergleichen,
0.5.3.3 – Geländer, Gitter, Leitern, Roste, Abdeckungen, siehe auch 0.5.1.1 sowie 0.5.2.1,
0.5.3.4 – Profile, siehe auch 0.5.2.2,

0.5.3.5 – Fensterwände, Abdeckungen, siehe auch 0.5.1.1 sowie 0.5.2.3,
0.5.3.6 – Unterkonstruktionen, siehe auch 0.5.1.4 sowie 0.5.2.4,
0.5.4 Gewicht (kg), getrennt nach Bauart und Maßen, für
0.5.4.1 – Bleche, Bänder, Profile, Kleineisenteile, siehe auch 0.5.1.2 sowie 0.5.2.2 und 0.5.3.4.

Ergänzend zu ATV DIN 18299, Abschnitt 5, gilt:

5.1 Allgemeines

5.1.1 Der Ermittlung der Leistung – gleichgültig, ob sie nach Zeichnungen oder nach Aufmaß erfolgt – sind zugrunde zu legen:

5.1.1.1 für Fenster, Türen u.ä. die Öffnungsmaße bis zu den sie begrenzenden, ungeputzten, ungedämmten bzw. nicht bekleideten Bauteilen.

Mit dieser Formulierung wird der Begriff des Rohbaumaßes vermieden. Gemeint sind die Konstruktionsmaße der lichten Öffnungen.

5.1.1.2 für Wand- und Deckenbekleidungen

- auf Flächen ohne begrenzende Bauteile die Maße der zu bekleidenden Flächen,
- auf Flächen mit begrenzenden Bauteilen die Maße der zu bekleidenden Flächen bis zu den sie begrenzenden, ungeputzten, ungedämmten bzw. nicht bekleideten Bauteilen,
- bei Fassaden die Maße der Bekleidung.

Die Festlegung, daß für Fassaden die Maße der Bekleidung und nicht die Maße des zu bekleidenden Bauteils gelten, ist gleichlautend für alle Gewerke vorgeschrieben, die Außenwandbekleidungen ausführen. Grund dafür ist die Flächendifferenz, die sich z.B. durch Wärmedämmungen ergibt.

5.1.1.3 für sonstige Metallbauteile deren Maße.

5.1.2 Bei Abrechnung von Einzelbauteilen nach Flächenmaß (m^2) gelten die Maße des kleinsten umschriebenen Rechtecks.

Diese Vorschrift betrifft die Abrechnung von Blechen und Unterkonstruktionen. Der Flächenermittlung ist, um die Verluste durch den Verschnitt auszugleichen, das kleinste umschriebene Rechteck zugrunde zu legen. Das gilt auch für den Fall trapezförmiger Bleche, obwohl sich hier bei einer Mehrzahl gleicher trapezförmiger Bleche ein Vorteil für den Auftragnehmer ergibt, weil dabei kein Verschnitt entsteht.

5.1.3 Ganz oder teilweise bekleidete Leibungen von Öffnungen, Aussparungen und Nischen über 2,5m^2 Einzelgröße werden gesondert gerechnet.

Bekleidete Leibungen von Öffnungen, Aussparungen und Nischen über 2,5 m^2 Einzelgröße erfordern für ihre gesonderte Abrechnung die Aufnahme der Leistung in das Leistungsverzeichnis.

5.1.4 Rückflächen von Nischen werden unabhängig von ihrer Einzelgröße mit ihrem Maß gesondert gerechnet.

Es gilt sinngemäß das gleiche wie zu Abschnitt 5.1.3.

5.1.5 Bei Abrechnung nach Längenmaß (m) wird die größte Länge zugrunde gelegt, auch bei schräg geschnittenen und ausgeklinkten Profilen. Bei gebogenen Profilen wird die äußere abgewickelte Länge zugrunde gelegt.

Diese Regelung besagt, daß die Länge nicht in der Mittellinie, sondern an der jeweils längeren Seite zu messen ist.

5.1.6 Bei Abrechnung nach Gewicht (kg) sind folgende Grundsätze anzuwenden:

5.1.6.1 Es sind anzusetzen:
- bei genormten Profilen das Gewicht nach DIN-Normen,
- bei anderen Profilen das Gewicht aus den Profilbüchern der Hersteller,
- bei Blechen und Bändern
  - aus Stahl 7,85 kg,
  - Edelstahl 7,9 kg,
  - aus Aluminium 2,7 kg,
  - aus Kupfer, Messing 9 kg

  je 1 m² Fläche und 1 mm Dicke,
- bei Formstücken aus Stahl die Dichte von 7,85 kg/dm³ und bei solchen aus Gußeisen (Grauguß) die Dichte von 7,25 kg/dm³.

Die Ermittlung des Gewichts durch Wiegen ist bis auf die Ausnahme in Abschnitt 5.1.6.2 ausgeschlossen.

Die vorgegebenen Werte der Gewichte für die verschiedenen Metalle sind Durchschnittswerte. Sie können im Einzelfall geringfügig, ohne Einfluß auf die Leistung, abweichen.

5.1.6.2 Bei Kleineisenteilen bis 15 kg Einzelgewicht darf das Gewicht durch Wiegen ermittelt werden.

5.1.6.3 Verbindungsmittel, z.B. Schrauben, Nieten, Schweißnähte, bleiben unberücksichtigt.

Diese Regelung dient der Vereinfachung.

5.1.6.4 Bei verzinkten Stahlkonstruktionen werden den Gewichten 5% für die Verzinkung zugeschlagen.

5.2 Es werden abgezogen:

5.2.1 Bei Abrechnung nach Flächenmaß (m²):

Öffnungen, Aussparungen und Nischen in Wänden und Decken über 2,5 m² Einzelgröße, in Böden über 0,5 m² Einzelgröße.

5.2.2 Bei Abrechnung nach Längenmaß (m):

Unterbrechungen über 1 m Einzellänge.

Zu 0.5.1.1:

Abrechnungseinheit für Bühnen und Stege ist das Flächenmaß. Abdeckungen und Roste können auch nach Längenmaß oder nach Anzahl abgerechnet werden. Die Entscheidung, welche Abrechnungsart angewendet werden soll, ist bereits bei Aufstellung der Leistungsbeschreibung zu treffen. Das Flächenmaß empfiehlt sich bei Bauteilen mit flächiger Bauart, mit dem Längenmaß sind Bauteile länglicher Bauart abzurechnen. Die Abrechnung nach Anzahl eignet sich für Roste und Abdeckun-

gen, deren Bauart sich mehrfach in gleicher Weise wiederholt. Die Abschnitte 5.1.2 bis 5.1.4 sind zu beachten. Gem. 5.2.1 werden Öffnungen, Aussparungen und Nischen in Wänden und Decken abgezogen, wenn ihre Einzelgröße 2,5 m² überschreitet, in Böden nur über 0,5 m² Einzelgröße.

Zu 0.5.1.2:

Bleche werden nach Flächenmaß oder nach Gewicht abgerechnet. Bei Abrechnung nach Flächenmaß sind die Abschnitte 5.1.2 bis 5.1.4 sowie die Regelung der Übermessungsgrößen gem. 5.2.1 zu beachten. Bei Abrechnung nach Gewicht sind die Grundsätze gem. 5.1.6 anzuwenden. Die Entscheidung über die Wahl der Abrechnungsart hat bei Aufstellung des Leistungsverzeichnisses zu erfolgen.

ZU 0.5.1.3:

Abrechnungseinheit für Metallfassaden, Fensterwände; Bekleidungen, abgehängte Decken und dergleichen ist das Flächenmaß. Fensterwände, bei denen die Länge das beherrschende Maß ist, können nach Längenmaß abgerechnet werden. Die Entscheidung darüber muß bei Aufstellung des Leistungsverzeichnisses getroffen werden. Die Abschnitte 5.1.5 und 5.2.2 sind zu beachten.

Zu 0.5.1.4:

Unterkonstruktionen können wegen ihrer Vielgestaltigkeit sowohl nach Flächenmaß wie auch nach Längenmaß oder Anzahl abgerechnet werden. Maßgebend für die Festlegung im Leistungsverzeichnis ist die flächige oder längliche Bauart sowie bei Abrechnung nach Anzahl die mehrfache Ausführung der gleichen Bauart eines Bauteils. Die Abschnitte 5.1.2 bis 5.1.4 sowie 5.2.1 und die Abschnitte 5.1.5 sowie 5.2.2 sind zu beachten.

Zu 0.5.2.1:

Für Geländer, Gitter, Leitern, Roste, Abdeckungen gilt allgemein die Abrechnung nach Längenmaß, da bei diesen Bauteilen die Länge vorherrscht. Für Abdeckungen und Roste kann im Leistungsverzeichnis auch das Flächenmaß vorgesehen werden, wenn die Flächenhaftigkeit überwiegt. Bei einer Mehrzahl gleichgearteter Bauteile empfiehlt sich die Abrechnung nach der Anzahl gem. 0.5.3.3
Die Abschnitte 5.1.5 und 5.2.2 sind zu beachten.

Zu 0.5.2.2:

Profile werden wegen ihrer überwiegenden Längenausdehnung nach Längenmaß abgerechnet. Dabei sind die Abschnitte 5.1.5 und 5.2.2 zu beachten. Handelt es sich um eine Mehrzahl gleichartiger Bauteile, ist die Abrechnung nach Anzahl gem. 0.5.3.4 im Leistungsverzeichnis vorzusehen.

Zu 0.5.2.3:

Bei der Abrechnung von Fensterwänden kann unter Längenmaß, Flächenmaß gem. 0.5.1.3 sowie Anzahl gem. 0.5.3.5 gewählt werden. Wichtig ist, daß die Entscheidung bereits bei der Aufstellung des Leistungsverzeichnisses getroffen werden. Bei Abrechnung nach Flächenmaß sind die Abschnitte 5.1.5 sowie 5.2.2 zu beachten.

Zu 0.5.2.4:

Unterkonstruktionen sind ihrer Vielgestaltigkeit sowohl nach Längenmaß wie auch nach Flächenmaß oder Anzahl abzurechnen. Bei Abrechnung nach Längenmaß sind die Abschnitte 5.1.5 sowie 5.2.2 zu beachten. Bei Abrechnung nach Flächenmaß gelten die Regelungen in den Abschnitten 5.1.2 bis 5.1.4 sowie 5.2.1.

Zu 0.5.3.1:
Fenster, Türen und Tore sowie Bühnen werden allgemein nach Anzahl abgerechnet. Gem. 0.5.1.1 können Bühnen auch nach Flächenmaß abgerechnet werden. Die Entscheidung muß in der Leistungsbeschreibung festgelegt werden.

Zu 0.5.3.2:
Die meist als Einzelbauteile anzusehenden Objekte wie Schaufenster, Schaukästen, Vitrinen und dergleichen sind grundsätzlich nach Anzahl abzurechnen.

Zu 0.5.3.3:
Geländer, Gitter, Leitern, Roste und Abdeckungen können sowohl nach Anzahl wie auch nach Längenmaß oder, was Abdeckungen und Roste betrifft, nach Flächenmaß abgerechnet werden. Auch hier ist es notwendig, die zutreffende Abrechnungseinheit vorab zu bestimmen, z.B. für größere Abdeckungen und Roste das Flächenmaß, für Geländer, Gitter und Leitern das Längenmaß sowie für mehrfach in gleicher Art und mit gleichen Maßen wiederkehrende Bauteile nach Anzahl. Bei Abrechnung nach Flächenmaß sind die Abschnitte 5.1.2 bis 5.1.4 sowie 5.2.1, bei Abrechnung nach Längenmaß die Abschnitte 5.1.5 und 5.2.2 zu beachten.

Zu 0.5.3.4:
Außer der vorgesehenen Abrechnung nach Anzahl, die sich bei mehrfach abzurechnenden Bauteilen gleicher Größe und gleicher Bauart anbietet, können Profile, besonders wenn die Länge bestimmend ist, nach Längenmaß abgerechnet werden. Bei Abrechnung nach Längenmaß sind die Abschnitte 5.1.5 und 5.2.2 zu beachten.

Zu 0.5.3.5:
Fensterwände und Abdeckungen können je nach ihrer die Gestaltung bestimmenden Abmessung nach Flächenmaß oder Längenmaß abgerechnet werden. Bei mehreren gleichgearteten Bauteilen ist Abrechnung nach Anzahl angebracht.

Zu 0.5.3.6:
Dem Umstand, das Unterkonstruktionen in vielerlei Gestaltung vorkommen ist dadurch Rechnung getragen, daß sie nach Flächenmaß, Längenmaß und Anzahl abgerechnet werden können. Die zutreffende Abrechnungsart ist in der Leistungsbeschreibung vorzugeben.

Zu 0.5.4.1:
Wenn Bleche, Bänder, Profile und Kleineisenzeug nach berechnetem Gewicht abgerechnet werden sollen, ist es in der Leistungsbeschreibung vorzuschreiben. Die in den Abschnitten 5.1.6.1 bis 5.1.6.4 vorgeschriebenen Grundsätze sind anzuwenden. Vorgesehen ist die Abrechnung nach Gewicht. Für die Abrechnung nach Flächen- oder Längenrmaß siehe die Erläuterungen zu 0.5.1.2 und 0.5.2.2.

Bild 1 Bemessung eines Aluminiumfensters in Verblendmauerwerk

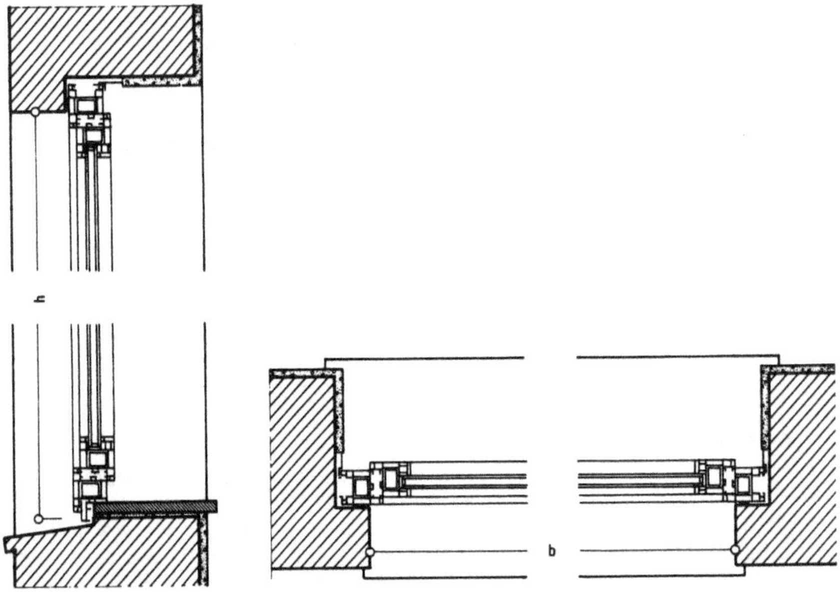

Gem. 0.5.3.1 Abrechnung des Aluminiumfensters aus Mehrkammer-Hohlprofilen unter Angabe der Abmessungen nach Anzahl zum Stückpreis.

Für die Bemessung gelten gem. 5.1.1 die Konstruktionsmaße der lichten Fensteröffnung. Da im vorliegenden Fall das äußere Mauerwerk verblendet ist, gleicht das Konstruktionsmaß dem Fertigmaß.

Breite der lichten Fensteröffnung=b=... m, Höhe der lichten Fensteröffnung=h=... m.

Bild 2 Flügelarten von Fenstern nach DIN 18059

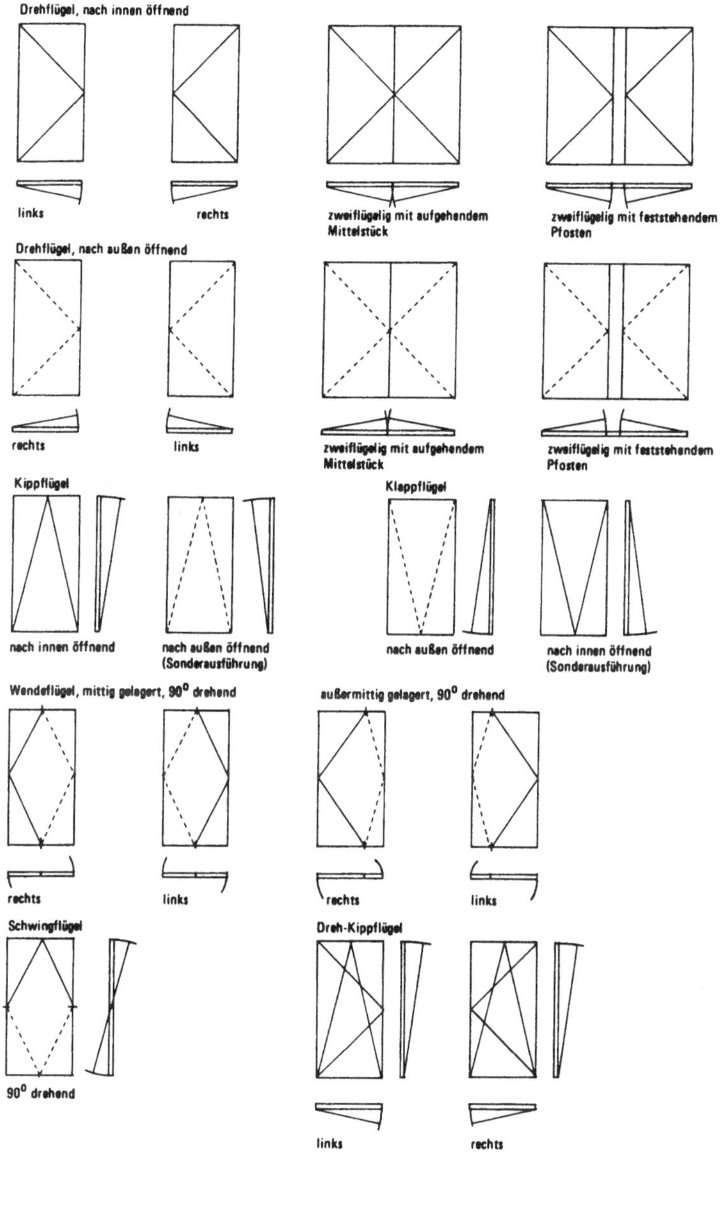

Bild 3 Bemessung einer Stahltür in geputztem Mauerwerk

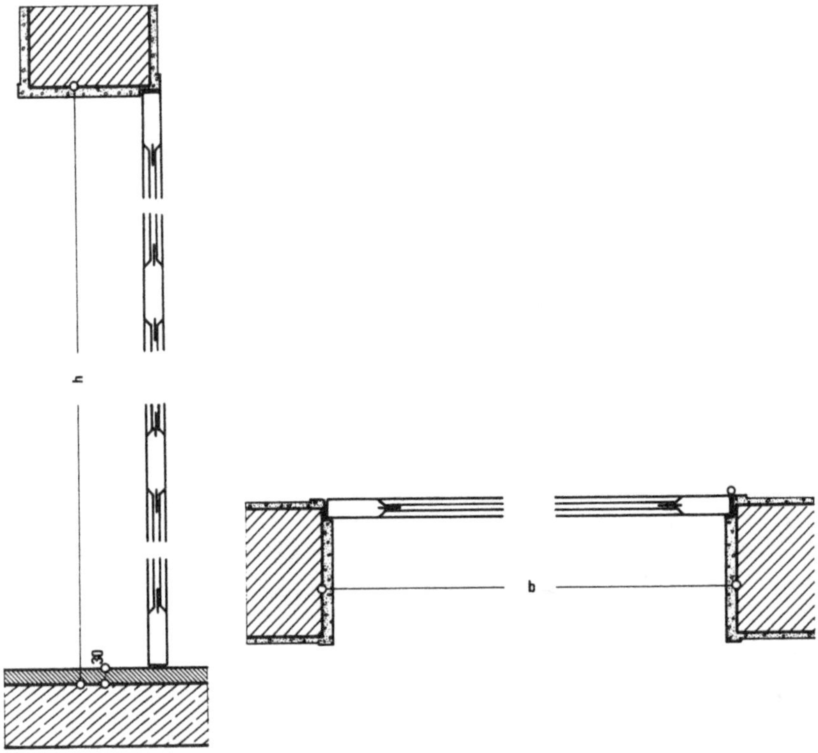

Gem. 0.5.3.1 Abrechnung der Stahltür, bestehend aus gepreßten Hohlrahmenprofilen PC 352 DIN 18112, Breite b, Höhe h, Dicke des Bodenbelages 30 mm, nach Anzahl zum Stückpreis.

Für die Bemessung gelten gem. 5.1.1 die Konstruktionsmaße der lichten Türöffnung. Dabei ist zur Bestimmung der Türblattgröße die Angabe der Dicke des auf die Rohdecke aufzubringenden Bodenbelages erforderlich.

Breite der lichten Türöffnung=b=... m,

Höhe der lichten Türöffnung =h=... m.

Dicke des Bodenbelages=30 mm.

Die Umfassungszarge aus Stahl kann zusammen mit der Stahltür in einer Position oder auch als selbständige Leistung getrennt abgerechnet werden. Gem. 0.5.3.1 werden auch Stahlzargen für Holztüren nach Anzahl zum Stückpreis abgerechnet.

Bild 4 Bemessung einer Umfassungszarge aus gepreßtem Stahl für eine Sperrholztür

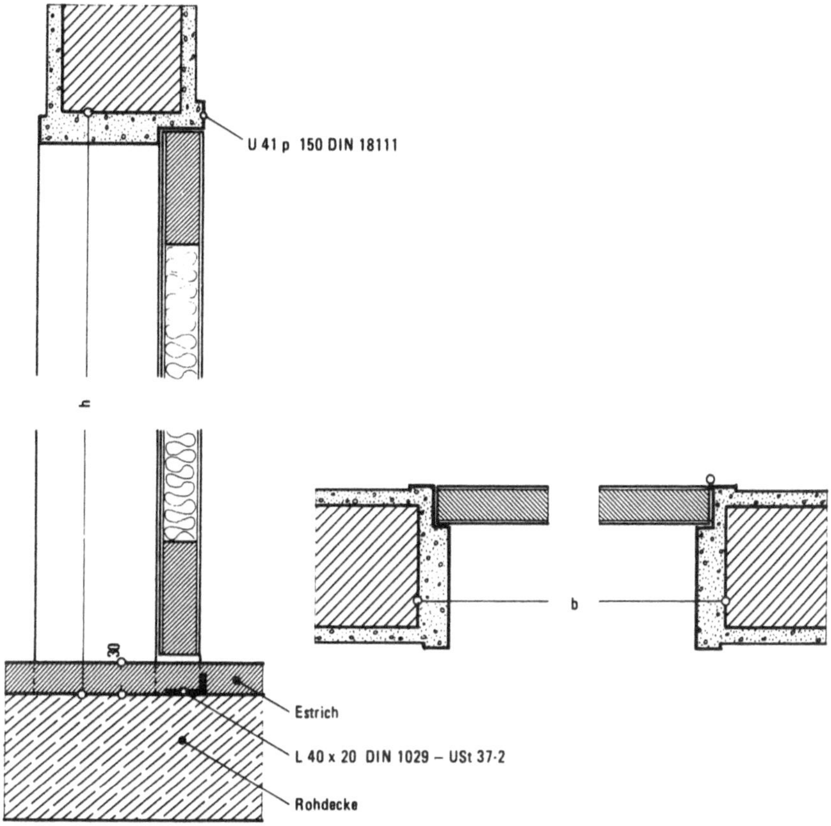

Gem. 0.5.3.1 Abrechnung der Umfassunszarge für eine 11,5 cm dicke Wand aus gepreßtem Stahl, U 41 p 150 DIN 18111, Breite b, Höhe h, Dicke des Bodenbelages 30 mm, nach Anzahl zum Stückpreis.

Für die Bemessung gelten gem. 5.1.1 die Konstruktionsmaße der lichten Türöffnung. Dabei ist zur Bestimmung der Türblattgröße die Angabe der Dicke des auf die Rohdecke aufzubringenden Bodenbelages erforderlich.

Breite der lichten Türöffnung=b=... m,

Höhe der lichten Türöffnung =h=... m.

Dicke des Bodenbelages=30 mm.

Bild 5 Bemessung eines Schaufensters mit Ganzglastür

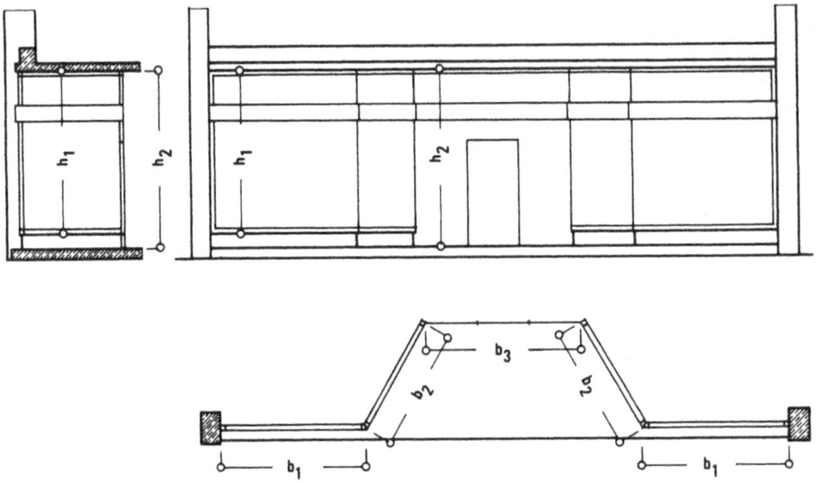

Gem. 0.5.3.2 Abrechnung des Schaufensters aus Metallprofilen zum Stückpreis. Für die Leistungsermittlung nach Flächenmaß oder Längenmaß gelten gem. 5.1.1 die Konstruktionsmaße der lichten Öffnung.

Bild 6 Bemessung einer Vitrine auf gemauertem Sockel

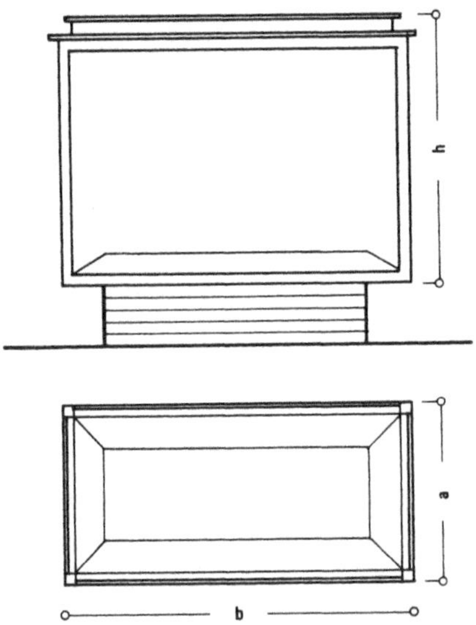

Gem. 0.5.3.2 Abrechnung der Vitrine aus Metallprofilen nach Anzahl zum Stückpreis.

Der Mauersockel ist nach ATV DIN 18330 »Mauerarbeiten« auszuführen und abzurechnen.

Bild 7 Bemessung eines Treppengeländers

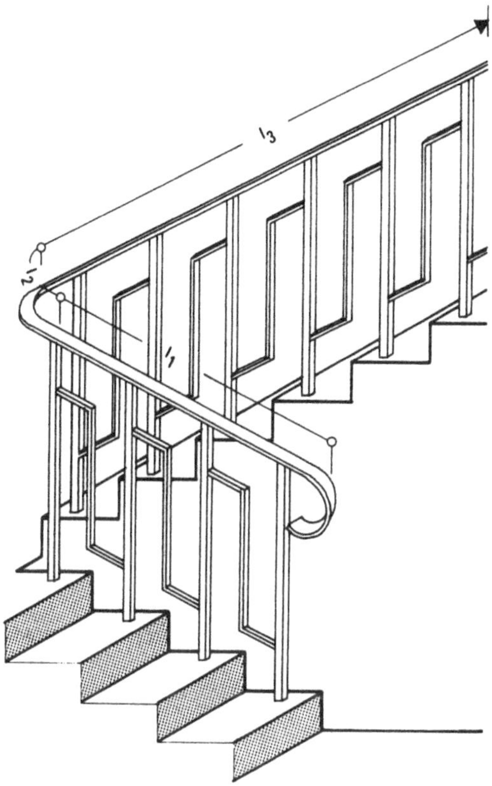

Gem. 0.5.2.1 Abrechnung des Treppengeländers aus Metallprofilen nach Längenmaß oder gem. 0.5.3.3 zum Stückpreis. Eine Abrechnung nach Flächenmaß ist nicht zweckmäßig. Für die Längenermittlung gelten gem. 5.1.5 die Konstruktionsmaße des Geländers, d.h. die Abmessungen vom Beginn der Geländerfunktion bis zum ihrem Ende, gemessen in der Achslinie des Geländers.

L des Treppengeländers=$l_1+l_2+l_3$=... m.

Abrechnung des Vergießens der eingesetzten Geländerstäbe als Besondere Leistung zum Stückpreis für das ganze Geländer, jedoch gehören das Einsetzen und Befestigen des Geländers zu den Nebenleistungen, die keinen besonderen Ansatz erfordern.

Bild 8 Bemessung eines Gitters für eine Empore

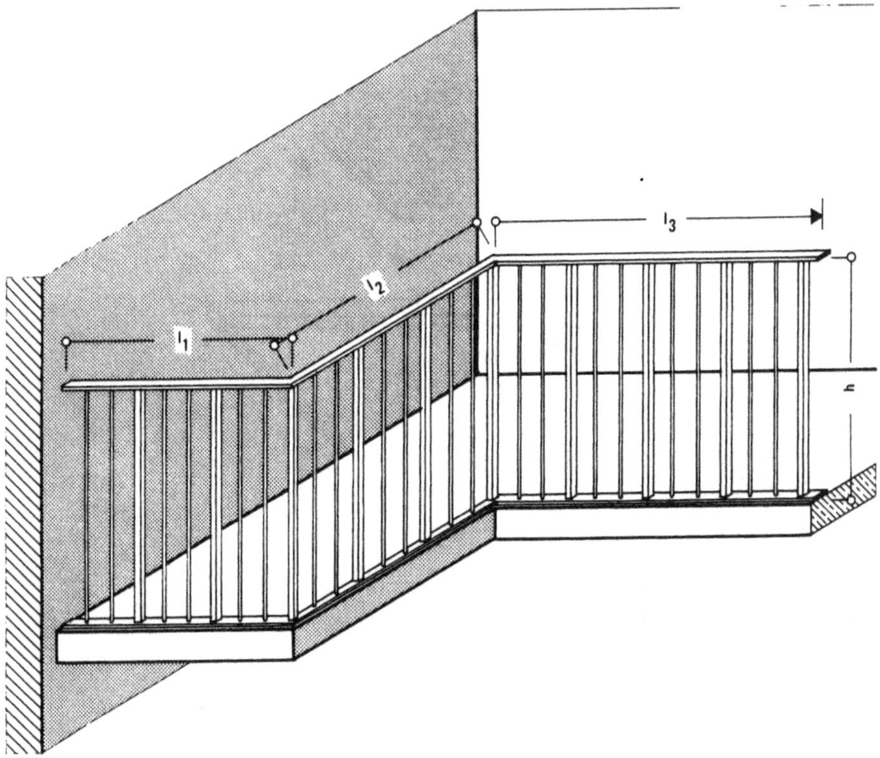

Gem. 0.5.2.1 Abrechnung des Emporengitters aus Metallprofilen nach Längenmaß oder gem. 0.5.3.3 zum Stückpreis. Für die Leistungsermittlung gelten gem. 5.1.1 die Konstruktionsmaße des Gitters; die Länge ist gem. 5.1.5 in der Gitterachse zu messen.

Bei Abrechnung nach Längenmaß ist L des Gitters=$l_1+l_2+l_3$=... m.

Abrechnung für das Vergießen der Anker und das Einputzen als Besondere Leistung zum Stückpreis für das ganze Gitter. Das Einsetzen und Befestigen des Gitters gehört zu den Nebenleistungen und erfordert keinen Ansatz.

Bild 9 Abrechnung von Gitterrosten

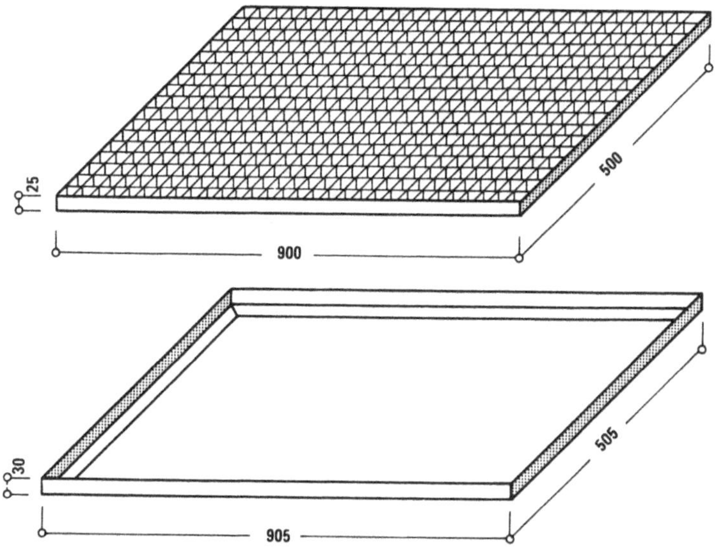

Gem. 0.5.3.3 Abrechnung des 900/500 mm großen Gitterrostes nach Anzahl zum Stückpreis. Zur Leistung gehören ggf. die Lieferung, das Einsetzen und Befestigen des Bodenrahmens für den Gitterrost.

Abrechnung für das Vergießen der Anker des Bodenrahmens als Besondere Leistung nach Anzahl der Rahmen zum Stückpreis.

Die Abrechnung von kleineren Gitterrosten und ähnlichen kleineren Bauteilen erfolgt in der Regel zum Stückpreis.

In der Fläche größere Roste sind gem. 0.5.1.1 nach Flächenmaß und in der Länge ausgedehnte gem. 0.5.2.1 nach Längenmaß abzurechnen. Die Entscheidung muß bei der Aufstellung der Leistungsbeschreibung getroffen werden.

Bild 10 Bemessung und Abrechnung von Profilen

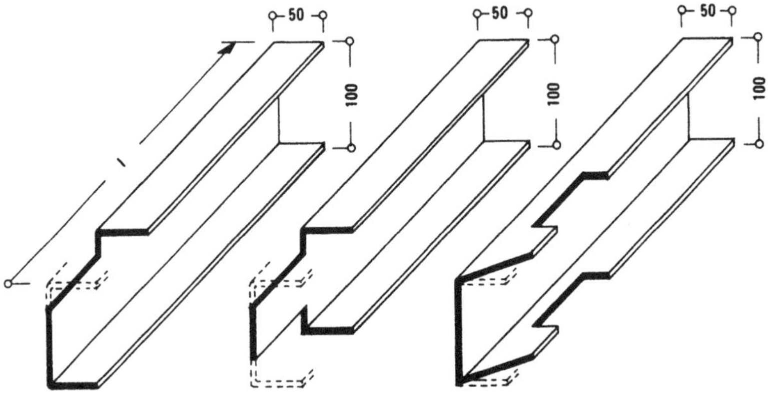

A Ausgeklinktes U-Profil 100/50x5 DIN 59413 St 33-2 GK

B Doppelt ausgeklinktes U-Profil

C Schräggeschnittenes U-Profil mit Ausschnitten

Gem. 0.5.3.4, 0.5.2.2 oder 0.5.4.1 Abrechnung von Profilen nach Anzahl, Längenmaß oder Gewicht.

Bei Abrechnung nach Längenmaß ist gem. 5.1.5 die größte Länge (l) zugrunde zu legen, auch bei ausgeklinkten oder schräggeschnittenen Profilen.

Bei Abrechnung nach Gewicht ist gem. 0.5.4.1 das Gewicht durch Wiegen festzustellen.

Die in Abschnitt 5.1.6 festgelegten Grundsätze sind zu beachten.

Bild 11 Bemessung von gekröpften und gebogenen Profilen

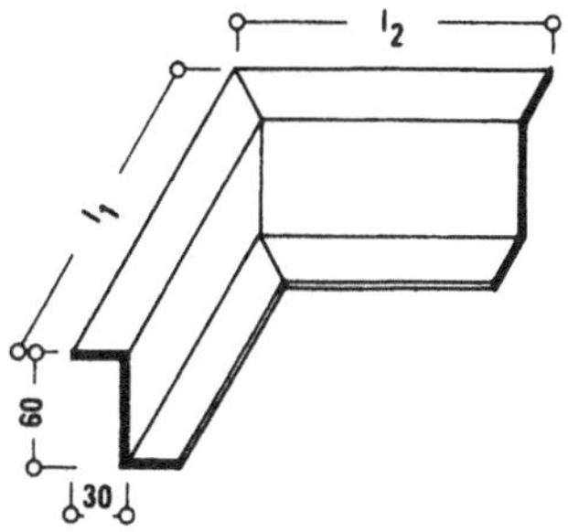

A Auf Gehrung verbundenes
Z-Profil Z 30/60/30 x 3
DIN 59413-St 33-2 GK

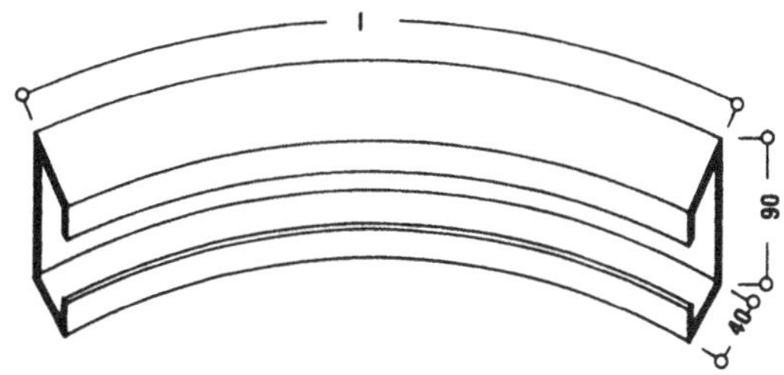

B Gebogenes C-Profil
C 20/40/90/40/20 x 4
DIN 59413-St 33-2 GK

Gem. 0.5.3.4, 0.5.2.2 oder 0.5.4.1 Abrechnung der Profile nach Anzahl, Längenmaß oder Gewicht. Bei Abrechnung nach Längenmaß ist gem. 5.1.5 die größte Länge zugrunde zu legen, bei gebogenen Profilen gem. 5.1.5 die äußere abgewickelte Länge.

L im Falle A=L_1+l_2=... m,

L im Falle B=l=... m.

Bei Abrechnung nach Gewicht ist gem. 5.1.6.2 das Gewicht durch Wiegen festzustellen.

Die in Abschnitt 5.1.6 festgelegten Grundsätze sind zu beachten.

Bild 12 Bemessung von Blechen

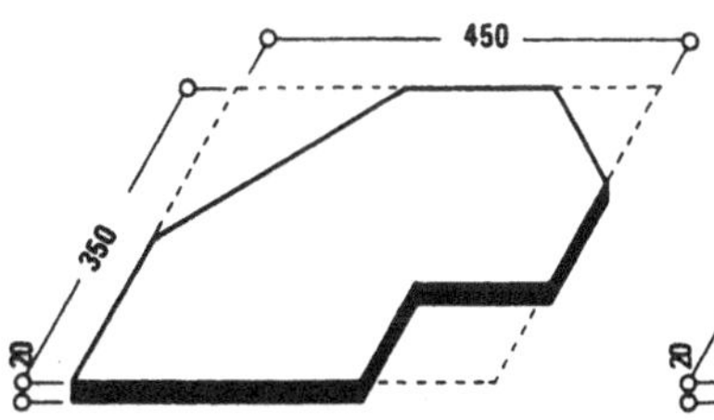

A Ausgeschnittenes, unregelmäßiges Rechteckstück aus Stahlblech 2 mm dick

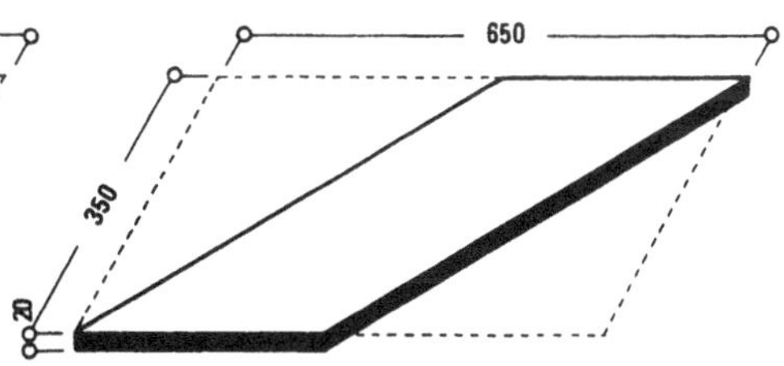

B Trapezförmiges Stück aus Stahlblech 2 mm dick

Gem. 0.5.1.2 oder 0.5.4.1 Abrechnung der Bleche nach Flächenmaß oder Gewicht.

Bei Abrechnung nach Flächenmaß ist gem. 5.1.2 der Leistungsermittlung, auch bei unregelmäßig geformten (A) und bei trapezförmigen Teilen (B), das kleinste umschriebene Rechteck zugrunde zu legen.

F im Falle A=0,35 · 0,45=0,16 m². F im Falle B=0,35 · 0,65=0,23 m².

Bei Abrechnung nach Gewicht ist gem. 5.1.6 das Gewicht durch Wiegen festzustellen. Können die Gewichte nicht durch Wiegen festgestellt werden, ist für Stahlblech 7,85 kg/m² für jeden mm der Stoffdicke anzusetzen.

Bei Verzinkung werden dem ermittelten Gewicht 5% zugeschlagen.

Bild 13 Messung von Metallfassaden

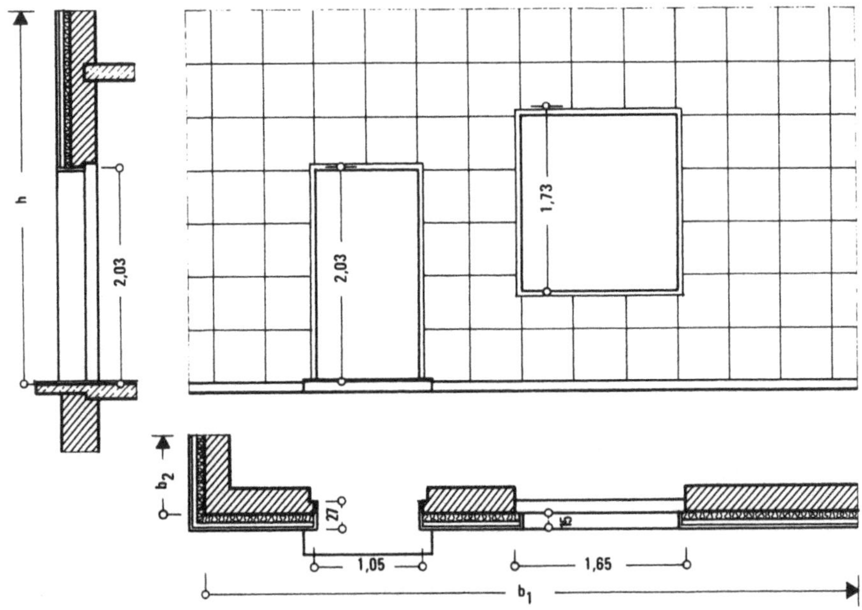

Gem. 0.5.1.3 Abrechnung der Metallfassade nach Flächenmaß. Abrechnung zum Stückpreis nicht üblich. Für die Leistungsermittlung gelten die Konstruktionsmaße der zu bekleidenden Flächen (vgl. Abschnitt 5.1.1).

Gem. 5.2.1 kein Abzug der Türöffnung mit 1,05 m x 2,03 m=2,13m², da die Einzelgröße <2,5 m² ist.

Abzug der Fensteröffnung, die mit 1,65 m x 1,73 m=2,85 m² größer als 2,50 m² ist.

Gem. 5.1.3 Abrechnung der Fensterleibungen mit 2(1,65+1,73)0,15=1,01 m², da die Fensteröffnung größer als 2,50 m² ist.

Bild 14 Messung von Fensterwänden

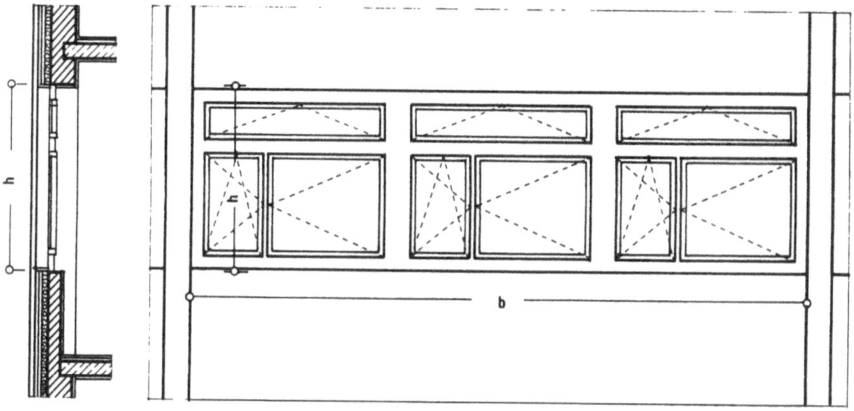

Gem. 0.5.1.3 bzw. 0.5.2.3 und 0.5.3.5 Abrechnung von Fensterwänden nach Flächenmaß bzw. Längenmaß oder Anzahl.

Fensterwände sind nach DIN 18056 »Fensterwände; Bemessung und Ausführung« Traggerippe, die aus Rahmen, Pfosten und Riegeln bestehen und deren Felder feststehend oder öffenbar verglast sind. Ihre Fläche muß mindestens 9 m² und Seitenlänge mindestens 2,00 m betragen. Die Traggerippe können aus Holz, Stahlbeton, Spannbeton oder – wie im vorliegenden Fall – aus Metallprofilen bestehen. Sie haben die Aufgabe, die aus den Fensterwänden anfallenden Lasten auf die tragende Bauwerksteile überzuleiten. Das Wort Bemessung in DIN 18056 bezieht sich auf die statische Bemessung, während es sich bei der Messung für die Abrechnung um Größenbemessungen zur Leistungsermittlung handelt.

Im Gegensatz zur Abrechnung von Fenstern, Türen und dergleichen können Fensterwände auch nach Flächenmaß und Längenmaß abgerechnet werden. Gem. 5.1.1 sind der Leistungsermittlung die Konstruktionsmaße der lichten Öffnungen zugrunde zu legen.

Bei Abrechnung nach Flächenmaß ist

F der Fensterwald über drei Felder=b · h=... m².

Bei Abrechnung nach Längenmaß ist

L der Fensterwald über drei Felder=b=... m.

Bild 15 Messung von Öffnungen in Metallfassaden

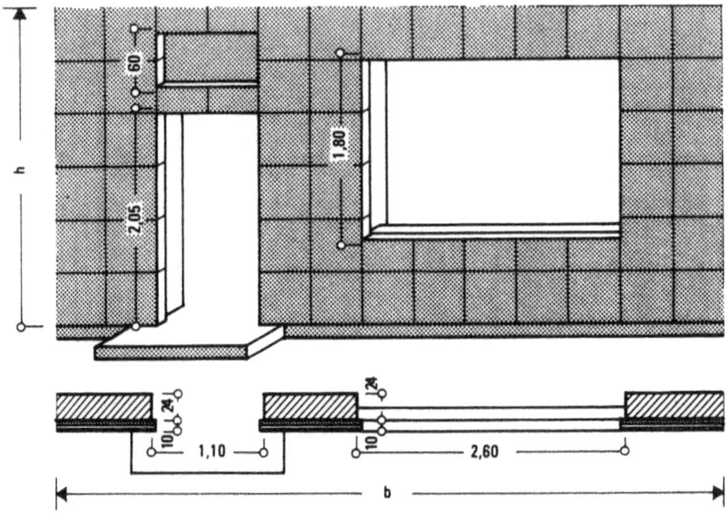

Gem. 0.5.1.3 Abrechnung der Metallfassade nach Flächenmaß. Für die Leistungsermittlung gelten gem. 5.1.1 die Konstruktionsmaße der zu bekleidenden Flächen.

Gem. 5.2.1 kein Abzug der Türöffnung, da ihre Einzelgröße <2,5 m² ist, jedoch Abzug der Fensteröffnung, die mit 2,60 x 1,80 m =4,68 m² größer als 2,50 m² ist. Kein Abzug der Nische über der Tür, lichte Größe 1,10 m x 0,60 m²=0,66 m², jedoch Hinzurechnung der Nischenrückwand mit 0,66 m².

Gem. 5.1.3 Abrechnung der zur Metallfassade gehörenden Fensterleibungen mit 2(2,60+1,80) 0,10=0,88 m², da die Fensteröffnung größer als 2,50 m² ist.

Bei Abrechnung nach Flächenmaß ist

F der Metallfassade=b · h−4,68+0,66+0,88=... m².

Bei Abrechnung nach Längenmaß ist

L der Metallfassade=b=... m.

Gem. 0.5.1.4 bzw. 0.5.2.4 oder 0.5.3.6 Abrechnung der Unterkonstruktion aus Metallprofilen nach Flächenmaß, Längenmaß, zum Stückpreis. Bei Abrechnung nach Flächenmaß und Längenmaß gelten gem. 5.1.1 die Konstruktionsmaße der zu bekleidenden Flächen.

Bild 16 Messung von Öffnungen in Metallfassaden ohne zur Leistung gehörende Leibungen

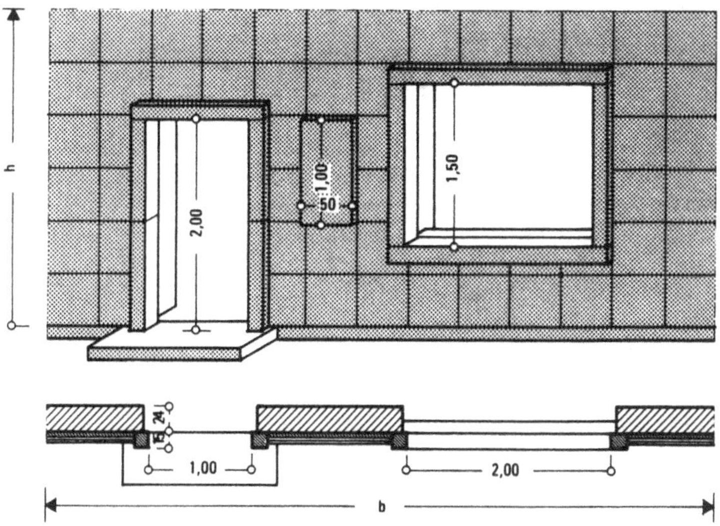

Gem. 0.5.1.3 Abrechnung der Metallfassade nach Flächenmaß. Für die Leistungsermittlung gelten gem. 5.1.1 die Konstruktionsmaße der zu bekleidenden Fläche.

Gem. 5.2.1 kein Abzug der Aussparung für die Wandtafel, die mit 0,50x1,00 m die Größe von 0,5 m² nicht überschreitet, ferner kein Abzug der Türöffnung mit 1,00 m x 2,00 m=2,00 m². Abzug der Fensteröffnung mit 2,00 m x 1,50 m=3,00 m², da die Größe von 2,50 m² überschritten wird.

Gem. 0.5.1.4 bzw. 0.5.2.4 und 0.5.3.6 Abrechnung der Unterkonstruktion aus Metallprofilen nach Flächenmaß, Längenmaß und zum Stückpreis. Bei Abrechnung nach Flächenmaß und Längenmaß gelten gem. 5.1.1 die Konstruktionsmaße der zu bekleidenden Flächen.

Bild 17 Messung von Metallfassaden mit bekleideten Leibungen

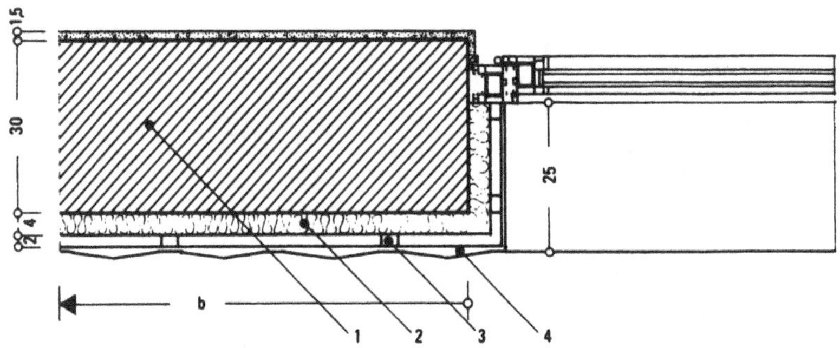

1 Mauerwerk

2 Dämmung

3 Unterkonstruktion aus Metallprofilen

4 Profiliertes Blech

Gem. 0.5.1.3 Abrechnung der Metallfassade nach Flächenmaß. Für die Leistungsermittlung gelten gem. 5.1.1 die Konstruktionsmaße der zu bekleidenden Flächen. Die Profilierung der Fassadenbleche bleibt bei der Bemessung unberücksichtigt.

Ist eine Öffnung mit bekleideten Leibungen größer als 2,50 m², so daß sie abgezogen werden muß, sind alle Leibungen, gleichgültig welche Tiefe sie haben, gesondert abzurechnen.

Gem. 0.5.1.4 bzw. 0.5.2.4 oder 0.5.3.6 Abrechnung der aus Metallprofilen bestehenden Unterkonstruktion mit Hinterlüftung nach Flächenmaß, Längenmaß, zum Stückpreis. Bei Abrechnung nach Flächenmaß und Längenmaß gelten gem. 5.1.1 die Konstruktionsmaße der zu bekleidenden Flächen.

Bild 18 Messung einer Säulenbekleidung aus Aluminiumblech

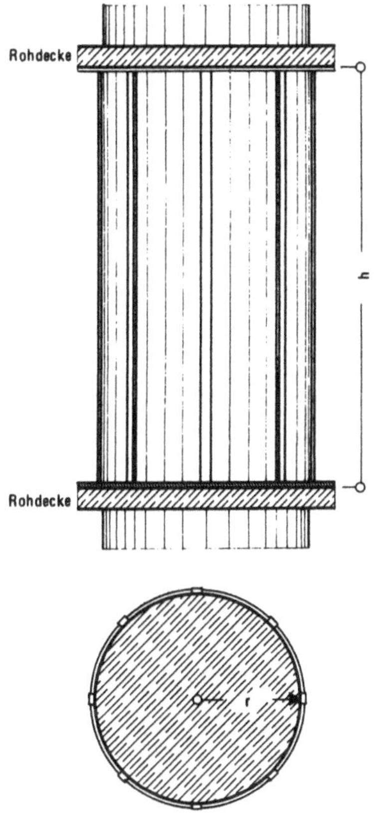

Gem. 0.5.1.3 Abrechnung der Säulenbekleidung aus Aluminiumblech nach Flächenmaß. Für die Leistungsermittlung gelten gem. 5.1.1 die Konstruktionsmaße der zu bekleidenden Flächen.

Bei Abrechnung nach Flächenmaß ist F der Säulenbekleidung=2r · 3,14 · h=... m^2.

Gem. 0.5.1.4 bzw. 0.5.2.4 oder 0.5.3.6 Abrechnung der Unterkonstruktion aus Aluminiumprofilen nach Flächenmaß für die gesamte Säulenbekleidung.

Bei Abrechnung nach Flächenmaß gelten gem. 5.1.1 die Konstruktionsmaße der zu bekleidenden Flächen.

Bild 19 Messung einer abgehängten Decke aus profilierten Aluminiumblechen

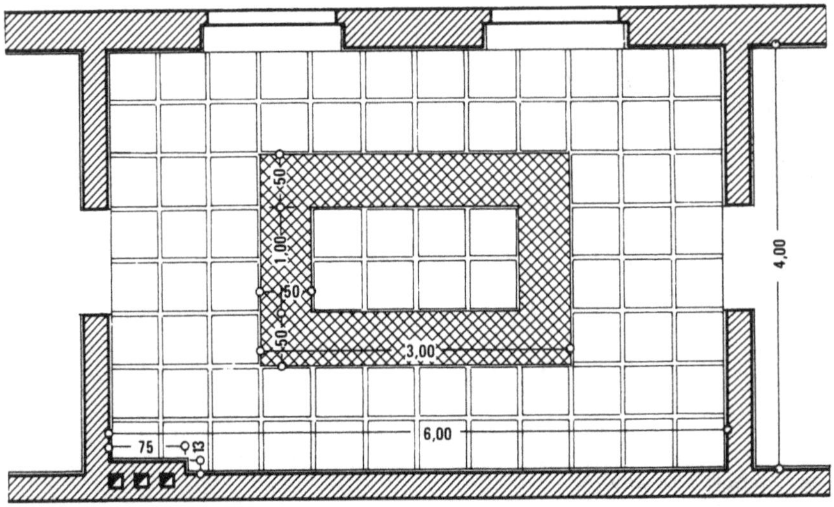

Grundriß mit Deckenprojektion

Gem. 0.5.1.2 bzw. 0.5.4.1 Abrechnung der abgehängten Decke aus profilierten Aluminiumblechen nach Flächenmaß oder Gewicht. Eine Abrechnung nach Längenmaß ist nicht zweckmäßig, da das Längenmaß im vorliegenden Fall nicht die bestimmende Maßeinheit ist.

Für die Leistungsermittlung gelten gem. 5.1.1 die zu bekleidenden Flächen bis zu den begrenzenden, ungeputzten bzw. unbekleideten Bauteilen.

Gem. 5.2.1 kein Abzug der Aussparung für die Schornsteinvorlage, die mit 0,75 · 0,13=0,10 m² kleiner als 0,50 m² ist; jedoch Abzug der Aussparung für die Deckenbeleuchtung, die mit 2(3,00+1,00)=4,00 m² größer als 0,50 m² ist.

Bei Abrechnung nach Flächenmaß ist

F der abgehängten Decke=6,00 · 4,00−4,00=20,00 m².

Gem. 0.5.1.4 bzw. 0.5.2.4 oder 0.5.3.6 Abrechnung der Unterkonstruktion aus Aluminiumprofilen nach Flächenmaß, Längenmaß oder zum Stückpreis für die ganze Decke. Bei Abrechnung nach Flächenmaß gelten gem. 5.1.1 die Konstruktionsmaße der zu bekleidenden Flächen.

VOB Teil C:
Allgemeine Technische Vertragsbedingungen für Bauleistungen (ATV)
Verglasungsarbeiten – DIN 18361
Ausgabe Juni 1996

1 Geltungsbereich

1.1 Die ATV »Verglasungsarbeiten« – DIN 18361 – gilt für die Verglasung von Rahmenkonstruktionen, für Ganzglaskonstruktionen und für die Montage von lichtdurchlässigen Kunststoffplatten.

1.2 Die ATV DIN 18361 gilt nicht für

- Beschlagarbeiten (siehe ATV DIN 18357 »Beschlagarbeiten«),
- Verarbeiten von Glasbausteinen (siehe ATV DIN 18330 »Mauerarbeiten«),
- Herstellen von Tragwerken aus Glasstahlbeton (siehe ATV DIN 18331 »Beton- und Stahlbetonarbeiten«),
- Verlegen von Glasdachziegeln (siehe ATV DIN 18338 »Dachdeckungs- und Dachabdichtungsarbeiten«).

1.3 Ergänzend gelten die Abschnitte 1 bis 5 der ATV DIN 18299 »Allgemeine Regelungen für Bauarbeiten jeder Art«. Bei Widersprüchen gehen die Regelungen der ATV DIN 18361 vor.

5 Abrechnung

Gem. ATV DIN 18299 Abschnitt 5 gilt allgemein:

Die Leistung ist aus Zeichnungen zu ermitteln, soweit die ausgeführte Leistung diesen Zeichnungen entspricht. Sind solche Zeichnungen nicht vorhanden, ist die Leistung aufzumessen.

Siehe hierzu die eingehende Erläuterung zu ATV DIN 18299 »Allgemeine Regelungen für Bauarbeiten jeder Art«.

Abrechnungseinheiten

Gem. 0.5 sind im Leistungsverzeichnis die Abrechnungseinheiten wie folgt vorzusehen:

0.5.1 Flächenmaß (m²), getrennt nach Glaserzeugnissen, Glasdicken und Scheibengrößen,
0.5.1.1 – Verglasungen von Fenstern, Türen und Fensterwänden; auch nach Anzahl,
0.5.1.2 – Dachoberlichter und Dächer; auch nach Anzahl,
0.5.1.3 – Ganzglaskonstruktionen; auch nach Anzahl,
0.5.1.4 – Blei-, Messing- und Leichtmetallverglasungen; auch nach Anzahl
0.5.1.5 – Bearbeitung von Glasflächen; jedoch Bearbeitung von Glaskanten nach Längenmaß,
0.5.1.6 – Spiegel; auch nach Anzahl.
0.5.2 Längenmaß (m), getrennt nach Glaserzeugnissen, Glasdicken und Scheibengrößen, für
0.5.2.1 – Bearbeitung von Glaskanten; jedoch Bearbeitung von Glasflächen nach Flächenmaß.

0.5.3 Anzahl (Stück), getrennt nach Glaserzeugnissen, Glasdicken und Scheibengrößen und Größe des verglasten Bauteils, für

0.5.3.1 – Verglasungen mit Mehrscheiben-Isolierglas,

0.5.3.2 – Verglasungen von Fenstern, Türen und Fensterwänden, Brüstungen und Umwehrungen; jedoch von Fenstern, Türen und Fensterwänden auch nach Flächenmaß,

0.5.3.3 – Dachoberlichter und Dächer; auch nach Flächenmaß,

0.5.3.4 – Ganzglaskonstruktionen; auch nach Flächenmaß,

0.5.3.5 – Blei-, Messing- und Leichtmetallverglasungen; auch nach Flächenmaß,

0.5.3.6 – Stabilisierungsstreifen aus Glas,

0.5.3.7 – Ausschnitte, Bohrungen und Eckabrundungen, getrennt nach Maßen,

0.5.3.8 – Spiegel; auch nach Flächenmaß,

0.5.3.9 – Aquarien, Vitrinen, Duschkabinen.

Ergänzend zur ATV DIN 18299 Abschnitt 5 gilt:

5.1 Allgemeines

5.1.1 Bei Abrechnung nach Flächenmaß (m^2) gilt:

Bei Ermittlung der ausgeführten Leistung werden die Scheiben einschließlich Glasfalzhöhe gemessen und auf Zentimeter aufgerundet, die durch 3 teilbar sind.

Scheiben $\leq 0{,}25 \text{ m}^2$ werden mit $0{,}25 \text{ m}^2$ gerechnet, ausgenommen Mehrscheiben-Isolierglas. Bei Mehrscheiben-Isolierglas werden Kantenlängen von mindestens 0,3 m zugrunde gelegt.

Bei Verglasungen mit Profilbauglas und Leichtplatten aus Kunststoff werden Sprossen und bewegliche Flügel übermessen.

Bei Verglasungen von Dachoberlichtern und Dächern werden Sprossen bis zu 50 mm Einzelbreite und Überdeckungen der Scheiben übermessen.

Bei Blei-, Messing- und Leichtmetallverglasungen werden die Metallfassungen übermessen.

Nicht rechteckige Scheiben werden nach den Maßen des kleinsten umschriebenen Rechtecks gerechnet.

Bei der Ermittlung der ausgeführten Leistung gilt allgemein für alle Glaserzeugnisse, daß die Scheiben einschließlich Glasfalzhöhe zu messen sind. Das gemessene Maß ist auf eine Zentimeterzahl aufzurunden, die durch 3 teilbar ist. Zu beachten ist, daß nicht abgerundet werden darf. Eine einschließlich Glasfalzhöhe gemessene Scheibe von z.B. 50,3 cm Breite und 140,1 cm Höhe ist also auf 51,0 cm mal 141,0 cm aufzurunden.

Scheiben, die kleiner als $0{,}25 \text{ m}^2$ sind, werden nach der Mindestgröße von $0{,}25 \text{ m}^2$ abgerechnet.

Mehrscheiben-Isolierglas ist von dieser Regelung ausgenommen. Hier gilt, daß zur Ermittlung der Mindestgröße die Kantenlängen mindestens 0,3 m betragen müssen.

Sprossen und bewegliche Flügel sind bei Verglasungen mit Profilbauglas und Leichtplatten aus Kunststoff zu übermessen. Bei Abrechnung der Verglasungen von Dachoberlichtern und Dachflächen nach dem Flächenmaß der Scheiben gilt zur Messungsvereinfachung, daß Sprossen bis zu 50 mm Einzelbreite sowie Überdeckungen der Scheiben zu übermessen sind.

Bei Abrechnung von Blei-, Messing- oder Leichtmetallverglasungen werden die Metallfassungen nicht abgezogen, wodurch sich die Messung erheblich vereinfacht.

Sind Scheiben nicht rechteckig, so gelten für die Abrechnung die Maße des kleinsten umschriebenen Rechtecks. Dabei muß beim Zuschnitt von Fensterglas nach DIN 1249 die Scheibe von einem Rechteck eingeschlossen sein, dessen Seiten den Größtmaßen entsprechen und das ein Rechteck einschließt, dessen Seiten den Kleinstmaßen entsprechen (Bilder 1–7, 9).

5.1.2 Bei Abrechnung nach Anzahl (Stück) gilt:

Weicht die Größe der eingeglasten Scheiben von den in der Leistungsbeschreibung angegebenen Maßen für Breite und Höhe um weniger als 20 mm bei jedem dieser Maße ab, so werden die Abweichungen bei der Abrechnung nicht berücksichtigt.

Bei Abrechnung nach Anzahl der Scheiben gelten mit Rücksicht auf die Sortierung der Lieferer folgende Messungserleichterungen: Wenn die Größe der eingeglasten Scheiben von den in der Leistungsbeschreibung angegebenen Maßen für Breite und Höhe in jeder dieser Richtungen um nicht mehr als 20 mm abweicht, so braucht die Abweichung bei der Abrechnung nicht berücksichtigt zu werden (Bild 1, 2, 4–6).

Zu 0.5.1.1:

Verglasungen von Fenstern, Türen und Fensterwänden können nach Fächenmaß und nach Anzahl abgerechnet werden. Die Entscheidung, welche Abrechnungseinheit anzuwenden ist, hat bei der Aufstellung der LB zu erfolgen. Es ist nach Glaserzeugnissen, Glasdicken und Scheibengrößen zu trennen. Gem. 5.1.1 gilt bei Abrechnung nach Flächenmaß, daß die Scheiben einschließlich Glasfalzhöhe zu messen sind, wobei auf eine Zentimeterzahl aufzurunden ist, die sich durch 3 teilen läßt. Die übrigen Regelungen gem. 5.1.1 sind zu beachten (Bilder 1, 2, 4).

Zu 0.5.1.2:

Abrechnung von Dachoberlichtern und Dächern entweder nach Flächenmaß oder nach Anzahl. Gem. 5.1.1 werden Sprossen bis zu 50 mm Einzelbreite sowie Überdeckungen der Scheiben übermessen (Bild 6).

Zu 0.5.1.3:

Abrechnungseinheit für Ganzglaskonstruktionen ist sowohl das Flächenmaß als auch die Anzahl. In der LB ist zu entscheiden, nach welcher Einheit abzurechnen ist (Bild 5).

Zu 0.5.1.4:

Blei-, Messing- und Leichtmetallverglasungen werden nach Flächenmaß oder nach Anzahl abgerechnet. Gem. 5.1.1 werden die Metallfassungen übermessen (Bild 7).

Zu 0.5.1.5:

Die Abrechnungseinheit für die Bearbeitung von Glasflächen ist das Flächenmaß; für die Bearbeitung von Glaskanten gilt die Abrechnung nach Längenmaß.

Zu 0.5.1.6:

Spiegel sind sowohl nach Fächenmaß als auch nach Anzahl abzurechnen. Es ist nach Glaserzeugnissen, Glasdicken und Scheibengrößen zu trennen.

Zu 0.5.2.1:

Die Bearbeitung von Glaskanten ist nach Längenmaß abzurechnen. Die Abrechnung der Bearbeitung von Glasflächen erfolgt jedoch nach Flächenmaß. In beiden Fällen ist nach Glaserzeugnissen, Glasdicken und Scheibengrößen zu trennen (Bilder 5, 9).

Zu 0.5.3.1:

Verglasungen von Mehrscheiben-Isolierglas sind nach Anzahl abzurechnen. Gem. 5.1.1 ergibt sich die Mindestgröße der abzurechnenden Leistung daraus, daß die Kantenlängen mindestens mit 0,3 m zu rechnen sind.

Zu 0.5.3.2:

Abrechnungseinheit für Verglasungen von Fenstern, Türen und Fensterwänden sowie von Brüstungen und Umwehrungen ist die Anzahl, von Fenstern, Türen und Fensterwänden auch das Flächenmaß. Bei Abrechnung nach Flächenmaß ist 5.1.1 zu beachten. Es ist nach Glaserzeugnissen, Glasdicken und Scheibengrößen, bei Abrechnung nach Anzahl auch nach Größe des verglasten Bauteils zu trennen (Bilder 1, 2, 4).

Zu 0.5.3.3:

Dachoberlichter und Dächer sind nach Flächenmaß und auch nach Anzahl abzurechnen. Gem. 5.1.1 sind Sprossen bis zu 50 mm Einzelbreite und Überdeckungen der Scheiben zu übermessen (Bild 6).

Zu 0.5.3.4:

Ganzglaskonstruktionen sind, getrennt nach Glaserzeugnissen, Glasdicken und Scheibengrößen, nach Flächenmaß oder nach Anzahl abzurechnen. Welche Abrechnungseinheit anzuwenden ist, muß in der LB festgelegt werden (Bild 5).

Zu 0.5.3.5:

Blei-, Messing- und Leichtmetallverglasungen sind, getrennt nach Glaserzeugnissen, Glasdicken und Scheibengrößen, nach Flächenmaß oder nach Anzahl abzurechnen. Gem. 5.1.1 werden die Metallfassungen übermessen (Bild 7).

Zu 0.5.3.6:

Stabilisierungsstreifen aus Glas werden, getrennt nach Glaserzeugnissen, Glasdicken und Scheibengrößen, nach Anzahl abgerechnet (Bilder 5, 8).

Zu 0.5.3.7:

Abrechnungseinheit für Ausschnitte, Bohrungen und Eckabrundungen ist, getrennt nach Maßen, die Anzahl. Diese Arbeiten gehören zu den Besonderen Leistungen (Bild 5).

Zu 0.5.3.8:

Spiegel werden, getrennt nach Glaserzeugnissen, Glasdicken und Scheibengrößen, nach Flächenmaß oder Anzahl abgerechnet.

Zu 0.5.3.9.

Abrechnungseinheit für Aquarien, Vitrinen und Duschkabinen ist die Anzahl. Es ist nach Glaserzeugnissen, Glasdicken, Scheibengrößen und Größe des verglasten Bauteils zu trennen.

Bild 1 Messung der Scheiben bei einem Zargen-Doppelfenster

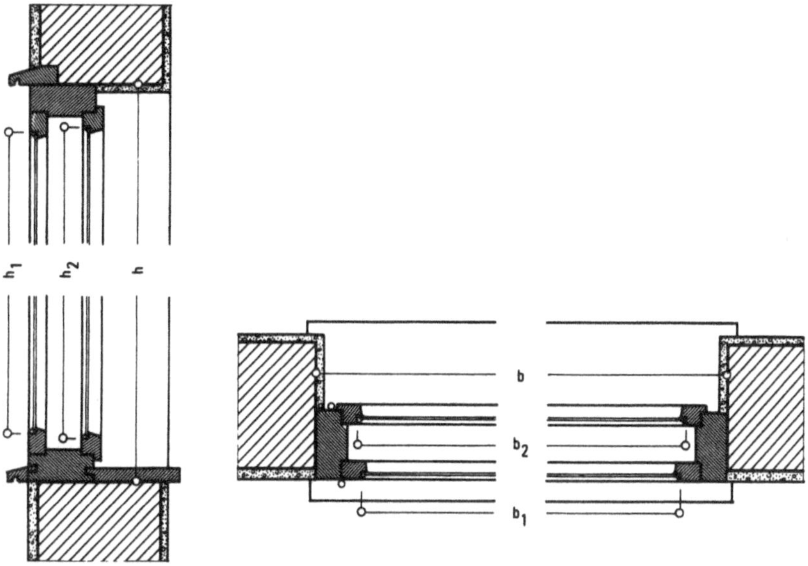

Gem. 0.5.1.1 bzw. 0.5.3.2 Abrechnung der Verglasung des hölzernen, einflügeligen Zargen-Doppelfensters mit Fensterglas nach Flächenmaß oder nach Anzahl der Scheiben.

Gem. 5.1.1 werden die Scheibengrößen einschließlich Glasfalzhöhe gemessen.

Bei Abrechnung nach Anzahl der Scheiben gelten die Regelungen des Abschnitts 5.1.2.

Je abzurechnendes Fenster:

1 Stück Scheibe $b_1 \cdot h_1$ und 1 Stück Scheibe $b_2 \cdot h_2$

Bei Abrechnung der Scheiben nach Flächenmaß gelten die Regelungen des Abschnitts 5.1.1

F der Scheiben je abzurechnendes Fenster$= b_1 \cdot h_1 + b_2 \cdot h_2 = ...$ m^2.

Bild 2 Messung von Scheiben eines Metallfensters

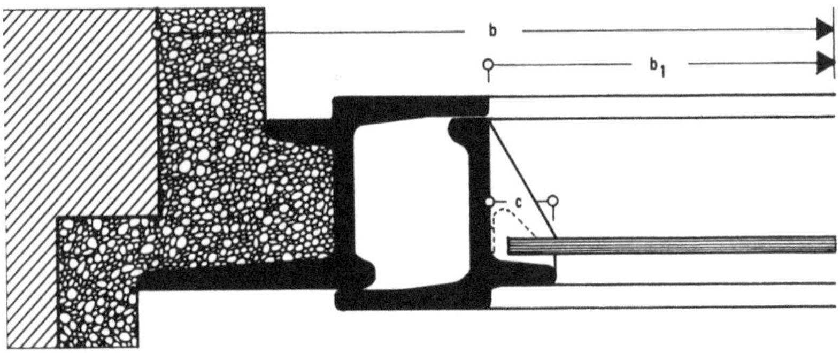

b lichtes Konstruktionsmaß der Öffnungsbreite

b_1=Scheibenbreite

c_1=Glasfalztiefe

Gem. 0.5.1.1 bzw. 0.5.3.2 Abrechnung der Verglasung des einflügeligen, einfachen Metallfensters mit Fensterglas nach Flächenmaß oder nach Anzahl der Scheiben.

Gem. 5.1.1 werden die Scheiben einschließlich der Glasfalztiefe gemessen.

Bei Abrechnung nach Anzahl der Scheiben gelten die Regelungen des Abschnitts 5.1.2.

Bei Abrechnung nach Flächenmaß der Scheiben gelten die Regelungen des Abschnitts 5.1.1.

Bild 3 Messung nicht rechteckiger Scheiben

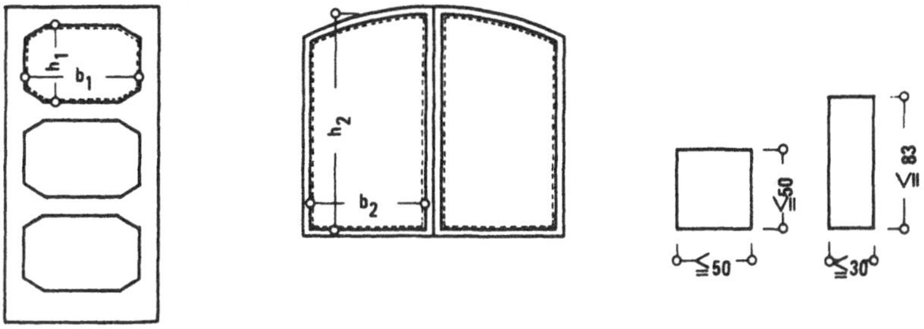

A Füllungstür mit Glasausschnitt

B Fenster mit Segmentbogen

C Scheiben kleiner oder gleich 0,25 m²

Gem. 5.1.1 werden bei Abrechnung der Scheiben nach Flächenmaß die Scheiben nach den Maßen des kleinsten umschriebenen Rechtecks bemessen.

Scheiben, die kleiner als 0,25 m² sind, werden mit 0,25² abgerechnet.

Bild 4 Messung der Verglasung von Fensterwänden

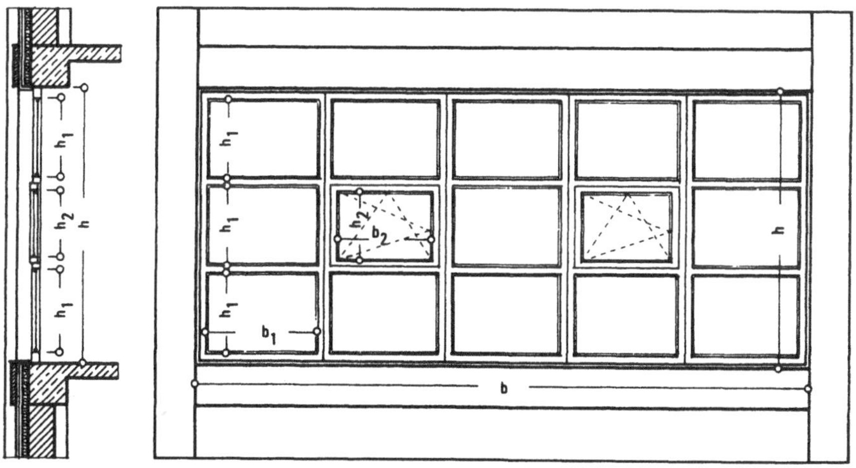

Gem. 0.5.1.1 bzw. 0.5.3.2 Abrechnung der Verglasung der geschoßhohen Fensterwand mit Fensterglas nach Flächenmaß oder nach Anzahl der Scheiben. Fensterwände nach DIN 18056 sind Traggerippe, die aus Rahmen, Pfosten und Riegeln bestehen und deren Felder feststehend oder öffenbar verglast sind. Ihre Fläche muß mindestens 9 m² und eine Seitenlänge mindestens 2,00 m betragen. Die Traggerippe können aus Holz, Stahlbeton, Spannbeton oder aus Metallprofilen bestehen. Sie haben die Aufgabe, die aus den Fensterwänden anfallenden Lasten auf die tragenden Bauwerksteile überzuleiten. Das Wort Bemessung in DIN 18056 bezieht sich auf die statische Bemessung, während es sich bei der Messung für die Abrechnung der Verglasung um Größenbemessungen zur Leistungsermittlung handelt.

Gem. 5.1.1 werden Scheiben einschließlich der Glasfalzhöhe gemessen. Bei Abrechnung nach Anzahl der Scheiben gelten die Vorschriften des Abschnitts 5.1.2. Abzurechnen sind

13 Stück Zweischeiben-Isolierglas Größe $b_1 \cdot h_1$.
2 Stück Zweischeiben-Isolierglas Größe $b_2 \cdot h_2$.

Bei Abrechnung nach Flächenmaß der Scheiben gelten die Vorschriften des Abschnitts 5.1.1.

F der Scheiben $= 13 \cdot b_1 \cdot h_1 + 2 b_2 \cdot h_2 = \ldots$ m².

Bei Verwendung von Mehrscheiben-Isolierglas erfolgt die Abrechnung nur nach der Anzahl.

Bild 5 Messung einer Ganzglaskonstruktion

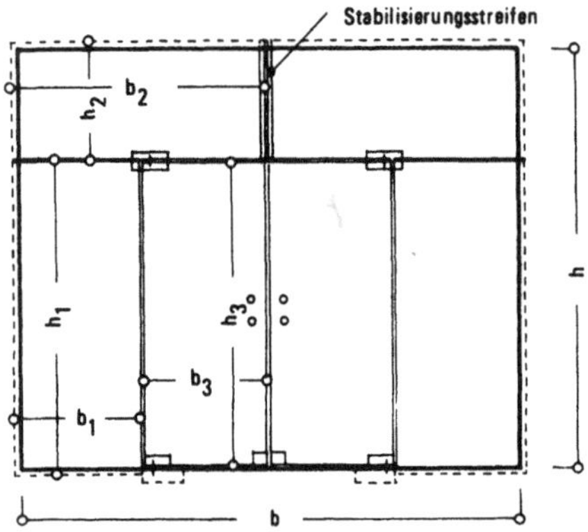

Gem. 0.5.1.3 bzw. 0.5.3.4 Abrechnung der Ganzglaskonstruktion aus nicht vorgespanntem Glas, 15 mm dick, für einen Geschäftseingang nach Anzahl der Scheiben oder nach Flächenmaß der Scheiben.

Bei Abrechnung nach Anzahl der Scheiben gelten die Vorschriften des Abschnitts 5.1.2. Es ist nach folgenden Scheibengrößen zu trennen:

2 Stück der Größe $b_1 \cdot h_1$,

2 Stück der Größe $b_2 \cdot h_2$,

2 Stück der Größe $b_3 \cdot h_3$.

Bei Abrechnung nach dem Flächenmaß der Scheiben gelten die Vorschriften des Abschnitts 5.1.1; es ist

F der Scheiben der Ganzglaskonstruktion$=2(b_1 \cdot h_1+b_2 \cdot h_2+b_3 \cdot h_3)=\ldots\ m^2$.

Gem. 0.5.3.6 Abrechnung des Stabilisierungsstreifens aus Dickglas, 16 mm, Breite$=2 \cdot 6$ cm,

Höhe$=h_2$, zum Stückpreis.

Gem. 0.5.2.1 Abrechnung für das Bearbeiten der Glaskantenflächen, Dickglas 15 mm, getrennt nach Scheibengrößen nach Längenmaß:

L bei 2 Scheiben der Größe $b_1 \cdot h_1=2(b_1+h_1)=\ldots$ m,

L bei 2 Scheiben der Größe $b_2 \cdot h_2=2(b_2+h_2)=\ldots$ m,

L bei den Türscheiben der Größe $b_3 \cdot h_3=4(b_3+h_3)=\ldots$ m.

Gem. 0.5.3.7 Abrechnung der Ausschnitte und Bohrungen, Glasdicke 15 mm, getrennt nach Scheibengröße und Abmessungen als Besondere Leistung nach Anzahl.

Bild 6 Messung der Verglasung von Dachoberlichtern

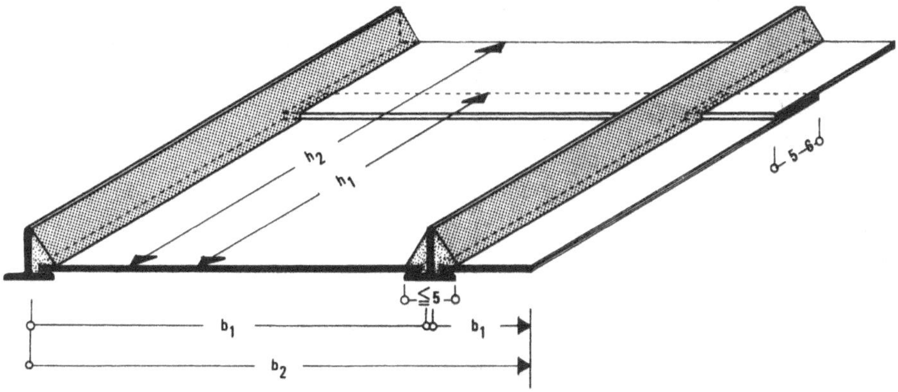

Gem. 0.5.1.2 bzw. 0.5.3.3 Abrechnung der Verglasung des Dachoberlichtes mit Drahtglas, 9 mm dick, nach Flächenmaß oder nach Anzahl der Scheiben.

Gem. 5.1.1 werden die Scheiben einschließlich Glasfalzhöhe gemessen. Bei Abrechnung nach Anzahl der Scheiben gelten die Vorschriften des Abschnitts 5.1.2:

n Stück Scheiben der Größe $b_1 \cdot h_1$.

Bei Abrechnung nach dem Flächenmaß der Scheiben gelten die Vorschriften des Abschnitts 5.1.1. Sprossen bis zu 5 cm Einzelbreite (wie im vorliegenden Fall) und Überdeckungen der Scheiben werden nicht berücksichtigt.

F der Verglasung nach der Fläche der Scheiben$=b_2 \cdot h_2=\ldots$ m^2.

Bild 7 Messung einer Bleiverglasung

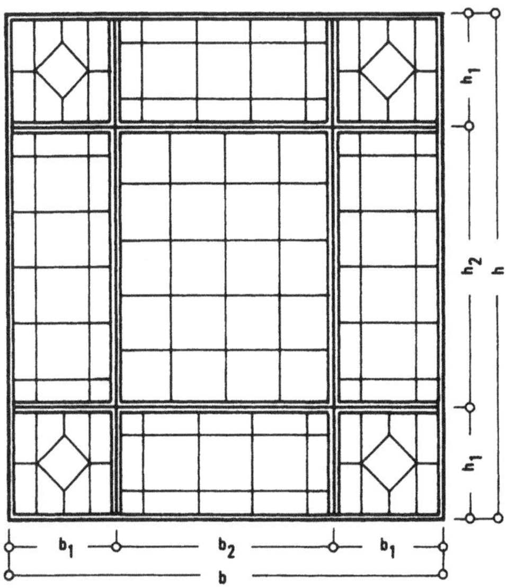

Gem. 0.5.1.4 bzw. 0.5.3.5 Abrechnung der Bleiverglasung nach Anzahl oder nach Flächenmaß, bezogen auf die ganze Fläche oder auf einzelne Felder. Die Metallfassungen werden gem. 5.1.1 übermessen.

Bei Abrechnung nach Anzahl einzelner Felder ergeben sich im vorliegenden Fall folgende Feldgrößen:

4 Stück der Größe $b_1 \cdot h_1$ 2 Stück der Größe $b_1 \cdot h_2$

2 Stück der Größe $b_2 \cdot h_1$ 1 Stück der Größe $b_2 \cdot h_2$.

Bei Abrechnung der ganzen Fläche unter der Annahme, daß die gleiche Fensterverglasung n mal auszuführen ist:

n Stück der Größe $b \cdot h$.

Bei Abrechnung der Bleiverglasung nach dem Flächenmaß der einzelnen Felder ergeben sich folgende Flächengrößen:

F der Eckfelder$=4 \cdot b_1 \cdot h_1=\ldots$ m^2.

F des unteren und oberen Mittelfeldes$=2 \cdot b_2 \cdot h_1=\ldots$ m^2.

F der seitlichen Mittelfelder$=2 \cdot b_1 \cdot h_2=\ldots$ m^2.

F des Mittelfeldes$=b_2 \cdot h_2=\ldots$ m^2.

Bei Abrechnung der gesamten Bleiverglasung unter der Annahme, daß das gleiche Fenster n mal auszuführen ist:

F der gesamten Bleiverglasung$=n \cdot b \cdot h=$-. m^2.

Bild 8 Abrechnung von Stabilisierungsstreifen

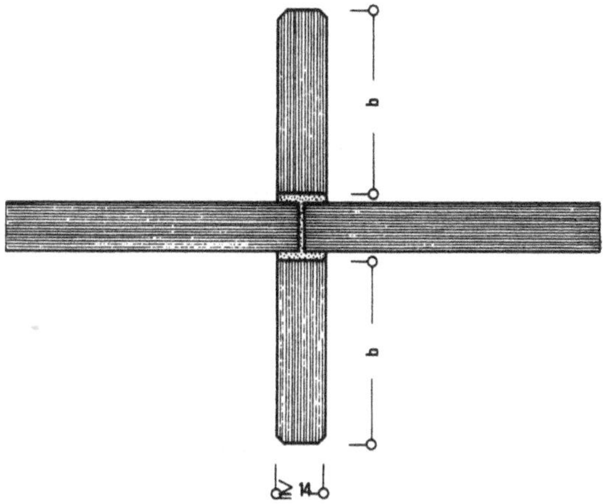

Gem. 0.5.3.6 Abrechnung von Stabilisierungsstreifen aus Glas, getrennt nach Glasart, Glasdicke und Abmessungen, als Besondere Leistung nach Anzahl zum Stückpreis.

Nach DIN 18056 »Fensterwände; Bemessung und Ausführung« sind doppelseitige Stabilisierungsstreifen aus Glas von Auflager zu Auflager durchgehende Glasstreifen, die rechtwinklig zur Scheibenebene angeordnet sind und mittig an den senkrechten Stößen der auszustreifenden Glasscheiben durch Glaszement fest verbunden sind. Die Fugen müssen ausreichend mit Glaszement gefüllt sein. Die Glasstreifen sind am Tragegerippe mit Schuhen aus Metall- oder Holzprofilen zu fassen. Die Scheiben sind auch untereinander an den Stoßstellen mit Glaszement zu verbinden. Die Stabilisierungsstreifen müssen mindestens 14 mm dick sein, bei Scheibenhöhen über 306 cm wird als Mindestdicke 16 mm empfohlen.

Festlegung der Mindestbreiten b von doppelseitigen Stabilisierungsstreifen in einer Dicke von mindestens 14 bis 16 mm bei einem Winddruck von 0,6 kN/m² in nachstehender Tabelle.

Scheibenhöhe	*b* in cm bei Scheibenbreiten in cm				
cm	bis 250	bis 300	bis 450	bis 500	bis 600
bis 250	2× 6	2× 6	2×6	2×6	2×6
270	2× 7	2× 7	2×7	2×7	2×7
300	2× 8	2× 8	2×8	2×8	2×8
450	2×13	2×13	–	–	–

Bild 9 Abrechnung bearbeiteter Glaskanten

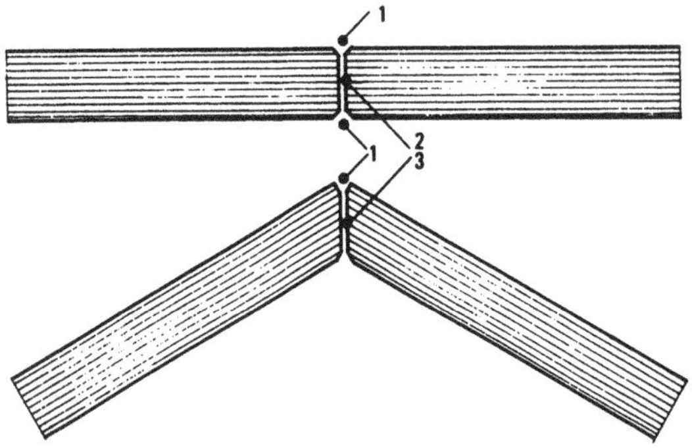

Gem. 0.5.2.1 Abrechnung der Bearbeitung von Glaskantenflächen, getrennt nach Glasdicken und Scheibengrößen, nach Längenmaß. Das Längenmaß ergibt sich aus den Abmessungen der Scheiben gem. 5.1.1.

Nach der ATV müssen Scheiben bei Glanzglaskonstruktionen aus nicht vorgespanntem Glas an den Stößen vollflächig aneinandergepaßt werden. Aneinanderstoßende Scheiben, die zusammen eine ebene Fläche bilden, müssen fein geschliffene Stoßkanten (2) mit polierten Fasen (1) erhalten; die Fasen müssen so schmal sein, daß die Glasdicke nur geringfügig verringert wird. Aneinanderstoßende Scheiben, die einen Winkel bilden, müssen an den Stößen dem Winkel entsprechend auf Gehrung (3) geschliffen werden. Die Stoßkanten müssen schmale und polierte Fasen erhalten. Unvermeidbare Ungenauigkeiten im Passen der Gehrung sind nur auf der dem Beschauer abgewandten Seite der Scheibe zulässig.

VOB Teil C:
Allgemeine Technische Vertragsbedingungen für Bauleistungen (ATV)
Maler- und Lackierarbeiten – DIN 18363
Ausgabe Juni 1996

1 Geltungsbereich

1.1 Die ATV »Maler- und Lackierarbeiten« – DIN 18363 – gilt für die Oberflächenbehandlung von Bauten und Bauteilen mit Stoffen nach DIN 55945 »Beschichtungsstoffe (Lacke, Anstrichstsoffe und ähnliche Stoffe); Begriffe« und mit anderen Stoffen.

1.2 Die ATV DIN 18363 gilt nicht für

- das Beschichten und thermische Spritzen von Metallen an Konstruktionen aus Stahl oder Aluminium, die einer Festigkeitsberechnung oder bauaufsichtlichen Zulassung bedürfen (siehe ATV DIN 18364 – »Korrosionsschutzarbeiten an Stahl- und Aluminiumbauten«),
- Beizen und Polieren von Holzteilen (siehe ATV DIN 18355 »Tischlerarbeiten«),
- Versiegeln von Parkett (siehe ATV DIN 18356 »Parkettarbeiten«),
- Versiegeln von Holzpflaster (siehe ATV DIN 18367 »Holzpflasterarbeiten«) und
- Beschichten von Estrichen (siehe ATV DIN 18353 »Estricharbeiten«).

1.3 Ergänzend gelten die Abschnitte 1 bis 5 der ATV DIN 18299 »Allgemeine Regelungen für Bauarbeiter jeder Art«. Bei Widersprüchen gehen die Regelungen der ATV DIN 18363 vor.

5 Abrechnung

Gem. ATV DIN 18299 Abschnitt 5 gilt allgemein:

Die Leistung ist aus Zeichnungen zu ermitteln, soweit die ausgeführte Leistung diesen Zeichnungen entspricht. Sind solche Zeichnungen nicht vorhanden, ist die Leistung aufzumessen.

> *Siehe hierzu die eingehende Erläuterung zu ATV DIN 18299 »Allgemeine Regelungen für Bauarbeiten jeder Art«.*

Abrechnungseinheiten

Gem. 0.5 sind im Leistungsverzeichnis die Abrechnungseinheiten wie folgt vorzusehen:

0.5.1 Flächenmaß (m²), getrennt nach Bauart und Maßen, für
0.5.1.1 – Decken, Wände, Leibungen, Vorlagen, Unterzüge,
0.5.1.2 – Treppenuntersichten,
0.5.1.3 – Fußböden,
0.5.1.4 – Trennwände,
0.5.1.5 – Türen, Tore, Futter und Bekleidungen; Türen, Futter und Bekleidung auch nach Anzahl,
0.5.1.6 – Fenster, Rolläden, Fensterläden; Fenster auch nach Anzahl,
0.5.1.7 – Stahlteile,
0.5.1.8 – Stahlprofile und Rohre von mehr als 30 cm Abwicklung,
0.5.1.9 – Dachuntersichten, Dachüberstände,
0.5.1.10 – Sparren,
0.5.1.11 – Holzschalungen,

0.5.1.12 – Heizkörper,
0.5.1.13 – Gitter, Geländer, Zäune, Einfriedungen, Roste; Gitter, Roste und Rahmen auch nach Anzahl,
0.5.1.14 – Trapezbleche, Wellbleche,
0.5.1.15 – Blechdächer und dergleichen.
0.5.2 Längenmaß (m), getrennt nach Bauart und Maßen, für
0.5.2.1 – Leibungen,
0.5.2.2 – Treppenwangen,
0.5.2.3 – Leisten, Fußleisten,
0.5.2.4 – Deckenbalken, Fachwerke und dergleichen aus Holz oder Beton,
0.5.2.5 – Stahlprofile und Rohre bis 30 cm Abwicklung,
0.5.2.6 – Eckschutzschienen,
0.5.2.7 – Rolladenführungsschienen, Ausstellgestänge, Anschlagschienen,
0.5.2.8 – Dachrinnen,
0.5.2.9 – Fallrohre,
0.5.2.10 – Kehlen, Schneefanggitter,
0.5.2.11 – Straßenmarkierungen mit Angabe der Breite und dergleichen; auch nach Anzahl.
0.5.3 Anzahl (Stück), getrennt nach Bauart und Maßen, für
0.5.3.1 – Türen, Futter und Bekleidung; auch nach Flächenmaß,
0.5.2.2 – Fenster; auch nach Flächenmaß,
0.5.2.3 – Stahltürzargen,
0.5.2.4 – Gitter, Roste, Rahmen; Gitter und Roste auch nach Flächenmaß,
0.5.3.5 – Spülkästen,
0.5.3.6 – Heizkörperkonsolen und Halterungen,
0.5.3.7 – Sperrschieber, Flansche,
0.5.3.8 – Ventile,
0.5.3.9 – Motoren,
0.5.3.10 – Pumpen,
0.5.3.11 – Armaturen,
0.5.3.12 – Straßenmarkierungen, (z.B. Richtungspfeile, Buchstaben) und dergleichen; auch nach Längenmaß.

Ergänzend zu ATV DIN 18299 Abschnitt 5 gilt:

5.1 Allgemeines

5.1.1 Der Ermittlung der Leistung nach Zeichnungen sind zugrunde zu legen

- auf Flächen ohne begrenzende Bauteile die Maße der ungeputzten, ungedämmten und nicht bekleideten Flächen,
- auf Flächen mit begrenzenden Bauteilen die Maße der zu behandelnden Flächen bis zu den sie begrenzenden ungeputzten, ungedämmten beziehungsweise nicht bekleideten Bauteile, z.B. Oberfläche einer aufgeständerten Fußbodenkonstruktion, Unterfläche einer abgehängten Decke,
- bei Fassaden die Maße der Bekleidung.

Besteht keine besondere Fußbodenkonstruktion, noch eine abgehängte Decke, rechnet die Höhe von Oberfläche Betonfußboden bis Unterfläche Rohdecke.

In der LB ist vorzuschreiben, ob die Leistung nach Zeichnungen oder durch örtliches Aufmaß festgestellt werden soll. Während gem. 5.1.2 der Ermittlung der Leistung nach Aufmaß die Maße des fertigen Bauteils, der fertigen Öffnung und Aussparung zugrunde zu legen sind, gelten für die Ermittlung der Leistung aus Zeichnungen drei verschiedene Messungsvorschriften.

Sind behandelte Fassaden zu messen, die nicht von Bauteilen begrenzt sind, z.B. Blechdächer, Dachüberstände, so gelten die Maße der ungeputzten, ungedämmten und nicht bekleideten Flächen.

Sind behandelte Flächen zu messen, die von Bauteilen begrenzt werden, so gelten die Maße bis zu den begrenzenden ungeputzten, ungedämmten bzw. nicht bekleideten Bauteilen, z.B. Wandflächen.

Sind behandelte Fassaden zu messen, so gelten die Maße der Bekleidung. Sie weichen von den Maßen der bekleideten Bauteile ab; bei ausspringenden Ecken sind sie um die Dicke der Bekleidung und etwaiger Unterkonstruktionen größer (Bilder 1 bis 3, 5 bis 17, 19 bis 23, 27, 28).

5.1.2 Der Ermittlung der Leistung nach Aufmaß sind die Maße des fertigen Bauteils, der fertigen Öffnung und Aussparung zugrunde zu legen.

Die Ermittlung der Leistung nach Aufmaß erfolgt nach den Maßen des fertigen Bauteils, z.B. Wand, der fertigen Öffnung, z.B. Tür, und der fertigen Aussparung, z.B. Einbauschrank. Im Gegensatz zur Ermittlung nach Zeichnungen werden die behandelten Flächen bis zur Oberfläche der begrenzenden, jedoch geputzten, gedämmten bzw. bekleideten Bauteile gemessen. Diese Maße sind in der Regel kleiner, die Leistungsermittlung deshalb geringer. Da jedoch bereits in der LB festgelegt ist, ob nach Zeichnungen oder nach Aufmaß abzurechnen ist, kann der Auftragnehmer diesen Unterschied bei seiner Preisbildung berücksichtigen. Die Regelung bedeutet eine erhebliche Messungsvereinfachung. Das Umrechnen auf die Zeichnungsmaße entfällt.

5.1.3 Die Wandhöhen überwölbter Räume werden bis zum Gewölbeanschnitt, die Wandhöhe der Schildwände bis zu 2/3 des Gewölbestichs berechnet.

Bei der Flächenermittlung überwölbter Räume wird zur Vereinfachung der Abrechnung die Wandhöhe der Schildwände bis zu 2/3 des Gewölbestichs gerechnet, während die Wandhöhen bis zum Gewölbeanschnitt zu messen sind. Gewölbeanschnitt ist die Linie, von der aus die Wölbung beginnt. Gewölbestich ist die Höhe ab Gewölbeanschnitt bis zum unteren Scheitelpunkt des Gewölbes. Diese Näherungsrechnung entspricht den Vorschriften in anderen ATV, z.B. DIN 18330 »Mauerarbeiten«, DIN 18334 »Zimmer- und Holzbauarbeiten«, DIN 18350 »Putz- und Stuckarbeiten« und DIN 18355 »Tischlerarbeiten«.

5.1.4 Bei der Flächenermittlung von gewölbten Decken mit einer Stichhöhe unter 1/6 der Spannweite wird die Fläche des überdeckten Raumes berechnet.

Gewölbe mit größerer Stichhöhe werden nach der Fläche der abgewickelten Untersicht gerechnet.

Die Abrechnungsvereinfachung, daß Gewölbe mit einer Stichhöhe unter 1/6 der Spannweite nach der Fläche des überdeckten Raumes und Gewölbe mit größerer Stichhöhe nach der Fläche der abgewickelten Untersicht zu berechnen sind, entspricht der Vereinfachung in den in 5.1.3 genannten ATV DIN 18330, 18334, 18350 und 18355 (Bild 4).

5.1.5 In Decken, Wänden, Decken- und Wandbekleidungen, Vorsatzschalen, Dämmungen, Dächern und Außenwandbekleidungen werden Öffnungen, Aussparungen und Nischen bis 2,5 m² Einzelgröße übermessen.

Öffnungen in zu behandelnden Decken, Wänden, Decken- und Wandbekleidungen usw. sind z.B. Fenster, Türen, Durchreichen, Treppenlöcher, in Wänden auch un-

verschließbare Öffnungen, soweit sie durch einen Sturz markiert sind. In der vollen Wandhöhe fehlende Wandteile sind keine Öffnungen, sondern Wandunterbrechungen.

Aussparungen liegen in der zu behandelnden Fläche. Sie entstehen dort, wo statt der Maler- oder Lackierarbeit eine andere Behandlung des Untergrundes erfolgt oder die Fläche wegen eines Einbaues von der Behandlung frei bleibt.

Nischen sind Ausnehmungen in Wänden, wobei die Tiefe der Nischen nur einen Teil der Wanddicke einnimmt. Ihre rückwärte Fläche wird als Spiegel bezeichnet. Nischen unterscheiden sich von Wandrücksprüngen dadurch, daß sie nicht in voller Wandhöhe durchgehen. Sie sind entweder durch einen Sturz oder im unteren Teil durch die volle Wanddicke, z.B. durch eine Schwelle, begrenzt.

Die mit dem Übermessen von Öffnungen, Aussparungen und Nischen bis zu 2,5 m^2 Einzelgröße gegebene Messungserleichterung korrespondiert mit einer Reihe anderer ATV, z.B. DIN 18334, 18336, 18338, 18339, 18350 und 18355 (Bilder 8 bis 10).

5.1.6 Fußleisten, Sockelfliesen und dergleichen bis 10 cm Höhe werden übermessen.

Bei der Abrechnung von behandelten Wandflächen werden Fußleisten, Sockelfliesen u.ä. übermessen, wenn sie die Höhe von 10 cm nicht überschreiten (Bild 10).

5.1.7 Rückflächen von Nischen werden unabhängig von ihrer Einzelgröße mit ihrem Maß gesondert gerechnet.

Während gem. 5.1.5 Öffnungen, Aussparungen und Nischen abgezogen werden, wenn ihre Einzelgröße 2,5 m^2 übersteigt, werden die Rückflächen von Nischen (Spiegel) unabhängig von ihrer Einzelgröße mit ihrem Maß gesondert gerechnet (Bild 9).

5.1.8 Öffnungen, Nischen und Aussparungen werden, auch falls sie unmittelbar zusammenhängen, getrennt gerechnet.

Nischen, die unterhalb einer Öffnung liegen, z.B. Heizkörpernischen, haben oftmals keine obere Begrenzung. Sie gelten jedoch als nicht zusammenhängend, wenn sie durch ein Fensterbrett (Sohlbank) oder durch eine Heizkörperabdeckung getrennt sind. Zusammenhängende Nischen, dazu gehören auch solche, die übereck zusammenhängen, sind getrennt abzurechnen.

5.1.9 Gesimse, Umrahmungen und Faschen von Füllungen oder Öffnungen werden beim Ermitteln der Fläche übermessen.

Gesimse und Umrahmungen werden unter Angabe der Höhe und Ausladung, bei Faschen der Abwicklung, zusätzlich gerechnet. Sie werden in ihrer größten Länge gemessen.

Bei der Abrechnung behandelter Flächen werden zur Vereinfachung Gesimse, Umrahmungen und Faschen von Füllungen oder Öffnungen nicht abgezogen. Sie werden jedoch zusätzlich nach Längenmaß abgerechnet, wobei Gesimse und Umrahmungen nach Höhe und Ausladung, Faschen nach der Größe der Abwicklung zu trennen sind (Bilder 1, 12).

5.1.10 Ganz oder teilweise behandelte Leibungen von Öffnungen, Aussparungen und Nischen über 2,5 m^2 Einzelgröße werden gesondert gerechnet.

Leibungen, die bei bündig versetzten Fenstern, Türen und dergleichen durch Dämmplatten entstehen, werden ebenso gerechnet.

Während gem. 5.1.5 und 5.2.1 Öffnungen, Aussparungen und Nischen über 2,5 m^2 Einzelgröße abzuziehen sind, werden in diesem Fall ganz oder teilweise behandelte

Leibungen gesondert abgerechnet. Das gilt auch für Leibungen, die bei bündig versetzten Fenstern, Türen u.ä. durch Dämmplatten entstehen.

Sind die Öffnungen, Aussparungen und Nischen kleiner als 2,5 m² Einzelgröße und werden sie deshalb übermessen, bleiben behandelte Leibungen unberücksichtigt (Bild 9).

5.1.11 Rahmen, Riegel, Ständer, Deckenbalken, Vorlagen und Fachwerksteile aus Holz, Beton oder Metall bis 30 cm Einzelbreite werden übermessen; deren Beschichtung in anderem Farbton oder anderer Technik wird zusätzlich gerechnet.

Sind die genannten Bauteile, z.B. Rahmen, Riegel, Ständer usw., im einzelnen breiter als 30 cm, sind sie von der behandelten Fläche abzuziehen. Sie werden dann gesondert abgerechnet, wobei im Preis eine Beschichtung in anderem Farbton oder anderer Technik zu berücksichtigen ist (Bild 8).

5.1.12 Fenster, Türen, Trennwände, Bekleidungen und dergleichen werden je beschichtete Seite nach Fläche gerechnet; Glasfüllungen, kunststoffbeschichtete Füllungen oder Füllungen aus Naturholz und dergleichen werden übermessen.

Für die Ermittlung der Leistung gelten 5.1.1 und 5.1.2. Das Übermessen von Glasfüllungen, kunststoffbeschichteten Füllungen oder Füllungen aus Naturholz u.ä. ist eine bedeutende Messungsvereinfachung. Sie muß bei der Preisbildung berücksichtigt werden (Bilder 13, 16).

5.1.13 Bei Türen und Blockzargen über 60 mm Dicke sowie Futter und Bekleidungen von Türen und Fenstern, Stahltürzargen und dergleichen wird die abgewickelte Fläche gerechnet.

Gem. 5.1.12 werden bei Fenstern, Türen usw. beide beschichteten Seiten nach der Fläche abgerechnet. Sind Türen und Blockzargen über 60 mm dick, werden die Flächen in der Abwicklung gemessen. Futter und Bekleidungen von Türen und Fenstern, sowie Stahltürzargen u.ä. werden ebenfalls in der Abwicklung gemessen.

5.1.14 Treppenwangen werden in der größten Breite gerechnet.

Gem. 0.5.2.2 sind Treppenwangen nach Längenmaß, getrennt nach Bauart und Maßen, abzurechnen. Maßgebend ist die größte Breite.

5.1.15 Die Untersichten von Dächern und Dachüberständen mit sichtbaren Sparren werden in der Abwicklung gerechnet.

Die Ermittlung der Leistung durch Abwicklung ist dadurch gerechtfertigt, daß es darauf ankommt, die wirkliche Leistung zu ermitteln. Abrechnungseinheit gem. 0.5.1.9 ist das Flächenmaß. Es ist nach Bauart und Maßen zu trennen (Bild 17).

5.1.16 Fenstergitter, Scherengitter, Rollgitter, Roste, Zäune, Einfriedungen und Stabgeländer werden einseitig gerechnet.

Im Gegensatz zur zweiseitigen Berechnung von Fenster- und Türflächen gem. 5.1.12 werden Fenstergitter, Scherengitter, Rollgitter, Roste, Zäune, Einfriedungen und Stabgeländer nur einseitig gerechnet (Bilder 21, 25).

5.1.17 Rohrgeländer werden nach Länge der Rohre und deren Durchmesser gerechnet.

Stahlprofile und Rohre von mehr als 30 cm Abwicklung werden gem. 0.5.1.8 nach Flächenmaß und solche von weniger als 30 cm Abwicklung gem. 0.5.2.5 nach Längenmaß abgerechnet. Es ist in beiden Fällen nach Bauart und Maßen zu trennen.

5.1.18 Flächen von Profilen, Heizkörpern, Trapezblechen, Wellblechen und dergleichen werden, soweit Tabellen vorhanden sind, nach diesen gerechnet. Sind Tabellen nicht vorhanden, wird nach abgewickelter Fläche gerechnet.

Die Möglichkeit, Flächen aus Tabellen zu entnehmen, bedeutet eine erhebliche Vereinfachung gegenüber der Notwendigkeit, die Flächen von Profilen, Heizkörpern usw. durch Abwicklung festzustellen, wenn Tabellen nicht vorhanden sind (Bild 24).

5.1.19 Bei Rohrleitungen werden Schieber, Flansche und dergleichen übermessen. Sie werden darüber hinaus gesondert gerechnet.

Bei der Abrechnung von Rohrleitungen nach Flächenmaß bzw. nach Längenmaß werden Schieber, Flansche u.ä. übermessen. Diese Bauteile sind jedoch zusätzlich gem. 0.5.3.7 nach Anzahl abzurechnen. Es ist nach Bauart und Maßen zu trennen (Bild 30).

5.1.20 Werden Türen, Fenster, Rolläden und dergleichen nach Anzahl (Stück) gerechnet, bleiben Abweichungen von den vorgeschriebenen Maßen bis jeweils 5 cm in der Höhe und Breite sowie bis 3 cm in der Tiefe unberücksichtigt.

Diese Messungserleichterung ist notwendig, weil in den genannten Grenzen die häufigsten kleineren Abweichungen gegenüber den vorgeschriebenen Maßen vorkommen (Bilder 5, 11, 14).

5.1.21 Dachrinnen werden am Wulst, Fallrohre unabhängig von ihrer Abwicklung im Außenbogen gemessen.

Die Messung am Wulst bzw. im Außenbogen ergibt die größte Länge. Abrechnungseinheit ist gem. 0.5.2.8 und 0.5.2.9 das Längenmaß (Bilder 33, 34).

5.2 Es werden abgezogen:

5.2.1 bei Abrechnung nach Flächenmaß (m²):

Öffnungen, Aussparungen und Nischen über 2,5 m² Einzelgröße, in Böden über 0,5 m² Einzelgröße (Bilder 1 bis 3),

5.2.2 bei Abrechnung nach Längenmaß (m):

Unterbrechungen über 1 m Einzellänge (Bilder 3, 10).

Zu 0.5.1.1:

Beschichtungen auf ebenen Flächen, wie Decken, Wände, Leibungen, Vorlagen, Unterzüge, werden nach Flächenmaß gem. 5.1.1 bzw. 5.1.2 abgerechnet. Für die Berechnung der Wandhöhen überwölbter Räume gilt 5.1.3 und für die Flächenermittlung gewölbter Decken 5.1.4. Gem. 5.1.5 und 5.2.1 werden bei Abrechnung nach Flächenmaß Öffnungen, Aussparungen und Nischen über 2,5 m² Einzelgröße abgezogen (Bilder 1, 2, 4, 6 bis 12, 15).

Zu 0.5.1.2:

Abrechnungseinheit für Treppenuntersichten, die schräge und oft gebogene Flächen aufweisen, ist das Flächenmaß. Es ist nach Bauart und Maßen zu trennen. Für die Bemessung gelten 5.1.1 bzw. 5.1.2 (Bild 5).

Zu 0.5.1.3:
Fußböden sind nach Flächenmaß abzurechnen. Es gelten 5.1.1 bzw. 5.1.2 für die Flächenermittlung. Gem. 5.2.1 sind Öffnungen, Aussparungen und Nischen über 0,5 m² Einzelgröße abzuziehen (Bild 3).

Zu 0.5.1.4:
Abrechnungseinheit für Trennwände ist das Flächenmaß. Zur Bemessung sind 5.1.1 bzw. 5.1.2 anzuwenden. Gem. 5.1.5 und 5.2.1 sind Öffnungen, Aussparungen und Nischen über 2,5 m² Einzelgröße abzuziehen (Bild 16).

Zu 0.5.1.5:
Türen, Futter und Bekleidungen können sowohl nach Flächenmaß als auch nach Anzahl abgerechnet werden. Bei Abrechnung nach Flächenmaß wird gem. 5.1.12 jede beschichtete Seite nach Fläche gerechnet. Gem. 5.1.13 ist bei Türen über 60 mm Dicke sowie bei Futter und Bekleidungen die abgewickelte Fläche zu messen. Glasfüllungen, kunststoffbeschichtete Füllungen oder Füllungen aus Naturholz werden übermessen (Bilder 13, 15).

Zu 0.5.1.6:
Fenster können sowohl nach Flächenmaß wie auch nach Anzahl abgerechnet werden. Gem. 5.1.12 ist die Fläche jeder beschichteten Seite zu messen. Die Fläche ist nach 5.1.1 bzw. 5.1.2 zu ermitteln (Bilder 11, 14, 27).

Zu 0.5.1.7:
Stahlteile, z.B. Schürzen, werden nach Flächenmaß gem. 5.1.1 bzw. 5.1.2 abgerechnet (Bild 22).

Zu 0.5.1.8:
Bei der Abrechnung von Stahlprofilen und Rohren ist zu unterscheiden:
- *Stahlprofile und Rohre, die in der Abwicklung größer als 30 cm sind, werden nach Flächenmaß abgerechnet,*
- *Stahlprofile und Rohre, die in der Abwicklung kleiner als 30 cm sind, werden gem. 0.5.2.5 nach Längenmaß abgerechnet.*

Gem. 5.1.19 werden bei Rohrleitungen Schieber und Flansche u.ä. übermessen. Gem. 5.3.7 werden Sperrschieber und Flansche zusätzlich nach Anzahl abgerechnet (Bild 23).

Zu 0.5.1.9:
Abrechnungseinheit für Dachuntersichten und Dachüberstände ist das Flächenmaß. Gem. 5.1.15 werden die Untersichten von Dächern und Dachüberständen mit sichtbaren Sparren in der Abwicklung gemessen (Bild 17).

Zu 0.5.1.10:
Sparren werden nach der abgewickelten Fläche abgerechnet.

Zu 0.5.1.11:
Holzschalungen sind nach Flächenmaß gem. 5.1.1 bzw. 5.1.2 abzurechnen. Gem. 5.1.6 werden Fußleisten bis 10 cm Höhe übermessen, jedoch gem. 0.5.2.3 zusätzlich nach Längenmaß abgerechnet. 5.1.5 ist zu beachten (Bild 19).

Zu 0.5.1.12:
Gem. 5.1.18 werden Flächen von Heizkörpern, soweit Tabellen vorhanden sind, nach diesen gerechnet. Sind Tabellen nicht vorhanden, ist nach abgewickelter Fläche zu rechnen (Bilder 24 bis 26).

Zu 0.5.1.13:

Gem. 5.1.16 werden Fenstergitter, Scherengitter, Rollgitter, Roste, Zäune, Einfriedungen und Stabgeländer einseitig gerechnet. 5.2.1 ist zu beachten (Bilder 20, 21, 28).

Zu 0.5.1.14:

Gem. 5.1.18 werden Trapezbleche nach den in Tabellen angegebenen Flächen abgerechnet. Sind Tabellen nicht vorhanden, ist nach abgewickelter Fläche zu rechnen (Bild 29).

Zu 0.5.1.15:

Abrechnungseinheit für Blechdächer und dergleichen ist das Flächenmaß. Ermittlung der Leistung gem. 5.1.1 bzw. 5.1.2. Es ist nach Bauart und Maßen zu trennen. 5.1.5 bzw. 5.2.1 sind zu beachten.

Zu 0.5.2.1:

Leibungen sind nach Längenmaß abzurechnen. Gem. 5.1.10 werden ganz oder teilweise behandelte Leibungen von Öffnungen, Aussparungen und Nischen über 2,5 m² Einzelgröße gesondert gerechnet; das gleiche gilt für Leibungen, die bei bündig versetzten Fenstern, Türen und dergleichen durch Dämmplatten entstehen. 5.2.2 ist zu beachten.

Zu 0.5.2.2:

Gem. 5.1.14 sind Treppenwangen in der größten Breite zu rechnen (Bilder 6, 20).

Zu 0.5.2.3:

Gem. 5.1.6 werden bei Abrechnung behandelter Wände Leisten und Fußleisten über 10 cm Höhe abgezogen. Auch wenn sie nicht abgezogen werden, sind sie zusätzlich nach Längenmaß abzurechnen. Gem. 5.2.2 werden Unterbrechungen über 1 m Einzellänge abgezogen (Bilder 3, 10, 12, 18 bis 20).

Zu 0.5.2.4:

Gem. 5.1.11 werden Rahmen, Riegel, Ständer, Deckenbalken, Vorlagen und Fachwerksteile aus Holz, Beton oder Metall bis 30 cm Einzelbreite übermessen; sie sind jedoch zusätzlich nach Längenmaß abzurechnen. Die Beschichtung in anderem Farbton oder in anderer Technik ist zusätzlich zu berücksichtigen (Bilder 11, 18).

Zu 0.5.2.5:

Siehe die Erläuterung zu 0.5.1.8 (Bilder 4, 23, 28, 30 bis 32).

Zu 0.5.2.6:

Abrechnungseinheit für Lieferung und Einbau von Eckschutzschienen ist das Längenmaß. Gemessen wird die größte Länge.

Zu 0.5.2.7:

Rolladenführungsschienen, Ausstellgestänge und Anschlagschienen werden nach Längenmaß abgerechnet. Gem. 5.2.2 werden Unterbrechungen bis zu 1 m Einzellänge nicht abgezogen.

Zu 0.5.2.8:

Gem. 5.1.21 werden Dachrinnen am Wulst gemessen (Bild 33).

Zu 0.5.2.9:

Gem. 5.1.21 werden Fallrohre unabhängig von ihrer Abwicklung im Außenbogen gemessen. Ob Fallrohre nach Flächenmaß oder Längenmaß abzurechnen sind, hängt von der Größe der Abwicklung ab. Siehe die Erläuterung zu 0.5.1.8 (Bild 34).

Zu 0.5.2.10:
Abrechnungseinheit für Kehlen und Schneefanggitter ist das Längenmaß. Gem. 5.2.2 werden Unterbrechungen über 1 m Einzellänge abgezogen (Bild 35).

Zu 0.5.2.11:
Straßenmarkierungen, z.B. Richtungspfeile, Buchstaben, Trennlinien, können mit Angabe der Breite und dergleichen nach Längenmaß oder Anzahl abgerechnet werden.

Zu 0.5.3.1:
Türen sowie Futter und Bekleidung u.ä. werden sowohl nach Flächenmaß wie auch nach Anzahl abgerechnet. Bei Abrechnung nach Flächenmaß gilt 5.1.12. Sind Türen dicker als 60 mm, so werden sie, wie auch Futter und Bekleidungen in der Abwicklung gemessen. Für Tore beschränkt sich die Abrechnungseinheit auf das Flächenmaß (Bilder 13, 15).

Zu 0.5.3.2:
Gem. 5.1.12 werden Fenster, Türen, Trennwände, Bekleidungen und dergleichen je beschichtete Seite nach Fläche gerechnet. Die Abrechnung kann auch nach Anzahl erfolgen. Es ist nach Bauart und Maßen zu trennen (Bilder 11, 14).

Zu 0.5.3.3:
Abrechnungseinheit von Stahltürzargen ist die Anzahl. Es ist nach Bauart und Maßen zu trennen.

Zu 0.5.3.4:
Gem. 5.1.16 werden Fenstergitter, Scherengitter, Rollgitter, Roste, Zäune, Einfriedungen und Stabgeländer einseitig gerechnet. 5.2.2 ist zu beachten.

Zu 0.5.3.5:
Spülkästen, Behälter sind, getrennt nach Bauart und Maßen, nach Anzahl abzurechnen (Bilder 30, 36).

Zu 0.5.3.6:
Abrechnungseinheit für Heizkörperkonsolen und Halterungen ist die Anzahl. Es ist nach Bauart und Maßen zu trennen.

Zu 0.5.3.7:
Gem. 5.1.19 werden bei Abrechnung von Rohrleitungen Schieber, Flansche u.ä. übermessen. Sie werden jedoch zusätzlich nach Anzahl, getrennt nach Bauart und Maßen, abgerechnet.

Zu 0.5.3.8 bis 0.5.3.11:
Abrechnungseinheit für Einzelbauteile wie Ventile, Motoren, Pumpen und Armaturen ist die Anzahl, wobei nach Bauart und Maßen zu trennen ist.

Zu 0.5.3.12:
Siehe die Erläuterung zu 0.5.2.11.

Bild 1 Bemessung des Anstrichs einer Decke mit Stuckgesims und Aussparungen

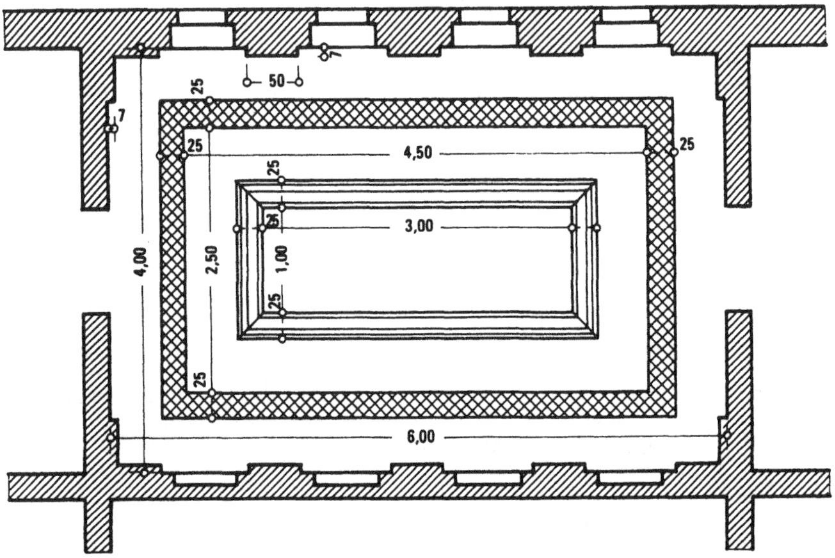

Grundriß mit Deckenprojektion

Gem. 0.5.1.1 Abrechnung des Deckenanstrichs nach Flächenmaß. Wenn in der Leistungsbeschreibung nicht Abrechnung nach Aufmaß vorgeschrieben ist, gelten gem. 5.1.1 für die Flächenermittlung die Konstruktionsmaße (Nennwerte) der Decke. Gem. 5.2.1 werden die Aussparungen für die Wandrisalite, die im einzelnen kleiner als 1 m^2 sind, nicht abgezogen. Abzuziehen ist hingegen die Aussparung für die Deckenbeleuchtung, die mit 2(5,00+2,50) · 0,25=3,75 m^2 größer als 2,5 m^2 ist.

F des Deckenanstrichs=6,00 · 4,00−3,75=20,25 m^2.

Gem. 5.1.9 kein Abzug der durch das Stuckgesims verdeckten Deckenfläche. Abrechnung des im Zusammenhang mit der Decke gestrichenen Gesimes zur Abgeltung der Mehrleistung nach Längenmaß als Zulage zum Preis für den Deckenanstrich. Es gilt die größte Länge.

L des 25 cm breiten und bis zu 10 cm hohen Stuckgesimses=283,50+1,50)=10,00 m.

Bild 2 Bemessung des Anstrichs von Innenwänden

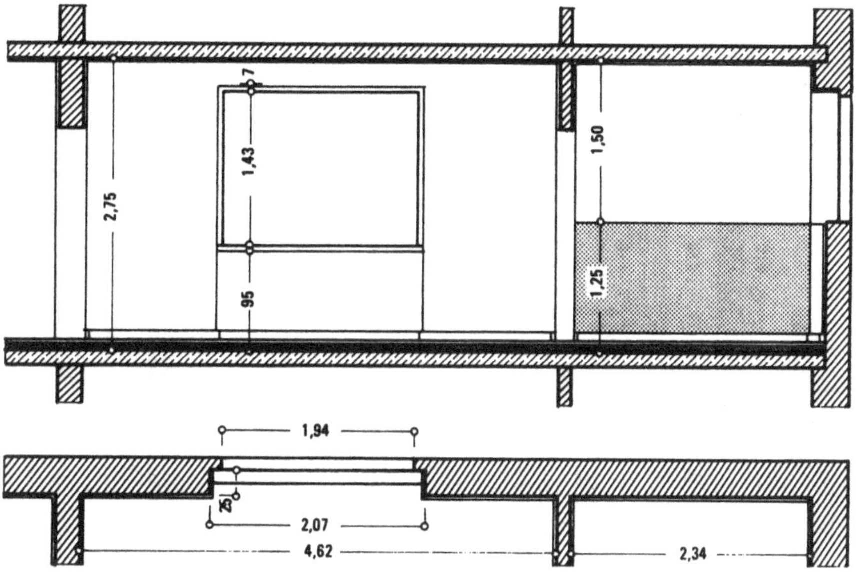

A Wohnraum **B Küche**

Gem. 0.5.1.1 Abrechnung des Wandanstrichs im Wohnraum (A) mit Dispersionsfarbe nach Flächenmaß. Wenn in der Leistungsbeschreibung nichts anders, z.B. Abrechnung nach Fertigmaßen, vorgeschrieben ist, gelten gem. 5.1.1 für die Flächenermittlung die Maße bis zu den ungeputzten, ungedämmten bzw. nicht bekleideten Bauteilen. Die von der Scheuerleiste verdeckte Fläche wird nicht abgezogen, da ihre Höhe 10 cm nicht überschreitet. Häufig wird sie erst nach dem Anstrich angebracht.

Gem. 5.2.1 Abzug der Fensteröffnung, deren Leibungen gestrichen sind, da die Fläche mit 1,94 · 1,43=2,77 m² größer als 2,5 m² ist; die gestrichenen Leibungen sind gem. 5.1.10 gesondert zu berechnen. Gem. 5.2.1 kein Abzug der Nische unter dem Fenster. Die Leibungen sind gestrichen; die Fläche ist mit 2,07 · 0,95=1,97 m² kleiner als 2,5 m². Die gestrichenen Leibungen bleiben unberücksichtigt, während für den Anstrich der Rückwand 197 m² der Abrechnungsfläche zuzurechnen sind.

F des Wandanstrichs (A)=4,62 · 2,75+1,97−2,77=11,91 m².

Gem. 0.5.1.1 Abrechnung des unteren Wandanstrichs in der Küche (B) mit Öl-Lackfarbe nach Flächenmaß. Wenn in der Leistungsbeschreibung nichts anderes, z.B. Abrechnung nach Fertigmaßen, vorgeschrieben ist, gelten gem. 5.1.1 für die Flächenermittlung die Nennmaße der Bauteile. Die Höhe rechnet von Oberfläche Rohdecke bis zum oberen Abschluß des Anstrichs. Die von der Scheuerleiste verdeckte Fläche wird nicht abgezogen, da ihre Höhe 10 cm nicht übersteigt.

F des unteren Wandanstrichs (B)=2,34 · 1,25=2,93 m².

Gem. 0.5.1.1 Abrechnung des oberen Wandanstrichs in der Küche (B) mit Dispersionsfarbe nach Flächenmaß. Wenn in der Leistungsbeschreibung nichts anderes, z.B. Abrechnung nach Fertigmaßen, vorgeschrieben ist, gelten gem. 5.1.1 für die Flächenermittlung die Maße der begrenzenden Bauteile. Die Höhe rechnet ab unterem Anstrich bis Unterfläche Rohdecke.

F des oberen Wandanstrichs (B)=2,34 · 1,50=3,51 m².

Bild 3 Bemessung eines Fußbodenanstrichs

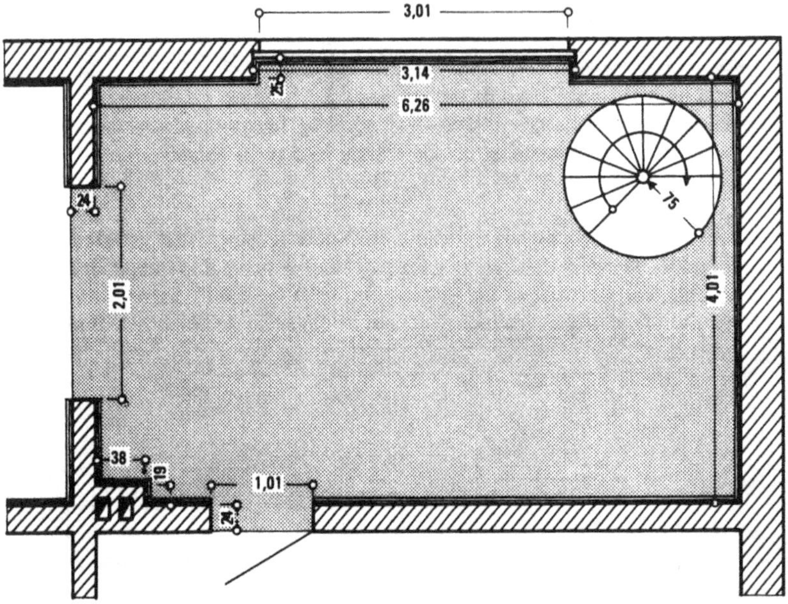

Gem. 0.5.1.3 Abrechnung des Fußbodenanstrichs mit farblosem Kunstharzlack nach Flächenmaß. Wenn in der Leistungsbeschreibung nicht Abrechnung nach Aufmaß vorgeschrieben ist, gelten gem. 5.1.1 die Maße des Fußbodens bis zu den begrenzenden, ungeputzten bzw. unbekleideten Wänden, d.h. die Nennmaße des Raumes.

Gem. 5.2.1 kein Abzug der Aussparung für die Schornsteinvorlage, die mit $0{,}38 \cdot 0{,}19 = 0{,}07$ m² kleiner als 0,5 m² ist; jedoch Abzug der Aussparung für die Wendeltreppe, die mit $0{,}75^2 \cdot 3{,}14 = 1{,}77$ m² größer als 0,5 m² ist. Hinzuzurechnen sind die zu streichenden Grundflächen der Nische mit $3{,}14 \cdot 0{,}25 = 0{,}79$ m², der zum Raum gehörenden Grundfläche der Türöffnung mit $1{,}01 \cdot 0{,}24 = 0{,}24$ m² sowie der Grundfläche der Durchgangsöffnung mit $2{,}01 \cdot 0{,}24 = 0{,}48$ m², sofern diese Flächen im Zusammenhang mit der Fußbodenfläche gestrichen werden.

F des Fußbodenanstrichs$=6{,}26 \cdot 4{,}01 - 1{,}77 + 0{,}79 + 0{,}24 + 0{,}48 = 24{,}84$ m².

Gem. 0.5.2.3 Abrechnung des Anstrichs der Fußleisten nach Längenmaß. Wenn in der Leistungsbeschreibung nicht Abrechnung nach Aufmaß vorgeschrieben ist, gelten im Sinne von Abschnitt 5.1.1 die Nennmaße der Bauteile, die mit Fußleisten versehen sind. Unterbrechnungen der Fußleisten über 1 m Einzellänge sind gem. 5.2.2 abzuziehen. Höhe und Breite der Fußleisten oder ihr Abwicklungsmaß sind anzugeben.

L der Fußleisten$=2(4{,}01+6{,}26) - 2{,}01 - 1{,}010 + 2 \cdot 0{,}25 = 18{,}02$ m.

Bild 4 Bemessung des Anstrichs von gewölbten Decken

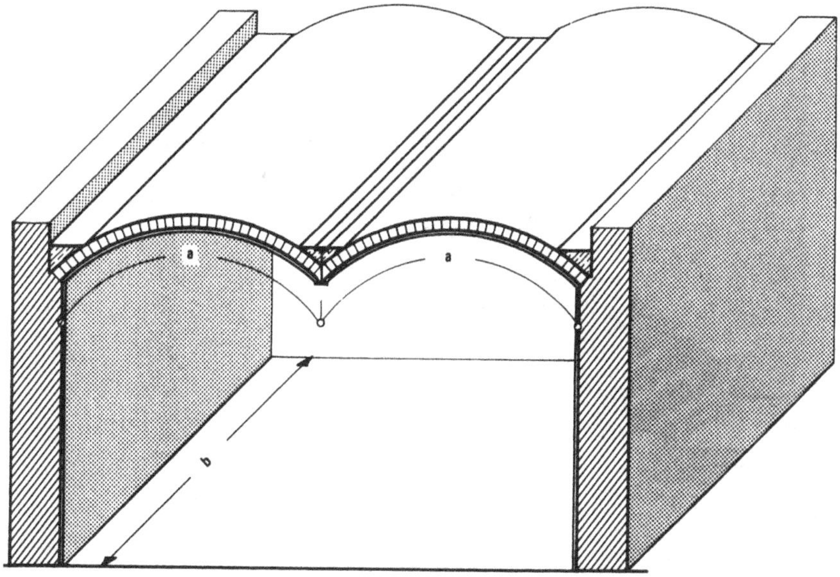

Gem. 0.5.1.1 Abrechnung des Anstrichs der gewölbten Decken mit Kalkfarbe nach Flächenmaß. Wenn in der Leistungsbeschreibung nicht Abrechnung nach Fertigmaßen vorgeschrieben ist, gilt 5.1.4. Da im vorliegenden Fall die Stichhöhe größer als $^1/_6$ der Spannweite ist, muß die Fläche der abgewickelten Untersicht gemessen werden.

F des Deckenanstrichs=2 · a · b=... m².

Gem. 0.5.2.5 Abrechnung des Anstrichs des sichtbaren Teils des Gurtträgers I340, dessen Abwicklung kleiner als 30 cm ist, nach Längenmaß.

L des Trägeranstrichs mit Ölfarbe=b=... m.

Bild 5 Bemessung des Anstrichs einer Treppenuntersicht

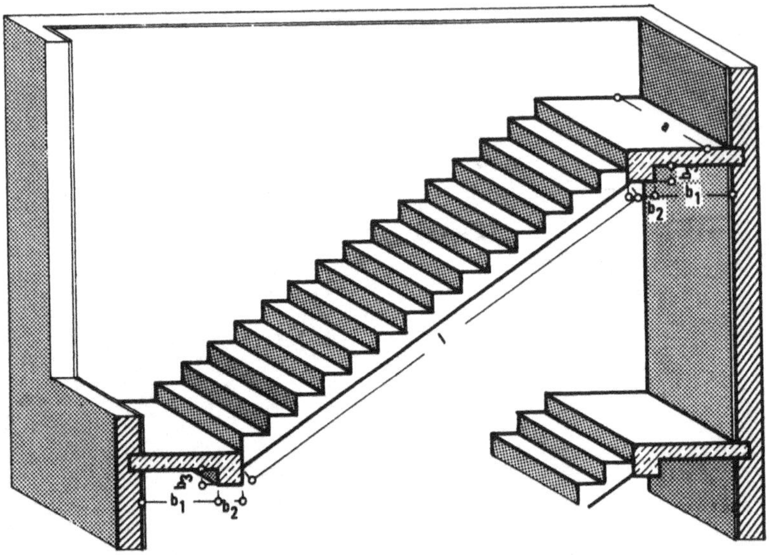

Gem. 0.5.1.2 Abrechnung des Anstrichs der Treppenuntersicht mit Dispersionsfarbe nach Flächenmaß. Wenn in der Leistungsbeschreibung nicht Abrechnung nach Fertigmaßen vorgeschrieben ist, gelten gem. 5.1.1 die Nennmaße der Treppenunterseite. Gemessen wird die abgewickelte Fläche, die schräge Fläche also nicht in der Projektion.

F der gestrichenen Treppenuntersicht $a[l+2(b_1+b_2)+3b_3]=\ldots\ m^2$.

Werden Türen, Fenster, Rolläden u. a. nach Anzahl (Stück) abgerechnet, bleiben gem. 5.1.20 Abweichungen von den in der Leistungsbeschreibung angegebenen Maßen (Höhe und Breite) bis zu je 5 cm sowie bis 3 cm in der Tiefe unberücksichtigt. Bei größerer Abweichung auch nur einer Abmessung wird die Mehr- oder Minderleistung gesondert ermittelt.

Bild 6 Bemessung des Anstrichs einer eingeschobenen Treppe

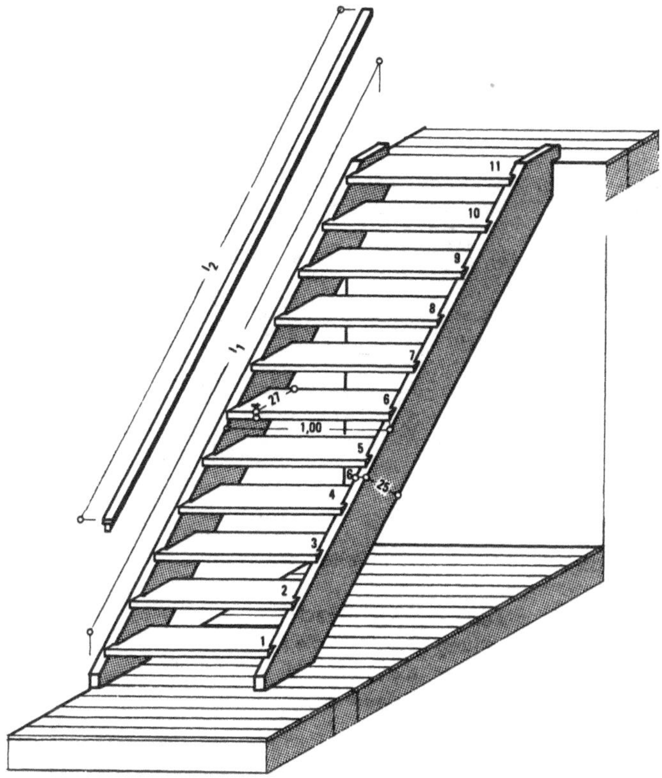

Gem. 0.5.1.1 Abrechnung des Anstrichs der eingeschobenen 11 Stufen der Holztreppe mit Öl-Lackfarbe nach Flächenmaß. Gemessen werden die gestrichenen Flächen in ihrer Abwicklung.

Gem. 5.1.1 gelten für die Flächenermittlung die Konstruktionsmaße der Treppe.

F der gestrichenen Stufen=11 · 1,00 · 2(0,04+0,27)=... m^2.

Gem. 0.5.2.2 Abrechnung der gestrichenen Wangen nach Längenmaß.

L der einseitig gestrichenen Wandwange und der allseitig gestrichenen freien Wange=3 · l_1=... m.

Gem. 0.5.2.3 Abrechnung des gestrichenen hölzernen Handlaufs nach Längenmaß.

L des gestrichenen Handlaufs=l_2=... m.

Bild 7 Bemessung des Anstrichs einer Plattenbalkendecke mit Vouten

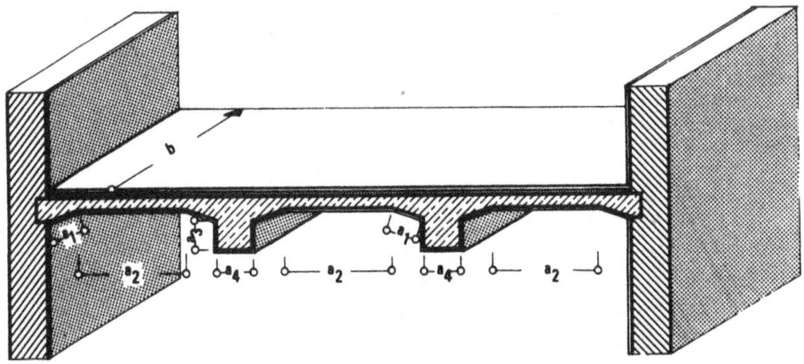

Gem. 0.5.1.1 Abrechnung des Anstrichs der geputzten Plattenbalkendecke mit Silikatfarben nach Flächenmaß.

Wenn in der Leistungsbeschreibung nicht Abrechnung nach Fertigmaßen vogeschrieben ist, gelten für die Flächenermittlung gem. 5.1.1 die Nennmaße der Plattenbalkendecke. Die Unterzüge und Vouten sind in der Abwicklung zu messen.

F der gestrichenen Plattenbalkendecke=$(6 \cdot a_1+3 \cdot a_2+4 \cdot a_3+2 \cdot a_4) \cdot b=\ldots\ m^2$.

Bild 8 Bemessung des Anstrichs einer Holzfachwerkwand

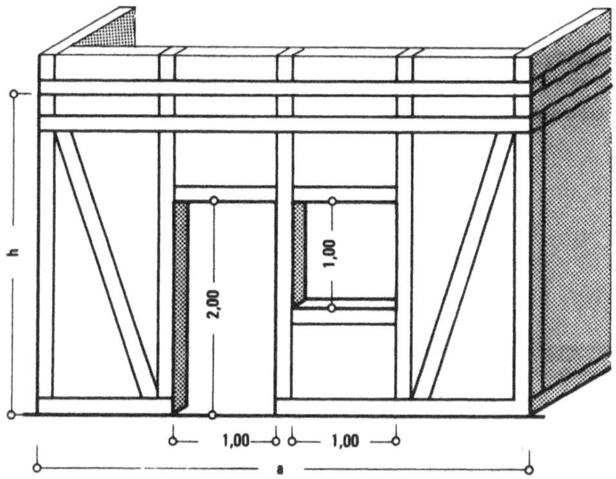

Gem. 0.5.1.1 Abrechnung des Anstrichs der geputzten Ausfachung der Holzfachwerkwand mit Dispersionsfarbe nach Flächenmaß.

Das Fachwerk wird gem. 5.1.11 in Einzelbreiten bis 30 cm nicht abgezogen. Wenn in der Leistungsbeschreibung nicht Abrechnung nach Fertigmaßen vorgeschrieben ist, gelten gem. 5.1.1 für die Flächenermittlung die Nennmaße der Fachwerkwand.

Gem. 5.1.5 kein Abzug der Türöffnung, die ungestrichene Leibungen hat und mit 1,00 · 2,00=2,00 m^2 kleiner als 2,5 m^2 ist, sowie kein Abzug der Fensteröffnung, die ebenfalls keine gestrichenen Leibungen hat, aber mit 1,00 · 1,00=1,00 m^2 nicht größer als 2,5 m^2 ist.

F der gestrichenen Ausfachung=a · h =... m^2.

Gem. 5.1.11 Abrechnung des Anstrichs der Fachwerkhölzer mit Lasuranstrichstoff nach Längenmaß unter Angabe der Breite der Hölzer. Wenn in der Leistungsbeschreibung Abrechnung nach Fertigmaßen vorgeschrieben ist, gelten gem. 5.1.1 für die Bemessung der Längen die Konstruktionsmaße der Fachwerkwand, d.h. nicht die Konstruktionsmaße des Abbundes.

Bild 9 Bemessung des Anstrichs einer Wand mit Öffnungen für ein Fenster mit Fenstertür

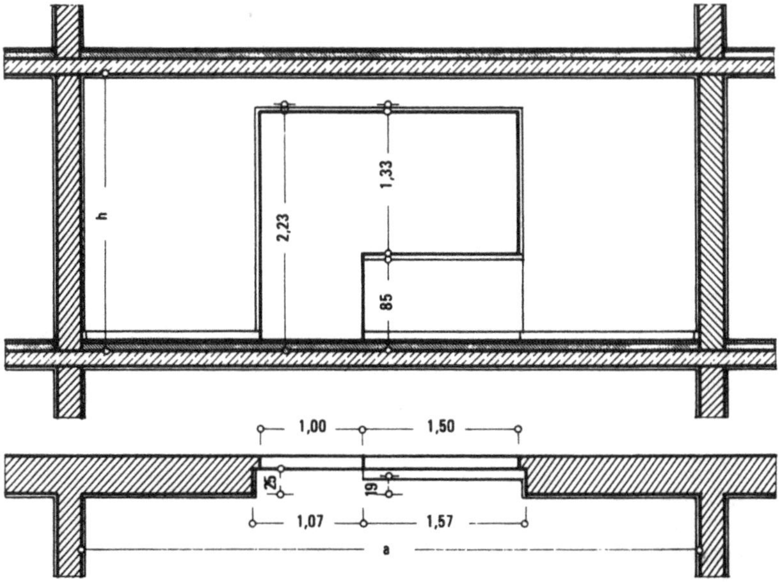

Gem. 0.5.1.1 Abrechnung des Wandanstrichs mit Dispersionsfarbe nach Flächenmaß. Wenn in der Leistungsbeschreibung nicht Abrechnung nach Fertigmaßen vorgeschrieben ist, gelten gem. 5.1.1 die Nennmaße der Wand. Da die Wandfläche in voller Höhe gestrichen ist, rechnet die Höhe von der Oberfläche Rohdecke bis Unterfläche Rohdecke. Die von der Scheuerleiste verdeckte Wandfläche in Höhe von weniger als 10 cm wird gem. 5.1.6 nicht abgezogen.

Die aneinanderstoßenden Öffnungen des Fensters und der Fenstertür haben gestrichene Leibungen. Sie bilden keine Einheit. Sie sind im einzelnen mit 1,00 · 2,23=2,33 m² sowie 1,50 · 1,33=2,00 m² kleiner als 2,5 m² und werden gem. 5.1.5 nicht abgezogen; dafür bleiben die gestrichenen Leibungen gem. 5.1.10 unberücksichtigt.

Die Nische unter dem Fenster hat ebenfalls eine gestrichene Leibung. Sie wird gem. 5.1.5 nicht abgezogen, da sie mit 1,57 · 0,85=1,34 m² kleiner als 2,5 m² ist; die gestrichene Leibung bleibt unberücksichtigt. Jedoch ist gem. 5.1.7 die gestrichene Rückwand der Nische mit 1,34 m² der Abrechnungsfläche zuzurechnen.

F des Wandanstrichs=a · h+1,34=... m².

Bild 10 Bemessung des Anstrichs auf Wandflächen mit Eckfenster

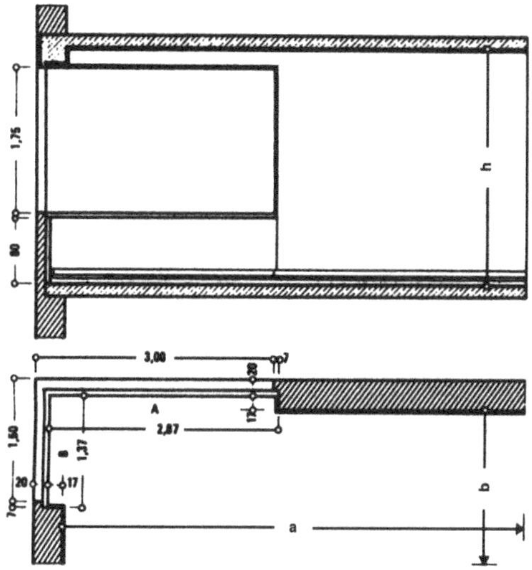

Gem. 0.5.1.1 Abrechnung des Anstrichs der Wandflächen mit Dispersionsfarbe nach Flächenmaß. Wenn in der Leistungsbeschreibung nicht Abrechnung nach Fertigmaßen vorgeschrieben ist, gelten gem. 5.1.1 die Nennmaße der Wände.

Da die Wandflächen in voller Höhe gestrichen sind, ist das Höhenmaß h von Oberfläche Rohdecke ist Unterfläche Rohdecke zu rechnen. Die von der Fußleiste verdeckte Wandfläche ist gem. 5.1.6 nicht abzuziehen, da ihre Höhe kleiner als 10 cm ist.

Die Öffnung des Eckfensters ist nicht als Einheit anzusehen, sondern entsprechend den Konstruktionsmaßen anteilig den Wandflächen zuzuordnen. Das gleiche gilt für die Ecknische. Die Leibungen des Fensters und der Nische sind gestrichen.

Gem. 5.1.5 Abzug der Fensteröffnung Teil A, da sie mit 3,00 · 1,75=5,25 m² größer als 2,5 m² ist. Die gestrichenen Leibungen sind nach Längenmaß gesondert zu berücksichtigen.

Abzug der Fensteröffnung Teil B, da sie mit 1,50 · 1,75=2,63 m² größer als 2,5 m² ist. Die gestrichenen Leibungen sind gesondert zu rechnen.

Gem. 5.1.5 kein Abzug der Nischenteile A und B, da sie mit 2,87 · 0,80=2,30 m² sowie 1,37 · 0,80=1,10 m² im einzelnen kleiner als 2,5 m² sind. Die gestrichene Leibung bleibt dafür unberücksichtigt, jedoch sind die gestrichenen Nischenrückwände mit 2,30+1,10=3,40 m² der Abrechnungsfläche zuzurechnen.

F der Wandflächen=h(a+b)−5,25−2,63+3,40=... m².

Gem. 0.5.2.3 Abrechnung des Anstrichs der Fußleisten mit Öl-Lackfarbe gem. 0.5.2.3 nach Längenmaß. Zur Messungsvereinfachung sollte in der Leistungsbeschreibung vorgeschrieben werden, daß im Sinne der Regelung des Abschnitts 5.1.1 zur Ermittlung des Längenmaßes die Konstruktionsmaße der Wände gelten. In jedem Fall sind gem. 5.2.2 Unterbrechungen der Fußleistungen durch Türen und dergleichen, sofern die Einzellänge größer als 1 m ist, abzuziehen.

Bild 11 Bemessung des Anstrichs von Fenstern und Brüstungen in Wänden aus Stahlbetonskelett

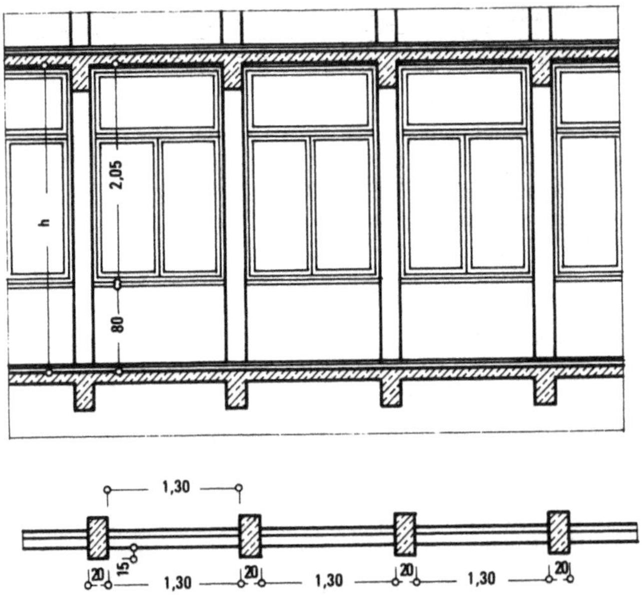

Gem. 0.5.1.1 Abrechnung des Anstrichs der Brüstungen mit Dispersionsfarbe nach Flächenmaß. Wenn in der Leistungsbeschreibung nicht Abrechnung nach Fertigmaßen vorgeschrieben ist, gelten gem. 5.1.1 die Nennmaße der Brüstungselemente. Eine Behandlung der Brüstungselemente als Nischen kommt nicht in Betracht, da es sich um Wandbauteile und nicht um Nischen in Wänden handelt.

F der Brüstungen=n · 1,30 · 0,80=... m².

Gem. 0.5.2.4 Abrechnung des Anstrichs der Stahlbetonpfeiler mit Dispersions-Spachtelmasse nach Flächenmaß. Es gelten gem. 5.1.1 für die Höhe (h) und für die Breite (0,20 m) die Konstruktionsmaße der Pfeiler, für die Tiefe das Maß bis zum Anschluß der Fensterbrüstungen=0,15 m.

F des Innenanstrichs der Betonpfeiler=n(0,20+2 · 0,15) · h=... m².

Gem. 0.5.3.2 Abrechnung des Anstrichs der Holzfenster mit Öl-Lackfarbe nach der Anzahl der Fenster oder gem. 0.5.1.6 nach den Flächen der Anstrichseiten. Wenn in der Leistungsbeschreibung nicht Abrechnung nach Flächenmaß vorgeschrieben ist, gelten für beide Abrechnungsarten die Konstruktionsmaße der lichten Fensteröffnungen.

Die Abrechnung nach der Anzahl der Fenster kommt in der Regel bei Neuanstrichen in Betracht. Die Abrechnung nach den Flächen der Anstrichseiten wird erforderlich, wenn die Anstrichart auf den Seiten verschieden ist oder, insbesondere bei Instandsetzungsarbeiten, wenn nicht alle Seiten zu streichen sind.

Bei Abrechnung des Anstrichs nach der Anzahl der Fenster sind Bauart und Abmessungen anzugeben. Im vorliegenden Fall:

n Stück hölzerne Verbundfenster, zwei Drehflügel, ein Kippflügel, lichte Maße 1,30 · 2,05 m. Bei Abrechnung des allseitigen Anstrichs nach den Flächen der Anstrichseiten ist

F=n · 4 · 1,30 · 2,05=n · 10,66 m².

Gem. 5.1.20 bleiben Abweichungen von den in der Leistungsbeschreibung angegebenen Abmessungen von Höhe und Breite bis zu je 5 cm sowie bis 3 cm in der Tiefe unberücksichtigt, wenn Türen, Fenster, Rolläden u. ä. nach ihrer Anzahl abgerechnet werden. Bei größerer Abweichung auch nur einer Anmessung wird die Mehr- oder Minderleistung gesondert ermittelt.

Bild 12 Bemessung des Anstrichs von Wänden mit Gesims

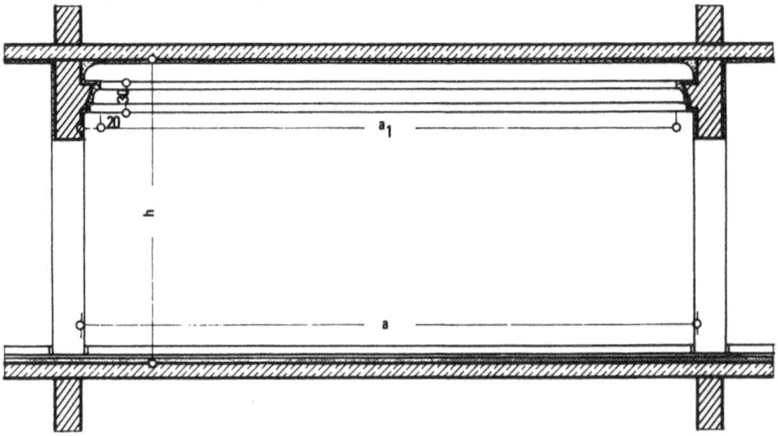

Gem. 0.5.1.1 Abrechnung des Wandanstrichs einschließlich des Gesimses mit Dispersionsfarbe nach Flächenmaß. Wenn in der Leistungsbeschreibung nicht Abrechnung nach Fertigmaßen vorgeschrieben ist, gelten gem. 5.1.1 für die Flächenermittlung die Nennmaße der Wände. Bei Wänden, die in voller Höhe gestrichen sind, ist die Höhe von Oberfläche Rohdecke bis Unterfläche Rohdecke zu rechnen. Die von der Scheuerleiste verdeckte Wandfläche wird gem. 5.1.6 nicht abgezogen, sofern ihre Höhe kleiner als 10 cm ist.

Gem. 5.1.9 wird die durch das Gesims verdeckte Wandfläche ebenfalls nicht abgezogen. Die Mehrleistung für den Anstrich des Gesimses ist jedoch gesondert nach Längenmaß als Zulage zum Preis für den Wandanstrich abzurechnen. Dabei wird die größte Länge gemessen. Im Ansatz sind die Höhe (=0,30 m) und die Ausladung (=0,20 m) anzugeben.

F der gestrichenen Wandfläche=a · h=... m².

Gem. 0.5.2.3 Abrechnung des Anstrichs der Scheuerleiste mit Öl-Lackfarbe nach Längenmaß. Zur Messungserleichterung sollte in der Leistungsbeschreibung vorgeschrieben werden, daß zur Längenermittlung entsprechend den Regelungen in Abschnitt 5.1.1 die Konstruktionsmaße der Wände gelten.

Erhält das Gesims einen anderen Anstrich als die Wand, ist dieser gem. 5.1.9 nicht als Zulage, sondern als selbständige Leistung nach Längenmaß abzurechnen, wobei die größte Länge zu messen ist.

Bild 13 Bemessung des Anstrichs einer Tür mit Futter und Bekleidung

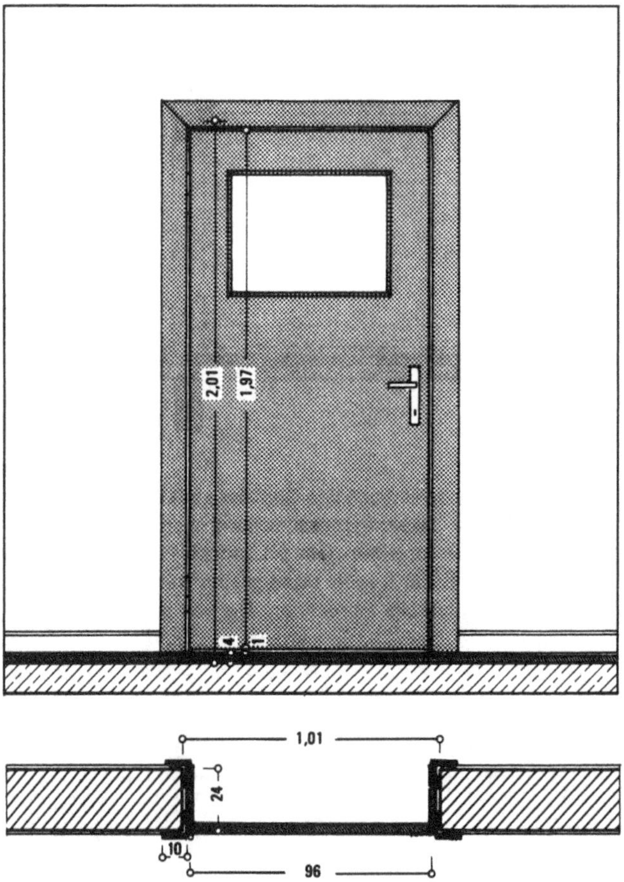

Gem. 0.5.3.1 bzw. 0.5.1.5 Abrechnung des Öl-Lackfarbenanstrichs der in den Falz schlagenden, glatten Sperrholztür einschließlich Futter und Bekleidung in 24 cm dicker Wand, die Bekleidung 10 cm breit, das Türblatt mit Glasfüllung, nach der Stückzahl der Türen oder nach den Flächen der Anstrichseiten.

Wenn in der Leistungsbeschreibung nicht Abrechnung nach Fertigmaßen vorgeschrieben ist, gelten für die Größenbemessung gem. 5.1.1 die lichten Konstruktionsmaße der Türöffnung–1,01 m · 2,01 m. Die Glasfüllung wird gem. 5.1.12 nicht abgezogen.

Die Abrechnung nach den Flächen der Anstrichseiten wird vor allem erforderlich, wenn die Türseiten verschiedenartige Anstriche erhalten. Bei Außentüren gehören die nach außen gerichteten Falze zum Außenanstrich.

Bei Abrechnung des Anstrichs nach den Flächen der Anstrichseiten ist bei allseitig gleichem Anstrich F der gesamten Tür=2 · 1,01 · 2,01=4,06 m².

Wird nur das Türblatt gestrichen, so gelten für die Größenbemessung bei beiden Abrechnungsarten die Maße des Türblattes gem. 5.1.1. Die Glasfüllung wird gem. 5.1.12 nicht abgezogen.

Bei Abrechnung nach den Flächen der Anstrichseiten ist bei allseitig gleichem Anstrich

F des Türblattes=2 · 0,96 · 1,97=3,78 m².

Bild 14 Bemessung des Anstrichs eines Verbundfensters mit Fensterläden

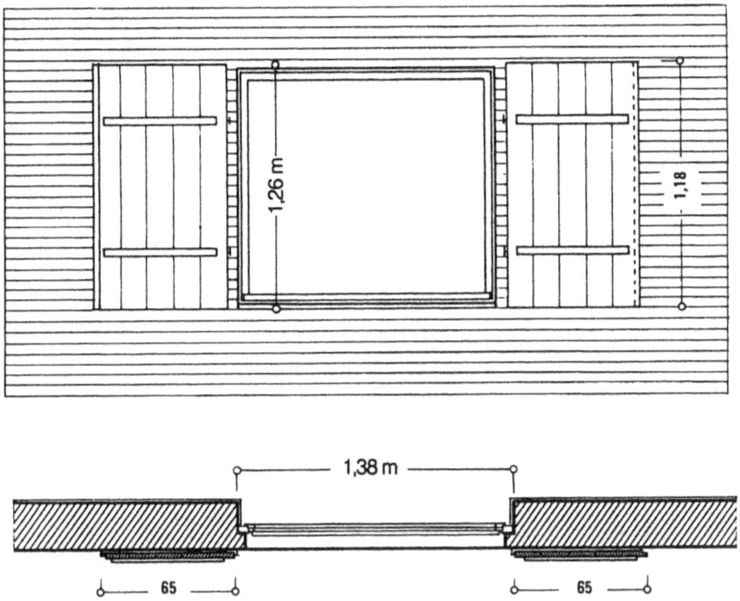

Gem. 0.5.3.2 bzw. 0.5.1.6 Abrechnung des Anstrichs des Verbundfensters, Breite=1,38 m, Höhe=1,26 m, nach Anzahl der Fenster oder nach den Flächen der Anstrichseiten. Wenn in der Leistungsbeschreibung nicht Abrechnung nach Fertigmaßen vorgeschrieben ist, gelten gem. 5.1.1 für die Größenbemessung die Konstruktionsmaße des Fensters, d.h. die Maße bis zur inneren Leibung. Die Größenbemessung erfolgt ohne Abzug der Scheiben. Eine Abwicklung der Holzteile kommt nicht in Betracht.

Die Abrechnung nach den Flächen der Anstrichseiten ist vor allem erforderlich, wenn für den Innen- und den Außenanstrich verschiedene Anstricharten oder wenn nur Innen- oder nur Außenanstriche vorgesehen sind. Die nach außen gerichteten Falze gehören zum Außenanstrich, die nach innen gerichteten zum Innenanstrich.

Bei Abrechnung des Anstrichs nach den Flächen der Anstrichseiten ist bei allseitig gleichartigem Anstrich F des Verbundfensters=4 · 1,38 · 1,26=6,96 m².

Gem. 0.5.1.6 bzw. 0.5.3.2 Abrechnung des Anstrichs des zweiflügeligen Fensterladens nach Anzahl der Fenster oder nach den Flächen der Anstrichseiten. Gem. 5.1.1 sind die beiden Seitenflächen der Fensterläden zu messen.

Bei Abrechnung des Anstrichs nach den Flächen der Anstrichseiten ist bei gleicher Anstrichart beider Seiten F des zweiflügeligen Fensterladens=2 · 0,65 · 1,18=1,53 m².

Gem. 5.1.20 bleiben Abweichungen von den in der Leistungsbeschreibung angegebenen Abmessungen von Höhe und Breite bis zu je 5 cm sowie bis 3 cm Tiefe unberücksichtigt, wenn Fenster nach Anzahl abgerechnet werden. Bei größerer Abweichung auch nur einer Abmessung wird die Mehr- oder Minderleistung gesondert ermittelt.

Bild 15 Bemessung des Anstrichs eines Brettpaneels

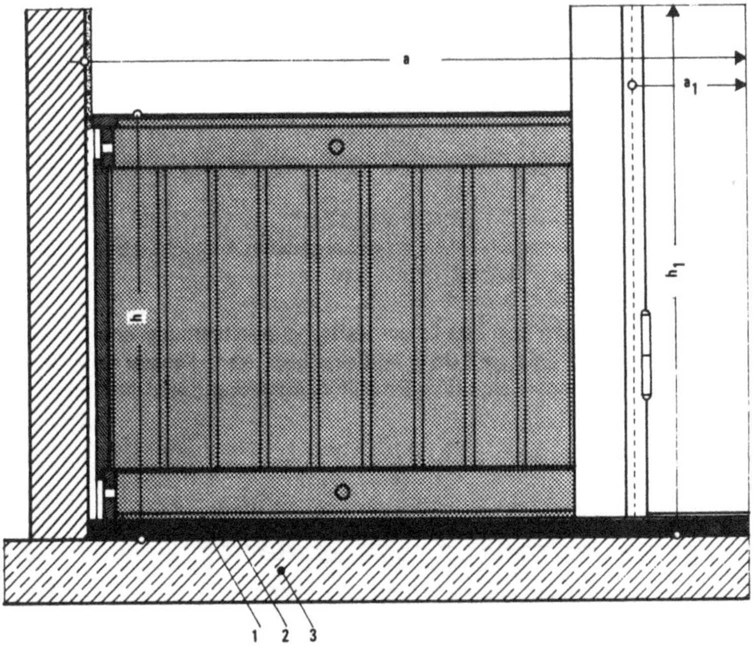

a_1 lichte Breite der Türöffnung

1 Fußbodenbelag

2 Schwimmender Estrich

3 Rohdecke

Gem. 5.1.1 Abrechnung des lasierenden Anstrichs des Brettpaneels nach Flächenmaß. Eine Berücksichtigung von Profilen sowie von Vor- und Rücksprüngen kommt nicht in Betracht. Wenn in der Leistungsbeschreibung nicht Abrechnung nach Fertigmaßen vorgeschrieben ist, gelten gem. 5.1.1 für die Flächenermittlung die Maße bis zu den angeputzten, ungedämmten bzw. nicht bekleideten begrenzenden Bauteilen. Die Unterbrechung des Paneels durch die Türöffnung ist mit der lichten Breite der Türöffnung (a_1) mal der Höhe des Paneels (h) abzuziehen.

F des Paneelanstrichs=$a \cdot h - a_1 \cdot h = \ldots m^2$.

Gem. 0.5.1.5 bzw. 0.5.3.1 Abrechnung des Anstrichs der mit Futter und Bekleidung versehenen Sperrholztür, lichte Konstruktionsmaße der Öffnung=$a_1 \cdot h_1$ nach der Stückzahl oder nach den Flächen der Anstrichseiten.

Bei Abrechnung nach den Flächen der Anstrichseiten ist bei beiderseitig gleicher Anstrichart F der gestrichenen Tür einschließlich Futter und Bekleidung=$2 \cdot a_1 \cdot h_1 = \ldots m^2$.

Bild 16 Bemessung des Anstrichs einer Trennwand aus Metallprofilen mit Glasfüllungen

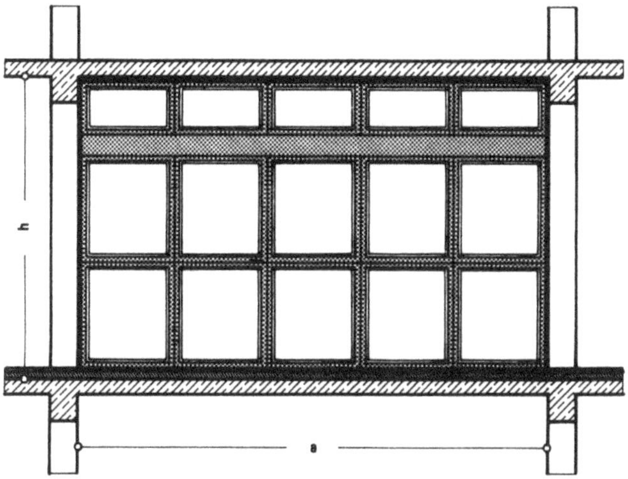

Gem. 0.5.1.4 Abrechnung des Anstrichs der Trennwand aus Metallprofilen mit Öl-Lackfarbe nach Flächenmaß. Jede Anstrichseite wird gem. 5.1.12 für sich erfaßt; kein Abzug der Füllungen. Keine Berücksichtigung der Profilabwicklungen. Wenn in der Leistungsbeschreibung nicht Abrechnung nach Fertigmaßen vorgeschrieben ist, gelten gem. 5.1.1 die Nennmaße der Trennwand.

Der Anstrich der Tür erhält im vorliegenden Fall die gleiche Anstrichart wie die übrigen Teile der Trennwand. Er wird deshalb nicht gesondert ermittelt.

F der Flurseite der Trennwand=a · h=... m².

Bild 17 Bemessung des Anstrichs der Untersicht eines Dachüberstandes

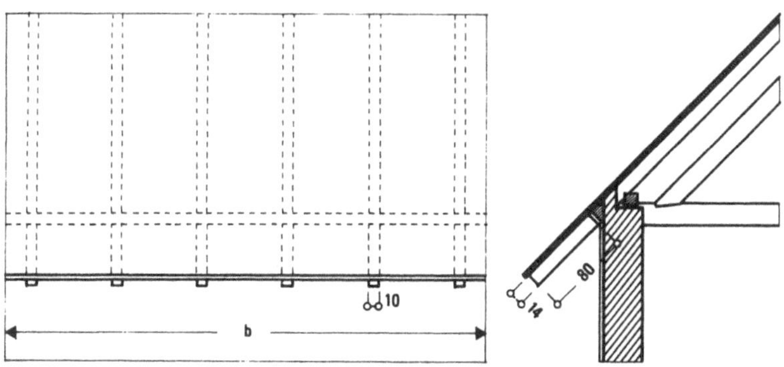

Gem. 0.5.1.9 Abrechnung des Anstrichs des holzverschalten Dachüberstandes mit Lasuranstrichstoff nach Flächenmaß. Wenn in der Leistungsbeschreibung nicht Abrechnung nach Fertigmaßen vorgeschrieben ist, gelten gem. 5.1.1 für die Flächenermittlung die Maße des behandelten Dachüberstandes. Gem. 5.1.15 werden die Untersichten von Dachüberständen mit sichtbaren Sparren in der Abwicklung gemessen.

F der Untersicht des behandelten Dachüberstandes=b · 0,80+x· 0,10 · 2 · 0,14=... m².

Bild 18 Bemessung des Anstrichs von Deckenbalken und Deckleisten

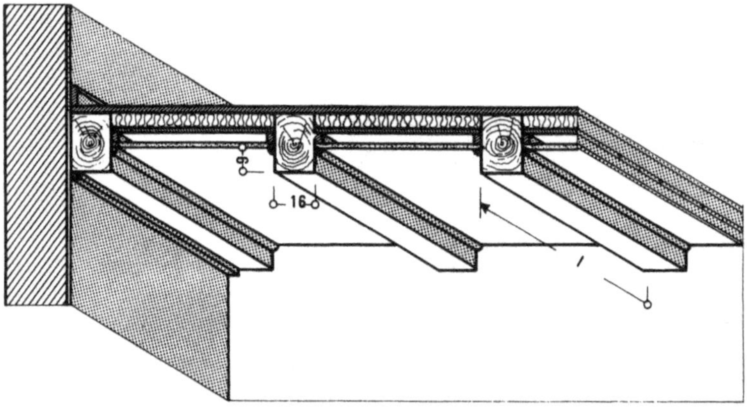

Gem. 0.5.2.4 Abrechnung des Anstrichs der Deckenbalken mit Lasuranstrichstoff nach Längenmaß. Wenn in der Leistungsbeschreibung nicht Abrechnung nach Fertigmaßen vorgeschrieben ist, gelten für die Längenermittlung die Maße zwischen den ungeputzten bzw. unbekleideten Wänden, auf denen die Balken aufliegen. In den Ansätzen sind die zu streichenden Balkenseiten mit ihren Abwicklungsmaßen anzugeben. Die Balken sind bis Unterseite Decke zu messen.

L des Anstrichs der Wandbalken, Abwicklung 0,16+0,09=0,25 m,

=2 · l=... m.

L des Anstrichs der Feldbalken, Abwicklung 0,16+2 · 0,09=0,34 m,

=n · l=... m.

Gem. 0.5.2.3 Abrechnung des Anstrichs der Wanddeckleisten, Abwicklung 0,04+0,02=0,06 m, in der gleichen Anstrichart.

L=2 · l=... m.

Abrechnung des Anstrichs der Viertelstäbe an den Feldbalken:

L=2 · n · l=... m.

Bild 19 Bemessung des Anstrichs eines Kastengesimses mit Deckleiste

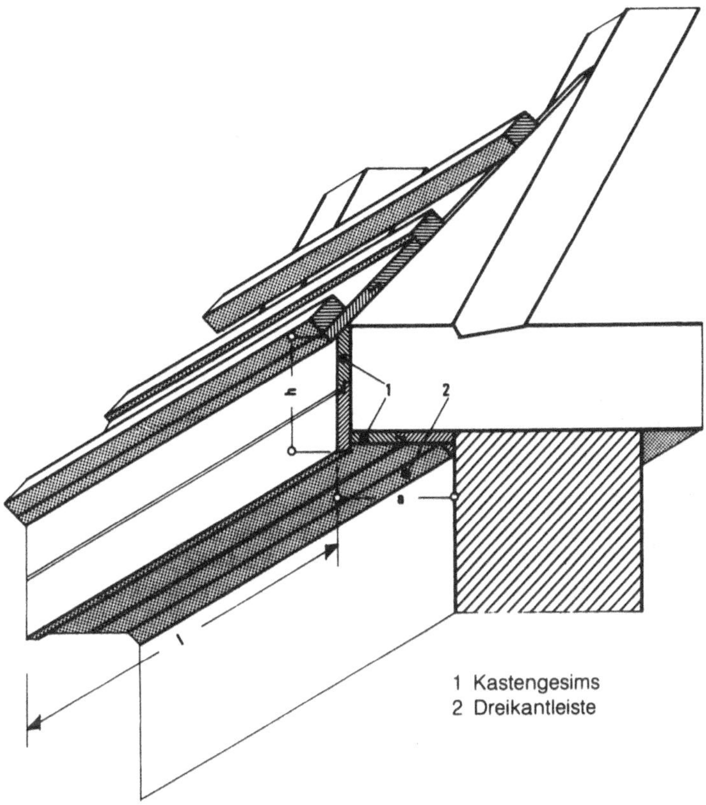

1 Kastengesims
2 Dreikantleiste

Gem. 0.5.1.11 Abrechnung des Anstrichs des hölzernen Kastengesimses mit Lasuranstrichstoff nach Flächenmaß. Wenn in der Leistungsbeschreibung nicht Abrechnung nach Fertigmaßen vorgeschrieben ist, gelten gem. 5.1.1 für die Flächenermittlung die Konstruktionsmaße des Kastengesimses, wobei die Abwicklung zu messen und die größte Länge zu rechnen ist.

F des gestrichenen Kastengesimses=l · (a+b)=... m².

Gem. 0.5.2.3 Abrechnung des Anstrichs der Dreikantleiste als gesonderte Leistung nach Längenmaß, falls nicht vorgeschrieben ist, daß ihr Anstrich in den Preis des Gesimsanstrichs einzurechnen ist.

Bild 20 Bemessung des Anstrichs eines Treppengeländers sowie einer Treppenwange

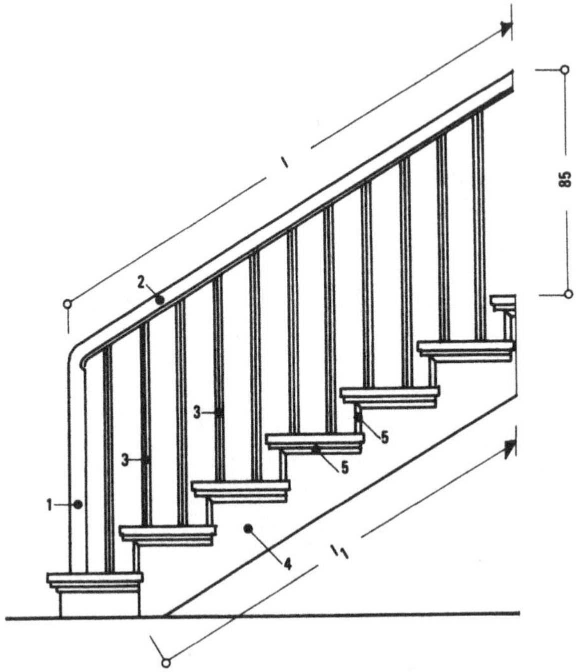

1 Pfosten 70/70 mm
2 Handlauf 55/70 mm
3 Stäbe 30/30 mm
4 Wange 310/70 mm
5 Deckleisten (Viertelstäbe)

Gem. 0.5.1.13 Abrechnung des Anstrichs des hölzernen Treppengeländers mit Öl-Lackfarbe nach Flächenmaß. Gem. 5.1.16 werden Stabgeländer einseitig gemessen. Wenn in der Leistungsbeschreibung nicht Abrechnung nach Fertigmaßen vorgeschrieben ist, gelten gem. 5.1.1 die in der Zeichnung enthaltenen Maße des Geländers. Im Ansatz sind die Höhe des Geländers=0,85 m sowie die Abmessungen des Pfostens=70-/70 mm, des Handlaufs=55-/70 mm und der Stäbe=30-/30 anzugeben.

F des gestrichenen Geländers=l · 0,85... m².

Gem. 0.5.2.2 Abrechnung des Anstrichs der inneren Treppenwange nach Längenmaß. Wenn in der Leistungsbeschreibung nicht Abrechnung nach Fertigmaßen vorgeschrieben ist, gilt die größte Länge.

L der gestrichenen Wange=l_1=... m.

Gem. 0.5.2.3 gesonderte Abrechnung des Anstrichs der Deckleisten nach Längenmaß, falls nicht vorgeschrieben ist, daß ihr Anstrich in den Preis des Wangenanstrichs einzurechnen ist.

Bild 21 Bemessung des Anstrichs eines Plankenzauns zwischen Stahlrohrpfosten

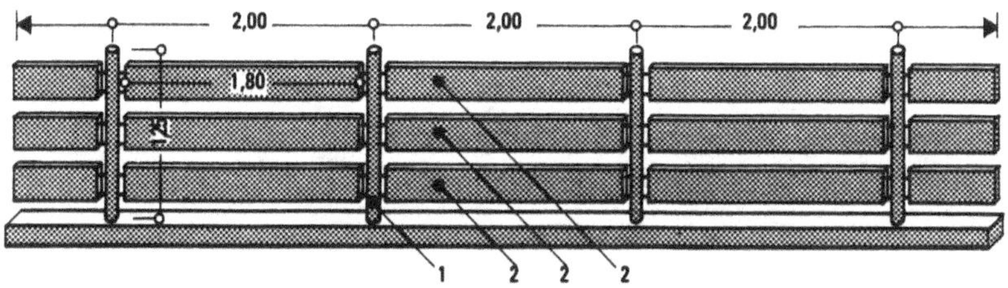

1 Stahlrohrpfosten, Umfang=0,25 m

2 Holzplanken 250/30 mm

Gem. 0.5.1.13 Abrechnung des Anstrichs des Plankenzauns zwischen Stahlpfosten nach Flächenmaß. Gem. 5.1.16 werden Zäune einseitig gerechnet. Die Planken werden im vorliegenden Fall mit einem Holzschutzmittel, die Stahlrohrpfosten mit Kunstharzlackfarbe angestrichen. Die Verschiedenartigkeit des Anstrichs ist im Preis zu berücksichtigen. Wenn in der Leistungsbeschreibung nicht Abrechnung nach Fertigmaßen, gelten gem. 5.1.1 für die Flächenermittlung und für die übrigen Abmessungen die Konstruktionsmaße des Zauns. Im Ansatz sind die Zaunhöhe ab Oberfläche Betonsockel (=1,25 m), der Umfang der Pfosten (=0,25 m) und die abgewickelte Fläche der Planken, zweckmäßig für eine Feldlänge (=3 · 1,80 · 2(0,25+0,03)=3,02 m²), anzugeben.

F des einseitig gestrichenen Zauns einschließlich der Pfosten=n · 2,00 · 1,25=... m².

Bild 22 Bemessung des Anstrichs für einen Raffjalousiekasten aus Stahlblech

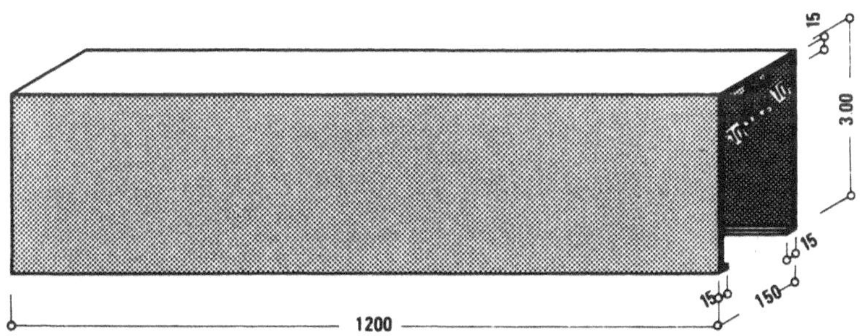

Gem. 0.5.1.7 Abrechnung des Anstrichs des Raffjalousiekastens aus Stahlblech nach Flächenmaß. Der Kasten ist im vorliegenden Fall allseitig mit Ölfarbe zu streichen.

Wenn in der Leistungsbeschreibung nicht Abrechnung nach Fertigmaßen vorgeschrieben ist, gelten gem. 5.1.1 für die Flächenermittlung die abgewickelten Maße des Raffjalousiekastens. Die Blechdicke beträgt 5 mm.

F des allseitig gestrichenen Raffjalousiekastens

=1,20[2(0,30+0,295+0,010+2 · 0,015+0,005)+0,1500,14]

=1,20 · 1,60=1,92 m².

Für Oberflächenschutzarbeiten an Stahlbauwerken bzw. an Teilen von Stahlbauwerken, für die eine Festigkeitsberechnung nötig ist, gelten die Abrechnungsvorschriften von ATV DIN 18364.

Bild 23 Bemessung eines nichtvollwandigen Stahlbauteils aus Profilen über 30 cm Abwicklung

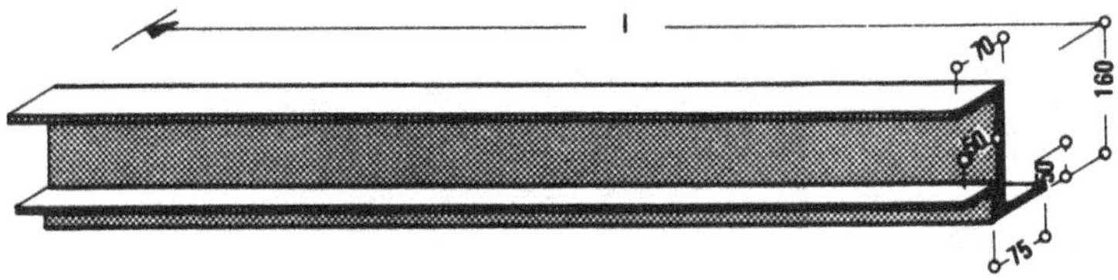

Der Stahlbauteil ist zusammengesetzt aus

Z 160 DIN 1027-USt 37-2 und

L 50×50 DIN 1028-USt 37-2

Gem. 0.5.1.8 Abrechnung des Anstrichs des Stahlbauteils aus Profilen über 30 cm Abwicklung nach Flächenmaß. Im vorliegenden Fall soll der Stahlbauteil mit Öl-Lackfarbe gestrichen werden.

Es gelten gem. 5.1.1 für die Flächenermittlung die DIN-Maße des Stahlbauteils.

Länge der Abwicklung=2 · 0,16+0,07+0,075+2 · 0,062+0,05+0,045=0,78 m.

F des allseitig gestrichenen Stahlbauteils=l · 0,78=... m².

Für die Oberflächenschutzarbeiten an Stahlbauteilen, für die eine Festigkeitsberechnung nötig ist, gelten die Abrechnungsvorschriften von ATV DIN 18364.

Die Abrechnung des Anstrichs von Stahlbauteilen aus Profilen bis 30 cm Abwicklung erfolgt nach Längenmaß; siehe 0.5.2.5.

Bild 24 Bemessung des Anstrichs von Gußradiatoren nach DIN 4720

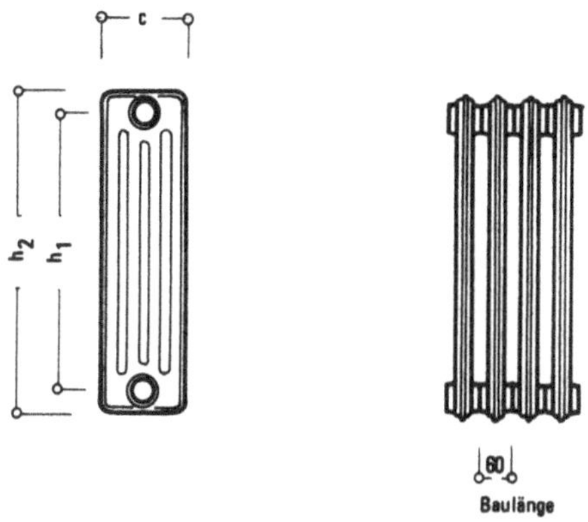

Nabenabstand h_1 zul. Abweichung ±0,3	Bauhöhe h_2	Bautiefe c zul. Abweichung ±2,0					Heizfläche je Glied in m² für Bautiefe c				
							70	110	160	220	250
200	280					250					0,185
350	430			160	220				0,185	0,255	
500	580		110	160	220			0,180	0,255	0,345	
900	980	70		160	220		0,205		0,440	0,580	

Gem. 0.5.1.12 Abrechnung des Anstrichs gußeiserner Heizkörper mit Heizkörperfarbe nach Flächenmaß. Es gilt gem. 5.1.18 das Maß der Heizfläche, das aus DIN 4720 zu entnehmen ist.

Bild 25 Bemessung des Anstrichs von Stahlradiatoren nach DIN 4722

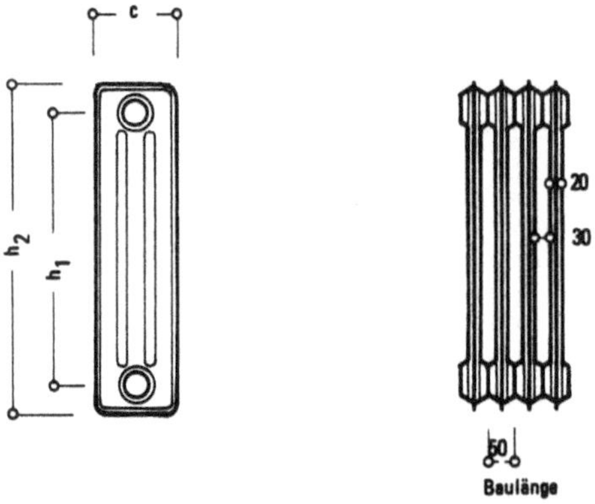

Nabenabstand h_1 zul. Abweichung ±0,3	Bauhöhe h_2	Bautiefe c zul. Abweichung ±2,0				Heizfläche je Glied in m^2 für Bautiefe c			
						110	160	220	250
200	300				250				0,160
350	450		160	220			0,155	0,210	
500	600	110	160	220		0,140	0,205	0,285	
900	1000	110	160	220		0,240	0,345	0,480	

Gem. 0.5.1.12 Abrechnung des Anstrichs von Stahlradiatoren mit Heizkörperlackfarbe nach Flächenmaß. Es gilt gem. 5.1.16 das Maß der Heizfläche, das aus DIN 4722 zu entnehmen ist.

Bild 26 Bemessung des Anstrichs von Plattenheizkörpern aus Stahl nach DIN 4703 Teil 2

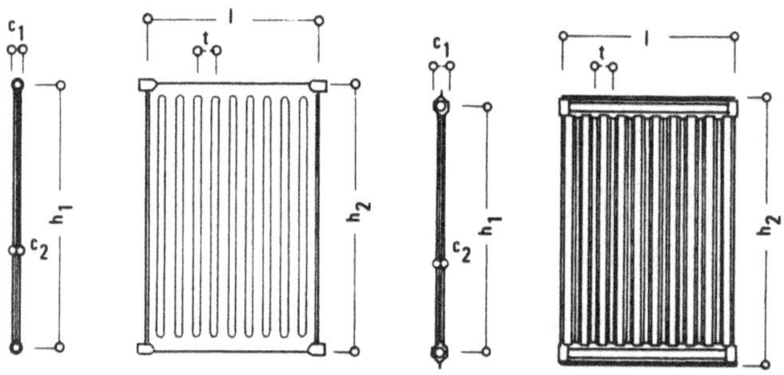

Plattenheizkörper aus Stahl mit vertikaler feiner Profilierung

Plattenheizkörper aus Stahl mit vertikaler grober Profilierung

c_1 Bautiefe
c_2 Abstand zwischen den Außenflächen der Platte

h_1 Nabenabstand
h_2 Bauhöhe
l Baulänge

Bauhöhen (h_2) für Plattenheizkörper aus Stahl nach DIN 4703 Blatt 2										
beiderseitig glatt	140	200	300	400	500	600	700	800	900	1000
beiderseitig vertikal profiliert			300	400	500	600	700	800	900	1000
beiderseitig horizontal		200	300	400	500	600	700	800	900	1000

Gem. 0.5.1.12 Abrechnung des Anstrichs von Plattenheizkörpern aus Stahl mit Heizkörperlackfarbe nach Flächenmaß. Die Heizfläche kann der Abrechnung nicht zugrunde gelegt werden, da in DIN 4703 Teil 2 keine Heizflächen errechnet sind. Die Wärmeleistung von Plattenheizkörpern wird durch mittlere Leistungswerte, bezogen auf Bauhöhe und Querschnitt je 1 m Baulänge bestimmt. Es wird deshalb empfohlen, in der Leistungsbeschreibung vorzuschreiben, daß die Flächenermittlung nach den Konstruktionsmaßen von Bauhöhe und Baulänge vorzunehmen ist.

F eines allseitig gestrichenen Plattenheizkörpers $= 2 \cdot l \cdot h_2 = \ldots m^2$.

Bild 27 Bemessung des Anstrichs eines Rollgitters

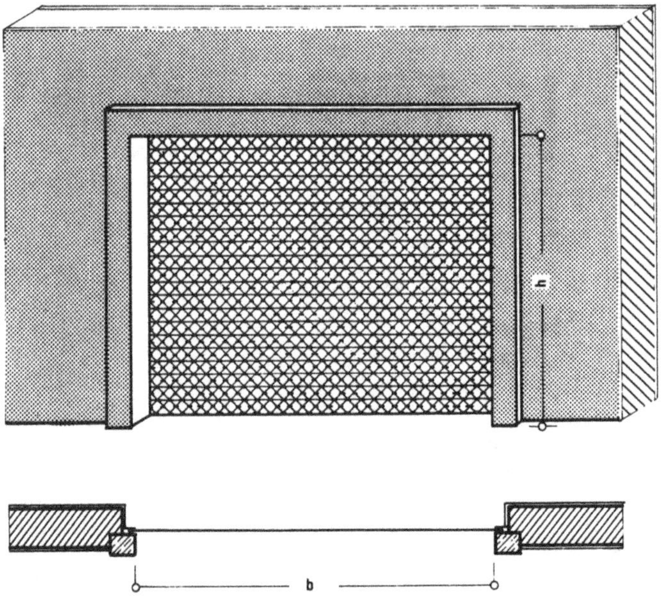

Gem. 0.5.1.6 Abrechnung des Anstrichs des stählernen Rollgitters mit Kunstharzlackfarbe nach Flächenmaß. Die zweiseitig zu streichende Fläche wird nur einseitig gerechnet. Wenn in der Leistungsbeschreibung nicht Abrechnung nach Fertigmaßen vorgeschrieben ist, gelten gem. 5.1.1 die Konstruktionsmaße des Rollgitters, die in der Regel mit den Fertigmaßen identisch sind.

F des zweiseitig gestrichenen Rollgitters=b · h=... m^2.

Bild 28 Bemessung des Anstrichs eines Abdeckrostes und des Rahmens zur Aufnahme des Rostes

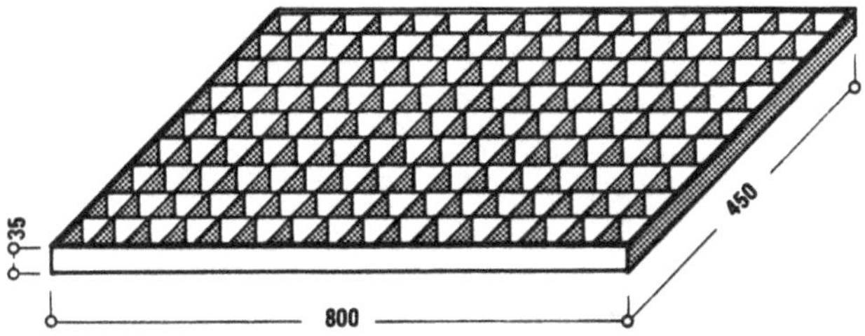

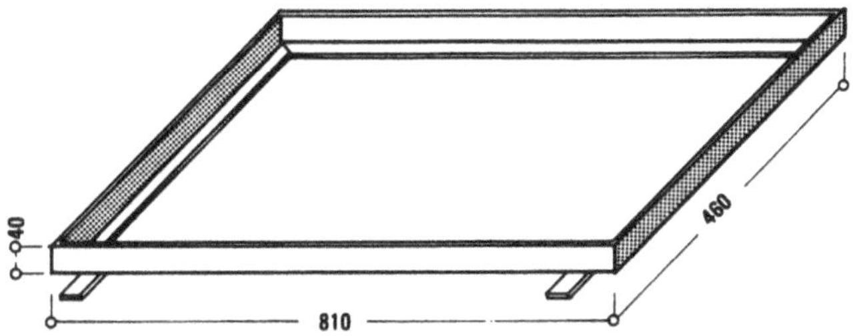

Profil des Rostrahmens:

LS 40×5 DIN 1022-ST 37-2

Gem. 0.5.1.13 Abrechnung des Anstrichs des stählernen Abdeckrostes, Abmessungen: 800×450×35 mm, mit Kunstharzlackfarbe nach Flächenmaß. Der allseitige Anstrich wird nur einseitig gerechnet. Wenn in der Leistungsbeschreibung nicht Abrechnung nach Fertigmaßen vorgeschrieben ist, gelten gem. 5.1.1 für die Flächenermittlung die Konstruktionsmaße des Abdeckrostes, die mit den Fertigmaßen identisch sind.

F des allseitig gestrichenen Abdeckrostes=0,80 · 0,45=0,36 m².

Gem. 0.5.2.5 Abrechnung des Anstrichs des Rahmenprofils zur Aufnahme des Rostes, LS 40×5 DIN 1022-ST 37-2, nach Längenmaß, da die Abwicklung des Profils mit 16 cm kleiner als 30 cm ist.

L des gestrichenen Rahmenprofils=2(0,81+0,46)=2,52 m.

Bild 29 Bemessung des Anstrichs von Wellblechen

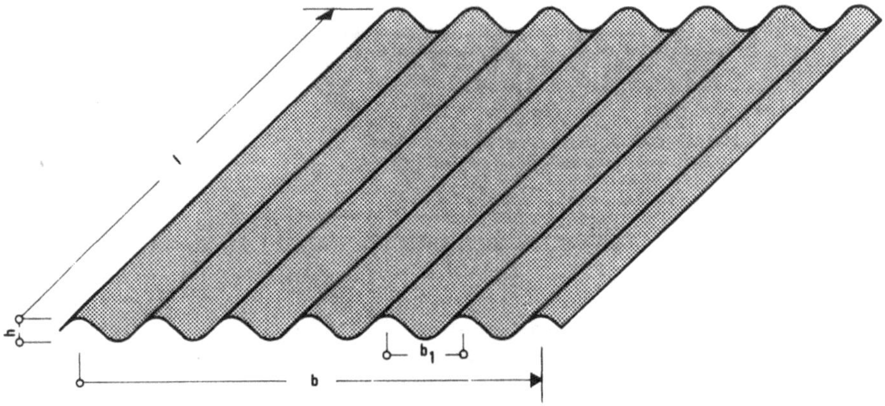

Gem. 0.5.1.14 Abrechnung des Anstrichs von feuerverzinktem Wellblech, Wellenhöhe h=45 mm, Wellenbreite b_1=150 mm, Dicke s=1,13 mm, mit Kunstharzlackfarbe nach Flächenmaß. Gemessen wird die Grundfläche, d.h. eine Abwicklung kommt nicht in Betracht. Beidseitiger Anstrich ist mit der doppelten Grundfläche zu rechnen. Die Grundflächenmaße sind der Tabelle zu entnehmen.

Wenn in der Leistungsbeschreibung nicht Abrechnung nach Fertigmaßen vorgeschrieben ist, gelten für die Flächenermittlung gem. 5.1.1 die Maße der Wellblechbekleidung.

F des einseitigen Anstrichs von Wellblech,

45×150×1,13 DIN 59231 feuerverzinkt, =b · l=... m^2.

Bild 30 Bemessung des Anstrichs von Rohrleitungen

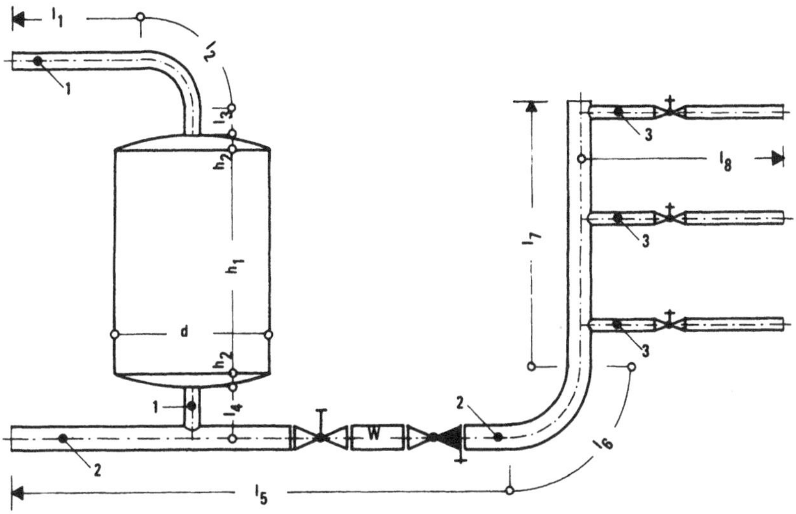

Rohrleitung 1=Außendurchmesser 60,3 mm

Rohrleitung 2=Außendurchmesser 88,9 mm

Rohrleitung 3=Außendurchmesser 48,3 mm

Gem. 0.5.2.5 Abrechnung des Anstrichs der nahtlosen Leitungsrohre, Außendurchmesser der Rohrleitung 1=60,3 mm, der Rohrleitung 2=88,9 mm, der Rohrleitung 3=48,3 mm, mit Kunstharzlackfarbe nach Längenmaß.

Wenn in der Leistungsbeschreibung nicht Abrechnung nach Fergtigmaßen vorgeschrieben ist, gelten für die Längenermittlung die Konstruktionsmaße der Leitungsanlage. Dabei wird die Länge einschließlich der Formstücke und der Rohrverbindungen in der Rohrachse gemessen; Armaturen, auch eingeflanschte Armaturen, werden gem. 5.1.19 nicht abgezogen. Sollen die Armaturen nicht mitgestrichen oder sollen sie in besonderer Art gestrichen werden, z.B. mit den Farben der Leitungssymbole, ist dies in der Leistungsbeschreibung anzugeben, damit die Mehraufwendungen oder die Minderleistungen im Preis für den Leitungsanstrich berücksichtigt werden können.

L des Anstrichs der Rohrleitung $1=l_1+l_2+l_3+l_4=$... m,

L des Anstrichs der Rohrleitung $2=l_5+l_6+l_7=$... m,

L des Anstrichs der Rohrleitungen $3=3 \cdot l_8=$... m.

Gem. 0.5.3.5 Abrechnung des Anstrichs des stählernen Behältes wie oben zum Stückpreis. Im Ansatz sind die Abmessungen anzugeben.

Bild 31 Bemessung des Anstrichs eines Stahlrohrgeländers

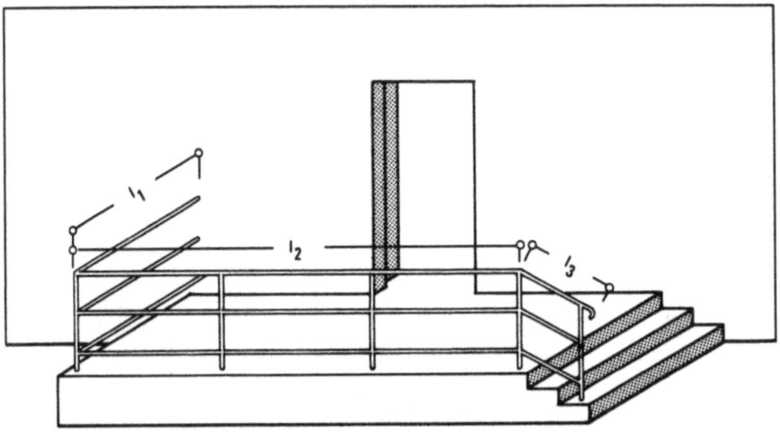

Gem. 0.5.2.5 Abrechnung des Anstrichs des Geländers aus geschweißtem Stahlrohr, Rohraußendurchmesser 42,4 mm, mit Kunstharzlackfarbe nach Längenmaß. Wenn in der Leistungsbeschreibung nicht Abrechnung nach Fertigmaßen vorgeschrieben ist, gelten für die Längenermittlung die Konstruktionsmaße des Geländers. Die Länge rechnet von Oberfläche fertigem Mauerwerk bis zur größten Ausladung des Handlaufüberstandes, da mit diesem die Funktion des Geländers beginnt bzw. endet.

L des gestrichenen Stahlrohrs=$1_1+l_2+l_3$=... m.

Bild 32 Bemessung des Anstrichs von Stahlprofilen bis 30 cm Abwicklung

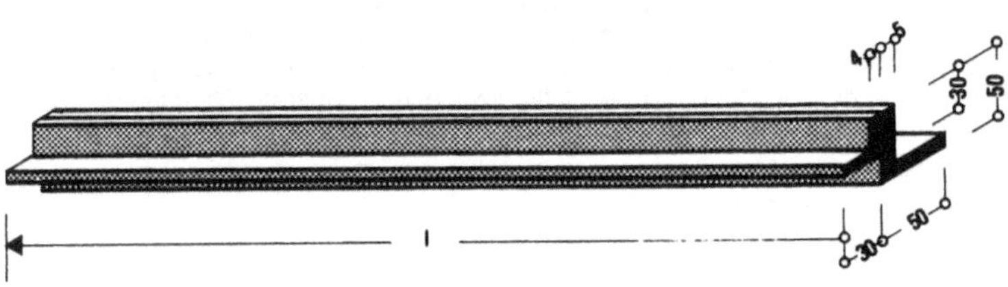

Gem. 0.5.2.5 Abrechnung des Bauteils aus Stahlprofilen: LS 50×5 und 30×4 DIN 1022-St 37-2 mit Kunstharzlackfarbe nach Längenmaß. Die Abrechnung erfolgt nicht nach Flächenmaß, da die Abwicklung der gestrichenen Profile mit 4(5+3)−2 · 3=26 cm kleiner als 30 cm ist.

Wenn in der Leistungsbeschreibung nicht Abrechnung nach Fertigmaßen vorgeschrieben ist, gelten für die Längenermittlung die Konstruktionsmaße des Bauteils.

L der gestrichenen Stahlprofile=l=... m.

Bild 33 Bemessung des Anstrichs von Hängerinnen

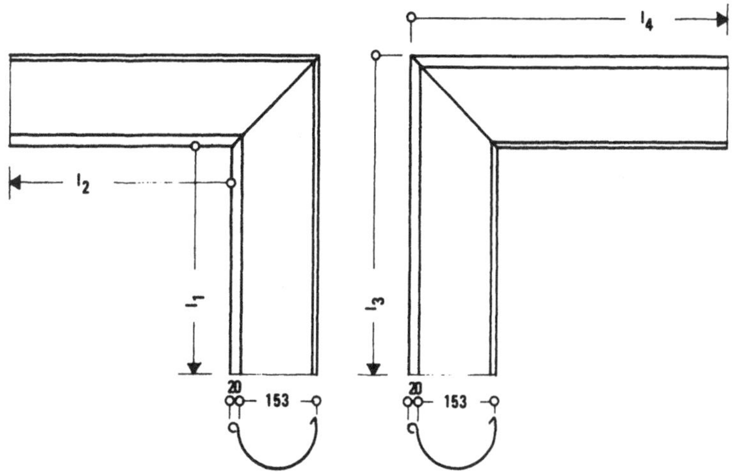

6teilige Hängerinne aus Zinkblech mit innerem Winkel

mit äußerem Winkel

Gem. 0.5.2.8 Abrechnung des Anstrichs der Hängerinne aus Zinkblech, Zuschnittbreite 333 mm (6teilig), nach Längenmaß. Das Längenmaß wird gem. 5.1.21 an den Vorderwulsten ermittelt; es ist bei inneren Rinnenwinkeln kleiner als bei äußeren.

Wenn in der Leistungsbeschreibung nicht Abrechnung nach Fertigmaßen vorgeschrieben ist, gelten für die Längenermittlung die Konstruktionsmaße der Hängerinne.

L der gestrichenen Hängerinne mit innerem Winkel=l_1+l_2=... m.

L der gestrichenen Hängerinne mit äußerem Winkel=l_3+l_4=... m.

Bild 34 Bemessung des Anstrichs von Regenfallrohren

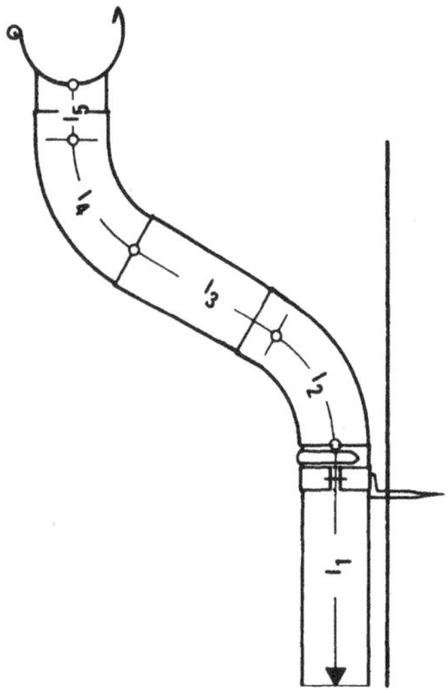

A Regenfallrohr, gelötet
RL 333×0,65 mit
Bogen B 333×0,65 DIN 18461 –Zn

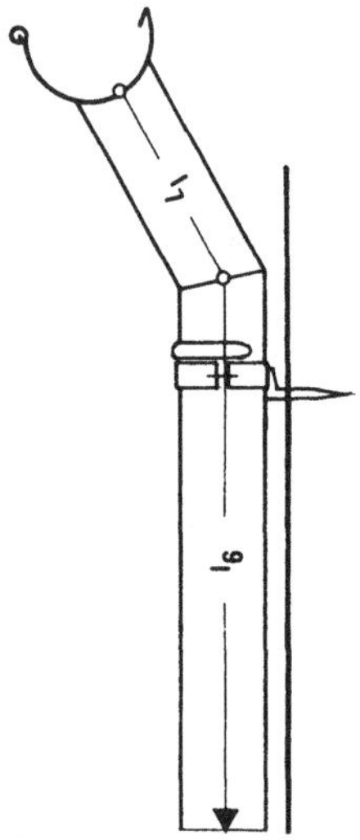

B Regenfallrohr, gelötet,
mit Winkelstück

Gem. 0.5.2.9 Abrechnung von Regenfallrohren aus Zinkblech, Zuschnittbreite 333 mm (6teilig), mit Öl-Lackfarbe nach Längenmaß. Das Längenmaß der Fallrohre wird gem. 5.1.2 unabhängig von ihrer Abwicklung im Außenbogen ermittelt.

Wenn in der Leistungsbeschreibung nicht Abrechnung nach Fertigmaßen vorgeschrieben ist, gelten für die Längenermittlung die Konstruktionsmaße des Regenfallrohres.

L des gestrichenen Regenfallrohrs $A = l_1 + l_2 + l_3 + l_4 + l_5 = \ldots$ m,

L des gestrichenen Regenfallrohrs $B = l_6 + l_7 = \ldots$ m.

Bild 35 Bemessung des Anstrichs eines Schneefanggitters

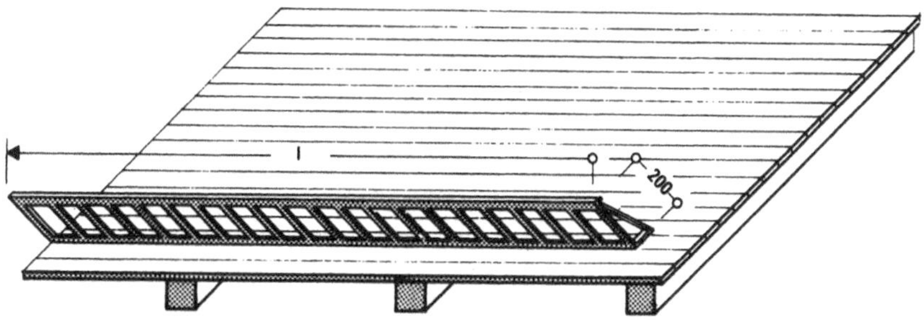

Gem. 0.5.2.10 Abrechnung des Anstrichs des stählernen Schneefanggitters, Höhe 200 mm, mit Kunstharzlackfarbe nach Längenmaß. Mit dem Längenmaß wird der beidseitige Anstrich erfaßt.

Wenn in der Leistungsbeschreibung nicht Abrechnung nach Fertigmaßen vorgeschrieben ist, gelten für die Längenermittlung die Maße des Schneefanggitters. L des gestrichenen Schneefanggitters=l=... m.

Bild 36 Bemessung des Anstrichs an Sanitärobjekten

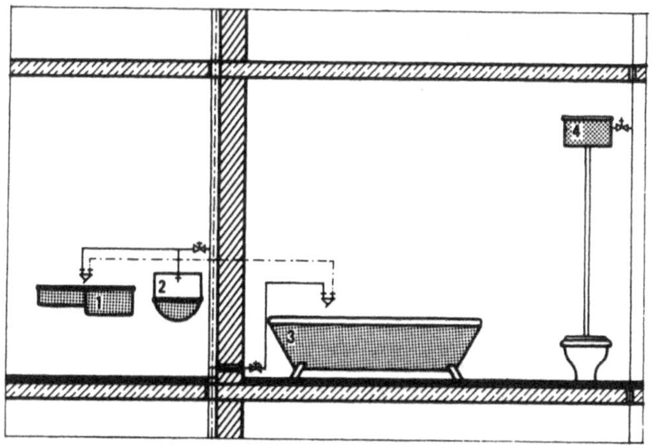

1 Spülbecken
2 Ausgußbecken
3 freistehende Badewanne
4 Spülkasten

Gem. 0.5.3.5 Abrechnung des Anstrichs an Spülbecken, Ausgußbecken, freistehenden Badewannen, Spülkästen und dergleichen nach Anzahl, getrennt nach Objekten und Anstrichart, zum Stückpreis.

VOB Teil C: Allgemeine Technische Vertragsbedingungen für Bauleistungen (ATV) Korrosionsschutzarbeiten an Stahl- und Aluminiumbauten DIN 18364 Ausgabe Juni 1996

1 Geltungsbereich

1.1 Die ATV-»Korrosionsschutzarbeiten an Stahl- und Aluminiumbauten« – DIN 18364 – gilt für das Beschichten und thermische Spritzen von Metallen an Konstruktionen aus Stahl oder Aluminium, die einer Festigkeitsberechnung oder bauaufsichtlichen Zulassung bedürfen.

Bei anderen Konstruktionen und Bauteilen aus Stahl und Aluminium gilt DIN 18364 nur, wenn diese in der Leistungsbeschreibung vorgeschrieben ist.

1.2 Ergänzend gelten die Abschnitte 1 bis 5 der ATV DIN 18299 »Allgemeine Regelungen für Bauarbeiten jeder Art«.

Bei Widersprüchen gehen die Regelungen der ATV DIN 18364 vor.

5 Abrechnung

Gem. ATV DIN 18299 Abschnitt 5 gilt allgemein:

Die Leistung ist aus Zeichnungen zu ermitteln, soweit die ausgeführte Leistung diesen Zeichnungen entspricht. Sind solche Zeichnungen nicht vorhanden, ist die Leistung aufzumessen.

Siehe hierzu die eingehende Erläuterung zur ATV DIN 18299 »Allgemeine Regelungen für Bauarbeiten jeder Art«. Auf die abweichende Regelung in 5.1.1 wird hingewiesen.

Abrechnungseinheiten

Gem. 0.5 sind im Leistungsverzeichnis die Abrechnungseinheiten wie folgt vorzusehen:

0.5.1 Flächenmaß (m^2), getrennt nach Bauart und Maßen, für
0.5.1.1 – Vollwandkonstruktionen und Fachwerkkonstruktionen aus Profilen mit einer Abwicklung von mehr als 90 cm,
0.5.1.2 – Fenster, Türen, Tore und dergleichen; auch nach Anzahl,
0.5.1.3 – Rohre mit einer Abwicklung von mehr als 90 cm,
0.5.1.4 – Behälter, Spundwände und profilierte Bleche,
0.5.1.5 – Geländer,
0.5.1.6 – Abdeckbleche, Gitterroste und dergleichen.
0.5.2 Längenmaß (m), getrennt nach Bauart und Maßen, für
0.5.2.1 – Profile und Teilflächen von Profilen mit einem Umfang bis 90 cm,
0.5.2.2 – Rohre mit einem Umfang bis 90 cm,
0.5.2.3 – Geländer,
0.5.2.4 – zusätzliche Beschichtung der Kanten, Schweißnähte und dergleichen.
0.5.3 Anzahl (Stück), getrennt nach Bauart und Maßen, für
0.5.3.1 – Behälter, Abdeckbleche, Roste, Gitter,
0.5.3.2 – Fenster, Türen, Tore und dergleichen,
0.5.3.3 – Befestigungen, z.B. Unterstützungen, Rohrschellen, Abhängungen,

0.5.3.4 – zusätzliche Beschichtung der Verbindungsmitel, z.B. Schrauben,
0.5.3.5 – Armaturen einschließlich Flanschpaare, Flansche und dergleichen.
0.5.4 Gewicht (t) für
0.5.4.1 – Konstruktionen oder getrennt erfaßbare Konstruktionsteile.

Ergänzend zu ATV DIN 18299, Abschnitt 5, gilt:

5.1 Allgemeines

5.1.1 Der Ermittlung der Leistung – gleichgültig, ob sie nach Zeichnung oder Aufmaß erfolgt – sind, getrennt nach Korrosionsschutzsystemen, die Maße der behandelten Flächen zugrunde zu legen.

Ob nach Zeichnung oder Aufmaß abgerechnet wird, stets ist nach Korrosionsschutzssystemen zu trennen, da die Preisgestaltung der Systeme variabel ist.
Eindeutig ist auch festgelegt, daß die Maße der behandelten Flächen anzuwenden sind.

5.1.2 Bei Ermittlung der Leistung sind für genormte Teile die Tabellen oder Stücklisten zugrunde zu legen.

Diese Regelung dient der Vereinfachung.

5.1.3 Längen, auch zur Flächenermittlung, werden mit den jeweils größten Maßen ermittelt, z.B. bei Rohren das Maß des Außenbogens.

Die Länge verkröpfter Profile ist in der Abwicklung auf den größten Längsseiten zu messen.

5.1.4 Bei Abrechnung nach Längenmaß werden Kreuzungen, Überdeckungen, Durchdringungen u.ä. übermessen.

5.1.5 Bei Abrechnung nach Längenmaß werden bei Rohrleitungen, Armaturen, Flansche und dergleichen übermessen.

5.1.6 Bei Abrechnung nach Flächenmaß wird die Fläche von Geländern, Rosten und Gittern nur einseitig (Ansichtsfläche) gerechnet.

Die einseitige Berechnung ist auch anzuwenden, wenn Geländer, Roste und Gitter zweiseitig beschichtet werden. Die Beschränkung der Berechnung auf nur eine Seite ist wegen des Mangels an Vollflächigkeit erforderlich.

5.1.7 Bei Abrechnung nach Gewicht wird das Gewicht von Teilen, deren Flächen ganz oder teilweise nicht zu behandeln sind. z.B. bei einbetonierten Stützenfüßen, nicht abgezogen.

Es vereinfacht die Abrechnung, wenn ganze Konstruktionen oder getrennt erfaßbare Konstruktionsteile nach Gewicht abgerechnet werden.
Daß bei der Abrechnung nach Gewicht ganz oder teilweise nicht behandelte Flächen nicht abgezogen werden, dient der Abrechnungsvereinfachung.

5.1.8 Werden Tore, Türen, Fenster und dergleichen nach Anzahl (Stück) gerechnet, bleiben Abweichungen von den vorgeschriebenen Maßen bis jeweils 5 cm in der Höhe und Breite sowie bis 3 cm in der Tiefe unberücksichtigt.

Diese Regelung dient ebenfalls der Vereinfachung der Abrechnung.

5.1.9 Armaturen werden einschließlich der Flanschpaare, Flansche zusätzlich gerechnet.

Gem. 5.1.5 werden bei Abrechnung von Rohrleitungen nach Längenmaß Armaturen, Flansche und dergleichen übermessen. Sie sind jedoch gem. 0.5.3.5 nach Anzahl, getrennt nach Bauart und Maßen als Besondere Leistung abzurechnen.

5.1.10 Bei der Berechnung der behandelten Fläche nach Gewicht ist zugrunde zu legen:

- bei genormten Profilen das Gewicht nach der DIN Norm,
- bei anderen Profilen das Gewicht aus dem Profilbuch des Herstellers,
- bei Blechen und Bändern je 1 mm Dicke

aus Stahl das Gewicht von	7,85 kg/m²
aus Edelstahl das Gewicht von	7,90 kg/m²
aus Aluminium das Gewicht von	2,70 kg/m².

Verbindungsmittel, z.B. Schrauben, Niete, Schweißnähte, bleiben unberücksichtigt.

Die Regelungen für die Abrechnung nach Gewicht korrespondieren mit denen in der ATV DIN 18360 »Metallbauarbeiten«. Die angenommenen Werte für die Gewichte der verschiedenen Metalle sind Durchschnittswerte, die im Einzelfall je nach Legierung von den tatsächlichen Gewichten geringfügig abweichen können. Diese Abweichungen bleiben jedoch unberücksichtigt.

5.2 Es werden abgezogen:

5.2.1 bei Abrechnung nach Flächenmaß (m²):

Überdeckungen, Aussparungen, z.B. Öffnungen, Durchdringungen über 0,1 m² Einzelgröße.

5.2.2 bei Abrechnung nach Längenmaß (m):

Unterbrechungen über 1 m Einzellänge.

Wegen der hochwertigen Leistungen bei Korrosionsschutz beschränkt sich das Übermessen bei der Abrechnung nach Flächenmaß auf 0,1 m² Einzelgröße.

Hingegen ist bei der Abrechnung nach Längenmaß nunmehr ein Abzug vorgesehen, wenn die Unterbrechung 1 m Einzellänge übersteigt.

Zu 0.5.1.1:

Vollwandkonstruktionen sowie Fachwerkkonstruktionen aus Profilen mit einem Umfang von mehr als 90 cm sind nach Flächenmaß abzurechnen. Es kann jedoch auch gem. 0.5.4.1 Abrechnung nach Gewicht erfolgen. Der Auftraggeber muß sich bereits bei Aufstellung der LB entscheiden, nach welcher Abrechnungseinheit verfahren werden soll. Einzelne Profile und Teilflächen von Profilen mit einer Abwicklung bis 90 cm sind gem. 0.5.2.1 nach Längenmaß abzurechnen (Bilder 1 bis 3,5).

Gem. 5.1.1 ist die Leistung in der Regel, getrennt nach Korrosionssystemen, durch örtliches Aufmaß zu ermitteln. Genormte und standardisierte Bauteile, z.B. Profile, Tafeln, dürfen nach Tabellen bemessen werden. Die Abrechnung nach Zeichnungen, die der Auftraggeber zu liefern hat, muß in der LB vorgeschrieben sein. Für die Ermittlung der Leistung sind die Maße der behandelten Flächen zugrunde zu legen.

Gem. 5.1.3 werden Längen, auch zur Flächenermittlung in der jeweils größten ausgeführten Strecke ermittelt, z.B. bei Rohren im Außenbogen, bei Verkröpfungen von Profilen an der jeweils längsten Seite. Die Abzüge gem. 5.2 sind zu beachten.

Zu 0.5.1.2:

Fenster, Türen, Tore und dergleichen können sowohl nach Flächenmaß wie auch nach Anzahl abgerechnet werden. Die Abrechnung nach Flächenmaß erfolgt in der

Regel durch Aufmaß der beschichteten Bauteile. In beiden Fällen ist nach Bauart und Maßen sowie nach Korrosionsschutzsystemen zu trennen.

Zu 0.5.1.3:

Abrechnungseinheit für Rohre mit einem Umfang von mehr als 90 cm ist das Flächenmaß. Gem. 0.5.2.2 sind einzelne Rohre mit einem Umfang bis 90 cm nach Längenmaß abzurechnen. Gem. 5.1.9 sind Armaturen einschließlich Flanschpaare sowie Flansche als Besondere Leistung abzurechnen.

Gem. 5.1.5 werden bei Abrechnung von Rohrleitungen nach Längenmaß Armaturen, Flansche und dergleichen übermessen. Diese Bauteile werden also zusätzlich zu den Preisen der Rohre vergütet.

Zu 0.5.1.4:

Gem. 5.1.1 werden Behälter, Spundwände und profilierte Bleche nach der behandelten Fläche berechnet. Gem. 5.2.1 sind Aussparungen, Überdeckungen, Öffnungen usw. über 0,1 m² Einzelfläche abzuziehen.

Zu 0.5.1.5:

Geländer können nach Flächenmaß oder nach Längenmaß abgerechnet werden. Werden sie nach Flächenmaß abgerechnet, so sind sie trotz zweiseitiger Beschichtung einseitig zu bemessen. Gem. 5.1.3 werden die Längen nach den jeweils größten Maßen ermittelt.

Zu 0.5.1.6:

Gem. 5.1.6 wird bei Abrechnung von Geländern, Gittern und Rosten nach Flächenmaß die Fläche nur einseitig berechnet. Es wird die sogenannte Ansichtsfläche gemessen, auch wenn beide Seiten beschichtet sind. Gem. 5.2.1 sind Überdekkungen und Aussparungen abzuziehen, wenn ihre Einzelgröße 0,1 m² übersteigt.

Zu 0.5.2.1:

Einzelne Profile und Teilflächen von Profilen mit einem Umfang bis 90 cm werden nach Flächenmaß abgerechnet. Gem. 0.5.1.1 sind Vollwandkonstruktionen und Fachwerkkonstruktionen aus Profilen mit einem Umfang von mehr als 90 cm nach Flächenmaß abzurechnen. Gem. 5.1.7 wird bei Abrechnung nach Gewicht das Gewicht von Teilen, deren Flächen ganz oder teilweise nicht zu behandeln sind, nicht abgezogen. Gem. 5.1.3 werden Längen, auch zur Flächenermittlung, in der jeweils größten ausgeführten Strecke ermittelt. Gem. 5.1.10 werden Verbindungsmittel, z.B. Schrauben, Niete, nicht gesondert gerechnet. Sie sind in die Preise einzubeziehen (Bilder 3, 4).

Zu 0.5.2.2:

Siehe die Erläuterung zu 0.5.1.3.

Zu 0.5.2.3:

Gem. 5.1.3 werden Geländer bei Abrechnung nach Längenmaß mit den jeweils größten Maßen ermittelt. Das gilt auch für Gitter und Roste, die auch nach Flächenmaß abgerechnet werden können. Gem. 5.2.2 sind Unterbrechungen über 1 m Einzellänge abzuziehen.

Zu 0.5.2.4:

Nach der ATV ist zusätzlicher Schutz der Kanten und Schweißnähte als Besondere Leistung abzurechnen. Abrechnungseinheit ist das Längenmaß. Gem. 5.1.3 sind Längen in der jeweils größten ausgeführten Strecke zu messen. Über 1 m Einzellänge sind abzuziehen.

Zu 0.5.3.1:

Abrechnungseinheit für Behälter, Abdeckbleche, Roste, Gitter ist sowohl die Anzahl wie auch gem. 0.5.1.6 das Flächenmaß. Es ist in jedem Fall nach Bauart und Maßen zu trennen.

Zu 0.5.3.2:

Fenster, Türen, Tore und dergleichen können sowohl nach Anzahl wie auch gem. 0.5.1.2 nach Flächenmaß abgerechnet werden. Die Abrechnungseinheit ist bereits bei Aufstellung der LB festzulegen. Es ist nach Bauart und Maßen sowie nach Korrosionsschutzsystemen zu trennen.

Zu 0.5.3.3:

Befestigungen, z.B. Unterstützungen, Rohrschellen, Abhängungen, sind nach Anzahl abzurechnen. Es ist nach Bauart und Maßen zu trennen.

Zu 0.5.3.4:

Nach der ATV ist der zusätzliche Schutz der Verbindungsmittel, z.B. Schrauben, als Besondere Leistung nach Anzahl abzurechnen. Gem. 5.1.10 werden Verbindungsmittel an sich, also ohne zusätzlichen Schutz, nicht gesondert abgerechnet. Ihre Vergütung ist im Preis der Hauptleistung enthalten.

Zu 0.5.3.5:

Gem. 5.1.9 sind Armaturen einschließlich Flanschpaare sowie Flansche gesondert abzurechnen. Gem. 5.1.5 werden bei Abrechnung von Rohren nach Längenmaß, d.h. wenn ihr Umfang 90 cm nicht überschreitet, Armaturen, Flansche und dergleichen übermessen.

Zu 0.5.4.1:

Konstruktionen oder getrennt erfaßbare Konstruktionsteile sind nach Gewicht abzurechnen. Gem. 5.1.7 wird das Gewicht von Teilen, deren Flächen ganz oder teilweise nicht zu behandeln sind, nicht abgezogen, z.B. einbetonierte Stützenfüße.

Die Regelungen in 5.1.10 sind zu beachten.

Bild 1 Messung des Korrosionsschutzes an einem Blechträger

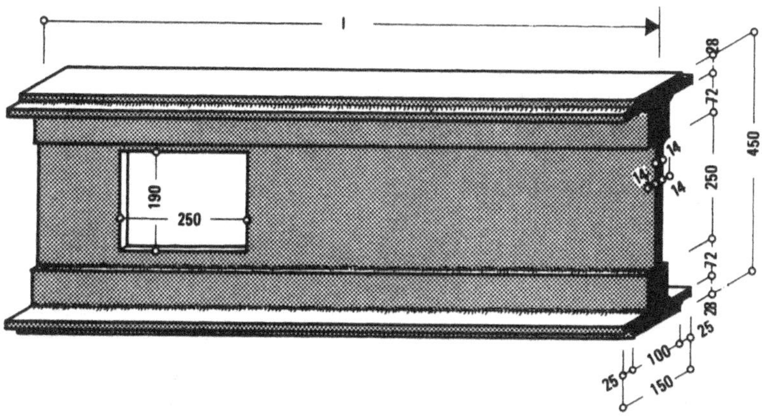

Gem. 0.5.1.1 Abrechnung des Korrosionsschutzes des vollwandigen Blechträgers nach Flächenmaß. Im vorliegenden Fall wird der Träger allseitig durch Anstrich geschützt. Für die Flächenermittlung gelten gem. 5.1.3 die größte zu messende Länge des Blechträgers und die zu streichenden Flächen in der Abwicklung. Die Dicke der Bleche beträgt 14 mm.

Gem. 5.2.1 ist kein Abzug der Aussparung, deren Fläche je Stegseite mit 0,19 m · 0,25 m kleiner als 0,10 m² ist.

F des allseitig gestrichenen Blechträgers

=l · 2(0,15+0,45+0,15−0,014)=l · 1,57=... m².

Bild 2 Messung des Korrosionsschutzes an Fachwerkkonstruktionen

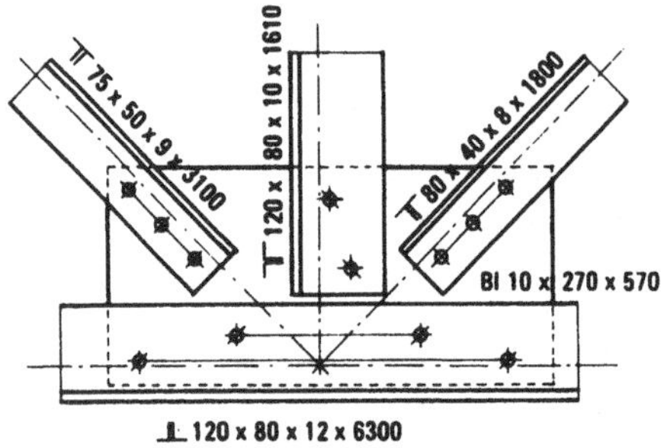

Gem. 0.5.1.1 Abrechnung des Korrosionsschutzes an einem Fachwerkträger, ggf. getrennt nach unterschiedlichen Leistungen, nach Flächenmaß. Die Abrechnung zum Stückpreis kommt nur für Fachwerkkonstruktionen in Betracht, die in mehrfacher Anzahl abzurechnen sind, z.B. für Gittermaste.

Gem. 5.1.3 ist für die Flächenermittlung die größte Länge der einzelnen Fachwerkstäbe zu messen.

Gem. 5.2.1 werden Aussparungen des Oberflächenschutzes bis 0,10 m² Einzelgröße nicht abgezogen.

Bild 3 Messung des Korrosionsschutzes von Fachwerkträgern und Gittermasten

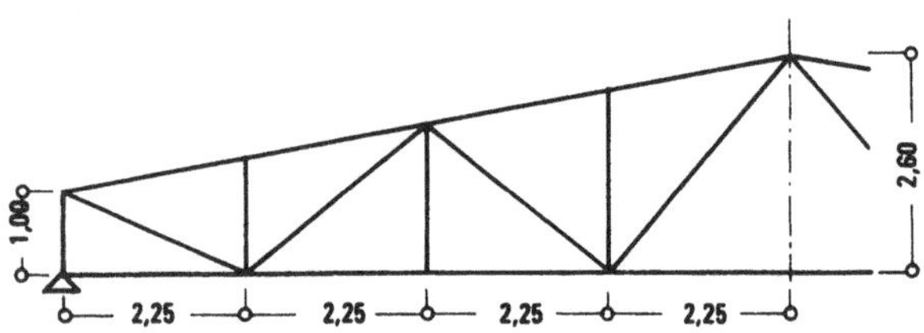

Fachwerkbrücke

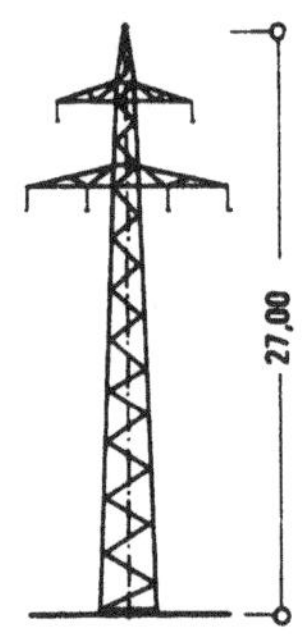

Donaumastbild

Gem. 0.5.1.1 Abrechnung des Korrosionsschutzes an Fachwerkkonstruktionen ggf. getrennt nach unterschiedlichen Leistungen nach Flächenmaß, sofern die Fachwerkkonstruktion aus Profilen mit einem Umfang von mehr als 90 cm besteht. Unterschreitet der Umfang das Maß von 90 cm, ist gem. 0.5.2.1 nach Längenmaß abzurechnen.

Gem. 5.1.3 gilt für die Flächenermittlung die größte Länge der einzelnen Fachwerkstäbe.

Gem. 5.2.1 werden Aussparungen des Korrosionsschutzes bis 0,10 m² Einzelgröße einschließlich nicht abgezogen.

Die Maße der Trägerstäbe sind den Profiltabellen der Normen zu entnehmen.

Bild 4 Messung des Korrosionsschutzes an Profilstäben bis 90 cm Umfang

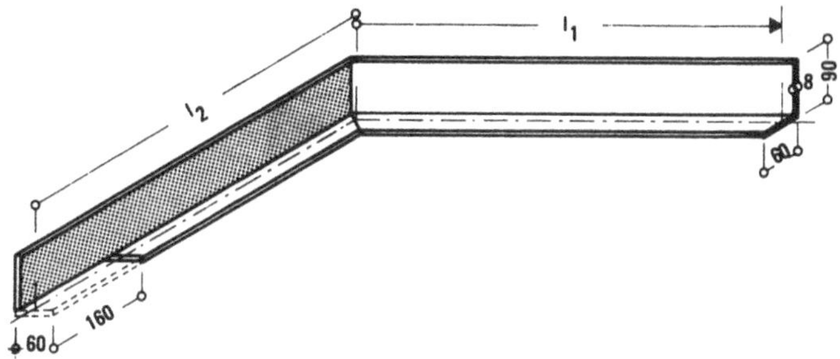

Gem. 0.5.2.1 Abrechung des Korrosionsschutzes an Profilstäben L 90×60×8 DIN 1029 – USt 37 – 2, deren Abwicklung weniger als 90 cm beträgt, nach Längenmaß. Die Maße können DIN 1029 entnommen werden.

Gem. 5.1.3 ist bei Abrechnung nach Längenmaß die größte Länge der im Winkel verschweißten Stäbe zu messen.

Gem. 5.2.1 wird die durch den Trägerausschnitt entstehende Aussparung in der Fläche des Korrosionsschutzes nicht abgezogen, da sie mit 2 · 0,060 · 0,16+0,008 · 0,16=0,020 m² kleiner als 0,10 m² ist.

Bild 5 Messung des Korrosionsschutzes an Profilstäben über 0,90 m² Mantelfläche

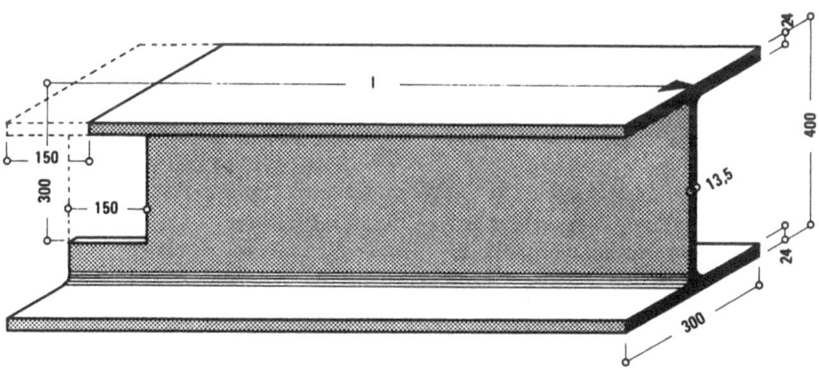

Gem. 0.5.1.1 Abrechnung des Korrosionsschutzes an einem Formstahlträger, PB 400 DIN 1025 – St 37–2, dessen Abwicklung 1,93 m beträgt, nach Flächenmaß. Die Maße können DIN 1025 entnommen werden.

Gem. 5.1.3 ist für die Flächenermittlung die größte Länge des ganzen Trägers zu messen.

Gem. 5.2.1 wird die Aussparung, da sie mit 2(2 · 0,15 · 0,30+0,024 · 0,15)=1,84 m² größer als 0,10 m² ist, abgezogen.

F der gestrichenen Trägerflächen=l · 1,93–0,184=... m².

VOB Teil C:
Allgemeine Technische Vertragsbedingungen für Bauleistungen (ATV)
Bodenbelagarbeiten – DIN 18365
Ausgabe Mai 1998

1 Geltungsbereich

1.1 Die ATV »Bodenbelagarbeiten« – DIN 18365 – gilt für das Verlegen von Bodenbelägen in Bahnen und Platten aus Linoleum, Kunststoff, Natur- und Synthesekautschuk, Textilien und Kork sowie für das Verlegen von Schichtstoff-Elementen.

1.2 Die ATV DIN 18365 gilt nicht für
- Estriche (siehe ATV DIN 18353 »Estricharbeiten«),
- Asphaltbeläge (siehe ATV DIN 18354 »Gußasphaltarbeiten«),
- Parkettfußböden (siehe ATV DIN 18356 »Parkettarbeiten«) und
- Holzpflasterarbeiten (siehe ATV DIN 18367 »Holzpflasterarbeiten«).

1.3 Ergänzend gelten die Abschnitte 1 bis 5 der ATV DIN 18299 »Allgemeine Regelungen für Bauarbeiten jeder Art«. Bei Widersprüchen gehen die Regelungen der ATV DIN 18365 vor.

5 Abrechnung

Gem. ATV DIN 18299 Abschnitt 5 gilt allgemein:

Die Leistung ist aus Zeichnungen zu ermitteln, soweit die ausgeführte Leistung diesen Zeichnungen entspricht. Sind solche Zeichnungen nicht vorhanden, ist die Leistung aufzumessen.

Abrechnungseinheiten

Gem. 0.5 sind im Leistungsverzeichnis die Abrechnungseinheiten wie folgt vorzusehen:

0.5.1 Flächenmaß (m²), getrennt nach Bauart und Maßen, für
0.5.1.1 – Vorbereiten des Untergrundes, z.B. Reinigen, Spachteln, Schleifen,
0.5.1.2 – Unterlagen, Bodenbeläge und Schutzabdeckungen,
0.5.1.3 – Verschweißen und Verfugen.
0.5.2 Längenmaß (m), getrennt nach Bauart und Maßen, für
0.5.2.1 – Abschneiden von Wand-Randstreifen und Abdeckungen,
0.5.2.2 – Bodenbeläge von Stufen und Schwellen,
0.5.2.3 – Leisten, Profile, Kanten, Schienen,
0.5.2.4 – Friese, Kehlen, Beläge von Kehlen und Markierungslinien,
0.5.2.5 – Verschweißen und Verfugen,
0.5.2.6 – Anarbeiten der Bodenbeläge an Einbauteile und Einrichtungsgegenstände,
0.5.2.7 – Schließen von Fugen.
0.5.3 Anzahl (Stück), getrennt nach Bauart und Maßen, für
0.5.3.1 – Bodenbeläge von Stufen und Schwellen,
0.5.3.2 – seitliche Stufenprofile,
0.5.3.3 – Intarsien und Einzelmarkierungen,
0.5.3.4 – Abschluß- und Trennschienen,
0.5.3.5 – vorgefertigte Innen- und Außenecken bei Sockelleisten,

0.5.3.6 – Anarbeiten von Bodenbelägen in Räumen mit besonderen Installationen, z.B. Rohrdurchführungen, Einbauteile, Einrichtungsgegenstände.

Ergänzend zu ATV DIN 18299 Abschnitt 5 gilt:

5.1 Allgemeines

5.1.1 Der Ermittlung der Leistung – gleichgültig, ob sie nach Zeichnungen oder nach Aufmaß erfolgt – sind zugrunde zu legen:

bei Bodenbelägen, Unterlagen, Schutzabdeckungen

- auf Flächen mit begrenzenden Bauteilen die Maße der zu belegenden Flächen bis zu den begrenzenden ungeputzten bzw. nicht bekleideten Bauteilen,
- auf Flächen ohne begrenzende Bauteile deren Maße,
- auf Flächen von Stufen und Schwellen deren größte Maße.

Der Vorrang, den die Feststellung der Leistung aus den Zeichnungen genießt, soll den Zeit- und Arbeitsaufwand ersparen, der für das örtliche gemeinsame Aufmessen und für das damit verbundene Anfertigen von Skizzen aufzuwenden wäre. Eine bestimmte Zeichnungsart ist nicht vorgeschrieben. Es dürfen Entwurfszeichnungen, Ausführungszeichnungen und, besonders bei turnusmäßigen Erneuerungsarbeiten, auch Bestandszeichnungen verwendet werden. Die Zeichnungen müssen jedoch der Bedingung entsprechen, daß aus ihnen die ausgeführte Leistung zutreffend ersichtlich ist. In jedem Fall aber, gleichgültig, ob die Leistung aus Zeichnungen oder durch örtliches Aufmaß festgestellt wird, gelten dieselben Abrechnungsregeln. In der Leistungsbeschreibung ist vorzuschreiben, ob die Leistung nach Zeichnungen oder durch örtliches Aufmaß ermittelt werden soll.

Allgemein gilt, daß für die Feststellung der Leistung bei Bodenbelägen, die von Bauteilen begrenzt sind, die zu belegende Fläche bis zu den begrenzenden, ungeputzten bzw. unbekleideten Bauteilen zu rechnen ist und daß bei Bodenbelägen ohne begrenzende Bauteile, z.B. Läufer, die tatsächlichen Abmessungen dieser Beläge der Abrechnung zugrunde zu legen sind. Für die Abrechnung von Bodenbelägen, die von Bauteilen begrenzt sind, besteht also die Messungserleichterung, daß die abzurechnende Fläche ohne Berücksichtigung etwaiger Putzdicken oder sonstiger Dicken von Bekleidungen nach den Nennmaßen zu ermitteln ist, durch welche die Abstände der begrenzenden Bauteile bestimmt werden. Die mit dieser Messungserleichterung verbundene Ungenauigkeit, denn die abzurechnende Fläche ist im allgemeinen größer als die tatsächliche Leistung, kann jedoch gegen den Vorteil der leichteren Leistungsermittlung nach Konstruktionsmaßen in Kauf genommen werden, zumal in Zeichnungen die Nennmaße enthalten sind. Dazu kommt, daß bereits für andere Abrechnungen nach Nennmaßen festgestellte Flächengrößen auch für die Abrechnung von Bodenbelagarbeiten verwendet werden können (Bilder 1 bis 8).

5.1.2 Bei der Ermittlung des Längenmaßes wird die größte Bauteillänge gemessen.

Diese Vorschrift kommt auch für die Längenbemessung in Betracht, die für Flächenermittlungen notwendig ist. Gem. 5.2.2 sind Unterbrechungen über 1 m Einzellänge abzuziehen (Bilder 2 bis 8).

5.1.3 In Bodenbeläge nachträglich eingearbeitete Teile werden übermessen, z.B. Intarsien, Markierungen.

Intarsien und Einzelmarkierungen werden gem. 0.5.3.3, getrennt nach Bauart und Maßen, nach Anzahl abgerechnet. Daß sie bei der Abrechnung von Bodenbelägen nicht abzuziehen sind, dient der Messungsvereinfachung (Bild 8).

5.2 Es werden abgezogen:

5.2.1 bei Abrechnung nach Flächenmaß (m^2):

Aussparungen über 0,1 m^2 Einzelgröße, z.B. für Öffnungen, Pfeiler, Pfeilervorlagen, Rohrdurchführungen (Bilder 1, 3, 4, 7, 8).

5.2.2 bei Abrechnung nach Längenmaß (m):

Unterbrechungen über 1 m Einzellänge (Bilder 2, 3, 4, 7).

Zu 0.5.1.1:

Das Vorbereiten des Untergrundes kann notwendig werden, wenn der Auftragnehmer bei seiner Prüfung Mängel geltend macht, z.B. bei

- *größeren Unebenheiten,*
- *Rissen im Untergrund,*
- *nicht genügend trockenem Untergrund,*
- *nicht genügend fester Oberfläche des Untergrundes,*
- *zu poröser und zu rauher Oberfläche des Untergrundes,*
- *gefordertem kraftschlüssigem Schließen von Bewegungsfugen im Untergrund,*
- *verunreinigter Oberfläche des Untergrundes, z.B. durch Öl, Wachs, Lacke, Farbreste,*
- *unrichtiger Höhenlage der Oberfläche des Untergrundes im Verhältnis zur Höhenlage anschließender Bauteile,*
- *ungeeigneter Temperatur des Untergrundes.*

Abrechnungseinheit für Vorbereiten des Untergrundes ist das Flächenmaß gem. 5.1.1, getrennt nach Bauart und Maßen.

Nach der ATV ist das Reinigen des Untergrundes von grober Verschmutzung, soweit sie von anderen Unternehmern herrührt, als Besondere Leistung abzurechnen. Das gleiche gilt für das Vorbereiten des Untergrundes zur Erzielung eines guten Haftgrundes, z.B. Vorstreichen, maschinelles Bürsten oder Anschleifen und Absaugen (Bilder 1, 3, 8).

Zu 0.5.1.2:

Abrechnungseinheit für Unterlagen, Bodenbeläge und Schutzabdeckungen ist das Flächenmaß gem. 5.1.1, getrennt nach Bauart und Maßen. Auch nach der Länge orientierte Beläge, z.B. Läufer, sind nach Flächenmaß abzurechnen. Gem. 5.1.2 ist für die Ermittlung des Flächenmaßes das Längenmaß in der größten Bauteillänge zu messen.

Unterlagen, z.B. Korkfilzpappen, Korkment, Holzspanplatten, Schaumstoffe, Gummimatten, müssen für die Klebstoffe einen guten Haftgrund bilden.

Gem. 5.2.1 sind bei Abrechnung nach Flächenmaß Aussparungen über 0,1 m^2 Einzelgröße, z.B. für Öffnungen, Pfeiler, Pfeilervorlagen, Rohrdurchführungen, abzuziehen (Bilder 1 bis 8).

Zu 0.5.1.3:
Nach der ATV ist thermisches Verschweißen von Kunststoffbelägen sowie Verfugen von Linoleum- und Gummibelägen als Besondere Leistung abzurechnen. Abrechnungseinheit ist das Flächenmaß, das sich auf die Fläche des Belages bezieht. 5.2.1 ist zu beachten.

Zu 0.5.2.1:
Abrechnungseinheit für das Abschneiden von Wand-Randstreifen und deren Abdeckungen ist das Längenmaß. Gem. 5.2.2 sind Unterbrechungen über 1 m Einzellänge abzuziehen. Gem. 5.1.2 ist die größte Bauteillänge zu messen.

Zu 0.5.2.2:
Bodenbeläge von Stufen und Schwellen können sowohl nach Längenmaß wie auch nach Anzahl abgerechnet werden. Die Abrechnungseinheit ist bereits bei Aufstellung der LB festzulegen. Bei Abrechnung nach Flächenmaß sind gem. 5.1.1 die größten Flächen der Stufen und Schwellen zu rechnen. In beiden Fällen ist nach Bauart und Maßen zu trennen.

Zu 0.5.2.3:
Abrechnungseinheit von Leisten, Profilen, Kanten und Schienen ist das Längenmaß. Gem. 5.1.2 wird bei der Ermittlung des Längenmaßes die größte Bauteillänge gemessen. Gem. 5.2.2 sind Unterbrechungen über 1 m Einzellänge abzuziehen (Bild 2).

Zu 0.5.2.4:
Friese, Kehlen, Beläge von Kehlen und Markierungslinien sind nach Längenmaß abzurechnen. Nach der ATV gehört das Herstellen von Friesen, Kehlen und Markierungslinien sowie von Belägen in Kehlen zu den Besonderen Leistungen. Gem. 5.1.2 wird die größte Bauteillänge gemessen. Gem. 5.2.2 sind Unterbrechungen über 1 m Einzellänge abzuziehen (Bilder 1 bis 8).

Zu 0.5.2.5:
Verschweißen und Verfugen kann sowohl nach Flächenmaß wie auch nach Längenmaß abgerechnet werden. Für die Abrechnung nach Längenmaß gelten 5.1.2 und 5.2.2. Die Entscheidung, welche Abrechnungseinheit anzuwenden ist, muß bei Aufstellung der LB erfolgen (Bild 8).

Zu 0.5.2.6:
Abrechnungseinheit für das Anarbeiten der Bodenbeläge an Einbauteile, z.B. Bühne, Podium und an Einrichtungsgegenstände, z.B. festes Pult, ist das Längenmaß. Nach der ATV gehört das nachträgliche Herstellen von Anschlüssen an angrenzende Bauteile zu den Besonderen Leistungen. 5.1.2 und 5.2.2 sind zu beachten.

Zu 0.5.2.7:
Nach der ATV ist das Schließen und-/oder Abdecken von Fugen, z.B. Bewegungs-, Anschluß- und Scheinfugen, als Besondere Leistung abzurechnen. Abgerechnet wird nach dem Längenmaß. Gem. 5.1.2 ist die größte Bauteillänge zu messen. Gem. 5.2.2 sind Unterbrechungen über 1 m Einzellänge abzuziehen.

Zu 0.5.3.1:
Bodenbeläge von Stufen und Schwellen können sowohl nach Längenmaß wie auch nach Anzahl abgerechnet werden. Es ist in beiden Fällen nach Bauart und Maßen zu trennen. Bei Abrechnung nach Längenmaß gelten die größten Maße der Stufen bzw. Schwellen (Bild 5).

Zu 0.5.3.2:

Abrechnungsmaß für seitliche Stufen-Profile, z.B. Leisten, ist die Anzahl. Diese richtet sich nach der Anzahl der Stufen. Es ist nach Bauart und Maßen zu trennen (Bild 5).

Zu 0.5.3.3:

Intarsien und Einzelmarkierungen werden nach Anzahl abgerechnet. Es ist nach Bauart und Maßen zu trennen. Gem. 5.1.3 werden in Bodenbeläge nachträglich eingearbeitete Teile, z.B. Intarsien, Markierungen, von der Fläche des Bodenbelages nicht abgezogen (Bild 7).

Zu 0.5.3.4:

Abschluß- und Trennschienen, die aus anderen Stoffen als der Bodenbelag bestehen, z.B. PVC-Profile bei Textilbelägen, oder solche, die nicht zusammen mit dem Bodenbelag aufgebracht werden, z.B. Abschlußschienen, Trennschienen, werden nach Anzahl abgerechnet. Es ist nach Bauart und Maßen zu trennen.

Zu 0.5.3.5:

Nach der ATV ist das Einbauen vorgefertigter Innen- und Außenecken bei Sockelleisten als Besondere Leistung abzurechnen. Abrechnungseinheit ist die Anzahl. Es ist nach Bauart und Maßen zu trennen.

Zu 0.5.3.6:

Nach der ATV gehört zu den Besonderen Leistungen

- *das Herstellen von Aussparungen in Bodenbelägen für Rohrdurchführungen und dergleichen in Räumen mit besonderer Installation,*
- *das Anarbeiten der Bodenbeläge an Einbauteile oder Einrichtungsgegenstände in solchen Räumen und*
- *das Anschließen der Bodenbeläge an Einbauteile und Wände, für die keine Leistenabdeckung vorgesehen ist.*

Abrechnungseinheit ist die Anzahl. Es ist nach Bauart und Maßen zu trennen (Bild 8).

Bild 1 Messung eines Bodenbelages mit Fries

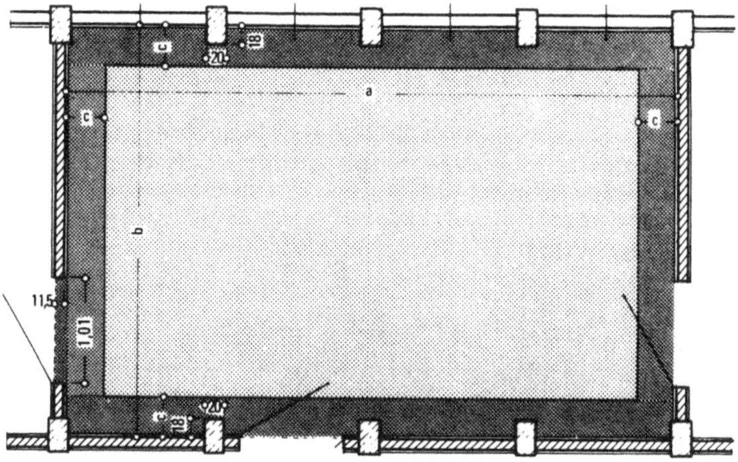

Gem. 0.5.1.2 Abrechnung des Bodenbelages aus Kunstharz-Asbest-Platten, 2 mm dick, auf Anhydritestrich nach Flächenmaß. Für die Flächenermittlung gilt gem. 5.1.1 die zu belegende Fläche bis zu den begrenzenden, ungeputzten bzw. unbekleideten Wänden.

Gem. 5.2.1 kein Abzug für die Pfeileraussparungen, da deren Fläche im einzelnen mit $0{,}20 \cdot 0{,}18 = 0{,}036\ m^2$ kleiner als $0{,}10\ m^2$ ist. Hinzurechnung des Belages auf der Grundfläche der Öffnung der raumauswärts schlagenden Tür mit $1{,}01 \cdot 0{,}115 = 0{,}12\ m^2$.

F des Bodenbelages einschließlich Fries$=a \cdot b+0{,}12=\ldots\ m^2$.

Gem. 0.5.2.4 Abrechnung des Mehraufwandes für den c cm breiten Fries als Zulage zum Preis des Bodenbelages nach Längenmaß.

L des Frieses$=2 \cdot a+2(b-2 \cdot c)=\ldots$ m.

Gem. 0.5.1.1 Abrechnung für das Vorbereiten des Untergrundes durch Voranstrich des Anhydritestrichs zur Erzielung eines guten Haftgrundes nach Flächenmaß.

F des Voranstrichs$=a \cdot b+0{,}12=\ldots\ m^2$.

Abrechnung der ersten Pflege des Bodenbelages nach Flächenmaß.

F des zu pflegenden Bodenbelages$=a \cdot b+0{,}12=\ldots\ m^2$.

Bild 2 Messung des Bodenbelages in einem Kinosaal

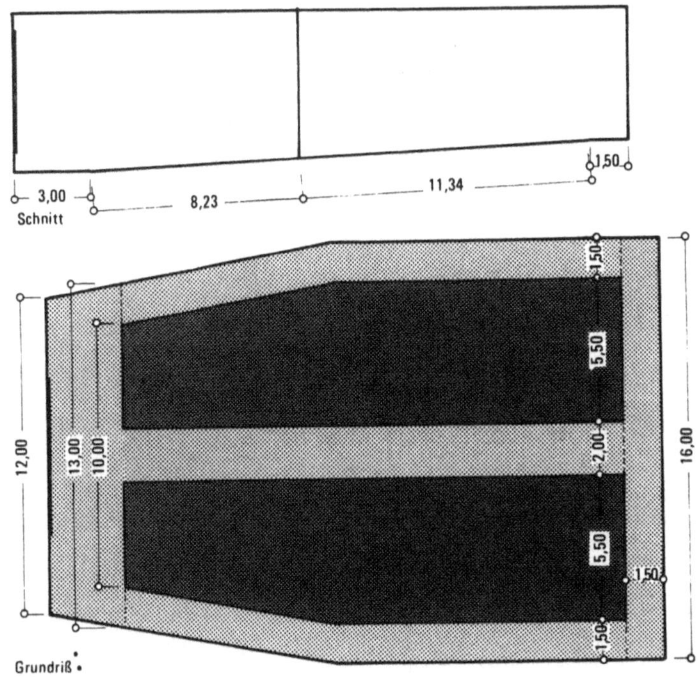

Gem. 0.5.1.2 Abrechnung des Bodenbelages auf den Gehflächen eines Kinosaales aus Velours-Bahnenware nach Flächenmaß. Die Arbeit ist durch schräge Begrenzungen erschwert.

Gem. 5.1.1 ist der Flächenermittlung die zu belegende Fläche bis zu den begrenzenden, ungeputzten bzw. unbekleideten Wänden zugrunde zu legen. Wo der Veloursbelag an den Bouclébelag angrenzt, gelten die tatsächlichen Abmessungen des Belages.

F des Veloursbelages+

$$=16{,}00 \cdot 1{,}50+5{,}00 \cdot 11{,}34+2{,}00 \cdot 8{,}23+\left(\frac{16{,}00+13{,}00}{2}-\frac{11{,}00+8{,}00}{2}\right) \cdot 8{,}23$$

$$+\frac{10{,}00+12{,}00}{2}\ 3{,}00=171{,}31\ m^2.$$

Gem. 0.5.1.2 Abrechnung des Bodenbelages auf den für die Sitze vorgesehenen Flächen des Kinosaales aus Bouclé-Bahnenware nach Flächenmaß. Die Arbeit ist durch schräge Begrenzungen erschwert.

Gem. 5.1.1 gelten für Bodenbeläge, die nicht von Bauteilen begrenzt werden, deren Abmessungen.

$$F \text{ des Bouclébelages}=11{,}00 \cdot 11{,}34+\frac{11{,}00+8{,}00}{2} \cdot 8{,}23=202{,}93\ m^2.$$

Gem. 0.5.2.3 Abrechnung der Wandanschlußleisten aus PVC-Profil nach Längenmaß. Gem. 5.1.2 ist die größte Bauteillänge zu messen. Unterbrechungen durch Türen sind gem. 5.2.2 abzuziehen, wenn ihre Einzellänge 1 m überscheitet. Aussparungen sind gem. 5.2.2 abzuziehen, wenn sie über 0,1 m hinausgehen.

Gem. 0.5.1.2 Abrechnung der Unterlagen aus Korkfilzplatten für den Bodenbelag nach Flächenmaß. F der Unterlagen für den gesamten Bodenbelag=171,31 · 202,93=374,24 m².

Gem. 0.5.1.2 Abrechnung des besonderen Schutzes der textilen Beläge während der restlichen Bauzeit nach Flächenmaß.

F des besonderen Schutzes für die gesamte Fläche des Bodenbelages=374,24 m².

Bild 3 Messung von Bodenbelägen und Läufern

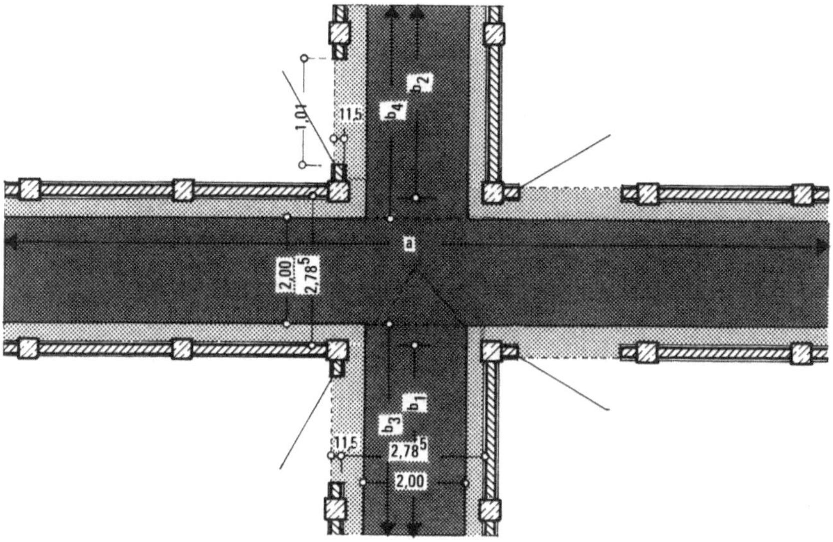

Gem. 0.5.1.2 Abrechnung des Bodenbelages in den sich kreuzenden Fluren aus PVC-Platten nach DIN 16951, 2 mm dick, nach Flächenmaß.

Gem. 5.1.1 gilt für die Flächenermittlung die zu belegende Fläche bis zu den begrenzenden, ungeputzten bzw. unbekleideten Flurwänden.

Gem. 5.2.1 kein Abzug der Aussparungen für die in die Fläche greifenden Stahlbetonstützen, da diese im einzelnen kleiner als 0,10 m² sind. Hinzurechnung der belegten Grundflächen der Türen mit je 1,01 · 0,115=0,12 m².

F des Bodenbelages der Flure aus PVC-Platten=$(a+b_1+b_2) \cdot 2{,}785+n \cdot 0{,}12=\ldots\ m^2$.

Gem. 0.5.1.2 Abrechnung der Flurläufer aus Textilbahnen, 2,00 m breit, nach Flächenmaß. Es gelten für die Flächenermittlung die größten Bauteillängen. l der Flurläufer=$(a+b_3+b_4) \cdot 2=\ldots\ m^2$.

Gem. 0.5.2.4 Abrechnung der Wandkehlen des Fußbodenbelages aus PVC-Platten, getrennt nach Art und Abmessungen. Gem. 5.1.2 ist die größte Bauteillänge zu messen. Gem. 5.2.2 sind Unterbrechungen über 1 m Einzellänge abzuziehen.

Gem. 0.5.1.1 Abrechnung des Ausgleichs des Untergrundes, 1,5 cm dick, nach Flächenmaß.

Abrechnung der ersten Pflege des Bodenbelages aus PVC-Platten nach Flächenmaß.

F der Ausgleichsschicht=$(a+b_1+b_2) \cdot 2{,}785+n \cdot 0{,}12=\ldots\ m^2$.

F der zu pflegenden Fläche des Bodenbelages wie vor.

Bild 4 Messung von Bodenbelägen mit Kehlen und von Kehlbelägen

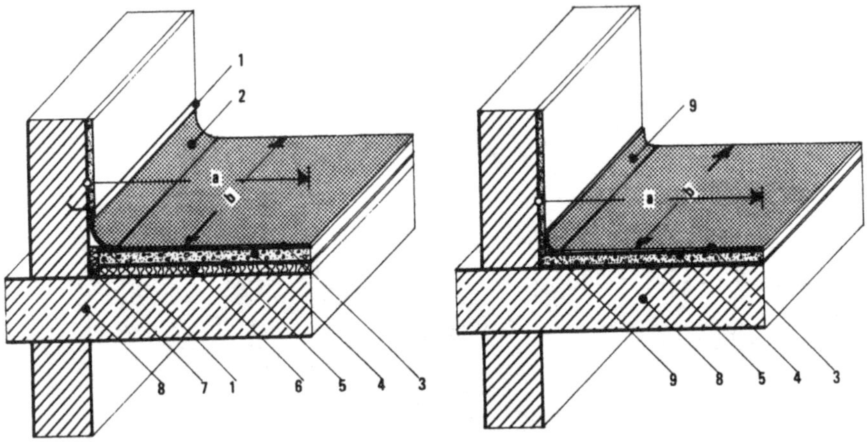

A Kehlbelag auf Metallunterkonstruktion

B Kehle aus PVC-Profil

1 Metallprofil, zugleich Putzlehre
2 Kehlbelag aus PVC-Platten
3 Bodenbelag aus PVC-Platten
4 Schwimmender Estrich
5 Abdeckung
6 Dämmschicht
7 Dämmstreifen
8 Tragende Rohdecke
9 Kehle aus PVC-Profil

Gem. 0.5.1.2 Abrechnung des Bodenbelages aus PVC-Platten nach DIN 16952-1, Dicke 2,5 mm, nach Flächenmaß.

Gem. 5.1.1 gilt für die Flächenermittlung die zu belegende Fläche bis zu den begrenzenden, ungeputzten bzw. unbekleideten Bauteilen.

Gem. 5.2.1 werden Aussparungen bis zu 0,10 m² Einzelgröße nicht abgezogen. Kehlen und Kehlbeläge, die im Zusammenhang mit dem Fußboden und aus demselben Stoff hergestellt werden, sind dabei zu übermessen, d.h. die hochgezogenen Teile der Kehle werden nicht besonders gemessen.

F des Fußbodenbelages=a · b abzüglich etwaiger Aussparungen=... m².

Gem. 0.5.2.4 Abrechnung des Kehlbelages aus PVC-Platten auf Metallprofil (A), das zugleich als Putzlehre dient, nach Längenmaß als Zulage zum Preis für den Bodenbelag als Besondere Leistung.

Wegen der Preisklarheit ist es zweckmäßig, für das Liefern und Einbauen des Metallprofils einen besonderen Ansatz vorzusehen, falls diese Leistung nicht ohnehin nach ATV DIN 18360 »Metallbauarbeiten« ausgeführt und abgerechnet wird.

Gem. 0.5.2.4 auch Abrechnung der Kehle aus PVC-Profil (B) nach Längenmaß als Zulage zum Preis für den Bodenbelag.

Gem. 5.1.2 ist die größte Bauteillänge zu messen.

Gem. 5.2.2 werden Unterbrechungen über 1 m Einzellänge abgezogen.

Bild 5 Messung des Belages von Treppenstufen und von Stoßkanten

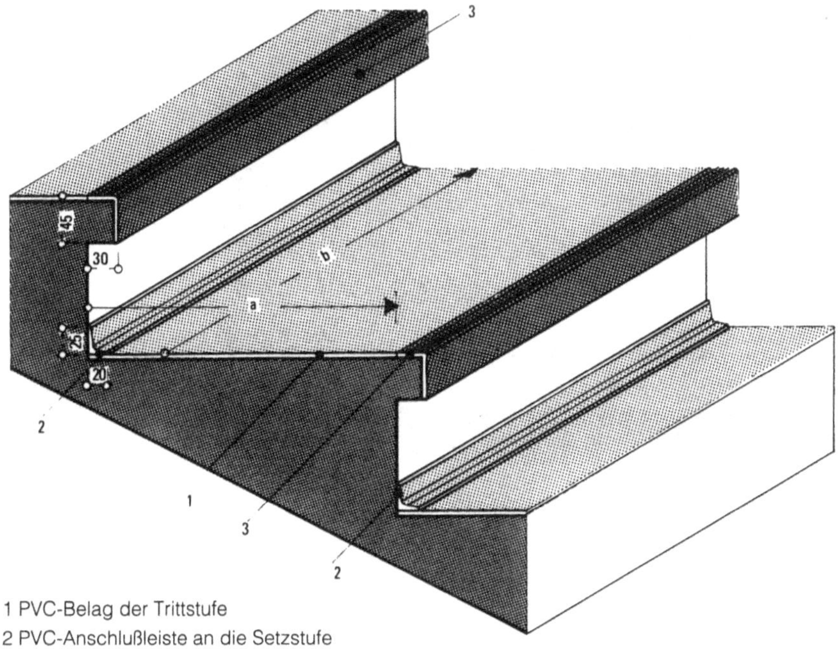

1 PVC-Belag der Trittstufe
2 PVC-Anschlußleiste an die Setzstufe
3 Stoßkante

Gem. 0.5.3.1 Abrechnung des Belages der Trittstufen aus PVC-Bahnenware gem. DIN 16952-2 nach Anzahl der Stufen oder gem. 0.5.2.2 nach Längenmaß. Bei Abrechnung nach Anzahl der Stufen sind deren Bauart und Maße anzugeben.

Gem. 5.1.1 gelten für die Flächenermittlung die größten Maße der Stufen. Im vorliegenden Fall ist die belegte Stufenfläche bis zur Oberfläche des Betons der Setzstufe und bis an die Stoßkante zu messen. Die Fläche aller Stufenbeläge ist zu addieren.

F des gesamten Stufenbelages=n · a · b=... m².

Gem. 0.5.2.3 Abrechnung der auf den Stufenbelag aufgesetzten PVC-Anschlußleiste an die Setzstufe, 20/25 mm, als selbständige Leistung nach Längenmaß. Gem. 5.1.2 wird die größte Bauteillänge gemessen.

L der PVC–Anschlußleiste=n · b=... m.

Gem. 0.5.2.3 Abrechnung der PVC-Stoßkante, 30/45 mm, nach Längenmaß ebenfalls als selbständige Leistung. L der PVC-Stoßkante=n · b=... m.

Bild 6 Messung der Markierung für Volleyball in einer Halle

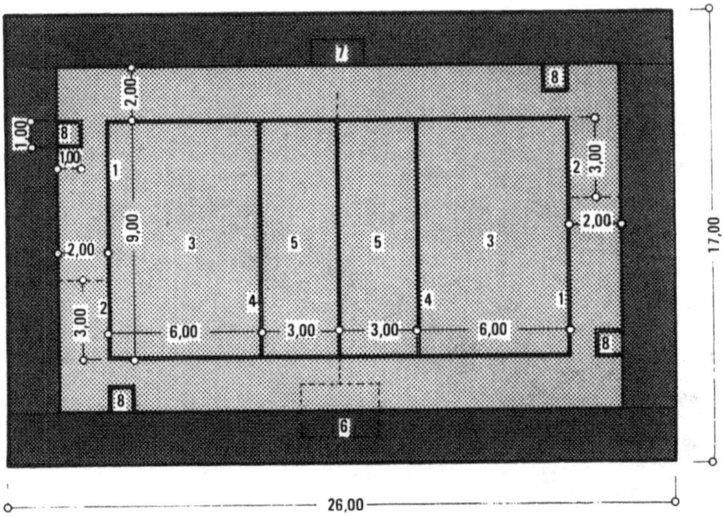

1 Grundlinie
2 Aufgaberaum
3 Verteidigungszone
4 Angriffslinie
5 Angriffszone
6 Schiedsrichter-Hochsitz
7 Anschreibertisch
8 Linienrichter

Gem. 0.5.1.2 Abrechnung des Bodenbelages der Halle aus PVC-Bahnen gem. DIN 16952 Teil 3 nach Flächenmaß.

Gem. 5.1.1 gilt für die Leistungsermittlung die zu belegende Fläche bis zu den begrenzenden, ungeputzten bzw. unbekleideten Bauteilen.

Gem. 5.1.2 sind etwaige Aussparungen über 0,10 m² Einzelgröße abzuziehen.

F des Bodenbelages der Halle=17,00 · 26,00=442,00 m².

Gem. 0.5.2.4 Abrechnung des 2 m breiten dunkelfarbigen Frieses, PVC-Bahnen wie der übrige Bodenbelag, nach Längenmaß als Zulage zum Preis für den Bodenbelag.

Bei Abrechnung nach Längenmaß ist

L des Frieses=2(26,00+13,00)=78,00 m.

Gem. 0.5.2.4 Abrechnung der Markierungsstreifen, je 5 cm breit, aus PVC-Bahnen geschnitten, Farbe blau, für das Spielfeld nach Längenmaß. Die Markierungsstreifen begrenzen die jeweilige Fläche mit ihren äußeren Linien. Gem. 5.1.2 ist die größte Länge zu messen.

L der Markierungsstreifen für das eigentliche Spielfeld

=5 · 9,00+2(18,00−5 · 0,05)=80,50 m.

L der Markierungsstreifen für die Linienrichter

=4(2 · 1,00+0,90)=11,60 m.

Bild 7 Messung eines Bodenbelages mit Fries und Intarsien

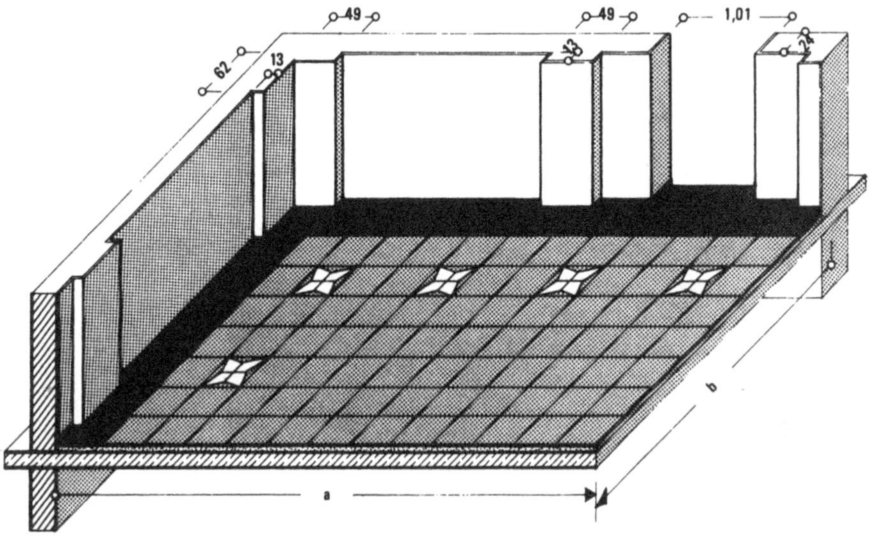

Gem. 0.5.1.2 Abrechnung des Bodenbelages einschließlich Fries und Intarsien, PVC-Bahnen und PVC-Platten gem. DIN 16950, nach Flächenmaß.

Gem. 5.1.1 gilt für die Leistungsermittlung die zu belegende Fläche bis zu den begrenzenden, ungeputzten bzw. unbekleideten Wänden.

Gem. 5.2.1 Abzug der Aussparungen für die Eckrisalite, die mit je 0,13 · 1,11=0,14 m² größer als 0,10 m² sind. Kein Abzug der Aussparungen für die Wandrisalite, die mit je 0,13 · 0,49=0,06 m² kleiner als 0,10 m² sind. Hinzurechnung der Grundfläche der Türöffnung, da die Tür nach außen schlägt, mit 0,24 · 1,01=0,24 m².

F des Bodenbelages für den gesamten Raum=a · b−4 · 0,14+0,24=... m².

Gem. 0.5.2.4 Abrechnung des Frieses entlang den Wänden, 45 cm breit, Stoffart wie der übrige Bodenbelag, jedoch dunklere Farbe und Bahnenware, nach Längenmaß als Zulage zum Preis für den Bodenbelag. Gem. 5.1.2 ist die größte Bauteillänge zu messen. Gem. 5.2.2 sind Unterbrechungen über 1 m Einzellänge abzuziehen.

Bei Abrechnung nach Längenmaß ist L des Frieses=2(a+b−2 · 0,45)=... m. Gem. 0.5.2.4 Abrechnung des auf den Bodenbelag aufgesetzten PVC-Kehlprofils 3,0-/2,0 cm, als selbständige Leistung nach Längenmaß. Gem. 5.1.2 ist die größte Bauteillänge zu messen.

Gem. 0.5.3.3 Abrechnung der Intarsien nach ihrer Stückzahl als Zulage zum Preis für den Bodenbelag. Bei der Abrechnung des Bodenbelages werden die Intarsien gem. 5.1.3 nicht abgezogen.

Gem. 0.5.1.2 Abrechnung des besonderen Schutzes des Bodenbelages während der restlichen Bauzeit nach Flächenmaß. Es gilt die für die Abrechnung des Bodenbelages gem. 5.2.1 ermittelte Flächengröße.

Bild 8 Messung eines verschweißten Bodenbelages

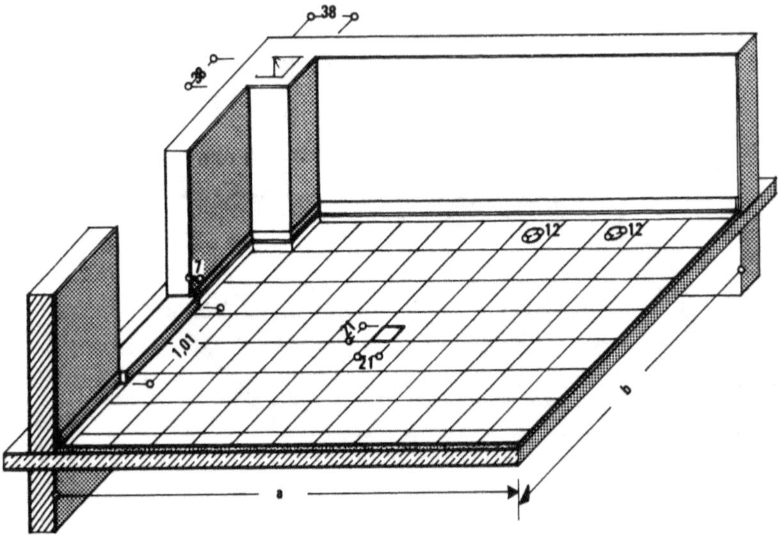

Gem. 0.5.1.2 Abrechnung des Bodenbelages aus PVC-Platten gem. DIN 16950, Dicke 2,5 mm, nach Flächenmaß.

Gem. 5.1.1 gilt für die Flächenermittlung die zu belegende Fläche bis zu den begrenzenden, ungeputzten bzw. unbekleideten Bauteilen.

Gem. 5.2.1 Abzug der Aussparung für die Schornsteinvorlage, die mit 0,38 · 0,38=0,14 m² größer als 0,10 m² ist. Kein Abzug der Aussparung für den Bodeneinlauf, die mit 0,21 · 0,21=0,04 m² kleiner als 0,10 m² ist. Aus dem gleichen Grund kein Abzug der Aussparungen für die in den Raum ragende Türschwelle mit 0,07 · 1,01=0,07 m² sowie für die beiden Rohrdurchführungen mit 0,12 m Durchmesser=je 0,01 m². F des Bodenbelages=a · b−0,14=... m².

Gem. 0.5.2.4 Abrechnung der Kehle aus PVC-Profil, die im Zusammenhang mit dem Fußboden ausgeführt wurde, nach Längenmaß als Zulage zum Preis für den Bodenbelag. Für die Längenermittlung gilt gem. 5.1.2, daß die größte Bauteillänge zu messen ist.

Gem. 0.5.1.1 Abrechnung für das Ausgleichen der Unterlage im Mittel 1,5 mm dick, nach Flächenmaß. Es gilt die Flächenermittlung für den Bodenbelag.

F des ausgeglichenen Untergrundes=a · b−0,14=... m².

Gem. 0.5.1.1 Abrechnung für das Vorbereiten des Untergrundes zur Erzielung eines guten Haftgrundes nach Flächenmaß. Es gilt die für den Bodenbelag ermittelte Fläche.

Gem. 0.5.3.6 Abrechnung für das Anschließen des Bodenbelages an den Bodeneinlauf sowie an die beiden Rohrdurchführungen, da es sich um einen Raum mit besonderen Installationen handelt, als Besondere Leistung zum Stückpreis oder nach Längenmaß. Für die Ermittlung des Längenmaßes gilt gem. 5.1.2 die Abwicklung der Schnittlängen.

L der Schnittlängen des Bodeneinlaufs=4 · 0,21=0,84 m.

L der Schnittlängen an den beiden Rohrdurchführungen=2 · 0,12 · 3,14=0,75 m.

Gem. 0.5.2.5 Abrechnung für das Verschweißen der PVC-Platten, 40/40 cm, nach Längenmaß. Bei Abrechnung nach Längenmaß ist die Länge der Nähte zu addieren.

Gem. Abrechnung für die Verfugung an der Schwelle mit Dichtstoff nach Längenmaß.

L der Schwellenverfugung=2 · 0,07+1,01=1,15 m

VOB Teil C:
Allgemeine Technische Vertragsbedingungen für Bauleistungen (ATV)
Tapezierarbeiten – DIN 18366
Ausgabe Dezember 1992

1 Geltungsbereich

1.1 Die ATV »Tapezierarbeiten« – DIN 18366 – gilt für das Tapezieren und Spannen von Wand- und Deckenbekleidungen einschließlich Kleben tapetenähnlicher Stoffe.

1.2 Die ATV DIN 18366 gilt nicht für Fliesen- und Plattenarbeiten (siehe ATV DIN 18352 »Fliesen- und Plattenarbeiten«).

1.3 Ergänzend gelten die Abschnitte 1 bis 5 der ATV DIN 18299 »Allgemeine Regelungen für »Bauarbeiten jeder Art«. Bei Widersprüchen gehen die Regelungen der ATV DIN 18366 vor.

5 Abrechnung

Gem. ATV DIN 18299 Abschnitt 5 gilt allgemein:

Die Leistung ist aus Zeichnungen zu ermitteln, soweit die ausgeführte Leistung diesen Zeichnungen entspricht. Sind solche Zeichnungen nicht vorhanden, ist die Leistung aufzumessen.

Siehe hierzu die eingehende Erläuterung zur ATV DIN 18299 »Allgemeine Regelungen für Bauarbeiten jeder Art«.

Abrechnungseinheiten

Gem. 0.5 sind im Leistungsverzeichnis die Abrechnungseinheiten wie folgt vorzusehen:

0.5.1 Flächenmaß (m^2), getrennt nach Bauart und Maßen, für
0.5.1.1 – Decken, Wände, Unterzüge, Vorlagen, Schrägen, Stützen; Unterzüge auch nach Längenmaß,
0.5.1.2 – Treppenuntersichten,
0.5.1.3 – Trennwände und dergleichen,
0.5.1.4 – Wand- und Deckenbekleidungsstoffe und dergleichen.
0.5.2 Längenmaß (m), getrennt nach Bauart und Maßen, für
0.5.2.1 – Leibungen,
0.5.2.2 – Treppenwangen,
0.5.2.3 – Gesimse, Hohlkehlen unter Angabe von Höhe und Ausladung,
0.5.2.4 – Unterzüge, Umrahmungen, Faschen und dergleichen; Unterzüge auch nach Flächenmaß,
0.5.2.5 – Deckel für Rolladenkästen,
0.5.2.6 – Rahmen, Riegel, Ständer, Deckenbalken, Vorlagen, Fachwerksteile und dergleichen; Vorlagen auch nach Flächenmaß,
0.5.2.7 – Blenden, Gardinenleisten und dergleichen,
0.5.2.8 – Leisten, Kordeln, Borten, Profile und dergleichen,
0.5.2.9 – Kunststoff-Folie, Spannstoffe.
0.5.3 Anzahl (Stück), getrennt nach Bauart u. Maßen für
0.5.3.1 – tapezierte, bespannte oder bekleidete Einzelflächen,

0.5.3.2 – Feldeinteilungen an Wänden, Türen und dergleichen,
0.5.3.3 – Einbaumöbel oder Möbel,
0.5.3.4 – Leisten, Gardinenleisten und dergleichen,
0.5.3.5 – Profile, Ornamente, z.B. Rosetten,
0.5.3.6 – Tapeten in Rollen, Spannstoffe in Ballen.

Ergänzend zur ATV DIN 18299 Abschnitt 5 gilt:

5.1 Allgemeines

5.1.1 Der Ermittlung der Leistung nach Zeichnungen sind zugrunde zu legen:

- auf Flächen ohne begrenzende Bauteile die Maße der ungeputzten, ungedämmten und nicht bekleideten Flächen,
- auf Flächen mit begrenzenden Bauteilen die Maße der zu behandelnden Flächen bis zu den sie begrenzenden ungeputzten, ungedämmten bzw. nicht bekleideten Bauteilen, z.B. Oberfläche einer aufgeständerten Fußbodenkonstruktion, beziehungsweise Unterfläche einer abgehängten Decke,

Der Vorrang, den die Feststellung der Leistung aus Zeichnungen genießt, soll den Zeit- und Arbeitsaufwand ersparen, der für das örtliche gemeinsame Aufmaß und für das damit verbundene Anfertigen von Skizzen aufzuwenden wäre. In der Leistungsbeschreibung ist vorzuschreiben, ob die Leistung nach Zeichnungen oder durch örtliches Aufmaß ermittelt werden soll. In jedem Fall aber, gleichgültig, ob die Leistung aus Zeichnungen oder durch Aufmaß festgestellt wird, gelten dieselben Abrechnungsregeln.

Wie bei den meisten ATV gilt, daß auf Flächen ohne begrenzende Bauteile die Maße der ungeputzten, ungedämmten und nicht bekleideten Flächen zu messen sind und daß auf Flächen mit begrenzenden Bauteilen die Maße der zu behandelnden Flächen bis zu den sie begrenzenden ungeputzten, ungedämmten bzw. nicht bekleideten Bauteilen gelten. Die Höhenmaße reichen dann z.B. von der Oberfläche einer aufgeständerten Fußbodenkonstruktion (Estrich auf Betondecke) bis zur Unterfläche einer abgehängten Decke (Bild 1, 2, 4 bis 7).

5.1.2 Der Ermittlung der Leistung nach Aufmaß sind die Maße des fertigen Bauteils, der fertigen Öffnung und Aussparung zugrunde zu legen.

Diese Vorschrift berücksichtigt, daß es sich bei den Tapezierarbeiten häufig um Erneuerungsarbeiten handelt, bei denen keine Zeichnungen vorhanden sind und die Maße gem. 5.1.1 nicht genau genommen werden können. Der Mengenunterschied ist bei der Preisbildung zu berücksichtigen (Bilder 1, 3 bis 7).

5.1.3 Die Wandhöhen überwölbter Räume werden bis zum Gewölbeanschnitt, die Wandhöhe der Schildwände bis zu 2/3 des Gewölbestrichs gerechnet.

Bei der Flächenermittlung behandelter überwölbter Räume wird zur Vereinfachung der Abrechnung die Fläche der Schildwände bis 2/3 des Gewölbestrichs gerechnet. Diese Näherungsrechnung korrespondiert mit den Vorschriften in anderen ATV, z.B. DIN 18330 »Mauerarbeiten«, DIN 18334 »Zimmer- und Holzbauarbeiten« und DIN 18350 »Putz- und Stuckarbeiten«.

5.1.4 Bei der Flächenermittlung von gewölbten Decken mit einer Stichhöhe unter 1/6 der Spannweite wird die Fläche des überdeckten Raumes gerechnet.

Die Abrechnungsvereinfachung, daß behandelte Gewölbe mit einer Stichhöhe unter 1/6 der Spannweite nach der Fläche des überdeckten Raumes und Gewölbe mit größerer Stichhöhe nach der Fläche der abgewickelten Untersicht zu berechnen sind, korrespondiert mit den Vorschriften in den zu 5.1.3 genannten anderen ATV.

Treppenuntersichten sind in jedem Fall nach der Fläche der abgewickelten Untersicht zu berechnen (Bild 6).

5.1.5 In Decken, Wänden, Decken- und Wandbekleidungen werden Öffnungen, Aussparungen und Nischen bis zu 2,5 m² Einzelgröße übermessen

Öffnungen in zu behandelnden Wänden, Decken, Decken- und Wandbekleidungen, z.B. Fenster, Türen, Durchreichen, Treppenlöcher, in Wänden auch unverschließbare Öffnungen, sofern sie durch eine Sturz markiert sind. In der vollen Wandhöhe fehlende Wandteile sind keine Öffnungen, sondern Wandunterbrechungen.

Nischen sind Ausnehmungen in Wänden, wobei die Tiefe der Nischen nur einen Teil der Wanddicke einnimmt. Ihre rückwärtige Fläche wird als Spiegel bezeichnet. Nischen unterscheiden sich von Wandrücksprüngen dadurch, daß sie nicht in voller Wandhöhe durchgehen. Sie sind entweder durch einen Sturz oder im unteren Teil durch die volle Wanddicke, z.B. durch eine Schwelle, begrenzt.

Aussparungen liegen in der zu behandelnden Fläche. Sie entstehen dort, wo statt der zu behandelnden Fläche eine andere Behandlung der Wand- und Deckenfläche erfolgt, z.B. bei Einbauteilen, Bekleidungen mit anderen Stoffen.

Die mit dem Übermessen von Öffnungen, Aussparungen und Nischen bis zu 2,5 m² Einzelgröße gegebene Abrechnungserleichterung korrespondiert mit den Vorschriften in anderen ATV, z.B. DIN 18334 »Zimmer- und Holzbauarbeiten«, DIN 18336 »Abdichtungsarbeiten«, DIN 18338 »Dachdeckungs- und Dachabdichtungsarbeiten«, DIN 18339 »Klempnerarbeiten«, DIN 18350 »Putz- und Stuckarbeiten«, DIN 18355 »Tischlerarbeiten«, DIN 18363 »Maler- und Lackiererarbeiten«. Die Vorschrift dient nicht nur der Messungserleichterung, sondern auch der Vereinheitlichung einschlägiger ATV (Bilder 1 bis 5, 7).

5.1.6 Öffnungen, Nischen und Aussparungen werden auch, falls sie unmittelbar zusammenhängen, getrennt gerechnet.

Nischen, die unterhalb einer Öffnung liegen, z.B. Heizkörpernischen unter Fenstern, haben oftmals keine obere Begrenzung. Sie gelten jedoch als nicht zusammenhängend, wenn sie z.B. durch eine Fensterbank (Sohlbank) getrennt sind. Abrechnungseinheit ist das Flächenmaß gem. 0.5.1.1.

5.1.7 Rückflächen von Nischen werden unabhängig von ihrer Einzelgröße mit ihrem Maß gesondert gerechnet.

Diese Vorschrift berücksichtigt die Mehrarbeit, die mit der Behandlung von Nischenrückwänden verbunden ist (Bilder 1, 2, 4).

5.1.8 Fußleisten, Sockelfliesen und dergleichen bis 10 cm Höhe werden übermessen.

Diese Messungsvereinfachung bezieht sich auf die Abrechnung behandelter Wandflächen. Die Fußleisten selbst sind jedoch gem. 0.5.2.2 nach Längenmaß abzurechnen (Bild 1).

5.1.9 Gesimse, Umrahmungen und Faschen von Füllungen oder Öffnungen werden beim Ermitteln der Fläche übermessen. Gesimse , Umrahmungen und Faschen werden zusätzlich in ihrer größten Länge gemessen.

Gem. 0.5.2.1 sind Gesimse, getrennt nach Bauart und Maßen, unter Angabe von Höhe und Ausladung nach Längenmaß abzurechnen. Gem. 5.2.2 sind Unterbrechungen über 1 m Einzellänge abzuziehen (Bilder 1, 7).

5.1.10 Türen, Trennwände und dergleichen werden je tapezierte Seite nach Fläche gerechnet.

5.1.11 Ganz oder teilweise behandelte Leibungen von Öffnungen, Aussparungen und Nischen über 2,5 m² Einzelgröße werden gesondert gerechnet.

Leibungen, die bei bündig versetzten Fenstern, Türen und dergleichen durch Dämmplatten entstehen, werden ebenso gesondert gerechnet.

Wenn gem. 5.1.5 und 5.2.1 Öffnungen, Aussparungen und Nischen über 2,5 m² abzuziehen sind, werden die ganz oder teilweise behandelten Leibungen zum Ausgleich gesondert gerechnet. Das gilt auch für Leibungen, die bei bündig versetzten Fenstern und Türen durch Dämmplatten entstehen (Bild 1, 2, 4).

5.2.12 Nicht mittapezierte Rahmen, Riegel, Ständer, Deckenbalken, Vorlagen und Fachwerksteile aus Holz, Beton oder Metall bis 30 cm Einzelbreite werden übermessen.

Unbehandelte Rahmen, Riegel, Ständer usw. bis 30 cm Einzelbreite werden nicht abgezoen, über 30 cm Einzelbreite sind sie jedoch der behandelten Fläche nicht mehr hinzuzurechnen. Sind Rahmen, Riegel, Ständer usw. bis 30 cm Einzelbreite anders tapeziert oder in anderer Technik behandelt, werden sie zusätzlich abgerechnet. Behandelte Rahmen, Riegel, Ständer usw. bis 30 cm und darüber werden mit der Fläche abgerechnet, wenn ihre Behandlung die gleiche ist wie die der Fläche.

5.1.13 Treppenwangen werden in der größten Breite gerechnet.

Gem. 0.5.2.2 werden Treppenwangen nach Längenmaß abgerechnet.

5.1.14 Wird die Lieferung von Tapeten, Wand- und Deckenbekleidungen, Unterlagstoffen, Untertapeten, Spannstoffen und dergleichen nach verbrauchter Menge abgerechnet, so ist die tatsächlich verbrauchte Menge bei wirtschaftlicher Ausnutzung der Stoffe zugrunde zu legen. Unvermeidbare Reste und Verschnitte gelten als verbraucht.

Wird die Lieferung von Wand- und Deckenbekleidungen gem. 0.5.1.4 nach Flächenmaß, die Lieferung von Tapeten in Rollen gem. 0.5.2.3, von Kunststoffen, Spannstoffen in Rollen oder Ballen gem. 0.5.2.4, die Lieferung von Leisten, Kordeln, Borten gem. 0.5.2.5 nach Längenmaß, die Lieferung von Tapeten in Rollen gem. 0.5.3.2 und die Lieferung von Wand- und Deckenbekleidungen gem. 0.5.3.3 nach Anzahl der verbrauchten Menge abgerechnet, so ist die bei wirtschaftlicher Ausnutzung tatsächlich verbrauchte Menge der Stoffe zugrunde zu legen; d.h. der Auftragnehmer ist verpflichtet, die Stoffe wirtschaftlich auszunutzen. Nur unvermeidbare Reste und Verschnitte gelten als verbraucht (Bild 1).

5.2 Es werden abgezogen:

5.2.1 bei Abrechnung nach Flächenmaß (m²):

Öffnungen, Aussparungen und Nischen über 2,5 m² Einzelgröße (Bild 7).

5.2.2 bei Abrechnung nach Längenmaß (m):
Unterbrechungen über 1 m Einzellänge (Bild 5).

Zu 0.5.1.1:

Abrechnungseinheit für Decken, Wände, Unterzüge, Vorlagen, Schrägen, Stützen ist das Flächenmaß gem. 5.1.1. Ist in der LB Ermittlung der Leistung nach Aufmaß vorgeschrieben, gelten gem. 5.1.2 die Maße des fertigen Bauteils, der fertigen Öffnung und der fertigen Aussparung.

Gem. 5.1.5 werden in Decken und Wänden Öffnungen, Aussparungen und Nischen bis zu 2,5 m² Einzelgröße übermessen. Siehe auch 5.2.1. Gem. 5.1.7 werden die Rückflächen von Nischen, unabhängig von ihrer Einzelgröße mit ihrem Maß gesondert gerechnet. Gem. 5.1.11 sind ganz oder teilweise behandelte Leibungen von Öffnungen, Aussparungen und Nischen über 2,5 m² Einzelgröße gesondert abzurechnen; das gleiche gilt für Leibungen, die bei bündig versetzten Fenstern, Türen oder dergleichen durch Dämmplatten entstehen (Bilder 1 bis 3, 4, 5 bis 7).

Zu 0.5.1.2:

Treppenuntersichten sind, getrennt nach Bauart und Maßen, nach Flächenmaß abzurechnen. Gem. 5.1.2 sind bei Abrechnung nach Aufmaß die Maße des fertigen Bauteils zu rechnen (Bild 6).

Zu 0.5.1.3:

Abrechnungseinheit für Trennwände und dergleichen ist, getrennt nach Bauart und Maßen, das Flächenmaß. 5.1.1 und 5.1.2 sind zu beachten. Gem. 5.2.1 sind Öffnungen, Aussparungen und Nischen über 2,5 m² Einzelgröße abzuziehen.

Zu 0.5.1.4:

Abrechnung der Wand- und Deckenbekleidungsstoffe und dergleichen ist das Flächenmaß oder die Anzahl. Bei Abrechnung nach Anzahl wird bei Tapeten nach Rollen, bei Spannstoffen nach Ballen abgerechnet.

Zu 0.5.2.1:

Leibungen werden nach Längenmaß abgerechnet. Gem. 5.1.11 werden ganz oder teilweise behandelte Leibungen von Öffnungen, Aussparungen und Nischen über 2,5 m² Einzelgröße gesondert gerechnet. Leibungen, die bei bündig versetzten Fenstern, Türen und dergleichen durch Dämmplatten entstehen, sind ebenfalls gesondert abzurechnen.

Zu 0.5.2.2:

Treppenwangen sind nach Längenmaß abzurechnen. Gem. 5.1.13 sind Treppenwangen in ihrer größten Breite zu messen.

Zu 0.5.2.3:

Bei der Abrechnung von behandelten Wänden werden gem. 5.1.9 Gesimse übermessen. Sie werden jedoch nach Längenmaß unter Angabe ihrer Höhe und Ausladung gesondert abgerechnet. Abrechnungseinheit ist das Längenmaß. Sie werden in ihrer größten Länge gemessen. Gem. 5.2.2 sind Unterbrechungen von mehr als 1 m Einzellänge abzuziehen.

Zu 0.5.2.4:

Unterzüge, Umrahmungen, Faschen und dergleichen sind nach Längenmaß abzurechnen. Gem. 5.2.2 sind Unterbrechungen über 1 m Einzellänge abzuziehen. Gem. 5.1.2 sind bei Aufmaß die Maße des fertigen Bauteils zu messen.

Zu 0.5.2.5:
Deckel für Rolladenkästen sind nach Längenmaß abzurechnen. Die Abrechnung kann auch nach der Anzahl erfolgen.

Zu 0.5.2.6:
Abrechnungseinheit für Rahmen, Riegel, Ständer, Deckenbalken, Vorlagen, Fachwerksteile und dergleichen ist das Längenmaß. Unterbrechungen über 1 m Einzellänge sind abzuziehen. Gem. 5.1.12 werden nicht mittapezierte Rahmen, Riegel, Ständer, Deckenbalken, Vorlagen und Fachwerksteile aus Holz, Beton oder Metall bis 30 cm Breite übermessen.

Zu 0.5.2.7:
Blenden, Gardinenleisten und dergleichen sind nach Längenmaß abzurechnen. Die Abrechnung kann auch nach Stückzahl, getrennt nach Bauart und Maßen, erfolgen.

Zu 0.5.2.8:
Leisten, Kordeln, Borten, Profile und dergleichen werden nach Längenmaß abgerechnet. Unterbrechungen über 1 m Einzellänge sind gem. 5.2.2 abzuziehen (Bilder 1, 2, 5–7).

Zu 0.5.2.9:
Die Lieferung von Kunststoff-Folie und von Spannstoffen wird nach Längenmaß abgerechnet. Gem. 0.5.3.6 werden Spannstoffe in Ballen nach Anzahl abgerechnet.

Zu 0.5.3.1:
Abrechnung tapezierter, bespannter oder bekleideter Einzelflächen erfolgt, getrennt nach Bauart und Maßen, nach Stückzahl. Bei beidseitig tapezierten bzw. bespannten Türen werden gem. 5.1.10 beide Türflächen gerechnet (Bild 7).

Zu 0.5.3.2:
Nach Anzahl, getrennt nach Bauart und Maßen, sind Feldeinteilungen an Wänden, Türen und dergleichen abzurechnen.

Zu 0.5.3.3:
Tapezierte Einbaumöbel oder einzelne Möbel werden, getrennt nach Bauart und Maßen, nach Anzahl abgerechnet. Gem. 5.1.2 sind bei Abrechnung nach Aufmaß die Maße des fertigen Bauteils zu messen.

Zu 0.5.3.4:
Leisten, Gardinenleisten und dergleichen werden, getrennt nach Bauart und Maßen, nach Anzahl abgerechnet; jedoch gem. 0.5.2.7 und 0.5.2.8 können Leisten und Gardinenleisten auch nach Längenmaß abgerechnet werden. 5.2.2 ist zu beachten.

Zu 0.5.3.5:
Profile und Ornamente, z.B. Rosetten, sind nach Anzahl, getrennt nach Bauart und Maßen, abzurechnen.

Zu 0.5.3.6:
Das Liefern von Tapeten wird nach der Anzahl der Rollen, das Liefern von Spannstoffen nach der Anzahl der Ballen abgerechnet. Das Abrechnen von Tapezierarbeiten kann mit und ohne Lieferung der Tapeten, der tapetenähnlichen Stoffe und der Spannstoffe erfolgen. Wird die Lieferung der Tapeten usw. bei der Abrechnung nach Flächenmaß oder Anzahl mit erfaßt, so ist es ohne Belang, welche Anzahl von Rollen oder Ballen der Auftragnehmer verbraucht hat. Wird die Lieferung von Tape-

ten, Wand- und Deckenbekleidungen und Spannstoffen nach verbrauchter Menge abgerechnet, so ist gem. 5.1.14 die tatsächlich verbrauchte Menge bei wirtschaftlicher Ausnutzung der Stoffe zugrunde zu legen. Unvermeidbare Reste und Verschnitte gelten als verbraucht. Hieraus kann abgeleitet werden, daß der Auftragnehmer bei besonders kostbaren Stoffen die wirtschaftliche Ausnutzung nachweisen muß. Die Abrechnung nach der tatsächlich verbrauchten Menge bedeutet eine erhebliche Messungsvereinfachung.

Nach der ATV gehört das Aushändigen der Reste der Stoffe, die als verbraucht gelten, sich aber noch für Instandsetzungen nutzen lassen, einschließlich der Bezeichnung der Verwendungsstelle zu den Nebenleistungen (Bilder 1 und 4).

Bild 1 Messung von Tapezierarbeiten nach Fertigmaßen

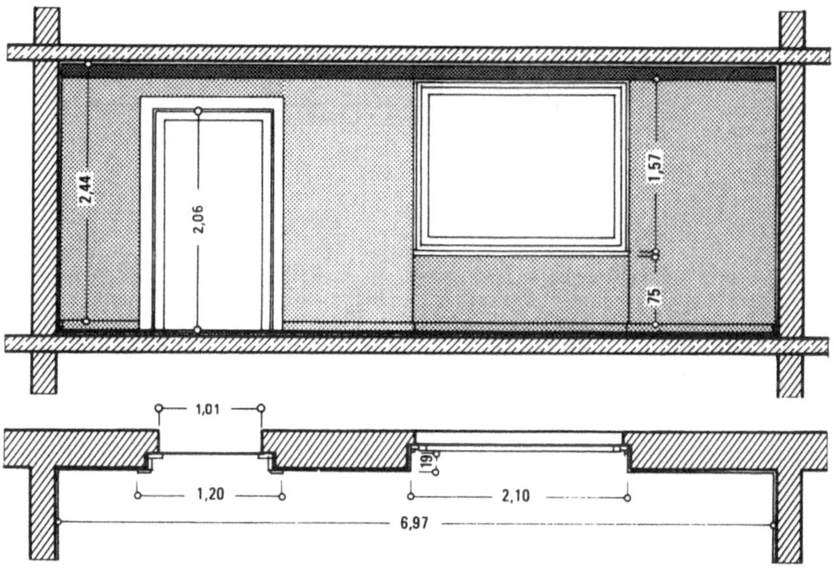

Gem. 5.1.2 wird entsprechend der Leistungsbeschreibung nach Fertigmaßen abgerechnet.

Gem. 0.5.1.1 Abrechnung des Tapezierens der Wandfläche nach Flächenmaß. Die Lieferung der Tapeten wird im vorliegenden Fall gem. 5.1.14 nach dem Verbrauch als selbständige Leistung abgerechnet. Bei der in voller Höhe tapezierten Wand wird das Fertigmaß der Höhe von Oberfläche fertigem Fußboden bis Unterseite Deckenputz gemessen. Die abschließende Borte an der Decke ist gem. 0.5.2.8 gesondert nach Längenmaß abzurechnen. Gem. 5.1.1 wird die 10 cm hohe Fußleiste der Fläche zugerechnet.

Gem. 5.1.5 Abzug der Fensteröffnung, die tapezierte Leibungen hat und mit 2,10 · 1,57=3,30 m² größer als 2,5 m² ist; dafür gem. 5.1.11 Berücksichtigung der tapezierten Leibungen und des tapezierten Leibungssturzes.

Gem. 5.1.5 kein Abzug der Türöffnung, die keine tapezierten Leibungen hat und mit 1,01 · 2,05=2,07 m² kleiner als 2,5 m² ist. Gem. 5.1.5 kein Abzug der Fensternische, da ihre Fläche kleiner als 2,5 m² ist. Dafür werden die tapezierten Leibungen der Nische nicht berücksichtigt. Jedoch Hinzurechnung der tapezierten Nischenrückfläche gem. 5.1.7 mit 2,10 · 0,85=1,79 m².

F der tapezierten Wandfläche=6,97 · 2,54−3,30+1,79=16,19 m².

Gem. 0.5.14 Abrechnung des Lieferns der Tapeten im vorliegenden Fall nach Flächenmaß oder gem. 0.5.3.6 nach der Stückzahl der Rollen, wobei gem. 5.1.14 nach der verbrauchten Menge abzurechnen ist.

Bild 2 Messung von Tapezierarbeiten an einer Wandfläche nach Zeichnung

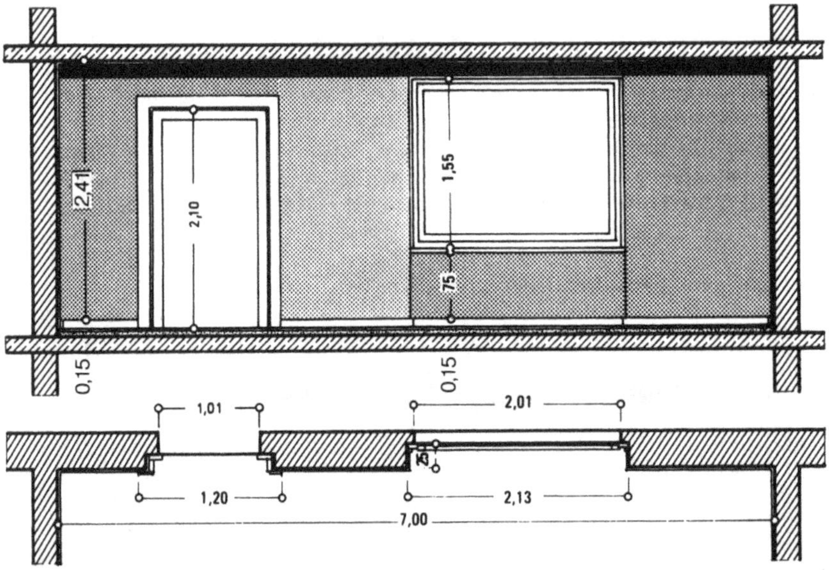

Gem. 0.5.1.1 Abrechnung des Tapezierens der Wandfläche nach Flächenmaß. Im vorliegenden Fall ist die Lieferung der Tapeten ohne Abrechnung nach der verbrauchten Menge im Preis enthalten.

Gem. 5.1.1 gilt als Höhe das Maß von Oberfläche Rohdecke bis Unterseite Rohdecke, da die Wand in voller Höhe tapeziert wird. Gem. 5.1.1 wird die 10 cm hohe Fußleiste zugerechnet.

Gem. 5.1.5 Abzug der Fensteröffnung, die tapezierte Leibungen hat und mit 2,01 · 1,55=3,12 m² größer als 2,5 m² ist. Dafür 5.1.11 Berücksichtigung der tapezierten Leibungen und des tapezierten Leibungssturzes.

Gem. 5.1.5 kein Abzug der Türöffnung nach ihren lichten Konstruktionsmaßen, da die Leibungen eine Holzbekleidung haben, mit 1,01 · 2,10=2,12 m².

Gem. 5.1.5 kein Abzug der Fensternische, da ihre Fläche kleiner als 2,5 m² ist. Dafür keine Berücksichtigung ihrer geputzten Leibungen. Jedoch gem. 5.1.7 Hinzurechnung der tapezierten Rückfläche der Nische mit 2,13 · 0,90=1,92 m².

F der tapezierten Wandfläche=7,00 · 2,56−3,12+1,92=16,72 m².

Vgl. die bei Bild 1 ermittelte Flächengröße nach den Fertigmaßen.

Gem. 0.5.2.8 Abrechnung für das Liefern und Anbringen der oberen Abschlußborte nach Längenmaß.

L der Borte an der tapezierten Wandfläche=7,00 m.

Bild 3 Messung einer mit tapetenähnlichen Stoffen beklebten Saaldecke

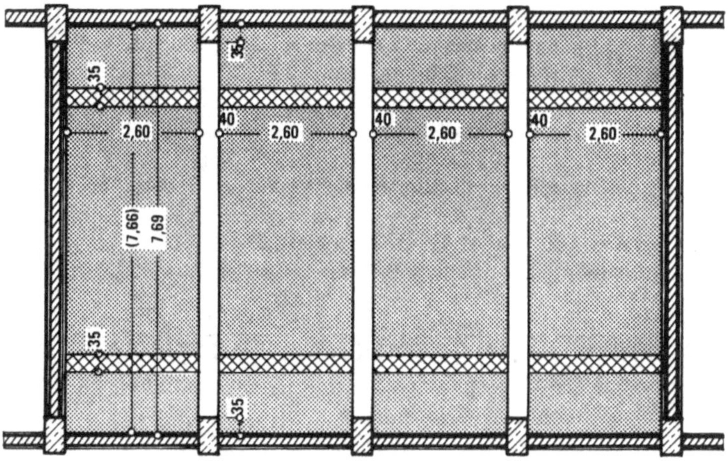

Deckenprojekttion

A Messung nach Fertigmaßen

Gem. 0.5.1.1 Abrechnung für das Aufkleben tapetenähnlicher Stoffe auf die Saaldecke nach Flächenmaß. Die Lieferung der Stoffe ist im Preis enthalten. Keine Abrechnung nach der verbauchten Menge.

Gem. 5.1.2 ist die Ermittlung nach Fertigmaßen in der Leistungsbeschreibung vorgeschrieben. Das Querschnittsmaß von 7,66 m errechnet sich aus dem Aufmaß.

Gem. 5.1.5 Abzug der Aussparungen der drei von Pfeiler zu Pfeiler gespannten Balken aus Stahlbeton, die sichtbar bleiben, d.h. nicht beklebt werden, einschließlich der in den Saal greifenden Querschnittsanteile der Stahlbetonpfeiler; diese Aussparungen sind mit je 0,40 · 7,66=3,06 m² größer als 2,5 m².

Kein Abzug der Aussparungen für die Lichtbänder in den Feldern, die mit je 0,35 · 2,60=0,91 m² kleiner als 2,5 m² sind.

F der mit tapetenähnlichen Stoffen beklebten Deckenfelder=4 · 2,60 · 7,66=79,66 m².

B Messung nach Nennmaßen der Zeichnung

Abrechnung wie vor. Anstelle des Fertigmaßes in der Querrichtung tritt das Nennmaß von 7,69 m.

Abzüge wie vor.

F der mit tapetenähnlichen Stoffen beklebten Deckenfelder=4 · 2,60 · 7,69=79,98 m².

Der Unterschied zwischen den beiden Messungsarten ist gering. Der einfacheren Abrechnung aufgrund der Nennmaße ist daher der Vorzug zu geben.

Bild 4 Messung von Tapezierarbeiten in einem Raum mit Dachschräge

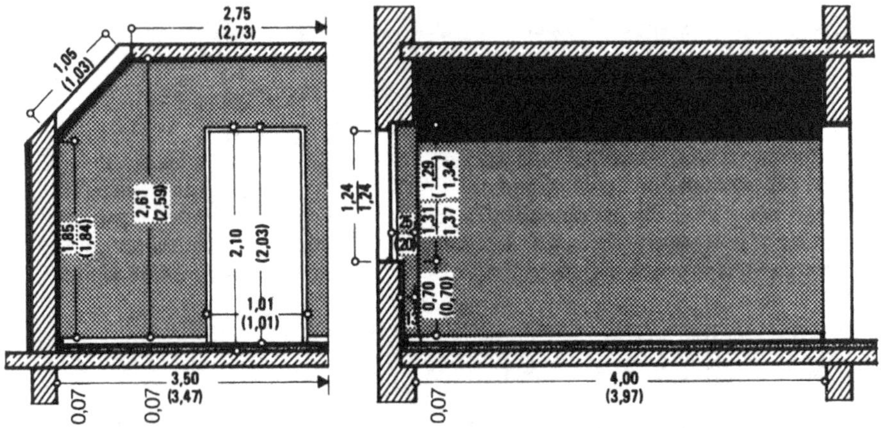

Gem. 0.5.1.1 sind Wand- und Deckenbekleidungen nach dem Flächenmaß abzurechnen.

A Messung nach Fertigmaßen gem. 5.1.2

Es gelten die im Bild eingeklammerten Zahlen, die sich aus dem Aufmaß ergeben.

Gem. 5.1.5 kein Abzug der Fensteröffnung, die mit 1,29 · 1,34=1,73 m² kleiner als 2,5 m² ist. Dafür bleiben die tapezierten Fensterleibungen gem. 5.1.11 unberücksichtigt.

Gem. 5.1.5 ist auch die Türöffnung mit ihren lichten Konstruktionsmaßen 1,01 · 2,03=2,05 m² nicht abzuziehen. Es handelt sich um eine Tür mit Stahlzarge.

Gem. 5.1.5 kein Abzug der Fensternische, die mit 1,34 · 0,70=0,94 m² kleiner als 2,5 m² ist. Dafür keine Berücksichtigung der tapezierten Leibungen der Nische, jedoch Hinzurechnung der tapezierten Rückfläche gem. 5.1.7 mit 0,70 · 1,34=0,94 m.

Gem. 5.1.2 gilt als Höhe das Fertigmaß von Oberfläche Fußboden bis Unterseite fertiger Decke mit 2,59 m.

F der tapezierten Flächen der lotrechten Wände=

$$3{,}97 \cdot 1{,}84+2 \cdot 2{,}73 \cdot 2{,}59+2 \cdot 0{,}74\ \frac{(1{,}84+2{,}59)}{2}\ +0{,}94=25{,}68\ m^2.$$

F der tapezierten Dachschräge=103 · 3,97=4,09 m².

F der tapezierten Decke=3,97 · 2,73=10,84 m².

B Messung nach Nennmaßen der Zeichnung

Es gelten gem. 5.1.1 die nichteingeklammerten Zahlen. Höhenmaß=2,61+0,07=2,70 m.

Gem. 5.1.5 kein Abzug der Fensteröffnung, die kleiner als 2,5 m² ist. Dafür bleiben die tapezierten Leibungen gem. 5.1.11 unberücksichtigt.

Gem. 5.1.5 ist auch die Türöffnung mit ihren lichten Konstruktionsmaßen 1,01 · 2,10=2,12 m² nicht abzuziehen.

Gem. 5.1.5 kein Abzug der Fensternische, die mit 1,37 · 0,77=1,06 m² kleiner als 2,50 m² ist. Dafür gem. 5.1.11 keine Berücksichtigung der tapezierten Nischenleibungen, jedoch gem. 5.1.7 Hinzurechnung ihrer tapezierten Rückfläche mit 1,06 m².

$$\text{F der lotrechten Wände}=4{,}00 \cdot 1{,}92+2 \cdot 2{,}75 \cdot 2{,}68+2 \cdot 0{,}75\ \frac{(1{,}92+2{,}68)}{2}\ +1{,}06=26{,}93\ m^2.$$

F der Dachschräge=1,05 · 4,00=4,20 m². F der Decke=2,75 · 4,00=11,00 m².

Wie aus der Gegenüberstellung zu erkennen, ergeben sich nur geringe Unterschiede. Der einfacheren Leistungsermittlung aufgrund von Nennmaßen ist daher der Vorzug zu geben.

Bild 5 Messung einer nicht in voller Höhe tapezierten Wand

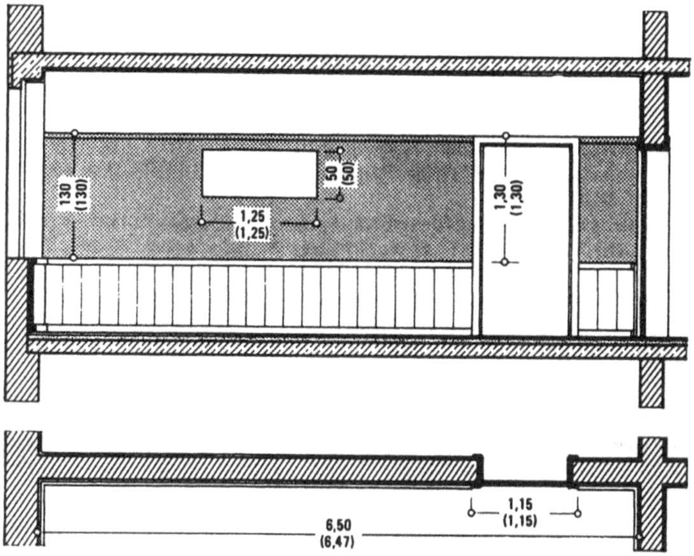

Für die Ermittlung der Leistung behandelter Wände gilt 5.1.1, wenn in der Leistungsbeschreibung nicht etwas anderes, z.B. gem 5.1.2 Ermittlung nach Fertigmaßen durch Aufmaß vorgeschrieben ist. Im Beispiel werden beide Fälle miteinander verglichen.

A Messung nach Fertigmaßen durch Aufmaß

Es gelten die eingeklammerte Zahlen, die sich aus dem Aufmaß ergeben.

Gem. 0.5.1.1 Abrechnung der tapezierten Wandfläche nach Flächenmaß. Die Höhe der Tapezierung ist von Oberkante Holzpaneel bis Obergrenze Abschlußborte=1,30 m zu messen.

Gem. 5.1.5 kein Abzug des Anteils der Türöffnung, der mit dem lichten Konstruktionsmaß von 1,01 · 1,30=1,31 m² kleiner als 2,5 m² ist. Die Türleibungen haben Holzbekleidungen.

Kein Abzug der Aussparung für die Wandtafel, da diese mit 1,25 · 0,50=0,63 m² kleiner als 2,5 m\'b2 ist.

F der tapezierten Wandfläche=6,47 · 1,30=8,41 m².

Gem. 0.5.2.8 Abrechnung für das Liefern und Anbringen der Abschlußborte nach Längenmaß. Gem. 5.2.2 Abzug der 1,15 m breiten Türöffnung.

L der Abschlußborte=6,47−1,15=5,32 m.

B Messung nach Nennmaßen der Zeichnung

Es gelten die nichteingeklammerten Zahlen.

Gem. 0.5.1.1 Abrechnung der tapezierten Wandfläche nach Flächenmaß. Die Höhe der Tapezierung bemißt sich von Oberkante Holzpaneel bis Obergrenze Abschlußborte.

Gem. 5.1.5 kein Abzug des Anteils der Tür wie vor.

Kein Abzug der Aussparung für die Wandtafel wie vor.

F der tapezierten Wandfläche=6,50 · 1,30=8,45 m².

Gem. 0.5.2.8 Abrechnung für das Liefern und Anbringen der Abschlußborte nach Längenmaß. Gem. 5.2.2 Abzug der Unterbrechung durch die Tür, die mehr als 1 m beträgt.

L der Abschlußborte=6,50−1,15=5,35 m.

Die Unterschiede zwischen beiden Ermittlungsarten sind sehr gering. Der Messung nach Nennmaßen aus Zeichnungen ist der Vorzug zu geben, weil sie sich leichter anwenden läßt.

Bild 6 Messung der tapezierten Untersicht eines Betontreppenlaufs

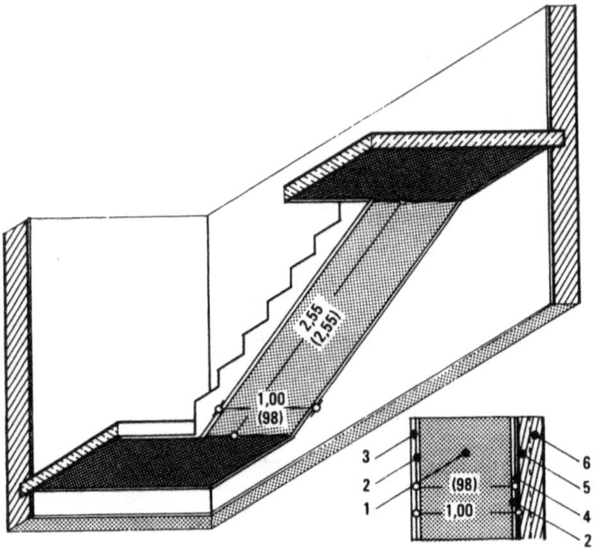

1 Tapezierte Fläche
2 Viertelstab als Deckleiste
3 Wangenbekleidung aus Werkstein
4 Putz der Wand des Treppenhauses
5 Betoneinbindung
6 Wand aus Mauerwerk

Für die Ermittlung der behandelten Untersicht des Treppenlaufs gilt 5.1.1, wenn in der Leistungsbeschreibung nichts anderes vorgeschrieben ist, z.B. gem. 5.1.2 Ermittlung nach Fertigmaßen. Im Beispiel werden beide Arten miteinander verglichen.

Beim Treppenlauf ist die äußere Wangenseite mit 5 cm dicken Werksteinplatten bekleidet. Die Tapezierung stößt gegen diese Bekleidung an; an der Wandseite schließt sie an den Wandputz an. An beiden Längsseiten sind Viertelstäbe als Deckleisten vorgesehen.

A Messung nach Fertigmaßen gem 5.1.2

Es gelten die eingeklammerten, sich aus dem Aufmaß ergebenden Zahlen.

Gem. 0.5.1.2 Abrechnung der tapezierten Untersicht des Treppenlaufs nach Flächenmaß.

F der tapezierten Treppenlaufuntersicht=2,55 · 0,98=2,50 m².

Gem. 0.5.2.8 Abrechnung für das Liefern und Anbringen des Viertelstabes als Deckleiste nach Längenmaß unter Beachtung von 5.1.2.

L der Deckleisten=2 · 2,55=5,10 m.

B Messung nach Nennmaßen der Zeichnung

Es gelten die nichteingeklammerten Zahlen.

Gem. 0.5.1.2 Abrechnung der tapezierten Untersicht des Treppenlaufs nach Flächenmaß.

F der tapezierten Treppenlaufuntersicht=2,55 · 1,00=2,55 m².

Gem. 0.5.2.8 Abrechnung für das Liefern und Anbringen der Deckleisten nach Längenmaß.

L der Deckleisten=2 · 2,55=5,10 m.

Die Abrechnungsarten A und B unterscheiden sich im Ergebnis nur unwesentlich. Der einfacheren Ermittlung der Leistung nach Nennmaßen der Zeichnung ist der Vorzug zu geben.

Bild 7 Messung einer tapezierten Wand mit Tapetentür

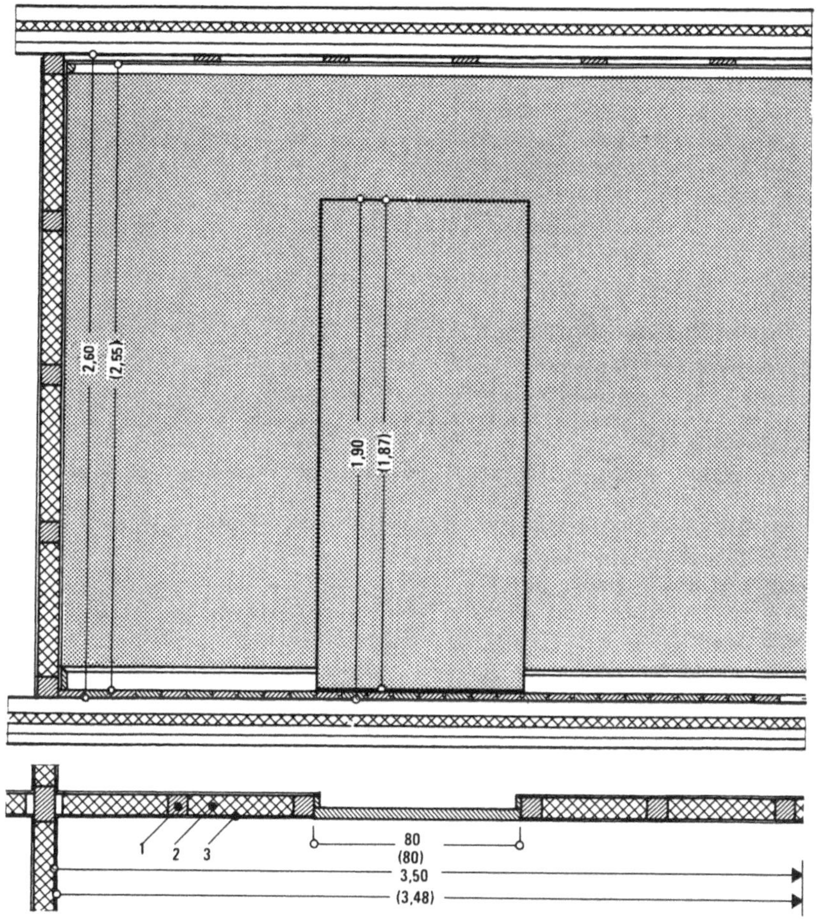

1 Pfosten
2 Dämmung
3 Rigipsplatten

Für die Ermittlung der Leistung gilt 5.1.1, wenn in der Leistungsbeschreibung nicht etwas anderes, z.B. gem. 5.1.2 Ermittlung nach Fertigmaßen, vorgeschrieben ist. Im Beispiel werden beide Fälle miteinander verglichen.

A Messung nach Fertigmaßen gem. 5.1.2

Es gelten die eingeklammerten, sich aus dem Aufmaß ergebenden Zahlen.

Gem. 0.5.1.1 Abrechnung der tapezierten Wandfläche nach Flächenmaß.

Gem. 5.1.2 ist das Flächenmaß von Oberfläche fertigem Fußboden bis Unterseite fertiger Decke, d.h. bis zu den Rigipsplatten zu rechnen, da die Wand in voller Höhe tapeziert ist. Die von der oberen Abschlußleiste verdeckte Fläche ist gem. 5.1.9 mitzurechnen.

Noch zu Bild 7 Messung einer tapezierten Wand mit Tapetentür

Wegen des unterschiedlichen Schwierigkeitsgrades ist die tapezierte Tür gesondert nach Anzahl abzurechnen.

Gem. 5.1.5 kein Abzug der Aussparung in der Wandfläche für die Tapetentür, die mit 0,80 · 1,87=1,50 m² kleiner als 2,5 m² ist.

F der tapezierten Wandfläche=3,48 · 2,55=8,87 m².

Gem. 0.5.3.1 Abrechnung der beidseitig tapezierten Tür zum Stückpreis unter Angabe der Abmessungen:

2 · 0,80 · 1,87=3,00 m².

Gem. 0.5.2.8 Abrechnung für das Liefern und Anbringen der Abschlußleiste zur Deckenfläche nach Längenmaß.

L der Abschlußleiste=3,48 m.

B Messung nach Nennmaßen der Zeichnung

Es gelten die nichteingeklammerten Zahlen.

Gem. 0.5.1.1 Abrechnung der tapezierten Wandfläche nach Flächenmaß.

Gem. 5.1.1 gilt, da die Wandfläche in voller Höhe tapeziert ist, das Nennmaß von Oberfläche Rohdecke bis Unterseite Rohdecke.

Wegen des unterschiedlichen Schwierigkeitsgrades ist die tapezierte Tür gesondert nach Anzahl abzurechnen.

Gem. 5.1.5 Abzug der Aussparung in der tapezierten Wandfläche für die Tapetentür, die mit 0,80 · 1,90=1,52 m² kleiner als 2,5 m² ist.

F der tapezierten Wandfläche=3,60 · 2,60=9,36 m².

Gem. 0.5.3.1 Abrechnung der beidseitig tapezierten Tür zum Stückpreis unter Angabe der Größe:

2 · 0,80 · 1,90=3,04 m².

Gem. 0.5.2.8 Abrechnung für das Liefern und Abringen der Abschlußleiste nach Längenmaß.

L der Abschlußleiste=3,50 m.

Die Abrechnungsarten A und B ergeben nur geringfügige Unterschiede. Die einfachere Ermittlung der Leistung nach den Nennmaßen der Zeichnung verdient daher den Vorzug.

VOB Teil C:
Allgemeine Technische Vertragsbedingungen für Bauleistungen (ATV)
Holzpflasterarbeiten – DIN 18367
Ausgabe Mai 1998

1 Geltungsbereich

1.1 Die ATV »Holzpflasterarbeiten« – DIN 18367 – gilt für Holzpflaster in Innenräumen.

1.2 Ergänzend gelten die Abschnitte 1 bis 5 der ATV DIN 18299 »Allgemeine Regelungen für Bauarbeiten jeder Art«. Bei Widersprüchen gehen die Regelungen der ATV DIN 18367 vor.

5 Abrechnung

Gem. ATV DIN 18299 Abschnitt 5 gilt allgemein:

Die Leistung ist aus Zeichnungen zu ermitteln, soweit die ausgeführte Leistung diesen Zeichnungen entspricht. Sind solche Zeichnungen nicht vorhanden, ist die Leistung aufzumessen.

Siehe hierzu die eingehende Erläuterung zu ATV DIN 18299 »Allgemeine Regelungen für Bauarbeiten jeder Art«.

Abrechnungseinheiten

Gem. 0.5 sind im Leistungsverzeichnis die Abrechnungseinheiten wie folgt vorzusehen:

0.5.1 Flächenmaß (m^2), getrennt nach Holzart, Klotzhöhe und Verlegeart, für
0.5.1.1 – Holzpflaster,
0.5.1.2 – Holzschutz,
0.5.1.3 – Oberflächenschutz.
0.5.2 Längenmaß (m), getrennt nach Bauart und Maßen, für
0.5.2.1 – Schließen von Fugen,
0.5.2.2 – Anarbeiten von Holzpflaster an Einbauteile und Einrichtungsgegenstände,
0.5.2.3 – Dämmstreifen,
0.5.2.4 – Leisten, Profile, Schienen.
0.5.3 Anzahl (Stück), getrennt nach Bauart und Maßen, für
0.5.3.1 – Holzpflaster auf Stufen und Schwellen.
0.5.3.2 – Abschluß- und Trennschienen,
0.5.3.3 – Anarbeiten von Holzpflaster in Räumen mit besonderer Installation.

Ergänzend zur ATV DIN 18299 Abschnitt 5 gilt:

5.1 Allgemeines

5.1.1 Der Ermittlung der Leistung – gleichgültig, ob sie nach Zeichnungen oder nach Aufmaß erfolgt – sind zugrunde zu legen:

bei Holzpflaster

- auf Flächen mit begrenzenden Bauteilen die Maße der zu belegenden Flächen bis zu den begrenzenden ungeputzten bzw. nicht bekleideten Bauteilen,
- auf Flächen ohne begrenzende Bauteile deren Maße,
- auf Flächen von Stufen und Schwellen deren größte Maße.

Ob die Ermittlung der Leistung aus Zeichnungen oder durch Aufmaß zu erfolgen hat, muß der Auftraggeber bei der Aufstellung der LB festlegen. Sind behandelte Flächen abzurechnen, die an Bauteile grenzen, so gelten die Maße bis zu diesen begrenzenden, jedoch ungeputzten bzw. unbekleideten Bauteilen. Sind behandelte Flächen abzurechnen, die nicht von Bauteilen begrenzt sind, so gelten die Maße dieser Flächen, d.h. bei Ermittlung der Leistung nach Zeichnungen die Nennmaße dieser Flächen. Bei behandelten Stufen und Schwellen gelten die größten Flächenmaße (Bilder 1 bis 4).

5.1.2 Bei der Ermittlung des Längenmaßes wird die größte Bauteillänge gemessen (Bilder 1 bis 4).

Bei einspringenden Ecken liegt die größte Länge auf der Rückseite, bei ausspringenden Ecken auf der Vorderseite.

5.1.3 In Holzpflaster nachträglich eingearbeitete Teile werden übermessen.

Werden in Holzpflaster nachträglich Teile eingearbeitet, so erfolgt dafür kein Abzug von der behandelten Fläche.

5.2 Es werden abgezogen:

5.2.1 bei Abrechnung nach Flächenmaß (m²):

Aussparungen, z.B. für Öffnungen, Pfeiler, Pfeilervorlagen, Rohrdurchführungen über 0,1 m² Einzelgröße (Bilder 1, 4).

5.2.2 bei Abrechnung nach Längenmaß (m):

Unterbrechungen über 1 m Einzellänge (Bild 4).

Zu 0.5.1.1:

Für Holzart, Klotzhöhe und Ausführung gelten DIN 68701 und DIN 68702.
Es wird unterschieden nach:
DIN 68701 Holzpflaster GE für gewerbliche Zwecke und
DIN 68702 Holzpflaster RE für Räume in Schulen, Verwaltungsgebäuden, Versammlungsstätten und ähnlichen Anwendungsgebieten.
Nach DIN 68701 ist Holzpflaster GE ein Fußboden für industrielle und gewerbliche Zwecke; er besteht aus scharfkantigen, imprägnierten Holzklötzen, die einzeln zu gepflasterten Flächen so verlegt sind, daß eine Hirnholzfläche als Lauffläche dient.
Holzarten:
Kiefer (KI), Lärche (LA), Fichte (FI), Eiche (EI) oder ein diesen Holzarten in der Eignung gleichwertiges Holz. Holzarten siehe DIN 40776-1.
Maße und Bezeichnung der Klötze:

Höhe h ±1	*Breite b ±15*	*Länge l*
50 60 80 100	*80*	*80 bis 160 je nach Anfall*

Bezeichnung eines Klotzes für Holzpflaster GE von 80 mm Höhe aus Kiefer (KI):
Klotz DIN 68701-GE-80-KI.

Gütebedingungen:
Die Klötze müssen aus gesundem, trockenem Schnittholz (Bohlen oder Kantholz) hergestellt sein. Sie dürfen keine den Gebrauchswert beeinträchtigenden Fehler und Schäden haben (Wuchseigenschaften nach DIN 52181).
Festverwachsene Äste, unschädliche Trockenrisse und leichte Bläue sind zulässig. Klötze zwischen 80 und 100 mm Länge aus einstieligem (nicht kerngetrenntem) Schnittholz sind nur bis 10% der Gesamtmenge zulässig.
Nach DIN 68702 wird Holzpflaster RE unterteilt in:

- *Holzpflaster RE-V als repräsentativer rustikaler Fußboden in Verwaltungsgebäuden und Versammlungsstätten (z.B. Kirchen, Schulen, Theater), Gemeinde- und Freizeitzentren, Hobbyräumen und im Wohnbereich,*
- *Holzpflaster RE-W als Fußboden in Werkräumen im Ausbildungsbereich und für Räume mit gleichwertiger Beanspruchung ohne große Klimaschwankungen und ohne Fahrzeug- und Staplerverkehr.*

Maße der Klötze

Höhe h ±1	*Breite b ±2*	*Länge l*
22 24* 30 40 50 60*	*40 bis 80*	*40 bis 120 (bei RE-W 40 bis 140 je nach Anfall)*

** Nur bei RE-W.*

Bezeichnung eines Klotzes für Holzpflaster RE-V von 40 mm Höhe aus Kiefer:
Klotz DIN 68702-RE-V-40-Kl.
Gütebedingungen:
Die Klötze sind aus gesundem, mehrstieligem (kerngetrenntem) vierseitig gehobeltem, technisch (künstlich) getrocknetem, scharfkantigem Schnittholz (Bohlen oder Kantholz) herzustellen. Sie dürfen keine den Gebrauchswert beeinträchtigenden Fehler und Schäden haben. Gesunde, festverwachsene Äste, geringfügige Trokkenrisse sowie wachstumsbedingte Farbunterschiede sind zulässig. Bei Klötzen aus Eiche ist gesunder Splint in geringem Umfang, bei Klötzen aus Kiefer leichte Bläue zulässig.
Der Feuchtigkeitsgehalt der Klötze soll bei Anlieferung 8 bis 10±2%, bezogen auf das Darrgewicht, betragen. Er ist nach den örtlichen Gegebenheiten festzulegen (Bilder 1 bis 4).
Abrechnungseinheit von Holzpflaster ist das Flächenmaß gem. 5.1.1. Gem. 5.2.1 werden Aussparungen, z.B. für Öffnungen, Pfeiler, Pfeilervorlagen und Rohrdurchführungen, über 0,1 m² Einzelgröße abgezogen.

Zu 0.5.1.2:
Nach DIN 68701 müssen die Klötze entsprechend der beabsichtigten Verwendung mit geeigneten, zugelassenen Holzschutzmitteln zur Verzögerung der Feuchteaufnahme und gegen Pilzbefall behandelt sein. Bei Tränkung mit Steinkohlenteeröl ist das Tauch- oder das Kesseldruckverfahren anzuwenden. Die Klötze können je nach Zweckbestimmung mit anderen geeigneten, zugelassenen öligen Holzschutzmitteln nach den Vorschriften des Herstellerwerkes behandelt werden. Ab-

rechnungseinheit ist das Flächenmaß gem. 5.1.1. Der Abzug für Aussparungen gem. 5.2.1 ist zu beachten.

Zu 0.5.1.3:

Preßverlegtes Holzpflaster GE ohne Fugenleisten mit heißflüssiger Klebemasse ist auf Unterlagsbahnen auszuführen und mit Quarzsand abzukehren.

Holzpflaster RE-V ist sofort nach dem Abschleifen zu versiegeln.

Holzpflaster RE-W ohne Oberflächenschutz ist nach dem Verlegen mit einem öligen, paraffinhaltigen Mittel zur Verzögerung der Feuchteaufnahme zu behandeln. Das Schleifen ist eine Besondere Leistung.

Abrechnungseinheit ist das Flächenmaß gem. 5.1.1. Gem. 5.2.1 sind Aussparungen über 0,1 m² Einzelgröße abzuziehen. Das Herstellen der Aussparungen ist als Besondere Leistung abzurechnen.

Zu 0.5.2.1:

Die Klötze sind im Verband mit geradlinig durchgehenden Längsfugen zu verlegen. Sie müssen parallel zur Schmalseite der zu pflasternden Fläche verlaufen.

Zwischen dem zu verlegenden Holzpflaster und angrenzenden Bauteilen sind Fugen anzulegen. An Schienen sind die Klötze unmittelbar anzuarbeiten.

Über Dehnungsfugen im Bauwerk sind Fugen auch im Holzpflaster RE anzulegen. Diese Fugen sind mit plastischen Stoffen zu füllen.

Bewegungsfugen im Untergrund dürfen nicht kraftschlüssig geschlossen oder sonst in ihrer Funktion beeinträchtigt werden.

Abrechnungseinheit für das Schließen von Fugen ist das Längenmaß. Gem. 5.1.2 ist bei der Ermittlung des Längenmaßes die größte Bauteillänge zu messen. Gem. 5.2.2 sind bei Abrechnung nach Längenmaß Unterbrechungen über 1 m Einzellänge abzuziehen (Bilder 2 bis 4).

Zu 0.5.2.2:

Das Anarbeiten von Holzpflaster an Einbauteile, z.B. Maschinenfundament, sowie an Einrichtungsgegenstände, z.B. Waschkauen, ist nach Längenmaß abzurechnen. Gem. 5.1.2 wird bei Ermittlung des Längenmaßes die größte Bauteillänge gemessen. Die größte Länge für das Anarbeiten findet sich in der Abwicklung der Einbauteile bzw. der Einrichtungsgegenstände (Bild 1).

Zu 0.5.2.3:

Abrechnungseinheit für Dämmstreifen ist das Längenmaß. Gem. 5.2.1 wird bei der Ermittlung des Längenmaßes die größte Bauteillänge gemessen. Gem. 5.2.2 werden Unterbrechungen über 1 m Einzellänge abgezogen.

Zu 0.5.2.4:

Abrechnungseinheit für Leisten, Profile, Kanten und Schienen ist das Längenmaß. Es ist gem. 5.1.2 die größte Bauteillänge zu messen, und gem. 5.2.2 sind Unterbrechungen über 1 m Einzellänge abzuziehen.

Zu 0.5.3.1:

Holzpflaster auf Stufen und Schwellen ist, getrennt nach Bauart und Maßen, nach der Anzahl der Stufen bzw. Schwellen abzurechnen.

Zu 0.5.3.2:

Abrechnungseinheit für Abschluß- und Trennschienen ist die Anzahl. Es ist nach Bauart und Maßen zu trennen.

Zu 0.5.3.3:
Das Anarbeiten von Holzpflaster in Räumen mit besonderer Installation erfordert eine besonders sorgfältige Arbeitsweise. Abrechnungseinheit ist, getrennt nach Bauart und Maßen, die Anzahl.

Bild 1 Messung des preßverlegten Holzpflasters GE in einem Fabrikraum

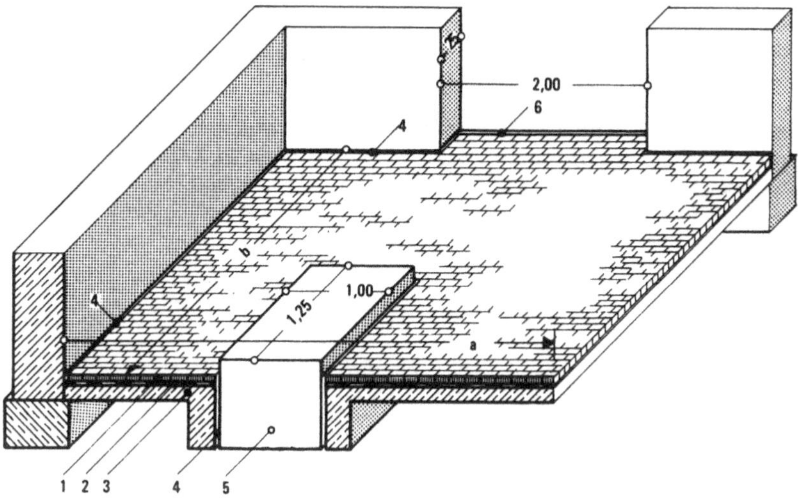

1 Holzpflasterklötze DIN 68701-GE-80-Kl
2 Unterlagsbahn auf Voranstrich
3 Betontragschicht
4 Dehnungsfugen
5 Maschinenfundament
6 Abschlußschiene

Gem. 0.5.1.1 Abrechnung des Holzpflasters, DIN 68701-GE-80-Kl preßverlegt, nach Flächenmaß. Für die Flächenermittlung gilt 5.1.1.

Die Dehnungsfugen an den begrenzenden Bauteilen sowie am Maschinenfundament sind mitzumessen, d.h. der Fläche zuzurechnen.

Gem. 5.2.1 Abzug der Aussparung für das Maschinenfundament, die mit 1,00 · 1,25=1,25 m² größer als 0,10 m² ist.

Hinzurechnung der gepflasterten Grundfläche der Türöffnung mit 2,00 · 0,25=0,50 m².

F des preßverlegten Holzpflasters=a · b−1,25+0,50=... m².

Nach der ATV gehören das Anpassen und das Anschließen des Holzpflasters an die angrenzenden Bauwerksteile, im Beispiel an die Wände und an das Maschinenfundament, zu den Nebenleistungen.

Eine selbständige Abrechnung dieser Leistungen kommt nur in Betracht, wenn der Auftragnehmer bei Abgabe seines Angebotes mit ihnen nicht rechnen konnte. Abrechnungseinheit dafür ist das Längenmaß gem. 0.5.2.2 und 5.1.2.

Bild 2 Messung von Holzpflaster RE-V mit Fugenleisten in einer Turnhalle

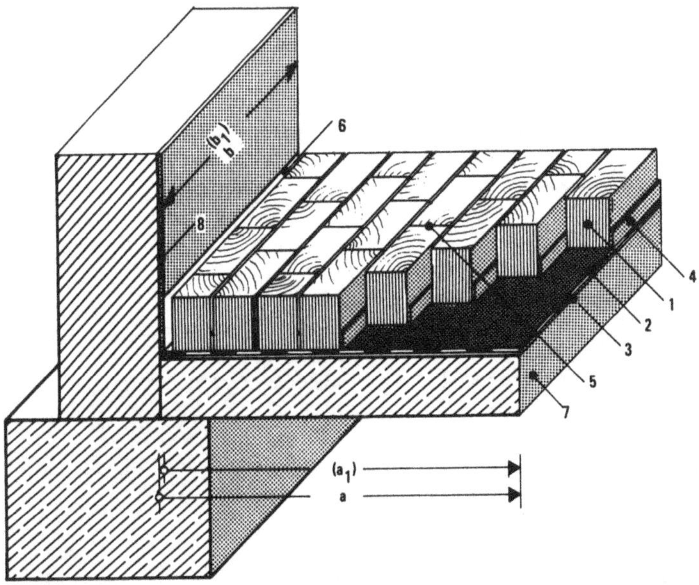

1 Holzpflasterklotz DIN 68702-RE-V-40-KI
2 Bitumenbahn 500 g/m² DIN 52128, aufgeklebt
3 Voranstrich mit Bitumenlösung nach DIN 4117
4 Fugenleiste
5 Stoßfuge
6 Dehnungsfuge
7 Betontragschicht
8 Zementputz, 1 cm dick

Gem. 0.5.1.1 Abrechnung des Holzpflasters DIN 68702-RE-V-40-KI aufgeklebt, mit aufgeklebter Unterlagsbahn, 500 g/m² DIN 52128, nach Flächenmaß. Für die Flächenermittlung gilt 5.1.1.

Die Dehnungsfuge an der geputzten Mauerwerkswand wird der abzurechnenden Fläche zugezählt, d.h. die Fugenbreite wird nicht abgezogen; desgleichen wird gem. 5.1.1 der 1 cm dicke Zementputz mitgerechnet.

F des mit Fugenleisten verlegten Holzpflasters=a · b=... m².

Gem. 0.5.2.1 ist das Schließen der Fugen nach Längenmaß abzurechnen.

Gem. 5.1.2 ist für das Längenmaß die größte Bauteillänge zu messen.

Bild 3 Messung von preßverlegtem Holzpflaster RE-V in einem Gemeindezentrum

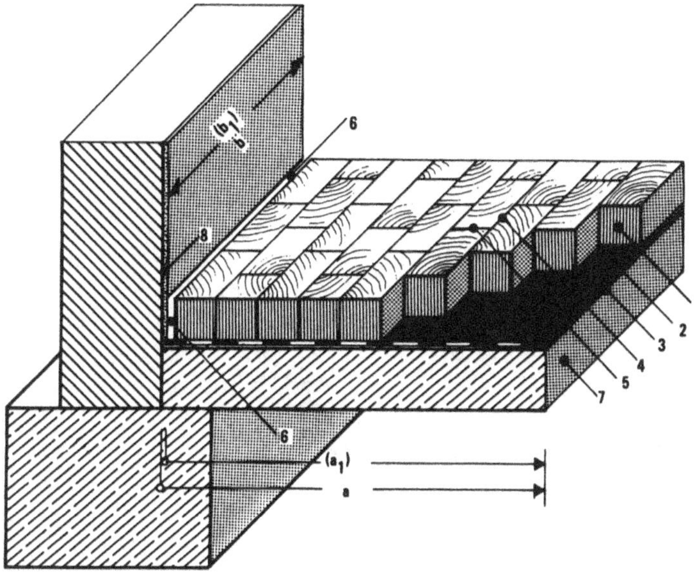

1 Holzpflasterklotz DIN 68702-RE-V-80-KI
2 Bitumenbahn 500 g/m² DIN 52128, aufgeklebt
3 Voranstrich mit Bitumenlösung nach DIN 4117
4 Längsfuge, durchgehend
5 Stoßfuge im Verband
6 Dehnungsfuge
7 Betontragschicht
8 Zementputz, 1 cm dick

Gem. 0.5.1.1 Abrechnung des preßverlegten Holzpflasters, DIN 68702-RE-V-80-KI, nach Flächenmaß der zu belegenden Fläche gem. 5.1.1 bis zum begrenzenden ungeputzten Mauerwerk. Die Dehnungsfuge gehört zur abzurechnenden Fläche, d.h. sie wird nicht abgezogen, erhält jedoch gem. 0.5.2.1 für das Schließen einen eigenen Ansatz, dessen Abrechnungseinheit das Längenmaß gem. 5.1.2 ist.

F des preßverlegten Holzpflasters=a · b=... m².

Bild 4 Messung des Holzpflasters RE-W mit Fugenleisten in einem Werkraum

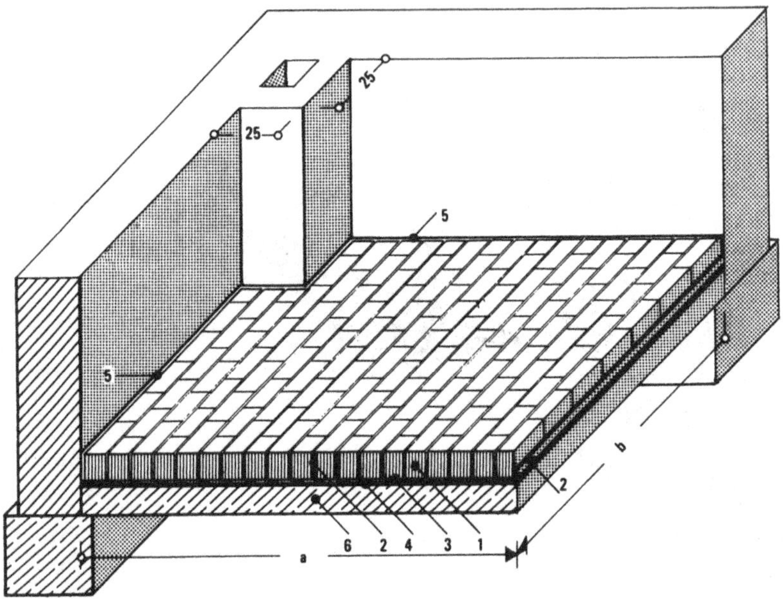

1 Holzpflasterklotz DIN 68702-RE-W-100-BU
2 Fuge mit Fugenleiste
3 Unterlagsbahn 500 g/m² DIN 52128
4 Voranstrich
5 Dehnungsfugen
6 Betontragschicht

Gem. 0.5.1.1 Abrechnung des mit Fugenleisten und Aufkleben verlegten Holzpflasters, DIN 68702-RE-W-100-BU, nach Flächenmaß der zu belegenden Fläche gem. 5.1.1 bis zu den ungeputzten Bauteilen.

Die Dehnungsfugen sowie die durch die Fugenleisten entstehenden Längsfugen werden von der abzurechnenden Fläche nicht abgezogen. Gem. 0.5.2.1 Abrechnung für das Schließen der Fugen nach Längenmaß. 5.1.2 und 5.2.2 sind zu beachten.

Gem. 5.2.1 kein Abzug der Aussparung für die Schornsteinvorlage, die mit 0,25 · 0,25=0,06 m² kleiner als 0,10 m² ist.

F des aufgeklebten Holzpflasters mit Fugenleisten=a · b–... m².

Nach der ATV sind das Herstellen von Anpassungen und das Anschließen sowie das Anpassen an schräg oder gekrümmt zum Fugenverlauf angrenzende Bauteile, mit denen der Auftragnehmer bei Abgabe seines Angebotes nicht rechnen konnte, gem. 0.5.2.1 nach Längenmaß unter Beachtung von 5.1.2 und 5.2.1 als selbständige Leistung abzurechnen.

VOB Teil C:
Allgemeine Technische Vertragsbedingungen für Bauleistungen (ATV)
Raumlufttechnische Anlagen – DIN 18379
Ausgabe Juni 1996

1 Geltungsbereich

1.1 Die ATV »Raumlufttechnische Anlagen« (RLT-Anlagen) – DIN 18379 – gilt für Raumlufttechnische Anlagen, bei denen Luft maschinell gefördert wird.

1.2 Die ATV DIN 18379 gilt nicht für freie Lüftungssysteme und für Prozeßlufttechnische Anlagen, bei denen die Luft ausschließlich zur Durchführung eines technischen Prozesses innerhalb von Apparaten, Kabinen oder Maschinen gefördert wird.

1.3 Ergänzend gelten die Abschnitte 1 bis 5 der ATV DIN 18299 »Allgemeine Regelungen für Bauarbeiten jeder Art«. Bei Widersprüchen gehen die Regelungen der ATV DIN 18379 vor.

5 Abrechnung

Gem. ATV DIN 18299 Abschnitt 5 gilt allgemein:

Die Leistung ist aus Zeichnungen zu ermitteln, soweit die ausgeführte Leistung diesen Zeichnungen entspricht. Sind solche Zeichnungen nicht vorhanden, ist die Leistung aufzumessen.

Siehe hierzu die eingehende Erläuterung zur ATV DIN 18299 »Allgemeine Regelungen für Bauarbeiten jeder Art«.

Abrechnungseinheiten

Gem. 0.5 sind im Leistungsverzeichnis die Abrechnungseinheiten wie folgt vorzusehen:

0.5.1 Flächenmaß (m^2) für

0.5.1.1 – Kanäle, Kanalformstücke, Endböden, Abschlußdeckel, Trennbleche und Überlappungen, Paßstücke, Luftlenkeinrichtungen.
Für Kanäle und Kanalformstücke sind Abrechnungsgruppen nach Tabelle 1 vorzusehen:

Tabelle 1: Abrechnungsgruppen

Kanäle	Formstücke	größe Kantenlänge (mm)	
K 1	F 1		bis 250
K 2	F 2	über 250	bis 1400
K 3	F 3	über 1400	bis 2500
K 4	F 4	über 2500	

0.5.2 Längenmaß (m), getrennt nach Art, Nennweite und Wanddicke, für

0.5.2.1 – Rohre,

0.5.2.2 – flexible Rohre.

0.5.3 Anzahl (Stück),
● getrennt nach Leistungsdaten und kennzeichnenden Merkmalen, für

0.5.3.1 – Ventilatoren, Antriebsmotoren, Luftfilter, Luftbefeuchter, Warmlufterzeuger, Lufterwärmer, Luftkühler, Schalldämpfer und ähnliche Teile,
● getrennt nach Art und Abmessung, für
0.5.3.2 – Absperrorgane, Regelorgane, Drosselklappen und ähnliche Geräte,
0.5.3.3 – Luftdurchlässe, Reinigungsdeckel, Wand- und Deckenhülsen,
0.5.3.4 – Befestigungen, z.B. geschweißte Konstruktionen, Aufhängungen; Befestigungen auch nach Gewicht,
0.5.3.5 – Schwingelemente und sonstige Bauteile für körperschallgedämpfte Befestigungen,
0.5.3.6 – Schiebestutzen, Luftdurchlaßstutzen und -kästen, Ausschnitte für Luftdurchlässe,
● getrennt nach Art, Maßen und Feuerwiderstandsklasse, für
0.5.3.7 – Absperreinrichtungen gegen Brandübertragung (Brandschutzklappen),
● getrennt nach Art, Nennweite, Wanddicke, Winkel und mittlerem Krümmungshalbmesser, für
0.5.3.8 – Bogen,
0.5.3.9 – Form- und Verbindungsstücke für Rohre.
0.5.4 Gewicht (kg), getrennt nach Art und erforderlichenfalls auch nach Maßen, für
0.5.4.1 – besondere Befestigungskonstruktionen, z.B. geschweißte Konstruktionen, Aufhängungen; auch nach Anzahl.

Ergänzend zur ATV DIN 18299 Abschnitt 5 gilt:

5.1 Der Ermittlung der Leistung – gleichgültig, ob sie nach Zeichnung oder Aufmaß erfolgt – sind die Maße der Anlagenteile zugrunde zu legen.

Wird die Leistung aus Zeichnungen ermittelt, dürfen Stücklisten hinzugezogen werden.

In der Leistungsbeschreibung ist vorzuschreiben, ob nach Zeichnungen oder nach örtlichem Aufmaß abzurechnen ist. Die Feststellung der Leistung aus Zeichnungen bringt eine erhebliche Abrechnungsvereinfachung mit sich, da der Zeit- und Arbeitsaufwand erspart wird, der sonst für das örtliche gemeinsame Aufmessen für das Anfertigen der Protokolle und der dazugehörigen Skizzen erforderlich wäre. Allgemein gilt, wobei es ohne Belang ist, ob die Leistung aus Zeichnungen oder durch örtliches Aufmaß festgestellt wird, daß die Leistungsberechnung nach den Maßen der Anlagenteile zu erfolgen hat; etwaige Dämmschichten bleiben infolgedessen unberücksichtigt. Dämmungsarbeiten sind nach ATV DIN 18421 »Dämmarbeiten an technischen Anlagen« auszuführen und abzurechnen.

5.2 Bei Abrechnung nach Flächenmaß (m^2) werden Kanäle und Kanalformstücke nach äußerer Oberfläche, ermittelt aus dem größten Umfang (U_{max}) und der größten Länge (l_{max}), ohne Berücksichtigung der Wärmedämmung gerechnet. Ausschnitte für Luftdurchlässe und Stutzen werden nicht abgezogen, Übergänge (mit den Kurzzeichen US, UA, RS und RA) mit einer ermittelten Oberfläche von weniger als 1 m^2 werden mit 1 m^2 abgerechnet.

Zur Ermittlung von U_{max} und l_{max} sind die Formeln der Tabelle 2 anzuwenden.

5.3 Bei Abrechnung nach Längenmaß (m) werden runde und ovale Rohre einschließlich Bögen, Form- und Verbindungsstücke in der Mittelachse gemessen. Dabei werden Bögen bis zum Schnittpunkt der Mittelachse gemessen.

Das Messen von Rohren einschließlich Bögen sowie von Form- und Verbindungsstücken wird dadurch erleichtert, daß Bögen nicht nach ihrer Bogenlänge, sondern bis zum Schnittpunkt ihrer Mittelachsen zu messen sind.

Tabelle 2. **Kanäle und Kanalformstücke, größte Umfänge, größte Längen, Flächen**

Maße in mm

Benennung Kurzzeichen Größe[1])	Darstellung, Maße	Größter Umfang U_{max}	Größte Länge l_{max}
Kanal K $l > 900$	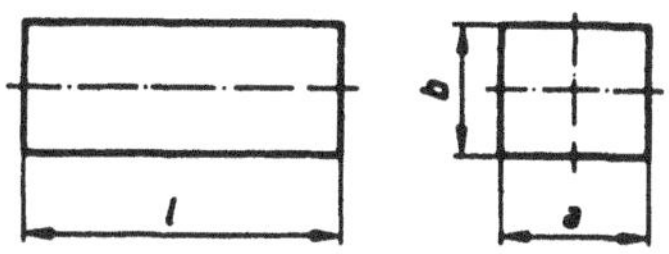	$2(a+b)$	l bei Paßlängen: $l+200$
Trapezkanal TK $f = f_{max}$	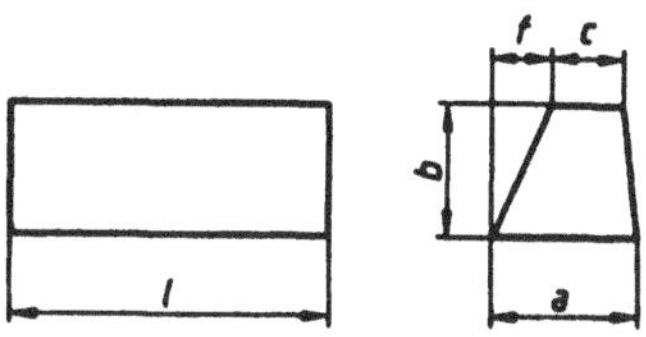	$a+c+\sqrt{b^2+f^2}$ $+\sqrt{(a-c-f)^2+b^2}$	l
Kanalteil KT $l \leq 900$	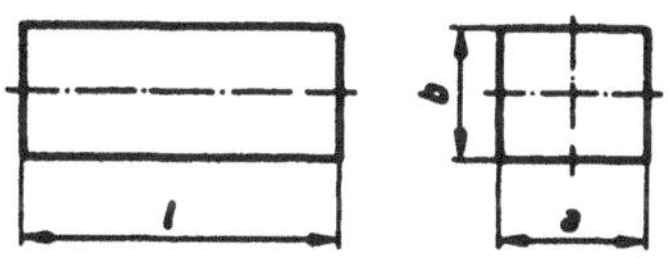	$2(a+b)$	l
Übergangsstutzen SU $l \leq 900$ $c = a$	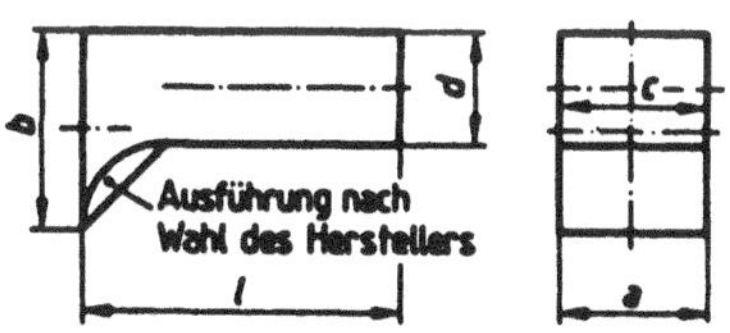	$2(a+b)$	$\sqrt{l^2+(b-d)^2}$
Stutzen, rund SR $l \leq 500$	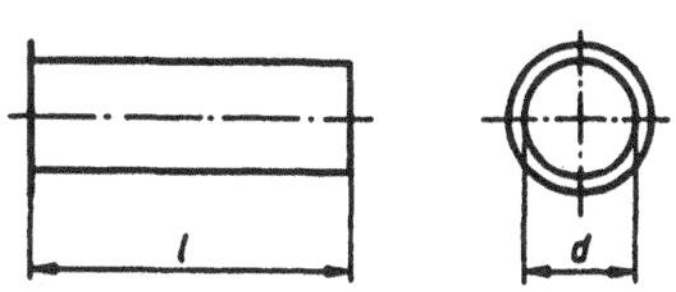	πd	l

[1]) Für Kanal K ($l > 900$) gelten die Abrechnungsgruppen K, für alle anderen Bauteile die Abrechnungsgruppen F.

Tabelle 2. (Fortsetzung)

Benennung Kurzzeichen Größe[1])	Darstellung, Maße	Größter Umfang U_{max}[2])	Größte Länge l_{max}[2])
Bogen, symmetrisch BS $e \leq 500$ $f \leq 500$	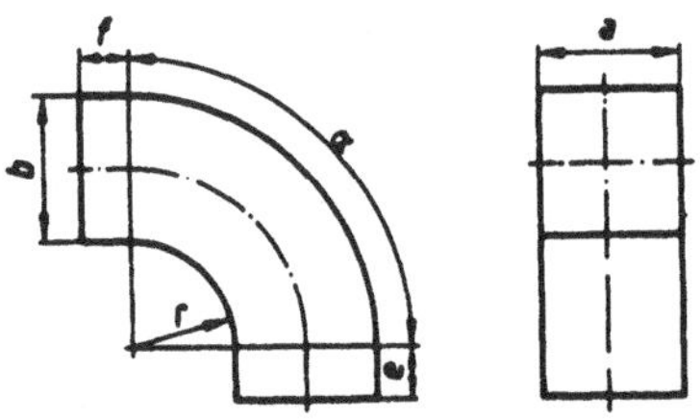	$2(a+b)$	$\frac{\alpha\pi(r+b)}{180}+e+f$
Bogenübergang BA $c = a$ $e \leq 500$ $f \leq 500$	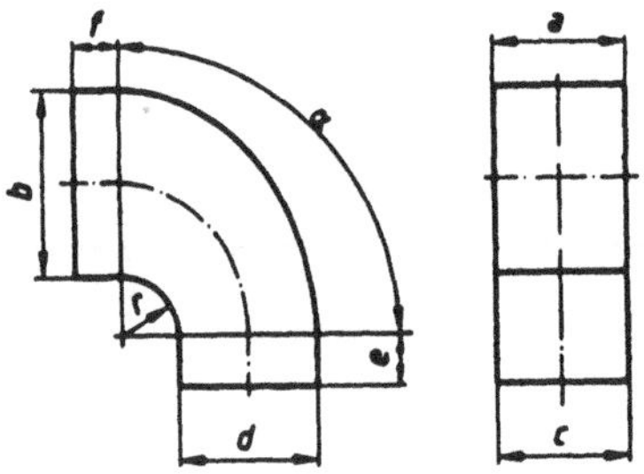	Bedingung $b \geq d$: $2(a+b)$ Bedingung $b < d$: $2(c+d)$	 $\frac{\alpha\pi(r+b)}{180}+e+f$ $\frac{\alpha\pi(r+d)}{180}+e+f$
Winkel (Knie), symmetrisch WS $r = 0$[3]) $e \leq 500$ $f \leq 500$	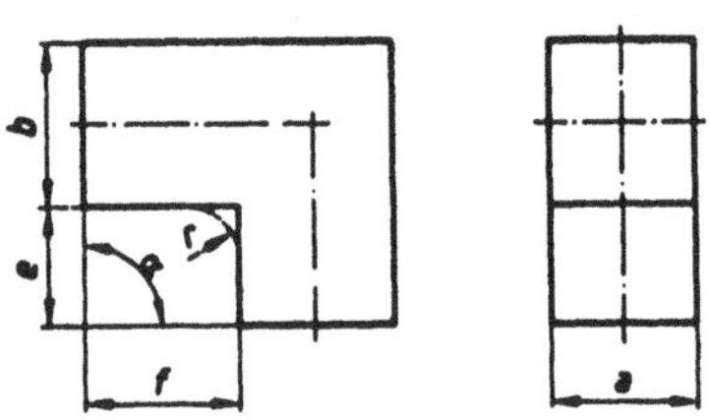	$2(a+b)$	$2b+e+f$

[1]) Siehe Seite 669

[2]) Sind für U_{max} und l_{max} mehrere Rechenformeln angegeben, so sind für die Berechnung der Oberfläche die Formeln anzuwenden, die die größten Maße für U und l ergeben.

[3]) Wenn nicht besonders angegeben

Tabelle 2. (Fortsetzung)

Benennung Kurzzeichen Größe[1])	Darstellung, Maße	Größter Umfang U_{max}[2])	Größte Länge l_{max}[2])
Winkelübergang (Knieübergang) WA $r = 0$[3]) $e \leq 500$ $f \leq 500$	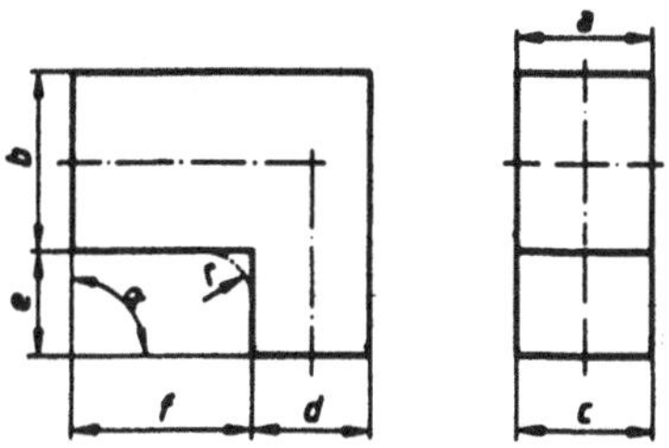	Bedingung $b \geq d$: $2(a+b)$	$b+d+e+f$
		Bedingung $b < d$: $2(c+d)$	$b+d+e+f$
[4]) Übergang, symmetrisch US $e = \frac{b-d}{2}$ $f = \frac{a-c}{2}$	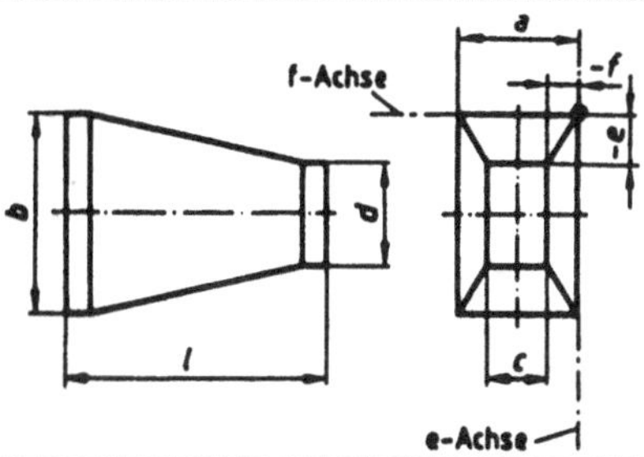	Bedingung $a+b \geq c+d$: $2(a+b)$	Bedingung $e \geq f$: $\sqrt{l^2+e^2}$
		Bedingung $a+b < c+d$: $2(c+d)$	Bedingung $e < f$: $\sqrt{l^2+f^2}$
[4]) Übergang, asymmetrisch UA	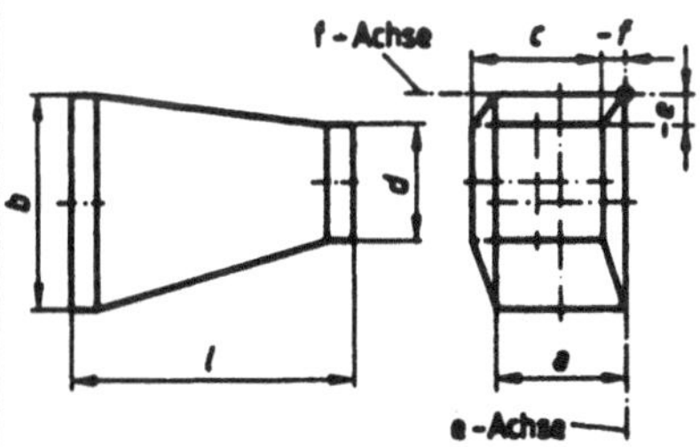	Bedingung $a+b \geq c+d$: $2(a+b)$	Bedingung $b-d+e \geq e$: $\sqrt{l^2+(b-d+e)^2}$
			Bedingung $b-d+e < e$: $\sqrt{l^2+e^2}$
		Bedingung $a+b < c+d$: $2(c+d)$	Bedingung $a-c+f \geq f$: $\sqrt{l^2+(a-c+f)^2}$
			Bedingung $a-c+f < f$: $\sqrt{l^2+f^2}$

[1]) Siehe Seite 669 [2]) und [3]) siehe Seite 670

[4]) Der Koordinatenmittelpunkt liegt immer in der rechten oberen Ecke des linken Querschnitts. Beim Ergebnis der Vergleichsbedingungen sind die errechneten Werte ohne Vorzeichen zu verwenden.

Tabelle 2. (Fortsetzung)

Benennung Kurzzeichen Größe[1]	Darstellung, Maße	Größter Umfang U_{max}[2]	Größte Länge l_{max}[2]
[4] Rohrübergang, symmetrisch RS $e = \frac{b-d}{2}$ $f = \frac{a-d}{2}$	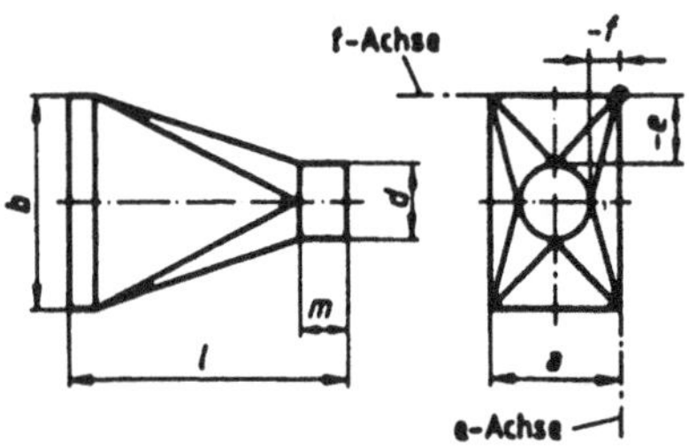 *m* nach DIN 24 145	Bedingung $a+b \geq \frac{\pi d}{2}$: $2(a+b)$	Bedingung $e \geq f$: $\sqrt{l^2+e^2}$
		Bedingung $a+b < \frac{\pi d}{2}$: πd	Bedingung $e < f$: $\sqrt{l^2+f^2}$
[4] Rohrübergang, asymmetrisch RA	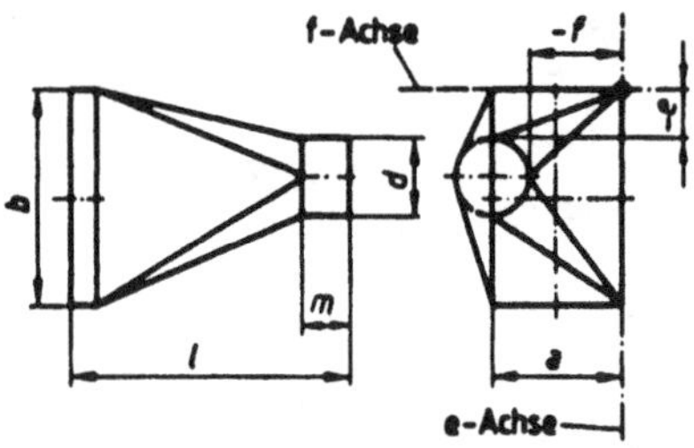 *m* nach DIN 24 145	Bedingung $a+b \geq \frac{\pi d}{2}$: $2(a+b)$	Bedingung $b-d+e \geq e$: $\sqrt{l^2+(b-d+e)^2}$
			Bedingung $b-d+e < e$: $\sqrt{l^2+e^2}$
		Bedingung $a+b < \frac{\pi d}{2}$: πd	Bedingung $a-d+f \geq f$: $\sqrt{l^2+(a-d+f)^2}$
			Bedingung $a-d+f < f$: $\sqrt{l^2+f^2}$
[4] Etage, symmetrisch ES $f = 0$	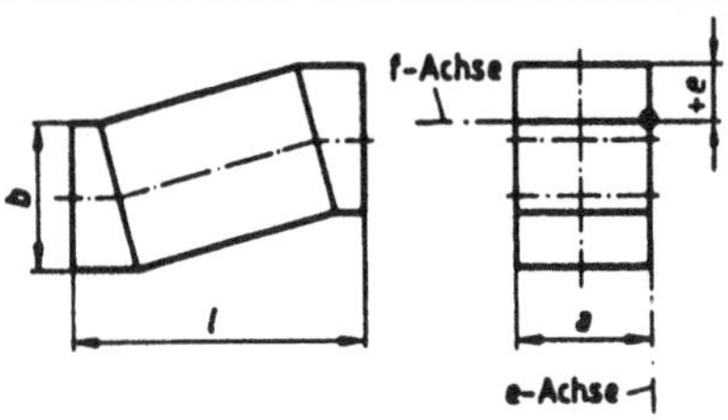	$2(a+b)$	$\sqrt{l^2+e^2}$

[1]) Siehe Seite 669
[2]) Siehe Seite 670
[4]) Siehe Seite 671

Tabelle 2. (Fortsetzung)

Benennung Kurzzeichen Größe[1])	Darstellung, Maße	Größter Umfang U_{max}[2])	Größte Länge l_{max}[2])
[4]) Etagen- übergang EA $c = a$ $f = 0$	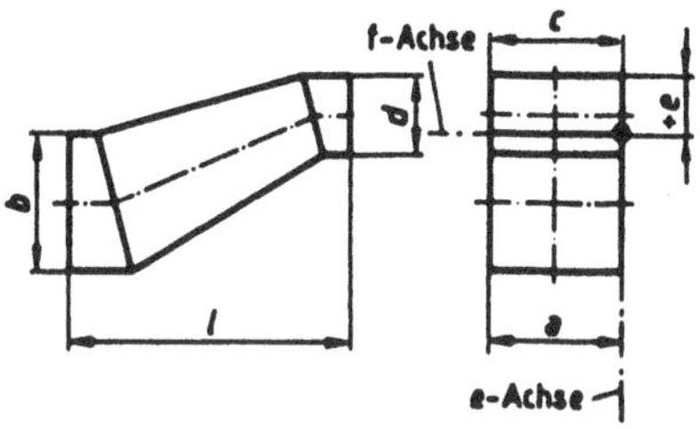	Bedingung $b \geq d$: $2(a+b)$ Bedingung $b < d$: $2(c+d)$	Bedingung $b-d+e \geq e$: $\sqrt{l^2+(b-d+e)^2}$ Bedingung $b-d+e < e$: $\sqrt{l^2+e^2}$
T-Stück, oben gerade TG $g = c = a$	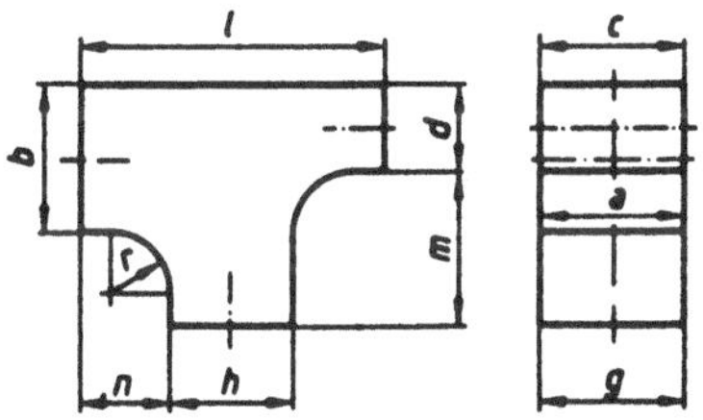	a) durchgehendes Teil: Bedingung $a+b \geq c+d$: $2(a+b)$ Bedingung $a+b < c+d$: $2(c+d)$ b) abzweigendes Teil: $2(g+h)$ Die Oberflächen aus a) und b) werden addiert.	l Bedingung $d+m-b \geq m$: $d+m-b$ Bedingung $d+m-b < m$: m

[1]) Siehe Seite 669
[2]) Siehe Seite 670
[4]) Siehe Seite 671

Tabelle 2. (Fortsetzung)

Benennung Kurzzeichen Größe[1])	Darstellung, Maße	Größter Umfang U_{max}[2])	Größte Länge l_{max}[2])
[4]) T-Stück, oben schräg TA $g = c = a$	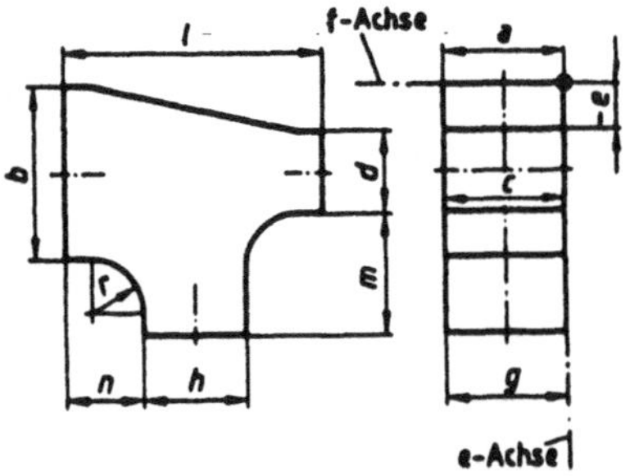 	a) durchgehendes Teil: Bedingung $b \geq d$: $2(a+b)$ Bedingung $b < d$: $2(c+d)$	$\sqrt{l^2+e^2}$
		b) abzweigendes Teil: $2(g+h)$	Bedingung $d+m-b-e \geq m$: $d+m-b-e$ Bedingung $d+m-b-e < m$: m
		Die Oberflächen aus a) und b) werden addiert.	
[4]) Hosenstück HS $g = c = a$ $f = 0$ $m \geq 2 \cdot$ Flanschhöhe	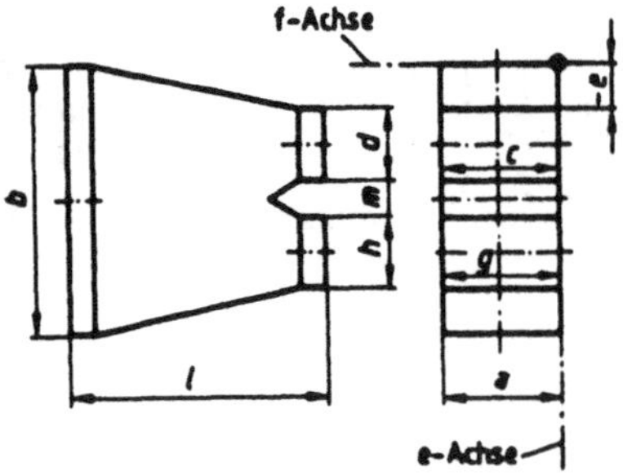 	Bedingung $b \geq d+m+h$: $2(a+b)$	Bedingung $b-h-m-d+e \geq e$: $\sqrt{l^2+(b-h-m-d-e)^2}$
		Bedingung $b < d+m+h$: $2(c+d+m+h)$	Bedingung $b-h-m-d+e < e$: $\sqrt{l^2+e^2}$

[1]) Siehe Seite 669
[2]) Siehe Seite 670
[4]) Siehe Seite 671

Tabelle 2. (Fortsetzung)

Benennung Kurzzeichen Größe[1])	Darstellung, Maße	Flächenmaß A
Boden BO	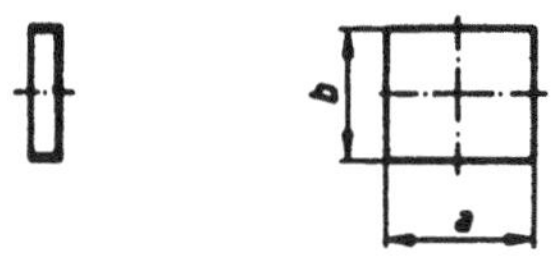	$a \cdot b$
Trennblech TR	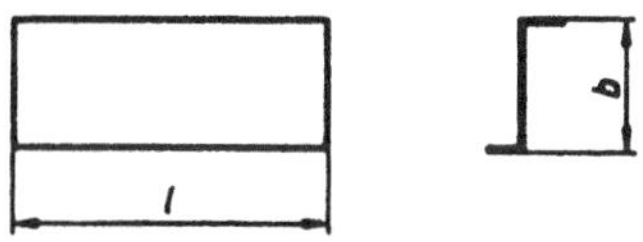	$b \cdot l$
		$a \cdot l$
Leitblech LB	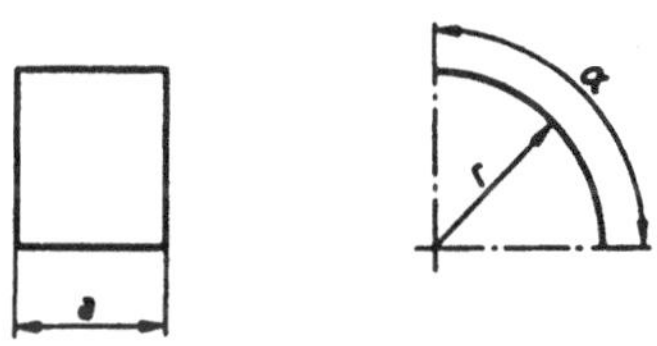	$\frac{\alpha \cdot \pi \cdot r}{180} \cdot a$ In die Abrechnung gehen nur die Leitbleche ein, deren Stückzahl höher liegt, als nachfolgend angegeben: Kantenlänge b mm — Leitbleche Anzahl 400 bis 1250 — 1 über 1250 bis 2000 — 2 über 2000 — 3
Kombistück KO	Kombination z. B. von Kanal und Formstück oder von Formstücken untereinander, werkseitig auf einem Rahmen montiert und als einzelnes Teil geliefert.	Die Oberfläche wird durch Addition der Oberflächen der zur Kombination gehörenden Teile ermittelt.
Sonder-Formstück SO	Formstücke, die sich aufgrund ihrer Bauform nicht in die Tabelle einreihen lassen.	Die Oberfläche ist in Anlehnung an vorstehende Formeln zu ermitteln.
Schiebestutzen, Luftdurchlaßstutzen, Luftdurchlaßkästen, Ausschnitte für Luftdurchlässe		Die Abrechnung ist nach Anzahl (Stück) vorzunehmen.

[1]) Siehe Seite 669

5.4 Bögen und sonstige Formstücke werden zusätzlich zum Rohrpreis abgerechnet.

Gem. 5.3 werden runde und ovale Rohre einschließlich Bögen, Formstücke und Verbindungsstücke in der Mittelachse gemessen. Obwohl Bögen und sonstige Formstücke dabei mitgemessen werden, sind sie zum Ausgleich des Mehrpreises zusätzlich zum Rohrpreis abzurechnen.

5.5 Bei Abrechnung nach Gewicht (kg) ist das Gewicht nach folgenden Grundsätzen zu berechnen:

5.5.1 Es sind anzusetzen:

- für Stahlbleche und Bandstahl 8 kg/m² für jeden mm der Stoffdicke,
- für Formstahl und für Profile, die vom Großhandel nach Handelsgewicht verkauft werden, das Handelsgewicht (kg/m),
- für andere Profile das DIN-Gewicht mit einem Zuschlag von 2% für Walzwerktoleranzen.

5.5.2 Bei geschraubten, geschweißten oder genieteten Stahlkonstruktionen werden zu dem nach Abschnitt 5.5.1 ermittelten Gewicht 2% zugeschlagen.

5.5.3 Bei verzinkten Bauteilen oder verzinkten Konstruktionen werden zu den Gewichten, die nach den zuvor genannten Grundsätzen ermittelt wurden, 5% für die Verzinkung zugeschlagen.

Diese Vorschriften über die Gewichtsberechnung entsprechen denen in der ATV DIN 18360 »Metallbauarbeiten« sowie in der ATV DIN 18380 »Heizanlagen und zentrale Wassererwärmungsanlagen«.

Zu 0.5.1.1:

Abrechnungseinheit für Kanäle, Kanalformstücke, Endböden, Abschlußdeckel, Trennbleche und Überlappungen, Paßstücke sowie Luftlenkeinrichtungen ist das Flächenmaß. Kanäle und Kanalformstücke sind nach vier Abrechnungsgruppen zu trennen, die nach ihrer größten Kantenlänge wie folgt gestaffelt sind:

- bis 250 mm

- über 250 bis 1400 mm

- über 1400 bis 2500 mm

- über 2500 mm.

Gem. 5.2 werden bei Abrechnung nach Flächenmaß Kanäle und Kanalformstücke nach ihrer äußeren Oberfläche ermittelt. Die Wärmedämmung bleibt dabei unberücksichtigt. Die Flächenermittlung richtet sich nach dem größten Umfang (U_{max}) und der größten Länge (L_{max}). Ausschnitte für Gitter und Stutzen werden nicht abgezogen. Übergänge mit einer kleineren Oberfläche als 1 m² werden mit 1 m² abgerechnet.

Zur Erleichterung der Flächenermittlung sind Rechnungsformeln in Tabellen beigegeben (Bilder 7, 8, 16, 17).

Zu 0.5.2.1 und 0.5.2.2:

Abrechnungseinheit für Rohre und flexible Rohre ist das Längenmaß. Es ist nach Art, Nennweite und Wanddicke zu trennen.

Gem. 5.3 werden runde und ovale Rohre einschließlich Bögen, Form- und Verbindungsstücke in der Mittelachse gemessen. Dabei sind Bögen bis zum Schnittpunkt der Mittelachse zu messen.

Obwohl Bögen, Form- und Verbindungsstücke bei der Bemessung der Rohrlänge mitgemessen werden, sind sie gem. 5.4 zusätzlich nach Anzahl abzurechnen. Siehe 0.5.3.8 (Bilder 12 bis 15, 17).

Zu 0.5.3.1:

Gem. ATV DIN 18299 Abschn. 2.1 umfassen alle Leistungen auch die Lieferung der dazugehörigen Stoffe und Bauteile einschließlich Abladen und Lagern auf der Baustelle, wenn in der Leistungsbeschreibung nichts anderes vorgeschrieben ist. Der Auftraggeber muß es ausdrücklich vorschreiben, wenn er Stoffe oder Bauteile selbst liefern will. Die Leistungen nach diesem Abschnitt beziehen sich also auf die Lieferung und den Einbau der Anlagenteile, wie Ventilatoren, Antriebsmotore, Luftfilter usw. Mit den Preisen ist auch als Nebenleistung die Lieferung von Verbindungs- und Befestigungsmaterial sowie der Rostschutzgrundanstrich aller nicht oberflächengeschützten Anlagenteile abgegolten.

Abrechnungseinheit ist die Anzahl der einzelnen Bauteile. Die Ansätze sind nach Leistungsdaten, z.B. Luftleistung, Energiebedarf, und nach kennzeichnenden Merkmalen, z.B. Axialventilator, Radialventilator einseitig saugend, zu trennen.

Der Anschluß von bauseits gestellten Apparateteilen an die Rohrleitungen und Kanäle und auch der Einbau von bauseits gestellten Armaturen in die Rohrleitungen und Kanäle ist als selbständige Leistung nach Anzahl abzurechnen (Bilder 3 bis 6).

Zu 0.5.3.2 und 0.5.3.3:

Gem. ATV DIN 18299 Abschn. 2.1.1 gehört auch zum Leistungsbild nach diesem Abschnitt die Lieferung der Stoffe und Bauteile. Absperrorgane, z.B. Ventile, Schieber, Sperrvorrichtungen, Jalousieklappen und dergleichen, Regelorgane und ähnliche Geräte, d.h. alle Steuer-, Regel-, Meß- und Schaltanlagen, ferner Luftdurchlässe für Zuluft, Abluft, Umluft und Fortluft sowie Kontroll- und Reinigungsdeckel, Wand- und Deckenhülsen, Befestigungen, Aufhängungen sind nach ihrer Anzahl abzurechnen. Die Ansätze sind nach Art und Abmessungen zu trennen. Mit dem Preis sind als Nebenleistung die Lieferung des erforderlichen Verbindungs- und Befestigungsmaterials sowie der Rostschutzgrundanstrich der nicht oberflächengeschützten Anlagenteile abgegolten. Die endgültige Rostschutzbehandlung durch Anstriche ist eine nach ATV DIN 18363 »Maler- und Lackierarbeiten« auszuführende und abzurechnende Leistung (Bilder 7 bis 10).

Zu 0.5.3.4 und 0.5.3.5:

Nach Anzahl abzurechnen sind Lieferung und Einbau von Schwingelementen und sonstige Bauteile für körperschallgedämpfte Befestigungen sowie Schiebestutzen, Luftdurchlaßstutzen und -kästen, getrennt nach Art und Abmessungen (Bild 7).

Zu 0.5.3.6:

Getrennt nach Art, Abmessung und Feuerwiderstandsklasse sind nach Anzahl Absperreinrichtungen gegen Brandübertragung abzurechnen.

Zu 0.5.3.7:

Bogen werden gem. 5.3 zusammen mit der übrigen Lüftungsrohrleitung in der Achse gemessen und nach Längenmaß in der Abrechnung der Lüftungsrohre mit erfaßt. Die Mehraufwendungen für die Bogen sind zusätzlich zum Preis für die Lüftungsrohrleitung zu vergüten. Abrechnungseinheit dafür ist die Anzahl der Bogen. Die Ansätze sind nach Art, z.B. Stoffart, nach Nennweite (NW) des äußeren Durchmessers, nach Wanddicke, Winkel und mittlerem Radius zu trennen (Bilder 13, 14).

Zu 0.5.3.8:

Formstücke, z.B. T-Stücke, Kreuzstücke, Hosenstücke, Übergangsstücke sowie Verbindungsstücke werden gem. 5.3 zusammen mit der übrigen Lüftungsrohrleitung in der Achse gemessen und bei der Abrechnung nach Längenmaß mit erfaßt. Die Mehraufwendungen für Lieferung und Einbau der Formstücke und Verbindungsstücke sind nach der Anzahl der Formstücke abzurechnen. Bei Formstücken, die unterschiedliche Nennweiten und Wanddicken aufweisen, sind für die Abrechnung die größten Nennweiten und die größten Wanddicken maßgebend. Die Ansätze sind nach Art der Formstücke, größter Nennweite, größter Wanddicke, Winkel und mittlerem Krümmungshalbmesser zu trennen (Bild 14).

Zu 0.5.4.1:

Befestigungen, z.B. geschweißte Konstruktionen, Aufhängungen können entweder nach Anzahl gem. 0.5.3.3 oder nach Gewicht abgerechnet werden. Die Abrechnungseinheit ist in der LB festzulegen. Wird nach Gewicht abgerechnet, gelten die in 5.5 gegebenen Berechnungsgrundsätze.

Bild 1 Schema einer Lüftungs-(Klima-)Anlage

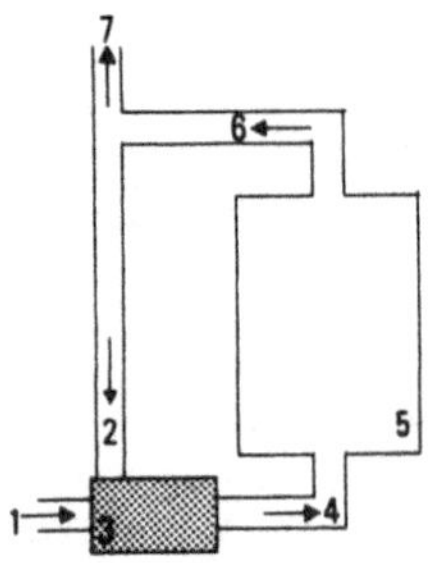

1 Außenluft
2 Umluft
3 Lüftungs-(Klima-)Gerät
4 Zuluft
5 Raum
6 Abluft
7 Fortluft

Zur Vereinheitlichung der Begriffe sind die Benennungen für die Luft auf dem Weg durch die Anlage eingetragen. Vom Raum aus betrachtet wird die gesamte ihm zugeführte Luft als Zuluft bezeichnet; sinngemäß heißt dann die gesamte abströmende Luft Abluft. Wird ein Teil der Abluft dem Raum wieder zugeführt, so bezeichnet man diesen als Umluft. Die ins Freie abgeführte Luft heißt Fortluft. Eine der Fortluft entsprechende Luftmenge wird durch das Gerät von außen angesaugt; sie wird bis zum Zusammentreffen mit der Umluft als Außenluft bezeichnet. Alle Benennungen gelten unabhängig davon, an welcher Stelle im Luftwege sich Ventilator, Filter, Erhitzer, Kühler oder Befeuchter befinden.

Sinngemäß unterscheidet man bei den Luftöffnungen zwischen Zuluft- und Abluftöffnungen. Die Luftöffnungen erhalten zur Lenkung des Luftstromes oder auch nur zur Verkleidung Durchlässe in Form von Gittern, Düsen, Luftverteilern und dergleichen. Nach ihrer Lage im Raum unterteilt man die Durchlässe in Decken-, Fußboden- und Wanddurchlässe.

Bild 2 Schema einer Klimaanlage

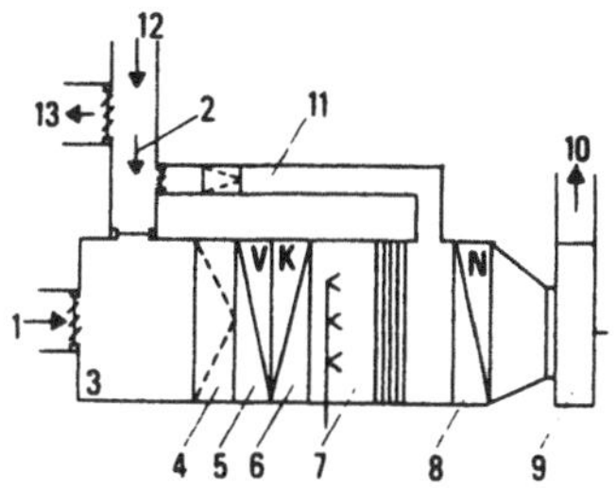

1 Außenluft
2 Umluft
3 Mischkammer
4 Filter
5 Vorerhitzer
6 Kühler
7 Düsenkammer
8 Nacherhitzer
9 Ventilator
10 Zuluft
11 Beipaß
12 Abluft
13 Fortluft

Bild 3 Axialventilator mit Austrittsleitrad und verstellbaren Laufschaufeln, direkter Antrieb

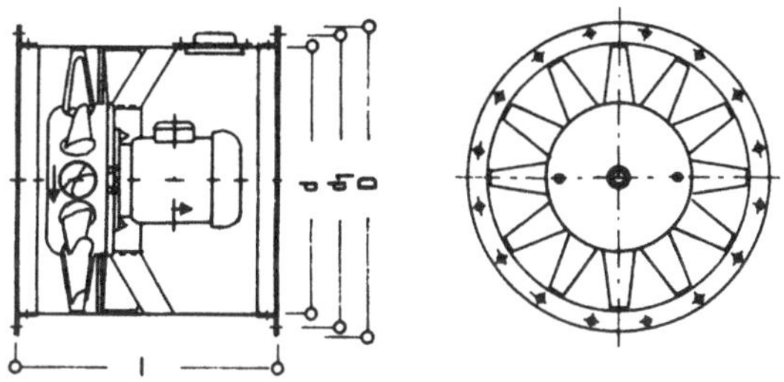

Gehäuse mit Inspektionsklappe

Gem. 0.5.3.1 Abrechnung des Axialventilators. Gehäuse mit Inspektionsklappe, Austrittsleitrad, verstellbaren Laufschaufeln, getrennt nach Leistungsdaten und kennzeichnenden Merkmalen, nach Anzahl.

Nach der ATV sind geeignete Maßnahmen vorzusehen, wenn Ventilatorteile aus splitterfähigen Stoffen bestehen. Diese Maßnahmen müssen beim Zerspringen der Teile einen ausreichenden Splitterschutz ergeben.

Keine besondere Abrechnung der Verbindungs- und Befestigungsmittel, da es sich um Nebenleistungen handelt.

Bild 4 Wandluftheizer für Dampf oder Wasser

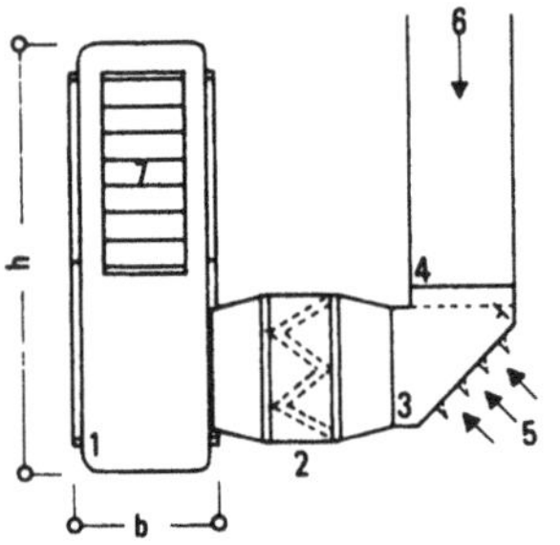

1 Wandluftheizer
2 Staubfilter
3 Mischluftkasten
4 Frischluftkanal
5 Umluft (Raumluft)
6 Außenluft
7 Zuluft

Gem. 0.5.3.1 Abrechnung des Wandluftheizers, b · h · t, nach Anzahl zum Stückpreis. Die Ansätze sind nach Leistungsdaten und kennzeichnenden Merkmalen zu trennen.

Lufterhitzer sind vor dem Einbau auf ihre Dichtheit und Druckfestigkeit zu prüfen.

Lufterhitzer sind so einzubauen, daß eine einfache vollständige Entleerung und Entlüftung möglich ist.

Das Eindringen von Wassertropfen in andere Anlagenteile ist durch geeignete Maßnahmen zu verhindern.

Gem. 0.5.3.1 Abrechnung des Staubfilters nach Anzahl zum Stückpreis. Die Ansätze sind nach Leistungsdaten und kennzeichnenden Merkmalen zu trennen.

Elektro-Luftfilter müssen den VDE-Vorschriften entsprechend eingebaut sein. Sie sind mit den erforderlichen Sicherheits- und Schutzeinrichtungen einschließlich Hochspannungskabel zu versehen.

Keine besondere Abrechnung der Verbindungs- und Befestigungsmittel, da es sich um Nebenleistungen handelt.

Bild 5 Kanaleinbaufilter

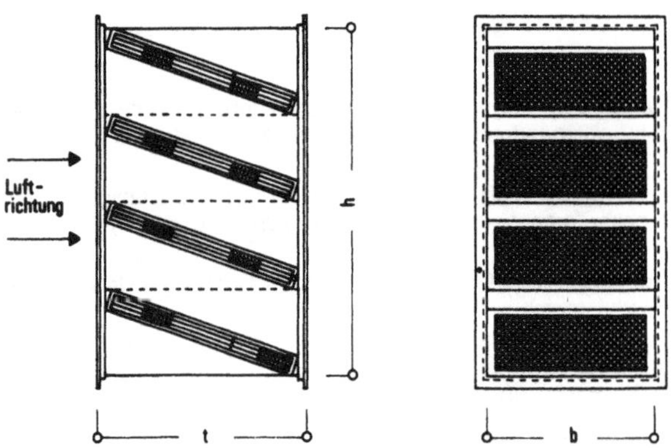

Schrägstromfilter

Gem. 0.5.3.1 Abrechnung des in den Kanal eingebauten Schrägstromfilters, Maße b · h · t, nach Anzahl zum Stückpreis. Die Ansätze sind nach kennzeichnenden Merkmalen zu trennen.

Keine besondere Abrechnung der Verbindungs- und Befestigungsmittel, da es sich um Nebenleistungen handelt.

Bild 6 Luftwäscher

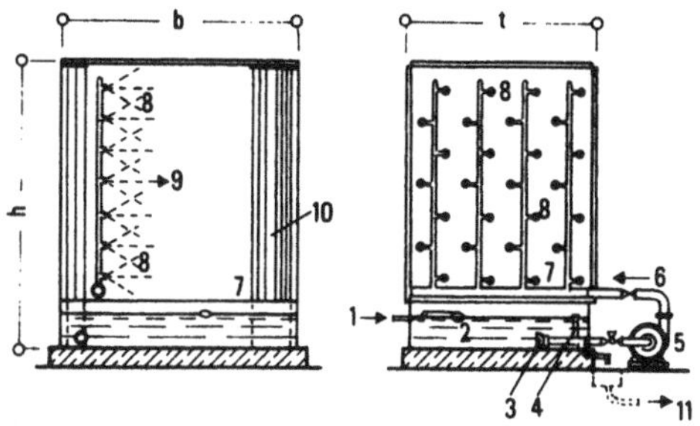

Düsenkammer mit einer Düsenreihe

1 Frischwasser
2 Wassertank
3 Sieb
4 Überlauf
5 Umwälzpumpe
6 Frischwasser
7 Spritzraum
8 Spritzdüsen
9 Luftrichtung
10 Tropfenabscheider
11 Entwässerung

Gem. 0.5.3.1 Abrechnung des Luftwäschers, Abmessungen b · h · t, zum Stückpreis. Im Ansatz sind Leistungsdaten und kennzeichnende Merkmale anzugeben.

Befeuchtungseinrichtungen, die Wasser- oder Dampfanschluß haben, sind mit den dafür notwendigen Absperr- und Reguliereinrichtungen zu versehen.

Befeuchtungseinrichtungen mit Wasseranschluß sind so einzubauen, daß sie an das Wasserversorgungsnetz und, wenn erforderlich, auch an das Abwassernetz unter Beachtung der Vorschriften angeschlossen werden können (siehe DIN 1988 »Trinkwasser-Leitungsanlagen in Grundstücken; Technische Bestimmungen für Bau und Betrieb« und DIN 1986 Teil 1 »Grundstücksentwässerungsanlagen; Technische Bestimmungen für den Bau«).

Das Eindringen von Wassertropfen in andere Anlagenteile ist durch geeignete Maßnahmen zu verhindern.

Keine besondere Abrechnung der Verbindungs- und Befestigungsmittel, da es sich um Nebenleistungen handelt.

Bild 7 Schieber in einem Luftkanal

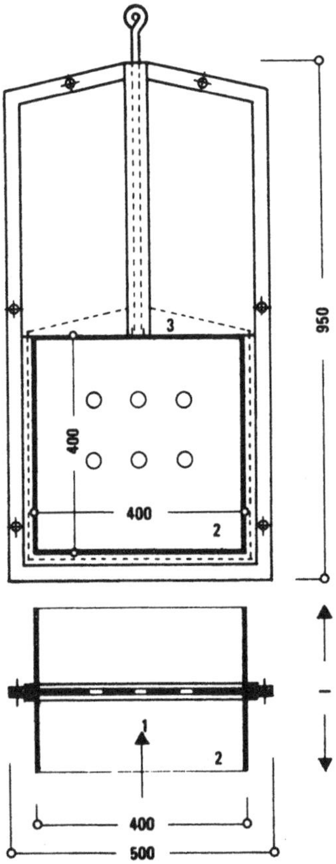

1 Luftrichtung
2 Luftkanal
3 Luftschieber

Gem. 0.5.3.5 Abrechnung des Luftschiebers für den Blechkanal mit den äußeren Abmessungen 400/400 mm, Höhe des gesamten Schiebers 950 mm, zum Stückpreis.

Gem. 0.5.1.1 Abrechnung des Luftkanals, Blechdicke 0,63 mm, nach Flächenmaß. Für die Flächenmaßermittlung ist die äußere Oberfläche des Kanals ohne Berücksichtigung von Dämmungen maßgebend. Größte Kantenlänge=l.

F des Luftkanals=2(0,40+0,40) · l=... m².

Keine besondere Abrechnung der Verbindungs- und Befestigungsmittel, da es sich um eine Nebenleistung handelt.

Bild 8 Gliederklappe als Regelorgan

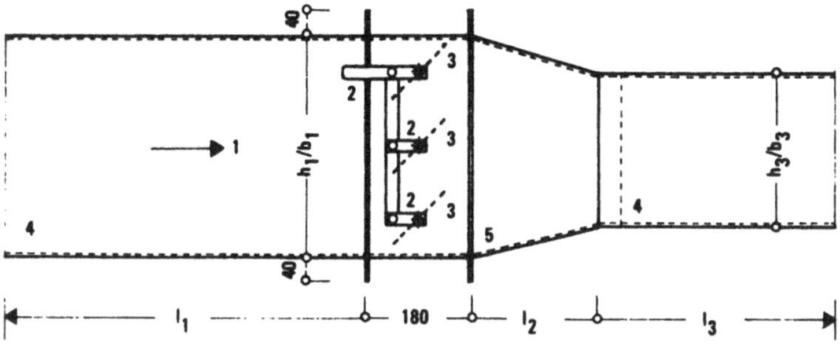

1 Luftrichtung
2 Glieder
3 Lamellen
4 Luftkanal
5 Übergangsstück

Jalousieklappe mit gleichlaufend gekoppelten Lamellen

Gem. 0.5.3.2 Abrechnung der Jalousie-Gliederklappe mit drei gekoppelten Lamellen zum Stückpreis. Äußere Maße des Querschnitts des abzusperrenden Luftkanals: Breite b_1, Höhe h_1.

Gem. 0.5.1.1 Abrechnung des Luftkanals, Blechdicke 0,70 mm, nach Flächenmaß. Für die Flächenermittlung ist die äußere Oberfläche des Kanals maßgebend. Übergangsstücke sind aus dem größten Umfang und aus der größten Länge zu errechnen. Die Gesamtfläche des Luftkanals ergibt sich durch Addition der verschieden geformten Teilstücke. Es ist nach Abrechnungsgruppen zu trennen.

F des Luftkanals=$2(b_1+h_1) \cdot l_1+2(b_1+h_1) \cdot l_2+2(b_3+h_3+h_3) \cdot l_3=\ldots m^2$.

Keine besondere Abrechnung der Verbindungs- und Befestigungsmittel, da es sich um eine Nebenleistung handelt.

Bild 9 Luftdurchlaß in einer 24 cm dicken Wand

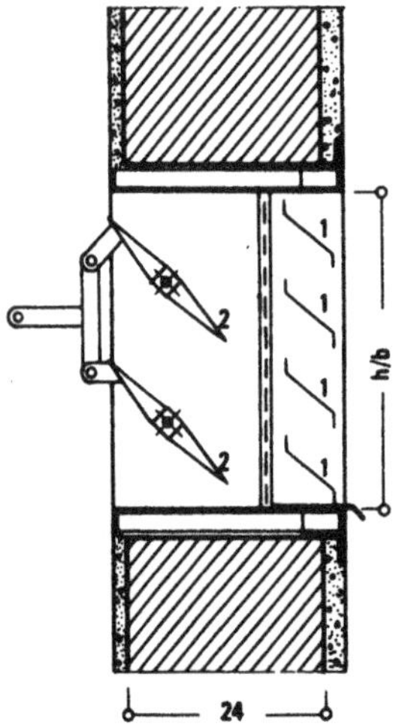

1 Wetterschutzgitter
2 Jalousieklappe mit zwei Lamellen

Luftdurchlaß mit Wetterschutzgitter und Jalousieklappe

Gem. 0.5.3.3 Abrechnung des Luftdurchlasses im 24 cm dicken Mauerwerk, Breite=b, Höhe=h, nach Anzahl zum Stückpreis.

Luftdurchlässe sind mit einem Einbaurahmen auszurüsten, ausgenommen beim direkten Kanaleinbau oder bei der Anordnung von Schiebestutzen.

Keine besondere Abrechnung der Verbindungs- und Befestigungsmittel, da es sich um eine Nebenleistung handelt.

Bild 10 Deckenluftverteiler

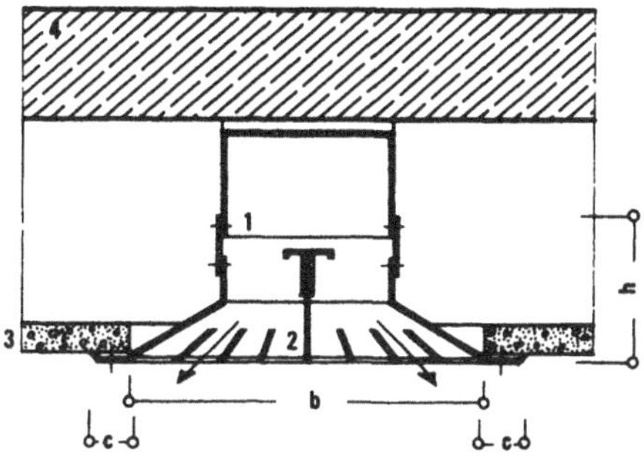

1 Luftkanal
2 Deckenluftverteiler
3 Zwischendecke
4 Rohdecke

Zweiseitiger Deckenluftverteiler in Rechteckform

Gem. 0.5.3.3 Abrechnung des Deckenluftverteilers in Rechteckform, Breite=b, Höhe=h, mit unterem Deckblech der Breite=c, nach Anzahl zum Stückpreis.

Luftverteiler sind mit Einbaurahmen auszurüsten, ausgenommen beim direkten Kanaleinbau und bei Anordnung von Schiebestutzen.

Keine besondere Abrechnung der Verbindungs- und Befestigungsmittel, da es sich um eine Nebenleistung handelt.

Bild 11 Stoßverbindungen bei Lüftungsleitungen

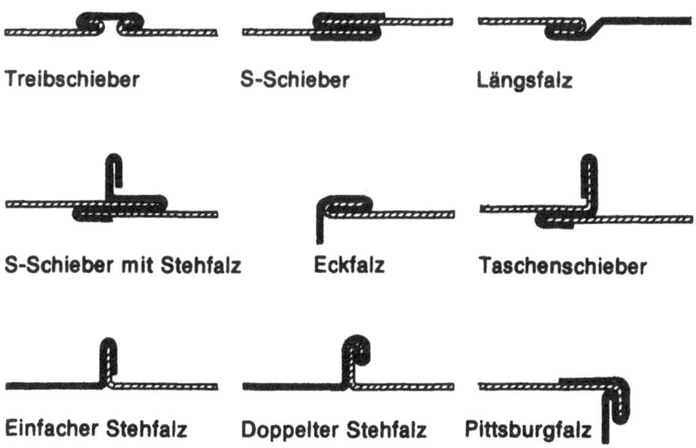

Bild 12 Flanschenverbindung von Lüftungsrohren

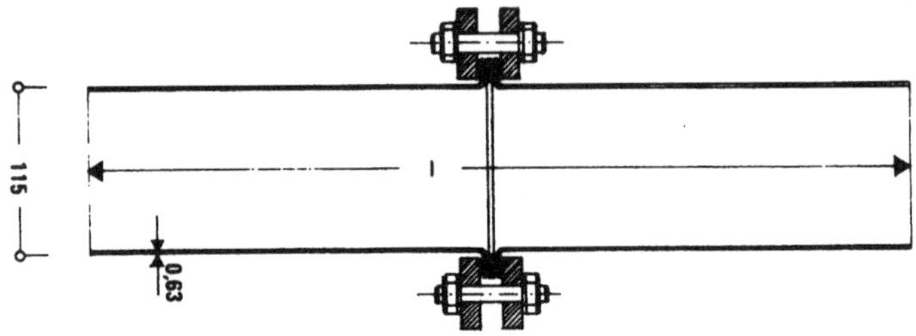

Gem. 0.5.2.1 Abrechnung des Lüftungsrohrs, Nennweite 115 mm, Wanddicke 0,63 mm, St 37-2, in der Achse gemessen, nach Längenmaß. Gem. 5.3 ist die Länge in der Mittelachse zu messen.

Gem. 0.5.3.8 Abrechnung der Flanschenverbindung nach Anzahl.

L des Lüftungsrohres=l=... m.

Bild 13 Messung von Lüftungsrohren mit Bogen

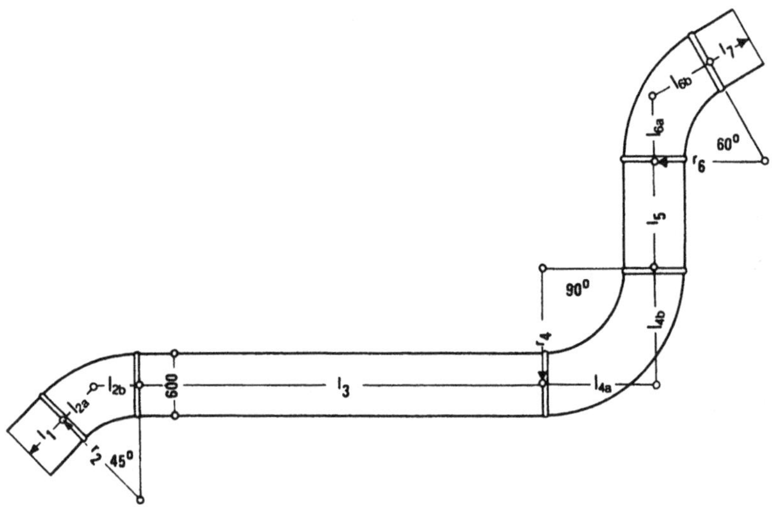

Gem. 0.5.2.1 Abrechnung der Lüftungsrohre, Nennweite 600 mm, Wanddicke 0,75 mm, St 37-2, in der Achse gemessen, nach Längenmaß. Die Bogen werden gem. 5.3 bis zum Schnittpunkt der Mittelachse gemessen.

Nach der ATV keine besondere Berechnung für das Verbindungs- und Befestigungsmaterial; keine besondere Berechnung der Falze; keine Berücksichtigung der Überlappungen. Die Länge ergibt sich aus der Summe der Teillängen.

L der Lüftungsrohre=$l_1+l_{2a}+l_{2b}+l_3+l_{4a}+l_{4b}+l_5+l_{6a}+l_{6b}+l_7$=... m.

Gem. 0.5.3.7 Abrechnung der Bogen, Nennweite 600 mm, Wanddicke 0,75 mm, St 37-2, getrennt nach Winkelgröße und mittlerem Krümmungshalbmesser, nach Anzahl

1 Stück Bogen, Winkel 45¬, mittlerer Radius=r_2,

1 Stück Bogen, Winkel 90¬, mittlerer Radius=r_4,

1 Stück Bogen, Winkel 60¬, mittlerer Radius=r_6.

Bild 14 Messung von Lüftungsrohren mit Formstücken

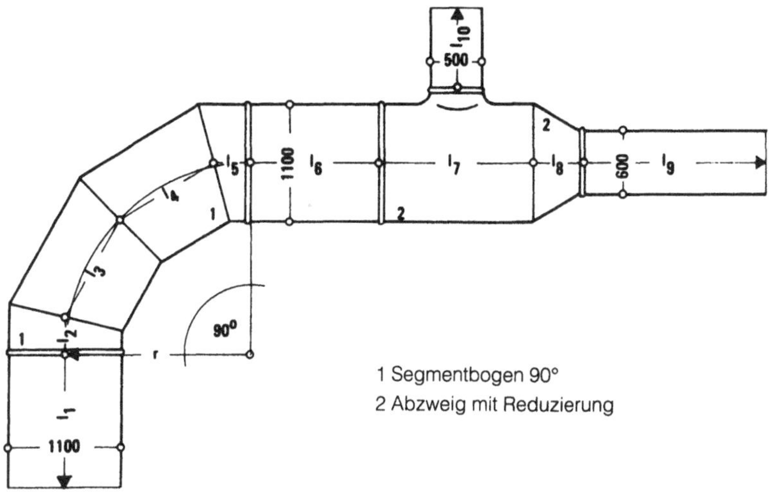

1 Segmentbogen 90°
2 Abzweig mit Reduzierung

Gem. 0.5.2.1 Abrechnung der Lüftungsrohre aus St 37-2, getrennt nach Nennweite und Wanddicke, in der Achse gemessen, nach Längenmaß.

Der Segmentbogen und das Abzweigstück mit Reduzierung werden mitgemessen. Die Länge ergibt sich aus der Summe der Teillängen.

Keine besondere Abrechnung für Falze und Überlappungen.

L der Lüftungsrohre, Nennweite 1100 mm, Wanddicke 0,75 mm

$=l_1+l_2+l_3+l_4+l_5+l_6+l_7=$... m.

L des Reduzierstückteils, größte Nennweite 1100 mm, Wanddicke 0,75 mm

$=l_8=$... m.

L des Lüftungsrohrs, Nennweite 600 mm, Wanddicke 0,63 mm$=l_9=$... m.

L des Lüftungsrohrs, Nennweite 500 mm, Wanddicke 0,63 mm$=l_{10}=$... m.

Gem. 0.5.3.8 Abrechnung der zusätzlichen Leistung für den Segmentbogen, Winkel 90°, mittlerer Radius=r, Nennweite 1100 mm, Wanddicke 0,75 mm, St 37-2, zum Stückpreis.

Gem. 0.5.3.8 Abrechnung der zusätzlichen Leistung für den Abzweig mit Reduzierung, größte Nennweite 1100 mm, Wanddicke 0,75 mm, St 37-2, zum Stückpreis.

Bild 15 Messung einer flexiblen Lüftungsrohrleitung in Verbindung mit einem Kanalstück

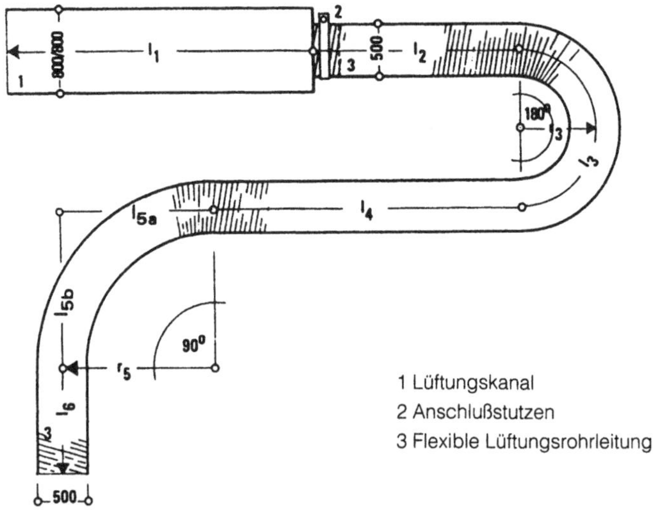

Gem. 0.5.2.2 Abrechnung des flexiblen Lüftungsrohrs, Nennweite 500 mm, in der Achse gemessen, nach Längenmaß. Da 5.3 bei dem Bogen von 180° zur Ermittlung der Bogenlänge nicht angewendet werden kann, ist nach der Länge des Halbkreisbogens abzurechnen.

L des flexiblen Lüftungsrohrs $= l_2 + 2\,\frac{r_3}{2} \cdot 3{,}14 + l_4 + l_{5a} + l_{5b} + l_6 = \ldots$ m.

Bild 16 Messung eines Lüftungskanals mit Abzweig, Übergangsstück und Kanalbogen

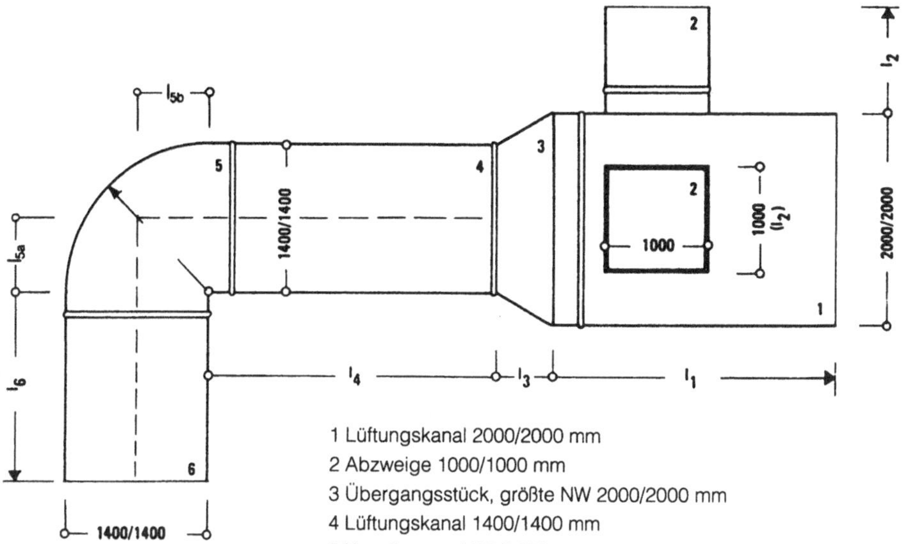

1 Lüftungskanal 2000/2000 mm
2 Abzweige 1000/1000 mm
3 Übergangsstück, größte NW 2000/2000 mm
4 Lüftungskanal 1400/1400 mm
5 Kanalbogen 1400/1400 mm
6 Lüftungskanal 1400/1400

Gem. 0.5.1.1 Abrechnung des Lüftungskanals aus St 37-2, Dicke 1,00 mm, nach Flächenmaß. Die Fläche ist nach der äußeren Oberfläche ohne Berücksichtigung etwaiger Dämmschichten zu ermitteln. Die Oberflächen des Übergangsstücks und des Kanalbogens errechnen sich aus dem größten Umfang und der größten Länge dieser Kanalteile. Die Gesamtfläche ergibt sich aus der Summe der Flächen der Teilstücke. Es ist nach Abrechnungsgruppen zu trennen.

Gem. 5.2 werden Ausschnitte für Abzweige, Gitter usw. nicht abgezogen.

$l_5 = l_{5a} + l_{5b}$

F des Lüftungskanals=2 (2,00+2,00) $\cdot$ l_1+4 (1,00+1,99) $\cdot$ l_2

+2 (2,00+2,00) $\cdot$ l_3+2 (1,40+1,40) $\cdot$ l_4+2 (1,40+1,40) l_5

+2 (1,40+1,40) $\cdot$ l_6=... m².

Keine besondere Abrechnung der Verbindungs- und Befestigungsmittel, da es sich um eine Nebenleistung handelt.

Bild 17 Messung eines Lüftungskanals mit Endboden und Lüftungsrohranschlüssen

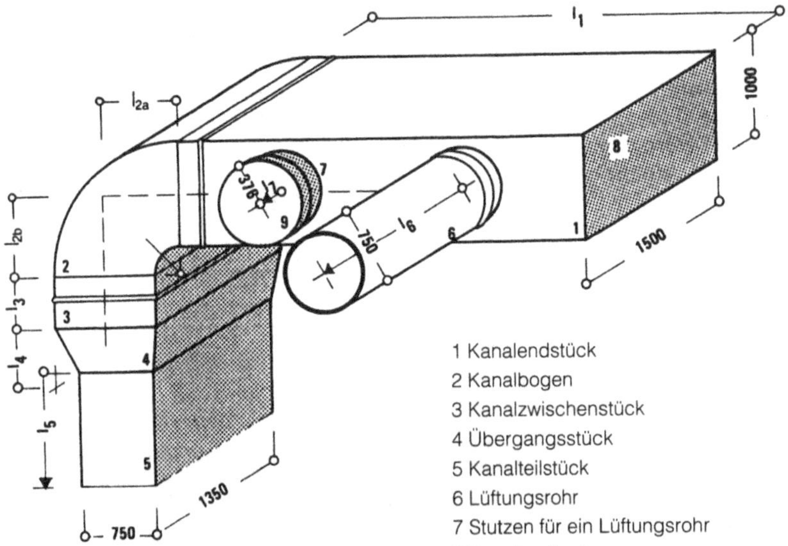

1 Kanalendstück
2 Kanalbogen
3 Kanalzwischenstück
4 Übergangsstück
5 Kanalteilstück
6 Lüftungsrohr
7 Stutzen für ein Lüftungsrohr
8 Kanalendboden
9 Abschlußdeckel auf Rohrstutzen

Gem. 0.5.2.1 Abrechnung des Lüftungsrohrteils l_6 und des Rohrstutzens l_7 aus St 37-2, NW 750 mm, Wanddicke 0,75 mm, nach Längenmaß, gemessen in der Achse.

Keine besondere Abrechnung der Verbindungsmittel und der Überdeckungen.

L des Lüftungsrohrteils und des Rohrstutzens=l_6+l_7=... m.

Gem. 0.5.1.1 Abrechnung der Lüftungskanalteile nach äußerer Oberfläche, ermittelt aus den Abmessungen ohne Berücksichtigung etwaiger Dämmschichten, nach Flächenmaß. Die Oberfläche des Kanalbogens und die des Übergangsstücks sind aus dem größten Umfang und der größten Länge zu ermitteln. Überlappungen und Falze bleiben unberücksichtigt. Es ist nach Abrechnungsgruppen zu trennen.

$l_2=l_{2a}+l_{2b}$.

F der Lüftungskanalteile=2 (1500+1000) · l_1+2 (1500+1000) · l_2

+2 (1500+1000) l_3+2 (1500+1000) · l_4+2 (1350+750) · l_5=... m².

Gem. 0.5.1.1 Abrechnung des Endbodens und des Abschlußdeckels nach Flächenmaß als selbständige Leistung.

F des Endbodens=1,50 · 1,00=1,50 m².

F des Abschlußdeckels=0,38-2 · 3,14=0,44 m².

VOB Teil C:
Allgemeine Technische Vertragsbedingungen für Bauleistungen (ATV)
Heizanlagen und zentrale Wassererwärmungsanlagen – DIN 18380
Ausgabe Juni 1996

1 Geltungsbereich

1.1 Die ATV »Heizanlagen und zentrale Wassererwärmungsanlagen« – DIN 18380 – gilt für Heizanlagen mit zentraler Wärmeerzeugung sowie für zentrale Wassererwärmungsanlagen.

1.2 Ergänzend gelten die Abschnitte 1 bis 5 der ATV DIN 18299 »Allgemeine Regelungen für Bauarbeiten jeder Art«. Bei Widersprüchen gehen die Regelungen der ATV DIN 18380 vor.

5 Abrechnung

Gem. ATV DIN 18299 Abschnitt 5 gilt allgemein:

Die Leistung ist aus Zeichnungen zu ermitteln, soweit die ausgeführte Leistung diesen Zeichnungen entspricht. Sind solche Zeichnungen nicht vorhanden, ist die Leistung aufzumessen.

Siehe hierzu die eingehende Erläuterung zu ATV DIN 18299 »Allgemeine Regelungen für Bauarbeiten jeder Art«.

Abrechnungseinheiten

Gem. 0.5 sind im Leistungsverzeichnis die Abrechnungseinheiten wie folgt vorzusehen:

0.5.1 Flächenmaß (m^2), getrennt nach Art, Aufbau und mittlerem Verlegeabstand, für
0.5.1.1 – Flächenheizungen, z.B. Fußbodenheizungen.
0.5.2 Längenmaß (m) für
0.5.2.1 – Rohrleitungen, getrennt nach Art, Nennweite und Wanddicke, getrennt für Zentralen, Unterstationen größer als 100 KW, für Leitungen im Gebäude und für Fernleitungen,
0.5.2.2 – Liefern von Heizkörpern, ausgenommen Glieder-Heizkörper, getrennt nach Art und Maßen,
0.5.2.3 – Befestigungsschienen, getrennt nach Art und Maßen.
0.5.3 Anzahl (Stück), getrennt nach Art und Maßen bzw. sonstiger Größenangabe, für
0.5.3.1 – Bogen, Form- und Verbindungsstücke einschließlich Verbindungsmaterial für Rohrleitungen über DN 100,
0.5.3.2 – Wand- und Deckendurchführungen mit besonderen Anforderungen, z.B. gasdicht,
0.5.3.3 – besondere Befestigungskonstruktionen für Rohrleitungen, z.B. Tragkonstruktionen, Festpunkte,
0.5.3.4 – Verteiler, Sammler,
0.5.3.5 – Wärmeerzeuger und Wassererwärmer, jeweils mit Beheizung,
0.5.3.6 – Liefern, Aufstellen und Anschließen von Heizkörpern aller Art,
0.5.3.7 – Abnehmen, Wiederaufstellen und Wiederanschließen schon montierter Heizkörper,
0.5.3.8 – alle übrigen Teile, wie
– Einrichtungen zur Regelung und Anzeige von Temperatur, Druck bzw. Wasserstand,

– Sicherheitseinrichtungen für Temperatur, Druck bzw. Wasserstand,
– Pumpen und Armaturen.

0.5.4 Gewicht (kg), getrennt nach Art und erforderlichenfalls auch nach Maßen, für

0.5.4.1 – besondere Befestigungskonstruktionen, z.B. Tragkonstruktionen, Festpunkte; auch nach Anzahl.

0.5.5 Prozentsätze der Preise der Rohrleitungen unter DN 100 für

0.5.5.1 – Form- und Verbindungsstücke, Rohrschellen,

0.5.5.2 – Wand- und Deckendurchführungen ohne besondere Anforderungen,

0.5.5.3 – Schweiß- und Dichtungsmaterial.

Ergänzend zur ATV DIN 18299 Abschnitt 5 gilt:

5.1 Der Ermittlung der Leistung – gleichgültig, ob sie nach Zeichnungen oder nach Aufmaß erfolgt – sind zugrunde zu legen:

für Flächenermittlungen, z.B. Fußbodenheizung,

- auf Flächen mit begrenzenden Bauteilen die Maße der zu belegenden Flächen bis zu den sie begrenzenden ungeputzten, ungedämmten bzw. nicht bekleideten Bauteilen,
- auf Flächen ohne begrenzende Bauteile die Maße der zu belegenden Flächen.

Die Leistung aus Zeichnungen zu ermitteln hat den Vorrang. In jedem Fall aber, ob sie aus Zeichnungen oder durch Aufmaß festgestellt wird, gelten dieselben Abrechnungsvorschriften. In der LB ist vorzuschreiben, ob die Leistung aus Zeichnungen oder durch Aufmaß festgestellt werden soll.

Wenn Flächenheizungen, z.B. auf Fußböden oder als Deckenheizung, verlegt werden, wobei die Flächen von Bauteilen begrenzt sind, gelten die Maße der zu belegenden Fläche bis zu den Bauteilen, die sie begrenzen, und zwar ohne Berücksichtigung des Putzes und etwaiger Dämmungen oder Bekleidungen. Es gelten also die Nennmaße (siehe DIN 18201), die in den Zeichnungen für die Bemessung der begrenzenden Bauteile enthalten sind.

Werden Flächenheizungen auf oder unter Flächen verlegt, die nicht von Bauteilen begrenzt sind, gelten die Maße dieser Flächen. Auch in diesem Fall handelt es sich um die Nennmaße, die für die zu belegenden Flächen in den Zeichnungen enthalten sind.

5.2 Bei Abrechnung nach Längenmaß (m) werden Rohrleitungen einschließlich Rohrbögen, Form- und Verbindungsstücke in der Mittelachse gemessen. Dabei werden Rohrbögen bis zum Schnittpunkt der Mittelachse gemessen. Armaturen werden übermessen.

Abrechnungseinheit für Heizungsrohrleitungen ist das Längenmaß. Es wird in der Mittelachse gemessen. Rohrbögen, Formstücke, z.B. Abzweige, Übergangsstücke, ferner Verbindungsstücke werden in der Länge mitgemessen. Da mit ihnen Mehraufwendungen verbunden sind, ist nach der ATV für sie Abrechnung als Besondere Leistung vorgeschrieben. Armaturen wie Ventile, Hähne werden übermessen.

5.3 Bei Abrechnung nach Gewicht (kg) ist das Gewicht nach folgenden Grundsätzen zu berechnen:

5.3.1 Es sind anzusetzen:

- für Stahlbleche und Bandstahl sind 8 kg/m² für jeden mm der Stoffdicke,
- für Formstahl und für Profile, die vom Großhandel nach Handelsgewicht verkauft werden, das Handelsgewicht (kg/m),
- für andere Profile das DIN-Gewicht mit einem Zuschlag von 2% für Walzwerktoleranzen.

5.3.2 Bei geschraubten, geschweißten oder genieteten Stahlkonstruktionen werden zu dem nach Abschnitt 5.3.1 ermittelten Gewicht 2% zugeschlagen.

5.3.3 Bei verzinkten Bauteilen oder verzinkten Konstruktionen werden zu den Gewichten, die nach den zuvor genannten Grundsätzen ermittel wurden, 5% für die Verzinkung zugeschlagen.

Diese Vorschriften für die Gewichtsberechnung entsprechen denen in der ATV DIN 18360 »Metallbauarbeiten« und in der ATV DIN 18379 »Raumlufttechnische Anlagen«.

Zu den Nebenleistungen gehören u.a.:

1 – Prüfen der Unterlagen des Auftraggebers,
2 – Auf- und Abbauen sowie Vorhalten der Gerüste, deren Arbeitsbühnen nicht höher als 2 m über Gelände oder Fußboden liegen,
3 – Liefern und Einbauen von Wand- und Deckendurchführungen ohne besondere Anforderungen.

Zu den Besonderen Leistungen gehören u.a.:

1 – Planungsleistungen wie Entwurfs-, Ausführungs-, Genehmigungsplanung und die Planung von Schlitzen und Durchbrüchen,
2 – besondere Maßnahmen zur Schalldämmung von Anlagenteilen gegen den Baukörper,
3 – Vorhalten von Aufenthalts- und Lagerräumen, wenn der Auftraggeber Räume, die leicht verschließbar gemacht werden können, nicht zur Verfügung stellt,
4 – Auf- und Abbauen sowie Vorhalten der Gerüste, deren Arbeitsbühnen mehr als 2 m über Gelände oder Fußboden liegen,
5 – Stemm-, Bohr- und Fräsarbeiten für die Befestigung von Konsolen und Halterungen sowie das Herstellen von Schlitzen und Durchbrüchen,
6 – Anpassen von Anlagenteilen an nicht maßgerecht ausgeführte Leistungen anderer Unternehmer
7 – Wand- und Deckendurchführungen einschließlich Rosetten mit besonderen Anforderungen, z.B. Rohrhülsen,
8 – Liefern und Einbauen von Widerlagern, Rohrleitungsfestpunkten, schweren Rohrlagern mit Gleit- oder Rollenschellen, Konsolen und Stützgerüsten,
9 – Liefern und Einbauen von Bögen, Formstücken, z.B. T-Stücke, Kreuzstücke, Hosenstücke, Übergangsstücke, Paßlängen,
10 – Liefern und Befestigen der Funktions-, Bezeichnungs- und Hinweisschilder,
11 – Prüfen der elektrischen Verkabelung der Steuer- und Regelanlage, wenn die Leistung nicht vom Auftragnehmer ausgeführt wurde,
12 – Liefern der für die Inbetriebnahme, die Druckprobe und den Probebetrieb nötigen Betriebsstoffe,
13 – provisorische Maßnahmen zum vorzeitigen Betreiben der Anlage oder von Anlagenteilen vor der Abnahme auf Anordnung des Auftraggebers,
14 – Betreiben der Anlage oder von Anlagenteilen vor der Abnahme auf Anordnung des Auftraggebers,
15 – zusätzliche Druckproben sowie zusätzliches Füllen und Entleeren der Leitungen aus Gründen, die der Auftraggeber zu vertreten hat,
16 – Wasseranalyse und Gutachten, sofern diese vom Auftragnehmer vorgenommen werden sollen,
17 – Gebühren für behördlich vorgeschriebene Abnahmeprüfungen,
18 – wiederholtes Einweisen des Bedienungs- und Wartungspersonals.

Zu 0.5.1.1:

Abrechnungseinheit für Flächenheizungen, z.B. Fußbodenheizungen, Deckenstrahlungsheizungen, Sonnenheizungsanlagen, ist das Flächenmaß. Es ist nach Art und Aufbau, bei Fußbodenheizungen und Deckenstrahlungsheizungen auch nach dem mittleren Verlegeabstand zu trennen.

Gem. 5.1 gelten auf Flächen mit begrenzenden Bauteilen für die Ermittlung der Heizflächen die Maße der zu belegenden Flächen bis zu den sie begrenzenden ungeputzten, ungedämmten bzw. nicht bekleideten Bauteilen, d.h. die Nennmaße (siehe DIN 18201), die in den Zeichnungen für die Bauteile enthalten sind.

Auf Flächen ohne begrenzende Bauteile, auf denen Flächenheizungen zu verlegen sind, gelten die Maße dieser Flächen, die ebenfalls als Nennmaße aus den Zeichnungen entnommen werden können.

Für Sonnenheizungsanlagen gelten zweckmäßigerweise die Maße der Anlagen oder Anlagenteile.

Zu 0.5.2.1 bis 0.5.2.3:

Nach Längenmaß, getrennt nach Anlagenteilen sind abzurechnen, z.B.:

- *Rohrleitungen, getrennt nach Art, Nennweite und Wanddicke, diese wiederum getrennt für Zentralen bzw. Unterstationen größer als 100 KW, für Leitungen in Gebäuden und für Fernleitungen,*
- *Liefern von in der Länge zu messenden Heizkörpern, ausgenommen Gliederheizkörper, getrennt nach Art und Abmessungen,*
- *Befestigungsschienen, getrennt nach Art und Abmessungen.*

Gem. 5.2 werden bei Abrechnung nach Längenmaß Rohrleitungen einschließlich Rohrbögen, Form- und Verbindungsstücke in der Mittelachse gemessen. Dabei werden Rohrbögen bis zum Schnittpunkt der Mittelachsen, also nicht mit dem Maß der Krümmung, gemessen. Armaturen sind zu übermessen. Die mitgemessenen Rohrbögen, Form- und Verbindungsstücke sind als Besondere Leistungen abzurechnen (Bild 4).

Zu 0.5.3.1:

Nach der ATV ist das Liefern und Einbauen von Bögen, Formstücken, z.B. T-Stücke, Kreuzstücke, Hosenstücke, Übergangsstücke, Paßlängen, als Besondere Leistung abzurechnen. Die Abrechnungseinheit ist die Anzahl, sofern DN gleich oder größer als 100 ist. Die Abrechnung hat jedoch gem. 0.5.5.1 nach Vomhundertsätzen der Preise der Rohrleitungen zu erfolgen, sofern DN kleiner als 100 ist.

Zu 0.5.3.2:

Nach der ATV sind Wand- und Deckendurchführungen einschließlich Rosetten als Besondere Leistungen abzurechnen, sofern damit besondere Anforderungen, z.B. Einbau von Rohrhülsen, verbunden sind. Siehe auch die Erläuterung zu 0.5.5.2.

Zu 0.5.3.3:

Nach der ATV ist das Liefern und Einbauen von Widerlagern, Rohrleitungsfestpunkten, schweren Rohrlagern mit Gleit- und Rollenschellen, Konsolen und Stützgerüsten als Besondere Leistung abzurechnen. Abrechnungseinheit ist die Anzahl. Es ist nach Art und Abmessungen bzw. sonstiger Größenangabe zu trennen.

Zu 0.5.3.4 und 0.5.3.5:

Abrechnungseinheit für Verteiler, Sammler, Wärmeerzeuger und Wassererwärmer, diese jeweils mit Beheizung, ist die Anzahl, wobei nach Art und Abmessungen bzw. sonstiger Größenangabe zu trennen ist (Bilder 1, 2, 3, 5).

Zu 0.5.3.6:

Abrechnungseinheit für Liefern, Aufstellen und Anschließen von Heizkörpern aller Art ist die Anzahl, wobei nach Art und Abmessungen bzw. sonstiger Größenangabe zu trennen ist. Bisher wurde Liefern gesondert abgerechnet, weil das Aufstellen und Anschließen im Verlauf des Baugeschehens wiederholt vorgenommen werden muß. Dadurch, daß mit 0.5.3.7 eine besondere Abrechnungsposition für das Abnehmen, Wiederaufstellen und Wiederanschließen schon montierter Heizkörper eingeführt worden ist, besteht in dieser Hinsicht größere Klarheit als bisher (Bild 6).

Zu 0.5.3.7:

Da die Möglichkeit besteht, daß im Laufe des Baugeschehens die Heizkörper mehrfach abgenommen und wieder angebracht werden müssen, ist diese neue Position für die Abrechnung hilfreich. Es wird nach der Anzahl abgerechnet, wobei nach Art, Abmessungen bzw. sonstiger Größenangabe zu trennen ist (Bild 6).

Zu 0.5.3.8:

Zu den übrigen Anlagenteilen wie Armaturen, Pumpen, Regel-, Steuer- und Überwachungsgeräte, die nach ihrer Anzahl abgerechnet werden, gehören auch Ausdehnungsgefäße, Kaltwasseranschlüsse, Anschlüsse für die Entleerung, sonfern letztere nicht unmittelbar vorhanden sind und dergleichen mehr. Zu den Armaturen rechnen z.B. Ventile, Füll- und Entleerungshähne, Absperrorgane, zu den Pumpen z.B. Umwälzpumpen, Heizungsmischer, zu den Regel-, Steuer- und Überwachungsgeräten z.B. Meßfühler, Temperaturregler, Temperaturbegrenzungseinrichtungen. Armaturen, die sich in Heizungsrohrleitungen befinden, werden unabhängig von der hier vorgeschriebenen Abrechnung gem. 5.2 zur Messungsvereinfachung von der Länge der Rohrleitungen nicht abgezogen (Bilder 3, 4, 5, 7).

Zu 0.5.4.1:

Nach der ATV ist das Liefern und Einbauen von Widerlagern, Rohrleitungsfestpunkten, schweren Rohrlagern mit Gleit- und Rollenschellen, Konsolen und Stützgerüsten als Besondere Leistung abzurechnen. Abrechnungseinheit ist das Gewicht gem. 5.3, sofern nicht Abrechnung nach Anzahl für besondere Befestigungskonstruktionen von Rohrleitungen größer als DN 100, Tragkonstruktionen und Festpunkte in der LB vorgeschrieben ist.

Zu 0.5.5.1:

Form- und Verbindungsstücke sowie Rohrschellen sind zur Vereinfachung der Abrechnung nach Vomhundertsätzen der Preise der Rohrleitungen kleiner als DN 100 abzurechnen. Sind die Rohrleitungen größer als DN 100, ist gem. 0.5.3.1 Abrechnung nach Anzahl vorzusehen.

Zu 0.5.5.2

Wand- und Deckendurchführungen ohne besondere Anforderungen, d.h. z.B. solche ohne den Einbau von Rohrhülsen, zählen nach der ATV an sich zu den Nebenleistungen. Sie können, falls Positionen dafür in der LB vorgesehen sind, nach Vomhundertsätzen der Preise für Rohrleitungen kleiner als DN 100 abgerechnet werden.

Zu 0.5.5.3:

Schweiß- und Dichtungsmaterial ist nach Vomhundertsätzen der Preise für Rohrleistungen kleiner als DN 100 abzurechnen.

Bild 1 Schema einer Pumpenwarmwasserheizung

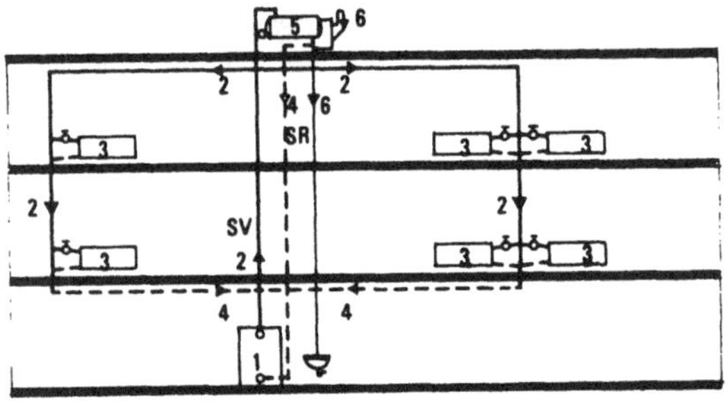

Senkrechte Einrohr-Warmwasserheizung
mit oberer Verteilung

1 Heizkessel
2 Vorlauf mit oberer Verteilung
3 Heizkörper
4 Rücklauf mit unterer Sammelleitung
5 Ausdehnungsgefäß
6 Überlauf
SV=Sicherheitsvorlauf
SR=Sicherheitsrücklauf

Bild 2 Schema einer Schwerkraftwarmwasserheizung

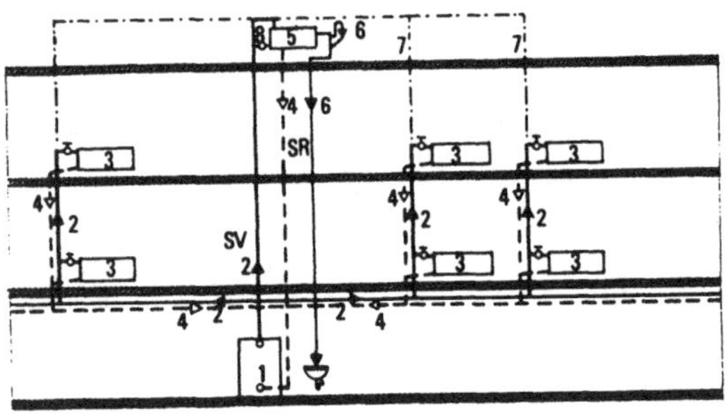

Zweirohr-Warmwasserheizung
mit unterer Verteilung

SV=Sicherheitsvorlauf
SR=Sicherheitsrücklauf

1 Heizkessel
2 Vorlauf
3 Heizkörper
4 Rücklauf mit unterer Sammelleitung
5 Ausdehnungsgefäß
6 Überlauf
7 Entlüftungsleitung
8 Zirkulationsverbindung mit Drosseleinrichtung

Bild 3 Sinnbilder für Heizungsanlagen nach DIN 4752

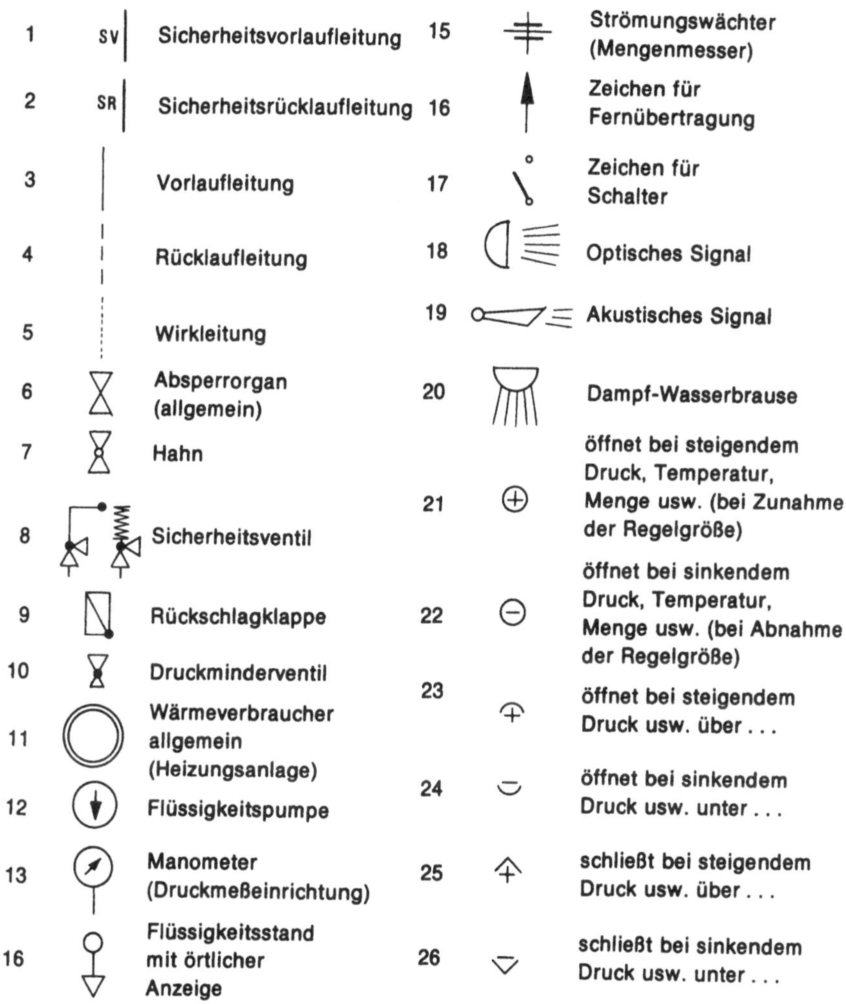

Bild 4 Messung von Heizungsrohrleitungen

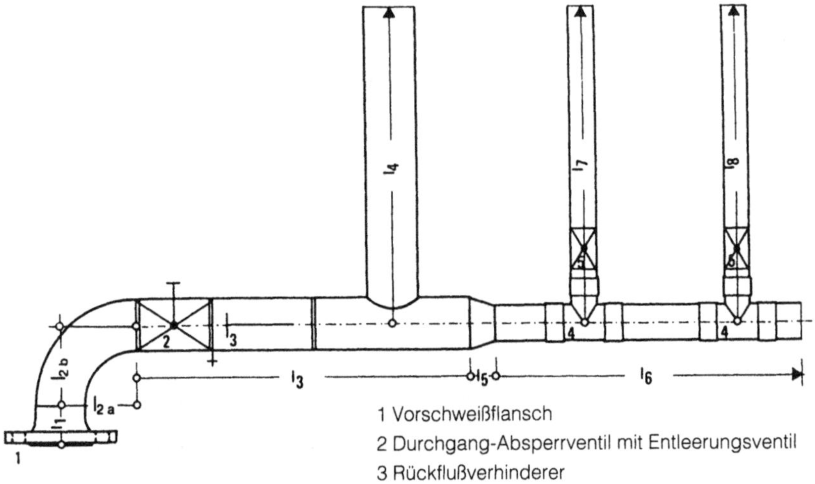

1 Vorschweißflansch
2 Durchgang-Absperrventil mit Entleerungsventil
3 Rückflußverhinderer
4 Lötfittings
5 Durchgang-Absperrventile

Gem. 0.5.2.1 Abrechnung der Heizungsrohrleitung aus geschweißtem Stahlrohr einschließlich des Bogens, des Reduzierstücks und der Abzweige, in der Mittelachse gemessen, nach Längenmaß. Die Länge der Armaturen wird nicht abgezogen. Die Ansätze sind nach Außendurchmesser (d) und Wanddicke (s) zu trennen.

L der geschweißten Stahlrohre mit d=101,6 mm und s=2,9 mm=$l_1+l_2+l_3+l_4$=... m.

$l_2=l_{2a}+l_{2b}$=... m.

L des Reduzierstücks von 101,6 auf 70 mm=l_5=... m.

L der geschweißten Stahlrohre mit d=70 mm und s=2,6 mm=l_6=... m. L der geschweißten Stahlrohre mit d=51 mm und s=2,3 mm=l_7+l_8=... m.

Abrechnung der Rohrbögen, Form- und Verbindungsstücke als Besondere Leistung nach Anzahl.

Im vorliegenden Fall sind gem. 0.5.3.8 abzurechnen:

1 Stück Durchgangs-Absperrventil mit Entleerungsventil für d=101,6 mm.

1 Stück Rückflußverhinderer für d=101,6 mm,

2 Stück Durchgangs-Absperrventile für d=51 mm.

Bild 5 Heizungsanlage mit Wärmeerzeuger und geschlossenem Ausdehnungsgefäß nach DIN 4751 Teil 2

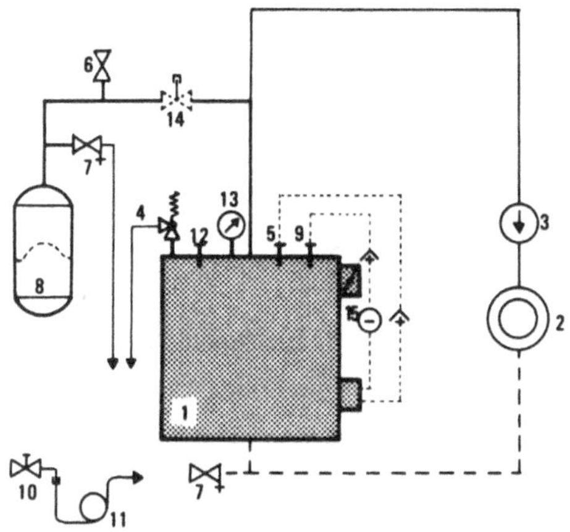

1 Heizungskessel
2 Wärmeverbraucher
3 Umwälzpumpe
4 Sicherheitsventil
5 Sicherheitstemperaturbegrenzer
6 Belüftungsventil
7 Entleerungsventil
8 Ausdehnungsgefäß
9 Temperaturregler
10 Kaltwasserzufluß
11 lose Schlauchverschraubung
12 Thermometer
13 Manometer bzw. Hydrometer mit Maximal-Marke
14 gegen unbeabsichtigtes Schließen gesichertes Absperrventil
15 Abgasrohr-Drosselklappe

Gem. 0.5.3.5 Abrechnung des Heizungskessels unter Angabe der Nennleistung einschließlich der groben und feinen Armaturen zum Stückpreis. Im Beispiel gehört zu den groben Armaturen die Abgasrohr-Drosselklappe (15), zu den feinen Armaturen das Sicherheitsventil (4), der Sicherheitstemperaturbegrenzer (5), der Temperaturregler (9), das Thermometer (12) und das Manometer bzw. das Hydrometer mit Maximal-Marke (13).

Gem. 0.5.3.8 Abrechnung aller übrigen Anlagenteile als Besondere Leistung nach ihrer Anzahl zum Stückpreis; im Beispiel sind es: die Umwälzpumpe (3), das Belüftungsventil (6), die beiden Entleerungsventile (7), das Ausdehnungsgefäß mit Membrane (8), der Kaltwasserzufluß (10) mit der losen Schlauchverschraubung (11) und das gesicherte Absperrventil (14).

Bild 6 Gußradiatoren nach DIN 4720 und Stahlradiatoren nach DIN 4722

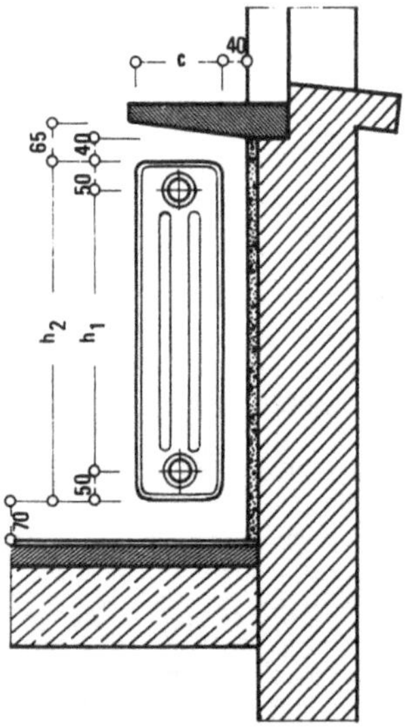

Maße und Einbaumaße eines Stahlradiators. Die Einbaumaße sind Kleinstmaße.

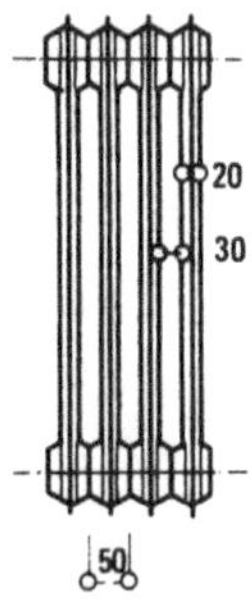

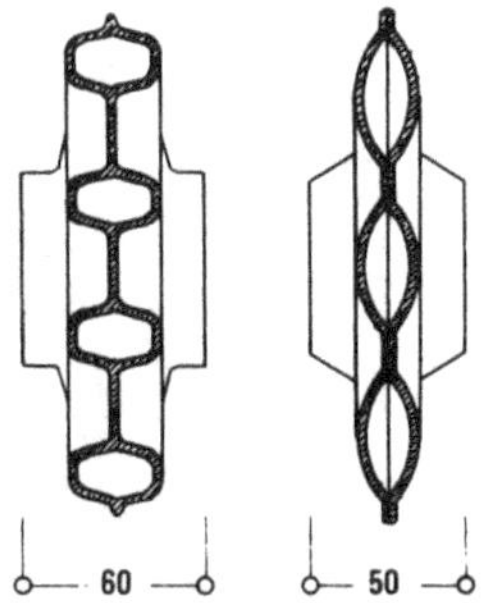

Querscnitt eines Gußradiators nach DIN 4720

Querschnitt eines Stahlradiators nach DIN 4722

Maße von Gußradiatoren nach DIN 4720 und von Stahlradiatoren nach DIN 4722

Nabenabstand h_1 zulässige Abweichung ±0,3	Bauhöhe h_2 Gußradiator	Stahlradiator
200	280	300
350	430	450
500	580	600
900	980	1000
	Baulänge	
	60	50
	Bautiefe c	
	70	
	110	110
	160	160
	220	220
	250	250

Gem. 0.5.3.6 Abrechnung für Liefern, Aufstellen der Heizkörper und Heizkörperglieder, getrennt nach Art, z.B. Gußradiator, und Maßen, nach ihrer Anzahl.

Gem. 0.5.3.7 Abrechnung für das Abnehmen, Wiederaufstellen und Wiederanschließen schon montierter Heizkörper nach Anzahl, getrennt nach Art und Abmessungen bzw. sonstiger Größenangabe.

Bild 7 Armaturen in Heizungsrohrleitungen

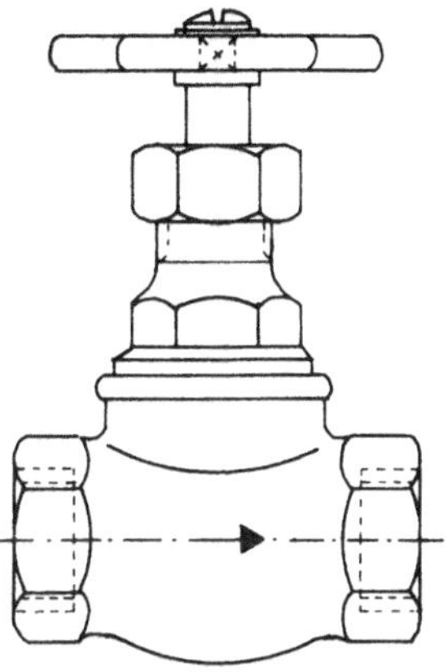

Durchgangs-
muffenventil

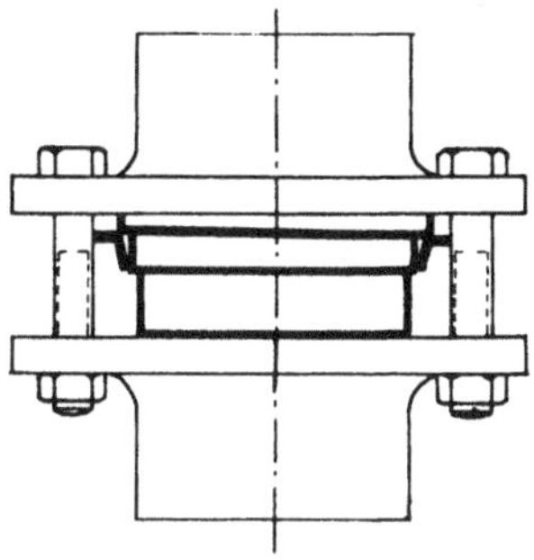

Flanschen-
rückschlagventil

Gem. 0.5.3.8 Abrechnung aller Anlagenteile außer Rohrleitungen (0.5.2.1), Kesseln (0.5.3.5) und Heizkörpern (0.5.3.5), z.B. Armaturen, Pumpen, Regel-, Absperrorgane, getrennt nach Art und Größe, als selbständige Leistungen nach ihrer Anzahl.

VOB Teil C:
Allgemeine Technische Vertragsbedingungen für Bauleistungen (ATV)
Gas-, Wasser- und Abwasser-Installationsanlagen innerhalb von Gebäuden – DIN 18381
Ausgabe Juni 1996

1 Geltungsbereich

1.1 Die ATV »Gas-, Wasser- und Abwasser-Installationsarbeiten innerhalb von Gebäuden« – DIN 18381 – gilt für Gas-, Wasser- und Abwasser-Installationsarbeiten innerhalb von Gebäuden und anderen Bauwerken.

1.2 Die ATV DIN 18381 gilt nicht für
- Entwässerungskanalarbeiten (siehe ATV DIN 18306 »Entwässerungskanalarbeiten«) und
- Gas- und Wasserleitungsarbeiten im Erdreich (siehe ATV DIN 18307 »Druckrohrleitungsarbeiten im Erdreich«).

1.3 Ergänzend gelten die Abschnitte 1 bis 5 der ATV DIN 18299 »Allgemeine Regelungen für Bauarbeiten jeder Art«. Bei Widersprüchen gehen die Regelungen der ATV DIN 18381 vor.

5 Abrechnung

Gem. ATV DIN 18299 Abschnitt 5 gilt allgemein:

Die Leistung ist aus Zeichnungen zu ermitteln, soweit die ausgeführte Leistung diesen Zeichnungen entspricht. Sind solche Zeichnungen nicht vorhanden, ist die Leistung aufzumessen.

Siehe hierzu die eingehende Erläuterung zur ATV DIN 18299 »Allgemeine Regelungen für Bauarbeiten jeder Art«.

Abrechnungseinheiten

Gem. 0.5 sind im Leistungsverzeichnis die Abrechnungseinheiten wie folgt vorzusehen:

0.5.1 Längenmaß (m), getrennt nach Art, Werkstoff, Nennweite und sonstigen Größenangaben für
0.5.1.1 – Tragschalen,
0.5.1.2 – Rohrleitungen,
0.5.1.3 – Befestigungsschienen,
0.5.1.4 – Entwässerungsrinnen einschließlich ihrer Abdeckung; auch nach Anzahl,
0.5.1.5 – Verfüllen von Fugen,
0.5.1.6 – Spülen sowie Desinfizieren von Rohrleitungen,
0.5.1.7 – besondere Druckprüfungen von Rohrleitungen,
0.5.1.8 – Dichtheitsprüfungen von Abwasserleitungen.
0.5.2 Anzahl (Stück), getrennt nach Art, Maßen und sonstigen Größenangaben, für
0.5.2.1 – Formstücke, Verbindungs- und Befestigungselemente einschließlich Schweiß-, Löt- und Dichtungsmaterial in Rohrleitungen über DN 50,
0.5.2.2 – lose Verbindungselemente, z.B. Manschetten, Flanschverbindungen,

0.5.2.3 – Montageelemente und Rohrverlängerungen,
0.5.2.4 – Ausgleichs- und Verlängerungsstücke für Wandeinbauarmaturen,
0.5.2.5 – Rohrleitungsarmaturen, Sicherungs-und Sicherheitseinrichtungen, Meß- und Zählereinrichtungen sowie Dehnungsausgleicher und Isolierstücke,
0.5.2.6 – Anschlüsse an andere Rohrwerkstoffe, Anlagenteile und Geräte,
0.5.2.7 – Prüfungen der Schweiß- und Lötnähte,
0.5.2.8 – Paßstücke bis zu einer Länge von 0,50 m in Entwässerungsleitungen,
0.5.2.9 – Entwässerungsgegenstände, z.B. Einläufe, Hebeanlagen, Abscheider,
0.5.2.10 – Entwässerungsrinnen einschließlich ihrer Abdeckung; auch nach Längenmaß,
0.5.2.11 – Schächte und Abdeckungen,
0.5.2.12 – Wand- und Deckendurchführungen mit besonderen Anforderungen,
0.5.2.13 – Einzelbefestigungen von Rohrleitungen, Tragkonstruktionen, Festpunkte; auch nach Gewicht,
0.5.2.14 – Verteiler, Sammler,
0.5.2.15 – Anbohrungen,
0.5.2.16 – vorgefertigte Installationselemente oder -einheiten, Traggerüste sowie andere Konstruktionen für Vorwand-Installationen,
0.5.2.17 – Sanitär-Einrichtungen, Armaturen, Gasgeräte, Pumpen, Regel- und Absperreinrichtungen, Revisionsrahmen sowie ähnliche Anlageteile,
0.5.2.18 – Funktions-, Bezeichnungs- und Hinweisschilder,
0.5.2.19 – Bauteile zur Körperschalldämmung,
0.5.2.20 – Spülen und Desinfizieren von Entnahmestellen,
0.5.2.21 – besondere Druckprüfungen von Apparaturen und Armaturen.
0.5.3 Gewicht (kg), getrennt nach Art und erforderlichenfalls nach Maßen, für
0.5.3.1 – besondere Befestigungskonstruktionen, z.B. Tragkonstruktionen und Festpunkte; auch nach Anzahl.
0.5.4 Prozentsätze der Preise der Rohrleitungen bis DN 50 für
0.5.4.1 – Formstücke, Verbindungs- und Befestigungselemente einschließlich Schweiß-, Löt- und Dichtungsmaterial.

Ergänzend zur ATV DIN 18299 Abschnitt 5 gilt:

5.1 Der Ermittlung der Leistung – gleichgültig, ob sie nach Zeichnungen oder Aufmaß erfolgt – sind die Maße der Anlageteile zugrunde zu legen.

Die Feststellung der Leistung aus Zeichnungen bringt eine erhebliche Abrechnungsvereinfachung mit sich, da der Zeit- und Arbeitsaufwand erspart wird, der sonst für das örtliche gemeinsame Aufmessen, für das Anfertigen der Protokolle und der dazugehörigen Skizzen erforderlich wäre. Allgemein gilt, wobei es ohne Belang ist, ob die Leistung aus Zeichnungen oder durch örtliches Aufmaß festgestellt wird, daß die Leistungsermittlung nach den Nennmaßen der Anlageteile zu erfolgen hat; etwaige Dämmungen bleiben infolgedessen unberücksichtigt. Sie werden nach ATV DIN 18421 »Dämmarbeiten an technischen Anlagen« abgerechnet.

5.2 Bei Abrechnung nach Längenmaß (m) werden Rohrleitungen einschließlich Bogen, Form-, Paß- und Verbindungsstücke in der Mittelachse gemessen. Dabei werden Rohrbogen bis zum Schnittpunkt der Mittelachse gemessen. Armaturen werden übermessen.

Obwohl die Bögen, Form-, Paß und Verbindungsstücke mitgemessen werden, sind sie gem. 0.5.2.1 in Rohrleitungen größer als DN 50 nach Anzahl gesondert abzurechnen. Das gleiche gilt gem. 0.5.2.5 für die mitgemessenen Armaturen.

Daß Rohrbögen bis zum Schnittpunkt der Mittelachse zu messen sind, erleichtert das Aufmaß, da sonst die Krümmungslinie berechnet werden müßte. Bei Rohrleitungen mit Krümmungen über 180° ist die Vorschrift jedoch nicht anwendbar (Bild 7).

5.3 Bei Abrechnung nach Gewicht (kg) ist das Gewicht nach folgenden Grundsätzen zu berechnen:

5.3.1 Es sind anzusetzen:
- für Stahlbleche und Brandstahl sind 8 kg/m² für jeden mm der Stoffdicke,
- für Formstahl und für Profile, die vom Großhandel nach Handelsgewicht verkauft werden, das Handelsgewicht (kg/m),
- für andere Profile das DIN-Gewicht mit einem Zuschlag von 2% für Walzwerktoleranzen.

5.3.2 Bei geschraubten, geschweißten oder genieteten Stahlkonstruktionen werden zu dem nach Abschnitt 5.3.1 ermittelten Gewicht 2% zugeschlagen.

5.3.3 Bei verzinkten Bauteilen oder verzinkten Konstruktionen werden zu den Gewichten, die nach den zuvor genannten Grundsätzen ermittelt wurden, 5% für die Verzinkung zugeschlagen.

Mit der Festlegung, daß je 1 mm Stoffdicke bei Stahlblech und Bandstahl ein Gewicht von 8,0 kg/im anzusetzen ist, wird eine Vereinfachung vorgeschrieben, die den Regelungen in ATV DIN 18335 »Stahlbauarbeiten« entspricht.

Die Festlegung des einheitlichen Zuschlages von 2% für Walzwerktoleranzen bei Profilen, die nach DIN-Gewicht abzurechnen sind, ist eine Abrechnungsvereinfachung, da diese Zuschläge in den DIN-Normen je nach Profilart verschiedene Größen haben.

Gegenüber den differenzierten Regelungen in ATV DIN 18335 bedeutet der einheitliche Zuschlag von 2% für die Mehrleistung bei geschraubten, geschweißten oder genieteten Stahlkonstruktionen eine erhebliche Abrechnungsvereinfachung. Nur wenn es auf eine ganz genaue Leistungsermittlung ankommt, sollte eine Trennung der Positionen nach dem Gewicht der Metallteile und nach der Mehrleistung für das Schrauben, Schweißen oder Nieten erfolgen.

Auch hier dient die Festlegung des einheitlichen Zuschlages von 5% für verzinkte Bauteile bzw. verzinkte Konstruktionen der Abrechnungsvereinfachung. Die Mehrleistung für das Verzinken wird also mit dem Zuschlag von 5% des Gewichts abgegolten, so daß Leistungspositionen für das Verzinken, um Doppelvergütungen zu vermeiden, in diesen Fällen nicht vorgesehen werden dürfen.

Nebenleistungen ergänzend zur ATV DIN 18299 sind insbesondere:

1 – Auf- und Abbauen sowie Vorhalten der Gerüste, deren Arbeitsbühnen nicht höher als 2 m über Gelände oder Fußboden liegen,

2 – Anzeichnen der Schlitze und Durchbrüche für die Ausführung von Stemmarbeiten, auch wenn diese von einem anderen Unternehmer ausgeführt werden,

3 – Einstellen und Justieren der Anlage und von Anlagenteilen sowie Funktionsprüfungen,

4 – Liefern und Einbauen von Wand- und Deckendurchführungen ohne besondere Anforderungen, z.B. ohne Einbau von Rohrhülsen.

Besondere Leistungen ergänzend zur ATV DIN 18299 sind insbesondere:

1 – Boden-, Wasser- und Wasserstandsuntersuchungen sowie besondere Prüfverfahren,

2 – Vorhalten von Aufenthalts- und Lagerräumen, wenn der Auftraggeber Räume, die leicht verschließbar gemacht werden können, nicht zur Verfügung stellt,

3 – Auf- und Abbauen sowie Vorhalten der Gerüste, deren Arbeitsbühnen mehr als 2 m über Gelände oder Fußboden liegen,

4 – besondere Maßnahmen zur Körperschalldämmung von Anlagenteilen gegen den Baukörper,

5 – Stemm-, Bohr- und Fräsarbeiten für die Befestigung von Konsolen und Halterungen sowie das Herstellen von Schlitzen und Durchbrüchen,

6 – Wand- und Deckendurchführungen einschließlich Rosetten mit besonderen Anforderungen, z.B. Rohrhülsen,

7 – Liefern der für die Inbetriebnahme, die Druckprobe und den Probebetrieb nötigen Betriebsstoffe,

8 – Liefern und Einbauen von Widerlagern, Rohrleitungsfestpunkten, schweren Rohrlagern mit Gleit- oder Rollenschellen, Tragschalen, Konsolen und Stützgerüsten,

9 – Herstellen von Fundamenten für Pumpen, Behälter und sonstige Anlagenteile,

10 – Entrosten, Aufarbeiten und Ausbessern des Innen- und Außenschutzes der vom Auftraggeber beigestellten Stoffe und Bauteile,

11 – Einbinden und Anschließen an bestehende Rohrleitungen, Schächte und Anlagenteile,

12 – Anpassen von Anlagenteilen an nicht maßgerecht ausgeführte Leistungen anderer Unternehmer,

13 – Liefern und Befestigen der Funktions-, Bezeichnungs- und Hinweisschilder,

14 – Anschließen und Einbauen von bauseits gestellten Anlagenteilen an Rohrleitungen,

15 – Verfüllen der Fugen zwischen Sanitär-Einrichtungen und Wand- und Bodenbelägen mit elastischen Stoffen,

16 – provisorische Maßnahmen zum vorzeitigen Betreiben der Anlage oder von Anlagenteilen vor der Abnahme auf Anordnung des Auftraggebers, z.B. Anbringen, Vorhalten und Befestigen von behelfsmäßigen Regenfalleitungen und -einläufen,

17 – Spülen von Abwasserleitungen oder Teilen davon einschließlich der Gestellung der dazu erforderlichen Geräte und Betriebsstoffe,

18 – Desinfizieren und Nachspülen von fertiggestellten Trinkwasserleitungen einschließlich der dazu notwendigen Betriebsstoffe und Reinigungsmittel sowie deren Beseitigung,

19 – Gebühren für behördliche Genehmigungen und vorgeschriebene Abnahmeprüfungen,

20 – Planungsleistungen, wie Entwurfs-, Ausführungs- und Genehmigungsplanung und Planung von Schlitzen und Durchbrüchen,

21 – zusätzliche Druckproben sowie zusätzliches Füllen und Entleeren der Leitungen aus Gründen, die der Auftraggeber zu vertreten hat,

22 – Druck und Dichtheitsprüfung von Entwässerungsleitungen,

23 – Wiederholtes Einweisen des Bedienungs- und Wartungspersonals,

24 – Liefern von Vorgaben für Meß-, Steuer- und Regeleinrichtungen und zentraler Leittechnik, die nicht zum Auftragsumfang des Auftragnehmers gehören,

25 – Herstellen von Mustereinrichtungen und -konstruktionen sowie von Modellen,

26 – Betreiben der Anlage oder von Anlagenteilen vor der Abnahme auf Anordnung des Auftraggebers.

27 – Herstellen von Bestands- und Revisionsplänen.

Zu 0.5.1.1:
Abrechnungseinheit für Tragschalen ist das Längenmaß. Es ist nach Art, Werkstoff, Nennweite und sonstiger Größenangabe zu trennen. Siehe Punkt 5 der Besonderen Leistungen.

Zu 0.5.1.2:
Abrechnungseinheit für Rohrleitungen ist das Längenmaß; es wird gem. 5.2 in der Achslinie der Rohrleitungsabschnitte ermittelt. Unter Achslinie ist nicht die Mittelachse der Rohre, sondern die der einzelnen Rohrleitungsabschnitte, diese geradlinig gemessen, gemeint. Zur Messungsvereinfachung werden die mittleren Krümmungshalbmesser von Rohrbögen nicht herangezogen. Gemessen wird von Schnittpunkt zu Schnittpunkt der Achslinien. Dabei sind Rohrverbindungen, Rohrbögen, Form- und Paßstücke sowie Armaturen mitzumessen, obwohl für diese Leitungsteile besondere Abrechnungsvorschriften bestehen. Auch Manschetten- und Flanschverbindungen werden vom Längenmaß nicht abgezogen. Die Ansätze für Rohrleitungen sind nach Art, Werkstoff, z.B. gußeiserne Druckrohre (GA), nahtlose Stahlrohre, geschweißte Stahlrohre, Gewinderohre aus Stahl, Kunststoff-Druckrohre, Druckrohre aus Blei, Rohre aus Kupfer sowie nach Nennweite (NW), z.B. NW 25, NW 20, NW 15, nach Nenndruck (ND), z.B. ND 10 und nach Wanddicke (s) zu trennen.

Diese Vorschrift ist umfassend gehalten. Bei Gasrohrleitungen und bei Abwasserleitungen ist die Angabe des Nenndrucks nicht erforderlich. Die Wanddicke wird üblicherweise auch bei den Rohrleitungen nicht angegeben, bei denen in den Normblättern mit der Nennweite die Außendurchmesser bezeichnet werden.

Gem. Punkt 4 der Nebenleistungen gehört das Liefern von Rohrfuttern einfacher Art, z.B. in Form von Rohrumhüllungen mit Wellpappe und dergleichen, jedoch nicht das Liefern von Hülsenrohren aus Stahl, Kunststoff u. ä. zu den Nebenleistungen. Desgleichen ist das Liefern und Einbauen von Rohrbefestigungen, z.B. Rohrschellen, jedoch (siehe Punkt 8 der Besonderen Leistungen) nicht das Liefern und Einbauen von Widerlagern, Rohrleitungsfestpunkten, schweren Rohrlagern mit Gleit- oder Rollenschellen, Konsolen und Stützgerüsten, als Nebenleistung mit in die Preise für die Rohrleitungen einzurechnen (Bilder 2, 4, 6 bis 8).

Zu 0.5.1.3 und 0.5.1.4:
Abrechnungseinheit für Befestigungsschienen ist wegen ihrer Längenausdehnung das Längenmaß. Das gleiche gilt für Entwässerungsrinnen einschließlich ihrer Abdeckung. Gem. 5.1 sind die Maße der Anlage zu rechnen.

Zu 0.5.1.5:
Verfüllen von Fugen wird nach Längenmaß abgerechnet. Siehe Punkt 15 der Besonderen Leistungen.

Zu 0.5.1.6:
Abrechnungseinheit für das Spülen und Desinfizieren von Rohrleitungen ist das Längenmaß. Es gelten gem. 5.1 die Längen der Rohrleitungen. Siehe die Punkte 17 bis 18 der Besonderen Leistungen.

Zu 0.5.1.7:
Besondere Druckprüfungen von Rohrleitungen sind nach Längenmaß abzurechnen. Es gelten die Längen der Rohre gem. 5.1. Siehe Punkt 21 der Besonderen Leistungen.

Zu 0.5.1.8:

Abrechnungseinheit für die Dichtheitsprüfung von Abwasserleitungen ist das Längenmaß gem. 5.1. Siehe Punkt 22 der Besonderen Leistungen.

Zu 0.5.2.1:

Formstücke, Verbindungsstücke und Befestigungselemente einschließlich Schweiß-, Löt- und Dichtungsmaterial in Rohrleitungen gleich oder größer als DN 50 sind nach Anzahl abzurechnen. Es ist nach Art, Abmessungen und sonstigen Größenangaben zu trennen.

Gem. 0.5.4.1 werden jedoch Formstücke, Verbindungs- und Befestigungselemente einschließlich Schweiß-, Löt- und Dichtungsmaterial nach Vomhundertsätzen der Preise der Rohrleitungen kleiner als DN 50 abgerechnet (Bilder 2, 4, 6 bis 8).

Zu 0.5.2.2:

Gem. 5.2 werden Manschetten- und Flanschverbindungen zur Messungsvereinfachung mit der Länge der Rohrleitungen in der Achslinie mitgemessen. Dessen ungeachtet ist die Mehrleistung bei Manschetten- und Flanschverbindungen als selbständige Leistung abzurechnen. Die Abrechnung erfolgt nach der Anzahl der Verbindungsstellen; sie bezieht sich nur auf diese. Bei einer Rohrleitung, die aus Flanschrohren besteht, sind demnach die Verbindungsstellen nach ihrer Anzahl gesondert abzurechnen. Das gilt auch für Flanschverbindungen, z.B. beim Einbau einer Pumpe mit Flanschen, bei denen Vorschweißflansche oder Flanschmuffenstücke in eine Rohrleitung einzubauen sind (Bilder 6, 8).

Zu 0.5.2.3 und 0.5.2.4:

Montageelemente und Rohrverlängerungen sowie Ausgleichs- und Verlängerungsstücke für Wandeinbauarmaturen werden nach Anzahl abgerechnet. Es ist nach Art, Abmessungen und sonstigen Größenangaben zu trennen.

Zu 5.2.5:

Rohrleitungsarmaturen werden gem. 5.2 übermessen, d.h. mit der Rohrleitung zusammen abgerechnet. Zusätzlich sind sie jedoch nach der Anzahl abzurechnen. Auch Sicherungs- und Sicherheitseinrichtungen, Meß- und Zählereinrichtungern sowie Dehnungsausgleicher und Isolierstücke werden mit der Rohrleitung gemessen. Sie werden ebenfalls nach der Anzahl abgerechnet. Es ist dabei nach Art, Abmessungen und sonstiger Größenangabe zu trennen (Bilder 4, 8).

Zu 0.5.2.6:

Abrechnungseinheit für Anschlüsse an andere Rohrwerkstoffe sowie Anlagenteile und Geräte ist die Anzahl. Siehe Punkt 11 der Besonderen Leistungen.

Zu 0.5.2.7:

Prüfungen der Schweiß- und Lötnähte sind nach Anzahl abzurechnen. Siehe Punkt 22 der Besonderen Leistungen.

Zu 0.5.2.8:

Obwohl Paßstücke, Formstücke, Rohrverbindungen und Rohrbögen gem. 5.2 mit dem Längenmaß der Rohrleitungen erfaßt und abgerechnet werden, sind die Mehraufwendungen für diese Leitungselemente zusätzlich zu den Preisen für die Rohrleitungen abzurechnen. Abrechnungseinheit ist dafür die Anzahl. Paßstücke sind Rohrleitungsstücke, die aus ganzen Stücken beim Anpassen gekürzt werden müssen. Die Zulage gilt nicht für Paßstücke, die länger als 0,50 m sind. Die Ansätze sind nach Art und Nennweite zu trennen.

Zu 0.5.2.9 und 0.5.2.10:

Entwässerungsgegenstände wie Einläufe, Hebeanlagen, Abscheider sowie Entwässerungsrinnen einschließlich ihrer Abdeckung werden nach Anzahl abgerechnet, letztere auch nach Längenmaß gem. 0.5.1.4. Es kommen nur Gegenstände innerhalb der Gebäude oder Bauwerke in Betracht. Es ist nach Art, Abmessungen und sonstiger Größenordnung zu trennen.

Zu 0.5.2.11:

Zu den Schächten und Abdeckungen gehören Reinigungsschächte mit geschlossenem und offenem Durchfluß. Bei Reinigungsschächten mit offenem Durchfluß wird die Längenberechnung der Rohrleitung um das lichte Maß des Reinigungsschachtes unterbrochen. Abrechnungseinheit ist die Anzahl. Es ist nach Art, Abmessungen und sonstigen Größenangaben zu trennen (Bild 8).

Zu 0.5.2.12:

Wand- und Deckendurchführungen mit besonderen Anforderungen, z.B. Einbau von Rohrhülsen, Gasdichtheit, sind nach Anzahl abzurechnen. Siehe Punkt 6 der Besonderen Leistungen (Bild 4).

Zu 0.5.2.13 und 0.5.2.14:

Abrechnungseinheit für Einzelbefestigungen von Rohrleitungen, Tragkonstruktionen, Festpunkte sowie Verteiler und Sammler ist die Anzahl. Es ist nach Art, Abmessungen und sonstigen Größenangaben zu trennen.

Zu 0.5.2.15:

Wenn in Rohrleitungen keine Abzweige zum Anschluß von Nebenleitungen vorhanden sind, müssen die Anschlüsse durch Anbohrung hergestellt werden. Dabei sind die einschlägigen Vorschriften genau zu beachten. Die Leistung des Anbohrens umfaßt auch den Einbau des Anschlußstücks. Die Anschlußstücke selbst werden gem. 5.2 mit dem Längenmaß der Rohrleitung erfaßt und mit dieser abgerechnet. Abrechnungseinheit für Anbohrungen ist deren Anzahl. Die Ansätze sind nach Werkstoff und Nennweiten des angebohrten und des angeschlossenen Rohres zu trennen.

Zu 0.5.2.16:

Vorgefertigte Installationselemente oder -einheiten, Traggerüste sowie andere Konstruktionen für Vorwand-Installationen sind nach der Anzahl, getrennt nach Art, Abmessungen und sonstiger Größenangaben, abzurechnen. Unter Vorwand-Installationen sind Einrichtungen zu verstehen, die vor oder an eine Wand gesetzt werden.

Zu 5.2.17:

Nach ihrer Anzahl werden abgerechnet. Sanitär-Ausstattungsgegenstände, z.B. Handtuchhalter, Glashalter, Ablagen usw. Armaturen, z.B. Druckspüler, Auslaufventile, Pumpen, z.B. Schmutzwasserpumpen, Regel- und Absperrorgane, z.B. Sicherheitsventil, Manometer, Absperrschieber, Entwässerungsgegenstände (siehe DIN 1986 Teil 1), z.B. Badewanne, Brausewanne, Waschtisch, Handwaschbecken, Sitzwaschbecken, Klosettanlagen, Urinale, Ausgußbecken, Spültische, Waschmaschinen, ferner Schachtabdeckungen, Revisionsrahmen, Reinigungsöffnungen sowie Funktions-, Bezeichnungs- und Hinweisschilder und dergleichen.
Die Ansätze sind nach Werkstoff, Art, Nennweite, Abmessungen, Güteklasse usw. zu trennen.

Gem. Punkt 9 der Besonderen Leistungen ist das Herstellen von Fundamenten für Pumpen, Behälter und sonstige schwere Anlagenteile stets als selbständige Leistung abzurechnen. Als selbständige Leistungen sind ferner abzurechnen:

gem. Punkt 14 das Anschließen und Einbauen von bauseits gestellten Anlagenteilen an die Rohrleitungen und Kanäle sowie

gem. Punkt 15 das Verfüllen der Fugen zwischen Gegenständen der sanitären Installation und Wandplatten mit elastischen Stoffen (Bilder 4, 6, 7).

Zu 0.5.2.18:

Abrechnungseinheit für Funktions-, Bezeichnungs- und Hinweisschilder ist die Anzahl. Siehe Punkt 13 der Besonderen Leistungen.

Zu 0.5.2.19:

Bauteile zur Körperschalldämmung, z.B. Korkschalen, Matten, Matratzen, sind nach Anzahl abzurechnen. Es ist nach Art, Abmessungen und sonstiger Größenangabe zu trennen.

Zu 0.5.2.20:

Spülen und Desinfizieren von Entnahmestellen ist nach der Anzahl abzurechnen. Nach Art, Abmessungen und sonstigen Größenangaben ist zu trennen. Siehe Punkt 17 und 18 der Besonderen Leistungen.

Zu 0.5.2.21:

Besondere Druckprüfungen von Apparaturen und Armaturen werden nach Anzahl, getrennt nach Art, Abmessungen und sonstigen Größenangaben, abgerechnet. Besondere Druckprüfungen kommen insbesondere bei Auswechslungen von Apparaturen und Armaturen in Betracht.

Zu 0.5.3.1:

Tragkonstruktionen und Festpunkte können sowohl nach Gewicht wie auch gem. 0.5.2.13 nach Anzahl abgerechnet werden. Die Festlegung, welche Abrechnungseinheit anzuwenden ist, muß in der LB enthalten sein. Für die Abrechnung nach Gewicht gelten die Berechnungsgrundsätze gem. 5.3. Siehe Punkt 8 der Besonderen Leistungen.

Zu 0.5.4.1:

Formstücke, Verbindungs- und Befestigungselemente einschließlich Schweiß-, Löt- und Dichtungsmaterial sind in Vomhundertsätzen der Preise der Rohrleitungen kleiner als DN 50 abzurechnen. Siehe 0.5.2.1. Diese Vorschrift dient der Abrechnungsvereinfachung (Bilder 2, 4).

Bild 1 Schema einer Niederdruckgasanlage in Gebäuden

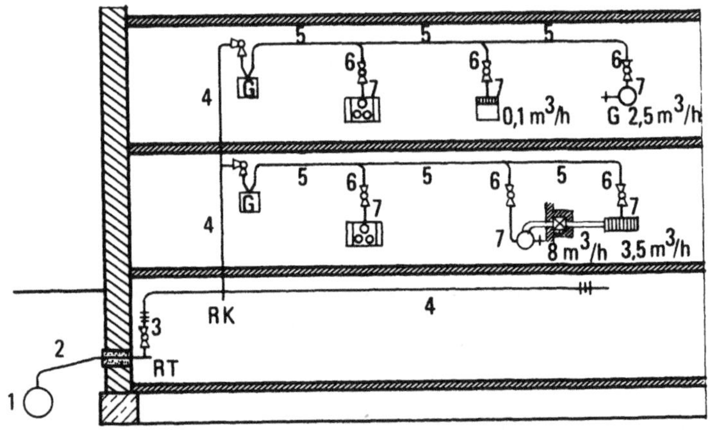

1 Versorgungsleitung
2 Hausanschlußleitung
3 Hauptabsperreinrichtung
4 Verteilungsleitung
5 Verbrauchsleitung
6 Abzweigleitung
7 Geräteanschlußleitung
RK=Reinigungs-K-Stück
RT=Reinigungs-T-Stück

Bild 2 Messung von Gasleitungen

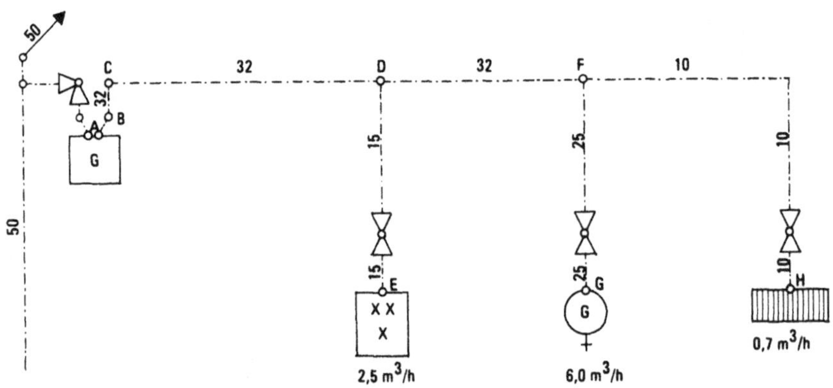

Verbrauchsleitung=A–B–C–D–F
Abzweigleitungen=D–E, F–G, F–H

Gem. 0.5.1.2 Abrechnung der Gasrohrleitungen aus mittelschwerem Gewinderohr nach DIN 2440 nach Längenmaß, gemessen in der Achslinie der Rohrleitungen. Die Radien von Rohrbögen bleiben unberücksichtigt. Die Ansätze sind nach Nennweite und Wanddicke zu trennen. Rohrverbindungen, Rohrbögen, Form- und Paßstücke sowie Armaturen werden von der Länge nicht abgezogen. Die Mehrkosten für Form- und Verbindungsstücke sind gem. 0.5.2.1 gesondert abzurechnen.

L der Gasleitung, NW 32, nahtlos A nach DIN 2440, s=3,25 mm=A–B–C–D–F=... m.
L der Gasleitung, NW 25, nahtlos A nach DIN 2440, s=3,25 mm=F–G=... m.
L der Gasleitung, NW 15, nahtlos A nach DIN 2440, s=2,65 mm=D–E=... m.
L der Gasleitung, NW 10, nahtlos A nach DIN 2440, s=2,35 mm=F–H=... m.

Gem. 0.5.4.1 Abrechnung der Form- und Verbindungsstücke in den Gewinderohrleitungen der Verbrauchsleitung und der Abzweigleitungen in Hundertsätzen der Preise der dazugehörigen Gasrohrleitungen, da die Rohrleitungen kleiner als DN 50 sind.

Die Abrechnungsvorschriften beziehen sich nicht auf die Beschaffung des dreiflammigen Gasherdes, des Durchlauf-Wasserheizers und des Gasraumheizers. Für Lieferung und Leistung gilt bei derartigen Objekten die VOL.

Bild 3 Trinkwasser-Leitungsanlage nach DIN 1988

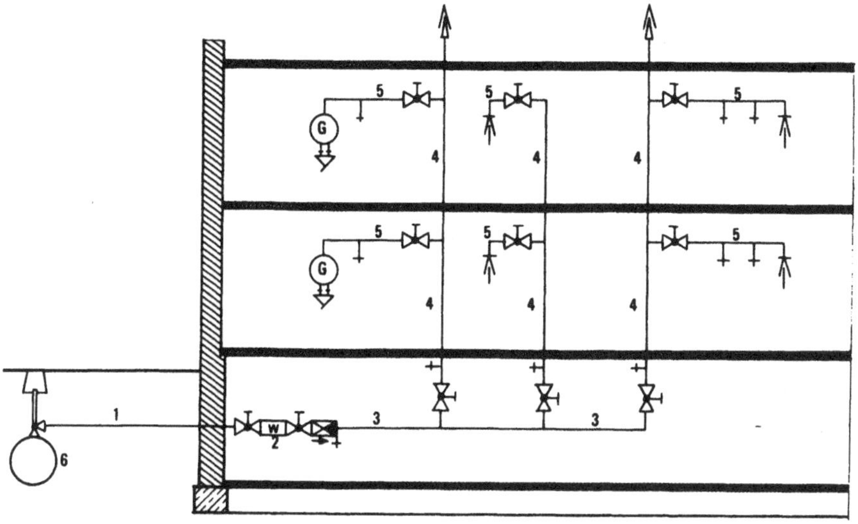

1 Anschlußleitung
2 Wasserzähleranlage
3 Verteilungsleitung
4 Steigleitungen
5 Stockwerksleitungen
3, 4 und 5 Verbrauchsleitungen
6 Versorgungsleitung

Bild 4 Messung von Trinkwasserleitungen

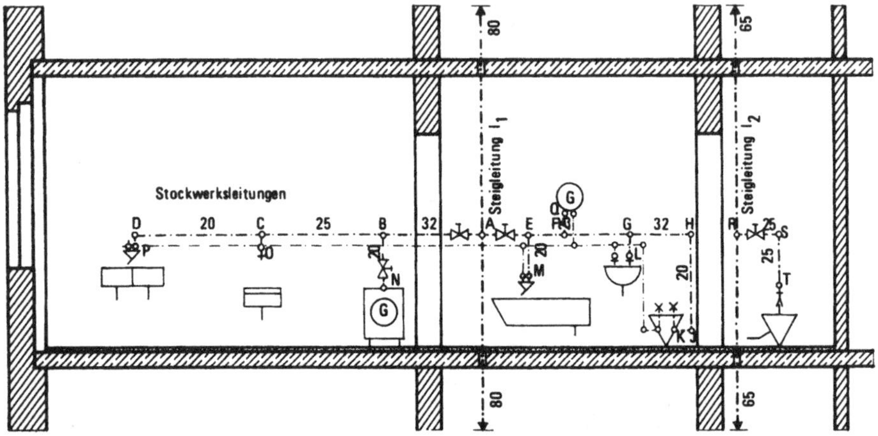

Gem. 0.5.1.2 Abrechnung der Trinkwasserleitung aus mittelschwerem Gewinderohr nach DIN 2440, nahtlos, verzinkt, Nenndruck 10, nach Längenmaß, gemessen in der Achslinie. Die Radien von Rohrbögen bleiben ohne Einfluß. Die Ansätze sind nach Nennweite (NW) und Wanddicke (s) zu trennen. Rohrverbindungen, Rohrbögen, Form- und Paßstücke sowie innerhalb der Leitungen liegende Armaturen werden von der Länge nicht abgezogen.

Form- und Verbindungsstücke in Gewinderohrleitungen werden gem. 0.5.2.1 bei Rohrleitungen größer als DN 50 nach Anzahl, gem. 0.5.4.1 bei Rohrleitungen kleiner als DN 50 nach Vomhundertsätzen abgerechnet.

Messung der Kaltwasserleitungen

L der Steigleitung, NW 80, s=4,05 mm=l_1=... m.

L der Steigleitung, NW 65, s=3,65 mm=l_2 ... m.

L der Stockwerksleitungen

NW 32, s=A–B, A–E–F–G–H=l_3=... m.

NW 25, s=3,25 mm=B–C, R–S–T, F–Q=l_4=... m.

NW 20, s=2,65 mm=C–D–P, B–N, E–M, H–I–K=l_5=... m.

Messung der Warmwasserleitungen sinngemäß.

Gem. 0.5.2.17 Abrechnung der Sanitär-Ausstattungsgegenstände, im Beispiel: Handwaschbecken, Badewanne, Geschirrwaschmaschine, Ausgußbecken, Doppelspülen, Klosettanlage, Sitzwaschbecken, sowie der Armaturen, die an den Leitungsenden liegen, im Beispiel: Abortdruckspüler, Hähne des Sitzwaschbeckens, Mischbatterien der Badewanne und des Doppelspültisches, Auslaufventil am Ausgußbecken gem. 0.5.2.5 nach ihrer Anzahl. Die Ansätze sind nach Werkstoff, Art, NW und Abmessungen zu trennen.

Gem. 0.5.2.12 Abrechnung der Rohrfutter in den Geschoßdecken nach Längenmaß, Anzahl oder Gewicht. Abrechnung nach Gewicht nur bei Rohrfuttern aus Metall.

Bild 5 Schema einer Gebäudeentwässerung

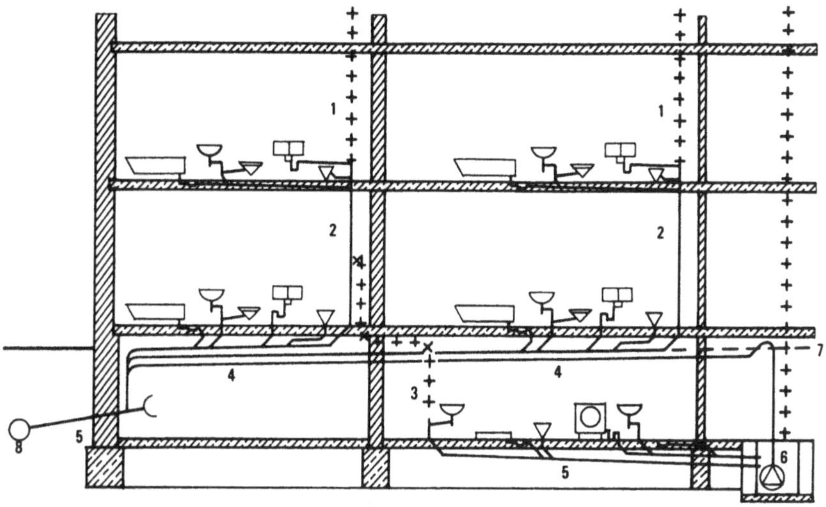

1 Lüftungsleitung
2 Falleitung (Schmutzwasser)
3 Umlüftung
4 Sammelleitung
5 Grundleitung
6 Entwässerungsgrube
7 Rückstauebene
8 Schmutzwasserkanal

Bild 6 Messung einer Schmutzwasser-Hebeleitung

1 Flanschmuffenstück
2 Paßstück
3 Rohrbogen 90°
4 GA-Rohre, NW 70
5 Formstück 45°
6 Abzweig 45°
7 GA-Rohr 125 · 1500 DIN 19501

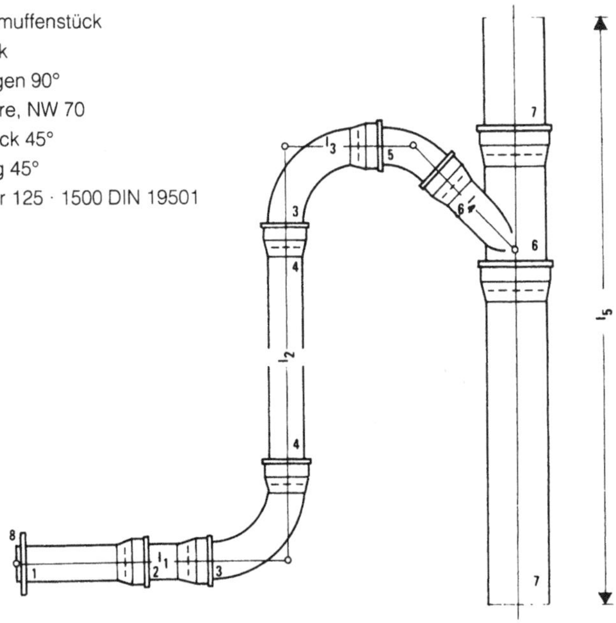

Gem. 0.5.1.2 Abrechnung der Schmutzwasser-Hebeleitung aus gußeisernen Abflußrohren (GA), Nennweite (DN) 70, nach Längenmaß, gemessen in der Achslinie der Rohrleitung. Die mittleren Krümmungshalbmesser werden zur Messungsvereinfachung nicht zur Längenermittlung herangezogen. Ansatzpunkte für die einzelnen Längen sind die Schnittpunkte der Achslinien der Rohrleitung. Rohrverbindungen, Rohrbögen, Form- und Paßstücke werden nicht abgezogen.

L der Schmutzwasser-Hebeleitung=$l_1+l_2+l_3+l_4$=... m.

Abrechnung der Falleitung wie vor.

L der Falleitung aus GA-Rohr, NW 125=l_5=... m.

Gem. 0.5.2.1 Abrechnung der Mehrleistung für das Flanschmuffenstück (1), das Paßstück (2) von 200 mm Länge, für die beiden Rohrbögen (3) 90° sowie für das Formstück (5) 45°, alle Stücke DN 70, jeweils in gesondertem Ansatz zum Stückpreis.

Abrechnung des Muffenstücks mit Muffenabzweig (6), Muffenstück NW 125, Muffenabzweig DN 70 45° zum Stückpreis.

Gem 0.5.2.2 Abrechnung der Flanschverbindung (8) für den Anschluß der Schmutzwasserpumpe, die Flansche hat DN 70, als selbständige Leistung zum Stückpreis.

Gem. 0.5.2.17 Abrechnung der Schmutzwasserpumpe (nicht dargestellt) unter Angabe von Art, Leistungsdaten und kennzeichnenden Merkmalen als selbständige Leistung zum Stückpreis.

Bild 7 Messung eines Klosettanschlusses an die Abwasser-Falleitung

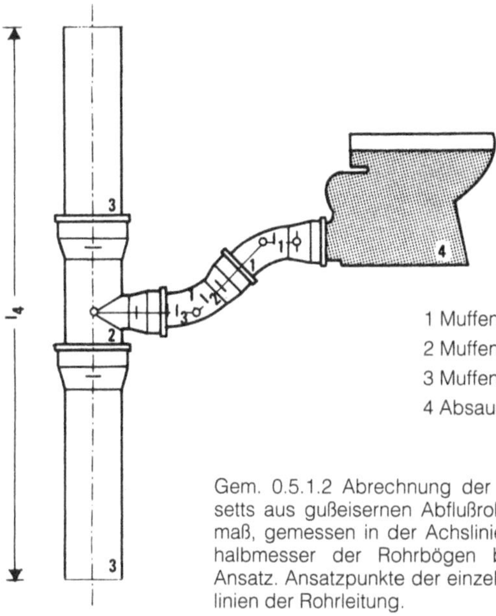

1 Muffenkrümmer, NW 50
2 Muffenstück, NW 100, mit Muffenstutzen, NW 50
3 Muffenstück, NW 100
4 Absaugeklosett mit waagerechtem Ablaufstutzen

Gem. 0.5.1.2 Abrechnung der Abwasser-Anschlußleitung des Absaugeklosetts aus gußeisernen Abflußrohren (GA), NW 50, s=3,5 mm, nach Längenmaß, gemessen in der Achslinie der Rohrleitung. Die mittleren Krümmungshalbmesser der Rohrbögen bleiben zur Messungsvereinfachung außer Ansatz. Ansatzpunkte der einzelnen Längen sind die Schnittpunkte der Achslinien der Rohrleitung.

Gem. 5.2 gilt, daß Rohrverbindungen, Rohrbögen, Form- und Paßstücke von der Länge nicht abgezogen werden.

L der Anschlußleitung: $l_1+l_2+l_3=$... m.

Abrechnung der Falleitung aus GA, NW 100, s=3,4 mm, wie vor.

L der Falleitung=l_4=... m.

Gem. 0.5.2.1 Abrechnung des Muffenstücks, GA, NW 100, mit Muffenstutzen, GA, NW 50 zum Stückpreis.

Gem. 0.5.2.17 Abrechnung der Klosettanlage einschließlich Druckspüler als selbständige Leistung zum Stückpreis. Im Ansatz sind die Art und die Qualität anzugeben.

Bild 8 Reinigungsschacht mit geschlossenem Durchfluß

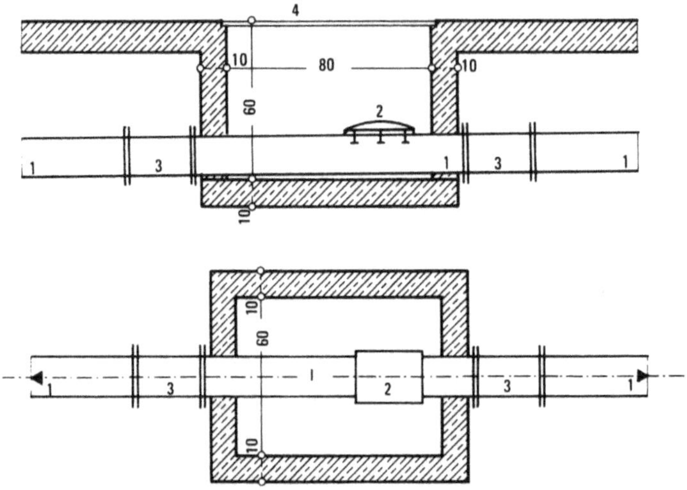

1 Grundleitung, GA NW 150

2 Reinigungsöffnung

3 eingeflanschte flexible Anschlußstücke

4 Schachtabdeckung

Gem. 0.5.1.2 Abrechnung der Grundleitung (1) aus GA-Rohr, NW 150, in der Achslinie der Rohrleitung gemessen, nach Längenmaß. Das Reinigungsrohr (2) und die beiden flexiblen Anschlußstücke (3) einschließlich ihrer Flanschverbindungen werden mitgemessen. Bei offenem Durchfluß würde die lichte Weite des Reinigungsschachtes von der Rohrleitungslänge abgezogen werden müssen.

L der Grundleitung, GA-Rohr, NW 150=l=... m.

Gem. 0.5.2.1 Abrechnung der Mehrleistung für die beiden flexiblen Anschlußstücke, NW 150 nach der Anzahl der Anschlußstücke.

Gem. 0.5.2.2 Abrechnung der vier Flanschverbindungen (nicht der Anschlußstücke selbst), NW 150, als selbständige Leistung nach ihrer Anzahl zum Stückpreis. Der Stückpreis ist im Grunde nichts anderes als ein Zulagepreis zur Grundleitung.

Gem. 0.5.2.5 Abrechnung der rechteckigen Reinigungsöffnung mit Schraubverschluß in der Grundleitung innerhalb des Reinigungsschachtes zum Stückpreis.

Abrechnung der Schachtabdeckung aus Stahlguß mit Winkelprofil-Rahmen, 60 · 80 cm, zum Stückpreis ggf. zusammen mit der Abrechnung des Reinigungsschachtes gem. 0.5.2.11.

Gem. 0.5.2.11 Abrechnung des Reinigungsschachtes aus Beton B 25, lichte Weite 60×80 cm, Höhe von Oberfläche Schachtboden bis Oberfläche Schachtabdeckung=60 cm. Wände und Boden je 10 cm dick, zum Stückpreis, falls diese Leistung nicht vom Unternehmer für die Beton- und Stahlbetonarbeiten ausgeführt wird.

VOB Teil C: Allgemeine Technische Vertragsbedingungen für Bauleistungen (ATV) Nieder- und Mittelspannungsanlagen mit Nennspannungen bis 36 kV – DIN 18382 Ausgabe Mai 1998

1 Geltungsbereich

1.1 Die ATV »Nieder- und Mittelspannungsanlagen mit Nennspannungen bis 36 kV« – DIN 18382 – gilt für die Ausführung elektrischer und informationstechnischer Anlagen in Gebäuden.
Sie gilt auch für elektrische Kabel- und Leitungsanlagen, die als nicht selbständige Außenanlagen zu den Gebäuden gehören.

1.2 Die ATV DIN 18382 gilt nicht für Geräte und systeminterne Installationen.

1.3 Ergänzend gelten die Abschnitte 1 bis 5 der ATV DIN 18299 »Allgemeine Regelungen für Bauarbeiten jeder Art«. Bei Widersprüchen gehen die Regelungen der ATV DIN 18382 vor.

5 Abrechnung

Gem. ATV DIN 18299 Abschnitt 5 gilt allgemein:

Die Leistung ist aus Zeichnungen zu ermitteln, soweit die ausgeführte Leistung diesen Zeichnungen entspricht. Sind solche Zeichnungen nicht vorhanden, ist die Leistung aufzumessen.

Abrechnungseinheiten

Gem. 0.5 sind im Leistungsverzeichnis der Abrechnungseinheiten wie folgt vorzusehen:

0.5.1 Längenmaß (m) getrennt nach Bauart, Querschnitt oder Durchmesser und Art der Ausführung, für Kabel, Leitungen, Drähte, Rohre und Verlegesysteme.

0.5.2 Anzahl (Stück), getrennt nach Art und Größe, für elektrische Betriebsmittel und Bauteile, z.B. Abdeckroste, Konsolen, Brandschutzabdichtungen.

Ergänzend zur ATV DIN 18299 Abschnitt 5 gilt:

5.1 Der Ermittlung der Leistung – gleichgültig ob sie nach Zeichnungen oder nach Aufmaß erfolgt – sind die Maße der Anlagenteile zugrunde zu legen.

Nach VOB/A § 5 Nr. 1b sollen in geeigneten Fällen Bauleistungen für eine Pauschalsumme vergeben werden, wenn die Leistung nach Ausführungsart und Umfang genau bestimmt und mit einer Änderung bei der Ausführung nicht zu rechnen ist. Diese Voraussetzungen sind häufig für bestimmte Teile der Leistung gegeben, so daß der Auftraggeber z.B. die Leitungsanlagen ab Hausanschluß nach der Anzahl der Brennstellen, Steckdosen und Geräteanschlüsse sowie die Hausanschlüsse aus dem Kabelnetz oder aus dem Freileitungsnetz pauschal abrechnen kann. Die Pauschalabrechnung kann sich auch auf Leistungsabschnitte wie Allgemeinbeleuchtung, Gemeinschaftsantennenanlage beschränken. Der Auftraggeber muß die

Pauschalvergütung jedoch in der Leistungsbeschreibung ausdrücklich vorschreiben. Im anderen Falle ist die Leistung aus Zeichnungen zu ermitteln. Sind keine Zeichnungen vorhanden, aus denen die ausgeführte Leistung zutreffend hervorgeht, ist die Leistung durch örtliches Aufmaß festzustellen.

Der Auftraggeber kann für sichere andere Abrechnung nach Zeichnungen dadurch sorgen, daß er über die Übersichtpläne hinaus, die ihm der Auftragnehmer ohnehin nach dem Vertrag zu übergeben hat, in der Leistungsbeschreibung die Lieferung weitergehender Bestandspläne, z.B. Installationspläne nach DIN 40717, fordert. Siehe hierzu Bild 1. In der Leistungsbeschreibung ist anzugeben, ob nach Zeichnungen oder nach örtlichem Aufmaß abgerechnet werden soll.

Die Pauschalabrechnung bringt eine erhebliche Arbeitsersparnis. Zur richtigen Preisbildung ist jedoch eine erschöpfende Leistungsbeschreibung erforderlich. Insbesondere sind Angaben über die Bauart der Kabel, Leitungen, Rohre, Kanäle und die Art ihrer Verlegung, z.B. unter Putz, auf Putz, sowie über die Anschlußwerte zu machen. Bei Abrechnung der Leistungen zu Einheitspreisen ist gem. 0.5.1.1 für Kabel, Leitungen, Drähte und Rohre die Abrechnungseinheit das Längenmaß. Der Längenermittlung sind die Maße der Anlagenteile zugrunde zu legen. Das gilt gleichermaßen für die Abrechnung nach Zeichnungen wie für die Feststellung der Leistung durch örtliches Aufmaß.

Sowohl bei Pauschalvergütungen wie auch bei Abrechnung nach Einheitspreisen gehören u.a. folgende Arbeiten zu den Nebenleistungen:

- *Stemm-, Bohr- und Fräsarbeiten für das Einsetzen von Dübeln, Steinschrauben und für den Einbau von Installationsmaterial,*
- *Anzeichnen von Schlitzen und Durchbrüchen,*
- *Einsetzen von Dübeln, Steinschrauben u.ä.*

Hingegen sind u.a. folgende Arbeiten in jedem Fall als Besondere Leistungen abzurechnen bzw. in der Pauschale besonders zu erfassen:

- *Herstellen, Vorhalten und Beseitigen von Provisorien, z.B. zur vorzeitigen oder Teilinbetriebnahme der Anlage,*
- *Herstellen und Schließen von Schlitzen und Durchbrüchen, sofern diese Arbeiten überhaupt vom Auftragnehmer für die Elektro-Installation mit ausgeführt werden sollen.*

5.2 Kabel, Leitungen, Drähte, Rohre und Bauteile von Verlegesystemen werden nach der tatsächlich verlegten Länge in der Mittelachse gemessen. Verschnitt wird nicht berücksichtigt.

Es ist vorgeschrieben, daß die erforderlichen Längenzugaben für die ordnungsgemäßen Kabel- und Leitungsanschlüsse vorzusehen sind.

5.3 Elektrische Betriebsmittel und elektrische Bauteile werden übermessen und gesondert abgerechnet.

Die elektrischen Betriebsmittel und Anlagen sind so aufeinander abzustimmen, daß die geforderte Funktion erbracht wird, die Betriebssicherheit gegeben ist und ein sparsamer Energieverbrauch und wirtschaftlicher Betrieb möglich sind. Abrechnungseinheit ist die Stückzahl.

Zu 0.5.1.

Abrechnungseinheit für Kabel, Leitungen, Drähte, Rohre und Verlegesysteme ist das Längenmaß. Gem. 5.2 wird die tatsächlich verlegte Länge in der Mittelachse gemessen. Verschnitt wird dabei nicht berücksichtigt. Es ist deshalb die Länge bis Mitte Brennstelle, Anschlußstelle, Schalter oder Steckdose zu rechnen. Die Ansätze sind nach Querschnitt der Metalleinlage oder nach dem Rohrdurchmesser sowie nach der Ausführungsart, z.B. Verlegung unter, im und auf dem Putz, Feuchtraumleitung, zu trennen (Bild 1).

Zu 0.5.2:

Abrechnungseinheit für elektrische Betriebsmittel und Bauteile z.B. Abdeckroste, Konsolen, Brandschutzabdeckungen, ist, getrennt nach Art und Größe, die Stückzahl.

Bild 1 Beispiel eines Elektro-Installationsplans für eine Wohnung nach DIN 40900

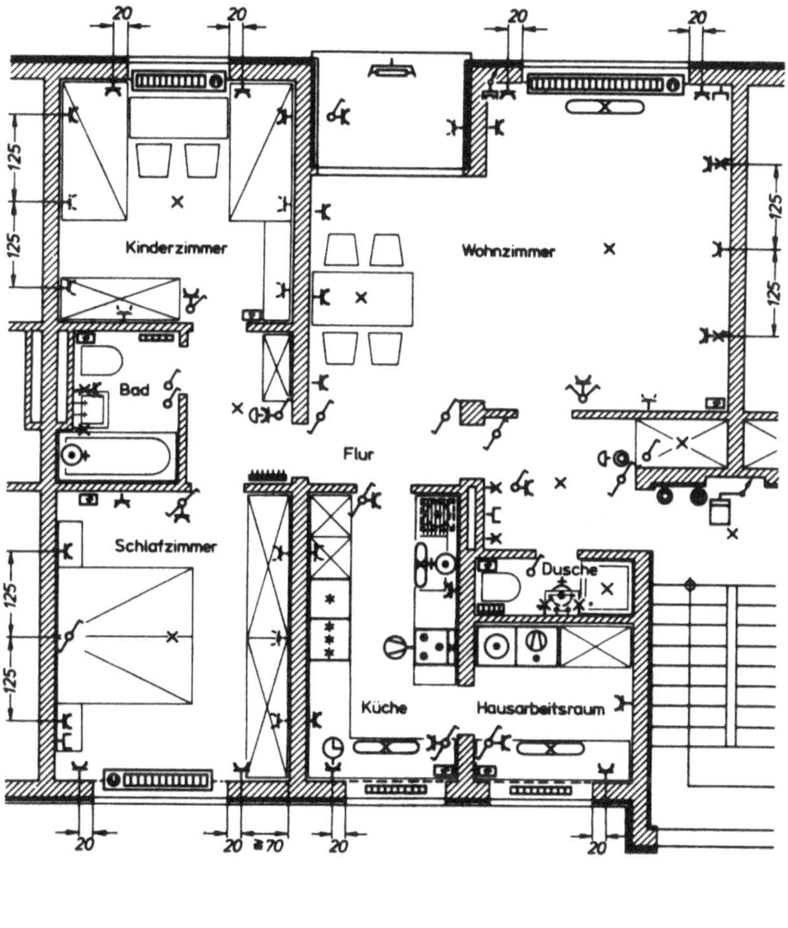

VOB Teil C:
Allgemeine Technische Vertragsbedingungen für Bauleistungen (ATV)
Blitzschutzanlagen – DIN 18384
Ausgabe Dezember 1992

1 Geltungsbereich

1.1 Die ATV »Blitzschutzanlagen« – DIN 18384 – gilt nicht für elektrische Kabel- und Leitungsanlagen (siehe ATV DIN 18382 »Elektrische Kabel- und Leitungsanlagen in Gebäuden«).

1.2 Ergänzend gelten die Abschnitte 1 bis 5 der ATV DIN 18299 »Allgemeine Regelungen für Bauarbeiten jeder Art«. Bei Widersprüchen gehen die Regelungen der ATV DIN 18384 vor.

5 Abrechnung

Gem. ATV DIN 18299 Abschnitt 5 gilt allgemein:

Die Leistung ist aus Zeichnungen zu ermitteln, soweit die ausgeführte Leistung diesen Zeichnungen entspricht. Sind solche Zeichnungen nicht vorhanden, ist die Leistung aufzumessen.

Siehe hierzu die eingehende Erläuterung zur ATV DIN 18299 »Allgemeine Regelungen für Bauarbeiten jeder Art«.

Abrechnungseinheiten

Gem. 0.5 sind im Leistungsverzeichnis die Abrechnungseinheiten wie folgt vorzusehen:

0.5.1 Längenmaß (m) für
oberirdische Leitungen und Erdleitungen, getrennt nach Stoffen, Durchmessern oder Querschnitten und Art der Ausführungen.

0.5.2 Anzahl (Stück) für
Auffangvorrichtungen, Leitungsstützen, Anschlüsse, Verbindungen, Trennstellen, Erdeinführungen und dergleichen, getrennt nach Art und Größe.

Ergänzend zu ATV DIN 18299 Abschnitt 5 gilt:

5.1 Der Ermittlung der Leistung – gleichgültig, ob sie nach Zeichnungen oder nach Aufmaß erfolgt – sind die Maße der Anlagenteile zugrunde zu legen, sofern nicht Pauschalvergütungen für die Gesamtleistung oder Teile der Leistung vereinbart sind.

Da die Leistungen für Blitzschutzanlagen nach Ausführungsart und Umfang genau bestimmbar und Änderungen bei der Ausführung nicht zu erwarten sind, bestehen die Voraussetzungen, gem. VOB/A § 5 Nr. 1b für die Gesamtleistung oder für Teile der Leistung Pauschalvergütung zu vereinbaren.

Bei Verträgen, die eine Abrechnung der Leistung nach Einheitspreisen vorsehen, ist die Leistung grundsätzlich nach Zeichnungen zu ermitteln. Das gilt auch für die Schaffung von Grundlagen für Pauschalvereinbarungen. Die Zeichnungen müssen jedoch die ausgeführte Leistung in vollem Umfange erkennen lassen. Es ist zweckmäßig, für die Abrechnung die Zeichnungen über die ausgeführten Leistun-

gen zu verwenden, die der Auftragnehmer nach den Richtlinien des Ausschusses für Blitzableiterbau (ABB) ohnehin aufzustellen und zu liefern hat, wenn in der Leistungsbeschreibung nichts anderes vorgeschrieben ist. Nur wenn solche Zeichnungen nicht vorhanden sind, ist die Leistung örtlich aufzumessen. Siehe Bilder 1 und 2.

In der Leistungsbeschreibung ist zur Vermeidung von Mißverständnissen vorzuschreiben, ob nach Zeichnungen oder nach Aufmaß abgerechnet werden soll. In jedem Fall, ob die Leistung nach Zeichnungen oder durch örtliches Aufmaß festgestellt wird, sind der Leistungsermittlung die Maße der Anlagenteile zugrunde zu legen.

Sowohl bei Pauschalvergütung wie auch bei Abrechung zu Einheitspreisen gehören u.a. folgende Arbeiten zu den Nebenleistungen:

- *das Anfertigen und Liefern der für die Ausführung nötigen Entwurfszeichnungen, aus denen die geforderten Angaben entsprechend DIN VDE 0185 Teil 1 und Teil 2 ersichtlich sind, ferner die sonstigen Unterlagen für die vorgeschriebenen Genehmigungsanträge und die Zeichnungen über die ausgeführten Leistungen (Bestandspläne),*
- *das Einsetzen und Befestigen der Stützen und dergleichen einschließlich der hierfür nötigen Stemmarbeiten und Lieferung der Befestigungsmittel,*
- *der Korrosionsschutz, soweit er entsprechend DIN VDE 0185 auszuführen ist.*

Hingegen sind u.a. folgende Arbeiten in jedem Fall als Besondere Leistungen abzurechnen bzw. in der Pauschale besonders zu erfassen:

- *das Auf- und Abbauen sowie Vorhalten von besonders gearteten Geräten, z.B. Feuerwehrleitern,*
- *das Stemmen und Schließen von Schlitzen und Durchbrüchen, soweit es sich nicht um das Einsetzen und Befestigen der Stützen und dergleichen handelt, und*
- *der Korrosionsschutz der Blitzschutzanlage, soweit er nicht entsprechend DIN VDE 0185 auszuführen ist.*

5.2 **Leitungen, Erdleiter und Fangleiter werden nach der tatsächlich verlegten Länge gerechnet. Verschnitt wird dabei nicht berücksichtigt.**

Zu 0.5.1:

Abrechnungseinheit für oberirdische Leitungen und Erdleitungen ist das Längenmaß. Es ist gem. 5.1 nach den Maßen der Anlagenteile zu ermitteln. Soll hiervon abgewichen werden, ist es in der Leistungsbeschreibung vorzuschreiben. Die Abweichung kann jedoch notwendig werden, wenn die Längenermittlung nach den Maßen der Anlagenteile, z.B. für Erdungsringleitung, zu große Ungenauigkeit ergibt. Die Ansätze sind nach Stoffen, z.B. Bandstahl, Bandaluminium, Bandkupfer, nach Durchmessern bzw. Querschnitten und nach der Art der Ausführung zu trennen. Wenn vorgeschrieben ist, das Längenmaß gem. 5.2 nach der tatsächlichen Leistung zu messen, rechnet jede Teillänge von Mitte Anschlußstelle bis Mitte Anschlußstelle. In jedem Fall der Ermittlungsart ist der notwendige Verschnitt in die Preise einzurechnen, d.h. er wird nicht mitgemessen (Bilder 1, 2).

Zu 0.5.2:

Außer den oberirdischen Leitungen und den Erdungsleitungen werden alle Anlagenteile, z.B. Auffangvorrichtungen, Leitungsstützen, Schornsteinrahmen, Anschlüsse, Verbindungen, Trennstücke, Rohrerder und dergleichen, als selbständige Leistungen nach ihrer Anzahl abgerechnet. Die Ansätze sind nach der Art dieser Anlagenteile und nach ihren Abmessungen zu trennen (Bilder 1, 2).

Bild 1 Schema der Blitzschutzanlage für ein hartgedecktes landwirtschaftliches Anwesen mit Stall und Scheune

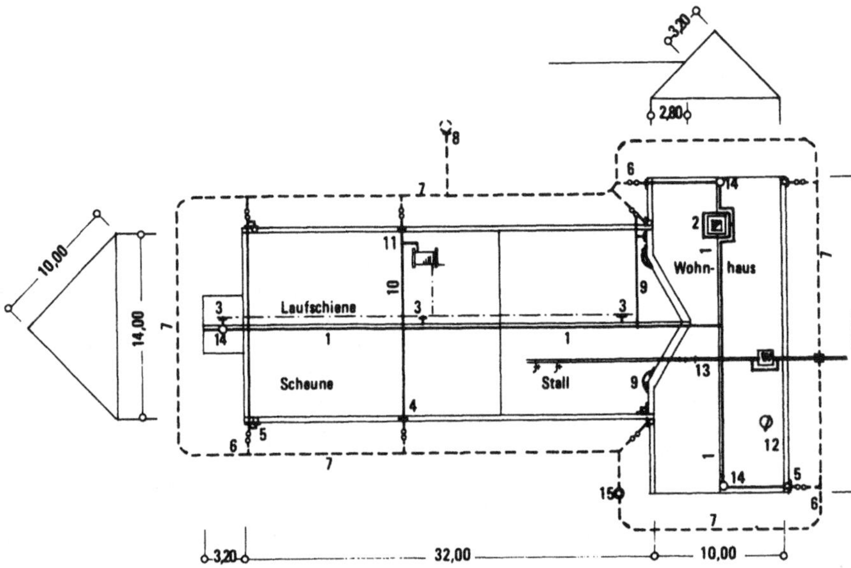

1 Firstleitung
2 Schornsteinrahmen
3 biegsame Verbindung der Laufschiene des Heuaufzuges
4 Anschluß der Dachrinne durch Rinnenklemme
5 Anschluß des Regelfallrohrs oberhalb des Trennstücks
6 Trennstück
7 Erdleitung (im Schema als Ringleitung)
8 Anschluß des Rohrbrunnens mit Rohrschelle
9 Anschluß der Kehlbleche
10 Dachleitung, oberhalb des Windenseiles verlegt
11 Anschluß der Winde an die Erdungssammelleitung
12 Hauseinführungsdachständer für Strom; Mindestabstand zur Blitzschutzanlage 1,25 m
13 Isolierstück der Wasserleitung
14 Auffangstange
15 Rohrerder

Gem. 0.5.1 Abrechnung der Firstleitung, sofern nicht Pauschalvergütung vereinbart ist, unter Angabe des Werkstoffs, des Durchmessers oder des Querschnitts, nach Längenmaß. Gem. 5.1 sind der Leistungsermittlung die Maße der Anlagenteile zugrunde zu legen. Gem. 5.2 werden Leitungen, Erdleiter und Fangleiter nach der tatsächlich verlegten Länge gerechnet. Verschnitt wird dabei nicht berücksichtigt.

L der Firstleitung=3,20+32,00+2,80+3,20+24,00=65,20 m.

Abrechnung der übrigen Leistungen entsprechend.

Gem. 0.5.2 Abrechnung der nicht zu den Leitungen zählenden Anlagenteile, wie Auffangstangen, Leitungsstützen, Anschlüsse, Verbindungen, Trennstellen, Erdeinführungen usw., getrennt nach Art und Größe, als selbständige Leistungen nach ihrer Anzahl.

Bild 2 Sinnbilder für Blitzschutzanlagen

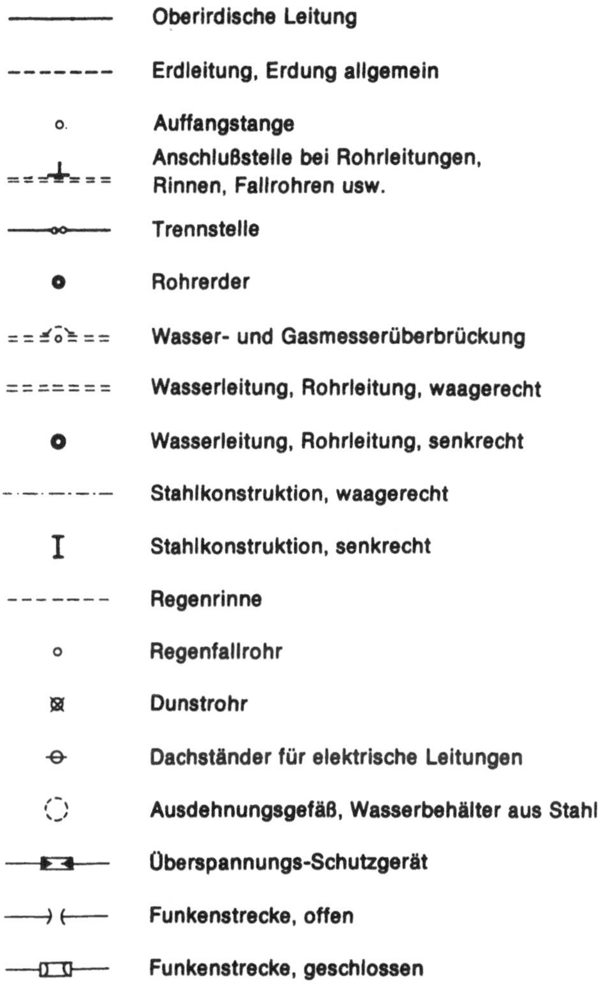

Allgemein werden in Zeichnungen folgende Farben benutzt:

Rot	neue oder geplante Blitzschutzanlage
Grün	Regenrinnen, Regenfallrohre, Dunstrohre, Zinkabdeckung
Blau	Wasserleitung, Rohrleitung, Stahlkonstruktion, Ausdehnungsgefäß
Braun	vorhandene alte Blitzschutzanlage; Erweiterungen sind rot einzutragen.

VOB Teil C:
Allgemeine Technische Vertragsbedingungen für Bauleistungen (ATV)
Förderanlagen, Aufzugsanlagen, Fahrtreppen und Fahrsteige – DIN 18385
Ausgabe Juni 1996

1 Geltungsbereich

1.1 Die ATV »Förderanlagen, Aufzugsanlagen, Fahrtreppen und Fahrsteige« – DIN 18385 – gilt für ortsfeste Anlagen zur Beförderung von Personen oder Gütern zwischen festgelegten Zugangs- oder Haltestellen.

1.2 Die ATV DIN 18385 gilt nicht für betriebstechnische Förderanlagen, die von der baulichen Anlage ohne Beeinträchtigung der Vollständigkeit oder Benutzbarkeit abgetrennt werden können und einer selbständigen Nutzung dienen.

1.3 Ergänzend gelten die Abschnitt 1 bis 5 der ATV DIN 18299 »Allgemeine Regelungen für Bauarbeiten jeder Art«.
Bei Widersprüchen gehen die Regelungen der ATV DIN 18385 vor.

5 Abrechnung

Gem. ATV DIN 18299 Abschnitt 5 gilt allgemein:

Die Leistung ist aus Zeichnungen zu ermitteln, soweit die ausgeführte Leistung diesen Zeichnungen entspricht. Sind solche Zeichnungen nicht vorhanden, ist die Leistung aufzumessen.

Abrechnungseinheiten

Gem. 0.5 sind im Leistungsverzeichnis die Abrechnungseinheiten wie folgt vorzusehen:

0.5.1 Anzahl (Stück), getrennt nach Art und technischen Daten, für jede vollständige, betriebsbereite Anlage.

Ergänzend zu ATV DIN 18299, Abschnitt 5 gilt:

Förderanlagen, Aufzugsanlagen, Fahrtreppen und Fahrsteige sind als Einheit, getrennt nach den jeweiligen technischen Daten der Anlagen, abzurechnen.

Zur Ermittlung der Leistung – gleichgültig, ob sie nach Zeichnungen oder nach Aufmaß erfolgt – sind die zuvor genannten Bedingungen maßgebend.
Für die in der Norm behandelten Anlagen kann nur die Abrechnung nach Anzahl in Frage kommen, da Flächen- oder Längenmaße für die Leistungsbestimmung ausscheiden.

VOB Teil C:
Allgemeine Technische Vertragsbedingungen für Bauleistungen (ATV)
Gebäudeautomation – DIN 18386
Ausgabe Juni 1996

1 Geltungsbereich

1.1 Die ATV »Gebäudeautomation« – DIN 18386 – gilt für Systeme zum Messen, Steuern, Regeln und Leiten technischer Anlagen.

1.2 Die ATV DIN 18386 gilt nicht für funktional eigenständige Einrichtungen, z.B. Kältemaschinensteuerungen, Brennersteuerungen, Aufzugssteuerungen. Sie gilt auch nicht für das Einbeziehen von Einzelfunktionen funktional eigenständiger Einrichtungen in das Gebäudeautomationssystem.

1.3 Ergänzend gelten die Abschnitte 1 bis 5 der ATV DIN 18299 »Allgemeine Regelungen für Bauarbeiten jeder Art«. Bei Widersprüchen gehen die Regelungen der ATV DIN 18386 vor.

5 Abrechnung

Gem. ATV DIN 18299 Abschnitt 5 gilt allgemein:

Die Leistung ist aus Zeichnungen zu ermitteln, soweit die ausgeführte Leistung diesen Zeichnungen entspricht. Sind solche Zeichnungen nicht vorhanden, ist die Leistung aufzumessen.

Abrechnungseinheiten

Gem. 0.5 sind im Leistungsverzeichnis die Abrechnungseinheiten wie folgt vorzusehen:

0.5.1 Längenmaß (m), getrennt nach Querschnitt oder Durchmesser und Art der Ausführung, für

0.5.1.1 – Kabel, Leitungen, Drähte, Rohre und Kanäle.

0.5.2 Anzahl (Stück) für

0.5.2.1 – Systemkomponenten (Hardware)

0.5.2.1.1 – getrennt nach Art und Leistungsmerkmalen, für

- Leitstationen, Bedienstationen und Peripherieeinrichtungen,
- Kommunikationseinheiten, z.B. Modems und Schnittstellenadapter,
- Automationsstationen und deren Komponenten,
- Notbedienebene, z.B. Ein- und Ausgabeeinheiten,
- anwendungsspezifische Automationsgeräte, z.B. Einzelraumregler, Heizkesselregler,
- Bedien- und Programmiereinrichtungen,
- Sensoren, z.B. Fühler,
- Aktoren, z.B. Regelventile,
- Steuerungsbaugruppen, z.B. Notbedienung, Handbedienung, Sicherheitsschaltungen, Koppelbausteine,
- Sonderzubehör, z.B. Schließsysteme, Schaltschranklüftung und -kühlung.

0.5.2.1.2 – getrennt nach Art und Ausführung, für

- Funktions-, Bezeichnungs- und Hinweisschilder,

0.5.2.1.3 – getrennt nach Art und Abmessung, für
- Schaltschrankgehäuse einschließlich Zubehör, z.B. Montageschienen, Beleuchtung, Verdrahtungskanäle,
- Verteiler und Abzweigdosen,

0.5.2.1.4 – getrennt nach Art und elektrischer Leistung, für
- Einspeisung,
- Leistungsbaugruppen,
- Überstromschutzbaugruppen,
- Spannungsversorgungs-Baugruppen,
- Einbau beigestellter Einheiten, z.B. Frequenzumformer.

0.5.2.2 – Funktionen (Software) und Dienstleistungen, getrennt nach Art und Leistungsmerkmalen entsprechend VDI 3814 Blatt 2, für
- Grundfunktionen: Schalten, Stellen, Melden, Messen, Zählen,
- Verarbeitungsfunktionen: Überwachen, Steuern, Regeln, Rechnen, Optimieren, Statistik, Mensch/Maschine – Kommunikation.

Ergänzend zu der allgemeinen Regelung in ATV DIN 18299 Abschnitt 5 gilt:

5.1 Der Ermittlung der Leistung – gleichgültig, ob sie nach Zeichnung oder nach Aufmaß erfolgt – sind die Maße der Anlagenteile zugrunde zu legen. Wird die Leistung aus Zeichnungen ermittelt, dürfen Stück- und Belegungslisten, aktualisierte Informationslisten, Systemprotokolle zugezogen werden.

Nach der allgemeinen Regelung in Abschnitt 5 der ATV DIN 18299 hat die Ermittlung der Leistung aus Zeichnungen den Vorrang. Dadurch soll den Beteiligten das zeitraubende sowie Kosten verursachende Aufmessen erspart bleiben. Hier wird präzisiert, daß beim Aufmaß die Maße der Anlagenteile gelten. Für die Ermittlung der Leistung aus Zeichnungen wird festgelegt, daß auch Stück- und Beleglisten, aktualisierte Informationslisten sowie Systemprotokolle unter den Begriff »Zeichnungen« fallen.

5.2 Die Leistungen sind getrennt nach Systemkomponenten (Hardware) und Leistungen für deren Funktionen (Software) und Dienstleistungen abzurechnen.

Zu den Dienstleistungen gehören Technische Bearbeitung, Programmierung sowie Inbetriebnahme und Einregulierung.

Gem. 0.5 erfolgt für die Leistungsbilder der Systemkomponenten (Hardware) die zur Abrechnung notwendige Trennung nach
- Art und Leistungsmerkmalen,
- Art und Ausführung,
- Art und elektrischer Leistung;
für die Funktionen (Software) erfolgt die Trennung nach
- Art und Leistungsmerkmalen.
Auch für Dienstleistungen wie Technische Bearbeitung, Programmierung sowie Inbetriebnahme und Einregulierung ist für die Abrechnung nach Art und Leistungsmerkmalen zu trennten.

5.3 Kabel, Leitungen, Drähte, Rohre und Kanäle sind nach der tatsächlich verlegten Länge, z.B. von Klemmstelle zu Klemmstelle, abzurechnen. Verschnitt bleibt unberücksichtigt.

Die genannten Bauteile wie Kabel, Leitungen usw. sind nach Längenmaß abzurechnen. Es gilt die tatsächlich verlegte Länge, wobei der Verschnitt außer Betracht bleibt.

VOB Teil C:
Allgemeine Technische Vertragsbedingungen für Bauleistungen (ATV)
Dämmarbeiten an technischen Anlagen – DIN 18421
Ausgabe Juni 1996

1 Geltungsbereich

1.1 Die ATV »Dämmarbeiten an technischen Anlagen« – DIN 18421 – gilt für

- Dämmarbeiten an Produktions- und Verteilungsanlagen im Industriebau und in der Haus- und Betriebstechnik, z.B. Apparate, Behälter, Kolonnen, Tanks, Dampferzeuger, Rohrleitungen, Heizungs-, Lüftungs-, Klima-, Kaltwasseranlagen, Wassererwärmungsanlagen;
- Dämmarbeiten in Kühl- und Klimaräumen.

1.2 Die ATV DIN 18421 gilt nicht für Dämmarbeiten

- an Gebäuden und Bauwerken,
- an werkseitig gedämmten Anlageteilen,
- im Kontrollbereich von Kernkraftwerken.

1.3 Ergänzend gelten die Abschnitte 1 bis 5 der ATV DIN 18299 »Allgemeine Regelungen für Bauarbeiten jeder Art«. Bei Widersprüchen gehen die Regelungen der ATV DIN 18421 vor.

Abrechnung

Gem. ATV DIN 18299 Abschn. 5 gilt allgemein:

Die Leistung ist aus Zeichnungen zu ermitteln, soweit die ausgeführte Leistung diesen Zeichnungen entspricht. Sind solche Zeichnungen nicht vorhanden, ist die Leistung aufzumessen.

> *Siehe hierzu die eingehende Erläuterung zu ATV DIN 18299 »Allgemeine Regelungen für Bauarbeiten jeder Art«.*

Abrechnungseinheiten

Gem. 0.5 sind im Leistungsverzeichnis die Abrechnungseinheiten, getrennt nach Dämmstoffen, Dämmschichten und Arten der Ummantelung, wie folgt vorzusehen:

0.5.1 Flächenmaß (m^2) für
0.5.1.1 – Dämmung an ebenen Flächen,
0.5.1.2 – Dämmungen an Rohrleitungen, ab äußerem Umfang der Dämmung von 1,5 m und mehr,
0.5.1.3 – Abschirmungen von Heiz- und Kühlzonen für Begleitleitungen oder für Kompensatoren,
0.5.1.4 – Bogen ohne Segmente und Bogen, deren Segmente nicht breiter als 250 mm sind,
0.5.1.5 – Ummantelungen mit weder kreisrundem noch eckigem Querschnitt,
0.5.1.6 – Dämmungen an Apparaten, Behältern und Kolonnen,
0.5.1.7 – Dämmungen an Kappen (abnehmbar mittels Hebelverschlüssen) und Hauben (fest verschraubt),
0.5.1.8 – Dämmung an Kanälen,
0.5.1.9 – Paßstücke bei Dämmungen an Kanälen,

0.5.1.10 – Dämmungen an Verteilern und Sammlern,
0.5.1.11 – Dämmung an Stirnseiten.
0.5.2 Raummaß (m^3) für
0.5.2.1 – Schaum-, Schütt- oder Stopfdämmungen in Schlitzen, Schächten, Rohrführungskanälen, auch in Schlitzen an Apparaten, Behältern und Kolonnen.
0.5.3 Längenmaß (m), getrennt nach Umfang, Umfangsgruppen, Breitengruppen, für
0.5.3.1 – Dämmungen an Rohrleitungen mit einem äußeren Umfang der Dämmung unter 1,5 m,
0.5.3.2 – Abschirmungen von Heiz- und Kühlzonen für Begleitleitungen oder für Kompensatoren,
0.5.3.3 – Bogen ohne Segmente und Bogen, deren Segmente nicht breiter als 250 mm sind,
0.5.3.4 – Ummantelungen mit weder kreisrunden noch eckigem Querschnitt,
0.5.3.5 – Regenabweiser über Gleitschienen,
0.5.3.6 – Regenabweiser, gekrümmt oder gerade.
0.5.4 Anzahl (Stück), getrennt nach Längen, Längengruppen, Umfang, Umfanggruppen, Bogenradien, Bogenwinkeln sowie sonstigen den Leistungsaufwand beeinflussenden Faktoren, z.B. Breitengruppen, besondere Querschnittsformen von Anschlüssen oder Durchdringungen, unter verschiedenen Winkeln abgehende Stutzen, für
0.5.4.1 – Bogen ohne Segmente und Bogen, deren Segmente nicht breiter als 250 mm sind,
0.5.4.2 – Segmente über 250 mm Breite und Segmente für konische Rohrbogen,
0.5.4.3 – Knicke,
0.5.4.4 – Paßstücke, Hosenstücke,
0.5.4.5 – Abkantungen von Abflachungen,
0.5.4.6 – Endstellen,
0.5.4.7 – Stutzen,
0.5.4.8 – Durchdringungen,
0.5.4.9 – Blenden (Rosetten, Deckel),
0.5.4.10 – angeschweifte Regenabweiser über Kappen an lotrechten oder geneigten Rohren,
0.5.4.11 – Dämmung an Apparaten, Behältern, Kolonnen, Verteilern und Sammlern,
0.5.4.12 – Manteleinschnürungen, Kreisringe, Konusse, Einsätze,
0.5.4.13 – Ausschnitte,
0.5.4.14 – Tragkonstruktionen,
0.5.4.15 – Dämmungen mit Kappen (abnehmbar mittels Hebelverschlüssen) und Hauben (fest verschraubt),
0.5.4.16 – Kappenstützen,
0.5.4.17 – Trennungen des Mantels in Längsrichtung.

Ergänzend zur ATV DIN 18299 Abschn. 5 gilt:

5.1 Allgemeines

5.1.1 Der Ermittlung der Leistung – gleichgültig, ob sie nach Zeichnungen oder nach Aufmaß erfolgt – sind zugrunde zu legen:

5.1.2 Abrechnung nach Längenmaß (m)

Vorgeschrieben ist, daß bei jeder der angewendeten Abrechnungseinheiten die Leistung immer nach Dämmstoffen, Dämmschichten und Arten der Ummantelung zu trennen ist. Wird nach Längenmaß abgerechnet, ist außerdem nach Umfang, Umfangsgruppen und Breitengruppen zu trennen.

5.1.2.1 Längen sind in Achsrichtung zu messen.

Gem. 5.2.2 werden bei Abrechnung nach Längenmaß abgezogen: Unterbrechungen der Dämmung durch Wände, Decken und andere Konstruktionsteile von mehr als 240 mm und Längen von zwei oder mehreren hintereinanderliegenden Einbauten mit Gewindeverbindungen.

Die abzuziehende Länge bei Unterbrechung der Dämmung durch Wände, Decken und andere Konstruktionsteile bemißt sich nach dem fertigen Dickenmaß der unterbrechenden Teile. Die Länge nur eines Einbauteils mit Gewindeverbindung wird zur Messungsvereinfachung nicht abgezogen. Der Abzug erfolgt erst, wenn zwei oder mehrere derartiger Einbauten hintereinander liegen (Bild 9).

5.1.2.2 Längen, auch zur Flächenermittlung, werden in der jeweils größten ausgeführten Strecke, z.B. bei Rohrleitungen, runden und eckigen Kanälen über den Außenbogen, ermittelt.

Hierbei sind die Abzüge gem. 5.2.2 zu beachten (Bild 9).

5.1.2.3 Flanschverbindungen werden übermessen. Bei Dämmungsendstellen an Flanschen wird die Länge bis zur Mitte des Flanschenpaares, bei geschweißten Einbauten bis zur Schweißstelle gemessen.

5.1.2.4 Bei Dämmungen an konischen Rohren wird die halbe Länge jeweils den Maßen und Dämmdicken der anschließenden Rohre zugeordnet.

Die Dämmung von konischen Rohren wird zur Vereinfachung nicht gesondert abgerechnet. Die halbe Länge an konischen Dämmungen wird jeweils den Maßen und Dämmschichten der anschließenden Rohre zugeordnet.

5.1.2.5 Bei Dämmungen an Rohrleitungen werden Bogen, Paßstücke zwischen Bogen, Dämmungsendstellen, Flanschen, Konusse und Kombinationen davon, Abkantungen von Abflachungen, Endstellen an Abflachungen und Endstellenausbildung von Mänteln und Stutzen übermessen.

5.1.2.6 Bei Dämmungen an Apparaten, Behältern und Kolonnen werden Paßstücke (Länge der Ummantelung kleiner als 500 mm nach dem Einbau), Manteleinschnürungen, Kreisringe, Konusse, Übergangsstücke, Abkantungen von Abflachungen, Endstellen an Abflachungen, Apparatestutzen, zusätzliche Trennungen des Mantels und Endstellenausbildungen von Ummantelungen (Stoßkanten und ähnliches) übermessen.

Paßstücke von Dämmungen an Apparaten, Behältern und Kolonnen, deren Länge nach dem Einbau 500 mm oder größer ist, sind nach Flächenmaß abzurechnen.

5.1.2.7 Bei Dämmungen mit Kappen und Hauben werden Trennungen (unabhängig von Kappenlängen und Kappenumfang), trichterförmige Ausbildungen des obersten Kreisringes einschließlich der Nähte übermessen.

5.1.3 Abrechnung nach Flächenmaß (m²)

Gem. 0.5 ist vorgeschrieben, daß bei jeder der angewendeten Abrechnungseinheiten die Leistung immer nach Dämmstoffen, Dämmschichten und Arten der Umman-

telung zu trennen ist. Für die Abrechnung nach Flächenmaß sind weitere Trennungen nicht vorgesehen.

Gem. 5.2.1 sind Aussparungen und Ausschnitte über 0,5 m² Einzelfläche abzuziehen. Ausgenommen vom Abzug sind jedoch Ausschnitte, die erst bei oder nach der Montage ausgearbeitet werden können. Sie werden gem. 5.1.3.2 unabhängig von ihrer Größe übermessen.

5.1.3.1 Flächen werden bei Außendämmungen nach der größten Oberfläche der fertigen Ummantelung, bei Innendämmungen nach der Fläche vor Aufbringen der Dämmung ermittelt (Bilder 7, 8).

5.1.3.2 Ausschnitte, die erst bei oder nach der Montage ausgearbeitet werden können, werden unabhängig von ihrer Größe übermessen.

5.1.3.3 Die Flächen A kreisrunder Stirnseiten werden wie folgt ermittelt:

Ebene Stirnseite:	$A=0{,}0796\ U^2$
Stirnseite in Trichterform (h: $d_a \leq 1{:}10$):	$A=0{,}082\ U^2$
Flachgewölbte Stirnseite in Kalottenform ($d_a \leq 10000$ mm):	$A=0{,}082\ U^2$
Flachgewölbte Stirnseite in Kalottenform ($d_a \leq 10000$ mm):	$A=0{,}0796\ U^2 +3{,}14\ h^2$
Hochgewölbte Stirnseite in Zeppelinform:	$A=0{,}109\ U^2$

Dabei bedeuten:

d_a=äußerer Durchmesser der Stirnseite

U =äußerer Umfang der Stirnseite

h =Höhe des Trichters oder der Kalotte

Die Wölbungen der Stirnseite können nach außen, aber auch nach innen gerichtet sein. Für die Flächenermittlung einer ebenen Stirnseite gilt auch die Formel: $A=r^2 \cdot 3{,}14$.

5.1.3.4 Bei Dämmungen an konischen Rohren wird die halbe Fläche jeweils den Maßen und Dämmdicken der anschließenden Rohre zugeordnet.

Diese Abrechnungsvereinfachung entspricht der Regelung gem. 5.1.2.4 bei der Abrechnung von Dämmungen an konischen Rohren nach Längenmaß.

5.1.3.5 Bei Rohrbündeln, deren Rohre einzeln gedämmt sind, wird die Dämmung jedes einzelnen Rohres, die gemeinsame Ummantelung nach der ausgeführten Fläche gerechnet.

Dämmungen an Rohrleitungen werden gem. 0.5.1.2 nach Flächenmaß abgerechnet, wenn der äußere Umfang der Dämmung gleich oder größer als 1,50 m ist. Bei einem äußeren Umfang kleiner als 1,50 m ist gem. 0.5.3.1 nach Längenmaß, getrennt nach Umfang, Umfangsgruppen und Breitengruppen, abzurechnen. Sind bei Rohrbündeln die Rohre einzeln gedämmt, so ist die Dämmung jedes einzelnen Rohres, getrennt von der gemeinsamen Ummantelung abzurechnen. Die gemeinsame Ummantelung wird nach der ausgeführten Fläche gerechnet, wobei gem. 5.1.3.1 die größte Oberfläche der fertigen Ummantelung zu messen ist. Werden Rohrbündel gemeinsam gedämmt, so wird die Fläche der Dämmung gem. 5.1.3.1 nach der größten Oberfläche der fertigen Ummantelung ermittelt (Bild 7).

5.1.3.6 Bei Dämmungen an Verteilern und Sammlern ist der Länge des Verteilers oder Sammlers die Dicke der Dämmung der Stirnseite zuzurechnen. Abzweigstutzen gelten nicht als Paßstücke.

5.1.3.7 Bei Dämmungen mit Kappen und Hauben wird die Fläche aus Länge und Umfang einschließlich der Stutzen, aber ohne Berücksichtigung der Stirn- und Deckelflächen, ermittelt. Gedämmte Stirn- und Deckelflächen für Kappen und Hauben, Deckel und Blindflansche an Mannlöchern, Gegenstromapparaten, Wasserboilern, Verteilern und Sammlern werden berechnet.

5.1.3.8 Dämmungen an Kanälen werden nach äußerer Oberfläche abgerechnet. Die Oberfläche der Dämmung von Kanalbogen, Kanalsprüngen, Übergangs- und Formstücken wird aus dem größten Umfang und der größten Länge ermittelt.

5.1.4 Abrechnung nach Rauminhalt (m^3)

Regel ist, daß bei jeder der angewendeten Abrechnungseinheiten die Leistung immer nach Dämmstoffen, Dämmschichten und Arten der Ummantelung zu trennen ist. Für die Abrechnung nach Raummaß sind weitere Trennungen der Leistung nicht vorgesehen.

5.1.4.1 Rauminhalte werden nach dem verfüllten Raum ermittelt.

Gem. 5.2.3 wird bei Abrechnung nach Rauminhalt das Volumen von Rohren mit einem äußeren Durchmesser von mehr als 120 mm und rechteckigen Querschnitten von mehr als 125 cm² abgezogen.
Diese Messungserleichterung bezieht sich auf Schaum-, Schütt- oder Stopfdämmung in Schlitzen, Schächten, Rohrdurchführungskanälen, auch in Schlitzen an Apparaten, Behältern und Kolonnen, die gem. 0.5.2.1 nach Raummaß abzurechnen sind.

5.2 Es werden abgezogen:

5.2.1 bei Abrechnung nach Flächenmaß (m^2):

Aussparungen und Ausschnitte über 0,5 m² Einzelfläche*), ausgenommen Ausschnitte nach Abschnitt 5.1.3.2 (Bild 8).

5.2.2 bei Abrechnung nach Längenmaß (m):

Unterbrechungen der Dämmung durch Wände, Decken und andere Konstruktionsteile von mehr als 240 mm und Längen von zwei oder mehreren hintereinander liegenden Einbauten mit Gewinde- oder Flanschverbindungen (Bild 9).

5.2.3 bei Abrechnung nach Raummaß (m^3):

das Volumen von Rohren mit einem äußeren Durchmesser von mehr als 120 mm und rechteckigen Querschnitten von mehr als 125 cm².

*) 0,5 m² Einzelfläche entspricht einem Kreis mit einem Durchmesser von 800 mm.

Nebenleistungen ergänzend zu ATV DIN 18299 sind insbesondere:
1 – Auf- und Abbauen sowie Vorhalten der Gerüste, deren Arbeitsbühnen nicht höher als 2 m über Gelände oder Fußboden liegen,
2 – Beseitigen geringfügiger Verunreinigungen des Untergrundes,
3 – Sichern der in Ausführung befindlichen und der ausgeführten Leistungen gegen Schäden durch Witterungseinflüsse.

Besondere Leistungen sind ergänzend zur ATV DIN 18299 z.B.:
1 – Boden- und Wasseruntersuchungen,
2 – Vorhalten von Aufenthalts- und Lagerräumen, wenn der Auftraggeber Räume, die leicht verschließbar gemacht werden können, nicht zur Verfügung stellt,
3 – Auf- und Abbauen sowie Vorhalten der Gerüste, deren Arbeitsbühnen höher als 2 m über Gelände oder Fußboden liegen,
4 – Beheizen der Anlage während der Ausführung der Dämmarbeiten,
5 – Herstellen von Befestigungsmöglichkeiten für Tragkonstruktionen,
6 – nachträgliches Aufbringen von Teilen der Dämmung, z.B. über Schweißnähten, an provisorischen Aufhängungen, Auflagern, soweit es nicht vom Auftragnehmer zu vertreten ist,
7 – Herstellen von Ummantelungen mit weder kreisrundem noch eckigem Querschnitt,
8 – Herstellen von Ausschnitten und Blenden, unabhängig von der Anzahl der angeschnittenen Bleche, ausgenommen solcher nach Nr. 9,
9 – Herstellen von Ausschnitten an Kappen und Hauben, bei Flansch- und Formkappen der dritte und die weiteren, bei Stutzenkappen der vierte und die weiteren,
10 – Herstellen von Einsätzen, getrennt nach rechteckigem, rundem oder ovalem Querschnitt,
11 – Herstellen von Bögen und Knicken (auf Gehrung geschnittene Ummantelung),
12 – Herstellen von angeschweiften Regenabweisern über Kappen an lotrechten oder geneigten Rohren,
13 – Herstellen von Übergangsstücken mit unterschiedlichen Querschnittsformen,
14 – Herstellen von Trennungen, soweit sie aus technischen Gründen erforderlich sind, z.B. bei Durchdringungen oder Einbauerschwernissen,
15 – Herstellen von trichterförmigen Ausbildungen des oberen Kreisringes einschließlich der Nähte (Doppelfalz oder Zahnradwellprofil),
16 – Herstellen von Kappenstützen,
17 – Herstellen von Paßstücken zwischen Bögen, Dämmungsendstellen, Einbauten, Flanschen, Konussen und Kombinationen davon,
18 – Herstellen von Abkantungen, Manteleinschnürungen, Konussen, Hosenstükken und Kreisringen,
19 – Herstellen von Endstellen,
20 – Herstellen von Stutzen (Anpassen des abzweigenden Mantels und Herstellen des Ausschnittes im durchgehenden Mantel).

Zu 0.5.1:

Für die Abrechnung nach Flächenmaß sowie für alle anderen Abrechnungseinheiten gilt, daß nach Dämmstoffen, Dämmschichten und Arten der Ummantelung zu trennen ist.

Zu 0.5.1.1 und 0.5.1.2:

Dämmungen im Sinne der ATV DIN 18421 sind Wärmedämmungen gem. DIN 4140-1 und Kältedämmungen gem. DIN 4140-2. Dämmung an ebenen Flächen sowie Dämmungen an Rohrleitungen, bei denen der äußere Umfang der Dämmung gleich oder größer als 1,50 m ist, werden nach Flächenmaß abgerechnet. Dabei sind gem. 5.2.1 Aussparungen und Ausschnitte über 0,5 m² Einzelfläche abzuziehen (Bilder 7, 9). Dämmungen an Rohrleitungen mit einem äußeren Umfang der Dämmung, der kleiner als 1,50 m ist, sind gem. 0.5.3.1 nach Längenmaß abzurechnen. Dabei sind die Abzüge gem. 5.2.2 zu beachten.

Zu 0.5.1.3:

Abschirmungen von Heiz- und Kühlzonen für Begleitheizungen oder für Kompensatoren sind notwendig, um zu verhindern, daß Dämmstoffe zwischen die Begleitheizung und das Objekt gelangen. Abrechnungseinheit ist das Flächenmaß oder gem. 0.5.3.2 das Längenmaß. 5.2.1 und 5.2.2 sind zu beachten.

Zu 0.5.1.4:

Abrechnungseinheit für Bögen ohne Segmente sowie für Bögen, deren Segmente nicht breiter als 250 mm sind, ist das Flächenmaß oder gem. 0.5.3.3 das Längenmaß. Die Abzüge gem. 5.2.1 und 5.2.2 sind zu beachten.
Siehe Besondere Leistungen Nr. 11.

Zu 0.5.1.5:

Für die Abrechnung von Ummantelungen mit weder kreisrundem noch eckigem Querschnitt gilt das Flächenmaß oder gem. 0.5.3.4 das Längenmaß. Die Abzüge gem. 5.2.1 und 5.2.2 sind zu beachten.
Siehe Besondere Leistungen Nr. 7.

Zu 0.5.1.6:

Abrechnungseinheit für Dämmungen an Apparaten, Behältern und Kolonnen ist das Flächenmaß. Die Abzüge gem. 5.2.1 sind zu beachten. Gem. 0.5.4.10 kann die Abrechnung auch nach der Anzahl erfolgen (Bild 8).

Zu 0.5.1.7:

Dämmungen mit abnehmbaren Kappen und fest verschraubten Hauben können sowohl nach Flächenmaß als auch gem. 0.5.4.14 nach der Anzahl abgerechnet werden (Bilder 1 bis 6).

Zu 0.5.1.8:

Abrechnungseinheit für Dämmung an Kanälen ist das Flächenmaß. Die Abzüge gem. 5.2.1 sind zu beachten.

Zu 0.5.1.9:

Paßstücke bei Dämmungen an Kanälen können sowohl nach Flächenmaß als auch nach Anzahl gem. 0.5.4.3 abgerechnet werden. Die Abzüge gem. 5.2.1 sind zu beachten.

Zu 0.5.1.10:

Dämmungen an Verteilern und Sammlern können wahlweise nach Flächenmaß oder Stückzahl abgerechnet werden. Die Abzüge gem. 5.2.1 sind zu beachten.

Zu 0.5.1.11:

Abrechnungseinheit für die Dämmung an Stirnseiten ist das Flächenmaß. 5.2.1 ist zu beachten.

Zu 0.5.2:

Für alle Abrechnungsarten gilt, daß nach Dämmstoffen, Dämmschichten und Arten der Ummantelung zu trennen ist.

Zu 0.5.2.1:

Abrechnungseinheit für Schaum-, Schütt- oder Stopfdämmung in Schlitzen, Schächten, Rohrdurchführungskanälen, auch in Schlitzen an Apparaten, Behältern und Kolonnen ist das Raummaß.

Gem. 5.1.4.1 werden Rauminhalte nach dem verfüllten Raum ermittelt; dabei wird gem. 5.2.3 das Volumen von Rohren mit einem äußeren Durchmesser von mehr als 120 mm und rechteckigen Querschnitten von mehr als 125 cm² abgezogen.

Zu 0.5.3:

Für alle Abrechnungseinheiten gilt, daß nach Dämmstoffen, Dämmschichten und Arten der Ummantelung zu trennen ist. Bei der Abrechnung nach Längenmaß muß zusätzlich nach Umfang, Umfangsgruppen und Breitengruppen getrennt werden.

Zu 0.5.3.1:

Abrechnungseinheit für Dämmung an Rohrleitungen mit einem äußeren Umfang der Dämmung kleiner als 1,50 m ist das Längenmaß. Ist der Umfang der Dämmung gleich oder größer als 1,50 m, muß gem. 0.5.1.2 nach Flächenmaß abgerechnet werden. Die Abzüge gem. 5.2.1 und 5.2.2 sind zu beachten (Bilder 7 und 9).

Zu 0.5.3.2:

Abschirmungen von Heiz- und Kühlzonen für Begleitheizungen oder für Kompensatoren sollen verhindern, daß Dämmstoffe zwischen die Begleitheizung und das Objekt gelangen. Abrechnungseinheit ist entweder das Längenmaß oder gem. 0.5.1.3 das Flächenmaß. Die Abzüge gem. 5.2.1 und 5.2.2 sind zu beachten.

Zu 0.5.3.3:

Abrechnungseinheit für Bögen ohne Segmente sowie für Bögen, deren Segmente nicht breiter als 250 mm sind, ist das Längenmaß oder gem. 0.5.1.4 das Flächenmaß. Die Abzüge gem. 5.2.1 und 5.2.2 sind zu beachten. Bögen mit Segmenten über 250 mm Breite sowie Segmente für konische Rohrbögen werden gem. 0.5.4.1 nach Anzahl abgerechnet.

Siehe Besondere Leistungen Nr. 11.

Zu 0.5.3.4:

Abrechnungseinheit für Ummantelungen mit weder kreisrundem noch eckigem Querschnitt ist das Längenmaß oder gem. 0.5.3.5 das Flächenmaß. Die Abzüge gem. 5.2.1 und 5.2.2 sind zu beachten.

Siehe Besondere Leistungen Nr. 7.

Zu 0.5.3.5 und 0.5.3.6:

Abrechnungseinheit für Regenabweiser über Gleitschienen und Regenabweiser gekrümmt oder gerade ist das Längenmaß. Gem. 5.2.2 werden Unterbrechungen der Dämmung durch Wände, Decken und andere Konstruktionsteile von mehr als 240 mm und Längen von zwei oder mehreren hintereinander liegenden Einbauten mit Gewindeverbindungen abgezogen.

Siehe Besondere Leistungen Nr. 12.

Zu 0.5.4:

Für alle Abrechnungseinheiten gilt, daß nach Dämmstoffen, Dämmschichten und Arten der Ummantelung zu trennen ist. Bei der Abrechnung nach Anzahl ist zusätzlich nach Längen, Längengruppen, Umfang, Umfanggruppen, Bogenradien, Bogenwinkeln sowie sonstigen den Leistungsaufwand beeinflussenden Faktoren zu trennen, z.B. nach Breitengruppen, besonderen Querschnittsformen von Anschlüssen oder Durchdringungen, nach unter verschiedenen Winkeln abgehenden Stutzen.

Zu 0.5.4.1 und 0.5.4.2:
Siehe die Erläuterungen zu 0.5.1.4 und 0.5.3.3.

Zu 0.5.4.3:
Abrechnungseinheit für Knicke, d.h. auf Gehrung geschnittene Ummantelung an gekrümmten Rohren, ist die Anzahl.
Siehe Besondere Leistungen Nr. 11.

Zu 0.5.4.4:
Abrechnungseinheit für Paßstücke zwischen Bögen, Dämmungsendteilen, Einbauten, Flanschen, Konussen und Kombinationen davon ist die Anzahl.
Siehe Besondere Leistungen Nrn. 17 und 18.

Zu 0.5.4.5:
Abrechnungseinheit für Abkantungen von Abflachungen ist die Anzahl.
Siehe Besondere Leistungen Nr. 18.

Zu 0.5.4.6:
Abrechnungseinheit für Endstellen von Abflachungen entweder eingesprengt oder aufgekantet in Sicke gelegt ist die Anzahl.
Siehe Besondere Leistungen Nr. 19.

Zu 0.5.4.7:
Abrechnungseinheit für Stutzen ist die Anzahl.
Siehe Besondere Leistungen Nr. 20.

Zu 0.5.4.8:
Abrechnungseinheit für Durchdringungen im Zusammenhang mit der Dämmung an Rohren sowie im Zusammenhang mit der Dämmung an Apparaten, Behältern und Kolonnen ist die Anzahl.

Zu 0.5.4.9:
Abrechnungseinheit für Blenden, z.B. Rosetten, Deckel, ist die Anzahl.
Siehe Besondere Leistungen Nrn. 8 und 9.

Zu 0.5.4.10:
Abrechnungseinheit für angeschweißte Regenabweiser über Kappen an lotrechten oder geneigten Rohren ist die Anzahl.
Siehe Besondere Leistungen Nr. 12.

Zu 0.5.4.11:
Abrechnungseinheit für Dämmung an Apparaten, Behältern, Kolonnen, Verteilern und Sammlern ist die Anzahl.

Zu 0.5.4.12:
Abrechnungseinheit für Manteleinschnürungen, Kreisringe, Konusse und Einsätze ist die Anzahl.
Siehe Besondere Leistungen Nrn. 10, 15 und 18.

Zu 0.5.4.13:
Abrechnungseinheit für Ausschnitte ist die Anzahl.
Siehe Besondere Leistungen Nrn. 8 und 9.

Zu 0.5.4.14:
Abrechnungseinheit für Tragkonstruktionen ist die Anzahl.

Siehe Besondere Leistungen Nr. 5.

Zu 0.5.4.15:
Abrechnungseinheit für Dämmungen mit abnehmbaren Kappen und fest verschraubten Hauben ist entweder die Anzahl oder gem. 0.5.1.7 das Flächenmaß.

Zu 0.5.4.16:
Abrechnungseinheit für Kappenstützen ist die Anzahl.
Siehe Besondere Leistungen Nr. 16.

Zu 0.5.4.17:
Abrechnungseinheit für Trennungen des Mantels in Längsrichtung ist die Anzahl.
Siehe Besondere Leistungen Nr. 14.

Anzahl und Anordnung der Hebelverschlüsse bei Kappen

Maße in mm

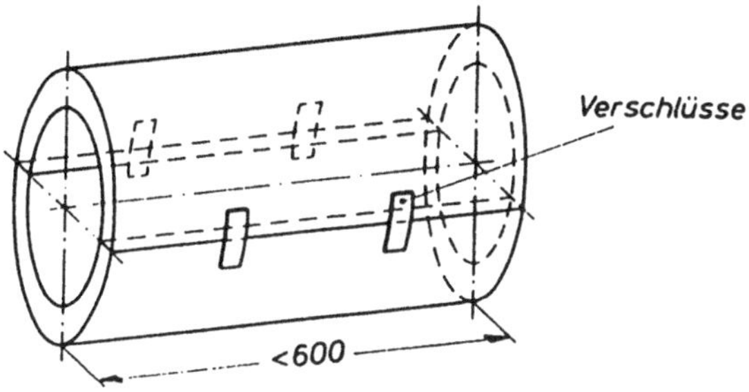

Bild 1

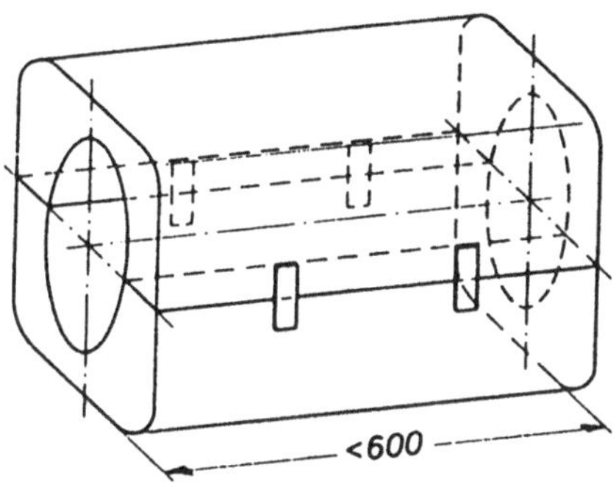

Bild 2

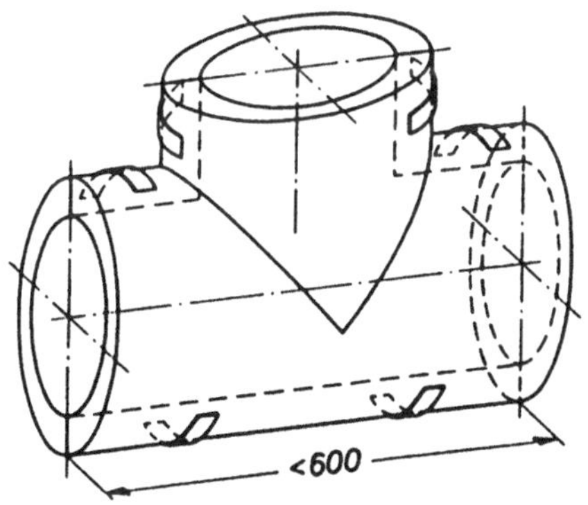

Bild 3

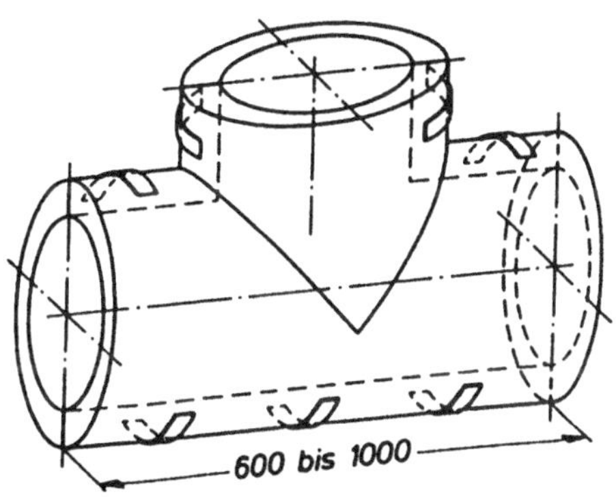

Bild 4

Bild 5

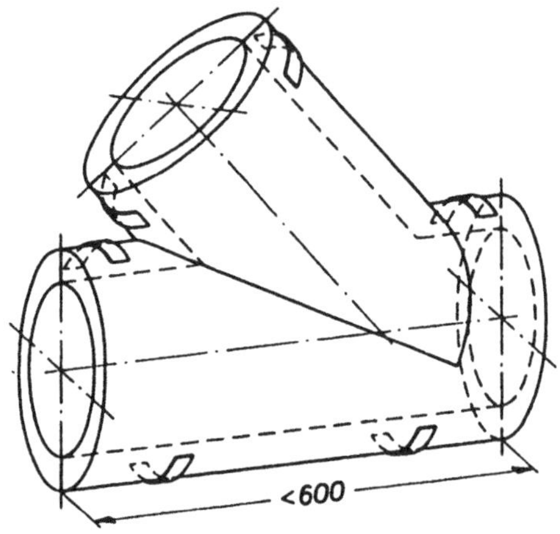

Bild 6

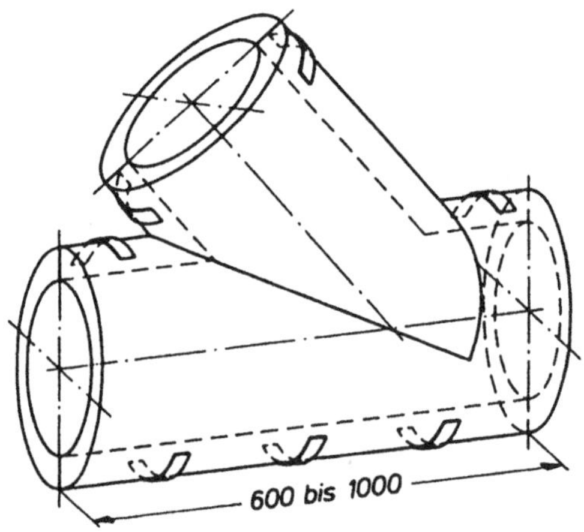

Die Anzahl der Verschlüse ist aus den Bildern 1 bis 6 ersichtlich. Bei längeren Kappen als in den Bildern dargestellt, darf der Abstand der Hebelverschlüsse voneinander höchstens 300 mm und zum Rand höchstens 200 mm betragen.

Abrechnung der Dämmungen an Kappen (abnehmbar mittels Hebelverschlüssen) und Hauben (fest verschraubt) gem. 0.5.1.7 nach Flächenmaß, getrennt nach Dämmstoffen, Dämmschichten und Art der Ummantelung sowie wahlweise nach Anzahl gem. 0.5.4.14, wobei zusätzlich nach Längen, Längengruppen, Umfang, Umfanggruppen, Bogenradien, Bogenwinkeln sowie sonstigen, den Leistungsaufwand beeinflussenden Faktoren, z.B. Breitengruppen, besondere Querschnittsformen von Anschlüssen oder Durchdringungen, unter verschiedenen Winkeln angehende Stutzen, zu trennen ist.

Bild 7 Messung gemeinsam gedämmter gebündelter Rohrleitungen

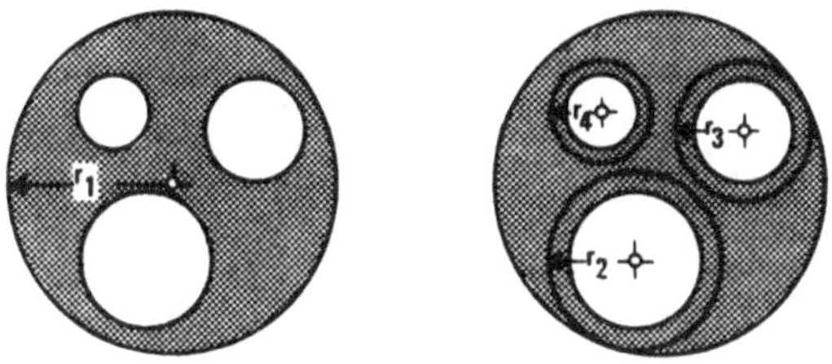

A Gemeinsame Dämmung eines Rohrbündels

B Einzeln gedämmte Rohre eines Rohrbündels

A Gemeinsame Dämmung eines Rohrbündels

Gem. 0.5.1.2 Abrechnung des gemeinsam gedämmten Rohrbündels einschließlich Ummantelung nach dem Flächenmaß.

Gem. 5.1.3.1 werden die Flächen bei Außendämmungen nach der größten Oberfläche der fertigen Ummantelung ermittelt.

$F=2r_1 \cdot 3,14 \cdot l= \ldots m^2$.

B Einzeln gedämmte Rohre eines Rohrbündels

Gem. 0.5.3.1 Abrechnung jedes einzelnen gedämmten Rohres nach dem Längenmaß; jedoch getrennte Abrechnung der Ummantelung nach der ausgeführten Fläche.

L der Rohrleitung mit dem Halbmesser $r_2=l=\ldots$ m.

L der Rohrleitung mit dem Halbmesser $r_3=l=\ldots$ m.

L der Rohrleitung mit dem Halbmesser $r_4=l=\ldots$ m.

F der Ummantelung des Rohrbündels$=2r_1 \cdot 3,14 \cdot l=\ldots m^2$.

Bild 8 Messung der Dämmung eines Behälters

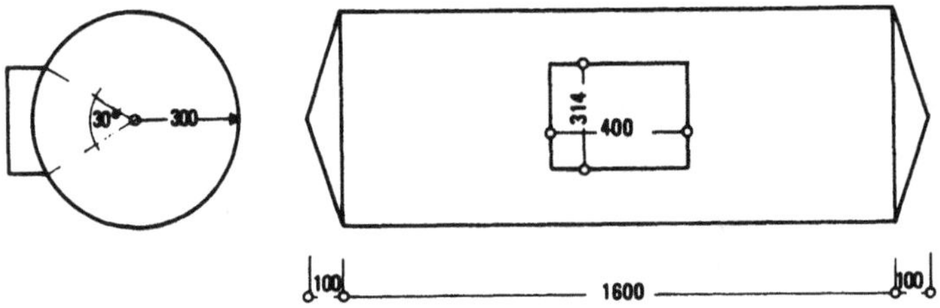

Gem. 0.5.1.6 Abrechnung der Wärmedämmung des Behälters nach Flächenmaß oder gem. 0.5.4.10 nach Anzahl.

Gem. 5.1.3.1 wird bei Außendämmungen die Fläche nach der größten Oberfläche der fertigen Ummantelung ermittelt.

Der Ausschnitt in der Dämmung, der mit 0,31 · 0,40=0,13 m² kleiner als 0,50 m² ist, wird gem. 5.2.1 nicht abgezogen.

F der Dämmung des Behälters=1,60 · 2 · 0,30 · 3,14+2 · 0,082 (2 · 0,30 · 3,14)² =3,59 m².

Gem. Nr. 20 der Besonderen Leistungen Abrechnung des Behälterstutzens (Herstellen des Ausschnittes in der Ummantelung) als Besondere Leistung zur Dämmung des Behälters zum Stückpreis.

Bild 9 Messung von Wärmedämmungen an Rohrleitungen

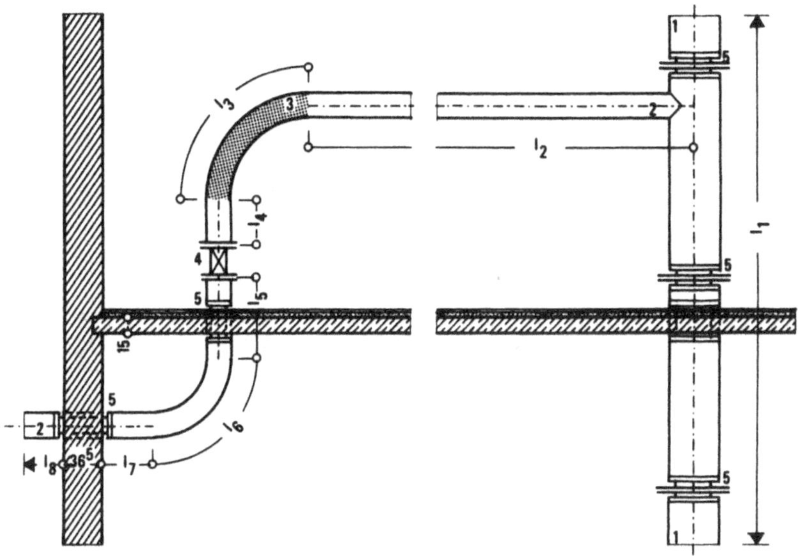

1 Flanschrohrleitung
2 geschweißte Rohrleitung mit Bögen
3 Rohrbogen mit Blechummantelung
4 Absperrventil mit Einschweißflanschen
5 Manschetten an den Enden des Hartmantels

Gem. 0.5.3.1 Abrechnung der Wärmedämmung an Rohren nach Längenmaß oder gem. 0.5.1.2 nach Flächenmaß. Im Beispiel ist Abrechnung nach dem Längenmaß vorgesehen.

Gem. 5.1.2.1 wird das Längenmaß in der Achsrichtung gemessen.

Es ist nach Dämmstoffen, Dämmdicken, Arten der Ummantelung sowie nach Umfang, Umfanggruppen und Breitengruppen zu trennen.

Gem. 5.1.2.2 werden die Längen in der jeweils größten ausgeführten Strecke, z.B. bei Rohren, im Außenbogen ermittelt. Flanschverbindungen werden übermessen.

Bei Unterbrechungen der Dämmung durch Wände, Decken und andere Konstruktionselemente werden gem. 5.2.2 die Längen der unterbrechenden Teile abgezogen.

L der gedämmten Flanschrohrleitung (1)=l_1=... m.

L der gedämmten, nicht mit Blech ummantelten, geschweißten Stahlrohrleitung (2)=

$l_2+l_4+(l_5-0,15)+l_6+l_7+l_8$=... m.

L des blechummantelten Bogenteils (3)=l_3=... m.

Gem. Nr. 11 der Besonderen Leistungen Abrechnung der Mehrleistung für die Bögen (l_3 und l_6) als Besondere Leistung zur Dämmung zum Stückpreis nach Anzahl.

Gem. Nr. 20 Abrechnung des Stutzens zwischen Flanschrohrleitung (1) und Stahlrohrleitung (2) als Besondere Leistung zur Wärmedämmung der Rohre nach der Anzahl.

Gem. Nr. 19 Abrechnung der Endstellenausbildungen beim Absperrventil (4) als Besondere Leistung zur Wärmedämmung der Stahlrohrleitung nach der Anzahl.

VOB Teil C:
Allgemeine Technische Vertragsbedingungen für Bauleistungen (ATV)
Gerüstarbeiten – DIN 18451
Ausgabe Mai 1998

1 Geltungsbereich

1.1 Die ATV »Gerüstarbeiten« – DIN 18451 – gilt für das Auf-, Um- und Abbauen sowie für die Gebrauchsüberlassung von Gerüsten, die als Baubehelf für die Ausführung von Bauarbeiten jeder Art benötigt werden.

1.2 Ergänzend gelten die Abschnitte 1 bis 5 der ATV DIN 18299 »Allgemeine Regelungen für Bauarbeiten jeder Art«. Bei Widersprüchen gehen die Regelungen der ATV DIN 18451 vor.

5 Abrechnung

Gem. ATV DIN 18299, Abschnitt 5, gilt:

Die Leistung ist aus Zeichnungen zu ermitteln, soweit die ausgeführte Leistung diesen Zeichnungen entspricht. Sind solche Zeichnungen nicht vorhanden, ist die Leistung aufzumessen.

Abrechnungseinheiten

Gem. 0.5 sind im Leistungsverzeichnis die Abrechnungseinheiten wie folgt vorzusehen:

0.5.1 Flächenmaß (m^2), getrennt nach Bauart und Verwendungszweck, für
0.5.1.1 Standgerüste mit längenorientierten Gerüstlagen (Fassadengerüste) als Arbeits- oder Schutzgerüste, zusätzlich getrennt nach Gerüstgruppen,
0.5.1.2 Hängegerüste,
0.5.1.3 Auflagergerüste für Wetterschutzdächer, Wetterschutzdächer,
0.5.1.4 Traggerüste,
0.5.1.5 fahrbare Gerüste,
0.5.1.6 Gerüstbekleidungen.
0.5.2 Raummaß (m^3), getrennt nach Bauart und Verwendungszeck, für
0.5.2.1 Standgerüste mit flächenorientierten Gerüstlagen (Raumgerüste), zusätzlich getrennt nach Gerüstgruppen,
0.5.2.2 Traggerüste,
0.5.2.3 Hängegerüste,
0.5.2.4 fahrbare Gerüste.
0.5.3 Längenmaß (m), getrennt nach Bauart und Verwendungszweck, für
0.5.3.1 Schutzgerüste (Fanggerüste, Dachfanggerüste, Schutzdächer), Fußgängertunnel,
0.5.3.2 Hängegerüste,
0.5.3.3 fahrbare Gerüste,
0.5.3.4 Bockgerüste, Auslegergerüste, Konsolgerüste,
0.5.3.5 Traggerüste,
0.5.3.6 Überbrückungen.
0.5.4 Anzahl (Stück), getrennt nach Bauart und Verwendungszweck, für
0.5.4.1 Standgerüste mit längenorientierten Gerüstlagen (Fassadengerüste) und mit flächenorientierten Gerüstlagen (Raumgerüste), zusätzlich getrennt nach Gerüstgruppen,

0.5.4.2 Schutzgerüste,
0.5.4.3 Hängegerüste,
0.5.4.4 fahrbare Gerüste,
0.5.4.5 Bockgerüste, Auslegergerüste, Konsolgerüste,
0.5.4.6 Auflagergerüste für Wetterschutzdächer, Wetterschutzdächer,
0.5.4.7 Traggerüste,
0.5.4.8 Überbrückungen,
0.5.4.9 Gerüstsonderkonstruktionen, z.B. für turmartige Bauwerke.

Ergänzend zur ATV DIN 18299, Abschnitt 5 gilt:

5.1 Allgemeines

5.1.1 Der Ermittlung der Leistung – gleichgültig ob sie nach Zeichnungen oder nach Aufmaß erfolgt – sind die Maße der eingerüsteten Fläche zugrunde zu legen.

5.1.2 Als eingerüstete Fläche gilt die Fläche (Bauteil), für deren Bearbeitung oder Schutz das Gerüst erstellt ist.
Als Standfläche eines Gerüstes gilt die Fläche, die zur Ableitung der Lasten aus der Gerüstkonstruktion in das Bauwerk oder in den Baugrund dienst.

Fußplatten und Unterlagsbohlen unter den Gerüstfußpunkten bei Arbeits- oder Schutzgerüsten sind Nebenleistung.
Zu den Nebenleistungen gehört auch der Einbau der zur Befestigung der Gerüste benötigten Verankerungsmittel und der Ausbau der nicht im Bauwerk zu belassenen Teile.

5.1.3 Werden Gerüste der Höhe nach abschnittsweise auf- und abgebaut, wird die Höhe je Abschnitt von der Standfläche der Gerüste bis zum jeweils obersten Gerüstbelag, zuzüglich 2 m, jedoch nicht höher als bis zur höchsten Stelle der eingerüsteten Fläche gerechnet (Bild 1).

Bei Gerüsten, deren Höhe abschnittsweise auf- und abgebaut wird, ist die Standfläche des Gerüstes bis 2 m über den obersten Gerüstbelag zu rechnen. Sie darf aber nicht höher gerechnet werden als bis zur obersten vom Gerüst zu bearbeitenden Fläche oder Kante.

5.2 Arbeitsgerüste

5.2.1 Ab Abrechnung von Arbeitsgerüsten nach Flächenmaß (m²) wird die eingerüstete Fläche wie folgt berechnet:
- Die Länge des Gerüstes wird in der größten horizontalen Abwicklung der eingerüsteten Fläche, mindestens mit 2,50 m, gerechnet. Vor- oder Rücksprünge, die die wandseitige Gerüstflucht (Belagkante) nicht unterbrechen, werden nicht berücksichtigt.
- Die Höhe wird von der Standfläche des Gerüstes bis zur höchsten Stelle der eingerüsteten Fläche gerechnet (Bild 2).
- Öffnungen in der eingerüsteten Fläche werden übermessen.

Diese Vorschriften dienen der Messungserleichterung. Zu den Arbeitsgerüsten, die nach Flächenmaß abzurechnen sind, gehören Standgerüste mit längsorientierten Gerüstlagen, Hängegerüste, Traggerüste sowie fahrbare Gerüste.

5.2.2 Verbreiterungen bzw. Teilverbreiterungen von Gerüsten zum Ein- bzw. Umrüsten von Bauteilen, z.B. für die Bearbeitung von Gesimsen, Dachüberständen, Rinnen, werden entsprechend der Länge des eingerüsteten bzw. umgerüsteten Bauteils gerechnet.

5.2.3 Teilgerüste von Dachgauben, Dauchaufbauten und dergleichen werden in der Breite der eingerüsteten Bauteile und in der Höhe mit dem Maß bis zur Traufe dieser Bauteile gerechnet.

5.3 Schutzgerüste

5.3.1 Bei Abrechnung von Schutzgerüsten als Standgerüst/Fanggerüst nach Flächenmaß (m^2) werden die eingerüsteten Flächen gemäß Abschnitt 5.2.1 gerechnet.

Die Abrechnung von Schutzgerüsten als Standgerüst oder Fanggerüst erfolgt nach den für Arbeitsgerüste vorgeschriebenen Abrechnungsregeln.

5.3.2 Bei Abrechnung von Dachfanggerüsten, Schutzdächern, Fußgängertunnel u.ä. nach Längenmaß wird die Länge in der größten Abwicklung an den Gerüstaußenseiten gerechnet.

5.3.3 Bei Abrechnung von Auflagergerüsten für Wetterschutzdächer nach Flächenmaß (m^2) wird die Ansichtsfläche des Gerüstes zugrunde gelegt. Die Länge wird in ihrer größten Abwicklung, gemessen an der Gerüstaußenseite und die Höhe von der Standfläche bis zur Oberseite der Auflager für das Schutzdach gerechnet.

Die Abrechnung für Auflagergerüste für Schutzdächer kann auch, getrennt nach Bauart und Verwendungszweck, nach der Stückzahl erfolgen.

5.3.4 Bei Abrechnung von Wetterschutzdächern nach Flächenmaß (m^2) wird die Fläche des Schutzdaches in ihrer vertikalen Projektion gerechnet.

Abrechnungseinheit für Wetterschutzdächer kann auch die Stückzahl, getrennt nach Bauart und Verwendungszweck, sein.

5.4 Raumgerüste, Traggerüste

5.4.1 Werden Innenräume oder Teile davon mit Raumgerüsten als Arbeits- oder Schutzgerüst eingerüstet, sind Länge und Breite des Gerüstes an den freien Gerüstseiten bis zur Belagkante zu rechnen, soweit die Maße der Gerüste durch ihre Zweckbestimmung bedingt sind. Die Höhe wird von der Standfläche des Gerüstes bis zur höchsten Stelle der vom Gerüst aus zu bearbeitenden Fläche gerechnet.

5.4.2 Bei Abrechnung von Traggerüsten nach Raummaß (m^3) wird das Volumen des eingerüsteten Raumes gerechnet.

Das Volumen des eingerüsteten ist nach der Nettogrundrißfläche gem. DIN 277 zu rechnen, während das Höhenmaß von der Standfläche des Gerüstes bis zur obersten Fläche oder Kante zu rechnen ist, von der aus die Arbeiten ausgeführt werden. Diese Höhe ist nicht mit der Höhe des Innenraumes identisch.

Raumgerüste sind Standgerüste mit flächenorientierten Gerüstlagen. Sie können, getrennt nach Bauart und Verwendungszweck, nach Raummaß oder nach der Stückzahl abgerechnet werden. Es ist zusätzlich nach Gerüstgruppen zu trennen.

5.4.3 Bei freistehenden bzw. nicht durch Bauteile begrenzten Traggerüsten sind Länge und Breite des Gerüstes an den freien Gerüstseiten bis zur Belagkante zu rechnen, soweit die Maße der Gerüste durch ihre Zweckbestimmung bedingt sind. Schalungsflächen gelten als Belagflächen.

Ist ein Gerüst abzurechnen, das im Freien steht, also nicht durch Bauteile begrenzt wird, so bestimmen sich Aufmaßbreite und -länge durch die Außenkanten der Belagebenen, jedoch nur insoweit das Gerüst für die Arbeiten bemessen werden darf.
Die Höhe ist von der Standfläche bis zur obersten, vom Gerüst zu bearbeitenden Fläche oder Kante zu rechnen.

5.4.4 Bei Traggerüsten für Brücken wird die Breite zwischen den Außenseiten des Überbaus und die Länge zwischen den Widerlagern ohne Abzug von Zwischenpfeilern und Stützen gerechnet.
Die Höhe wird von der Standfläche des Gerüstes bis zur Oberseite der Trägerlage des Gerüstes gerechnet.

Die Abrechnungsvorschriften für Traggerüste zum Brückenbau unterscheiden sich von der Abrechnung der übrigen Traggerüste dadurch, daß die Aufmaßbreite zwischen den Außenkanten des Überbaus und die Aufmaßlänge als lichtes Maß zwischen den Widerlagern zu rechnen ist, wobei Zwischenpfeiler und Stützen nicht abgezogen werden. Die Höhe bemißt sich in diesem Fall von der Standfläche des Gerüstes bis Oberkante der Trägerlage.

5.5 Hängegerüste

5.5.1 Bei Abrechnung von Hängegerüsten vor Wandflächen nach Flächenmaß (m^2) wird die Höhe von der Oberseite der untersten Gerüstlage bis zur höchsten Stelle der eingerüsteten Fläche gerechnet.

Hängegerüste können auch nach Längenmaß (m), getrennt nach Bauart und Verwendungszweck, abgerechnet werden.

5.5.2 Bei Abrechnung von Hängegerüsten unter Flächen, z.B. unter Decken, Brücken, nach Flächenmaß (m^2), wird mit den Maßen des Belages gerechnet, soweit die Maße des Belages durch den Einsatzzweck des Gerüstes bestimmt sind.

Die Abrechnung von Hängegerüsten kann sowohl nach dem Flächenmaß als auch nach dem Längenmaß erfolgen. Es ist stets nach Bauart und Verwendungszweck zu trennen.

5.6 Konsolgerüste
Bei Abrechnung von Konsolgerüsten nach Längenmaß (m) wird die Länge in der größten Abwicklung an den Gerüstaußenseiten gerechnet.

Konsolgerüste können auch nach der Stückzahl abgerechnet werden. Es ist in jedem Fall nach Bauart und Zweckbestimmung zu trennen.

5.7 Überbrückungen
Überbrückungen, die z.B. bei Öffnungen, Dächern, Anbauten, Durchfahrten, erforderlich sind, werden bei Abrechnung nach Längenmaß (m) in der Länge des überbrückten Zwischenraumes gerechnet.

Überbrückungen können auch nach Stückzahl abgerechnet werden. Die Entscheidung, welche Abrechnungsart gewählt wird, ist bereits bei Aufstellung der LB zu treffen.

5.8 Gerüstbekleidungen
Bei Abrechnung von Gerüstbekleidungen nach Flächenmaß (m^2) wird die tatsächliche Bekleidungsfläche gerechnet.

5.9 Gebrauchsüberlassung

5.9.1 Werden Gerüste ganz oder abschnittsweise vor dem vereinbarten Tag genutzt, so wird die Gebrauchsüberlassung des Gerüstes bzw. der benutzten Gerüstabschnitte vom ersten Tag der Benutzung gerechnet. Die Gebrauchsüberlassung endet mit der Freigabe durch den Auftraggeber zum Abbau durch den Auftragnehmer, jedoch frühestens drei Werktage nach Zugehen der Mitteilung über die Freigabe beim Auftragnehmer.

Die Gebrauchsüberlassung der Arbeits- und Schutzgerüste bis zu vier Wochen (Grundeinsatzzeit) gehört zu den Nebenleistungen. Erst Zeiten, die darüberliegen, sind als Besondere Leistung abzurechnen. Die Gebrauchsüberlassung beginnt mit dem ersten Tag der Benutzung, wenn das Gerüst ganz oder abschnittsweise vor dem vereinbarten Termin genutzt wird. Sie endet, wenn der Auftraggeber den Abbau freigibt, jedoch erst drei Werktage nach dem Zugehen der Mitteilung über die Freigabe.

5.9.2 Bei Gerüsten, ausgenommen Traggerüste, sowie bei Bekleidungen und Wetterschutzdächern rechnet die Dauer der Gebrauchsüberlassung je angefangene Woche.

5.9.3 Bei Traggerüsten werden die Dauer der Gebrauchsüberlassung sowie der zu vereinbarende Zeitraum der Vorhaltung während des Auf- und Abbaus nach Kalendertagen gerechnet.

Während gem. 5.9.2 bei anderen Gerüste als Traggerüsten sowie bei Bekleidungen und Wetterschutzdächern die Gebrauchsüberlassung je angefangene Woche rechnet, besteht bei der Gebrauchsüberlassung von Traggerüsten sowie bei dem zu vereinbarenden Zeitraum für die Vorhaltung während des Auf- und Abbaus eine Abrechnungszeit je Kalendertag. Zu beachten ist, daß Kalendertag nicht gleich Werktag ist.

Zu 0.5.1:
Abrechnungseinheit für Standgerüste mit längenorientierten Gerüstlagen, z.B. Fassadengerüste, ist, getrennt nach Bauart und Verwendungszweck, das Flächenmaß. Es ist zusätzlich nach Gerüstgruppen zu trennen.
Bei Arbeitsgerüsten als Standgerüste mit längsorientierten Gerüstlagen sind alle Arbeitslagen mit Gerüstbelägen auszustatten.

Zu 0.5.1.2:
Abrechnungseinheit für Hängegerüste ist außer dem Flächenmaß auch das Raummaß, das Längenmaß und die Stückzahl.
Die Entscheidung, welche dieser Abrechnungseinheiten angewendet werden soll, ist bei der Aufstellung des LV zu treffen.

Zu 0.5.1.3:
Abrechnungseinheit für Auflagergerüste als Unterbau für Wetterschutzdächer und für Wetterschutzdächer selbst ist das Flächenmaß. Die Leistung kann auch nach Stückzahl abgerechnet werden.

Bild 5 Abdichtung der Dehnungsfuge einer Wannenplatte

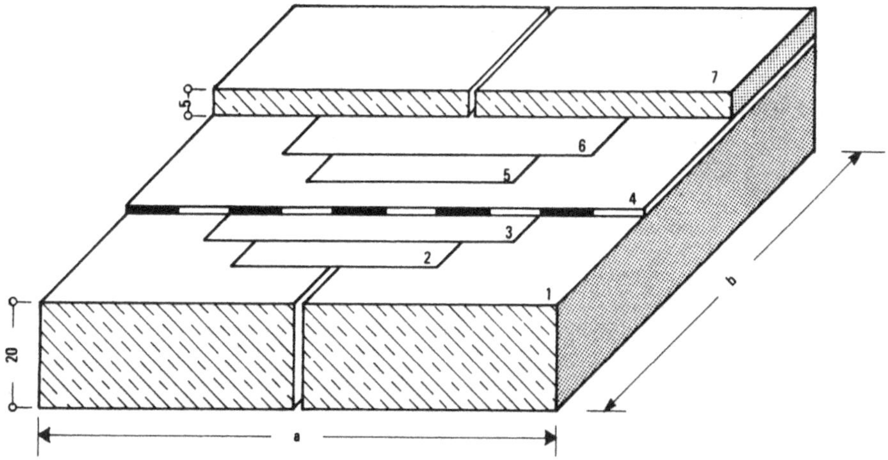

1 Wannenplatte 20 cm Stahlbeton
2 Metallstreifen ≥ 300 mm
3 Pappe
4 Abdichtung aus 3 Papplagen
5 Metallstreifen ≥ 300 mm
6 Pappe
7 Betonschutzschicht 5 cm

Gem. 0.5.1.1 Abrechnung der Abdichtung nach Flächenmaß. Für die Ermittlung der Leistung gelten gem. 5.1 die Maße der von der Abdichtung bedeckten Fläche.

$F=a \cdot b=\ldots m^2$.

Gem. 0.5.2.1 Abrechnung der Abdichtung über der Dehnungsfuge in der Wannenplatte nach Längenmaß. Es gilt das Maß zwischen den begrenzenden Bauteilen.

L=b=... m.

Gem. 0.5.2.1 Abrechnung des Vergießens der Fuge in der Betonschutzschicht nach Längenmaß. Für die Länge gilt das Konstruktionsmaß der Betonschutzschicht.

L=b=... m.

Nach der ATV sind Abdichtungen über Bauwerksfugen als Besondere Leistung abzurechnen.

verwendet werden kann. Für die hierzu erforderlichen ausziehbaren Gerüstböcke, die als Auflager der Belagträger dienen, ist die Brauchbarkeit nachzuweisen.

Ein Konsolgerüst ist ein Gerüst, bei dem der Belag auf Konsolen liegt. Es darf nur als Arbeitsgerüst der Gruppe I und als Schutzgerüst verwendet werden. Ein Konsolgerüst für den Schornsteinbau ist ein Gerüst, bei dem der Belag auf Konsolen liegt, die rings um den Schornsteinschaft an geschlossenen Drahtseilen oder Anrüstösen aufgehängt sind.

Zu 0.5.3.5:
Siehe 0.5.1.4.

Zu 0.5.3.6:
Abrechnungseinheit für Überbrückungen, z.B. bei Öffnungen, Dächern, Anbauten, Durchfahrten, ist das Längenmaß. Es wird die Länge des überbrückten Zwischenraumes gemessen. Die Abrechnung kann auch nach der Stückzahl erfolgen.

Zu 0.5.4.1:
Siehe 0.5.1.1 und 0.5.2.1

Zu 0.5.4.2:
Siehe 0.4.3.1.

Zu 0.5.4.3:
Siehe 0.5.1.2.

Zu 0.5.4.4:
Siehe 0.5.1.5.

Zu 0.5.4.5:
Siehe 0.5.3.4.

Zu 0.5.4.6:
Siehe 0.5.1.3.

Zu 0.5.4.7:
Siehe 0.5.1.4.

Zu 0.5.4.8:
Siehe 0.5.3.6.

Zu 0.5.4.9:
Abrechnungseinheit für Gerüstsonderkonstruktionen ist die Stückzahl. Es ist nach Bauart, z.B. Kirchtürme, und nach dem Verwendungszweck, z.B. Ausbesserung der Dachdeckung, zu trennen.

Bild 1 Benennung von Gerüstbauteilen nach DIN 4420-1

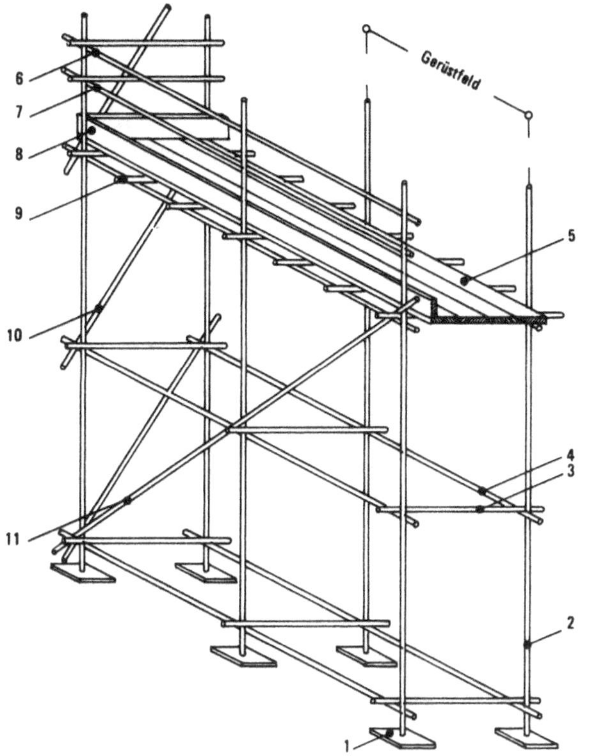

1 Fußplatte
2 Ständer
3 Querriegel
4 Längsriegel
5 Gerüstbelag
6 Geländerholm
7 Zwischenholm
8 Bordbrett
9 Zwischenquerriegel
10 Querverstrebung
11 Längsverstrebung als Strebenzug

Bild 2 Schema eines zweireihigen Stahlrohrgerüstes

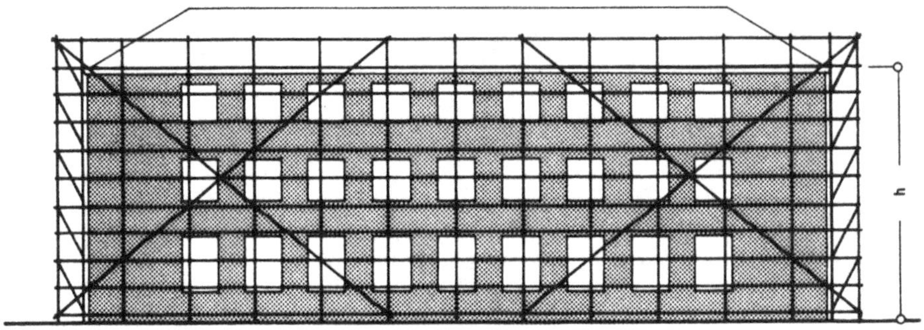

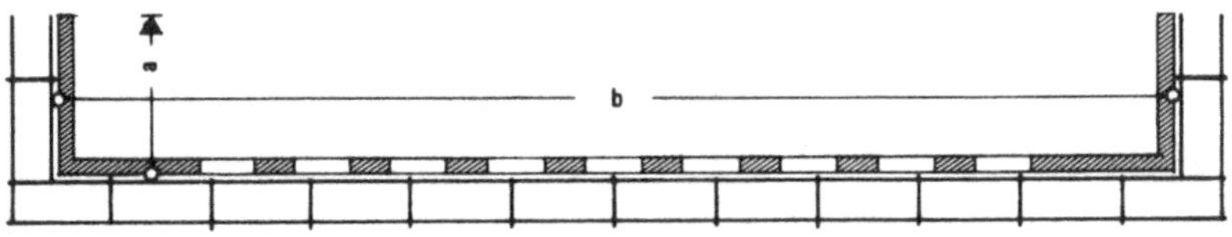

Gem. 0.5.1 Abrechnung des zweireihigen Stahlrohrgerüstes nach Flächenmaß oder Stückzahl.

Gemäß 5.1.1 werden bei Abrechnung nach Flächenmaß die eingerüsteten Flächen gerechnet. Die Länge wird horizontal in der größten Abwicklung der eingerüsteten Fläche gerechnet. Vorsprünge und Rücksprünge der Flächen, welche die wandseitige Gerüstflucht (Belagkante) nicht unterbrechen, werden nicht berücksichtigt. Die Höhe wird von der Standfläche der Gerüste bis zur Oberkante der eingerüsteten Fläche gerechnet. Bei Einrüstung von Teilflächen werden Aufmaßlänge und Aufmaßhöhe durch die zu bearbeitende Fläche bestimmt; dabei wird die Aufmaßhöhe von der Standfläche der Gerüste gerechnet. Werden die Gerüste der Höhe nach abschnittsweise auf- oder abgebaut, wird die Höhe je Abschnitt von der Standfläche der Gerüste bis zum jeweils obersten Gerüstbelag zuzüglich 2 m, jedoch nicht höher als bis zur Oberkante der einzurüstenden Fläche gerechnet.

F der Volleinrüstung=2(a+b) · h= ... m^2.

SPRINGER NATURE

GPSR Compliance

The European Union's (EU) General Product Safety Regulation (GPSR) is a set of rules that requires consumer products to be safe and our obligations to ensure this.

If you have any concerns about our products, you can contact us on ProductSafety@springernature.com

In case Publisher is established outside the EU, the EU authorized representative is:

Springer Nature Customer Service Center GmbH
Europaplatz 3
69115 Heidelberg, Germany

Zeitfracht Medien GmbH
Ferdinand-Jühlke-Straße 7
99095 Erfurt, Deutschland
produktsicherheit@kolibri360.de